美国执业儿科医生育儿百科

0～5岁宝宝的成长、发育、健康和行为

[美]劳拉·沃尔瑟·内桑森 ☆ 著

宋 苗 ☆ 译

全新修订 ★ 第二版

The *Portable* *Pediatrician*

图书在版编目（CIP）数据

美国执业儿科医生育儿百科 /（美）劳拉·沃尔瑟·内桑森著；宋苗译 . —北京：北京联合出版公司，2018.8

ISBN 978-7-5596-2314-0

Ⅰ. ①美… Ⅱ. ①劳… ②宋… Ⅲ. ①婴幼儿—哺育 Ⅳ. ① TS976.31

中国版本图书馆 CIP 数据核字（2018）第 155479 号

THE PORTABLE PEDIATRICIAN
By Laura Walther Nathanson, M.D.
THE PORTABLE PEDIATRICIAN. Copyright © 2002 by Laura Walther Nathanson, M.D., FAAP.
Simplified Chinese translation copyright © 2018 by Beijing Tianlue Books Co., Ltd.
Published by arrangement with the author through
Sandra Dijkstra Literary Agency, Inc.in association with
Bardon-Chinese Media Agency
ALL RIGHTS RESERVED

美国执业儿科医生育儿百科

作　　者：［美］劳拉·沃尔瑟·内桑森
译　　者：宋　苗
选题策划：北京天略图书有限公司
责任编辑：夏应鹏
特约编辑：阴保全
责任校对：高锦鑫

北京联合出版公司出版
（北京市西城区德外大街 83 号楼 9 层　100088）
（北京联合天畅发行公司发行）
北京彩虹伟业印刷有限公司印刷　　新华书店经销
字数 795 千字　　787 毫米 ×1092 毫米　　1/16　　48.5 印张
2018 年 8 月第 1 版　　2018 年 8 月第 1 次印刷
ISBN 978-7-5596-2314-0
定价：89.00 元

未经许可，不得以任何方式复制或抄袭本书部分或全部内容
版权所有，侵权必究
本书若有质量问题，请与本公司图书销售中心联系调换。电话：010-65868687　64243832

献给亲爱的查克和莎拉

本书包含的是与儿童健康保健相关的建议和信息。其目的不是要取代医嘱，并且应该被用来补充而不是取代你的孩子的儿科医生的常规医疗保健。因为每个孩子都是不同的，因此，你应该就你的孩子的具体问题咨询其儿科医生。

尽管本书的一些章节提供了当医生不在身边时独自处理紧急情况的建议，但我建议你，在可能的情况下要征求孩子的儿科医生的建议，并且在实施任何医疗方案或治疗前要向孩子的儿科医生咨询。

致 谢

在本书的第一版中，我曾向养育了我这个儿科医生的大乡村说过"感谢"。这一次，我要向一些使这次修订工作变得富有乐趣的人致意。

我极其幸运地加入了一个始终将患者的最大利益置于管理式医疗保险①的意外事件之上的行业。我要特别感谢我们的执行合伙人弗瑞德·弗鲁明（Fred Frumin）医学博士，他一直将这一理念作为自己的指导原则：没有这种保障，我就无法怀着问心无愧和快乐的心情写作这本书。我还要感谢我的其他合伙人罗莎琳德·多克魏莱尔（Rosalind Dockweiler）医学博士、加里·格罗斯（Gary Gross）医学博士、尼克·莱维（Nick Levy）医学博士、克莉丝汀·伊托·伍德（Christine Ito Wood）医学博士、桑吉塔·巴辛（Sangita Bhasin）医学博士、朱莉·斯奈德–布洛克（Julie Snyder-Blok）医学博士、罗恩·帕克（Ron Park）医学博士和梅丽莎·莱因哈特（Melissa Reinhardt）医学博士——他们都是那么好的医生！

同样，我要感谢我们办公室的全体工作人员。如果不是置身于一个自己可以信赖的团队，你就不可能全心全意地投入到写作（或医疗工作）中。我尤其要感谢我们的办公室主任丽塔·亚当斯（Rita Adams），感谢她让各项工作有序开展；转诊办公室主任戴安·莫利纳（Diane Molina），感谢她保护我们免受太多管理式医疗保险的困扰；医疗助理洛德丝·卡尔（Lourdes Carr），感谢她具有的防患于未然的能力。

我的朋友们和我的大家庭给予我的已远远不只是支持。我要特别感谢

---

① 管理式医疗保险起源于20世纪60年代的美国，即蓝十字与蓝盾计划。这是一种集医疗服务提供和经营管理于一体的医疗保险模式，关键在于保险公司直接参与医疗服务体系的管理。——译者注

萨姆·波普金（Sam Popkin），感谢他投入的无限热情：各位，如果你曾经收到过本书的第一版作为礼物，那么很可能就是出自萨姆之手。

感谢我那永远都能达成目标的代理人桑德拉·迪杰斯特拉（Sandra Dijkstra），以及出色的健身教练乔·斯威尼（Joe Sweeney），是他使桑德拉和我拥有了充沛的精力和强健的肌肉。

为《父母》杂志撰写每月专栏，使这次修订工作变得更加轻松。我要特别感谢凯特·劳勒（Kate Lawler）、贝蒂·王（Betty Wong）、凯瑟琳·温特（Catherine Winter）和珍妮特·戈尔德（Janet Gold）。

我在哈珀柯林斯出版集团的编辑马修·本杰明（Matthew Benjamin）和梅根·纽曼（Megan Newman）有着非凡的效率，给了我很多帮助，我还要向本书的文字编辑致敬！我要感谢凯伊·莱弗（Kay Life），她的插图生动地捕捉到了身为父母和（或）儿科医生的乐趣。

最重要的，我要向我的丈夫查克·内桑森（Chuck Nathanson）致敬。尽管他非常忙，但他仍挤出时间来整理我的文章，教我使用软件，给我倒咖啡，为我带来灵感。最后，我要特别地感谢我的女儿莎拉，是她使我作为母亲的生活充满如此多的乐趣——尽管她现在已经长大了——但我仍然要对她表示感谢。

第二版序言

我真的希望这本书的第二版最终会变得又破又旧,里面到处是咖啡渍,躺在你床边(或床下,我不是个爱挑剔的人)的地板上。这就是本书第一版通常的结局——正如很多读者告诉我的那样——我感到十分荣幸。毕竟,如果你是一名随时在孩子身边的儿科医生,那正是你该待的地方——那是你工作的地方,而且工作时间常常是在晚上。

父母们在遇到医疗或情感危机时,常常会向育儿书寻求帮助。应对危机需要明确的建议,以及一个让你知道有人在真正倾听的回应。我希望你千万次地感觉到,在这些书页另一端的人就是一个在电话另一端的活生生的人。我希望这本书的两个版本都不仅是一种儿童医疗或发育信息的资源,而且是父母们的陪伴。

但是,我也希望你在更平静、快乐的时候伸手拿起这本书。童年时期是一出令人惊奇的戏剧,手里有一份作品简介真的会有乐趣。这样,你就能够准备好珍惜这个时刻。你还能准备好如何应对。这很重要——不仅对于父母来说是如此,对于孩子来说也是如此。当父母们散发出胜任的气氛时,孩子们就会有安全感并表现更好。

在本书第一版出版后的这些年里,我继续着儿科医生的工作,并且一直在从读者那里得到反馈。结果,我清楚地认识到某些方面需要修订。因此,就有了这个第二版。

设立限制

在第一版中,我全神贯注于帮助父母了解孩子们出现令人不快的行为的原因,但我没有非常清楚地说明如何预防这些行为——将其消灭于萌芽状态，或阻止这些行为。这些令人不快的行为包括：

一次又一次地说"不"。打人，掐人，踢人。绝不妥协并拒绝让步。四处乱跑，制造烦人的噪音，只是为了惹你发火。打断别人说话，拖拉，哼唧。说话粗鲁：顶嘴，大喊脏话。乱翻东西，故意制造混乱。拒绝使用便盆，尽管知道怎么使用。同胞战争——推搡、唠叨、喊叫、抢东西，告状，把汽车后座变成战场……

让我们想想，我落下了什么吗？哦，是的：

不听话。拒绝待在自己的卧室。最糟的是：对深爱他们的父母做出令人讨厌的行为，但在其他每个大人面前都表现完美（非常完美！）。

对于做出这些行为的孩子们，可以用很多贬义词。儿科医生——无须忍受这些行为的人——将其称为"对抗行为"。

这些行为往往开始于孩子 1 岁左右，并在 18 个月～2 岁时达到巅峰。然后，如果父母们在此之前顺利地掌握了良好的养育技巧，这些行为就会开始逐渐消失。到大约 3～4 岁时，小天使们应该已经对最终由父母说了算有了一种深入理解，而那些对抗行为应该差不多已经成为历史了。这时——但不是在此之前——小天使已经发育得成熟到了能从权威式养育技巧中获益：在你设立一个限制时给出一个解释；在情形合适时，让小天使自己做选择；甚至偶尔让他们有谈判权。

难的是如何做到这一点。因此，在第二版中，我按照各个阶段（也就是一章一章地）为父母们提供管教技巧的指导，以便父母们能随着小天使的成长逐渐培养这些养育技巧。在第 3 篇中还有一部分内容谈"对抗行为""拒绝使用便盆"以及"同胞战争"。

关于打屁股的问题。我没有对此进行道德上的抨击，我已经学会了假定如果在孩子变得极其对抗时父母们求助于这种办法，只是因为他们在那一刻想不到其他办法，谁能真正责备他们呢？秘诀在于预防对抗行为，将其消灭于萌芽状态，或予以有效地消除，不要让自己陷入那种绝望的境地。

胖孩子的流行

在第一版中，我非常清楚地知道我们的文化已经势不可挡地染上了

"胖"的病症,并试图在这个问题上提供指导。

今天,我们面临着胖人的真正流行。事实上,我们已经变得如此习惯于在现实生活和媒体中看到胖孩子,以至于胖看上去很正常,而正常看上去就成了瘦。

儿童期的极度肥胖可能引发各种问题,从内心的痛苦到睡眠呼吸暂停综合征(夜间呼吸困难,这是由上呼吸道中的多余组织造成的),从哮喘加重到性早熟的风险——女孩在2年级或3年级就开始乳房发育。更不用说超重的成年人的各种疾病了,比如高血压和2型糖尿病。

即便如此,很多专家觉得,在一个孩子已经达到一个令人担忧的体重之前,儿科医生不应该进行干预。他们害怕这样做可能会引起父母们的过度反应——父母们可能会"饿"孩子,或者惩罚孩子并进行过度控制。他们担心限制孩子的饮食(即便程度仅限于取消碳酸饮料、炸薯条和过多的甜点)可能导致日后的饮食失调。

我不同意这种观点。我认识的所有父母都想给孩子最好的,并希望从他们的儿科医生那里得到真正的建议。可以相信他们爱孩子,并且能运用常识。因此,听好了!如果你不认同这种描述,就跳过关于肥胖的章节。事实上,你应该去另买一本书。

事实是,一旦一个孩子超重,处理这个问题就会非常困难。肥胖最好能得到预防,退而求其次的方法是将其消灭于萌芽状态。这意味着,父母们需要知道怎样监控小天使的体重,并且需要对"身高体重比"的上升趋势保持警觉。他们需要一些工具来搞清楚是什么造成了这种趋势,以及该为此做些什么。

在第二版中,第1篇每一章的"健康检查"中都包括"注意肥胖"的内容。这个部分会帮助你搞清楚你的小天使的体重增长是否正常,并标出了那些会导致相应年龄的孩子肥胖的主要生活习惯。在第3篇第18章"胖还是不胖,我们来告诉你"中,对这一主题进行了回顾,并试图解释清楚并简化那些令人头疼的生长曲线表。

医学关注的新问题和发展

在第3篇,我增加了第24章关于"自闭症、广泛性发育障碍(PDD)和阿斯伯格综合征"的内容。我更新了第1章"在产前拜访儿科医生"中"管理式医疗保险"的部分:别跳过这一部分,否则后果自负。第3篇关于"过敏症"的一章增加了一些新的争议观点,在第22章"麻烦的中耳"

中增加了一点关于耐药细菌的内容。在全书各处增加了零星的更新信息（以及有用的网站）。

在第一版的序言中，我说过我非常重视孩子的健康检查——这是本书的基础。我的工作日的大量时间都用来做这件事。我还知道——作为成长的仪式——这些相遇留下了一些不尽如人意的地方。没有人盛装打扮，尖叫声时有可闻，茶点也不够精致。但是，想一想这些检查是多么独特吧。它们超越了宗教、经济阶层、文化态度以及受教育程度。最大的好处是，这些检查使父母与儿科医生成为了一个团队，共同关注一个特定家庭里的一个特定的孩子，不论这个家庭有怎样的价值观、文化、压力以及优势。

真正的问题在于，健康检查过于短暂，无法做到面面俱到。

孩子和父母们在时间的旋涡中与我擦身而过。我把他们从激流中拽出来，让他们稍作停留，并对他们说："嘿，看，我们在这儿！我们是从这里来的，这是我们现在所在的地方，而这些是你在这次检查与下次检查之间需要注意的问题——嘿，等等，别走开，现在再见吧！"

而他们走出了门。

没有足够的时间，没有足够的时间。这就是我写这本书的原因。

第二版介绍

以下是本书的结构。

第1篇：孩子的发育与成长

每一章都是对其涵盖年龄段的独立描述，每一章都可以作为一个单元来阅读。如果你没有读之前的章节，或是完全忘记了前面的内容，不要担心；当前的一章会唤起你的记忆，或者指导你查阅之前的章节。

因而，每一章关注的都是同样的问题（除非这些问题不适用于当前年龄，或者与前面章节的讨论重复）。这些问题包括：

• **该年龄的画像**：该年龄段孩子的生活特征。我尽量重现与这一年龄孩子的典型互动。我希望父母们能从这些描述中看到一点自己孩子的影子，尽管孩子的性情与行为会有很大不同。

主要是，我期望这些互动能表明，那些让深爱孩子的父母忧心忡忡、心烦意乱或难以忍受的行为，通常是成长过程不可避免的。我尽量让不知所措的父母们和孩子的照料者明白，不要把这种行为当作是针对自己的。当我在工作中看到这种英雄般的行为时，我的内心总是充满让人愉悦的敬意。父母们也应该对自己表达同样的敬意。

• **分离问题**：在诸如就寝与日托这类不可避免的事情上，宝宝发现自己是一个独立的个体，并且是社会的一员。不仅孩子们会有分离问题，父母们也会有。每一成长年龄阶段面临的分离问题是不同的。

• **设立限制**：分离问题与设立限制——在父母与其深爱着的孩子之间设立界限——是同一任务的不同两面。你与孩子越亲密，设立限制就越重要，有时也会越困难。就此而言，头3年是至关重要的。父母们需要学会如何在爱护孩子的同时让情形处于自己的掌控之下。他们需要心安理得地做到这一点，并且宝宝需要感受到这种心安理得。"对抗行为""拒绝使用便盆""同胞战争"三章有对这一过程的描述，每一章的"孩子的健康检查"小节都会尽量帮助父母们对这种重要方法有多一点的理解。

- **日常的发育：**

发育里程碑：这不是检查表，而是确定孩子的行为与对这一年龄的期望相符的一些讨论。

睡眠：可能出现的问题。

生长：在第二版中，我特别关注了帮助孩子摆脱目前普遍存在的儿童期肥胖。在第3篇第18章"胖还是不胖，我们来告诉你"中有更全面的讨论。

牙齿：如何预防各种问题。

洗澡：对安全与卫生的提醒。

换尿布、穿衣服与衣服的选择：对安全的提醒（没有人希望发生拉链卡住小鸡鸡的灾难事件），对自理能力的提示。

活动、玩具和装备：恰当的玩具，昂贵却从来不玩的玩具，以及危险的玩具。

安全问题与医药箱：我们会从对宝宝来说安全的家以及适合新生儿的医药箱开始，然后，我们会随着孩子的成长不断补充。

- **健康与疾病：** 对该年龄段健康与疾病模式及其原因的认识。此阶段最可能出现的具体问题以及应对方法。

- **常常会让人感到害怕但却不会造成危害的问题：** 从宝宝6个月大开始可能出现这样的问题，热惊厥、夜惊症、消失的阴道（阴唇粘连）等等。即使你只是提前翻一翻这部分的内容，也能为那些可能出现在你的孩子或一个小伙伴身上的古怪或吓人的问题做一些准备。

- **机会之窗：** 在这一阶段最容易教会（或消除）的习惯、技能和知识。

- **如果……怎么办？：** 这部分讨论了可能出现的一些情况，关注如何让这一年龄的孩子为此做好准备。这些情况包括开始日托、与父母长时间的分离、带着宝宝旅行、再次怀孕、第二个宝宝的到来、小弟弟或小妹妹的成熟、离婚与抚养权问题、手术与住院，以及搬家。

- **孩子的健康检查：** 这部分会让你了解在即将到来的对儿科医生的拜访中可能进行哪些检查，以及怎样让你和你的孩子为此做好准备。

- **展望：** 这一部分为你指向下一个发育阶段。

第2篇：疾病与受伤

由于很小的婴儿是**单独一类**，因此，关于从出生到两三个月的婴儿的疾病与受伤内容全部放在了第1篇的"从出生到2周""2周至2个月"，以及"2个月至4个月"三章中。

在第2篇中，我尽量通过我在这些年中见过和交谈过的父母们的视角来看待疾病与受伤。

1. 吓人的行为。涵盖的紧急问题包括：呼吸困难，发烧，惊厥（抽搐、痉挛、屏气发作），过敏性反应，行为、外观或气味异常，脱水，夜啼和夜惊。对于每一种症状，我们都讨论了其基本要点，如何评估病情，以及该对此采取怎样的措施。

2. 急救。这里涵盖的常见问题包括：头部磕碰、颈部受伤、眼部受伤、鼻子受伤（包括流鼻血和异物进入鼻腔）、口腔和牙齿受伤、胳膊和手部受伤、腿和脚受伤。此章还包括（而不是放在"重大危机"章节）：割伤和出血、烧烫伤和擦伤、人和动物咬伤、昆虫叮咬，以及中毒。这些可能真的算得上重大危机，但通常都不是很严重。

3. 身体部位、身体的功能及相关疾病：从头部开始，依次往下，这一章涵盖了身体的各个部位。头疼与斜颈、眼睛、耳朵、鼻子、口腔、咽喉、声音、呼吸道和肺、咳嗽、肚子痛、呕吐、腹泻、排便困难与便秘、生殖器、排尿问题、皮肤、臀部、腿和脚。

4. 常见疾病与不常见疾病：这一章介绍了有着不熟悉名称的常见疾病和有着熟悉名称的不常见疾病。

第3篇：儿科关注的问题和争议

造成父母与儿科医生反复出现沟通不畅的一些问题。这些章节展示了儿科医生的观点，以便父母们能了解自己孩子的医生的神秘大脑中在想些什么。这些问题包括：生长模式，细菌、病毒和抗生素，免疫接种，过敏，中耳炎（中耳感染），"总是生病"的孩子，严重的行为问题（自闭症、注意力缺乏症）、对抗行为、拒绝使用便盆，以及同胞战争。

第4篇：医学术语表

这是一个非正式的术语表，里面的定义有些不太正式，但都是准确的。

资料来源

所有讨论反映的都是最新的儿科医学文献和美国儿科学会的医护标准。关于发育里程碑的讨论基于马丁·斯坦[①]（Martin Stein）和伯顿·L.怀特[②]（Burton L.White）的著作，以及纳尔逊（Nelson Behrman）和霍克尔曼（Hoekelman）等人撰写的儿科学教科书。儿童道德发展的资料来源包括威廉·达蒙[③]（William Damon）博士的著作。关于牙科的建议来自美国儿童牙科医学会。关于语言发展方面的建议源自美国言语语言听力协会（ASHA），以及美国语言基金会(Speech Foundation of America)。关于营养的建议基于儿科学会的建议。关于在日托环境中处理传染性疾病的建议基于美国儿科学会传染病委员会（2000年）的报告。

但是，所有这些杰出的资料来源都经过了我的大脑的筛选，并且带上了我个人接受的专业训练和经验的色彩，如果其中有任何错误，都由我个人承担。

当然，没有哪一本书能涵盖所有的症状和疾病。如果你对孩子的疾病是否能"通过书"——本书或任何其他书——得到解决有任何怀疑或疑问，务必要联系你的儿科医生。

关于写作风格和其他问题的说明

在每本这样的书中，作者都要面临人称代词"他"和"她"的问题。我花了大量精力尽力避免用一个性别或另

[①] 马丁·斯坦，医学博士，圣地亚哥加州大学和圣地亚哥拉迪儿童医院儿科教授。作为一名临床医生和教育家，斯坦博士编辑了 The American Academy of Pediatrics's Guidelines for Health Supervision（III），共同主持了AAP诊断和治疗注意力缺乏多动症的实践指南。他是教科书 Encounter with Children: Pediatrics Behavior and Development 的合著者。他曾任发育与行为儿科学会会长。——译者注

[②] 伯顿·L.怀特，哈佛大学"哈佛学前项目"（Harvard Preschool Project）总负责人，"父母教育中心"（Center for Parent Education，位于美国马萨诸塞州牛顿市）主管，"密苏里'父母是孩子的老师'项目"（Missouri New Parents as Teachers Projects）的设计人，其代表作为 The New First Three Years of Life，其最新中文版《从出生到3岁》由北京联合出版公司于2016年出版。——译者注

[③] 威廉·达蒙，斯坦福大学教育研究生院教授，斯坦福青少年中心主任，斯坦福大学胡佛研究院高级研究员。著有 The Path to Purpose（中文版《人生观培养：父母最长情的告白》由机械工业出版社于2015年出版），并主编 The Handbook of Child Psychology（中文版《儿童心理学手册》由华东师范大学出版社于2015年出版）。2018年1月，达蒙被评为"世界上最具影响力的50位心理学家"之一。——译者注

一个性别来指代书中的儿科医生[①]。

在为此而使自己变得筋疲力尽之后，我在本书中用"他"或"她"指代婴儿和孩子时并没有事先考虑，完全凭心而定。实际上，当我在描述一种性格特征或行为时，脑海中就会出现我的某个小病人，我会按照我脑海中这个不知名的孩子——男孩或女孩——进行写作。我仔细检查了这些描述，以确保我没有成为性别歧视者。当我指代父母们时，通常使用"你"，而不是用"母亲"或"父亲"。当然，这个"你"也指代任何认为自己承担着养育责任的人。

我没有对任何婴儿、孩子或家庭成员进行具体的描述，不过，在我的书中，他们（会说话的人）都说标准英语，或者是我自认为的标准英语。即使我在写作时脑海中想象的孩子有着不同民族、语言或种族背景，也是如此。要想在书面上将各种口音和方言搞正确是很难的。

我并没有假设书中的婴儿都是由父母所生，而不是由他们收养的，我也没有假定所有人都住在大房子里，母亲留在家里照顾孩子，父亲外出工作而不是照料孩子，或者每个人都吃肉或使用西式餐具。

最后，本书中提到的任何一个人都不是虚构的，但是，所有的描述都是由不止一个真实的孩子综合而来的。当我提到一个特定儿童的逸事时（所有的内容都是真实的），会更改他的名字。只有一个例外：那就是我们的女儿莎拉，她允许我在书中透露她的身份。

[①] 在翻译过程中，考虑到中文的表达方式和习惯，一般用"他"作为第三人称的泛指代称，而不刻意用"他"或"她"指代男儿科医生或女儿科医生，或者男婴儿或女婴儿。——译者注

目　录

第二版序言
第二版介绍

第1篇　孩子的发育与成长

第1章　在产前拜访儿科医生

需要做的事情 ·················· 3
新生儿汽车安全座椅 ············ 4
母乳喂养到底有多重要？ ········ 6
关于亲情心理联结 ·············· 7
母乳喂养的相关问题 ············ 8
关于配方奶的问题 ············· 11
足月婴儿在出生时最常需要哪些意料
之外的特殊干预？ ············· 14
羊水胎粪：出生前大便 ········· 14
冲击启动：帮助新生儿第一次呼吸 ··· 15
新生儿湿肺（新生儿暂时性呼吸困难或
暂时性呼吸急促） ············· 16
对这种分娩流程（阿普伽新生儿评分）
的一种看法 ··················· 16
分娩创伤：一种个人的观点 ····· 17

在育婴室有哪些例行的医疗程序，
为什么？ ···················· 18
预防眼睛感染的治疗 ··········· 18
用维生素 K 确保血液的正常凝结 ··· 18
测定婴儿的血型 ··············· 19
新生儿血液样本筛查 ··········· 19
新生儿听力测试 ··············· 20
乙型肝炎的免疫与治疗 ········· 21
检测宝宝的血糖 ··············· 21
脐带的护理 ··················· 21
包皮环切术有哪些利弊？ ······· 21
如果我们不得不在宝宝出生后不久
就把他送去日托怎么办？ ······· 24
让我们这样看待这个问题 ······· 24
在产前或收养前拜访儿科医生时，
我们应了解些什么？ ··········· 26

| 关于宝宝的保险，你最应了解的是什么？ | 28 |
| 展 望 | 29 |

第2章 从出生到2周

需要做的事情	30
该年龄的画像：已经是个小人儿了	30
分离问题：亲情心理联结	32
设立限制：不是对宝宝的行为，而是对大人的行为！	33
日常的发育	35
里程碑	35
新生儿：从头到脚	35
身体的特征	36
行为与能力	43
睡 眠	44
生 长	45
牙 齿	45
营养与喂养	46
母乳喂养	46
特殊的哺乳问题	51
哺乳母亲的饮食	52
配方奶	53
打 嗝	54
洗 澡	54
换尿布、生殖器、小便和大便、穿衣	55
活 动	58
玩具和装备	58
药 箱	58
其他装备	59
安全问题	59
健康与疾病	60

可能出现的问题	60
常见的轻微症状、疾病和担忧	60
严重或具有潜在严重性的症状、疾病和担忧	62
具体疾病的迹象	66
生殖器	69
轻微伤	70
严重受伤	70
机会之窗	71
如果……怎么办？	71
宝宝不得不待在医院	71
产后情绪低落和产后抑郁：不仅仅是母亲的专利	72
两周大宝宝的健康检查	73
展 望	74

第3章 2周至2个月

需要做的事情	75
该年龄的画像：这是我的派对，我想哭就哭	75
第一次哭闹发作	77
分离问题与设立限制：处理宝宝的哭闹	77
里程碑	83
睡 眠	83
生 长	84
牙 齿	85
喂养与营养	85
洗 澡	92
换尿布，生殖器，小便和大便，穿衣	93
活动与装备	93
安全问题	94
健康与疾病	94

可能出现的问题·················· 95
常见的轻微症状、疾病和担忧······ 95
严重或具有潜在严重性的症状、疾病
和担忧·························· 100
极少发生的与年龄相关的问题······ 101
受 伤··························· 102
机会之窗····················· 102
如果……怎么办?············ 103
开始日托························ 103
与父母长时间的分离·············· 104
带着宝宝旅行···················· 106
再要一个························ 107
离婚与抚养权···················· 108
手术与住院······················ 109
搬 家··························· 109
2个月宝宝的健康检查········· 109
展 望······················· 111

第4章 2个月至4个月

需要做的事情················· 112
该年龄的画像:我与非我······· 112
分离问题:已经与父母建立起亲情心理
联结的宝宝与日托················ 115
设立限制························ 116
日常的发育··················· 117
里程碑·························· 117
睡 眠··························· 118
生 长··························· 119
牙 齿··························· 120
营养与喂养······················ 120
洗澡以及使用洗发液·············· 121
换尿布与穿衣···················· 122

活 动··························· 123
玩 具··························· 124
安全问题························ 124
健康与疾病··················· 126
可能出现的问题·················· 126
常见的轻微症状、疾病和担忧······ 127
严重或具有潜在严重性的症状、疾病
与担忧·························· 131
受 伤··························· 134
机会之窗····················· 135
信 任··························· 135
睡 眠··························· 135
如果……怎么办?············ 136
开始日托························ 136
与父母长时间的分离·············· 137
带着宝宝旅行···················· 138
再要一个························ 138
离婚、分居与抚养权问题·········· 140
手术或住院······················ 140
搬 家··························· 142
4个月宝宝的健康检查········· 142
展 望······················· 143

第5章 4个月至6个月

需要做的事情················· 144
**该年龄的画像:以嘴巴为中心,
以双手为辅助**··················· 144
**分离问题:开始产生关于"分离"
的模糊概念和陌生人焦虑**·········· 147
**设立限制:大人的回应要符合宝宝
的需要**························ 148
日常的发育··················· 149

里程碑 ·· 149
生　长 ·· 150
牙　齿 ·· 151
睡　眠 ·· 152
喂养与营养 ·· 153
洗　澡 ·· 154
换尿布与穿衣 ······································ 154
活　动 ·· 156
玩具与设备 ·· 157
安全问题 ··· 157

健康与疾病 ·· 159
可能出现的问题 ···································· 160
常见的轻微症状、疾病与担忧 ················ 161
严重或具有潜在严重性的症状、疾病
和担忧 ·· 162
轻微伤 ·· 163
严重受伤 ··· 164

机会之窗 ·· 165

如果……怎么办？ ······························· 166
开始日托 ··· 166
与父母分离 ··· 167
带着宝宝旅行 ······································ 167
再要一个 ··· 167
离婚与抚养权问题 ································ 168
手术或住院 ··· 169
搬　家 ·· 169

6个月宝宝的健康检查 ······················· 170

展　望 ·· 170

第6章　6个月至9个月

需要做的事情 ······································ 171
该年龄的画像：发现自己的独立身份 ··· 171

分离问题：黏人的宝宝 ·························· 173
设立限制：为说"不"打基础 ··············· 175

日常的发育 ·· 177
里程碑 ·· 177
睡　眠 ·· 179
生　长 ·· 182
牙　齿 ·· 182
喂养与营养 ·· 183
洗　澡 ·· 187
换尿布和穿衣 ······································ 187
活　动 ·· 188
玩具与设备 ·· 189
安全问题 ··· 190

健康与疾病 ·· 191
可能出现的问题 ···································· 191
常见的轻微症状、疾病和担忧 ················ 191
常见的吓人但通常无害的问题 ················ 193
严重或具有潜在严重性的疾病和症状 ······ 194
轻微伤 ·· 196
严重受伤 ··· 197

机会之窗：玩具和挑战的新重要性 ··· 197
为学习做好准备 ···································· 197
慰藉物（或安全依恋物或过渡物） ········· 198

如果……怎么办？ ······························· 199
开始日托 ··· 199
与父母长时间的分离 ····························· 200
带着宝宝旅行 ······································ 200
再要一个 ··· 201
离婚、分居和抚养权 ····························· 202
手术或住院 ··· 202
搬　家 ·· 203

9个月宝宝的健康检查 ······················· 203

展　望···203

第7章　9个月至1岁

需要做的事情···205
该年龄的画像：语言、运动和限制···205
分离问题：等到天黑以后·············208
设立限制：真正的挑战开始了······210
日常的发育···211
　里程碑···211
　社会和认知能力·································212
　睡　眠···214
　生　长···214
　牙　齿···215
　喂养与营养···215
　洗　澡···218
　换尿布、穿衣和着装·························218
　行为、玩具和设备·····························219
　安全问题···220
　医药箱···221
健康与疾病···222
　可能出现的问题·································222
　常见的轻微症状、疾病和担忧·········224
　常见的吓人但通常无害的问题·········225
　严重或具有潜在严重性的症状或疾病····226
　严重感染···226
　轻微伤···229
　严重受伤···231
机会之窗···233
　为学习做准备：成年人的新角色·····233
　让宝宝爱上书·····································234
　用杯子喝奶：戒掉奶瓶·····················234
如果……怎么办？·····························234

开始日托···234
与父母长时间的分离·····························235
带着宝宝旅行···236
再要一个···237
离婚、分居与抚养权·····························238
手术或住院···240
搬　家···240
1岁宝宝的健康检查···························241
展　望···241

第8章　1岁至18个月

需要做的事情·····································243
不要做的事情·····································243
该年龄的画像：12～15个月，加速成长···243
该年龄的画像：15～18个月，前行中···245
　拥有与分享···246
　对抗行为：成长的一部分·················247
　性情与个性···248
12～18个月的分离问题：拉锯战···252
　夜间的分离···253
设立限制：暂时的专制父母···········255
　为管教做准备·····································259
　对待发脾气的孩子·····························259
日常的发育···260
　里程碑···260
　生　长···263
　营养与喂养···264
　换尿布、洗澡和触摸生殖器·············267
　玩具和活动···268
　安全问题···270

健康与疾病·················· 270
  可能出现的问题················ 270
  常见的轻微症状、疾病和担忧········ 270
  有着不熟悉名称的常见病毒性疾病······ 271
  拥有熟悉的名称，但正在变得或将会
  变得越来越罕见的病毒性疾病······· 271
  常见的吓人但通常无害的问题········ 271
  严重或具有潜在严重性的疾病和症状····· 272
  轻微伤······················ 273
  严重受伤···················· 273

机会之窗···················· 275
  对待发脾气··················· 275
  对待便秘···················· 275
  对话和图书··················· 276

如果……怎么办？·············· 276
  开始日托···················· 276
  与父母的长时间分离·············· 277
  带着宝宝旅行·················· 277
  现在怀孕或计划领养第二个孩子········ 278
  新的弟弟妹妹的到来·············· 279
  离婚和抚养权·················· 280
  手术或住院··················· 281
  搬　家····················· 281

15个月和18个月孩子的健康检查··· 281

展　望······················ 283

第9章　18个月至2岁

需要做的事情················· 284
不要做的事情················· 284
该年龄的画像：开始思考········· 284
分离问题：又来了！············ 289
设立限制···················· 291

日常的发育··················· 293
  里程碑····················· 293
  睡　眠····················· 295
  生　长····················· 296
  牙　齿····················· 297
  营养与喂养··················· 297
  换尿布、洗澡和抚摸生殖器·········· 298
  如　厕····················· 298
  活动与玩具··················· 299
  安全问题···················· 301

健康与疾病··················· 302

机会之窗···················· 302
  第二语言···················· 302
  从一开始就要制止看电视的习惯······· 303

如果……怎么办？·············· 304
  再要一个···················· 304
  新的弟弟妹妹的到来·············· 305
  弟弟妹妹的成熟················· 306
  离婚和抚养权·················· 306
  住院与可选择的手术·············· 307

2岁孩子的健康检查·············· 308

展　望······················ 308

第10章　2岁至3岁

需要做的事情················· 310
不要做的事情················· 310
该年龄的画像：第一次青春期······ 310
父母和照料者最重要的新任务······ 314
分离问题···················· 320
  去日托机构或幼儿园·············· 320
  就寝时间与睡眠················· 321
设立限制···················· 324

日常的发育 ·············· 326
　里程碑 ·············· 326
　睡　眠 ·············· 328
　生　长 ·············· 329
　牙　齿 ·············· 330
　营养与喂养 ·············· 331
　洗　澡 ·············· 332
　穿衣服 ·············· 333
　活　动 ·············· 333
　玩具和设备 ·············· 333
　安全问题 ·············· 334
　医药箱 ·············· 336

健康与疾病 ·············· 336
　可能出现的问题 ·············· 336
　常见的轻微症状、疾病和担忧 ·············· 337
　常见的吓人但通常无害的问题 ·············· 338
　严重或具有潜在严重性的疾病和症状 ····· 338
　轻微伤 ·············· 339
　严重受伤 ·············· 339

机会之窗 ·············· 340
　与同龄孩子的交往 ·············· 340
　预防看电视上瘾 ·············· 343
　如厕技能 ·············· 344
　说出身体私密部位及其产物的名称 ····· 347

如果……怎么办？ ·············· 349
　开始日托 ·············· 349
　与父母的长时间分离 ·············· 349
　带着 2 岁孩子旅行 ·············· 350
　怀第二个孩子或计划收养第二个孩子 ····· 350
　新的弟弟妹妹的到来 ·············· 350
　与正在成长的弟弟妹妹相处 ·············· 352
　离婚与抚养权 ·············· 353

　住院和选择性的手术 ·············· 354
　搬　家 ·············· 354
　3 岁孩子的健康检查 ·············· 355
展　望 ·············· 356

第 11 章　3 岁至 4 岁

需要做的事情 ·············· 357
不要做的事情 ·············· 357
**该年龄的画像：通过可预测性和
语言获得力量** ·············· 357
　通过语言获得力量 ·············· 361
　通过可预测性获得力量 ·············· 363
　分离技能 ·············· 365
就寝时的各种怪物 ·············· 366
设立限制 ·············· 367
　哼唧、捣乱和拖延 ·············· 368
　发脾气和攻击行为 ·············· 370
　给予赞扬和关注 ·············· 373
日常的发育 ·············· 374
　里程碑 ·············· 374
　睡　眠 ·············· 377
　生　长 ·············· 377
　牙　齿 ·············· 379
　营养与进食 ·············· 379
　洗澡与卫生 ·············· 380
　活　动 ·············· 380
　如　厕 ·············· 383
　安全问题 ·············· 385
健康与疾病 ·············· 387
　可能出现的问题 ·············· 387
　常见的轻微疾病 ·············· 388
　常见的吓人但通常无害的问题 ·············· 389

严重和具有潜在严重性的疾病和症状…… 391
轻微伤…… 391
严重受伤…… 392

机会之窗…… 393
3岁孩子的性教育…… 393
性游戏…… 396
好的触摸与不好的触摸…… 398
性骚扰和性虐待…… 399
陌生人与绑架…… 399
刻板印象、得体与好奇心…… 400
性别与维护自己的利益…… 401
电视、视频和电影…… 402
图书…… 404
自尊与赞扬…… 404
礼貌与文明的行为…… 404

如果……怎么办？…… 405
与父母的长时间分离…… 405
带着孩子旅行…… 405
怀孕或计划收养第二个孩子…… 405
新的弟弟妹妹的到来…… 406
应对弟弟妹妹的成长…… 409
离婚与抚养权…… 409
手术与住院…… 411
搬家…… 412
一个朋友、亲戚或宠物的死亡…… 412

4岁孩子的健康检查…… 412
展望…… 413

第12章 4岁至5岁

需要做的事情…… 414
不要做的事情…… 414
该年龄的画像：形成是非观…… 414

分离问题…… 418
设立限制：权威型的父母终于出现了！…… 420
说粗话…… 421
说话无礼…… 422
粗鲁的顶嘴…… 422
纠缠不休…… 423
打小报告…… 423
向孩子示范恰当地维护自己的利益或生气的行为…… 424
说谎…… 424
一定会犯很多错误…… 425
运用后果或"暂停"，不要打屁股…… 426
礼貌和文明的行为…… 426

日常的发育…… 429
里程碑…… 430
睡眠…… 432
生长…… 433
牙齿…… 433
营养与进食…… 433
洗澡…… 434
穿衣服…… 435
活动…… 436
玩具…… 436
如厕问题…… 438
安全问题…… 438

健康与疾病…… 439
可能出现的问题…… 439
常见的轻微疾病…… 442
常见的吓人但通常无害的问题…… 443
严重和具有潜在严重性的疾病与症状…… 444
轻微伤…… 444

严重受伤 ·················· 445
机会之窗 ·················· 446
4 岁孩子的性教育 ·················· 446
好的触摸与坏的触摸 ·················· 446
陌生人 ·················· 448
不再是展示和触摸：性游戏何时是
正常的，何时是令人担忧的？ ·················· 449
为学前班做好准备 ·················· 451
如果……怎么办？ ·················· 454
开始日托或上幼儿园 ·················· 454
与父母长时间的分离 ·················· 454
带着孩子旅行 ·················· 454
现在怀第二个孩子 ·················· 454
新弟弟或妹妹的到来 ·················· 454
与弟弟妹妹相处 ·················· 456
离婚与抚养权 ·················· 457
手术和住院 ·················· 459
搬　家 ·················· 459
朋友、亲戚或宠物的死亡 ·················· 460
5 岁孩子的健康检查 ·················· 460
展　望 ·················· 462

第 2 篇　疾病与受伤

第 2 篇引言：当你的孩子生病时

第 2 篇序言：疾病与受伤

第 13 章　吓人的行为

行为不对劲 ·················· 475
行为"正常"的疾病 ·················· 475
行为可怕的疾病 ·················· 476
当你寻求帮助时 ·················· 476
心肺复苏术（CPR） ·················· 477
窒息，气管阻塞 ·················· 478
心肺复苏术：没有呼吸和（或者）
没有脉搏 ·················· 478
呼吸困难 ·················· 479
基本要点 ·················· 479
评　估 ·················· 480
抽搐、惊厥和昏厥 ·················· 481
基本要点 ·················· 481
先处理，后评估 ·················· 482
评　估 ·················· 483
过敏性反应 ·················· 484
基本要点 ·················· 484
评　估 ·················· 484
治　疗 ·················· 485
预　防 ·················· 485
屏气发作 ·················· 486
脱　水 ·················· 487
基本要点 ·················· 487
评　估 ·················· 488
发　烧 ·················· 489
基本要点 ·················· 489

评 估 ································· 490
在紧急情况下给儿科医生打电话或
去看医生 ······························ 493
卫 生 ································· 494
夜啼和夜惊 ·························· 494
基本要点 ······························ 494
评 估 ································· 494
治 疗 ································· 495

第14章 急救：对常见轻微伤的评估与处理

头部磕碰 ······························ 498
基本要点 ······························ 498
评 估 ································· 499
处 理 ································· 500
颈部受伤 ···························· 501
跌倒并伤到颈部 ····················· 501
扭伤和摇晃 ··························· 502
勒 伤 ································· 502
眼部受伤与异物进入眼睛 ········· 503
基本要点 ······························ 503
评 估 ································· 503
处 理 ································· 503
鼻子受伤、流鼻血和异物进入鼻腔 ··· 504
异物进入鼻腔 ························ 504
流鼻血 ································· 506
鼻子受伤 ······························ 507
口腔和牙齿受伤 ···················· 508
口腔受伤 ······························ 508
牙 齿 ································· 510
胳膊和手部受伤 ···················· 511
基本要点 ······························ 511

评 估 ································· 511
处 理 ································· 513
腿和脚受伤 ·························· 513
基本要点 ······························ 513
评 估 ································· 514
处 理 ································· 514
割伤和出血 ·························· 515
基本要点 ······························ 515
评 估 ································· 515
晒伤、烧烫伤和擦伤 ··············· 516
基本要点 ······························ 516
评 估 ································· 516
处 理 ································· 517
人和动物咬伤 ······················· 517
基本要点 ······························ 517
评 估 ································· 518
处 理 ································· 520
中毒和误食 ·························· 521
基本要点 ······························ 521
评 估 ································· 521
处 理 ································· 522
昆虫叮咬：蜜蜂、黄蜂、大黄蜂、
胡蜂和咬人的蚂蚁 ··················· 523
基本要点 ······························ 523
评 估 ································· 524
处 理 ································· 524
预 防 ································· 525

第15章 身体部位、身体功能及相关疾病

头 疼 ································· 526
突然出现的急性头疼 ··············· 526

急性、剧烈、反复出现的头疼，孩子在
两次头疼之间完全正常·················527
持续或反复出现的轻微头疼···········528
颈 部···529
脑膜炎的问题·····························529
小婴儿出现颈部僵硬或斜颈···········530
学步期和学龄前的孩子出现斜颈······530
眼睛与眼睑·································531
基本要点··································531
评 估······································534
处 理······································534
耳 朵···535
中耳感染和中耳积液····················535
外耳道炎或游泳性耳炎·················539
异物进入耳朵，耳道外伤··············540
耳垢（耳屎）·····························541
鼻 子···542
鼻塞：鼻子堵塞但没有分泌物········542
流鼻涕，绿鼻涕，鼻子里流出某种液体···543
口腔、舌头、咽喉与声音··············544
口 腔······································546
牙 齿······································546
咽 喉······································547
音 质······································548
呼吸道和肺·································549
上呼吸道阻塞·····························550
下呼吸道阻塞·····························553
肺泡阻塞··································556
咳 嗽······································558
格鲁布性喉头炎··························559
带哮喘声的咳嗽（通常是由百日咳
造成的）··································559

腹部与肠道·································561
肚子痛······································561
呕 吐······································564
腹 泻······································566
排便困难··································569
生殖器概述·································574
排尿问题·····································578
皮 肤···583
治 疗······································585
肿 块······································585
平坦的斑点、发红的区域或小得数不清的
斑点··586
头皮与头发·······························587
臀部、腿和脚·······························588
气味异常·····································591

第16章 常见疾病与不常见疾病

**有着（或多或少）不熟悉名称的常见
疾病**··593
口腔疼痛··································593
嗓子疼······································597
身体皮疹··································600
呼吸困难，喘息··························602
腹 泻······································602
**有着熟悉名称的不常见疾病，包括
水痘**··605
麻 疹······································605
流行性腮腺炎·····························606
风疹（德国麻疹、三日麻疹）········606
水痘（带状疱疹）·······················607
瑞氏综合征·······························609
带状疱疹··································610

第 3 篇　儿科关注的问题与争议

第 17 章　全面的成长
预测成年后的身高 ·················· 615
很高或很矮 ························ 616
百分位曲线的改变 ·················· 616
说明不了任何问题的测量结果的
变化 ······························ 617
最后的话 ·························· 617

第 18 章　胖还是不胖，我们来告诉你
大问题 ···························· 618
年龄与体重增长 ···················· 621
生长曲线表 ························ 625
曲线表的使用 ······················ 625
百分位解读 ························ 628

第 19 章　细菌、病毒和抗生素
总　结 ···························· 645

第 20 章　婴儿疫苗接种与父母的担忧
总　结 ···························· 650

第 21 章　过敏、哮喘和湿疹
过　敏 ···························· 651
诊　断 ···························· 652
治　疗 ···························· 654
湿疹和特异反应性皮炎 ·············· 657

第 22 章　麻烦的中耳
基本要点 ·························· 659
了解你的"敌人" ·················· 661
评　估 ···························· 661
怀疑是耳部感染 ···················· 661
诊　断 ···························· 663
治　疗 ···························· 664
急性感染的治疗 ···················· 664
持续的问题的治疗 ·················· 665
针对顽固病情的选择 ················ 666
预　防 ···························· 667

第 23 章　"那些总是生病"的学步期或学龄前孩子
基本要点 ·························· 669
评　估 ···························· 669
做些记录，在看病时带上 ············ 670
治　疗 ···························· 671

第 24 章　非常小的孩子的严重行为问题
自闭症 ···························· 674
自闭症谱系障碍（ASD） ············ 676
PDD：广泛性发育障碍 ·············· 677
自闭性障碍（典型的自闭症） ········ 677

PDDNOS：待分类的广泛性发育障碍 … 677
阿斯伯格综合征 …………………… 677
具有异常特征的正常孩子 ………… 677
诊断测试 …………………………… 678
传统的治疗和疗法 ………………… 680
替代药物、草药和特殊饮食等 …… 681
有帮助的资源 ……………………… 681
乐观但要谨慎 ……………………… 682
ADD：注意力缺乏症 ……………… 682
诊　断 ……………………………… 683
治　疗 ……………………………… 684

第 25 章　2 岁及 2 岁以上孩子的对抗行为

对抗行为 …………………………… 686
预　防 ……………………………… 686
消除对抗行为 ……………………… 687

处理对抗行为的三种策略 …………… 688
通过特别的努力来恢复良好的亲子关系 ……………………………… 688
只给出你能够立即执行的命令 …… 689
当你无法执行一个命令时，就不要给出命令——要准备好一些其他的选择 …… 690

第 26 章　那是我的便盆，如果我愿意，我就会试试

3 岁及 3 岁以上的孩子拒绝使用便盆 ……………………………… 692

第 27 章　同胞战争

两个孩子都不超过 2 岁 …………… 696
两个孩子都不超过 3 岁 …………… 696
两个孩子都超过 2 岁，其中一个 4 岁或更大 ……………………………… 697
补　充 ……………………………… 698

第 4 篇　医学术语表

医学术语表 ………………………… 701

第 1 篇

孩子的发育与成长

第 1 章

在产前拜访儿科医生

就像你没事去闲逛一样

需要做的事情:

- 搞清楚你的保险计划!
- 在产前或领养前,拜访一次你选定的儿科医生
- 如果你计划母乳喂养,去买一本最好的母乳喂养指导书
- 购买一个婴儿汽车安全座椅,并搞清楚如何安装
- 把热水器的温度下调到约49℃

在管理式医疗保险尚未问世之前,父母们会在宝宝出生前与几个儿科医生会面,以决定选择哪一个。如今,这种选择通常是由他们的保险计划为他们做出的。所以,对于大多数父母来说,产前拜访儿科医生的关注点已经变了,并且可能是一种好的改变。父母们不再固守于一种消费模式,而儿科医生也无须以最好的表现去征服父母们。这种拜访成了一种社交性的,整个过程可以更轻松、更有趣。

但是,如果你的儿科医生或医生团队已经被指定,并且双方都没有其他选择,为什么还要进行这种产前拜访呢?

我认为,最重要的原因是,这种拜访能让你清楚地认识到,妊娠过程的最高潮不是分娩,而是宝宝的到来——分娩只是达到这一结果的一种手段。这从理智上来看似乎是显而易见的。但是,拜访产科时的一些见闻会让你对分娩后的事情产生困惑。妇产科医生的候诊室里很安静。这里几乎都是成年人。你盯着其他人的大肚子,并比较着自己的肚子的大小。你无意中听着护士和接待员们述说妊娠和分娩的冗长故事。现在的大多数领养父母也会在一定程度上参与婴儿生母的妊娠过程,所以他们也会陷入困惑中。

现在，再走进儿科候诊室，感受一下与产科截然不同的气氛：各种刺激的气味，各种音调与分贝的噪音。要当心踩到爬到你脚边的小朋友。要努力分辨出缠绕在一个孩子正吮吸着的拇指上的那一小块心爱的东西原先是什么。你会听到工作人员为杰西卡终于尿到了杯子里而欣喜，赞美托马斯嫩得可以掐出水来的屁股，给恩里克贴纸作为对他勇敢接受打针的奖励。这时，你把手放在自己的大肚子上，感觉到宝宝正在踢你，或者想起了你家里已经布置妥当的婴儿房，你突然意识到：我们在这儿谈论的是一个婴儿。

在约见医生之前，考虑一些基本的问题对你会有帮助。这样，你就可以知道自己想要和你未来的儿科医生讨论些什么。下面是我列出的问题清单，以及我给出的答案。要想一想你自己想问什么问题。

• 当你真的不想母乳喂养时，要问问医生母乳喂养到底有多重要。如果你确信自己无法做到母乳喂养，要问问医生尽力尝试母乳喂养有多重要。如果我们使用配方奶，如何才能与儿科医生深入地探讨奶粉的选择？

• 宝宝出生时需要的最常见的医疗干预是什么？有多可怕？意味着什么？

• 医院的育婴室里会进行哪些常规检查？它们真的有必要吗？尤其是那些会使宝宝感觉不舒服的检查，或需要让宝宝离开父母身边的检查。

• 包皮环切的利与弊。

• 我们应当提前多长时间、基于哪些因素来选择日托照料者？如果我们不得不让刚出生不久的宝宝接受日托，怎样才能让宝宝的身体或情感不受到危害？我们自己又该如何对待？

• 我们应当如何尽量了解我们的儿科医生，即使我们对医生没有选择权？

• 关于保险计划中有关孩子的部分，我们最应了解的是什么？

然而，在我们探讨这些问题之前，我要先说说在宝宝降生前你需要购买的最重要的物品：汽车安全座椅。

新生儿汽车安全座椅

想都别想把宝宝放在一个人的腿上从医院带回家。如果你没有汽车安全座椅，很多医院都不会同意你把宝宝带走。他们会先试着用幽默机智的方式阻止你，但如果你坚持，他们就会报告执法部门：美国各州及哥伦

在产前拜访儿科医生

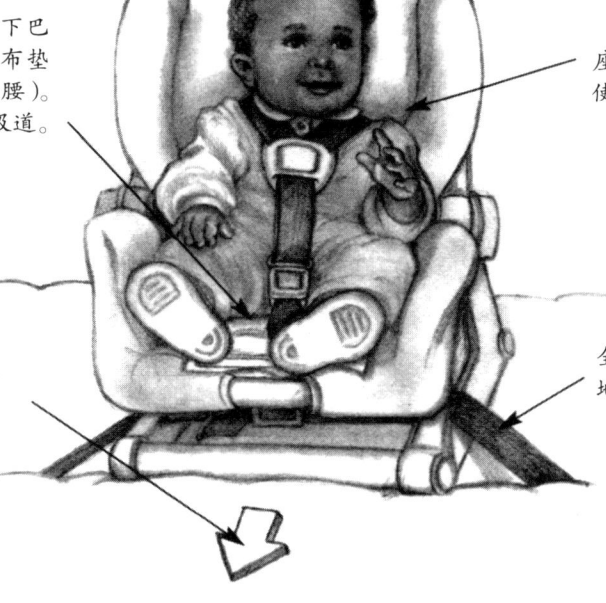

为避免宝宝的下巴抵到胸前,要用尿布垫起宝宝的臀部(和后腰)。这可以避免阻塞呼吸道。

你要避免宝宝在座椅上往下溜,应当使他的背部保持挺直。

婴儿汽车安全座椅要永远面向汽车前座或后座的背部。要拆除汽车安全座椅前面或旁边的所有气囊。

婴儿汽车安全座椅始终要牢固地扣在座椅架上。

比亚特区均要求配备婴儿汽车安全座椅。而这是有充分理由的。在发生意外时,如果使用汽车安全座椅,死亡或受伤的可能性会降低80%。如果你乘坐出租车,也要记得携带安全座椅。

婴儿汽车安全座椅必须正面朝后,它们应当安装在后座的中央。安装位置的前面或旁边不应有气囊:因为气囊的弹出会对婴儿造成致命的伤害。若要拆除气囊,可以在你的汽车手册中查阅相关说明。

在使用汽车安全座椅时,婴儿应当面朝后坐:婴儿面朝前坐的最小年龄是1岁,并且体重要达到9千克(这两个具有里程碑意义的条件必须同时满足)。如果你的宝宝在离开医院时体重不足2.7千克,要确保使他在安全座椅里呈斜躺姿势,而不是坐姿:你不能让小天使的下巴抵到胸前。这种像胎儿一样的蜷缩姿势会阻塞呼吸道。

你的汽车座椅要有"五点"式安全带——双侧肩带、安全腰带、胯带。有很多优秀品牌可供选择,但你必须确保你选择的汽车安全座椅与你的汽车相匹配。要查阅你的汽车手册。

带遮阳篷的汽车安全座椅会罩住婴儿;《消费者报告》建议,这种座椅应该留给学步期的孩子使用。带有衬垫扶手的安全座椅会让宝宝更舒服,但在发生碰撞时没有保护作用。

一旦你选定了一款汽车安全座

椅，就要通过汽车安全热线（800-424-9393）查询，以确保这种产品不是被召回的。你需要记下生产商、型号、编号，以及生产日期。

母乳喂养到底有多重要？

我见过的大多数父母都非常清楚母乳对于宝宝来说是最好的。

但是，母乳真的比其他因素都重要吗？如果母亲需要在宝宝出生后4周、8周或12周时回去工作怎么办？如果她患有乳头内陷，或是做过胸部手术，因此怀疑或被告知哺乳有困难怎么办？如果她，嗯，与自己的乳房没有"那种"关系怎么办？如果宝宝的父亲对此不是很热心怎么办？如果母亲希望父亲尽早与宝宝建立牢固的亲情心理联结，并认为母乳喂养会妨碍这种纽带的建立怎么办？如果宝宝早产，而你在几周之内不得不将奶水吸出，直到宝宝大到能够自己吃奶怎么办？如果宝宝是领养的，或者胎儿期是在一个代孕母亲的子宫里度过的，而你知道无须经过妊娠也有可能哺乳，但这需要你做出极大的努力和奉献，这种情况又该怎么办？

父母们需要权衡：母乳喂养是否值得他们付出的一点或极大努力？有两个方面需要考虑。

- **医学问题**。母乳喂养是否能防止过敏症、耳部感染、腹泻和肥胖症？有什么特别的理由能让你特殊的宝宝从母乳喂养中获得比一般宝宝更多的益处吗？

- **关于亲情心理联结（Bonding）**。如果一位母亲不哺乳，她与她的宝宝能建立良好的亲情心理联结吗？如果她哺乳，宝宝能与父亲建立良好的亲情心理联结吗，即便喂养是养育中如此重要的一个部分？

当我为父母们提供指导时，我会强调以下几点：

- 如果你的宝宝是早产儿，哺乳就真的非常重要，为此做出相当大的牺牲是值得的。早产儿的胎龄越小，尽力做到母乳喂养就越重要。
- 母乳喂养有助于防止婴儿猝死综合征（SIDS）。
- 在宝宝出生后头4个月进行母乳喂养，并避免喂食配方奶和辅食，有助于防止宝宝在一岁前患中耳感染。
- 如果你要到一个卫生条件欠佳或完全没有保障的地方去访问或居

> **鱼类的安全性：哪些鱼类要避免或限制摄入**
>
> 鱼类是蛋白质和健康脂肪的一个重要来源。然而，一些大型鱼类（无论是淡水鱼还是海鱼）可能受到了水银污染。过量的水银对中枢神经系统是有毒的，尤其是对于胎儿、婴儿和小孩子。
>
> 美国食品药品监督管理局（FDA）监控着商品鱼的安全性，包括商店里买来的鱼以及海鱼和近海鱼类。FDA建议儿童和育龄妇女避免食用鲨鱼、鲭鱼、旗鱼和方头鱼。FDA还建议孕妇以及待孕妇女对其他商品鱼类的摄入量要限制在平均每星期不超过340克。
>
> 当你阅读本书时，FDA可能已经发布了新的或补充的建议。你可以通过下面的电话号码或网址进行查询。
>
> 美国国家环境保护局（EPA）监控着非商品的淡水鱼——家人和朋友在湖泊、溪流和池塘中捕捉到的鱼。EPA建议孕妇、准备怀孕的妇女以及哺乳期的母亲和"小孩子"（没有给出年龄范围）对这些鱼的摄入限制在每周一次。对于成年人来说，摄入上限是170克经过烹调的鱼或者230克未经烹调的鱼；对于孩子们来说，摄入上限是60克经过烹调的鱼。
>
> 美国疾病控制与预防中心（CDC）认为，小孩子完全不应生食任何鱼类或贝类，以避免细菌性食物中毒。
>
> 为了避免水源遭受水银污染，你应当以安全的方式丢弃家里的水银温度计，并且不要再买新的。
>
> 更多信息请查询：
> EPA：http://www.epa.gov/ost/fish
> FDA：http://www.cfsan.fda.gov

住，母乳喂养是防止婴儿腹泻的有效而独一无二的方式。

- 即使母乳喂养3个星期左右也是很有价值的。
- 即使是关于乳房最根深蒂固的看法，包括性爱功能和母性功能，也可以被改变。

关于亲情心理联结

婴儿建立亲情心理联结有多种方式，主要是通过触摸和气味。父母双方都可以与宝宝建立亲情心理联结，不管采取何种喂养方式。此外，到两周大时，足月生产的健康的母乳喂养的宝宝，可以开始偶尔（最多每天一次）用奶瓶吃挤出的母乳。

父亲与宝宝建立亲情心理联结最重要的因素是，不要有任何人扮演"守门人"——以微妙的方式阻止父亲。"守门人"是指那些允许或禁止其他人接触宝宝，以及监督其他人与新生儿的接触方式的人。本着平静与信任的精神，让父亲与宝宝单独待在一起，通常就足以使他们建立起牢固的亲情心理联结。

不论决定采取哪种喂养方式，重点都在于喜爱宝宝并让宝宝得到良好的营养。婴儿的成长和变化非常快。如果你因为喂养方式问题而陷入强烈的内疚感，或者甚至是虚荣心，你就无法为喂养变成常规、变得理所当然和宝宝进入新阶段做好准备。不论你是哺乳，还是用奶瓶喂养，都不会对你的养育风格、亲子关系、孩子的性格品质或者你的管教方式产生决定性的影响。

母乳喂养的相关问题

母乳优于配方奶吗？

是的，体现在以下几个方面：

免疫方面：母乳，尤其是产后头3周的母乳富含免疫物质。比如，如果一位哺乳的母亲感染了一种病毒，她的身体里就会产生这种病毒的抗体，然后，这些抗体会通过母乳进入宝宝的身体，帮助他抵抗疾病。吃母乳的宝宝对各种疾病都有较强的免疫力，从轮状病毒腹泻到呼吸道合胞病毒细支气管炎。

营养方面：对于正常发育极其重要的钙磷之间的微妙比例，母乳会自动调整到正确的水平。母乳中的蛋白质和脂肪要比配方奶中的更加健康，也更易于吸收。母乳中含有电解质，比如钠离子和氯离子，以及微量元素，比如锌和铜，它们会自动地达到适量水平，不会像配方奶那样在极少数情况下出现生产误差。维生素和铁是母乳中固有的，并且容易被吸收。在干热环境中，母乳中还会自动添加额外的水分。

卫生方面：母乳是洁净的。它不会给宝宝传染疾病，除非是因为使用了不干净的奶瓶或用不干净的吸奶器吸奶而受到污染。

味觉疲劳：一些证据显示，每天吃同样味道的奶，婴儿会感到乏味，甚至会不再好好吃奶。配方奶的味道永远是一成不变的。而母乳的味道会随着母亲饮食的变化而不同，并且，一些研究显示，这种味道的多样性能够使宝宝感到愉悦。即使一些强烈的味道，比如大蒜，也会增强母乳对很多宝宝的吸引力，而不是造成腹痛。从父母的角度来看，与吃配方奶的宝宝相比，吃母乳的宝宝的大便气味更好闻一些，甚至我们委婉地说的"吐奶"也不那么令人不快。

不管奶瓶里装的是什么，吮吸乳房都比吮吸奶瓶更好吗？

吃母乳时，宝宝紧贴在母亲的乳房上，用面颊形成一股吸力，大口地吸入母乳。他的嘴唇和舌头不用使劲。而用奶瓶时，宝宝不得不使用嘴唇和舌头。

一些研究显示，吮吸奶瓶会导致掺杂有婴儿自身分泌物的液体通过耳咽管回流到中耳，因而容易导致中耳感染。（见第3篇"中耳炎"相关内容）

在心理方面，母乳喂养要优于奶瓶喂养吗？

不一定。你完全可以以一种亲密、温暖的方式用奶瓶给宝宝喂奶，并有肌肤接触。不管哪种方式，只要能让父母们对自己以及自己作为父母和配偶的角色感到最舒服和快乐，从心理方面来说就是最好的喂养方式。

如果宝宝吃母乳，几个月内都不让他使用奶瓶或接触配方奶很重要吗？

我个人确信，对于每个吃母乳的宝宝，都应该教给他使用一个起"提醒"作用的奶瓶，里面最好装的是挤出的母乳。我建议从宝宝大约2周大时开始，因为这时哺乳的习惯已经确立，并且宝宝的体重有了很大增长。如果你等的时间太长，有些宝宝就会非常固执地拒绝使用奶瓶。我仍然记得一个4个月大的十分迷人的宝宝由于其母亲不得不突然中断哺乳所造成的痛苦。简连续36个小时拒绝使用奶瓶、杯子、汤匙、注射器。除了简之外，我们都为此添了几根白发。

配方奶在某些时候对宝宝肯定更好吗？

这种时候极其少见。一位母亲因为生病而无法哺乳的情形是非常罕见的。然而，一些危险的病毒会通过母乳传给宝宝。乳房上长有疱疹的母亲一定不能哺乳，感染艾滋病病毒（HIV）或人T细胞白血病病毒(HTLV)的母亲也不应该哺乳。如果一位母亲是乙型肝炎携带者，在她的宝宝接受了丙种球蛋白注射和抗病毒的免疫接种之后，她可以哺乳。

在非常罕见的情况下，宝宝可能会对母乳中的某种成分过敏，最常见的是乳蛋白或大豆蛋白。在这种情况下，通常的建议是先给宝宝喝不会引起过敏的高科技配方奶，直到其母亲从饮食中去除这些蛋白足够长的时间，使宝宝能够再次耐受母乳为止。

更为罕见的是，宝宝（甚至没有家族遗传的问题）患有先天代谢失调，母乳中的糖分或蛋白质含量会使吃母乳变得很危险。这些代谢失调会在宝宝从医院回家之前通过血液样本被筛查出来。

每个想哺乳的女性都能哺乳吗？我怎样才能为哺乳做好最充分的准备？

大多数想哺乳的女性都能哺乳。只有极少数情况无法做到。如果以前做过乳房手术，尤其是涉及乳头的话，有时候会阻碍产生母乳的中枢神经系统反射和（或）激素反射。有少数女性缺乏对哺乳至关重要的激素——泌乳激素。还有极少数女性的乳腺组织不足。这些问题会使哺乳变得不可能。

希望哺乳的女性应该阅读至少一本这方面的好书，并且在条件允许的情况下要参加一个哺乳课堂。

如果你有或怀疑自己有某个特殊问题，例如上面所描述的那些情况，或者诸如乳头扁平或乳头内翻问题，在宝宝降生之前和之后去拜访一位哺乳专家或去国际母乳会，是非常有帮助的。

一位母亲能为收养的宝宝哺乳吗？

是的，在很多情况下都可以，前提是她在领养之前很长时间就开始准备，向哺乳顾问寻求支持，精力充沛并且意志坚定。哺乳是一种神经系统的活动，在这一过程中，宝宝的吮吸刺激母亲大脑中的下丘脑区域，促使大脑释放出促乳激素。你无须经历妊娠也可以哺乳。但是，你一定要与儿科医生和有这方面经验的哺乳顾问进行仔细的讨论。

如果不得不中止哺乳一段时间，我还能继续哺乳吗？假如我需要不带宝宝去旅行一周怎么办？

如果哺乳的习惯已经确立，如果你得到了充分的休息并保持放松，并且如果你坚持定期用吸奶器吸奶，你可能就没有问题。

如果有可能出现这种情况，你要确保宝宝在你登上飞机很久以前就能够在母乳与奶瓶之间来回转换。这通常意味着，你必须在哺乳和用吸奶器吸奶都很好地确立之后再开始旅行，当然，最早也不能在宝宝满月之前。

为宝宝找乳母或母乳银行怎么样？

乳母的问题是双重的。第一个主要的担心是，一些病毒会通过乳母传

> 美国儿科学会强烈要求给婴儿的所有配方奶都应该是铁强化配方奶。缺铁会导致发育缺陷,而缺铁的婴儿并不一定会面色苍白,或者在诸如红蛋白或红细胞之类的血液筛查检测中显示出贫血的迹象。

给婴儿,反之亦然。最主要担忧的是乙型肝炎和艾滋病。

第二,如果乳母服用药物或使用毒品,这些东西会通过乳汁进入宝宝体内。你需要对乳母彻底了解、信任,并且或许还需要进行监督。

第三,一种非常少见的情况,是乳母的白细胞会出现在其乳汁中,在极其罕见的情况下,这些白细胞会对免疫系统还不完善或存在缺陷的宝宝造成危害,因为它们把宝宝的细胞组织当作了外来细胞,并且对尚缺乏有效防御能力的宝宝发动攻击。这称为"移植物抗宿主反应"。

如果你考虑给宝宝找乳母,就必须寻求详细的医学建议。即使你找的乳母是自己的姐妹(甚至是你的母亲)。

关于配方奶的问题

大豆配方奶比牛奶配方奶好吗?还是相反?

如果宝宝出现痉挛、啼哭、稀便、皮疹或是任何其他对配方奶不耐受的迹象,都需要去看儿科医生。问题可能确实是由配方奶引起的,也可能与配方奶完全无关。

那些什么都能大口吃下的宝宝,吃牛奶或大豆配方奶都没问题。适应力很强的宝宝甚至可以在两种奶之间任意转换。所有的商品配方奶——不管是基于牛奶、肉类还是大豆,名牌产品还是一般产品——都必须符合 FDA 关于安全与营养的各项标准。

与大豆配方奶相比,牛奶配方奶有一个很大的优势。为了适应婴儿的需要而对牛奶进行的加工,不太容易受到人的疏忽和过失的影响。而大豆配方奶是"从头做起"生产制造的。此外,牛奶中的乳糖与人奶中的乳糖完全一样,有助于钙的吸收。最后,牛奶配方奶通常比基于其他蛋白质的配方奶价格低。

担心从乳制品会感染可怕的疯牛病(BSE,或牛海绵状脑病)是没有依据的。疯牛病的致病因子存在于牛的神经系统中,无法进入牛奶。

对牛奶配方奶中激素的担忧也是没有道理的。为了提高产奶量而给奶牛服用的生长激素(BST)与奶牛

> 有些牛奶配方奶的广告宣称是"低敏"或"防过敏"的。要当心！这只意味着，在已知对牛奶过敏的婴儿中，只有90%能够耐受这些配方奶。没有任何方法能告诉你一个特定的过敏婴儿能否耐受这些配方奶，有少数婴儿会对这些"低敏"配方奶产生严重的、危及生命的反应。这些婴儿需要非常特殊的处方配方奶。

自身产生的生长激素是相同的，并且它在牛奶中的存在度是受到认真监控的。（牛奶中抗生素的存在度也是如此。任何被检测出抗生素的牛奶都会被倒掉。）

然而，有些婴儿对于牛奶中的蛋白质不耐受，会出现过度哭闹、痉挛、稀便的症状，大便中通常有明显或微量的血迹。在极少见的情况下，婴儿可能会出现威胁生命的过敏反应，并出现荨麻疹和休克。大多数此类婴儿能很好地接受大豆配方奶，但是，大约20%对牛奶过敏的婴儿也会对大豆过敏。对于这些宝宝来说，可以选择低敏配方奶，比如美赞臣安敏健（Nutramigen）、雅培（Alimentum）或美赞臣哺力美（Pregestimil）。

在极少数情况下，婴儿可能无法消化牛奶中的糖和乳糖。我说在极少数情况下，是因为这些糖分与人类母乳中的糖分是完全相同的。对于这样的宝宝，有两种方案可供选择：无乳糖牛奶配方奶，比如美赞臣的无乳糖配方奶（Enfamil's Lactofree），或含有蔗糖或葡萄糖的大豆配方奶。

为什么有那么多种配方奶？

配方奶制造公司一直在努力对母乳进行直至分子量级的分析，并试图在工厂中生产出与母乳相同的配方奶。但是，没有一种配方奶能够完美地复制母乳。他们相互的竞争便基于对母乳中的蛋白质、脂肪、糖、维生素、矿物质和微量元素的精密分析，以及声称自己的产品比竞争对手的更接近母乳。

一般品牌的奶粉价格便宜得多，但我需要购买名牌奶粉吗？

正如我所说，不论是名牌奶粉还是一般奶粉，它们的安全与营养都是受到FDA监督的。一般品牌奶粉价格便宜有两个原因。

1. 它们利用了知名品牌公司的研发成果，因此无须承担研发成本。由于它们不进行持续的研发，因此，在涉及诸如促进大脑发育的理想脂质、易于消化的理想蛋白等的改进时，就

> 在浓缩、脱水或全脂牛奶的基础上家庭自制的配方奶是危险的。这种混合物与人类母乳相差十万八千里。它们包含了太多种不合适的脂肪、错误的钙磷比,而且根本没有足够的铁。婴儿需要特殊的配方奶才能全面发育。如果经济负担能力不足,父母们应向 WIC 计划寻求帮助。

不会处于前沿地位。

2. 一般品牌的配方奶不向联邦 WIC 项目("美国妇女、婴儿和儿童营养计划",使低收入家庭可以购买配方奶)进行销售。而名牌配方奶公司要向 WIC 销售,并且不从这种销售中获取利润。

因此,这里涉及了医学、经济和政治问题。有些人觉得知名配方奶公司应该为它们的开创性得到补偿。他们认为知名品牌的价格更高是合理的,而"一般品牌"是在"搭便车"。知名品牌公司不仅开发着在营养上与母乳很接近的一般配方奶,还为那些患有罕见的代谢失调,以及既无法耐受母乳又无法耐受一般配方奶的婴儿研制特殊的救命配方奶。此外,这些公司一直在对产品进行不断的改良。

另一些人认为,任何能够帮助贫困家庭健康地喂养宝宝的产品——比如价格低廉的一般品牌配方奶——都是好东西。

什么时候必须选择既不是基于牛奶也不是基于大豆的配方奶?

在很少见的情况下,一个婴儿可能需要一种很特殊的高科技配方奶,比如美赞臣哺力美(Pregestimil)、雅培(Alimentum)或美赞臣安敏健(Nutramigen),这种情况就出现在宝宝既对牛奶蛋白过敏又对大豆蛋白过敏的时候。更为罕见的是,一个宝宝天生就患有代谢疾病,如苯丙酮尿症(PKU),在这种情况下,即使这些配方奶也是危险的。这样的宝宝需要一种为其"量身订制"的处方配方奶。

在你选择任何高科技配方奶之前,都应咨询儿科医生。虽然这些配方奶价格昂贵,味道不讨人喜欢,但是已经拯救了很多生命(这里指的是配方奶,不是儿科医生,虽然他们也拯救了很多生命)。

足月婴儿在出生时最常需要哪些意料之外的特殊干预？

在分娩前，很多父母都会参加分娩课程，阅读一些书籍，参观他们的医院，并且对自然分娩的细节和医院政策（例如让丈夫陪产、弹性计划和母婴同室）有非常清楚的了解。而且，他们通常都看过关于剖腹产的影片，或是听过相关的介绍。

这些分娩课程有时会对一些医学问题一带而过，甚至根本闭口不提，因为教学者觉得可能会引起父母们不必要的恐慌。然而，在我看来，父母们喜欢感觉一切都在掌控之中，并会感激能提前了解在分娩时最常出现的麻烦。认识到这些事情并非不同寻常，并且大多数宝宝都能化险为夷，会让人感到安慰。

大多数分娩过程，不管其时间多么长、多么紧张或混乱，都不会对宝宝造成太大影响。然而，有时候，一个正常分娩的完美的足月婴儿，却会在出生时出现问题。最常见的问题是：

- 羊水胎粪（新生儿粪便）：在出生前大便；
- 出生后无法有效呼吸；以及
- 肺中积存液体的时间过长。

羊水胎粪：出生前大便

令人惊讶的是，这种情况居然经常发生。有些宝宝大便是因为他们已经到了或超过了预产期，并且无法再等了。另一些宝宝可能是因为脐带受到挤压并且暂时缺氧而出现短暂的不适，因为反射而大便。这与母亲做了什么或没做什么毫无关系，并且没有任何办法能预防这种情况的发生。

新生儿大便——胎粪——呈黏稠的焦油状，如果被吸入，会对肺部产生强烈刺激。如果胎粪的数量很少，被羊水充分稀释，并且宝宝健壮有力，那么吸入这种被轻微污染的液体可能不会造成伤害。但是，如果婴儿已经表现出呼吸窘迫的迹象，医护人员就要努力确保婴儿尽可能少吸入胎粪。

这些努力可能会使分娩过程不像你想的那样平静。

通常，在这种情况下，宝宝的头部一旦娩出，在身体的其余部分娩出并且宝宝开始呼吸之前，医生就会彻底吸出其口鼻中的羊水和胎粪。这可能需要几分钟时间,并且产房中的每个人通常都会对母亲大喊:"不要用力,不要用力!"

如果宝宝显示出呼吸窘迫的迹象,就需要一个人(一名儿科医生、麻醉师或是经过特殊培训的护士)借助一种特殊的光源来检查宝宝的呼吸道,看看里面是否有胎粪。如果看上去宝宝可能已经吸入胎粪,或许在出生前就已经吸入,这名指定的人员就会把一根管子伸入宝宝的呼吸道中,将其吸出。这个过程可能不得不重复几次。

通常,这种操作就能防止"胎粪吸入性肺炎",而无须其他操作。(偶尔,尽管做了所有这些努力,但有些胎粪在宝宝出生前进行"胎儿呼吸"时就进入了肺部。在这种情况下,宝宝可能需要更专业的帮助。)

当然,在宝宝开始呼吸前清理呼吸道会延迟他的第一次呼吸。这时,宝宝需要"冲击启动"来帮助他开始呼吸:见下文。

在任何时候,如果"出现胎粪",分娩的最后阶段就会变得不那么平静和顺利,医护人员对新生儿的关注会显得很紧迫而可怕。知道发生了什么事,并知道大多数宝宝都会没问题,对你会有很大帮助。

冲击启动:
帮助新生儿第一次呼吸

大多数宝宝不需要帮助就能开始呼吸,这也是很令人惊讶的。毕竟,在胎儿阶段,宝宝的肺里充满了液体。让肺里充满空气的头一两次呼吸所承受的压力是相当大的。(当一个宝宝发现头几次呼吸最困难,而之后就会变得轻松时,他一定会感到极大的安慰。)

出于若干原因中的任何一种,宝宝都可能在刚出生时不能有效地呼吸。如果胎儿监护仪显示可能会出现这种情况的预兆,就会有第二名医生被叫进来,通常是一名儿科医生或一名经过特殊培训的婴儿护士。但是,产房护士和育婴室护士,以及产科医生和麻醉师也接受过应对这种相对较为常见事件的相关训练。

通常,需要的就是刺激呼吸和通过戴在婴儿脸上的一个面罩来吹氧。有时候,需要挤压连接在面具上的氧气袋,向新生儿输送氧气。在少数情况下,还需要采取更多措施:用一根管子直接插进宝宝的呼吸道,或是通过一根脐带血管注入药物。

再说一次,大多数宝宝都没问题。

新生儿湿肺（新生儿暂时性呼吸困难或暂时性呼吸急促）

胎儿的肺部充满了液体。在出生后的几分钟到几小时内，随着宝宝的呼吸，这些液体会被挤压出肺部组织，进入循环系统，并在接下来的几天里排出体外。有时候，尤其是剖腹产分娩的婴儿，肺部没有经过产道的挤压，因此肺部的液体无法像通常那样被迅速排出。这会导致婴儿呼吸急促，有时会面色发青。

儿科医生最重要的职责就是确定（通常通过血液检测和 X 光）这种症状是由肺部积液引起的，而不是其他原因（比如肺炎），并且要给婴儿提供氧气和其他帮助。通常，宝宝会通过一个"面罩"或是罩住其头部的透明塑料柱体来吸氧。在很多时候，宝宝呼吸过于急促，以至于无法吃母乳或用奶瓶吃奶，这时候可能就需要开始静脉注射。

需要记住的是，这些问题通常都会在大约 48 小时内得到解决，并且很少出现并发症，而且宝宝真的不会有任何痛苦。非常重要的是，不要认为宝宝是"病了""体弱"或"畸形"，而且不要感到内疚，或认为自己需要为这种容易理解的问题承担责任。

对这种分娩流程（阿普伽新生儿评分）的一种看法

由于这些情况并不少见，因此，我们身边有很多非常聪明、快乐和正常的孩子都曾经有过较低的阿普伽新生儿评分，尤其是在刚出生的时候。阿普伽新生儿评分是一项综合评分，反映的是婴儿对子宫外世界的适应情况。我们都很庆幸是维珍尼亚·阿普伽[①]（Virginia Apgar）博士发明了这种评分方法，因为她的名字让这个评分法很容易记忆：

A 肤色（Appearance）：青紫、苍白还是粉红？如果呈现青紫色，是只有手和脚还是整个全身？

P 心率（Pulse rate）：心跳有多快？

G 对刺激的反应（Grimace）：导管插入鼻子时面部是否有反应？

A 肌张力（Activity）：婴儿是否有自主的动作？活跃程度如何？

R 呼吸（Respirations）：婴儿呼吸的有效性与频率如何？

每个参数可以打 0 分、1 分或 2 分，

[①] 维珍尼亚·阿普伽（1909—1974），美国医生，专科为麻醉及儿科。她是麻醉学及畸形学的领先学者，被认为是新生婴儿科的始创人。阿普伽新生儿评分是全球最广泛使用的新生儿评估方法，该方法大幅减少了婴儿的死亡率，并令阿氏广为人知。——译者注

"完美"的总分是10分。这项测试在婴儿出生后1分钟、5分钟和10分钟（如果出现问题）时进行。

需要注意的是，打分可能会因人而异。一名医生给出8分，另一个医生却可能打6分或10分。一些爱挖苦的人宣称，只有身居高位的医务人员的新生儿得到过10分。

阿普伽评分是用来监测——而不是用来决定——是否要启动特殊的医疗手段来帮助宝宝的。没有人会白白地坐等1分钟什么也不做，然后才注意到阿普伽评分只有2分。

最后，需要明确的是，即使一个新生儿在出生1分钟甚至5分钟后阿普伽评分很低（3分及以下），也并不自然地意味着他以后会遇到麻烦。如果你的宝宝在出生时或出生后有任何问题，你的儿科医生会希望与你好好谈谈，但在大多数时候，情况都是非常乐观的。

一些专家暗示，未来可能不会再把阿普伽新生儿评分作为惯例。然而，这一评分体系在关注新生儿对子宫外世界的适应情况方面一直发挥着重要作用。而且，其名称是对一位为所有新生儿的护理做出了巨大贡献的女性的致敬。

分娩创伤：一种个人的观点

我不赞同出生对于婴儿来说是一种可怕的震惊和创伤的观点。相反，这是一项经过长期准备而达到的最高潮。我们没有任何真实的理由认为出生是痛苦的。

虽然婴儿的头盖骨会在分娩过程中受到挤压这种认识会令我们感到畏惧，但婴儿的头盖骨本身是有可塑性的。或许它感觉良好。大脑本身是没有神经的，不会感觉到疼痛。我们可能会想象产道感觉"很紧"，婴儿会感觉受到了挤压，但我们无疑是在把自己的幽闭恐惧症投射到这种情形中，并且被我们对宝宝无法呼吸有多可怕的想象强化了，这种想法显然是出生中的宝宝不会有的。

而且，我们没有理由认为新生儿第一次呼吸时发出的啼哭声是由于震惊或恐惧。事实是婴儿的第一次呼吸是一次深呼吸，为了扩张肺部。当他呼气时，会发出一种声音。这种声音就是啼哭声。还能期望他们发出什么别的声音呢？约德尔咏叹调？

此外，我不认为新生儿会因为嘈杂的产房而非常不舒服。我们有充分的证据表明，声音完全能够传进子宫。母亲听到的任何音乐、大声叫喊、交通的嘈杂、施工噪音、动物叫声等等，对她的新生儿来说都已不再陌生。

明亮的光线和闪烁的灯光不会对新生儿造成伤害，通常，他们对此甚至都毫无察觉。即使在最明亮的产房中，宝宝在出生后也会进入正常的觉醒状态，睁开他们的眼睛，用淡蓝色的双眼第一次注视外面的世界。

轻柔的触摸，用欢迎、赞美、安慰的语调对宝宝说话，并避免不必要的医疗程序，就是良好的医疗护理的全部，我认为这些都是理所当然的。但是，我不认为婴儿需要或"想要"出生在特别黑暗、特别安静的房间里，或出生在水下，我也不认为他们一出生就需要立刻浸泡在温暖的浴盆中。

最后，父母与新生儿之间的亲情心理联结不是某种环氧树脂胶——时机至关重要，不立即黏合就会干掉。亲情心理联结不是一种感受，也不全都是正面的；它有很多构成要素，并且是随着时间流逝而逐渐形成的。它既包含惊叹与兴奋，也包含无聊（宝宝总是在睡觉）与失望（她遗传了爷爷弗兰克的鼻子），还有担忧（他制造出的好玩的声音是什么？），甚至还有愤怒（我们多希望是个女孩！）。

毫无疑问，唯一会影响亲情心理联结的，就是你相信如果不在分娩后立即将其建立起来，就会无可挽回地失去某些东西。这是完全、绝对错误的。

在育婴室有哪些例行的医疗程序，为什么？

预防眼睛感染的治疗

所有宝宝都会接受药物治疗，以预防分娩过程中可能造成的眼部感染。这一医疗惯例的制定要感谢海伦·凯勒[①]（Helen Keller），她强烈地感觉到要尽可能预防失明。红霉素眼药膏能够防止淋病与衣原体感染。

用维生素 K 确保血液的正常凝结

维生素 K 能够使血液凝结。如果一个婴儿缺乏足够的维生素 K，他的出血可能很难止住。

这是一种必须通过肠道中的细菌来激活的维生素。有些宝宝无法自己制造维生素 K——尤其是只吃母乳的宝宝，或是患有肝病的宝宝。这些宝宝在 7 个月大之前都有可能出现会危及生命的脑出血。

[①] 海伦·凯勒（1880—1968），美国女作家、教育家、慈善家、社会活动家。在十九个月大时因患猩红热而丧失视力和听力。享年 88 岁，却有 87 年生活在无光、无声的世界里。在这段时间里，她写了《我的人生故事》（The Story of My Life）等作品，并致力于为残疾人造福，建立慈善机构。1964 年荣获"总统自由勋章"，次年入选美国《时代周刊》评选"二十世纪美国十大英雄偶像"之一。——译者注

由于这个原因，所有婴儿在出生时都会被注射维生素K。有些儿科医生为防万一，喜欢给母乳喂养的宝宝注射第二针甚至第三针维生素K。

到目前为止，口服维生素K尚未被证明能够像维生素K注射剂那样有效地预防凝血问题。

测定婴儿的血型

测定婴儿的血型并不是一项常规检查。如果母亲的血型是O型，很多医生会通过从脐带上采集的血液来测定婴儿的血型。这是因为婴儿可能会遗传了父亲的A型或B型血。由于这种情况（母亲是O型血，宝宝是A型血、B型血或AB型血）易于出现较严重的、需要治疗的黄疸，因此提前知道宝宝的血型是有帮助的，尤其是当宝宝很早就要离开医院时。如果母亲是Rh阴性血，通常会检测宝宝的血型，看看是否为Rh阳性。如果是Rh阳性，婴儿的母亲需要进行一次RhoGAM注射，以防止在以后的妊娠中出现Rh致敏反应。（对于Rh血型方面我不再多说。如果你是Rh阴性血，你会从你的产科医生那里了解到相关的全部信息。）

新生儿血液样本筛查

筛查的目的是在宝宝实际出现某种疾病症状之前识别出这种疾病。这样，任何治疗都可以尽早开始，并达到最好的效果。这些疾病中的大多数都不常见，并且通常不会由家族史让人怀疑到其遗传。很多遗传性疾病都还没有可靠的筛查方法，包括囊性纤维化和黏多糖贮积症。现在，血液筛查可以发现三类疾病：

1. 代谢性疾病：婴儿缺乏正常生长发育所需的化学物质，需要特殊的饮食或膳食补充剂。

2. 内分泌疾病：婴儿需要补充某些荷尔蒙来实现正常的生长发育。

3. 血液形成障碍：婴儿的血细胞中含有异常的血红蛋白。

对于要筛查哪种疾病，每个州都有不同的规定。你可以联系你将去分娩的医院或你所在州的公共卫生部门，了解你所在的州都筛查哪些项目。

一些父母希望为宝宝进行最全面的筛查。这些父母可以预定并购买一个筛查套装。这个套装可以用一点血样（通常采自脚后跟），在出生时或出生后进行采集，筛查超过30种疾病。

> **需要进行新生儿听力筛查的高危因素**
> - 家族性（兄弟姐妹、父母、祖父母）耳聋可能会遗传
> - 妊娠期少于35周的宝宝
> - 使用过可能影响听力的药物（现今已经非常少见）
> - 出生时出现过严重问题——待在新生儿重症监护室或使用呼吸机超过5天
> - 暗示宝宝可能有听力问题的生理特征（询问你的儿科医生）——例如，耳朵过小或畸形，皮赘或异常小孔

这个套装售价不高，并且包括了对筛查结果的后续指导。你可以订购这个套装，并把它带到医院。你的儿科医生或医院工作人员会为宝宝采血，然后你要立即将血样寄给检测中心。

以下这两个组织提供这种套装：

代谢性疾病研究所
贝勒大学医疗中心
达拉斯，得克萨斯州
电话：800-4Baylor

NeoGen筛查中心
匹兹堡，宾夕法尼亚州
电话：412-220-2300
网上订购：www.neogenscreening.com

任何筛查都不是百分之百准确的。有一些正常宝宝的筛查结果却不正常，这会引起父母们不必要的担心。还有非常少数的宝宝的筛查结果是正常的，但后来却发现了上述某种潜在的疾病。

新生儿听力测试

每1000个孩子中有1～3个（在美国每年大约有24000个）天生患有中度至重度的听力损伤。这是最常见的先天障碍，并且无法通过婴儿的身体检查或行为诊断出来，要到宝宝长大一些之后——往往要到2岁半到3岁——才能诊断出来。

但是，如果一个婴儿被诊断出有听力问题，并且在6个月大之前进行了成功的治疗，其语言能力的发展就很可能在正常的范围内。如果治疗被拖延到6个月大之后，正常语言能力的获得就难多了。

像其他筛查一样，新生儿听力测试也不是完美的，一些被标记有问题的宝宝，实际上听力是正常的。所以，如果你的宝宝被要求重复进行测试，

不要感到惊慌。此外，大约30%的听力问题是在新生儿阶段之后出现的。不要将新生儿听力测试结果正常当作是听力正常的终生保证。

具有听力问题高危因素的婴儿，一定要进行听力筛查。

乙型肝炎的免疫与治疗

乙型肝炎是一种感染肝脏的病毒性疾病。一些女性可能有这种疾病，但她并不知道自己是携带者。大多数产科医生都会对孕期的女性进行检测。如果母亲是携带者，宝宝就需要在出生后立即接受一次特殊的丙种球蛋白（HBIG）注射和疫苗注射。所有的宝宝在一岁前都要接受乙型肝炎免疫，但是，携带者的宝宝需要这种特殊的早期护理。如果不知道母亲是否是携带者，儿科医生会给宝宝进行疫苗注射和（或）丙种球蛋白注射，除非能够立即获得检测结果。

检测宝宝的血糖

有时，需要对宝宝的一滴血进行检测，以确保其血糖水平足够高，这种情况并不少见。如果一个宝宝比一般宝宝体形更大或更小，或者是经历了一次艰难的从子宫到房间的过渡（比如，一次"冲击启动"），或者看起来紧张不安或无精打采，其血糖有可能低于正常水平。通常，会从这个宝宝被焐热的脚后跟采一滴血，测试结果在一两分钟内就可以获得。如果血糖水平较低，有时会给宝宝口服一些葡萄糖水；其重要性超过了让母乳喂养的宝宝避免使用奶瓶的重要性。在极少数情况下，需要对宝宝进行葡萄糖静脉注射。

脐带的护理

脐带的护理方式各有不同。在有些医院，脐带是被夹钳夹住的；在另一些医院，脐带是被打结的。有些儿科医生喜欢让父母们每天用酒精为脐带消毒两三次；另一些儿科医生用一种鲜艳的蓝色溶液（称为"三重染料"）涂在脐带上。这两种处理方法都能预防感染，并且都是为了延缓脐带的脱落。脐带本身没有感觉，没有任何神经，因此，怎么做都不会使宝宝感到疼痛。

包皮环切术有哪些利弊？

包皮环切术是指通过手术去除阴茎龟头的包皮。包皮是在阴茎不勃起时保护龟头的一层皮肤，当阴茎勃起时，它会缩回。如果不去除包皮，在它的下面会产生一种干酪状的分泌物，称作"包皮垢"。

在刚出生时，婴儿的包皮通常紧紧地附着在龟头上，以至于无法缩回，除非用很大的力气。在没有进行包皮环切术的男孩身上，包皮会逐渐变得伸缩自如。这可能会出现在2岁之前，但偶尔也会延迟到青春期。

对于健康的足月宝宝，出于医学——而不是传统或宗教——的原因，包皮环切通常在出生后2周内进行。晚于这个时间，宝宝就会对这个过程表现出更多的关注和更持久的痛苦。如果一个宝宝需要在新生儿阶段之后进行这种手术，通常必须对他进行全身麻醉。

以下是父母们经常问我的问题：

新生儿包皮环切术在医学上的弊与利分别是什么？

弊：

1. 这个手术非常非常痛。即使医生施行了局部麻醉，也会有刺痛感；并且麻醉有多大作用只是人们的猜测而已。

2. 这个手术没有经过宝宝的同意。

3. 虽然手术是在无菌环境下进行的，但在手术之后，开放的伤口会暴露在宝宝的粪便中，容易受细菌感染。

4. 正如下文所证明的，包皮环切术所具有的大多数医学方面的益处——预防阴茎癌和性伴侣的宫颈癌，减少性疾病传播的风险——在未做包皮环切术的男性身上，同样可以通过保持良好的卫生而得到。

5. 尿路感染可能在未做包皮环切术的男孩身上更为常见，但是，这种感染仍然是非常少见的，并且即使出现，也可以被诊断、治疗和跟踪，因此极少会造成永久性的损伤。没错，对于不明原因发热的婴儿确实需要进行尿液分析和微生物培养。并且，你确实需要非常干净的尿液样本，而这在一个未做包皮环切术的男孩身上较难获得。但是，除非这个宝宝病得很严重，你可能无须对他使用导尿管或将针头插入他的膀胱。你可以清洁他的阴茎，然后留心等待不戴尿布的宝宝小便，用杯子接取中段尿样。如果尿样显示有感染迹象，就不得不继续进行更为痛苦的检查。但是，如果尿样没有感染，你就可以排除膀胱感染是发烧的原因。

6. 最后，有一些证据显示，去除包皮会导致性感觉迟钝。如果大自然将包皮赐予人类，我们为何要如此残忍地将它割掉呢？

利：

1. 研究表明，在手术中使用一种叫作 EMLA 的处方麻醉药膏，或施行局部麻醉，或者甚至让宝宝吮吸一个蘸了糖的安抚奶嘴，都能减少啼哭。即便仍然有一些痛，宝宝在手术结束后似乎也没有多少不安。

2. 是的，这个手术是没有经过孩子的同意。但是，如果孩子以后因为阴茎感染而不得不紧急进行包皮环切术时，也同样不会征得他的同意。我们不知道这种情况发生的概率，但来自英国的经验显示这大约是1%。

3. 当一个较大的孩子不得不施行包皮环切术时，就要进行全身麻醉，这是有风险的。更不用说这对一个3岁或5岁孩子的自尊心所造成的伤害了。

4. 尽管手术后的伤口会暴露在一个不干净的环境中，但感染很少发生。

5. 研究表明，包皮环切术可以预防一种非常罕见的癌症——阴茎癌。研究还表明，进行过包皮环切术的男性，他们的女性伴侣患宫颈癌的概率较低。此外，做过包皮环切术的男性患各种性传播疾病的概率较低，包括艾滋病。尽管这些疾病可以通过良好的卫生习惯来预防，但是，谁又能保证一个男孩能够始终愿意或有心情来清洁自己呢？

6. 未做过包皮环切的男婴发生尿路感染的风险是做过的男婴的10倍。即便如此，这种感染在男孩中也是很少见的。然而，这项统计意味着，任何因不明原因发热的男婴可能不得不做尿液分析和微生物培养，因为未能诊断和治疗的尿路感染会损伤肾脏。

这不仅费用昂贵，而且做起来很难。因为婴儿的包皮仍然紧紧地附着在阴茎上，这一区域无法得到彻底清洁，采集到的尿样可能会受到污染。这意味着，要想采集到非常准确的尿样，就必须采用侵入式操作：要么用一个导尿管通过阴茎的尿道伸入膀胱，要么用针穿刺膀胱。

7. 关于包皮环切术导致性感觉迟钝的报告，基本上是基于对进入青春期之后进行手术的男性所做的研究。一出生就进行包皮环切术的男孩，可能会在生殖器的其他部位发展出性感觉作为补偿。就大自然来说，她仍然在为我们制造着很多我们永远也不会用到的东西，比如阑尾和智齿。

如果父亲做过或没有做过包皮环切，他的小男孩会因为自己跟父亲不一样而感觉糟糕吗？

我不知道，但是我怀疑真正的问题是，孩子的父亲——或母亲——感觉糟糕吗？我还怀疑，小男孩们可能更在意自己的阴茎与父亲的大小的差异，而不是有或没有包皮，但是，谁知道呢？

在更衣室里会怎样？

我无法找到关于这个问题的任何研究，并且也不奇怪；你必须在更衣室安装摄像头和窃听器才能搞清这个问题。有些父亲告诉我，这是个大问题，不管做不做包皮环切都会得到粗鲁的外号。另一些父亲说，重要的是大小，而不是有没有割包皮。还有一些父亲说，仅仅是看一眼别人的"家伙"，就足以让你的膝盖骨被打碎。男孩子们自己似乎不想讨论这个问题。

如果我们不得不在宝宝出生后不久就把他送去日托怎么办？

让我们这样看待这个问题

宝宝出生后的头两个星期，不仅是令人兴奋并充满快乐的，也是令人煎熬并且费心费力的。

从宝宝两周到两个月大，父母们会感觉自己好像越来越驾轻就熟了，但是，他们可能要对付大量的啼哭以及腹绞痛的发作。从两个月开始，拥有新宝宝的生活会变得越来越有乐趣。

到3个月大的时候，大多数宝宝应该能睡一整夜了。他们能发出咕咕声并经常微笑，而且会高兴地盯着身边的人和事物看。腹绞痛已经消失了。

所以，3个月被很多雇主认为是很慷慨的产假，就显得不公平了。（父亲的陪产假仍然很少见，以至于我在这里只能稍作暗示。）离开一个你刚刚开始了解并享受其带来的快乐的宝宝，是一件很难的事情。

在宝宝不到3个月时就回去上班，是一件更难的事情。把一个看起来极其脆弱且易受伤害的宝宝留给别人照顾，是一件非常困难的事。然而，6～8周是正常的产假（不同于慷慨的产假）。

选择日托永远是一件令人头疼的事，无论孩子的年龄多大。然而，对于那些必须在产后不久就回去工作的母亲，尤其是在宝宝不到3个月大就必须回去上班的母亲们来说，我强烈建议在宝宝出生前就选择好日托场所。

从与那么多父母的接触中，我能感觉到，如果在这件事情上拖延，会给父母们带来多么大的压力。或许，问题在于，母亲们在宝宝出生后是筋疲力尽的，并且受着荷尔蒙失调的困扰。或许，照料新生宝宝的各种需要使得时间过得飞快。或许，为一个真实而非幻想中的宝宝选择一个日托场所，会使你感觉像是在遗弃孩子。

在你还没有亲手抱过宝宝之前，去看看日托人员和场所，或许会使这个过渡更容易。在任何情况下，我都强烈建议提前做好选择。

对于一个非常小的宝宝来说，理想的日托场所是尽可能一个成年人照顾一个宝宝。如果像通常的情况那样，每个成年人照顾不止一个宝宝，那么，最理想的状况是所有的宝宝都很小，或者其他孩子比你的宝宝大很多——已经过了学步期和学龄前的阶段。

这有几个理由：

• 照料者可以有一个喂奶、换尿布、拥抱、抚慰宝宝的例行程序，而不被其他让人非常劳神费力的小孩子打扰。

• 小孩子们对小宝宝既好奇又嫉妒，需要持续的照管，以防他们伤到小宝宝。

• 学步期的孩子和学龄前的孩子的一项"工作"，就是感染各种传染病，以便建立起终生的免疫力。他们对这项"工作"已经准备好了，因为他们自身的免疫系统已经相对成熟。但是，小宝宝们还没有成熟的免疫系统，很容易受到"普通的儿童期疾病"的侵扰而造成严重后果。他们在出生后的头3个月最脆弱，尽管他们的免疫系统要到2岁左右才能接近成年人的水平。

我从父母们那里听到的关于日托问题的解决方案包括：

• 询问一起参加产前班的其他父母，看看是否有人愿意照看一两个跟自己宝宝一样大的宝宝。

• 与其他两三个父母联合起来，雇用一个大家都满意的日托人员来照顾所有的宝宝。

• 在祖父母中寻找，不仅在自己的家庭中寻找，还要在朋友和产前班同学的家庭中寻找。

• 说服产前班老师开设婴儿看护，在头6个月里照顾几个宝宝。

在为这个年龄的宝宝选择日托人员的时候，最重要的几个考虑因素是：

• 良好的个人卫生与健康状况，室内不允许吸烟，即便是宝宝不在的时候，而且没有任何可能给宝宝带来危险的宠物。

• 符合健康与卫生标准的环境。换尿布的区域应该与准备奶瓶的区域分开。应该有一个洗手的区域，准备好皂液器和纸巾。

- 热情并且外在具有适合育儿的气质，要有耐心，能够忍受孩子的啼哭。重要的是，她要知道，对于很小的宝宝来说，他一哭就搂着他或抱起他是恰当的，并不会"宠坏"他。
- 能力和经验足以识别潜在的严重问题，并具有向他人寻求帮助的语言能力。
- 能够接受父母们关于安全、日程安排和卫生的建议。

你怎样才能找到一个日托人员或保姆呢？口口相传、广告和家政机构。需要时间、精力、智慧和运气，才能找到一个令人满意的日托人员。很多父母都敦促我在此提出一个警告：即便一家机构声称他们的保姆都是提供担保的和（或）经过预先筛选的，你也一定要亲自查看相关证明。不要轻易接受一个前雇主的谨慎或絮叨的建议，因为他们可能不想"毁掉她得到一个好工作的机会"。

在产前或收养前拜访儿科医生时，我们应了解些什么？

儿科是一个非常奇怪的医学专业。儿科医生需要全面参与护理的各种平凡的细节，例如尿布的选择、怎样拍嗝，还要帮助父母们应付日常生活中诸如如厕训练和孩子哼唧时所陷入的情绪危机。此外，儿科医生还必须时刻准备好并且有能力处理真正会危及生命的紧急情况。

从婴儿一出生开始，儿科医生就要在其生病和受伤时进行治疗，还要进行常规的健康检查。孩子的健康检查包括发育史和（或）发育检查，这是针对孩子的年龄容易出现的特殊问题（婴儿先天性髋关节问题，学步期孩子的腹部肿块问题，以及自始至终的各种发育问题）而进行的一次全面的身体检查。

因此，我们最好好好了解一下这个人或这群人。

核心问题是：

- 这名医生及其合作伙伴是"获得认证"的（完成了所有的培训，并且通过了美国儿科委员会的考试），还是"具有资格"（完成了培训，但从业时间还不够长，还不能参加考试）？
- 他在什么时间办公？很多儿科医生在夜间和周末接待生病的宝宝，有些医生甚至也为健康的宝宝提供夜间和周末就医服务。
- 医生下班后该怎么办？如果你的儿科医生是单独行医，他与当地医院的急诊室签有协议吗？如果有，负责急诊室的是谁？急诊室的医生是否至少会与你的儿科医生通电话了解情况？如果你的医生是联合行医，他的医生团队里的其他成员是谁？接受过怎样的培训？如果一个孩子必须在夜里或周末去看医生，应该怎么办？

• 是否有单独的紧急热线？如果真的出现紧急情况，相关的协议是怎样的？医生办公室有急救设施吗？你的医生（以及他的合作伙伴）参加过美国心脏协会的新生儿复苏和儿科高级生命支持课程吗？你们当地的急诊室有没有对其医生和护士进行过儿科急诊方面的培训，并配备了必要的儿童专用的设备和药品？

• 如果你的孩子需要住院治疗会怎样？哪些医院有儿童病房？你的儿科医生会亲自参与孩子的住院治疗吗？还是会与孩子所在医院的医生进行协商？

• 谁来接听关于医疗问题的电话？

很多儿科医生办公室都有执业护士或医师助理（通常称为P.A），他们通常能提供良好的护理。

然后还要考虑一些个人风格的问题：

• 你的儿科医生是否发自内心地喜欢孩子，并在检查和治疗时尽力让孩子们感到舒服一些？正如一位母亲对自己孩子的前任医生的抱怨一样："没有任何前戏！"你的儿科医生把孩子当作真正的人来对待吗？

• 你们在一些事情上有共同价值观吗？你的医生是否不赞同母亲出去工作？不赞同把宝宝交给日托人员照顾？或不赞同父亲待在家里照顾孩子？

• 你的医生是否认为父亲和母亲们在养育、爱心、智力和才干方面都有相同的能力？你的儿科医生是否认为父亲们也可以承担喂食、换尿布、与孩子玩耍和给孩子喂药等职责？他是否认为母亲们能够并且愿意管教孩子，在陷入危机时保持平静，想听并能理解必要的复杂解释？如果你的家庭属于非传统家庭，这会让你对自己孩子的照料有任何偏见吗？

• 你的医生是否愿意向你解释医疗决策的基本原理，简要介绍各种选择，并跟你讨论不同的观点？

可以说，如果父母双方能一起进行产前拜访，并且如果你们能实地对儿科医生进行观察，就很容易发现以上这些问题的答案。要早一点到，并和候诊室里的人们聊聊。要把检查室的门留一条缝,以便你能听到大厅和其他房间里人们的交谈。

如果你的儿科医生显得有点匆忙,或木讷,或唐突,或者与你所希望的照料孩子的完美专家不那么相符,你要有宽容和乐观的态度。儿科是一项体力活儿:或许你的人到中年的儿科医生刚刚不得不在走廊里追赶一个学步期的孩子,或刚从检查台下面爬出来,或是刚刚从一个男孩的鼻子里取出一块不明物体。或许你的年轻的儿科医生怀孕了。或许你的儿科医生正全神贯注于一个病得很重或令人担忧的孩子,或许他一直想去厕所却整个下午都抽不出一点时间来。

要宽容。要记住,这个人在晚上睡觉的时候,从来不知道午夜2点打来的电话是关于尿布疹的,还是产房要求他去为早产的双胞胎紧急接生的。

关于宝宝的保险,你最应了解的是什么?

千万不要跳过这一部分。

每个人都讨厌面对自己投保的事情成为现实的情形,但是,在产前这段时间里,知道以下这些问题的答案是极其重要的。有些父母会在宝宝出生前每天搞清楚一个问题。要把你的回答写下来。

- 怎样以及何时让你的新生儿宝宝加入你的保险计划?如果你在宝宝出生后等待太长时间,就有可能错过一个重要的最后期限。

- 你的保险涵盖分娩以及正常的新生儿护理吗?如果你希望给宝宝做包皮环切,保险涵盖这个手术吗?如果涵盖,是在医院还是在诊所进行?

- 你的保险涵盖分娩的医院吗?如果需要一名儿科医生,你的儿科医生可以在这家医院参与分娩,还是你需要再找一个"随叫随到"的儿科医生?宝宝出生后,哪个急诊室是你的医疗保险涵盖的?它可能不是你分娩的医院,或离你最近的医院,或一个有儿童病房或儿童急诊室的医院。

- 你是否参加了一个医疗保健组织(HMO)?医疗保健组织会要求你只能去看指定的医生,使用指定的服务(医院、急诊室、实验室、X光检查等)。

- 谁是你的宝宝的家庭医生?要确保你为宝宝选择的家庭儿科医生是服务于婴儿的正式家庭医生。你需要有一张卡片,上面有宝宝的家庭医生的姓名和电话号码。家庭医生不仅负责提供医疗保险计划内的各项服务,并且还负责为保险计划外的医疗程序获取授权。

- 你的宝宝的家庭医生或儿科医生是独立医师协会（IPA）的成员吗？独立医师协会有自己的指导原则，可能比你的医疗保险计划有更多限制。如果一项服务被拒绝了，要搞清楚它是被独立医师协会还是被医疗保险计划拒绝的。如果是被独立医师协会拒绝的，你可以先向独立医师协会申诉，如果仍被拒绝，就要向医疗保险计划申诉。

- 如果你参加了优先医疗服务提供者组织（PPO）、定点服务计划（POS）、专有提供者组织（EPO）或任何其他的管理式医疗保险，你需要查看它所列出的首选儿科医生和服务都有哪些。这份清单是该保险覆盖最全的。如果你选择了超出这份首选名单的医生或服务，就会为此受到处罚。超出你的保险计划会受到什么样的处罚？

- 你的医疗保险涵盖儿童的健康检查吗？（如果你的保险不涵盖这项服务，留心别让你的儿科医生把儿童健康检查当作患病儿童就医。以后在你再申请保险时，诊断证明可能会对你不利。）

- 你的医疗保险涵盖免疫接种吗？如果不涵盖，是否能找到一个"免费诊所"？它是什么样的？你是否符合资格？

- 你的医疗保险涵盖处方药吗？涵盖牙科护理吗？涵盖心理健康专家吗？

- 你的保险对于诊所就医的可抵扣和（或）摊付部分是什么？对于先天疾病是否有任何免除规定？

- 你的儿科诊所会为你处理账单吗？还是你必须先支付再报销？（这基本与诊所的善意或意愿无关。保险公司通常有他们自己的规定。）

现在，你是否感觉更好了？你已经比你的同龄人更了解医疗保险计划了。

展　　望

祝贺你！现在你已经做好了充分的准备，可以从产前拜访儿科医生的过程中获得最大的收获了。只有最后一点要注意：不要向你的儿科医生询问关于管理式医疗保险的任何问题。我们大多数人对此并不了解。你需要做的是跟负责转诊办公室的人成为朋友，给他带些巧克力。这个人可能会成为你生命中一个非常重要的人。

现在，去把热水器的温度下调到约49℃，我们等到宝宝出生后再见。

第2章

从出生到2周

惊奇与担忧

需要做的事情

• 确保将宝宝加入了你的医疗保险。

• 在宝宝从医院回到家后的5天内，安排一次对你的儿科医生的随访（头胎母乳喂养的宝宝需安排在3天之内）。与此同时，为宝宝2周大时的健康检查进行预约。

• 按宝宝的需要哺乳——但是，要确保宝宝的进食需要足够频繁。要数一数宝宝小便和大便的次数，以确保小天使吃到了足够的奶水。如果有怀疑，要到儿科医生那里为宝宝称体重。

• 不论白天还是夜晚，都要让宝宝仰面躺着睡；在玩耍时也让他仰面躺着，直到脐带脱落，该区域愈合。

该年龄的画像：已经是个小人儿了

"宝宝看起来应该是这个样子吗？"安琪的父亲山姆盯着育婴室里婴儿床上的小宝宝想。

安琪吐着舌头，注视着他。山姆以前从未看到过任何人能够毫不费力地将一只眼睛完全睁开，另一只眼睛完全闭着。他想，或许宝宝的哪只眼睛的上眼皮在分娩时不知怎么被弄伤了。他努力把注意力集中在宝宝的脸上，但是宝宝头部的形状却让他深深地不安。在他注视着她的时候，安琪打了个大大的哈欠。她缺少了某些面部肌肉吗？从未见过有人能将嘴巴张得这么大。他都能看见她嘴巴后面垂下的小舌了。至少，她现在把两只眼睛都紧紧地闭上了。这一定意味着至少刚才那只始终睁着的眼睛的眼皮还能正常活动。

山姆觉得有点想吐。他怎么可能承担起自己的职责，确保他的女儿张开嘴巴吃，合上眼睛睡，长好头部的形状——甚至呼吸呢！他闭上眼睛，好好想了想，或许应该祈祷一下。这时，他听到了一个声音。一开始，他以为发生了什么可怕的事情。这个声音大得就像放鞭炮。

但是，当他留神听时，这个声音似乎是在向他敲出一种柔和、令人安慰的密码。这是一个讯息，一个礼物，声明了安琪也许能够找到自己的成长之路，他可以信任她——开始只需一点点信任——去做她自己。他睁开了眼睛，看着他的女儿，她正平静地吮吸着自己的手，胸部不时地起伏着。

"宝宝越健康，打嗝的声音就越大。"护士高兴地说道。

不论一个宝宝是通过分娩还是收养来到你的身边，都有点像是去见一个你知道自己注定会爱上的相亲对象。区别在于，宝宝完全是一个谜。在面对一个谜时，一种自然的反应是兴奋和喜悦，另一种反应则是焦虑。大多数人都会有这两种感受，并且每一分钟、每一小时都会在这两种感受之间摇摆。

当我的女儿出生时，我完全不知道健康的婴儿是什么样。面对着不断打嗝的莎拉，给一个早产儿做静脉注射会让我更舒服一些。毕竟，我接受的训练是关于静脉注射和早产儿的。

尽管我没有错过对这个世界的兴奋和担忧，但我本来可以运用更多的信息。尽管这些信息不会让我的兴奋和焦虑平息太多，但是，我可以将自己的感受观察整理成某种框架。既然我已经陪伴如此多的新妈妈和新爸爸度过了宝宝出生后的头几个星期，我对这个框架已经有了认识。

那么，下面就是我希望自己在莎拉出生时就知道的。

- 宝宝出生后的头两个星期是令人难以置信的，不论是对于单亲父母还是有伴侣的父母都是如此。每件事情都是新的、令人兴奋的、让人手忙脚乱的，你会觉得永远都无法再回到从前平静的生活。有点像是一份新工作、一个新恋人和一种很费体力的运动的结合。

- 从2周到2个月，宝宝会经常哭，但你会觉得对这种情形越来越有把握。此外，在这段时间，宝宝开始微笑，这是一种多么好的回报啊。

- 从6周到3个月，小天使变得越来越有趣。到至少3个月大的时候，大多数足月的宝宝都能一觉睡到天亮，愉快地咯咯笑，几乎所有的腹绞痛都消失不见了。父母现在已经可以正常地沟通了，但是，他们谈的只有一个话题。

• 你无法根据头两个星期的经历来预测宝宝以后的性情。性情的构成包括：在没有刺激的情况下，宝宝自发的活跃程度如何；他对外界事件的反应强度如何；他自我安抚的能力如何；其他人能多么轻易地安抚他。出生以及为适应子宫外的生活而进行的各种调整，都是非常耗费精力和体力的。一个看上去很神经质，或很安静，或很不高兴的宝宝，可能只是生理反应。毕竟，如果让你的宝宝来判断你的性情会怎么样呢？只给这两周的时间公平吗？

分离问题：亲情心理联结

当山姆的脑海中闪过一个念头——他可以信任安琪会成为她自己——的时候，这便是为人父母的一个重要开端。

开始了解新生儿的一个秘诀，在于让他保持他的神秘。我们很难去控制一个新生儿的行为。要让他主导，不要给他强加事情：日程安排、娱乐活动、与其他人互动。一些宝宝喜欢被人抱着；一些宝宝只喜欢身体的某一个部位被拥抱和抚摸。一些宝宝可以在各种嘈杂的环境中安然入睡；另一些宝宝却会因为撕下尿布标签的声音而烦躁不安。一些宝宝喜欢有节奏的运动，另一些宝宝则喜欢尽可能静止不动。

然而，所有的宝宝似乎都对大人的身体语言很敏感。缺乏经验和手忙脚乱是正常的，宝宝不会怨恨你的不够专业。但是，焦虑和愤怒似乎非常容易感染到宝宝。然后，宝宝会变得不安，大人的负面情绪就会增强，而一个恶性循环就接踵而至了。如果看上去像是出现了这种情况，实际上只有一件事情要做：把宝宝放进他的婴儿床里，寻求帮助，休息一会儿，让自己感觉好起来，再重新开始。

有很多事情是你还不需要担心的：给宝宝洗澡，给他刷牙，教他各种规矩或道德规范。现在还不到考虑这些问题的时候。

人们过于强调亲情心理联结（在很多医院，会要求护士记录新生儿父母与他们的孩子建立亲情心理联结的情况），以至于感觉它已经成了另一项需要通过的测试，一个沉重的负担了。

要尽量放轻松，慢慢来。正如我之前所说的，亲情心理联结并不像强力胶水——要不立刻黏合，要不就会弄得一团糟。亲情心理联结是一个缓慢而复杂的过程，并且由很多种情感组成，既包括令人愉快的情感，也包括令人不快的。所有的父母都会感到某些焦虑、自我怀疑和矛盾心理。有些父母最初甚至会感到难过或生气，因为他们的宝宝的性别、长相或性情与他们所希望的不符。

最重要的是，亲情心理联结不需要宝宝一出生就立刻形成。如果你有时间做到这一点，那当然很好，但是，如果宝宝或母亲或父亲必须忙于其他事情，也不要认为亲情心理联结遭到了破坏。你可以在任何时间重新开始。

新手父母不仅必须调整自己以适应一个特别的、谜一样的宝宝的到来，还要调整自己以适应一个从文化和个人角度定义的全新角色。这两种调整很容易混淆，而它们也确实有所重叠。然而，把了解宝宝与了解父母的角色这两者区分开来，是有帮助的。

如果父亲或母亲过于陷入他（或她）自己的角色中，并且无法成为对方有益的倾听者，他们在宝宝出生后的头两个星期可能会面临更多的困难。母亲们可以通过信任父亲们能够照顾宝宝，并且不发号施令或在一旁监督来帮助父亲们。父亲们可以通过主动照顾宝宝来帮助母亲们。祖父母们所能给予的最大帮助，就是领会孩子的父母给出的暗示；如果孩子的父母向他们寻求帮助，他们要尽量主要做一些家务活和跑腿的杂事。

最后，一些父母可能会被杰出的儿童心理学家塞尔玛·弗拉贝格[①]（Selma Fraiberg）所说的"育儿室的幽灵"所困扰。一个新生儿会唤起我们所有人对自己童年的回忆、我们对自己父母的感觉，以及童年时对自己和这个世界的感觉。有些时候，这些感觉会使我们不知所措。如果是这样，你最好承认自己受到了一种重要的、有普遍性的、对你可能具有帮助的感受的支配，你有权去找一个能指导你顿悟的咨询师和密友（你的儿科医生就可以）。

设立限制：不是对宝宝的行为，而是对大人的行为！

在这个年龄，宝宝不需要为其设定行为限制；你做不到，即便你想这样做。但是，有时候，大人们无论多么爱他们的宝宝，都会试图这样做。

[①] 塞尔玛·弗拉贝格，美国幼儿心理健康和发展精神卫生治疗领域创始人之一，著名儿童精神分析专家、儿童心理学教授，加州大学医学院旧金山总医院婴儿—父母项目主任，多家美国育儿杂志的专栏作家，《魔法岁月：0~6岁孩子的精神世界》是其重要的著作之一。——译者注

比如，共同照顾宝宝的人对于照料婴儿具有各种不同的观念并不罕见，这些观念中有些是不恰当的，有些甚至是非常危险的。下面是一些常常需要予以明确的观念：

仰面躺着是最好的

对于宝宝来说，最安全的睡眠姿势——不管是白天还是晚上——是仰面躺着。仰躺姿势能够减少婴儿猝死综合征（SIDS）发生的可能。在极少数情况下，患有特殊疾病的宝宝是一个例外。你的医生会告诉你是否有此必要，并且可能会让你配备一个窒息监视器，以便任何较长的呼吸暂停都能引发警报。此外，在脐带脱落并愈合之前，要少让小天使采用趴着的姿势玩耍。你不希望宝宝压到脐带，或把它弄湿——这可能会导致感染。

通过摇动宝宝来安抚他或逗弄他是具有潜在危险性的

任何让宝宝的头部晃动的摇动，都是很糟糕的想法。宝宝不应被晃来晃去，即便是被有着出色反应能力的大人摇动也不行。主要的危险并不在于宝宝会掉下来，而在于脑出血。宝宝颈部的肌肉很薄弱，连接大脑的血管还很脆弱。上下晃动宝宝，即便保持他的头部呈水平状态，也会造成问题。

不存在"宠坏"宝宝的可能性

这个月龄的宝宝不会被宠坏。

新生儿因为各种需求而哭。他似乎没有太多其他选择。这个年龄的宝宝需要学会的是信任——他的啼哭会立即被注意到。实际上，研究表明，不满 3 个月的宝宝如果在开始啼哭后 30 秒内被立即抱起来，以后哭的次数就会大大减少。即使宝宝在被抱起后没有停止啼哭也是如此。

来访客既是好事也是坏事

这个问题因人而异。有些妈妈需要平静和安宁来恢复；另一些妈妈则会感到被人遗忘，需要欢声笑语来恢复。

然而，一个基本的原则是，任何访客都不应给宝宝的健康带来危险。因此，不要允许访客在房间里抽烟；不要允许生病的人来探望，即使他们说"只不过是过敏症"；而且——这会让我得罪一些人——不要允许学步期的孩子和学龄前的孩子来探望。任何一个与外界接触的小孩子都很可能携带某种病毒，即使他看起来很健康。病毒在症状出现前传染性是最强的。

有人来探望应该使你很放松并激发你的活力，而不是让你筋疲力尽。你知道我的意思。

因此，如果你希望限制访客，这很容易：告诉人们是儿科医生让你这么做的。这是实话——我刚刚说过。

安抚奶嘴

在安抚奶嘴的问题上，有3个重要的注意事项：

- **要确保安抚奶嘴真正是宝宝想要和需要的。** 不满2周的新生儿在想吮吸的任何时候，都应给他吃奶；他们在这一阶段要增加很多体重。再大一点的宝宝可能想要抱抱，或是换个环境，或是想玩你的鼻子，而安抚奶嘴对于这些事情来说是一个糟糕的替代品。

- **确保安抚奶嘴是安全的。** 用力拽一拽奶嘴，检查橡皮奶头会不会从底座上脱落；如果松动，可能会造成宝宝窒息。模制的一体式安抚奶嘴是最安全的。安抚奶嘴的底座必须比宝宝的嘴大；安抚奶嘴小了以后就要扔掉。不要把安抚奶嘴系在某个会缠住宝宝脖子的东西上！一旦缠住脖子会很危险。

- **确保宝宝到6个月大时能戒掉安抚奶嘴。** 到宝宝6个月大之后，安抚奶嘴的使用会增加中耳感染的风险。此外，宝宝越来越可能对安抚奶嘴形成依赖，在以后会更难处理。超过1岁仍使用安抚奶嘴，会造成牙齿的问题以及语言障碍。没有任何研究表明安抚奶嘴能够预防宝宝以后吮吸拇指。

按时喂养要留到以后

不管你从书本上读到过什么，现在还不是制订或实施喂养时间表的时候。宝宝任何时候感到饿了，就应当给他喂奶。按需喂奶的唯一真正危险，是宝宝可能没有表现出足够频繁的进食需要。（见后面章节中"喜欢挨饿"的宝宝。）因此，不要制订喂奶时间表，也不要用安抚奶嘴来延长两次喂奶之间的时间间隔。

日常的发育

里程碑

怎么能说一个新生儿达到了里程碑呢？很容易。这就是他不再是一个胎儿时所达到的那些里程碑。与年龄较大的婴儿不同，它们的实现形式并不是我们通常所认为的成就，而是可以观察到的现象：外貌、行为和生物学能力的变化。

新生儿：从头到脚

就像山姆一样，当父母们第一次

见到他们的新生儿时,需要花些时间来处理所有这些全新的信息。你会先看宝宝身体的各个部分,而不是一个整体的宝宝。我猜这就是父母们喜欢数宝宝的手指和脚趾的原因:这是他们熟悉的、可靠的身体部位。

时不时会有一个明显感到不安却尽力掩饰的父母或亲属开玩笑似的说:"他看上去就像外星人E.T.。"所以,你需要牢记的第一件事是:斯皮尔伯格在设计外星人E.T.时有意运用了胎儿最显著的一些特征。是外星人E.T.看上去像婴儿,而不是新生儿看上去像E.T.。

现在,我们逐一来看看宝宝身体的各个部位,以下是会造成父母们不必要担心的一些特征,这些特征是新生儿所特有的。

身体的特征

头 部

• 头部的形状,从在阴道分娩过程中因受到挤压而变形(极端的情况被怜爱地称为"香蕉头"),到在臀位分娩过程中形成尖尖或扁平的脸。头部在分娩时被挤压的时间越长,恢复圆形所需要的时间就越长。

• 宝宝的头上通常只有一处"软点"或称囟门。这是宝宝的头盖骨尚未闭合之处。它位于头顶前方,形状像细长的钻石。通常,它的长和宽都不超过两个手指的宽度。如果宝宝的囟门大很多,或是在头顶后方还有一个囟门,儿科医生可能会检查宝宝是否有甲状腺功能低下或其他问题。

• 宝宝的头盖骨上有凸起和隆起是很常见的,这是因为在妊娠和分娩过程中经过挤压,头盖骨的不同部分挤在了一起。

• 宝宝的面部不对称也是同样的道理。通常,宝宝在哭和笑时面部斜向一方的现象经过3~6个月就会恢复正常。不会有永久性的神经损伤,只会让父母有些压力。要让你的儿科医生检查一下,以确保没有问题。有时,这种不对称意味着宝宝有歪脖子,或称为"斜颈症",这是由宝宝在子宫里的姿势造成的。如果是这种情况,医生可能会要求你通过定位和运动来帮助拉伸宝宝的颈部肌肉。

在极其罕见的情况下,宝宝的面部不对称是由于颅缝——各片颅骨聚合的位置——过早闭合造成的。这被称为"颅缝早闭"。如果有这种怀疑,你的儿科医生会让你去找一位小儿神经外科医生来对其进行矫正。

• 头上有肿块是很常见的。宝宝出生时,头部先露部位的海绵状肿块通常是"产瘤"——头部某点受压时产生的水肿。它在一两天内就会消失。另一种肿块摸起来像里面充满液体，而它周围的颅骨摸起来有点像有裂隙的鸡蛋壳。它有个吓人的名称，叫作"新生儿头颅血肿"，是由颅骨和颅骨膜之间的出血造成的。它不会造成大脑损伤，但需要很长的时间才会消失，有时长达3个月。

皮　肤

• 手脚皮肤发青是正常的。宝宝出生时体内有多余的红细胞，而手和脚的血液循环又较为缓慢。

• 大多数宝宝都会有胎记，最常见的是位于后颈部（"鹳的咬痕"）或位于上嘴唇和眼睑上的小块印记（"天使之吻"）。之所以会有这些充满深情的名称，是因为这些印记很常见，并且通常会在一两年内消失。很多宝宝身上带有被不幸地称为"蒙古斑"的青色斑点。有时，这些斑点会被误认为是瘀伤。它们会出现在宝宝身体的任何部位，并且完全是正常的；它们在非洲、亚洲或有地中海血统的家庭中很常见。这些斑点通常会在童年中期至后期褪去。

• 脱皮是正常现象。不需要使用任何乳霜或乳液，实际上，使用的乳霜或乳液本身反倒会引起问题。

• 皮疹在新生儿中很常见，并且通常是无害的，但是，任何皮疹都需要经过儿科医生的检查（或者至少通过电话向医生描述）。最常见的正常皮疹有：

1. 一种颜色艳丽的新生儿皮疹，有着吓人的名称"新生儿中毒性红斑"，通常出现在宝宝出生后的头三四天。每个斑点都有一个白色的小肿块，周围环绕着红斑。这种皮疹很常见，以至于你的医生可能会忘记提到它，即使宝宝长了这种皮疹。这种皮疹会自动消失。

2. 粟粒疹是一种像细盐粒一样的小点，通常出现在鼻子和面部的其他部位。每个小点都是一个小囊肿。粟粒疹会在宝宝出生后几个星期到几个月内消失。

眼　睛

• 最初，宝宝的眼睛不能很好地聚焦。然而，你应该搞清楚宝宝的眼睛能向各个方向看——比如，不是只会盯着自己的鼻子。婴儿生下来是远视眼，所以他们肯定能看到房间的另一头；但是，他们更喜欢看近处大约30～45厘米距离内的东西。

• 眼皮肿胀是常见并且正常的。（如果你头朝下待3个月——宝宝在出生前的最后3个月都是这个姿势——你的眼皮也会肿胀。）白眼球上有红斑也是正常的，这是分娩时造成的毛细血管出血。（红肿的眼皮——而不是肿胀的——是不正常的，需要立即就医。）

- 婴儿喜欢一次只睁开一只眼睛，并且常常喜欢更多地睁开某一只眼睛。在极少的情况下，宝宝的眼睑无法自然地睁开。这被称作"上睑下垂"。如果下垂的眼睑遮住了瞳孔，这只眼睛就看不到任何东西。因而，这只眼睛发出的神经脉冲就不会传送到大脑并刺激大脑负责视觉的部分。如果出生后宝宝的大脑缺乏神经脉冲超过几个星期，它就会"忘记"怎样去看，即使在眼睑被修复并且眼睛可以睁开之后也是如此。所以，如果你怀疑宝宝患有上睑下垂症，要立即去看你的儿科医生，以防你需要向小儿眼睑外科医生紧急转诊。

- 其他方面显得正常的眼睛中出现白色、黄色甚至绿色的黏液，通常并不是不正常的。这是由于泪腺堵塞造成的回流泪液的残余物（水分蒸发后残余的白细胞，以及正常的泪黏液）。泪腺将泪液从眼部输送到鼻子内部，当它被堵塞时，泪液就会聚集在眼部或顺着脸颊流下来。然而，如果白眼球发红，或是眼睑发红或肿胀，就是需要立即就医的眼部感染。

堵塞的泪腺

单眼或双眼流泪的不满3个月的宝宝，常常是有泪腺堵塞，但是，你的儿科医生需要对宝宝进行检查后才能确定——以免漏诊眼部感染或是极其罕见的青光眼。

有时候，父母们认为眼泪意味着宝宝"终于开始制造泪液了"，并很高兴看到眼泪。恰恰相反。所有的宝宝到大约2周大时都会开始制造泪液；否则，他们的眼睛就会严重干燥。但在通常情况下，泪液通过内眼角的一个微型管道输送到泪囊，然后进入鼻腔，被鼻黏膜吸收。

如果泪腺堵塞了，就是将泪液从眼睛内部排向鼻腔的微型管道在宝宝出生时没有完全打开，而是部分封闭的。

出现这种情况时，一个好办法是尽量让眼泪可以通畅地流出，这样它们就不会聚集起来，引起泪囊肿胀甚至感染。

你的儿科医生会希望你按摩这个微型管道，将黏液挤压进入宝宝的鼻腔，从而疏通管道。如果有任何感染迹象，医生会给你开抗生素眼药水，让你在按摩前使用。有些眼科医生建议只沿向下的方向按摩，尽可能将泪液挤压进鼻腔。另一些眼科医生建议只沿向上的方向按摩，把泪液挤压出泪腺，以便使它们不聚集在泪囊中。还有一些眼科医生建议向两个方向按摩。或许，这些方法都管用。

因此，你可以按照你自己的医生告诉你的方法进行按摩。我能帮助你的只是告诉你如何给宝宝点眼药水：

- 让宝宝竖直趴在一个人的肩膀上，给个东西让他吮吸。这有助于放松眼睑：这可以说是一种反射。要看着宝宝的眼睛。如果白眼球（结膜）看起来发红，或是瞳孔浑浊，或者眼部皮肤肿胀并发红，你应当联系你的儿科医生。
- 擦去眼泪、眼痂和分泌物。
- 在宝宝的眼睛睁开时，轻拉其下眼睑。将下眼睑朝你略微翻转，形成一个兜状。在下眼睑翻出的部位点两三滴眼药水。

记住，你是在疏通泪腺管道，而不是在治疗潜在的泪管狭窄。因此，如果在你第一次解决了问题之后，泪腺又堵塞了，你不要感到惊讶。大多数宝宝的泪腺都会逐渐发育，有一半的宝宝在6个月大之前这个问题就会消失，几乎所有的宝宝到1岁时都不再有这个问题。

在极少数时候，尽管进行了护理，泪囊还是会由于聚集的泪液而膨胀。当发生这种情况时，它看起来就像是位于眼睛和鼻子之间紧挨眼角位置的一颗蓝莓。你一定不希望它受到感染！要给你的儿科医生打电话。有时候，加大按摩的力度会有帮助，但是，一些小儿眼科医生认为通过手术在感染出现前将它排空，是最安全的办法。被感染的泪囊看上去像是一大颗粉红色的弹珠。出现这种情况的宝宝通常需要住院治疗。

鼻　子

- 大多数扁平的鼻子会自动恢复正常的形状。只有一个例外：如果鼻中隔膜偏斜比较严重，以至于一个鼻孔看上去比另一个鼻孔大很多，这称作"鼻中隔偏曲"，在宝宝出生后几天内进行治疗就可以很容易矫正，无须进行麻醉，并且可以防止以后出现问题。要问问你的儿科医生。

嘴　巴

- 牙龈和上腭上出现小而坚硬的珠状凸起是正常的。它们被称作"爱泼斯坦小结"，会随时间而消失。
- 嘴唇上的吮吸水泡，意味着宝宝在子宫里曾经长时间吮吸某个东西、手、拇指、胳膊或他自己的嘴唇。

> 不要在脐带上涂抹蓖麻油、黏土或任何自制药品。油会把细菌封在里面，引发严重感染。黏土中有时含有破伤风菌——会引起一种危及生命的疾病。不要在脐带上使用任何碘制剂，例如碘伏，因为碘会被吸收进入血液，并引发疾病。

乳 房

- 乳房肿胀在男孩和女孩身上都很常见，这是由母亲的激素造成的。在极少数情况下，宝宝的乳房可能会出现一滴奶水（新生儿乳）。这是正常现象。不要让任何人挤宝宝的乳房，这会造成感染。乳房发红、疼痛需要立即就医。

肚 脐

一些人一听到"剪断脐带"就会感到反胃。即使知道脐带没有神经，对其进行处理不会带来疼痛，也无济于事；或许这是一种无法解释的反应。我的建议是承认这种感觉，并忍受它。

一些宝宝肚子上会有一小块凸起的皮肤，盖住脐带的下部。这是正常的，当脐带脱落时，这一小块皮肤通常也会自动缩回到肚脐中。没有缩回的可能就会露在外面。

对于脐带，很多医生或者把一种预防感染的蓝色药水涂在脐带上，或者告诉父母们每天用酒精或干纱布清理几次脐带区域。如果你的医生采用后一种方法，你要尽量把脐带和皮肤之间的小空隙也清理到。轻微的渗血是正常的。皮肤发红，滴血或流血，有脓或恶臭气味是不正常的。要让宝宝仰面躺着，不论他是醒着还是睡着，这可以保持脐带干燥和不被挤压。在换尿布时，要把尿布折叠，以确保它在脐带部位以下。

在脐带脱落后，可能会残留一个发亮的灰暗小肉芽，称作"脐肉芽肿"。这是一种组织增生。应让儿科医生进行处理，以防止感染，但这并不是一个紧急、可怕的问题。

脐带周围可能会不时出现少量干涸的血液或一滴新鲜的血液。在脐带脱落后，最好用棉签蘸取婴儿润肤油将血液擦去，而不要用酒精；酒精可能会使之渗出更多的血液。如果出现比渗血严重的情况，就需要立即去找儿科医生。

很多非洲裔美国人的宝宝和早产婴儿，以及一些其他种族的足月婴儿会有脐疝。这是腹部肌肉的伸展导致一小部分肠内容物由脐部突出的现象。在大多数情况下，这是一种正常

> **令人惊讶！**
>
> 很多女婴在出生后的头一个星期左右会有少量的阴道出血，这是其子宫对母亲的荷尔蒙消退的反应。要确保给她换尿布的每个人都了解有可能出现这种情况，并知道这是正常的。我知道至少有一位祖父因为不了解这种情况而引发了胸口痛。

的变化，会随时间而消失——通常到宝宝大约4岁时。在极少数情况下，这可能说明有某种问题，例如较低的甲状腺激素水平，有必要让你的儿科医生检查一下。

女婴的生殖器

女婴的外阴肿胀是由母亲的荷尔蒙造成的，并且常常会有大量的分泌物。有时候，分泌物是黏稠状的，有时是清澈的。外阴的皱褶处常常还会有白色干酪状的分泌物。把这些分泌物全都擦去是没有必要的，也是不好的，只需要将该部位的粪便擦拭干净就可以了。

男婴的生殖器

- 男婴的阴茎应当是直的，不应有弯曲。弯曲的阴茎被称作"阴茎下弯"，应进行手术矫正。尿道的开口应当正好位于龟头的顶端。如果它位于龟头的下沿，或是位于阴茎体上，这被称作"尿道下裂"，需要矫正。有这些状况的男婴不应接受包皮环切术，因为其包皮在手术修复中会用到。

- **包皮环切术：**刚做完手术的地方看上去会发炎红肿。这会让看到的人相当不安，但幸运的是，宝宝自己在手术结束后似乎对此没有任何烦恼，或许这是因为他们看不见那里。随着伤口愈合，会形成一块黄绿色的痂。这不是感染，而是愈合组织。感染非常罕见，其先兆是阴茎发红，并有白色或黄色脓液，而不是结痂。关于包皮环切术的讨论，参见上一章。进行过包皮环切术的裸露的龟头，不再呈现粉红色，而是淡紫色。

- 对于没有进行包皮环切术的宝宝来说，包皮紧紧地附着在阴茎的龟头上，无法轻易地缩回。不要管它！不要让任何人用力将它拉回。

- 有时候，一侧或两侧的睾丸没有完全沉入阴囊，甚至只是部分沉入阴囊。你的儿科医生会与你讨论这个问题。大多数情况下，睾丸会到宝宝6个月大时完全降下，不需要进行矫正。

- 你可能会看到宝宝的一侧阴囊

> 如果一个婴儿在出生前曾经处于臀位，无论时间长短，髋关节发育不良——髋臼的发育不正常——的风险就会较高。很多儿科医生都会给所有臀位出生的宝宝在出生后几周内进行臀部超声波检查（见术语表）。如果有髋关节发育不良的家族史——兄弟姐妹、父母、祖父母、姑妈、叔叔或堂兄弟姐妹有这种问题——医生也会建议进行这种超声波检查。

中似乎有两个睾丸，或者一个睾丸摸起来比另一个大得多。通常，你所摸到的是正常的阴囊积液。这被称作"阴囊积水症"，大多数情况下，到宝宝1岁时就会消失。你应该把这种状况告知你的儿科医生。

• 阴茎的正常尺寸范围很广。有时候，阴茎看上去相当长；有时候，只有大约2厘米长，即便你将它从耻骨处拉至其顶端；有时候，宝宝的阴茎隐藏在脂肪垫下，几乎看不见。你的医生的职责是让你放心这都是正常的，而你和其他人的任务是要避免粗鲁的评价、取笑和对未来进行预言。阴囊也有很大的差异。有时候，睾丸被一个紧绷而光滑的小阴囊所包裹，有时阴囊很大、很重，并且充满皱褶。

手、腿和脚

• 手脚看上去发青，摸起来发凉，都是正常的，尽管宝宝身体的其他部位是玫瑰色和温暖的。这被称作"手足发绀"，是由新生儿的血液循环造成的。

• 在几个月内，宝宝的腿都"想"蜷缩成在子宫内的姿势。对于正常的宝宝来说，小腿看上去都很弯。它们会随着时间而变直。

• 极其重要的是，你的医生要仔细检查宝宝的臀部，看看有没有潜在的髋关节脱位。大多数宝宝都没问题。如果发现有髋关节脱位或可能脱位，就会采取早期治疗手段，让腿部保持外展的姿势——膝盖朝向外侧——通常就能使问题得到解决。这通常意味着只需先使用双层尿布，然后使用一种被父母们亲切地称为"Rhino Kicker"的带有尼龙搭扣的精巧装置。这种装置一点儿也不会妨碍宝宝的运动发育，即便在你有点希望它能使宝宝不那么好动的时候。

• 双脚看起来向内弯曲。如果这是值得关注的事情，你的医生会找你谈话。大多数时候，什么也不需要做。有时候，需要对宝宝的双脚进行拉伸，给他穿上特殊的鞋子（在宝宝开始走路之前），或者，在严重的情况下，会建议进行短暂的石膏固定。

- 宝宝的脚指甲通常看起来很小、很有趣，并且是向肉里生长的。它们似乎在很长一段时间内不会变长，甚至在整整一年里都不会生长。脚指甲极少会真正向肉里生长，但是，如果脚部的皮肤发红发亮，你就要咨询你的医生。

行为与能力

面部表情

新生儿会做出各种奇怪的表情。他们会对眼，吐出舌头，一只眼睁着一只眼闭着注视你。

呼　吸

婴儿的呼吸是没有规律的。他们通常会急促地呼吸半分钟左右，然后屏气 10～15 秒，之后是一次深呼吸。如果你在宝宝睡觉时数一数他一分钟呼吸的次数，你会发现他每分钟呼吸 40～60 次。如果宝宝睡觉时的呼吸频率保持在每分钟 60 次或更高，你就应该给儿科医生打电话。

宝宝经常会发出一种正常的声音，这种声音有一个复杂的医学名称"Schnurgles"。婴儿经常发出一种由喉咙后部的奶水和鼻腔造成的鼻息声、咯咯声，这是正常的。这是一种轻柔的声音，通常只出现在夜晚，并且是在其他方面完全正常的宝宝身上。如果你心存疑虑，可以咨询你的医生。

古怪的行为

除了吃、喝、小便和大便以外，宝宝还会做出一些令父母们感到困惑或担忧的其他壮举。打嗝，即使非常频繁，也是正常的。

打喷嚏是正常的。（反复的咳嗽是不正常的。）抖动下巴是正常的，这并不意味着宝宝冷、害怕或是惊厥。放屁是正常的。很多宝宝会一边打嗝，一边放屁，非常舒服并且无所顾忌。同时，胃里发出很大的声响，就像那首五行打油诗里所描写的公爵夫人一样，"她的肚里响辘辘，实在是令人吃惊"[①]。如果宝宝的食欲和其他行为都正常，就无须担心。

胳膊和双腿偶尔的抖动几乎都是正常的。如果你将手放在抖动的部位，而它停止了抖动，或者是在宝宝吮吸时停止抖动，一切就都没有问题。如果抖动不停止，或者小天使在醒着的大部分时间里都在抖动，你应该立即给儿科医生打电话。有时候，这可能是低血糖、缺钙或其他问题的表现。

---

① 我坐邻公爵夫人吃茶点，那正是我所害怕的场面。她的肚里响辘辘，实在是令人吃惊，人人却以为是我在现眼。——作者注

> 判断一个新生儿是否吃到了足量奶水的一个经验法则：他每长大一天，小便和大便的次数应该至少增加一次。也就是说，在出生后的头 24 小时里，他应当大便和小便各一次，在第二个 24 小时里，应当各两次，以此类推。（别担心，这个数字会在 6～8 天时停止增长。）宝宝的大便应当是真正的大便，而不仅仅是一摊污渍，到第 5 天时，应呈现为明黄色，就像从瓶子里挤出的芥末。

能　力

每个月你都能在新生儿的身上发现新的能力。这很令人着迷，但是，我不认为现在有必要对这一话题进行详细讨论。足月的新生儿喜欢注视人脸和红色的东西，并且，当你注视着他时，他喜欢盯着你的身旁，仿佛那里有个看不见的好东西。如果你尽力尝试，你可以让他们的眼睛追随一个物体，但目光不会超过两只眼睛的中线。而你为什么要尝试这样做呢？

他们的听力已经很敏锐，说话声、歌声、音乐声以及有趣的声音可能很受他们的欢迎。

他们的嗅觉甚至更敏锐，能够识别出自己母亲的乳汁，或许还能识别出父亲和母亲的味道。这不是你更换须后水，或哺乳的母亲使用任何香水的时候。

当然，他们对于触摸有很好的回应。一些宝宝喜欢被搂抱着，另一些则喜欢自由，他们更喜欢被轻轻地抚摸。

他们在一定程度上能自我安抚，女孩通常比男孩在这方面的能力更强，但是，个体的差异远远大于性别的差异。

他们能够分辨出不同的味道，并且喜欢甜味，糖对于这个年龄的宝宝似乎能充当镇痛剂（或许，对于我们中一些年龄比他们大得多的人来说也是如此）。

睡　眠

新生儿在一天 24 小时中会睡 16～20 个小时。在其余的时间，他们吃奶，啼哭，呆呆地发愣。很多宝宝在夜晚的睡眠模式与白天的相同。有一些宝宝似乎把白天和黑夜"混淆"了，白天睡个不停，然后整晚保持清醒。在头两个星期里，试图改变这种睡眠习惯是徒劳的。你要适应。过了这两个星期，很多宝宝自然就会形成

> 重要的是，宝宝失去的体重不应超过出生时体重的7%，到出生后的第4天或第5天，体重减轻现象逐渐消失。到第5天或第6天时，宝宝的体重应该开始增加。
>
> 这就是为什么吃母乳的宝宝需要在从医院回家后的3天内去看儿科医生，或让家庭健康护士为宝宝称体重；奶瓶喂养的宝宝应在从医院回家5天内进行称重检查。

更加合理的睡眠时间；其余的宝宝通过引导通常也能做到。

生 长

几乎所有母乳喂养的宝宝，以及很多吃配方奶的宝宝，在出生后都会出现体重减轻。婴儿出生时身体里有多余的水分，它们会在出生后几天内逐渐失去。在此期间，他们通常显得不那么经常想吃。然而，重要的是要不断叫醒一个困倦的宝宝，白天每隔2~3小时一次，晚上至少每3个小时一次，哄他吃奶。

当宝宝的体重降到净重，并且开始熟悉饥饿感与吃的关系时，他们就应该开始更频繁地要求进食。吃母乳的宝宝可能每隔1.5~3小时就会要求吃奶，吃配方奶的宝宝是每隔2~4小时。

吃母乳的宝宝和吃配方奶的宝宝，都应该在第10天左右恢复或超过出生时的体重。

牙 齿

在极少数情况下，婴儿在出生时就有一颗牙齿。有时候，这种"胎生牙"可以保留，但通常会被拔掉：这种牙通常都长得不好，也不牢固，而且，你一定不希望它脱落并造成宝宝窒息。你也不希望母亲在喂奶时被咬。

氟化物

在宝宝出生时，所有乳牙的牙胚都已经形成，恒牙也开始形成。到一个孩子准备上二年级的时候，所有的恒牙都已经钙化，并准备长出。因此，从出生开始，这些"看不见的牙齿"就需要保护防龋。氟化物会被吸收形成牙釉质，使之变得更加坚固。

如果氟化物过多，就会在恒牙的釉质上形成小白斑，所以，掌握好正确的剂量非常重要。正确的剂量取决于宝宝的年龄，以及宝宝从奶、水、食物以及吞咽下的牙膏中摄入的氟化物的数量。这很难估算。一些瓶装水中含有氟化物，即使其成分标签上并没有标明。一些"未加氟"的自来水中含有大量的天然氟化物。商店里出售的食品可能会含有原产地水源中的氟化物，等等。以下是对于新生宝宝较为可靠的指导原则：

• 吃母乳的宝宝从母乳中得不到氟化物，即便母亲喝的是含有氟化物的水。所有母乳喂养的宝宝都可以从氟化物补充剂中获益。

• 如果你的宝宝是从配方奶中获取氟化物，无论是从配方奶本身，还是从冲奶粉的水中，你都不再需要补充氟化物。你的儿科医生会知道你所在社区的供水中氟化物的含量，以及宝宝是否从中获取了适量的氟化物。

如果你使用的是大豆配方奶粉，要用不含氟化物的水来冲，因为大豆配方奶粉中已经含有新生儿和婴儿所需的氟化物。（如果你做不到，或是一直以来没有这样做，也不要惊慌。无论如何，这种过量都不会有毒。但要尽可能不过量。）

营养与喂养

永远不要给1岁以下的婴儿吃蜂蜜或玉米糖浆，因为它们可能含有肉毒杆菌的孢子，会导致宝宝生病。此外，在没有咨询儿科医生的情况下，不要更换配方奶或给宝宝喝果汁。

关于食用鱼类的指导原则，见第7页。

母乳喂养宝宝的营养补充剂

• **维生素 K：**一些儿科医生喜欢给母乳喂养的宝宝注射第二针甚至第三针维生素 K，来防止以后出现出血问题。参见第 1 章中的相关内容。

• **维生素 D：**母乳喂养的宝宝如果每天无法吸收大约10分钟的阳光，就需要补充维生素 D，以防止出现骨骼软化的疾病——佝偻病。母乳喂养的宝宝如果不出门，或生活在缺少阳光的地方，或肤色很深，都需要维生素 D 补充剂。（配方奶中含有每日所需的维生素 D。）

母乳喂养

刚出生时，很多宝宝都有一段急切地吃奶的时间。然后，在接下来的一两天里，他们似乎对吃奶失去了兴趣，每隔四五个小时才吃一次奶，并且不再狼吞虎咽。这是一种正常现象（如果宝宝其他方面都很好）。然而，尽量至少每隔3个

> **最好的哺乳指南**
>
> *The Ultimate Breastfeeding Book of Answers*，医学博士杰克·纽曼（Jack Newmam）、T·皮特曼（T·Pitmam）著，Prima Publishing，2000年。
>
> 只要宝宝表现出吃奶的兴趣和意愿，就给他喂奶。
>
> 如果你需要一个吸奶器，要买一个质量好的；便宜的吸奶器会造成伤害。
>
> 通过计算宝宝的小便和大便次数来监控你喂奶的情况。

小时把小天使叫醒一次，看看他是否吃奶，是很重要的。

这种"休息阶段"的出现，是因为婴儿在出生后需要减轻一点体重。哺乳能够让宝宝吃到初乳（黄白色、黏稠的初乳，富含免疫因子），并有助于刺激真正的母乳的产生。

在这几天中，"因为宝宝不吃母乳"就给他吃配方奶，不是一个好主意，除非有特殊的原因，比如，如果宝宝的血糖较低，或者体重和胃口很大。如果给宝宝吃配方奶，尤其是用奶瓶吃，会使他认定吮吸乳房是一件太过困难的事情。

然后，在宝宝失去7%的出生体重，正好开始感到饥饿时，母亲的乳房中也开始产生乳汁。这通常发生在宝宝3～4天大的时候。通常，时机恰到好处，就在宝宝准备好吃奶时，母乳大量产生了。有时候，在母乳产生前，宝宝会饿上几个小时。还有些时候，在宝宝准备好之前，母乳就大量产生了，乳房会变得很涨。

成功哺乳的关键：

你需要用正确的姿势抱着宝宝

在产生初乳的头几天里，乳房是柔软的。因为其柔软，这给了你一个机会确保宝宝衔住乳头，并使他的舌头位于正确的位置。如果他衔住的是乳头尖，或者他的舌头位于乳头上方而不是下方，你会感到疼痛。为了完全了解他是怎么吃奶的，可以试试像抱一个橄榄球那样抱着他：这会让你看得更清楚。

宝宝应当将大部分的乳头和乳晕（深色的环状区域）含在嘴里。如果哺乳使你感到疼痛，说明你的姿势是错的。你可以让他停止吮吸，重新摆好姿势。

• 将宝宝靠近乳房，而不是将乳房靠近宝宝。尽管让宝宝依偎在你怀中、用手托住他臀部的姿势很温馨而经典，但这可能不利于他很好地衔住

哺乳时的搂抱姿势

目标是让宝宝"吮吸"你乳头周围的深色区域(乳晕)——仅仅吮吸乳头不会产生任何母乳,还会使你疼痛。

身体呈直立开放式坐姿(胳膊可以自由活动),后背要有竖直的支撑物。

用一只手托住宝宝的头部。

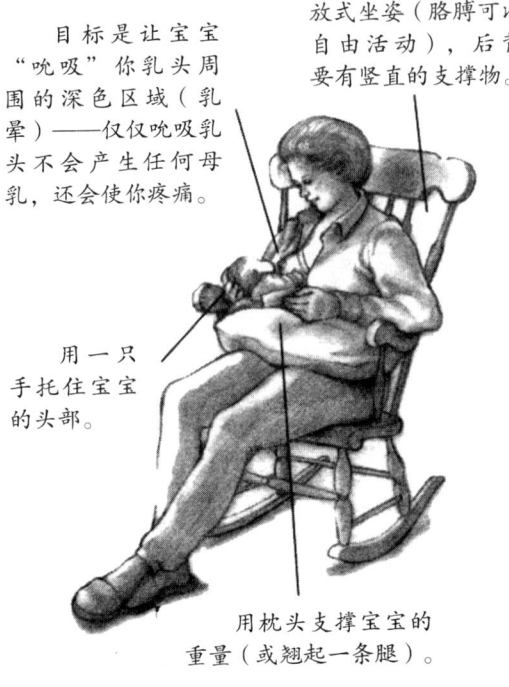

用枕头支撑宝宝的重量(或翘起一条腿)。

将宝宝按在乳房上,建议采用横抱式抱法或"橄榄球式"抱法。

1. 轻拍宝宝的脸颊或触摸宝宝的嘴唇,使他张大嘴巴。

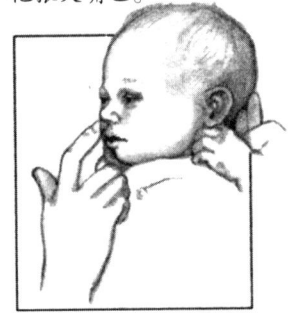

用另一只手牢牢地托住宝宝的头部。

3. 将宝宝的鼻子埋入乳房。

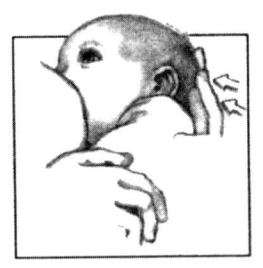

衔乳:将宝宝按在乳房上。

2. 用拇指和食指挤压乳晕。

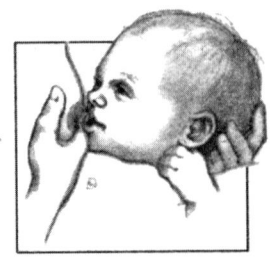

轻轻地将宝宝的头部靠近你的乳房。

4. 用空着的那只手的手指为宝宝留出一个呼吸空间。

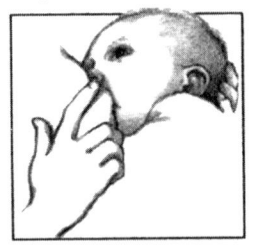

这解决了大多数拖延衔乳的问题。

1. 用搂抱的姿势——宝宝的头部要高于身体的其他部位。

把空着的手放在乳房下方的位置,轻轻将乳房托起。这会让乳头突出,并朝向下方。轻轻地将宝宝的头部靠向乳头。

2. 换一下手,用另一只手臂抱住宝宝。手臂长度起到的杠杆作用能更好地完成"按"的动作。

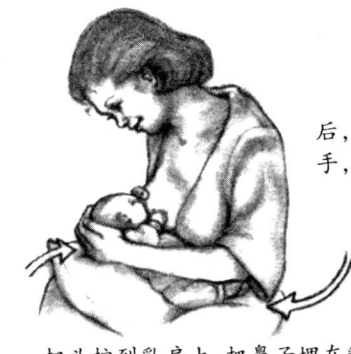

在宝宝衔住乳头后,你可能想换一下手,回到搂抱姿势。

把头按到乳房上,把鼻子埋在乳房中。

乳头，至少在一开始是这样。更好的姿势是用手托住他的头部，采用横抱式或橄榄球式姿势。

• 不论用什么方式抱着宝宝，都要尽量使他含住整个乳头和尽可能多的乳晕。要等着他张开嘴巴或啼哭——你可以轻挠他的上嘴唇来使他张嘴——并且主动寻找乳头。然后，将他的头按在乳房上，使他的鼻子几乎埋到乳房中。在他开始吮吸之后，你可能需要用手指将乳房拨开一点，为他提供呼吸空间。

• 用几个枕头来支撑你的胳膊和宝宝。不要将体力浪费在举重上。

宝宝想吃就喂，如果宝宝不常想吃，就叫醒他

不要试图给这么小的宝宝实施喂奶时间表。过了头几天之后，宝宝应该每隔2~3个小时就想吃奶，每天24小时吃奶8~12次。

很显然，这会使你没有时间做其他事情，除了打个盹、处理基本的个人卫生、吃东西，以及从接待有帮助的来访者中恢复精力。你可以用那个古老的借口来回绝不想见的来访者和电话——"这是医生的命令"。你说的是实话，我刚命令过。造成哺乳问题的一个最常见的原因，就是母亲得不到足够的休息。

在刚开始给一个新生儿喂奶时，最好每侧各喂5分钟，并逐渐增加时间，可以每次增加1分钟。

每个宝宝都有独特的吃奶方式，有些宝宝是美食家型，他们会舔食和品尝；有些是满足的顾客型，他们会毫不计较地吃奶，直到吃饱停下来；有些是梭鱼型的，他们会紧紧含住乳头，拼命地吮吸。美食家型的宝宝每次吃奶可能需要20~30分钟，满意的顾客型的宝宝可能会有效地吃20分钟，而梭鱼型的宝宝可能只需10分钟就能狼吞虎咽地吃饱。

要立即处理乳头疼痛、乳房肿胀和乳腺炎（因乳导管堵塞而引发的乳房感染）

• 乳头疼意味着宝宝衔乳姿势不对。看一下第48页的衔乳方式的建议。你可能需要向哺乳专家咨询，但首先你需要进行紧急处理。要尽可能经常用湿热的毛巾或热茶包（已经在开水中浸软，并冷却过）来热敷止疼。

• 乳房肿胀是指乳房像石头一样硬。这并不可爱，也不可笑，你需要立即进行护理。如果乳房肿胀得太厉害，乳头就无法突出，而宝宝就无法衔住乳头。如果情形很严重，哺乳就会很痛苦。自然，你就会紧张，

> 一个吃奶的时间总是超过30分钟的宝宝，可能是很难从母亲的乳房中吃到奶水，即便他看上去不饿或没有不安。要记录他小便和大便的次数，然后给你的儿科医生打电话询问是否应检查他的体重，以确保他吃到了足够的奶水。

而宝宝也会如此，你理所当然就会避免喂奶。最后，具有讽刺意味的是，奶水的沉重压力会阻止乳房产生足够的奶水，而这会导致长期的奶水供给减少。

- 当你的乳房变得这么肿胀和沉重时，就必须立即排空。热敷能使之变软，以便宝宝（尤其是梭鱼型的宝宝）能将其吸空。

- 但是，你会说，如果我这么拼命地喂奶，难道不会导致产生更多的奶水，使乳房更肿胀吗？不会的。乳房肿胀的大部分是肿，而与奶水供给无关。你现在需要做的就是增加喂奶次数，肿在几天之内就会消失。

- 如果宝宝无法有效地吸空乳房，你就需要一个非常好的吸奶器，最好是设计精巧的电动吸奶器。很多哺乳专家都推荐美德乐（MEDELA）吸奶器。

- 一个效率低的吸奶器，即使是电池驱动的，也会使情况变得更糟，因为它在刺激乳头的同时，没能有效地清空乳房，而一个手动吸奶器很可能是无用的。要吸出足够的奶水使乳房软化，然后冷敷，除非宝宝急于吃奶。如果是这样，就要先让宝宝吃奶，然后再冷敷。

- 乳腺炎意味着乳房组织发红、发热并变硬，这是因为一条乳导管被堵塞了，并且乳房组织被感染了。你可能还会发烧或出现类似流感的症状。如果你的乳房出现红、热、硬的区域，要热敷并按摩肿块。要尽可能多用这一侧乳房给宝宝喂奶。宝宝不会被感染。你可能还需要用抗生素（对宝宝安全的），所以，要给你的产科医生或儿科医生打电话。

不要给宝宝用奶瓶，除非你的儿科医生或哺乳顾问建议你这样做

当婴儿吮吸母亲的乳房时，他用面颊的肌肉来产生吸力。在使用奶瓶时，他用的是嘴唇和舌头。如果习惯了用奶瓶喝奶，可能会造成他产生"乳头混淆"——当他再吃母乳时，不知道怎样吮吸了。

如果你的奶水来得比较晚，或当你有一个"喜欢挨饿"的宝宝时，你可能就需要先给他吃配方奶。

有两种方法可以让宝宝不用奶瓶吃配方奶。你可以将配方奶（或挤出的母乳，如果你已经有了奶水）装进一个注射器，将它用胶布黏在你的胸前，并连接一个柔软可弯曲的饲管，在宝宝吃奶的时候将奶水注入他的口中。这样，他就可以吮吸乳头并吃到奶，即便乳房里并没有多少母乳。第二种方法称作"手指喂食"。在这种方法中，你让宝宝吮吸你干净的手指，同时用一个滴管或注射器将配方奶或挤出的母乳注入他的口中。

在极少数情况下，一个不愿意吮吸任何东西的宝宝，在给他一个奶瓶后，就会振作起来，并学会吮吸，之后可能会将这种吮吸技巧用到吃母乳上。但是，这种情况不常发生，并且我应该尊重你的儿科医生或哺乳顾问的智慧。当你的小天使2周大的时候，你的儿科医生会就何时开始使用"提醒"奶瓶向你提出建议。

特殊的哺乳问题

奶水太少

奶水太少，可以是因为乳房手术的后效，可以是因为太疲劳，可以是因为母亲年龄较大，因而荷尔蒙分泌不足。

但是，导致宝宝吃到的奶水太少的最常见原因，是有效的哺乳太少。这是一个恶性循环：宝宝吃不到足够的奶水，开始变得昏昏欲睡，吃奶的次数更少，对乳房的刺激更少，所以没有足够的奶水。解决的办法是增加哺乳的次数，或许在给宝宝喂食配方奶或挤出的母乳之后，宝宝就会获得能量补充，并打破这一恶性循环。这种情形就是要确保在宝宝出生后几天内给他称体重的一个很好的理由。

奶水太少的最不常见的原因是脱水。哺乳的母亲应该喝足够多的水，要到必须每3个小时小便一次的程度，并且尿液应当是非常清澈的，而不是深黄色的（维生素的摄入不会影响尿液的颜色——不会使尿液变黄）。但是，体内水分过多并不会产生更多的母乳。

偶尔，可能有5%的母乳分泌不足的问题是与荷尔蒙有关的，但与年龄无关。有两种处方药，胃复安（Reglan）和氯丙嗪（Thorazine）能够帮助增加泌乳。但是，这两种药都有副作用，要与你的儿科医生认真讨论。

奶水太多，太快

我们都希望拥有这样的好运。但是，奶水太多也是一个问题。有时候，奶水涌出的方式会让人想到罗马的喷泉。宝宝大口大口地吃，并会啼哭，因为吃不完变得很气恼，然后，两个小时之后又饿了。频繁地喂奶只会导致奶水更多！

下面是一些建议：

• 在宝宝吃奶前先挤出15毫升左右的奶水。

• 喂奶时，你和宝宝平行侧卧，以便奶水能滴下，使他无须大口吃并应对大量流出的奶水。

• 每次喂奶只喂一侧的乳房，这样就只需处理一侧的放乳反应。哺乳后对乳房进行冷敷也可以减少奶水的产生。

• 如果这个方法不管用，哺乳顾问会教给你减少奶水的方法。

哺乳母亲的饮食

关于食用鱼类的建议见第7页。

当你开始正常哺乳之后，你每天会额外消耗500卡路里的热量。显然，这些热量应该来自富含营养的食物，而不是垃圾食品。每天的饮食中应包含三种蛋白质，可以是奶制品、肉类、鱼类、禽类或豆制品。对于维生素A和膳食纤维，建议每天至少摄入3种绿色和黄色的蔬菜。然后，还应该有两种富含维生素C的食物（柑橘类水果、花椰菜、卷心菜、番茄）。除此之外，还应食用全谷物、全麦面包和水果。

至于会"胀气"的食物，则不用担心。豆类或卷心菜可能会使母亲的肠胃不舒服，但没有证据显示制造气体的大分子会进入血液。如果它们无法进入母亲的血液，也就不会进入到母乳和宝宝体内。

大蒜的确会进入母乳之中（它甚至会进入胎盘：我闻到过几个刚出生的宝宝的呼吸，我发誓他们肯定在子宫里点了外卖比萨）。但是，大多数宝宝似乎喜欢这种味道（是的，这已经经过研究证实），并且不会造成任何问题。

你每天需要摄入1200毫克的钙，以补充随着母乳流失的钙以及你自身所需的钙。如果你没有摄入足够的钙，宝宝不会受到影响：你的骨骼中储存的钙会进入到母乳中。当然，你可以想象这种情况持续几周或几个月对你的骨骼会造成怎样的影响。你应当多吃乳制品、钙强化果汁或面包、豆腐（但要查看标签）、花椰菜、羽衣甘蓝和沙丁鱼。

大多数产科医生都建议哺乳的母亲每天服用复合维生素补充剂，并且至少喝8杯水。

> **"喜欢挨饿"的宝宝：要当心！**
>
> 有时候，一个非常平和的宝宝会愚弄每个人，即使他没有吃到足够的奶水，也显得很满足。一个超过2天大的宝宝，如果每次吃奶的时间很短，并且间隔超过3个小时，可能就有这种潜在的严重问题。这样的宝宝有时被描述为"喜欢挨饿"。似乎吃几口奶就能让他心满意足地睡去，而且，当他再次吃奶时，会由于缺乏卡路里而导致他吃奶的效率很低。这样的宝宝小便和大便的次数都比较少，大便的颜色会发绿。但是，宝宝的行为可能不会给你其他线索，很容易让你误以为他是一个"好"宝宝或"容易养育的"宝宝。
>
> 如果你有任何怀疑，就要——立即——让你的儿科医生给你的小天使称体重。

配方奶

关于不同种类配方奶的讨论见第1章。

在头几天，大多数配方奶喂养的宝宝吃的次数都不是很多。之后，当"水重"消失，并且宝宝更加习惯子宫外的生活后，他们才会真正活跃起来。

在头两个星期，很多配方奶喂养的宝宝每2～3个小时只吃约30～90毫升奶。在这段时期，宝宝刚开始发现什么是饥饿以及该怎样办，最好让宝宝来主导。在大约2周大时（见下一章），大多数宝宝可以被哄着形成更加成熟的吃奶时间表。关键是不要让宝宝不高兴。

对于一个接近2周大的足月宝宝来说，一条很好的经验法则是，每次喂奶时，每0.9千克体重喂大约30毫升配方奶。（一个重3.6千克的宝宝，应该吃120毫升奶。）如果宝宝能够喝下这一数量的奶，喂奶的间隔就要开始变成3～4小时。

配方奶的准备

在美国大多数地区，没有必要对奶瓶和奶嘴进行消毒，而只需用热水清洗即可。问问你的儿科医生，你可以节省自己的大量劳动，更不用说橡胶奶嘴被遗忘在炉子上煮干后的难闻气味了。

要核实一下你所使用的水中的氟化物含量（参见上文关于氟化物的部分）。

使用奶瓶

不言而喻，大人和宝宝都应该

> 如果你使用的是井水,就要检查一下,以确保水中不含有过多的硝酸盐、氟化物、铅、水银或其他污染物。

很舒服,宝宝的头部要有稳固的支撑,而且永远都要用手拿着奶瓶——而不是用东西支撑——放进宝宝的嘴里。

然而,我们都很容易忘记的一点是,一个急于喝奶的宝宝——尤其是梭鱼型的宝宝——会因为太过用力吮吸而使奶嘴堵住。如果宝宝急切地吮吸,然后开始烦躁或尖叫,你应当将奶瓶拿起来查看一下。一个塌陷的奶嘴会随着宝宝的吮吸而膨胀并发出一点嘶嘶声。解决这个问题很容易,只需要在宝宝喝奶时经常将奶瓶拿开一下,让空气重新回到奶嘴中。或者,你可以试验不同设计的奶嘴。

打 嗝

打嗝应当是一个不及物动词:它不是你可以强加于人的事情。你所能做的就是让宝宝保持一个合适的姿势,使得他吞咽下的空气能够从口中排出。如果过了 1 分钟左右,什么也没有发生,就继续喂奶,或者,如果宝宝打嗝了,就让他侧躺着。这样,他就可以自己打嗝,可能会吐出一点奶。

洗 澡

你的小天使在刚出生时洗的那次澡,就是在头两周里需要的唯一一次。

在脐带脱落,包皮环切术伤口愈合,并且父母稍微熟悉了照顾宝宝的工作之后(能够用语言良好沟通,而不是发出口齿不清的咕哝声之后),可以给宝宝洗第一个澡。但即使这样,这也更多的是一个拍照的机会,而不是必需的。

与此同时,如果宝宝吐奶了,可以用水给他洗脸,并用毛巾拍干。换尿布请见下文。

> **配方奶与安全**
>
> 在冲调配方奶时，配方奶粉与水的正确比例是极其重要的。如果你是在指导一个人帮忙，一定要说清楚，并要时常检查一下。水太多或太少都会导致宝宝严重生病。
>
> 一旦宝宝吃过，这瓶奶就不能放起来（即使是放在冰箱中）再次喂给宝宝了。把一瓶喝过的奶重新喂给宝宝，会导致鹅口疮（口腔内的真菌白色念珠菌感染），在极少数情况下，会使宝宝真正得病。在45分钟到1个小时之后，就要把奶倒掉。
>
> 要当心微波炉。用微波炉热过的牛奶可能会形成局部高温。要将奶瓶放置至少1分钟，摇晃一下，将冷热混合均匀，并小心地试试奶的温度。不要将奶嘴放进微波炉！它会变得非常烫，并且你没有什么好办法来测试它的温度。

换尿布、生殖器、小便和大便、穿衣

换尿布

用清水清洗宝宝的生殖器和屁股，用毛巾拍干。涂抹一层凡士林能形成类似不粘锅的表面涂层的效果，这样，下一次清理宝宝的大便就容易了。

女婴的外阴部位有很多皱褶，显得很神秘，父母们常常想知道需要清洁到何种程度。你应当轻轻地擦去任何黏附在那里的大便。白色、干净、黏液状的分泌物不需要也不应被擦去。别忘了，分泌物里有一点点血，甚至有一个小血块，都是正常的。

进行了包皮环切术的男婴需要小心护理。感谢精通解剖学的大自然，粪便通常不会进入做手术的部位。如果沾到了粪便，要轻轻地用淡肥皂液和水进行清洗，冲洗干净，拍干，吹干。每次换尿布时，都要在尿布的前侧涂抹一些凡士林或润滑油，这样宝宝的阴茎就不会与尿布产生摩擦。

对于没有做包皮环切术的男婴，千万不要试图将包皮向后拉。不要使用爽身粉，因为粉末会进到包皮下面。

实际上，根本不要给宝宝使用爽身粉。原因如下：

• 如果你或宝宝将爽身粉吸入肺中，会对肺产生严重的刺激。爽身粉洒出或其他意外，即便在这个年龄也是有可能发生的。

> **令人惊讶！**
>
> 偶尔，宝宝的尿布上会看到一点珊瑚色的粉末状的东西，有点像是粉状的腮红。这不是血。（血是鲜红色的，在接触空气后变成褐色。）这是新生儿尿液中的一种正常的结晶（尿酸）。不用担心。

- 爽身粉还会对黏膜造成刺激。对于未做包皮环切术的男婴，它会进入到包皮下面，并附着在那里。对于进行过包皮环切术的宝宝，它会附着在龟头与阴茎体连接的部位。

- 爽身粉容易使大人对着宝宝打喷嚏。

如果你使用吸水性很强的一次性尿布，你可能无法判断宝宝有没有小便。你可以在尿布里放置一小块有吸水性的棉团。如果棉团湿了，你就知道宝宝尿了。如果宝宝最近做过包皮环切术，可以在阴茎头部的手术部位擦些凡士林，棉絮就沾不到上面了。

小便和大便

如果你认为你在花费多得让人可笑的精力监控宝宝的排泄物，你是对的，而且，这会持续一段时期。宝宝的排泄物是其总体健康状况和吃得多少的一个很好的指征。要记住，宝宝的尿液是无菌的，除非有感染发生。当宝宝直接尿到你身上时，尽管放心。

小 便

正如我在前面所说，**你可能会在尿布上看到一种珊瑚色的污渍**。这不是血，而是尿酸结晶体，是正常的DNA分解后的产物。这是正常的，并且会在宝宝食量增加后消失。你可以判断出它不是血，因为它的颜色是粉色的，而不是红色，并且不会在接触空气后变成褐色。

当你的男宝宝没戴尿布小便时，你在尖叫过后，要观察一下尿流。它应当呈一条弧线，而不是连续的水滴。他在撒尿时应当毫不费力，没有哼哼声，也没有紧皱的面部表情。（如果他显得费力，或是尿液呈一滴滴的状态，你需要通知你的儿科医生：宝宝的尿液在通过阴茎时可能受到了阻碍。当然，女婴不会有这个问题。）如果他（或她，一些女婴也有非凡的力量）尿到了你的脸上，你会得到一年的好运气。如果尿到了你的嘴或眼睛上，你会得到10年的好运气。我的好运气已经排到第二个100年了。

> **大便的各种颜色**
>
> 出生至 2 天或 3 天：墨绿色、黏稠的胎粪
> 3 天至 5 天：像肉汁、萝勒青酱、芹菜泥
> 6 天及以后：像从挤压瓶里挤出芥末——黄色、稀薄，并伴有很大声响

大便

谈到粪便，或大便，或便便，或排便，你就进入了一个全新的经验领域，这需要一个全新的词汇表。用食物作类比对于描述这个重要的现象是最准确的。大便会随着宝宝的成长，以及他摄入的食物和消化情况而变化。要观察它的颜色和质地的变化。

宝宝的第一次大便，正如每个新父母都知道的，称作胎粪。胎粪是胎儿的大便，由羊水中一些无菌的碎片组成。它是墨绿色黏稠状的，有点像甘草汁。

为什么是墨绿色的呢？你可能会问。宝宝在子宫里吃了什么？妈妈吃了太多的菠菜或甘草汁吗？

它之所以是墨绿色的，是因为其中含有胆红素，这是红细胞分解产生的一种黄绿色的产物。关于胆红素的更多内容，参见"新生儿黄疸"的相关部分。

随着奶水开始被消化，以及胎粪被排出，大便会发生变化。对于一个母乳喂养的宝宝，在这个转变时期，大便会出现下列各种颜色和形态：棕色的鳄梨沙拉酱，捣碎的芹菜、菠菜泥，或者肉汤。对于一个奶瓶喂养的宝宝，这一转变期的大便通常像棕色或绿色的松软干酪。

一旦所有的胎粪都排出后，母乳喂养的宝宝的大便会变成芥末那种亮亮的深黄色，实际上，排便的声音也像芥末从挤压瓶里喷出的声音：咕嘟、咕嘟、咯吱、啪哒。"大便的速度"这个词在此时开始有了意义：大多数宝宝，在不戴尿布的情况下，都能击中几英尺远的一面墙。

如果一个吃母乳的宝宝出现了少见的绿色大便，这可能只是偶然情况，表明大便里出现了胆汁。如果大便总是绿色，让儿科医生检查一下是很重要的。很多时候，这意味着宝宝没有吃到足够的奶水。

吃配方奶的宝宝的大便应当一直像松软的干酪。有时可能出现水样或硬便。水样大便可能反映了吸收不良、过敏或感染。硬便并不说明这些问题，但仍然是一个问题。任何比柔软的花生酱硬的大便都需要给予关注。不要换配方奶粉，或给宝宝喝果汁，除非

> **避免呈胎儿姿势**
>
> 你在将宝宝放在婴儿背带、婴儿座椅、摇椅或汽车安全座椅里时,要确保他的头部和身体差不多处于同一个平面。你不希望他把身体蜷成胎儿姿势,将下巴抵到胸前。这会阻塞呼吸道,使宝宝得不到氧气。
>
> 要确保宝宝坐在汽车安全座椅上时下巴不会抵到胸前。大多数足月的宝宝都能很好地坐在汽车安全座椅上,但是,有30%早产的宝宝会向下滑成一个会损害呼吸的姿势。
>
> 如果你的宝宝在从医院回家时体重不足2.7千克,你应当把汽车安全座椅带到房间里,让他试坐一下,并让一名有经验的护士检查一下。如果他蜷了起来,下巴抵到胸前,要试试将一些折叠起来的婴儿毯或尿布垫在宝宝的屁股下面,使他保持更加水平的姿势。

给你的儿科医生打过电话,但也不要让宝宝一直拉硬便。

穿 衣

纯棉衣物,而不是羊毛或聚酯纤维,最能给宝宝保暖,并防止皮疹。让宝宝保持体温的最好办法是给他戴上一顶帽子,而且不需要很昂贵。给宝宝一层一层地穿衣服——尿布、衬衫、系带的宽松上衣,然后再包上毯子——既简便又灵活。

为确保宝宝足够暖和,可以把宝宝穿的衣服和你在当前环境温度下感到舒适所穿的衣服进行比较。给宝宝穿与你同样多层的衣服,然后再多加一层。一般情况下都是这样,除非在环境很暖和的情况下,你可能需要给宝宝减掉一层。

要保护宝宝不受风吹,不在风口上,不接受阳光直射。

活 动

除了给宝宝喂奶、换尿布,并且在宝宝睡觉时你也尽量睡觉之外,不要期待任何其他活动。

玩具和装备

新生儿只需要他们自己的身体,以及周围爱他们的大人来作为"玩具"。

药 箱

你会需要一个直肠体温计(腋下体温对于这个年龄的宝宝来说不够准确),但请购买一个电子的。玻璃体温计中含有水银。当这种温度计被扔掉、打碎和焚烧时，汽化的水银会进入到空气中，然后进入水中，毒害鱼类和其他水生生物。

你还需要一个球形吸引器来吸取黏液；外用酒精和棉片来进行脐带护理；凡士林用来涂抹穿尿布的区域和包皮环切术的区域。你可能还需要盐水滴鼻剂（缓冲盐水，在药店柜台可以直接购买）。

不要放在药箱里而要放在手边的，是一罐口服电解质溶液，例如雅培电解质水补液盐（Pedialyte），在宝宝肚子不舒服的时候，你的儿科医生可能会建议你给他喂食一两次。你可以在食品和药品商店购买到你的儿科医生推荐的电解质溶液，无须处方。

不需要棉棒，因为有些成年人禁不住会用棉棒来清理宝宝的耳朵内部；这太容易造成伤害了。你不需要对乙酰氨基酚（扑热息痛）或其他退烧药，因为这一年龄的宝宝一旦发烧，既不能由你来治疗，也不能放任不管：即使轻微的体温上升也可能预示着严重的疾病，需要立即去看医生。

其他装备

一个汽车安全座椅，稳固地安装在汽车座椅上，并严格按照说明使用，这就是你必须准备的安全设备。育儿监视器很好，但可以等到以后再说，因为这个阶段的宝宝会一直和你待在一起，即使是在夜晚。你现在可能还没有使用婴儿床，但如果你已经在使用，请参见第4章"2个月至4个月"的相关内容。

安全问题

- 要记住，宝宝需要仰面躺着睡觉，不能侧躺或俯卧，不管是白天还是晚上。

- 禁止二手烟！一定要坚决。与二手烟有关的包括婴儿猝死综合征（SIDS）、儿童白血病和呼吸问题，以及其他可怕或严重的疾病。

- 将热水器的温度下调至约49℃，以避免意外烫伤。

- 确保每次坐车都让宝宝坐在汽车安全座椅上，面向后方，座椅安装在汽车后座上。一定不要把他抱在腿上。

- 永远不要在宝宝坐在汽车安全座椅或婴儿座椅里的时候，把座椅放在任何容易掉落的地方。

- 不要把宝宝放在可能造成窒息的柔软的表面上：水床、枕头、床垫。让宝宝和你睡在一张床上不是一个好主意；尽管非常少见，但妈妈翻身压到宝宝并使其窒息的情况确实发生过。还有一种危险：宝宝被夹在床垫和墙之间，或是床垫和床头之间。

健康与疾病

本书的第2篇讨论的是超过4个月大的婴幼儿的各种症状与疾病。从出生到两三个月大的新生儿与稍大一点的宝宝是不同的：他们更加脆弱，易于患各种疾病，并且仍然在调整适应子宫外的生活。从出生到2周大的宝宝所出现的各种症状与疾病，都包含在了本章的这一部分。如果你的宝宝出现了这里没有提到的令人不安的疾病，或者如果你对这里的讨论不理解或感到不舒服，要联系你的儿科医生。

可能出现的问题

刚有宝宝时，最难的就是你不确定什么是正常的，所以你也无法确定什么意味着麻烦。要记住，大多数宝宝在出生后的头两周里都是非常健康的，并且这是他们最为艰难的适应时期。此外，如果你担心宝宝生病了，不论在什么时候，你都应该毫不迟疑地给你的儿科医生打电话。下面的指导原则会对你有帮助。但是，如果你认为你的宝宝只是"行为不对劲"，或"看上去不对劲"，也要马上给你的儿科医生打电话，即使当时你还无法说得更具体。

常见的轻微症状、疾病和担忧

父母在新生儿身上注意到的很多特点都不是真正的问题，而是正常的——例如，像中毒性红斑的皮疹和正常的阴道出血。

黄疸

黄疸是指白眼球和皮肤呈现黄色。这在3～10天大的宝宝身上通常是一种正常而无害的症状。几乎所有的宝宝在这段时期都会有某种程度的黄疸。大多数新生儿黄疸的潜在原因，通常都是由出生后的正常调节适应造成的。

然而，在两种情况下，黄疸是一个需要立即就医的医学问题。第一种是黄疸水平过高。是否"过高"取决于宝宝的年龄、体重和健康状况，以及引起黄疸的原因。第二种情况是，引起黄疸的原因是某种疾病或畸形。

引起黄疸的物质被称作胆红素。

正常的黄疸

正常的黄疸出现在宝宝大约3天

> **需要立即就医的黄疸**
> - 在宝宝出生后的头36个小时内开始出现。
> - 宝宝看起来不舒服，或者甚至仅仅是"不对劲"。
> - 宝宝不好好吃奶，或者体重没有增加。
> - 你认为宝宝的皮肤从头一直到膝盖看起来都发黄。
> - 在宝宝5天大时开始出现。
> - 到宝宝两周大时还没有消失。

大的时候，并在接下来的两三天里黄色加深。起初，宝宝的眼睛看起来发黄，然后是脸部，然后是胸部，然后有时会延伸到腹部。之后，黄疸会褪去，与出现的顺序相反。宝宝行为正常，吃奶正常，睡眠正常，没有发烧或其他疾病的迹象。在大约1周大的时候，黄疸开始消退，顺序与形成时相反：眼睛中的黄色最后消失。

为什么正常的宝宝会如此规律性地变黄呢？有以下几个原因：

• 新生儿体内有较多的胆红素。 黄疸是由一种被称作"胆红素"的黄色物质造成的。胆红素是红细胞分解时形成的产物。红细胞无时无刻不在分解，而我们总是在制造新的红细胞。新生儿拥有的红细胞比成年人的多，这些红细胞本来分解得就更快，所以，婴儿的体内当然就有更多的胆红素需要排出。

• 新生儿排出胆红素的能力较弱。 在新生儿期之后，我们排出胆红素的途径是将它经由血液输送到肝脏，肝脏将它进行转化之后输送到肠道。新生儿的肝脏通常还不能像成年人的那样有效地熟练完成这项工作，因此，这也是新生儿血液中胆红素较高的另一个原因。

• 在新生儿体内，胆红素会重复循环。 在新生儿期之后，胆红素会通过粪便排出体外。当然，胎儿无法排出胆红素：胎儿不排大便。因此，当宝宝在子宫里时，胆红素便进入粪便之中，而粪便一直存留在肠道里，在这里聚集越来越多的胆红素。这就是为什么胎粪是暗黄绿色的原因：它的里面都是胆红素。

大自然设计的胎儿处理胆红素的方式是，肠道内的一部分胆红素被重新吸收进入血液。这些胆红素通过胎盘进入母亲的血液，然后由她来替胎儿将其排出体外。

- 在出生后，胆红素仍旧在婴儿的肠道内重复循环。但是，已经没有胎盘和母亲来帮助他们将其排出，因此，胆红素就会留在婴儿自己的血液中。如果体内的胆红素足够多，它就会从血液渗入皮肤，婴儿的身体就会变黄。

所有这些因素都决定了大多数婴儿都至少会有一些黄疸。一些学者相信，这种由大自然如此精心设计的正常的黄疸，对新生儿的生物化学过程有着尚未被发现的作用。

严重或具有潜在严重性的症状、疾病和担忧

当一个新生宝宝出现一个严重的问题，或者甚至只是有出现严重问题的可能性时，你需要立即得到帮助。如果你无法立刻到你的儿科医生团队那里，要赶快带宝宝去急诊室，并且不要排队。如果可以，就尽量和蔼一些（但要坚决）；如果必要，让人不愉快也没关系。

当然，大多数时候，这可能只是虚惊一场。如果你因为焦虑而做出了非常粗鲁的举动，可以在事后送去一张道歉便条和一盒饼干。每个人都会理解初为父母的感受。

以下是新生儿最突出的三类主要问题：

- 一个正常的过程变得严重起来，并使宝宝遭到危险，例如，由正常原因造成的过于严重的黄疸。
- 一个在宝宝出生时显得正常的器官，随着他适应子宫外的生活而显露出不正常，例如心脏的缺陷、代谢问题，或由肝脏问题造成的黄疸。
- 严重感染。这可能是肺炎、败血症（血液感染）、肾盂肾炎（肾脏感染）、脑膜炎（脊髓液感染），或是脐炎（脐带感染）。

在几乎每种情况下，如果在问题出现的早期就能做出诊断，并迅速开始治疗，婴儿就能恢复得很好。

令人担忧的黄疸

当胆红素水平过高，或引起黄疸的潜在原因是肝脏畸形、代谢异常或严重感染（见第61页框内信息），就是令人担忧的黄疸。

胆红素值过高或上升速度过快

正常水平的胆红素，不会对健康的足月宝宝造成危害。然而，在某些情况下，胆红素会渗出，进入大脑和其他器官，对身体造成损害。会造成

> ### 如果小天使肤色发黄怎么办？
>
> 如果你的小天使出生不足 36 小时，立刻给你的儿科医生打电话。如果你的宝宝肤色发黄，但是已经出生超过了 36 小时，并且行为表现正常，也要在当天给儿科医生打电话，但不用当作紧急事件来处理。很多儿科医生会在办公室快速检查一下宝宝，而无须通过正式的诊断来判断宝宝是否需要进行血液检测和（或）进行一次正式的预约安排。或者，你的儿科医生也可能会直接让你带着小天使到实验室去进行一次血液检查。
>
> 如果你的宝宝除了肤色发黄，还表现得不舒服，就需要立即去看医生，即使是在半夜，即使他的黄疸在你看来并不严重。

损害的胆红素值在不同个体身上有着很大的差异，取决于宝宝的健康情况、成熟程度、年龄、体重和引起黄疸的原因。

易于导致胆红素值过高的几种危险因素：

• 宝宝早产，36 周或 36 周以下；或体重较轻，2.5 千克或更轻。这使得即便较低水平的胆红素也会渗入到大脑和其他器官中。

• 额外的胆红素不是由于上面所说的正常变化造成的，而是由被称为"溶血"的过程造成的，也就是红细胞的破裂或溶解。如果母亲的血型是 O 型，宝宝是其他血型，例如 A 型、B 型或 AB 型，就尤其容易产生溶血现象。（如果母亲是 Rh 阴性血，宝宝是 Rh 阳性血，也可能发生溶血，尽管在推广了免疫球蛋白注射之后这种情况已经非常少见。）[1]溶血产生的副产品使较低水平的胆红素也较容易渗入到大脑和其他器官。

• 导致胆红素上升的正常变化被极大地加强了，造成防止胆红素渗入组织的障碍被突破。大多数儿科医生不愿看到在胆红素值超过 20 时还不采取治疗措施，即便大多数健康的宝宝可以很好地承受这种水平的胆红素。

黄疸是由某种可能非常严重的潜在异常现象引起

• 在极为罕见的情况下，宝宝的黄疸不是由于上述任何一种原因，而是由于他的肝脏无法正常起作用。

---

[1] 在这两种血型情形中，机制是相同的。如果宝宝的一小部分血液进入了母亲的血液循环，母亲的身体会把它视为入侵者，对这些红细胞产生抗体。这些抗体通过胎盘进入胎儿体内，就会攻击他的红细胞。这就是溶血现象。——作者注

这可能是因为肝脏感染、血液感染、代谢异常，或是肝脏的构造问题。这样的宝宝通常会出现一些症状——昏睡、吃得不多、体重增长缓慢、肤色差。他的尿液颜色可能很深，他的血液凝结也可能出现问题。有这种问题的宝宝需要立即给予特殊治疗。

大多数儿科医生会格外关注那些尤其容易受到黄疸问题影响的宝宝——生病的宝宝、早产的宝宝，或是其血型与母亲的血型可能有冲突的宝宝。

如果宝宝的行为正常，你怎样判断他的黄疸是否令人担忧？

可是，一旦你和一个没有危险因素但皮肤开始变黄的宝宝在家里时，你怎样才能判断黄疸太严重了？

这是一个棘手的问题，因为婴儿在不同的光线条件下皮肤或多或少都会有些发黄，并且婴儿们的肤色各异。很多肌肤色素本身就含有黄色的色调。父母们很难判断自己宝宝的皮肤颜色。最好的解决办法：让儿科医生看一看。

黄疸的治疗

如果黄疸是由某种潜在问题所导致，例如感染或肝脏疾病，潜在问题和黄疸就都需要治疗。

在大多数情况下，当黄疸问题需要治疗时，并不存在潜在问题，只是黄疸的严重程度需要予以关注。血液中的胆红素水平需要降低，以防止它渗入大脑和其他器官。

在这种情况下，通常会在特殊的光疗箱里采用蓝光疗法。蓝光的频率会分解皮肤中的胆红素，以便肾脏和肝脏将其排出。多吃一些母乳或配方奶（不是水或糖水）能加速胆红素的排出，而且还能帮助宝宝排出含有大量胆红素的胎粪。

有时候，可以在家里设置特殊的光疗箱；有时候宝宝需要返回医院接受治疗。这些光疗箱看起来就像裸体海滩，宝宝在里面烤着蓝光，他们的眼睛被遮挡着，就像戴着时髦的墨镜。

有时候，医生会建议用间接的日光来进行治疗。这对于用蓝光治疗黄疸来说并不是一种很有效的方法，但如果做得正确，也不会造成任何伤害。然而，如果做得不正确，有可能会使宝宝晒伤。永远不要把宝宝放在一个被阳光直射的狭小的空间里（例如汽车后座）。要密切关注宝宝，看看他有没有出现皮肤发红和出汗。为了消除一点黄疸而冒着宝宝被晒伤的危险（或冒着被冻坏的危险，如果你家里非常寒冷或使用空调）是不值得的。

> 永远不要给这么小的宝宝服用对乙酰氨基酚（泰诺、扑热息痛等）或是布洛芬（布洛芬制剂、芬必得）。你需要知道宝宝是否发烧，这些药物会掩盖这一信息。

要确保从你的儿科医生那里得到明确的指导。

任何程度的发烧；体温低于正常

对于新生儿来说，即使非常轻微的发烧，也可能是某个严重问题的早期迹象。两个月以内的宝宝的正常直肠体温应为36.7℃至38℃。

体温过高

对于新生儿来说，直肠体温达到38℃或更高，就被视为真正的发烧。然而，有时这样的体温是由于过度保暖造成的。假如宝宝的行为没有异常，吃奶也很正常，如果他穿了很多衣服，或是一直被一个身体很热的大人抱着，你可以给他脱掉一些衣服，在1小时内每隔15分钟给他测一次体温。如果在这段时间内体温升高，要立刻给儿科医生打电话。如果在1小时的降温处理后，宝宝的体温仍然是38℃，也要立刻给你的儿科医生打电话。

如果他的体温在1小时内恢复了正常，还要在4小时内每隔1个小时测量一下体温，以防万一。随着宝宝长大一些，发烧就不一定预示着可能有严重的疾病了。到3个月大的时候，我们就能更容易地从小天使身上看出生病的症状了。

体温过低

如果宝宝的体温低于36.7℃，但其行为完全正常，这可能是由于穿得太单薄了。给他戴上帽子，增加一条毯子，在半个小时内再测量一次体温。如果体温仍然低于36.7℃，或者（当然）如果他显示出不舒服的迹象，就要给你的儿科医生打电话。

偶尔，新生儿体温低于正常值可能预示着严重的疾病。但是，新生儿也可能体温正常，却仍然在生病。如果宝宝看起来不舒服，尤其是出现了本章中所描述的那些症状，不管他的体温是否正常，都要去看医生。

行为异常或看起来不对劲

一个表现出行为变化的新生儿，需要进行密切的观察。新生儿心脏、肺、肾脏、肝脏或其他器官的感染或功能失常，不会像年龄较大的孩子和成年人表现得那么明显。

预示着有可能出现严重问题的

> 新生儿疱疹感染是紧急情况。这样的皮疹需要立即进行检查，即便你的小天使行为正常，也没有发烧。在分娩时从母亲那里感染的疱疹，会在宝宝出生后的头4周的任何时间显现出来。越早诊断并治疗（采用静脉注射阿昔洛韦，或其他抗病毒剂），宝宝恢复就越快，出现并发症的可能性也越小。

迹象包括：

• 超过正常时间 2 小时还没有自己醒来吃奶。拒绝吃母乳或配方奶，在"通常的吃奶时间"过去 1 小时之后，仍然没表现出吃奶的兴趣。（应排除宝宝只是延长吃奶间隔时间的情况。）

• 连续啼哭超过半小时，无法安慰，即便喂奶也不行。但是，要确保宝宝真正能吃到奶，无效的哺乳是导致这种啼哭的常见原因。如果有疑虑，可以给吃母乳的宝宝喂一些挤出的母乳。

• 当你把手放在宝宝的胳膊或腿上时，他的抖动没有停止；抖动持续整整 1 分钟。

• 宝宝看起来安静且没有力气，不像平时那样活动胳膊和腿，抱着时软绵绵的。

• 吃奶时出汗，吃奶的时间超过半个小时。

• 呼吸很吃力（参见下文"胸部"），或连续每分钟呼吸 60 次或更多，即便在静止不动时也如此。每次呼吸都伴随有呼噜声。

• 嘴唇周围发青。

• 皮肤苍白、暗淡或呈现像大理石一样的斑驳状（除非你的宝宝的皮肤一直像大理石一样，并且你的儿科医生向你保证这对于你特别的宝宝来说是正常的）。

具体疾病的迹象

皮 肤

看上去像水疱的皮疹，周围发红。记住，正常的中毒性红斑皮疹是在粉红色斑块中有小白点。水疱中含有液体，它们的颜色是浅灰色或淡黄色，不是白色。这种水疱可能是由妊娠末期或分娩时传染的疱疹病毒引起的。即使母亲没有得疱疹，或从未感染过疱疹，甚至是通过剖腹产分娩，宝宝也可能出现疱疹。

任何有脓液、硬皮或表面发亮的溃疡都可能意味着细菌感染。皮肤任何部位出现的红肿也是如此：眼皮、乳房、手指和脚趾。脐带周围发红、发亮可能意味着严重感染。

看上去像瘀青的皮疹，或像红色小针孔并且在揉搓时不变白的皮疹，可能是皮下出血——血液无法正常凝结的一种迹象。**所有这些状况都需要立即就医。**

眼　睛

如果一只眼睛的眼白发红，或者宝宝在遇到明亮光线时似乎会眯起眼睛，这可能意味着感染或其他问题，需要立即去看医生，无论是否有黏液或分泌物。（眼白上出现一个红点，或是瞳孔周围有一个小红圈，几乎通常都是由于分娩时受到压力产生的正常的少量出血。这在宝宝刚出生时很明显，你的儿科医生会对其进行检查，并让你对其性质放心。这些小红点在几周内会逐渐消失。）

眼睛或眼皮肿胀也需要立即进行检查。（出生后眼皮肿胀是正常的，会持续大约1周。如果1周之后还不消肿，就需要进行检查。）

另见第37~38页关于眼皮下垂——上睑下垂——的讨论。

鼻　子

在出生后头2周里持续鼻塞，可能意味着鼻黏膜由于母亲的荷尔蒙而肿胀；或者鼻子中央的隔膜在分娩时被挤压变形；或者有一块骨骼突出，部分阻碍了空气进入鼻腔。这些问题都需要治疗，所以要咨询你的儿科医生。

宝宝在出生后头2个月里流鼻涕，通常是由感冒造成的，但在少数情况下可能表明的是更加严重的感染。如果宝宝的鼻涕流得很厉害，或是鼻涕非常黏稠或带血，必须去看医生。

胸　部

在你开始对宝宝不正常的呼吸感到担心之前，要记住正常的新生儿呼吸是不规律的。他们常常会"呼吸—呼吸—呼吸—呼吸，长时间的停顿，大口出气"。他们可能呼吸得非常安静，以至于你想要检查一下是否一切正常。他们在呼吸时可能会发出轻柔的声音，或断断续续地发出轻柔的哨声。他们会打喷嚏和打嗝。当他们睡着时，通常每分钟呼吸次数少于60次。在他们醒着时，呼吸的频率取决于他们的活动情况。

所有新生儿的肚子都会随着呼吸稍有起伏，但是，他们的鼻孔不会扩张，也不会在每次呼吸时发出呼噜声。肋骨间的肌肉不会随着呼吸收缩和伸展，锁骨凹陷处的肌肉也是如此。

他们不咳嗽，也不发出呼哧呼哧的喘息声。

婴儿的不正常呼吸可能反映了心脏或肺部的疾病或感染。它还可能反映发烧、全身感染、神经系统问题，或代谢问题。

如果宝宝看上去呼吸急促，要在他睡着时计算其1分钟的呼吸次数。如果三次计算都超过每分钟60次，就必须尽快与医生联系或带宝宝去看医生。

呼吸费力也应给予同样或更多的关注。如果宝宝在使用额外的肌肉，你会看到他的肚子随着呼吸一起一伏（而不只是轻微的起伏），肋骨间的肌肉也可能随着呼吸收缩和扩张。宝宝每次呼吸时可能会发出呼噜声。这些情况也需要立即让医生进行检查。

脐 带

脐带会在宝宝2～3周大时变干并脱落。在未脱落时，感染的征兆是脐带周围的皮肤发红（皮肤，而不是肚脐里面的内膜）。这可能看起来没有什么问题，但实际上却可能是个紧急问题，因为脐带一直深入到身体内部，因此会很快将感染带入体内。要立即就医。

从脐带处渗出一点血迹，并在皮肤或尿布上形成一个干涸的血点，是无须担忧的，但是，如果你看到血液渗出并持续渗出，就要立刻给医生打电话，因为这可能意味着血液凝结有问题。

呕吐和吐奶

吐奶和呕吐在头两个星期很常见。通常，这意味着宝宝眼大肚子小，就像你奶奶常说的那样，他吃了太多的奶。如果宝宝吐出一点奶，即使每次吃奶都是这样，但如果他明显没有任何不舒服，体重增长正常，吃得很香，那么他只是吃多了，是在向你表示感激。

如果你的小天使开始时偶尔呕吐，但随后呕吐越来越频繁，给你的儿科医生打电话是很重要的。这种疾病被称作"幽门狭窄"，即负责将食物从胃部输送到肠道的肌肉过紧并造成阻碍，这是渐渐显现的，而且并不少见。

如果你的小天使其他方面一切健康、正常，但是喜欢"流口水"，这可能是正常的胃食管反流（GER）。所有的宝宝都会出现一定程度的反刍。如果出现以下并发症状，就需要对胃食管反流的迹象进行检查和治疗：

• **体重没有正常增长；**

- 将反刍的奶水吸入肺中,造成肺炎或反复性哮喘发作;
- 酸反流造成频繁的疼痛:啼哭并弓起后背,在吃奶时或刚吃奶后啼哭。

大多数情况下,宝宝的呕吐物中有血意味着哺乳母亲的乳头在流血,宝宝吞咽下了血液。如果宝宝没有在吃奶,或者母亲的乳头根本没有破,或者,如果宝宝看起来不舒服,就必须立刻给医生打电话并带宝宝去看病。

大 便

如果大便中出现的不只是几滴血,不管宝宝是否疼痛,都需要立即带他去进行检查。他的肠道中可能有一处损伤在出血。要带上有宝宝大便的尿布!如果只有几滴血或几条血丝,最可能的原因是肛门内膜有轻微的撕裂。你需要在当天带他就医,并且别忘记带上尿布。

在宝宝已经形成了正常的大便形态之后,大便的改变就可能意味着感染、过敏或奶水摄入不足。水样大便、绿色或气味恶臭的大便,最可能的原因是对奶中的某种成分不耐受,或是某种病毒性感染,需要在当天或第二天去看医生——取决于宝宝的情绪。

其他方面完全正常的配方奶喂养的宝宝,如果出现硬便,有必要给医生打电话,但是除非宝宝感到疼痛,或在其他方面表现出生病的迹象,否则可以等到早晨再打电话。

频繁的水样大便会导致新生儿迅速脱水,因此需要当天就医。如果你没能及时联系上你的儿科医生,可以先用电解质溶液(比如 Pedialyte)代替奶水喂给宝宝,直到你得到进一步的建议——不管你的宝宝是吃母乳还是配方奶。

生殖器

大多数具有潜在严重性的生殖器问题都出现在男孩身上。

阴茎问题

参见上文关于包皮环切术伤口愈合部分的讨论。

- 如果阴茎体发红或肿胀,无论宝宝是否做过包皮环切,都要立刻给医生打电话或带宝宝去看医生,因为这可能意味着感染。
- 如果你的宝宝的包皮环切手术方式是在阴茎上留下一个小塑料套环,而术后阴茎出现肿胀,也要立刻给医生打电话,因为这个塑料环可能

> **紧急问题的征兆**
>
> 如果宝宝因疼痛而啼哭，随后呕吐；如果呕吐物呈黄色、绿色或棕色；如果他的肚子即使在呕吐之后摸起来也很硬很涨；或者如果他在几次呕吐之间显得苍白而没有精神，你需要立即寻求帮助。他可能发生了急性肠梗阻，或严重的感染。

"卡住"阴茎了。

• 如果宝宝回家后手术部位出血，要立刻给医生打电话。

阴囊

通常，一个看上去饱满的阴囊或肿大的睾丸仅仅意味着阴囊积水，是无害的。但是，这种情况通常会在宝宝出生时被注意到。如果出现在宝宝出生之后，要跟儿科医生做一次非紧急预约，让医生看一看。这可能是阴囊积水，或是疝气，也可能两者都有。

如果该区域发红，触摸时宝宝有疼痛感，或者，宝宝烦躁不安，要立即给儿科医生打电话，因为这可能意味着脱肠并且被卡住了——也就是说，他的一点"内脏"通过肌肉壁的缝隙从腹腔突出，然后这部分内脏变得肿胀，无法再回到腹腔内。如果这种情况持续下去，这部分"内脏"的血液循环就会被切断：这是一种真正的紧急情况。另一种可能的原因是一侧的睾丸发生了扭曲。这两种情况都需要紧急治疗。

轻微伤

这个年龄的婴儿最常见而令人揪心的轻微伤，是父母在给宝宝剪指甲时伤了他的手指。这种伤口几乎从来不需要医治，尤其是由于宝宝的愈合能力如此完美，大多数时候甚至都不会留下伤疤。但是，你应该给儿科医生打电话，主要是为了防止父母中造成伤口的一方受到另一方的抨击。

严重受伤

严重受伤较为少见，总的来说包括烫伤、被一个人抱着坐车时出现交通意外、不小心被掉在地上或被一个兄弟姐妹踩到、被宠物攻击，或是被陷在枕头或其他柔软的东西里，比如水床。

这些事情都是可以预防的，真是太好了！

机会之窗

通常，这是父母们兴致勃勃地进入他们的新角色的一个机会之窗。这可能意味着要学会如何对待那些出于善意但却不受欢迎的建议：你无须仅仅因为梅尔姑姑说你应该给宝宝的脐带涂抹蓖麻油，就这样做。要相信你自己具有更好的判断力。有一种很好的万能回答，你可以连续对同一个人使用很多次："这是一个有趣的建议。我一定会问问宝宝的医生。"信任你的伴侣，而不要显露出焦虑的表情、叹息、匆忙掩饰的感叹和不断的监视，是你现在需要学习的另一个技巧。

所有的宝宝需要了解的是，他一哭就会有人回应。

如果……怎么办？

宝宝不得不待在医院

在这种情况下，最困难的是要不断提醒自己，你是宝宝的父母，尽管宝宝得到的大部分护理是来自其他人的。这不仅包括高科技的护理，还包括喂奶、洗澡和拍嗝。我强烈督促你尽快并尽可能全面地参与这种护理，并在其中起到积极作用。要主动热情地要求给宝宝喂奶、洗澡和换尿布。所有的医院在帮助哺乳的母亲方面都有良好的设施并且对此很支持。

即便你不打算哺乳，我也会建议你重新考虑一下，哪怕只是在宝宝住院这段时期。这不仅是因为母乳对于生病或早产的婴儿从医学上来说比配方奶更优越，而且哺乳还是获得忙碌的医护人员的关注并与他们熟络起来的一种方式。

通过对医护人员的职责和需求的体察，宝宝的父亲和母亲就可以让自己受到医护人员的喜爱，这样，就会受邀参与更多护理宝宝的工作。热切的关注、赞扬的话语、礼貌的请教，当然，还有好吃的东西，都是受欢迎的。给护理主管或其上级写一个便条，说说护士的某个具体的专业行为与善良，是赢得护士们的心的一种较好的方式。

尽管你正在进行产后恢复，并对生病或早产的宝宝感到担忧和伤心，的确很难想到这些事情，但无论如何我还是建议你这样做。这会使你有具体的事情可做，会为你赢得赞扬与尊重，还有可能使你在参与宝宝的护理时感到更加自在。

产后情绪低落和产后抑郁：不仅仅是母亲的专利

大多数新妈妈都很容易哭。"我总是在哭，"莫莉平静地说，眼泪顺着脸颊流了下来，"有时候，是某些事情引起的，例如新闻里的一则故事，或一双可爱的小袜子。有时候，我也不知道为什么。"在被问到她的感觉时，莫莉抽着鼻子说："我感觉很好。你为什么这么问？"

多达80%的初产妇会在分娩后的头几个星期里感到某种程度的悲伤，原因有很多种。大多数情况下，这不是一种持久的感受，它会来了又去。它感觉像是几种感受的混合：担忧（对宝宝、工作、家庭和世界）、压力、疲惫，有时还有真正的悲伤（怀念怀孕时光，想要一个与宝宝的性别相反的宝宝）。如果一位母亲在大多数时候都感觉很好，并且偶尔能感到真的很开心，这种低落的情绪通常会在几个月内消失。尽可能多休息、锻炼以及家人和朋友的支持，都会很有帮助。给自己留出一些时间，以及一定的娱乐，都是必不可少的。

不只是母亲会有产后情绪低落。新手父亲也会有，只是他们不公开说。在宝宝出生后的头几周内，父亲们需要照顾别人，而不是被别人照顾。他们要压抑从愤怒到焦虑的所有负面感受，以免让新妈妈的心情不好。最重要的是，还有疲惫，一个新的（并且更严格的）文化定义的角色，以及参与分娩过程所带来的剧烈的情感波动。而且，如果新妈妈们无法将自己的想法组织成有条理的表达，父亲们就肩负着双重责任：将妻子的想法组织起来，并假装这很容易。每一个新爸爸都有权流些眼泪、得到仁慈的对待和大量的赞扬。

然而，对于父母双方来说，最重要的或许是一种远见。亲情心理联结需要时间。对于这一点，我再怎么强调也不为过。亲情心理联结，我指的是感觉这个宝宝是属于自己的那种快乐的感觉。在宝宝出生的头两个星期，处于一种对新生儿感到困惑或平淡或轻微敌意的状态完全是正常的。如果你能轻松面对，并且除了负责任的文明行为之外，不对自己期待过多，这些感受就会自然消失。到宝宝大约8周大的时候，你会对他深深着迷，以至于根本记不得那些最初的感觉。

然而，**产后抑郁**就是另一码事了，根据医学上的定义，这种疾病仅限于母亲。当低落的情绪严重到成为抑郁时，女性会在很大程度上丧失行为能力。她们不想碰宝宝。她们不喜欢宝

> **战胜忧郁**
>
> 如果你认为自己陷入了抑郁,或者如果你认识一个患产后抑郁的母亲,得到帮助是你们最优先要做的事情。即使一个抑郁的母亲能够照料宝宝的基本需要,宝宝也会在情绪和发育方面受到影响。

宝的气味。宝宝的啼哭在她们听来就像指甲在黑板上划出的刺耳声音。她们想不到接下来要做什么,也无法完成任何事情。

令情况更糟的是,她们常常不表现出悲伤。她们不哭泣。相反,她们的行为会说出她们的内心——但除非有人能读懂这些行为。偶尔,一个患有产后抑郁的母亲能够认识到自己有很大的问题——她有伤害自己或宝宝的冲动,或者她就是无法照料宝宝的基本需要。而在大多数时候,她是如此的不在状态,以至于对自己的状况没有任何看法。她感觉自己好像生活在一个黑洞里。她的表情不会变化。她可能会用平淡的语调抱怨,或沉默不语。她变得很难相处。通常,她的家人、朋友甚至医生需要花费几个星期的时间才能认识到,她这种以自我为中心的、孩子气的、无效的、闷闷不乐的行为方式并不是因为她是一个令人讨厌的人,而是因为她患上了非常严重的抑郁。

产后抑郁可以持续数周或数月。有些证据显示,它与产后月经周期的开始有关联——因此,别认为这是产后几天或几个星期才会有的风险。

以下这些网站可以提供帮助:
Postpartum Support International:
805-967-7636
www.postpartum.net
Depression After Delivery:
800-944-4773
www.depressionafterdelivery.com

幸运的是,严重的产后抑郁是很少见的,尽管不像很多人认为的那样少见。它永远都需要治疗,并且常常是药物治疗。越早发现、诊断和治疗,治疗起来就越容易,母亲(和宝宝)恢复起来就越快。

两周大宝宝的健康检查

大多数父母最大的担心,就是坐在候诊室里,周围有无数个流着鼻涕的学步期孩子,都瞪大了眼睛想要看看、摸摸新宝宝,并对着他打喷嚏。你可以提前打电话问问能否坐在车里等待,直到轮到你进去检查。或者,可以尽力争取到当天的第一个预约。有些诊所分别设有生病儿童候诊室和健康儿童候诊室，但别光从字面上理解：大多数病毒在孩子还没有出现症状之前传染性最强，并且有些是由携带病毒而没有生病的儿童传染的。

在这次的拜访中，宝宝的全身都会得到检查。几乎所有的宝宝都应在此时重新获得出生后失去的体重。出生后显现的一些问题已经不再那么明显，例如分娩造成的头皮水肿（新生儿头颅血肿）、髋关节脱位或心脏杂音。通常，这些问题都会自然消失，或是很容易治疗，或是只需观察即可。

大多数儿科医生还会与父母们讨论喂奶时间、腹绞痛、安全的睡眠姿势等问题，并与哺乳的母亲讨论膳食问题。很多医生会鼓励父母们开始偶尔给宝宝用奶瓶喂奶。大多数儿科医生还会尝试对父母们情感方面的情况进行评估。

在打针方面，一些儿科医生会在这次检查时开始给宝宝打第一针乙肝疫苗。（另一些医生会在宝宝出生时打第一针，或是在宝宝2个月大时。）

展 望

在满2周时，大多数新生儿会形成较为固定的作息时间，宝宝的父母和家里的宠物也开始适应了宝宝的存在。每个人都会筋疲力尽，除了宝宝。

此时，一个最让人陌生的观念是宝宝将会变化。你觉得自己刚刚掌握这件惊险而刺激的事情——喂奶和换尿布，并且总算经受住了考验。啊，但是宝宝要改变了。看，你甚至经历了一件具有标志意义的事件：脐带脱落了。看，它掉了下来。

这真是一件大事，一个重要的时刻。

我的建议是把脱落下来的小硬片珍藏在某个地方，即使它看起来像个干苹果梗。我一直后悔当初没有这样做。莎拉在3岁半时去了一所理念先进的蒙台梭利学前学校，在进行了一段关于"生命的事实"的讨论后，被问道：我们把她的脐带保存在哪里了？不是问有没有保存，而是问保存在哪里。那真是我育儿过程中糟糕的一刻。从我的错误中吸取教训吧。

第 3 章

2 周至 2 个月

搂抱与腹绞痛

需要做的事情

- 继续让宝宝仰面躺着睡，不论白天还是夜晚。
- 给吃母乳的宝宝使用"提醒"奶瓶，以防万一。
- 预约 2 个月时的健康检查，并向美国儿科学会指导委员会咨询有关免疫接种事宜。
- 提前了解 2 个月大时的免疫接种。

该年龄的画像：这是我的派对，我想哭就哭

詹森看来喜欢这些事情：看自己的手，打自己的鼻子，在趴着时摇摇晃晃地抬起头盯着看空气中的小尘埃。

当詹森自娱自乐时（他是在自娱自乐吗？），萨莉和乔尔也取得了进步。他们不再那么强烈地感到自己会把宝宝掉到地上，或弄伤宝宝。他们知道了当他的小鸡鸡竖起来时，马上就会尿到他们或他自己的脸上。给他拍嗝也成了轻而易举的事情。

确实，生活正在恢复正常。是的，是一种新的正常生活，但总算是正常的。萨莉和乔尔甚至能够在交流中说完整的句子了。萨莉已经学会了每睡两小时醒来一次，尽管她有时感到自己好像是生活在水下，但这种感觉也并非不能忍受。然而，谢天谢地，乔尔的母亲每天下午 5 点半会准时带着砂锅菜到来。生活总算变得平静并可以掌控了。

直到 4 天前。

在 17 天大的时候（谁会想到这是一个具有里程碑意义的日子呢，萨莉想），詹森进入了一个新阶段。这开始于乔尔进门 20 分钟的时候，萨莉觉得詹森是在笨拙地讨好乔尔。无

论这个新阶段是什么，都并不可爱。詹森刺耳的、无法逃避的、令人震惊的哭声响彻整栋屋子。

"现在一定是6点钟了。"三个充满爱心的成年人异口同声地说道。

萨莉认为她知道詹森哭的原因。在他们两人单独度过了安静的一天之后，他现在受到了过度刺激。太多的人在抱他，而只有她——萨莉——才知道如何正确地抱他。

乔尔担心詹森被宠坏了。萨莉抱他的时间太多了。难怪当他、萨莉和母亲想要一起待5分钟时，一让詹森自己待着就会哭。

詹森的祖母有些生气，因为她想要为宝宝明显的腹绞痛泡菊花茶的提议被拒绝了。她确信萨莉的饮食至少是部分原因。尽管她每天都为晚餐准备好吃的砂锅菜，而萨莉却在中午跑出去吃了比萨。昨天，她还吃了有西蓝花的沙拉。难怪宝宝每天晚上会像时钟一样准时开始哭闹。

乔尔先试着哄詹森，他把詹森放在自己的肩膀上颠着，一边唱着"踮着脚尖走过郁金香花园"。这种方法曾在第一个晚上管用。

然后，萨莉接手了，给宝宝吃奶，又给他一个安抚奶嘴、她的手指，还有一瓶温热的糖水。这些方法都不管用。

接着，祖母抱过来詹森，把他肚子朝下放在她宽宽的膝盖上，揉搓他的后背，同时萨莉打开了真空吸尘器。与昨晚不同，这个办法对詹森一点用也没有。萨莉打电话给一个朋友。按照朋友的建议，他们迅速来到洗衣房。果然，在被安全地放到运行中的干衣机上时，詹森停止了尖叫和掉眼泪，安静地随着干衣机振动着。

在2周~2个月这段时期，几乎总是会伴随着这样的场景。一方面，父母们感到喂奶、换尿布、洗澡等例行工作正在变成第二天性。原来那种认为护理婴儿的每一件事情都充满危险和困难的感觉已经成为过去。现在，可以考虑一些其他事情，可以在宝宝睡着的时候打个电话或读点书了。另一方面，宝宝出现了这种新的啼哭，与刚出生的婴儿的啼哭很不一样。

哭闹宝宝的父母要做两件事情。第一，要确信宝宝身体健康并发育正常，因而，这种哭闹，不管被我们称作"烦躁"还是"腹绞痛"，对他来说是正常的。第二，要处理宝宝的哭闹。

大多数宝宝会在2周大时去儿科医生那里进行检查。通常，检查会发现宝宝发育良好，十分健康，并且在3天后开始这种大哭。这是烦躁的哭闹，还是腹绞痛？还是什么事情出了真正的问题？

第一次哭闹发作

宝宝第一次疯狂哭闹的发作可能会让你惊慌。首先,要确信宝宝不是饿了。很多母乳喂养的宝宝,以及一些配方奶喂养的宝宝,必须"加满油"才能熬过连续几小时的睡眠。他们可能每隔2~3个小时吃一次,一直持续到下午6点左右,之后,需要每隔1小时左右吃一次,直到晚上11点。如果这能让宝宝高兴,就要给他们喂奶。

如果喂奶、抱着,并试过了常用的各种办法都不管用,我觉得你就应该与儿科医生联系,以确保这是正常的哭闹。而且,此后出现任何看上去不正常的事情,你都应该随时联系你的医生。如果哭声听上去不一样(非常刺耳),或伴随任何其他症状(见上一章的"严重或具有潜在严重性的症状、疾病和担忧"部分),一定要给儿科医生打电话。

在打电话之前,要先测一下宝宝的直肠体温。要简单记下任何不寻常之处:流鼻涕、吐奶或呕吐、大便异常。他的肤色怎样?宝宝在啼哭时皮肤通常会变红或发紫,而不是发白、发青或变得斑驳。

如果宝宝吃母乳,母亲的饮食中可能包含了会让宝宝不舒服的什么东西——尤其是药物或咖啡因吗?

同时,还要记下宝宝在开始哭闹前的行为(以及哭闹之后的行为,如果他在你等着医生回电话时停止了哭闹)。他舒服吗?能够短暂地集中注意力吗?有没有昏昏欲睡或是烦躁不安?如果你对他的基本健康状况有任何怀疑,就应该带他去看医生。

分离问题与设立限制:处理宝宝的哭闹

这是新手父母们头一次不得不将他们的宝宝看作一个独立的人,在某些方面,他们对宝宝是无能为力的。(尽管那些生病或严重早产婴儿的父母在宝宝一出生或更早就认识到了这一点。)

这是一种可怕而令人感到自己的渺小的经历。你是如此依恋你的宝宝,以至于当你的小天使开始哭闹时,这就是一种侮辱——你不可能不把这当作是针对你的。这样一个被大家如此珍爱的宝宝怎么会发出这样的号哭呢?你想坚定地对小天使说"不许哭!"并让哭声就这样停止。同时,你迫不及待地想让小天使的世界变得彻底完美和舒适,这样他就没有理由再哭了。也就是说,你想在承担起自己的全部责任的同时,也让宝宝承担起他的全部责任。

在父母与孩子的世界中，分离问题与设立限制总是不可避免地相互冲突的。这是作为父母最重要的挑战之一。对于这个年龄的宝宝来说，父母们需要面对的是：走到小宝宝身边，抱起他，抱着他，尝试用不同的方法安慰他是很重要的。然而，他是否立刻停止哭闹并不重要。

你为满足他的需要所做的，不是不让他哭，而是引领他进入人类社会。你是在告诉他，他发出的痛苦信号会得到爱的关切。而且，通过不让你自己变得过于心烦意乱，你是在让他知道他可以做他的婴儿，而你会保持独立并控制局面。对于这个年龄的宝宝来说，抱着他并跟他说话不会宠坏他，但是，如果你因为无法安慰他而有挫败感，你就会深受内疚和愤怒的折磨。

正常的烦躁哭闹与腹绞痛

一旦你确定宝宝是健康的，怎样才能区分正常的哭闹和腹绞痛呢？区分这两者重要吗？

我认为是重要的。应付一个腹绞痛的宝宝是一件包罗万象的事情，父母们至少需要一个"诊断"的安慰，即使这个"诊断"没有太多意义。

很多儿科医生对患腹绞痛婴儿的定义是：婴儿每天无法安慰地哭闹的时间加起来超过3小时，每周至少3天[1]。然而，一项又一项研究都表明，很多婴儿的哭闹时间都接近这个数量。在6周大的时候，一般宝宝的哭闹时间约为每天2小时45分钟——如果你每天做日志，并把所有哭闹时间加起来的话。超过35%的正常婴儿至少有1天的哭闹时间超过3小时。

然而，确实有一类婴儿的哭闹时间要比这多得多。有些宝宝每天哭闹多达6个小时，并持续数周。因而，哭闹和腹绞痛之间是有区别的——至少从父母的角度看来是如此。

正常的烦躁哭闹

詹森的哭闹是正常的烦躁哭闹。它开始于傍晚时分，持续大约2～3小时。在用过各种安慰办法之后，他会出乎意料地停止哭闹一会儿，这或许是因为这些办法起作用了，或许是因为他到了该停止的时候。没有人知道是怎么回事。

他的家人对于他哭闹原因的解释都是很流行的。

• **有人抱他的时间太多了。**

不，绝对不是。实际上，研究发现，对正常哭闹真正有效的为数不多

---

[1] Paroxysmal fussing in infancy, wessel, Pediatrics, 1984：74：998。——作者注

的办法之一，就是在一天中他不哭闹时多抱他两三个小时。（不幸的是，正如你将在下文看到的，这个办法对于真正的腹绞痛没用，只对正常的哭闹有用。）

• **他对某些东西不耐受。**

在极少数情况下，哭闹可能真的是因为母乳中的某种成分，或宝宝摄入或吸入的其他刺激物。

萨莉吃的西蓝花和比萨如何呢？

理论上，西蓝花（以及卷心菜、豆类等）不应该给宝宝造成问题。实际上，吃下这些食物的人可能会因为其中所含的复合淀粉在肠道中分解形成气体而变得胀气。然而，气体分子和淀粉分子都不会进入母乳。

全世界大多数哺乳女性的日常饮食中都包含有大量诸如卷心菜和豆类的蔬菜，以及像大蒜这样的调味品。她们的宝宝并没有更高的腹绞痛发作率。

香烟的烟雾中含有尼古丁，婴儿会因为尼古丁而出现腹绞痛，毕竟，这是一种有毒物质。如果周围有人吸烟，宝宝会吸入，在他们的血液样本中会发现较高的尼古丁含量。如果一个哺乳的母亲吸烟，她的宝宝就会从母乳中以及吸入的烟雾中摄入尼古丁。

• **有人抱他的方法不对。**

的确，有些宝宝会受到过度刺激或刺激不足，但是，你通常都能从他对你改变抱他的方式的反应中辨别出来。詹森像其他正常烦躁哭闹的宝宝一样，不管怎样抱他都会继续哭闹。

一些研究试图将其归咎于母亲的紧张和压力或母亲的性格。绝对没有证据支持这一点。

• **宝宝有胃酸反流，也称为胃食管反流。**

当胃酸反流进入食管时，宝宝会因灼烧感而哭闹。如果你的宝宝在吐奶后哭闹，或者他似乎反胃并且之后又咽了下去，或者他在哭闹时弓起了后背，或者他一开始急切地吃奶，然后在过了几分钟后开始哭闹，你就可以怀疑宝宝有胃酸反流的问题。

这一怀疑值得让你的儿科医生进行检查。对这一问题的治疗方法包括用米糊使宝宝的食物变得黏稠一些，在吃奶后让宝宝保持直立或右侧卧，使用解酸剂以及减少胃酸分泌的药物和（或）帮助胃内容物向下进入肠道而不是向上返回食道的药物。

• **他对奶水过敏。**

可能性极小；如果他有过敏、哮喘和湿疹的家族病史才有可能。的确，有少数宝宝似乎对进入母乳的牛奶过敏原敏感，有时是对大豆过敏原敏感。但是，母亲饮食的任何改变都应在医改变配方奶是人们对付宝宝哭闹常用的方法，但是，即使这暂时管用，通常也没有持久效果——至少就减少哭闹而言。然而，一项研究①确实表明，那些经常哭闹的宝宝在更换了配方奶之后，往往会在好几年里都被他们的母亲视为容易生病并且虚弱。这是真的，即使程度不是很严重，甚至一些母亲在被明确告知她们的宝宝很正常之后也仍会有这种想法。

科学研究表明，减少正常烦躁哭闹的一种干预方法，是在一天中宝宝不哭闹的时候多抱他3个小时。这当然值得尝试。这项研究没有检验是否是肌肤接触造成了这种不同，但是，你可以试试脱掉自己和宝宝的上衣，让他依偎在你的乳房之间或胸前。

家庭秘方——像詹森家人所尝试的那些——是有用的，有时能安抚宝宝。谁知道为什么呢？按顺序试试以下办法，通常会有帮助：

- 看看他的尿布是否是干的。
- 看看他是否想要他的安抚奶嘴。
- 看看他是否想吃奶（或想要奶瓶）。
- 看看他是否想被抱着、轻轻摇晃、走路或在他的摇篮里摇晃。
- 看看他是否想要个温暖的东西放在肚子上：在微波炉中（要小心）加热过的婴儿毯、一个装热水的瓶子、奶奶的膝盖。
- 看看他是否需要一种能分散注意力并带来安慰的声音：录有子宫内心跳声的泰迪熊、一个真空吸尘器、一台白噪声机器、莫扎特的音乐。
- 看看他是否需要某种振动：坐在干衣机上、安装在婴儿床上的模拟汽车行驶的振动器，或是带他坐真正的汽车。

所有这些都值得按照复杂程度尝试一下。

除非你的儿科医生强烈建议，大多数药物都不会有帮助，并且可能是有害的。（能够分解气泡的二甲基硅油滴剂似乎很安全，或许值得一试。）

但是，腹绞痛怎么办呢？真正的腹绞痛？

腹绞痛

如果你怀疑宝宝的哭闹不是因为腹绞痛，要给你的儿科医生打电话。

"你想知道为什么腹绞痛直到

---

① Perceptions of vulnerabiliby 3.5 Years After Problems of Feeding and Crying Behavior in Early Infamcy, Forsyth, Pediatrics, 1991: 88: 4。——作者注

宝宝 2 周大时才开始出现吗？"P 女士瞪着她怀里 6 周大的"小包袱"愤愤不平地抱怨道，"我来告诉你为什么。达尔文。那些一出生就开始尖声大哭的婴儿都被扔到山顶上去了。他们活不到能把腹绞痛基因传给下一代的时候。到了宝宝 2 周大的时候，你们已经建立起了亲密关系。你无法摆脱他了。"

P 女士是一位极好的母亲，疼爱孩子，神智健全，非常聪明。她也是一名儿科医生，并且在她的"小包袱"到来之前，她已经给数以百计的腹绞痛宝宝的父母提供了出色而心平气和的建议。

腹绞痛的确会给人造成这样的影响。

尽管腹绞痛有各种不同的定义，但是，你会知道你的宝宝何时有了腹绞痛。以下是对腹绞痛的常见描述：一个发育良好、其他方面都健康①的 2 周～3 个月大的婴儿，每天都哭闹超过 3 小时。腹绞痛在宝宝大约 6 周大时达到顶峰。超过 3 小时的哭闹可能会在每天某个令人痛苦的时刻，通常是在傍晚或晚上，或者也可能在一天 24 小时中的任一时刻出现。

一个发育良好并且其他方面都健康的宝宝怎么会哭这么长时间呢？相信我，他会的。他为什么会哭这么长时间？我不知道。没有人知道。对此有 5 种理论解释：

• 婴儿对奶水中的某种成分过敏。

• 婴儿的肠道还未发育成熟，因此肠道的蠕动是不稳定的，会令他感到疼痛。

• 婴儿的中枢神经系统还未发育成熟，因此对任何刺激的阈值都较低，不论是外部的还是内部的。

• 母亲（或其他照料者）感到紧张，并将这种紧张传递给了婴儿。

• 这是正常的。从统计数据来看，婴儿的哭闹也遵循钟形曲线，像其他自然现象一样。有些婴儿几乎不哭闹。（要忘记你读过这句话。）在钟形曲线的另一端，是那些有腹绞痛的婴儿，他们实际上总是在哭。

最后一种解释是最讲得通的。为什么中枢神经系统或肠道在宝宝 2 周大时是不成熟的，而不是在刚出生时？为什么有腹绞痛的宝宝的"过敏

---

① 如果你的宝宝有心脏杂音，或者在吃奶时出汗，或者黄疸时间过长（超过 2 周），或者经常弓起后背，或是出现绿色或水样大便或大便疼痛，或者有任何其他异常之处，我强烈建议对他进行全面检查，或者在把他猛烈持续的哭闹归咎于腹绞痛之前再进行一番考虑。——作者注

症"总是会在3个月大时突然"不治而愈"？为什么非常紧张的母亲会有非常安静的宝宝，而非常安静的母亲却有不停哭闹的腹绞痛宝宝？

如果你有一个患腹绞痛的宝宝，你可能无法不非常关心其原因。你在意的是解决腹绞痛问题。

哎，你无法消除某种正常的变化。你所能做的就是等待钟形曲线发生变化，到大约3个月大时，宝宝的哭闹就会开始减少。

现在，人们已经尝试了很多治疗办法，改变母亲的饮食和配方奶；高科技的安抚技巧，从白噪声机到录有子宫内脉搏声的录音带，再到模拟汽车行驶的婴儿床附属设备；婴儿水床。难以计数的没有太多技术含量的手段：将宝宝肚子朝下抱在怀里；在肚子上放个热水瓶；将包裹得很舒适的宝宝放在干衣机上；打开真空吸尘器；将婴儿毯放进微波炉加热，再用它包住宝宝。

所有这些方法似乎都遵循着格卢克定律。这个定律是用路易斯·格卢克（Louis Gluck）博士的名字命名的，他是一位著名的新生儿专家。这一定律的起源很复杂，但它大体上说的是：任何方法一开始都管用，但只会持续很短的时间。没有一种方法可以长久地解决哭闹问题，除了等待婴儿自己长大。很多方法都会短暂地发挥作用，一次或两次。你的职责不是让宝宝停止哭闹，而是在他哭闹时陪在他身边，并要帮助你自己和你的伴侣保持头脑冷静。

这些处理腹绞痛的建议——尽管价值不大——都涉及这两个独立的问题。它们都不是令人很满意，但是我们所仅有的。

关于如何帮助宝宝，请参见上文中所有的建议。治疗腹绞痛的药物，要么只是暂时管用（能分解气泡的二甲基硅油），要么存在风险（像水合氯醛之类的镇静剂，如果宝宝被噎住，会导致严重的肺炎；含阿托品的滴剂，医生已经不再开这种药了，因为曾经有过几起猝死的案例）。

对父母们有帮助的最好办法，是从这种情形中离开一会儿。得到他人的帮助。散散步，洗个热水澡。或者人不离开，而在精神上放松一下：戴上随身听的耳机，播放《英雄交响曲》，默想你自己进入了一种超脱状态。

祈祷。

给你能想到的每个人都打电话，并详细地大声描述孩子的腹绞痛。

把你能想到的所有脏话都写在一张纸上，然后烧掉。给你的宝宝、你的配偶、医院、鹳鸟写一封责备的信，然后烧掉。

根本别想努力保持幽默感。

里程碑

从 2 周到 2 个月，宝宝能够学会很多东西，尽管不像他们的父母学到的那么多。

视 力

婴儿能辨认出距离大约 20～30 厘米处的一张人脸（真人或简单的线条画），并且喜欢盯着其眼睛看，不喜欢画面被扭曲或倒置。到 4 个月大时，婴儿有时看东西容易出现斗鸡眼，当他们看着你时，可能看上去是在盯着你旁边的东西：这是因为他们还不会中心聚焦。然而，一只眼睛固定看向一个方向是不正常的。用闪光灯给宝宝照相会吓他一跳，但不会造成任何伤害。当你看使用闪光灯拍摄的照片时，宝宝的两只眼睛的瞳孔应该都是红色的（除非你使用具有"消除红眼"功能的相机）。如果一只瞳孔是白色的，就要带着照片和宝宝去看儿科医生，以确保瞳孔后面的眼部结构是正常的。

听 力

宝宝应该被响亮的、不熟悉的、突然出现的声音吓一跳。如果他们在妈妈怀孕期间一直能听到狗叫声，现在就不会被狗叫声惊吓；但是，瓶盖掉到地上的声音或撕包装蜡纸的声音可能会使宝宝出现惊恐的表情和非常大的惊吓反应。如果在宝宝清醒并警觉时对他进行小心的测试，会发现他对尖锐的声音能慢慢地确定其方位，并转向那个声音。

社会能力

当然，宝宝的微笑胜过所有其他事情。到 2 个月大时，几乎所有足月出生的宝宝都会微笑。有些总是在笑，另一些则对他们喜欢的人和东西也很少笑。咕咕声（"说话"）现在开始了。

运动能力

当俯卧时，2 个月大的婴儿能抬起头，并来回转动。他们会随机但同等地活动两只胳膊和两条腿，不会偏爱左侧或右侧。在站立时，2 周大的宝宝会本能地向前走。在 2 个月大时，大多数婴儿喜欢承担自己的体重。

极少数 2 个月大的婴儿已经能够从俯卧姿势翻身成仰卧姿势，有些婴儿曾从换尿布台和其他物体表面上滚落下来。

睡 眠

大多数体重 3.6 千克的婴儿能一觉睡 4 个小时。很多体重 5 千克的婴

> **仰卧的姿势最好**
>
> 几乎所有的婴儿都应该仰面躺着睡觉,不论白天还是夜晚:仰躺的姿势与减少婴儿猝死综合征(SIDS)有着密切的关系。(在极少数情况下,由于某种潜在的疾病,宝宝必须采取俯卧姿势,但是,你的儿科医生会在这个问题上给你指导。)父母们常常说他们的宝宝趴着睡觉会睡得更好更沉。然而,这可能恰恰就是俯卧睡姿与婴儿猝死综合征有关的原因!让宝宝保持一点觉醒可能有一种重要的安全作用。
>
> 当你的小天使醒着时,你要在一旁看着他,以确保他不会睡着,他可以趴着玩耍,只要他的脐带已经脱落并愈合。当你的小天使能够不需任何帮助自己从仰卧翻身成俯卧姿势时,你可以让他以这种姿势待着。这一技能需要神经系统的成熟和肌肉力量,这两者都有助于预防婴儿猝死综合征的发生,并且通常要到4个月大以后才会形成,而这时已经过了婴儿猝死综合征的最高风险阶段。然而,你还是应该把婴儿仰面放在床上,让他自己来翻身。

儿能一觉睡8小时或更长时间。然而,一个个头大的体重5千克的婴儿,可能需要更频繁地进食,以支撑其身体的成长,因此别指望他一次睡8个小时!

如果宝宝在婴儿期后期、学步期及以后能够睡一整晚对你来说很重要,那么你最好能帮助宝宝在大约2个月大时学会习惯于晚上在摇篮或婴儿床里入睡,而不是在你怀里入睡。当然,这意味着你要在白天经常抱他。然后,你要在他醒着的时候就把他放在睡觉的地方。大多数宝宝会平静地接受,几分钟之内就会沉入梦乡。

但是,有少数高需求的宝宝会变得烦躁不安,他们需要你抱起来哄,直到放松下来并入睡之后才能被放到床上。我不会让这个年龄的任何宝宝"哭个够"。你仍然可以在接下来的几个月里鼓励他养成在婴儿床里入睡的习惯,还有几个月的时间让宝宝学习自我安抚的技巧。(到大约6个月大之后,这会变得困难得多,因为婴儿已经了解了"分离"和"缺席"的概念,并且不想让你离开房间。)

生 长

到2周大的时候,大多数婴儿都已经重新获得出生后失去的全部体重。从这时开始,直到大约6个月大,大多数婴儿的体重会每天增长约28

克。一些个头大的宝宝体重需要增长多一些，而体形娇小的宝宝体重需要增长少一些。吃母乳的宝宝体重的增长与吃配方奶的宝宝的一样多，但也可能只有后者的三分之二。

牙　齿

见上一章"从出生到 2 周"中的相关内容。

喂养与营养

吃奶时间

到大约 2 周大时，大多数宝宝已经逐渐形成了较为规律的吃奶时间。这并不意味着他们能够睡一整夜，而是指他们的进食已经相当规律了。到宝宝的体重达到 3.6 千克的时候，吃母乳的宝宝通常会每隔 3 小时就主动吃奶；吃配方奶的宝宝是隔大约 4 小时。大多数体重 5 千克左右的宝宝都能在晚上睡 6 小时或 7 小时。

偶尔，宝宝需要更频繁地进食。

- 个头较小的宝宝可能仍然在加速生长。如果宝宝出生时体重不足 2.7 千克，他可能需要每隔 2～3 小时吃一次奶，因为他需要快速增加体重，但他的胃太小了，并且吮吸能力有限。

- 个头大的吃母乳的宝宝可能需要频繁地吃奶，以刺激母亲分泌更多乳汁来跟上他的生长。

- 有时候，宝宝会形成在白天每隔 2 小时吃一次母乳或配方奶的模式，但在夜里能睡 6 小时或 7 个小时。大多数父母都很看重这段较长的睡眠时间。这是一种很好的交易。

过于频繁的进食

但是，有时候，一个不需要频繁吃奶的宝宝却频繁地吃奶。这种情况会出现在那些似乎偶尔混淆了自己身体所发出的信号的宝宝身上。他们会吃得溢出来，然后，不到 2 个小时会再次啼哭，似乎又饿了。与那些真正饥饿的个头较大的宝宝不同，这样的宝宝，坦白地说，是肥胖。

这种情况并不难发现。你无须总是盯着他，才能确定他是否胖得刚刚好。他有三重下巴，大腿和胳膊上有很深的皱褶。有时候，他太胖了，以至于你都很难发现他的小鸡鸡。陌生人都喜欢捏捏他的屁股。

如果你真的无法确定，可以在医生那里用婴儿秤给他称体重；如果他的体重每天增长超过 28 克，就说明太胖了。

这类宝宝似乎将肠道"很饱并正在消化"的感觉理解成了"不舒服就

是饿了"。他陷入了一种真正的恶性循环，试图通过吃更多的奶来解决饱胀的感觉。

当这个问题解决时，宝宝会多么感激啊。窍门就是要让他了解他的感觉的真正含义。要做到这一点，就要在他吃过奶不到3小时开始啼哭时，给他一个安抚奶嘴，或一瓶加了少量糖的水，或带他坐车兜风——想办法拖延到从上次喂奶算起至少3小时后，最好是3.5小时或4小时。

如果你的宝宝属于这种情况，那么，只需两三次拖延喂奶时间，就足以让他明白了。哇，他好像在说，这就是饿的感觉，而这就是饱的感觉。之后，宝宝就会满足于3～4小时一次的吃奶模式。无须减肥，他会随着成长而逐渐瘦下来。

给吃母乳的宝宝一个"提醒"奶瓶

不管哺乳的母亲是要很快回去上班，还是永远不用上班；不管她打算哺乳3个月或6个月或1年，还是直到宝宝自己断奶；不管父亲、奶奶或一位朋友急切地想用奶瓶喂宝宝吃奶，还是母亲不得不让一个人这样做；考虑到哺乳已经形成习惯，并且宝宝已经恢复了出生时的体重，我觉得此时让宝宝偶尔用奶瓶喝奶是很重要的。

在2周大时，宝宝不太可能出现"乳头混淆"，并且不太可能学会偏爱奶瓶胜过乳房。奶瓶也不会破坏哺乳的供需节奏。乳房肿胀应该已经成为历史。日常生活已经恢复了足够的平静，可以允许母亲、父亲和宝宝学习另一项新技能：挤出母乳，用奶瓶喂奶，以及吮吸橡胶奶嘴。

然而，如果你一直等到宝宝3周大时才开始，很多宝宝就会固执地拒绝使用奶瓶，不管里面装的是母乳还是配方奶。如果哺乳的母亲由于任何原因突然无法哺乳，这样一个固执的宝宝会使你的生活变得非常艰难。即便你打算带着宝宝去上班，或根本不需要回去上班，你仍然会因为意外的原因而中断哺乳：一次旅行，一次危机，需要服用某种会进入母乳并且是对婴儿禁用的药物。

因此，现在是让宝宝开始偶尔使用奶瓶喝奶的最佳时机。

这时，在给宝宝喂奶时，你无须将奶瓶装满母乳。你给宝宝使用奶瓶的目的，是培养他在哺乳和使用奶瓶之间来回转换的能力。因此，30～60毫升的奶就很好了，尽管喂奶量最多可以达到每0.9千克体重喂30毫升——这是对宝宝胃容量的粗略估计。

如果你过于频繁地给宝宝使用奶瓶，他可能会开始偏爱奶瓶胜过乳房；

预先按摩

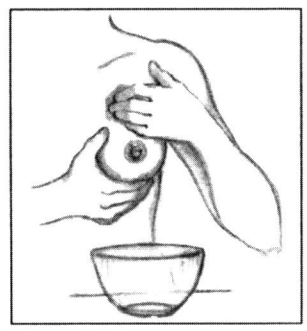 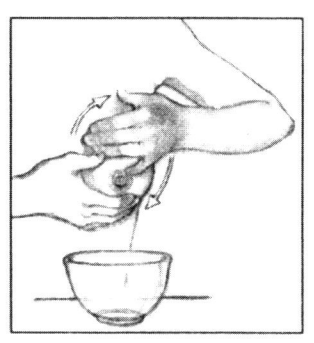 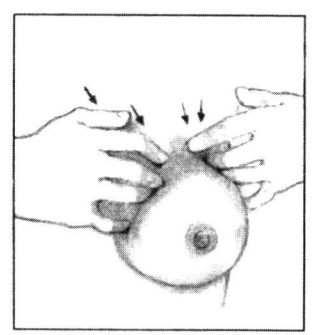

1. 用一只手托住乳房，用另一只手轻轻地从上往下按摩乳房。

2. 按摩乳房周围，以增加通过乳晕区导管的乳汁。

3. 轻轻用指尖沿乳房向乳晕方向划几次，不要对乳房施加任何压力。

手动挤奶

1. 轻轻地用拇指和其余手指向下挤压乳晕后方的区域。

 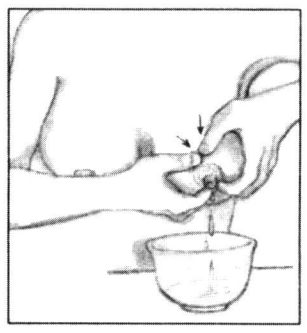

2. 用拇指和食指挤压，向胸壁——后面的肋骨——方向挤压。不要捏乳头！把乳晕周围所有区域都挤压一遍，以便清空乳晕区导管。

如果使用的次数太少，他会忘记如何转换。我的建议是每天不要超过1次，每周不要少于3次。如果他开始显示出对奶瓶的明显偏好，就要停止给他使用奶瓶几天，拼命地给他哺乳；如果他对哺乳显示出偏好，要给他每天至少使用一次奶瓶。

有时候，即便这个年龄的宝宝也会拒绝使用奶瓶，尤其是奶瓶里装的全部或大部分是配方奶的时候。

如果出现这种情况：首先，要让他习惯使用只装母乳的奶瓶。如果有必要，要让哺乳的母亲离开房间，由父亲或一位耐心、平和并愿意帮忙的朋友或其他亲戚用奶瓶给宝宝喂奶。喂奶时要确保宝宝一切正常并感到饥饿。可以播放一些舒缓的音乐。

一旦他能够每天用奶瓶喝一次母乳，如果你愿意，可以开始每次在奶瓶里加入一点配方奶。要悄悄地给他喝。当他如你所愿接受奶瓶时，不要让他忘记如何用奶瓶。要给他每周至少使用3次"提醒"奶瓶。

完全断奶或部分断奶

如果有必要给宝宝断掉母乳，循序渐进地进行是很重要的。很多较早回去上班的母亲能继续每天哺乳两三次——在上班前和下班后——即便她们在工作日不挤出母乳。

断掉一顿奶大约需要2～3天。数一数一天中会错过的喂奶次数，然后乘以3，得出的就是你在回去上班前需要提前多少天开始断奶过程。比如，如果你的工作时间是从下午3点到晚上11点，而在这段时间通常会喂奶两次，那么你至少需要在回去上班前的6天开始断这两次奶。

要从任意一次喂奶开始。连续3天，在每天的这一时间，给宝宝喂奶到乳房感觉压力稍有减少并且不让你感到不适时就停止，当然，时间不要超过两三分钟。或者，如果你发现这不可能，只需用手或吸奶器挤出少量的奶水。如果你挤出的母乳太多，就会刺激乳汁的产生。挤奶之后要对乳房进行冷敷。

当然，之后你要用一瓶储存的母乳和（或）配方奶来完成此次喂奶。

乳　母

有时候，哺乳的母亲们希望相互交换着哺乳婴儿，这是皇室或小说中的一种盛大传统。希望这样做的人应该意识到，病毒可以通过乳汁传播，尤其是艾滋病毒、乙型肝炎和巨细胞病毒（CMV）。药物和杀虫剂也会通过母乳进入婴儿体内。要问问你的儿科医生，但我对此很谨慎。毕竟没有人能够真正彻底地了解其他人。

配方奶

随着婴儿的成长，他的胃容量会增大。一个很好的经验法则是每0.9千克体重对应30毫升奶，最多不超过240毫升。

在非常干燥的地区或天气炎热的时候，吃配方奶的婴儿可能需要补充额外的水分。很多宝宝一开始会拒绝白水，这会让你想在水里加点糖。我会尽量不加糖。如果宝宝渴了，他就会喝水。即使这么小的宝宝也会因为加了糖而形成对糖的渴望。一种例外是给大便硬结的宝宝的水中加点红糖；水不会很甜，而且具有温和的软化效果。

配方奶的准备

准备配方奶通常都很简单：只需

母乳的挤出、储存和再加热

挤奶

让你的乳房合作

通常，在一天中较早的时间（那时你的奶水最足），在给宝宝喂奶之后挤奶是最容易的（因为宝宝已经刺激了你的"喷乳"反射）。一开始，你可能挤不出太多的奶，但是，只要以无菌的方式操作，你就能积少成多，得到数量可观的奶水：接近第一次用奶瓶喂奶所需的120毫升。

如果你在一次喂奶后挤不出奶，可以通过轻轻地按摩乳房来刺激奶水的产生。

你也许知道一些促使奶水产生的"触发因素"：听音乐，坐在你通常喂奶的椅子上，一盘宝宝因饥饿而啼哭的录音带。一点点自我催眠有时会起作用；要在你的脑海中想象并"听到"宝宝的声音。做一些你在分娩学习班中学到的放松练习。

容 器

你需要一个容器来盛放挤出的奶水。如果你是用手挤奶，可能需要一个宽口容器。吸奶器本身带有配套的容器。用手挤奶最好的容器是量杯，以便你能看到挤出了多少奶。

如果你打算将挤出的奶水立刻喂给宝宝，那么你的容器只需是干净的，用热肥皂水清洗过并晾干。如果你打算将奶水储存起来，容器必须是无菌的。用开水冲洗容器并自然晾干就足够了。

如果你打算把母乳冷藏或冷冻，你还需要一个无菌的储存容器。如果大量使用，唯一真正有效的方法是用那些与塑料奶瓶配套的小塑料奶袋，遗憾的是这不利于生态环境保护。

用手挤奶

清洗你的乳头。将双手清洗10秒钟（不要使用硬毛刷），用纸巾彻底擦干。挤奶时，用拇指和其余手指环绕在乳晕周围，向胸壁方向挤压，也就是向肋骨挤压。不要捏乳头！在你挤压乳房使奶水流出时，将拇指和其余手指在乳晕周围移动，以便清空所有的乳晕区导管。多试几次，奶水就会流出。要做好心理准备，最初的几次可能会令人感到有点沮丧和（或）好笑。

不要无休止地挤奶。当奶水呈点滴状而不是喷射状时，要停止挤奶。

小心地将母乳从这个无菌的容器倒入无菌的储存容器中。在储存容器上贴上标签，写上挤奶的日期和挤出的量。

如果你确保不触摸到容器的内部，可以将新挤出的母乳添加到无菌储存容器中。你可以更新标签上的数量，但是不要更改原始日期，因为这表明的是这些奶水可以储存多长时间。

使用吸奶器

不要被吸奶器奇怪的外观吓到。如果你在照看宝宝和外出工作之余还有一点时间，并且一切都已恢复正常，你可以设计一款时髦漂亮的吸奶器，一款真正时尚的装置，并申请专利，挣数不清的钱。

吸奶器必须能够进行消毒。它们必须舒适且高效，因为你使用吸奶器吸奶的时间越长，你的乳头就会因为与硬物接触而越疼。尤其是当你打算每天或在工作期间使用吸奶器时，我强烈建议你尽可能使用最好的电动吸奶器。最新型的吸奶器可以连接到汽车的点烟器上，这样你就可以在私人空间吸奶，同时还可以听听音乐。（要确保你把车停在一个隐秘并且安全的区域。）

手动吸奶器

这些吸奶器的质量有很大差别。一些手动吸奶器质量很差，实际上可能会对你的乳房造成伤害，它们通常都很便宜。不要被低价诱惑。你一定不希望买一个通过将奶水回吸入橡胶球来工作的吸奶器。你应该购买的是通过活塞作用来工作的吸奶器。

电动吸奶器

这种吸奶器也有很大差异。电池驱动的吸奶器通常无法提供足够的动力，并且就像设计糟糕的手动吸奶器一样，可能给你带来的伤害要多于帮助。

储存母乳

要么立刻将母乳喂给宝宝，要么储存在一个低温的地方，以防细菌滋长。

如果你打算在 24 小时之内使用，要把它储存在冰箱冷藏室中。如果超出这个时间，就要把它储存在冷冻室中。

如果你把奶水储存在冰箱的冷冻室里，要在小袋子上标上日期和奶量。你可以向袋子里添加更多的奶水。在你这样做时，你可以在标签上添上新增加的数量，但是不要改变原始日期。

很多人会把奶水储存在冷冻室里达 2 月之久；我建议别超过 2 个星期。

顺便说一句，每个冷冻室都应该有一个"哨兵冰块"，这样，一旦断电，你就会知道。"哨兵冰块"应该单独放置在冰柜的隔板上。如果它融化了，

> 你就会知道冷冻室曾经温度过高，里面的所有东西都融化后再冻上了，因此会有潜在的毒性。
>
> **奶水的再加热**
>
> *解冻冷冻的奶水*
>
> 你可以把密封好的袋子放到一杯热水中，等待它融化并达到人体温度。
>
> 你也可以使用微波炉。不要把奶嘴放进微波炉。要小心局部高温。
>
> 如果脂肪从母乳中分离出来，呈薄片状，可以晃动袋子，直到它重新恢复成悬浮液状态。

遵照包装上的说明即可。但是，有几点重要的警告需要注意：

• 仔细阅读说明。配方奶需要稀释吗？如果需要，水和配方奶的比例是多少？要确保每个为宝宝准备配方奶的人都理解这些说明。

• 要确保使用的水是干净的：最理想的是使用过滤水或瓶装水。要检查井水是否含有杂质。

• 要确保每个准备配方奶的人都先把手洗干净——如果用手捂着嘴打喷嚏，或揉过鼻子或眼睛，或去过卫生间，就需要再洗一次。

• 如果宝宝由于某种疾病，比如严重过敏症、苯丙酮尿症或半乳糖血症等，吃的是特殊的处方配方奶粉，一定要当心购买奶粉的地方。要尽量选择配有防止该产品在黑市交易的防护措施的商店——窃贼会偷窃普通配方奶，然后把它重新包装成价格更昂贵的品牌，再以远远高出其原本市价的价格将其重新卖回市场。要和商店的经理谈谈。错误的配方奶会很危险[①]。

果　汁

别给宝宝喝果汁，除非儿科医生建议吃配方奶的宝宝因为硬便而喝少量果汁。果汁会使宝宝摄入不需要的盐和糖，不会增加任何营养，即便在这个年龄也会促成宝宝对甜味"上瘾"。

水

吃母乳的宝宝会从母乳中获得额外的水分；需要饮用额外的水来满足运动、高温或干燥所带来的额外需求的是他们的母亲。当环境很热或很

---

① 　A New Formula for Fraud, David cho, Washing ton Post, 2001年8月4日, P.A01。——作者注

> **警惕蜂蜜和玉米糖浆：婴儿肉毒杆菌中毒**
>
> 肉毒杆菌中毒是一种由生存在土壤中的细菌孢子引起的疾病。由于这种孢子（有点像种子）具有耐热性，因此会在食品加工过程中存活下来，并进入蜂蜜和玉米糖浆中。这些孢子会在婴儿的肠道内生长并产生毒素，但它们不会在儿童或成年人体内生长。（成年人如果通过食用没有正确包装的食品而直接摄入毒素，也会产生肉毒杆菌中毒。）
>
> 因此，不要给1岁以下的婴儿食用蜂蜜和玉米糖浆！
>
> 肉毒杆菌中毒对于婴儿来说是一种可怕的疾病，最初的症状包括虚弱、无力和便秘。全身的肌肉都会受到影响，甚至呼吸肌也不例外。
>
> 如果你怀疑你的宝宝出现了婴儿肉毒杆菌中毒的症状，要立即寻求帮助。
>
> 即使宝宝从未喝过蜂蜜或玉米糖浆，也会有感染这种孢子的一些其他罕见途径。早期治疗和深入细致的护理会使这种疾病的预后良好。

干燥时，吃配方奶的宝宝可能需要补充额外的水分。如果你担心自来水管中含有铅，最好在灌水前先把水放置几分钟。如果你使用井水，一定要确保对其中的铅、氟化物、硝酸盐和其他矿物质及污染物都进行过仔细的检测。瓶装水可能是安全的，但要记住，目前还没有任何联邦监管机构对瓶装水进行监管。

洗 澡

在这一阶段的某些时刻，大多数父母都觉得有必要给宝宝洗澡。不是用海绵擦澡，而是真正用水洗澡。宝宝的脐带已经脱落，包皮环切的地方已经愈合，他刚刚好好地睡了3个小时，你认为洗澡的时间到了。

在你架设起摄像机，找来帮手，准备好水槽、盆或特殊的婴儿浴盆，以及肥皂、乳液、毛巾等卫生用品之前，再好好想想。你的宝宝真的脏吗？不是的。你想洗掉他身上的什么？宝宝没有出过汗，也没在泥巴里玩过。他的皮肤很娇嫩，他的内心不喜欢突然的变化和激烈的活动。

你可以考虑再等些时候。先用温水轻轻地清洗他的脸和尿布区域，可能是一个更令人愉快的解决办法。

使用洗发液

婴儿的头皮的确需要洗发液。婴儿体内的荷尔蒙在短期内会激增，致使头皮上油脂分泌增多。这通常会导致头皮结痂和被称作"婴儿痤疮"的皮疹出现在头皮、面部和肩膀上：见下面的"常见的轻微症状、疾病和担忧"。预防和治疗婴儿痤疮意味着要每天或隔天用洗发液清洗婴儿的头皮。

换尿布，生殖器，小便和大便，穿衣

对于做过包皮环切术的男婴，阴茎顶端可能会与尿布摩擦，从而刺激尿道口。你可以通过在宝宝的阴茎上或与之接触的尿布区域涂抹一些凡士林来避免这种情况的发生。

在这一阶段，吃母乳的宝宝的大便习惯会有很大的改变。随着渐渐长大，他们已经不再有胃-结肠反射（当胃部充盈时就会自动排便）。取而代之的是，他们不得不学会意识到粪便已经形成并需要被排出。吃母乳的宝宝的大便很稀，需要积累很多才会让宝宝知道需要排便。因此，母乳喂养的宝宝可能每隔几天才大便一次。我认识一个小姑娘，她每隔11天才大便一次，就像时钟一样准。她的父母会提前计划好专门空出这一天时间。

当然，只有当宝宝成长发育得很好时，这种情况才算正常。如果一个很瘦的宝宝每天或每两三天只排便一次，这是因为他没有吃到足够的奶水，而不是因为胃-结肠反射已经消失。

对于配方奶喂养的宝宝，需要注意他们是否会出现松散、绿色、水样（可能说明对配方奶不耐受）大便和硬便（消化的蛋白质形成浓稠、凝乳状的粪便形态）。如果宝宝觉得大便太硬，不容易拉出，就会忍着不拉。你会看到他们一边哼哼一边绷紧身体，好像正在用力排便，但实际上他们所有的精力都用在忍住大便上面了。如果你看到这种情况，要向你的儿科医生寻求帮助。配方奶喂养的宝宝的大便的质地应该像牙膏、浓酸奶、苹果酱。如果大便比很软的花生酱硬，就说明宝宝要出现便秘了。如果大便的硬度像彩虹软糖，你绝对需要寻求帮助了。

活动与装备

即使你没有给宝宝准备任何玩具或装备，你仍然可以为他提供最好的刺激、娱乐和兴奋：只要你本人就足够了。因此，如果手头比较紧，现在不要花钱。最重要的是，你要跟宝宝说话，冲他笑，逗他。

Mobile玩具很受宝宝欢迎。当然，这些玩具应当根据宝宝能够看到并凝视的位置来悬挂，而不是根据你从侧面看到的位置。黑白图案非常吸引宝宝，同样吸引他们的还有较大幅的（直径达到 10～15 厘米）人脸简笔画，白底黑线条，或是黑底白线条。

当宝宝长大一点时，伸手去够并抓上方的 Mobile 玩具会给他带来极大的快乐。相关建议见下一章。

婴儿提篮能给宝宝带来很好的娱乐，因为它能带来场景的变化。然而，要当心意料之外的突然倾斜；我看到过很多宝宝，通常是个头较大、较好动的，将婴儿提篮弄翻在厨房的台子上、洗衣机上或其他地方。

自动秋千是很好的装备，前提是摇晃不能太快；秋千的座椅应对宝宝的颈部和头部有支撑。摇篮式秋千是最安全的。坐在任何座椅上时，宝宝都不应蜷缩成下巴抵到胸前的胎儿姿势：这样会阻塞呼吸道。

在使用婴儿背带时也要避免宝宝蜷缩在里面。

安全问题

请阅读上一章的相关内容。如果你没有按照相关建议做好安全防护措施，我强烈敦促你现在就做。在这里我们仅仅补充一些注意事项。

医药箱：为 2 个月大时的免疫接种准备一些对乙酰氨基酚婴儿滴剂。不要用它来治疗发烧或感冒！如果宝宝生病了，你仍然需要迅速与医生联系。如果宝宝吃配方奶，你可能还需要在手边准备一些婴儿甘油栓剂，或是瓶装的甘油，用来软化硬便。（母乳喂养的宝宝没有硬便问题。）对这个年龄的宝宝，不要在没有事先给儿科医生打电话的情况下使用它们。

要当心阳光直晒。宝宝喜爱并且需要新鲜空气，但是现在的阳光比以前更加强烈了。它可以通过人行道、沙滩和水进行反射。

如果你们确实需要外出超过 5 分钟的时间，应该在宝宝裸露的肌肤上涂上低过敏性的防晒霜。戴一顶有帽檐、护脖和护耳的帽子。如果小天使的皮肤看上去略微出现一点粉色，要立刻避开阳光：晒伤要过 12 小时才会完全显现出来。

健康与疾病

本书的第 2 篇讨论的是 4～6 个月以上婴幼儿的各种症状与疾病。从出生到 2 至 3 个月大的新生儿是不同的：他们更加脆弱，容易受各种疾病的影响，并且仍然在努力适应子宫外的生活。从医学上来说，他们仍然是新生儿。关于这个年龄组——2 周至 2 个月——的疾病与症状，在上一章

"从出生到 2 周"中的"健康与疾病"部分有详细讨论。以下部分只是在此基础上的补充。如果你的宝宝出现了这里没有涉及到的任何令人担忧的疾病，或者如果你对本章的讨论感到不理解或不舒服，要立刻联系你的儿科医生。

可能出现的问题

未满 2 个月的婴儿仍然被认为是新生儿。从医学上来说，他们的身体在很多方面都很脆弱（尽管在其他一些方面惊人的坚韧）。

然而，在 2 周大时，一些情况发生了改变。

从医学的意义上来看，这一年龄的婴儿和更小的新生儿相比，有两个最重要的区别：

- 现在开始出现的黄疸已经不是正常的新生儿黄疸。它可能是由某个不太重要的问题引起的，但它始终需要立刻进行评估。
- 第一次发现这个年龄的宝宝有心脏杂音，并不是不同寻常的。这并不意味着儿科医生之前"漏诊"了。婴儿的心脏和血液循环系统在出生后的头几周会成熟很多，心脏和大血管内变化的压力使得之前听不到的杂音——血流中的紊流——可能被听到。大多数时候，这种杂音反映的是一种完全无害的状况——可能会随着时间而自行消失。

不过，对于大多数婴儿来说，这些都不是问题。然而，几乎所有婴儿都会出现以下一个或多个小问题。

常见的轻微症状、疾病和担忧

皮　肤

在新生儿的所有小问题中，皮肤问题排在第一。

婴儿痤疮

婴儿痤疮是出现在头皮、面部和肩膀上凹凸不平的红色皮疹。有时候，痤疮的颜色非常鲜艳，并覆盖全身。宝宝通常情绪很好，没有任何生病的迹象。如果有任何生病的迹象，包括烦躁或体温达到或超过 37.8℃，要给你的儿科医生打电话。

婴儿痤疮是婴儿在出生后头几周内由于体内产生的荷尔蒙而造成的，男婴和女婴都是如此；这些荷尔蒙会使婴儿的皮脂腺过度反应。婴儿痤疮是无害的，只会影响宝宝的外观。它最终会在婴儿 3~4 个月大时消失。

对于婴儿痤疮的治疗主要是要清

除油脂，尤其是头皮上的油脂。

• 通常，唯一需要做的就是每天用婴儿洗发液清洗一次宝宝的头皮（不要使用婴儿沐浴露或肥皂）。

• 如果这不管用，可以试着将洗发液涂在头皮上，等待3～4分钟，然后再冲洗干净。

• 如果这样还不行，可以问问你的儿科医生以下这些方法哪种是安全的（前提是你使用的是正确的软膏）并且通常是有效的。使用可的松软膏涂抹在宝宝的头皮上，等待10～15分钟，然后用洗发液将其洗掉。你使用的可的松软膏必须是温和且不易被吸收的，最好是由医生开具的处方。应均匀地涂抹薄薄的一层。在宝宝的头皮上均匀地点上软膏，然后再将其抹匀。不要反复搓揉。

尿布疹

如果一种皮疹出现在裹尿布的区域，而不是其他地方，大多数儿科医生就称这种皮疹为尿布疹。这并不意味着这种皮疹是由尿布导致的，或是由换尿布的方式导致的。我猜正确的叫法应该是"生殖器与臀部皮疹"，但我从未听任何人这样叫过。

在这一阶段，大多数婴儿都会出现一些尿布疹，并且大多数都是良性的。然而，如果这个年龄的婴儿在出现尿布疹的同时还出现了腹泻，并且尿布疹直到腹泻好了之后才有所好转，你应给儿科医生打个电话，并且通常还需要进行一次拜访。

有三种常见类型的尿布疹：

1. 刺激性尿布疹：这种尿布疹会让宝宝感到不舒服。这种红色的皮疹通常分布在臀部的皱褶中。它是由于潮湿、粪便中的刺激物或是尿布中的某些物质（一次性尿布中的香料，布质尿布中残留的肥皂）引起的。预防与治疗方法是相同的。用柔软的纸巾蘸取凡士林轻轻地清洁尿布疹区域，不要使用婴儿湿巾、毛巾或水。在完成清洁后，在该区域留下一层凡士林保护层。要尽可能使宝宝保持干爽。不要给宝宝穿塑料或橡胶的裤子，要穿"可以呼吸"的棉布罩袍。

2. 真菌性尿布疹：这种皮疹看起来很可怕，但它不会让宝宝感到不舒服。这种皮疹的外观是一个较大的斑块，边缘有红色凸起的小点；当小点连成一片时，皮疹就会扩大。它不会出现在皱褶区域。它是由一种叫作"念珠菌"的酵母菌引起的。这种酵母菌存在于环境中，喜欢附着在宝宝的臀部和口腔（参见下面的鹅口疮）。预防方法包括让宝宝保持干燥，换尿

> **需要去看小儿皮肤科医生的草莓痣**
> - 位于眼睑上或眼睛下方；
> - 位于鼻尖上；
> - 位于面部且较大（这些草莓痣很少会侵蚀并破坏底层结构）；
> - 在几周内面积增加了三倍或更多；
> - 容易出血：位于嘴唇、尿布区域（生殖器或肛门），手或脚。

布前后要洗手。治疗方法是使用一种含有杀真菌剂的药膏。这些药膏有些是处方药，有些可以直接在药店柜台买到。可以直接在柜台买到的药膏中包括克霉唑，其中一个牌子是 Lotrimin。

3. 脂溢性皮炎：这是臀部版的婴儿痤疮。它也存在于皱褶中，通常不会让宝宝感到不舒服。使用与上文中刺激性尿布疹相同的治疗方法通常就有效。有时需要使用可的松软膏，但是只有在医生的建议下才能使用。在该区域涂抹可的松软膏，然后用尿布将该区域包裹起来，这种做法会使情况更糟，并且甚至可能是危险的，因为可的松会被宝宝吸收。

胎痣

很多胎痣在宝宝出生时没有显现出来，而是会在这一阶段出现。

褐色斑：这些通常是较小的、平坦光滑的类似雀斑的斑点。但是，它们不是雀斑，而通常是痣（也叫色素痣）。褐色斑几乎总是无害且永久性的。如果它们很大，或者数量超过2颗，你的儿科医生可能会想要对它检查一下。

草莓痣：这些胎痣是凸起的红色斑块，看起来像成熟、多汁的草莓。它们一开始只是一些扁平的红色区域，周围环绕白色斑点；随后会成长扩展至原先白色斑点的边缘位置。有时，一个宝宝身上会有不止一颗草莓痣。通常，这些痣出现在不容易暴露的部位，或是"不影响外观"的部位，例如肚子或头皮上。即使它们会变得非常大，但仍会随着时间而自然消失。

如果一个宝宝有很多草莓痣，或者严重影响了外观，或者妨碍了某项功能（比如阻碍了婴儿的视线），有很多方法可以对此进行处理，并且还在不断涌现新的治疗方法，包括安全的激光疗法。但是，在大多数时候，你只需看着它们生长，然后看着它们消失。多数普通的草莓痣会在宝宝快到2岁时消失。

眼　睛

眼睛容易流泪，有黏液

你可能会看到宝宝的眼睛有泪水涌出或顺着面颊流下，或是发现宝宝的眼睛周围有黏液。要检查一下宝宝其他方面是否一切正常，有没有眼白发红，或眼皮肿胀，或是在注视明亮的光线时有没有疼痛的迹象，或是发烧。然后，要给你的儿科医生打电话。一个快乐的宝宝的眼睛如果除了流泪其他都很正常的话，这往往只是暂时的泪腺堵塞，这通常是一种完全无害的状况。

父母们有时会认为容易流泪的那只眼睛是正常的，而另一只没有泪水的是不正常的，但事实并非如此。宝宝从一出生就会产生泪水，并且上眼睑下方的泪腺会不断制造泪水。泪水会弥散在眼球表面，然后排入一个细小的管道，输送至鼻腔内部，被鼻黏膜吸收。有时这一系统会发生堵塞。

儿科医生可能想要检查一下宝宝的眼睛以确认这只是泪腺堵塞。如果眼睛发红，或者宝宝在明亮的光线中会眯起眼睛，或者有疼痛的表现，就必须迅速带他去看医生。这些可能是一些罕见问题的一种迹象，例如青光眼（眼压升高）或严重感染。

一旦确认了只是泪腺堵塞问题，治疗的方法就是对泪腺进行按摩，以迫使泪液通过障碍。有些儿科医生会建议将几滴非常干净的母乳滴入宝宝的眼睛，还有很多医生更倾向于开抗生素眼药水。给宝宝按摩时应将指甲剪短，手洗干净，用小拇指进行按摩。

聚　焦

在婴儿满 6 个月以前，他的眼睛还不能直接聚焦。这就是为什么婴儿总是像在努力注视着站在你旁边的看不见的人的原因：他实际上是在聚焦于你的身上。

这个年龄的婴儿仍然会出现恍惚的目光。只有当一只眼睛总是固定地看向同一个方向时，才可能有问题。

鼻　子

如果宝宝其他方面都很健康，只是鼻子发出响声，就像本书新生儿部分所描述的那样。记住，在发生这种情况时，你看不到任何东西从鼻子流出来，而只会听到声音。如果宝宝流鼻涕，更有可能是感冒，对于这个年龄的宝宝，应该给儿科医生打电话，尽管可能不需要带他去看医生。

口　腔

鹅口疮是目前最常见的口腔问题。这是一种酵母菌感染，会在舌头、牙龈内侧和面颊上形成像白软干酪一样的白色斑膜。鹅口疮通常并不危险，除非它面积非常大，影响了进食；或者在极少数情况下，它预示着免疫系统的潜在问题（如果宝宝表现出不舒服，发育得不好，或是生有难以治愈的鹅口疮，就应考虑这方面问题）。但是，它会使宝宝在吮吸时感到不适，并且吃母乳的宝宝会让母亲的乳头感染鹅口疮，这是一件恼人的事情。

打电话给儿科医生，他可能会建议你使用含有制霉菌素的药物。重要的是要知道，仅仅用滴管将药物滴进宝宝的嘴里是不能除去鹅口疮的。你需要将药物抹到宝宝口腔内的所有地方，用纱布片蘸着药进行擦拭。如果鹅口疮位于舌头上，将药涂在一个消过毒的安抚奶嘴上会对治疗有帮助。

不要把任何接触到宝宝嘴巴的东西放回到药瓶里，这会使药物受到污染，并导致难以治愈的鹅口疮。哺乳的母亲在喂奶之后最好在乳头上也涂一点这种药。

这种药物不会被宝宝吸收，因此不具有危险性，但它会刺激胃黏膜。

为了防止鹅口疮复发，你要好好洗手，经常清洗所有的橡胶奶嘴，并要避免用吃过的奶瓶再重新喂宝宝。

胸　部

男女宝宝的乳房仍然会由于母亲的荷尔蒙而继续保持肿胀的状态。位于胸骨末端叫作"剑突"的小凸起，仍然十分明显。

腹　部

宝宝的肚脐仍然凸出体外。毕竟，两块腹直肌之间必须有一个空隙，让脐带从这里伸出腹腔。难怪它需要一些时间才能合拢，在此期间，脐带区域是凸出体外的。随着肌肉变得更有力，大部分凸出的肚脐会缩回。

如果腹肌间的空隙较大，一部分腹部组织会凸出体外。这叫作"脐疝"，尽管它不是一种真正的疝气，因为腹肌的空隙是正常的，并非不正常的。早产儿、非裔美国人的宝宝和便秘的宝宝常常会出现脐疝，就像一个正常的身体附件一样。随着他们年龄的增大，他们和他们的朋友会喜欢摆弄脐疝，这没关系。几乎所有的脐疝都会在宝宝出生后的 2～4 年内消失。最好不要使用绷带、硬币和其他用来使其收缩的家庭秘方，这会因为绑得太紧而掩盖感染。

> 呕吐物呈黄色、绿色或棕色的宝宝可能有肠梗阻问题。这可能是由于肠扭转（称为"肠扭结"）造成的，是一种比幽门狭窄更加紧急的状况。如果你的宝宝吐出"彩色"的呕吐物超过2次，或者只有1次，但宝宝看起来不舒服或感到疼痛，要给你的儿科医生打电话。

在极少数情况下，如果宝宝显得不舒服，他的脐疝可能暗示着某种潜在问题，例如甲状腺功能减退。

腿和脚

宝宝的小腿呈弓形是很常见的。他们仍然保留着在子宫里的姿势。宝宝的脚部也常常是弯曲的。如果弯曲得十分严重，儿科医生可能会看看宝宝是否需要进行足部按摩或是用穿鞋子来对它们进行矫正。一些足部弯曲严重的宝宝可能存在臀关节脱位问题，因此，儿科医生还会对这一部位进行仔细的检查。

在极少数情况下，是宝宝的父母而不是医生发现了宝宝的臀部脱位。如果宝宝的一条腿看起来比另一条腿短，或是屁股缝不直，或者在换尿布时，臀部"发出沉闷的响声"，要把这些情况告诉你的儿科医生（但不用在半夜给他打电话）。

臀位出生的宝宝仍然喜欢把脚抬到他们的耳朵旁。看着这样的宝宝分不清哪个是自己的手，哪个是自己的脚，是一件很有趣的事情。

严重或具有潜在严重性的症状、疾病和担忧

幽门狭窄：反复的猛烈呕吐

你可能听说过这种疾病。幽门肌相当于一个守门人，它让奶水（和食物）能够通过胃进入小肠。如果它变紧（狭窄），那么每次它试图让通过自身的食物进入小肠时，反而会将它们向回送到胃的外面，宝宝就会非常猛烈地呕吐。随着肌肉变得越来越紧，呕吐也就变得越来越频繁。

宝宝一般会在大约2周大时开始显现幽门狭窄的迹象。不要相信有些人说的这种疾病只会出现在头胎男孩身上，这种说法是错误的。

幽门狭窄的诊断方法非常简单，可以通过一位有经验的儿科医生摸摸宝宝的肚子，或者通过超声波检查，或者让宝宝吞下一点钡餐进行X光检查，或是以上三种方法结合使用。

治疗方法是手术，但是，给宝宝做的只是很小的手术。医生会在肌肉上做个切口，然后从另一个方向将

其缝合。（想象一个水平的微笑经过缝合变成一个垂直的微笑。）如果在作诊断时宝宝仍然发育得很好，身体内有充足的水分，那么手术通常会非常顺利，宝宝很快就能出院和再次进食，并且只会留下一个非常不明显的伤疤。通常也不需要进行输血。

极少发生的与年龄相关的问题

婴儿猝死（也称为婴儿猝死综合征或SIDS）

这是非常不幸的悲剧，但也是极其少见的：每1000个安全出生的婴儿中仅有2~8个，并且还要取决于性别、种族、季节、地理位置和其他因素。人们对每一种可能的病因都进行过详细的研究，从微量金属元素失衡到隐匿性感染，从对百日咳疫苗的反应到母亲吸烟，从脑干发育不良到衣服穿得过多。当下最新的统计研究结果表明与睡眠姿势有关。但是，这些研究并没有太大的进展。

关于婴儿猝死综合征，我们最好的建议是：

有3个因素似乎是与之密切相关的。第一个是母亲在孕期和产后吸烟。因此，不要吸烟。第二个是宝宝是否母乳喂养。因此，要尽可能给宝宝哺乳。第三个是睡眠姿势。足月的宝宝（除非有某种潜在疾病使得这样做不妥）应该一直仰面躺着睡，包括在晚上，也包括在小睡的时候。侧躺着睡并不安全，俯卧睡眠是最危险的。

让宝宝与成年人睡在一张床上虽然舒服，但是也有危险。成年人在睡觉时有可能"压到"小宝宝，宝宝可能会被夹在床与床头或床与墙壁之间，还可能会被床单或枕头埋住。据统计，与成年人一起睡在沙发上是格外危险的。

已经有详细而彻底的研究证明了百日咳疫苗与此无关。它甚至还有助于预防婴儿猝死。你的孩子应该接受百白破疫苗（DPT）注射，除非你的儿科医生由于某种特殊的医学原因而不让他接受注射。

类似婴儿猝死综合征（或明显危及生命的事件）

有时候，一个宝宝会有一段时间无法呼吸，皮肤发青或发白，或出现斑点；他可能需要通过刺激或心肺复苏术（CPR）才能再次呼吸。这样的婴儿可能是呼吸暂停——新生儿正常的不规律呼吸造成呼吸暂停时间过长——从而导致缺氧。这可能暗示着大脑的呼吸中枢不成熟，或是有其他导致呼吸暂停或停止呼吸的原因。其中最常见的一个原因是一种相对比较

> 任何经历过类似婴儿猝死综合征（near-SIDS）或明显危及生命的事件的宝宝都应该立即入院。医院会对他进行监护，并通过分析确定导致这一事件的原因，需要对这一情况采取什么措施，以及是否需要在家中通过电子设备对他进行监护。

无辜的"反射"，宝宝胃里的奶水发生反刍，出于尚不了解的原因，导致他屏住呼吸的时间过长。这种情况可以进行诊断和治疗。**有过呼吸暂停的宝宝应进行全面的检查，通常需要短暂住院观察。**

一些父母由于有婴儿猝死综合征的家族史，或是出于担忧，希望为他们的宝宝安装一个监视器。很多儿科医生会尊重他们的意愿，为他们开具一个监视器以缓解他们的忧虑；谁知道它是否真能缓解忧虑呢？这样的监视器并不能减少婴儿猝死综合征发生的可能性，并且父母们还会因为过于敏感或监视器出现故障而变得更加心烦意乱。

受 伤

摇晃婴儿综合征

有时候这个年龄的宝宝太能哭了，以至于父母们会忍不住想要摇晃他，给他一些安慰。这可能导致悲剧发生。

婴儿的血管非常脆弱，尤其是大脑周围的血管。一个被摇晃的婴儿可能会死于脑出血，或是出现不同程度的脑损伤。被摇晃的宝宝可能会脸色变得苍白和斑驳，无精打采或烦躁不安，惊厥，或陷入昏迷。可以通过检查眼睛的视网膜、进行腰椎穿刺，或是进行各种成像操作，例如核磁共振成像（MRI）或CT扫描，对此进行诊断。

生气时摇晃，玩耍时摇晃，上下晃动，抛起——这些都不应发生在这个年龄的婴儿身上。

烫 伤

由于婴儿会在这一阶段第一次洗澡，因此要确保你的热水器温度已经下调到约49℃，并要用你的手腕试一下水温。

由于宝宝会在这个阶段使用奶瓶，不论是配方奶还是母乳，因此要小心微波炉。局部高温会严重烫伤宝宝的口腔。

机会之窗

了解信任和互惠是小婴儿的两项

主要任务。幸运的是，这两件事情几乎不会出错。需要记住的一件事情是，给予宝宝的关注越多越好，你不可能通过过多的拥抱、说话和唱歌而把这个年龄的宝宝宠坏。

具体来讲，在这个年龄，你要确保吃母乳的婴儿能够相对轻松地完成从乳房到奶瓶，再回到乳房的转换。

从医学的角度来看，最容易预防的问题是配方奶喂养的宝宝的便秘问题。硬便不容易排出，会造成婴儿试图忍住不拉，这会导致形成更大、更硬、更不舒服的大便。尽管这种恶性循环通常会在晚些时候出现，即在宝宝开始吃食物的时候，但也可能在现阶段提前出现。如果你认为宝宝即将出现这一问题，要询问你的儿科医生。

如果……怎么办？

开始日托

很多母亲会在产后 6~8 周时回去上班。这通常会很痛苦，有时会是令人意想不到的痛苦。她们的荷尔蒙仍然没有恢复正常。疲惫感常来侵袭。但宝宝与父母之间的亲情心理联结正在日渐增强。

"宝宝会记得我是谁吗？"是问得最多的问题。答案是绝对肯定的。宝宝也会与父母建立亲情心理联结，并且能够通过声音、气味、视觉和触觉认出他们的妈妈和爸爸。

如果你不相信，可以看看一个小宝宝对于整日出门在外的父亲作何反应。

对于这个年龄的宝宝来说，最好的日托是尽可能进行一对一的照料。如果这不可能，退而求其次的选择是一个成年人照顾 2 个、3 个或最多 4 个同年龄的宝宝。这样安排部分是为了保护年幼的宝宝不受病毒感染（较大的日托机构会有这个问题），部分是为了确保他们在需要时能被抱起来并得到迅速的回应。

如果能够这样安排，这个大人应该只负责照顾宝宝，而不负责其他家务。虽然这个年龄的宝宝不会爬上咖啡桌或是去逗狗，但他们仍然需要高标准的清洁、耐心和爱的呵护，还需要大量的拥抱和微笑。

在任何日托情形中，照料者除了要具有热情与耐心的个人品质之外，还需要了解卫生的重要性。这意味着换尿布应该有专门的区域，尽可能与准备奶瓶的区域分开，并且在每次换尿布之后、喂奶之前和抱宝宝之前都要仔细地洗手。

与父母长时间的分离

人的分离

在这一阶段,可能发生两种人的分离:由于疾病、其他需要(例如服兵役),或婚姻冲突,一个大人必须离开宝宝(通常也要离开配偶);或者宝宝必须住院或再次入院治疗。

第一种情况会因为家庭变动而变得极其复杂,在这里就不讨论了。然而,我认为处于这种情况下的父母需要考虑的一种普遍状况是,留下来照顾宝宝的一方很难在感受伴侣缺席的哀伤的同时,与宝宝建立起依恋关系和亲情心理联结。人们似乎只能一次体会其中的一种情感[①]。

由于这种巨大的情感需要,留下来照顾宝宝的一方会无意识地做出以下三种选择之一:与宝宝建立亲情心理联结,不为另一方的缺席感到哀伤;哀伤,但不与宝宝建立亲情心理联结;两者都不选择,将情感能量投入到其他方面。当然,她或他的选择会对被迫或主动选择缺席的另一方父母造成冲击。愤怒感、被剥夺感、被拒绝感、焦虑感都会有所增加。

很明显,一种解决办法是尽可能避免这种分离。当分离在所难免时,父母双方都必须意识到负担并不仅仅在"离开"的一方身上,留下来照顾宝宝的一方也同样身陷困境,他们还要认识到这种缺席会对以后的婚姻和家庭动力造成怎样的影响。我确信,在这一时期处于这种状态的家庭需要进行心理咨询。

当宝宝必须住院或再次入院接受治疗时,尤其是当父母被告知宝宝患有严重疾病,甚至有可能死亡时,他们也会陷入同样的困境:他们被要求在感受哀伤的同时建立起与宝宝的亲情心理联结。大多数新生儿专家和新生儿重症监护病房的工作人员都非常清楚这种巨大的情感负担,他们会努力帮助父母们度过这一困难时期。经验显示,父母们可以通过以下方式来自我帮助:

- 尽可能多参与宝宝的护理。如果父母能够经常前来探视,技巧娴熟的新生儿重症监护室的护士们甚至常常会让他们参与一些较为复杂的护理工作。

- 尽可能及时了解宝宝的身体与护理状况,尽可能参与制定决策。感到自己对于发生在宝宝身上的事情有

[①] *Care of the High Risk Neonate*, Marshall H.klaus Avroy A.Fanaroff W.B.Saunders, 1991.——作者注

所掌控，是感觉自己像宝宝的父母的一个至关重要的因素。

• 与一名医生就重大决策及预后问题进行沟通，而不要与不同的医生进行沟通。理想情况下，你选中的医生应该是强调宝宝的积极方面的医生，他会清楚地解释目前的状况，并欢迎父母的参与。与照顾宝宝的护士关系极好的父母，往往可以从他们那里打听到哪个或哪些医生是最佳人选。由于医生会轮班，因此特别重要的一点是，要了解这些时间安排上的变化，并要求他们选定的这名医生在下次轮换值班时将他们"转交"给另一名仔细挑选的医生。

• 如果父母能与新生儿重症监护室里负责护理宝宝的护士们建立起良好的关系，就会为上述工作带来极大的便利。即便是承受着极大压力的父母也会意识到，护士们经常也背负着同样的情感负担——同时试图建立亲情心理联结和承受哀伤。护士们可以做出很好的榜样，但有时即便最专业的护士也会筋疲力尽。来自父母们的认同可以为他们带来极大的帮助，并会帮助父母和护士建立起亲密的关系。如果父母能够挤出一点时间和一点精力，给工作人员写一封感谢信，或是将一封表扬信交到医院主管、主治医生或护士长那里，会令他们十分感激。

情感的分离：产后抑郁症（PPD）

即使没有人的分离，在极少数情况下，母亲也可能患有严重的抑郁，并产生情感分离——不仅与她的宝宝，而且与她的家庭、整个世界、她的过去和她自己。幸运的是，这种情况非常罕见。但是，诊断和治疗得越及时，对每个人就会越好。

产后抑郁症与轻微的"产后情绪低落"有很大不同，后者是指在宝宝出生后产生的一点自怜和容易流泪的情绪。产后抑郁症则可能会在产后数周内逐渐显现出来。如果一位母亲无法忍受宝宝的啼哭，不喜欢抱着宝宝，或不喜欢宝宝的样子、气味或声音，那么她就更有可能是患有产后抑郁。如果她对照料自己或照料宝宝的事情总是提不起精神，那么她肯定是患有产后抑郁症。如果她产生了伤害自己或伤害宝宝的冲动，不论是不理不睬还是暴力伤害，都需要立刻获得专业帮助。

家庭成员和医生，甚至是产科医生和儿科医生也常常会漏掉对产后抑郁症的诊断，直到症状已经变得非常明显，或者悲剧已经发生或差点发生。如果任何朋友或家庭成员怀疑一位母亲可能有产后抑郁，他们必须寻求帮助,即使这样有可能冒犯和疏远这位母亲及其伴侣和亲属。你可以用紧急但私密的方式给产科医生或儿科医生打电话。

带着宝宝旅行

带着这么小的宝宝旅行的主要担忧是喂奶的考虑和接触到传染性疾病。后者是最难处理的,如果可以避免或延期旅行,尤其是坐飞机旅行和冬季旅行,我强烈建议你这样做。如果旅行目的地是一个偏僻或医疗条件差的地区,我尤其建议你重新考虑一下。

哺 乳

母 乳

在旅行的时候,让宝宝吃母乳远比努力为他提供无菌的瓶装配方奶要安全得多。哺乳的母亲应该认识到在旅行时非常容易脱水。空调的工作原理是抽掉空气中的水分,因此旅行者体内的水分会减少。不管你采取什么旅行方式,一定要自己带一些水。要避免吃利尿的食物,例如过多的糖分、咖啡因、巧克力,当然,还有酒类。要准备好频繁地给宝宝哺乳,因为干燥会使宝宝也需要频繁地补充水分。

配方奶

多亏了一家非常慷慨的配方奶公司,查克和我才得以带着年龄还非常小的莎拉进行了一次热带度假旅行,在旅行时,我们带了满满一箱4盎司一瓶的液态配方奶。在那个时代,我们(整个医疗行业,而不仅仅是查克和我)还没有意识到接受这样的礼物是不道德的。无须担心给宝宝提供无菌配方奶的问题,这真是太好了。不幸的是,我们没有考虑到水的问题:她感到口渴,而不仅是因为饥饿而需要配方奶。由于没有意识到这一点,我们不断地给她更多的配方奶。难怪她大多数时候都那么烦躁,也难怪她在短期内增长了很多体重。我们非常庆幸,她没有因为无法以配方奶之外的方式补充水分而陷入真正的麻烦。

对于带吃配方奶的宝宝一起旅行的父母,我的建议是找到一种可靠的无菌水源,一种在旅途的任何地方都可以获得的水源,并要使用配方奶粉。我所建议的水源可以是任何一种知名品牌的瓶装水。烧开的自来水是第二选择,但是,自来水容易受到铅和其他矿物质的污染。

要提前很长时间就开始给宝宝喝用蒸馏水冲调的配方奶粉,这样他才会变得习惯。

记住，一旦宝宝将嘴巴放在奶瓶上吮吸了奶水，奶水就受到了他口腔细菌的污染。如果他没有喝完整瓶配方奶，就必须倒掉，不能重新喂给他喝。

你应该自己冲配方奶，而不是让临时保姆冲调，这样你就能够确保水奶的比例正确。

传染病

除了要以无菌的喂奶方式避免肠胃不适以外，带宝宝旅行的父母还需要保护宝宝不受空气传播和接触传播疾病的侵扰。在这一时期，宝宝已经不再受母体免疫的保护，开始产生自身的免疫力。但是，宝宝仍然非常容易得感冒和其他病毒性疾病，例如呼吸道合胞病毒感染的细支气管炎和轮状病毒腹泻（见术语表）。

- 将宝宝放在前置背带中，不要让任何人触摸宝宝，不管他有多么喜爱和好奇。
- 避免二手烟，它会刺激宝宝的气管和黏膜，使宝宝易受感染。
- 将放湿巾的容器放在手边，这不是为了给宝宝擦屁股，而是为了给你擦手。每次在触摸宝宝或是触摸你自己的脸，尤其是眼睛和鼻子之前，先用湿巾擦手。你会不断地触摸到受到污染的物体表面。如果你感染了病毒，很可能会传染给宝宝。

再要一个

接连生两个宝宝对于所有相关的人来说既有好处又有坏处。

- 当新宝宝出生时，你的大孩子应该刚满1岁左右。这意味着他还没有开始建立领地意识（这种意识会在一岁半左右开始形成）。他还不会表现出赤裸裸的嫉妒。大孩子常常会在几个星期里对新宝宝不理不睬，然后又表现得十分亲密。此外，这个年龄的孩子还没有产生这种矛盾的心理，既想长大，同时又想继续做个婴儿。他在很大程度上仍然只是个婴儿。因此，在看到新宝宝换尿布、吃母乳或配方奶时，一般不会引起他强烈的自我怀疑和渴望。

然而，当大孩子到了1岁半左右，新宝宝刚刚开始获得活动能力。对这两个孩子而言，此时都需要成年人给予大量的关注。如果是由一名被琐事缠身的成年人来照顾两个宝宝，尤其是这个成年人还负责家务、跑腿或其他责任，他的生活就可能会非常紧张。大孩子会逐渐走出友善期，这有点像青春期。他既希望变得独立，同时又希望保留婴儿的特质，这种矛盾心理十分强烈。大孩子还在经历一个非常紧张的语言学习阶段。如果他听到的大部分对话都是命令、要求和谴责，他自己的语言发展就会受到限制。学步期的孩子需要听到大量的大人谈话来促进他的语言发展。见第9章"18个月至2岁"。

所有这些成长中的挑战就已经足够大人去应付了，即使没有一个刚学会爬、好奇心强烈的新宝宝。说实在的，大孩子不论是在照管弟弟妹妹还是在为他们提供娱乐方面，都无法提供可靠帮助。当大孩子开始在第二年进入有占有欲和爱说"不"的阶段时，小宝宝恰好处在模仿和有攻击性的阶段。

还不能期望大孩子会分享他所拥有的物品或是父母的关注。因此，小孩子可能很难获得父母足够的关注来为他设定前后一致的限制，并有选择性地发展一些语言能力。

- 对于母亲来说，短时期内两次怀孕会令她非常疲惫。哺乳的母亲需要对维生素和钙的摄入量给予特别关注。

- 对于照顾孩子的成年人来说，这种年龄差既可能是一种令人兴奋的极大挑战，也可能会带来令人难以置信的紧张；这在很大程度上取决于性情，宝宝的性情和照料者的性情。从第二个孩子出生时开始，你就不应指望这个人再去承担照料宝宝之外的其他事情。如果一个啼哭的婴儿现在需要你投入关注和精力进行照顾，想象一下如果这时你还有一个1岁的孩子正在爬楼梯、吃狗粮、摘掉自己的尿布、把弟弟妹妹当作攻击的假想敌并进行探究，你该怎样应对。

离婚与抚养权

从儿科医生的角度来看，在一个新的家庭中，围绕离婚产生的诸多问题都与如何进行调整以适应父母的新角色有关。这些在上一章以及本章上面的"与父母长时间的分离"部分都有讨论。与一个新宝宝建立亲情心理联结的过程可能会恶化父母之间的各种问题。正如上面讨论的，在建立亲情心理联结的同时释放哀伤的情绪，这几乎是不可能做到的。一个因为过去的生活和童年的精神创伤而背负悲痛的情感负担的父母，会发现建立亲情心理联结的过程会唤起这份情感负担。此外，父母中的一方会因为另一方对宝宝的全情投入而感受到少许的被排斥。

我所能说的是，如果一对夫妻在

宝宝降生前看起来非常幸福，而在宝宝出生后，一切都分崩离析，他们应该在找代理律师前先向心理治疗师寻求帮助。

如果离婚在所难免，绝对应该考虑协议离婚，而不是起诉离婚。这个年龄的宝宝需要父母双方为了其最大利益进行合作，不应将抚养权作为争夺财产的筹码，或一种报复手段。

手术与住院

在上文"与父母长时间的分离"部分已有探讨。

搬 家

一些人确实会陷入需要同时经历几种令人难以置信的生活转变的困境。我见过一些父母在宝宝刚出生时就不得不搬家，通常还不得不同时面对五六种其他的转变：职业转变、年迈的祖父母搬来同住、期末考试，等等。在应对这些事情的过程中，他们通常还会决定现在应该养个宠物——通常是一只大型的、没有经过训练的、精力充沛的幼犬。

我能给出的唯一建议就是，要尽你所能简化一切，并在任何时候都要记住，你的首要任务是：宝宝以及你们相互之间的关系，有时这两者的优先顺序相反。要向你的朋友和家人寻求帮助，在你遇到困难的时候给他们打电话。

一旦你搬了家，立即做两件事：根据你的医疗保险找到最好的儿科医生，到他的办公室去拜访，即使没有任何特殊原因。建立起你们之间的联系。确保你了解自己的医疗保险。

然后，把你的新热水器的水温下调到约49℃。搞清楚你的供水系统中的氟化物含量。如果你的宝宝喝的是用含氟自来水冲调的配方奶，不要再给他服用额外的氟化物滴剂。

2个月宝宝的健康检查

2个月的健康检查是一次有趣的检查。到这时，大多数宝宝都学会了微笑和发出咕咕声。他们会对声音保持警觉，但不会转向它，大的声响会把他们吓一跳。他们会用目光追随一个有趣的物体，例如一个笑眯眯的儿科医生，但他们的目光常常不会越过双眼的中线。在趴着的时候，2个月大的宝宝会抬起头和肩膀。有时候，2个月大的宝宝甚至会从俯卧姿势翻身成仰卧姿势。他会平均地活动两只胳膊，两条腿都同样有力。当扶着他站在一个平面上时，他甚至能站一会儿。

大多数时候，检查结果都是正常的。大多数宝宝现在平均每天体重增加约 28 克，尽管有少数宝宝体重增加得更多，一些吃母乳的宝宝可能每天体重只增加约 19 克。

这次检查中会发现的极为罕见的异常情况，在大多数时候会是心脏杂音或是在之前不曾怀疑的臀部脱位。提前了解到在这个年龄发现的心脏杂音通常无关紧要，以及在这个年龄发现的臀部脱位通常无须手术就能治愈，是有帮助的。

到 2 个月大的时候，宝宝已经不再具有母体免疫，他们自身的免疫系统开始发挥作用，因此，也就到了第一次免疫接种的时间了。（尽管一些宝宝在出生时打过一针乙肝疫苗。）在现阶段，在这次检查中注射的所有疫苗都是灭活疫苗，即失去活性的疫苗：它们不会引起原本会造成的疾病。它们都采取注射的形式；然而，一些疫苗或许可以混入同一支注射器中注射。

百白破（DPT）疫苗是用来预防白喉、百日咳和破伤风的。这种疫苗的更新版与旧版相比，其副作用要少得多，也轻得多。脊髓灰质炎灭活疫苗预防的是能致人瘫痪，有时甚至致命的病毒性疾病。乙型流感嗜血杆菌（HIB）疫苗是用来预防流感嗜血杆菌感染的，在过去没有疫苗接种的时代，这种病毒是导致幼儿感染严重脑膜炎的最大元凶，同时也是引起一种叫作"会厌炎"的致命疾病的主要原因。乙肝疫苗预防的是乙肝病毒，该病毒会引起无法治愈的肝脏疾病。最后，肺炎球菌疫苗是用来预防肺炎球菌的严重感染的，例如脑膜炎，败血症（血液感染）和肺炎。它对于由肺炎球菌引起的中耳感染也有一定的预防作用。

其中一些疫苗（例如百白破疫苗），可以混合在一起一次注射，但是，在这次检查中，宝宝可能仍需要被注射至少 3 针或 4 针。幸运的是，这么小的宝宝（与学龄前的孩子不同）还不会数数。据我观察，现在被打 4 针的宝宝的啼哭时间和强度与被打 2 针的没有什么区别。

宝宝在注射疫苗后可能会体温升高至 38.9℃，并且会感到肌肉酸痛。如果他感到不舒服并且发烧，对乙酰氨基酚会使他好过一些。

很多父母都会对疫苗注射日感到恐惧。其中的一部分恐惧是因为不想看到宝宝疼痛。另一部分恐惧是因为不想让宝宝感到被背叛，因为在某个冷酷的家伙用针扎他时，你却在一旁袖手旁观。很多父母请求在宝宝打针时离开房间。部分原因是他们自己对免疫注射感到担忧，尤其是百白破疫苗。

对于第一种恐惧，重新调整自己的心态是有帮助的。试着权衡一下打针的疼痛与生病的痛苦，例如破伤风。对于离开房间的问题，我确信，如果你离开，宝宝会更加感到被背叛。他会向父母寻求安慰和保障，如果他知道这件事情是经过父母同意的，那么它就没有看起来那么可怕了。在这一点上，一个自信的、令人安心的声音可能比同情、忧虑的声音更有帮助。

对于第二种恐惧，对免疫接种的担忧，要知道，只有在极少情况下宝宝才会对某种免疫接种产生严重的反应。实际上，我们怀疑用失去活性的疫苗进行免疫接种是否会带来任何严重的、永久的伤害。虽然有一些伤害的报告与疫苗接种在时间上有所关联，但是，这并不意味着是疫苗接种造成了这些问题，即使人们曾假设这些孤立的病例是由免疫注射引起的。这是最可惜的，因为疫苗接种所预防的疾病，其本身常常是致命的或是会带来严重不利后果的。

如果一个宝宝在接受过这些免疫接种后确实生病了，对于哪些症状需要联系医生的指导原则与没有接受疫苗接种时是相同的。见第2章"从出生到2周"中的"健康与疾病"。

展 望

从现在开始，你的生活真的会变得很有趣。在接下来的2个月里，大部分腹绞痛问题都会得到解决，几乎所有的宝宝都可以睡一整夜，并且形成规律的吃奶时间。他们会咯咯地笑，微笑，还会充满爱意地凝视。准备好享受一段美好时光吧！

第4章

2个月至4个月

流口水的意义

需要做的事情

- 继续让宝宝仰面躺着睡，不要趴着或侧卧，并要确保在日间看护时也是如此！
- 预约4个月时的健康检查。
- 如果你是母乳喂养，在宝宝4个月大之前，不太可能开始让他吃固体食物，在4个月的健康检查中，要向你的儿科医生咨询有关补充铁和维生素D滴剂的问题。
- 永远不要把这个年龄的宝宝放在任何容易滚落的地方：你会大吃一惊！
- 这是一个习惯养成的重要阶段。要确保吃母乳的宝宝偶尔使用装有母乳的"提醒"奶瓶；要帮助宝宝学会在婴儿床里入睡，而不是在你的怀里；你要开始每天按摩他没长牙的牙床，以便宝宝习惯你对他这里的抚弄。
- 要尽量帮助宝宝将哺乳或吃奶瓶的行为与睡觉的行为区别开来。让小天使习惯于在醒着时被放在婴儿床里（或摇篮里）或家庭床上，并学会在那里入睡，将有助于确保以后夜间的良好睡眠。

该年龄的画像：我与非我

梅丽莎这几个星期一直在完善她撑起自己身体的动作。她趴在她的便携式婴儿床里，用双手撑起身体，直到摇摇晃晃地获得平衡，圆嘟嘟的小脸上露出傻傻的、略显疯狂的表情。

她的妈妈珍妮斯一直期盼着这个游戏能变成藏猫猫，每次她突然出现时，梅丽莎都能认出她。但是不行。当她看到妈妈时，她会非常兴奋；她会在摇摇晃晃地倒下时，突然露出一个灿烂的笑容。没有任何迹象表明她期待看到或寻找，或者甚至还记得上次出现过的妈妈的笑脸。

珍妮斯尊重她3个月大的女儿的这种局限。但是，她意识到了自己有些心急，希望梅丽莎能够发育得更快一些。她不是在抱怨。正常发育的宝宝在夜里至少睡8个小时，不再出现腹绞痛就已经很好了。

而且，梅丽莎已经到达了一个里程碑：她已经学会了盯着东西看。她喜欢看近处到中等距离的目标——人脸、玩具、钥匙串、电视等等。当这些物品以一种她似乎不能掌控的力量移动时，她会看着它们。但是，你能把这些写进婴儿日志吗？"今天，梅丽莎盯着我的太阳镜看。"哦，可以，而且她正学着踢腿。事实上，在仰面躺着的时候，她喜欢用力把腿蹬来蹬去。

但是，哦，在这几个星期，似乎没有任何真正的新进展。珍妮斯感到缺乏挑战。梅丽莎不吃固体食物。她不会爬，也不会拽着东西站起来，甚至还不会翻身。她还在发出与3周大时同样的咕咕声，尽管她最近偶尔会发出一声尖叫、伸出舌头发出噗噜声或假咳嗽声。

珍妮斯想知道，什么时候一切才会开始呢？她不太清楚自己所说的"一切"是什么意思，但是，她知道这个"一切"需要父母的投入比此刻的更多。

突然，她瞥见了一抹亮光，不是在梅丽莎的眼睛里，而是在她的下巴上。梅丽莎在流口水！珍妮斯给宝宝擦干净，然后用手指沿着她起伏的粉色牙床摸了一圈。那里什么也没有，但是，珍妮斯仍然很兴奋：梅丽莎在长牙！快，去拿婴儿日志！

实际上，她不是在长牙。

但是，宝宝第一次流口水仍然是一个里程碑事件，我相信这应该与第一次长牙、说第一个字、迈出第一步一同写进婴儿日志。宝宝流口水是有用途的。流口水并不只是由于宝宝无法有效吞咽而导致的口水溢出：唾液分泌要到宝宝2～4个月时才会出现。而且，口水始终在这一阶段出现，不论宝宝何时长第一颗牙。

事实上，流口水正好出现在宝宝学会伸出手抓东西并把它放进嘴里的时候。那么，显然（在我看来），大自然刻意安排了这个时间，以便口水包裹住那个物体。唾液中含有各种能抵抗脏东西的免疫因子，还有大量黏液，能够润滑物体粗糙的边缘。毫无疑问，口水是来自穴居时代的遗产，那时的人们给婴儿使用粗糙肮脏的乳齿象趾骨作为磨牙圈，口水流得多的宝宝才得以生存下来，将其优良的流口水基因传给后代。流口水是宝宝即将开始掌控一部分他自己的世界的一种迹象。

梅丽莎第一次能够靠自己改变世界，而不是靠父母。她每撑起自己一次，就会看到一个全新的世界。

更令人吃惊的是，梅丽莎正在发现，她的身体结束的地方，就是其他东西开始的地方。在盯着自己的手看了数天乃至数个星期之后，她第一次开始伸手去拍打东西，然后抓住它们，并把它们送进嘴里。她看起来全神贯注，就好像试图在搞清楚为什么在她吃自己手时会有湿乎乎的摩擦感，而在咬牙胶环时却没有。

就像珍妮斯一样，这一发展阶段往往会悄悄来到那些此刻正希望看到一些更为具体的变化的父母面前。看起来就好像是这个年龄的里程碑事件——撑起动作、抓住一个物体——仅仅是在为以后做准备。好像宝宝自身没有发生真正的变化，而只是获得了一些新的技能。

但是，对于宝宝自己来说，这样的发现充满意义。事实上，这是发现自我的开始，它始于对自我和他人的边界的发现。

这种边界可能是一个让人害怕的所在，也可以是一个值得信任和爱的地方。确定到底属于哪一种情况，是这个年龄宝宝的任务。因此，宝宝需要充满爱意的持续抚摸。他还需要你对他的行为做出符合其独特性情和风格的刺激和回应。

这种对于自我与他人边界的探究是一种游戏，一种对话，是真正的游戏的开始。这大体上为学习奠定了基调：了解其他人，了解真实的世界，了解婴儿在其他人眼里是什么样的人。各个年龄的人似乎本能地知道这些。我记得曾经看到大姐姐克丽丝塔安慰小宝宝佩琪。克丽丝塔用一根手指（刚洗过的）慢慢地、轻轻地触摸佩琪的前额和鼻子，一遍又一遍，像在催眠一样。很快，佩琪的眼皮就合上了，而克丽丝塔还会触摸她的眼皮。

你必须先学会区别自我与他人，然后才能学会区分熟悉与陌生，才能理解某个熟悉的事物可能会消失并重新出现，才能理解什么是拥有，以及如何分享。

玩游戏、探究自我与他人的边界，是这个年龄最重要的工作。

有些宝宝是领导者。他们会竭尽所能让你跟他们游戏，抓住你的目光，咯咯地笑，拼命地蹬腿，伸出舌头发出噗噜声，拍你的脸，扯你的鼻子。另一些宝宝是腼腆的挑逗者，邀请你迈出第一步，然后回报你以愉悦的哼唧声和有趣的鬼脸。还有一些宝宝是学者型，通过突然的沉默、静止不动和凝视，让你知道他们准备好试探着参与一些非常温和的游戏了。

宝宝们会非常感激那些不执意让宝宝以某种方式玩耍的父母。他们还会回报那些知道对宝宝的刺激何时已经足够的父母。一个领导型的宝宝可能会在游戏的最高潮时突然消沉下来。一个挑逗型的宝宝可能会在你认为玩得最起劲的时候转过身去。一个学者型的宝宝可能会在你认为游戏还没开始的时候就退回到自己的世界，或开始大哭。

分离问题：已经与父母建立起亲情心理联结的宝宝与日托

你必须具有铁石心肠，才能不对这个年龄的宝宝产生依恋。这对需要外出工作的父母们来说，既是痛苦，又有好处。

谁不希望那些特别的微笑和捧腹大笑都属于自己呢？这是对过去的几周的奖励，而且是全新的感受。一方面，大多数人基本上都能在夜里睡个好觉了。腹绞痛引起的哭闹已经停止了，喂奶时间也变得相当规律。然而，正当所有的一切刚刚开始变得有趣时，当宝宝开始认出你并对你报以微笑和捧腹大笑时，当他成为世界上最可爱的人时——你却不得不把他留给别人！

另一方面，日托人员也同样会被宝宝的魅力所折服。看到其他人与宝宝欢乐地嬉戏，可能会感到痛苦，但换一个角度看，这也是最令人欣慰的。

正如伯顿·L.怀特所说的那样，几乎就像大自然有意让这个年龄的宝宝具有不可抗拒的魅力，以便他们身边的大人在他们于短短的三四个月后形成自己的意志——以及随之出现的行动能力（从一个地方移动到另一个地方的能力）——之前，与宝宝建立充分的亲情心理联结，甘愿为他们奉献一切。这就像是为日后不可避免的分歧和磨难打下了坚实基础的蜜月。

这个年龄的宝宝似乎确实不那么需要一个唯一的、特别的人，他只需要生活中有一个特定的人给他身体的滋养，并在他因痛苦而啼哭时迅速给予关注。

当你看到一个这个年龄的宝宝被一位钟爱他的母亲、父亲、祖父母和日托保姆喜爱时，你就看到了一种爱的环绕。这就不是一个被剥夺了爱的宝宝。

设立限制

对于这个年龄的宝宝，需要设立哪些可能的限制呢？

这么小的宝宝不会被"宠坏"。大多数时候，他不会做出有意的行为，因此，他不会"不听话"。即使在他做出有意的行为时，他也没有很多的选择。我应该再做一次撑起动作，还是翻过身仰面躺着，以便我能像四脚朝天的乌龟那样凝视天花板吗？我应该打爸爸的眼睛还是鼻子？他能做的该真正被禁止的事情也不多。

那么，唯一需要设立的限制是针对成年人的，而且，这是一个非常温和、令人愉快并有趣的限制。那就是：对这一阶段末期发生的一个变化保持警觉。从某个时候开始，对宝宝啼哭的最好回应可能不再是不假思索地抱起他并紧紧地抱着。

在这一阶段的头几个星期，这是一种重要而恰当的回应。宝宝会知道他的各个方面都被喜爱：长相、声音、气味、小便、大便、吐奶。宝宝在自尊和信任方面学会了最初并且最重要的头几步：如果我哭了，整个世界都会做出回应。

到大约3个半月的时候，宝宝会取得一次很大的智力飞跃。他会发现啼哭不仅能带来一个大人的回应，而且他可以选择啼哭。啼哭不再总是一种无意识的表达方式了。当一个宝宝故意啼哭时，哭声听上去是不同的，宝宝看你的样子也不同。而且，他希望从你那里得到的也不同：他想要得到刺激和娱乐。他已经开始运用自己的智慧了！

把宝宝抱起来的确会消除他的无聊。任何人都会告诉你这是为宝宝提供刺激和娱乐的一种很好的方式。并且，这能让宝宝和大人都感到满足。但是，这种回应方式对宝宝的新技能没有什么要求。

当然，因为无聊而哭的3～4个月大的宝宝的确需要得到迅速的关注，以便让宝宝看到这种需求是得到尊重的。但是，当你来到他身边时，你要让他知道你理解他需要什么：能看并放进嘴里的新东西，听或制造一些新的声音，被逗一逗。而不只是抱着和亲吻。这些都很好，但并不能让宝宝发现啼哭的原因。

确保日托人员喜欢抱着宝宝并喜欢和他玩耍是个好主意，即便她正在与宝宝建立亲情心理联结。一个习惯于被日托照料者一直抱着到处走的宝宝，在父母回来接他时可能会开始啼哭。就如同一个宝宝在从经常抱他的父母手里被交到另一方手里时会抗拒一样。这可能会被错误地解释为："她不喜欢她爸爸"或"他更喜欢他的日托阿姨，而不是我！"或"他已经有了陌生人焦虑！"

情况极有可能并非如此，而是他正在牢固地建立起"正常"的概念，并且相信"常态"就是一直被抱着到处走。

日常的发育

里程碑

视 力

到4个月的时候，宝宝能够在180度的范围内看到并用目光追踪一个物体。他们可能偶尔还会有非常明显的斗鸡眼，但是不应该一只眼睛总是看向一个位置，并且，大多数时候，双眼应该能够聚焦。

听力与发声

所有的宝宝都应该对新奇的声音很警觉，到4个月大的时候，很多宝宝会转向发出声音的方向，尤其是成年人发出的声调高的声音。宝宝喜欢尖叫、大笑、喊叫、伸出舌头发出噗噜声，还会假装咳嗽，听起来就像董事会主席在发言："大家请注意。"

社会能力

区分自我与他人是所有社交互动的基础，因而，这是这一年龄段宝宝的首要任务。个人的风格并不是真的很重要。有些宝宝会把任何新颖、陌生和新鲜的东西都当作一种真正的威胁：人们会说他们已经出现了陌生人焦虑。"你怎么敢存在！"他们似乎在这样想。随后就是想离开并号啕大哭。另一些宝宝，尤其是那些生活中充满着不可预测因素（比如，兄弟姐妹和宠物）的宝宝，会更从容地接受新事物。有一些宝宝甚至会用高兴的大叫、快乐的摇晃、蹦跳和踢腿以及举起胳膊来欢迎新事物。

这两种极端以及中间的各种情形都是正常的。然而，如果到4个月大的时候，宝宝似乎真的不在意对熟悉与陌生的发现，就需要让儿科医生检查一下了。如果一个宝宝对于爱他的大人们的亲密举动始终不报以愉快的回应，并且陌生人的靠近没有唤起他一种对新奇事物的察觉（从瞬间专注的评估，到兴奋，再到受冒犯的号啕大哭），他可能只是比较极端的正常情况。但是，重要的是，要确保他的自我认知的发展以及与世界的情感联

运 动

在这一阶段，宝宝最引人注目的发展是选择一个物体、用手抓住它并将其放进嘴里的能力。宝宝的左手和右手应该都能同样很好地完成抓握动作。如果你穿了耳洞，要注意保护自己的耳垂。

很多宝宝不喜欢趴着，因为这种姿势使他们没有广阔的视野。让宝宝每天趴在地板上做练习，以促进上肢力量的发展，是个好主意。很多宝宝需要激励和鼓励：每次撑起身体都能看到大人的脸。

到4个月大的时候，宝宝将学会从俯卧翻身成仰卧。这不一定恰好发生在4个月大生日那一天，但很接近。（我记得在12月19日用脚尖轻推着莎拉翻身。）通常，不会从俯卧翻成仰卧姿势的宝宝并非有任何不正常，而是当初一直被放成仰面躺着的姿势，因而没有翻身的动机。然而，个别精力旺盛的宝宝将不仅学会从俯卧翻身成仰卧，而且还会从仰卧翻身成俯卧。当他们能够双向翻身时，要当心：一个会翻滚的宝宝会以令人吃惊的速度移动到你想不到的地方，或从某个地方滚落，或到某个东西下面。

在被摆成坐姿时，4个月大的宝宝无法保持这个姿势，但能保持头部稳定。很多宝宝喜欢被摆成站姿，并为此感到骄傲。有时候，仅仅被允许站起来，就能让一个啼哭的宝宝快乐一点。有些宝宝还不能支撑自己身体的重量。

睡 眠

告诉你一个特大喜讯。到3个月大的时候，很多宝宝都可以一觉睡一整夜，而到4个月大的时候，大多数宝宝都能做到这一点。

但是，这样说并不很准确。没有人会真正睡一整夜。每个人都有一个睡眠周期，从正常睡眠、小睡、觉醒状态到清醒状态。很小的婴儿需要这些觉醒状态，以便他们能进食；他们的胃很小，需要频繁地进食。但是，年龄大一点的婴儿不需要这些频繁的进食，而且，如果他们知道如何在短暂的正常觉醒后再次入睡，他们就会这么做。他们不会哭闹，不会吵醒他们的父母。

你的小宝宝现在是否能"睡一整夜"对你很重要吗？或许不是。如果你不是筋疲力尽，在夜里起床抱起宝宝给他喂奶是一件快乐的事情。或许你想继续在夜间喂奶还有另一个理由：如果你哺乳，并且如果你依赖哺乳带来的荷尔蒙变化作为唯一的避孕方法，你最好继续在夜间喂奶。一项大型研究表明，能够使哺乳母亲延迟排卵的并不是频繁的日间哺乳，而是夜间哺乳。（他们曾经很难确定夜间起来喂奶这种行为本身是否能阻止怀孕——疲劳、不能同房等等——但是，现在他们确信是荷尔蒙。）

然而，如果你展望未来，并看到自己因为要在夜里每隔3~4个小时就要给大一些的婴儿或学步期的孩子喂奶而累得筋疲力尽；如果你并不急于加入"家庭床"运动；如果你是单亲妈妈，或者夫妻两人都要外出工作，或者很快就打算要第二胎（请先阅读本章"如果……怎么办？"），或者墙壁很薄并且有容易发怒的邻居，那么你要抓住机会，通过现在的行动来确保以后能在夜里睡个好觉。

首先，要尽力将日间的喂奶时间间隔调整为每3~4小时一次。零星吃奶会导致宝宝养成爱吮吸的习惯，以至于在过了短暂的觉醒状态后，吮吸的愿望会压倒重新入睡的能力。

第二，在宝宝醒着时把他放到婴儿床里，让他学会如何在没有大人帮助的情况下自己入睡。

第三，确保宝宝在白天得到大量的拥抱和关注，而不是在就寝时或在半夜。

如果你做到了以上三点，宝宝就不会在半夜把你弄醒，你也就无须面临着是否让他"哭个够"的难题。这个问题如此困难并令人痛苦的原因，在于这是一个错误的问题。正确的问题应该是，当宝宝在夜里经过一个正常的短暂觉醒状态后，我怎么才能帮助他学会自己再次入睡？

生 长

在整个这一阶段，大多数宝宝的体重仍然能每天增长大约28克。有些宝宝的体重增加得更多——多很多。真正肥胖的婴儿很难做翻身和撑起动作。如果一个丰满的宝宝有家族肥胖史，如果他有一吃食物就停止啼哭的倾向，或者如果宝宝真的吃得很多（白天哺乳的间隔时间少于3小时，夜里哺乳的间隔时间少于5小时，或者24小时内吃的配方奶超过960毫升，就应该向儿科医生对这个问题进行专门咨询。

较瘦的宝宝也令人担心。如果宝宝来自一个身材窈窕的家族，如果他的体重增长保持着同样的增长曲线而没有越界，如果他的身体检查和发育检查都正常，或许就没什么值得担心的；然而，你的儿科医生可能希望进行一些基本的检测，尤其是尿路感染的检测，以防万一。

牙 齿

大多数宝宝还没有看得见的牙齿。请见第2章"从出生到2周"中关于"牙齿"的部分。如果你的宝宝已经长出了一颗牙齿，请见第6章"6个月至9个月"中的相同部分。

营养与喂养

关于吃鱼类的指导原则见第7页。

母乳喂养

在这个年龄，母乳喂养的宝宝可能会表现得好像试图要戒掉乳房。这几乎永远都不是真的。

他们会推开母亲的乳房，急切地用眼睛四处打量，并且很难再次开始吃奶。但是，这不是在拒绝乳房。他们只是发现了一件令人惊奇的事情：乳房是属于别人的。到此时为止，他们一直认为乳房和他们是同一体的。在开始和停止中，他们是在对这个新发现进行试验和探究。看，我可以停下来！看，我可以开始！

这不是宝宝被外部世界分散了注意力，因此，进入一个黑暗、安静、不受干扰的房间喂奶通常没什么帮助。（然而，这值得一试。）宝宝真正需要的是，弄清楚世界上哪些事情取决于他，在此过程中对他要有耐心。

奶瓶和配方奶

平均来看，每次吃奶时，0.9千克体重需要30毫升奶。一个体重5.4千克的宝宝，平均每天会吃5瓶180毫升的奶。一个7.3千克的宝宝，会吃4瓶240毫升的奶。很少有宝宝每天需要超过960毫升的配方奶。要确保配方奶是铁强化型的，即使宝宝看起来似乎消化得不太好。如果这真的是一个问题，要与你的儿科医生谈谈，而不是只更换成低铁的配方奶。宝宝的智力与身体发育都高度依赖于铁元素。

辅食和果汁

时不时地，父母们似乎就会来一场竞赛，看看谁能最先让宝宝开始吃辅食和果汁。我不理解为什么会这样，但我理解父母们（比如，珍妮斯）在这时为什么会对某些发展上的突破没有耐心。

直到4个月大左右，很多宝宝都会主动拒绝装满食物的勺子，用舌头将它推出嘴巴。这对他们是有益的。母乳和配方奶已经提供了宝宝所需要

> **果汁的麻烦**
> - 果汁不会增加母乳或配方奶中所不具有的任何营养。
> - 如果宝宝比较胖，果汁会给他增加更多不需要的卡路里。
> - 如果宝宝比较瘦，果汁会抑制他吃奶的胃口，并取代饮食中奶的位置。（你可能会问，为什么果汁不抑制胖宝宝的胃口并给瘦宝宝带来额外的卡路里？这与巧克力在成年人身上产生类似作用的原因相同。没有公平可言。）
> - 糖分会加剧口渴，所以，宝宝就会更口渴并喝更多的果汁，这会让他更渴，因而喝更多果汁。这对生产果汁的公司倒是件好事。
> - 果汁常常被用来作为一种安抚剂，或是作为娱乐，这会使宝宝坚信解决焦虑与无聊的办法就是喝些甜甜的东西。

的一切。

（如果你哺乳，别忘了让宝宝偶尔使用"提醒"奶瓶。这个年龄的宝宝开始坚持熟悉的东西，并以怀疑的态度拒绝新事物。如果你有几个星期不给他用奶瓶，然后又不得不这么做，你可能会遇到难以置信的抗拒。）

所以，要等一等再给宝宝添加辅食。对于这么小的宝宝来说，辅食会：

- 占据本该由奶水占据的空间。宝宝吃一克辅食，就会少吃一克奶，奶（配方奶或母乳）比辅食更有营养。
- 妨碍铁元素从肠道吸收进入血液，增加缺铁的可能性。
- 可能让宝宝日后容易食物过敏，因为宝宝的肠道具有更强的渗透性，能够让较大的致敏分子进入血液。

另一方面，果汁总体上很容易被宝宝接受。毫不奇怪，宝宝天生就喜欢糖和盐。而果汁里既含糖又含盐。仅仅因为这些是天然的糖和天然的盐，并不能使它们给宝宝带来任何好处。

洗澡以及使用洗发液

既然宝宝更健壮了，脐带已经安全脱落，包皮环切区域已经愈合，你可能想尝试给他洗个真正的盆浴。这也是一个很好的时间，因为宝宝已经能让你知道什么会让他高兴，而不只是什么让他不舒服。然而，这个年龄的宝宝通常不会变得真的很脏（除了尿布区域），除非他们经常呕吐。因此，如果你不想给宝宝洗澡，可以只用海绵帮他清洁，而无须觉得必须再做其他事情。

给宝宝洗澡并不神秘。你会找到自己的窍门并轻松掌握。主要注意的应该是安全、水温、轻轻清洗并彻底冲洗干净，还有洗澡的乐趣。

当然，永远不要把宝宝单独留在浴盆或浴缸里，即使水深只有两三厘米。这是他会翻身，将水吸入肺中并造成恐慌的时刻。同样，要确保电器与水之间有充足的距离。在你给小宝宝洗澡时，如果你的电话响起，或是你有些分神，有时你会随手抓起自己没想抓的东西。浴盆里的水深不要超过5厘米。最后，我希望你已经把热水器的温度下调到了约49℃。一定要用手腕的内侧试试浴盆里的水温。水温应该使你感到温暖，不热也不冷。要保持房间的温暖，在手边准备一些干毛巾。不仅要准备一条用来擦干宝宝的毛巾，还要准备一条用来在洗澡后裹住宝宝的毛巾，还要有一条备用毛巾，如果你不得不中断洗澡并重新再来，可以用它来应急。

对于洗澡的器具，我建议使用一个有毛巾里衬的小浴盆。表面铺了一块毛巾的烤盘就很好。宝宝全身弄湿后会滑得令你难以置信，你要使洗澡的环境完全处在掌控之中。对于洗浴用品，我建议使用温和、白色、无香味的保湿皂，而不要使用液体沐浴露（即使标签上写着适用于婴儿），或是纯皂（pure soap）。尽量不要把肥皂弄到洗澡水里，以方便冲洗。在湿毛巾或你的手上涂一点肥皂，再用干净的水冲洗。至于清洗头皮，可以使用知名品牌的无泪婴儿洗发液，它们有助于减少乳痂（脂溢性皮炎）。我强烈建议不要使用爽身粉。洗澡后可以给宝宝使用凡士林或知名品牌的尿布疹膏，它们会在宝宝的臀部形成一层类似"不粘锅"涂层的保护层，使这里更容易清洁。

相信我，宝宝有时会在洗澡时小便或大便。尿液是无菌的，因此，只把它当作是一点额外的水就可以了。大便则意味着你必须一切从头再来，因此，你需要额外的毛巾和一个安全的地方，在你清洗浴盆时把宝宝放在那里等待。

换尿布与穿衣

到这时，换尿布应该已经成为第二天性了，对此我没有什么可说的。

但是，关于穿衣服，首要的是安全问题。我看到很多父母都有一种用珠宝、发带和花哨的鞋子来打扮这个年龄宝宝的强烈冲动。我对项链十分担心，即便是宗教饰物。会翻身的宝宝可能会把项链挂在某个东西上，造成窒息。当宝宝开始学会坐、翻滚和抓着东西站起来时，项链会变得更危险，但是，到那时你会记得把它取下来吗？最好一开始就不要给宝宝戴项链。至少，也要把项链安全地盖在衣服下面，并要当心接触金属引发皮疹。

给宝宝穿耳洞？这通常是安全的，尤其是请你的儿科医生来进行，或是由他推荐的人来做。如果这是一个重要的文化传统，你可能无论如何都会将它保持下去。但是，要多加小心。要确保穿耳洞的针是消过毒的。永远不要与别人交换着戴耳饰，或允许大一些的孩子和别人交换耳饰：耳饰上面有可能会沾着一滴血，可能会传染诸如艾滋之类的疾病。要经常查看孩子的耳垂，警惕感染或过敏的迹象，如果对此有怀疑，要立即将耳饰取下，否则耳垂会肿胀，到那时想把耳环取下来就会变成一场噩梦。

如果不是因为某种文化习俗而给宝宝穿耳洞，我强烈建议不要这样做。考虑到十几岁孩子的天性，你的孩子很可能会在13年后反对你这种允许"伤害身体"的行为。此外，如果孩子到了11岁或13岁或其他什么时候想要穿耳洞，而你已经在他的婴儿期给他穿了耳洞，你到那时就无法再将此作为一种奖励或贿赂了。

给宝宝束发带的确很时尚，但是，我忍不住担心发带会滑落下来缠住宝宝的脖子，像项链一样具有令宝宝窒息的潜在危险。

花哨的鞋子，包括聚酯纤维的袜子，有可能会摩擦宝宝的脚趾，造成一些部位因为蜂窝组织炎而红肿。还有那些真正的鞋子，它们虽然很可爱，但是，对于宝宝的"脚部塑形"是没有必要或是没有作用的，除非是你的儿科医生或整形外科医生让他穿的特殊鞋子。我会把钱花在其他地方，但这是你的选择。在接下来的几个月里，宝宝会把它们看作是另一些能放进嘴里咀嚼的东西。

活 动

这个年龄的宝宝很容易带出去。他们能很好地承受一般的温度变化。但是，有三点要特别注意：

• 要避免中午的阳光。反射的阳光和多云天气的阳光尤其危险。

• 如果你要让宝宝在室外待超过5分钟，要给宝宝裸露的身体部位涂上低过敏性的防晒霜。要给宝宝戴上一顶有帽檐和护颈、护耳挡片的帽子。如果宝宝的皮肤开始有一点发粉红色，要避开阳光：晒伤要过12小时才会完全显现出来。

- 宝宝仍然容易受风和着凉。最重要的温度调节是通过头皮进行的,因为头部仍然是宝宝身体最大的部分。一顶温暖的帽子是必备的。如果房间里的空气很凉,给宝宝戴上帽子,并在房间里使用加湿器,会有助于保持他的安全与舒适。

摇晃、颠动和抛起宝宝会损害大脑和脊椎周围的血管。手推车、自行车座椅,或"飞翔宝宝"游戏(让宝宝的身体水平或垂直,将他抛起)都为时过早。这都不是好主意,即使宝宝喜欢也不行。轻轻摇动似乎能安抚很多宝宝,但是,摇动一定要平缓而温和。如果你有疑问,就不要做。

这是一个喜欢看窗外的光影变化或树枝摇动——或电视中的光影变化的年龄。如果是后者,宝宝应该至少距离电视1.2米远。只有这个年龄的宝宝在看电视时不需要我们审查内容。(或者,是我们这样认为。)

玩 具

那些还没有学会抓握的宝宝,仍然喜欢看着并拍打玩具。

一面镜子可以带来极大的乐趣。当珍妮斯恰好不在旁边,无法在梅丽莎每次撑起身体将头探出婴儿床的时候给她一个微笑时,珍妮丝在婴儿床靠近床头的地方放了一面不易破碎的镜子。梅丽莎看上去很高兴,她用尽全力将身体撑起,看自己在镜子中的映像。

用来踢的玩具很有趣。在婴儿床脚的位置系一个会吱吱响的玩具,让宝宝可以踢到它,这会给他带来极大的乐趣和很好的锻炼,也是父母们给宝宝摄像时的很好的小素材。在宝宝的袜子上绑(要以非常安全的方式)一个铃铛,会让宝宝非常高兴,并且最终会让你乐得发疯。

在大约3个月大的时候,很多宝宝会开始把各种东西放进嘴里。光滑、结实的物品,比如塑料钥匙串,会被宝宝优雅地接受。父母的鼻子和下巴对宝宝来说是特别好玩的玩具。要当心宝宝发展出抓耳环的能力,尤其是穿在耳洞上的那种。

安全问题

接下来的几个月时间会飞逝而过,快得令你难以置信,而且你会发现几个现象,比如:他在会走之前就会攀爬;宝宝"抓住东西放进嘴里"的协调性要远远优于成年人"从宝宝的嘴里把它抢出来"的协调性。

医药箱

- 对乙酰氨基酚滴剂（在每次健康检查时向儿科医生询问使用的剂量）
- 电解质溶液，比如 Pedialyte
- 电子直肠体温计

婴儿安全防护

- 将热水器的水温设定为约 49℃。
- 扔掉所有底座小于宝宝嘴巴的安抚奶嘴。检查奶嘴是否牢牢地固定在底座上——用力拉一下。
- 如果将宝宝放在婴儿提篮里，要确保系好安全带，不要提着把手把提篮拎起来：宝宝的重量会导致提篮翻倒，甚至会把宝宝摔出来。永远不要用婴儿提篮代替汽车安全座椅。
- 给宝宝换尿布和穿衣服，要么在地板上，要么在尿布台上系好安全带。
- 永远不要把宝宝单独留在一个可能会滚落的物体表面上，床中央也不行。甚至"一分钟"也不行。
- 当宝宝坐在汽车安全座椅或在婴儿提篮里时，永远不要把座椅或提篮放在一个台子或家用电器上，它非常容易翻倒。
- 坐飞机或乘车旅行时，永远都要把宝宝放在汽车安全座椅里，永远不要放在腿上。
- 宝宝的汽车安全座椅必须正确安装，正面朝后，最好装在后座上。如果座位有前向或侧向气囊，必须拆除。
- 确保汽车上没有任何松脱的物体（包括宠物），在发生意外时，这些物体会飞起来砸到宝宝。
- 事先准备：看看后面各章关于婴儿安全防护的建议，以便做好预先准备——尤其是当你有不止一个孩子，家里有枪、宠物或者水源，比如游泳池、池塘或喷泉时。

当你现在在家里做好安全防护，并培养起有利于婴儿安全的习惯和技能时，你不仅是在减少意外发生的几率，还在为以后实施有效而快乐的管教打下基础。当没有那么多必须设立的限制时，设立限制就要容易得多。

健康与疾病

本书第 2 篇讨论的是 3~4 个月和更大的婴儿的各身体部位和身体功能所出现的症状、疾病和问题。由于这么小的婴儿与更大的婴儿相比仍然比较脆弱，因此，在本章将讨论一些特别的关切。然而，尽管有这些例外，第 2 篇仍然可以作为 2~4 个月婴儿的参考。当然，如果你有任何在该部分没有得到满意回答的问题，要咨询你的儿科医生。

可能出现的问题

即便这个年龄的宝宝已经能够更好地对抗疾病，但理想的状况还是要避免疾病。宝宝的免疫系统仍然没有成熟，对于传染性疾病常常起不到有效而长久的免疫作用——因此基本形同虚设。此外，这个年龄的宝宝仍然很柔弱，容易脱水或疲劳。

然而，很多宝宝这时应该已经生过一次病了，或者是一次感冒，可能伴随或不伴随中耳感染，也可能是一次肠胃不适。幸运的是，这个年龄的宝宝能够很好地抵抗小疾病。一个已经过了新生儿期的婴儿体温达到 38.3℃ 或 38.9℃ 时，如果他没有什么不适，并且精神很好，并不一定意味着要做检查和住院。但是，这个年龄的宝宝体温如果超过 38℃，就需要儿科医生给予关注（见下文）。

为帮助宝宝避免不必要的疾病，先前关于新生儿的一些指导原则仍然是有效的。

• 在抱宝宝之前和换尿布之后，每个人都应该洗手。

• 避免接触生病的人和人群。

• 要尽可能以婉转的方式限制宝宝与学步期和学龄前孩子的接触。他们在这个年龄的"工作"就是得上传染性疾病并发展其免疫力。这种疾病中的大多数，在症状出现之前传染性最强，并且在痊愈后仍然具有传染性。

这在冬季的几个月里尤其是一个好主意。如果你所在的社区暴发了水痘、麻疹或细支气管炎（见下文及术语表），甚至更小心一些都是好主意。这些疾病都可以通过空气中的飞沫传播，而不只是手上的飞沫。

这个年龄的宝宝不像新生儿那样脆弱和神秘。他们的心脏和肺已经完全适应了出生所带来的震惊，能够正常地呼吸并向肺部输送血液。黄疸应该在很久之前就消失了，因为肠道已经不再重复吸收胆红素了。最重要的是，他们的免疫系统现在很活跃：宝宝不再依赖于通过胎盘所获得的来自母体的抵抗力。

所以，从医学上来说，这个年龄的宝宝已经取得了巨大的进步。

但是，新生儿与小婴儿之间最重要的区别，可能不在于身体和生物化学方面的成熟，而在于宝宝现在会微笑了！

当宝宝生病时，微笑的消失是一个令人担忧的信号。父母们现在知道宝宝哭声的含义了：那种不是由于饥饿、烦躁或无聊引起的尖锐的哭声，而是听上去像是受到了惊吓的尖锐哭声会引起他们的注意。父母们会本能地知道，一个不再和他们玩互动婴儿游戏、不再发出咕咕声并且不再扭动身体的宝宝，就是一个身体出现了需要就医的问题的宝宝。

常见的轻微症状、疾病和担忧

感　冒

即使是在照料最周到的家庭中，宝宝也会感冒。得了感冒的这个年龄的宝宝，可能很快乐，将鼻涕混着口水涂得满脸都是；也可能很痛苦，因为他讨厌不能用鼻子呼吸的感觉。

一次真正的感冒由出现的症状（流鼻涕或鼻塞，打喷嚏，偶尔咳嗽）表现出来的只是部分特征，而大多数特征是表现不出来的。

出现以下迹象，则表明宝宝不只是感冒，需要儿科医生立即给予关注：

- 肤色不好。婴儿的肤色应该是粉红色，而不是苍白、发青或斑驳的。
- 源于胸部的呼吸困难。他的鼻子可能堵得很厉害，但当他呼吸时，你不应看到他颈部、肋间或腹部的肌肉在用力。他的鼻孔不应张大。
- 体温超过38℃。（如果除了体温之外一切正常，在夜里给医生打个电话，并在第二天去看医生可能就足够了，尤其是在宝宝超过3个月大的时候。）
- 疼痛的迹象。发脾气是可以预期的，但是，真正因为疼痛而啼哭，尤其是如果宝宝很不安，并且无法躺下睡觉，则说明有可能是耳部感染或其他并发症。
- 持续的咳嗽。由感冒引起的咳嗽应该是时有时无的，不会使宝宝停下他正在做的事情，也不会干扰睡眠。
- 眼睛发红，有分泌物，或眼皮红肿。
- 拒绝吃奶、睡觉或微笑。

即使你的宝宝只是出现普通的感

冒症状，你可能也会希望通知你的儿科医生，如果这是宝宝第一次生病，或者如果你的医生要求你这么做。

以下是一些对付普通感冒的居家治疗法：

• 将床垫的头部抬高，使宝宝呼吸更容易。可以在下面垫几本书。

• 使用冷雾加湿器，除非你生活在非常潮湿的气候中。宝宝用嘴呼吸会使口腔黏膜很快变干，为了健康，必须保持空气湿润。不要使房间冷得让人不舒服，也不要过于潮湿，以至于你都能听到地毯发霉的声音。

• 你从医院拿回家的吸球可以用来帮助你将宝宝的鼻涕吸出来。在吸之前，你可以在每个鼻孔中滴两滴鼻腔盐水溶液，这是一种在药房不需处方就能买到的缓冲盐水。默数到三，然后开始给宝宝吸鼻涕（在伸入鼻孔前，先用拇指捏瘪吸球的圆形基座部分，在深入鼻孔后松开手指）。

• 只有在得到医生的允许后，你才可以用对乙酰氨基酚来缓解宝宝的不适。但是，你一定不希望它掩盖真正的疼痛或是新出现的发烧。

• 如果你是母乳喂养，可以增加哺乳的次数；如果你是配方奶喂养，可以给宝宝用奶瓶多喝一些水。

• 大多数时候，药房可以买到的口服减充血剂和抗组胺药对于这个年龄的宝宝来说并不是好主意。前者从来没有"有效"过。后者会使分泌物变干，而大自然是希望它们流淌的。这两种药物都可能引起行为方面的副作用，这会使你无法弄清宝宝的真实感受到底有多糟。

• 针对鼻塞问题，而不是流鼻涕的问题，一些儿科医生会建议你使用滴鼻剂，如新福林（Neosynephrine）。这些药物能够缓解症状，但也容易产生依赖，因为在药效逐渐消失后，鼻黏膜会肿胀得更加厉害。如果你确实要使用，大多数儿科医生会建议你只在一个鼻孔中点一两滴。要在需要的时候再使用，比如在喂奶前或睡觉前。两个鼻孔要轮流给药。使用时间不要超过3天。

• 抱着宝宝并分散其注意力。这不是积极鼓励宝宝依靠自己的力量来抵抗疾病的时候。

你自己尽量不要患上感冒。

感冒主要是通过手的接触传播的，而不是通过悬浮在空气中的微粒。你可以通过在触摸自己的鼻子或眼睛前先将手洗干净，来避免传染上宝宝的感冒。但是，如果你认为这很容易做到，可以用彩色粉笔在你的手指上涂一点颜色，然后在半个小时后照镜子看看你的脸。

肠胃不适

很多宝宝会在这一阶段偶尔出现腹泻或呕吐。如果宝宝是母乳喂养，要确保他没有摄入"二手"的咖啡因或药物。如果宝宝只是显示出轻微的痛苦（见下文），问题很可能是暂时的。如果你确实怀疑母乳中含有咖啡因、药物或其他不应存在的成分，最好用吸奶器将母乳吸出来丢弃，用以前储存的母乳（或配方奶）来喂宝宝一两次。

如果宝宝是用奶瓶喂养，要检查一下冲配方奶的人有没有按照正确的比例进行稀释。如果你怀疑水加得太少或太多，或是水受到了污染，情况可能会很严重，要立即给儿科医生打电话。

单纯性腹泻

对于小宝宝来说，单纯性腹泻表现为松散的或水样的大便，没有血迹，宝宝不会出现发烧、呕吐、呼吸道感染症状或是皮疹，并且精神状态很好，胃口也很好。如果满足所有这些条件，大多数儿科医生会建议：

- 母乳喂养的宝宝继续吃母乳，随时想吃就吃。

- 给奶瓶喂养的宝宝喂食一两次电解质溶液，比如倍得力（Pedialyte）或Ricelyte，然后继续喂食配方奶。有些儿科医生会建议给宝宝吃一种配方奶，比如美赞臣1段抗过敏大豆配方奶（Prosobee）（见第1章），它含有的是单糖葡萄糖，而不是乳糖或蔗糖。

对于任何腹泻的宝宝，最重要的是要确保宝宝体内水分充足。眼睛应该是明亮而闪光的，嘴唇应该是湿润的，宝宝应该是欢快的。如果你对此有怀疑，可以将一根干净的手指伸进宝宝的口腔，应该感觉非常湿润。如果宝宝的上腭发黏，就说明宝宝有脱水的现象，需要立即就医。

仅仅靠尿布湿了来判断是靠不住的，因为宝宝的大便可能会稀得像小便一样。如果你正好看到宝宝在小便，尿液像水一样清澈，并且尿量很大，你才可以真正放心。

呕　吐

这个年龄的大多数宝宝都会吐奶，有些吐奶相当频繁。真正的呕吐通常只是意味着他吃得太多，在打嗝或晃动身体时使奶溢了出来。

如果呕吐看上去只是一个快乐、健壮、充满活力并且没有发烧或其他症状的宝宝的一个孤立事件，采取下面的方法是安全的：

- 在呕吐之后，让宝宝的胃休息1小时。
- 然后少量、多次给他喂食一些含糖的液体。如果他吃母乳，每隔10分钟让他吃一点奶，每侧乳房各喂一两分钟。如果他吃配方奶，每隔10分钟给他吃一勺电解质溶液（Pedialyte或Ricelyte）。
- 这样做1小时左右。如果他没有再次呕吐，就在接下来的2小时内逐渐增加喂奶或吃电解质溶液的量。

一些呕吐不是单纯性的，而是复杂性的（见下文）。

大便问题

造成大便次数较少或大便太硬的原因通常是无害的，但是，如果被忽视，可能会造成难以处理的问题。在极少数情况下，这可能预示着一个严重的潜在原因。

大便次数较少

对于这一年龄吃母乳的宝宝来说，大便次数较少通常都是正常的。宝宝已经过了胃里充满食物就会有大便反射的阶段。（我们都得在某个时候因为长大而度过这一阶段。）现在，只有当直肠足够膨胀，向大脑发出排便信号时，宝宝才会排便。对于一个大便很软的吃母乳的宝宝来说，这可能需要2~3天。

大便太硬

吃母乳的宝宝只会有较软的大便，从来不会出现硬便（除非他们吃米糊，或吃的配方奶超过母乳）。

吃配方奶的宝宝有时会有硬便，硬度有的像黏稠的花生酱，有的像巧克力软糖，有的像兔子的粪便，有的完全像石头。

如果不进行治疗，便秘常常会演变成一个恶性循环。当这个年龄的宝宝的大便令他感到不舒服、疼痛或只是很难排出时，他往往会不想排出任何大便。你会看到他发出哼哧声，脸涨得通红，表现得非常烦躁，但这都是因为他在用力忍住大便，而不是想排出大便。他忍住的大便越多，大便就会变得越硬，所以他就越想忍住大便。

因此，要立即迅速解决这个问题。

- 如果你的儿科医生同意，你可以使用半个小儿甘油栓，或是一种称为"宝宝开塞露（Babylax）"的装有甘油的小球来软化硬便。

- 在征得儿科医生的同意后，你可以在宝宝的奶瓶里加上一勺大人喝的西梅汁，每天给他喝一两次，在喂配方奶的间隙，再让他喝一瓶水。

- 如果这是一个持久的或反复出现的问题，要询问你的医生是否需要更换配方奶。

- 当宝宝想大便时，让他坐起来，将他的膝盖向胸前靠拢，不要让他仰面躺着大便。还记得使用便盆时是什么姿势吗？

严重或具有潜在严重性的症状、疾病与担忧

发 烧

发烧是对感染和发炎的一种正常反应。它是一种症状，而不是一种疾病。在新生儿期，这是一种非常重要的症状。很小的婴儿在出现严重感染时，可能只会表现出体温的轻微升高。而且，严重疾病的其他行为迹象可能非常不易察觉，宝宝越小，就越是如此。但是，随着宝宝的成熟，这些迹象逐渐变得与发烧的程度同样重要，甚至更重要。

对于一个2~4个月大的宝宝，当直肠温度达到38.3℃或更高时，应该在当天去看医生，或是给医生打电话，即便没有其他症状。对于一个3个月或更小的宝宝来说，体温达到38℃时就应该去看医生。而且，这个年龄的宝宝如果行为表现出不舒服，即使没有发烧或者只是体温略有升高，也要迅速就医。

有一种例外情况，是宝宝在接受过免疫注射之后有时出现的发烧。这种情况的体温可以高达38.9℃，但是，如果体温更高，就应该给医生打电话。而且，如果宝宝非常烦躁或没有精神，或者出现其他的疾病征兆，就不要认为这种发烧只是"打针"的正常反应。有时候，一个在诊所里看上去很健康的宝宝可能真的患上一种疾病，这种发烧并不是打针后的反应，而是因为感染。免疫接种引起的发烧不应持续超过48小时。

发作性疾病

抽动或痉挛

在被一个声音或突然的动作惊吓到时，这个年龄的所有宝宝都会出现身体的抽动，尤其是在坐着突然向后仰倒时。但是，如果一个宝宝在没有受到刺激的情况下，反复地表现出"惊吓"的典型动作，就可能是惊厥。

在极少数情况下，宝宝在头一年里会患上一种叫作"婴儿痉挛症"的惊厥。发作时，宝宝的脑袋会垂下来，胳膊和腿反复抽动，会出现不止一次。

这种情形一般出现在宝宝刚睡醒时、刚要开始入睡时，或在吃奶时。

由于婴儿会做出很多其实是正常的奇怪行为，这种行为可能结果是完全无害的。然而，搞清楚原因是很重要的。如果真的是婴儿痉挛症，宝宝就需要紧急诊断和治疗。

如果你的儿科医生非常怀疑这些动作是一次惊厥，下一步就是做一次脑电图（EEG，见术语表），这是一种对"脑电波"的记录图。

呼吸暂停

时不时地，宝宝来看病是因为他的父母发现他不呼吸了。当然，这是每个父母的噩梦。然而，大多数时候，当宝宝到了医院后，情况都很好：面色红润，能够发声，在各种嘈杂声中会显得有点烦躁。出现这种情况，有几种可能：

• **误会**：由于婴儿的呼吸通常是不规律的，他可能正好处于两次呼吸间较长的"停顿期"。你的儿科医生会非常仔细地向你询问当时的情况，并对小天使进行很仔细的检查。如果有任何怀疑，就会做进一步的检测。

• **反流行为**：很多有胃食管反流（见术语表）的宝宝都会出现呼吸暂停。

你的医生会考虑这种诊断，尤其是当你的宝宝还出现其他征兆时，例如弓起后背、啼哭、经常吐奶或反刍。

• **真正的 ALTE**：ALTE 是指一次明显危及生命的事件，也就是一次类似婴儿猝死综合征的情况。

如果你的儿科医生感觉有这种可能性，最好将宝宝送到医院，通过检测来确定潜在的原因，医生还会与父母讨论如何对宝宝的呼吸进行监测，并让父母参加心肺复苏术（CPR）的培训课程。

呼吸问题与持续的咳嗽

当我们想到婴儿更为严重的呼吸问题时，往往会想到肺炎。尽管这个年龄的宝宝肯定会患肺炎，但最常见并且有时流行的呼吸系统疾病是细支气管炎。（它与支气管炎不同，因为受到感染的是呼吸道中非常细小的气管——细支气管，而不是较大的支气管。）

细支气管炎是由一种被称作"呼吸道合胞病毒"或"RSV"的病毒引起的。感染了 RSV 病毒的宝宝会用力呼吸，尤其是在呼气的时候。他的胸部、颈部和腹部的肌肉会随着呼吸而收缩和扩张，在他呼气时，你常常会听到一种尖锐的声音——

> **需要紧急就医的呕吐**
> - 呕吐物呈黄绿色、棕色，或里面有血。
> - 宝宝似乎承受着巨大的疼痛。
> - 宝宝脸色苍白，在呕吐的间隙非常安静或没有力气。
> - 如果宝宝的行为很反常，烦躁不安或无精打采（在这两种情况下，宝宝既不会露出笑容，也不会对任何逗弄产生兴趣）。

一种哮鸣音[①]。

发出哮鸣音的宝宝必须立即去看医生，或者在当天去就诊，这取决于他呼吸的困难程度。在看医生之前，你可以通过给空气加湿和将他竖直抱起来缓解他的症状。这么小的一个患细支气管炎的宝宝，可能需要住院治疗。

对于这么小的宝宝来说，持续的咳嗽或剧烈的咳嗽可能意味着麻烦，即便在两次咳嗽之间没有麻烦。引起这种症状的最令人担忧的疾病是百日咳。2个月时的百日咳免疫接种能给宝宝提供强有力的保护，但并非百分之百的保护。任何出现这种症状的宝宝都需要去看医生。

复杂性腹泻

如果宝宝出现的已不只是单纯性腹泻的症状，就要考虑两个主要方面：引起腹泻的潜在原因是否严重？宝宝是否会脱水？

大便带血、发烧或呕吐的宝宝，就是患了有严重潜在原因的复杂性腹泻。这些症状需要立即就医。

宝宝如果频繁地出现水样大便，就很容易脱水，需要对他进行医疗监护和密切观察。造成这个年龄宝宝腹泻的最常见原因，是一种叫作"轮状病毒"的病毒，常常出现在冬天的日托中心。（更多内容见第2篇"常见疾病"。）

最后，如果一个宝宝的大便总是呈松散状，呈黑色或颜色很深或发出恶臭，就需要让儿科医生进行评估，即使宝宝其他方面一切正常。

而且，一个单纯性腹泻的宝宝如果同时出现了呼吸系统症状，并且比平时更加烦躁，也需要去看医生；中耳感染常常会引发这些症状。

持续的或喷射状的呕吐

这个年龄的宝宝偶尔呕吐并非是不正常的。通常情况下，宝宝只是吃

[①] 哮鸣音的特点是音调高，具有像金属丝震颤样音乐性的音响、持续时间久和呼气时明显而吸气时基本消失等特征。——译者注

得太饱。将食物保持在胃中的括约肌还没有发育成熟，因此奶水会反流。这会导致宝宝吐奶或偶尔的呕吐。

但是，有时候，呕吐预示着严重的问题：严重的感染、肠梗阻，或新陈代谢紊乱。

复杂性便秘：由非饮食的原因引起的硬便或大便次数较少

下列情况，要担心大便次数较少，即使大便是软的：

• 如果吃母乳的宝宝没有获得正常的体重增长。一些"喜欢挨饿"的宝宝会每隔3～4天才排出少量、松散、绿色的大便。然而，他们小便的次数很频繁。但是，他们仍然在挨饿。如果这种状况持续的时间长，这些宝宝看上去就会真的很瘦。他们的胳膊和大腿像棍子一样细，他们的眼睛看起来很大，肋骨凸出，腹部不是圆滚滚的，而是扁平的。他们的皮肤也常常是松弛的。如果你对宝宝的体重情况感到不确定，要去拜访儿科医生，或者用一个可靠的婴儿秤来给他称体重。这个年龄的宝宝通常应该每天增加28克体重。

• 如果宝宝不够健壮，或发育得不好，在极少数情况下，大便次数较少可能意味着他有甲状腺问题或有一种叫作"先天性巨结肠症"的胃肠动力性疾病。在任何情况下，如果宝宝的便秘不是一个孤立的、短期的问题，你就应该去寻求医生的建议。

• 如果宝宝软绵绵的，嗜睡，不能很好地吮吸，他可能是婴儿肉毒杆菌中毒。如果给他喂食过蜂蜜或玉米糖浆，这种可能性就更大，这些食物中有时会含有肉毒杆菌孢子。这样的宝宝需要得到紧急医疗帮助，因为他的呼吸肌可能受到了影响。

受 伤

从物体表面滚落

劳拉"第一定律"说的是，宝宝的第一次翻身，很可能是从某个物体表面滚落下来。我建议不要把这个年龄的宝宝单独留在任何高出地面的物体表面，哪怕只是片刻。我也不会将安放宝宝的婴儿提篮放在这种物体表面：他们会将提篮翻倒，尤其是个头较大的宝宝。

摇 晃

抛举、摇晃，甚至用力抖动这个年龄的宝宝，都有可能造成脑损伤，甚至危及生命，因为宝宝颈部的肌肉很无力，大脑周围的血管还很脆弱。

窒 息

即使是最强壮的宝宝也不应被留在柔软的表面,例如水床或枕头上。要当心任何带有网状侧壁的婴儿围栏,曾经有过围栏倒下来造成宝宝窒息的案例。

机会之窗

信 任

这是宝宝开始形成自己对"正常"的概念的年龄。他们在寻找以下问题的答案:这是一个会回应他们并欢迎他们的世界吗?我是很好的并有价值的吗?生活是可预见的吗——并且我会因此对一些事情拥有一定的控制能力吗?我是一个参与者,还是消极的旁观者?

如果与宝宝亲密接触的人认为他们非常好、非常可爱并且完美,他们就会建立起信任并为自尊打下最好的基础。而且,这种接触必须是前后一致的。

这并不意味着每天都必须一样,也不意味着宝宝的环境必须一成不变。相反,一个生活在一成不变的世界中的宝宝会对"什么是正常的"产生狭隘的理解,以至于任何变化都会造成恐慌。

对于一个婴儿来说,"正常"主要意味着他所依赖的为其提供照料、娱乐和刺激的人和亲密的物品。他确实需要充满爱心、前后一致的大人;以及个别不会改变的心爱物品,以便他探索世界的冒险之旅拥有一个由熟悉感所构筑的坚实核心。有了这些,他就可以周游世界,并仍然能以一种健康的方式来了解"熟悉"与"陌生"的概念。

要想让宝宝认识到"正常"意味着参与并努力控制周围的世界,与他一起玩婴儿游戏是关键。婴儿游戏是任何具有互动性的游戏。他所发出的咕咕声、微笑和咯咯的笑声会引起你的回应,周而复始,反复地进行。父母和宝宝相互模仿对方有趣的表情。

睡 眠

到了这一阶段末期,宝宝对于"什么是正常的""什么不是正常的"开始形成相当坚定的概念。一个需要特别注意的方面,是宝宝所认为的正常的入睡惯例。

在这个年龄,你可以轻轻摇晃宝宝,或是哺乳,或是给他一个奶瓶,直到宝宝睡着,然后把他放进婴儿床里(记住,要仰卧!),并指望宝宝一觉睡到天亮。

这就要变了。

在第一年的后期，以及进入学步期之后，宝宝们的睡眠周期与大人的更相似。也就是说，他们每晚进入浅睡眠阶段时，会短暂地醒来几次。如果年龄较大的婴儿或孩子习惯了被摇晃、抱着、吃着奶或含着奶瓶入睡，他在夜里每次醒来时都会需要重复这个仪式。

到6个月或7个月大的时候，他会将这种仪式转变成一种习惯。他对分离有了更多的认知——他不会让你离开。到9个月大的时候，通常会更早，他会抓着东西站起来，冲着你摇晃婴儿床围栏并且尖叫。一晚上会有几次。

因此，现在，在宝宝快满4个月的时候，你要尽量帮助宝宝学会在婴儿床里入睡，而不是在你怀里，或是一边吃母乳或奶瓶一边入睡。这并不意味着扑通一下把宝宝放在婴儿床里，让他哭着入睡，而是要在他放松下来昏昏欲睡的时候，轻轻地把他放进婴儿床里。如果有必要，可以拍拍他，给他唱歌，直到他睡着。要逐渐在他较为清醒的时候将他放进婴儿床里。最容易的办法，是让母亲之外的人把宝宝放进婴儿床。

还要记住，不要让吃母乳的宝宝忘记如何偶尔使用奶瓶。如果他现在能够习以为常，你以后可能就不会遇到麻烦。然而，如果他拒绝使用奶瓶，你也不要绝望。到5个月大的时候，很多宝宝都能学会用杯子喝很多奶。

最后，很多宝宝都喜欢仰面躺着看这个世界。要确保让这样的宝宝也有时间趴着，以增强胳膊和颈部的力量。当他撑起自己的身体时，要尽量给他一个奖励，就像珍妮斯对梅丽莎所做的那样。

如果……怎么办？

开始日托

大部分母亲都会在这一时期回去上班。对于很多母亲来说，离开宝宝比分娩本身还要困难。这感觉就好像你刚刚开始得到回报：不再有腹绞痛，宝宝会发出咕咕声并哈哈大笑，可以睡一整夜——宝宝多么令人愉快，而现在你却不得不离开！

最有帮助的事情就是找一个你信任、喜欢并且能有效沟通的日托人员。我遇到过的一个日托阿姨有一个很好的习惯，她每天都会给每个宝宝写一份报告，即使是最小的宝宝。"今天我坐着婴儿车出去散了会儿步，喝了两瓶180毫升的母乳，并且美美地睡了一个午觉。我咯咯地笑了三次。"

一个有帮助的想法是，这是一个非常容易建立亲情心理联结的年龄，成年人会发现很容易喜欢上这个年龄的婴儿。尽管看到宝宝和日托阿姨相处很愉快可能会让你感到痛苦，但这正是你所希望的。而且，这个年龄的宝宝刚开始形成关于"什么是正常"的概念。让宝宝知道除爸爸妈妈外还有其他成年人喜爱他们，是一件好事。这是多么令人愉快的一种"正常"啊！

无论从喜爱还是从卫生的角度来看，对于这么小的宝宝的理想安排是把一个宝宝交给一个充满爱心的成年人进行一对一的照料。次好的选择是一个成年人照料不超过4个同年龄的宝宝。如果其他宝宝有哥哥姐姐，这些哥哥姐姐的年龄至少大3岁是最好的；学步期的孩子注定会感染很多病毒，并把它们带回家，然后弟弟妹妹会把这些病毒带到日托场所。在孩子表现出疾病的症状之前，病毒的传染性是最强的。

日托家庭应该是无烟的。如果有宠物，它们必须定期驱虫。一只可靠、成熟的狗可能不会去咬婴儿，但是，两只或更多的狗可能会被一个婴儿激发起狼群的本能，并发动攻击。即使一只狗也会有难以控制的冲动。猫在被逗弄时会抓人并咬人。

无论母亲感到有多么失落，以及在回家后对宝宝有多么专注，对于宝宝来说，经常与爸爸、妈妈分别单独相处都是最好的。这意味着宝宝单独与爸爸待在一起，不受妈妈的监督。一些研究表明，父亲与婴儿在早期建立的亲情心理联结，会使父女关系一直到女儿的青春期都更亲密。

还有，爸爸妈妈不时地享受一下不带宝宝的二人世界，真的是一个好主意，至少要每周一次。要记住在宝宝出生前他们多么喜欢彼此。

与父母长时间的分离

在这个年龄，与父母中的一方长时间分离，可能不会给宝宝带来太多的烦恼，但是，这对离开的父母来说往往很难，而且，可能会暂时影响宝宝对离开的父母的情感依恋。从宝宝的角度来看，他需要从他非常熟悉的一个人那里得到持续的关爱。这种关系应该在父亲或母亲离开之前稳固地建立起来。

当然，宝宝会与最亲密的照料者建立起依恋关系，并给予他（或她）最灿烂的微笑和偶尔的大笑，因此，照料宝宝的人认为宝宝是这个世界上最好的宝宝是极其重要的。

如果分离是可以避免的，就应该

避免；但是，如果父母中的一方必须离开，重要的是不要在分离的痛苦上再增加负疚感。一种悲观失望的氛围肯定是不恰当的。

归来的父母将需要花些时间再次"取悦"宝宝。这可能需要几天时间。一开始，这种"取悦"应该在一直待在家里照料孩子的人在场的情况下进行，但过一两天之后，宝宝和刚返家的父母就应该有单独相处的时间，而不用任何人来"守门"（监督和照管）了。

带着宝宝旅行

这是一个旅行的好年龄。这个年龄的宝宝喜欢看到新的风景，包括忙碌的旅行者。他们不会因为新技能的限制而感到痛苦，也不会因为不如意而过多哭闹。

要尽量带上以下物品：

• 一个垫子，换尿布时把宝宝放在上面。

• 湿巾，不仅用来给宝宝擦屁股，还用来给他和你自己擦手。不要只在换尿布之后才用，而要在你在飞机或火车的座位上坐好，并触摸宝宝之前，先用它擦手。大多数疾病都是由触碰到其他人，然后再接触自己或宝宝的脸来染上的。如果宝宝的玩具掉在地上，你也要用湿巾来擦玩具，因为处在这一阶段后期的宝宝会把玩具放进嘴里。

• 瓶装饮用水。旅行容易使人脱水，如果你是母乳喂养，你自己需要补充水分；如果你是奶瓶喂养，你和宝宝都需要补充水分。不要相信飞机上水龙头里的水，即使标明了"适合饮用"。

• 一个小的急救箱，里面装上直肠体温计、凡士林、对乙酰氨基酚滴剂，吸球和盐水滴鼻剂。

在"每个人都生病"的时期，要尽量避免去人多的地方（包括坐飞机）。这通常都在冬季。

再要一个

对于这么快就再生一个，父母们有各种各样的理由：生物钟使然；希望"一次性解决"，想把怀孕、换尿布等事情都安排在一段时间里；希望孩子们的年龄相近从而更加亲密；错误地相信妊娠期的刚刚结束以及哺乳是一种"天然"的避孕方式。

此时怀上的宝宝，会在你现在的宝宝刚刚进入学步期时出生。较大的宝宝需要成年人给予大量的关注，包括以下方面：

- **保护他远离危险。** 1岁的宝宝由于对很多东西都不了解，因此会无所畏惧。高处、掉落的物体，热和冷，尖锐的东西——所有这些都是宝宝正在探究和搞清楚的秘密，在所有的日子里，在每一天当中。

- **语言的刺激。** 一个1岁的宝宝有着很好的接受性语言；到15个月大的时候，宝宝常常被描述为"什么都能听懂"。如果他最常听到的是"不！"和"妈妈必须先照顾小宝宝"以及"爸爸太累了不能陪你玩"，他对语言就会变得灰心丧气。如果大人因为太疲惫而无法陪他一起玩非语言类的游戏——然后逐渐过渡到语言类的游戏——他可能就没有太大动力去学习和使用语言。

- **练习分离。** 1岁的宝宝仍然会紧紧地黏着爱他的大人，但会向着独立做出勇敢的冒险。当他有一个充满爱心、始终如一、对局面进行掌控的成年人作为能够返回的基地时，这些冒险就会更勇敢、更快乐。有了新宝的父母容易疲劳，有点急躁，而且不像平常那样有耐心。在分离过程中所学到的技能，作为了解限制的一个基础是必要的，人们常常会忽视这二者之间的关系。但是，为了理解对于行为的限制并不是对一个人自我价值的评判，一个学步期的孩子必须对自己作为一个独立的人感觉良好。

- **自我意识的增强。** 1岁的宝宝有一种强烈的需要，把自己当成世界的中心、世界上最美妙的人。（他需要有这种感觉，才能面对针对他的行为所设立的限制，而不将其当作是对他的自我的贬损。）他还没有成熟到嫉妒新宝宝的程度，他不会在新宝宝的到来与他作为"世界奇迹"的地位的降低之间做出任何推理联系，但是，他会感受到任何宠爱的减少。

- **模仿行为。** 1岁的宝宝是最卓越的模仿者。他会"叠"衣服，会"刷"自己的牙。他会"开"汽车。他会像模像样地模仿大人，给他的玩具娃娃喂奶、换尿布、亲吻并温柔地对待娃娃。他也会像模像样地模仿大人对娃娃喊"不"，打娃娃的手，跺脚并大声嚷嚷。在他学说话时，他可能会声称自己"受够了"，或是"烦死了"，或者说出更糟的话。

当然，一个有新弟弟或妹妹的宝宝，可以将所有这些特点转化成自己的优势。这需要远见、运气，恐怕还有资源——通常包括经济方面的资源。这样一个1岁的宝宝需要的是：

- 一个始终随时在身边的爱他的成年人，这个人不主要承担照料新宝宝的工作（并且不会为新宝宝而筋疲力尽）。这个大人应该认为这个1岁的宝宝是世界上最了不起的人，但还应该愿意并能够给他设立限制，做出榜样并鼓励其语言能力的发展。
- 一个在很大程度上不受限制并且安全的环境，让他可以在其中玩耍。
- 较少的、合理的、能够得到很好的执行的限制（不包括扇耳光、打屁股或贬损性话语，但要前后一致并坚持到底）。

关注这些需要，就能使有两个年龄相近的宝宝的生活非常接近父母所憧憬的田园诗般的生活。这些父母通常与自己的孩子有更多的心理"距离"，把他们当作"孩子们"。这与那些只有一个孩子，或第二个孩子比第一个孩子小3岁或更多的父母的心理有着微妙的差别。这些父母倾向于把每个孩子更多看作是单独的、独一无二的人。我并不是在说哪种心理认识更好，只是说两者是不同的。

离婚、分居与抚养权问题

要就这个年龄的宝宝做出抚养权的决定是很难的。父母双方都参与宝宝的生活是很重要的，但是，这个年龄的婴儿的记忆力很短暂。由于宝宝的主要发展任务是与少数几个认为他是世界上最美妙的人的特殊的成年人建立亲情心理联结，建立一个"正常"和"熟悉"概念的基础，所以，父母应该尽量找到一种解决办法，使得一个温暖而有爱心的人始终出现在宝宝的生活中。这个人可以是一位祖父母，或一位照料者，或者父母中的一方，前提是另一方愿意在一段时间内经常来看望宝宝，而不是把宝宝带走。

在父母之间来回辗转，对宝宝的发展是不利的。他刚刚熟悉与一方父母的共同生活，就要被移交给另一方，再去重新熟悉那里的生活。在母亲那里，他无法把握父亲的心思；在父亲那里，他无法把握母亲的心思。他建立什么是"正常生活""爱"以及"平静"的概念的情感任务，就会被扰乱。

手术或住院

当一个小宝宝需要住院时，要么是为了排除一种严重的疾病，比如严重的感染，要么是为了治疗这样一种疾病或状况，比如脱水或呼吸道疾病。手术住院的情况对于这个年龄的宝宝来说是罕见的，但如果出现，常常是因为肠梗阻，以及更为罕见的肾脏或神经外科手术。在非常非常罕见的情况下，是出现了一些其他问题。无论何种原因，深爱宝宝的父母们会发现住院与不可避免的医疗程序都是非常棘手的。

对于这个年龄的宝宝来说，大多数入院的情况都是意料之外的紧急情况。记住这一点，以下是我的建议：

• 在可能的情况下，要让宝宝住进儿童医院，或者至少是有儿童病房的医院。如果必须进行手术，要让医院为你推荐小儿外科医生和麻醉师。

• 如果你的孩子住进医学院的附属医院，很多医疗程序可能会由实习医生、医学生和护士来执行。要相信，正是这些人——而不是资深的主治医生——能够把这些程序完成得最好，因为他们才是一直在做这些事情的人。不要坚持由主任医师来进行静脉注射，她或他可能很多年或好几十年都没有做过这项工作了。

• 尽可能积极地了解宝宝的最新情况，以及为什么进行各种医疗程序是必要的，但是，尽量不要阻碍这些程序。很多必要的程序都需要对宝宝进行约束，并且会造成疼痛或不适，尽管通常时间都很短暂。大多数这样的程序都不需局部或全身麻醉：局部麻醉需要打针，而打针本身就存在风险；全身麻醉确实是有风险的，只留待进行重要的医疗程序时才会使用。

• 不幸的是，很多医疗程序都必须尽快进行，或者是因为宝宝迫切需要，或者是因为工作人员的时间紧迫。你应该集中精神听医生的解释，这样就无须总让他重复；你要在整个过程中保持冷静，尽管可能会必然经历几次不成功的尝试；在程序结束后，你还要尽可能安抚宝宝。做到以上几点，就是对宝宝的最大帮助。

• 如果宝宝住院是为了排除感染的可能性，他可能需要抽血，用导尿管取尿液样本，脊髓穿刺，并在之后开始静脉注射抗生素。他可能还需要照胸部 X 光片，以及一些其他的医疗程序。在完成了所有这些医疗程序之后，可能会恼怒地发现导致发烧和疾病的潜在原因只不过是一种病毒。你可能会觉得所有这些程序都是"不必要的"。事实并非如此。在排除严重的感染时，可能大多数宝宝的最后结果都是没有感染。但是，对于那些的确有严重感染的宝宝来说，这些医疗程序就是救命的。没有人拥有能预知一切的水晶球。

• 就住院而言，要想让你对自己和之后的经历感觉良好，最好与护士、医学生以及病房里的工作人员保持良好的关系。如果他们看上去很疲劳或唐突，你要保持宽容；要尽可能地称赞他们，如果他们中的某人表现得很出色或很和善，一定要让他的上级主管知道。你可以用食物作为礼物，比如甜饼或巧克力蛋糕，尤其是送给夜班工作人员，这会令他们非常感激。工作人员的种族、民族和语言背景常常会与你的不同，或者他们的性别或性取向与你所期望的不符，但这丝毫不会影响他们的工作能力。

• 在这项严峻的考验结束后，要记住，你可能很容易把已经痊愈的宝宝视为特别脆弱——不是短时间内，而是永远。对这种倾向要保持警觉。如果你怀疑自己有这种倾向，要向你的儿科医生寻求帮助，或从心理医生那里获得帮助。

搬　家

我在这里的建议与上一章中该部分的完全相同，只补充一点。

这个年龄的宝宝正在学着翻身和抓东西。搬家的日子，是他将学会从你把他放在床中央滚落到地上的日子，只需你在指挥搬家工人的那么一点时间。这是他将学会抓起婴儿爽身粉罐并把它放进嘴里咬的日子。要当心搬家日的意外，找一个信得过的临时保姆。

一旦你有了喘口气的时间，要立即做两件事：把热水器的温度下调到约49℃，以防止意外烫伤；如果你是用自来水给宝宝冲配方奶，要搞清楚自来水里的氟化物含量。

4个月宝宝的健康检查

这个年龄的宝宝通常喜欢坐在父母的腿上或是趴在父母的肩膀上接受检查。看到父母与这个年龄的宝宝建立起如此强烈的亲情心理联结，总是让人感到很可爱。通常，当我要求看看宝宝的"另一只耳朵"时，父亲会转身，以便他的另一只耳朵，而不是宝宝的，朝向我。即便如此，你还是要记住，在进行一些较为复杂的检查时，对宝宝进行约束是父母的职责——比如在必要的时候给宝宝清除耳垢。为了宝宝的安全，也为了儿科医生的安全（被宝宝的小指甲擦伤角膜等），你要集中注意力将宝宝抓牢，而不是看宝宝的表情或医疗程序。此外，尽量不要在检查前让宝宝饱吃一顿母乳或配方奶。奶可能会与鹅口疮混淆，或将其掩盖；压舌板也可能产生惊人的影响。

4个月的检查的关注点大多集中在宝宝新获得的反射整合和技能。这个年龄的宝宝应该能够顺利地聚焦；如果怀疑宝宝有弱视或是眼部结构不正常，就需要进行进一步的评估。他们应该能够转向声源的方向，尽管或许还不会直接看向声源。他们的两只胳膊和两条腿应该能够对称地活动，当你架着他们站起来时，大多数宝宝应该能用腿支撑自己的重量。

在婴儿期和学步期，总是会对宝宝的肚子进行仔细检查，看看有没有变大的器官或其他肿块，还会继续对他们的臀部进行检查，看看有没有脱位，因为这个问题有时候不是先天性的，而是发育过程中产生的或是因为外因导致的。

任何偏离生长曲线的情况都会被记录下来。

最后，还要说到免疫接种。在我写这本书的时候，免疫接种与2个月时的是相同的。关于免疫接种的全面讨论见第3篇。

展　望

在接下来的2个月里，宝宝会越来越多地用啼哭来吸引你的注意，而不仅仅是因为烦躁和需求而啼哭。任何东西都会被他放进嘴里。宝宝将学会通过扭动、滚动或挪动，从一个地方移动到另一个地方，他们这样做的唯一目的似乎就是要把所有能够到的东西都放进嘴里。

但是，4~6月阶段的最主要的快乐来自婴儿游戏所带来的新乐趣。如果你现在认为这很有趣，就等着瞧吧！

第 5 章

4个月至6个月

伸手或移过去够、抚摸以及用嘴探究别人

需要做的事情

- 对宝宝的咿呀声报以关注和回应。
- 做好家里的安全防护。
- 坚持让所有照料宝宝的人都参加心肺复苏术课程。
- 开始让宝宝用杯子喝母乳或配方奶（而不只是果汁或水）。
- 不再让宝宝继续使用安抚奶嘴。
- 确保能在宝宝醒着时把他放进婴儿床里或家庭床上，不要让他一边吃母乳或奶瓶一边入睡或含着安抚奶嘴入睡。
- 继续让宝宝仰面躺着睡觉。当宝宝学会了自己从仰卧翻身成俯卧时，可以让他保持这个姿势。

该年龄的画像：以嘴巴为中心，以双手为辅助

齐克的凝视就像一盏令人愉悦的探照灯，放射着快乐的光芒，将人牢牢锁住。他的微笑令人无法抗拒，他会毫无保留地表达他的赞同。他会去够一切事物，每样东西都令他着迷：一个鼻子、一个钥匙串、一条电话线、他自己的脚。他一定会把它们逐一地放进嘴里，拿出来检视一番，再放进嘴里，然后发出一声尖叫。

他的父母霍普和马科斯、他的奶奶，还有他的日托保姆卡梅拉都在享受一段美好时光。

直到齐克哭了起来。

这不是几周前那种尖锐、痛苦的腹绞痛哭闹。但是，齐克现在的哭声似乎更有感染力。因为他是一个如此

令人愉悦的快乐宝宝，会对每个人微笑和轻声说话，因此，在他哭时，你会迫切地希望把他哄好。

对该怎么哄他，每个人都有自己的见解。

妈妈霍普在工作日非常想念齐克，并且内疚地认为齐克也一定更加想念她，她会抱起他，揉他的肚子。她紧紧地抱着他在屋里来回走动。

卡梅拉被禁止给宝宝喝苹果汁，她给了他一个玩具和一块磨牙饼干，然后去忙自己的事情，她会大声地和齐克聊天并偶尔严厉地"指责"他。

马科斯抑制住想要抱起儿子的冲动。他克制住自己，只是揉了揉宝宝的头发，冲他做鬼脸，并把自己口袋里的各种东西拿给他看。

有着更严厉的育儿理念的奶奶会从远处对齐克说："是哪个调皮鬼在喊我？他想要什么？"的确，齐克会暂时停止啼哭，望向她的方向，然后继续接着哭。

奶奶想给齐克一辆学步车，既然他已经快满 5 个月了。他能稳稳地抬起头来，他喜欢踢腿，似乎已经为探险做好了准备。奶奶急切地想让齐克腿部的肌肉变得更强壮。但是，霍普和马科斯非常固执：他们的儿科医生告诉他们学步车很危险，美国儿科学会甚至发表了一则声明，对学步车的使用发出警告。"学步车是父母们忽视宝宝的一个借口。"霍普不屑地说。

因此，当他们都被齐克的快乐所感染时，这几个成年人之间的关系就不那么愉快了。霍普担心齐克缺乏足够的爱，马科斯担心他被过度娇纵，奶奶担心他被过度保护，卡梅拉担心他被宠坏了。

在大约 4 个月大的时候，婴儿们有了一个极妙的发现。他们能够影响世界，并促成一些事情发生。他们能伸出手去抓住一条项链，并把它放进嘴里。他们会翻身，从而改变看待整个世界的角度。他们哭可能不只是因为他们哪里疼，还可能是因为他们想要获得一点关注，请过来，现在过来，我说现在，而通常就会有一个人来到他的身边。

然而，这类啼哭常常会使深爱他的大人们陷入争执。

你不得不同情这个年龄的宝宝。他们充满着对探索世界的渴望。给他们一个新鲜的东西，他们就会十分入迷地对它进行研究，放进嘴里咬，用舌头舔，用鼻子闻，最终穷其所有的可能。

这就是他们，真的很有礼貌，他们会用各种对人的接触的替代品——他们的袜子、摇铃、塑料钥匙、量勺，以及他们自己的脚——来自娱自乐。当他们把这些东西玩腻了的时候,还有什么其他方法能缓解他们的无聊呢?他们哪儿也去不了。他们能扭动着移动一点位置,能向一个方向翻滚,但这都无法使他们移动得很远。他们还不会说:"抱歉,爸爸,能把你的鼻子拿过来吗?"

哭是他们操控世界的一个主要方式。它几乎总是管用的:有个人会来到身边。不幸的是,这个人可能会误解他的啼哭,认为他是因为苦恼而哭。如果经常出现这种情况,而这个人回应的方式是把他抱起来像小婴儿一样哄,4个月大的婴儿可能会相信这真的就是他一开始哭时想要的东西。毕竟,这种回应能缓解他的无聊。一个拥抱中有许多触觉、嗅觉、味觉、视觉、听觉和全方位的感官刺激。

宝宝一旦有了这种想法,就很难劝阻他不要这么做。

有两种解决办法。第一种是在4个月大宝宝每次哭的时候,给他一个有趣的新东西让他摇晃、咬、检视和丢掉。另一种办法是买一辆安全的学步车。老式的没有固定基座的学步车是危险的。每年大约会发生29000起因学步车导致的事故,会严重到让宝宝进急诊室。在一个没有基座的学步车中,宝宝会猛冲下楼梯,碰到一杯热咖啡,抓住在沙发上睡觉的狗的尾巴。我认识的一个4个月大的宝宝来到咖啡桌前,吞食了大半个球根秋海棠。它是无毒的,但它却是园丁老爸的心爱之物。如果学步车的设计有缺陷,而宝宝身体健壮、意志坚决,他可以把它弄翻,甚至把自己像炮弹一样发射出去,并头部着地。如果学步车上有裸露的弹簧,他会夹到自己的手指。

因此,如果你要买一辆学步车,一定要买能够固定在一个大的基座上的那种,这样,你的小天使就不会在房间里四处游荡并陷入麻烦。这会使你的小天使很愉快,并让他得到一些锻炼,从而让白天小睡和晚上睡觉更容易。

唯一的问题是,学步车会让宝宝非常着迷,以至于会让他想要在大部分时间里都待在上面。但是,小天使需要你的关注,需要你同他说话。这个时候,宝宝的语言学习开始迅猛发展:这就是他发出所有这些奇怪声音的原因。因此,你要和他说话。这是一个红色的摇铃。它会发出叮叮当当的声音。听到了吗?这个红色的摇铃发出叮叮当当的声音。

分离问题：开始产生关于"分离"的模糊概念和陌生人焦虑

这个年龄的宝宝的第一项重大成就，是发现他们不仅是独立的自我，而且这个自我还能对世界施加影响。要想让宝宝认识到这点，你需要在宝宝要求得到一个回应时，行动上稍作延迟，并且不再保持前后一致。对他的啼哭做出稍有不同的回应，能使他更多地了解他的世界。如果每次一哭就立刻被抱起，他就无法学到很多。

回应的延迟和变化还能教给他知道，他可以依靠自己来满足或至少延迟自己的需要。他还能开始逐渐领悟到，尽管他非常重要并且有力量，但是爱他的大人在回应他的需要前可能还有其他事情要做。这是他在进入挪动、爬行、探索和高需求的阶段前学到的很有价值的一课。

4个月大的宝宝的第二项重大成就是建立了什么是"正常"和什么是"陌生"的概念。在这一阶段的某一时刻，大多数宝宝会出现某种程度的被遗憾地称作"陌生人焦虑"的现象。这一现象最早的征兆是凝视。当宝宝的注意力被一个新出现的人吸引时，他会用锐利的目光凝视他。我曾经见过一个宝宝凝视了近60秒钟都没有眨眼。如果那个成年人错误地回应以凝视，或是更糟地靠近宝宝，凝视就会变成皱眉，随后往往会演变成疯狂的哭叫。一些宝宝的反应十分强烈，尤其是那些每天都是和同样几个成年人度过的宝宝。另一些宝宝，尤其是那些能够接触到各种人和声音的宝宝，他们也会凝视一会儿，随后无须精心的"前戏"就能活跃起来。但是，在每个宝宝身上都有一种迹象表明宝宝正在整合新的信息，尽管这种迹象很不易察觉。

一个成年人在遇到宝宝的"凝视"时最好忽视它——这并不容易，相信我。你可以看任何地方，但不要直视宝宝。如果你与宝宝所信任的成年人进行平静的对话，很多宝宝似乎就会安下心来。当宝宝最终凝视够了的时候，他就会停止凝视（有时伴随着一声轻轻的叹息），转而去玩其他东西。他的电脑已经将你登录进去了。现在，你可以接近他，但是要以谦卑的方式，目光要看向一边，并用玩具来安抚他。几分钟之后，你或许可以与他进行短暂的目光接触，甚至可以摸摸他。如果不是从他所熟悉的成年人的怀里，而是从诸如地板上这样的地方会更容易把他抱过来。

幸运的是，大多数这个年龄的宝宝通常还不会有分离焦虑，这或许是因为他们还没有建立起关于物体恒久性的概念。然而，父母们是有分离焦虑的。我相信，亲情心理联结是如此强烈，这很大程度是因为这个年龄的宝宝很少会激发父母们的矛盾心理。宝宝们要求的不多，除了关注与娱乐，并且还会回报以灿烂的笑容和哈哈大笑。他们不会惹太多麻烦。他们对一切都感兴趣，对任何人都会微笑。

尽管对于一个与宝宝建立了亲情心理联结的父母来说，把宝宝交给其他人是件非常困难的事（宝宝正常的"陌生人焦虑"可能会使其变得更加困难），但与接下来的3个月相比，这已经算是容易的了，因为到那时宝宝会出现分离焦虑。将宝宝认识陌生人看成是对其社交词汇的扩充，对父母们是有帮助的。这就像是学习新词或是尝试新食物。

关于就寝分离焦虑的讨论，见下文的"睡眠"部分。

设立限制：大人的回应要符合宝宝的需要

从大约3个月时开始，宝宝开始因为无聊和（或）需要得到关注而啼哭。到了四五个月大的时候，对于这种啼哭做出适当的回应就变得越来越重要了。

对于宝宝来说，知道回应是符合他的需求的会赋予他力量。饥饿的啼哭会带来食物，苦恼的啼哭会带来一个拥抱，无聊的啼哭会带来一个新的活动和互动。在啼哭与回应之间的可以忍受的延迟，能教给他认识到自己有一些进行自我安抚和独立的能力。

对于充满爱心的成年人来说，这是一个为以后设立限制做准备的年龄。从被人抱在怀里宠爱的婴儿，到令人期待的、要随时跟在后面的、机智过人的小小冒险家，这是一种自然的转变。

齐克是幸运的，因为他的身边有不止一个对他全心投入的成年人，并且他们关于设立限制的看法有着很大的差异。如果他的身边只有一个这样的人，他就不会对独立有这么多的了解。

如果他的身边只有霍普，而她总是抱起他并紧紧地抱着，他就会习惯于只靠这种方式来获得满足，这样下去，他就真的会被"宠坏"。

如果他身边只有马科斯，他的爸爸从来不抱他，齐克就无法了解到各种不同的快乐——从自发的行为到被人抱着。

如果他的身边只有奶奶，而她总

是迫使他在稍等片刻之后才能得到满足，他不会被宠坏，但是，他从亲密关系中获取快乐的能力可能会变弱。

如果只有卡梅拉来安抚他，而她的"安抚"的理念中总是包括吃东西，他可能就会习惯于在无聊或焦虑时通过满足口舌之欲来获得安慰，他必须喝、吃、嚼些什么东西，以后还会养成抽烟的习惯。

这些成年人拥有彼此是件幸运的事。在他们看到齐克对每个人的反应时，他们也可以做出调整，变得更加灵活，借鉴其他人的养育方式，完善自己的养育方式。

日常的发育

里程碑

视 力

到了6个月大的时候，宝宝应该能够直接将目光聚焦在他们所看的东西上面。他们不再像是盯着你身边的什么东西。当你对6个月的宝宝使用闪光灯时，反射的亮光应该出现在两只眼睛的同一位置。

在这个年龄，宝宝们能用目光全程追随一个物体在周围移动，从右到左，或从左到右。但是，一旦这个物体从一侧消失，他们还不会期望它从另一侧出现。

如果宝宝的一只眼睛总是内翻或外翻，就需要让小儿眼科医生进行检查。（眼科医生是一名医生，而不是验光师。这非常重要，因为这么小的宝宝需要对眼睛进行彻底的检查；仅仅确定是近视还是远视是不够的。）

再说一次，在使用闪光灯拍摄的照片中，如果宝宝的一只瞳孔呈白色，或是两只瞳孔大小、形状或颜色不一样，就要立即进行检查。如果宝宝的头总是向一侧倾斜，也需要立即检查。这可能意味着斜视。

听 力

在这个阶段，宝宝学会了警觉声音的来源，并转向发出声音的方向。由于宝宝最常听到的词是他自己的名字，因此看起来就好像是他在对他的名字做出回应。这个年龄的宝宝会经常发出咿咿呀呀声，但是，你从他的嘴里还听不到什么辅音。他们会大笑，会伸出舌头发出噗噜声，会发出咕咚声、大声嚷嚷、奇怪的咳嗽声，并且常常还会尖叫。

如果你怀疑宝宝的听力有问题——他不会经常发出咿呀声，或不会转向你发出声音的方向——一定要让他做一次听力评估。如果宝宝在满6个月大之前对听力损失做出诊断和治疗，他们就可能比诊断时间更晚的孩子获得好得多的语言能力（以及学业的成功）。

非正式的听力测试，比如看看某种声响是否能使宝宝跳起或受到惊吓，是完全无用的。听力完全丧失的宝宝可以感受空气的振动并做出反应。

社会能力

一个 4 个月大的宝宝擅长于玩婴儿游戏，他们会对游戏的提议报以微笑、声音或动作，然后专心地等待着游戏发起者的进一步举动。

在 6 个月大之前，他可能还不会开始玩藏猫猫游戏。没关系，你可以利用这段时间进行练习。

运动能力

大多数 4 个月大的宝宝都能用手击打某个东西，有时会把它抓起来，放进嘴里。他们十分平均地使用双手，两条腿能同样有力地踢蹬。到 6 个月大的时候，大多数宝宝都能把一个物体从一只手换到另一只手中。

当你扶着宝宝站在一个坚固的物体表面上时，大多数宝宝都能承受自己的重量。如果你的宝宝到了 6 个月时还做不到这一点，你就要在进行 6 个月的健康检查时向医生提出来。

在这个阶段，宝宝开始能够靠着东西坐着。到了 6 个月大的时候，小天使应该能够坐在一把高脚椅子里，很多宝宝还能自己端坐在某个平面上，用双手摆弄玩具。

双向翻滚是一个不一定会准时出现的里程碑。如果你的宝宝在其他方面都做得很好，比如能用腿承受自己的重量，被拉着坐起来时能稳稳地抬头，试图蹭着肚子爬过去够一个玩具，他几乎就做得很好了。如果你有怀疑，就让你的儿科医生对此进行评估。

生　长

在这两个月里，大多数宝宝继续保持着每天 28 克的体重增长，并延续他们先前的生长曲线。

有着双下巴、大腿上的深深褶皱和圆滚滚的肚子的胖宝宝（身高体重百分位达到或高于第 90 百分位的宝宝——见第 3 篇第 18 章的"胖还是不胖，我们来告诉你"）可能会开始瘦下来，因为他们开始对吃奶以外的其他活动感兴趣。给他们这样做的机会是很重要的。吃配方奶的胖宝宝可能比吃母乳的胖宝宝在一段时间里更难变瘦，因为他们的脂肪构成不同。

这些胖宝宝很少存在潜在的医学问题。他们可能仅仅是"能吃"，从不拒绝多加几十毫升的奶或果汁。在这个年龄，你很容易帮助一个喜欢吃的宝宝瘦下来，并学会健康的饮食习惯。

这是一个开始养成下面这些良好习惯的好时机：

• 当他哭的时候，不要认为他是饿了，除非到了吃奶时间。

• 按照固定的时间给宝宝喂奶。不要在他无聊时进行"零食性哺乳"，也不要在他啼哭时塞给他一瓶配方奶（果汁我根本都不提及！不予考虑！）。

• 在给他喂奶时，要尊重他的节奏，当他吃得不那么急切时就停止喂奶。再次喂奶前要耐心等待，要确保他真的需要吃奶。

• 确保他得到了锻炼——让他趴在地板上，做撑起自己身体的动作；让他在弹跳椅里蹦跳；让他在有固定基座的学步车里玩耍。

• 不要让喂奶成为睡前仪式的一部分。如果他仍在夜里吃母乳或吃配方奶，要问问你的儿科医生，以他的身高体重来看，是不是可以帮助他改掉这个习惯。

瘦弱的宝宝也需要进行医学方面的评估。大多数时候，一个苗条的 4~6 个月的宝宝是健康的，他只是对于吃奶以外的事情更感兴趣。但是，有时这样的宝宝是患有隐匿性疾病，或是"喜欢挨饿"，或者照料他的人对于胖和瘦有着错误的理解。

牙　齿

大多数宝宝最早要到 6 个月左右时才会出牙。（口水仍然在起着保护作用，见上一章"流口水的意义"。）

不论你是否看到或摸到一颗牙，你都要继续每天按摩两次宝宝的牙龈，以便让他和你保持这个习惯。如果你的宝宝已经长出了一颗看得见的牙，请参考下一章"6 个月至 9 个月"的"牙齿"部分。

关于氟化物补充剂的讨论见第 2 章"从出生到 2 周"。

现在这个年龄是戒掉睡前吃奶习惯的最佳时机，更不用说夜间吃奶的习惯了。在这个年龄，大多数宝宝即使长了牙，也是很少的几颗，含着一口糖（乳糖）睡觉不会对他们造成什么伤害。但是，再过几个月，你一定不想看到宝宝珍珠般的小牙长时间地覆盖着一层会刺激腐蚀牙齿的糖分。而且，到了那个时候，宝宝会把吃奶看作睡前一个必不可少的环节，看作一种睡前惯例。这会使以后的睡前刷牙工作变得极为困难。

睡 眠

大多数这个年龄的宝宝会在一天24小时里睡15个小时左右，夜里大约睡9个小时，白天会分两次共睡6个小时左右。宝宝仍然应该仰面躺着睡觉。如果他们能自己翻过身来，可以让他们就那样待着。

过了这个年龄之后，宝宝就很难学会在婴儿床里入睡了。如果他们学不会这点，当他们在夜里醒来时，就无法自己重新入睡。

所有的宝宝每晚都会经历几个睡眠周期，在其中会醒来几次。几乎所有的宝宝在夜里醒来时，都会需要以与第一次入睡相同的方式再次入睡。如果哄宝宝睡觉意味着摇晃、哺乳、吃奶瓶，或是唱催眠曲，那么在夜里2点、3点半和5点，你也要重复这套仪式。

这并不意味着你不能抱着宝宝、摇晃他、给他唱歌。但是，在大多数时候，你要尽量在他清醒着、开始放松但眼睛仍然睁开的时候把他放进婴儿床里。在这个年龄，他喜欢滚动，发出咕咕声和咿呀声，把手、脚和玩具放进嘴里，然后自己打瞌睡。如果

他有点烦躁，给他唱歌并轻轻拍他通常能帮助他再次安静下来。

如果你错过了这个年龄，没有让宝宝学会在大多数时候自己入睡，你就错过了最佳时机。在6～9个月期间，大多数宝宝会出现分离焦虑；当你把他们独自留下时，他们会啼哭。幸运的是，习惯对于大多数宝宝来说比分离焦虑更强大。习惯于自己入睡的宝宝通常会渐渐喜欢上这种感觉。当妈妈为了洗澡而把他放在婴儿床里时，他会大声啼哭，但是当他知道到了该睡觉的时间时，就不会哭闹。

此外，在6～9个月期间，宝宝将学会拽着东西站起来。如果他不喜欢被留在婴儿床里，就会冲着你摇晃婴儿床的围栏，向你伸出渴望的双臂，然后重重地向后摔倒，将头撞到婴儿床的侧栏上。他还可能会让玩具从床边掉下去，然后在它们消失时发出哀求的尖叫。他可能会一直尖叫，直到呕吐。

要想尽量教会他在这个年龄自己入睡，需要你具有铁石心肠，或是只有在经历过至少两周连续的不眠之夜后才会拥有的一种绝望情绪。

除了教会他在就寝仪式中放松下来自己入睡之外，最好教给他知道他不需要一个特定的人来执行这套仪式。要换个人在睡前哄他。如果你是

> 不应给 1 岁以下的宝宝喂食蜂蜜，以防止婴儿肉毒杆菌中毒。关于食用鱼类的指导原则见第 7 页。

单亲父母，可以让一位信任的朋友帮忙或雇用一个临时保姆。这是一个好主意，即便宝宝在工作日会与其他人待在一起，并且你珍惜就寝时的亲密时光。你不需要经常如此，但是，只需几次，就能让你在以后把他留给奶奶照料时好过一些。

小 睡

大多数这个年龄的宝宝每天会小睡两次，每次 2~3 小时。

就像宝宝能够培养睡一整夜的习惯一样，他也可以培养起每天在一个相对固定的时间小睡的习惯。关键在于，要让他在其他方面也形成尽可能规律的作息时间，并让他适应小睡的环境。你通常无须执行复杂的夜间惯例以及在小睡时唱"催眠曲"，你只需每天按照相同的顺序在固定的时间安排吃奶、洗澡、外出和玩耍就足够了；要将小睡也安排在每天的固定时间。在小睡前抱抱宝宝，轻轻摇一摇他，这是一个极好的、会令他感到舒适的主意；只是要确保宝宝在此过程中不会真的睡着。

因此，我会尽力不让任何人养成这个习惯。

喂养与营养

奶：母乳、配方奶及其他

无论是吃母乳的宝宝还是吃配方奶的宝宝，现在可能都准备好尝试固体食物了，但是，他们所需的大部分营养仍然来自母乳或配方奶。如果你有明显的家族过敏史，你的儿科医生可能会强烈要求你在宝宝满 6 个月之前只给他吃母乳或高科技配方奶。任何宝宝都不应在未满 1 岁前喝纸盒装的牛奶（或羊奶）。这会造成缺铁，并由此导致发育障碍。它的钙磷平衡及脂肪比例都不适合婴儿。

要在婴儿大约 5 个月大时开始让他用杯子喝奶（挤出的母乳或配方奶）——不是果汁。我建议用一只简单的杯子，而不是带有杯嘴的"学饮杯"，很多宝宝会对杯嘴感到困惑，不知道是该抿着喝还是吮吸。

固体食物

我说的固体食物指的是辅食：柔软的蔬菜泥、水果、谷物和肉类。一些书上将其称为"beikost"（一种不含牛奶的固体或半固体的婴儿食物）。

> 现在是理解掌握儿童营养学家古鲁·埃琳·萨特（Guru Ellyn Satter）的"喂养黄金定律"的大好时机：成年人决定在何时以及何地提供何种食物，婴儿和孩子们决定他们每种食物吃多少。
>
> 劳拉的第一条补充：如果一个婴儿似乎变得挑食了（比如，只吃黄色蔬菜），只需别再提供这种使孩子上瘾的食物。
>
> 劳拉的第二条补充：避免让宝宝接触对他造成诱惑的食物（比如果汁、用来咀嚼的麦圈，或是在食物上涂抹番茄酱），要比在以后试图限制或拿走这种食物容易得多。

最好使用没有添加剂（除了铁添加剂）的纯食物，而不是混合食物，除非你能确定小天使对食物会有什么样的反应。

由于这个年龄的宝宝所需的大部分营养来自于奶，因此，可以把它作为固体食物的"辅助引导"。

能够很好地接受固体食物的宝宝可以趾高气扬了。他们常常会兴致勃勃地看着其他人吃东西，并模仿着张开嘴。当你给他们一勺食物时，他们会接受，而不会用舌头把它推出去。

每3天或4天给宝宝尝试一种新食物，看看他是否耐受。宝宝吃某种食物会出现问题的迹象包括面部的皮疹或尿布疹、强烈拒绝这种食物、呕吐、水样大便或大便疼痛。刚刚吃下的食物原封不动地出现在大便里是没有关系的（虽然会令人不安），只要宝宝没有表现出任何不适。食物的一部分可能已经被吸收了。

关于何时给宝宝喂食何种食物的指导原则，来自常识与传统的依据和来自科学研究结果的依据一样多。

洗 澡

很多这个年龄的宝宝都喜欢洗澡。对于少数害怕洗澡的宝宝，让他们和你一起进浴缸洗澡通常会有帮助，这样，洗澡与拥抱就可以结合在一起了。随着宝宝长大一点，会对泡泡非常着迷，你会想要每次都给宝宝洗泡泡浴。如果你这样做，要在给宝宝擦干之前用清水冲洗生殖器部位，以避免肥皂水刺激阴茎头或阴道区域。爽身粉对于这个年龄的宝宝来说是危险的：他们很容易抓起装爽身粉的容器，放进嘴里咬。

换尿布与穿衣

在这方面，在这一年龄阶段唯一

辅食应该是安全而健康的

• 避免黏性的、多纤维的、大块的、松脆的食物；避免任何会导致窒息的易碎的食物。我们曾看到过一些由松脆的磨牙饼干造成的严重窒息事件。

• 不要购买加入盐、糖、脂肪或人工成分的食物，也不要在食物里添加这些成分。

• 避免含有较高盐分、糖分和脂肪的食物：火腿、猪肉、苹果汁、蛋黄。

• 几个品种的家庭种植蔬菜可能是有危险的。它们可能生长在富含硝酸盐的土壤中，会造成婴儿的贫血症。最好不要在家里种植胡萝卜、甜菜、芜菁和羽衣甘蓝。

• 为了给未来树立一个好榜样，要在宝宝的饮食结构中多提供绿色和黄色的蔬菜、水果和谷物，少提供糖、精制淀粉、脂肪和红肉。

• 如果你的小天使没有吃富铁食物（比如铁强化的米糊），也没有喝铁强化配方奶，问问你的儿科医生关于补铁滴剂的事情。

• 确保让宝宝喝和以前同样多的奶，不要减少奶量。你现在只是将食物作为一种让他在成长过程中填饱肚子的补充，并让他尝试新的口味。

在这个年龄，大多数宝宝的营养仍然来自母乳或配方奶。母乳喂养的宝宝每天仍然应该好好吃5顿奶；配方奶喂养的宝宝大约需要吃720毫升左右的奶，具体情况要参考身高体重。（一条很好的经验法则是一天5次，每次的奶量是0.9千克体重对应30毫升的奶。配方奶的上限是每天960毫升；超过这个上限意味着宝宝的胃口太大了，还意味着家庭预算非常紧张。）

一些宝宝喜欢在吃母乳或配方奶前先吃固体食物，一些宝宝喜欢在吃奶后吃，还有一些宝宝喜欢在吃奶的中间吃。有些宝宝每顿饭和每天的习惯都可能不同。我建议你顺其自然。

• 先给宝宝吃奶，然后再吃固体食物，要留意看他到底想吃多少。

不要试图让宝宝把罐子里的食物都吃完，也不要给他设定目标数量或是"吃得过饱"，以便他能睡得更久一点。即使4个月大的宝宝也能大致掌控吃的过程——你只需等着他将食物吐回勺子，你的看法就会有所改变。任何给宝宝喂食的人都可以用这种方式握住勺子——宝宝需要转过头或凑过来吃；要掌握好喂食的节奏，可以在喂食的过程中和宝宝聊天。要尊重个人口味，比如，不要强迫宝宝吃捣碎的利马豆，当宝宝扭过脸时就停止喂食。

- 一开始先吃米糊，然后是绿色蔬菜，然后是黄色蔬菜，然后是水果。

米糊是平淡无味的。你可以在里面掺一点母乳或配方奶，使它拥有熟悉的味道。这是一种很好的引导办法。米粉中还含有铁，因此，吃母乳的宝宝吃了米糊后就不再需要补铁滴剂。

其他食物按照甜度从低到高的顺序——引入。这么做的理论基础在于，一旦宝宝吃过了甘薯和桃子，他就会拒绝青豆。

绿色蔬菜不论是从味道还是口感上来说，都确实是一次大冒险。你可能需要在三四天里的每顿饭都给宝宝提供同一种绿色蔬菜，之后宝宝才同意多尝一口。

婴儿肉类食品从味道和质感上来说也是一大挑战。由于宝宝已经获得了充足的蛋白质和铁，因此不用急于让宝宝接受它们。

- 给宝宝3到4天时间，看看他对一种食物有没有不良反应，然后再给他一种不同类别的新食物。

对食物的不良反应的确会出现，但不一定是过敏：食物中可能含有超过了宝宝消化能力的纤维、糖或脂肪。非常酸的食物可能产生酸性的大便和酸性的口水，这会导致宝宝的尿布区域和脸上起皮疹。但是你无须为此担心，乐观而谨慎才是一种更为健康的心态。

- 为混乱做好准备。

宝宝用手抓起盘子里黏糊糊的食物，塞进嘴里，这种现象会从5~6个月时开始出现。让他参与得越多越好。宝宝拥有越多的控制力，他就会越高兴，学到的东西也就越多。

的新信息是，在你试着给宝宝穿衣服和换尿布时，他们普遍会趁机翻身并抓东西。换尿布和穿衣服应该在地板上进行，或是在台子上用安全带将宝宝固定住。永远不要有哪怕是片刻的转身。要把爽身粉放在宝宝够不到的地方，还有那些宝宝能够抓到、吃进嘴里或是造成窒息的东西。

见上一章该部分关于珠宝、束发带和鞋子的简要讨论。对于那些医生没有明确说明要穿鞋子的宝宝来说，不穿鞋子对他们才是最好的。

活　动

我喜欢把这个年龄的宝宝形容为一张急于探索的嘴巴。其他的身体部位——手、脚、眼睛——都仅仅是协助嘴巴的帮手。

手是用来伸出去、抓住东西、放进嘴里的。任何小得能够抓住但却安全的（每个维度都不小于6厘米，没有尖锐的边缘或可拆卸的部件，无毒）玩具都可以让宝宝探究好几分钟。那些在抓它们时会荡开的玩具，比如用有弹性的绳子吊挂在婴儿床上的玩具，不是很好的玩具。

眼睛是用来找可以放进嘴里的东西用的。Mobiles玩具不太好，因为宝宝抓不住它们。镜子很有趣，如果它们放得足够近，能够对着镜子里的宝宝亲亲、舔舔和流口水的话。

脚很好，可以放进嘴里。

腿也很好，可以用来踢某个会发出声响的东西，因为在嘴里有东西的时候没有办法自己发出声响。

耳朵很好，可以用来在嘴里有东西的时候听声音。

玩具与设备

这么小的婴儿不需要任何真正的帮助来发展他们注定要学会的技能。也就是说，你不需要购买特殊的玩具和设备，只需要一个充满爱心的、重视游戏的照料者，以及一些普通的物品来让宝宝探究，比如量勺、镜子、不带玻璃的对宝宝安全的咖啡桌、成年人的眼镜、帽子和鼻子。

毕竟，一个4个月大的宝宝最快乐的事情就是发现某个东西，盯着它看，放进嘴里探究，然后再转向下一个物体。镜子、在摇晃或抓握时会发出吱吱响或有趣变化的东西（比如大人的鼻子）都是非常好的玩具。运动形式的改变是很有趣的，但是，宝宝在能够造成这种运动时才会获得最大的乐趣。也就是说，一个安全的"弹跳椅"或学步车，要比坐在秋千上或坐在婴儿车里有趣得多。

宝宝仍然容易因为扭动和摇晃而受伤。我知道一些父母很想给宝宝使用带轮子的婴儿推车，以及把宝宝抛起来逗他笑，但是，我认为这样做的危险大于好处。不要把宝宝抛起。要尽力选择一款让宝宝面朝后坐的婴儿车，以避免扭伤，而且他可以一直看到你，而不是面对着没有人的流动景色。要确保不让带轮子的婴儿车经过颠簸不平的路面，并要确保汽车尾气不直接喷到宝宝。

安全问题

如果你还没有按照前面章节中的建议在家里做好安全防护并准备好医药箱，请现在去做。我们只在此基础上做一些补充。

这是一个要为接下来的几个月提

前考虑的时刻。从现在开始到1岁，正常的宝宝在运动方面会有非常显著的发展。你的宝宝可能是个喜欢安静的人，愿意坐下来探究各种小东西，或者他可能是个在8个月大就学会走路的宝宝。又或者他是一个擅长攀爬的小家伙，就像我认识的一个9个月大的宝宝，他能爬上各种东西，从枕头到椅子，从桌子到台子再到橱柜。你很难相信一个很容易被放在婴儿围栏里的吐泡泡的小天使，会在这么短的时间里取得如此大的飞跃。你要相信他。

现在，你要花时间在家里做好安全防护，以便让宝宝能够安全地运用他的嘴巴、运动、攀爬和探索。你不仅能够预防悲剧发生，还能使管教变得更加娴熟、有趣和有效。设定几个前后一致的限制要比无休止地反复说"不"省力得多，也更能教育孩子。

需要采取的行动

- 参加心肺复苏术课程，并确保你的伴侣以及所有照料者都参加。尤其要关注怎样以及何时使用"婴儿海姆立克"急救法来帮助因小块物体而窒息的宝宝。如果你的照料者说外语，要确保她参加的培训课程是用她的母语讲授的，并且她懂足够多的英语，以便能拨打911和寻求帮助。

- 检查你的烟雾报警器的电池。

- 始终都要使用汽车安全座椅。要确保它正确安装以及肩带的正确使用。把汽车座椅安装在后座中央，面朝后方，只要宝宝能够坐进去，这样在各方面都会更加安全。

- 将所有易碎、尖锐、能够吃进嘴里或会引起窒息的物品从任何低于1.2米的物体表面和宝宝能攀爬着够到的物体表面拿走。要特别注意卫生间，从现在开始就养成使用过卫生间后随手关门的习惯，以及不要把电子设备留在水源附近的习惯。要小心卷发棒，它对于宝宝很有吸引力，而且容易被抓住；要把它放在一个宝宝够不到的地方。

- 小心所有水源：水池、浴缸、喷泉、马桶、浴盆、水桶。宝宝会靠在它的边缘，头重脚轻地跌进去，几厘米深的水就会造成溺水。

- 在柜门上装上安全插销，在电源插座上装上安全罩。同样重要的是，如果不是更加重要的话，要尽量把接通电源的电线藏在宝宝够不到的地方。由于啃咬电线而造成的嘴部严重烧伤比因接触插座而触电的情况更常见。

- 检查家中的铅暴露情况：1960年以前建造的房子脱落的涂料或墙灰，排放污物留在土壤中的铅，水管中的铅。如果你有疑问，可以与你的儿科医生进行讨论。

• 把卫生间和厨房水槽下面的化学制剂移到更高、更安全的地方。尽可能地扔掉一些，尤其是杀虫剂。在大多数情况下，害虫比化学制剂更安全。此外，要扔掉管道疏通剂，或者把它藏好。

• 在每台电话机旁写下你的儿科医生的电话号码、中毒控制中心的号码，以及一位可靠的邻居的号码。

• 如果宝宝被放在地板之外的其他物体表面，片刻都不要转身。他肯定会掉下去。

• 不要在宝宝的脖子上戴链子、珠串或项链，它很容易被挂住而导致窒息。要小心网状侧壁的游戏围栏，它可能挂住衣服上的纽扣，把宝宝"挂起来"；还要小心婴儿床附近的窗帘绳或类似绳子的其他东西。

• 在宝宝洗澡时一秒钟都不要离开。

• 不建议让宝宝参加婴儿游泳课程。美国儿科学会呼吁不要让3岁以内的宝宝参加任何会把宝宝浸入水中的游泳课程。原因如下：

1. 一些宝宝在浸入水中时会引起一种反射，关闭上呼吸道，导致窒息。

2. 一些宝宝在水下会不由自主地、自动地喝下大量的水，这会稀释血液，造成体内化学物质流失。这会使宝宝严重生病，甚至造成惊厥和昏迷。

3. 宝宝吸入水后容易患耳部感染和肺炎。他们的身体器官和免疫系统还不成熟。如果他们的游泳班里还有其他包着尿布的婴儿，那么只有在一个非常罕见、非常巨大、得到良好维护的游泳池里，才能控制所有这些细菌。

4. 上游泳课无法预防孩子溺水。一个会游泳的孩子在突然掉进水里时仍然会恐慌。实际上，这样的游泳课可能会使一个喜欢上水、会无所顾忌地走向一个无人看管的水塘的孩子面临危险。

健康与疾病

本书第2篇讨论了这个年龄和更大的婴儿的各种疾病。它包括如何对症状进行评估，比如腹泻或咳嗽；如何判断孩子是否病得很严重，需要紧急或迅速就医；以及如何分析某个具体身体部位的问题，比如眼睛或腿。婴儿的年龄越小，我们就越应该更加小心地为任何可能严重的状况迅速寻求帮助。我尽量很保守地对待这些方面的问题，但是，如果你有任何疑问或问题，要立即咨询你的儿科医生。

可能出现的问题

从医学的角度来看，4~6月的宝宝与2~4月的宝宝在很多方面都相似。他的免疫系统还未成熟，感染或接触传染性疾病对他没有任何好处。然而，比较轻微的疾病，如感冒和肠胃不适具有的威胁性已经小很多了，这是因为宝宝长得更加强壮了。

但是，这个年龄段的宝宝与上一年龄段的宝宝相比，有一个重要的区别。现在，宝宝能够伸手去够各种物品，并把它们放进嘴里。这些物品是否容易传播疾病？你应该怎样处理任何掉在地板上的东西，用水煮、用力擦洗还是丢掉？是过分小心的做法对心灵的伤害大，还是随随便便的做法对身体的伤害更大？或者反过来？

无论病毒（如轮状病毒）还是细菌（如链球菌），都可以通过玩具和家具的表面进行传播。如果宝宝触摸了一个被污染的物品，然后将自己被污染的手（或是脚或是物品本身）放进嘴里，他可能会患肠道疾病；如果他摸了自己的眼睛或鼻子，他可能会患呼吸道疾病。

那你该怎么办？

不要妄想能够阻止宝宝摸他的眼睛、鼻子和嘴。你也不可能不断地清洗宝宝的手和脚。在我看来，让宝宝保持健康的最有效方法是：

尽可能促进免疫系统的发育。你可以通过母乳喂养，进行疫苗注射，给宝宝提供充足的休息、练习和快乐（我相信，在某种程度上享受快乐是一项重要的天生功能）来实现这一点。另外一点是要保持宝宝的口腔黏膜充分湿润，可以考虑使用冷雾加湿器。

要使周围的环境对宝宝的免疫系统有利。是的，我们不会因为穿很少的衣服站在风雨里就感冒。但是，这样的刺激的确容易导致流鼻涕，以及身体不适，从而减弱身体抵抗感冒的能力。

避免明显的污染源。不要让你的宝宝把玩儿科医生候诊室里的玩具或把它们放进嘴里。把他抱在你的腿上，不要让其他孩子关注他。一个好办法是大声地对宝宝说："不，不，米兰达，你不能和这个好心的小哥哥玩儿，医生说你到下周二之前都有很强的传染性。"你可以特意把米兰达举到你的肩膀上，让她背朝着那个好奇的小男孩；微笑着对小男孩的父母道歉，并且说："我们家都被他传染上了。我们把它称为'诅咒'。我真不希望把它传播到整个社区。"然后打个喷嚏（小心地用手帕捂住嘴），或者至少清一清沙哑的嗓子。

一定要非常非常努力地寻找一个不超过4个宝宝的日托环境。这么小的宝宝不需要分享玩具。即使他们分享玩具，或者如果他们总是触摸彼此，他们也不会像学步期和学龄前的儿童那样处于容易感染疾病的阶段。

如果宝宝的玩具掉落在一个极有可能被病毒污染的地方，你要把它洗一洗。如果宝宝触摸了某个极有可能被污染的东西，你要给他洗手或脚。如果有季节性流行病，尤其要这么做。如果需要，可以用婴儿湿巾。由于宝宝还不会自己四处走动，因此这种情况应该不会经常发生，并且也没有人会指责你偏执或有强迫症。你一定不希望宝宝在这个年龄感染轮状病毒腹泻或合胞病毒细支气管炎。

在你摸了某个高度可疑的东西之后（包括换尿布之后），以及在你触摸宝宝之前，都要**洗手**。在去公共场合时，要把湿巾放在方便的地方。在你触摸自己的眼睛或鼻子前要洗手，大多数呼吸道病毒都是通过这种方式传播的。如果你认为自己从来不会无意识地摸自己的眼睛或鼻子，你可以在手指上涂上蓝色粉笔，过半个小时再照镜子。出于同样的原因，在你摸过自己的眼睛或鼻子之后，以及摸宝宝之前，也要洗手。

但是，最终仍然不可避免地会有一些接触，因为呼吸道病毒可以通过空气传播。要避免去人群和儿童聚集的地方，尤其是疾病暴发时期，这是保护这个年龄的宝宝的一个非常有效的方法。

我不认为这些措施是过度保护。这个年龄的宝宝不会从生病中得到任何好处。他的免疫力还不够强大，与大一些的孩子相比，他们面临着更大的副作用风险。此外，虽然这个年龄的宝宝可能会表现出对人群、生病的成年人、生日派对和幼童的喜爱，但他们也同样喜欢塑料钥匙、自己的脚、闪亮的镜子和自己的家人。

常见的轻微症状、疾病与担忧

感　冒

这个年龄的婴儿即便是在患单纯性感冒时，通常也能使他们感到舒适并保持相当的愉悦；他们或许会把鼻涕当作另一种口水。关于评估与缓和感冒症状的建议参见上一章。

肠胃不适

单纯性呕吐和腹泻的观察及治疗方法与较小的婴儿相同。见前面章节的讨论。

单纯性便秘

吃配方奶或固体食物的宝宝会容易出现便秘,如果不及时采取措施,有可能会形成一个令人沮丧的恶性循环。关于如何避免这个非常常见的问题的讨论见上一章。

严重或具有潜在严重性的症状、疾病和担忧

发 烧

发烧是对感染和炎症的一个正常反应,它是一种症状,不是一种疾病。在新生儿期,它是一个非常有效的症状。很小的宝宝在出现严重感染时,可能只伴随着轻微的体温升高。此外,严重疾病的其他行为上的迹象可能非常难以察觉。宝宝年龄越小,就越是如此。然而,随着宝宝的成熟,疾病的各种症状逐渐变得与发烧的程度同样重要,甚至更加重要。对于这么小的宝宝来说,最好不要使用对乙酰氨基酚来治疗发烧,除非你知道是什么原因引起的发烧,你一定不希望掩盖一个重要的症状。

对于4~6个月的宝宝来说,直肠温度达到或超过38.3℃就应该迅速在当天与儿科医生联系。如果宝宝表现出不舒服的迹象(见本书第2篇"行为、气味和外观上的疾病症状"),或是体温达到40℃,就要紧急就医。

大多数发烧都是由病毒引起的,但是偶尔也有例外,例如尿路感染。我遗憾地告诉你,长牙从来不会引起发烧。这个传说的由来是这样的:从这个年龄一直到2岁,宝宝总是在长牙,因此,每当宝宝发烧时,通常都有一颗牙正好长出来。为什么从来没有人声称是发烧引起的长牙呢?

呼吸问题与持续的咳嗽

对于这些问题的评估和处理与较小的婴儿相同。请参考前面的章节。

复杂性腹泻或长期腹泻

相关讨论与较小婴儿的仍然相同。请参考前面的章节,另外,还可以参考下文的"肠套叠"部分。

持续性或喷射性呕吐

关于呕吐的讨论,以及被称作肠套叠的例外情况,均与上一个年龄段相同。

**肠套叠:
一种有着不同症状表现的肠梗阻**

肠套叠是一个非常罕见的问题,每1000个婴儿中仅有4例,其发病的高峰在3~36个月期间。

问题是很多宝宝都会出现肠梗阻的症状,尽管没有几个宝宝会真的患有这种疾病,然而对于每一个出现相关症状的宝宝来说,医生都需要考虑到这种诊断,然后再将其排除。这意味着,如果你的宝宝出现几种症状中的任何一种,你的儿科医生可能会将这种诊断列为一种可能。

患有这种疾病的宝宝,小肠的一段肠管叠缩进相连的肠腔内,就像挽起的衬衫袖子一样。这会导致肠内的血液循环被阻断,就像绑上了止血绷带一样。如果不进行治疗,小肠就会被"勒死"。

患有这种疾病的宝宝常常会在小肠每次纽绞和挤压时尖声哭叫,但并不总是如此。他常常会呕吐,但并不总是如此。他常常会出现果酱状血便,但并不总是如此。他有时候不呕吐,不出现血便,也没有腹痛的迹象,但会反复表现得苍白无力、昏昏欲睡,并在之后再次活跃起来,看上去"几乎好了"。

如果能较早做出诊断,常常可以在 X 光的指导下借助一种特殊的灌肠剂来解开扭结的小肠。如果诊断得较晚,有时必须进行手术。如果一直没有对该疾病进行治疗,宝宝可能会休克,并伴随高烧和血压的降低。

轻微伤

这些轻微伤与爱冒险的小宝宝现在活动能力的增强有关。

从某个物体表面滚落

幸运的是,如果出现滚落,这个年龄的宝宝通常是从较低的物体表面滚落,比如沙发和床,他们通常不会受到严重的伤害。在尖叫声(父母和宝宝的)停止之后,可以查看宝宝身上有没有明显的瘀伤:把他全身的衣服脱掉检查。看看他的两只胳膊是否都能自由活动,有时候宝宝会在跌落时造成锁骨、手臂或腕关节骨折。随后,即便宝宝看起来一切正常,你也要给儿科医生打电话,一方面,你细心而诚实的汇报将被记录在案,这样,如果宝宝身上出现严重的瘀伤,你就不会被指控虐待儿童。另一方面是因为你可能会在第二天或是以后注意到一些新情况,然而却忘记它与这次意外的联系。

在被抱着时跌落

我把它归入轻微伤,是因为我从未见过它造成严重的问题,感谢上帝。但是,任何情况都总有第一次。以下是会经常出现的场景:

- 大人走在楼梯上，分神了，没有扶手；
- 由年龄太小或太过冲动的孩子抱着宝宝；
- 婴儿座椅的把手结构有问题，或是父母在变换位置时分神了——通常是在换手时，尤其是当座椅上盖着毯子的时候。

灼 伤

这个年龄的宝宝出现的最常见的灼伤应该是被太阳晒伤。带着宝宝出去玩是件那么可爱的事情，以至于父母们很容易忘记太阳的存在，不论是否有云彩或阴凉地可以躲避阳光。反射的阳光和透过玻璃的阳光仍然会造成晒伤。由于晒伤要过 6～12 小时才会完全显现，因此，只要宝宝皮肤稍有变为粉色就要提高警惕，并把宝宝转移到室内（而不仅仅是转移到阴凉的地方）。任何出现水疱的晒伤都应去看医生，并由医生进行处理。不要把水疱弄破！随着晒伤而来的还有温度过高的问题。如果宝宝过热、脸发红，可以用改变环境的方法给他降温，要给他补充水分并用温水擦洗手脚。如果宝宝看起来不舒服，脸色不好，他有可能是中暑了（见第 2 篇第 13 章的"发烧"）。

过 热

伴随晒伤而来的是过热的问题。或者，宝宝本来在寒冷的天气里得很厚，但是却被放在了开着暖气的车里，或是放在了洒满阳光的窗户旁。

宝宝如果过热、脸发红，可以通过改变环境来给他降温，要给他补充水分并用温水擦洗四肢。如果宝宝看起来不舒服，脸色不好，他有可能是中暑了（参见第 2 篇第 13 章的"发烧"）。

严重受伤

婴儿摇晃综合征

摇晃、抛起或猛烈晃动这个年龄的宝宝会导致大脑中的血管受损，引起惊厥，造成视力、听力、智力损伤，甚至死亡。把宝宝抛起是件很有趣的事，当宝宝啼哭时，很想摇晃他，让他获得一些理智，但是，所有的照料者都应在头脑中牢记这种可怕的可能性。要确保照料你孩子的人对此非常清楚。患有摇晃婴儿综合征的宝宝可能不会有任何外伤的迹象，但会表现出不适、昏睡和烦躁。

窒 息

这个年龄的宝宝还不具备用指尖

抓握的能力，他们还不能拿起硬币、电池、花生和其他容易导致呼吸道阻塞的物品。但是，他能拿起一块5厘米大的积木、一个乒乓球、一块棉花软糖，或是拿起一个玩具，并把玩具的头用嘴咬下来。或者，如果给宝宝一罐糖果摇着玩，他可能会把罐子的盖子咬下来。

机会之窗

就　寝

参见本章"日常的发育"中的"睡眠"部分，以确保在接下来的一两年里能睡个好觉。

开始用杯子喝奶

毕竟所有的东西都在嘴里尝试过了，宝宝对于吮吸不那么感兴趣了，因而会更感兴趣用嘴巴进行其他探索。在这个时候，他自己还拿不住杯子，但是，他能掌握小口喝的窍门。我一直避免使用那些带嘴的杯子，因为我确信很多宝宝都会被它们搞糊涂。一个小的塑料杯，甚至一只在里面放了一点母乳或配方奶的不易碎的小酒杯都是很好的选择。不要在杯子里只放果汁或水。

戒掉安抚奶嘴

由于宝宝探索的需求已经超过了吮吸的需求，因此，现在是"弄丢"安抚奶嘴的好时机。大多数宝宝不会想念它——或者只会烦恼一会儿。但是，如果你现在不这样做，安抚奶嘴就会成为他们心爱的安全依恋物。

和宝宝说话

如果任何人对于傻傻地同宝宝说话感到害羞或极不自在，现在是克服这种心理的好时机。这个年龄的宝宝对于你说的任何话都很感兴趣。你无须在意自己说什么，你可以同他们谈论政治，谈论你的朋友，提出异想天开的科学理论。如果你天生就对这件事情感到难为情，你可以渐渐习惯于大声地说出生殖器的名称。这是在为以后进行性教育做好准备。

只要说话就行。宝宝喜欢听到你的声音。

现在，宝宝会转向任何新的声音，不管这个声音在说些什么。他可能正在学习一点关于母语的转调和语气。

如果……怎么办？

开始日托

离开这么迷人的宝宝回去上班是件很难的事情。下班回家，发现宝宝与他的照料者度过了美好的一天，这会令你更难。但是，有一点非常值得欣慰：从宝宝的角度来看，现在经历这种变化会比以后再经历这种变化要容易一些。

大多数宝宝在两个多月之后才会出现分离焦虑，到那时，他们对父母（通常是母亲）的依恋会更像"强力胶水"，而不是"尼龙搭扣"。但是现在，只要经过短暂的熟悉过程，他们可以"跟任何人走"。此外，他们的作息时间基本比较规律，简单的娱乐活动就能让他们高兴，而且他们还不能自己移动。

这些特点不仅能帮助宝宝适应保姆，而且还能帮助保姆与宝宝建立亲情心理联结。这一点是很重要的，尤其是对那些性格活泼、意志坚定的孩子。如果你在这个讨人喜欢的阶段爱上他，等他长成9个月或15个月大的淘气宝宝时，就会比较容易应对了。

尽管承受着巨大痛苦，但日托方式的选择依然很重要。一个保姆同时照顾几个不同年龄的孩子在现在看来很好：学步期的孩子常常会发现这个年龄段的宝宝非常迷人，宝宝也会因为他们的关注而高兴得哈哈大笑。但是，仅仅再过一两个月，宝宝就能四处移动了，并且开始试探各种限制，到那时，保姆与学步期孩子的耐心都会经受考验。

此外，那些学步期孩子在免疫方面正承担着重要任务。他们的任务就是感染各种传染性疾病，以便为自身的免疫力打下基础。他们在没有出现症状前具有最强的传染性。宝宝一定会感染上这些疾病。

这对于宝宝没有任何好处。他通常还不能对这些疾病产生永久性的免疫，因此，他们染上这些疾病是徒劳无用的；在生病时，他学得不那么好。如果他容易患上耳部感染，反复的病毒感染容易发展成耳炎，在生病期间他的听力可能会下降。这真是太糟了，因为接受性语言在这个年龄开始迅猛发展。

另外，这个年龄的宝宝虽然容易被其他孩子逗乐，但是，他并不需要他们来获得全面发展。他所需要的是充满爱心的成年人，以及一个适合探索的环境。

最后，一个忙于照顾学步期孩子的保姆可能没有时间、精力或动力去对这个年龄宝宝的更为微妙的需求有敏锐感知。对于每一个哭着"要求关注"的孩子,她的回应可能都是给他一瓶果汁,或是抱着他在屋里转。这会为以后的溺爱问题埋下祸根。或者,她可能没有时间与他一起做真正的游戏。

当然,一对一的日托方式对于大多数父母来说都是不可能的。但是,我强烈建议你尽量寻找一种其他日托儿童与你的宝宝年龄相近或比他大几岁的日托情形。日托儿童的总数不要超过4个,这不仅是从获得关注的角度进行考虑,而且也是为了防止传染病的传播。

与父母分离

虽然现在宝宝还没有形成分离焦虑,但是,他们对于事物的"连续性"和"惯例"已经有了一些感觉,并且他们现在无疑已经认识到了父母的特殊性。

这个年龄的分离要比几个月之后的容易得多,甚至比几个月之前也更加容易,因为现在宝宝能做更多的事来娱乐自己,而不再那么依赖于亲密的依偎和拥抱。一个星期左右的分离对宝宝来说,可能比相对父母来说更容易一些。然而,至关重要的是,离开宝宝的成年人必须已经与宝宝建立起牢固的亲情心理联结。即便如此,也不要期望在你回家后宝宝能立刻认出你,并"原谅你"。他可能需要花一天左右的时间才能重新和你熟悉起来。

带着宝宝旅行

带着这个年龄的宝宝外出旅行要比之前更容易一些,因为宝宝非常喜欢喧闹的人群。和以前一样,你唯一需要警惕的是传染性疾病(随身携带湿巾,用来擦你的手、宝宝的手、宝宝拿着玩的任何东西;不要让小孩子来到宝宝旁边,对着他打喷嚏)和二手烟。一定要避开二手烟。如果有人粗鲁地坚持抽烟,你可以面带病容地说你很抱歉,但是烟味让你想吐。他们会停下来的。

更多建议见上一章的该小节。

再要一个

这个年龄的宝宝的父母可能会非常想要第二个孩子,尤其是那些脾气随和、容易照顾的宝宝的父母。哭闹与腹绞痛的日子已经成为过去。很难想象还会有谁会比这么讨人喜欢的宝宝更加顺从和容易照顾的了。

如果你现在怀孕,或是启动收

养程序，等你的新宝宝到来时，你现在的宝宝应该已经会攀爬和四处跑动了，他积极地试探各种限制，热衷于打人、咬人、掐人和揪头发。他需要成年人以极大的耐心来为他设立恰当的限制，还需要给予大量关注来帮助他发展语言能力。如果父母要照顾新生儿，他们会睡不好，因此会变得不那么耐心和专注。

此外，当新宝宝在9个月左右开始试探各种限制的时候，较大的孩子正好处于两岁左右的分离焦虑的顶峰时期。当父母在两个孩子如此强烈的情感需求之间被来回拉扯时，他们会感到十分绝望。

当然，如果父母还要应对其他需求，比如一个生病的老人、夫妻双方各自的事业，或是经济问题等等，所有这些困难就会被加重。

如果在母亲第二次怀孕期间以及新宝宝未满6个月之前，较大的孩子需要参加日托，还需要考虑特殊的健康问题。较大的孩子可能会把病毒带回家(尤其是巨细胞病毒，见术语表)，如果母亲感染了这些病毒，就会传染给胎儿。在新宝宝出生后，去日托中心的学步期的孩子会想要亲吻和拥抱自己的弟弟妹妹，因此，也就会把他在这一天带回的某种或全部病毒传染给弟弟或妹妹。

大多数时候，学步期的孩子会在生病前或在自己不生病的情况下传播这些病毒，这使得问题更加棘手：你对问题的发生毫无警觉。

离婚与抚养权问题

当这个年龄的宝宝的父母告诉我他们正考虑离婚时，我总是忍不住想知道：宝宝与年龄相关的行为是不是一个影响因素？是否父母中的一方对宝宝过于迷恋，以至于心中没有空间（或动力、时间、精力）容纳夫妻间的情感？在4~6个月期间，小天使注定会与一个特别的、钟爱他的成年人建立非常牢固的亲情心理联结。不幸的是，这常常伴随一种情况，即小天使看起来好像总是在拒绝其他成年人，包括——不，尤其是！——另一方父母。

当你被你的伴侣忽视，并被你漂亮的宝宝拒绝时，很容易觉得整个家庭关系好像是一个大错误。说什么"单相思"和"不被欣赏"！

如果你处于这种困境，最重要的是，夫妻双方都要表现得像个成年人：也就是说，要理性地考虑当前的状况，将目光放长远一些，着手改变这种不对称的亲情心理联结。要做到这一点，重要的是父母双方都不要把小天使的行为看作是针对自己的。你的小天使只不过处于一个重要的、正常的、暂时的、普遍的发展学习阶段。

"解决办法"是让被拒绝的一方定期与宝宝单独相处。你最好不要从另一方手中接过小天使，而是要在一个中立的区域完成交接，比如在一块放在地板上的地毯上，在那里，被拒绝的父母可以先进行预热，给宝宝一个带轮子的玩具，并模仿汽车的声音。

在宝宝这个年龄离婚的父母通常会遇到上述很多问题，还有那些在"开始日托"和"与父母长时间的分离"中所讨论的问题。最常遇到的问题是：

• 你可能非常想要通过借助宝宝的亲密关系来抚慰离婚所带来的痛苦。尤其是，作为一个单亲父母，你可能很想让宝宝晚上和你睡在一起。这是非常容易理解的，但是，这却会为日后的问题埋下隐患。不仅是睡眠问题，而且还有模糊的个人边界问题。这个年龄的宝宝正在发现"我"与"非我"之间的差别，如果他亲密依恋的父母混淆了这两个概念，他也会混淆。

• 另一种与之相反的情况是，被离婚弄得筋疲力尽、满怀怨恨的父母可能会在宝宝身上发泄这些情感，尤其是当宝宝与离婚的配偶同一性别，并且长相相似时。当这个年龄的宝宝哭着要求关注时，这种哭声在其父母听来可能像是一种无理的要求。他可能非常想摇晃宝宝，或是对其进行其他身体上的惩罚。在这种事情实际发生前意识到这点，会帮助你通过心理咨询和请他人照料宝宝来预防此类事情的发生。打给信任的朋友、亲戚或虐待儿童组织的"热线电话"可能会成为你的救星。

• 抚养权问题可能非常难处理，因为一个与宝宝非常亲密的、满心怒气的父母可能无法容忍让另一方接触宝宝。但重要的是要尽可能认清一个事实——对于宝宝来说，能够不间断地与父母双方保持接触总是对他最有利的（除非缺席的一方父母是精神病患者，或是有虐待倾向）。

手术或住院

此处的建议与上一章完全相同。

搬　家

这里的建议与前面两章完全相同，但是，需要更加注意安全问题。搬家日容易出现意外。一定要把宝宝寄放在其他地方，让一个值得信任的人照料。

6 个月宝宝的健康检查

在这次检查中，我最喜欢的部分是，当宝宝坐在父母的腿上让我对他的胸部进行听诊时，宝宝几乎总是会以高贵的姿态俯下身来，张大嘴巴，像只小猫一样舔我握听诊器的手。在给宝宝检查前（以及检查后），我总是会非常认真地洗手。

这次检查的主要关注点是神经发育、情感发育、腹部、眼睛、听力，以及臀部和脚。宝宝应该能够对称地活动胳膊和腿，不应偏爱活动某一侧的肢体。他们具备足够的精细运动控制能力，能完成抓、换手和检视一个物体，并把它放进嘴里。如果你扶着他站起来，大多数宝宝都能承受自己的重量。宝宝的腹部不应有任何肿胀和不正常的肿块，不应再有硬便。这个年龄的宝宝应该能够对物体稳定地聚焦，应该能转向发出声音的方向。髋关节正常，当宝宝仰面躺着并且你把他们的两个膝盖摆成"青蛙"姿势时，它们应该能够接触到他所躺的平面，即使他不喜欢这样，并且会发出短暂的叫喊。宝宝的脚不应该弯曲得很严重，尽管小腿骨可能还是弯曲的。

在我写这本书时，婴儿仍然会在这次检查中进行百白破、脊髓灰质炎、流感和脑膜炎的免疫注射，有时还会在这次检查时接受乙肝疫苗注射。

展　望

做好准备，预备，开始。你的宝宝马上就会获得活动能力，他会充满探险精神，无法阻挡。你马上就会了解到"限制"一词的真正含义。但是，你还不会真正注意，因为 6～9 个月的宝宝是如此充满光彩、令人愉快的小生命。你还会发现分离焦虑的含义，以及当你要去卫生间时，你的腿上拖着一个 8.2 千克的小宝宝是什么感觉。

第 6 章

6 个月至 9 个月

"消失"的戏剧

需要做的事情

- 让宝宝开始认识书的乐趣（咬、撕、盯着看）。
- 让宝宝开始接触杯子、手指食物、勺子。
- 要抑制住想给宝宝喝果汁饮料或"施舍"零食的冲动。
- 做好安全防护，参加心肺复苏术课程。
- 提前了解可能出现的吓人但无害的行为。
- 开始设立限制：暂时变成一名专制型父母。

该年龄的画像：发现自己的独立身份

凯蒂不仅仅是坐着，她赋予了"坐"这个词更为重要的意义。她稳稳地坐在地板上，去够一个又一个玩具。她仔细地查看手中的玩具，似乎在寻找着各种线索。然后，她突然间失去了兴趣（"不是这个。"她似乎在对自己说），并去够另一个玩具。在她这样做的时候，第一件玩具掉了下去。凯蒂看着玩具从手中掉落，然后开始观察另一只手里的玩具。

凯蒂喜欢让爸爸乔治抱着她在家里四处走动，寻找可以探究的东西。乔治在给她描述这些物品时喜欢听她发出回应性的咿呀声。他做梦也想不到对一个铅笔筒或一只咖啡壶会有那么多话说。他很珍惜与凯蒂度过的这些平静时刻。

这是 6 个月大时的情形。

8 个月大时的凯蒂不一样了。现在，即便坐在她的高脚椅上，她也需要乔治陪在身边。这些天，她看着各种物品从手中掉落，全神贯注地俯视着高脚椅的托盘。实际上，所有昂贵的玩具对她的主要吸引力似乎就是能看着它们在松手时掉下去。她把高脚椅托盘里的所有东西都弄到地上，然会冲着乔治大叫，让他把所有东西都捡回来，好让她再丢一遍。

不再需要学步车了。凯蒂能趴在地上匍匐前进。有时候她会"像虫子一样蠕动"。现在，很难再时刻看到她的踪迹。今天早晨，乔治着实恐慌了一阵，之后才意识到凯蒂是爬到床底下去了。

她在爬的过程中发现的各种东西让乔治充满恐惧。在过去的两天里，他从她手里抠出了一枚硬币、一节半导体收音机的电池、一个胡桃壳、两只圆滚滚的虫子，还有一块像狗粮一样的东西，这让乔治满头雾水，因为他们从没养过狗。

限制？凯蒂还不知道这个词的意思。冲她喊"不"，只会让她露出一个开心的笑容，就像她在看到晒衣夹或麦圈时露出的笑容。乔治要花很多时间把凯蒂抱起来，以便把她放到一个更安全的地方。她让他想起了一种发条玩具：一把她放下，就会看着她一直往前走。

乔治过得很愉快，但同时他也感觉到岁月不饶人。他因为反复举起凯蒂而感到背疼，她可真是不轻啊；每当他蹲下去捡凯蒂扔掉的玩具时，他的膝盖就会嘎吱作响；而她对更小的物品的着迷——婴儿能看到分子吗？——迫使他认真考虑配一副远近两用眼镜。

但是，他对凯蒂感觉很特别，就像妈妈、祖父和保姆一样。这种特殊的感觉因凯蒂对不熟悉的人的反应而变得更强烈。

当其他人靠近凯蒂时，她先是盯着他们，然后她会哭丧着脸，因担忧而皱起眉头。如果这个陌生人错误地与凯蒂对视，她的皱眉就会演变成哭，片刻之后，她就会紧紧抓着乔治，把头埋在他的肩膀上大哭起来。她会突然鼓起勇气，转身看一眼那个人，然后又大哭起来。

第一次出现这种情况时，乔治大吃一惊。现在，他会预料到这种情形，往往会冲走近的大人（比如前来探望的姑姑、教士、收银台前排队的友善的人）大声说："不要眼神接触！"有不少人认为乔治很奇怪。

关于凯蒂的另一件事：她坚持要让丽兹、乔治、爷爷或保姆在所有的时候都待在她能看到他们的地方，或者几乎是在所有时候。她的特殊规则似乎是这样的：我可以离开他们，但他们一定不能离开我。凯蒂家最常见的求救信号是："我必须去一下卫生间。你能抱一下凯蒂吗？"另一种办法是把凯蒂放到一个婴儿床或游戏围栏里，听着她疯狂的哭叫，或者把她带到卫生间这个令她兴奋但危险的地方。乔治想知道凯蒂是不是有点偏执狂或是缺乏安全感，想知道他和丽兹做了什么才造成了这种苦恼。

乔治向凯蒂的妈妈丽兹吐露了自己的恐惧和观察。她也认为与凯蒂一起的生活有了一些改变，但是，她是用一种更加浪漫的方式来理解的："突然之间，她觉醒了。她成了一个真正的人，就像睡美人一样。"

分离问题：黏人的宝宝

分离焦虑是与宝宝的移动能力同时出现的。就好像宝宝这么做的乐趣就是自己给自己找麻烦。宝宝能离开时所获得的力量感和控制感，在他深爱的成年人离开时会变成愤怒。成年人的离开会侵犯宝宝的自主感。在当代的旅行、日托、单亲养育、大家庭及社区关系瓦解的背景下，这种情况变得更加复杂了。

每个宝宝和家人的性情和风格的显著差异，会令这些问题变得更加复杂，也更加令人困惑。

凯蒂的风格是较为普遍的。少数婴儿——托尼就是一个——会平静地度过这一时期，对广阔的世界和居住在这个世界中的人们报以灿烂的笑容，在父母离开时很少或从不哭闹。还有少数宝宝会像尤兰达一样敏感，她不仅会因为陌生人的靠近和父母的暂时离开而大哭，而且还会浑身发抖，脸色变得苍白。

父母们总是在担忧。托尼的父母担心他没有与他们建立起真正的亲情心理联结，担心每个人在托尼看来都是一样的。然而，任何旁观者都能看出来，托尼把最特别的微笑和哈哈大笑都留给了他的父母。当与其他人在一起时，他会变得更为平静和不那么兴奋。当他妈妈离开房间时，他经常吮吸自己的大拇指，并用目光四处找她。当他同意让其他人抱时，他的目光仍然看向他的父亲，好像是要从他那里寻求安慰。

但是，托尼的父母仍然担心较早地把他送去日托会妨碍他建立亲密关系的能力。他们尽量多和托尼待在一起，和他说话，向他展示各种东西。

尤兰达则处于另一个极端。她的父母对此感到既尴尬又不安。他们尝试了各种办法。儿科医生打开检查室的门，目光看向旁边悄悄地走进来，嘴里发出安抚的咕咕声。前来探望的祖父母摘掉会吓到孩子的眼镜，小心地试探着向尤兰达靠近，手里摇晃着带来的礼物，希望能分散她的注意力，让她忘掉他们的存在所带来的不安。她的爸爸妈妈没完没了地和她玩藏猫猫和捉迷藏游戏，尽量让她习惯短暂的分离。

他们担心是自己影响了尤兰达，在她小时候抱她太多了，在她更小的时候没有让她接触家庭以外的其他人。他们所有的朋友都把宝宝送去日托，他们担心自己可能对尤兰达过度保护了。

以我的经验来看，所有的父母都会担忧这个年龄的头胎宝宝。对于这种倾向，我也只能接受，但我认识到无论你的宝宝在面对陌生人和分离时怎样表现，你都会有担忧。在接下来的几十年里，你随时会感受到这一点。

大多数时候，让宝宝学会与陌生人打交道和对待分离只是需要一些时间和反复的体验。

设计一些场景，通过让宝宝反复地、平静地接触其他人，来锻炼他和陌生人打交道和对待分离的能力，这往往会对在这方面有困难的宝宝有帮助。

像尤兰达这样可能确实存在对其核心家人"过度依恋"问题的害羞的宝宝，可能会从认识一个温和、健康、擅长交往的学步期或学龄前的孩子中获益。这个朋友可以到尤兰达家里来，尤兰达也可以到朋友家去。这个朋友可以和她一起去看医生。通常，一个像尤兰达这样的宝宝，在对她的"朋友"进行观察并微笑之后，就会变得更加具有探险精神和更加善于社交。

我知道自己曾经说过这样的社交接触并不是必要的，宝宝甚至会从看起来很健康的小孩子那里感染病毒，但是，在尤兰达的例子中，这种代价是值得的。

谁知道这种方法为什么会管用呢？

或许，像尤兰达这样的宝宝继承了父母的害羞性情。或许，这些害羞的父母在面对陌生人时释放了某种微妙的焦虑信号。或许，她的小朋友看起来像个有生命的安全依恋物，这就像性格暴烈的纯种马如果与像山羊这样的性情温和的动物一起饲养，就会变得平静。

不管出于何种原因，我一次又一次地看到这些害羞的宝宝在与其他小孩子在一起时就不害羞了；事实上，这些小孩子对宝宝十分着迷，而且不会对他们造成威胁。并且，当学龄前的孩子无所畏惧地靠近成年人时，宝宝似乎就会觉得这些成年人没有那么大威胁了，就像是这个学龄前孩子已经去除了大人们的威胁性一样。

不管宝宝的性情如何，这个年龄的任务似乎就是以熟悉的事物作为稳定的基础，不断整合每一种新事物。因此，这个年龄的宝宝的需求是双重的：一方面是有作为稳定基础的熟悉的事物，有规律的生活，有一个可预测的作息时间以及个别充满爱心的、熟悉的照料者；另一方面是探索和整合新出现的面孔和新事物的机会。

成年人可以通过对宝宝的陌生人焦虑的举止保持敏感来提供帮助。表明宝宝正在整合新出现的面孔和新事物的一个主要迹象是"凝视"。想要不与宝宝对视是极其困难的。但是，如果你这样做了，完全没有准备好进行目光接触的宝宝就会做出反应。他的凝视会变成皱眉，然后变成啼哭。

正确的方式应该是安静地坐着，目光看向别处，直到宝宝不再凝视，并将目光转向别的地方。宝宝常常会在转移目光前发出信号，发出一声叹息或是眨一下眼睛，表明他们完成了某种心理过程。然后，你就可以轻轻地靠近，仍然不要目光接触，给他一个玩具或物品让他看。一旦他同意探索你给他的东西，然后抬头看你，你就可以与他对视了。

另一方面，宝宝所认为的"正常的人"身上所发生的变化会令他极度不安。眼镜、胡须、帽子都会造成婴儿因恐惧而大哭。解决办法是：当你第一次见宝宝时，拿掉帽子和眼镜，然后在宝宝看着你时把它们再戴上。而胡须和浓密的眉毛就需要多做工作了。

进行分离练习也是有帮助的。对于用藏猫猫和捉迷藏游戏来教会宝宝处理分离，我并没有什么深刻的印象。我认为确实有帮助的方法是留出时间进行分离练习，把宝宝带到一个（健康、不吸烟的）朋友、亲戚或邻居的家里，由父母陪着度过陌生人焦虑阶段。然后，在一声简短、愉快的道别之后，父母离开宝宝一小会儿。如果经常进行这种练习，尤其是有一个以上的朋友或邻居愿意做你的志愿者时，宝宝就会获得应对分离的能力技巧。

关于就寝时间的分离，见下文的"睡眠"部分。

设立限制：为说"不"打基础

对一个与你建立了紧密的亲情心理联结的宝宝的行为设立限制，可能看上去就像是对这种心理联结的一种损害。父母们有时会做出两种反应：或者根本不设立任何限制，或者在宝宝违反一项限制时认定——通常是下意识的——他是在拒绝父母。对于抱有这种信念的父母来说，设立限制这种行为本身就不得不解除亲情心理联结。这样，设立限制就变成了惩罚——伴随着扇耳光或打屁股——而不是管教。对这么小的宝宝有效地设立限制可能看起来很容易，但它真正意味的是在完善养育技巧方面迈出一大步。

这个年龄的宝宝需要明白一个基本的事实，那就是：有些行为是不被允许的。这种限制必须非常明确和清晰，以至于它成为小天使的世界观的一部分——就像重力一样。因此，你不是在教他具体的规矩，而是要教给他知道这里不是由他说了算。他不是决定哪些事情允许发生的人，父母（或指定的成年人）才是。在一系列被允许的行为中，小天使可以选择做哪种行为。

那么，对这个年龄的宝宝设立限制的关键就在于：

- **帮助他培养忍受挫折的能力。** 当宝宝因为无法够到、弄好某个东西，或是按照自己的意愿做或操控某件事情时，要给他一个机会自己解决这个问题。你可以用安慰的、没有负疚感的声音同他说话来代替你的立即出现。
- **不要对他表现出的挫折感进行过度安慰，但也不要为此惩罚他。** 可以把你的回应看作是教孩子的一种手段。尽量不要认为他的挫折感是针对你的，即使他瞪着你，好像把脚凳不能移动的原因归咎到了你头上。
- **消除那些导致挫折感反复出现的明显原因。** 这意味着要拿走那些会使宝宝受到诱惑的东西。一定要做好安全防护，这样你就无须不断地为宝宝清理道路，解救宝宝或是你的水晶制品。一些"朋友"可能会告诉你这样做是在宠坏宝宝，从一开始"他就必须学会以一种文明的方式生活"，但是，他们的话只会给你带来灾难。
- **在宝宝陷入麻烦或变得沮丧之前，尽量分散他们的注意力并使用替代物。** 这样做有两个原因。第一，宝宝对世界和学习的了解会开始迅猛发展，世界越向他敞开、越有趣，他的智力发育就越好。第二，如果你不得不不断地设立更严格的限制，不断地把他抱到别的地方，请求他，拍他或打屁股，你就会变得恼怒和生气。宝宝会感受到这种情绪，从而让他对自己作为"宇宙的神奇中心"的安全感产生怀疑。这会对他造成困扰，使他无法学得那么好。同时，还会使他更难学会分离，因为身体上的惩罚太可怕了，会让他想起之前已经感受到的情感分离。
- **试试说"嗯？"。** 没错，这的确是训练狗时使用的方法。当宝宝靠近一个被禁止的东西时，你只需用一种平

> **说"不！"**
>
> 当宝宝真的做了一件被绝对禁止的事情时，不要给他警告。只要说一个字："不"。态度要坚定，但不要喊。同时，你要立即将他抱走。或是将那个物品拿走。不要对他解释或是进行详细的说明。只要说一个字。宝宝喜欢听大人跟他们说话，如果你没完没了地说他做的事情或者解释你为什么说"不"，他就会再做一次，只为了听你说话。

静但表示轻微警告的语气说："嗯？"他很可能会为得到一个信号而看看你，这时你需要用一个同情但警告的眼神回应他。这个年龄的宝宝常常足够敏感，知道要去寻找其他东西玩了。

关于限制，最后再说一点。这个年龄的所有宝宝都会探究他们的生殖器——即自慰。这是正常的，可以预料的，并且不应受到谴责。在换尿布时，父母们可以尝试用某个东西作为替代，来分散宝宝的注意力。顺便说一句，我从未见过哪个男婴真的把它们扯下来，但是，我却见过很多忧心忡忡的父母。要尽量用轻松的态度来看待这件事情。另外一个建议是：如果宝宝似乎对自己的大便产生兴趣，不要太不安。不要过度反应。只需要给他好好洗手。不要给他留下大便很恶心的印象，也不要让他觉得你被吓到了或是感到十分厌恶。宝宝可能会觉得你的这种反应是针对他的。

日常的发育

里程碑

这个年龄的宝宝已经能够很好地看东西了，但是，他们仍然没有20/20[1]的视力。宝宝应该能够用目光追随一块橡皮大小的东西。一旦看到，他们就会把这个物品抓起来放进嘴里，或者吸进气管里。一定要小心。

听力与咿呀学语

正常的听力使得这个年龄的宝宝能越来越多地将词语与人和物联系起来。到9个月大的时候，宝宝能辨认出自己的名字，他们不再只是转向发出声音的方向。在我的诊所里，当一个宝宝坐在地板上流着口水忙着玩玩具，而他的父母和我在一旁轻声说

---

[1] 20/20是美国视力标准，意为正常视力在20英尺（约6米）能看清的视力表上的内容，你在20英尺能够看清，相应地，20/30和20/40分别指正常视力在30或40英尺能看清的视力表上的内容，你在20英尺能够看清。——译者注

话时，我看到过这一点。当我们提到他的名字时，他会抬起头来好奇地看一眼。

到9个月大的时候，宝宝发出的咿呀声已经包含辅音和元音的发音了。如果情况不是这样，就需要让医生给他检查一下耳朵中是否有少量的积液，并进行一次听力检查。非常轻微的听力损失（比如由中耳积液造成的听力损失）会妨碍宝宝听到辅音，因而他就无法发出辅音了。

当你跟这个年龄的宝宝说话时，要尽量猜测他想说什么，然后替他说出来，最后再给出回答。下面是乔治与凯蒂之间的一次典型对话："凯蒂发现了一个球。一个蓝色的大球。凯蒂让这个球滚了起来。滚，球，滚！凯蒂想让爸爸把球从桌子下面拿出来。爸爸来了！这里，球，球到这里来了，哎哟。"

运动能力

宝宝在学习抓握物品时会先把它们拢到身边，然后拇指与其余四指相对把它握住。在6~9个月期间，他们完善了这种抓握方式。大多数宝宝会在9个月~1岁期间学会真正"捏起"一个小物体。这个年龄的宝宝还不会放开手中的物品。如果你希望阻止宝宝抓他的大便或你的鼻子或耳环，只需给他两个玩具，每只手一个。他会盯着它们看，无能为力，无法放开它们去拿被禁止的物品。这个年龄的宝宝不会对用哪一只手表现出明显的、持续的偏爱。如果你的宝宝更多地使用一只手，要向儿科医生说明。

到大约7个月大的时候，大多数宝宝都能稳稳地坐着，用他们的手拿住各种物品，而不只是撑起自己的身体。在这段时期，他们还能从仰卧翻身成俯卧（以及从俯卧变成仰卧），能通过翻滚到达一些地方。到7个月大的时候，几乎所有的宝宝在被扶着站起来时都能用腿承受身体的重量。到9个月的时候，大多数宝宝都能拽着东西站起来。一旦宝宝学会这个本领，他就会拽着任何东西或任何人站起来，包括狗。

这个年龄的宝宝可以采取很多不同的方式来从一个地方移动到另一个地方。当然，很多宝宝是通过爬。一些宝宝是按照常规用手和膝盖爬行。一些宝宝喜欢采用"吊桥式"爬行法，用手和脚爬行；还有一些宝宝，例如凯蒂，采用的是蠕动的方式。个别宝宝喜欢采取螃蟹式的横向移动，或是后背着地蹭过去。如果你的儿科医生检查过宝宝并说一切都没问题，所有这些爬行方式都是完全正常的。这对于宝宝在哪个年龄学会走路或智力该取得什么样的发展并不具有任何预测价值。

有为数不少智力发育良好和运动能力正常的宝宝不经历爬行阶段。他们会翻滚或蠕动，或者只是坐着，直到在 9 ~ 16 个月的时候开始站起来走路。如果宝宝的其他方面都很好，定期到儿科医生那里做检查，能够自己坐着玩玩具，在被扶着站起来时能够支撑自身的重量，并且得到了大量关注，被鼓励探索，那么，你就无须为爬行阶段的缺失感到担忧。不要听信传言，这并不意味着他以后会在阅读方面遇到困难，也无须为避免以后出现学业方面的问题而教他爬行。

睡　眠

这个年龄的大多数宝宝在每天的 24 小时中大约睡 14 个小时，夜里大约睡 10 个小时，白天分两次共睡 4 小时左右。每天发生那么多新事情，对于宝宝和他们的照料者来说，每一分钟的睡眠都很宝贵。

如果你决定让宝宝睡在家庭床上，会有很多人支持你。如果你看重属于自己的床，你可能会遭遇一些困境。

度过夜晚

夜晚的分离变得更加困难了。在这个年龄段以及接下来的几个月中，那些还没有学会自己在婴儿床里入睡的宝宝，会发现现在学会做到这一点要难得多了。这样的宝宝还会给父母们带来更大的麻烦。一个无法自己入睡的宝宝，很可能在半夜每次醒来时都把父母弄醒。并且，从大约 7 个月时开始，一些这样的宝宝不再只是大声喊叫，他们会站起来，一边摇晃婴儿床围栏一边喊叫。

绝望的父母们经常问，当宝宝在半夜把他们弄醒时该怎么办。这不是一个正确的问题。不管你在半夜怎么做，都无法解决这个问题。

问题是在一开始就要让宝宝学会自己入睡，不用被抱着，也不用奶瓶或安抚奶嘴。

到宝宝能在白天平静地接受分离之前，这件事情的进展可能都不会顺利。要求他这么做既不合理，也不体贴，当他一整天都在获得成年人的密切关注之后，突然间，在夜晚来临时，感到疲倦并有些缺乏耐心的父母却要求他独自入睡。

这样的宝宝需要进行分离练习。练习的一部分是在白天不要过多地搂他或抱他，可以用其他身体上的爱抚来代替搂抱。不要迅速对他寻求关注的啼哭做回应，可以让他喊叫一会儿，这样他可以学会一点延迟满足。他就会知道不是每个心血来潮的要求都能得到满足。他会开始从探索世界中获得越来越多的乐趣，而不仅仅依靠与成年人的互动。练习的另一部分是经常带着宝宝去别人家里拜访，经常让其他大人替你短暂地照看一会儿。

在把宝宝放进婴儿床里时，一些父母喜欢待在宝宝的房间里，另一些父母每晚会隔5分钟就进来说些安慰的话，并延长每次"进去"的时间间隔。以我的经验来看，这两种方法都不会管用，只会使小天使越来越生气。相反，我建议使用"费伯"法①。这意味着要用3个晚上的时间让小天使认识到你不会再回到他的房间。

这常常被称作"让宝宝自己哭着入睡"，听起来有些残忍。我不这样认为。很多这个年龄的宝宝在很久以前就学会了自己入睡：这是一种与其年龄相应的技能。你并不是在抛弃你的小天使，也没有给他造成任何身体上的痛苦。你的宝宝不是害怕，他是非常愤怒。听听他的啼哭，那是出于恐惧而发出的啼哭吗——像一只大狗靠近他时，或者你不小心用冷水给他淋浴时所发出的啼哭吗？我认为不是。

可以这样想，你的小天使需要他的父母有着幸福美满的关系，并且充满活力与善意。要做到这些，至少他们需要在夜里睡个好觉。这么做对小天使自己也有好处。

为了帮助你做好准备，让你更问心无愧，我建议：

• **开始建立一套就寝仪式**，包括温和的游戏，一个拥抱或唱一首歌，然后把宝宝放在婴儿床里，不要给他安抚奶嘴或奶瓶，而是给他一个搂抱玩具、一条特别的毯子。

• **通过语调和身体语言让宝宝知道一天结束了**，现在该睡觉了，这不是一种惩罚或被剥夺特权。此外，还要让他知道，你现在独自或与你的伴侣一起做的事情都是十分无聊的，宝宝不会错过任何事情。

• **不要让他在婴儿床以外的地方入睡**。即使是这么小的宝宝也会很快迷恋上在起居室或活动室里的夜晚。如果他不知道自己错过了什么，就不太可能会在18个月大时在半夜爬出婴儿床去寻找夜生活。

---

① 理查德·费伯博士（Richard Ferber）著有 Solve child's sleep Problems。——作者注

- **考虑让他从现在开始睡婴儿睡袋。** 这样做有很多好处。他不会因为踢被子而感冒。他不会把睡衣拧成一团，造成不舒服。湿尿布不太可能因为变冷变脏而把他弄醒。并且如果他现在开始在睡袋里睡觉，等到他1岁半的时候，就不会带着睡袋从婴儿床里爬出来！（从1岁半时开始使用睡袋是不行的，他会反抗。）

- **如果他在夜里把你弄醒，他一开始哭就立刻走进去是很重要的。** 如果他真的痛苦、生病了或害怕，他当然必须得到照料。如果他啼哭是为了获得关注，并且一看到你就不哭了，呜咽着或高兴地向你伸出双臂，你要尽量表现得无精打采。你的语速要慢，你的眼皮要耷拉着。你的行动要慢，要停顿一会儿再移动或说话。你就像是在水下行走。想象一下你被瞌睡虫咬了。想象自己听到了佛瑞德·罗杰斯[①]（Fred Rogers）的声音，只是语速更慢一些。把他抱起来，如果你必须这样做的话，但是，随后就把他慢慢地放下来，拍拍他哄他睡觉，然后离开房间。

- **试着帮助他使用安全依恋物。**（见下文的"机会之窗"。）

夜 惊

个别宝宝可能会在此阶段第一次出现夜惊。这是在深度睡眠阶段突然出现的一种不完全觉醒状态。宝宝会尖叫、猛烈地扭动身体，无法被安抚。这与做噩梦不同，做噩梦的宝宝会伸出手寻求安慰。请阅读本书第2篇的"夜惊"。对于这个年龄的宝宝，我建议第二天带他去检查一下，看有没有引起不完全觉醒的医学上的原因——突然的疼痛，可能是由耳部感染或便秘造成的，可能会让他醒过来。

小 睡

最好从现在开始尽量让宝宝夜间的睡眠和白天的小睡都形成规律。如果宝宝下午不小睡并且晚上很早就上床睡觉，很可能在第二天早晨过早地醒来，上午过早地小睡，并由此打乱之后的吃奶和小睡时间。如果正在形成这一模式，你一定要坚持让宝宝按时吃奶，并在固定的时间把他叫醒，即使他过一会儿可能还想睡，并且不要让午觉拖得太晚——通常不晚于下午2点半或3点。一两天后，宝宝的作息时间就会恢复如前。

[①] 佛瑞德·罗杰斯（1928—2003），美国教育家、长老会牧师、作曲家、作家、电视主持人。罗杰斯最著名的贡献是创建并主持"罗杰斯先生的邻居"（1968-2001），他文雅、温和和直率的个性给观众留下了深刻印象。——译者注

> 不要给不满 1 岁的孩子喂食蜂蜜，以避免出现婴儿型肉毒杆菌中毒这种罕见疾病的风险。食用鱼类的指导原则见第 7 页。

生 长

现在，宝宝的生长会慢下来一点。大多数宝宝每天会增长约 14 克体重，而不再是 28 克。

此外，从现在开始，遗传基因开始在宝宝的生长方面发挥更多的作用。对于那些出生时个头很大，但其父母身高属于中等或偏矮的宝宝来说，这种情况会尤为常见，他们的生长会慢下来。我常常看到这种情况的出现会使父母们松一口气，因为他们一直对那些高的基因到底是从何而来心存疑问。

胖宝宝通常也会开始变瘦一点。仍然每天增长 28 克或更多体重的胖宝宝吃东西可能不只是出于饥饿。零食和果汁是一大原因，因为很多父母想把它们用作安慰剂、分散注意力的东西和娱乐消遣。身体活动较少可能是另一个原因。一旦宝宝学会通过爬行、蠕动或翻滚着从一个地方移动到另一个地方，就应该允许他在一天中的大部分时间里自由地进行这些活动。

如果宝宝非常胖，并且（或者）存在肥胖家族史，我建议你咨询儿科医生，并且不要认为"这只是一个阶段，他会瘦下来的"。见第 3 篇第 17 章"全面的成长"。

瘦宝宝可能是延续了一种家族倾向，但是，如果一个宝宝在每次健康检查时都相应地变得更瘦了，儿科医生可能希望对他进行某些检查，包括对食物摄入量的分析和一些基本的实验室检测。

牙 齿

大多数宝宝都会在这个阶段长出第一颗牙（尽管一些完全正常的宝宝要到 1 岁以后才出牙，甚至有极少数宝宝会更晚）。这通常是两颗下门牙。它们的边缘常常看起来参差不齐，呈 V 字形排列，而不是排成一条直线，这通常没有任何问题。

现在，你有两类牙齿需要处理：看得见的和看不见的——未长出的正在牙床中形成的牙。对于这两类牙齿的保护，有三点非常重要：

• **确保宝宝摄入氟化物的量正确**。如果一个吃母乳的宝宝一直吃氟

> 我希望你已经掌握了儿童营养学家古鲁·埃琳·萨特的"喂养黄金定律"及其补充：成年人决定在何时以及何地提供何种食物，婴儿和孩子们决定他们每种食物吃多少。
>
> 劳拉的第一条补充：如果一个婴儿似乎变得挑食了（比如，只吃黄色蔬菜），只需别再提供这种使孩子上瘾的食物。
>
> 劳拉的第二条补充：避免让宝宝接触会对他造成诱惑的食物（比如果汁或麦圈，或在食物上涂抹番茄酱），要比在以后试图限制或拿走这种食物容易得多。

化物滴剂，等到他改吃配方奶后，对氟化物滴剂的需求可能会变，也可能不变。如果你的社区使用的自来水中含有氟化物，你的宝宝就可以从冲配方奶的水中获得足够的氟化物。大豆配方奶中含有氟化物。吃大豆配方奶的宝宝不应再额外补充氟化物——他们不应喝含有氟化物的水，不应用含氟化物的水冲奶粉，也不应吃氟化物滴剂。要确保宝宝不会从刷牙用的牙膏里摄入过多的氟化物。不要使用牙膏，或者使用很少量的含氟牙膏，或者使用不含氟的牙膏。

• **开始每天给宝宝刷2～3次牙。** 让宝宝躺在两个成年人的腿上进行这项工作是最容易的，也最有趣。要使用软毛牙刷，或手指套牙刷。一定要把牙齿的每个面都刷到，而不是只刷前面。（就像在给一把椅子刷油漆，你要找到很多面。）

• **尊重宝宝牙齿的重要性**，即使它们最终会被换掉。它们不仅为以后的恒牙铺平了道路，而且如果宝宝长了很多蛀牙，感染就会蔓延，由此对恒牙造成损害。氟化物和刷牙只是牙齿保护的一部分。同样重要的是，要减少牙齿上覆盖着含糖食物和液体的时间，请见我在下文及书中其他地方提到的强烈反对果汁饮料的建议。

对于长牙引起发烧的问题，见下文"健康与疾病"中的"发烧"。

喂养与营养

奶

大多数宝宝每天需要大约720毫升母乳或配方奶（铁强化型！）。不论给他们喝哪种，都要把一些倒在杯子里。不要让宝宝以为杯子里只会出现水或果汁，而奶只会来自乳房或奶瓶。

学习用杯子喝奶是一种有趣的、会带来混乱的技能；宝宝在 10~15 个月大以前通常还无法拿住杯子，但是，即使是由你拿着杯子，至少也是在激励他学习。

一些儿科医生建议让吃配方奶的宝宝从 6 个月大时开始吃全脂牛奶。这当然比配方奶便宜。然而，美国儿科学会强烈建议给宝宝吃母乳或铁强化配方奶，直到满 1 岁，原因如下：

• 牛奶中不含铁，并且牛奶本身会妨碍对其他膳食中铁的良好吸收。宝宝可能在被检测出贫血症前很久就已经缺铁，这会造成行为的变化和发育受损。

• 与配方奶相比，牛奶中的脂肪和蛋白质的构成与母乳的相差更远。对于生长发育而言，这是一种微妙的、重要的还是无关的影响，现在还没有得到很好的解释。

• 宝宝的肠道还没有发育成熟，与之后发育成熟的情形相比，此刻会让较大的蛋白质分子进入血液。一些证据显示，越早开始喝牛奶，宝宝对牛奶蛋白过敏的可能性就越大。

固体食物

要把这段时间当成宝宝能够表达什么时候饿了、想吃什么，以及什么时候吃饱了的年龄。现在，他们能用相对开放和天真的心态去感受食物的不同味道和不同质地。他的味觉还没有被糖、盐和脂肪破坏。他还没有因为对饼干或果汁的"放任"而变得混乱。

另一方面，他可能已经对你家里的饮食习惯有了一个基本的了解。如果他吃母乳，他会尝到母亲吃的食物的二手味道。不论是否吃母乳，他都会闻到家里做饭时的香味或者已经品尝过食物了。他对于你家里的饮食方式有了初步的认识。是大家聚在一起热闹地吃饭？还是随意地用餐？是充满快乐？还是让人紧张？

这是一个很好的时机，你可以用一种轻松的方式考虑一下，你是否要在宝宝对你的家庭饮食方式变得习惯之前改变一些你不喜欢的方面。如果你有肥胖或饮食失调的家族史，这是专门预约一次医生的好时机，可以不带宝宝，与你的儿科医生或是一位营养专家或营养治疗师讨论一下这方面的问题。我推荐你去找儿科医生。

这还是一个让你适应"混乱"的好时机。给这个年龄的宝宝喂食必然会造成混乱。宝宝不得不学会探究食物的质地、气味和味道。他不得不学会用手抓取能够抓住的食物。最终，他要学会用勺子把食物送入口中。一开始，他会用勺子敲打托盘，并用勺子把食物抛出去。

他不得不这样做，因为他不得不了解他"拥有"自己的饥饿感以及满足饥饿感的能力。记住这一点能够帮助你忍受这些混乱。在地上铺上报纸，不要给他戴围嘴，让他只穿尿布，事后给他洗澡。

要让他知道你认为吃饭是件有趣的事，他是在做一件令人愉快的事情。不要哄诱他，催促他，或是过多地赞扬他。要让他自己做主！

关于营养方面的建议：

• 每天3顿，每顿不超过120克。你可以买现成的婴儿食品或果菜泥，或者你自己将做好的食物切碎。在任何食物里都不要添加糖或盐，但是加点香料是可以的，如果宝宝喜欢的话。（当然，不要加瓶装调味品，比如番茄酱、沙司以及芥末。这些都是口感浓烈的东西，并且含有很多很多的糖或盐。）

• 食物的质地应当是细腻光滑的，直到你在宝宝大约8个月大时注意到他做出咀嚼的动作。到那时，你可以给他吃一些柔软的块状食物。但是，不要给他吃不易嚼碎、松脆、多纤维和黏性的食物，不要给他吃形状和大小容易引起窒息的食物，比如一片热狗或一颗葡萄。

• 就我们现在所知，这个年龄的宝宝对营养的需求与2岁以上的孩子略有不同。在大多数方面，你无须担心；如果你的孩子吃了下面列出的食物类别，同时吃母乳或配方奶，他就能得到矿物质和微量元素等所需营养。这个年龄的婴儿与2岁以上的儿童和成年人的主要区别在于，他们的饮食中可以包含更多的脂肪。这个年龄的婴儿摄入的卡路里中可以有35% ~ 50%来自脂肪。这些脂肪大多数来自于奶，因此，你无须担心要有意地往食物中添加脂肪的问题。

• 关于多样性问题，可以考虑4个主要的食物类别，每天尽量从每个类别中选取一种食物。谷类食品、香蕉和黄色蔬菜常常会引起便秘，因此，这两类食物每天吃的不要超过一种。其余的固体食物要从其他食物中选择。

•**谷类食品：**大米、燕麦、大麦、小麦、白土豆、木薯粉、粗玉米粉。一些儿科医生不建议给9个月~1岁以下的宝宝吃小麦和玉米制品，要咨询一下你的儿科医生。

• **水果：**苹果酱、梨、桃子、香蕉、杏、李子、西梅。

• **绿色蔬菜：**豌豆、豆类、西蓝

花、羽衣甘蓝（蒸熟或煮成浓汤）。菠菜属于黄色蔬菜类。

• **黄色蔬菜**：胡萝卜、黄色南瓜、甘薯。黄色蔬菜和菠菜都是很好的食物，但是，如果宝宝每天吃得超过一份，他们体内的胡萝卜素会让他们的皮肤变成橙黄色（胡萝卜素血症，见术语表）。这是无害的，但能表明他是如此偏爱黄色蔬菜，以至于忽视了其他食物。

适当给宝宝吃些红肉和禽肉没有关系，但是，不需要把它作为一个主要的食物类别。宝宝已经从奶里获得了他所需的全部蛋白质和维生素B，无须再从这个类别中摄取营养。如果你确实要给宝宝吃肉，一定要确保每份都是无骨、无脂肪、无盐，并且切得很碎的。如果你愿意，可以每天给宝宝提供一份肉，但是，不要认为从营养学的角度必须这样做。让宝宝像一个食乳素食者那样生活，或者把肉类食品当作"调味品"也很好。

儿童完全不应吃生海鲜或贝类，因为特别容易引起食物中毒。其他关于食用鱼类的指导原则可以在第7页找到。

就我们现在所掌握的关于食物过敏的知识来看，我们建议父母们在宝宝满3岁以前要避免给他吃易过敏的食物，比如花生和坚果。这有可能是完全错误的，但目前只能这样。

蛋黄是很有趣的东西，但不是很有营养价值。不幸的是，蛋黄中所含的铁不太容易被宝宝吸收，而且蛋黄中含有很高的胆固醇。另一方面，在宝宝2岁以前，你还不用担心限制胆固醇的问题。可以每天给宝宝吃一个全熟的蛋黄，要把它归入肉类食品。蛋白中含有蛋白质，如果你在宝宝9个月~1岁以前开始给他吃蛋白，他有可能会出现鸡蛋过敏。

家庭餐桌上的食物也是不错的选择，但前提是必须捣成糊或切成末，并且不放糖或盐。但是，要避免易过敏的食物，即使你可以把它们加工成可以安全食用的形式。这些食物包括巧克力、花生酱和坚果。（它们都含有大量的盐和糖。）

加餐、"零食"或"小零嘴"

一份有计划的上午和（或）下午的加餐似乎符合一些宝宝的特点。他们在正餐时吃得不多，需要在一两个小时后再"垫垫肚子"。对于这个年龄的宝宝来说，理想的加餐是他们在正餐时没有吃完的一份食物——但不是作为一种惩罚。这完全取决于父母的心态。如果这听起来太没有吸引力，一份蛋白质类和水果类的小吃是另一种不错的选择。不管选择哪种食物，都要把这些小吃当作一次迷你餐，让宝宝坐在高脚椅上，大人陪在一旁。

但是，最好先确认宝宝是否真的想要并需要加餐，如果没有这顿加餐，宝宝是否就会表现得烦躁、疲倦、行为反常。

"零食"或"小零嘴"是另一回事。我不建议你在宝宝进行其他活动时经常地给他一些饼干、即食麦片或果汁。这会使宝宝的饥饿感和满足感变得没有价值，使宝宝习惯于嘴里总要有点东西，让他无法控制自己的需要。这会鼓励宝宝在看到那个充满魔力的容器时，甚至听到"果汁"或"饼干"这样充满魔力的字眼时，发出"呃－呃－呃"的请求。这在现在看来可能很可爱，尽管我对此表示怀疑；但在短短的几个月之后，就会变成哼唧，那就一点都不可爱了。"小零嘴"对于孩子的牙齿来说是很糟糕的。它会在上面留下很多食物碎屑。它很容易成为你对宝宝行为、需要、想法和愿望的真正关注的一种替代。

洗 澡

很多这个年龄的宝宝都喜欢洗澡，但也有一些宝宝对洗澡会有病态的恐惧。或许，这是因为这个阶段发生着那么多的变化，而从干到湿的变化成了压倒骆驼的最后一根稻草。或许，澡盆很滑，这对于刚刚学会翻身、爬行或拽着东西站起来的宝宝来说是一个令人不安的因素。或许，水流进排水口，会使心头正萦绕着"消失"的戏剧的宝宝产生一种顺水流下去的可怕感觉。无论是什么原因，都要尊重这种恐惧，你可以试试用海绵擦澡，或是让宝宝坐在你的腿上洗澡，甚至是用淋浴冲一会儿。

换尿布和穿衣

在进行这两项活动时，尤其是在换尿布时，第一个窍门是在你动手前先占住宝宝的双手。在这个年龄，宝宝还不会自发地丢掉手中的物品，因此，如果你在宝宝的两只手里各放一个不会引起窒息的玩具，宝宝就不会抓一手令他着迷的大便。（当然，如果没有大便，可以让他对生殖器进行自由探索。）第二个窍门是在地板上给宝宝换尿布和穿衣服。我还从未听说有宝宝从地板上滚落的。

儿童早期教育专家伯顿·L.怀特观察过很多宝宝在换尿布时的行为，以及逃脱换尿布的行为。因此，他知道哪些方法对于逃脱换尿布的宝宝会管用。下面是他的建议，来自于他的一本非常好的书①。

• 在开始之前，先用同宝宝说话和冲他微笑建立一种像"婴儿游戏"一样的氛围，和他说话并保持微笑，还要给他一个玩具玩。在他刚刚露出想要逃跑的迹象时，中断谈话、微笑和目光接触。不要表现出生气或失望，只在他猛地翻身想要爬走时，立即不再给予他任何关注。

• 如果他停止反抗，就恢复刚才的交流。如果他继续反抗，你只需开始做该做的事情，如果需要的话，可以用你的腿夹住他，完成换尿布的工作。不要说话——甚至连"不"都不要说。在你完成这些工作以后，继续对他不理不睬几分钟。

如果你总按照这种方法做，宝宝的逃脱行为很有可能会逐渐停止。祝你好运。

鞋 子

如果周围的环境对于赤脚来说是安全的，最好让宝宝赤脚。如果需要鞋子进行保暖或保护，最理想的鞋子是那些价格便宜、合脚、柔韧的鞋子（除非你的医生因为某个特殊的问题要求穿特殊的鞋子）。你不需要昂贵的鞋子来"为脚塑形"或者"帮助宝宝学走路"。

带装饰的鞋子需要对其安全性进行检查。这个年龄的宝宝喜欢吃自己的鞋子，你一定不希望任何小部件从鞋子上脱落，被宝宝吸入并引起窒息。

活 动

一旦宝宝获得移动能力，不论是翻身、蠕动、蹭着肚子前进、爬行，还是走路，很多父母都禁不住想要给他报名参加体操课或是婴儿刺激类的课程，或者其他什么课程。每过一个月，这种诱惑就变得更强烈。

真相是，宝宝无须任何特殊课程或设备就能学会这一阶段的重要技能，比如移动、抓握物品和探索。此外，尽管他们会因其他宝宝的出现而感到兴奋，但就发展而言，他们并不需要身边有其他非常小的婴儿。

因此，这样的课程对成年人来说是有趣的，宝宝也喜欢互相见面，但有很多不好的方面。

• 父母们，尤其是第一次养育孩子的父母们，不可能不把自己孩子的

---

① *Raising a Happpy, Unspoiled Child*, Fireside, 1995, 中文版《3岁看大》由京华出版社于 2008 年翻译出版。——译者注

能力与其他孩子的进行比较。在这个年龄阶段，运动能力的正常范围非常广泛。一些宝宝在5个月大时学会爬，一些宝宝在8个月大时学会走。很多宝宝在8个月大时学会爬，在1岁或13个月大时学会走。一些宝宝从来都不爬，而是一直快乐地坐着，直到能站起来扶着东西走路。所有这些模式不仅是正常的，而且与智力或以后的运动能力没有任何关系。

- 这些课程会令父母们产生一种感觉，认为如果不让专家使用特殊的设备进行积极的教学，他们的孩子就无法获得正常的发展。

- 这个年龄的宝宝会把一切东西放进嘴里，包括所有已经被其他宝宝放进过嘴里的东西。这样很容易传播感冒病毒，引起呼吸道和肠道疾病——尤其是在像轮状病毒和呼吸道合胞病毒（见术语表）这样的病毒非常流行的冬季。

游泳课程也有上述所有问题，甚至是更多的问题。再说一次，我不想做扫兴的人，但是我不建议让宝宝参加这样的课程。原因与上一章中提到的相同：

- 突然将脸浸入冷水中会导致宝宝暂停呼吸，使上呼吸道因痉挛而关闭。

- 喜欢在水下"游泳"的宝宝会自动地、以不易察觉的方式吞下过量的水。这会造成严重而危险的血液稀释，甚至引起抽搐、昏迷和死亡。

- 水没过鼻子会引起耳部感染和肺炎。

- 受到污染的水（来自班里其他戴尿布的宝宝）会造成腹泻。

- 这样的课程不会使宝宝"免于溺水"，只会使他"喜欢玩水"。这会令他更喜欢寻找好玩的水域，但是，如果他掉入水中，世界上所有的游泳课程都无法使他不感到恐慌。

玩具与设备

尽管有无数种为这个年龄的宝宝设计的玩具，但是宝宝却可能最喜欢那些不被成年人视为玩具但却被宝宝视为玩具的东西。这包括用来敲打的门、用来检查的地板、用来打开的抽屉、平底锅、水壶以及用来丢进或倒出东西的物品，比如老式的不带夹子的晒衣夹、卷起的袜子、洗衣篮、勺子和塑料盘子。

推荐的玩具：

当你确实要购买玩具时，要记住这个年龄的宝宝真正喜欢的是什么：任何能够帮助他们搞明白消失与重现之谜的东西。这包括可以来回滚动的任何尺寸的球（还需要别人的参与），有书页可以翻的结实的书，在移动时会发生改变的玩具，可以藏到后面或下面的东西，可以推着从一个房间到另一个房间的东西，以及会突然破碎的肥皂泡。

一种用光滑材料制成的低矮、结实、周围有垫子的攀爬玩具是很好的玩具，可以帮助你防止宝宝爬上家具。一些宝宝最早在8个月大时就会有攀爬的愿望。如果你家有楼梯，要尽可能在第三级台阶上安装防护门，并在头三级台阶上铺设防滑垫，这样宝宝就能练习上下楼梯，上下楼梯……

有些婴儿在这个阶段末期喜欢带轮子的东西，在他们练习走路时可以推着它在房子里四处走。（医生诊室里放置带轮子的凳子真是放对了。）这样的"学步车"应当重心很低（在宝宝猛地趴到上面时不会翻倒），并且没有会夹到手指的线圈或弹簧。如果它突然停下来，而宝宝还继续前进，你一定不希望宝宝猛地磕到嘴，因此还要考虑它的高度和表面的柔软性。

不推荐的玩具：

由于这个年龄的宝宝刚刚开始了解真实的世界和因果关系，因此幻想类的玩具不会给他们带来很多快乐。这其中就包括填充动物玩具。细小的绒毛会进入宝宝的嘴巴、鼻子、眼睛里。这些玩具会变得很脏并落满尘土。填充动物玩具最主要的游戏价值就是可以被宝宝扔到地上，或是作为一个安全依恋物。

如果你没有游戏围栏，我不建议你购买，除非你极渴望拥有一个偶尔用来临时约束宝宝的装置，或者需要一个地方来给宝宝录像而不让他抓住设备，或是进行其他活动。

安全问题

如果你还没有按照前几章的建议对家里做好安全防护并准备好医药箱，请现在就去做。下面是在做安全防护时的几个重要事项：

• **宝宝能捡起越来越小的东西了**。他们会因异物而窒息，会吞下撒出的药片，吃狗粮（甚至更糟的东西），对电源插座和电线着迷。一定要提高警惕，使用对儿童安全的插座保护套。

• **有些婴儿在未满9个月大之前就能拽着东西站起来**。因此，要小心马桶、装水的桶和低矮的喷泉。宝宝会站起来，俯下身子，然后头重脚轻地掉进水里。5厘米深的水也会使宝宝溺水。

- **有些婴儿在未满 9 个月大之前就能扶着家具到处走。** 要给咖啡桌的桌角装上橡胶套，这样当他摔倒撞到头时就不会流血。
- **婴儿在学会走路之前就会攀爬。** 现在要预料到会吸引宝宝攀爬的东西，他们会从茶几爬上沙发，再爬上书架，或者从椅子爬上桌子再爬上台子，最后爬到冰箱顶上。你可以对家具进行重新布置，以减少可能出现的危险。

如果你的宝宝已经学会了攀爬或走，见下一章"9 个月至 12 个月"安全防护的内容。

健康与疾病

本书的第 2 篇包括了这个年龄和更大的婴儿的各种疾病：如何对症状进行评估，如何判断宝宝的病情是否需要紧急就医，以及哪些居家治疗方法可能是恰当的。它还讨论了各个身体部位的问题。术语表中列出了各种医学术语及其非正式的定义。

可能出现的问题

很少有哪个宝宝在 6~9 个月阶段不至少得一次感冒或腹泻，并且很多宝宝会在这个年龄出现第一次耳部感染。即使是那些不参加日托的宝宝，甚至是没有哥哥姐姐的宝宝，在这个年龄也会生病，这只是因为他们开始自己探索了。附着在物体表面的病毒会在几个小时内都有传染性，当宝宝触摸了病毒后再摸自己的眼睛或鼻子，就会感染病毒并生病。

如果宝宝确实生病了，可能会比较早以前生病更容易处理。先前让人担忧的很多婴儿疾病现在仍然会让人担忧：细支气管炎和轮状病毒腹泻就是其中的两个例子（见前面几章和术语表）。但是，在这个年龄，宝宝已经不太可能出现严重的问题，因为他已经不太可能出现非常疲惫或脱水的情况了。

更重要的是，这个年龄的宝宝已经建立了一致的健康行为准则。你可以判断出他何时感到烦躁，或吃得比平时少，或不如平时有精神。

常见的轻微症状、疾病和担忧

耳部感染（中耳炎）

很多婴儿会在这一阶段第一次出现耳部感染。幸运的是，统计数据表明，如果宝宝的第一次感染出现在 6 个月大之后，它就不太可能像在 6 个月大之前出现的那样会带来严重反复的感染。

患耳部感染的宝宝很可能会先感冒，然后在夜里因耳朵疼而醒来。宝宝可能会用手抓、揉或戳自己的耳朵，或是击打自己的头部，或是扯那一侧的头发。然而，耳部感染可能仅仅表现为睡眠、进食时的行为改变，或是情绪的改变。要提高警惕。

一旦对耳部感染进行治疗，重要的是让宝宝进行复检，以确保没有液体存留在鼓膜后面。在有耳部感染或耳部积液时所出现的轻微的、暂时性的听力下降，从现在开始具有更为重要的意义，因为接受性语言的学习是在这个年龄开始的。见第3篇关于"中耳问题"的文章。

格鲁布性喉头炎

格鲁布性喉头炎是一种呼吸道疾病，咳嗽声就像它的名称："格鲁布！格鲁布！"婴儿的上呼吸道收缩，吸气时会发出一种刺耳的声音。这种鸣音称作"喘鸣"。它与喘息不同，后者是下呼吸道出现痉挛，会造成呼气困难。

典型的情况是，一个宝宝不论先前是否患过感冒，都会在夜里醒来。他会像受到惊吓一般挣扎着吸气，这种情况非常吓人。当他咳嗽时，听起来就像是海豹的叫声或鹅的鸣叫。

重要的是要确定这是否真的是格鲁布性喉头炎，而不是其他问题，比如异物阻塞气管，或是被称作"会厌炎"和"细菌性气管炎"的某种罕见疾病。在患格鲁布性喉头炎时，宝宝精力充沛，面色红润，会有些心烦。他不会抗拒被人抱着——不会挣扎着保持一种姿势以便保持呼吸通畅，他也不会猛烈地扭动身体。

如果你让他呼吸舒缓的蒸汽或凉湿的空气，他就会明显地平静下来。你可以把他带到室外呼吸夜晚清凉的空气（穿得暖和一些）。或者你也可以把他带到浴室里，用热水制造蒸汽。（记住蒸汽会往上走，不要抱着他坐在地板上或马桶上，而是要抱着他站起来。）如果这两种办法你都无法做到，可以用水壶烧一壶热水，然后小心翼翼地抱着他呼吸水蒸汽，但这么做会有极大的潜在危险性。

你可能想要阅读本书第2篇中"呼吸问题"下面"常见疾病"中关于"格鲁布性喉头炎"的讨论。这样一来，当你的宝宝在半夜3点把你弄醒，惊恐地发出嘈杂的"格鲁布"式声音和鸣音时，你就不会完全惊慌失措了。

蔷薇疹

蔷薇疹是一种病毒（人疱疹病毒6型）性疾病，感染这种病毒的宝宝会发高烧，但没有任何其他疾病迹象——可能会有一点流鼻涕。宝宝的体温可能会高达40.6℃。通常情况下，宝宝的精神会很好。3~4天后，体温会恢复正常。通常，在宝宝退烧后会出现皮疹。这种皮疹一般是粉色、扁平的或凹凸不平的皮疹，分布在躯干和面部，持续大约24小时。在出现皮疹期间，或是在高烧退去的24小时内即便不出现皮疹，大多数婴儿也会表现得极其暴躁。

蔷薇疹的第一个主要特点是，它是一种排除性诊断。这意味着发高烧但没其他诸如流鼻涕或腹泻这些症状的宝宝仍然需要去看医生。要排除什么？**血液、尿液或脊髓液的严重感染。**

第二个主要特点是，大约10%~15%的患有蔷薇疹的宝宝会出现热惊厥。这是一种非常吓人（尽管是无害的）的现象。我建议你阅读第2篇的"吓人的行为"。

常见的病毒性疾病

有很多非常常见但没有太多人知道的幼儿病毒性疾病，小宝宝们可能会感染所有这些疾病。见本书第2篇第16章"常见疾病与不常见疾病"。婴儿尤其容易感染轮状病毒腹泻和呼吸道合胞病毒细支气管炎。这些都在第4章"2个月至4个月"中讨论过，并会在术语表中再次讨论。对于超过6个月大的婴儿，这些疾病可能会没有那么严重。

拥有熟悉的名称，但正在变得或将要变得越来越罕见的病毒性疾病

这些会在第2篇第16章中"有着熟悉名称的不常见疾病"部分进行讨论，包括麻疹、腮腺炎、水痘、德国麻疹或三日麻疹（风疹）。这些疾病都可以通过免疫接种进行预防。

常见的吓人但通常无害的问题

啊哈！这是一个全新的类别！

我认为，宝宝一直到这个年龄才出现这些比较吓人的医学问题，真是太贴心了。大多数时候，他们会等到更晚——12~18个月大——才出现这些让人害怕但本质上无害的疾病。但有时候，这么小的宝宝也会出现以下某种症状，这可能是为了给父母敲响警钟，让他们时刻保持关注。你可以通过现在阅读这些内容来成为熟悉宝宝的人。即使你的宝宝从未出现这些状况，但是，当其他父母惊恐万分地给你打电话时，或许你可以成为一个英雄。

这个年龄会出现的该类状况有三种：热惊厥、屏气发作和阴唇粘连。

热惊厥

热惊厥是一种吓人但无害的发作，100个孩子中大约有5个会在发烧初期出现这种状况。它们一般不会出现在6个月大之前或是6岁之后，出现的平均年龄是18~22个月。如果家庭成员中有人出现过热惊厥，你的宝宝出现这种疾病的几率就会稍高一些。

热惊厥并不意味着孩子患有癫痫。它们不会引起大脑损伤，也不是由大脑损伤所引起。它们的主要作用似乎就是把父母吓死。

它们通常出现在发烧初期，尤其是体温迅速上升的时候。它通常是孩子出现感染的最初症状，因此，在孩子生病时控制发烧对预防热惊厥基本没有作用，或是完全没有作用。宝宝的胳膊和腿会抽动，他会失去意识，屏住呼吸，皮肤发青。惊厥只会持续几分钟，最长不会超过15分钟，但看起来好像永远不会结束。见第2篇的"吓人的行为"。

屏气发作

屏气发作会出现在6个月~6岁之间的任何时候，但是，大多数发生在12~18个月期间。大约有5%的孩子会出现这种状况。在屏气发作时，一件小事（比如责骂或摔倒）会引发无意识的呼吸暂停。孩子可能会哭，也可能不哭，他的皮肤可能会发青或变得苍白，甚至可能会出现短暂的惊厥。这些症状几乎都是完全无害的。见第2篇的"吓人的行为"。

阴唇粘连或阴道融合

在婴儿期，阴道的内阴唇是非常黏的。如果它们因为任何原因而受到刺激，就容易粘在一起发生融合。这是一种非常令人担忧的景象：看上去她的阴道好像消失了！在一夜之间！

不要恐慌。即使你什么也不做，宝宝的阴道最终也会打开。然而，你还是应该带宝宝去看儿科医生，这么做的部分原因是为了确定是什么刺激造成了阴唇粘连。如果婴儿显示出任何尿路感染的迹象，或是曾经有尿路感染史，或者看起来很不舒服，儿科医生会希望对阴唇粘连进行治疗。这意味着要在诊所里轻轻地将阴唇分开，或是在家里使用荷尔蒙平衡霜。

严重或具有潜在严重性的疾病和症状

发 烧

对于这么小的宝宝来说，发烧本

身仍是令人担忧的。如果宝宝的直肠温度超过39.4℃，或者低烧持续超过3天，就应该带他去看医生，即使没有任何其他症状，并且宝宝精神很好、吃得很好、睡眠正常。

大多数这种不太令人担心的发烧是由病毒引起的，但有时也有例外，比如尿路感染。就像我在前面说过的，从未有研究表明出牙会引起发烧。这个说法的起源是因为宝宝从这个年龄直到2岁总是在出牙，因此每当宝宝发烧时，都会有一颗牙正好长出来。

这个年龄的宝宝如果发烧超过40℃，就需要迅速地——甚至在半夜——给医生打电话，并在当天去看医生，即使没有其他症状，宝宝精神很好。如果出现其他任何症状，宝宝当然需要迅速去看医生，如果不是看急诊的话。

肠套叠：一种肠梗阻

这是一种罕见的问题。但是，有时候很难对其进行诊断，因为很多其他疾病也有着相同的症状。粗略地了解一下这种疾病是个好主意，因为你的儿科医生有时可能会提到它。完整的讨论见上一章。

尿路感染

膀胱感染和肾感染可能出现在任何年龄。过了新生儿期之后，男孩患这种疾病不如女孩常见，因为男孩的生理结构会对他们形成保护：输尿管与粪便相距较远。但是，女孩和女人就非常容易患尿路感染。

以我的经验来看，从这个年龄开始，小女孩更容易产生这种问题。这是因为你在给她换尿布时，不再像以前那么容易对她进行清洁；她会在你进行每一步操作时都进行反抗，想要触碰这一区域的每样东西，还会画手指画，如果你知道我指的是什么。因此，有时候直肠区域的细菌会进入尿道，至少会感染膀胱。①

患有尿路感染的孩子通常会发烧，还会出现腹痛和（或）呕吐的迹象。但是，有时候他会只出现发烧，或是烦躁不安但不发烧，或是精神不振。这就是为什么在宝宝出现类似这些不明确的症状时经常需要进行尿液分析和微生物培养的原因。

---

① 这个年龄以及更大的男孩极少患尿路感染，因为大自然使得粪便相对不太容易沾到尿道口，后者的朝向是相反的。此外，这个年龄的大多数男孩更喜欢抓着他们的小鸡鸡，而不是用大便作手指画。尿路感染在未做包皮环切术的男孩身上是十分罕见的，在进行过手术的男孩身上，其罕见程度更会高出十倍。——作者注

隐睾症

如果宝宝一侧或双侧的睾丸还没有完全沉入阴囊,那么将来很可能也会如此,很多儿科医生和儿童泌尿科医生认为,可以并且应当在宝宝6个月～1岁期间做手术,这一方面是出于心理因素的考虑,一方面是为了最大程度上保护睾丸的健康、生殖能力并防止受影响的睾丸产生恶性肿瘤。如果在这么小的时候做手术,极其重要的一点是,泌尿科医生在处理娇嫩的婴儿组织时要非常熟练(最好是一名儿童泌尿科医生),并且麻醉师是主要服务儿童的,或者最好是一名小儿麻醉师。

铁缺乏症

铁缺乏症具有潜在的严重性,不仅因为它会造成贫血,还因为它会阻碍发育,影响孩子的潜在智力,并且还可能延缓身体的生长。一个孩子可能会患铁缺乏症,而不贫血(见术语表),尽管针对贫血症的检测通常也能发现缺铁的情况。患有遗传性血红蛋白异常(比如地中海贫血或镰刀形红细胞贫血)的儿童可能有贫血症但却没有铁缺乏症。大多数儿科医生会在9个月的健康检查时通过了解饮食习惯,有时通过血液检测来对这种疾病进行检查。

这种担忧是让宝宝在1岁以前继续喝铁强化配方奶而不是改喝牛奶的一个主要原因。

铅中毒

一个四处爬行、把什么东西都放进嘴里的宝宝,一定会找到并吃下一些他不该吃的东西。剥落的油漆和涂墙泥可能是危险的,如果它的任何一层中含有铅的话。因此,即使你的房子是新近粉刷过的,如果任何一层涂料中可能含有铅,你就面临着一个潜在的问题。甚至在低血铅水平的情况下也可能出现铅中毒,影响宝宝的智力和发育,通过治疗,这些影响只会得到部分恢复。要和你的儿科医生讨论如何检测、预防和治疗铅中毒。

轻微伤

这个年龄出现的大部分轻微伤和严重受伤,反映的是婴儿日益增强的四处走动、够东西和抓握东西的能力。

烫 伤

不幸的是,被溅出的热食物和热洗澡水以及触摸到热的东西(通常是卷发棒)烫伤,在这个年龄非常常见。当然,最好的办法是预防。关于治疗,见第2篇的"急救"一章。

从某个表面滚落

从一个略微高出地面的表面滚落，对于这个年龄的宝宝来说通常只是一个无害的意外。但是，从 1.2 米或更高的地方跌落则需要立即去看医生，即使宝宝看起来很好——从统计数据上来看，这样的意外常常会伴随有隐匿性骨折。当然，你要给儿科医生打电话，但是不要有强烈的内疚。或者即便有，也不要让它萦绕心头。这种事情时有发生。见第 2 篇的"头部磕碰"。

严重受伤

窒 息

窒息是最糟糕的情形。最重要的是要预防，并且，如前所述，至关重要的是要参加心肺复苏术课程。要确保每个照料宝宝的人都定期参加这样的课程。要经常在头脑中复习心肺复苏术的步骤，并不时地在洋娃娃身上进行练习。

溺 水

这个年龄的宝宝会积极寻找有水的容器，从水池到马桶，再到水桶。当他们俯身玩水或欣赏自己的倒影时，他们头部的重量（头部是全身最重的部位）会使他们栽入水中。5 厘米深的水也会造成这个年龄的宝宝溺水。

在这方面，预防措施和最新的心肺复苏术课程是你的主要武器。不仅是你要做好预防措施并参加心肺复苏术课程，照料者也要这么做。

机会之窗：玩具和挑战的新重要性

为学习做好准备

在出生后的头几个月，婴儿会了解他们与自己身体的关系、与深爱的成年人的关系，以及与几个物品之间的关系。到他们 6 个月大的时候，他们已经基本懂得了：

• 他们与他们深爱的成年人是各自独立的人。

• 他们能够掌控自己周围的环境。如果他们击打某个东西，它就会动；抓它，它会来到他们身边。如果他们啼哭，一个成年人就会出现。

• 存在着一个熟悉的世界和一个陌生的世界，时间、经历和玩耍可以把一个陌生的世界变成一个熟悉的世界。

掌握了这些概念，6~9个月的宝宝就已经准备好面对这个世界了。他越是能享受分离并应对分离所带来的焦虑，就越能掌控他的环境。他越是能把陌生转变成熟悉，他就越会积极地从现在开始学习和尝试新事物。

宝宝从现在到2岁会以惊人的速度发育，父母们如果希望为此做好准备，就需要有一个特别的人来照料宝宝。不论这个照料者是母亲、父亲、祖父母、其他亲戚或朋友，还是他们选择并雇用的其他人。你需要记住以下几点：

• 这个在大多数时间里都与宝宝待在一起的人，必须认为宝宝是绝妙的，并且"爱上"这个宝宝。宝宝在踏上探索和掌控之旅时需要具有这种安全感。

• 这个人要和宝宝说很多话。

• 这个人需要给宝宝设计一个足够丰富且安全的环境，让宝宝在其中探索，不会感到无聊，也不会有真正的危险。他需要成为宝宝的资源，向宝宝展示和解释世界的各个部分是如何组合在一起并运转的。

• 这个人需要愿意并能够设定合理的限制，并帮助宝宝学会一点延迟满足，并了解一点其他人的需要。

慰藉物（或安全依恋物或过渡物）

莱纳斯在多大时开始对他的拇指和毯子产生依恋？或许是在6~9月大的时候。一个柔软的、可以抚摸的，可以被用作替代人的东西，对于一个刚刚开始发现"分离"和"陌生"的宝宝来说，是一种非常方便的慰藉物。它就像是在不得不让其他人来安慰你和能够进行自我安慰之间的一个中转站。

当一个宝宝拥有大量的爱、关注和冒险活动时，一个安全依恋物对他来说就是一种健康、有帮助的东西，能够使日常的分离，比如午睡或就寝，变得更友好一些，并培养一点独立性与成熟。很多研究表明，这样的安全依恋物的使用可以持续整个童年，甚至是青春期，没有任何迹象表明它们的拥有者在情感上具有不安全感或被剥夺感，或是有其他问题。

当一个儿童承受很多不寻常的压力时，这样的安全依恋物可能会有极大的重要性：住院、父母不和、生病——有了安全依恋物，这些情况就会好过一些。

如果父母对于孩子的安全依恋物感到尴尬、自责或内疚，记住这样的物品对于孩子来说是"妈妈的一部分"或"爸爸的一部分"可能会有帮助。如果宝宝对妈妈或爸爸没有那么强的依恋，这个物品就不会那么管用。

要帮助一个有分离问题的宝宝对一个安全依恋物产生依恋，你可以在抱着他、给他喂奶和哺乳时使用同一块毯子或其他什么物品来抚摸他和安慰他。然后把这个东西留在婴儿床里。只需要注意以下几点：

- 安全是最重要的。婴儿床上不应有太大的或绳状的东西，以防止窒息或勒住宝宝的颈部。也不应有不结实的物品，以防止宝宝拽下其中的一部分，将它吸入气管或吞咽下去。不应有皮毛制品。
- 不要让它变得太脏，因为它的一部分"魔力"可能来自于它特殊的、让人印象深刻的，甚至是过于刺鼻的气味。
- 试着让宝宝喜欢上一个能够被分成几块的物品，这样如果丢失了其中的一块，不至于发生大灾难。
- 尽量去引导宝宝的选择。有一个小女孩对她妈妈的一条丝绸内裤产生了很强的依恋。我们都对候诊室里的一幕略微感到有些尴尬，直到它最终破旧得让人认不出是什么东西。

如果……怎么办？

开始日托

如果宝宝需要在这一时期开始第一次日托，最好早点进行，因为陌生人焦虑与分离焦虑会在8个月大时达到顶峰。

最理想的情况仍是一对一的看护。其次的选择是一个小群体，总共不超过4个孩子，其他的孩子或者与你的宝宝年龄相当，或者比他大超过3岁，这样，照料者就不会一直忙于设立限制和监管学步期的孩子了。一如既往地，看护环境必须是安全的。你需要查看照料者的资质。不要容忍二手烟。要确保看护人员了解最新的心肺复苏术。至关重要的是要注意个人卫生，经常洗手。

- 谨慎地选择照料人员：见上面"机会之窗"中的"为学习做好准备"。
- 这个年龄的宝宝需要慢慢地熟悉一个新的照料者。见下面的"分离"部分，以及熟悉新照料者的正确方式。
- 确保照料者在如何设定与年龄相适应的限制方面与你一致。见上面的"设立限制"。
- 从现在起，你的育儿理念越来

越可能与日托人员的理念产生分歧。开诚布公的交流是极其重要的。

- 宝宝在非常稳定的情形中会成长得最好，他们需要规律的作息时间和可预测的生活。

- 宝宝的生活环境必须是真正安全的，这不仅可以防止宝宝受到伤害，而且还能避免很多对探索的限制。（这可能意味着，要找到一个家里没有满屋子珍贵小摆设，也没有宠物的照料者。即使最温柔的狗和猫也会对揪它们尾巴的婴儿发起冲动的攻击。）

- 照料者应该知道2岁半以下的儿童没有任何社交能力，需要进行持续的照管；她不应指望学步期的孩子和较大的婴儿"自己解决问题"。

- 她应该避免"零食陷阱"。有计划地在固定时间给孩子提供有营养的零食是很好的，但不加选择地给孩子果汁、饼干和即食麦片则会导致牙齿问题、体重问题和根深蒂固的零食习惯。见上文的喂养部分。

- 如果她让孩子乘坐汽车，每个孩子都要系好安全带。

与父母长时间的分离

在这个时期，宝宝与他们深爱的成年人的分离是一件非常困难的事。就像凯蒂一样，这个年龄的宝宝似乎有一条规则：我可以离开他们，比如爬到卫生间去，但是他们不能离开我。如果可能的话，我会尽量推迟一段长时间的分离，直到在几个月之后这种紧张的状况稍有缓解。

如果分离是不可避免的，退而求其次的办法是确保宝宝已经与一个充满爱心的、有耐心的成年人建立起了亲情心理联结，这个人认为宝宝是绝对完美的，并且在为宝宝设定符合其年龄的限制方面与你不矛盾。即使如此，父母们也要做好心理准备，宝宝会在他们返回时对他们非常生气。一些宝宝会发脾气并用行动表现出愤怒，但更常见的情况是宝宝会转身、拒绝和不理睬返回的父母。这种情况是最令人不安的，但从另一方面来看，这也是对宝宝与父母的亲情心理联结非常坚固的一种赞扬和说明。耐心、示好和时间会让宝宝回心转意，但是这可能需要一周以上的时间。

带着宝宝旅行

与几个月后相比，现在带着宝宝旅行可能会更容易一些，到那时，宝宝会坚持让你拉着他的手沿着商场的过道走来走去，偶尔停下来只为吃一张破旧的口香糖包装纸。

各种可以进行操控的新奇玩具、

有书页可以翻的撕不坏的书，以及肥皂泡都是很好的旅行玩具。

再要一个

如果你在宝宝 9 个月时怀上一个新宝宝，在新宝宝出生时，你现在的宝宝应该是 18～21 个月大；当新宝宝开始探索世界和试探限制时，现在的宝宝应该是 27～30 个月大。

18 个月大的宝宝非常需要父母的关注。他正在经历另一个分离焦虑的高峰，这可能会使母亲的第二次分娩对每个人来说都很难。

18 个月大的宝宝正在发展非常重要的社会能力和智力。这些能力应该在 2 岁前得到充分发展，因此这 6 个月对他来说是非常重要的。

• 他需要学会如何以正确的方式获得成年人的关注，如何不通过哼唧或尖叫来请求成年人的帮助，以及用其他人能够接受并做出回应的方式表达烦恼、愤怒和情感。

• 他的语言能力正在飞速发展，他使用的语言恰恰反映了他经常听到的语言。一个疲惫、缺乏耐心、烦躁的父母可能会把非常不受欢迎和令人尴尬的语言教给孩子。

• 他对于"同情心"有基本的认识，需要进行积极的鼓励。他还不能真正理解其他人对现实有着独立而不同的认识。他可能会安慰一个哭泣的学步期的孩子，但接着就转身猛掐另一个小朋友，却不知道那个小朋友为什么会变得不高兴。

• 在他学会分享之前，他必须搞清楚"拥有"的概念，并且会牢牢抓住东西，同时在头脑中不断巩固"我的"的概念。在此刻，他是不会轻易让步的。

18 个月大的孩子不仅需要从富有耐心的成年人那里获得大量的关注，以便习得这些技能，而且他们的人生经历太少，无法弄清什么是危险的以及为什么是危险的。

那么，在有了新弟弟妹妹后，学步期的孩子可能在接下来的 9 个月里很难获得他所需要的来自父母的密切关注。他可能会学会尖叫、哼唧和发脾气，他最新的语言发展会反映父母的爱发脾气，尤其是像"现在就停止，否则我就要揍你！"这样的话，或是更糟的话。

到较大的孩子 2 岁时，有了新弟弟妹妹后所出现的困难可能将这些不讨人喜欢的特点进一步加强。此外，较大的孩子可能无法获得必要的指导，不知道怎样自己玩耍以及和其他学步期的孩子一起玩耍，这样，他的注意力会全部集中到新宝宝身上。他可能就不会对自己有很好的感觉。不幸的是，就这个时期而言，当他正要成为一个令人愉快的、善于社交、并且容易相处的孩子时，他的弟弟妹妹开始获得活动能力和探索欲望。由于较大的孩子仍然有很强的占有欲（见第10章"2岁至3岁"），抢玩具和拥有物很可能会以暴力和眼泪收场。

拥有良好的健康、内在力量和外界援助的父母们，肯定能度过这一时期，并给予两个孩子所需要的"来自父母的密切照料"。但是，单亲父母们、需要让两个孩子参加全日托的父母们，以及无法负担在部分时间进行日托以便休息和娱乐的父母们，可能会非常后悔把两个孩子的出生时间安排得这么近。

离婚、分居和抚养权

尽管儿童从来不应为父母的离婚承担最终的责任，但有时他们发展的一些方面可能会造成一些会导致父母分居的问题出现。这个年龄的宝宝新出现的分离焦虑可能会成为压倒骆驼的最后一根稻草，它会使宝宝较少依恋的一方父母有被拒绝感——被宝宝和宝宝更加依恋的一方父母拒绝。当然，这种被拒绝感会成为一个自我实现的预言。我这样说是希望如果一个父母意识到这种现象，可以尝试与伴侣沟通和进行婚姻咨询。

如果分居与离婚已经成为现实，父母们能为宝宝提供的最大帮助，就是认识到两个成年人之间的戏剧性的、悲伤的分离会使得他们更难应对宝宝的分离焦虑以及对限制的试探。当然，意识到这一点，会有助于父母双方在这些问题上寻求帮助。

这个年龄的宝宝的抚养权问题是很难处理的，因为宝宝对父母的依恋是如此强烈，分离是如此可怕，而宝宝却无法理解这种安排。对于宝宝来说，今天就是存在的一切，他完全无法理解明天或下个星期要去一个新家与另一方父母一起生活。对于宝宝来说，最好是与主要承担看护责任的一方父母待在一个地方，让另一方父母经常来探望（在前者离开房间的情况下）。

手术或住院

分离焦虑与"生活在当下"所带来的好处是，这个年龄的宝宝可以在一定程度上平静地经历手术和住院治疗，只要他们深爱的父母能够一直陪着他们，只要他们能够抱着自己熟悉的心爱物品，只要他们对止疼药的需要得到尊重。如果有选择性外科手术要进行，那么现在是一个好时机，前提是上述条件能得到满足。

搬　家

与手术和住院相似，这个年龄的宝宝对于搬家可能不会有过多的不安，只要他们所依恋的成年人能够一直陪着他们，只要他们能一直抱着自己心爱的物品。主要的顾虑是安全。从现在开始，如果你要搬家，一定要在搬家日把宝宝转移到其他地方。在搬家的忙乱中，宝宝会经历非常快的发展加速。他们将学会钻到马桶里，或是爬出二楼刚刚拆除护栏的窗户，或是把自己关进冰箱。至少，他们将学会彻底地消失，让每个人都疯狂地寻找他们。

到了新家以后，要确保把热水器的温度下调到约49℃，并查看自来水中的氟化物含量。

9个月宝宝的健康检查

这是一次困难的检查，因为宝宝已经到了产生陌生人焦虑的年龄，不肯让儿科医生碰他（有时甚至都不让靠近），尽管医生已经学会了各种千奇百怪的招数来赢取宝宝的芳心。不管宝宝和儿科医生表现得有多好，你都要做好心理准备：一定会有尖叫和眼泪。此外，宝宝会想四处爬，捡起以前的病人掉落的麦圈、会发出吱吱声的玩具和废弃的破布片，并放进嘴里。一定要给他带着他自己的玩具，尽量让他待在你的腿上看一堆新图画书（可以是便宜的、可以撕的书）。

这次检查的重点是一些发育里程碑、视力和眼睛、隐匿性的耳部感染、检查腹部看看有没有增大的器官或肿块，检查生殖器，看看女孩有没有阴唇粘连，男孩有没有由积液或疝气造成的阴囊肿大。会像以前的每次健康检查一样对臀部进行仔细的检查，看看有没有脱位。

在这次检查中，大多数儿科医生会对宝宝进行常规的血液检测，看看有无缺铁和（或）贫血。很多医生还会进行铅暴露检测。等你读这里的时候，一定还会有一两种新增的推荐疫苗。

展　望

接下来的3个月是非同寻常的。宝宝会在以下3个方面取得飞速发展。

- 运动能力。他们会通过爬，或拽着家具移动，或走路（通常是推着一个带轱辘的东西）使自己从一个地方移动到另一个地方。但是，不管他们以哪种方式运动，他们都会攀爬。爬楼梯、爬上地板上的垫子，从茶几到沙发，从椅子到台子再到冰箱顶端。

- 语言。是的，通常他们在18个月以前还不会说话，但是，在接下来的3个月里，你会从一些线索中发现你的宝宝能听懂你说的很多话。

- 限制。你的宝宝将第一次真正地挑战一项限制，而不是对它表示默认或反对。这是有区别的。你会明白的。

第7章

9个月至1岁

"你拥有了全世界，以及世界上的一切"

——拉迪亚德·吉卜林（Rudyard Kipling）《如果》

需要做的事情

- 让宝宝相对轻松地戒掉安抚奶嘴的最后机会。
- 开始逐渐淘汰奶瓶，把母乳和配方奶都盛在杯子里。
- 鼓励用手抓东西吃，尝试使用勺子。
- 避免在两餐之间喝果汁，避免随意吃零食和容易上瘾的食物。
- 考虑使用婴儿背带或学步带：这是小天使习惯使用它们的年龄。

该年龄的画像：
语言、运动和限制

马蒂发现了壁炉。她还发现很多蚂蚁列队穿过炉膛的裂缝。

在过去的20分钟里，南希已经4次将马蒂抓个现行。这个9个月大的小家伙趴在地上，目不转睛地盯着蚂蚁看。她不慌不忙地——以近乎优雅的姿势——伸出一根手指将它们压扁。她严肃地注视着这个手指，然后舔了舔。她的表情是若有所思的，近乎呆滞。她妈妈的表情则完全不同。

南希不能喷杀虫剂杀死蚂蚁。中毒控制中心已经告诉过她（到现在为止已被告知了4次——她一直希望找不同的专家）杀虫剂要比这些昆虫有害得多。她也不能换房间，因为她的文字处理机就放在这个房间，并且在照看马蒂的同时，她还要处理一些资料。她不能使用婴儿围栏。围栏在很久前就不用了，现在装满了折叠好的洗过的衣服。此外，马蒂这些天以来最大的快乐就是紧紧黏着她所爱的成年人，自己离开去探索这个世界，然后再回来。

"马蒂把蚂蚁压扁了。"南希说道。马蒂专注地看着她，好像在领会每一个字。"蚂蚁在找水喝。但是，马蒂把它们压扁了。蚂蚁需要喝水。妈妈会帮马蒂找些别的事情做。"

在过去的几个星期里，马蒂身边的成年人已经开始用这种方式说话，几乎成为一种自然的习惯。马蒂还不能准确地理解这些话，但是，它们似乎经过了她的大脑，并留下了一些印象。马蒂现在听到"妈妈"这个词会转向她的母亲，听到"爸爸"这个词会转向她的父亲。在不知不觉中，她的母亲运用了促进语言能力发展的所有建议：

• 她看出马蒂的兴趣，并替她说出来。

• 她把马蒂的凝视、行动或发出的咿呀声看作是马蒂"对话"的一部分，就像生动的演说一样。

• 她使用完整而简短的句子。

• 她避免使用容易混淆的代词，比如"你"和"我"。

• 她使用简单的，或是稍高级一点的语言。

• 她反复使用同样的名词。

• 她保持对话的简洁，因为她知道马蒂的注意力持续时间仍然很短。

马蒂同意放过蚂蚁，去玩一个形状配对玩具。她把一块正方形积木往圆形的洞里塞。南希笑着递给马蒂圆形的积木。马蒂砰砰敲打着玩具，哈哈大笑，在反复了几次之后，最终将口水吐在了上面。然后，她又回到了壁炉旁。

第二次，南希用一个带开关的玩具将马蒂引开了。马蒂将开关打开又关上，重复了大约30次，但很快就厌倦了。"马蒂能转这个球。看妈妈在转。现在，马蒂转这个球。"这只持续到南希刚在文字处理机前坐好。马蒂立刻回到了壁炉旁。

绝望中，南希拿出了最重要的一招：一个旧水壶，里面装着半打卷起来的袜子和8个不带夹紧装置的晾衣夹。马蒂欢叫着，将水壶里的东西全部倒了出来，然后又一个一个地放了回去，仔细地检查每一件东西，并将其放进嘴里。

第四次，就在马蒂向壁炉爬去的时候，她转过身来看了看妈妈。马蒂的脸上有一种新的表情，包含着挑战、兴趣以及一点顽皮。在马蒂伸出她的"死亡手指"之前，南希出现在了她的头顶上方。

"不许吃蚂蚁！"她的妈妈喊

道。她冲到马蒂面前，一把将她抱起，带着她大步走出房间。"呸！呸！不许吃蚂蚁！"她深深地吸了一口气。"马蒂不能捏蚂蚁。蚂蚁脏！蚂蚁不能吃！可怜的蚂蚁！"她做出了一个可怕的表情，"呸！"

马蒂用一个迷人的微笑回应了妈妈的这番表现，她新长出的珍珠般的牙齿上沾着黑色的小点。

这一幕包含了大一些的婴儿的很多至关重要的特质。马蒂的行为是故意的，她有因果关系的想法。她在到达壁炉的过程中展现出了身体能力，在捏蚂蚁时展现出了精细运动能力，在尝蚂蚁时展现了用嘴探究的好奇心。这些都是难能可贵的特质。从概念的层面来看，她对蚂蚁的着迷源自她最近对"出现"与"消失"的着迷。看，蚂蚁被捏扁了——新的蚂蚁出现了！"物体恒久性"的概念，一只蚂蚁或妈妈——其消失和重现或替换——是她不断进行实验的源泉。

这一幕只持续了几分钟，无论是马蒂还是她妈妈都没有把它当作一个重大事件，但是，它的确非常重要。马蒂有意试探了她妈妈，而一个限制就被设立了。马蒂看起来似乎很高兴，而不是感到害怕或被冒犯。马蒂现在很可能会把蚂蚁作为试探她父母的一种方法，看看他们是否会执行这个关于吃昆虫的新规矩。对于整个家庭来说，他们这样做是很重要的。

通过处理这次挑战的方式，南希向马蒂表明：

• 她珍视马蒂的好奇心、能力和冲动，并且愿意分享她的兴趣。她允许马蒂在房子里四处探索，并给她提供进行观察和试验用的安全的小物品。

• 用爱和尊重的态度对待马蒂的身体。没有打马蒂的手或屁股。

• 她不惧怕情感疏远，比如在设立限制过程中产生的分离，对于马蒂对她决心的试探既没有退缩也没有过度反应。

然而，在对吃蚂蚁做出回应时，南希向马蒂发送了一些混杂不清的信号。她先是允许马蒂逃脱了惩罚。当马蒂挑战她时，南希以令人兴奋的异常关注做了回应：她与马蒂的眼神接触、她的声音和触摸。她说了很多有关蚂蚁的话。哇！

我打赌，马蒂会马上回到蚂蚁那里去，这一次会立即对南希发起挑战！

在这3个月里，南希需要磨练一些设立限制的新技能。她的目标是要保护上面所提到的那些重要的领悟，但还要教马蒂另一件重要的事情：

有些行为是被禁止的，或是"不"，而挑战这些"不"不会有任何"收获"——不会有乐趣，不会有兴奋，不会有满足。

南希需要几次令人十分担心的经历才能发现成功的秘诀。即：如果你对马蒂的一种行为说得太多，马蒂就会越来越多地做出这种行为，以此来获得你的关注。

因此，如果你希望她停止一种危险的、破坏性的或攻击性的行为，你应该只用一个字："不！"在说出这个字的同时，要把马蒂抱走或把那个物品拿走。然后，你要转过脸去大约半分钟，刻意将你的注意力从她身上移开。这是英国政治家迪斯雷利在为国外或国内的捣乱分子设立限制时使用的秘密武器，对于给这个年龄的宝宝设立限制也同样有效：永远不要道歉，永远不要解释。

分离问题：等到天黑以后

富兰克林家的每个人都在经历分离焦虑——除了那只猫，它已经习惯了消失。

马蒂被从一个大人手里交到另一个大人手里时，没有一次不是伸着胳膊可怜地哭泣。她不让她的妈妈、爸爸或照料者离开她的视线——除非是她主动离开。当她自己离开时，过不了几分钟，她就会发现自己被"抛弃了"，并开始发出惊慌的尖叫。

当南希离开马蒂去工作时，她感觉到一种可怕的痛苦，就像自己的身体被撕裂了一样。她有时非常后悔自己这么早就回去上班，"错过"了马蒂的婴儿时期。她责备自己现在可能会"错过"马蒂说的第一个字、迈出的第一步，以及所有的第一次。她发现自己将马蒂的哭当成了对自己的责备。她甚至发现自己在哭，满怀内疚，并冲拉里发火，责怪他"允许"自己回去上班，她还迁怒于她的父母、她的同事、她的客户、大自然母亲以及女权运动。

在其他时候，她很高兴看到马蒂自己进行探索、勇敢地吓唬猫、吃蚂蚁、黏着拉里和她的照料者。南希有些庆幸自己仍然拥有成年人的生活，而不是完全被自己的母亲角色所定义，因为她隐约感到，马蒂不会永远只把自己定义为父母的宝贝。

拉里花了很多时间与自己的内心对话。在一定程度上，他抗拒着自己对马蒂表现出的既黏人又试探限制的新行为方式的感受。他默默地承认，这让他感觉相当神圣。可与黏人的行为相比，他更喜欢马蒂的探索行为，并且发现自己对女儿的眼泪感到不耐烦——他突然意识到自己想对她说不要表现得像个婴儿。然而，令他感到吃惊的是他的婚姻的变化。他不禁意识到，他和南希相互嫉妒马蒂对对方的关注，并且还嫉妒保姆。更糟糕的是，他嫉妒马蒂得到了南希的关注。

除了这些之外，无论是拉里还是南希都感到有压力。他们两人都觉得自己的所有时间和精力都应该分配给自己的事业和马蒂。他们两个人的交谈只剩下给对方发指令的时候，商讨安排社交活动和家庭聚会的时候，相互呵斥对方对马蒂行为的回应方式的时候，以及寻找猫咪的时候。

就寝时间和睡一整夜

如果你认为白天的分离是一种挑战，就等到天黑吧。大多数这个年龄的宝宝在夜里平均睡10个小时左右，他们白天会小睡两次，每次1~2小时。

通常，他们的父母得不到这么好的休息。

拒绝睡觉和在夜晚醒来是这个年龄很常见的问题。并且，这种行为常常会导致一种恶性循环：父母们睡得越少，就越无法用一种耐心、一致、充满爱心的方式来对待宝宝。这会令宝宝感到不安。宝宝越是感到焦虑，就越不愿意在就寝时分离。

如果他无法在就寝时自己入睡，那么，当他在半夜进入睡眠周期的浅睡阶段并短暂地觉醒时，也就同样无法做到自己入睡。因此，他会尖叫着站起来摇晃婴儿床的围栏，直到一个筋疲力尽的父母过来哄他睡觉。

要想让一个9个月大的宝宝自己入睡，并在夜晚醒来时像平时那样靠自己的方法重新入睡，他需要：

• 在白天有足够多的时间与每一方父母单独相处。

• 一些依靠自己的方法入睡的经验。如果他啼哭是出于沮丧、有点害怕，比如出乎意料地放个屁，或是无聊，他需要同情和关注——但不要立刻给予关注，并且不要给予过多的关注。

• 一些与他的主要照料者分离的经验，在看不到主要照料者并且听不到其声音的情况下，花一些时间与其他热情、负责任、会安抚的成年人相处。

• 熟悉并喜爱他的婴儿床。有时候，如果宝宝喜爱的成年人花些时间与他一起待在放下围栏的婴儿床上安静地玩耍，会对他有帮助。

• 养成在婴儿床里入睡的习惯，不要奶瓶或安抚奶嘴，让父母中的非主要照料者来完成就寝仪式，通常会最容易完成，因为分离会更容易一些。这可能需要一些时间，因为这个年龄的宝宝可能会黏着父母中的一方，而拒绝另一方，这正是要培养与宝宝的关系的原因。

- 知道他的父母可以欣然接受由对他的行为设立限制所产生的分离。如果父母对这种最有威胁性的分离不感到恐慌，宝宝也就不会感到害怕。

- 一套每晚相同的可能有4～7个步骤的就寝仪式，渐渐融合成一个睡眠模式。父母可以在一个非常平静的日子里模仿罗杰斯[①]先生。

- 对于一些9个月大的宝宝，需要一个过渡物品。（见上一章的"机会之窗"。）

设立限制：真正的挑战开始了

一说到"限制"这个词，你会不由自主地想到养育中的两种相反的危险：你担心溺爱；你担心伤害他的心灵。

如果从来没有设立过任何限制，宝宝没有被迫选择一种可接受的行为，放弃一种不可接受的行为，他就会开始被宠坏。另一方面，如果不允许宝宝拥有对自己大多数行为的选择权，他就无法获得会令自己感到满足的自主感——设立一个目标并将其完成的能力。这就是所谓的"伤害他的心灵"的含义。[②]

这并不复杂。你可以这样想，这是婴儿发现生活中存在一些限制，并且初步获得让自己的一些行为在界限之内的能力的年龄。婴儿有这种发现和发展这种能力的方式，与他们做其他任何事情的方式是一样的：通过不断的练习。

- **大多数行为都应被鼓励或至少被允许。**宝宝靠探索、婴儿式的冒险和玩耍才会茁壮成长。要确保你做好安全防护措施的更新，就是在"日常的发育"中"安全问题"（见下文）所描述的内容。别担心：不管你认为在家里做了多么周密的防护措施，你的宝宝仍然会做出几种非常离谱或危险的行为，需要你为他设立限制。我保证。

[①] 见第181页脚注。

[②] 在孩子开始社交活动之后，对于伤害他的心灵的担忧会变得更加强烈。这种担忧主要集中于是否要限制身体攻击和鼓励礼貌行为。很多父母担心自己养育了一个"懦弱的人"。这可能会使父母不愿意设立任何限制。在这种情况下，宝宝就无法欣然接受与父母的情感分离。他会为这个问题苦恼，当他应该去学习其他事情时，却还在处理这个基本问题。他甚至可能最终成为一个懦弱的人，因为挑战限制的想法令他内心充满不安。或者，他可能成为一个被宠坏的、令人讨厌的人，这与心灵受到伤害就不是一回事了。——作者注

- **要限制你设立的限制。**如果每个略微有点使人心烦或具有破坏性的行为都被禁止，宝宝就很难学会什么是限制。父母和照料者就无法有效地教给他东西：在上百种"被限制"的行为中，他们无法在孩子刚开始每一种行为时就看到，把他抱走或把物品拿走，并坚持到底。他们很容易变得筋疲力尽、失去耐心、总是警惕着意外的发生、无法做到前后一致，并且不会有很多乐趣。在这种环境中，宝宝无法理解限制，而只会感到生活并不是很令人愉快。

- **尽可能避免对抗。**不受欢迎的行为应该尽可能通过转移注意力和使用替代物品来防止，最理想的情况是在宝宝开始做出被禁止的行为之前。要在事情发生前就阻止。南希本可以在马蒂去找蚂蚁前就用其他好玩的东西来转移她的注意力。

当你确实需要设立限制时：

- **在你对一个真正的限制采取行动之前，不要发出警告。**这个年龄的宝宝还不理解警告。如果他被要求不能做某事，然后做了，然后一位父母采取了行动，他就会困惑。他会需要一遍又一遍地做那件事，试图搞清楚他的父母到底在想些什么。

- **在你设立一个真正的限制时，只说一个字："不。"**同时，把他抱走或把被禁止的物品拿走。

- **坚持到底。**不管宝宝多少次试图做出被禁止的行为，你都要把他抱走或把物品拿走，不要发出警告。要用坚定的语气说"不"。

日常的发育

里程碑

视 力

这个年龄的宝宝还没有真正 20/20 的视力，但是你无法知道这一点。他无法告诉你街上的标志牌在他眼中仍然模糊不清，或是他看不清树上的每片树叶。但是，他肯定能看到很小的物品，比如绒毛，并且会用目光追着去看飞鸟、直升机或热气球。

听力与咿呀学语

听力良好的最佳标志是大量而丰富的咿呀学语声。在宝宝 6 个月大时，你听到的大多数声音都是元音；到 9 个月大时，也会有辅音。很多宝宝喜欢发"b"或"d"的音。如果你的宝宝先说"Dada"而不是"Mama"，尽量不要认为这是在称呼你（不管你是妈妈还是爸爸）。我猜，聪明的母亲们听到宝宝的咿呀学语，随后会告诉父亲宝宝是在用"爸爸（Dada）"称呼他。但是，大多数宝宝要到1岁以后才会用"爸爸"指父亲，用"妈妈"指母亲。有些宝宝除了"妈妈"和"爸爸"之外，还会说几个别的词。

社会和认知能力

- 他应该对获得并保持成年人的关注很感兴趣。他应该喜欢玩藏猫猫游戏，并会模仿挥手再见或飞吻。
- 当你指着某个东西时，他通常应该转过头看你在指什么。
- 当他不确定身边发生的事情是否正常时，他应该看向你以寻求安慰。
- 到1岁时，他应该会用手指出他想要的东西，并发出咕哝声（或尖叫声），或者拉着你的手把你拽到那里。

小天使应该有了"预期接下来会发生什么"的大致概念。你会通过一些方式注意到这一点：在你走近时，他会坐起来伸着胳膊，或者当他看到自己的奶瓶时，会变得兴奋起来。

运动能力

在这一时期，正常运动能力的范围非常广泛。宝宝多早学会走路与以后的运动能力几乎没有什么关系，与宝宝的智力、是否懒惰或父母养育得好不好没有任何关系。的确，一些正常的健康宝宝早在8个月大时就会走，但是，另一些宝宝要到16个月大才会走。到上幼儿园时，你分不出哪些宝宝是在8个月学会走的，哪些是在16个月才会走的。并且，正如在上一章所指出的，一些正常的健康宝宝不会经历真正的爬行阶段，而是用其他方式移动，直到他们学会扶着家具"巡航"。大多数宝宝至少在1岁时就能拽着东西站起来，通常要早得多。

不管在多大年龄学会走，大多数宝宝都会在走之前学会攀爬。这可能会让你大吃一惊。一旦宝宝能够拽着东西站起来，他就会一心想要爬高。不满1岁的宝宝会爬上沙发、矮桌，以及任何他们能够拽着站起来并爬上去的东西。他们不害怕高处，并且不知道当他们到达一个平面的边缘时会掉下去。

手

一些宝宝在9个月大时就获得了良好的指尖抓握能力，另一些宝宝则要等到1岁时。宝宝仍然应该能平均地使用双手。尽管他们可能更喜欢用某一只手抓玩具或吃东西，但是如果那只手被其他东西占住，另外一只使用较少的手应该能同样灵活地使用。

大多数儿科医生希望对宝宝的发育状况进行检查：

• 看看宝宝是否失去了一种他以前拥有的能力——不是行为，而是能力。能力是一种神经技能，比如扶着家具移动，指尖抓握，平均地使用双手，把物体从一只手换到另一只手。而行为是一种受意志支配的行动，比如飞吻。不再做一种行为是正常的，因为其他行为正变得越来越有吸引力。

• 宝宝的一只胳膊、一只手或一条腿是否使用得不如另一侧那么好。

• 看看宝宝在9个月大时是否还不能用拇指和其余手指相对的方式抓起玩具，到1岁时还不能用拇指和食指捏起很小的物品，比如一个麦片或是马铃薯瓢虫。

• 看看宝宝是否不会发出这个年龄该有的咿呀声。大多数这个年龄的宝宝都会发出大量的声音和噪音。在他们独自待在婴儿床里时，会发出咿呀声，如果你和他们说话，他们会发出像进行互动游戏一样的咿呀声、讨好的声音和尖叫声。

• 看看宝宝的肌张力是否比较弱。到9个月大时，如果你拽起宝宝，他们应该能够承受自己的重量。在趴着时，他们应该能够支撑起身体，并且能双向翻身。在躺着时，他们应该能够坐起来，自己坐着玩玩具。他们应该能够拽着东西站起来。

• 看看宝宝是否似乎不交际，对获得并保持成年人的关注不感兴趣。一个完全没有分离焦虑，但是在其他方面有良好的交际并对他人有丰富情感的宝宝可能是很好的，他只是性情很随和，但是，一个对爱他的成年人是否陪在身边毫不在意的宝宝就需要接受检查了。

• 看看宝宝是否还不能对事情有一定程度的预期。比如，在10个月时，他应该能找到他看着你藏到一块布下面的玩具。

• 看看你是否对宝宝的视力或听力有任何担忧。那些有斗鸡眼的宝宝，那些在阳光下会眯起眼睛并流泪的宝宝，或是那些在你将一个十分显眼但无声的物体从最右方移动到最左方时（或者反之）似乎无法用目光追随这个物体的宝宝，可能有视力问题。反复出现耳部感染的宝宝需要对听力额外关注，对于叫他的名字不会转身的宝宝，或是不喜欢发出咿呀声和其他声音的宝宝，也同样要关注听力。

> 不要给不满 1 岁的孩子吃蜂蜜和玉米糖浆，因为会有患婴儿型肉毒杆菌中毒这种罕见疾病的风险。食用鱼类的指导原则见第 7 页。

睡 眠

大多数这个年龄的宝宝每天会睡 14 个小时左右，夜里睡 10 个小时左右，白天分两次共睡 4 个小时。睡眠问题通常与分离焦虑有关，见本章后面的"分离问题"。

生 长

宝宝出生后头 6 个月的快速体重增长现在已经减慢了一半。大多数宝宝的体重每月会增长约 450 克，每天增长约 14 克。

很多最初身高曲线预示着会比父母高很多的宝宝，现在的生长慢了下来，显示出基因的力量。这对于那些曾经想象自己需要踮起脚尖才能拍到自己 5 岁孩子头顶的父母来说，可能是一种安慰。

那些体重身高百分位曲线在这时发生极大变化的宝宝，可能需要特别的关注。见第 3 篇的"全方位生长"。

比如，哈维过去的体重刚达到他这个年龄的平均水平：他的身高（或身长）体重百分位是第 50 百分位。现在却飙升至第 95 百分位。

部分原因可能是哈维学会了走到冰箱那里，可怜地呜咽着要果汁和零食。之所以这样，部分原因是他在探索中非常活跃和执着，以至于他的父母常常要依靠食物来转移他的注意力，以获得片刻的休息。

不幸的是，这些习惯和从现在开始的体重增长会自我强化，哈维面临着一定的肥胖危险。他需要大人帮助他改变生活方式。哈维需要弄清楚饥饿感与无聊、焦虑之间的区别，以及消除它们的办法。

对于梅洛迪来说，情况正好相反。她的身高体重百分位过去处于一个可接受的水平：第 25 百分位。但是，现在她的体重增长在逐月减少，她的体重身高百分位已经低于第 5 百分位。由于她看起来很健康，并且长得很像她那容貌酷似奥黛丽·赫本的姑姑，因此，她的父母并没有真的感到担忧。然而，他们明智地让梅洛迪的儿科医生为她进行了全面的身体检查和基本的血液和尿液检测，以确保这种反常不是由某种潜在的医学问题造成的。

> 我希望你已经掌握了儿童营养学家古鲁·埃琳·萨特的"喂养黄金定律"及其补充：成年人决定在**何时**以及**何地**提供**何种**食物，婴儿和孩子们决定每种食物吃多少。
>
> 劳拉的第一条补充：如果一个婴儿似乎变得挑食了（比如，只吃黄色蔬菜），只需不再提供这种让孩子上瘾的食物。
>
> 劳拉的第二条补充：避免让宝宝接触会对他造成诱惑的食物（比如果汁或麦片，或在食物上涂抹番茄酱），要比在以后试图限制或拿走这种食物容易得多。
>
> 劳拉的第三条补充：到15个月大时，宝宝不仅应决定吃多少食物，而且还应该完全自己进食。因此，你要让他从9个月大时就学习怎样自己吃饭。

牙 齿

出牙的问题有时会令这个年龄宝宝的父母们感到困惑。一些宝宝出了6颗牙，另一些宝宝却一颗也没出。如果宝宝生长和发育正常，这两种情况就都没问题。一些宝宝先出上面的两颗侧切牙，因此，在一段时间里几乎总会得到"虎牙"的绰号。

由于大多数宝宝到此时已经至少出了2颗牙，因此，现在是养成良好的牙齿护理习惯的重要时机。请到上一章寻找具体的建议。

关于出牙的一个新建议是戒掉奶瓶和安抚奶嘴。大多数这个年龄的宝宝不再需要大量的吮吸。他们想要把所有东西都放到嘴里咀嚼，然而，如果你给他们奶瓶或安抚奶嘴，他们就会表现出非常"需要"它。

在大多数时间都衔着安抚奶嘴可能看起来像是一种无害的娱乐，但是它可能会变成一个越来越难戒除的习惯；它还可能影响说话，因为这两种行为很难同时进行。奶瓶是一个更大的问题，因为瓶中通常装着果汁或配方奶，这些东西会长时间覆盖在牙齿表面，造成"奶瓶龋齿"，这意味着严重的蛀牙。这是要开始用一种愉快而乐观的态度让宝宝用杯子喝配方奶的另一个很好的理由。（关于果汁，见下面"喂养与营养"中的"果汁"。）

喂养与营养

一定要让宝宝用杯子喝母乳或配方奶，并给他一把勺子，虽然勺子一开始会被更多地用来弹射东西。

与罐装婴儿食品相比，这个年龄的宝宝常常更喜欢大人的食物。只要满足下面的条件，你就可以让宝宝吃你的食物：

• 宝宝以前吃过这种食物中的所有成分，并且能够耐受。

• 这种食物中没有易过敏的成分，比如花生、坚果和巧克力。（我现在不得不说，这一声明是基于目前的指导原则。有可能我们实际上应该让宝宝早点接触这些食物。见第3篇关于过敏症的文章！）

• 你已经通过捣碎、研磨、蒸煮或其他方法改变了这种食物的质地，以便使宝宝容易"咀嚼"。永远不要给宝宝喂嚼不动、丸状的、多纤维或其他"容易造成窒息"的食物。不要给宝宝圆形（切成片的热狗）或球形（葡萄、速冻青豆）的食物。

• 不要用果汁给宝宝解渴或作为消遣。果汁饮料（苹果汁、梨汁、蔓越莓汁、葡萄汁）几乎不含任何额外的营养。果汁很甜，一些宝宝开始偏爱果汁胜过水或配方奶。宝宝可能会哭着要果汁，并把你拖到冰箱那里，指着果汁哼唧着要。这不是一种健康的行为，不管果汁广告声称它是多么"有益健康"。

• 如果你给宝宝加餐，必须是因为你确信宝宝需要，而不是由于文化所强加的惯例。大多数宝宝不需要加餐。

• 世界上没有一个宝宝需要"小零嘴"：那些放在尿布袋里的装着饼干和葡萄干的小包包，一有空就会被拿出来哄宝宝。宝宝不是停车计时器，需要你经常"投币"才能不让警报响起。

给宝宝喂食应该不怕弄得很脏乱，食物的营养应该很容易被吸收，并且双方都应该是快乐的。关于这个年龄的宝宝的进餐时间，只有少数几个指导原则。这个年龄的宝宝每天只需要大约750~900卡路里，并且其中的一半来自于母乳或配方奶。因此，不要期望你的小天使会吃很多。宝宝每餐和每天的进食量都是不固定的。要记住：

• 过多的盐、糖和脂肪不仅是不健康的，而且会使宝宝彻底上瘾。这包括薯片和薯条、番茄酱和蛋黄酱、汽水。一旦你开始给宝宝吃这些，就很难停止了。不要添加盐、糖或脂肪，除非你不得不这么做才能使食物可以食用。

• 在你购买加工食品时，要查看标签。你需要诸如铁强化谷类食品这样的食物，你不需要含有人工色素或甜味剂的食物。防腐剂对于食品安全来说是必要的，但要尽量限制宝宝的摄入量。罐装食物和冷冻食物不需要防腐剂。

食物的危险

- 要确保把所有水果和蔬菜洗净并去皮。任何食物都有可能受到杀虫剂或会引起食物中毒的细菌的污染，比如大肠杆菌。永远不要给任何人喝未经巴氏消毒的果汁，尤其是婴儿。

- 每一餐最好至少包括两类食物。你可以通过查看每一餐食物的颜色来做到这一点。如果每一种食物都是不同颜色的（白色的谷物，绿色或黄色蔬菜，黄色蛋黄，褐色肉类，红色、蓝色、白色、黄色或紫色水果），你很可能就做对了。

- 每一份食物的量要小，大约是宝宝的拳头大小。每一餐要给宝宝提供三种不同的食物，看看他对每一种食物的反应。宝宝体重的增长现在开始慢下来了，你可能会看到他的胃口变小而不是变大。要注意表明他已经吃饱的迹象。

更微妙的一些方面

1. 一种好东西给太多

食物"上瘾"：如果你每天一个类别的食物提供超过3份，你和你的宝宝可能就陷入了一种营养的套路。宝宝通常更喜欢富含淀粉的谷类食物胜过其他食品，或者对某种特定的食物上瘾。

过多的黄色蔬菜会使宝宝的皮肤变成橙黄色（胡萝卜素血症），这本身不是一个医学问题，但这是表明宝宝摄入食物种类不够丰富的一种潜在迹象。（在极其罕见的情况下，胡萝卜素血症可能是出现其他问题的一种迹象，见"术语表"中的胡萝卜素血症和黄疸，以及第2篇"皮肤"的讨论。）

脂肪：这个年龄的婴儿所需的卡路里中有多达40%来自脂肪。（生活真不公平。油腻的食物，就像青春一样，在年轻人身上是随意挥霍的。）只有在2岁以后，才需要对宝宝饮食中的脂肪进行一些刻意的、有计划的限制。在这个年龄，对脂肪的限制是被动的：不要特意让宝宝摄入脂肪就可以了。充满油脂或往下滴油的食物，或纯粹的脂肪，比如牛排的边缘部分或烤鹅的皮，都不是好的婴儿食物。母乳和配方奶已经让宝宝摄入了大量的脂肪，他会从正常的"不添加脂肪"的饮食中吸收所需的其余脂肪。

2. 过多容易引起便秘的食物

劳拉的一条定律是：一种食物

不会受欢迎，除非它容易引起便秘。对于大一些的孩子来说，这条定律涉及比萨和巧克力。对于当前年龄段的宝宝来说，引起便秘的美味食物是米糊、香蕉和奶酪。当你看到宝宝的大便比培乐多彩泥还硬时，就不要再给宝宝吃这些食物，并要拿出西梅汁。（每瓶配方奶加一勺西梅汁，或者给吃母乳的宝宝吃一些桃子或其他水果。）

洗　澡

永远不要把宝宝单独留在澡盆里，哪怕是几秒钟时间去拿条毛巾或接个电话也不行。5厘米深的水也会使宝宝溺水，因为如果他突然不小心将脸浸到水中，就会感到恐慌并呛水。要确保周围没有任何会被他扯进浴盆的电子设备。要避免宝宝被热水烫伤，当然要先试试水温，但是，还要让热水器的温度保持在49℃以下。

与大一些的女孩一样，女婴也应尽量避免坐在肥皂水里——在洗澡水中混入制泡剂、洗发液和润肤皂。这些都会对阴道造成刺激。最好的"婴儿皂"是白色无香味的保湿皂。在毛巾上涂抹一点，擦拭全身，之后用清水冲洗。洗澡本身就很有趣，因为一直有成年人陪在身边，还可以尽情地泼水玩，宝宝不需要泡泡。

爽身粉对于这个年龄的宝宝来说是危险的。大人一眨眼的工夫，宝宝就会抓起一罐爽身粉，挤压盒子，并把粉末吸入肺中。

对洗澡的病态恐惧并不常见，解决这个问题的办法是避免洗澡，但可以鼓励宝宝用水盆和有趣的玩具简单地泼水玩。逐渐地，宝宝可能会同意坐到一个装了一部分水的浅容器中，然后他可能会同意由父母抱着坐进装了很浅的水的浴缸中。

一些宝宝喜欢和一个父母一起洗淋浴，这很好。

换尿布、穿衣和着装

对于喜欢在换尿布时逃跑的宝宝，见上一章的相关内容。随着小天使长大一些，要尽量抑制住在换尿布前征求宝宝同意的冲动。也就是说，不要说"想换一块干净的尿布吗？"或"现在该换尿布了，好吗？"你不是真的在提供一个选择，而且，养成将命令表述为选择的习惯不是个好主意。

衣服的主要问题是鞋了。除非宝宝的脚需要特殊的鞋子（比如脚底弯曲得非常严重，以至于宝宝的脚看起来就像在这句话前后使用的圆括号），否则就不需要给宝宝穿特殊的鞋子。价格昂贵的皮质婴儿慢跑鞋和特别订制的婴儿鞋都是很不错的奢侈品,但是,它们既不能给宝宝的脚塑形,也不会让他走直,或是有其他作用,而只会让人感到漂亮,但钱包会瘪一些。要找一双价格便宜、柔软有弹性的鞋,一双合脚并且不会弄疼宝宝脚趾的鞋子。不要对这双鞋子产生感情;它们很快就会变小。只要足够安全和温暖,就要让宝宝赤脚走路。

在这个臭氧被损耗的时代,衣服提供的不仅是美观和保暖,它还可以保护我们免受日晒。甚至儿童期的一次晒伤也会导致患皮肤癌的几率增加。请阅读标签!**一些防晒霜对于最有害的(UVA)射线和能使人皮肤变黑的(UVB)射线没有防护作用。这比不使用防晒霜还要糟,因为你不能及早对晒伤有所警惕。**带沿的帽子、长袖衣服和裤子是很重要的。

此外,有抗紫外线保护的太阳镜是很好的主意。因为宝宝们的双手要忙着做很多事情,并且他们还要走来走去,因此他们有的是方法娱乐自己,而不是坐在那里摘掉他们的眼镜。你要尝试一下。阳光对眼睛的伤害会在一生中逐渐累积,它不像皮肤损伤那样明显,尽管也同样令人担忧。**没有抗紫外线保护的太阳镜要比完全不戴太阳镜更糟糕**。深色的镜片会使瞳孔放大,这样,更多未经阻挡的射线就会进入并损伤眼睛。

行为、玩具和设备

这个年龄的宝宝的快乐包括从一个地方到另一个地方,研究各种小东西,演绎"出现"与"重新出现"的戏剧,以及探究"自我"与"他人"的概念。

成功的玩具是那些能够促成这些行为的玩具。

- 宝宝在"走路"时可以推着的带轮子的玩具是其中的佼佼者。儿科医生诊室里的带轱辘的凳子就是一个很好的例子。宝宝自己的婴儿车也是一个很好的例子。

- 宝宝喜欢与"出现"和"消失"有关的玩具,或是重复变化的玩具。宝宝喜欢用来试验的玩具包括可以推来推去的沙滩球,可以打开关上的开关,可以扳上扳下的把手,以及带有铰链的物品。带有铰链的物品包括可以砰的一声关上的门:橱柜门、衣柜门、房门。它们还包括各种书,在宝宝发现其文学价值之前,书可以用来翻,还可以放进嘴里咬。一个有旋转拨号盘的玩具电话是另一种很有趣的玩具。

- 与物体恒久性这个神秘特性相关的玩具，是那些可以被倒空并再装满的玩具。这包括装水的玩具，以及装沙子的玩具，虽然我对装沙子的玩具持保留态度。①

- 可以检视、掉落和放进嘴里的小而光滑的安全物品，能够给宝宝带来无尽的乐趣。这些物品并不需要是真正的玩具，尽管大串的磨牙钥匙也很好。量勺、未缠线的大线轴、干净光滑的晾衣夹、卷起的袜子、手提包里的任何东西、价格不菲的眼镜、装盐的瓶子——这些都可以成为玩具，其中的一些比另一些更适合。把这些物品放进嘴里并进行探究，能帮助宝宝了解自己的身体与一件拥有物之间的区别。这是一个很难理解的概念，要到宝宝3岁以后才能很好地建立起来。

应当避免的玩具包括：

- **危险的玩具**：会引起窒息的小玩具，尖锐的玩具，会碎成更小或更尖锐的碎块的玩具，带有线绳会引起窒息的玩具，重心不稳的带轮子的可以推的玩具，以及气球。气球在爆炸时会伤到眼睛，如果气球造成窒息，海姆立克急救法也不会有效。

- **许诺不恰当教学的玩具**：例如识字卡片和数数玩具。对印刷的数字进行读数和数数是一种符号行为。要进行符号行为，一个人必须首先理解这个符号所代表的事物！如果你不介意你的孩子把识字卡片放进嘴里或是撕成碎片扔进澡盆里，那就没关系；宝宝这样做是在以与其年龄相适应的方式使用这些玩具，是在发现纸板与塑料的特性。

- **昂贵但吸引力有限的玩具**：昂贵的娃娃、填充动物玩具、木偶、积木、发条玩具、音乐盒，以及各种"家庭模型"。

安全问题

如果你还没有按照前面几章的建议在家中做好安全防护工作，并准备好医药箱，请现在去做。下面是些补充建议，不是让你重新开始这项工作。

---

① 沙子会进入宝宝的眼睛、鼻子、嘴巴、阴道、直肠和未做包皮环切的包皮下面，并造成疼痛。沙子可能会受动物排泄物甚至石棉的污染。沙滩上的沙子通常可以玩；但是沙坑里的沙子应该是不含石棉的，并且在晚上要盖起来。像"马蒂的水壶"这类容器玩具是非常成功的，同样成功的还有嵌套玩具和堆叠玩具。形状配对玩具对成年人来说是令人沮丧的，因为这个年龄的孩子还不会给形状配对，他们只是拿着它们玩，并把它们硬塞到"错误"的孔里。——作者注

- 再参加一次心肺复苏术课程。当宝宝到1岁时，关于窒息救治的指导原则有所改变！

- 考虑将来给宝宝使用婴儿背带或学步带。

如果你预见到你会带着小天使出去办事和购物，那么一旦他到了学步期，并且厌烦了他的婴儿车或婴儿背包，我建议你考虑使用婴儿背带或学步带。

这样一个装置比你试图牵着他的手，或是在后面追赶他，或是让好心的陌生人在过道上帮你截住他要安全可靠得多。它能避免一些偶尔会出现的尴尬，就像我的一个小朋友在一个商店橱窗里认出了"她的"便盆时出现的情况。而且，学步带有助于减少对抗行为，因为小天使无法用不断地跑开来试探你。

如果你预见到将来需要使用婴儿背带或学步带，现在就该让他开始接触，以便宝宝到18个月至2岁时，能将其视为正常而友好的。

- 要确保宝宝被正确地固定在座椅上，无法自己脱离汽车安全座椅。在宝宝体重达到9.1千克并且年龄满1岁之前，他应该面朝后坐在安装在后座上的安全座椅中。

- 小心异物引起窒息。最危险的是：花生、爆米花、任何圆形或球形的东西，比如切成片的热狗或一颗葡萄。

- 要当心吃下有毒的东西。尤其是：化学制剂、药品（让来访者把他们的手提包放在冰箱顶上，因为他们常常会带着没有儿童保护盖的药品）、有毒的植物、酒精和毒品。此外，要小心玩具中的小电池。尤其要小心糖衣补铁药片或任何含铁的药物。

- 要小心枪支，即使宝宝只有这么小。如果你的孩子能够操控电灯开关，他就有可能不小心触发扳机。

- 要小心烫伤。尤其要当心卷发棒、熨斗、摩托车尾气和热的液体。

- 要小心溺水。这么小的宝宝会将水吸入肺中，感到恐慌并停止呼吸，即使只有很浅的水，比如一个喷泉、一桶水、一个小水池。

- 这个年龄的每个孩子都会遭遇磕碰、瘀伤、割伤以及擦伤。请阅读第2篇的"急救"或"身体部位、身体机能及相关疾病"。要告诉自己，你不会为此感到吃惊。

医药箱

在你现有的医药箱中增加：

- "克林"绷带，以便你能给伤口包上无菌纱布垫。（不要使用医用胶带，这个年龄的孩子往往会把它们扯下来放进嘴里并造成窒息。）

- 对乙酰氨基酚栓剂。
- 对乙酰氨基酚和布洛芬。要确保向你的儿科医生核实使用的剂量！而且，要记住婴儿滴剂比儿童口服液的药效要强很多。如果你给宝宝吃了一茶匙滴剂，而不是一茶匙口服液，那么这可能是一个很危险的剂量。要当心！
- 佳得乐（一种运动饮料）或其他非健怡的含糖和盐的软饮料，以防止呕吐的宝宝可能会拒绝婴儿补水方案。
- 一个无菌的粪便或尿液容器，以备你需要将样本带给医生。
- 一个"呕吐桶"，防止在你开车时你的孩子想要吐。
- 小镊子，用来夹刺和异物。
- 一个手电筒和备用电池。用来在床底下寻找宝宝，在他的鼻子里寻找橡皮，在半夜检查蛲虫。

健康与疾病

本书第 2 篇讨论了这个年龄的婴儿和更大的婴儿的各种疾病：如何评估症状，如何判断一个孩子的病是否需要紧急就医，以及哪种家庭治疗方法可能是恰当的，还讨论了身体各部位可能出现的问题。术语表按字母顺序列出了各种医学术语，并配有非正式的定义。

可能出现的问题

大多数宝宝在这几个月中都会出现问题：一两次伴随流鼻涕和轻微咳嗽的感冒，一次耳部感染，几次便秘或稀便，湿疹和（或）尿布疹。头部的擦伤、碰伤、摔倒、攀爬和晃动带铰链的门所导致的轻微手指擦伤都是难以避免的。

然而，在这个年龄反复发作的疾病应被看作是一个真正的问题。这有几个原因：

- 宝宝的免疫系统在 2 岁前还没有完全发育成熟。很多父母都听说过，一个在婴儿期经常生病的孩子到了上学的年龄至少会形成很强的抵抗能力，会变得更不容易生病。最新的研究表明事实并非如此。在这个年龄生病不会带来任何好处。
- 由于免疫系统还不成熟，现在生病可能比宝宝在更大一些时候生病更加严重。
- 这个年龄的宝宝无法告诉你哪里疼，因此你很难判断疾病的严重程度。儿科医生可能需要通过实验室检测来确定疾病的严重程度。这可能会很疼，并且价格昂贵。

• 如果出现需要住院治疗的严重疾病，现阶段的严重分离焦虑可能会让宝宝和父母难以忍受。

• 这个年龄的婴儿正在学习各种基本的技能和概念，即使是一些小疾病也可能对婴儿的学习造成影响。一个轻微发烧、脾气暴躁的2岁大的宝宝仍然能进行幻想游戏、听大人念书或（唉）看电视。但是，一个生病的9个月大的宝宝就只能被人抱着。

• 接受性语言的学习是这个年龄的一项关键技能。这个年龄的很多病毒性疾病都会导致中耳感染，对听力造成暂时性的损伤，并由此延缓语言和说话能力的发展。如果这些情况经常出现，就可能造成永久性的学习和行为问题。

平均来看，被集体看护的宝宝比没有或只有一个兄弟姐妹的在家看护的宝宝会患多得多的传染病。如果被同时看护的孩子较多，超过4个，宝宝患病的次数甚至会更高。

这些疾病的反复出现，可能会使之前一直都很健康的宝宝们的父母大吃一惊。他们并没有更换照料者，他们的生活方式也和以前一样。

为什么宝宝现在开始生病呢？

首先，这个年龄的宝宝会积极地追着和吸引学步期和学龄前的孩子。在他们玩玩具、把玩具放进嘴里并彼此接触时，会接触到对方的体液。

学步期和学龄前的孩子正在经历与他们这个年龄相应的各种疾病：他们的免疫系统是成熟的，他们应当经历各种病毒性疾病（出现并发症的可能性很小），以便逐渐形成全面的免疫力。最恼人的是，这些疾病在儿童表现出生病的迹象前传染性最强。一个看上去健康的2岁孩子，可能会比看上去病怏怏的孩子更有可能传播疾病。

其次，这个年龄的宝宝什么都摸。然后，他们会用手揉眼睛或鼻子（将呼吸道病毒传给自己）并把各种东西放进嘴里（将肠道病毒传给自己）。

要解决这些问题，父母们该怎么做呢？

• 如果负担得起，要尽量寻找一对一的看护。这个年龄的大多数学习依赖的是一个充满爱心的成年人的密切关注，而不是与其他孩子的接触。一种很好的例外情形是比宝宝大得多的孩子，7岁或更大的孩子，他们常常会为这个年龄的宝宝充当热心而有保护精神的老师、朋友和保护人。

• 如果做不到这一点，就要尽量

寻找一个能将年龄很小的孩子数量限制在 4 个以下的看护机构，即使其中可能有几个大一些的孩子。

• 有时候，父母们可以建立一个经过挑选的日托小组，由四五个年龄相当的宝宝组成。几个家庭可以集资雇用一个日托人员，或是父母们可以制定一个方案，每天由不同的家庭轮流照顾宝宝。一个很好的资源是那些与你一同参加分娩学习班的父母们。

在任何情况下，照料者都应该知道哪些疾病——事实上是大多数疾病——可以通过认真洗手得到预防：并应该认真做好这种个人卫生。见第 3 篇第 19 章"细菌、病毒和抗生素"。

常见的轻微症状、疾病和担忧

感冒和耳部感染

上呼吸道病毒的主要问题是它们经常会变成中耳感染。虽然没有得到最终证实，但是反复的耳部感染有可能造成暂时性的、轻微的听力损伤，并且对小孩子的认知、语言和情感的发展造成影响。已经有超过 60 项研究试图确定这一问题的严重程度。虽然一些研究结果是相互矛盾的，但可以明确的一点是，反复的耳部感染不会带来一点好处，并且可能是具有潜在危害的。见第 2 篇"疾病与受伤"中的"耳朵"，以及第 3 篇关于这一话题的文章。

结膜炎（红眼病）

这个年龄的宝宝如果出现容易流泪或眼部的分泌物增多，更有可能是感染，而不是泪腺堵塞。如果眼白呈粉红色或红色，就尤其可能是感染。唉，患结膜炎的宝宝很可能会伴随有耳部感染，如果他表现出烦躁、睡眠不好或挖耳朵，应该带他去检查（即使儿科医生已经通过电话给你开了眼药水）。

如果只有一只眼睛流泪，有可能是宝宝抓伤了自己的角膜，或是有异物进入了眼睛，尤其是当宝宝在明亮的光线下会眯起眼睛，似乎眼睛疼或不愿睁眼时。这些情况总是需要让儿科医生进行检查。

如果你或你的儿科医生对宝宝眼部患有疱疹有任何怀疑，应立即带宝宝去看眼科医生。如果宝宝患有口腔疱疹［见第 2 篇"有着（或多或少）不熟悉名称的常见疾病"］，或者被明显患有口腔疱疹的人照料着，或者"红眼"症状非常明显并且很痛苦，那么宝宝就有可能患有眼部疱疹。

格鲁布性喉头炎

一种听起来像鹅的鸣叫或海豹叫声的咳嗽声,一个受惊的孩子在吸气时发出"格鲁布!格鲁布!"的声音,并且,这些都发生在半夜。格鲁布性喉头炎通常是由一种病毒引起的呼吸道疾病。第2篇第15章"呼吸道和肺"对此有全面讨论。

有着不熟悉名称的常见病毒性疾病

有一些在小孩子中很常见但却并非广为人知的病毒性疾病,这个年龄的婴儿可能会感染所有这些疾病。在第2篇中会有讨论。这包括那些会出现斑点的疾病:传染性红斑和手足口病;那些口腔和喉咙疼痛的疾病:疱疹性咽峡炎、口腔疱疹或龈口炎,以及传染性单核细胞增多症(青春期"接吻病");还有在高烧后出现的皮疹——蔷薇疹(人们最熟悉的一种皮疹)。

拥有熟悉的名称,但正在变得或将要变得越来越罕见的病毒性疾病

即便你可能怀疑你的孩子患了水痘、麻疹、腮腺炎或风疹(德国麻疹或三日麻疹),但这也是不大可能的,因为这些疾病都通过免疫接种得到了很好的控制。然而,在一些免疫接种尚未普及的地区,由于某种原因而出现这些疾病的爆发并不是十分罕见的。见第2篇对这些疾病的描述。

常见的吓人但通常无害的问题

幸运的是,宝宝的这类问题,与上一章相比并没有太多增加。

热惊厥

这些很吓人但无害的惊厥可能最早会在宝宝6个月大时开始出现,或者最晚要到五六岁时才出现,但是,最常见的是出现在12~18个月期间。在上一章"6个月至9个月"中讨论过这些惊厥,在第2篇第13章的"抽搐、惊厥和昏厥"中也有讨论。

屏气发作

很多小孩子在非常愤怒的时候,似乎要花很长时间才发出第一声啼哭,同时脸色变紫,并注视着你。但是,真正的屏气发作与此不同。发作的起因是愤怒和挫折、恐惧或轻微伤。学步期的孩子先是发出一声啼哭,然后脸色发青或变得苍白,四肢无力,并且有可能出现抽搐。这种发作出现的年龄范围与热惊厥的完全相同,也在上一章"6个月至9个月"中进行了全面讨论,并且在上面提到的第2篇的章节中再次进行了讨论。

阴唇粘连或阴道融合

由这种情况引起的阴道"消失"可能使人大吃一惊,但这并不是一个严重的问题。见上一章的描述。

严重或具有潜在严重性的症状或疾病

发　烧

对于这么小的宝宝来说,发烧本身仍然是令人担忧的。如果宝宝的直肠体温超过39.4℃,或者低烧持续超过3天,就应该带他去看医生,即使没有其他症状,并且宝宝精神很好、吃得很好、睡眠正常。

大多数这种不太令人担忧的发烧是由病毒引起的,但是偶尔也有例外,比如尿路感染。我遗憾地告诉大家,出牙从来不会引起发烧。

这么小的宝宝如果体温超过40℃,就需要迅速甚至在半夜给医生打电话,并在当天去看医生,即使没有其他症状,并且宝宝精神很好。如果有任何其他症状,当然需要迅速带宝宝去看医生,如果不是急诊的话。

严重感染

败血症和脑膜炎

这个年龄最常见的两种严重感染是败血症——血液中的一种非常严重的细菌感染,以及脑膜炎——脊髓液的感染(通常是细菌感染)。

"脊髓膜炎"(spinal meningitis)这个名词有点冗余,脑膜炎不存在其他类型。关于脑膜炎你需要了解的最重要事实是,它是由病毒还是细菌引起的。如果是前者,通常是无害的,但并非总是如此;如果是后者,通常会存在潜在的严重性。

这个年龄的宝宝如果发烧达到或超过40℃,他们就比体温低一些的宝宝更有可能是由于这种感染造成的,但是,大多数这样的高烧都是由相对无害的感染造成的。尽管如此,这样的高烧还是需要给医生打电话,并且立即去看医生或是在当天去看医生。

更为重要的是出现其他症状,比如呕吐或呼吸困难,以及行为异常:无法微笑或玩耍,无力和昏睡,或是异常烦躁。如果出现皮疹,不要认为这种疾病只是一种病毒。见第2篇"吓人的行为"。

蜂窝组织炎

蜂窝组织炎是另一种严重的感染。它是深层皮肤组织的感染，常常出现在面颊或眼部。通常孩子会表现出不舒服的迹象，发烧，并且会出现红色或青紫色的肿胀。

尿路感染

这些感染最常出现在小女孩身上。但是，男孩和女孩都可能出现尿路感染。见上一章的讨论。

隐睾症

如果宝宝一侧或两侧的睾丸没有完全沉入阴囊，那么在将来很可能也不会下沉，很多儿科医生和小儿泌尿科医生认为可以并且应当在宝宝6个月~1岁期间进行手术。

铁缺乏症

缺铁具有潜在的严重性，这不仅是因为可能引起贫血，还因为可能损害发育，对孩子的潜在智力造成影响，并且还可能延缓身体发育。一个孩子可能会在不贫血的情况下患铁缺乏症，尽管针对贫血症的检测通常也会发现铁缺乏症。患有遗传性血红蛋白异常（比如地中海贫血或镰刀形红细胞贫血）的儿童，也可能患有贫血症而没有铁缺乏症。大多数儿科医生在9个月的健康检查中会通过了解饮食习惯以及血液检测来检查这种疾病。

这一担忧是让宝宝在1岁前继续喝铁强化配方奶而不是改喝牛奶的一个主要原因。

如果你的孩子或你自己服用铁补充剂，一定要记住过量摄入铁是有毒的。具有讽刺意味的是，儿童补铁剂的味道非常糟，很少有宝宝能喝下大量的铁补充剂，而成年人的糖衣补铁药片却是宝宝喜欢吃的。要当心！

铅中毒

这个年龄的宝宝的身高已经足以使他们够到窗台，他们良好的精细运动能力使他们能拾起脱落的油漆碎片并吃下。由于这些碎片中可能包含老式的含铅涂料，因此，有可能造成刚开始学步的孩子铅中毒。

铅中毒可能不会表现出任何症状，人体中只需有少量的铅就会对发育和智力造成影响，因此，铅中毒的最佳诊断方法是对所有学步期的孩子进行筛查。要检测铅，需要从宝宝手臂的静脉血管中抽血。在很多儿科医生那里，这是一项常规检测，在童年早期至少会进行一次。然而，在另一些儿科医生那里，只有极少数儿童检测出了血液中铅含量超标。这些医生可能只对那些具有会导致铅中毒特殊风险因素的儿童进行检测。

下面是一些风险因素：

- 待在 1960 年以前建成的房子里（家、日托中心、亲戚家），那里有脱落或剥落的油漆，或是住所正在装修或打算装修。
- 婴儿床可能用含铅油漆进行过粉刷或重新粉刷。
- 有一个兄弟姐妹或玩伴被诊断出铅中毒。
- 身边有一个成年人，其工作或爱好会接触到铅，比如彩色的台球桌巧粉，从事含铅涂料的绘画和手工艺制作，在电池厂工作。
- 住在一家铅冶炼厂、电池回收厂或其他有可能向周围环境释放铅的工厂附近。
- 自来水有可能被铅污染。

在已经开始对身体造成损害之后才出现的铅中毒症状包括：便秘、腹痛、头疼、贫血症、发育缓慢、无热惊厥和智力缺陷。当然，所有这些症状都非常有可能是由其他原因造成的，除非宝宝接触过铅。

麸质敏感性肠病（GSE）

这种病也被称为"口炎性腹泻"或"乳糜泻"，患有这种疾病的孩子无法消化小麦、黑麦和大麦（可能还包括燕麦）中的一种成分。从来不食用任何含麸质的食物的人，可能患有麸质敏感性肠病而自己却不知道。

大多数孩子在 1 岁以前不吃这些谷物，但也有例外。如果他们患有这种遗传性疾病，可能会出现从轻微到严重的症状。如果一个孩子对麸质非常敏感，在食用了这些谷物之后，就会出现腹痛和难闻的浅色粪便。他会表现出脾气暴躁、发育缓慢，他的肌肉会变得无力并且得不到充分发育。他可能会贫血，他的舌头可能会变得光滑，并出现口腔疼痛。

那些祖先来自爱尔兰西部的人，最容易患麸质敏感性肠病：那个地区每 300 人中就有一人患这种疾病。来自瑞典的人最不容易患这种疾病（1/5000）。其他地区的人介于两者之间。

如果在你让孩子不再吃所有含麸质的食物之后，其症状有所减轻，就可以怀疑他患有这种疾病。血液检测可以帮助诊断。但是，确诊的唯一方法是进行小肠的活体组织检查。如果怀疑宝宝患有麸质敏感性肠病，就值得做这种检查，因为这种疾病不会自行消失，这么做的另一个原因是，如果你知道家庭中的一个成员有这种疾病,你也许就能对亲戚和兄弟姐妹提出警告。

轻微伤

宝宝从这个年龄开始会经常性地伤到自己,因此,现在是为此做好准备并决定你要对这些不可避免的磕碰采取什么态度的好时机。你会对小女孩和小男孩区别对待吗?为什么?你的父母是怎样对待你小时候的冒险行为的?你是怎么看待这些经历的?你见过的哪些育儿方法是你赞赏的,哪些是你反对的?

这是宝宝们正在学习把大人当作一个资源的年龄。如果孩子受的伤明显非常轻,让孩子决定他是否需要帮助当然是恰当的。

此外,这个年龄的宝宝正在了解哪些行为会被认为"可爱",会赢得关注。克制住同情心似乎是无情而残忍的,但是,父母们可能希望想一想自己对于宝宝磕到脑袋或是从沙发上掉落到铺着地毯的地板上应有什么程度以及什么方式的反应。"我说了你会掉下来!"这种话对孩子是完全无用的,不管这让父母感觉有多好。

防止重伤是最理想的,但是,小意外是不可避免的。事实上,最好是提前做好准备,假想这些情况会发生。

头部磕碰

在这一阶段,大多数宝宝至少会磕碰到脑袋六七次。大多数这种磕碰都不会造成伤害。你面临的主要挑战是对磕碰的地方进行冷敷,以防止肿胀。头皮下面有很多血管,磕碰产生的青肿可能看起来像鹅蛋一样大小。如果有伤口,会因此流很多血。

最好的急救办法是冷敷——你可以在运动品商店购买可改变形状的冰袋,把它放在冰箱里。如果你出不了门,可以将冷冻蔬菜放入塑料袋做成自制冰袋。不要让冰块或塑料袋直接接触皮肤:要包一层薄布。

不要将冰袋或你自制的冷冻蔬菜包放在可能会造成冻伤的身体部位。要用冷毛巾来代替。这些身体部位是:

手指和脚趾,
阴茎和鼻子,
以及耳朵。

什么时候你需要带着磕到脑袋的宝宝去看医生呢?(见第2篇)

别太担心:

如果宝宝摔倒了,但没有失去意识,看起来很好,行为很正常,他可能就没事。要确保对其进行全身检查,不要只检查被磕到的头部！重要的是要对他观察至少 2 个小时，以确保没有出现任何状况。

如果出现以下情况，则应该带他去看儿科医生：

• 头皮（长头发的地方）上有能看到或摸到的瘀青。

• 位于前额的瘀青通常并不明显，但如果这块瘀青很大、呈"凹陷"状，可能预示着有潜在的颅骨骨折，必须进行检查。

• 宝宝从 1 米或更高的地方摔下来，或者以非常大的力量摔倒或摔到一个异常坚硬的表面，比如水泥地、油地毡或木头上。

• 你没有看到事情发生的经过，比如只听到撞击声和宝宝从楼梯底部传来的哭叫。

• 有任何液体从宝宝的耳朵中流出，或有血液或持续的液体（不是由啼哭造成的）从他的鼻子中流出。

• 受伤后出现呕吐。

如果出现这些情况，你的儿科医生可能会要求给宝宝做头部 X 光检查。如果头部 X 光检查显示有骨折，这仅仅是可能有颅内出血的一种迹象。这么小的宝宝出现骨折，应该进行 CT 扫描，以查看是否有任何颅内出血或脑损伤的风险。

如果宝宝其他方面都很好，不用费力去查看他的瞳孔。在受到诸如磕到头部等震惊而哭喊的宝宝身上，瞳孔放大是很常见的，如果他事后平静下来，行为正常，可能不会有麻烦。头部受伤后出现两个瞳孔不一样大是说明脑出血的一个相当晚期的迹象，在这些迹象出现前，会有很多其他迹象令你感到担忧并寻求帮助。

严重的担忧：

说明可能是颅内出血或脑损伤，需要紧急帮助的迹象：在出现以下情况时，要拨打急救电话或直接去急诊室。

• 孩子失去意识，即使只有几秒钟；

• 孩子很急躁，或无精打采，或出现其他令人担忧的行为，比如痛苦地抱着头呻吟；

• 惊厥；

• 其行为非常不对劲，并且两只瞳孔明显大小不一。

有出血的磕碰伤

对于有出血的头部磕碰伤，出血量永远要比你想象得多，甚至会让你感到恐慌。通常，问题看上去都比实际情况要严重得多。当这种不可避免的头部磕碰发生时，一定要记住这一点。

应该怎么做：

首先评估严重受伤的可能性——见上文。如果有任何迹象表明你需要立即寻求帮助，就立即采取行动。

如果没有严重受伤，那就对出血进行处理。

• 大多数情况下，宝宝会保持清醒并尖叫，不会出现任何呼吸困难或意识受损的情况。在这种情况下，要用你能找到的最干净的布（通常是你的衬衫）擦掉受伤部位的血迹，看血是从哪里流出来的。在你找到伤口后，紧紧按压住伤口5分钟。不要偷看布下面的情况。尽你所能用各种安抚的话语使宝宝平静下来并转移其注意力。要假装血是你最喜欢的体液，并且要赞美宝宝的血。要让你的语调听起来就像是一只"大鸟"看到一朵非常美丽的花。

• 在你这样做的过程中，尽量对孩子身体的其他部位进行评估。胳膊和腿是否能正常活动？有没有牙齿脱落？

• 5分钟后，出血将会停止，你可以断断续续地再对伤口冷敷5分钟。

• 对于这么小的宝宝来说，任何的头部出血都应该至少给儿科医生打个电话，无论伤口是否需要缝合。因此，要给医生打电话并得到一些指导。

要核实宝宝是否最近注射了百白破疫苗，因为泥土中有白喉菌和破伤风菌。

严重受伤

你应该不惜一切代价避免严重受伤。然而，现在是一个很好的时机确保孩子的所有照料者都参加了最新的心肺复苏术培训，并且能说足够多的英语，以便能有效地寻求帮助。

窒　息

这可能是最严重而可怕的意外。预防是至关重要的。所有的照料者都应参加最新的心肺复苏术课程，并经常在心中复习课程内容。

中　毒

这个年龄的大多数宝宝还不能拧开任何装药品的容器的盖子，更不用说那些带有儿童保护装置的盖子。他们的危险更多地来自于植物、家里的化学制剂、散放的药片或胶囊，或打开的瓶子。你应该在每部电话机旁贴上当地中毒控制中心的电话号码。

> 在中毒时用来催吐的吐根糖浆，如果服用过量，可能会有危险。如果你打算使用它，你需要获得关于如何使用的具体指导。不要依赖产品标签上的使用说明！

溺 水

这个年龄的宝宝的溺水危险不仅来自于泳池和浴缸，尽管它们是主要的问题所在。那些有遮阳篷的游泳池是尤其危险的，因为宝宝会被困在下面而你却看不到。浴盆、抽水马桶、水桶和喷泉都对宝宝有不可抵挡的吸引力，并且具有潜在的致命危险。

烧烫伤

热的液体、炉子和壁炉是父母们通常所担心的，这完全正确。除此之外，还要考虑：卷发棒、磨损的电线、排气管。

动 物

德国牧羊犬喜欢坐着的宝宝，可能会对揪它尾巴的9个月大的宝宝非常恼火。即使是猫，也可能造成严重的伤害。

摔 倒

在这个年龄，严重的跌伤是极为罕见的，因为宝宝通常不会爬到比沙发更高的地方。从任何高于1.2米的地方摔下来都应迅速到医生那里做检查，即使宝宝看起来很好。要小心一层楼以上的窗户。

交通事故

由于一些原因，交通事故现在成了一个特殊的问题。首先，婴儿有时候已经无法轻松地坐进原来朝向后方的汽车安全座椅里。如果是这种情况，就要购买一个更大的汽车安全座椅！在这个年龄，如果面朝前方，在交通事故中可能造成严重的脊椎受伤，因为宝宝的颈部还不够牢固。其次，这个年龄的宝宝更乐意与人交往并且好动，很多父母忍不住想把汽车安全座椅安放在前排乘客座位上，而不是更为安全的后排座位上。第三，一些宝宝在坐车时会感到无聊，并因此分散司机的注意力。幸运的是，这个年龄的宝宝很少能够自己解开安全带。宝宝必须系上肩带，而不是腰带。在发生事故时，腰带会损坏宝宝的内脏器官，甚至脊柱。如果你的汽车装有气囊，弹出的气囊会造成宝宝窒息。你可以参考汽车手册拆除一个气囊。开车时要小心并保持清醒。

如果你的小天使讨厌他的汽车安全座椅，并且在把他放进去时尖叫，你可以试试以下的方法。把汽车座椅拿进屋里，放在地板上，让小天使对它进行探究。然后，把他放进去，给他一些食物。一旦小天使看上去适应了放在室内的汽车安全座椅，就当着他的面把座椅重新放回车里，然后，立即把他放进去并给他一些食物。儿科医学与兽医有很多共同之处，不是吗？

大一些的孩子

较大一些的哥哥姐姐，尤其是2~4岁的孩子，可能会对这个年龄到处乱跑、充满好奇、总是获得大人关注的宝宝感到非常嫉妒和气恼。在嫉妒或气恼的驱使下，即使小孩子也能造成严重的伤害。

机会之窗

为学习做准备：成年人的新角色

在很多方面，这都是非常重要的3个月。对于婴儿来说，这是独立、语言和把成年人当作一个可信赖的资源的开端。对于父母和看护者来说，这是一个新角色的开始，这个新角色不仅需要喂养宝宝，还需要教他们，为他们设立限制，并忍受分离和独立。

总之，父母和看护者可以通过以下方法为宝宝提供最好的帮助：

- 经常与宝宝进行玩耍和语言的对话。

- 设定合理的限制，不使用惩罚性的限制措施或体罚。

- 用关注和互动来回报宝宝的好奇心和探索，而不只是口头赞扬。忙碌的成年人可能只想主要对宝宝的问题行为给予关注，而聪明的宝宝会识别出问题行为，并做出更多这样的行为。

- 将自慰（自我刺激，"手淫"）视为宝宝有资格进行的一种正常娱乐，并将此作为保护宝宝日后免受骚扰与性侵犯的第一步。宝宝们需要懂得他们是可以触摸自己的，这样，在以后被告知别人不能这么做时，他们会感到自己"在掌控"。

现在比以后更容易学会的特殊技能包括：

- 自己吃饭，在宝宝快满1岁时开始让他使用勺子，一开始他会像用铲子一样挖食物。

- 逐渐用杯了取代奶瓶。

- 继续让宝宝练习在婴儿床里

睡觉而不弄醒父母。见本章的"分离问题"。

- 戒掉安抚奶嘴。这是能比较容易地戒掉奶嘴的最后时间。在宝宝满1岁之后，这样的习惯会变得根深蒂固，很难改变。过多地使用安抚奶嘴会影响牙齿和下颌的发育，甚至影响学习说话——宝宝嘴里总是含着安抚奶嘴就很难咿呀学语。

为帮助宝宝戒掉安抚奶嘴，让安抚奶嘴变得不那么有吸引力会有帮助。要帮助它变得"破旧"。也就是说，用一根干净的缝衣针每天晚上在安抚奶嘴上扎一个洞。当安抚奶嘴的表面变得粗糙并且饱满的橡胶奶头瘪下去之后，它的吸引力就会逐渐减少。再见了，奶嘴！

让宝宝爱上书

在这个年龄，书的价值主要并不在于内容。它们是带铰链的玩具，而且还可以吃。17世纪的散文家弗朗西斯·培根（Francis Bacon）一定认识一些9个月大的婴儿，因为他写道："一些书是用来品尝的，一些书是用来吞咽的，还有少数书是用来咀嚼和消化的。"[1]

但是，到了这一阶段末期，宝宝的语言开始进入稳定发展阶段。书页上的文字虽然还不具有意义，但是，书中的图画反映的是一个实际存在的东西的概念会逐渐形成。

如果现在开始养成和宝宝依偎在一起读书给他听的习惯，那么，在他第二年变得更加好动和抗拒时，无论是大人还是孩子，就都不会轻易放弃这个习惯。

用杯子喝奶：戒掉奶瓶

用杯子喝奶现在是令宝宝感到兴奋的，而且，对很多宝宝来说，这是一个戒掉奶瓶改用杯子的好时机。要确保在杯子里放的是奶，而不只是水或果汁。你知道我对果汁的态度。

如果……怎么办？

开始日托

由于这个年龄的宝宝有时候非常累人并对父母有很强的依恋，很多父母突然开始渴望每天能解脱几个小时，给自己充电。另一些父母可能从一开始就打算在这个时候回去上班，因为宝宝——现在已经能移动和探索

---

[1] Of studies, 1624年。——作者注

了——现在看起来已不再像个婴儿了。

如果你从现在开始让宝宝参加日托,并且如果你能够采取明智的行动,你将会感谢自己。如果宝宝要能够对其主要照料者的分离感觉舒适——包括接受这个人设立的限制——宝宝就需要感觉到与其主要照料者之间强烈的依恋。

这在孩子的学习生活中也是一个极其重要的时期,孩子与其照料者之间的关系会决定他的很多重要特点。

- 看护安排应该尽可能是一对一的。看护人不需要受过高等教育,但说的话最好合乎语法。然而,这不是那么重要,更重要的是他(或她)还保留着一点孩子般的从简单游戏和"与宝宝聊天"中所获取的快乐,并且确实能从和宝宝一起进行的一些诸如开关电灯开关和丢掉袜子的简单游戏中获得快乐。通常,愉快的互动是至关重要的。研究表明,发育良好的宝宝每小时会与一个充满爱心的成年人进行约20次这样的互动。

- 打屁股、打他以及诸如"暂停"这种并不恰当的所谓先进管教方法,是绝对不予考虑的。然而,照料者必须能够在宝宝试探一种限制时以正确的方式进行干预。

- 照料者应该在喂养和零食、作息时间和小睡等方面与父母一致。

- 照料者既要明白必要的卫生的重要性,也要明白必要的混乱的重要性。将换尿布的区域与准备食物的区域分开,并且经常彻底地清洗双手是至关重要的。

日托中的安全问题

- 如果有大一些的孩子,需要有特殊的规则和安排将诸如芭比娃娃的拖鞋这样的小玩具放到婴儿和学步期的孩子够不到的地方。

- 每个照料者都必须参加年度心肺复苏术课程,并且能够用英语寻求帮助,除非当地的医疗机构使用双语。

- 孩子与照料者的比例不应高于4∶1,除非"其余的"孩子年龄大得多,能够照顾自己。

- 照料者家中不应有二手烟和具有攻击性的宠物。

- 对游泳池和按摩浴缸应该采取比军事基地都更加严格的安全措施。

与父母长时间的分离

这里指的是将宝宝留给一个还没有形成对其深深的爱和信任的依恋(比如,对父母中的另一方没有这种依恋)的人照料。

在这时,这么做并不是个好主意,

除非有必须这么做的理由。这个时期的宝宝刚刚开始形成对"消失"与"重新出现"、"分离"与"失去"的态度。正是在这种背景下，才能设立有效而温和的限制。

如果父母必须将宝宝留给另一个主要照料人，如果可能的话，应该让照料者来到宝宝的家中，至少用一两天时间与宝宝互动，并参与宝宝的日常作息，尤其是就寝仪式。如果宝宝已经与婴儿床和一个玩具、毯子或一件父母的衣物建立起了过渡物的依恋关系，会有帮助。

如果做不到这一点，父母们必须确保代替他们的照料者是一个耐心、和善的人，没有长"刻薄骨"，因为她（或他）可能会经历一段艰难的时期。如果宝宝没有表现出明显的不愉快和焦虑，照料者应该警惕婴儿抑郁的迹象：不吃，不玩耍，畏缩。这都是应该尽一切可能让父母立刻回到宝宝身边的紧急迹象。

当父母回来后，他们必须准备好面对宝宝的愤怒，或是令人感觉更糟的拒绝；宝宝可能会转过身，看上去好像不认识他们。他们可能需要几天或几个星期的时间才能赢得宝宝，即便到那时，宝宝也需要重新开始学习轻松地接受短暂的分离。

考虑到上述这一切，父母们不应过分感到内疚，除非他们的离开纯粹是为了享乐。为了挽救婚姻危机而进行的二次蜜月旅行、一次尽管不紧急但必要的住院治疗、一次对事业有影响的出差，都不应归入这一范畴。

重要的是，不要轻视宝宝的看法。这是一个关键时期，所做的准备、选择代替父母的人所提供的照料、在之后重新建立信任和亲密关系所花费的时间，可能最终会使整个家庭变得更充实。

带着宝宝旅行

带着这个年龄的宝宝旅行的有利条件是他很容易取悦，对任何事情都感兴趣，只要他不必担心与他深爱的大人分离。他更喜欢交朋友和玩耍，而不是发出尖叫，除非感到疲倦、不适、饥饿或不舒服。

不利条件是他会想要到处"遛达"——这需要一个父母一直弯着腰抓着他向上举起的小手——并会对你膝盖高度以下的所有东西进行探究。他会发现各种可以攀爬的东西，而这些东西从来都不是用来攀爬的。由于这个世界上的一切对于他来说都是全新的、令人兴奋的，你对成年人眼中的景观发出的一番赞叹对他不会有感染力；他对一块饼干的需要会压倒你对大教堂的兴趣。

我不建议在旅行时给这个年龄的宝宝服用镇静剂。一般的镇静剂通常会适得其反。它们会使宝宝变得非常镇静，以至于失去适应新环境的原始能力，这样，他就更容易对陌生的人和事感到愤怒和恼怒。有些宝宝的这种情况非常明显，以至于他们会变得焦躁和"亢奋"。从纽约到巴黎是一段漫长的旅程。如果你不得不在全程来回行走在747飞机的过道上，这段旅程会更加漫长。

再要一个

哦，勇敢的新世界，有些人正置身其中！

这里是考虑这样一个计划的一种方式：现在，就在此刻，增加一个让人劳心费力的新生儿会是什么感觉？你还能有时间像现在一样跟你9个月大的宝宝对话、转移他的注意力、为他寻找替代物、与他一起嬉笑打闹、忍受他所制造的混乱并喜爱他吗？你还有时间滋养你的婚姻、维持你的事业以及刷牙吗？

如果答案是否定的，那你就要再考虑一下再要一个孩子的事情。因为当第二个宝宝还是新生儿时，你当前这个孩子会比现在有更多的需求。他那时大约18个月大，正在经历一个让人劳心费力的黏人但又反叛、占有欲强、不听话的被称作"和解"的阶段。他需要得到大量的关注，以培养独立性，预防"被宠坏"，鼓励其发展重要的语言能力，并防止他对自己、你以及刚刚学会爬行和探索的第二个孩子的生活和身体带来危险。他偶尔会大发脾气，而且，如果他的生活中有太多的挫折感，而他身边的成年人又太疲倦、缺乏耐心，或对他期望过多，发脾气的情况就会增加。

当然，一切皆有可能！如果你的生物钟正在催促着你，如果出现了计划外怀孕，或者，如果你通过个人经验确信年龄相近的兄弟姐妹会成为更好的朋友，那么你可能想要进行这次冒险。

然而，你最好提前对将要出现的情况有所了解，并为之做好准备。有着这样年龄间隔的两个孩子需要成年人为每个孩子投入两倍的精力，而不是单独抚养两个不同年龄的孩子所需的一半精力。较大的孩子不仅不能"帮忙"，他（或她）还会想出无数种方法将父母给予新宝宝的大量关注转移到自己身上。这有点像同时养育3个孩子，而不是2个孩子：较大的孩子、较小的孩子，还有一个"邪恶的隐形孩子"——两个孩子之间的相互关系。

"感谢上帝,他们两个都午睡。"乔治娅说,她的头发、眼睛和双手的动作都显示着心烦意乱。"我把自己锁在卧室里,用一把网球拍使劲敲打床。这能让我忍住不去杀掉他们或他们的父亲。"

如何解决两个孩子年龄间隔的困境呢?

第一步,是要在你考虑要或者怀上第二个孩子前认识到这种情况的存在。如果你幻想着一个完美的世界,2岁的孩子与1岁的宝宝快乐地在一起玩耍,那么你的幻想将被无情地粉碎。

如果大一些的孩子想要获得最好的语言和社会能力的发展,他(或她)需要:

- 每天与父母中的一方(最好是分别与两人)至少有15分钟的单独相处时间,不受任何干扰:杂事、电话、兄弟姐妹、父母中的另一方。就寝仪式也算。
- 大量的语言刺激,每小时有10~20次关于愉快活动的简短对话。说"不"不算简短对话。
- 在日常活动中得到耐心的帮助,比如吃饭、穿衣、洗澡;他(或她)正在学习独立完成这些任务。
- 在他(或她)进入与其他2岁孩子的交往的世界时,能够得到成年人的密切指导,这是一个充满领地意识、攻击性以及刚刚开始出现互动游戏的世界。分享能力要到3岁半~4岁时才会出现!
- 要知道由于他(或她)只是初步具备一些语言能力,因此孩子无法通过说出感受来释放负面情绪,也无法很有效地运用象征物(比如,打一个洋娃娃来代替打一个兄弟姐妹)。相反,他会将这种情绪付诸行动。

正如伯顿·L.怀特所说:"尽管父母们可以采取很多措施来缓解年龄相近的兄弟姐妹之间的问题,但是,没有一种方法能够使得这种情况像养育一个孩子或两个年龄间隔很大的孩子那么容易。父母双方都必须明白并接受这个事实。"[1]

离婚、分居与抚养权

我不是一个婚姻咨询师,但是,我见过很多很多家庭。

很多时候,这一时期出现的婚姻不和,在很大程度上源于有很强

---

[1] *The New First Three Years of Life*,最新中文版《从出生到3岁》由北京联合出版公司于2016年出版。——译者注

依恋的宝宝造成的"三角关系"。父母中的一方对宝宝的爱如此强烈，以至于另一方感觉受到了拒绝，并感到嫉妒，并因为这种感受而痛苦和内疚。

这样一种强烈的依恋可能源于这位父母自己不幸的婴儿期或童年。痛苦的感受可能会在这时浮上心头，并且似乎可能会从与宝宝建立起的强烈的依恋中得到安慰。

在这种情况下，父母中与宝宝强烈依恋的一方实际上可能会怨恨另一方的参与，因为他（或她）感到另一方的参与会冲淡这种极其强烈的情感。通常，沟通对此的作用有限，他们需要的是心理治疗。有些心理治疗师觉得通过一两次治疗就能对这种情况有帮助。

如果事情确实发展到了离婚的地步，抚养权问题可能会很残酷，因为与宝宝强烈依恋的一方会要求全部的监护权，而被拒绝的一方则要求过夜的探视权，通常是让宝宝到他（或她）的住所过夜，而平常那里会有他（或她）的新恋人，或许还有他（或她）自己的孩子，而宝宝与他们并没有建立起亲情心理联结。

如果在经过婚姻治疗的努力后仍然无法挽救婚姻，那么，就需要实行一些新的规则。从宝宝的角度来看，至关重要的是要确保新规则得到严格执行。

1. 要避免让宝宝目睹任何婚内暴力，不论是语言还是行为上的。

2. 主要照料者不能发生突然的改变。如果日托必须改变或是首次进行日托，要遵循上面的指导原则。

3. 离开的一方父母的探视应该在宝宝的住所进行，至少一开始应该是这样。在不打扰宝宝作息时间的前提下，可以从短暂的看望逐渐过渡到去没有抚养权一方父母的新住所。然而，不要指望这个年龄的宝宝能够迅速习惯在新住所过夜或过周末。如果新住所中有学步期的孩子，父母双方都要牢记上文中关于年龄相距较小的兄弟姐妹的警告。

4. 祖父母仍然有看望宝宝的权利，除非他们自己选择放弃或是因为某些行为而失去资格，宝宝也同样享有看望他们的权利。

5. 关于喂养、穿衣、探视、社交等问题仍然应该向儿科医生咨询。然而，聪明的儿科医生不会让自己的话被父母中的一方向另一方在愤怒的情绪中断章取义地引用。聪明的父母也应该避免这样做，因为这会导致被冒犯的一方怒气冲冲地给儿科医生打电话，令儿科医生同样感到恼火。

手术或住院

从技术的角度来看,很多手术,一些小手术和一些大手术,最好在这一阶段进行。这些手术包括疝修补术、隐睾手术、为治疗慢性中耳炎置入"耳管"、腭裂修复术,以及一些矫正性心脏手术。

从很多方面来看,在这个年龄进行这些手术有一些心理上的有利条件。宝宝的年龄还不足以使他对这一时刻有所预期,口腔的满足感足以使他转移注意力,因此甜食和吮吸就能安抚他,而且他的安全感更多来自于父母的陪伴,而不是熟悉的环境。

当然,这些都仅仅是对宝宝的有利条件,前提是父母能够一直陪伴着他直到麻醉产生作用,在麻醉开始消退后也陪着他,并且尽可能保持冷静并给宝宝以支持。

如果你需要在医院过夜,除了你的牙刷和书之外,要把你自己的睡袋和枕头也带去。你可以多带两个枕头,这样在你抱着宝宝时就能为他和你的胳膊提供支撑。

对于这个年龄的宝宝来说,肥皂泡是一种在医院里用来转移注意力的好东西。而发出噪音的大型玩具则不是。图书很可能不会被宝宝欣赏。气球是被禁止的,或者应该是被禁止的。

对于紧急的住院治疗,最重要的任务是坚持找到一位能够向其他人做出解释、处理琐碎事务、劝导以及和所有其他人打交道的医学专业人员。这个人可能就是你的儿科医生。通常没有必要让你自己的医生来掌控局面,也不值得这么做,但是,他(或她)应该履行其他方面的职责。在你选择儿科医生时一定要明确这一点。

搬　家

正如这一时期的其他重大变化一样,婴儿们会从父母那里获得暗示,父母在搬家时平静而愉悦的心情会使宝宝得到安抚。提前做些准备会有帮助:

• 尽可能地保持宝宝平时的作息时间。

• 即便是请人临时短暂地照看一下宝宝,也要提前做些准备。

• 在搬家时把宝宝转移到其他地方。统计的在搬家时发生的意外事件数量多得惊人,并且非常吓人。

• 从一开始就在新家的至少一个房间里做好安全防护。

• 在搬家时不要改变宝宝房间的家具。

- 在你搬进新家后，将热水器的温度下调至约49℃，并查看当地自来水中的氟化物含量。

1岁宝宝的健康检查

我喜欢这次检查。宝宝通常喜欢被人逗弄，大多数检查都能由父母抱着宝宝进行。宝宝对听诊器和耳镜仍然很感兴趣，但已经不再试图把它们放进嘴里了。

和9个月时的健康检查一样，最好给宝宝带上他自己的玩具，这样他就不会去玩候诊室里的每件东西并把它们放进嘴里。给宝宝带的零食应该是不掉渣的，并且不会流得到处都是，除非你想要在医护人员那里留下坏名声，要在你知道需要等待时再使用这些零食。在咽喉检查之前给宝宝吃零食，会引发恶心甚至呕吐。此外，医生还不得不去确认宝宝喉咙里的东西是鹅口疮、脓，或者仅仅是白软干酪。

在这次检查中，大多数宝宝会接受一次结核菌素试验，进行一次皮下注射（结核菌素）。要记住这只是一次试验；如果测试结果呈阳性，并不意味着宝宝生病了，但需要进行进一步的检测。

随着各种疫苗的开发、改善或是与其他疫苗的融合，免疫接种的时间表往往会改变。在1岁宝宝的健康检查中可能注射的疫苗包括：麻风腮三联疫苗——预防麻疹、腮腺炎和风疹的活疫苗，水痘疫苗，肺炎链球菌——细菌性脑膜炎的一种病因——疫苗，乙肝增强疫苗。

展　　望

接下来的6个月会为整个第二年定下基调。在第二年里，你应该指导宝宝到满2岁时成长为一个令人愉快的孩子。与"恼人"的2岁孩子不同，令人愉快的2岁孩子是一个在相处时能给你带来乐趣的人。他会倾听和交谈，他能表达负面情绪而无须（大多数时候）发脾气或进行身体攻击，他既依恋父母，又能接受分离。他自己吃饭，睡一整夜（大多数时候）而不会把你弄醒，他开始与其他孩子玩耍，尽管他可能要过很久之后才会想要使用马桶，并且在更久之后才能进行真正的分享。

你已经有了一个这样的1岁宝宝，他知道他是被爱着的，是一个美妙的人儿，他知道其他人偶尔比他享有优先权，他知道身体和情感上的分离和各种限制的存在，并且它们并不是那么可怕。他知道这个世界是一个充满魅力、可以信赖的世界，可以让他尽情地探索,他可以期望人们用尊重和前后一致的方式对待他。打下这一良好的基础,会使1~2岁这段旅程成为令人兴奋、十分有趣、使人忙于应对各种需求并会让人有所领悟的一段探险之旅。

第 8 章

1 岁至 18 个月

哪里有意愿，哪里就有哭叫

需要做的事情

- 与 1 岁的宝宝大量地聊天。
- 每天都要一起看图画书。
- 要预计到胃口会慢慢变小。
- 要鼓励宝宝完全自己吃饭，自己使用杯子、勺子和叉子。
- 对限制要坚定。
- 更换烟雾探测器的电池（在每年小天使生日的时候）。
- 如果你打算在 2 岁前把小天使从婴儿床转移到床上，请见下一章——要考虑现在给他的卧室门安装一个栅栏。
- 如果你打算在这一年的晚些时候使用婴儿背带或学步带，现在，在 1 岁的宝宝还坐在婴儿车里的时候，就要让宝宝开始接触它。
- 在满 1 周岁并且体重达到 9 千克时，宝宝需要一个新汽车安全座椅。

不要做的事情

- 不要给孩子果汁、随意的小零嘴、习惯性的零食和调味番茄酱。
- 不要养成在家看电视的习惯，在日托环境中不要有电视，绝对不要在孩子的卧室里放电视（或电脑）。
- 还没有把宝宝从婴儿床转移到床上。

该年龄的画像：
12～15 个月，加速成长

凯尔喜欢假装把东西给别人。

他伸着双臂，两脚张开，摇摇晃晃地穿过房间，看到了他的豆袋青蛙，并试图停下来。他走过了头，转过身，蹲下身捡起青蛙，像个上了发条的玩具一样朝妈妈走去。"谢谢。"艾米丽伸出手说。正当她要接过玩具时，他将青蛙夺了回去，露出一个迷人的微笑，走向他的图书角，拿着一本旧《时代》杂志走了回来。当艾米丽说"谢谢你"时，凯尔又把它抢了回去。

在走回图书角的路上，凯尔看到地板上有一根蜡笔。当他走过去捡蜡笔时，他松开了手里的杂志，杂志落下来盖住了蜡笔。凯尔踩到了杂志上面。他弯下腰用力猛拉杂志，但没有拉动。他捅了捅脚下杂志因盖住蜡笔而隆起的地方，并再次拽杂志。他沮丧地皱起眉头。他试了一次又一次，眉头越皱越紧。最后，他站了起来，指着它咕哝着什么，用一种命令和请求的神情盯着艾米丽。

艾米丽尽力忍着才没大声笑出来，她走过去帮助他，"看，凯尔，你没法把它拿起来，因为你正站在上面。"

当凯尔转过身去想搞清楚她在说什么时，他的脚在杂志光滑的封面上滑了一下，结结实实地一屁股墩在了地上。成功了！在墩下来的时候，杂志的位置发生了变化，蜡笔露出来了。他高兴地对艾米丽的鼓掌报以微笑，并捡起了蜡笔。然而，在他将蜡笔拿给妈妈的路上，他被一把诱人的座椅吸引了过去，停下来用蜡笔在椅子上涂了起来。严格地说，你还不能称之为涂鸦。

"椅子不是用来画的，"艾米丽告诉他，"这里有纸，凯尔可以在纸上画。"

凯尔对此不感兴趣。他在书柜前停了下来，在那里，他丢下了手中的蜡笔，将书柜门开关了几次，盯着柜门上的铰链，好像它包含着宇宙的奥秘一样。看到他如此着迷，艾米丽在他能够注意到并反对她离开之前，赶紧冲进了洗衣房。

她带着一篮洗净的衣服回来了。凯尔满意地长出了一口气。这是他最喜欢的东西。他找到了一条爸爸的短裤，把它套在了头上，大声地吸着气。"多么好的一顶帽子啊！凯尔给自己做了一顶漂亮的、香喷喷的帽子！"凯尔从帽子下面偷看了一下，更加用力地闻了起来。"我真希望我手里有照相机。这真是衣物柔软剂的最好广告！"凯尔冲她咯咯地笑着，做着鬼脸。

脱下他非同一般的帽子之后，凯尔向洗衣篮走了过去，抓住篮子边缘，试图把它弄翻。"洗衣篮不是用来弄翻的！"艾米丽说，她将凯尔与洗衣篮分开，并把篮子摆正。她已经数千次使用这种句式了，以至于把它用到了她的成人生活中。"订单簿不是用来乱写的。"她告诉自己的下属。"报纸不是用来放咖啡杯的。"她告诉她的丈夫。

凯尔盯着艾米丽，并重新回到篮子前。她再一次把他分开，把篮子摆正，一次，又一次。

最后，"**洗衣篮不是用来弄翻的！**"艾米丽抓住凯尔，把他放到了房间角落的游戏围栏里，"请待在游戏围栏里，直到妈咪把衣服叠好。"

太过分了！凯尔摇晃着围栏，为大声喊叫积聚着力量。当喊叫爆发出来时，他不再摇晃围栏，而是把精力全部用在吼叫上。他停顿了几秒钟，以确定妈妈的反应。在明显发现她的反应令人不快之后，他又吸了一口气，开始摇晃围栏，失去了平衡，一屁股墩到了地上。他坐在地上吼叫着，紧闭着双眼，大约有30秒钟，之后，他睁开眼打量围栏四周。在继续喊叫时，他发现了他的带电线和木球的建筑玩具，便安静下来开始玩玩具了。

艾米丽全力以赴地叠着衣服。她心里的计时器告诉她，她有30秒钟的时间，现在20秒，10秒，直到凯尔的注意力持续时间结束。

该年龄的画像：
15～18个月，前行中

凯尔喜欢他的沙滩球。

他喜欢自己收集的掉光了毛的网球、橡皮球、海绵球，他喜欢滚动它们，让它们掉到地上，盯着它们看，抚摸它们，带着它们四处走。事实上，他似乎喜欢一切圆形的可以旋转的东西：自行车轮子、玩具汽车轮子、滚动的蜡笔。他会没完没了地看着它们旋转。有时候，他会模仿他的小汽车的声音；有时候，他只是像被催眠了一样盯着它们看。

要不是凯尔在与别人相处时非常迷人，艾米丽会担心他患有自闭症。她想，在电子显微镜下，可能会看到Y染色体在滚动一个球。另一方面，泰德预言凯尔长大后会当职业运动员或开赛车。

今天，凯尔决定带着他的沙滩球去商店。

"凯尔在汽车安全座椅上没法拿着凯尔的大球，在购物车里也没法拿着凯尔的大球。"艾米丽解释道，"让我们换成凯尔的赛车吧。"

她把闪亮的雪佛兰绿色克尔维特赛车拿给儿子。凯尔却只是更紧地抓住他的球并扬起了下巴。艾米丽一只手迅速去夺球，另一只手不断地让汽车俯冲到他身边以吸引他的注意力，"呜呜，呜呜！看这辆车！"

凯尔坐到了地板上，紧紧地抓着他的球，手指关节都变白了。他开始喊叫，但没有哭，愤怒地注视着她。

艾米丽看了一眼手表。"好吧，好吧，带着球吧，但要带个小点儿的。"她巧妙地拿出那个碰碰球，"我们走吧。"

喊叫声更大了。

"好吧，看！"她不顾可能打翻商店里陈列的商品的危险，拿出直径15厘米的红色橡皮球，这是凯尔平常最喜欢的。

凯尔还是不走。

"天哪！"无计可施之后，她抓住沙滩球，一把从他手里夺了过来。凯尔向后趔趄了一下。在片刻不祥的沉默之后，他愤怒了。他尖叫着，又踢又蹬。艾米丽只是看着他。她知道凯尔为什么发脾气！他以前发过脾气，但这次是真正的大发脾气。（真的很沮丧；更像是非常愤怒。他会爆发吗？）

她知道规则。永远不要让孩子通过发脾气来成功地得到被禁止的东西。但是，时间在飞快地流逝，毕竟，一个沙滩球又有什么大不了的呢？也许他能设法抱住球。

"凯尔，看这儿！"她把那个巨大的球拿给他。凯尔盯着球，又盯着她。他们两个都屏住了呼吸。

然后，凯尔出击了，他手脚并用将球愤怒地推开，力气大得使他向后倒了一下，随后，刚刚被打断的尖叫声再度响起。

为什么？为什么他会拒绝送到面前的礼物，一次又一次？为什么拒绝他刚才一直努力争取的东西？

拥有与分享

与"成为一个独立的个体"概念相关的是"拥有"的概念。这两者是不可分割的：每个独立的人都是由他的拥有物定义的，无论是物质还是精神领域的。

当1岁的凯尔"假装给别人东西"时，不是因为他有分享的冲动。而是恰恰相反。当他把一个东西"给"一个大人时，他知道这个大人会把东西还给他——这是一个可以信赖的游戏。就像藏猫猫一样。凯尔是在一遍又一遍地向自己证明，他能让一个拥有物消失几秒钟，并重新出现。当它回到他手里时，并没有因为曾经短暂消失而变化。

当15个月大的凯尔紧紧抱住他的沙滩球，并拒绝所有其他球时，他表明的是他在理解拥有物的含义方面的进步。这个球没有什么特殊，但是，他正在抱着这个球，这个事实将他定义成了拥有所有物的人——并因而是一个独立的个体。当他的妈妈把球夺过去，并在之后通过把球交还给他来作为弥补时,她完全没有理解问题的关键(从凯尔的角度来看)。将球交还与将球拿走的行为一样,都是在挑战他作为独立个体的身份。如果由他把球夺回去,情况就不同了。

这个令人恼怒的阶段是学习分享的第一步。要分享,一个孩子必须知道自己是一个拥有某个东西的人,并因而是一个能把它给出去的人。所以,第一步自然是要搞清楚"我是一个拥有某个东西的人"这个概念。只是搞清楚这个概念就会占去第二年中的大部分时间。在学会分享前,凯尔必须解开下面这些谜:

- 词语能"代替"物体或人的概念,这样你就无须一直抱着某个东西或某个人不放。
- 意识到其他人有着与自己不同的观点,并因而产生一种公平感。
- 一种对未来的感觉,这样,放弃你最喜爱的沙滩球看上去就不会像是要抛弃它。

凯尔将在3~4岁前基本掌握上述所有这些步骤,在艾米丽看来似乎是不可能的,或者至少是令人惊讶的。

我认为这是令人惊讶的。

而且,有时候事情会出错。1岁的芭比有两个3岁的双胞胎哥哥和一个刚出生的小妹妹。她的哥哥不让她保留任何东西,而她的父母因为忙于照料小宝宝,没有进行干预。

在她3岁生日那天,她的朋友送给她一些礼物。芭比打开了第一个礼物,她的眼睛都瞪圆了。"这是你的朋友安迪送的。"她妈妈说。芭比的表情变成了恐惧、愤怒和悲伤。"不是安迪的!是我的!我的!我的!"眼泪流了下来,她把礼物紧紧抱在胸前,紧盯着其他还未拆开的礼物,脸上的表情半是期待,半是恐惧。她妈妈说,她似乎在看着一座她不得不保卫的城堡。

芭比仍然在弄清楚这个概念:什么是拥有物?她对这一概念的理解还远远没达到正常的3岁孩子的程度:一个拥有物能被送出去,并且能被拿回来。在她愿意在任何情况下都分享之前,她还有很多"功课"要赶。

对抗行为:成长的一部分

从1岁到2岁这一年,一个孩子会雕琢出自己在这个世界上的个人身份的位置。大多数时候,在父母看来,小天使是通过与自己作对来做到这一点的——不,不,我们应该说是通过反对他遇到的任何事物——来雕琢自己。反对其他人，反对外部世界，反对不可改变的自然法则，甚至反对他自己的激情。

另一个人的计划必须被拒绝，仅仅因为它们是另一个人的计划。楼梯和桌子是用来爬的，动物是用来攻击的，盒子是用来钻进去的，各种东西是用来扔或踢的，仅仅因为它们在那里。诸如重力这样不可改变的自然法则，或者是你不得不放手一个物品去抓另一个物品的概念，都必须被挑战。

因而，从1岁到2岁是一段极其重要的旅程。在这一年中，一个孩子会发现自己做出的某些行为会得到奖励，有些会被容忍，有些会被禁止。是的，被禁止。真正而切实的"不"——类似于你不能平躺着喝一杯牛奶。

从1岁到2岁，对父母们来说也是一段极其重要的旅程。大多数父母会发现，他们的一些管教方法管用，有一些没任何效果，还有一些会适得其反。

例如，父母们会自然地认为，如果他们说"不"，并解释原因，小天使就应该停下来。事实并非如此。即使是他们最坚定、最严厉的禁令——不许咬人，或不许跑到大街上，不许拽猫的尾巴——也会一次又一次地被违抗。即使在他们大声喊叫时！即使在他们打孩子的屁股时！

父母们没有意识到，给1岁半的孩子成功地设立限制是一种有技巧的技能，而这种技能是可以学习的。这真是太糟了，因为如果到2岁时还没有成功地设立限制，与小天使一起生活的乐趣可能就要少很多。

因此，你一定要仔细阅读下面关于"限制"的部分。

性情与个性

正常的1岁宝宝相互之间的不同主要在于性情。他们还不能提前计划，所以，他们还不能真正选择如何行为。他们或多或少会受自己感受的支配。

2岁的孩子已经将性情融入了个性之中，融入了与其他孩子、成年人打交道以及面对这个世界的挑战的个人风格之中。

在同样的环境中，一个性情随和的孩子会使从1岁到2岁的旅程更顺利；而一个性情暴烈的孩子则会使这段旅程有更多挑战。不管愿不愿意，到2岁时，一个孩子就已经形成了对待自己和世界的态度和方式，而这能决定这个2岁孩子是令人愉快的，还是可怕的。

在未来的一年中，一个孩子会发现：

- 他的自主——他设立一个目标并实现它的需要——是否受到与他最亲近的成年人的尊重。他是否能在需要时得到帮助——还是被不断地打扰和干预，或者被忽视？他是否能自由地探索和探究——还是每一天都充满了负面的命令、限制或体罚？

- 如何获得成年人的关注。需要施展魅力，还是只需一个简单的请求？他是否不得不做出不良行为才能得到关注？或者，他需要努力争取，以至于这种行为占去他全部的精力和注意力？或者，这个大人与他的亲情心理联结是如此紧密，以至于小天使从来都没有不受关注，并且失去这种关注就会迷失？

- 语言是干什么用的。它是用来在对话中交谈的？或者，是成年人仅仅用来发号施令、抱怨和发牢骚的？或者，它充满了对各种行为的焦虑？

- 是否允许孩子拥有自己的情感。他的哭泣是否会给父母造成太大的不安——还是根本不会得到一点同情？如果他发脾气，他身边的大人是会尽力哄他、威胁他、说服他，还是会安抚他别发脾气？或者，他们会平静地对待他发脾气，以便他能学会自己预防和控制发脾气吗？他的父母允许他有自己的情感挣扎，还是会代替他解决？

每个孩子，无论是何种性情、何种生活方式、何种文化、何种家庭、何种养育方式，都会形成他（或她）自己对这一年的所有这些挑战的独一无二的答案。

父母在这一年里的作用，就是帮助孩子在与父母的亲情心理联结和自己对世界的掌控之间保持一种平衡。这意味着，父母需要坚守学步期的孩子与他们自己之间的界限，并且能够承认这一时期出现的正常的挫折感、违拗症、占有欲和发脾气，而不把它们视为是针对自己的，不把它们视为是针对父母自己的价值和自主的一种攻击。

没有任何简单的秘诀能够实现这一点。

每个孩子都有自己独一无二的性情。很多孩子是容易相处的，不容易感到沮丧，相当容易取悦。他们能相当平静地做出转变，从一个照料者到另一个照料者，从一项活动到另一项活动。他们热切地冒险进入这个世界，去探索和探究。他们在遇到重大挫折时会发脾气，而不是在每次遇到小失望或困难时都如此。有一小部分孩子情形要糟糕一些。这些1岁的宝宝容易感到沮丧，并且更容易发脾气。他们对于探索世界更谨慎，并且他们更难以接受转换。还有少数的孩子，大部分是男孩，接受每件事情都很难。在给他们一个新东西时，他们会紧紧地抱着大人哭。他们很容易被这个世界挫败——自然法则似乎是他们的敌人。他们非常非常容易发脾气。

培养独立与自主，对于一个随和的放松的孩子，与一个高度紧张的孩子面临的挑战是不同的。对于父母们来说，主要的指导原则是要记住目标，并且不要把孩子的暴躁和正常的成长挑战看作是针对自己的。

一个1岁的宝宝不会仅仅以一种性情作为自己继续成长的起点。

刚满1岁的凯尔已经对他自己、他的世界以及他的家庭有了很多了解。首先，也是最重要的一点，是他有多么可爱。他的长相、气味、味道、感受和身体的产物对他父母来说都是令人愉快的，尤其是对他妈妈。他的各种成就，尤其是学会走路，都是非常了不起的成就。

伴随着每天都有的新发现，这个世界对他来说是个迷人的地方。他能让事情发生，一遍又一遍地发生：这是一个可预测的地方。当他假装把东西给别人时，他能把它拿回来，或者别人会把它还回来。它不会永远消失。当某个东西消失时，比如一根蜡笔盖在《时代》杂志下面，它会待在那儿，保持它的本体，直到凯尔能发现它。他能拥有一个目标——比如，把洗衣篮弄翻——并努力实现它。如果他无法在第一次实现目标，或许在第6次、第13次时就会实现。他开始明白因果的关联，甚至更好的情况是，这种关联是通过他的努力发生的。

在凯尔对世界的探索中，他在很大程度上掌控着自己的行为。当他被有轮子的卡车迷住时，没人强迫他坐下来看书。相反，他的父亲会过来帮助他，让卡车在地上跑，模仿卡车的声音，并告诉他卡车是做什么用的。

事实上，凯尔正在发现语言是令人愉快的。大多数时候，它包含的是赞扬、帮助、指导和对行为的叙述，并且是以凯尔为中心的。他有各种各样的动机去理解人们在说什么。

当他指着一个东西发出咕哝声时，一个大人会过来给予帮助。这是真正的对话中迈出的新的一步，凯尔把问题和意见用行动表达出来，大人通过行动和话语做出回应。

大人明显是一个更高级的物种。不仅因为他们具有惊人的技艺和本领，比如叠衣服，而且因为他们能够决定允许凯尔做什么，并在必要时通过改变他的位置或他感兴趣的物品的位置来阻止他。

尽管凯尔明显是他的妈妈和爸爸

的世界的中心,但他们有自己的生活。有时候,凯尔不得不等待。有时候,他不得不停下一个引人入胜的活动。有时候,别的成年人——他的日托保姆和他的祖父——会代替他的父母。

幸运的是,凯尔的世界是由自制力令人放心的成年人掌控的。他没有以一种吓人的、失控的方式挨过巴掌,或被打过屁股,或被喊叫过。当然,大人有时候说话的声音会很大,并且有时声音中会带着一种令人不快的恼怒语调,而这也很有趣,这正好能让他看看接下来会发生什么。

当凯尔确实逼迫大人时,他们可以用取消对他的关注作为回应。在一段时间里不再是他们的世界的中心,是令人痛苦的。存在感会跌入低谷。被放逐到游戏围栏里或婴儿床上要多糟糕有多糟糕。

艾米丽和泰德也已经学会了几件事情。

首先,将诱惑凯尔的物品从他面前拿走,要比将凯尔从这个物品前抱走有趣得多,也不那么累人。为了凯尔的安全,他能进的房间都已经搬走了所有的植物、易碎物品和带遥控的设备。这留下了大量禁止凯尔接触的物品:电线和插座、壁炉、楼梯、电视机的旋钮。他们通过在第三级台阶上安装防护门解决了楼梯的问题,以便他能尽情地练习上下楼梯。

当凯尔确实冒险去做真正被禁止的事情时,比如捅插座,扭旋钮,他们会说"不",并把他抱走。有些时候,他们每天可能不得不这样做15次或20次,或者甚至加倍。这能使一个人发疯,尤其是如果这个人正在努力完成他(或她)自己的事情:叠衣服,打电话,开支票,写报告。有时候,只有将自己视为了不起的父母的强大想象,才能使他们不至于完全失控。

在这一方面,他们实际上过得很轻松。凯尔是一个随和的宝宝,很容易被转移注意力,容易被新奇的事物吸引,对赞扬和不愉快的表情会做出反应。此外,他随和的性情也与他父母的相契合。他们对他没有更大的闯劲并不感到失望。在他们看来他很好。他们还很幸运,没有外在的压力:婚姻矛盾、经济问题、健康问题、疲劳。

他们和凯尔都有一个坚实的基础,以承担这6个月中的一些要更费心费力的事情。凯尔在吸引着他进取的三件事情上保持了一种很好的平衡:

- 探索物质世界。
- 练习他的运动能力。
- 发展他与父母和照料者之间的关系,尤其是和他妈妈。

如果一个方面压倒了其他两个方面，凯尔和他的父母就会经历一个更加艰难的时期，因为，在这一阶段的某些时刻，三件事情中的每一件都会经历一种转变：

• 不再只是摆弄物质世界中的各种物体，他会希望拥有它们。
• 不再仅仅满足于练习他的运动能力，他会越来越多地运用这些能力来实现他为自己设立的目标。
• 他对实现这种自主的激情，会让他与父母和照料者发生冲突。他尤其会舍弃与他最亲近的大人，因为他感到这是独立对他最强烈的吸引力。每一次这样的吸引，都需要这个孩子进行一次同样大小并且方向相反的舍弃。

12~18个月的分离问题：拉锯战

在这6个月里，泰德和艾米丽会开始注意到凯尔身上的另一件奇怪的事情。有时候，他像膏药一样黏着他们，然后，他会直接推开他们。有时候，他似乎拿不定主意该怎么做，并因此沮丧地号哭。

"他需要在同一时刻从我们这里得到两种截然相反的回应，并且他对这两种回应的需求都不可思议地同样强烈，"泰德说，"我记得这是一种什么感受。在我十几岁时就有这种感受。我既希望征服世界，同时又想做一个安全的小孩子。"

在涉及到要搞清楚如何帮助学步期的孩子的问题时，就不会那么感同身受了。对待分离以及与成年人的关系的整体基调，是在从大约15个月到2岁期间建立的。

在这一时期，照料者有以下几项任务：

• 允许孩子逐渐建立自己的个人身份，既不溺爱他，也不"伤害他的心灵"。
• 鼓励语言的发展，以便孩子能够运用象征符号（词语）。否则，他就会在相当大程度上局限于身体语言，比如踢人、抓人和发脾气。
• 在孩子生活中的几个方面保持平衡：他与亲近的成年人的亲密关系，他对世界的探究和掌控，以及他的运动能力的发展。

解决孩子的矛盾心理不是大人的工作，只有时间和经历才能解决。大人的职责是在孩子的生活中帮助他在与父母强烈的亲情心理联结和探索世界的需要之间保持平衡。

这一点在孩子大发脾气,以至于照料者或父母感觉受到攻击和厌烦的时候,似乎最难做到。在面对一个不多见的非常安静的、说话很早的婴儿时,也会遇到困难。这个孩子可能看上去是一个非常好的同伴,以至于这种关系对这个成年人是一种极大的奖赏,但是,这个成年人必须有意识地鼓励宝宝的独立和探索。父母们在他们自己的人生中面对分离和失去时可能会有的任何问题,或许会在此时重新浮上心头,并且不一定是有意识的想法。有时候,这个年龄的宝宝会将大人对他(或她)自己在这个世界中的位置或经历的感受以令人震惊的坦率的行动表现出来。在这一时期出现的婚姻和养育的各种极端问题,可能部分地是对这种未解决的失去的"回声"的一种反应。那些意识到自己这方面的问题并寻求帮助的父母们,能为他们自己的成长和孩子的心智健康打下基础。

夜间的分离

有时候,分离问题会整日上演,有时候,它们只在就寝时出现,在每个人都筋疲力尽、快要失去耐心的时候。父母和学步期的孩子可能都会觉得就寝时刻真的就像《阴阳魔界》。

在这一时期,有些家庭选择了家庭床,或无奈地选择了家庭床。

然而,对于大多数家庭来说,能够离开宝宝、睡一整夜,是更优先考虑的。父母需要单独待在一起的亲密时光,不仅仅是为了性。他们需要相互倾诉,彼此支持,想起他们是成年人。他们需要使用长句子、复杂的语法和代词,而不是只说专有名词。他们甚至可能需要说一些不希望听到他们的孩子在公共场合反复、大声地说的话。

而且,每个人,包括宝宝,都需要不被打扰的休息,才能为第二天做好准备。

此外,家庭床可能破坏亲情心理联结与独立性之间的平衡,很多父母和宝宝发现这种平衡此时是非常不稳定的。对于只有一个或两个孩子的家庭来说,尤其会如此。

就寝时的问题,可以通过认识到每个人所承受的压力,并关注造成这些苦恼的潜在原因来进行处理。

• **白天的分离问题**:如果父母们在使宝宝对他们的亲密依恋和对独立的需求之间保持平衡方面有问题,就寝和夜晚就会使这个问题恶化。亲情心理联结太紧密吗?宝宝花时间独自探索和掌控他的世界吗?他能够去找成年人或召唤他以寻求帮助，而不是在大多数时间都黏着他，并要求安慰和关注吗？他是否能快乐地发展新的运动能力，能攀爬和开始跑吗？或者，他的照料者是否一贯对他刺激不足并且回应不足，以至于他在夜晚拼命地要得到父母的亲近？

- **白天的压力**：使分离变得更困难的事情，包括任何威胁到独立与亲情心理联结之间的平衡的事情。疾病；旅行带来的分离；离婚；搬家；新的日托，或是之前情况的一种改变（比如更换照料者）；新的弟弟妹妹；一个怨恨学步期孩子的稍大一点的哥哥或姐姐；宝宝与其他孩子在一起时未得到很好的照管——这些都是一些常见的压力来源。

- **自我安慰**：如果孩子从一开始不用奶瓶或安抚奶嘴就无法在婴儿床里自己睡觉，那么对于半夜醒来的问题就没有任何办法了。

- **就寝前的放松**：这个年龄的宝宝喜欢嬉闹，而一个一整天都没见到宝宝的父母常常发现这是一种愉快的行为。但是，这的确会给就寝造成麻烦。你需要在睡前让宝宝有一些缓和放松的时间，这对他的睡眠有帮助。

- **就寝仪式**：要促进向分离和入睡的转变，就寝仪式从现在起可以包括3~4个步骤，这些步骤应该总是相同的，并且按照相同的顺序进行。如果最后一步是唱歌，总是唱同一首歌会有帮助，即便父母中的一个人五音不全，而另一人有着歌唱家的水平。我推荐《莫宁城之旅》（Morningtown Ride）或其他舒缓、重复性的、不超过八度音阶的慢歌。

- **把宝宝放到床上**：由亲情心理联结不那么强烈的一方父母将宝宝放到床上是最理想的。父母中的另一方可以参与就寝的放松过程和仪式中的前几个步骤。

- **半夜醒来**：当（如果）孩子在夜里吵醒父母，也应该由父母中亲情心理联结不那么强烈的一方去查看孩子，并且要用一种坚定但乏味的声音说晚安。他应该表现出无聊和无精打采，拖着脚步，半闭着眼睛，打着哈欠，挠着痒痒。所有的事情都要缓慢进行。在注意孩子的要求之前，先停顿一会儿，几乎意识不到有人不安。究竟有什么理由不安呢？他可以拍拍宝宝，摸摸他的头发，但要以一种心不在焉、梦游一样的方式。他可以每隔5分钟、10分钟或15分钟像这样漫不经心地进来再出去，直到孩子昏昏欲睡。

- **在婴儿床里睡觉**：要确保孩子在过了就寝时间之后就不再体验到与父母在一起的快乐，并且不要在婴儿床以外的地方入睡。这些美好的记忆要很长时间才能消失，并且会使孩子反对的声音提高15分贝或20分贝。

• **睡袋**：如果宝宝仍然睡在睡袋里（就像前几章所建议的），现在不要改变这种习惯。在接下来的6个月里，如果有机会，他就能爬出他的婴儿床。要把婴儿床的床垫降低一些，购买或制作一个婴儿床加高装置是个好主意。

此外，不要在孩子能听到的时候谈论"爬出婴儿床"。一定不要告诉他（或她）别这样做！如果你不提起，他（或她）可能就不会产生这种想法。也不要让其他任何人谈论这件事情或是询问相关的问题。如果你不得不提这件事，可以一个字母一个字母地拼出来。

设立限制：
暂时的专制父母

下文包括：理想的管教是什么以及为什么；攻击性；发脾气；哼唧；试图通过排斥父母中的一方，偏爱另一方来控制整个家庭；思考你的策略；反对意见；性情的作用。

每个孩子在这一年的头6个月中都会试探限制。养育这一年龄孩子的挑战，是要明确地界定哪些行为是被禁止的，然后找到一种管用的管教方法。我说的"管用"，并不只意味着让一种被禁止的行为停止。我指的是更大的事情。

你每次为这个年龄的孩子设立一个限制，都是在试图教给他一些更重要并且影响更深远的东西，而不只是咬人"不对"，或揪猫的尾巴"不对"。你要让小天使明白：我是你的头儿。当我说不能做什么事时，就必须停止做那件事情。

是的，这是在成为一个专制的父母。这正是这个年龄的小天使需要的父母类型。小天使已经知道你是一个"仁慈"的独裁者，不吝惜你的微笑、对话、玩具汽车、图画书，还带他去公园。现在他需要知道的是，你是一个仁慈的"独裁者"：父母们掌控一切。如果能做到这一点，两岁或更大的孩子会做出的令生活变得那么艰难和不愉快的挑战行为，从一开始就不会有出现的机会。或者，如果确实出现了，也会被消灭在萌芽状态。（如果你想了解对抗行为，见下一章的"该年龄的画像"。）

小天使需要开始明白的是，试探或挑战你的决定是徒劳的。这样做只能是浪费时间，并会让他感到沮丧。他不会从中得到任何好处。这种做法甚至都不值得考虑。因此，当你扮演一个专制的父母时，你的第二目标才是教给小天使确切地知道什么是他不能做的：咬人、揪猫的尾巴、在墙上画画。

小天使必须被一次又一次，一次又一次地教给这个概念。孩子们是通过重复来学习的。他们需要几个月的时间才能含混不清地说"爸爸"，需要几个星期的跌跌撞撞才能学会走。这意味着你需要一种有效的管教技巧，一种管用并且你能运用的管教技巧，无论你们身在何处，都能一次又一次地反复使用。

这就排除了很多流行的或传统的管教技巧。转移注意力或提供一种替代的活动，对这个年龄的孩子都不管用，而且无法教给他们主要的东西。合理地解释一种行为为什么不恰当，也做不到这一点。还有一些管教方法是不方便执行的（比如在婴儿床里"暂停"）。幸运的是，还有其他方法。

要想一种管教方法对这个年龄的孩子最有效，它需要满足以下特点：

- **每次管教孩子时，都做同样一件事情。**

这是至关重要的。研究表明，鼓励一种既定行为，使它越来越多地出现的最好方法，就是给予前后不一致的回应。假设小天使在你们购物时哼唧着要一个玩具：第一次，你带着他离开商店，把他带回车里做一次"暂停"；第二次，你屈服了，给他买了玩具；第三次，你用愤怒的声音小声向他解释他为什么应该安静下来；第四次，你对他完全不理不睬。好吧，如果你的目标是让小天使每次都哼唧，并且声音越来越大，声调越来越高，那你做得就再好不过了。

- **你给出的是一个命令，而不是一个选择；你不是在征得孩子的允许。**

"不许玩剪刀！"

而不要说："现在把剪刀给我，好吗？"也不要说："放下剪刀，去玩乐高积木怎么样？"

- **你立即行动，而不是给出警告。**

不要让小天使固执地一遍又一遍地尝试一件事——抓过果汁，探究一个精密工具，跑出门外。相反，要立即将他从被禁止的物品旁抱开，并把物品拿走，使他无法再回来重复这种试探行为。不要给出口头警告，或通过数一二三来给他时间服从命令。

- **你将自己的注意力从这种行为上移开，而不是给予其关注。**

一种近乎无言，只有最简短的眼神接触的回应是最理想的。你说的话越多，小天使就越会觉得他被禁止的行为带来了奖赏。即便你说的是责备的话，或解释的话，甚至是描述的话（"现在看看这只可怜的小猫咪！可怜的小猫咪害怕凯尔！它躲到床底下去了……"等等）。一个很好的规则是，每一岁最多用一个词。对于一个1~2岁的孩子，应该用2个词，比如"不许咬人"。

• **你要立即终止这种行为，而不要给出警告，并且要以一种使这种行为无法继续或重复的方式。**

抱起小天使，最好不要让他面朝你。不要有眼神接触，不要拥抱，不要说话。把他转移到一个无聊的地方，继续在大约30秒的时间里不给他关注。用很坚定的语气，只说一次"不许玩口红"或其他的话。

• **攻击他人要比任何其他违规行为都更严重。**

如果孩子出现攻击行为——咬人、打人、掐人等——小天使需要你做出更强烈的回应。要把他放到面朝墙站着的地方，你跪在他的身后，将他的胳膊牢牢地贴在他的身体两侧。不要拥抱他！目光要看向地板，以便孩子转过身来也不会与你有眼神接触。就这样抓着他，并且只说一次"不许咬人"或其他的话。继续抓着他（他可能会扭动身体，笑，转过身试图逗你，说"对不起妈咪"之类的话）直到他试图挣脱，并开始抱怨被这样抓着。这时，再这样紧紧抓着他大约20秒，再说一次"不许咬人"。然后，放开他，但是，在接下来1分钟左右的时间里不要与他有眼神接触，也不要跟他说话。

发脾气

发脾气可能是对挫折、疲惫或对管教的怨恨的一种回应。原因并不重要。小天使只需要了解有关发脾气的三件事情：

1. 发脾气只是发脾气的人自己的事。

一旦宝宝开始发脾气，任何人都不应试图哄他、给他讲道理、威胁他、转移他的注意力，或试图用其他方法让他停止发脾气。其他人应该到另一个房间去，如果这对小天使来说是安全的；否则，一个成年人应与他保持在安全距离之内，但要全神贯注于其他事情。这是使用耳塞的好时机。

发脾气的人是唯一能使之开始和停止的人。旁观者不应该讨论这件事情，甚至认可其发脾气，而要不予关注，直到他完全停下来。

2. 发脾气永远得不到你想要的任何东西，包括关注。

发脾气的威胁永远不应改变一个成年人的决定，比如不让宝宝得到一个玩具，或吃更多的巧克力，或允许把灯开关30次。在发脾气结束后，不要再提起这件事，或试图跟小天使谈为什么发脾气不是一个好主意。这就像是礼仪手册上写的关于无意中听到的洗手间的噪音：听到的人必须假装什么也没听见，一点都没听见。

3. 在公众场合发脾气会导致失去关注和特权。

这意味着，要由一名掌控局面的父母将孩子带离，并且什么也不说。这意味着把孩子放在一个安全的地方，让他发完脾气，同时，父母站在一旁，既不听，也不干预。如果有必要，这可能意味着要开车回家，并把孩子放进婴儿床里，让他发完脾气。在此过程中，父母什么都不要说。

关于哼唧与尖叫的一个建议：买一副高质量的耳塞并随身携带。一旦孩子开始哼唧和尖叫，就刻意当着他的面戴上耳塞，并开始全神贯注地做一件事情。擦餐具，制定清单。不要告诉 1 岁的宝宝停止哼唧或尖叫；只要完全充耳不闻。当一切安静下来时，默数到 10，然后再恢复正常的行为，但不要给予过度关注。

试图掌控家庭的表演

通常，1 岁的宝宝会突然决定他更喜欢父母中的一方，并且无法容忍与另一方待在一起。选择哪一方父母是完全随机的：有时候是主要照料者——通常是母亲——而有时候是那位富有魅力的不在家的父母。

当 1 岁的宝宝被交给或留给他拒绝的一方父母照料，或是不得不与其相处时，一场让人相当震惊的表演就会上演：喊叫、踢打、推人。此外，1 岁的宝宝建立的另一条规则是，父母一定不能向彼此表达任何爱意。1 岁的宝宝会又拉又拽又推，并大发脾气，把父母的拥抱分开。

以下这些方法会有帮助：

• 让宝宝与被拒绝的一方父母有单独相处的时间。宝宝喜欢的一方父母需要离开家，但也不要偷偷溜走。只需愉快而简短地说声再见，不要去管他的啼哭和哀号。

• 一旦宝宝喜欢的一方父母离开，被拒绝的父母不应主动向宝宝示好，而要静静地坐着，假装在玩填字游戏。1 岁的宝宝最终会停止啼哭，并开始做其他事情，这时，被拒绝的父母就可以对宝宝表现出一定的兴趣，并以此作为开始。

• 别在意宝宝的吵闹，如果该轮到爸爸把 1 岁的宝宝放到床上，而 1 岁的宝宝对此大发脾气，好吧，那又怎样呢？只有爸爸在。不要让 1 岁的宝宝威逼你离开房间，并让妈妈进来。

- 在父母对彼此表达喜爱，而1岁的宝宝试图推开他们时，要俯视他，就好像他在大便一样：你知道他在做什么，但对此并没有特别的兴趣。你们当然不会被这种行为操纵。要完成拥抱，并在几分钟内只和彼此说话。如果宝宝开始发脾气，或是打人、咬人、掐人，要像孩子没有试图阻止你们拥抱一样对待这些行为。

最重要的是，不要把1岁宝宝的偏爱或行为视作是针对你的。如果你是被偏爱的一方，会很容易感到洋洋自得；如果你是被拒绝的一方，难免感到辛酸。要抵制住这种冲动。

为管教做准备

重读前面的管教原则，并想象可能出现的场景和你的回应是很有用的。在理想的情况下，小天使应该很少从你这个成年人身上感受到任何愤怒或尴尬。相反，从你身上散发出来的"光芒"最好是无所不知、无所不能，并且有点厌倦屈从的。你，这个成年人，这个强大的父母，对于你脚下上演的孩子气的焦虑不安是不为所动的。

对待发脾气的孩子

在说到强烈的基因时，仙黛尔是最明显的。她的每一天都充满了似乎无法解释的发脾气，从早晨明显生着气醒来就开始了。她先是黏在妈妈的膝盖上，然后又将妈妈猛地推开。她一刻也不停歇，从橱柜摇摇晃晃地走到沙发那里，再到咖啡桌旁，上楼梯下楼梯，触摸、撕扯、击打东西。到门口取邮件这个简单行为在她看来则意味着要逃到大街上去，或者因为说话被打断而大发脾气，或者因为大人离开了30秒钟而尖叫。

像仙黛尔这样带着红色警报冲进每一天的孩子，需要极大的耐心、技巧和一致性。她越是能获得对各种事物的掌控，就越能避免陌生的情形，她花在不得不做选择或中断一个活动上的时间就越少，情况就会越好。

否则，就很可能形成一种恶性循环。仙黛尔越是发脾气，她就越少感到对事物的控制，就会更绝望并且更难专注于其成长所需要的对事物的控制和掌握。这种焦虑会为更多的发脾气埋下祸根。

所有这一切都会使她的照料者更加绝望。他们就更不可能尊重她的成长任务，更不可能为她提供这方面的帮助。她的生活就会失去平衡。她与她深爱的父母之间紧张而麻烦不断的关系，会给她对各种技能的掌握以及对这个世界的探索投下阴影。

从某种意义上来说，帮助仙黛尔可能意味着对她要非常宽容，但这并不意味着要溺爱她。仙黛尔的父母要努力做到以下几点：

• 尽量让她的作息时间规律，并让她的环境尽可能保持一致。他们都同意现在还不是时候带她去动物园、加入一个游戏小组、开始用淋浴取代澡盆、养一只小狗，或者甚至是妈妈换个新发型。

• 用一种在他们的朋友看来近乎荒谬的严苛标准做好家里的安全防护。"你这里都可以放养一只黑猩猩了。"一个朋友开玩笑说。

• 让各种事情之间的转换尽可能容易一些。他们要给她留出额外的时间从一项活动转换到另一项活动。早晨，只要他们一听到婴儿监控器里传来动静，就要尽量立刻来到她身边，在她尚未开始早晨的哭闹之前，就用拥抱和一杯牛奶迎接她。

• 允许一些倒退行为，在白天抱她几次，偶尔让她使用奶瓶或吃母乳，不限制她使用安慰毯。

• 要确保不管是他们还是仙黛尔的保姆，都不通过以下行为鼓励她发脾气：规则前后不一致；在做出转换时没有给她足够的时间或准备；或者试图让仙黛尔与其他孩子交往（她与自己、她的世界和成年人的关系就已经够难了）。

• 要确保没有人通过太注意避免让仙黛尔发脾气而宠坏她。试图完全避免发脾气可能会导致：允许一些本该被禁止的行为（打人、咬人）；因为一些不受欢迎的行为——比如哼唧，将头在地板上撞——而给她关注或试图用饼干和其他优待来收买她。

日常的发育

里程碑

视 力

这个年龄的宝宝已经拥有足够好的视力，可以看到他们想看的任何东西。如果一个宝宝在看图画书或电视时总是离得很近，或者似乎害怕攀爬，就可能有视力问题。如果家族史中有弱视或在青春期前需要戴眼镜的情况，就要尤为警惕。

听力、说话和语言

刚进入学步期的孩子需要良好的

听力，这不只是为了学习如何说话，也是为了学习如何对与他人交往中的线索做出反应。即使在宝宝会说话之前，他的"语言"也很丰富，有大量的手势和声音。这个年龄的宝宝能挥手再见，玩藏猫猫，让别人来回滚动一个球，给出身体的一个部位让人亲吻或清洁，等等。

这个年龄的宝宝，在这一阶段开始时，除了"妈妈"和"爸爸"外，平均能说3个词，到这一阶段结束时，能说10个词。因此，他们可能看上去似乎没有学会多少语言。其实并非如此。他们所能理解的单词数量增加了一倍，从50个增加到100个。到这个阶段结束时，宝宝能执行一个步骤的命令或请求（如果他们愿意的话）。

具有音调变化的咿呀学语，是这个年龄极富魅力的一个特征，研究表明，这些音调变化和元音发音都是具有语言特性的。到15个月大的时候，几乎所有的宝宝（在兴致勃勃时）都喜欢指着图画听大人说出文字，而不只是翻书页和吃书。

宝宝学说话似乎有两种风格。说话早的宝宝似乎会一个词一个词地说。"他会说他听到的任何词。"说话晚的宝宝往往会用音调变化说出一些别人听不懂的话。这种来自另一个星球的话常常会在2岁左右变成可识别的语言。

然而，1岁的宝宝确实在模仿。"当我说她能模仿一切时，我指的真的是一切。"仙黛尔的妈妈颇有深意地说道。要当心，小孩子不仅有大耳朵，他们还有大嘴巴呢。

大肌肉运动：走

无论这项成就多么让人欣喜若狂，宝宝学会走的年龄并不能预测其智商、长大后的运动能力或生活中的任何其他方面，并且与这些方面无关。如果宝宝没有任何围产期并发症，那么即使他晚到16个月大才开始走，也几乎都属于正常情况。

有些宝宝早在7个月大时就会走，这真的很有趣。有些宝宝则是在16个月，甚至是18个月时才开始会走，平均年龄是60周（12个半月）。

刚刚学会走的孩子会伸开双臂以保持平衡，他们的双腿也会为保持平衡并容纳笨重的尿布而分开。他们的两个膝盖分别朝向两侧。他们的脚趾要么朝向外侧，与膝盖相呼应，要么由于一种叫作"胫骨扭转"的小腿扭转而导致脚趾朝向内侧。（在1岁和15个月的健康检查中会对此进行检查。除非非常严重，否则不需要治疗。）

到 18 个月大时，宝宝就应该不再踮脚尖走路，而用"脚后跟到脚趾"的方式走。

除非医生让孩子穿特殊的鞋子，否则穿鞋子只是为了保暖、防止脚被尖锐物割伤或防滑以及装饰。鞋子不会"为脚塑形"。能让脚趾自由活动并且非常跟脚的不贵的鞋子就是最好的鞋子。"我母亲说即使我们不得不吃豌豆度日，也要给她买最好的鞋子。"史黛西说。不要这样做。省下买鞋子的钱去买些洋蓟吧。

如果你认为宝宝走路的步态不正常，一定要请儿科医生观察一下孩子走路。大多数情况下会一切正常，不管 1 岁的宝宝跌跌撞撞走过走廊的样子有多滑稽。但是，跛行、明显不对称的步态，或是真正摇摆的步态，是需要关注的。

精细运动

到 18 个月大的时候，宝宝能够并且愿意摘掉他们自己的尿布。他们能拿住杯子，大多数孩子都能用勺子自己吃饭。他们会按按钮，操作把手，一只手拿着东西，另一只手按照指令做其他动作。在这个年龄，他们能够学会用蜡笔涂鸦，而不是吃蜡笔，到 18 个月大时，他们能摆起 4 块很小的积木了。

社会能力

1 岁的宝宝是蹩脚的演员。他们能意识到什么是可爱的行为，并且能做出这种行为。他们还会在完成一件事情时表现出骄傲的样子。他们能根据身边发生的事情预计到接下来会发生什么。

当另一个孩子哭或受伤时，他们常常会表现出关心，并且会走过去安慰一个痛苦的人。这并不意味着他们在智力上能认识到别人可以拥有与自己不同的看法，也不意味着他们能将自己刚才的咬人行为与被咬的孩子的眼泪建立起有意义的联系。也就是说，那些同情的眼泪，并不意味着咬人的孩子下一次会抑制自己咬人的冲动。

在这 6 个月里，学步期的孩子不需要太多与同龄孩子一起参与的活动。他们大多数时候会对其他孩子不理不睬，或盯着他们看，尽管他们可能会拥抱、推人、打人和抓人。大多数社会能力是在与成年人的相处中形成的：学会获得并保持成年人的关注，与成年人"对话"（成年人说，孩子用声音或身体语言做回应）。

这个年龄的孩子还不会真正地解决问题。他们主要是试验操纵各种东西。探索因果关系对于他们有着极大的吸引力。他们还不理解"完成一项任务"的概念。制作手工艺品的尝试可能会成为很好的冰箱门装饰，但并不能给1岁的宝宝带来很多快乐。

好奇心会引领他去玩每样东西，盯着每样东西看，并把一些东西放进嘴里。如果一个东西能摆动、翻倒、旋转、开关、弹跳、揉皱、撕开或关闭，1岁的宝宝就会想把它搞清楚。

睡 眠

这个年龄的大多数孩子每天睡大约13~14个小时，晚上睡大约10~11个小时，白天睡大约3个小时。由于白天的睡眠时间减少，大多数孩子在白天可能只会小睡一次——如果不是在这6个月，就会在接下来的6个月。这种由两次小睡变成一次小睡的转变可能会经历一些困难，伴随着偏执与易怒。可能需要几周时间才能恢复正常。

如果下午的小睡持续到4点以后，1岁的宝宝晚上就会想睡得晚一些，而就寝就会变得很累人。如果晚上睡得晚，1岁的宝宝就可能醒得晚，这会让白天的小睡时间拖得更晚。

如果1岁的宝宝早晨醒得很早，需要在上午小睡一会儿，这也可能拖延午睡和晚上就寝的时间。

因而，最有帮助的做法，是尽量让醒来时间和小睡的时间保持固定不变。你可能不得不叫醒一个脾气很坏的1岁宝宝，如果他前一天夜里睡晚了的话。或者，你可能不得不防止一个早起的1岁宝宝在上午小睡。

如果你的1岁宝宝参加日托，而你开始在就寝时遇到问题，最好检查一下宝宝在日托时的午睡时间。极少数日托照料者可能会鼓励宝宝在白天她负责照看的时间里睡两次长觉，这可能对她的内心宁静很好，但会给你的家庭造成混乱。

关于睡眠的更多讨论，见本章的"分离问题"，以及本书第2篇第13章中的"夜惊"。

生 长

注意肥胖

从1岁开始，宝宝的体重增长会真正慢下来。在这一整年里，身材娇小的孩子的体重只会增加约1.4千克，身材高大一些的孩子体重增加约2.3千克，每个月不到0.2千克。

你会看到1岁宝宝的肚子开始变小，大腿和上臂的皱褶开始消失。宝宝的腿和胳膊会开始显得长一些。

如果一个孩子每个月的体重增长达到0.2千克，他的环境中的一些事情就需要做出改变。他可能看很长时间的电视，或者，进行活泼游戏的时间不足，不管是室内的还是室外的。或许，他在两餐之间喝果汁或汽水，而不是白开水。或者，他可能吃了本不需要的零食，或者在正餐时吃得太多。

无论如何，如果他"身高体重百分位曲线"上的位置上升，你就需要与你的儿科医生好好谈谈。

营养与喂养

关于食用鱼类的指导原则见第7页。

随着生长慢下来，宝宝的胃口也会相应地减小。大多数这个年龄的宝宝每天只吃一顿真正的正餐：也就是，一顿丰盛的早餐，一顿凑合的午餐，以及实际上什么也没吃的晚餐。由于宝宝的早餐可能是在父母上班之后吃的，因此很多父母一整年都看不到他们的孩子吃一顿真正的正餐。然而，在这一年里，1岁的宝宝每天只需要摄入1000卡路里热量。

吃母乳的宝宝

大多数吃母乳的宝宝到1岁时就会断奶。过了1岁生日仍然继续吃母乳的宝宝在营养和免疫方面都会受益，但是，有一些问题需要注意。

• 1岁的宝宝可能会越来越混淆自己对安慰和饥饿的需要，并开始依靠吃母乳来解决诸如无聊、沮丧和轻微的不安等问题。1岁的宝宝需要学会更多独立与成熟的技巧来解决生活中的小问题。

• 频繁的日间和夜间吃奶的习惯，可能导致孩子严重的蛀牙问题。

• 吃母乳可能会打破这个年龄重要的三大任务之间的平衡：与母亲的关系、对客观世界的探索，以及运动能力。要尽量把哺乳安排在固定的正餐时间。让1岁或更大的孩子一边吃母乳一边入睡很有可能会造成严重的蛀牙问题，并且会让妈妈在夜里受到打扰，因为孩子可能会在夜里的睡眠周期中醒来，不得不吃奶才能再次入睡。

给超过1岁的宝宝断奶是一场会涉及很多方面的战役。开始断奶的一种方法是，要确保1岁的宝宝得到足够多的机会和鼓励做运动活动并探究各种事物。1岁宝宝的妈妈要监督自己，并确保不主动给孩子哺乳。她还可以穿些不容易解开的衣服；1岁的宝宝会发现爬上妈妈的腿并把她的衣服弄开很容易。最后，她可以暂时"出去放松一下"，把

1岁的宝宝留给他的爸爸或日托保姆照料一两天。

牛 奶

除非1岁的宝宝被怀疑或证实对牛奶过敏，否则大多数儿科医生都会建议戒掉母乳或配方奶，改喝巴氏消毒的全脂牛奶①（或冲调的全脂奶粉），直到满2岁，到那时脂肪含量应该降低。牛奶和乳制品能够提供蛋白质、脂肪、钙和维生素D。

每天450毫升的牛奶就能为一个1岁的宝宝提供所需的钙。

如果你的1岁宝宝喜欢牛奶，并且每天喝的超过450毫升，就要当心几个问题。

- 首先，这会摄入大量的脂肪。在这个年龄，还不用担心胆固醇的问题（我们这样认为），但是，其中有大量的卡路里，将牛奶量减少到每天450毫升对一个肥胖的1岁宝宝有好处。

- 其次，牛奶本身不含铁；过量的牛奶可能会阻碍宝宝从谷物、水果、蔬菜和诸如鸡肉及火鸡等白肉中吸收铁。缺铁可能影响发育、情绪、精神活力、免疫力和生长。

如果你的1岁宝宝不喜欢喝牛奶，但是愿意吃奶酪和酸奶，它们可以提供足够的钙。40克奶酪中的钙含量大约是300毫克，与一杯牛奶相同。（如今的各种酸奶之间差异很大，你需要查看包装上标明的钙含量。）然而，奶酪和酸奶没有添加维生素D，因此，你需要通过其他途径补充维生素D：适量的阳光，维生素补充剂，或是其他富含维生素D的食物。此外，奶酪可能很容易造成便秘，而调味酸奶会加重糖分问题。

食 物

在这部分，我并没有讨论"食物金字塔"。我从未见过哪位父母能欣然接受这件事情。食物金字塔主要目的是提醒我们，孩子们只需要很少量的甜食、糖和油腻的食物；他们需要一定量的粮食（谷物、淀粉和面包）；他们需要比美国人习惯吃的更多的新鲜蔬菜和新鲜水果。

的确，在每顿饭、每次加餐和每次喝饮料时都记住这一点是极其重要的。要记住，你正在与快餐、碳酸饮料、果汁、零食生产商以及他们的媒体同伙的强大力量做斗争！

需要记住的第二件至关重要的事

---

① 全脂牛奶的脂肪含量是3.0%，半脱脂奶的脂肪含量大约是1.5%，全脱脂奶的脂肪含量低到0.5%。——译者注

> **容易上瘾的食物**
> - 饮料：果汁和碳酸饮料（包括运动饮料）
> - 零食：饼干、薯片、葡萄干
> - 调味品：番茄酱、蛋黄酱
> - 涂抹酱：花生酱
> - 其他：法式炸薯条

情，是你提供的每份食物的量。在你给孩子吃切成片状的食物时，比如一片红肉或禽肉，提供的每份的量应该与孩子的手掌大小一样。当你给孩子吃块状食物时，每份的量应该与孩子的拳头大小一样。要按照这样的标准，每顿饭给孩子提供3～4种不同的食物。如果你能记住这些营养指导原则、份量标准和对牛奶的需要，你的孩子就最有可能得到很好的营养。

如果你的1岁宝宝每天喝大约450毫升牛奶，那么会给固体食物留下600～700卡路里的空间。如果你曾经计算过一顿饭里的卡路里，你会知道这并不算多。因此，最好把所有的食物都计算在内。

由于1岁的宝宝会从牛奶中获取蛋白质和脂肪，因此给宝宝吃的固体食物最好含有牛奶不能提供的东西：纤维，各种不同的质地和味道，维生素A、复合维生素B、维生素C、E、K和铁。（铁是尤其棘手的，因为牛奶的摄入会阻碍一部分铁的吸收。这是不能过量喝牛奶的另一个理由。）

你不需要成为一名营养学家，也不用舍弃你所喜爱的、文化的、民族的或家庭传统食物。以前那个摄入不同颜色食物的建议就很好，白色食物应限于乳制品和偶尔食用的米饭、土豆、面条或意大利面。

强化麦片可以成为铁和维生素B的一种极好的来源，可以在这方面代替红肉。（要阅读麦片包装盒上的营养成分表！）

绿叶蔬菜、黄色水果和蔬菜、水果、全麦面包以及偶尔食用（每周3个）的鸡蛋，就是1岁宝宝的大部分饮食。

在准备食物时，试着添加一些香料和香草是很好的。要控制盐和糖，并且不要过多地添加脂肪，比如黄油。

1岁的宝宝可能偏爱那些容易上瘾但没什么营养的食物。要记住，不让1岁的宝宝接触这些食物，要比以后不得不限制这些食物容易得多！

超　重

像麻疹和对抗行为一样，预防超重比解决超重问题要容易得多。当这个年龄的孩子的体重开始增加得过快时，通常是因为照料他的人对于他需要吃什么有误解。

会让人误入歧途的地方

如果一个宝宝在一年中每一天摄入的热量都比他成长所需的多出50卡路里，他就会因为每天过剩的营养而额外增长2.3千克体重。这是他这一年应该增长的体重的两倍多。

这50卡路里可能来自于用果汁代替水来解渴，或是来自于零食——一把饼干，一些奶酪，葡萄干或海枣；或是在他不需要的时候被哄着、逼迫着"好好"吃一顿晚餐。

应该做什么

问问你的儿科医生，宝宝的身高体重百分位是否有所上升（要确保是身高体重百分位曲线，不是年龄体重百分位曲线）。如果他已经高于第75百分位，或是最近刚刚从较低的百分位上升到75百分位，你就应该干预。

如果你的宝宝的体重百分位有所上升，要向宝宝的照料者核实一下看电视、零食习惯和发放果汁的情况。要检查一下你自己的饮食模式，尤其是晚餐问题。如果小天使在周末给你跑腿打杂，不要为让他在汽车安全座椅里保持安静而随手给他小零嘴和果汁。

不应该做什么

不要将牛奶的摄入量限制在每天450毫升以下。要记住，由你决定提供什么食物、在哪里吃以及在什么时候吃，由宝宝来决定吃多少。

换尿布、洗澡和触摸生殖器

这些问题是相伴的，就像马儿与马车一样。

学步期的孩子都会触摸自己的生殖器，毫无例外。我还从未见过一个这一年龄的孩子将其生殖器拽掉、磨破、将什么东西插进去，或用其他方法使其遭受损伤。他们会在洗澡、换尿布或能够摸到时用手触摸自己的生殖器。

这不仅不应成为一个需要管教的问题，而且是一个好机会，让父母开始与孩子讨论性问题。这是一个最佳时机。宝宝是一个着迷的听众，对你说的任何话都感兴趣。他不带偏见，并且会原谅你的任何脸红、结巴和停顿（而且会觉得有趣）。这给了害羞的父母一次机会，逐渐习惯于说出这些难以启齿的词语。

"凯尔的阴茎，没错。这是凯尔的睾丸：一个，两个。两个睾丸。它们待在阴囊里。这是凯尔的肚脐，他的耳朵，他的鼻子……"

"仙黛尔正在摸她的阴蒂。仙黛尔在摸那里时感觉很好。妈咪用婴儿湿巾清理仙黛尔的外阴。我们不让肥皂进入仙黛尔的阴道。嘿！等等！婴儿湿巾不是用来吃的！婴儿湿巾是用来清洁的！"

现在使用这些准确的词汇会有助于你在以后教孩子时感到自在一些。（在大约3岁大时会有一个好时机，来教给孩子更多关于生殖器的可接受的常见叫法。）

顺便说一句，当我说"着迷的听众"时，我的意思仅限于此。到15个月大的时候——很多宝宝早在9个月大的时候——你就不能简单地把他抱起来，放在尿布台上，给他换尿布了。你不得不追赶着他，尖叫着，绕着屋子转，将他抓住，按到地板上，用一条腿压着他，然后才能换尿布。这并不表明孩子受到了虐待，害怕让你为他清洁生殖器。这只是对不得不停下来换尿布的一种普遍的抗拒行为。

玩具和活动

直到2岁，或者甚至是3岁，玩具与真实的世界没有什么真正的区别。如果1岁的宝宝没有任何商店里买的玩具，甚至没有家庭自制玩具，他也仍然能找到很多可以玩的东西。

对于1岁的宝宝来说，最成功的玩具有以下几类：

能够消失并重新出现的东西。球，带轮子的物品，比如大而安全的汽车和卡车。（要小心可能脱落的小部件，它们会被孩子吞咽或是造成窒息，还要小心任何尖锐的东西。）

能够码放的东西。积木、大块的乐高玩具、盒子、垫子。

任何带铰链的东西。书，有门和盖子的东西。（要小心带盖子的玩具木箱。曾经有头部严重受伤的报道。）

可以骑的安全的东西。没有脚蹬并且重心低的物品。

可以用来模仿成年人行为的东西。家里的任何东西。炊具。假想中的吸尘器和割草机。洋娃娃，奶瓶，玩具马车，毯子。玩具电话。

能装东西的物品。可以装进小但安全的物品的容器。如果找不到其他东西，一个装有厨房用品的水壶就很好。

能装到其他东西上的物品。1岁的宝宝喜欢在大人的密切监督下将窥镜装到耳镜上。完成后，他们会满意地叹口气。任何能重复这种体验，但不会小到引起窒息或被吞下的物品，都是很好的玩具。

能够改变形状与构造的东西。用线穿在一起的色彩鲜艳的木球玩具，可以收缩和拉长，这些球还可以活动，这种玩具会很受宝宝欢迎。

有不同质地的玩具。浅水池和沙坑是非常受欢迎的，还有随之而来的泥巴。然而，任何水源，即使一个直径1.2米、深5厘米的浅水池，也可能给1岁的宝宝带来危险，因为他可能面朝下落入水池，将水吸入，因痉挛而导致气管关闭。其他水源，比如抽水马桶、喷泉、装有几厘米深的水的桶，甚至低矮的桶，都可能造成悲剧。沙坑里必须是干净的没有石棉的沙子，并且还要防止宠物和野生动物将它当成厕所。

任何能用来敲击的东西。如果你不想给他买这样的玩具，不要担心；他会自己做一个的，不管它是不是你心里所想的玩具。

学习班和游戏小组

围成圆圈、做手工、集体听故事、分组做诸如"玫瑰花环"的游戏，这些对这个年龄的孩子是不适合的，不管他（或她）有多聪明，语言能力有多强。社会能力的发展取决于情感的准备，而不是智力的准备，并且1岁的宝宝作为个体在能胜任参加群体活动之前，还有一些重要且必要的任务要完成。

观察、碰撞和闻其他孩子，拥抱他们和亲吻他们，没完没了地盯着他们，推人和咬人：这就是1岁的宝宝与其他孩子在一起时喜欢做的。抓人也很有趣，还有扔东西。但是，1岁的宝宝能做的几乎每一种互动活动（用球、卡车和书等等），都需要一个更加成熟的玩伴，而不是另一个1岁的宝宝，或者甚至是一个2岁的孩子。刚满1岁的宝宝可能会平行玩耍，观察并模仿另一个孩子，但是，他们还不具备一起玩耍的能力。

这并不是说1岁的宝宝不能与另一个学步期的孩子形成强烈的依恋。人们曾经观察到很小的孩子相互安慰、找寻，甚至彼此保护。但是，这种关系和忠诚并不一定能保证他们将来在这些方面的能力。

在任何群体活动中，1岁的宝宝会不可避免地比待在家里或平常的日托中心感染更多的疾病。问题是他们的免疫系统还不成熟。在以后，他将能感染一种病毒或细菌性疾病，并且在不出现过多症状的情况下形成免疫力，而且这种免疫力很强并很持久。但是现在，他每次被感染，可能都会出现一些症状。

而且，由于语言发展对于1岁的宝宝是如此重要，如果他每次感冒都造成耳部感染，那么这些群体活动可能实际上会阻碍他的发展，而不是促进其发展。

"超级宝宝"课程给我和大多数儿科医生以及儿童心理学家的印象，往好里说是不必要的，往坏里说是有破坏性的。当你考虑到在1岁宝宝的普通日常生活中吸引着他们的所有学习任务时，你不得不奇怪为什么会有人想转移他们的注意力，比如，试图教给他字母表，或者如何拿住小提琴。

安全问题

如果你还没有按照前面几章的建议在家中做好安全防护，并准备好医药箱，请现在去做。关于这一年龄孩子的安全问题的描述，与上一章相同。

健康与疾病

本书第2篇包括了这个年龄的孩子以及更大的孩子的各种疾病：如何评估症状，如何判断孩子的病是否需要紧急就医，以及哪种家庭治疗方法可能是恰当的。它还详细讨论了身体各个部位可能出现的问题。术语表按字母顺序列出了各种医学术语，以及详细的描述。

可能出现的问题

如果1岁的宝宝总是很健康，不流鼻涕，有平静的呼吸和正常的大便，那将是令人愉快的。

但这是不大可能的。

毫无疑问，是大自然的智慧使得1岁生日成了那么多令人兴奋的发展成就的开端，与此同时，也成了一系列不可避免的小疾病和伤害的开端。或许，那些成就就是用来诱惑父母们并使他们从那些小灾难上分心的。

无论诱惑或分心怎么样，最好还是为这个年龄最有可能发生的意外做好准备。

常见的轻微症状、疾病和担忧

感冒和耳部感染

再说一次，频繁的上呼吸道病毒感染所带来的问题，就是很多1岁宝宝会将它们转变成中耳感染。这在现在是一个特别的问题，因为1岁的宝宝正忙于学习接受性语言和表达性语言。反复的耳部感染可能会暂时让他们听到的话变得模糊不清,因而使他们对语言反应迟钝并减少从中获得的快乐。请阅读第3篇的文章,以及第2篇第15章中的"耳朵"。

结膜炎(红眼病)

这个年龄的孩子如果出现容易流泪或眼睛分泌物增多,更有可能是因为眼睛感染或受伤,或是眼睛里有异物,而不是泪腺堵塞。

格鲁布性喉头炎

一种听起来像鹅的鸣叫或海豹叫声的咳嗽声;一个受惊的孩子在吸气时发出"格鲁布!格鲁布!"的声音;并且,这些都发生在半夜。格鲁布性喉头炎通常是由一种病毒引起的呼吸道疾病。在第2篇中对此有全面讨论。

有着不熟悉名称的常见病毒性疾病

有很多关于小孩子的很常见但并非广为人知的病毒性疾病,这个年龄的孩子可能会感染所有这些疾病。在第2篇的"有着(或多或少)不熟悉名称的常见疾病"中对此有讨论。

拥有熟悉的名称,但正在变得或将会变得越来越罕见的病毒性疾病

麻疹、腮腺炎、风疹和水痘,在术语表中都能查到。

常见的吓人但通常无害的问题

在这些问题中,热惊厥、屏气发作、格鲁布性喉头炎和夜惊是最吓人的,并且是在这一年中最可能出现的。即使你的孩子没有出现这些问题,你也可能在某一天迎来一个绝望地前来寻求帮助的惊慌失措的朋友,因为她的学步期孩子出现了这些状况。我强烈建议你了解这些疾病,在第2篇中有详细讨论。"女佣的手肘"表现为一个孩子(在手被猛拉之后)不愿意使用自己的胳膊,这虽然不太吓人,但会让成年人感到很内疚。不要恐慌,见第2篇。

这个类别中新出现的是病毒性滑膜炎,可能会在宝宝再大一点时才出现。但是,更有可能在现在造成父母的恐慌,因为它表现为一个学步期的孩子突然不走路或跛着脚走路。

病毒性滑膜炎：造成学步期的孩子跛足的一个原因

病毒性滑膜炎听起来真的很可怕，但是，这是造成小孩子跛足的一个最常见的原因，并且是相当无害的。在一种普通病毒造成髋关节损伤时，这种情况就会出现。这是学步期孩子跛足的一个常见原因。很多种常见病毒都能引起关节黏膜（通常是髋关节）发炎，并因此导致孩子跛足。不幸的是，这需要进行所谓的"排除性诊断"，这意味着你不得不排除更多引起跛足的更为不祥的原因。通常，这意味着要对孩子进行血液检测，并且可能还需要进行X光检查，有时甚至还要进行更为复杂的检测。如果孩子的确患有病毒性滑膜炎，只要让他好好休息，这种疾病就会随着时间而消失。幸运的是，如何让一个学步期的孩子好好休息，这是你要面对的问题，而不是我要面对的。

严重或具有潜在严重性的疾病和症状

在这一年中，真正患严重疾病的学步期孩子，通常在任何人看来都是患了严重的疾病。再早一些，严重疾病的迹象还不是那么明显。然而，从现在开始，父母们更能分辨出一个孩子是患有轻微的疾病，还是处在真正的危险中。第2篇关于"发烧、呼吸困难、行为异常、外表异常、气味异常"的内容会给你提供最大的帮助。

像通常一样，父母们和儿科医生们最主要的担忧是严重感染，比如败血症（血液感染）和脑膜炎（脑脊液感染）。而且，与较小的婴儿一样，很多学步期的孩子不得不进行一些检测，以确定他们的症状是否是一些潜在致命疾病的早期迹象。大多数检查结果都会显示是病毒感染。这并不意味着这些检测是不必要的。

对于真正严重疾病的第二个主要担忧是癌症。癌症在1~2岁孩子身上很罕见。即便出现，很多癌症也是可以真正治愈的。据统计，父母们最担心的癌症——白血病和脑肿瘤——在这么小的孩子身上是很罕见的。而一种罕见的眼肿瘤——视网膜母细胞瘤——如果在早期阶段得到诊断，通常是能通过手术治愈的。

具有讽刺意味的是，儿科医生担心的这个年龄的孩子会出现的两种严重的疾病都是可以预防的，但通常不会被公众很认真地对待。第一种是铁缺乏症，它会导致智力受损和免疫系统发育迟缓；第二种是铅中毒，它会导致智力迟钝和惊厥，以及发育迟缓。如果你对孩子的铁摄入量（过多的牛奶，没有吃足够的富铁食物）有任何担忧，或是担心铅暴露（油漆碎片、水源、铅雾、化学制剂），要请你的儿科医生对孩子进行特定的血液检测，而不是进行筛查。血红蛋白或红细胞压积正常，并不能排除铁缺乏症。而且，被称作 FEP 检测的常用的铅中毒筛查不能排除轻微的铅中毒。

轻微伤

请见上一章的"头部磕碰"和"有出血的磕碰伤"。难道我们不应该感到高兴吗！

口腔内的伤口

咬到舌头或嘴唇；上唇系带（联结上唇与牙龈的一小块组织）撕裂。

除了同情，这些伤口几乎不需要任何关注。要做的第一件事，是让孩子平静下来。出血在一两分钟后很可能会自动停止。一旦孩子情绪平静下来，你要尽量检查一下受伤的情况。如果出现任何牙齿松动、缺失、移位，或者出血无法止住，或者伤口看起来很深（你能看到骨头，或者至少能看到大量撕裂的组织），就必须带孩子去看医生。但是，最常见的情况是，孩子不需要缝针，并且不出两天所有的伤口就都会愈合。

手指被门挤到

这种情况并不像你认为的那样容易造成骨折或严重的伤害。如果出现指甲破裂、出血、指甲下出血，或者孩子无法安抚，就必须立刻带他去看医生。有时，会出现骨折，或是甲床损伤，如果不经过专业修复，就可能导致指甲生长异常或是完全不长指甲。但是，如果只是非常轻微的肿胀，你只需安抚孩子，并在给儿科医生打电话（除非快到医生下班时间了）之前先观察他 1 个半小时左右。

蜂蜇伤（黄蜂、小黄蜂等）

学步期的孩子会吸引、追逐和踩这些蜇人的昆虫。要有所准备：见第 2 篇第 14 章"急救"中的讨论。

严重受伤

你应该不惜一切代价避免严重受伤。然而，这是一个很好的时机，要确保孩子的所有照料者都参加最新的心肺复苏术培训，并且能说足够多的英语，以便能有效地求助。

窒　息

这可能是最严重而可怕的意外。预防是至关重要的。所有的照料者都应参加最新的心肺复苏术课程,并且经常在心中复习课程内容。

中毒

这个年龄的大多数孩子还不能拧开任何装药品的容器的盖子,更不用说那些带儿童保护装置的盖子了。危险更多来自于植物、家里的化学制剂、散放的药片、胶囊或打开的瓶子。大多数儿科医生都建议每个家庭都准备一瓶用来催吐的吐根糖浆,但要把它锁起来。在使用前,要先打电话寻求指导,因为这种药物本身是有毒的。你应该在每部电话机旁贴上当地中毒控制中心的电话号码。

溺水

这个年龄的孩子的溺水危险并不仅限于泳池和浴缸,尽管它们是主要的问题所在。那些带有遮阳篷的游泳池是尤其危险的,因为孩子可能被困在下面而你却看不见。浴盆、抽水马桶、水桶和喷泉都对孩子有不可抵挡的吸引力,并且具有潜在的致命危险。

烧烫伤

热的液体、炉子、熨斗和壁炉是父母们通常所担心的,这完全正确,除此之外,还需要考虑:卷发棒、磨损的电线、排气管。

动物

非常喜爱坐着的孩子的德国牧羊犬,可能会对揪它尾巴的1岁的宝宝非常恼火。即使是猫,也可能造成严重的伤害。

摔倒

在这个年龄,严重的跌伤是极为罕见的,因为孩子通常不会爬到比沙发更高的地方。从任何高于1.2米的地方摔下来,都应迅速到医生那里做检查,即使孩子看起来很好。见第2篇的"头部磕碰"。

交通事故

1～2岁孩子的主要问题,是他们坐在后座上会严重分散开车人的注意力。但是,不管你多么想让他们坐到前面,还是应该把他们留在后座上,那里更安全。小天使的汽车安全座椅附近的任何气囊都必须拆除。如果你的学步期孩子学会了如何爬出汽车安全座椅,你会面临一个需要紧急处理的养育问题。当然,预防措施包括汽车安全座椅上的带子,以及孩子在安全座椅里玩的玩具。如果你感到1岁的宝宝开始变得不安,但还没有试图从安全座椅里逃脱,你要把车停在路边,和他玩一会儿。但是,如果他开始尝试逃脱,就要采取行动。第一次逃脱时,你要将车停在路边。用你最坚定、权威的声音说:"不许离开汽车安全座椅。"要将1岁的宝宝坚定地放在座椅里。在慢车道上缓慢行驶。如果孩子再次尝试逃脱,就要再次停下车;一看到他试图逃脱,就要立刻停车。要以这种方式开车回家,并立即将他放进婴儿床里"暂停",至少持续1分钟或者直到哭声停止。当你把他抱出来时,不要提汽车安全座椅的事情;要做一些愉快而充满爱意的事情。但在此后不久,要带着孩子开车在家附近慢慢地转一圈。如果1岁的宝宝又做出逃脱的行为,要立刻回家,并再次"暂停"。需要这么做多少次,就做多少次,然后再进行真正的外出旅行。

大孩子

哥哥姐姐经常会对这个年龄的活泼好动、充满好奇、总是获得大人关注的婴儿变得很嫉妒和恼怒。在嫉妒或沮丧的懊恼中,即使小孩子也能造成严重的伤害。

机会之窗

对待发脾气

如果1岁的宝宝经常大发脾气,不要以为他长大一点就好了。通常,一次全面的身体检查,以及与儿科医生进行一次冷静的讨论,就能揭示出某种可以被矫正的模式,或者甚至是一种可以治疗的疾病。

频繁的发脾气是会自我强化的。父母们往往会变得疲惫不堪,以至于无法很好地设立限制并坚持到底;而1岁的宝宝则会越来越热衷于挑战这种限制。或者,父母会由于过度恼火而向孩子表明他们觉得他不是令人愉快的、可爱的和讨人喜欢的;而1岁的宝宝则用发脾气作为回应,以获得他无法通过讨人喜欢的行为而获得的父母的关注。

对待便秘

当一个孩子开始更多地吃成年人的食物时,常常会导致大便过硬。劳拉第二定律说的是,孩子们真正喜欢的食物不是会造成腹泻(苹果汁),就是会造成便秘(比如奶酪、面包、香蕉、巧克力、比萨、意大利面……等等)。

硬便很难被排出;甚至可能带来疼痛。因此,1岁的宝宝会忍住大便。你可能会看到1岁的宝宝发出哼哼声,并且脸憋得通红:他不是在努力排出大便,而是在努力忍住它。

如果他成功了，硬便会留在肠道内，拉伸直肠的肌肉，这样就更无法有效地排出大便了。而且，更多的硬便会堆积在那里。

这种恶性循环持续的时间越长，就越难打破。要咨询一下你的儿科医生是否可以用矿物油软化大便和（或）使用肛门栓剂或其他辅助方法来帮助排出大便。

对话和图书

1岁的宝宝的所有照料者都应该与宝宝对话，在对话中，由大人来说，但要对来自宝宝的线索做出回应，就像宝宝也在说一样。

这是有意识地抑制自己想要孩子说一个字或做出一种行为的冲动的一个好时机。因为这个年龄的孩子非常热衷于自主，这样的要求或命令实际上会延迟孩子语言的习得。

这还是一个决心让孩子远离电视，养成每天看书习惯的好时机。打断一个孩子的活动让他去"读书"会适得其反；更有效的做法是等到他（或她）做完手中的事情，感觉有些无所事事的时候。此时，你要说："你想让我给你读哪本书？"（而不是"你想读一本书吗？"或"我们现在要去读书了"或"去拿一本书来读"）。

但是，不要期望孩子"阅读"。你要指着书中的图画，给孩子说图画的内容。

如果……怎么办？

开始日托

1岁的宝宝在开始换一个新的日托机构或第一次开始日托时，可能会有分离困难的问题。一个1岁的宝宝很少会直接走过去加入到一群孩子中，哪怕对方只是另一个孩子。1岁的宝宝需要一些时间来盯着看并触摸一件东西。他需要逐渐地巡视这个场合，不时地瞥一眼自己的父母，以便看看是否一切都安全，自己是否应该继续探索，以及这个地方好不好。

这种行为不是害羞；对这一发展阶段的宝宝来说，这是正常的。

- 由于1岁的宝宝还不能与另一个孩子一起真正地玩耍，因此，要确保日托保姆不期望他这么做并让他在这种场合"维护自己的权利"。1岁的宝宝需要的是体贴的照管。
- 对于大日托机构（最多12个孩子，8个更好，4个或4个以下最理想），以及每个成年照料者需要照料4个以上孩子的日托机构来说，这是非常困难的。照料者们不应把他们的全部时间都用在换尿布上。

- 如果孩子们的年龄不是很匹配，也会很困难，尤其是在 3 岁以下的孩子不断地被不满 2 岁孩子骚扰，或者去骚扰不满 2 岁孩子的情况下。这种年龄的相近，会造成很多困难，即便在家庭中也是如此。如果有两个 2 岁以下的孩子和两个 4 岁或更大的孩子，可能会更好。
- 健康与安全问题包括：

没有二手烟。

换尿布区域与准备食物的区域分开，保持认真洗手的习惯。

对溺水危险有特殊的预防措施，包括喷泉、浅水池、水桶和马桶。

避免接触对孩子有诱惑力的含铅的东西，比如剥落的油漆碎片。

没有宠物。一个还没有学会与其他孩子一起玩耍的 1 岁宝宝常常会去找猫或狗。猫或狗可能并不喜欢这种关注。

与父母的长时间分离

对于这个年龄的宝宝来说，一个主要目标是要在三个重要方面保持平衡：探索世界、掌握各种技能以及专注于与爱他的成年人的关系。宝宝与最亲密、最依恋的那个父母的长时间分离，可能会使保持这种平衡变得很困难。

如果分离是不可避免的，通过将孩子的部分亲密依恋转移到另一个成年人身上来做些准备会有帮助，尽管这对于必须离开的那位父母来说会很痛苦。而且，留下来照顾孩子的成年人应该尽一切可能保持这种平衡，尽可能地表现出关爱、耐心和一致性。在这种情况下，使用一个过渡物会有很大帮助。

当离开的父母回来后，可能需要几天时间，宝宝才能"原谅"他（或她）。要对宝宝表现出的伤心、愤怒的表情和咬人做好心理准备，最重要的是，要对可能出现的宝宝的完全不理睬做好准备。但是，不要绝望，孩子是能够恢复的，并且很宽容，一两个星期后就会好起来，除了 1 岁的宝宝需要更多的拥抱并且比以前更黏人之外。

带着宝宝旅行

"我们见到了飞机上的每个人。有些人见了三四次。不是说我再次认出了他们，我们主要是检查他们的脚。我们拍了很多人的膝盖。"

- 不要试图给孩子服用镇静剂，即使是长途旅行。镇静剂可能会使孩子安然入睡，但是，也可能只会让他昏昏欲睡，以至于对所有新事物、声音和气味感到不安和惊恐。先在家里试用镇静剂是不可靠的。他在家里服用了一定剂量的苯那君后可能睡得像只绵羊，但服用同样剂量的镇静剂却使每个人的夏威夷之旅真的让人难忘。

• 永远不要尝试用酒精来使孩子镇静，无论你有多么绝望。这可能会很危险，至少很可能造成呕吐。

• 肥皂泡对旅行来说是很棒的。干净、无声，当你追逐它们时，不用跑很远。（如果洒出来，也不会造成太大的损害。但是，穿着蔻驰牌丝绸衣服的旅伴则会有一定的危险。）

现在怀孕或计划领养第二个孩子

如果一个新宝宝在 9 个月后降生，我们的小天使那时应该是 2 岁，或者即将满 2 岁。

一个很难对付并且让人费心费力的 2 岁的孩子，不会因为第二个宝宝的出生就奇迹般地变得随和并具有合作精神。如果注定会如此，从现在起就尽可能为新宝宝的到来做准备才是真正的好主意。

这并不意味着只是谈论即将出生的宝宝、带着小天使在产前拜访医生，或是让他帮忙为新宝宝挑选用品。事实上，这些活动对于一个 1 岁的宝宝可能毫无意义。

做好准备，意味着要尽可能帮助 1 岁的宝宝成长并使他具有自控能力。我指的是以下几个方面：

• 把重点放在帮助他学习说话上。这意味着，要用表明你感兴趣的回应，奖励他说话的所有尝试。这还意味着，要用你的话语"浇灌"他：用简短的句子描述 1 岁的宝宝感兴趣的东西。这还意味着限制看电视的时间，或是完全禁止看电视：对于 1 岁的宝宝来说，语言的全部意义在于它是交互性的，而电视永远不会交互。

• 在设立限制时要保持一致性，并且要尽量遵照本章的指导原则。如果你现在不得不通过叫喊或打屁股来"让他守规矩"，在新宝宝降生后，这种情况就会变得频繁得多，也激烈得多。

• 提前计划好让 2 岁的孩子定期去日托中心或幼儿园，或者经常参加游戏小组，以此为新宝宝的到来做好准备。这么做的部分原因是，所有的 2 岁孩子都需要同龄人来发展社会能力，并且感觉受到挑战以及自己有能力。但是，研究还表明，与新宝宝出生前相比，母亲给予 2 岁孩子的关注会少很多,并且更负面。为了保护每个人的自我,2岁孩子需要一些时间与不那么忙碌的成年人待在一起。

要当心,当第二个宝宝出生时,你的第一个孩子在你看来会突然长大很多——不再是个婴儿了。"你难道不应该自谋生路吗?"是一个常见但很快就会被抑制住的念头。

一些宝宝在有些时候似乎会神奇般地知道他们的母亲怀孕了。他们会选择她最脆弱、将要呕吐、筋疲力尽或高度情绪化的时候做出试探行为。见上文的"限制"。由于怀孕中期往往会变得轻松一些,因此,现在是雇用临时保姆给你们双方减轻一些负担的好时机。以后,在你感觉好一些时,你会很高兴自己这么做了。

新的弟弟妹妹的到来

令人震惊的是,大多数不到18个月大的1岁多的孩子会表现出对新宝宝的高度关心。他们甚至会轻拍和亲吻宝宝,并咯咯地笑。随后,他们又开始像往常一样在家里游荡,用力关柜门,吃蜡笔,盯着马桶看。

这样的蜜月期可能会持续相当长一段时间,甚至持续到快满2岁的孩子开始被9个月大的弟弟妹妹骚扰的时候。

主要的问题不是1岁的孩子与新宝宝之间的关系,而是1岁的孩子自己的发展需要。你很难在照顾新宝宝的同时,还与1岁的孩子对话,防止他触电,在他发脾气时保持冷静。寻求帮助是最好的解决办法,如果可能,要寻找帮手来照料新生儿,而你要多花些时间陪伴1岁的孩子。

很多1岁的孩子在新宝宝降生后会出现退化行为。一部分原因可能是出于嫉妒并且"希望再当一次婴儿",但也可能有其他动机。1岁的孩子喜欢模仿,如果他看到婴儿吃母乳或用奶瓶喝奶,他就也想要尝试。即使对方不是他自己的弟弟妹妹,他也会想这么做。

1岁的孩子表现出的要求更多的拥抱、发脾气和吮吸拇指的行为,很可能与他的母亲以不同的方式对待他这一事实有很大关系,而不是因为她还要照料一个新宝宝。1岁的孩子是否能建立这种联系是令人怀疑的:"妈咪脾气不好,不跟我玩,因为她不得不照料新宝宝。"1岁的孩子是非常以自我为中心的。他很可能会这样想:"我不重要,没人爱我。"

下面是一些建议:

• 每天花10分钟陪伴大孩子,

一起坐在地板上，将注意力全部放在他身上。在房间里没有其他人。就寝时间不算，一起看电视也不算，一起出去跑腿或做家务也不算。

- 经常让大孩子听到你说："宝宝，你不得不先等等，让我去看看哥哥或姐姐在干什么。"因为他会听到很多很多次相反的话。

- 经常抚摸小天使，不说任何话。拍拍他，抱抱他，揉揉他的头发。

离婚和抚养权

现在，1岁的宝宝已经是这个世界中的一名演员了，他往往会认为这个世界发生的一切都是因为他造成的。父母的愤怒，不论是通过语言、语调、表情还是暴力行为表现出来，都会造成1岁宝宝的很多反应，从变得沉默和退缩，到黏人和吮吸拇指，再到发脾气和有攻击性。

显然，对于已经面临婚姻压力的父母来说，这样一个孩子会令他们的关系更加紧张，可能成为离婚的导火索。如果父母们明白这一点，他们也许就能理解婚姻顾问和心理治疗师的干预有多么重要——并不一定能够挽救婚姻，如果婚姻已经无法挽救的话，但是，能防止对他们的孩子造成持久的伤害。

当然，1岁的宝宝需要分别与父母进行单独的亲密接触，而且还需要从一个总是陪在身边的爱他的成年人那里获得持续的关注，并且他对待孩子的行为不会因为个人问题而有任何改变。

至于抚养权的决定，这个年龄的孩子对时间的概念在大多数情况下仅限于今天。昨天并不是真正记忆中的昨天，而是作为模糊的过去的一部分，是对于"正常"的想法的总和。"明天"是婴儿根本无法理解的。因此，最好尽量确保这个年龄的孩子的作息时间具有规律性和一致性，并要避免重大的改变。对于这个年龄的孩子来说，重大改变指的是：

- 密切照料他的人的改变；
- 他已经习惯了给予其爱和宠爱的成年人的缺席，或者
- 这种爱和宠爱的减少。

因此，搬到另一处去住带来的伤害没有改变日托带来的伤害大。一个孩子喜爱的父母的缺席既可以是情感上的，也可以是身体上的。即使拥有抚养权的父母一直是主要的照料者，如果这位父母被痛苦、愤怒和焦虑所吞噬，学步期的孩子就会像这个父母已经死了一样感到悲伤。更糟的是，

这个学步期的孩子会感到自己是这些痛苦、愤怒和焦虑的宣泄对象和缘由。

如果可能的话，调解而不是进行起诉，可能会帮助父母们感到少一些对抗，多一些对局面的掌控。对拥有抚养权的父母进行心理辅导通常是十分必要的，其目的是帮助他（或她）维持与孩子之间的适当的亲情心理联结和界限。

手术或住院

由于1岁的宝宝仍然非常依赖于亲密关系来获得安全感，因此，如果一位父母或孩子爱着的成年人能够一直陪着他，住院的经历可能不会对他造成极大的伤害。手术也是如此，现在进行手术要比以后进行手术带来的创伤小，因为1岁的宝宝还没有建立关于自己的成熟形象的概念。

尽管现在进行生殖器手术可能会造成创伤，但这可能会比到2～5岁时进行手术留下的创伤小。安慰、拥抱和转移注意力能更好地缓解这个年龄孩子的疑惑和担忧。

搬　家

只要1岁的宝宝深爱的成年人和安全依恋物在身边，搬家就不是大问题。但是，有一个非常重要的警告：在搬家的当天，必须将1岁的宝宝转移到其他地方，交给一个充满爱心并非常可靠的人照料。从现在到童年中期，搬家当天都是很危险的。孩子会在这些日子发现打开的没有护栏的窗户，装水的桶，装松节油的罐子，可以吞下去的乒乓球；这是他在车库门口决定玩车库门遥控开关的日子；这是他站在车道上而后视镜看不到他的日子。

15个月和18个月孩子的健康检查

这是两次充满挑战的检查。通常每个人在检查结束后都会想好好睡一觉。

下面是能够使检查变得轻松一些的建议：

• 提前准备。给小天使穿容易脱掉的衣服。尤其不要穿领口很紧的衬衫。

• 自己带一些娱乐物品。如果把各种为从新生儿期到青春期的孩子设计的玩具摆在面前，这个年龄的孩子会准确无误地找出蜡笔来吃。

• 不要带零食。如果你把零食给孩子，他会把它们弄碎撒到地毯里，并在进行咽喉检查时将它们吐出来。

如果你不把它们给孩子，他会在检查就要开始的时候在你的大手提袋里发现它们，并在之后的检查时间里大声喊叫。

- 交谈中要尽量表现出你喜爱并信任你的儿科医生。这个年龄的孩子对于父母对其他成年人的感受非常敏感。

- 不要使用"疼""哭"或"讨厌"这样的词语或任何同义词。孩子们会快速理解这些词语，并把它们应用到当下的情形中。我曾经看到一些孩子与儿科医生相处得很愉快，并对耳镜很感兴趣，直到他的父母说："别哭，它不会弄疼你的。"然后，猜猜发生了什么吧。或者，父母大声说："她讨厌检查耳朵。"哦，天哪，哦，天哪。她现在真的讨厌检查耳朵了。

- 在检查期间让你的语调保持愉快，不要表现出担忧、抱歉，甚至是同情。在要求你把孩子放在检查台上并（或）按住孩子的双手或其他部位时，尽量保持轻松、自信和愉快。试图让一个已经开始尖叫的学步期的孩子做准备或与其协商，会使事情变得更糟，因为这会让孩子感到你——父亲或母亲——对于整件事情抱有矛盾心态。这是一种很可怕的想法。

- 如果需要打针或进行血液检测之类的事情，要使你的语调保持自信和乐观，向孩子简单解释这会疼，但是，你希望儿科医生这样做，因为这是有好处的并且很重要。在打针或抽血结束后，要把孩子抱起来搂在怀里，并亲吻打针的部位，再次解释说这很重要。说你很难过打针让他疼痛，是很好的；说给他打针的人是个坏蛋，不是一个好主意。这样不仅会让孩子与医护人员变得敌对，而且你的学步期孩子会有你无法保护他不受坏人欺负的糟糕念头。

在孩子18个月大的时候会有一次健康检查，大多数儿科医生会建议在15个月的时候也进行一次检查。这两次检查都有可能进行免疫注射；接种疫苗的种类和时间总是在快速变化。这两次检查的重点并不只是为了打针（你可以在公立诊所打针），而是为了对孩子的生长、发育情况、总体健康、听力和视力进行评估，并对这次检查和下次检查间预期会出现的情况进行讨论。

到18个月大的时候，只有少数学步期的孩子会在整个检查过程中都黏在父母身边尖叫。如果你的孩子是其中之一，要征求你的儿科医生的建议，以便你能为孩子未来的检查做准备。带孩子到诊所进行社交性拜访往往会有帮助，让护士、医疗助理或儿科医生给孩子一个小礼物，让他可以在出门后吃。三四次这样的拜访常常就能使下一次真正的检查变得令每个人都更加愉快。

展　望

你将会结交一位新朋友：你的孩子。

接下来的6个月——从18个月到2岁——会将一个刚开始学步的孩子转变成一个具备社会能力，准备好与成年人和其他学步期的孩子打交道的人。如果1岁和1岁半的孩子能够理解并用行动回应他（或她）听到的话，2岁的孩子实际上就能进行对话。2岁孩子能够在行动前先进行一番思考。2岁孩子能说出愤怒的感受，而不仅仅是付诸行动；2岁孩子在遇到挫折时会寻求帮助；2岁孩子理解"打破"的概念，以及物品是如何被打破的。2岁孩子开始懂得"轮流"，并知道拥有物是一个人不仅能拥有而且能放弃的物品。

因此，对于形成友谊而言，18个月到2岁是一段充满冒险的旅程。像所有发展中的友谊一样，拥有耐心、幽默感，并保持对对方兴趣和感受的密切、尊重的关注会有帮助。

啊，你的付出是值得的。

第 9 章

18 个月至 2 岁

让 2 岁的孩子变得不再恼人

> "……她是她小小的世界的核心和驱动力。由于她是一个极度令人恼火的人,专横、精力极其旺盛、莽撞,其他人都在她的奴役下呻吟,并不时地试图挣脱这种奴役;但在他们内心深处,他们知道,正是她使他们继续前行,没有她的生活真的会变得很乏味。"
>
> ——南希·米特福德为 E.F. 本森的《露西亚》写的前言

需要做的事情

- 在你们"阅读"图画书时,开始介绍一些简单的情节。
- 经常和宝宝聊天。
- 在你给出一个命令时,不要征得孩子的许可或是将其表述成一个选择。
- 考虑在外出时使用背带或学步带。
- 将看电视的时间限制在每天半小时。
- 更好的是:完全不看电视!

不要做的事情

- 不要给孩子过多提供容易让宝宝上瘾的食物。
- 不要买果汁饮料。
- 不要给宝宝随意的小零嘴。
- 没有把宝宝从婴儿床转移到床上。

该年龄的画像:开始思考

仙黛尔在发出专横的尖叫之后,从婴儿床上爬了起来,一下地就直奔电视遥控器而去。她整夜都在梦到它吗？她将遥控器打开，关上，打开，关上，逐个地按着频道按钮，她变得越来越愤怒和困惑。她的妈妈凯西暗自笑着：拔掉插头真是一条妙计。

愤怒中，仙黛尔打了没有任何反应的电视机，她的手打疼了，猛地坐在地上哭了起来，然后，她又站起来，这次是朝着她的那堆书走去。她的爸爸布拉德每次看到旧货出售时都会为女儿挑一些书，因为仙黛尔对她的书很挑剔。她的书每一页必须完好，而且必须是纸的——不能是硬纸板、布或人工合成材料。一本书的书脊及其书页是如何连在一起的，对于仙黛尔来说是一个神秘的、令人难以置信的秘密，她决心探明真相。

"看，仙黛尔，这是一本大书，叫作杂志。你看，亮亮的。这些亮亮的书页很难撕坏。"凯西拿出一本旧版的时尚杂志。"这些书页不像别的那样容易皱，不是吗？"她蹲在仙黛尔身边，用手捻着书页发出嘎吱嘎吱的声音。

在心满意足地把1999年版的《时尚》杂志弄得一团糟，然后又把《关于海狸的一切》《鲍里斯的大日子》以及《一颗牙齿的生活》弄皱之后，仙黛尔将她的注意力转向摇椅，瞬间就爬了上去，并开始摇晃，力气大得使整个椅子都开始在地板上移动。

"不！不能那样！"凯西抓住椅子，使它停了下来。"用力摇会把椅子弄坏。用力摇会让仙黛尔摔下来。"

这一警告有可能是仙黛尔一直追求的结果吗？她的脸上闪过了一丝满足的表情，随后便是猛烈攻击，她尖叫道："我的！还要椅子！"她紧紧抓住了椅子的扶手。当凯西刚将一只小手掰开时，另一只小手又抓了上来。最后，仙黛尔有了另一个主意。她抓着凯西的手，拖着妈妈走到厨房，指着冰箱并咕哝着什么。在这里，这个学步期的孩子像每天那样试图打开冰箱。她还有点呜咽，眼睛盯着冰箱的把手。像每天一样，她先是试图踮起脚尖去够把手。然后，她捡起她的橡胶牛，并用它击打把手。随后，她发现了凳子，把它推到冰箱前，并爬了上去，这时，她能够到把手了，甚至能拉动把手，但是，她站得离冰箱太近了，冰箱门还是打不开。她转向她的妈妈，眼神里充满责备，并开始吼叫。

她的妈妈尽力忍住没笑出来，把她抱了下来，并打开了冰箱门。她给仙黛尔倒了一杯果汁，并将果汁递给了她。

"不！"仙黛尔说，伸手接过了杯子。她用颤抖的手端着杯子喝了起来。"不！"她再次喊道。说也奇怪，当喝完果汁后,她将杯子很小心地放到了桌子上,并急匆匆地冲回活动室,凯西紧跟在后面。她的目标是摇椅。凯西在她就要到椅子那里时抓住了她,抱起她,并把她带回了厨房。

"不玩摇椅。不许摇摇椅。不!"她坚定地说。现在该出门了,凯西决定,无论吃没吃早餐。她会给仙黛尔一个特别的款待:她们将在海滩上以野餐的方式吃早餐。

仙黛尔显得极其兴奋。下车后,凯西艰难地用一只手紧紧抱着18个月大的仙黛尔,另一只手拿着背包,赤着脚穿过了路边的草坪。仙黛尔喜欢海滩。

她们来到沙滩上。仙黛尔踩在凉凉的沙子上——突然停了下来。她脸色变得苍白,抓住妈妈的腿,并发出一声可怕的呻吟,然后呻吟变成了一声尖叫。她试图爬到凯西的身上。

凯西环顾四周,徒劳地寻找着蛇、鲨鱼、碎玻璃。她扑通一声坐了下来,把仙黛尔放在了自己的腿上。她试着指给女儿看各种诱人的东西——轻柔的海浪、玩耍的孩子们。她抓起一小把沙子给女儿看;仙黛尔用力将她的手打开,并把脸埋在妈妈的肩膀上。

40分钟后,凯西在失败中生着气,仙黛尔筋疲力尽地抽噎着,她们向汽车走去。

回到家,仙黛尔同意坐在凯西的腿上"读"那本关于动物的书。她指着凯西说出名字的动物,时不时地说出"熊猫"或"袋鼠"。突然,她下到地上,跑开了,回到了摇椅那里。凯西拦住了她。仙黛尔攻击了她妈妈,又踢又打。

"不!不许打人!"凯西把宝宝的身体转成背对自己,并牢牢地抓住宝宝的两只胳膊,紧贴在其身体两侧。"不许打人!我们不打人,也不踢人!"仙黛尔发疯似的扭动着身子。凯西的手滑脱了。

仙黛尔直挺挺地向后摔倒在瓷砖地上,重重地磕到了后脑勺。她屏住呼吸的时间那么长,以至于她妈妈害怕她昏过去了,但是,她扭曲的脸上的一个表情让妈妈知道了不是这样。当她的哭叫声响起时,足以盖过最吵闹的声音。

凯西抱起了拼命舞动四肢的女儿,躲避着她的拳头和牙齿,把她抱回到她的婴儿床里。"不许发脾气!仙黛尔在发脾气,她必须停下来,现在!"凯西用坚定的声音说,"不许尖叫。不许在地板上撞头!"她费力地把这个学步期的孩子放进了婴儿床里,拿走了填充动物玩具,把仙黛尔一个人留在了那里。她回到厨房,吃了三片阿司匹林。她的耳朵有点嗡嗡作响，稍微吃过量一点不会有害。

一场意志之争，恐惧，大发脾气——这不就是恼人的2岁该有的吗？

很多为宝宝的第二个生日做好了准备的父母，在1岁半的孩子出现这种"早熟"行为时会感到震惊。这是"恼人的2岁"又整整多了6个月吗？

实际上，很多父母发现并没有那么恼人。尽管宝宝会让人费心劳力，很吵闹，并且让他们筋疲力尽，但1岁半的孩子真的不是，哦，不是很恼人。一方面，宝宝几乎是滑稽地受外界摆布的。各种各样的事情会突然发生在他的身上，令他无法理解，令他迷惑，令他沮丧。"意外""不幸"或"偶然"这些概念对他来说是毫无意义的。

此外，这么大的学步期孩子行动时不会事先思考。他完全没有心机，他不会真的计划如何打开冰箱门。他疯狂地尝试一件又一件事情，不管其多么不可能成功。（凯西想知道，她女儿认为那个橡胶牛有什么样的魔力吗？她看到过仙黛尔用力把它扔向冰箱，把它扔到沙发下一个够不到的东西的后面，并且试图将它塞进浴缸的排水孔里。）

最重要的是，很多1岁半的孩子似乎对自己的违拗症无法控制。"不！"仙黛尔在贪婪地喝着果汁时会喊。"不！"她用惊慌失措、渴望、恐惧和迷恋的神情盯着海滩，冲着昨天还那么喜爱的沙子哭喊道。

这个年龄的宝宝似乎需要通过让自己冲击各种界限来建立某种自我。她抵制一切的冲动看上去几乎是与生俱来的。尽管她可能令人大怒，但是，不把这种行为视作是针对你个人的仍然是可能的，甚至在她咬人的时候。

1岁半的宝宝似乎天生注定会尝试每一种新技能，比如攀爬，并且会一次又一次地练习。他们深深地渴望掌控他们的世界，解开图书装订、电视遥控、橱柜、马桶、楼梯、抽屉和他们妈妈的鞋子的秘密。

在接下来的几个月，会发生一个巨大的变化。一岁半的孩子会开始思考。他将开始能在行动之前先在头脑中试验一下。他将能思考如何将一块积木从沙发底下拿出来，并用一个工具（不是她的橡胶牛）去试着够它。语言开始能让一个孩子在做出一个行动之前先对其进行思考，并在做的过程中提醒自己考虑做得是否恰当。

思考的最初迹象可能很有趣。仙黛尔在20个月大时爬上了摇椅，满头大汗地警告自己："不，不，不，不，不，仙黛尔，不许用力摇！"

与思考相伴而来的是对自我更加复杂的想法。在18个月大时，仙黛尔需要通过对抗每件事和每个人，通过使用"我的"和"不"这样的词，通过不断地提出要求，来定义她自己。到2岁时，她掌握的语言和技能都复杂多了，使得她能通过设立一个目标并完成它来给自己以积极的定义。在拿掉她的尿布或脱掉袜子时，在推她自己的手推车时，在拧水龙头时，她可能会说："我自己做！"

当这种学习进展不顺利时，"恼人"就会成为当然的结果。这样一个恼人的2岁孩子可能已经了解到：发脾气和攻击行为会得到原谅，甚至是被鼓励的，或者，黏着父母和哼唧被认为是恰当的行为。他可能会对自己凌驾于大人之上的权力感到非常困惑。他可能没有任何自控能力，并且看不到有任何理由要培养这种能力。他可能已经获得大量的证据，表明他不仅是特别和重要的，而且他比任何其他人都更加特别和重要，他的欲望和一时的兴致要比任何其他人的——尤其是他父母的——都更优先。

发展心理学专家们认为，这6个月是非常关键的。很多父母本能地感觉到了这一点。幸运的是，在这一阶段付出的特别努力获得的回报是巨大的。当一个宝宝确实了解这些至关重要的事情时，它就真的会生根。

一个1岁半或快满2岁的宝宝最需要的是：

• 一个尽可能安全而多样化的环境，以便他不会始终遭遇各种被禁止的事情，以便他能与真实的世界抗争，而不只是反复地与他身边的大人们抗争。

• 能以一致而坚定的方式设立限制并遵守这些限制的大人，不把宝宝的发脾气和攻击行为认为是针对他们自己的大人，以及能在这一年龄的窘境中发现幽默感的大人。

• 反复向孩子传递的信息：他是被深爱的、被尊重的，但是，其他人也需要爱和尊重。

• 对学习语言的大量鼓励。这意味着在大多数日子里每小时要有20～30次的互动，主要是愉快的"婴儿式聊天"。

这样，到2岁时，这个宝宝不仅不会"恼人"，而且他还会逐渐变成一个真正的同伴。他会变成一个能够协商和轮流的人；一个在大多数时候能分清欲望和需要的人，以及一个能等待一会儿再得到他最想要的东西的人，无论他想得到的是关注还是一个渴望的物品。

在18个月～2岁期间，孩子们还会变得更能意识到其他孩子，并且更能与他们互动。尽管参加群体活动还是未来的事情，但是，孩子们在这

6个月里喜欢待在一起。他们不再只是相互观察，而是会尝试参与同一个活动，看看每个人能为其做些什么。

即便如此，这个年龄的孩子也需要成年人的密切关注，以便从与其他孩子的交往经历中获得最大的收益。他们还没有充足的语言来表达感受，更不用说想法和意图了。他们很容易就会无计可施（让小汽车绕着沙坑跑）并求助于下一个明显的行为（抓一把沙子扔出去）。

还不能期望这个年龄的宝宝分享。大多数孩子刚刚勉强懂得轮流的概念，因而，只有在其他孩子年龄更大并这么做时，他们才能轮流。那些无法让所有孩子同时玩的玩具，最好留到孩子一个人时再玩。

分离问题：又来了！

18个月是分离焦虑的第二个高峰。这是一个能开始预期一些事情，并能在头脑中试验事情的人。他对"如果……会怎么样"有了一个初步的概念。这是一个全神贯注于"恒久性"和"消失"的人。这是一个孩子刚刚开始懂得词语能"代替"人和物，因而，即使深爱的人和东西不在身边，也能在某种程度上拥有他们的年龄。因此，这是一个分离对孩子来说是一件重大事情的年龄。

在这个年龄，分离需要以巧妙的方式处理。在父母离开前，临时保姆需要花些时间与孩子熟悉起来。如果父母双方都必须离开孩子一整夜或更长时间，确保与孩子待在一起的人最近长时间地照料过他，是极其重要的。在6个星期前看望过爷爷，不足以称为最近。与新的临时保姆相处1个小时，也不足够长。如果这次旅行不是真的很必要，父母应该考虑将之推迟。

就寝时的分离

很多在较早时就开始在婴儿床里不用帮助就自己入睡的宝宝，现在会继续这么做，并且在夜里醒来时能通过自我安抚再次入睡。

但是，有些宝宝不会。

原先，一个刚刚发现分离这一事实的宝宝，在他深爱的父母离开他的视线时会变得焦虑。现在，这个宝宝不仅了解了分离，而且还发现他的父母，他深爱的父母，有时候——哦，真可怕——会对他生气！父母的愤怒是一种新型的分离，一种很吓人的分离。上床睡觉——在一个孩子最脆弱并感到有压力时，失去父母持久的爱的保证——对他来说可能是难以承受的。

在这个年龄，晚上拒绝睡觉似乎

在很大程度上源于白天的限制和分离问题。就寝方式前后不一致使得问题变得更加严重。

在探究就寝时该做什么之前，要考虑一下小天使白天的经历是否对这个问题有影响：

• **缺乏分离经历。** 当宝宝不能克服白天的分离时，夜晚的分离就会变得更困难。补救办法：定期带宝宝去别人家玩，妈妈在离开时轻松而愉快地与宝宝道别。理想的情况是，每周最少进行3次这样的练习，每天一次就更好了。

• **就寝时间是与一方父母单独相处的唯一时间。** 就寝时间应该是一个分离仪式，而不是陪伴孩子的特别时光。如果这是小天使得到完全、专心的关注的唯一时间，尤其是从妈妈那里，就寝时的反抗就是必然的。从1岁半宝宝的角度来看，哇，他刚开始得到妈妈，而现在妈妈却要把他放进婴儿床里，然后消失。补救办法：每天早一点花10～15分钟与宝宝单独相处。然后，做那些在每天就寝仪式之前该做的事情——吃晚饭、洗澡、读书。

• **对于想让小天使上床睡觉，父母发出的是混乱的信号。** 他们说想让宝宝上床睡觉，而同时却在拖延就寝仪式，或者只是没有保持前后一致。有时候，这可能是因为夫妻间的压力，有时候是因为父母们对没有足够时间陪宝宝感到内疚，有时候这只是因为宝宝太可爱、太有趣了。补救办法：父母勇敢地面对自己的动机。

• **在看护中心小睡太多。** 大多数一岁半的宝宝每天只需小睡一次。如果让他们小睡两次，或者一次小睡的时间超过一个半小时，或者睡到超过下午3点，他们就不会为在合适的时间就寝做好准备。补救办法：跟照料者讨论这个问题。

• **夜里没有睡好，造成第二天早晨晚起。** 这只会打乱孩子的整个作息时间。补救办法：不管怎样，都要让宝宝在正常时间起床，并且让他在正常时间小睡。

从婴儿床到床

如果小天使还没有开始在真正的床上睡觉，我强烈建议你等到2岁或更晚时再把他转移到床上。如果你无法等到2岁以后，你需要确保小天使无法在半夜走出房间，并且房间本身做好了彻底而一丝不苟的安全防护。

我永远都会记得诺亚，当他的父母夜里1点从一个派对回到家时，发现诺亚手里抓满羊肉，正要走下步道，而他的临时保姆在客厅里睡得正香。

如果你必须把小天使转移到床上，一种办法是在卧室门口竖一道栅栏，要么是一扇门，要么是荷兰式门（上下可分别开关的两截门）。另一种解决办法是在门外加一把能很容易被较大的孩子或大人打开的锁。如果你不得不现在第一次竖一个栅栏，要确保栅栏竖好后在房间里陪宝宝一段时间，以便他能将其视为生活中的一种正常情况。

如果房间里有空间，让床和婴儿床共存一段时间，让学步期的孩子在床上玩耍和午睡，可能有助于过渡期的情感稳定。

设立限制

请回头阅读上一章的"设立限制"，下面的内容是该部分的后续。

在接下来的6个月里，1岁半的宝宝需要确信，当你告诉他去做一件事或不要去做一件事时，他必须照你说的做——无论他赞同或不赞同你。他需要理解，有一些行为他是没有选择权的，并且没有发言权。

因为小天使现在大一点了，并且或许能说一些话了，你很可能会从现在开始发现真正的对抗行为。也就是说：你给小天使一个直接命令，小天使会说"不"，你再次说出这个命令，并且更大声，还加上"马上！"而小天使会说"不！"，就这样周而复始。

哼唧也变得更难处理了，尤其是如果几个月前就已经开始出现，并且正变得越来越严重的情况下。发脾气可能会持续更长时间，并且声音更大。打扰父母（当父母在打电话时，或在一件事情进行之中）可能第一次变成了一个问题。

你怎样才能让1岁半的宝宝理解"争辩不是一个选择"，理解父母说出一个直接命令时必须遵守呢？下面就是办法。如果你能始终坚持这个原则，到宝宝2岁时，你就能很好地避免可怕的对抗行为。

只给出你能执行的命令

如果你一直给出你无法执行的命令，小天使就会认为命令是可听可不听的。更糟的是，小天使会认为你是不起作用的。这是一个真正的问题，因为，在这个年龄，小天使需要知道父母是完全掌控一切的。

幸运的是，大人们在这种情形中掌握着所有的好牌。你需要做的是，要确保在每次给出一个命令时，你都能看到这条命令被遵守。如果你告诉仙黛尔从咖啡桌上下来，而她犹豫了即便是几秒钟，或者说"不"，你只需把她抱下来。不要微笑，也不要解释或道歉；你只需说"不"，并把她抱到别的地方去。然后，在一两分钟内不要给她直接关注。

如何给出一个命令

- **尽可能简短**。理想的情况是，只用两三个词。不要道歉、描述或解释。

- **不要警告**。比如，"如果你不从那儿下来……"或者"我数到三，然后……"

- **不要请求许可**。比如，"嘿，仙黛尔，从那儿下来，好吗？"

- **不要把命令以选择的方式说出来**。比如，"你不想从那儿下到地板上玩乐高积木吗？"

如果你不能看到小天使遵守命令，就不要把它以命令的方式说出来

- 假如仙黛尔正在没完没了地哼唧。你无法让她停下来；这毕竟是她在发出声音，并且是由她掌控的。然而，你能做的是完全忽视她的哼唧。你可以带上耳塞。但是，这里有一个窍门：只做，不说。不要说"我听不到你哼唧"。不要说"这不是好孩子仙黛尔该发出的声音"。

- 或者，假如仙黛尔正在按她有声图书上的按钮，并且已经按了两百遍奶牛的声音，快要让你发疯了。但是，你不能没收她的书。毕竟，你买来就是让她玩的。

一些其他选择：

- 加入她的游戏，然后，过渡到一种不同的声音。

- 或者，坐到她身旁，你自己按几个按钮，然后拿起她的一个塑料动物玩具，并假装发出这种动物的叫声。让她开始玩塑料动物玩具，然后站起身来，有声书就悄无声息地到你手里了。

- 或者，打开音乐，开始跳舞，对仙黛尔一个字也不要说，她可能会加入进来和你一起跳。

- 或者，从你的"秘密衣橱"中拿出一个她好几个星期没玩过的玩具。不要试图引诱她放下有声书。你只需自己开始玩这个新玩具。她可能会在一两分钟后加入你。

不要让1岁半的宝宝反复挑战你

彼得喜欢站在我的检查室的桌子上玩各种昂贵的仪器。他的妈妈站在那里看着他，每次他伸手去摸它们，她就会把他的手拿开，并说"不"。他们的这个小游戏（我一直在门口吃惊地看着他们）持续了大约两分钟。

彼得的妈妈是在辅导他做出对抗行为。看，她是在对彼得说，你能对我说"不"，并且我做的最大限度是

让你再做一次。当然，她应该做的是，在彼得第一次伸出手之前，就把他抱下检查桌。她需要在一个挑战行为到来时就预计到。然后，她有一个选择：阻止这个挑战的发生，或者立即抱走宝宝，或拿走禁止触碰的物品。

如果你的小天使已经有对抗性，使你的生活变得困难重重，请见下一章"2岁至3岁"的"限制"。

日常的发育

里程碑

视　力

这个年龄的宝宝视力应该足够好，能够完成他们想做的任何事情。他们应该能够看到你指给他们看的一架飞机或一个热气球，能够从正常成年人的阅读距离辨认出书上的一幅图画，并从距电视约1.2米远的地方认出兔子巴尼。

关于出现问题的迹象，见前几章。下面是一些出现在这个年龄的新迹象：

• 不得不离近看书上的图画或看电视。

• 似乎害怕攀爬，或者常常误判距离。比如，如果你拿个东西让他去够和抓，他将手伸过它或伸向其旁边。

• 判断距离明显困难：不想爬楼梯或爬滑梯的台阶。

听力和语言

理想的情况下，小天使应该与一个大人每小时有20～30次聊天。我所说的聊天，指的是大人对孩子说他正在做或感兴趣的任何事情。"多么大的一个箱子啊！那个大箱子里有很多玩具！""这是你的勺子。你可以用勺子吃布丁。"同样，小天使可以发起聊天并做出回应，然后需要大人回报以关注和话语。斥责（"不！""停下来！""脏！"）和评判（"狗粮脏！""好女孩！"）不能算作聊天；即便这些话的语调并不是负面的，但它们不是双向的。

到18个月大的时候，一个宝宝应该能执行一个简单的、一个步骤的指令，例如"把书给我"（如果他心情好的话），并且能指出一个你说出的身体部位。如果他知道一本书中的一幅图画的名字，他应该能够指着图画并说出其名字。除了"妈妈"和"爸爸"之外，他应该能说出至少5个词。这些词大多数是命令："起来！""坐下！""果汁！""出去！""拜拜！"（你可能认为"拜拜"是礼貌地确认某个人将要离开。

这个年龄的孩子还做不到这一点。它的意思是："让我离开这里"或"走开！"）。至少在一些时候，你应该感觉到："他理解我们说的每一件事！"（不论好坏）。他能重复你说的词（同样不论好坏）。

在这六个月的初期，很多宝宝会快而含混地说出一种带漂亮转音的语言，其中只有几个词是能听懂的。然而，他们会通过他们的游戏向你表明"他们的头脑中"有语言。一边发出呜呜声，一边让小汽车和小卡车疾驰。和爸爸妈妈玩藏猫猫。照顾一个洋娃娃或填充动物玩具。

如果在 18 个月大的时候，一个宝宝会说的词少于 5 个，或者似乎理解不了简单的指令，或者不会进行假扮游戏，或者一直以一种奇怪的方式玩玩具——比如，认识不到玩具卡车可以疾驰，而只是转动车轮子并盯着它们看——就应该让儿科医生检查宝宝的听力和发育状况。

到 2 岁时，小天使应该能表现出能理解超过 100 个词，并且会说电报式的句子，例如"还要果汁"、"爸爸躺下"或"拜拜医生"。一个不能将两个词组合在一起的 2 岁宝宝，或者说的单词数少得你都能轻易列出来，就需要进行一次听力检查。一个不会进行假扮游戏的 2 岁宝宝，或者一直以不适当的方式玩玩具的宝宝（比如：只是将所有的小汽车或填充玩具摆成一排，而不是玩这些玩具；仍然在吃蜡笔，而不是用它们涂写），需要做一次发育评估。

要求一个宝宝"这样说或那样说"，或者"数到 10"从来都是没用的，也不会成功。在我从业的 30 年里，我还从未见过这对这个年龄的孩子管用。促进语言发展的唯一也是最好的方法，是将学步期孩子的每一次表达变成一次有你参与的对话。

很多说话早的宝宝会用其他发音替代辅音。"黄色卡车"可能会被说成"黄褐塔特"，并且一直持续到上幼儿园。但是，如果一个宝宝似乎说话很不清晰，或者根本发不出一些辅音，可能就需要进行一次听力检查。请咨询你的儿科医生。

图 书

在这段时期的初期，小天使开始明白书中有他熟悉的物品的图片。这是学着喜爱书中的内容——而不只是吃书——或了解如何翻书页的时期。理想的情况是，每天花几分钟时间和孩子一起翻书并谈论书中的图片（"我看到一头牛。你看到一头牛了吗？这就是那头漂亮又快乐的牛。"）。随着孩子接近 2 岁，你可以开始讲述书中的情节。"克利福德想要那块骨头吗？哦，看，他要去拿那块骨头。他要拿它干什么呢？"

大肌肉运动

到18个月大时，如果一个宝宝还不会走，就需要进行全面的发育评估。宝宝走路的步态应该是从脚后跟到脚趾，而不是踮着脚尖。大多数宝宝能跑，能扶着扶手上楼梯，并且所有的宝宝都能攀爬。在极少数情况下，一个小家伙可能会跳，但是，很多孩子直到2～3岁才能双脚同时离地，这也是件好事。在现在这个阶段，小天使应该开始投掷（球、鞋子），并能踢一个大的沙滩球。

在小天使从弯着腰的姿势试图站起来时，他应该不需要用手撑着自己的大腿。这种情况可能是严重的肌肉无力的一个迹象，必须去看儿科医生。

精细运动

从几个月前开始，学步期的孩子就已经能用拇指和食指捡起很小的物品，比如小蠹虫或其他令人作呕的小东西。他们能用拳头攥住蜡笔并涂画。他们能用拳头攥着勺子吃饭，并且能够握住杯子。有些宝宝会显示出更偏爱使用某一只手，但是，这只是一种偏爱，而不是一种需要；他们能同样灵活地运用两只手。大多数孩子不会像6个月前那样不自觉地把各种东西放进他们的嘴里了（除非是儿科医生诊室里的蜡笔，它们明显比其他蜡笔尝起来味道更好）。

睡 眠

大多数这个年龄的孩子在每天24小时里大约睡13个小时，其中白天大约睡2个小时。

对于这个年龄的宝宝来说，似乎准备好了放弃白天的小睡，这并不是不寻常的，但是，其结果几乎总是会变成一个错误。这样的宝宝通常都精力旺盛并且意志坚定，你很容易认为他真的不需要像同龄的其他宝宝那么多的睡眠。结果，他会变得越来越狂乱，从一个活动冲向另一个活动，很容易沮丧，很容易发怒。有时候，他甚至会拖延就寝时间，和父母在同一时间上床。通常，他很难在只睡了8小时后的早晨醒来，但并非总是如此。有趣的是，在一天中的任何时候带他出去坐车，他都会睡着。

不要被假象欺骗：这是一个绝对睡眠不足，但却在以自相矛盾的方式对此做出反应的孩子。

解决办法：在他通常因为完全筋疲力尽而入睡的20分钟之前，开始一个有 4~7 个步骤的就寝惯例。要确保他在他的婴儿床里入睡：不是在你的腿上，在地板上，或是在一张大椅子上。用几天时间让他习惯这一惯例。然后，要在他一吃完午饭后就开始相同的惯例。不要让他在刚吃完午饭后到处乱跑。他睡着的可能性很大，我说的是睡得很沉。

现在，关键是让他最多睡 2 个小时就把他叫醒。他不喜欢这样，并且在这一天余下的时间里情绪会很糟。然后，当天晚上，要在大约 7 点半或 8 点的时候开始就寝仪式。

大多数时候，他大约会一觉睡 11 个小时，正好在早晨 7 点钟左右醒来，并且为第二天午饭后的小睡做好准备。

关于小睡的另一个建议：和之前的 6 个月一样，要留意日托照料者是否为了自己方便而仍然试图让这个年龄的孩子每天有两次长长的小睡。如果你的孩子白天在照料者那里睡 4~5 个小时，那么他晚上在你家里就只需要睡大约 8 个小时。

生 长

生长继续以相对比较慢的速度进行着。在这 6 个月里，宝宝的体重会增加约 1.1 千克，身高会增长约 6 厘米（在 1~2 岁这一年中体重会增加 2.3 千克，身高会增长 13 厘米）。到 18 个月大时，宝宝颅骨上的软点通常已经长好，尽管有时候会留下一个浅而硬的坑。在大约 2 岁时，宝宝开始长臼齿，这通常不会带来很多烦恼。

注意肥胖

如果小天使的身高体重百分位高于第 75 位，他就有可能超重。如果是第 90 或更高的百分位，他就非常有可能超重。要咨询你的儿科医生，或者看第 3 篇第 18 章"胖还是不胖，我们来告诉你"。

正常的模式

宝宝每天所需的总热量大约是 1100~1300 卡路里。如果他每天喝 450 毫升的奶，那么他就需要从食物中摄取 800~1000 卡路里。这并不是很多。难怪很多正常体重的宝宝一天只吃一顿正餐，并且几乎不吃什么晚餐。

在哪里会出错

当这个年龄的一个宝宝的体重增长开始超出合理范围时，通常是由于照料他的人对于他需要吃些什么有着错误的观念。

如果一个宝宝每一天摄入的热量

都比他成长所需的多出 50 卡路里，持续一年，他就会因为每天这种过剩的营养而额外增加 2.3 千克体重。这超出了他这一年应该增长的体重两倍。

这 50 卡路里热量可能来自于用果汁代替水来解渴；或是来自于零食——一把薄脆饼干，一些乳酪丝，葡萄干或大枣；或是在他不需要的时候，被哄着、劝着吃了一顿"丰盛"的晚餐。

应该怎么办

如果你的宝宝的体重曲线呈上升趋势，要向孩子的日托照料者了解一下看电视、小睡、吃零食的习惯以及喝果汁的情况。要检查一下你自己的饮食模式，尤其是晚餐。要确保小天使不会从装满麦圈、薄脆饼干、葡萄干等小零嘴的袋子里一点一点地拿东西吃。

就像麻疹和对抗行为一样，预防肥胖要比治疗肥胖容易得多。

牙 齿

这会让人大吃一惊。

不管你信不信，蛀牙是会传染的。我是完全认真的。要产生一颗蛀牙，你需要一种被称作"变异链球菌"的产酸菌。那么，宝宝们是如何感染这种细菌的呢？很多时候是从他们的父母那里！共用一个勺子，嘴对嘴亲吻（即便是出于与牙齿无关的其他原因，这也不是个好主意），父母用嘴暂时叼着宝宝的安抚奶嘴（现在应该已经丢掉了）——就是这样感染的。应该如何预防呢？尽量不要做出这些行为，但是，最重要的是，把你自己的蛀牙治好，好好刷牙并使用牙线。

为什么我在宝宝的这个年龄才第一次提到这一点呢？因为，尽管更加令人难以置信，但在 19～28 个月期间有一个机会之窗，宝宝们往往会在这段时间里从他们的父母那里"染上"这些细菌。

因为你自己会去看牙医，因此现在是一个好时机让你的宝宝也做一次牙科检查。有些全科牙医很乐意给宝宝检查牙齿，而且，每年还有更多的儿科牙医开始从业。你可以从美国儿童牙科学会那里获得相关信息，或是询问你自己的牙医或儿科医生。

营养与喂养

关于营养的指导原则与上一章"1岁至 18 个月"完全相同。

学步期的宝宝这时应该可以自

已吃饭了，应该能相当熟练地使用勺子，甚至可能是叉子了。为了防止脏乱偶尔使用奶瓶不会有任何害处，作为一种仪式化的依偎方式，让孩子坐到父母的腿上用奶瓶喝奶也不会有任何害处。

一个经常使用奶瓶的宝宝，尤其是一个随身携带奶瓶的宝宝，就是有问题的：

• 如果奶瓶里装的是果汁或牛奶，他就会面临严重的蛀牙风险，因为他的牙齿总是覆盖着一层糖（即便是果汁和牛奶中的"天然"糖分）。

• 经常使用奶瓶（或安抚奶嘴）会占住孩子的嘴巴，而嘴巴现在应该是用来说话的。

换尿布、洗澡和抚摸生殖器

见上一章该部分的内容。

如 厕

偶尔，这个年龄的宝宝会学着如何使用马桶。这通常发生在家里有其他年龄更大的孩子的时候，这个宝宝会出于好奇、模仿和使用工具等动机而这样做，而这些正是现阶段智力发育的主旨所在。或者，一个通常很随和、急切地取悦他人并且爱说话的独生子，也会开始自己上厕所。

但是，大多数宝宝都会明确表明，他们现在没心情完成这样的任务。

• 智力上，他们刚刚开始发展思考能力——即，在尝试一个行为之前先进行一番仔细考虑。

• 生理上，与完成一项任务相比，他们对征服周围的环境更感兴趣。

• 情感上，他们正在处理由排便行为引发的关于控制、身体的完整和缺失的问题。

这个年龄的宝宝似乎对排便有一种很特别的感受。这种感受似乎是用力、控制、排出一些东西、失去一些东西或放弃一些东西的感受；颜色、质地、气味的极其感官化和各种变化；对这些结果的反应——嗯，真是太多了。似乎是要对排便这件事情进行冥思苦想一般（似乎无关隐私问题），很多宝宝会找一个安静、隐蔽的地方做这件事情。他们喜欢去的地方包括壁橱、沙发后面，以及诸如桌子和钢琴这些大件家具下面。

这个年龄的宝宝准备好使用马桶的表现是：

• 能够分清要小便还是大便。能指着并说出相关的词或发出咕哝声。

- 能在几小时里保持尿布干爽。
- 喜欢带着干爽的尿布,而不是一个脏了或湿了的尿布。
- 已经过了正常的对抗行为、违拗行为和占有行为的高峰期。

对于一个不到 2 岁的孩子来说,学会如何上厕所是一项复杂的任务。2 岁以上的孩子通常仅仅通过观察就能学会,但是,小一些的学步期的宝宝通常通过一步一步的学习会做得更好。

- 随时带着座便椅,并让他穿着衣服坐在上面。
- 当他在尿布里大便之后,让他看到可以便在便盆里。
- 让他看其他人去卫生间。
- 让他光着身子玩(在户外),并把座便椅放在旁边。当他在草地上小便时,以漫不经心的方式提醒他可以尿在便盆里。

如果对宝宝的如厕过于在意,无论是积极的还是消极的,都会适得其反。大多数准备好使用马桶的快满 2 岁的孩子都想这么做,因为这是一个有趣的、标志着成长的挑战,而不只是为了取悦父母。如果快满 2 岁的宝宝以这种方式看待如厕问题,他就不太可能用在便盆里排便来奖励父母——也不太可能用拒绝这样做来惩罚父母。

活动与玩具

父母们希望快满 2 岁的宝宝学习一些最终能让他为在幼儿园里和以后的人际交往和智力挑战做好准备的技能。他们希望他交朋友。他们希望他把成年人视为可信任的老师和指导者。他们希望他发展好奇心,喜欢语言,以及——简言之——喜欢思考。

很多不到 2 岁的宝宝的父母觉得必须给自己学步期的宝宝报名参加一系列的学习班:体操、游泳、手工、音乐、舞蹈。他们参加游戏小组,甚至上幼儿园预备班,让孩子做手工,并且练习"围成圆圈和分享"。

这些事情其实更适合 2 岁和更大的孩子。

在做手工时,宝宝们在涂了胶水的彩纸上撒碎纸,像是在为取悦溺爱他们的父母而进行的一项令人费解的努力,而不像是在创作一件作品。在围成圆圈时,你会发现大多数孩子会望着他们的母亲以寻求提示,而不是看向老师。很多快满 2 岁的孩子只是站起来四处走动。

在这个年龄,可能会出现因为完

成一项任务而产生的自豪感，但是，让2岁宝宝有成就感的是这项任务本身，而不是其完成的作品（比如，在纸上涂写并做一个标记，而不是制作一幅挂在冰箱门上的拼贴画）。对于快满2岁的宝宝来说，模仿大人的行为是很有趣的，但是，真正扮演一个幻想中的角色要到2岁以后。在他所崇拜的大孩子做事情时在一旁等待着轮到自己，现在也只是有可能；理解"轮流"的概念，并允许同龄的伙伴先来，在现在则是不可能的。

由于这些原因，让这个年龄的宝宝参加有组织的学习班，最多也就是为父母们提供一些社交上的乐趣。如果这些学习班有医学或身体方面的风险（比如游泳或蹦床），或者占据了其他重要活动的时间，那它们就只能带来危害。对于那些因自己的宝宝不"喜欢"这些课程，不"善于交往"，或者没学会这些课程宣称要教的内容而感到失望的父母们来说，也是一种伤害。

对这个年龄的孩子有帮助的，是那些能刺激以下几个方面的活动：

好奇心：一个快满2岁的宝宝对任何新奇的东西都感兴趣，但要按照他自己的步调。比如，有一天，仙黛尔在院子里正忙着用一块大石头砸一块小石头。不远处的凯西看到了一只螳螂。她极其兴奋地叫着仙黛尔，而后者对她根本不理睬。尽管如此，凯西抱起了她，并带她去看螳螂。仙黛尔漫不经心地瞥了螳螂一眼，便摇摇摆摆地走开了，继续去砸石头。

幻想游戏：这个年龄的孩子能进行相当简单的幻想。他能让他的消防车走，并配上音效；他能抱着洋娃娃并给它喂奶；他能让他的玩具牛发出哞哞的叫声，让他的袋鼠蹦跳，尽管他从未见过袋鼠。但是，他不会用消防车扑灭假装的火，也不会让洋娃娃哭着要奶瓶，或者给玩具牛挤奶。也就是说，他能假装一个东西是一个真正的物品，但是，他实际上还不能进行角色扮演。他实际上还不能把自己看作是消防员、妈妈或农夫。

理解这个世界：

关注：一个快满2岁的宝宝现在已经能注意到自己玩具上的一些小细节了。他对玩具消防车上的方向盘和仿真娃娃的肚脐会非常着迷。他还能看出一个玩具或物品哪里"不对劲"。

注意到差异是幽默感的第一步。当他戴上爸爸的太阳镜并照镜子时，他会认为自己很滑稽。

预期与联系：他还能预期后果，并将两个或更多个不同的物体联系起来。比如，在洗澡时，他知道当他把水倒进大浴缸玩具的顶端时,水在经过水轮之后会从底部流出来。成年人可以大力培养这种行为。

处理抽象概念:大多数20个月大的孩子已经至少搞清楚了一个抽象概念:动物,他们称之为"狗狗"。在快满2岁宝宝的头脑中,狗狗或动物是有尾巴的,可能还有毛和四条腿。当一个动物不是这种类型时,他可能会变得不安。他还知道数量和方向。比如,当他想要爬得更高一些时,他会告诉妈妈:"再上一点。"

很多快满2岁的宝宝能说出从1到10的数字,但是,真正数数的想法要在很晚之后才会出现。

安全问题

见第7章"9个月至1岁"中的"安全问题"。如果你还没有按照前面几章的建议在家中做好安全防护,并准备好医药箱,请现在去做。这里只提醒三件事:

逃出汽车安全座椅

正如这个年龄的学步期的宝宝能从婴儿床里爬出来一样,他们也能学会解开汽车安全座椅上的安全带。当然,第一原则是,用一些简单的玩具和跟唱磁带,尽量让宝宝快乐地待在汽车安全座椅里。在你启动引擎前,要尽量与孩子进行眼神接触,微笑并让他开始玩,然后,你要通过对宝宝说话和频繁转头让宝宝看到你很主动,但是,你的眼睛当然不能看向他。

如果他仍然从座椅上下来,你可以试着进行一些练习。把他放进车里,就像你们要去某个地方一样,但实际上只是在家附近的安全的街道上(我希望你能找到这样的地方)非常缓慢地行驶。一旦你看到他有要反抗的迹象,就立刻开车回家,不要跟他有眼神接触,只用坚定的语气一遍又一遍地说:"不许爬出汽车安全座椅。"回到家,要立即把宝宝放到婴儿床里,并进行两分钟的"暂停"或直到他的哭声停止。你只需这么做2~3次。

这种做法可能看上去很极端,但是在高速公路上,一个正在逃脱或已经逃脱安全座椅的学步期的宝宝很容易引起致命的交通事故。

此外,开车时自始至终要从里面锁好车门和车窗。还有,当然,永远不要把宝宝单独留在车里,即使一分钟也不行。

对于那些有一个新宝宝同时还有一个学步期孩子的人,还有一个警告:在这个年龄,新宝宝一般是先在车外被安置在汽车安全座椅里,而学步期的孩子在车内安置，然后，急匆匆的父母就开车离开，而放有新宝宝的汽车座椅仍然被放在车顶或引擎盖上。一场噩梦？的确。会发生吗？当然。

游泳

再说一次，美国儿科学会劝阻父母们不要让不满 3 岁的宝宝参与使其浸入水中的活动，原因如下：

1. 能够在一个有人监护的环境中游泳，并不能防止宝宝溺水。如果他意外落入水中，他很可能会像一个从未学过游泳的孩子那样感到恐慌并溺水。对水感到"友好"，可能会让宝宝更容易在无人监护的情况下自己跳入水中。

2. 感染仍然是一个问题。对于很多宝宝来说，浸水是耳部感染的致病因素之一。使用尿布的宝宝的大便也会产生细菌，足够大并且得到足够好的维护以保持良好卫生条件的游泳池是很少见的。

3. 最重要的是，宝宝在未被注意到的情况下吞咽下的大量的水会导致水中毒。水中毒在当时可能不会有任何痛苦的迹象，但是，在孩子出了游泳池后就可能表现出来，表现为一些肠胃症状（腹胀、呕吐、腹泻），休克的迹象（脸色变得苍白或变青，皮肤冰冷或变得斑驳），以及无精打采、抽搐和昏迷。

体操

这个年龄的孩子对于摇晃和颈部扭动仍然难以承受。他们的头部仍然大得不成比例，并且颈部也不够强壮。

另一个警告与蹦床有关。大多数宝宝刚学会跳，并对任何能让他们练习这一行为的东西都十分着迷。不幸的是，蹦床，即使是迷你型蹦床，对他们来说很危险。美国儿科学会发布了一个反对使用这种设备的声明，担心蹦床的使用会造成脊椎受伤，即便是在有人监护的情况下。

健康与疾病

这 6 个月的疾病与受伤的健康问题，与之前的 6 个月是一样的。请见上一章。

机会之窗

第二语言

一些证据表明，在 2 岁前接触并模仿第二语言（或第三语言，等等）的声音的孩子们，在以后学习这种语言时就能有纯正的发音；而且，这种语言越具有异国特色，其效果就会越明显。也就是说，如果母语是英语，而第二语言是德语或者甚至西班牙语，较早接触这种语言可能就不是那么重要，但是，如果第二语言是日语、斯瓦西里语或波斯语，就重要了。当然，试图"教给"这个年龄的孩子第二语言是没有意义的，所需要的只是让孩子在一种自然的环境中接触这种语言。

从一开始就要制止看电视的习惯

很多这个年龄的宝宝会表现出沉迷于电视的明显倾向，尤其是对类似《小美人鱼》这样的录像带和各种动画片。到2岁和3岁时，对于那些开始接触录像带这种时髦产品的孩子来说，像《芝麻街》和《罗杰斯先生的邻居》这种"好"孩子的节目，实际上会显得太平淡了。

我们有充分的理由要立即制止这种倾向。当然，每个人都知道电视过于被动，会给孩子做出暴力和语言的坏榜样，并有很多玩具和含糖食品的广告，等等。但是，在这个年龄，打开电视是尤其具有毁灭性的。

首先，将电视作为临时保姆太有诱惑力了，尤其是在这个特别让人费心费力的年龄。对于一个筋疲力尽的职场父母来说，如果说和学步期的宝宝一起看艾丽儿在电视中蹦跳，从而得到半小时的安宁是天堂的话，1小时就更好了：父母们可以利用这段时间洗个澡，做晚饭，读一份报告，给作业打分，给朋友打个电话。这样一来，很容易从偶尔看1小时电视发展成一天看1小时，一天看2小时，每天如此。

其次，一旦开始，这个习惯就很难停止。一个已经连续3个星期每天都看《艾丽儿》的孩子，当他的父母在第4个星期突然意识到他已经着了迷并将电视关掉时，他不会平静地接受。一个很小的孩子会依赖于环境的一致性。

第三，看电视的宝宝会看到他的父母不希望他看到的一些东西。你真的认为一个20个月大的宝宝在看到电视上从马桶里跑出来的妖怪时，会意识到这只是一个洁厕剂的广告，并在接下来的几个月里，当他自己坐在那个可怕的马桶上时能够感到很平静吗？

此外，永远不要低估小孩子对于新闻、广告和预告片内容的理解能力。当小杰西卡·麦克卢尔落入井中时，即便是不到2岁的孩子也会心神不安。

第四，不管电视中出现什么恼人

的噪音或话语，这个年龄的孩子都会模仿，在公共场合大声地模仿。对于这一点，我就无须多言了。

如果……怎么办？

这 6 个月的"开始日托""与父母长时间的分离""带着宝宝旅行""搬家"部分与前 6 个月的是一样的，在上一章中都有讨论。

再要一个

到 2 岁半时，一个孩子能预感到新宝宝的到来，并为此感到兴奋。他有他自己独立于父母和兄弟姐妹之外的交往。他能够谈论负面的感受，而不只是将它们付诸行动，他在做出一个行为之前，有足够的能力对这个行为及其后果进行思考。他能给父母帮一些忙，干一些杂活；在他愿意的时候，可能很有礼貌并有保护精神。另一方面，2 岁半孩子显现出的文明的外表是很脆弱的。

对于很多孩子来说，这似乎是迎接一个新宝宝到来的最困难的时候。"我才刚刚掌握了窍门！"他们似乎在说，"我才刚刚懂得了怎样成为一个独立的、可爱的、不依赖他人的人，拥有力量并能掌控，仍然被我的父母宠爱着——这个家伙就来了！"

看到父母被一个依赖性强、吵闹、让人费心费力的新宝宝迷住，只会让 2 岁半的孩子发怒。发脾气和攻击行为会重新出现。如果 2 岁半的孩子大部分时间都待在家里，并且不得不时常与新宝宝竞争，情况就会更糟。2 岁半的孩子不知道如何有效竞争，如何赢回父母溺爱般的关注，尤其是母亲的关注。他相信他能通过武力达到目的，并且极少去尝试施展魅力。

与 2 岁半的孩子相比，3 岁的孩子会更多地做自己喜欢的事，更相信自己拥有独立于父母之外的生活。3 岁的孩子有更多的方法以礼貌且可接受的方式来获取并保持成年人的关注。他还更有可能已经在一群其他孩子中有了适合自己的位置，不管是在幼儿园或日托机构，还是在街坊四邻中，这种位置不会受到新宝宝的到来的影响，甚至还会因此得到巩固。

最重要的是，3 岁的孩子对于自己想做一个婴儿不再那么摇摆不定了。他还能进行角色扮演，假扮一种行为而不失去自己。他能假扮成一个婴儿，假扮成妈妈。在现实方面，3 岁的孩子可能已经学会了使用便盆，并且能让人放心地待在自己的床上了。

新的弟弟妹妹的到来

这个年龄的很多学步期的孩子对新宝宝会很"亲密",又亲又抱(当然,偶尔会有一点太热情),并且会把他们的负面情绪发泄到父母身上,尤其是母亲。而且,这些负面情绪可能很强烈。

这样一个学步期的孩子才刚刚走出婴儿期。他的自我控制能力和获得并保持父母的关注、获得成功感和对自己的良好感觉的新办法还相当不成熟。看到新宝宝及其得到的无条件的照料,会引起大孩子的一种强烈的矛盾心理。婴儿期的召唤就像海妖迷人的歌声一样吸引着他们。

帮助快满 2 岁的孩子适应新宝宝

- 尽可能保持他的日常作息和各项活动不受干扰,要避免新的挑战。尽量不要在这时开始日托或对日托进行调整,也不要把小天使从婴儿床转移到大床上,或是开始如厕训练,如果可能的话,将可选择的手术推迟 6 个月。
- 要确保父母双方每天各自都花 10～15 分钟时间与小天使坐在地板上单独相处。就寝时间、参加各种学习班或去公园、跑腿干杂活或家务活的时间不算在内。
- 要给小天使很多无言的抚摸、爱抚和拥抱。
- 尽可能使管教保持一致。
- 控制行为而不是感受。让学步期的孩子知道不能戳婴儿的眼睛或摇晃他是一回事,并且是很适当的。但是,告诉这个年龄的孩子应该爱小宝宝,则是另一回事,并且就像是对牛弹琴。
- 在前门上贴一个告示,提醒来访的客人在去看新宝宝之前先跟大孩子打招呼。
- 在走向新宝宝之前,先与大孩子进行眼神接触和话语交流,在你照料婴儿的过程中,继续与大孩子进行有趣的"对话"。
- 和学步期的孩子谈论小宝宝。"看,马克斯,她有一个多么可笑的凸在外面的肚脐啊,她的脚趾多么小啊。你有大男孩的脚趾,但是,她只有小宝宝的脚趾。让我们来数一数。"这样的对话要远远好于"亲爱的米莉,你有一个多么可爱的小肚脐,看看你的小舌头,看,这是你的大哥哥马克斯。"
- 在你走向大孩子的时候告诉小宝宝等一下,而不要总是反过来。

弟弟妹妹的成熟

这个年龄的学步期孩子如果有一个刚刚开始爬并试探各种限制的弟弟妹妹，他常常会发现生活很艰难，他们的父母也会有同感。小孩子会伸手抢，大孩子会手臂乱挥，大声喊叫并打他。

问题在于，很容易把大孩子看得比其实际年龄大很多。这是人类普遍的现象之一。因此，你会很自然地告诉大哥哥"与宝宝分享"。当他拒绝时，你就会指责他。当他攻击时，你就会谴责并惩罚他。

这样做是不管用的。

首先，你并不是真正在要求快满2岁的孩子分享。你要求他做的是在有人抢夺时放弃他的玩具。

其次，快满2岁的孩子仍然在努力搞清楚"所有权"的规则。他刚刚明白一个所有物是属于某个人的东西。"妈咪的口红""爸爸的太阳镜"。

现在，在他还没有建立"给予""轮流"和"分享"的概念之前，你改变了对他的规则。这不公平。

这是一种将快满2岁的宝宝变成一个愤怒、对抗的人的机制。

事实是，你不能指望这两个孩子在没有大人照管的情况下一起玩。你不得不一秒钟都不离开，在发生冲突前就干预，或是在发生冲突后立即干预。

事实上，唯一可行的办法是把两个孩子分开，并且在大多数时候分别由两个称职并充满爱心的成年人在旁边照料。

离婚和抚养权

这个年龄的孩子需要如此多的关注，以至于父母双方可能没有太多的精力留给对方——或是自己。一个情感强烈的宝宝——比如仙黛尔——所造成的混乱，可能会让照料她的人精神错乱。这对于已经陷入麻烦的婚姻关系来说，会成为压倒骆驼的最后一根稻草。

但是，这一阶段在一种牢固的婚姻关系中也会造成问题。对父母双方来说，重要的是要认识到这在很多孩子的成长过程中都是压力极大的一段时期，如果孩子的各种需要正在造成父母之间的关系紧张，就要向心理咨询师寻求帮助。同样重要的是，要认识到这并不是一个当孩子到恼人的2岁时会不可避免地变得难以想象地糟糕的阶段。相反，这是父母们可以帮助孩子成长为一个令人愉快的2岁孩子的阶段。

对于这个年龄的孩子来说，父母离婚可能会对他们在 2 岁左右建立成熟的社会身份的一些最重要的因素造成威胁。如果父母双方能够认识到这些需要，并做出牺牲以确保孩子得到需要的东西，他们就会给孩子很大的帮助。

首先，围绕父母离婚而产生的各种情感，可能会剥夺孩子从最亲密的成年人那里获得所需要的支持。

• 这个年龄的孩子需要确定自己与他人之间的边界，尤其是与自己父母的边界。一个向学步期的孩子寻求安慰的心烦意乱的父母，可能会让孩子非常困惑和不安。

• 学步期的孩子是通过父母做出的榜样来学习行为的。抱怨、批评、喊叫、咒骂，都可能会被学步期的孩子视为恰当的行为方式。

• 要想让 2 岁的孩子状态良好，需要父母的大量投入，而且父母不能心事重重。他们需要学习如何以有教养的方式获得并保持成年人的关注。他们需要明白语言是双向的，而不局限于命令、批评、要求、奖励和紧急情况。他们需要免于对成年人世界的担忧，以便练习对自然世界的掌控。而且，当他们与其他孩子进行最初的社会接触时，需要成年人的支持。那些全神贯注于离婚问题的父母可能无法满足这些需要。

如果发生这种情况，父母应该尽量找另一个爱孩子并置身事外的成年人在这几个月中代替他们。

其次，抚养权的决定可能会使学步期孩子的生活变得如此难以预测，以至于剥夺了他建立自主所需要的稳定性。

对于大多数学步期的孩子来说，最理想的抚养权安排是"鸟巢"式的，即宝宝待在一个家庭中，父母轮流与他生活在一起。然而，这种情况几乎从未出现过。如果做不到这一点，对于大多数学步期的宝宝来说，最好的安排可能是和父母中的一方住在一起，让另一方在白天探访，但不在这里过夜。

住院与可选择的手术

尽管这个年龄宝宝的分离焦虑会增强并且情绪常常起伏不定，但现在进行一些选择性的手术要比等到 2 岁以后再做可能会更好。这是因为从 2 岁到 5 岁左右，孩子们会强烈关注身体的完整性和外表的变化这些观念。不满 2 岁的宝宝仍然在建立什么是"正常"的基本概念；2 岁以上的孩子对于这个概念已经根深蒂固,并且对于"不正常"有了明确的观念。

如果要进行选择性手术,至关重要的是一位父母要始终陪着孩子,直到麻醉开始生效,并且在药效开始减退时继续陪着他。如果父母表现得好像发生的一切事情都是预料中的、正常的、不可怕的,与此同时认可孩子的不适并对其进行安抚,孩子就能够最好地忍受痛苦的恢复过程。"我知道很疼,哦,这么痛真是太糟了。但是,我们现在这样做是很重要的。妈咪会帮助你感觉好一些",这样说要远远好于"哦,那一定很疼。妈咪感到很难过。请原谅妈咪。妈咪并不想让任何人伤害你"。

2岁孩子的健康检查

很多2岁的宝宝在这次检查中都是活泼、快乐的参与者。他们是如此快乐和活泼,以至于大多数女性儿科医生都知道不能穿一片式裙子。(有一段时间,我们曾考虑将"能够解开医生的衣服"列入发育里程碑的图表。)

对你最有帮助的是提前到达诊所,以便2岁的宝宝能熟悉一下诊所和检查室;你可以自己带一些2岁宝宝喜欢的玩具,再加上一两样价格便宜的新玩具,以便让他感觉就像在家里一样;你要表现出一种愉快而就事论事的态度、声音和表情;要让2岁的宝宝坐在父母的腿上,并"帮助"医生检查。大多数2岁宝宝都能将窥镜(小帽)装在耳镜上面(尽管你不得不动作很快,并确保2岁宝宝不会把它放进嘴里)并通过"小电视屏幕"看看父母的耳朵。少数的2岁宝宝需要"吹"儿科医生或父母的手指,这样才能在用听诊器检查时做深呼吸。然而,任何一个神志清醒的2岁宝宝都不会张大嘴巴让医生用压舌板进行检查。

即便2岁宝宝在大多数时候已经能够熟练地使用便盆,但我仍然建议考虑在检查时给他穿拉拉裤或尿布。因为压力常常会导致身体失控。

在检查时尽量不要带零食。它们会在口腔和咽喉上形成一层覆盖物,在进行咽喉检查时,容易引起呕吐,并且掉下的食物碎屑会令诊所的工作人员感到不满。它们还有可能会使医生与你讨论给孩子吃零食的问题,而你本来可以和医生讨论一些你更关心的话题。

展　望

不要害怕!2岁是一个奇妙的

年龄，充满了对话和友谊。要囤积一些适合童年早期的美妙的图画书——与儿童图书管理员和当地书店的经营者交朋友，他们会告诉你。要将你的冰箱门清理干净，要准备迎接孩子的第一幅手工作品。要准备一辆有踏板的三轮车。为充满乐趣的一年做好准备吧。

第 *10* 章

2 岁至 3 岁

两岁孩子的陪伴！

需要做的事情

- 处理对抗行为。
- 为小天使寻找 2 岁大的可以经常一起玩的玩伴。
- 教给孩子礼貌。
- 让孩子接触日常家务。
- 考虑开始接触第二语言。
- 准备一个便盆。
- 准备一张床。
- 预约一次牙医。
- 更换烟雾探测器的电池（在小天使每年生日的时候）。
- 帮助 2 岁的孩子爱上图书。

不要做的事情

- 不要在小天使的卧室里放置电视或电脑。
- 不要在吃饭时看电视，不要在看电视时吃东西。
- 最好将电视机的电源插头拔掉。
- 不要给孩子果汁和碳酸饮料。
- 不要随身携带小零嘴。
- 不要相信游泳课能防止宝宝溺水。

该年龄的画像：第一次青春期

史蒂文喜欢坐在自己的便盆上——穿着所有的衣服。他还喜欢把各种东西放进便盆里：他的小熊，他的火车，昨天还把妈妈的信用卡包放了进去，导致妈妈把卡挂失了。

在 2 岁半的时候，他的妈妈米兰达认为史蒂文应该已经懂事了。根据儿科医生的检查表，他已经为如厕训练做好了准备。他午觉醒来时尿布是干的。他知道什么是"尿尿"和"便便"。他已经看过很多其他人——孩子们和大人——使用便盆和马桶的有趣示范。他说他想要上面印有托马斯小火车的大男孩的裤子。现在，这条裤子就在他最底层的抽屉里，已经准备好了。

裤子可能已经准备好了，但史蒂文没有准备好。

他还没有准备好，尽管他不喜欢穿着湿了或脏了的尿布到处走。当他尿湿时，他会立刻来到米兰达面前并告诉她。在大便时，他不需要告诉她：这太明显了。史蒂文的脸上会出现一种好笑的表情，他会去到沙发后面，钻到茶几和电视之间的角落里。他会蹲下，发出哼哼声，并且脸憋得通红。现在，他就是这样大便的。这成了米兰达要去拿换尿布的东西和空气清新剂的信号。

在她给他擦屁屁时，她会向他指出生活的基本知识："如果你像大男孩一样拉在便盆里，你就不用因为要换尿布而不得不停止玩耍了。而且，你还可以穿托马斯小火车的裤子。爸爸和妈妈，还有爷爷和奶奶都会为你感到骄傲。"她盯着他，"戴维也是这样的。戴维在比你现在小得多的时候，就穿大男孩的裤子了。"戴维是史蒂文的英雄、对手和哥哥。戴维现在6岁。

这种方法不管用。其他不管用的方法还包括用巧克力糖豆、在行为表上贴小星星（史蒂文只是盯着小星星看）来奖励任何积极的如厕步骤以及使用成年人的大马桶的努力。戴维也被发动了起来。每次戴维上厕所，史蒂文都会被带去观摩。成功了吗？

没有。一点效果都没有。

为什么？米兰达很纳闷。史蒂文有这么好的生活。他每周去一个很可爱的日托中心三次，他很喜欢那里。那里的6个孩子中有3个已经完成了如厕训练。史蒂文的生活中没有任何特别的压力。他很健康，从未出现过便秘。

他还是一个聪明的小男孩。他能够用完全成人化的语言告诉你他想要的任何东西。今天早晨吃早餐时，他甚至说："实际上，我饿极了。"当然，他是在模仿戴维，但即使这样也很好。可是，他在如厕这件事情上为何这么固执？哦，天啊。

你应该看看史蒂文和戴维打架时的情景。当然，总是史蒂文攻击戴维，用拳头打他，用蜡笔在他的画上乱画，抢过他的玩具并跑开躲起来。大多数时候，米兰达和吉姆都尽量让两个男孩自己解决问题，但是，当有人（几乎总是戴维）痛苦地尖叫时，他们就不得不介入了。但是，让史蒂文去"暂停"是徒劳的。他不会待在一个角落里,并且他现在能爬出自己的婴儿床。所以,吉姆决定拍他的屁股一下。这能让史蒂文停止喊叫,并且能让戴维看到他的小弟弟不能伤害他,但是,到目前为止,打屁股并没有减少打架行为。

米兰达暗想,史蒂文越是固执,他就会变得越固执。他会变成什么样呢?

比如,现在到送他去日托中心的时间了,但是,史蒂文却不肯穿衣服。也就是说,他不让米兰达给他穿衣服。(史蒂文的精细运动能力好极了——在有大人照管并征得戴维同意的情况下,他甚至被允许玩戴维的小乐高积木——但是,他似乎掌握不了自己穿衣服的窍门。即便是教给他把腿伸进裤子的哪个洞里这样的事情,也会以失败告终。)

"史蒂文,我们现在得走了。帕特丽夏小姐会想你的。你会赶不上唱晨歌。另外,妈咪约了一个牙医,不能迟到。"不,不不不不不不。史蒂文没有跺脚,也没有喊叫,他只是藏在椅子后面,躲闪着不让妈妈抓住他。但是,他正冲着她像天使般地微笑,多么可爱的一个小家伙啊!他甚至给了她一个飞吻。但是,不,穿衣服不行。

帕特丽夏小姐不喜欢孩子们迟到,并且会向你详细地说明这一点。时间在一点一点地流逝。

"史蒂文!听着,我们必须马上穿好衣服!"她喊道,"马上!好吗?"

"不!"

"马上,我说!"

"不!"这样的对话会一直持续下去。

最后,她把他按在地板上,给他穿上了最简单的衣服,短裤、衬衫、鞋子和袜子,并且粗暴地将他放到了汽车安全座椅里。等他们到帕特丽夏小姐那里时,史蒂文已经脱掉了所有的衣服,除了他的衬衫(扣子在后面),还有,谢天谢地,他的尿布。

米兰达想知道,史蒂文出了什么问题。或者她自己出了什么问题。戴维可从来没有像这样过。

这,我的朋友,就是对抗行为。2岁的孩子就是要感到自己有力量并能控制一切,就是要发现自己在家庭中的位置。2岁的孩子总是想搞清楚:

• 我有多大的力量?像我的哥哥一样有力量吗?像妈妈或爸爸一样有力量吗?比任何人都更有力量吗?还是一点力量都没有?

• 什么是被允许的?什么是不被允许的,当你试着做不被允许的事情时，会发生什么？

• 谁在真正掌控一切？爸爸？妈妈？我？没有人？

• 妈妈和爸爸更爱谁？我，还是他？

今天早晨，史蒂文在这些问题上取得了很好的进展。到目前为止，他是最有力量的人，每件事情都是被允许的，并且史蒂文是掌控一切的人。说实话，米兰达也有同感。

对抗行为是从一个小孩子日常的反抗开始的。当这种反抗升级为与掌控一切的父母的争执时，双方的赌注都会加大。对于小天使来说，这是非常令人兴奋的。同时，这也是令人震惊的（你是说家里并不是由妈咪说了算？）、令人激动的（如果我真的施加压力，会发生可怕的事情吗？），并且是可怕的（我的内心深处知道，我还没有为掌控一切做好准备）。而且，这让人很难过（妈咪对我很生气。我能看出来，我不再是妈咪的宝贝了）并且很生气（戴维是妈咪的宝贝）。

一旦孩子与父母开始对抗性的争执，这些争斗的强度和频率往往都会升级。在最糟糕的情形中，父母可能会变得很愤怒，以至于打孩子屁股时下手越来越重。更多的时候，对抗行为只是毒化了家庭氛围，让每个人感到烦躁不安和焦虑。

如果对抗行为从未出现过，或在刚开始时就被解决了，与2岁孩子相伴的生活就可能很快乐。当史蒂文不处于对抗状态时，他是一个相当可爱的小家伙，充满了令人惊讶的2岁孩子的观察力。在看到一个新生儿的脐带残端时，史蒂文说："有人摘掉了她的花。"

那么，史蒂文到底出了什么问题？为什么他的哥哥戴维没有出现过这么让人讨厌的状况？

史蒂文需要的是米兰达重新考虑她的管教方式。现在，他们正处于一场史蒂文获胜的战争中。下面是"总司令"米兰达需要做的：

• 她需要重新选择战场，只在能够赢的时候才投入一场战斗。要马上。

• 当出现她无法赢的一种情形时，她要找到一种不用争执、解释或讨论就能克服史蒂文的反对的方法。

• 她需要重建史蒂文生活中的一些重要方面——尤其是如厕、日托以及与哥哥的打架——以便让史蒂文想要成长，而不是每一步都要战斗。

• 她需要特别注意让史蒂文知道她很喜欢他，因为史蒂文花了很多时间认识到——不那么准确地说——她能扭断他的小脖子。

米兰达要采取的这些策略在下面的"限制"部分会讨论。

一旦摆脱了对抗行为,史蒂文就能自己穿衣服、使用便盆,在自己的床上睡觉。当他的妈妈告诉他去做一件事,或停止做一件事时,他很可能会按她说的去做。事实上,他会让米兰达愉快地回忆起戴维2岁时的情景——戴维当时的有利条件是他的性情非常随和,并且在4岁前一直是家里的独子。是的,这是可以实现的。

这就是为什么正确地设立限制是这个年龄三个最重要的事项之一的原因。另外两个重要的发展方面是语言和社会技能。

父母和照料者最重要的新任务

做一个2岁孩子的父母,就像给一个大公司要求很高的CEO做高级秘书。你需要机敏、组织能力和耐心;你需要才思敏捷,你需要直觉能力。但是,最有帮助的是要绝对确信公司事业的重要性。

这个公司——2岁的孩子——正致力于一项重要的事业:巩固他对自己身体的控制,用语言而不仅仅是行为来表达他的感受、需要和异议,并且发展与家庭之外的其他孩子和成年人的一种相处方式。

这不只是一个CEO。这是一个足够成熟,能提出要求、做比较、处理基本的抽象概念和符号的人。这是一个能自己穿衣服、洗澡,并能帮忙做家务的人。这是一个能交朋友和轮流(但还不能进行真正的分享)的人。

但是,这也是一个相信自己去玩具屋后面大便,别人就看不见也听不见的人。他想要完全掌控他的身体、他的作息时间,以及他的所有物。除了某些时候。在这时,他想要得到帮助,并且想立即就得到这种帮助。

直到大约2岁,只要大人爱孩子并始终如一,而且愿意设立合理的限制,几乎任何环境都能促进孩子的发展,而无须特别的努力。然而,在过了2岁之后,大人的技巧和对孩子的理解以及玩耍的环境,对于帮助孩子们实现最佳发展起着很大作用。

在以下3个方面尤其如此:

- 语言发展和抽象概念;
- 社交互动,包括幻想游戏、同龄人关系,以及领导和竞争;
- 自立,包括照顾自己、使用便盆、自尊和完美主义。

语言发展和抽象概念

2岁孩子的语言一开始是"自我

中心的"并且是"实战的"。也就是说，2岁的孩子运用语言是为了表达自己，而不是为了沟通，而且，他们谈论的主要是此时此地的事物。

让一个2岁的小孩子讨论不在眼前的事物通常是行不通的。问他生日时得到了什么礼物，或你们刚才去哪儿吃的午饭，或他认为爸爸现在在做什么，可能不会让你们的对话继续下去。

迎合、训练和破解一个2岁孩子的话语，可能会相当累人，但是，不这样做可能会让人更加疲惫。

很多2岁的孩子还会口吃。这通常开始于语言能力已经很好地形成之后，起初出现在孩子非常兴奋或有压力的时候，然后似乎就变成了一种习惯。表明这些口吃"无害"的迹象是：

- 口吃出现在一个词的开头，或是出现在一个句子的第一个词。"为为为为为什么是个马，为什么是个马，为什么是个马戏团"是2岁孩子的一句典型的正常的话。口吃不出现在一个单词的中间，比如"moth-th-th-ther"（妈妈）。
- 孩子在口吃时脸上不会有任何扭曲或变形。
- 孩子通常对这种现象似乎不感到不安。

如果孩子的口吃不是这样，或者如果持续的时间超过4周，或者如果父母或其他人对此感到很担忧（可能因为有口吃的家族史），那就要对孩子做一次语言发展评估。

否则，最好的解决办法就是放慢孩子的节奏，或减轻孩子的压力。通过要求孩子慢慢说、替他说出某个词等办法引起孩子对口吃的关注，不是一个好办法。

另一件事情是：2岁的孩子不知道一些词被认为比其他词更难发音或更复杂。

一旦2岁的孩子将简单的对话了解得很透彻，父母就会感到能自由地教给他一些既具体又容易解释的复杂词语了。比如"建筑工人"或"宇航员"这样的称呼，或"表明""闲逛""恳求"之类的动词。如果是在一种有趣的——更好的是让孩子感到兴奋的——语境中让孩子接触这些词，每个词的含义就容易被定义。这些词语都不应该比"Snuffalupagus"（布偶猛犸象）更难发音或音节更多。

这与催促孩子很早就阅读、记住各州首府名或做简单的算术不是一样的吗？你肯定认为是一样的。当父母让孩子了解他们正常谈话的词汇时，他们并不是在以填鸭的方式教给孩子一些特殊技能。他们是在为相互交谈和相互尊重打基础。

掌握技巧的成年人还能促进孩子对各种概念的理解。因为2岁孩子是植根于此时此地和具体的事物的，他们不太可能理解提到的过去的事情（"这个玩具很像去年你过生日时玛格丽特姑姑送你的礼物"）或谈论某个并非具体呈现在眼前的事物（"彼得，告诉爸爸我们今天上午看到的所有飞机"）。

相反，议论孩子已经产生兴趣的事物是有用的。"这本书里的兔子正在开一辆蒸汽挖掘机。我猜他想用挖掘机挖一个大洞。我想知道他要用这个洞来干什么"（预期行为的后果）。"这是用来操作挖掘机的手柄"（注意到一个细节）。"它看上去很像妈咪汽车上的排挡，但是妈咪的汽车上没有大铲子"（指出一个差异）。"如果所有的汽车都有一个大铲子，是不是很好玩？"（提出一个抽象概念）。

社交互动

如果过去的一年一切顺利，2岁的孩子应该已经在与成年人的互动方面取得了很大的进步。他们已经学会了在大部分的时间里以可接受的方式（不是通过发脾气、哼唧或者黏人）获得并保持成年人的关注。他们能够表达各种感受，包括正面和负面的，而无须进行身体攻击。他们知道自己什么时候是"可爱的"或"讨人喜欢的"，或"很有性格"，并且可能会做得过火。

现在，2岁的孩子已经准备好冒险进入同龄人的世界了。在这一年中，父母们可以帮助2岁的孩子在几个方面发展社会能力。有两个方面是我们通常留给孩子们自己解决的——幻想游戏和同龄人交往——但这或许不是最佳策略。

幻 想

在几个月前，2岁的孩子会用奶瓶给洋娃娃喂奶，或模仿消防车的声音了。现在，他能说："我是爸爸，这个宝宝坏，去做'暂停'。"以及"消防员来救火啦。"他能模仿很多电视上看到的形象，从忍者神龟到小飞侠彼得·潘。小女孩常常会扮演复杂的家庭角色，或许是因为电视角色中几乎没有什么女性英雄。

一些父母担心2岁的孩子已经陷入了刻板的性别印象。然而，2岁的孩子进行的大多数角色扮演，反映的都是对同性别父母的健康的身份认同。它还反应了2岁孩子仍在发展中的能力：他们能通过无休止地重复一个角色的某些特征来把这个角色表演出来，但是，他们还不会自己编故事。所以，2岁的女孩可能一天会换7次衣服，化妆，涂指甲油。或者，2岁的男孩可能会没完没了地挥舞一把剑，并坚持穿着他的蝙蝠侠披风。

我认识的很多父母都很努力地拓展和塑造小女孩的幻想生活。在家里，2岁的女孩可能有当律师、艺术家和会计的妈妈；她们可能知道或见过开卡车、操作危险而强大的机器、乘宇宙飞船进入太空的女性。她们看的书中可能有具有女性特点的火车、挖掘机、小马、小熊，以及能力非凡的女英雄。但是，她们到了夜晚仍然会打扮自己并梳理头发。

我不知道有任何研究能为那些希望自己的女儿少受刻板的性别角色束缚的父母提供经过科学验证的建议。然而，我自己的职业实践中看到能起作用的，是以下这些建议：

• 确保小女孩拥有大量现实生活中的挑战，以及很多的假扮活动。
• 有意识地努力认可并鼓励冒险精神、勇敢、好奇心和创造性。
• 允许她有像男孩一样的喧闹、活泼的行为；并要少一些哼唧、发脾气和黏人的行为。
• 尽力确保她相信自己的妈妈，以及妈妈的替代者，喜欢自己的女性身份，并要确保她们对女性的定义并不仅限于女性化的刻板行为。
• 尽力确保她的父亲或代替父亲位置的人，对她的美德（勇气、力量、创造性、幽默）给予赞扬。
• 见本章"如厕技能"中关于外生殖器的名称。如果一个小女孩知道男孩有一个阴茎（也可能是睾丸或蛋蛋），但她自己却最多只有一个被称作"吉娜"的神秘区域，她就会奇怪究竟自己和其他女性出了什么问题。她可能相信阴茎或男性特征是能得到或者被去除的。
• 确保孩子感到她的身体是有魅力的、迷人的，并且是有乐趣的。

枪和剑

那么，那些用武器玩游戏以及快乐地表演着斩首和开膛的小男孩如何呢？

从我看到的那么多孩子中，我确信，在这一年中，这样的游戏几乎完全是模仿性的。

在大约3岁时，如果没有玩具枪，有那么多小男孩会用自己的手指、一根木棍或是其他什么东西来当作枪，以至于我不得不相信这是Y染色体所带来的与生俱来的特质。到5岁时，大多数男孩会全副武装，并且可以被认为是武士。但是，在2~3岁这一年中，只有当孩子从电视上看到这种行为，或有较大的孩子做出榜样时，这种游戏才会把一个男孩迷到成为他的主要幻想的程度。

然而，如果2岁的孩子确实接触到这种行为，枪和剑的游戏就可能取代所有其他幻想。这毫不奇怪。2岁孩子关注的焦点是自我控制和力量，而这种游戏是获得这两种幻想的一种多么容易而令人兴奋的方式啊。你无须费力学习语言、协商或轮流。而且，你对这些技能练习得越少，就越无法进行除枪之外的其他游戏。

无论父母对与枪有关的游戏持什么样的整体态度，在这一阶段，这样的游戏会有三个问题。

第一，一个2岁孩子还不具备太多的自我控制能力和判断力，塑料剑可能对眼睛和其他身体部位造成伤害（除了把桌子上的东西碰掉之外）。

第二，枪和剑的游戏可能常常会影响孩子其他技能的习得。用枪或剑来吸引成年人注意的孩子，学不会如何用话语引起关注。如果他总是玩枪战游戏，就不会去扮演消防员、宇航员、父亲、医生、驯狮人、火车工程师等。

最后，喜欢玩枪战游戏的2岁孩子会完全被电视中的动作类节目迷住。这可能使父母无法聚集足够的勇气让一个已经上瘾的2岁半孩子不再看星期六早上的卡通片。当然，这些电视节目会使孩子更加沉迷于枪战游戏，而枪战游戏则让孩子更加迷恋这些电视节目，这就形成了一个强大的自循环。这样看电视完全是非互动性的，并且实际上会妨碍孩子互动式的看电视、读书和故事时间。

如果孩子很早就养成了这样的习惯，它似乎不会随着孩子的成长而自行消失，而是会变得越来越根深蒂固。

因此，最好从一开始就不要养成这样的习惯。

同龄人的游戏

同龄人游戏与权力关系、幻想和共同的兴趣有关。由于2岁的孩子正在学习所有这些事情，同龄人的游戏需要了解孩子的成年人进行大量机智、带有幽默感的干预。

对于任何年龄的孩子来说，同龄人互动的最容易的形式，是一种权力关系。最难的形式是合作。在大人的帮助下，2岁的孩子能学会轮流、制定一个计划（挖一个洞到中国）、玩一些让每个人都赢的简单游戏，用想象来进行角色扮演（扮演医生或马戏表演）。没有成年人的照管，一个精力充沛的孩子可能会求助于推、抓和打；而一个相对安静的孩子可能会退到一旁，放弃游戏。这会形成一种无价值的游戏模式。

在这一年中，在大人的帮助下，每个孩子都能学会在完成一项任务的过程中领导、跟随和分享。

竞　争

追求权力的 2 岁孩子热衷于竞争。实际上，如果任其行事，2 岁的孩子会把每件事都变成一场竞争。

照管 2 岁孩子的成年人，能有效地将过度竞争的倾向消灭于萌芽状态，因为这种倾向会减少 2 岁孩子生活中的快乐，并造成以后的一些问题。有这种倾向的孩子包括：

- 那些参加一项活动只是为了获胜的孩子；
- 那些完美主义的孩子；
- 那些认为自己从来没有把任何事情做到"最好"的孩子；
- 为了避免获胜而选择退出的有同情心的孩子。

对于这样的孩子，大人所能采取的最有帮助的策略是先暂时停止竞争行为，直到孩子变得更自信。当然，你无法通过仅仅告诉孩子不要竞争来做到这一点。而且，大人们是如此习惯于通过运用赞扬和批评来监督孩子的行为，以至于他们可能意识不到自己是在培养越来越强烈的竞争。

很少失败的一种策略是只与孩子谈论正在发生的事情，而不是给予赞扬或进行比较。例如，与孩子谈论他们正在挖的坑中的昆虫、毛毛虫、石头等，会将他们的兴趣从谁挖的洞最深上转移开。

最后，赞扬群体而不是赞扬个人通常很管用："杰米、彼得和梅丽莎今天让那个皮球玩得很开心。他们都跑得那么快，以至于皮球根本一秒钟也停不下来。我打赌皮球真的累坏了。"

自　立

由于 2 岁期间的终点在于自我控制、自主和赋予力量，一个 2 岁的孩子在这些方面越成功，就越可能成为一个更好的人。父母们可以通过以下方式提供帮助：

- 提供选择，而不是提出要求（除非是在设立限制！）。但是，如果父母提供一个选择，它就应当是一个真正的选择：不要批评孩子做出的任何一个选择，不管是口头的还是无声的。
- 教给孩子技能的方式要让他们感到被赋予了力量，而不仅仅是顺从：见本章"机会之窗"部分的"如厕技能"。

- 要记住，2岁孩子能够感知父母对他们的印象，不论是在直接的对话中，还是在孩子有可能偷听到的谈话中，都要传达出对其自主的尊重。比如，当你打电话时，如果2岁孩子在一旁听着，描述孩子取得的一些新成就而不是抱怨其不足或不听话，会有帮助。如果你在这样做时假装不知道孩子在偷听，会更有效。

分离问题

在日托中心或幼儿园以及就寝时的分离，是2岁孩子最常遇到的两个问题。

去日托机构或幼儿园

对于日托机构或幼儿园的分离问题，让2岁孩子最烦恼的似乎不是焦虑（妈咪走了，我怎么知道她会回来？），而是这种分离不由他们掌控。

有些老师告诉父母们要迅速而快乐地与孩子道别，向孩子仔细解释妈妈或爸爸会回来接他以及何时回来，然后就离开。孩子可能会哭一会儿，但通常都能被哄着去玩耍，到了该回家时，甚至常常都不想走。确实，这种方法通常都会管用。

不幸的是，这并不能让妈妈或爸爸变得更轻松。即便2岁孩子一旦适应了幼儿园，就会明显爱上他的小群体，但哭闹和抗议可能还是会日复一日地反复出现。

2岁孩子有一个可以让我们在这里和其他情形中加以利用的很好的特点，那就是，他们完全透明、不会产生怀疑，并且有追求权力的意志。这里的窍门是要设计一种情形，让2岁的孩子相信这种情形给予他权力的方式正是你希望他遵循的方式。2岁的孩子不大可能看穿这一点。

在日托情形中，对父母来说管用的办法是，在头几天和孩子一起去，并计划好在那里陪他一两个小时。通常，只需要这样做3天。在头一两天，让孩子按照自己的节奏逐渐喜欢上那里的活动。要在两个活动之间挑个恰当的时机和孩子一起离开。

当2岁的孩子明显开始乐在其中并期待这种经历时，你就可以开始进入下一阶段了。当他对一项活动变得绝对全神贯注时，你要和他一起待在那儿。要尽量挑他玩得最投入的时候走到他身边，说："对不起，我们现在不得不走了。"通常，哭闹和踢打会随之而来。要坚定，不要动摇。如果有必要，就把他抱起来，然后离开。

第二天，带他到日托机构，快乐

而坚定地说再见，告诉他你什么时候会回来接他。这种方法几乎总是管用的。孩子事实上常常会把父母推出门外，说："你现在走吧。我必须留在这儿玩。"

即使孩子已经习惯了早晨在父母离开时哭闹，这种方法也会管用。

然而，要想让这种方法成功，重要的是：

• 日托机构或幼儿园真正是一个快乐而迷人的地方。各项活动都是与孩子的年龄相适应的，同龄孩子之间的关系是好的并且能得到巧妙的监护，氛围是轻松的。

• 父母对于分离没有太多的矛盾心理（不表现出矛盾情绪），孩子无须担心当他不在家时会发生一些可怕的事情。婚姻压力、即将搬家或父母的疾病等问题，可能会使一个孩子决定哪儿也不去。

• 孩子不会感觉到被剥夺了在日托机构之外与父母单独相处的亲子时光，不会对他是否被父母喜爱并被认为是可爱、聪明、有趣等产生怀疑。

• 两次日托间隔的时间不太长。一周一次，甚至一周两次的日托，对于只有短时记忆的2岁孩子来说可能根本不管用。对他们来说，每次去日托机构都像是一次全新的经历。即使是每天一次的日托，如果日托机构迎合孩子的随意来去或其他孩子和照料者轮换得非常快，也同样会出现这种情况。

更多的讨论，见下面的"机会之窗"。

就寝时间与睡眠

第二大分离问题是就寝时间。

我听到的这一年中的三大问题是：用各种需求来拖延就寝，夜里因害怕而醒来，以及在从婴儿床转移到床上时，不肯睡在那里。

像通常一样，夜间的问题常常是白天没有得到解决的问题的反映。对于一个2岁孩子来说，要想做到在上床睡觉时不烦恼、在一开始以及夜里醒来时能自己入睡并在他自己的床上入睡，他要很好地理解很多事情。

• 他必须在白天与父母拥有足够令人满意的时光，这样他才不会感到空虚和被剥夺。要有令人满意的时光，他必须感到自己是被喜爱和尊重的，而不只是得到爱和拥抱。

• 他必须感觉到一定程度的独立、自立和权力。他必须体验过分离带来的快乐。

- 他必须确信他的父母是全心全意地想让他上床睡觉，不论出于什么原因，都不以隐秘或不那么隐秘的方式渴望他陪在身边。

- 他必须确信他不会因为上床睡觉而错过什么事情，无论这种事情是让人害怕的（父母吵架），还是有趣的（爆米花[①]和电视节目）。

如果所有这些条件都满足了，你就能解决孩子的就寝问题。（另见上一章"18个月至2岁"中的"睡眠"）

拖延就寝

见上一章的"睡眠"。

有时候，一个能够在白天很好地接受分离的2岁孩子，到了夜晚仍然会产生焦虑。有两个办法似乎会有帮助。

- 确保他白天在他的卧室里度过一些快乐的时光，这样，卧室对于他就不再只是一个"被流放的地方"。

- 试试给他"妈妈的一小块"或"爸爸的一小块"让他抱着。这是一个代替父母向他"说话"的物品，一个与来自父母的安全和温暖感几乎等同的物品。可以给他的泰迪熊穿上一件母亲或父亲的衣服，用来充当他夜里的守护者。

夜里因害怕而醒来

这是什么夜醒呢？有两种，夜惊和做噩梦。

夜惊在旁观者看来真的很可怕。夜惊的孩子的行为就好像被恶魔附身一样。他似乎认不出他的父母，并且可能会用仇恨或愤怒以及恐惧的眼神盯着他们。他会将他们推开。他浑身发抖，尖叫不止。这真是太可怕了。无论你怎么做都不能安慰他。

出现这种情况是因为有什么事情将2岁孩子从最深的睡眠阶段唤醒了，而且他真的对自己周围的环境没有意识。他大脑中最原始的部分清醒了，但是掌管思维和记忆的部分还在沉睡。对于2岁的孩子来说，让他醒来的原因通常是身体上的，比如蛲虫。（见本书第2篇"吓人的行为"中的"夜惊"。）

噩梦会让父母感到不安，但不会让他们感到恐怖。孩子认识你。他会要求你的安慰和亲密，并坚持你在他入睡后仍待在他身边。

做噩梦的2岁孩子通常无法告诉你梦到了什么。到3岁时，你可能会听到怪物和熊、火箭和枪的故事，但是，从2岁孩子那里，你可能只会听

---

① 对于2岁孩子仍然是很危险的，容易导致窒息。——作者注

到孩子绝望的哀号,看到伸出的双臂。

很多时候,噩梦都与白天生活中的压力和变化有关。这里所说的压力并不一定是"坏的"压力,例如生病、父母离婚或受到惩罚。它也可能是日程安排中让人高兴的一种变化,例如上了一所极好的幼儿园,或者孩子欢迎并喜爱的访客的到来,或者甚至是像学会了骑三轮车这样的新技能。

能够让孩子平静下来的日常活动是有帮助的。在孩子特别兴奋或有压力的时候,和2岁的孩子一起坐在地板上度过一些独处时光,并且玩一些诸如滚球和搭积木这种重复单调的(对成年人来说)游戏,通常是有帮助的。这些游戏似乎能让孩子体内的魔鬼平静下来。

如果孩子仍然做噩梦,就需要更多的分析,儿科医生通常对此都很在行。

从床上下来:从婴儿床换到床上

这不只是一个行为问题,而且是十分危险的。2岁的孩子有时甚至能走出家门,就像上一章中提到的那个半夜1点的探险者诺亚那样。即使是在家里,也有各种各样的危险,从抽水马桶到残留有酒精饮料的玻璃杯。

因此,如果你的2岁孩子晚上仍然使用睡袋,要继续让他使用。睡袋会防止孩子在夜间漫游。此外,如果2岁的孩子仍然能睡在婴儿床里,或是有一个婴儿床加高装置,并且孩子爬不出来,我建议不要在这个年龄让他换到真正的床上。到快满3岁时,他保持谨慎并约束自己行为的能力会更强。3岁的孩子通常不会探究抽水马桶,也不会一声不响地离开家,或者认定半夜2点是进入杂物室吃清洁剂的一个好时机。

但是,如果必须让孩子睡到床上,这里有几种方法可以完成这一重大改变。

首先,很多2岁的孩子很依恋自己的婴儿床,并且不想放弃它。这可能会成为一个问题,尤其是对有第二个孩子的父母来说,此时小婴儿正要过睡婴儿摇篮的年龄。帮助2岁的孩子习惯大床的一个方法,是把婴儿床的床垫拿到地板上,让他睡在上面,并把婴儿床留在房间里。当他习惯了没有防护栏的婴儿床后,将他转移到真正的床上就会容易一些。

第二,在他从婴儿床转移到床上之前,要让他习惯于夜晚在门上装一个栅栏。一扇两截门、一个栅栏,甚至关上门(房间里开着小夜灯)都是很好的。这很重要,即使对那些晚上睡得很沉,并且从来没有在半夜弄醒父母的2岁孩子来说也是如此。

第三，那些在半夜醒来把你叫到婴儿床边让你把他抱起来的孩子，在你让他睡到床上之后也不会改变这种模式，而只会更难对付。如果可能，要在尝试睡到床上之前先结束这种模式。

设立限制

日复一日，史蒂文和米兰达在家里的战场上始终在相互交战。她给出一个命令，他拒绝遵守；她变得更坚定，他的拒绝也随之升级：声音越来越大，直到他们中的一个人——通常是米兰达——崩溃。她要么放弃，做出徒劳无益的行为（给他穿好衣服，知道他会再次把衣服脱掉），要么像吉姆一样，打史蒂文的屁股。这可能会让史蒂文服从，但无助于解决争斗循环的继续。事实上，争斗可能甚至会变得更糟；并且她不知道事情会发展成什么样子。

除此之外，米兰达还发现：

• 对普通的好行为给予贿赂和奖励会使情况变得更糟。用巧克力糖豆奖励使用便盆的行为就是如此。3天后，史蒂文说："不喜欢糖果。"情况就是这样。

• "暂停"不管用；史蒂文会逃出来并且对抗得更厉害。

• 对她所认为的史蒂文的感受表示同情也不管用。（"我能看出来你很生气。这就是你藏在桌子下的原因。生气没关系，但是现在你该出来了。快出来，史蒂文。你真的应该出来了。我知道你不想出来，可有时候我们不得不做自己不想做的事情……"等等）

• 与史蒂文好好谈并要求他合作，也不管用。史蒂文会开始坐立不安，在她终于说完之后，他会说诸如"我想要我的红色卡车"之类的话。

• 坚定地告诉史蒂文她期望他听话、服从或尊重她，也不管用。他仰着头看着她，眨着眼睛，好像她说的是火星语。

事实上，对于真正的对抗行为，不管是惩罚还是奖励都是无效的。这是因为反复争执所造成的毒化效果。一旦这变成一种模式，2岁的孩子是赢得还是输掉一次具体的冲突就变得无关痛痒了。2岁的孩子正在探索的是自我定义，而正是在与父母和兄弟姐妹的权力较量中，他在做出自己的发现。

为什么"暂停"在一所好日托机构或幼儿园通常管用呢？这是因为2岁孩子在那里获得自我定义的途径是通过与其他2岁孩子的互动。老师并

> **解决对抗行为**
> - 只有在你能通过立即采取行动赢得争斗时,才与2岁的孩子进行意志的较量。
> - 要认清何时给出一个命令是自找麻烦,因为这是一场你赢不了的争斗。
> - 要阻止兄弟姐妹间"对抗性"的争斗。
> - 务必确保2岁孩子有一种令人满意的方式来试探并界定自己的权力——比如,一个很好的日托幼儿园或看护机构。
> - 重建2岁的孩子对他是你珍爱的宝贝的信心。

不是小天使寻求权力和掌控所关注的焦点,他们感觉不到试探老师的规则的冲动。这就是为什么我说当2岁孩子的身边没有其他的2岁孩子时,他就会把身边离他最近的大人变成一个2岁的孩子。

这就是史蒂文对米兰达所做的。他将她彻底拖入了他的战场。

然而,有些事情确实是管用的。下面这5种策略,如果米兰达将它们结合在一起运用,会阻止或极大地减少这个年龄孩子的对抗行为。

米兰达需要做的是阻止任何对她的权威的成功挑战,并停止反复争执所造成的毒化效果。下面是她需要做的。她应该:

• **只有在她能通过立即采取行动赢得争斗时,才与史蒂文进行意志的较量。** 她无法强迫史蒂文使用便盆。她无法强迫他不脱衣服,一旦史蒂文坐在汽车后座她够不到的位置上,他就会脱掉衣服。然而,她可以把他抱起来放到汽车安全座椅里,开车送他去日托机构,并把他的衣服装在袋子里,等到那里再穿。而且,她无须与他进行反复的争执就能做到这一点。

• **认清何时给出一个命令是自找麻烦,因为这是一场你赢不了的争斗。** 比如,穿上衣服并且不再脱下,或使用便盆。在这种情况下,要有其他选择。比如,将他的衣服装进袋子里。对于他拒绝使用便盆,她可以运用本书第3篇"拒绝使用便盆"中介绍的技巧。

• **阻止兄弟姐妹间"对抗性"的争斗。** 米兰达对此并不怀疑,但是,挑起大多数争斗的是戴维,而每次都是史蒂文因为攻击戴维而受到责备。史蒂文现在开始对戴维使用同样的策略。他们打架不是为了得到一个玩具，或者报仇，而是兄弟俩要决定谁占支配地位。当米兰达或吉姆前来主持"公正"时，他们就会更加起劲：这样，两个男孩就可以从裁判那里获得一个最终裁定。打架比游戏更令他们感到兴奋。他们从来没有学过如何通过协商解决打架问题。兄弟俩通过打架只学会两件事：

- 如何让对方陷入麻烦
- 如何通过打架得到父母的关注

当然，他们需要学习的是如何在一起玩耍而不打架。见第3篇的"同胞战争"。

• **调整史蒂文的日托。**如果史蒂文每天都参加非常好的日托，会有3个好处。第一，他会平静地去日托机构，因为这会成为一个日常的仪式。第二，他会从在幼儿园的成熟经历中获益。第三，他不在家能使米兰达获得一些她极其需要的休息和娱乐，并减少反复争执所造成的毒化效果。

• **要确保史蒂文知道自己是妈妈珍爱的宝贝。**现在，米兰达没有做到这一点。她太生气、太沮丧并且筋疲力尽。但是，一旦她明白这个因素在她的新策略中的重要性，她就会真心真意地表现出这一点。

关于这个问题的完整讨论，见第3篇的"对抗行为"。

日常的发育

里程碑

视　力

2岁孩子能看到天上的飞机、展翅飞翔的小鸟。2岁的孩子可能找不到"威利"①，但是，在你指给他看时，他能认出来。2岁孩子能跟随电视上的情节，当人物从一个场景换到另一个场景时，他们能认出来。

再说一次，视力存在问题的迹象是两岁的孩子眯着眼睛看东西、看东西靠得非常近、闭着一只眼睛，或者在看电视时歪着头。

说话和语言

这一年，孩子的语言会有很大的发展。

2岁孩子几乎能听懂对他所说的一切，并能对包含一个步骤、有时是两个步骤的指令做出回应，如果他愿意的话。2岁孩子能说出两三个词的电报式句子（"爸爸倒了"），并且

---

① 英国小说家、插画漫画家马丁·汉德福德（Martin Handford）创作的童书 *Where's Waldo?*（中文版书名为《威利在哪里？》）中的主角。——译者注

几乎能够重复他愿意重复的每个词。2岁孩子可能仍然用专有名词指代人，而不是我、你、他、她。

3岁的孩子如果愿意，能够遵照执行三个或更多个步骤的指令，并且能用话语表达自己想要表达的任何内容。3岁孩子常常结巴和口吃，但在他说话时，一个陌生人也几乎能听懂所有的词。很多3岁孩子会把"socks"（袜子）说成"thocks"，把"yellow"（黄色）说成"lello"，把"running"（跑）说成"wunning"。3岁孩子理解"上""里面"和"下面"，但通常不理解"后面"。（为什么会这样？这是因为他们太以自我为中心，只能理解他们能具体看到的方向吗？）

到3岁时，很多孩子都能说出大多数主要的颜色，理解"二"的概念，并且或许能"数到10"，但还不会使用数字。大多数孩子都能记住至少一首简短的儿歌或歌曲。

2岁孩子喜欢看书中的图画，并寻找各种物品。3岁的孩子想听其中的故事，一字不落，一遍又一遍地听，直到你们两个都对这个故事烂熟于心。

大肌肉运动

到2岁时，学步期的孩子能用脚跟至脚尖的方式走路，而不仅仅是脚尖走路。他们能手举过肩投掷物品，能把一个大球向前踢，并且能拉着别人的手上楼梯。到3岁时，他们能双脚同时离地跳起，还能单脚站几秒钟。〔但是，如果你让一个只能按照字面意思理解的3岁孩子"用一只脚站着（stand on one feet）"，而不给他做示范，他就会以奇怪的表情看着你，小心翼翼地把一只脚踩在另一只脚上面，然后跌倒。〕有些2岁孩子和所有的3岁孩子都能骑三轮脚踏车。当他们从地上起来时，2岁孩子应该不用撑着自己的身体就站起来。

精细运动

2岁孩子能用拳头攥着蜡笔涂鸦。3岁孩子能用三个手指捏住一根铅笔画一个类似于圆形的图形，即一个由首尾相连的连续线段组成的图形。（"这是一个烤马铃薯"，很多3岁孩子告诉我。）3岁孩子能使用勺子和叉子，但通常还不会使用筷子。2岁孩子能扳动杠杆式的门把手，在3岁以前很久就能操控球形门把手。2岁孩子正在学习拧瓶盖，尤其是那些药瓶的瓶盖，而3岁孩子对此已十分熟练。在这一年里，很多孩子会开始显示出对某一只手的偏好；尽管一些男孩要到5岁才会表现出这种偏好。

自理

2岁孩子能被教会自己穿衣服，洗手并将手擦干。最令人印象深刻的是，大多数2岁孩子会在这一年学会使用便盆小便，如果还不会使用便盆大便的话。见"机会之窗"部分的"如厕技能"。

家务

当2岁的孩子愿意的时候，他会是一个好帮手。适合2岁孩子的家务包括："铺"自己的床（自己轻轻地脱衣服，然后盖上被子）；将脏衣服放进洗衣篮，把衣服挂在低处的衣钩上。2岁孩子能把玩具放进玩具箱里并把书收好。

这是开始把这些事情称作"2岁孩子的活儿"，而不是"帮助"任何人的一个好时机。毕竟，帮助是可选择的——一个人慷慨地贡献出自己的时间来帮助其他人完成工作。而拥有自己的活儿则完全是另一回事。

礼貌

一个人在2岁时学的东西，不管是好是坏，往往会影响很多年，因此，从2岁开始让孩子学会有礼貌是一种很好的投资。

如果大人能利用每一个机会对2岁孩子说"请""谢谢你""对不起"和"祝你健康"，或让他听到这些话，2岁孩子几乎不可避免地也会说这些话。

2岁孩子已经足以在自己的2岁生日派对后为收到的礼物"写"感谢信——由孩子涂鸦，大人写文字。

2岁孩子已经足以"击掌庆贺"，并且能被教会在某些情形中握手会更加礼貌（哪只手都可以）。

睡 眠

大多数2岁孩子在每天的24个小时中仍然大约睡13个小时：晚上睡11个小时，其余的时间是白天的一次小睡。

关于小睡和就寝的问题，与上一章该部分的描述很相似。

然而，这里补充了一个新内容：孩子在醒来后能够描述部分内容的噩梦。如果2岁孩子的此类噩梦并非很罕见，有可能是出现了下面三个问题中的一个：

• 2岁孩子明显害怕或意识到自己被认为"坏"或"淘气"，或者在某些重要的方面让父母失望。这样一个2岁的孩子常常会有攻击行为、发脾气以及其他令人烦恼的日间行为。如果本章前面介绍的方法没有帮助，就需要与儿科医生进行讨论。

• 2岁孩子由于家里的压力而感到没有安全感：夫妻不和、经济问题、生病、即将出生或刚刚出生的弟弟或妹妹。这里的解决办法是帮助大人处理这些压力。

• 2岁孩子可能看了暴力电视节目，最大的罪魁祸首是为年龄大得多的孩子（我希望是这样）制作的卡通片和儿童节目。即便是有暴力内容的广告，比如在马桶里出现怪物的广告，也会让2岁孩子感到不安。

生 长

一个由来已久的传闻是，你可以将2岁孩子的身高乘以2，就得到他成年后的身高。嗯，有时候是这样的。如果一个孩子能够保持在自己2岁时的身高曲线上，一直到成年，那么，这种说法大致是正确的。但是，这是一个大大的"如果"，取决于天生的荷尔蒙成熟模式（当然，还有健康和营养）。如果孩子的荷尔蒙成熟程度比其年龄应有的提前几年，他就会较早进入青春期，并且停止生长也早，因此会比预测的身高矮。如果他的成熟程度较低，就会较晚进入青春期，停止生长也晚，身高会比预测的高一些。

家族史也会对身高产生影响。如果一个男孩的父亲在高二时迅速蹿高36厘米，那么他可能也会如此。如果一个女孩的母亲在四年级时比同龄人高出很多而现在却属于身材娇小的人，她可能也会遵循同样的足迹。

大多数孩子的体重在这一年中会增加约2千克，或者说每个月不到0.2千克。大多数孩子的身高在这一整年里会增长6~9厘米。在这一年中，2岁孩子原先圆滚滚的肚子会消失，并开始看上去像个瘦而健壮的小孩。

更多信息见本书第3篇"全面的成长"。

当心肥胖

对于大多数成年人——甚至是医生和医学生——来说，很难确定2岁孩子是否过度肥胖。这是因为我们的头脑中已经形成了一种对什么是"正常"的固有看法。由于真实生活中和媒体中有那么多孩子超重，我们对"正常"的观念往往也变成了超重。因此，对我们很多人来说，一个肥胖的2岁孩子看起来是正常的，一个正常体重的2岁孩子却看起来偏瘦，而一个苗条的正常体重的2岁孩子看起来则是瘦骨嶙峋的。

出于这个原因，你应该向你的儿科医生询问你的孩子的生长百分位或体重指数（BMI），或按照本书中"胖还是不胖，我们来告诉你"一章中的指导进行测算。

当一个2岁孩子的体重增长超出正常范围时，通常是由于以下三种原因之一：

- 照料人对他需要吃多少有误解，给他的食物份量太大；不必要的果汁或零食；或者没缘由地提供第二份食物。或许，他喝了太多的牛奶。
- 他的日常生活中看电视太多，并且活动得太少。他可能睡午觉的时间比他需要的长。
- 他是超重体质。这可能是遗传的，或者可能部分是天生的，部分是后天的。这样的2岁孩子"总是饿"，总在寻找食物，从不拒绝零食或第二份食物。

尽管帮助这样一个2岁孩子比帮助其他不是超重体质的孩子更加棘手一些，但这种帮助却是更加重要的。如果放任不管，这样一个2岁的孩子可能很早就会出现严重的体重问题。一个严重超重的小女孩可能会在7岁或8岁时就进入青春期。所有严重超重的孩子都容易出现睡眠问题，容易患Ⅱ型糖尿病和高血压，并且会受到同龄人的嘲笑。

如果你的医生认为你应该关心孩子的体重问题，请阅读上一章中该部分的内容，以及"胖还是不胖，我们来告诉你"这篇文章。上一章中的所有信息都适用于2岁的孩子。唯一的区别在于，2岁孩子可以安全地将他们的脂肪摄入量降低为建议成年人日均摄入卡路里的30%。这意味着给他们提供脱脂牛奶和脱脂乳制品是可以的。

牙 齿

所有之前关于刷牙和零食的警告仍然适用。新的内容与还没有长出的看不见的牙齿有关。

在2～4岁期间，上门牙正在钙化。如果孩子摄入过多的氟化物，这些对于容貌非常重要的牙齿就会出现"难看的"白色斑点。它们并不危险，但是，至少在目前这个时代，它们并不是时尚，可能会给长这种牙齿的十几岁的孩子或成年人带来苦恼。你可以通过现在对孩子的氟化物摄入量保持特别警惕，来预防这种情况的出现。你们社区的自来水是不是加氟的？孩子是否服用了正确剂量的氟化物补充剂？补充剂的剂量在这一年会有所增加，在接下来的一年也会增加。你确定他（或她）没有通过吃大孩子的氟化物咀嚼片,或喝含氟化物的漱口水,或咽下大量含氟化物的牙膏而摄入数量不明的氟化物吗?

如果你还没有带2岁的孩子去看过牙医,现在是时候带他去了。一些2岁孩子可能需要在乳磨牙上使用密封剂,以防止蛀牙并保护恒牙。有些孩子可能会从局部氟化物治疗中获益,这是一项令人兴奋且充满挑战的事业。

营养与喂养

关于食用鱼类的指导原则见第7页。

要遵守黄金准则:你来决定给孩子提供哪些食物,以及何时提供。2岁的孩子决定每种食物吃多少。

窒息仍然是一个潜在的问题,所以要避免高风险的食物:任何圆状的(比如切成片的热狗)、球形的(比如一粒葡萄或带核的樱桃)、粒状的(花生、爆米花、硬的糖果)、块状的(生胡萝卜或芹菜)和非常黏稠的食物(花生酱)。

食 物

在这部分我没有讨论"食物金字塔"。我从未见过哪位父母能够欣然接受它。食物金字塔的主要目的是提醒我们,孩子成长的过程中只需要很少量的甜食、糖和油腻的食物;他们需要一定量的粮食(谷物、淀粉和面包);他们需要比美国人习惯吃的更多的新鲜蔬菜和新鲜水果。

的确,在每顿饭、每次加餐和每次喝饮料时都记住一点是极其重要的。要记住,你正在与快餐、碳酸饮料、果汁、零食生产商以及他们的媒体同伙的强大力量进行艰苦的斗争!

需要记住的第二件重要的事情是提供的每份食物的量。当你给孩子做切成片状的食物时,比如一片红肉或禽肉,给的量应该是与孩子的手掌大小一样。当你给孩子吃块状食物时,给的量应该与孩子的拳头大小一样。按照这种份量标准,每顿饭给孩子提供3~4种不同的食物。如果你能记住营养指导原则、每份食物的量以及对牛奶的需要,你的孩子就最有可能得到非常好的营养。

正常、健康的2岁孩子常常是"挑剔的食客",拒绝品尝新的食物,要求吃他们喜欢的食物,比如通心粉和奶酪,或对蔬菜不屑一顾。如果你有一个这样的孩子,不要屈从!你要尽量把2岁孩子当作一个真正的人来对待。要将你希望他选择的食物摆出来。也就是说,如果你真的希望孩子选择吃花椰菜,就不要把奥利奥摆出来。一定要确保每顿饭都提供一份你知道孩子喜欢吃的一种食物。

然后，在餐桌旁坐下来，和 2 岁孩子谈论汽车、恐龙，或随便什么话题。不要谈论食物，或孩子正在吃或没吃的食物。不要伸手去拿勺子，也不要用餐巾纸给孩子擦嘴。不要表现出你注意到他正在吃东西。

少数正常、健康的 2 岁孩子可能仍然由别人喂饭吃。这不是一个好主意。首先，2 岁孩子可能会混淆关于饥饿和吃饱的身体信号——这些信号必须很好地发挥作用，才能使孩子保持正常的体重，避免饮食失调。其次，被人喂饭可能会让 2 岁孩子受到回到婴儿时代的引诱。这会加剧对抗行为。2 岁的孩子需要用每一个机会来感到自己很能干并且很独立。要尝试一下上面说过的将 2 岁孩子当作一个真正的人来对待的建议。如果身边有充足的食物，没有一个正常、健康的 2 岁孩子会让自己挨饿。

对 2 岁孩子饮食的简要指导

- 让孩子喝含脂量 1% 的牛奶或脱脂牛奶，平均每天 450 毫升。
- 确保 2 岁孩子每天至少吃一两种含铁食物——红肉、铁强化谷物、富铁蔬菜。
- 每顿饭尽量提供两三种不同食物类别的食物。
- 不要期望 2 岁孩子大量吃下任何东西。平均的份量应该很小：60 克肉，半个三明治，1 个鸡蛋，半杯麦片粥，30 克蔬菜。

补充剂

- 如果你的 2 岁孩子喝的水中没有足够的氟化物，不论是天然的还是人工添加的，他就需要氟化物补充剂。
- 如果 2 岁孩子不吃或不能吃乳制品，就需要另一种富含钙质的食物。
- 如果 2 岁孩子吃大量的乳制品，或者如果你的家庭不吃红肉，他可能需要铁补充剂。乳制品中的钙会减少人体从非肉类食物中吸收的铁元素。
- 如果你的家人是真正的素食主义者，不吃乳制品、肉类、鱼类、家禽或鸡蛋，就需要为你的 2 岁孩子进行一次营养方面的咨询，以确保他能够摄取足够的蛋白质、钙和铁。2 岁孩子绝对需要维生素 B 和 D 的补充剂。

洗 澡

再说一次，洗澡、换尿布和抚摸生殖器是联系在一起的：见前两章的相关内容。

洗澡在此时涉及的主要是安全问题。一个被单独留在浴盆里的 2 岁孩子，一定能打开热水龙头，抓过插电的吹风机，或撞到自己的头并沉到水下。

至少，他会喝洗发液（我们的女儿莎拉就这么干过，并且好几天都有草本精华的味道）。

从卫生方面来看，尽量不要让小女孩洗泡泡浴和坐在肥皂水中，以避免阴道炎。要将未做包皮环切术的男孩的包皮向后拉，**如果它能很容易地缩回**，然后在清洗之后，再把包皮拉回去，以免成为一个压迫止血带。

在你教小女孩学习如厕技能时，要教给她先擦前面，再擦后面，以避免将直肠中的细菌带入阴道。在两三岁的时候，她的胳膊还不够长，不能一次性完成这两个动作，因此，你可以教她先擦前面，扔掉纸巾，拿一张新的，然后将手伸到后面去擦。祝你好运。

穿衣服

2 岁孩子已经足够大了，能够在成年人的照管和教导下穿衣服，然后自己独立穿衣服。最有趣的是让他们一次学习穿一件衣服，将任务分解成小步骤。比如，先将裤子和衬衫摆好，标签在后面。然后，把它们穿上。

要避免带拉链的裤子，以及任何有小扣子或扣子在后面的衣服。侧面（外侧）有图案的鞋子不容易穿反。有尼龙搭扣的鞋子很好，可以说，孩子们只有在这个年龄才会对粘上和打开尼龙搭扣感兴趣，而不是将鞋子整个脱掉。

活　动

对于 2 岁孩子来说，其他学步期的孩子是十分重要的，无论是附近的朋友或亲戚、游戏小组里的孩子，或是幼儿园里的孩子。如果其他学步期的孩子比他稍大一点，能够在说话、轮流和使用便盆方面做出好的榜样，会很有帮助。如果只是由几个朋友组成的非正式的小组，就仍然需要成年人的密切照管和指导。更详细的讨论见本章的"该年龄的画像"，以及本章"如果……怎么办？"中的"开始日托"部分。

游泳课可以在孩子快满 3 岁时开始，但需要密切的监护。

玩具和设备

推荐的玩具：

智力方面的：几种不同类型的图画书：寻找发现类的书《威利在哪里？》，以及理查德·斯凯瑞的金色

童书系列，带有重复韵律和短语的书（《戴高帽子的猫》等），能够让成年人和孩子理解故事的图画书，以及有简单情节的书。

精细运动：简单的拼图，其中的每一块拼图都有可辨认的形状；蜡笔，手指画，橡皮泥（商店里购买或家庭自制的）。

幻想游戏：娃娃及其全套装备，汽车、卡车、各种行驶的东西，以及可以用来打扮的服装。

大肌肉运动：三轮脚踏车，带辅助轮的很小的自行车，各种大小和用途的球，可以用来击打球的物品，带有跌落时可以提供保护的安全垫的攀爬玩具，密切监护下的秋千。

关于玩具的警告：

• 要当心带盖子的玩具箱，因为盖子会落下来并碰到小孩子（以及较大的孩子）的头。

• 低重心和大轮子的三轮脚踏车是安全的，但要记住，汽车司机在后视镜中看不到你的孩子。我强烈建议你让孩子在第一次骑"带轮子的车"时就开始使用头盔，以便孩子形成骑车就要戴头盔的意识。

• 要小心危险的成年人玩具：蹦床（受到美国儿科学会的谴责），飞镖，剑，空气枪，滑板。还有，危险的婴儿玩具：尤其是能像气球一样爆炸的橡皮球和塑料手套。如果因吸入气球而被卡住，海姆立克急救法也不会有效。

安全问题

要参加一个心肺复苏术培训课程。自从你上次参加这样的课程已经过去很长时间了，而且你的孩子已经长大一些了，相关的指导会有变化。此外，每隔两年左右，这些指导原则就会因新的研究而更新。最理想的情况是每年都参加这样的培训，以便复习并更新你的知识。要记住，你可能会挽救你的孩子的朋友，以及你自己的孩子。

每个年龄都有与其优点相对的不足。无所畏惧、好交往的2岁孩子会出现很多碰伤、咬伤、抓伤、割伤，以及骨骼和关节的意外损伤。他们容易溺水，即便是马桶、喷泉和水桶中很浅的水。他们在有强烈意愿时能爬出他们的汽车安全座椅。他们会拉出梳妆台的抽屉，踩着这些抽屉爬上去，并且让整个梳妆台翻下来压到自己身上。

2岁孩子特有的问题包括：

• 女佣的手肘（牵拉肘）。这

种情况是指肘部的组织纤维带出现脱位，使得肘部无法扭动，孩子会因难以忍受的疼痛而无法将手掌上翻。这可能出现在孩子的胳膊被猛拉或用力拉了之后。女佣一把夺过她们的钱——这就是这个名称的由来。但是，一个2岁孩子在夺过某个东西然后突然跑开或跌倒时，会导致自己的手肘脱位。他不会指出肘部是疼痛的源头，而是会指向手腕。将肘部复位是一个简单的门诊治疗。通常，最困难的是安慰"肇事"的成年人的内疚感。

- 由卷发棒造成的烫伤在这个年龄似乎是高峰，或许是因为孩子们太喜欢模仿，并且对性别有了强烈的意识。

- 由于这是孩子开始骑三轮脚踏车或自行车的年龄，因此要尽可能给2岁孩子配一个头盔，以便孩子形成骑车就要戴头盔的意识。如果这个习惯能在这一年扎下根，在接下来的一年，3岁的孩子就会乐于将它作为一条生活法则来执行。

- 要当心安全的社区里的车道，匆忙倒车的司机看不到骑脚踏车的小人儿。

- 要当心溺水。即便这个年龄最会游泳的孩子，也不能保证不溺水。尤其要当心你认为有其他人在游泳池边照看孩子时。在你和孩子一起睡午觉时也要小心：他可能先醒来，然后自己去玩水。

- 要小心按摩浴缸。在系统开启时，下水管的吸力是很强的。坐在排水孔上面，将手或脚伸入其中，或是头发被吸入其中，都有致命的危险。要确保每个人都知道如何关掉按摩浴缸。

- 要小心自动扶梯，孩子的小脚有可能被夹住。自动扶梯的紧急关闭按钮位于底部的侧面。你要了解它的位置。

- 要小心真正的枪支。你的很多邻居家里都会有上好子弹的真枪。（我知道，我问过。）3岁孩子，甚至2岁的孩子，能用枪指着人并扣动扳机。教给孩子安全常识并不是一种有效的保护。你应该在2岁孩子去别人家里之前先询问对方家里的枪支情况。

- 要当心由于好奇和意外造成的烫伤。海滩上炙热的木炭，热的卷发棒，以及踩在地炉上。

- 要确保使用汽车安全座椅是一种根深蒂固的习惯。要让你的孩子负责检查每个人是否都系好了安全带。如果有可能，要将汽车安全座椅面朝后安装在后座上。不管你将它安装在哪里，都要拆除任何有可能对座椅造成冲击的气囊，因为这可能对宝宝造成致命的伤害。

医药箱

增加的物品：

• 一瓶新的吐根糖浆，用来催吐，因为你去年的那瓶可能已经过期了。重温一下吐根糖浆的使用原则（如果孩子失去意识或昏昏欲睡，或是喝下了在将其吐出时会造成与吞咽时同样灼伤的具有腐蚀性的东西，不要使用吐根糖浆）。在使用吐根糖浆前务必要先给中毒控制中心打电话。

• 黏胶带（绷带），用来处理可见或不可见的擦伤。

• 可以在柜台买到的可的松软膏，用来治疗接触性皮炎。

• 如果你居住在一个有蜇人昆虫的地区，要让你的儿科医生给你开具一个"蜜蜂叮咬急救包"，其中包括使用方便的肾上腺素注射剂，以防有人出现严重的反应。

• "人工泪液"，用来冲出眼睛中的异物。

• 游泳后使用的滴耳液，用来预防游泳性耳炎。你可以在药店买到，或自己制作：将醋和外用酒精按照1∶1的比例混合。在游泳后，给孩子的每只耳朵各滴几滴。

• 抗菌软膏，用来处理伤口（含有新霉素的软膏可能造成过敏反应）。

• 不要准备治疗嗓子疼和止咳用的含片，因为孩子在咳嗽时有将含片吸入气管的风险。

• 不要准备含有苯酚的咽喉喷剂，因为一些孩子对这种成分很敏感。它可能暂时麻醉施药的部位，然后，其反应会令喉咙更疼，这样你就会使用更多的喷剂。

健康与疾病

本书第2篇包括了这个年龄及更大的孩子可能出现的各种疾病：如何评估症状，如何判断孩子的病是否需要紧急就医，以及哪种家庭治疗方法可能是恰当的。它还详细讨论了身体各个部位可能出现的问题。术语表按字母顺序列出了各种医学术语，以及详细的描述。

可能出现的问题

感染各种轻微的疾病，并形成对它们的免疫力，是2岁孩子的任务。在这一点上，大自然是很聪明的。孩子免疫系统的成熟与社会行为的成熟在同一时间，因此，到了孩子准备好出门交朋友时，他也准备好了应对从小伙伴那里感染的各种疾病。

大多数这样的疾病都是由病毒引起的，而大多数这样的病毒会引起呼吸道症状。很多2岁孩子在这一年中的很多时候都在流鼻涕和咳嗽：他们平均患呼吸道疾病的次数是8次。也就是说，除夏天外，每个月一次。

因此，大多数2岁孩子在10月到次年4月的所有时间都在感染、应对上呼吸道疾病，以及从中恢复。要将此视为对未来的一项良好投资。因为2岁孩子的免疫系统已经相当成熟，他可能会"感染"很多病毒，而不表现出任何症状：你可以幸运地无须去处理它们。当他出现感染一种病毒的症状时，可能会比他小时候的症状轻一些。而且，与小时候相比，他更有可能对自己感染的病毒形成坚实而持久的免疫力。

对于细菌引起的疾病也是如此。尤其是，与较小的孩子相比，2岁孩子已经不太可能出现严重的感染，比如败血症、细菌性肺炎和脑膜炎（见术语表）。

下面两个健康问题会对小孩子产生更长久的影响，将在本书的其他部分讨论：

• 哪种感染性疾病意味着他不得不待在家里，不能去上日托？

• 如果2岁孩子的感染不是轻微的，而是影响到了吃饭、睡眠、社交和学习怎么办？如果它们反复发作，并在家庭中传播怎么办？

常见的轻微症状、疾病和担忧

感冒和耳部感染

大多数2岁孩子的感冒都是无害的，并且给两岁孩子造成的烦恼不像给身边的大人造成的那么多。2岁孩子从来不擤鼻涕，他们总是抽鼻涕，或是让鼻涕流下来，或者，更糟的是，会饶有兴趣地进行一番探究。有时候，他们会擦鼻涕，每次用一张纸巾。我对于那些接连感冒的2岁孩子的父母的建议是：

• 心态的调整是最重要的。要尽量把感冒看作是你的朋友。

• 父母与日托照料者进行一次讨论，明确哪些情况下孩子应该待在家里，不能去日托。

• 强迫你自己养成在摸自己的眼睛和鼻子前先洗手的习惯。不管你有没有触摸过2岁孩子，都要这样做：病毒会附着在无生命的物品上。要记住，摸自己的脸是让你感染这些病毒的最主要途径。

最后，很多2岁孩子会将感冒转

化为中耳炎。如果 2 岁孩子已经有了很好的接受性语言和表达性语言，这可能就不会成为一个问题。但是，如果 2 岁孩子还不能说完整的句子并很好地理解你说的每句话，那么耳部感染就可能正在减弱孩子的听力。此外，一个患耳部感染或鼻窦感染的 2 岁孩子会表现得非常易怒，而这种易怒可能与 2 岁孩子的"恼人"相混淆，以至于潜在的疾病有可能不被察觉。

如果你对中耳炎问题感到担忧，请阅读第 3 篇中的文章。

结膜炎（红眼病）

见第 2 篇的"身体部位、身体功能及相关疾病"中"眼睛"部分的讨论。

格鲁布性喉头炎

一种听起来像鹅鸣或海豹叫声的咳嗽声；一个受到惊吓的孩子在吸气时发出"格鲁布！格鲁布！"的声音；并且这些都发生在半夜。见第 2 篇的讨论。

有着不熟悉名称的常见病毒性疾病

有很多关于小孩子的很常见但并非广为人知的病毒性疾病，这个年龄的宝宝可能会感染所有这些疾病。在第 2 篇中对此有讨论。

拥有熟悉的名称，但正在或将要变得越来越罕见的病毒性疾病

麻疹、腮腺炎、风疹（德国麻疹或三日麻疹）和水痘，都能通过疫苗注射得到预防，并且在第 2 篇中都有讨论。

常见的吓人但通常无害的问题

2 岁孩子可能会出现前面提到的同样的问题，令父母感到害怕：热惊厥、夜惊、屏气发作、由女佣的手肘所导致的不能使用一只胳膊、由病毒性滑膜炎所导致的跛足、由荨麻疹所导致的水肿、由格鲁布性喉头炎所导致的在半夜醒来发出刺耳的声音。这些内容在前面几章都讨论过，并且在本书第 2 篇也有讨论。

严重或具有潜在严重性的疾病和症状

感　染

2 岁孩子已经过了发烧本身是一种令人担忧的迹象的年龄。很多 2 岁孩子在体温达到 40℃ 和 40.6℃ 时还可以兴高采烈地玩耍，到处散播病毒。当一个 2 岁的孩子严重感染时，主要的迹象是他的行为或外表会表现出生

病的样子，呼吸困难，变得脱水，有复杂性呕吐或腹泻。这些在第2篇的"吓人的行为"或"身体部位，身体功能及相关疾病"中都有讨论。

非传染性疾病

在所有的担忧中，最让小孩子的父母苦恼的是白血病。从此时到上学前班，这都是一个特别的问题，因为小孩子会经常生病。这是可以预料的。但是，不知何故，很多人认为经常生病是儿童白血病的一个主要症状。实际上，情况并非如此。患有白血病的孩子会表现出其他症状：行为像生病，看上去像生病，身上出现青紫和皮疹。（在第2篇的"吓人的行为"和"身体部位"中都有讨论。）要记住，白血病是一种罕见的疾病，每10万个孩子中只有2~4个会患这种疾病。如果你发现自己仍然感到担忧，可以向你的儿科医生坦诚地说出这一点。

轻微伤

2岁孩子仍然容易出现磕碰伤（尤其是头部）、擦伤和轻微的烫伤，这些在第2篇的"急救"中都有讨论。然而，2岁孩子尤其容易出现的轻伤是：

卷发棒烫伤：卷发棒对于2岁孩子有着神奇的吸引力。手掌上的烫伤永远都需要去看医生，即使水泡很小。永远不要弄破水泡。要尽可能长时间地用冷水冲洗烫伤处，然后与儿科医生或急诊室联系。

未被察觉的伤害所导致的跛足：通常情况下是由划伤、水泡、擦伤、扭伤、蜜蜂蜇伤或病毒性滑膜炎引起的。但是，任何持续超过2小时、没有很明显的轻微外伤原因的跛足都需要去看儿科医生。需要担忧的是，这可能是轻微的骨折、严重的骨骼或关节感染的初期症状，或有其他潜在的严重问题。

严重受伤

这种情况应该不惜一切代价避免。然而，这是一个很好的时机，要确保孩子的所有照料者都参加最新的心肺复苏术培训并且能说足够多的英语，以便能有效地求助。

窒息和中毒

你会认为2岁的孩子不太可能出现这些问题，因为他们已经过了任何东西都要放进嘴里的阶段。事实并非完全如此。但是，2岁孩子现在把东西放进嘴里不是因为天然的本能，而是因为他认为这个东西看上去很吸引人，或者像食物，或者因为他无法通过看、扔或其他方法搞清楚这是什么东西，因此会把它放进嘴里试试。造成窒息问题的包括一些像乒乓球、棉花软糖和硬币之类的物品；而会被咽下的物品包括大人的药品和气味好闻的液体。要当心成年人吃的补铁药片，它们看起来和尝起来都很像糖果。这些东西会造成威胁生命的中毒。尤其要当心酒精。很多2岁孩子和更大的孩子会在大人举办过派对之后的夜晚醒来，将自己的父母由于太累而没有及时清洗的玻璃杯里残留的酒一饮而尽。酒精会使一个小孩子体内的血糖降至引起惊厥和昏迷的程度。

从高处跌落

从统计来看，从超过1.2米高的地方跌落往往会造成严重受伤，2岁孩子从这样的高度跌落，应当去看医生，即使他看起来很好。这样的跌落有很大的可能，因为2岁孩子能爬到较高的地方，并且完全认识不到歪着和探出身子、跳下或推别人的后果。

溺 水

这个年龄的孩子的溺水危险并不仅限于游泳池和浴缸，尽管这是主要的问题所在。那些有遮阳篷的游泳池尤其危险，因为孩子可能被困在下面，而你却看不见。浴盆、抽水马桶、水桶和喷泉都对孩子有着不可抵抗的吸引力，并且具有潜在的致命危险。

烧烫伤

热的液体、炉子和壁炉是父母们通常担心的东西，这是正确的。除此之外，还需要考虑：卷发棒、磨损的电线、排气管。

动 物

非常喜爱坐着的孩子的德国牧羊犬，可能会对揪其尾巴的2岁孩子非常恼火。即使是猫，在被逗弄时，也可能造成严重的伤害。

交通事故

见上一章的相关内容。

大孩子

哥哥姐姐经常会对到处乱跑、充满好奇、总是得到大人关注的这个年龄的孩子变得很嫉妒和恼怒。在嫉妒或沮丧造成的暴怒中，即使小孩子也能造成严重的伤害。

机会之窗

与同龄孩子的交往

2岁孩子需要其他的2岁孩子。

如果他们没有玩伴，他们就会试图把身边的每个人都变成2岁的孩子。

大多数2岁孩子如果每周去日托中心、幼儿园或游戏小组的次数超过一次或两次，就会做得很好。两三天后，关于交往的记忆就会消退，如果孩子不经常去，每次就会把大部分时间都花在重新认识其他孩子，并回想其交往技能上。这是造成分离焦虑和拒绝去上幼儿园的一个主要原因。

与3岁和更大的孩子相比，2岁孩子更容易受交往氛围的影响。他们需要成年人给予更多的保护，以防止他们因冲动而犯错，并且不能指望他们自己解决与同龄玩伴间的问题。他们还需要依赖成年人来鼓励他们的自主和探索。

群体活动时的健康与安全

感染各种病毒，以形成对各种疾病的免疫力，是2岁孩子的工作。父母和老师们不得不努力建立这样一种生活理念，即，反复感染轻微疾病是这个年龄的群体活动所能带来的一个好处。当然，病得太重而无法愉快玩耍的孩子（以及有着潜在危险疾病的孩子，或者其症状需要老师给予大量关注的孩子），应该在家休息。

话虽如此，但积极促使孩子不停地生病是没有道理的。换尿布的区域应该与准备食物的区域分开。认真洗手有助于工作人员和孩子避免频繁地感染病毒。有几种疾病或者是过于危险（比如严重的流行性感冒和麻疹），或者是传染性极强，需要投入大量精力进行护理（比如一些类型的腹泻），因此，患有这些疾病的孩子应该与其他孩子隔离。

安全问题是对2岁孩子的一个主要担心。最理想的情况是，孩子活动的场所应当很安全，不需要禁止什么活动。如果较大的孩子使用相同的设施，如果危险区域是用聪明的2岁孩子能打开的门隔开的，或者如果有容易被激怒的宠物，就需要对安全问题给予特别的关注。

由于很多2岁孩子正在巩固他们的如厕技能，因此孩子活动的场所应该非常便于使用，并且很干净。

了解急救方法是很重要的。这个年龄的孩子容易出现咬伤、跌伤和手指被门挤伤。耳部感染、肠胃炎和其他轻微疾病也很常见。由于有5%～7%的小孩子会出现热惊厥，因此老师需要了解如何冷静地处理生病的孩子和惊恐的旁观的孩子。

老师与孩子

2岁孩子对老师的变动特别敏感。他们可能要花几天乃至几个星期才能与一位新老师亲密起来。或者，同样糟糕的是，如果人员变动很频繁，2岁孩子可能会选择不与任何老师建立亲情心理联结，或者对任何成年人都表现出过度的接纳。

语言学习是2岁孩子的一个重要任务。老师是他们的榜样和引导者。一个沉默寡言或一个总在不停地说话的老师都可能成为问题。那些让2岁孩子经常参与对话，并且不断扩展和引出他们的各种想法的老师，才是一位真正的老师。

2岁孩子需要与成年人进行频繁的接触，包括一对一的单独接触，也包括小群体内的接触。孩子们极少能被单独留在小群体中玩耍很长时间。老师的介入需要机智和和善。指责和制裁根本不应该出现在2岁孩子的教室里。大声喊叫、贴标签（"你那样太坏了！""不要像个婴儿一样！"）、打屁股、扇耳光或任何体罚都不应存在。

老师与孩子之间的几乎所有互动都应是积极且极其机智的。一个老师如果赞扬了杰西卡抛球的高超技艺和尼基爬滑梯的能力，但却对乔丹搭的积木塔保持沉默，他就是在批评乔丹。

让2岁孩子加入一个大的群体，对每个人都是无益的。一段短暂的圆圈时间可能让老师很想尝试，但是，很多2岁孩子会站起来四处走动，就好像这是他们的绝对权利一样。

在了解一项新活动时，很多2岁孩子的典型方式仍是密切观察，频繁地瞥一眼与其关系密切的成年人，看看他对此活动有什么想法：它是否安全、有趣、适合其性别等等。老师们要了解自己所担任的这一重要角色。比如，他们不应催促孩子参与活动，或者，如果孩子的行为对于他（或她）的性别来说是非传统的，也不应表现出不安。

群体中的活动

2岁孩子的主要活动应当是玩耍，而不是正式的学习。读故事最好采取互动的形式。让孩子指出字母表上的字母或说出单词，是一种恼人的干扰，除非这是一本字母书。即便如此，2岁孩子也会把字母视为图画，而不是符号。一个三角形状可能会被他们认为像"A"。这并不意味着2岁孩子对于A在单词拼写中的作用有任何概念。

2岁孩子并不喜欢被人安排着从一项活动转向另一项活动。他们追求的是选择、控制、权力和自主。他们也不太会欣赏一件完成的作品；他们更关心的是过程、探索和幻想。手工制作以及诸如此类的活动，还不应是主要的部分。

2岁孩子需要每天小睡一次。对父母最为有利的午睡安排是午睡时间不超过1.5小时，并且在3点之前结束。否则，孩子就会在晚上待到很晚才睡觉，并且在第二天早晨很难醒来。

2岁孩子需要有计划的营养加餐，而不是随意分发的饼干和果汁。

预防看电视上瘾

2岁孩子可能会爱上电视，而且2岁时养成的习惯在以后将很难改变。

尤其是，很多2岁孩子爱上的电视节目可能会导致以后的行为问题：噩梦、分离焦虑和有强烈性别取向的游戏。这些节目包括卡通片，像《神奇宝贝》那样的连续剧，以及幻想类的视频节目：《外星人 E.T.》《绿野仙踪》《小美人鱼》《美女与野兽》等。

哎，小飞象的妈妈和小鹿斑比的妈妈都死了；外星人 E.T. 和他的朋友也差点死去；桃乐茜和托托差点回不了家；艾丽儿的爸爸被变成一个可怕而干瘪的小动物。与此同时，在同样的电视上，真实世界的小女孩跌落井中并获救（或是没有获救），真实的人们忍受饥饿、溺水而死、开枪射击或被人击中；卡通怪兽从马桶中钻了出来。

但是，感到不安的不是对电视上瘾的2岁孩子。2岁孩子只会碎片化地理解其中的内容，似乎不会把这些情节放在心上。

相反，对这些节目"上瘾"的3岁孩子会做噩梦并拒绝坐在便盆上。3岁孩子往往会相信男孩子应该玩刀枪，而女孩子应该对着镜子梳头；他们会认为枪很有趣，鼻子上长有瘊子的老女人是邪恶的女巫。他们甚至可能相信，如果你有一件披风，你就能飞。

如果2岁孩子开始对电视和视频节目上瘾，他们到了3岁时几乎不可能停止或改变这一习惯。3岁孩子有着极好的记忆力、难以置信的品牌忠诚度以及会使人筋疲力尽的毅力。帮你自己一个忙，一开始就不要让孩子看这些节目。要等到孩子5岁以后，再让他们看这些本来就是为大孩子设计的节目。

关于电视的一个难题在于，对于疲倦的上班族父母来说，让一个孩子坐在你的腿上一起看电视可能是一件快乐、轻松而亲密的事情。但是，明年你可能会为此付出沉重的代价，以后可能还有更沉重的代价，那时你会后悔那些被错过的游戏、大声朗读和探索的机会。

如厕技能

（如果是真正的"如厕训练"，你要训练孩子使用马桶。）

当然，2岁孩子的主要任务是学习使用便盆。

很多人建议将这个任务分解成几个步骤，每次教孩子一个步骤：穿着衣服坐在便盆上，然后只穿尿布坐在便盆上，然后摘掉尿布。或者，通过将大便放入便盆中，让孩子看到便便去了哪里。

然而，对于大多数2岁孩子来说，这种方法并不是必需的。这件事情的复杂之处并不在于其涉及的各种技能，它之所以困难是因为它与对身体的控制和生殖器的感觉有关。

实际上，很多2岁孩子能通过观察学会怎样使用便盆。"怎样使用"不是问题。诀窍在于让2岁的孩子想学使用便盆。

对于一个想要这么做的2岁孩子来说，他必须对成长抱有相当积极的态度。如果身边有一个总是得到大人关注的包着尿布的弟弟或妹妹，他就很难希望自己长大。2岁的孩子还需要感到他在照料自己方面已经学会的技能被父母作为他在自主方面取得的成就来尊重，而不只是因为减轻了父母的负担才被重视。他还需要对解小便和大便感到比较安全。如果他认为解小便和大便是丢脸和肮脏的，或者由于感染或便秘而造成疼痛，那么他在学习使用便盆之前就需要恢复。

考虑到会遇到这些情况，教给孩子如厕技能的最简单的办法通常是让一个人以一种愉快而骄傲的方式示范使用便盆：一位父母、兄弟姐妹、朋友或是同龄人。通常，2岁孩子在观察和思考一会儿之后，就会请求或要求自己使用便盆。

但是，要小心你在这个过程中的干预方式。不要说教。"看，加里真是一个大男孩。你不想像加里一样穿大男孩的裤子吗？"这么说很可能会适得其反。这太容易让孩子受到诱惑而坚持自己的主张："不！我不想成为像加里那样的大男孩！"更有可能成功的是："我想知道你会选择哪种大男孩的裤子，是忍者神龟的，还是史努比的？"

另一个很好的窍门是利用2岁孩子的"魔幻"思维。2岁孩子认为世界上的每个东西都有自己的意志。他们还认为这种意志完全是为了取悦、阻碍或攻击他们自己。

因此，可以试试告诉2岁孩子，他的便便希望到便盆里去。要用一种或高或低的咆哮的声音，假装自己就是便便，说："哦，我想到那个便盆里去。我希望杰森能把我放进便盆里。"

固执的拒绝

有时候，2岁孩子会以固执的拒绝作为回应。

固执拒绝的一种常见情景是：杰西卡必须学会使用便盆，否则她就没办法上幼儿园，而她的妈妈要在3周后回去工作，已经交了的学费不能退款，并且她会失去在"好的开端"班里的位置，而杰西卡却决不妥协，不肯使用便盆。

在这种情况下，有一种方法值得尝试：那就是，重写剧本，使选择使用便盆是为了孩子自己好。此时，杰西卡控制着整个局面。她不肯使用便盆。她决定着何时在尿布里小便和大便：在她愿意的时候。她决定着何时更换尿布：当她告诉妈妈尿布脏了或湿了的时候。她决定着在哪里小便或大便：对于前者，是在她感到尿急的任何时间或地点；对于后者，是在她父母的壁橱里，将门半掩着。

要想扭转局面，她的父母必须重新获得控制权。每隔半小时（当妈妈看到杰西卡正在全神贯注地做一些很有趣的事情时），她可以平静地将手伸进杰西卡的尿布里，并解释："只是看看需不需要换尿布。"

当杰西卡的确需要换尿布时，妈妈必须打断杰西卡正在做的事情，把脏尿布换掉（这种打断"刚巧"发生在杰西卡全神贯注地玩耍的时候）。

如果杰西卡说需要换尿布，她的父母则刚巧太忙，没有时间处理这个问题。必须等待。事实上，必须等到杰西卡全神贯注于她非常感兴趣的事情时。那时，她必须很不愉快地被打断一会儿，换好尿布，在此过程中，她的父母不要表现出生气、绝望等情绪，而只是完完全全专注于自己的想法。

我从未见过这一方法持续3天以上还不见效的，只要当初的问题是真正的"固执的拒绝"。

成长的拒绝

然而，除了固执的拒绝之外，还可能有真正的情感上的准备不足。

这种情况通常是指一个孩子可以很好地在便盆中小便，但是不能在便盆中大便（男孩子更为常见）。他会要求穿尿布，像史蒂文一样到桌子下面或其他地方解决。

坦白地说，我很同情史蒂文。

从他的角度来看，请告诉我，他的大便是什么？

这是与他分离开的某种东西，应该排到身体外面吗？或者，是他的一个重要组成部分，应该留在体内？如果它是一种像身体部位一样的东西，失去它就会令人感到恐惧。它是一个拥有物吗，像蝙蝠车一样？

另一方面，解大便的行为有点像制作一件艺术品。完成这件事情是一项需要付出努力的成就，并且还会从感兴趣的观众那里获得各种各样的评价。

但是，问题在于：所有这些努力都集中在"下面"，那里有非常脆弱而生机勃勃的生殖器……而且，事后的清洁既让人感到婴儿般的安慰，又有无可避免的刺激。嗯！这件事有点难以承受，因此最好集中精力、私下里在一个安全的地方、包着尿布、在玩具屋后面解决。

我的感觉是，这是一个正在找出对自己身体的控制以及对失去和放弃一些东西的担忧这些重要问题的答案的孩子。我不会催促他。在几个星期里每天使用一块尿布不会让你倾家荡产，也不会使他被任何通情达理的幼儿园剥夺入学资格，或者让一个照料孩子的父母筋疲力尽。

恐慌的拒绝

"达尼不肯与坐便椅扯上一点关系。她甚至不愿意穿着衣服坐在上面。当我给她做示范，或者给她看她的大女孩裤子时，她会把我推开，并会说脏话'该死'和'笨蛋'。我已经尝试了书上建议的各种办法，从在行为表上贴星星到给她巧克力糖豆，我还尝试了给她读各种关于使用小便盆的图画书。我的一些朋友家里有更大的孩子，她们给我讲了关于便秘的可怕故事等等。我不想把事情搞砸。但是，有时候我会崩溃并大哭。"

我能想象出达尼头脑中便盆的样子。它有些像库布里克的电影《2001太空漫游》中那块神秘莫测、充满宇宙力量、令人难以置信的黑色石碑。便盆知道她的每一个想法和愿望，它会跟着她从一个房间到另一个房间，进入她的书中，使她失去糖果，让她的妈妈（她的妈妈！）大哭。如果我是达尼，我也会感到恐慌。

达尼的妈妈做出极大的努力来让自己放轻松。"我能看出来达尼一定是搞混了这是谁的成就，"米歇尔说，"但是，我就是感到好像我必须控制。不仅仅是便盆，而是一切。这是一场持久的战争。"

使用便盆的建议

不要购买有阴茎保护装置的便盆。它们会不可避免地造成碰伤和擦伤。

一旦孩子学会了基本的技能，可以让他进行向其他容器中小便的游戏，比如一个桶或尿样杯，或是到室外在树后面小便。孩子们可能会很执着地认为便盆才是唯一正确的应该小便的地方。

要当心便秘，这会使小便和大便都变得困难，因为坚硬的粪便会压迫膀胱。

要确保在孩子使用成年人的马桶时给他一个较小的嵌入式座椅，以便孩子不会感到有掉进去的危险。还要确保他的脚有地方放，不会悬空。他的脚下必须有支撑物才能用力将大便排出。

孩子害怕大便的一个原因是大便掉入成人马桶时会溅起水花。一个解决办法是先使用便盆，或者再回去使用便盆。

要教给小女孩先擦前面，以免将直肠中的细菌带入阴道和尿道。然而，你要有同情心：在5岁或6岁之前，她的胳膊都太短，无法完成这个壮举。你将不得不施以援手，并对卫生问题保持豁达的态度。

要当心电视上的洁厕剂广告。你会光着屁股坐在一个有妖怪出没的东西上吗？

米歇尔开始关注与达尼的共同兴趣，并减少对她的命令式语言。"我对这个可怜的孩子说的每一句话都与她做或没做的应该做的事情有关。我知道这一点。但这是我的天性。"

亲爱的米歇尔。她的朋友和我给她的建议是：放松心情，停下来闻闻玫瑰花香，享受与达尼一起造成的混乱，摘一束野草，学会欣赏她奇怪的服装搭配。让她穿着尿布，直到她上学前班，如果你不得不这样做的话。

然而，米歇尔最后选择的做法是最适合她的。她在手腕上套了一根橡皮筋，每当她发现自己对达尼过度控制时，就会猛拉一下皮筋。达尼在刚满2岁时学会了使用便盆。然而，她坚持关上门，并且总是冲两次水。

说出身体私密部位及其产物的名称

我感觉身体的各个部位都应该被准确地说出名称。一项研究[1]表明，

---

[1] 弗雷利，外科硕士，等人著，儿科杂志，1991 12:301。——作者注

仅有 30% 的男孩能够正确地叫出他们的阴茎和睾丸的名称。只有 21% 的女孩能说出她们有一个阴道。很多孩子使用俗称，但即便用俗称，也只有 65% 的女孩（但有 85% 的男孩）会用一个名称来称呼它们！

奇怪的是（或许没那么奇怪），在被告知了阴茎和睾丸的正确名称的女孩中，只有 58% 被告知了阴道的正确名称。参与研究的 63 个女孩中，只有一个女孩能用一个词描述她的外生殖器、阴户和阴蒂。

阴茎被叫作"把把""叮咚""玩意儿""鸡鸡"等等，并从罗宾·威廉姆斯开始，被称作"快乐先生"。阴道通常要么被忽略，要么被称作"吉娜"或"巴吉娜"。我听到过的一个很可爱的称呼是"她的小桃子"。阴蒂，如果被提及的话，会被称作"按钮"或是"特殊区域"。肛门区域被统称为"屁股"。整个区域大多数时候被称为"下面"。小女孩还常常被教给用"奶子""咪咪"来称呼她们的乳头。

这造成了两个问题。

首先，对疾病的诊断可能会变得徒劳无益。儿科医生们花费了成百上千个小时来检查孩子所说的"我嘘嘘很疼"，并确定"当我上厕所时，下面很疼"指的是排尿疼痛、便秘、阴道炎、蛲虫、自己插入的异物，或者是性骚扰。

第二，重要得多的是，2 岁孩子的世界就在于说出事物的名称。名称并不仅仅意味着给予一个标签，还意味着拥有了这个被说出名称的事物。当孩子知道的一个令人兴奋的、有趣的、最重要的实际存在物不被赋予一个名称时，他们就会感到困惑和担忧。如果这个名称是一个会获得成年人某种反应的名称，比如"咪咪"，孩子就会既迷惑又兴奋。

一个解决方法是将真正的名称教给 2 岁的孩子，然后，在大约 3 岁时，再教给他们一个知名的"俗称"。但在家里或医生的诊所里，可以使用真正的名称。

最后，还有大便和小便的问题。很多家庭对两者用的都是委婉的说法——"上卫生间"，这会给医疗人员带来困扰。（当一位母亲说她的新生儿一直没有"上卫生间"，我们该如何理解问题所在呢？）

在这里，使用"粪便"或"尿液"这样的词语没有那么重要。事实上，这些词可能会使整件事显得有点儿死板。而且，也很难搞明白它们与哪个动词搭配使用。"去排大便"和"去排尿"听上去也缺乏幽默感。如果你教给一个小孩子用"排便"或"排尿"这样的词,你就会使他(或她)最终受到嘲笑。

我自己使用"扑扑"或"尿尿"。史蒂文"尿尿了"并且"扑扑了"。"拉屎"和"撒尿"这两个词被大多数中产阶级认为是下流的,这些词的使用可能会使医疗人员产生偏见。

从口中排出气体没有任何问题,这是打嗝。从直肠排出的气体则是一个问题。"排气"似乎是常用的说法;"放屁"这个词也经常被使用,但通常这么说的是那些看起来很尴尬,并且不知道用什么其他词来代替的父母。

呕吐和吐都是很明确的术语。"barf"(呕吐)在很多中产阶级儿科医生看来是小孩子的粗话,如果一位父母使用这个词,会让儿科医生感到震惊。我自己对此并不在意。

如果……怎么办?

开始日托

在 2 岁时,这已经不是一个"如果……怎么办?"的问题了,而是推荐的寻找交往机会的一种选择,这在前面的"机会之窗"中讨论过。

与父母的长时间分离

2 岁孩子能为这样的分离做出很好的准备,快满 3 岁的孩子甚至能做出更好的准备。重要的是,要用 2 岁孩子能理解的话反复详细地向他们解释谁会来照顾他们,父母会去哪里,为什么要去,以及会去多长时间。因为未来的时间,甚至明天,对于 2 岁孩子来说是一个很难理解的概念,在这方面给孩子一些帮助是必要的。一种通常很管用的办法,是将一些包装起来的便宜的小礼物排成一排,让孩子在父母离开后的每天早晨打开一个礼物。当所有的礼物都被打开时,父母就回来了。

最体贴的做法是尽可能让孩子的日常作息和就寝惯例保持不变,并且,重要的是照料孩子的人应该是孩子熟悉并喜爱的。这个人必须具备相应的经验,能够让 2 岁孩子上床睡觉,给他洗澡,并解决所有的如厕问题,而且,在父母离开前就开始这些工作是很重要的。

最后,每日的游戏小组或来自社区和幼儿园的小伙伴,将有助于让 2 岁孩子记住他拥有一个独立而快乐的身份,而不是完全依赖于父母在身边。

带着 2 岁孩子旅行

带着 2 岁孩子旅行的主要问题在于,如果他无法接触到其他 2 岁孩子,他往往会试图把身边最亲近的成年人变成一个 2 岁孩子。而且,这通常都能成功,只需通过拒绝接受这是一个真正的成年人。

然而,如果你们之前已经建立了亲切友好的关系,2 岁孩子也能成为一个愉快的旅伴。这意味着,你们之间的交流大多数都是关于旅途见闻的友好讨论,而不是大声训斥。(见本章的"该年龄的画像"。)即便如此,我也建议你尽量保持作息与饮食的规律和熟悉,并且不要改变就寝仪式。

重要的是,给 2 岁孩子带的安全依恋物至少要"加倍",以防丢失。一个可以放在大马桶上面的便携式马桶座对于已学会如厕技能的 2 岁孩子是很有用的,但前提是他们在长途旅行前在家里和短途旅行中已经使用过这种马桶座。

怀第二个孩子或计划收养第二个孩子

如果在第二个孩子降生前,你的第一个孩子能超过 3 岁,事情可能会比更早生第二个孩子顺利得多。3 岁孩子已经有了自己是这个世界上一个独立的人的感觉,有声誉要维护,并且在同龄人群体中已经有了自己的位置。3 岁的孩子已经能相当熟练地照料自己,并且学会了对待让人畏惧的放手行为,无论是放手自己拥有的一个东西、一位必须去其他地方的父母,还是将大便拉进便盆里。3 岁孩子能够用话语表达自己的任何感受或想法,前提是有人鼓励他这样做。3 岁孩子能进行角色扮演,并且能给一个"伙计"、娃娃或填充动物玩具当妈妈或爸爸,模仿真实生活中的事情。3 岁孩子能够意识到自己作为哥哥或姐姐的身份。

新的弟弟妹妹的到来

大多数 2 岁孩子对于新的弟弟妹妹的反应令我感动。他们"爱"这个宝宝,并给予他(或她)很多关注、亲吻和"有时有点过于用力的"拥抱。他们从不表达敌意。当宝宝啼哭时,他们会变得不安,如果父母不立刻过来照料宝宝,他们甚至会变得愤怒。

他们惩罚他们的妈妈。

他们会出现倒退行为,打人和咬人,发脾气,拒绝和哼唧。

毫不奇怪,研究表明,处于这

一位置的 2 岁孩子的确会体验到母亲行为的改变。在新宝宝出生后，妈妈给予两岁孩子的关注或和他们说话的次数都不如以前多。而且，当她们和 2 岁孩子说话时，常常是批评。即使她们不是告诫、命令或斥责，她们也会花大量精力纠正 2 岁孩子的行为，要求他们帮忙或保持安静，向他们解释宝宝或妈妈的需要优先于他们的需要。

自然，这会有变成恶性循环的危险。2 岁孩子的行为越让人讨厌，他的妈妈就会花越多的时间和精力来管教他，而花在让 2 岁孩子感受到自己是被人深爱的宇宙中心的时间就越少。作为回应，2 岁孩子的行为就会变得更可怕。

有帮助的做法：

• 要有一个良好的开端。在新宝宝出生前 2 个月或出生后的 2 ~ 4 个月内，不要进行任何重大的改变或提出新的要求。这不是让 2 岁孩子从婴儿床转到大床，或开始如厕训练的好时机。这甚至不是让他离开一个熟悉的日托，与休产假在家的妈妈一起待在家里的好时机。在新宝宝出生后，要么妈妈将不得不极大地减少对 2 岁孩子的关注，或者 2 岁的孩子不得不回到一个已经变得陌生的日托环境中。或者这两种情况会同时出现。

• 要为住院做好准备。无论你为 2 岁孩子的照料做出怎样的安排，都要提前进行练习。要用一种平静而正面的方式提前与 2 岁孩子谈谈这件事。

• 新宝宝出生后，当 2 岁的孩子到医院去探望时，不要抱着新宝宝。2 岁孩子都是象征主义者，妈妈的双臂不仅仅是一个身体的部位，那是 2 岁孩子心灵的栖息之所。

• 当 2 岁的孩子第一次触摸新宝宝时，要引导他的手，并赞扬他。如果不引导，他可能会将手伸向宝宝的眼睛或囟门，而他的第一次经历就会是吓人而羞辱的。

• 当你带着新宝宝回家时，要在门上张贴一张提示，提醒来访者："请先和 2 岁的孩子打招呼并表达关心，然后再要求看新宝宝。"

• 不要期望把他叫作"大哥哥"或把她叫作"大姐姐"会起很大作用。2 岁的孩子还不会进行角色扮演，他们正在建立自己的身份，而承担一种仅存在于一种关系中的身份对他们来说是毫无意义的。2 岁孩子可能会假装他的肚子里有个宝宝，但是，这与假装自己是妈妈或爸爸是不一样的。此外，当 2 岁的孩子进入 3 岁并开始玩角色扮演游戏时，他们所扮演的是以自我为中心的角色：消防员、神奇女侠、马戏团的演员、芭蕾舞演员。"大姐姐"的角色几乎不是以自我为中心的，它只存在于与弟弟或妹妹的关系中。这对大多数2岁孩子来说并不是令人愉快的。

• 至关重要的一点：无论还有其他什么事情没有做，父亲和母亲每天都应该花15~30分钟与2岁的孩子分别单独相处，只是与他一起玩耍或休闲放松。要和他一起坐在地板上。如果你没有精力做任何其他事情，可以不用理会前面关于看电视的警告并打开电视机，但要在看电视时抱着他并和他聊天。"单独"相处指的是不受任何打扰。没有电话，没有其他亲戚（甚至是父母中的另一方），也没有新宝宝。

• 很多时候，2岁的孩子会听到："等一下。你必须等我给宝宝换完尿布。"因此，你也要在很多时候让他听到："等一下，宝宝。你不得不哭一会儿，先等我帮哥哥弄好他的卡车。"

• 2岁孩子拥有很好的接受性语言。要让他无意中听到你与其他成年人的谈话——打电话时或在其他场合——让他听到你在赞扬他。不是赞扬他作为大哥哥或是她作为大姐姐的角色，而是称赞他（或她）自身的可爱、有趣、有创造力、勇敢和聪明。

• 2岁孩子需要大量身体上的亲密接触。要经常拥抱他，搂着他，拍拍他。

• 一个出现倒退行为的2岁孩子需要更多身体上的亲密接触，而不是更少。减少对他的要求会有帮助。

与正在成长的弟弟妹妹相处

如果弟弟或妹妹是9~12个月大，2岁孩子可能会在大部分时间里都处于攻击模式。如果弟弟妹妹超过1岁，两岁孩子可能在一半时间里攻击宝宝，另一半时间受到攻击。这可能会成为一个主要的问题。

不幸的是，这个问题的本质决定了父母无法轻松地解决。这是因为有着这种年龄差距的两个孩子不可能一起玩。他们两个都处于"观察与模仿"的交往模式中。他们两个还都不能很好地进行幻想的角色扮演。他们喜欢的互动行为通常需要一个更大的玩伴的参与：滚球、荡秋千、读书。2岁孩子正在巩固"拥有"的概念，还没有为分享做好准备；较小的孩子甚至还没有搞清楚"拥有"意味着什么，因此会无所顾忌地抢东西。

我认为，对父母们来说，面对这一现实就成功了一半。

一旦期望得以改变，两个孩子之间的争斗通常就会减少。或者，它就会在你眼中变得更加正常并且是能预料到的。

我能给你的最有帮助的建议是，让2岁孩子加入一个定期的游戏小组，并且尽可能地像对待独生子那样对待每一个孩子。

离婚与抚养权

2岁孩子将他们的全部生活都用来形成一种"这是我身边的事物的运作方式，这些是我能够保持掌控的方法"的基准感受。离婚，尤其是充满仇恨，或导致父母中的一方完全消失或近乎完全消失，或者导致生活有重大改变的离婚，对2岁孩子来说是毁灭性的。当然，这需要权衡维持一段痛苦的婚姻所带来的不利影响。如果"身边的事物的运作方式"充斥着毒品、酒精、虐待、情感伤害，或持续的恐惧和愤怒，离婚可能就是唯一健康的选择。

如果父母即将离婚，2岁孩子的特殊需要（相对于所有年龄组的孩子的一般需要）是：

• 保持一种自主感。无论有多么不快乐或多么忙碌，父母都需要通过不断地强调自立、自尊和控制来保护2岁孩子的这种感受。

• 前后一致地设立限制。身处混乱之中的2岁孩子，会为每个人带来更多的混乱。父母们为了孩子和他们自己，应该控制大人的混乱，并为处在学步期的孩子设立限制。在负疚感、愧疚感和保护欲面前，要做到这一点可能会极其困难。

• 可预测性。2岁孩子的力量依赖于一个可以让他在其中进行控制的可预测的环境。抚养权的决定应该反映这种需要。不存在一种最佳的答案（除非是那种极其罕见的"鸟巢"式抚养，即，孩子待在"鸟巢"里，父母轮流与他生活在一起），但是，当然应当考虑到可预测性这个因素。过多的日托是尤其要避免的。

• 性别问题。2岁孩子是很在意性别问题的。离婚可能会使2岁孩子对什么是恰当的、必要的、受尊重的与性别有关的行为产生困惑。在这个年龄，他们会模仿每件事情，注意，我说的是每件事情。2岁孩子如果看到与自己同性别的父母对另一方进行身体或语言的攻击，或者反复受到另一个方的攻击，或对另一方报以沉默、抱怨或挖苦，他可能就会推断认为这是恰当的性别行为。一旦形成这种观念，就很难改变。

住院和选择性的手术

很多心理学家感到，如果有可能，可选择的手术不应在孩子 2~5 岁期间进行。这部分源于弗洛伊德的心理学理论，他认为这个年龄的孩子正在经历一个恋母情结阶段，对生殖器的残缺有着巨大的恐惧。身体上的任何损害都被认为是这种残缺的象征，可能给这个年龄的孩子造成巨大的恐惧。

另一个考虑是，这个年龄的孩子似乎正在形成一种"社会化"的外在身份。他们在判定自己是否可爱、强壮、漂亮、朴素、优雅、笨拙等等时，更容易受到大众、同龄人和文化暗示的影响。

3 岁孩子，以及很多 2 岁的孩子，会花大量时间研究人们身体上的差异：他们在巩固性别认同，他们意识到了种族的差异，他们会注意到并评论人们身上与众不同的地方（例如胎记、眼镜、法式辫子、一顶新帽子）。他们非常渴望拥有在公众面前塑造自己形象的力量。3 岁孩子正在建立一个社会身份。任何会影响到这种还相当不稳定的社会身份的事情，对他们都可能是一种威胁。

这并不是说任何在此时接受手术的孩子都会遭受精神创伤。但是，父母尽量始终陪在孩子身边，并对手术之后的恐惧和倒退行为做好心理准备，是极其重要的。

搬　家

如果父母保持理智，并且 2 岁的孩子有一个总是带在身边的装有他最珍贵的玩具和安全依恋物的背包，他的作息时间，尤其是就寝惯例能保持不变，他们就不大可能在搬家过程中有很大麻烦。如果有可能，他的婴儿床和房间应该提前准备好，并要尽可能与原先的布置接近。

如果 2 岁孩子将暂时与父母同住一个房间，一定要确保让孩子拥有他（或她）自己的睡觉区域。要保留这种特别的独立性和就寝仪式，并尽量用东西把床分隔开，就像著名电影《一夜风流》中那样在床中间挂起毯子。

一个较大的 2 岁孩子能够为搬家做好准备，并且能帮助父母制定搬家计划。有一些很好的关于搬家的图画书。你可以给 2 岁孩子看新家和新社区的照片。"你可以在这里骑三轮脚踏车。""我们可以在这里种花。""这里是一个可以挖洞的好地方。"

如果父母双方能够每天单独与 2 岁孩子一起度过一段放松时间，即便是在搬家最忙乱的阶段，也会给整个家庭带来帮助。

最重要的是：搬家日会给2岁孩子带来很多烦恼和兴奋，以至于他会不可避免地陷入麻烦。这可能意味着一些悲剧的发生，比如从高层的窗户坠落，或是喝下松节油，或是吞下水龙头垫圈而造成窒息。与其他年龄的孩子相比，搬家日对2岁孩子更为危险。2岁孩子必须在搬家日被转移到其他地方，让一个他熟悉的、可信赖的、有空闲的人来照看。

3岁孩子的健康检查

这可能是一次令人愉快的检查，但不是以很多父母所预期的方式。

在家里说个不停的3岁孩子，到了他亲爱的儿科医生的诊室里可能会像个哑剧演员一样缄默不言，虽然他从一出生就认识并经常拜访他的医生。

在小区里光着屁股跑的3岁孩子会拒绝脱掉自己的裤子。

一个认识所有的颜色，能数到20，能唱出整首《蚂蚁行军曲》，并且能画出一个有头和相连的四肢的可识别的人像的3岁孩子，在检查时会躲在检查台下面，直到被引诱出来。

所有这些拒绝行为通常都是以最迷人的方式表现出来的——用眼角的余光瞥着，低着头，充满挑逗。

不用说，最有帮助的还是事先让3岁孩子为这次检查做好准备。一本关于看医生的图画书可能会有帮助，但更好的做法是，作为一种提醒，提前一天左右带孩子拜访一下医生的诊所。让3岁孩子给医生和护士或助理人员做些特别的事，是一个特别好的主意。另一个好主意是让3岁孩子带上他自己的医生玩具套装，以便对整件事情有一种平衡感。

我建议不要告诉3岁孩子在检查时会有或不会有"打针"或"扎针"。在这个年龄，我甚至不会对他们提起这种可能。虽然不太可能，但如果3岁孩子问起，你只需回答说自己不清楚。但是，如果真的要打针，就需要事先解释清楚，告诉孩子因为疼而哭是没关系的，并且在打针之后会有一个令人愉快的奖品。不要被拖入关于这个话题的长篇对话，因为这样只会增加3岁孩子的焦虑。

如果有一项会引起疼痛的检查或打针，父母所能给予的最大帮助，就是向孩子做出不容争辩的简短而自信的解释，然后要尽可能迅速地完成操作。当3岁孩子哭时，最好说当一些东西弄疼他时，哭始终是可以的。然后，你要告诉他们，之所以进行这个操作,不是因为他们不好或生病了,也不是因为医生或父母对他们感到生气。之所以要这样做,是因为这是一个规矩。这项检查是为了确定他是健康的。医生的工作就是进行这种检查,父母的工作是付钱给医生来做这种检查,孩子的工作是接受检查、在感到疼时哭,并且在完成后得到一个奖励。

当每个人都在完成自己的工作时,3岁孩子会更乐于接受。

展　望

有3岁的孩子在身边,就像有一个来自于另一个星球的讨人喜欢的人。你几乎可以与3岁孩子谈论任何事情,只要你对一些词进行解释,并简化你的用词和概念。3岁孩子在对话中可能很有创意。这并不是说3岁孩子相信魔法,"魔法"这个词对于他们没有意义。3岁孩子认为成年人能够做任何事,如果他们不做,并不是因为他们不能做,而是因为他们不愿意做。3岁孩子认为所有无生命的物体都是活的,不是朋友就是敌人。语言的力量给3岁孩子留下了深刻的印象,他们只有慢慢地才能明白,说出一件事并不能使它成为现实。

3岁孩子需要挑战和安全。他们需要相信世界是一个友好的地方,但是,也要知道不能跟陌生人走。他们需要感觉到是成年人在掌控,但是,他们在大多数自己所关心的事情上也要有发言权。3岁孩子可能会成为喜欢阅读的人或是电视的狂热爱好者,但不会同时成为这两种人。

如果你经常给3岁孩子一心一意的关注,尊重他们的感受,并且以有尊严的方式为他们设立限制,他们就会给你回报。他们的回报是孩子与父母之间的友谊,这种友谊将为整个童年和青春期的关系打下基础。

第 11 章

3岁至4岁

一个仁慈的（大多数时候）独裁者

"一个人就是一个人，不管他有多小。"

——《霍顿听见了呼呼的声音》，苏斯博士

需要做的事情

- 读真正的书。
- 对安慰毯的使用稍加限制。
- 预约一次牙医。
- 找一所好的幼儿园，或替代机构。
- 要对性游戏和有关性的问题做好准备。
- 要注意体重问题。
- 教给孩子同情，这不是与生俱来的。

不要做的事情

- 不要让3岁孩子习惯看电视，包括视频。
- 不要让孩子接触快餐、碳酸饮料和果汁。
- 不要指望3岁孩子在受到指责时承认错误。

该年龄的画像：通过可预测性和语言获得力量

"记住，彼得，今天要上幼儿园。现在我们该去见凯特小姐了，而且还能玩沙坑、手指画，还有荡轮胎秋千！"琳达欢快地说。

"我今天不想去那个破地方。"彼得怒视着他的卡车，他正把这些卡车在他的门口摆成一个方阵，"那个又傻又破的地方。"

"可是，彼得，你每次一到那儿就喜欢那里。另外，妈妈今天还要上班。我们不能每天都在家里玩，今天是星期一，该去上学，去上班。"

"呜呜，呜呜。"一辆赛车在地板上加速了。

"我们要迟到了。我希望你现在就把那件衬衫穿好。我们现在必须走了。我5分钟前就叫你穿衣服了。"

琳达跨过那些卡车，彼得打了个滚儿，停在了琳达要落脚的地方。

"彼得！"琳达趔趄了一下，伸开双臂保持住身体平衡，倒吸了一口气说。

"彼得！看看这个！你房间的墙纸上到处都是红色的大圈圈。这是口红啊！它们永远也擦不掉！"那不只是圆圈，而是巨大的锯齿状的图形，在里面有很多点点。琳达跪在彼得面前，用锐利的目光盯着他。她太生气了，手都在发抖。"现在，彼得，我想知道这是怎么回事。红色口红的大圆圈是怎么到你的墙纸上去的？"

"我不知道。"

"彼得。告诉我实话。你是用我的口红在你的墙纸上乱画了吗？"

"是凯特小姐干的。"彼得直视琳达的双眼。他用一只留有红色印记的手摆弄着他的自卸卡车，将其中的装载物——一个装满红色化妆品的字母图案的银色化妆包——倒到了地板上，"呜呜，呜呜呜呜，呜呜。"

在最不愉快的3分钟里，琳达进行了一场关于说实话的说教，以及对于谁在墙上乱画的推理，将彼得的衬衫套在了他的头上，但放弃了让他将胳膊伸进袖子的努力，费了好大力气将不断乱踢的彼得从房间里拖了出来，最后说道："……所以，因为你在墙上乱画，而且不跟妈妈说实话，今天彼得的午餐没有蛋糕了，放学以后也不能看视频节目！"

她气得全身发抖，将彼得用力放进汽车座椅里，自己也一屁股坐进车里，系好安全带，砰的一声使劲关上了车门。他们有5分钟谁也没说话，默默地开着车，在此期间，琳达偷偷地向其他司机做了粗鲁的手势和咒骂的口型。我会害死我俩的，她可怕地想。这些家伙中会有一个人拿出一把枪并把我们干掉。可那又怎样。

在一个停车标志前，她忍不住了。她转向彼得说："现在妈妈觉得不舒服。我不喜欢变得这么生气和心烦，而且现在我的胃不舒服。"

彼得考虑了一下。"你的身体会产生抗体的。"他安慰她说，"当朱尔斯生病时，他就产生了抗体。"

琳达不知道哪种情绪占了上风：是对彼得行为的愤怒，对他说谎的绝望，还是对他知道"抗体"一词（他们很少提到这个词）感到惊奇，还是对朱尔斯的再次出现感到恼怒。朱尔斯是彼得想象的朋友——彼得说是一个 16 岁的男性临时保姆，尽管事实上他的三个临时保姆都是女大学生。她瞥了彼得一眼，他正将手放在自己的胯部，这是他最近养成的一个习惯。昨晚在浴盆里，他唱了一首小调："我喜欢我的阴茎，我喜欢我的阴茎。"

在她还没能理清自己的思绪之前，他们已经到达了幼儿园，凯特小姐在微笑着迎接他们："哦，彼得，你来了我们很高兴。"她转向琳达说："彼得是个很好的带领者，并且他很遵守我们的规矩。彼得从来都不用坐'暂停'椅。"

琳达匆匆地说了几句客套话，便冲回到车里。"暂停"椅！在家里对彼得实施"暂停"意味着把他拖到那个"安全但无聊的地方"——洗衣房，然后站在门外，拼命拉住门把手，直到他完成他的 3 分钟"暂停"。

2 小时后，她给她的同事们讲了抗体的故事。彼得的记忆力真好！他们读那本关于细菌的书已经是至少一个星期前的事情了。

突然间，在说到一半的时候，她停了下来。那些细菌，书里画的那些细菌是红色的，样子很凶，带着刺，还有一些点点。

那天下午，当她去接彼得时，他的脸上有一反常态的忧伤表情。"我午餐时没有蛋糕。"他告诉妈妈，就好像他从来没有听说过这件事一样。

"没错，而且今天也没有视频节目看。"琳达终于感到自己好像对情形能掌控了。"我们不在墙纸上画大细菌。墙纸被毁掉了。而且，妈咪希望彼得学会说真话。撒谎是不对的。所以，今天没有视频节目看。"

彼得盯着妈妈，好像她在说火星语一样。

"而且，要记住，书上说细菌是很小的，小得你都看不见它们。"琳达意识到自己跑题了，"可是，不论如何，今天不能看视频节目，以便你能真正记住不能在墙上乱画，并且要说实话。"

彼得的脸上先是出现了不相信的表情，随后变成了预示着不祥的紫色。当他们到家时，他开始大发脾气了。琳达拼命拉住洗衣房的门，任凭彼得在门的另一侧又叫又踢，她感到自己已经发酸的肩膀开始剧烈地疼了起来。

其实，3 岁的孩子要求的并不多。他们只是想要控制每一种情形，并且想要完美。与受着这些需要支配的一个人一起生活，并不总会很容易，但是，一旦你确认了 3 岁孩子的目标是什么以及为什么，他们就能给你带来极大的快乐。

琳达和彼得没有得到他们应有

的快乐。琳达认为彼得的日程安排对他来说应该是很完美的：星期一去幼儿园，星期二待在家里，星期三在游戏小组，星期四在家，星期五去幼儿园——完美地融合了家、游戏小组和幼儿园；而彼得则认为他的生活很混乱。琳达认为彼得应该说实话：彼得则认为自己可以通过否认一件令人不快的事情来改变事实。琳达认为如果彼得做了错事，他就应该失去一项特权。彼得无法理解这么复杂的联系，并且认为他的妈妈在说火星语。

这就是他们两人之间的差异。琳达认为彼得知道细菌和抗体。而彼得已经忘了关于细菌的一切，但是，他确实相信我们的身体产生的"抗体"——以一种你不想知道的方式。

哦，一个3岁孩子的头脑。

现在，彼得和琳达都需要补一点课。见上一章"2岁至3岁"中的"限制"。

琳达能够帮助彼得成为最好的自己，并帮助他们两个人相处得更好，如果她能更多地从他的角度看世界的话。

• 如果一周中每天的日程都是相同的，通常情况下，彼得就会变得更加平静，更能控制自己并减少对抗行为。他的幼儿园是一所很好的幼儿园（见本章的"机会之窗"），他在那里遇到的挑战有助于他成长。如果他每天都去幼儿园，这就会成为一种生活习惯，上幼儿园这件事就会变得更加顺利。

• 琳达需要承认只有彼得才能掌控他自己的如厕行为。她需要改变规则，以便使彼得从自己的利益出发，作为一个拥有自主和力量的人，去使用便盆。见第3篇第26章"那是我的便盆，如果我愿意，我就会试试"。

• 琳达越是要求彼得承认一种淘气行为的错误，彼得通常就会变得越敌对。他的不良行为的整个焦点将会变成对这种行为的否认。这不是一个查问做错事的真相的年龄；那只会使事情变得难以置信的复杂。在这个年龄，更有效的方法是对行为进行管教，而不要追究是谁做的。

• 琳达需要让彼得变得更有责任感，并用他的行为的后果来表明这种责任。她不应该因为彼得在墙上乱画而剥夺他当天午餐的蛋糕，而应该让他在放学后用本该出去玩、读故事或看电视的时间来努力帮助她清理墙壁。

• 她需要放弃"暂停"，"暂停"只会使事情变得更糟。当琳达不得不牢牢地抓住"暂停门"时，彼得并不是在进行真正的"暂停"：他是处在争斗之中。而且，他最终会赢，因为3分钟后琳达就会让他出来。彼得不知道这是因为暂停时间到了，而不是因为他自己对门的猛烈攻击才使得自己被放了出来。这使得彼得的对抗行为看上去像得到了回报，所以，他的行为会更加令人厌恶。

• 她需要特别注意让彼得知道他是她的心肝宝贝，以便他能继续想取悦她。

当琳达将这些办法付诸实施时，彼得将会变得越来越服从于权威型养育方式。几个月之后，她就能说："现在该穿衣服去幼儿园了。"然后，瞧，彼得就会穿好衣服，至少是在大多数时候。

一个完成便盆训练、配合去上幼儿园并自己穿衣服的3岁孩子，有可能喜欢其他更复杂形式的对抗行为，例如哼唧、捣乱以及拖延。见下面的"限制"。

通过语言获得力量

3岁孩子不仅希望控制自己，而且希望控制他的世界。当你只有0.9米高、14千克重时，这可不是件轻松的任务。幸运的是，3岁孩子有一个秘密武器：语言。

3岁的孩子运用语言不是为了描述现实，而是为了创造现实。

这被称作"魔幻思维"——如果我说了，就会成为现实。这是极其有用的。这使你能假装一个愿望就是现实。如果你做了什么错事，你可以使其变得不是这么回事：是凯特小姐在墙上乱画的，不是彼得。

想一想朱尔斯。一个拥有一位假想的朋友的3岁孩子，就有了一个他能在其生活中对其拥有绝对权力的人。朱尔斯必须是16岁，必须是一个临时保姆。当一件事情出错时，朱尔斯必须承受指责。当一件事令人不快但需要做时，朱尔斯可以成为那个不喜欢做这件事的人。（朱尔斯不喜欢猪排、白色药片或者被阿曼达姑姑亲吻。）你可以以朱尔斯的名义指使着大人团团转（"你不能坐在那儿。那是朱尔斯的位置！"）。

如果你被迫去做一些可怕的事情，你可以编一个故事，并利用朱尔斯来使自己摆脱困境。（朱尔斯在水下吹泡泡，最后进了医院。）

这并不是在说谎。3岁的孩子并非在企图欺骗，而是在呼唤一个更令他们满意的现实。让3岁的孩子"说实话"是没用的，因为3岁的孩子认为自己能创造现实。

因此，如果你知道3岁孩子做出

了一种被禁止的行为，不要问，而只需要处理这种行为本身！

"彼得，你在墙纸上画了红色大圆圈，"琳达可以这样说，"这毁掉了墙纸，还有妈咪的口红。妈咪很生气。在去幼儿园的路上，妈咪会生气，不会朝你笑，也不会跟你玩或给你讲笑话。当我们到家后，我们将不得不努力把口红洗掉，而不能出去玩或是看视频。"

就像大人可能会误解3岁孩子说的话一样，3岁孩子也可能误解大人的话。

比喻和修辞手法超出了3岁孩子的理解能力，他们仍然处于将词汇与事物相匹配的阶段。有一次，我告诉一个3岁孩子，他的粉色抗生素是我们治疗他的耳部感染的"重武器"。永远不要这样说。如果你让一个3岁孩子用一只脚站着（stand on one foot），他会照做；他会看着你，就好像你疯了一样，然后他会小心地、摇摇晃晃地将一只脚踩在另一只脚上。

告诉一个3岁的孩子"安静下来，马上"也不管用。你不得不说得很具体。"请你从桌子上爬下来，把我的钱包还给我，坐在地板上，用蜡笔和纸给我画一幅彩虹，我要贴在冰箱上。"告诉他"要温柔地对待宝宝"可能不会起到任何作用，但是，如果你像下面这样说可能会走运："用你的手指摸摸宝宝的脚，看看他的脚指头有多么小。每个脚指头上都有脚指甲吗？"

3岁孩子在一定程度上能理解"如果……就"。如果你把一个鸡蛋掉在地上，它就会摔碎。如果我把嘴巴张大，医生就不必使用压舌板。但是，琳达用了彼得无法理解的一种方式使用"如果……就"。琳达认为她在申明一个规矩："如果你用口红在墙上乱画，你就会失去一种特权。"但是，对于彼得来说，这句话里"如果"的部分根本就不是"如果"。他已经在墙上画过了。而且，他并不把蛋糕和视频节目看作是一种特权，而是看作他日常生活和娱乐的一部分。即便他理解了这些概念，这种管教也不会很有效，因为在墙上乱画与蛋糕和视频节目之间没有"现实"的联系。

所以，3岁的孩子与成年人实际上是在说两种不同的语言，而且，是不得不学会"双语"的成年人要考虑3岁的孩子能理解什么，以及哪些是他（或她）可能感到困惑和不安的。

然而，作为对这种困惑的一种报答，3岁的孩子拥有非同寻常的、有时是非常敏锐的洞察力。詹娜到处问别人："你的衣服下面是裸体的吗？"

亨利在听一位竞选人愤怒的政治演讲时说："那是一个坏人。他不喜欢孩子。"我们的莎拉在3岁时对于从高处坠落非常警惕，她对于下山比上山容易得多印象很深刻。"为什么？"她问。我们告诉了她重力的事情，她变得非常严肃。几天后，她给我们讲了"众力"的故事，一只会把掉下来的小女孩吃掉的巨大的白色龙虾。

通过可预测性获得力量

当你是一个决定获得力量的3岁孩子，但却在以一种大人陌生的语言说话和思考时，你最好的朋友就是一个可预测的世界。

据说，很多年以前，大多数中产阶级家庭的3岁孩子都待在家里。没有幼儿园、运动课和正式的游戏小组。至多，只有一点广播教程（1940年代的《可爱的孩子们》，如果你能相信它的话）或者为学步期孩子制作的电视节目（还有人记得《欢乐教室》吗？）。

那时候，3岁的孩子与全职妈妈一起吃早餐，与住在附近的朋友一起玩，吃午饭，睡午觉，再出去玩，然后和下班回家的爸爸玩，然后上床睡觉。

那样的日子真的存在过吗？即便存在过，现在也已经一去不复返了。

现在，只有少数3岁孩子的妈妈还留在家里。即使是这些孩子，如果他们和妈妈一起待在家里，可能也没有玩伴，因为很多可以成为玩伴的孩子都要去幼儿园或日托中心。

所以，3岁的孩子现在没有一个自然而然地可预测的、可控制的世界。你必须为他们创造一个这样的世界。

一个能让3岁的孩子感到安心的世界，意味着在3岁孩子的世界里的重要的成年人应该是不变的，在情感上不是不稳定的。这意味着玩伴不能每次都是一群不同的孩子，或者是游戏场上的一大群孩子，而应该是日复一日的几个相同的老朋友，在大多数时候，都在老地方玩着同样的游戏。这意味着3岁孩子不能每隔几天就要从一个父母的住处马上换到另一个父母的住处。

3岁孩子的时间范围大约是三天：昨天、今天和明天。如果3天中至少有2天的日程是相同的，他们的生活似乎就会变得更轻松。彼得的一个问题，就是他的日程在大人看来是如此有规律和令人放心，但对于他来说却非常混乱。今天从来没有和昨天或者明天一样。当他星期一去幼儿园时，上周五在幼儿园的记忆已经变得很模糊，这足以让他一想到上幼儿园就抱怨，而不是兴奋得尖叫。但是，到星期五的时候，上幼儿园在他的记忆中就像是一个成年人3年前在伯克夏县度过的周末那样遥远。每周一次的游戏小组就更加困难了。

最重要的是，幼儿园里的大多数其他孩子都每天去幼儿园。他们都是老手。他们知道圆圈时间之后是唱歌，然后是去操场玩。彼得摸索着从一项活动转向下一项活动，而且他不知道《小蜘蛛》这首儿歌的歌词。此外，即使是3岁的孩子也会交朋友，会有社交排序和游戏中的潮流和时尚。彼得在星期一可能与乔吉是好朋友。他们一起在沙坑里玩了"几个小时"。但是，到星期五，5天之后，乔治已经与梅格交上朋友了，而彼得不理解他们玩的涉及到泥土上的洞、三辆卡车以及所有的积木的幻想游戏。

而且，如果凯特小姐病了，在星期五或星期一让人代课，彼得就会以为凯特小姐永远都离开了，他的世界就崩溃了。

所有这些焦虑和不可预测性，都使得彼得与琳达一起待在家里的日子不那么有乐趣。他不确定自己"应该"做什么，接下来会发生什么，即便她告诉了他。难怪他在家里时坚持要一遍又一遍地看同一个视频节目（彼得喜欢看《外星人E.T.》），也难怪琳达——违背她的良好判断力——允许

他这样做。（见本章"机会之窗"中的"电视、视频和电影"。）

因此，对于大多数3岁孩子来说，如果每周至少有3天重复相同的活动，5天更好，他们就会做得更好。

另一个使世界变得可预测的方法是把所有的事物都分类，并保持下去。

3岁孩子会给所有事物分类：要洗的衣服、玩具车、彩色的小马、什锦水果。

如果你让一个3岁孩子整理他的房间，他可能不知道该怎么办，但是，当你让他给房间里的物品分类时——"让我们把所有带轮子的玩具都收起来，然后收所有红色的玩具"——他可能会很快乐地开始干。

有些类别比其他类别更重要，尤其是那些与个人身份、危险和权威相关的。永远不要就这些神圣的类别戏弄3岁的孩子。我认识一个误入歧途的儿科医生，他试图戏弄一个3岁的孩子："你不是个小女孩，你是个小男孩！"结果，这个孩子的父母更换了医生，并且整个社区的父母也都不再找这个医生了。

我认识一些3岁的孩子，当他们看到一个成年人、父母或老师失去控制，并且表现得"像个婴儿"时——不论是故意的（像个3岁孩子一样扔沙子并尖叫），还是无意的（呕吐）——

就会感到恐惧和愤怒。

这也是3岁的孩子为什么对性和性别如此感兴趣，如此了解个人的差异，并且如此直截了当地说出他们对性和性别的发现的另一个原因。这也是为什么我们必须非常小心地和3岁孩子讨论好的身体接触和不好的身体接触，以及好的陌生人和坏的陌生人的原因（见本章的"机会之窗"）。

分离技能

由于3岁的孩子在公众身份方面有第一次经历，并有控制个人世界和公共世界的强烈意愿，改变和分离对他们造成难以承受的影响，并非是不常见的。

帮助3岁孩子为重大改变做好准备所花费的每一点精力都是值得的。如果他正要开始上幼儿园或要更换幼儿园、去看牙医或医生、开始上游泳课、即将有一个弟弟或妹妹出生、坐飞机去看爷爷，甚至是去看马戏，都要与孩子谈谈这件事情，让孩子看看相应的照片，并提前表演出来。这样，3岁孩子的控制感、对自我的感觉以及对待分离的能力都会增强。（然而，正如上一章提到的，我不会提前告诉孩子在医生那里抽血或打针的可能性。见上一章的"3岁孩子的健康检查"。）

实际上，帮助3岁的孩子对他真的感到很无助的一种情形有控制感，是对你作为其父母的一种回报。如果3岁的孩子要去看医生，你要带上他的医生玩具套装，或带上他画的一幅画给医生看。如果3岁孩子要去上一所新幼儿园，你要带他提前去幼儿园参观，并拍下教室的照片，让他一遍又一遍地观看。

很多3岁的孩子仍然有一个安全依恋物。到这个时候，它通常只剩下原来的一点影子了。米兰达的"小毯子"已经变成了"一缕缕的线"，在她父母的眼中已经成了"破布片"。

大多数3岁孩子都能够很好地接受对他们的安全依恋物的使用稍加限制。

对很多孩子来说，这是一个好主意，有几个原因。3岁的孩子能延迟满足自己的需要，而延迟"小毯子"的使用是一种很好的练习。而且，很多3岁孩子在用小毯子安慰自己时都会吮吸自己的拇指，而经常吮吸拇指可能使牙齿和下颌变形。

帮助3岁孩子的一个好方法，是将安全依恋物的使用限制在他们的床上。要说："我知道当你需要吮吸你的拇指和使用你的小毯子时，你是累了。所以，当我看到你需要这样做时，我希望你去躺到你的床上。当你休息好之后，你可以起来去玩（或看电视，或帮助我做晚饭）。"

就寝时的各种怪物

3 岁孩子往往会在床下和衣橱里发现怪物。

对于 3 岁孩子来说，怪物似乎是否认恐惧或被禁止的感受的一种非常方便的方法。如果你对分离感到很害怕、对一个挚爱的人生气、意识到你的行为令父母不快，或担心对一些事情有太多或太少的控制，这些感受可能强烈得无法用言语表达，甚至是对你自己都无法表达。将它们变成藏在床下的一些可怕的怪物就好多了。

造成怪物出现的一些常见原因包括：

- 最近发生或预计会发生的重大变化和挑战：开始上幼儿园，在外过夜，妈妈返回到工作中，分居或离婚，搬家，住院，或者——躲在床下的怪物霸王龙——一个新的弟弟或妹妹（见下面的"如果……怎么办？"）
- 感觉自己不被喜欢、喜爱，不被认为是美妙和特别的（见本章的"限制"。）
- 在一些重要的方面失去控制。

造成意外拉在裤子里的腹泻、一种影响行为能力的疾病（可能是影响听力和平衡能力的耳部感染），或者一个阻碍或禁止孩子自主的照料者，都会导致怪物的出现。

- 看了可怕的电视，不论是电视节目、广告还是新闻（见本章的"机会之窗"）。

控制怪物出现的一种办法，是首先解决任何可以解决的潜在问题。还要确保 3 岁孩子每天都与父母双方单独度过一段令人满意的独处时光。与父母双方待在一起的时光，与一个兄弟姐妹待在一起的时光，或者父母在与孩子独处时充满焦虑或受到电话干扰，都不会起到作用。

当然，总有一些怪物无法通过改变 3 岁孩子的生活方式而消失。这些怪物，像维生素一样，对孩子的成长来说是必需的。每个 3 岁孩子都会有一些深深植根于现实生活和成长过程的恐惧感和幻想。与一个兄弟姐妹的竞争，对父亲或母亲的占有欲，对阻碍自己获得力量和自主的愤怒——所有这些都是生活中重要且不可避免的组成部分。

有些 3 岁的孩子感到自己拥有如此神奇的力量，以至于他们认为自己的想法、愤怒或其他情感能够让事情发生。一个深爱妈妈、想独占妈妈的爱，并且希望他的父亲消失的3岁孩子，当爸爸晚上出去开会或当他听到父母吵架时，可能会感到非常害怕。父母公开表达相互的爱和对彼此的关心能帮助减轻这些恐惧。通过让3岁的孩子明确地知道是父母而不是3岁的孩子在牢牢地掌控着大人生活的方方面面，也能给予孩子帮助。

对于这些正常的、发展过程中出现的怪物，父母们还可以通过以下方法来帮助孩子：

• 给孩子一个安全依恋物，或"妈妈或爸爸的一小块"，在夜晚充当孩子的守护者。我认识一个对自己妈妈的丝绸衬裙产生依恋的3岁小女孩；另一个3岁孩子则喜欢抱着自己的足球上床。

• 一个始终如一的晚安仪式。搜寻衣橱和床下的仪式并不能"证明"没有怪物潜伏在那里，但是，这能确保带来父母几分钟的密切关注。一个拥抱、一本安静的书（像玛格丽特·怀兹·布朗的《晚安，月亮》）或是一个关于"当你还是一个小宝宝时"的故事，可能会让孩子感到很安心。

你要避免的主要问题是一个恶性循环，即父母因为孩子对怪物的恐惧而心烦意乱，以至于他们的苦恼在3岁孩子的头脑中制造出更多的怪物。

设立限制

为3岁孩子设立限制要比为2岁孩子设立限制复杂一些。不是复杂得多，但要稍微复杂一点。

3岁的孩子通常不那么喜欢大发脾气或进行攻击，例如打人、咬人、踢人。如果3岁的孩子仍然每天都出现此类行为，你要核实一下他在日托中心或幼儿园是否也有这些行为。如果有，就需要让儿科医生对他进行一次诊断，以便搞清楚出现了什么状况。如果没有，调整一下你的养育技巧很可能会有帮助。

如果3岁的孩子没有一个每天固定的日程安排，事实上这可能就是导致问题的一个主要原因。3岁孩子需要一个有条理的、令人愉快的日常惯例，充满适合其年龄的挑战，才能让他们对自己感觉良好。一个每天都与比自己小得多的学步期孩子待在一起的3岁孩子，其行为肯定会变得让人讨厌。

2岁孩子的对抗行为可能会相当简单：攻击、发脾气、拒绝。然而，3岁孩子的令人讨厌的行为则更加多样化和复杂，会有各种各样的形式：

哼唧、捣乱、拖延、发出烦人的声音、在汽车后座上搞破坏、顶嘴、决不妥协且拒绝让步、横冲直撞、拒绝承认做的错事。

哼唧、捣乱和拖延

哼 唧

孩子的哼唧会让父母发疯。这是一个问题。这有可能造成一个恶性循环：

- 3岁的孩子感到心情不佳或"被忽视"，就开始哼唧。
- 于是，父母做出恼怒的回应，并用越来越多的精力指责3岁孩子的行为；
- 于是，孩子感到心情更不佳和更被忽视，哼唧得会更多。

当你面对一个恶性循环时，最有效的回应是在每一次循环时进行干预。下面是有帮助的做法：

- 分析一下3岁孩子的生活方式，看看怎样才能使他感到更有能力、更成熟、更独立。如果他每周只有两天去幼儿园，但是在那里表现很好，是否有可能让他去得更多一些呢？如果不行，什么样的玩伴和活动能让他每一天都更满意地度过呢？
- 不管你有多生气和恼怒，也要在孩子不哼唧时给予他积极的关注。
- 不要表现出恼怒，而要戴上你的耳塞，就像第8章"1岁至18个月"建议的那样。不要说"如果你哼唧，我就听不到你说什么了"，也不要说"像个大孩子一样说话"。要用行动，而不是话语，让孩子知道哼唧是一种没有任何沟通效果的噪音。

捣 乱

捣乱也是3岁孩子的一大消遣。而且，他们每一次都会很认真地说："对不起！"我认识一个3岁女孩，妈妈说一句话，她设法打断了14次，并且是用你能想象到的最礼貌的方式。

有时候，3岁的孩子捣乱是因为他真的需要你的关注。如果你在打电话或在做其他不能被打扰的事情，一个很好的处理方法就是与孩子进行目光接触，并将你的手轻轻地但坚定地放在他的身上，抚摸他的头发和肩膀，把他拉到你的怀里，直到你能给予他全部的关注。

但是，当捣乱变成一种生活方式，不是一种需要，而是一种操纵别人的习惯时，你就需要一种不同的技巧：进行一次关于"不能打扰别人"的简短的强化指导。3岁孩子需要知道的是，你不会让步，不会停下你正在做的事情去理会他的纠缠。

• 要提前告诉3岁孩子你必须打个电话，并且你不希望受到任何打扰。然后，打一个你已经悄悄约好的电话。

• 给你的一个预先得到告知的朋友打电话。然后，让你的朋友帮助你免于回应孩子的纠缠，要对孩子的干扰置之不理。

• 甚至不要承认孩子在打扰你。不要进行目光接触，不要露出责备的表情，不要做出任何回应。只是继续与你的朋友通话，直到孩子筋疲力尽，去做其他的事情。（如果他去做的事情是被禁止的，比如发脾气或破坏行为，你要结束通话，立即处理这一行为。但是，不要提到打扰的问题。要让3岁的孩子相信你真的无法"听到"他的干扰。）

你可能需要这样做3~4次。

拖 延

啊，这是他们最喜欢做的。

当雅克在该去上幼儿园时不肯穿衣服，你该怎么办？梅洛迪不能在客人到来前整理好她的房间，你该怎么办？

3岁孩子的拖延有几个原因。雅克可能有分离焦虑，他在拖延离开母亲的时间，或许是因为早晨的忙碌和烦恼使妈妈显得难以接近。他可能在做一件让他上瘾的事情（通常是看早晨的卡通片）。或者，他可能发现穿衣服很难，而且不好玩。

如果是由于上述原因，解决方法通常是显而易见的。（早晨早点起床，让一切更加井井有条，并且不要看卡通片。留出在去幼儿园之前拥抱一下孩子的时间。确保他在生活的其他方面拥有控制感。一步一步地教给他怎样穿衣服，让他自己挑选衣服，避免有纽扣、拉链和按扣的衣服。）

另一方面，他可能将穿衣服作为一种控制，他是在说："这里由我说了算，我是老大并拥有力量。"

当出现这种情况时，你的选择就很有限了。

• 你无法强迫给他穿上衣服。他已经长大了，会扭动身体，协调动作，还会踢打。

• 即使你确实给他穿上了衣服，他也会在你把他送到幼儿园时脱掉所有的衣服。

• 冲他喊叫、斥责、贿赂、打屁股：这些方法都无法让他穿上衣服。

实际上，你这样做是在教给他知道你的所有这些行为都是无效的。事实上，是他赢了。当一个3岁孩子赢得一场与父母的争斗时，他的行为只会变得更糟糕。

当然，你可以通过不让他去幼儿园来惩罚他。但那又怎样？你将面对的是漫长、不愉快、冲突不断和令人厌恶的一天。而如果雅克去了幼儿园，当他回家时有可能会变得成熟一点，并且愿意合作。（如果那是一所好幼儿园的话。）

所以，不要命令他穿上衣服。要告诉他该穿衣服去幼儿园了，你们会在5分钟后出门。

如果他不回应，就把他的衣服放进一个袋子里。告诉他由于他不肯在家穿衣服，他将在幼儿园里穿。句号。不要说教或说负面的话。要真正保持平静。

如果天气比较冷，就在他的睡衣或光身子上穿上外套。或者，只需打开车里的暖气。当他到幼儿园时，他将不得不先花几分钟时间穿衣服，而不是去玩。其他孩子会很好奇，并且可能取笑他。这都没关系。

他可能会明白按时穿好衣服会更有趣。但无论如何，早晨所有的事情都会变得更容易一些。

发出烦人的声音、顶嘴、在汽车后座上搞破坏、决不妥协且拒绝让步、横冲直撞

这些都是各种形式的对抗行为。对抗行为意味着孩子是在故意做出令人讨厌的行为，其目的是引起父母的反应。很多时候，在家里表现出最强对抗行为的孩子，在其他地方却表现得很好，甚至在跟父母中的另一方在一起时也可能表现得很好。

通常，这种情况始于3岁的孩子只是因为喜欢而做出一种令人讨厌的行为，而父母没有做出有效的反应。你告诉孩子停下来；孩子拒绝服从。你通过喊叫或威胁使你的要求升级；孩子决不妥协，并且又做了一次。这种情形会持续下去，直到一方或双方爆发，或者一方向另一方让步——通常，父母是屈服的一方。

一旦这种冲突开始出现，往往会逐渐失控，变得越来越频繁和令人苦恼。这会给整个家庭造成痛苦。这个问题在第3篇的"对抗行为"中会有讨论。

发脾气和攻击行为

如果3岁的孩子开始经常发脾气或出现攻击行为，重要的是要确

定这种行为是否是因为某些因素导致他受情绪支配而真的无法控制造成的，还是传染性的——从另一个或另一些孩子那里学来的，或者是操纵性的。

无法控制的发脾气

3岁孩子无法控制地发脾气，通常是其生活中的一些重要方面出现混乱的一种迹象，除非一些问题得到解决，否则这种行为无法通过一般的方法得到改善。在家里，婚姻不和、经济问题，或者父母中的一方生病，都可能使一个3岁的孩子感到彻底的无助和恐慌。或许，幼儿园中出现了问题，管教过于严格或过于松懈，有一位老师不喜欢这个3岁的孩子，有一个欺负人的孩子，或者是可怕的现实环境（例如肮脏的厕所）。

可能导致3岁孩子脾气暴躁、疲惫、易怒，以至于频繁地发脾气的健康问题包括：听力损失、鼻窦炎和轻度耳部感染、过敏症和便秘。

最后，使3岁的孩子感到很无力的各种因素的综合——各个因素本身并无害——会引发无法控制的发脾气。彼得感到很绝望，因为他的生活似乎令人无法容忍地不可预测。他每天的日程是杂乱无章的。他没有意识到在墙上画画是被禁止的：毕竟，墙纸上面也有画。他白天在幼儿园努力地好好表现，遵守规矩和安排，然后，他的妈妈却拒绝让他吃蛋糕和看电视。正是不许他看视频节目让他忍受不了啦。因为看视频节目是高度可预测的，是在情感上给他的极大奖励，而且，每天看《外星人 E.T.》能够帮助彼得间接地获得控制感。

解决无法控制的发脾气的唯一办法，是找到并解决其原因。

传染性的发脾气和攻击行为

一个几乎总是与更小的孩子——尤其是18个月~2岁半的孩子——接触的3岁的孩子，可能几乎一定会爱发脾气、咬人、踢人，并且基本上会脱掉一切成熟的伪装。如果你真的仔细观察这样一个3岁孩子，你会发现一个不和谐的音符，他们的眼中有一抹闪光，表明他们非常清楚自己的行为"像个婴儿"。成长对于3岁的孩子是强烈的诱惑，但倒退的诱惑也很强。而且，3岁孩子有极大的动力模仿和仿效他人的行为。

这种情景可能发生在3岁孩子整天与一个弟弟或妹妹一起待在家里的时候；或者当他的日托小组发生变动，使他成为那里最大的孩子的时候；或者是在他的幼儿园的3岁孩子小组中已经没有位置，只能把他先放在较小的孩子中间，直到有空位出现的时候；或者幼儿园在看到他的行为后，认为他还没有为加入大年龄的组别做好准备的时候。

在上述每一种情形中，成年人所能采取的唯一有效且能快速生效的行动，是将3岁孩子转移到一个周围都是年龄比他大的孩子的环境中。这种"治疗"要想取得最好的效果，就需要3岁的孩子定期待在这样的群体中，如果可能，最好是每天如此。

通常，不需要采取其他任何措施。而且，其他任何措施通常也都不管用。

操纵性的发脾气

这是那些"设计"用来获得关注、为所欲为或给他人的生活造成不愉快的发脾气。如果一个3岁的孩子（发展和语言都很正常）仍然有操纵性的发脾气，我强烈建议你采取行动。当操纵性的发脾气持续存在时，就说明3岁孩子的生活中有什么不正常的事情。

• 3岁孩子的日常生活中没有足够的与同龄孩子共同进行的具有挑战性且适合其年龄的活动。这会让3岁的孩子没有办法感觉到自己能干和独立。相反，他会把所有的精力和技能都用在赢得与妈妈或爸爸的权力之争上。

• 3岁的孩子在家里表现好时感到"没人注意"。或许，3岁孩子的父母在家里全神贯注于工作或其他弟弟妹妹；或许，他们感到没有必要为3岁的孩子设计一个充满挑战、令人满意的环境；或许是家里有压力。

• 3岁的孩子因为发脾气而得到了回报。或许，一位父母因为感到压力太大只能选择让步。或许，一位父母对这个世界深感愤怒，而3岁的孩子大发脾气给他提供了一种隐秘的满足感——一种发泄。或许，一个父母对下面这个问题的答案没有过深入思考："当我向发脾气的孩子让步时，我在教给他什么？"

• 或许，父母还没有找到对待孩子发脾气的有效方法。比如，可能一直有人向他们建议，最好的处理办法是抱着孩子，直到他发完脾气。这种回应会增加孩子发脾气的频率和激烈程度。

如果你的孩子符合上述任何一种情况，解决办法就是消除潜在的问题。如果上述情况都不大可能，或者在消除问题后的两个星期内情况没有任何改善，你就应该向儿科医生咨询，或者请他给你介绍一个儿童行为方面的专家。

给予赞扬和关注

有时候，赞扬对于3岁的孩子会适得其反。一个3岁的孩子可能会感到有些赞扬会侵犯他的独立性。他甚至会厌恶诸如"好孩子"或者"懂事的大哥哥"之类的赞扬，如果他怀疑这是用来操纵他的话。而且，有些赞扬可能会使他从正在做的事情上分心，并减少他从所做的事情中得到的快乐。

另一类可能会适得其反的赞扬是反复地告诉一个孩子他（或她）"很棒"，或者使用其他最高级的形容词来形容他。我怀疑，3岁的孩子对这种赞扬的反应（通常是一个困惑的、有点不安的微笑）可能反映了3岁的孩子怀疑一个总是这样说的大人实际上暗示的意思正好相反。对于大多数3岁和更大的孩子来说，当他们的了不起之处通过关切而尊重的对话和身体的爱抚得到不假思索的承认和反映，而不是被明确地说出来时，他们的反应会更好。

实际上，几乎从来不会适得其反的一种赞扬，是未说出口的赞扬——父母对3岁孩子正在做的事情的专注的兴趣。与传统的赞扬不同，这种关注的焦点是"事情"本身，而不是孩子的行为。尽管传统的赞扬可能会引起各种令人遗憾的回应，但专心的关注会提高3岁孩子的兴趣和自豪感。

不推荐的：

传统的赞扬："你画的这张画真好看。"

可能的回应："不好看。我把彩虹画歪了。我讨厌这张画。"

推荐的：

专心的关注："你把黄色和红色混在一起了，所以你的彩虹里就有了一道橘色。"

可能的回应："我把绿色画在了棕色上面，就出现了一种讨厌的颜色。"

通常，一个3岁的孩子会喋喋不休地说起自己的成就和兴趣。他的思维有时候很难跟上，他想告诉我们什么很难确定。大人很想尽力搞清楚他在说什么，然后会用评判性的话做出回应，要么是赞扬，要么是责备。不幸的是，这会让孩子感到厌烦和恼怒，让父母感到厌烦和筋疲力尽。双方都会认为大人并没有真正在听孩子说什么。

一个更管用的方法是简单地映射孩子说的话。

"我们把大积木拿了出来，盖瑞搭了一个隧道，我们把所有的车都放了进去，杰西卡拿来了椅子，萨丽塔小姐说我们的车太多了，盖瑞拿了卡车，我们就到外面去了。"

不推荐的：

评判性的话："是的，分享卡车和汽车很重要。"

可能的回应：一脸茫然，或更多令人难以理解的叙述。

推荐的：

映射性的话："所以，你们离开了隧道，带着卡车到外面去了。"

可能的回应："然后萨丽塔小姐说这样很好，我们都喝了牛奶。"

有时候，以喋喋不休而著称的3岁孩子其实一直是在寻求父母的恰当回应。使用映射性的回应，而不是评判性的，会有助于他对交流更满意。

日常的发育

在这一章中，有一部分内容是"活动之后上厕所"。然而，如厕技能的学习是在上一章"2岁至3岁"的"机会之窗"中讨论的。

里程碑

视 力

3岁孩子的眼睛应该能够很好地聚焦，在测视力时，两只眼睛的视力应该至少达到20/30。3岁孩子的眼睛不应有斜视——哪怕是一只眼睛——或是在明亮的阳光中流泪；这些可能是近视的迹象之一。如果孩子在看东西时歪着头或是闭着一只眼睛，这可能是需要对其聚焦和视力进行检查的迹象。3岁孩子应该能够看到距离一臂远的书上的图画，并且在看电视时应该距离1.2米远。如果对孩子的视力不够好有任何怀疑，或者家族史中有一个父母或兄弟姐妹在上学前班之前就需要戴眼镜或眼罩，或在任何时候出现"弱视"，则需要对孩子进行一次正式的视力检查。

听 力

一些3岁孩子能够配合医生进行听力筛查，当他们听到一个音调时会举手，这对于那些没有表明有听力问题的孩子来说是很好的。然而，一个有听力损伤迹象的3岁孩子则需要更加正式的检查。检查通常是由一名儿童听力专家来进行的，在一间隔音室中让孩子对不同音高做出反应；这被称作"游戏测听"。

听力损失的迹象包括：

- 言语迟缓和词汇量贫乏。
- 说话不清楚。一个陌生人应该

能听懂3岁孩子说的几乎任何话。如果有怀疑，可以在家里录下与孩子对话的录音带，让你的儿科医生听一听。（3岁孩子在儿科医生的诊室里通常一句话都不说。）

- 音质奇怪：带有鼻音、声音嘶哑或令人不舒服。
- 说话声音很大。
- 对话语、音乐和声音反应迟钝。
- 有听力损失的家族史。
- 复杂的治疗史：复发性中耳炎（顽固性或复杂性的）是最常见的，但是，一些有其他医学问题的孩子，或做过特殊治疗的孩子也可能有风险。这些问题包括细菌性脑膜炎，严重的麻疹和耳外伤。出生时的复杂情况也有可能造成一些不明显的听力问题。早产儿，尤其是要进行复杂的神经学治疗的婴儿，非常频繁地使用呼吸机的新生儿，或大量使用氨基糖苷类抗生素（如庆大霉素或卡那霉素）的婴儿，以及在胎儿或新生儿阶段被诊断有巨细胞病毒感染的孩子也可能需要进行一次听力检测。

语　言

3岁的孩子说话应该足够清晰，陌生人也能听懂，并且应该能够表达自己需要或想要说的任何意思。3岁孩子一般会说至少由3个或4个词组成的句子。他们掌握了大约500个词。他们应该能正确地使用诸如"我"的主格（I）和宾格（me）一类的代词。

有些口齿不清和发音错误是正常的："我的黄舍袜纸，"一个3岁孩子一边穿衣服一边说，"我灰常喜欢我的黄舍袜纸。"他们的语法可能很奇怪。"我被拿来它。"他们的叙述可能非常古怪：3岁的孩子在告诉你发生过的事情时，是以他自己的记忆方式来讲述的，而不是按照一个连贯的情节。"大狗过来了，它咬住了球，温迪吃了冰淇淋，然后我们都去玩秋千了。"

大多数3岁孩子都会经历另一个"言语障碍"阶段，像很多2岁的孩子一样。"我我我我我想拿那个娃娃娃娃。"他们可能会用"呃"或"嗯"来填补句子中的空白。或许，这是因为学了那么多语言造成了暂时性的阻塞。有时候，孩子的口吃是在重复一个短语，而不是一个单词："我想我想我想我想我想拿那个娃娃。"

成年人可以通过耐心地等待孩子把整句话说出来，而不要表现出焦急或担忧，来帮助3岁的孩子。让3岁的孩子慢点说，或想想他要说什么，或者告诉他不要结巴，肯定会使情况更糟。成年人给3岁的孩子创造一个

> **正常的口吃（良性的言语障碍）**
>
> • 孩子不焦虑，自己意识不到，或没对口吃表现出任何紧张。你不应看到他紧张、做鬼脸、目光看向一边，或用手捂嘴。
> • 重复出现在词的开头，而不是中间。
> • 没有任何"拖长音"的现象，即孩子在一个单音上卡住，并一再发这个音："你——在做——什么？"
> • 口吃只是偶尔出现，10个句子中不超过1句，并且往往会自然消失。口吃尤其会出现在孩子兴奋、疲劳或学习新东西时。
> • 口吃不会持续超过3个星期或4个星期而没有改善。

轻松的语言环境，自己说话慢一些，减少压力，对孩子要说的话给予友好的关注，并且不要问很多问题，才是对孩子的最大帮助。

3岁的孩子在语言流畅问题上需要帮助的迹象包括：

• 看起来紧张、眨眼或嘴唇紧绷，在努力说出一个词时目光看向一边。
• 出现时间很长的口吃（整整一秒），并且经常如此：10句话中超过1句。
• 在大多数时候都口吃，而不只是在有情绪原因时才如此。
• 看上去很尴尬，或者说自己担心口吃，或者问大人自己为什么口吃。
• 一个问题持续6~8个星期。

认知

在这一年中，3岁孩子会了解类别，并对其进行探究。他对"相同"和"不同"深深着迷。他不拒绝图画书，但是开始对有情节和悬念的故事更感兴趣。他很容易受到自己听到和看到的东西的影响，并且会将令他感到不安的任何事情一遍又一遍地用行动表现出来。

大肌肉运动

3岁孩子能单脚站立几秒钟，并且能原地跳起。他能自己上下楼梯。在这一年里，他将学会骑三轮脚踏车，如果你瞄准他并将球轻轻地扔过去，他在大多数时候能接住球。

精细运动

在这一年里，3岁孩子能够熟练掌握成年人握蜡笔或铅笔的方式，并且能画出一个有头并带有四肢的人的图画。3岁的孩子能用成年人的抓握方式使用勺子和叉子，在这一年中，他们将开始能使用筷子。

> **令人担忧的口吃**
>
> 如果孩子表现出紧张或尴尬的迹象,如果口吃的强度和频率有所增加,或者如果存在严重口吃的家族史,我建议你给美国口吃基金会(Stuttering Foundation of America)打电话。他们能够为父母们提供信息资料和一盘很好的录像带,还能推荐一位接受过处理儿童言语障碍特殊训练的语言治疗师。

睡 眠

大多数3岁的孩子每天24小时里会睡12个小时,哇,太棒了,白天还会有约1个小时的午睡。在这一年的某个时候,很多3岁孩子会放弃午睡:有些孩子的午睡会像气球一样飘忽不定;有些孩子在放弃午睡时会很矛盾并发脾气。然而,如果一个3岁孩子仍然需要,就不应该不让他(或她)午睡。

如果一个日托照料者坚持让3岁孩子午睡1个小时以上,或者坚持让每个3岁孩子每天都午睡,就很可能有她自己的目的,而不是为了3岁孩子好。

生 长

当心肥胖

在这一年里,3岁的孩子会增长大约2千克体重,即每个月增长不到0.2千克,身高平均增长6~8厘米。

从3岁到4岁,小天使应该显得更高一些,更瘦一些。他们可爱的圆鼓鼓的小肚子会逐渐瘦下来;胳膊和腿上也不再有皱褶。如果小天使在这一年中每个月体重增长都超过0.7千克,他就可能体重增长过多了,除非他真的很高。

当一个3岁的孩子体重增长开始过快时,他的环境和生活方式的一些问题就需要得到解决。或许他每天都看电视或视频节目。或许他更喜欢安静的充满想象力的游戏,而不是到处跑着玩耍。或许他的幼儿园每天强迫小睡,并且固定提供两次点心。

尽快了解清楚问题是很重要的,这有两个原因。第一,肥胖本身似乎能带来更严重的肥胖问题。一个在3岁半时只有一点肥胖的孩子,可能会成长为一个严重"破纪录"的4岁孩子。其次,接下来的2年是父母们能够对孩子的活动、锻炼和饮食控制较多的最后时机。

因此,如果你在这方面有担忧,

请看第 3 篇的文章"胖还是不胖，我们来告诉你"。

确实，在每顿饭、每次点心和每次喝饮料时都记住这一点是极其重要的。要记住，你正在与快餐、碳酸饮料、果汁和零食生产商以及它们的媒体同谋的强大力量做斗争！

需要记住的第二件重要事情是给孩子的每份食物的量。当你给孩子吃片状的食物时，比如一片红肉或禽肉，给的量应该与孩子的手掌大小一样。当你给孩子吃块状食物时，给的量应该与孩子的拳头大小一样。要按照这样的标准，每顿饭给孩子提供 3～4 种不同的食物。如果你记住这些营养指导原则、每份食物的量和对牛奶的需要，你的孩子就最有可能得到非常好的营养。

3 岁的孩子每天可能仍然只吃一顿"像样"的饭，其余几餐吃得较少。通常，这一顿是早餐。如果 3 岁孩子在其他地方而不是在家里吃这一餐，有些父母可能从未见过自己的孩子吃一顿"正常"的饭。用成年人的标准来看，大多数 3 岁孩子仍然几乎不吃任何晚餐。

这个年龄的孩子每 0.45 千克体重每天大约需要摄入 40 卡路里。女孩平均体重大约为 13.6 千克，男孩为 14.5 千克；但正常体重的范围是很广的。一个娇小的 3 岁孩子可能仅重 11 千克，而一个很高的 3 岁孩子体重可能将近 17 千克。因此，平均来看，3 岁孩子每天所需的热量是 1200 卡路里，但是，其范围可以是 900～1600 卡路里。在这些热量中，只有大约 30% 应该来自于脂肪。

像 2 岁孩子一样，3 岁孩子也应该喝低脂牛奶，或者甚至是脱脂牛奶。2 岁孩子与 3 岁孩子的主要区别是，3 岁孩子吃的每份食物的量稍大一些，而且，3 岁孩子可以在保证安全的前提下开始小心地吃一些较黏的、耐嚼的和较松脆的食物。这里的关键词是"小心地"。

带 3 岁孩子一起参加社交聚餐可能有一点棘手。他们仍然不能安静地坐很长时间，而且他们吃得不多，但是，3 岁孩子明显已经准备好加入常规的家庭晚餐了。按照上菜的顺序给 3 岁的孩子提供小份的食物，并确保他参与谈话并能听懂（但不要谈论 3 岁的孩子正在吃或没有吃的东西），都是有帮助的。

当你带 3 岁孩子去餐馆吃饭时，准备工作应该主要集中在外出就餐的程序上，而不是食物上。事实上，确保 3 岁的孩子知道食物不会马上端上来，并且带一些安静的娱乐物品和一些不会发出声音和产生碎屑的零食打发时间，是个好主意。

牙 齿

在6岁前，孩子将不会再掉牙或长新牙，除非他伤到牙齿——一种并非不可能发生的事情——或需要对蛀牙进行重要干预。这是阅读第2篇第15章的"口腔与牙齿"以及"急救"部分的好时机。大多数3岁孩子能尝试自己刷牙，但是父母最好帮助他们清洁一下臼齿。

正如上一章中提到的，2～4岁是恒前牙形成釉质的阶段。在这个阶段，父母们应该特别注意3岁的孩子得到充足的钙（见第10章和本章中的"营养与进食"）以及适量的氟化物。氟化物摄入太少可能导致出现龋洞。氟化物过量可能在牙齿上形成白斑，长在这些容易让人看到的牙齿上会影响外观；因此，要小心，别让3岁孩子摄入过多的氟化物。如果你在用氟化物补充剂，3岁的孩子喝的水就不应当含氟化物。无论如何，不要让3岁孩子咽下含氟的牙膏。要将牙膏的用量限制在一小条。

氟化物补充剂的剂量在一些地区的孩子3岁时会变化，请询问你的儿科医生或小儿牙科医生。说到牙科医生，3岁孩子应该在一年里看两次牙医。

营养与进食

吃饭好的孩子

- 当他饿了时就吃，当他饱了时停止吃。因而，他每一天的每一顿饭吃的量都不一样。

- 不允许要求特殊加餐，但是，要提供各种健康食品供他选择——他来决定每种食物吃不吃或吃多少。

- 吃各种食物，因为他不会把一些食物视为"惩罚"，把一些食物视为"奖励"。

- 对果汁、碳酸饮料或"小零嘴"不上瘾。

- 喝牛奶是为了营养，在口渴时喝水。

食 物

在这部分，我没有讨论"食物金字塔"。我从未遇见过一位父母乐意接受它。食物金字塔的主要目的是提醒我们，孩子们只需要很少量的甜食、糖和油腻的食物；他们需要一定量的粮食（谷物、淀粉和面包）；他们需要比美国人所习惯吃的更多的新鲜蔬菜和新鲜水果。

洗澡与卫生

洗澡水中的肥皂泡带来的主要问题是阴道炎。（"这就是他们把它称为'泡泡先生'的原因，"一个6岁的孩子自信地告诉我，"而不是'泡泡夫人'"。）然而，男孩们也可能表现出对泡泡的过敏反应，出现阴茎肿胀。未做包皮环切的男孩会因为肥皂残留在包皮下面而陷入麻烦。

偶尔洗次泡泡浴在生活中是必需的，但是，使之成为每晚的仪式就是另一回事了。洗澡玩具是转移注意力的好东西。

3岁孩子不应被单独留在浴缸里。热水烫伤和溺水仍然是很可能发生的，同样可能发生的还有孩子喝下很好闻的洗发香波。

活　动

幼儿园

一个3岁孩子是不是必须去幼儿园或者有学前课程的日托机构才能获得最佳发展？

不是的。但是，对于父母们来说，为一个3岁的孩子提供优秀的早期儿童教育计划所包含的所有元素，则是一个挑战。这种计划是指：

• 增强孩子以社会可接受的方式获得和保持成年人关注的技能。这意味着班级的人数必须足够少，并且老师受过良好的培训。

• 在合作的游戏中鼓励孩子们，确保每个孩子都能培养出领导和跟随的能力，并且攻击行为能够得到恰当的控制。

• 通过提供各种各样的材料和参与冒险活动来激发孩子的好奇心和想象力。

• 让孩子在积极的对话和玩耍中获得快乐。不应看电视，除非老师们有一个特别而明确的原因要用一个具体的节目来丰富孩子们的活动。

• 要承认孩子们之间的差异，并且帮助孩子们尊重这些差异。

• 聘用理解这个年龄的微妙之处的老师，老师对孩子的期望既不太低（能容忍孩子的发脾气和攻击行为），也不要过高（期望孩子始终能分享，不出现尿或拉在裤子里的意外，以及"说实话"）。

适合3岁孩子的活动

• 手工。与较小的孩子不同，3岁的孩子不只是探究各种材料的特性，而是能真正做手工了。

- 幻想。假扮游戏，角色扮演，用娃娃、小汽车和卡车、厨房用具玩幻想游戏，并为娃娃幻想出游戏的场景，比如马戏团、农场、车库等。
- 群体活动。3岁孩子能围成一圈坐上大约15分钟时间，唱歌、分享并且听一个以互动方式讲述的故事。
- 游戏场地。除了秋千、滑梯和攀爬架外，一个适合3岁孩子的游戏场地还可以包括地道、一张大吊床和一个有水源的沙堆。游戏场的地面应该是松软的，而不是水泥地。

3岁孩子通常回家时都应该是相当脏的。一个干净的3岁孩子可能是幼儿园的安排有问题。

任何幼儿园或日托机构都应该符合美国幼儿教育协会制定的基本要求。

待在家里的3岁孩子也能有同样丰富的体验，但是，在某些方面要困难一些。对于很多在家里照看3岁孩子的父母来说，给孩子在附近找玩伴是一个挑战，因为附近的其他孩子都去上幼儿园或日托了。

游 泳

当3岁孩子开始上游泳课时，以下做法会让他们受益：

- 提前做准备。在你们换上游泳衣之前先去观摩一堂课，这能激发信心和向往，如果观摩的是一堂很好的课的话。
- 自信而放松的父母。那些急切地希望孩子熟悉水性，以至于自己比孩子还兴奋的父母，很可能会遇到问题。在孩子甚至还没有上游泳课之前就讲述自己对水的恐惧以及克服恐惧的方法的父母，可能会给孩子埋下担忧的种子。那些将游泳作为一件美好的事物介绍给孩子，一件能在这时开始迈出一步的事情的父母，才能有机会做得最好。
- 与一个朋友，一个好伙伴，一个已经与其建立起相互迁让关系的孩子一起学。但是，一定不要鼓励两个孩子竞争和攀比。伸出胳膊模仿奥利从一米跳板上跳水的能力，对于仍然黏着自己的教练并且不肯把头沉到水下的米兰达来说，不会起到多大作用。
- 一个能在下水前先在泳池边与孩子交朋友，并且能适应孩子的性情和学习风格的教练。
- 一个干净、温暖的泳池，没人溅起大量的水花。

一个会游泳的3岁孩子避免不了溺水的危险；他会喜欢水。与一个害怕水的3岁孩子相比，他更有可能跳

入水中。他不大可能等着一个大人检查诸如是否有岩石以及水深的危险，而且，在意外溺水时，他会像不会游泳的孩子一样恐慌。1~4岁的孩子的溺水事件与家里后院的游泳池有极强的相关性。

阅读前阶段

3岁的孩子在这一年中对书本会了解三件事情。第一，他们会明白一个故事有人物、开头、中间和结尾，并且常常包含一个经验教训或一个寓意。（是的，即便今天也是如此。）第二，他们会明白印在纸上的文字与嘴里说的话是有关系的。第三，他们会明白阅读这种行为是一种有价值的技能、一种成年人的能力。

如果一个3岁的孩子能够在快乐中明白这三件事情，她或他就会很想学阅读，而且，除非有特殊的残疾或老师的妨碍，阅读很可能会成为自然而然的事情。

这时，大声朗读会向两个方面发展：一方面，3岁的孩子会想自己做一些阅读。如果父母们意识到这种"朗读"实际上是在巩固前面提到的对这个年龄来说很重要的那三种理解，一切就会进展顺利。另一方面，3岁的孩子可能会编一个与书中故事毫不相关的故事，并且最后从中得出的道理可能极其古怪。那些想鼓励孩子阅读的父母会配合孩子的故事，问一些有趣的问题，称赞孩子的故事，并赞扬他"声音那么有表现力"。

3岁的孩子也可能发现自己实际上能认出某些词：出口，一些汽车的名字，广告标贴。这实际上不是阅读，而是符号识别。那些想将此与阅读联系起来的父母，可以多给3岁的孩子一些信息。"你说的对，那是出口标志，这个标志的正上方写着'紧急'。它的意思是我们只有在紧急情况下才能从这个门出去。比如，如果停电了，并且商店希望请所有人都离开。"

这与那些想"教孩子阅读"的父母的回应很不一样。后者可能纠正3岁孩子的故事，或者指出这页上的图画与那页上的图画之间没有任何关系。或者，父母可能会让孩子停下来，让他指着一个简单的词并读出发音，比如"猫"。或者，父母可能会兴奋地告诉发现"出口"的孩子他能阅读，之后，当孩子发现自己实际上显然还不能真正地阅读时，就会很失望。这种方法的问题是，它可能使阅读看上去是一件如此让人讨厌的事情，或一种如此神奇并且无法获得的技能，以至于3岁的孩子再也不想阅读。

真正的早期阅读

在非常少见的情况下，一个3岁孩子真的能学会阅读。

对于小孩子来说，早期学会阅读的主要短期优势是，如果一个孩子在上幼儿园前就学会阅读，他就不必在幼儿园学习阅读了。对于那些在群体环境中学习效果不好的孩子，那些很害羞并且不喜欢大声朗读的孩子，那些容易感到厌倦的孩子，或那些运气不好而遇到环境欠佳的幼儿园的孩子来说，这也许会使他们的生活更容易一些。

早期阅读的主要危害是，一个学会阅读的3岁孩子会被认为是一个智力超群的怪人。大人的评价会让一个能阅读的3岁孩子认为自己已经登上了学习的顶峰，不需要再做更多努力了；认为阅读等同于至高无上，因为他能阅读，所以很了不起；或者认为阅读技能、力量和成熟是同时而来的。另一个危害是，当一个孩子能够自己阅读时，往往会放弃大声朗读。

主动阻止一个3岁孩子学习阅读恐怕不行，但是，预防有害的副作用是有帮助的。

如果早期阅读看上去像一个好主意，那么促进早期阅读的最好方法，是对3岁孩子提出的关于字母、读音以及两者间关系的问题做出回应，并且经常大声朗读。

但是，永远不要逼迫孩子。如果受到逼迫，3岁的孩子很可能会固执己见，并拒绝与印刷文字有任何关联。一个在早期与图书形成对立关系的孩子，在以后的学业上会遇到麻烦。更糟的是，他可能会对所有的学业学习形成同样的态度。

如　厕

一些3岁的孩子，主要是男孩，此时可能刚刚掌握如厕技能。很多3岁孩子能在夜里不尿床，但有很多孩子还做不到；15%的孩子到5岁时仍会在夜里尿床。

很多3岁孩子能很好地控制小便，但却坚持悄悄地在尿布里大便。对于这些不愿在马桶里大便的3岁孩子来说，我建议回头看看上一章的"如厕技能"，以确定这种行为的原因，以及相应的正确的回应方式。

极少有3岁的孩子不偶尔出现在白天尿裤子或拉到裤子里的意外，幼儿园应该为每个孩子多准备一套衣物，以防万一。这种意外不应受到惩罚。

然而，有两种如厕方式可能会让

一个孩子陷入医学方面的麻烦。

憋到最后一分钟才去小便的孩子

这样的3岁孩子会捂住自己的生殖器部位,坐在自己的一只脚上,转圈,用一切办法拖延上厕所。如果这变成一种真正根深蒂固的行为,这个孩子的膀胱就会扩张,以容纳数量惊人的尿液。这种被扩张的膀胱,会使产生的排尿信号变弱,膀胱的肌肉变得更加松弛,因而就更不可能在给定的时间排空全部尿液。这就形成了一种恶性循环,导致更多的尿液被留在一个被撑得越来越大、反应越来越迟钝的膀胱中。这可能会造成尿床以及尿路感染的问题。

这里的窍门是让孩子在有排尿的感觉时,立即让他(或她)排空自己的膀胱,但要让孩子认为是他(或她)自己想这样做的。做到这一点的一种方式是利用3岁孩子的魔幻思维。要告诉他(或她)尿尿想要、渴望、需要到便盆里去,而且,把它送到那里是他(或她)的工作。当3岁的孩子完成后,他(或她)可以往挂在卫生间里的特殊日历上贴一颗小星星。(这似乎比父母因为3岁的孩子做到了像个"大孩子"或"好孩子"而奖励孩子一个星星更加有效。)另一个窍门是用一个定时器来提醒3岁的孩子他(或她)的尿尿这个时候想要出来了。

如果用这样的措辞提醒孩子,父母就不会将自己置于与3岁孩子的权力之争中。定时器的时间设定为2小时可能比较适当。

由便秘造成的不肯大便

那些认为大便疼痛或排便困难的3岁孩子,或那些对便盆或马桶的任何方面感到害怕的孩子,或者那些不想花时间去大便的孩子会憋住大便。你可能看到他在哼哧用力,但是,所有的努力可能都用在了忍住大便,而不是将其排出。如果他成功地憋住了大便,留在体内的大便就会变得越来越多,越来越硬,孩子不愿意大便的情况会变得更加严重。

这可能会变成以后的童年时期的一个可怕问题。有些孩子会发展成大便失禁,他们会习惯性地在内裤中大便(真正的大便或是明显的污迹)。

由于直肠的肌肉被拉伸以容纳被忍住的大便,就会导致肌肉变弱。它将无法向大脑传递排便的信号。于是,孩子就会"失禁"。如果被忍住的大便体积很大,较为松散的大便可能从其周围漏出,弄脏内裤。如果它比较软,整块大便就会被排到内裤里。

对于这个问题,预防要比治疗容易得多。3岁孩子的饮食应该能使其产生柔软、容易排出的大便。他需要在固定的时间坐在马桶上至少5分钟。这应该是一段愉快的、从容的时间。可以根据孩子的意愿，选择保留私密性或是有人陪伴，听一盘磁带或是读一本书。极其重要的是：

- 如厕区域应该是干净并且方便使用的。
- 3岁的孩子应该感到安全，不害怕掉进马桶里，或大便会溅起吓人的大水花。
- 让孩子有地方放脚，脚不要悬空。这样他才能用力排出大便。
- 父母是放松的并且鼓励孩子，而不是让上厕所成为一场权力之争或一种让人感到羞耻的行为。大便或不大便不应成为3岁的孩子得到父母关注的主要方式。上面提到的关于小便的策略在此也同样适用："便便想要到马桶里去，把它送到那里是你的工作。"

擦屁股

3岁孩子的胳膊还不够长，无法很轻松或彻底地擦屁股。这对于男孩来说还不是一个很大的问题，但是，对于女孩则需要多留意，不要让会阴区域（阴道和尿道的开口）被大便中的细菌污染，造成感染。你可以帮助她学习先擦前面，将手纸扔进马桶，拿一张新的，然后再擦后面。

安全问题

如果你还没有按照前面几章的建议做好环境的安全防护并更新医药箱，请现在就做。

在这一年中，每个3岁的孩子都会发生几次意外。

3岁孩子不会像2岁孩子那样由于冲动、无所畏惧和无知而陷入危险。3岁孩子更有可能因为过分自信和魔幻思维而陷入危险。（"你们最近飞过①吗？"我问一个患中耳炎的3岁孩子的父亲，以寻找风险因素。"是的！"孩子兴奋地说，"我当蝙蝠侠的时候从车库屋顶上飞了下来。"）3岁孩子缺乏对这个世界的经验，并且还不能提前很清楚地思考事情的后果。

在你照看一个3岁的孩子时，你不得不爱护他们的好奇心和自信心，但是，你还需要预见到最有可能造成糟糕的意外事件的因素。你需要保持对这个世界和对人的信任，但也要保护孩子不受虐待和性骚扰。

这个任务很棘手，而且父母们可能会发现自己童年时的恐惧和精神创

---

① 作者是在问孩子的父亲最近是否带孩子乘坐过飞机。——译者注

伤会使之变得更复杂。与儿科医生进行一次坦率的讨论，能帮助父母们面对这些问题，并确定是否需要进一步的心理咨询。

溺水

在这个年龄段，溺水是导致在家中意外死亡的首要原因。要当心那些上过游泳课的爱探索的3岁孩子，他们可能会充满信心地跳入水中；要当心没有上过游泳课但认为自己是美人鱼艾丽儿并且想试试自己的尾巴的3岁孩子；要当心疯狂地蹬三轮脚踏车的3岁孩子，他可能只是没有注意到那里有游泳池。要当心和你一起在水池边小睡的3岁孩子，他可能比你先醒来，并且礼貌地让你再睡一会儿，而他自己去尝试一下按摩浴缸。

窒息

3岁的孩子已经不再不加选择地把东西放进嘴里，而且，他们咀嚼和吞咽的协调能力使他们不太容易窒息。然而，异物窒息仍然是导致不满6岁的孩子在家中意外死亡的第二大原因。在这个年龄，一种常见的原因是当作零食的圆形或球形的食物，当孩子处在兴奋或活跃状态时，或者在咳嗽时，特别容易将食物吸入气管。最糟糕的食物是坚果和爆米花，其次是芹菜和胡萝卜。

口腔与咽喉受伤

很多3岁的孩子会遭受牙齿损伤或咬伤舌头，或其他轻微但有出血的口腔意外。通过阅读第2篇的"急救"部分来为此做好准备，是个好主意。最危险的一类意外，是孩子嘴里含着一个东西——比如一根棒棒糖——在跑动时摔倒。这类伤害永远需要到儿科医生那里或急诊室做处理。严格限制此类行为对每个人都有好处。

中毒

3岁的孩子已经不太可能像较小的孩子那样把任何东西都放进嘴里吃了。75%的中毒事件发生在3岁以下的孩子身上。然而，这仍然是一个问题：一个连奇异果都不吃的挑食的3岁孩子，可能认定奶奶的止咳药很美味。糖衣补铁药片可能是一个大诱惑：它们看起来像巧克力糖豆，并且刚吃起来是甜的。过量的铁是很危险的，可能会致命。

烫伤

如果卷发棒对2岁孩子来说是个问题，那么对3岁孩子来说就更是如此，因为这是进行性别模仿的年龄。孩子在独自洗澡时有可能会打开热水龙头。让孩子帮忙做饭有可能造成热水和热油的烫伤。

身材矮小

骑脚踏车的 3 岁孩子无法被坐在汽车里的司机从后视镜中看到。这类悲剧似乎只会发生在社区环境最好的地方，因为只有在那里，父母们才允许 3 岁的孩子骑着三轮车出去。我知道的唯一解决办法，是确保每个人在倒车时都要极其小心，或许可以让大一点的孩子确认一下车后没人。大人手里夹着的点燃的香烟或雪茄，正好位于 3 岁孩子眼睛的高度。

非常好奇

自动扶梯要尤其注意。没有一个 3 岁的孩子能够抵御自动扶梯的诱惑。要确保孩子在乘坐扶梯时穿着鞋并系好鞋带，拉着你的手，并且你要知道让电梯停下来的紧急按钮在哪里。

玩　具

3 岁的孩子喜欢玩弓、箭、剑和玩具水枪。这些玩具需要经过安全测试，并且在孩子玩耍时要进行监督。要记住，如果你非常"残忍"地剥夺 3 岁孩子的这些玩具，他（或她）就会造出想象中的玩具，它们不会那么危险，从来不会坏，不用花一分钱，还不用占用储藏空间。

性虐待和绑架

当然，这是每个父母的噩梦。在孩子的成长过程中对其进行保护，意味着要让孩子知道有哪些危险并要教给他（或她）恰当的反应方式。这与使环境变得安全不同，在本章的"机会之窗"对 3 岁孩子的性教育中会讨论这个问题。

健康与疾病

本书的第 2 篇包括了这个年龄及更大年龄孩子的各种疾病：如何评估症状，如何判断孩子的病是否需要紧急就医，以及哪种家庭治疗方法可能是恰当的，还详细讨论了身体各个部位可能出现的问题。术语表按字母顺序列出了各种医学术语以及详细的描述。

可能出现的问题

由于 3 岁的孩子正专心致志于掌控这个世界，因此，他们的听力、视力、语言和协调能力都有很好的发展对他们来说是件好事。由于 3 岁孩子已经是一个社会人，因此他们的免疫系统现在已经得到发展，能够应对不可避免的、频繁出现的感染①，这对他们也是件好事。

3岁孩子很有可能至少感染一种病毒性疾病，比如传染性红斑、口腔疱疹或疱疹性咽峡炎。见第2篇的"有着（或多或少）不熟悉名称的常见疾病"。

关于意外事故，3岁孩子出现严重意外的可能性有所增加，因为他们似乎已经足够大了，以至于大人的照管会有所松懈。3岁孩子还可能因为过度自信和缺乏经验而更有可能遭遇一些轻微的意外，幸运的是，3岁孩子越来越好的协调能力和理解能力有助于保护他（或她）。

3岁孩子与其他孩子的交往还使得他们容易感染诸如虱子和疥疮之类的皮肤病。（见第2篇的"皮肤"及术语表。）3岁的孩子容易感染蛲虫（真是一种小虫子）和癣（不是一种虫子，而是一种皮肤真菌）。虽然令人烦恼，但这些病都是可以治疗的，不是什么严重的问题。（见第2篇的"身体部位、身体功能及相关疾病"）

刚刚学会的如厕技能，使得3岁孩子容易出现便秘（见上面的"如厕"），以及由于从后向前擦屁股而导致的阴道炎。

跛足在3岁孩子身上并不是不寻常的。3岁孩子出现跛足很可能是因为外伤（扭伤，幼儿骨折，昆虫叮咬，崴脚）或是一种被称作"病毒性滑膜炎"的病毒性疾病。但是，持续的跛足要认真对待。任何3岁孩子如果不肯用腿支撑身体，或是跛足却找不到明显无害的原因，比如扎刺或鞋子过紧，就需要立即去看儿科医生，无论是否发生过意外，也无论孩子是否发烧或有其他疾病。

异物进入鼻子、耳朵和阴道，也会发生在3岁孩子身上。这可能涉及将异物取出、疼痛或后悔。但是，如果异物留在鼻子或阴道内并且溃烂，你首先注意到的可能是一种非常非常难闻的气味，洗澡也无济于事。耳朵中的异物可能造成疼痛，但更经常的是造成听觉模糊。

常见的轻微疾病

上呼吸道疾病

感冒、耳部感染、格鲁布性喉头炎以及有呕吐和腹泻症状的肠胃不适，都可能威胁3岁孩子，但它们通常都是较为轻微的，并且患病的频率也比以前有所降低。

---

① 10月到次年4月，一个学龄前的儿童可能有一半时间都在患感冒以及从感冒中恢复（*Report on Pediatric Infections Diseases*，1992年10月）。——作者注

与小一些的孩子相比，3 岁孩子出现反复的耳部感染更可能是因为过敏或扁桃体肿大。反复发作的中耳炎对 3 岁孩子语言能力的获得产生影响的可能性相对较小，但是，仍然会影响他们的社交活动和平衡能力。

3 岁孩子还可能出现真正的鼻窦炎。尽管不到 3 岁的孩子也会出现鼻窦炎，但 3 岁孩子的鼻窦炎更可能被作为一项诊断提出。3 岁孩子的上颌窦——位于眼睛下方——现在已经发育完全，他们更能够表现出鼻窦炎的症状并向父母诉说：鼻子疼，持续的浊涕，颧骨以上区域肿胀，心情糟糕。早晨出现的肚子疼和咳嗽也与鼻窦炎有关。

常见的吓人但通常无害的问题

夜惊

尽管更小的孩子也会出现夜惊，但是，与出现在更小的孩子身上相比，夜惊出现在 3 岁和更大的孩子身上会令父母感到更害怕，因为 3 岁孩子白天的行为已经与成年人相当接近并且能自我控制了。在出现夜惊时，孩子会从深度睡眠中迷迷糊糊地醒来。他似乎认不出自己的父母，并且可能对父母的靠近做出恐惧或大怒的反应。他无法被安抚。无论多么吓人，这都是无害的发作。（见第 2 篇的"吓人的行为"）

高烧引起的谵语

同样，由于 3 岁孩子看起来已经是个大孩子了，因此，看到他们由于高烧而出现"怪异的行为"会让人感到不安。当然，由于体温往往会在夜间升高，这种状况通常发生在夜里。3 岁孩子会出现面色发红、心跳加快，他们会看到不存在的东西，并说到幻想的东西，就像它们是真的一样。他说的话完全没有任何意义。当然，这种情况需要你立即给儿科医生打电话，但是，如果儿科医生在问过所有常见的问题后，建议你先给孩子退烧，然后到早晨再去看病，你不要感到惊讶或被冒犯。

如果孩子在不发烧的情况下出现怪异的行为和谵语，或出现暗示有其他问题的迹象（比如头疼和呕吐），就必须紧急就诊。如果怀疑 3 岁的孩子咽下了毒品、药物或有毒物质，也要立即就诊。

女佣的手肘

3 岁的孩子仍然容易出现这种常见的意外，而父母几乎总是会认为这是手腕扭伤或骨折。见第 2 篇"急救"中的讨论。

阴道和肛门发红

这些状况会使父母内心感到恐惧，因为他们会担心孩子受到性骚扰和虐待。然而，3岁的孩子因为卫生问题和感染而出现这些症状是很常见的。

3岁的孩子喜欢泡泡浴、聚酯紧身衣以及触摸生殖器。3岁的孩子还不能很好地自己擦屁股，并且常常会从后向前擦，将直肠里的细菌带入阴道。链球菌，比如链球菌性喉炎，可能造成阴道发红，以及男孩和女孩的肛门发红。（"他们是怎么感染这种细菌的？"父母们会问。嗯，通常是通过先挖鼻子，然后，哦，挠自己的生殖器。）通常，患处会出现黏稠的脓液，在周围的皮肤上会有脓疱疮，看上去就像丘疹或蜂蜜色的硬痂。

蛲虫也可能造成肛门和阴道的疼痛和发痒。

当然，儿科医生需要对孩子做检查，并且常常需要进行微生物培养才能确定造成这些生殖器和直肠症状的原因。如果有任何已知的性侵害风险因素，或者，如果微生物培养表明有潜在的性传播疾病，当然必须做进一步的调查。但是，大多数时候，其结果都与性侵害无关。

流鼻血

3岁的孩子喜欢各种孔。3岁孩子的大多数流鼻血是由挖鼻孔造成的。3岁孩子挖鼻孔是因为鼻黏膜干燥：涂一层凡士林和使用加湿器会有帮助。他们挖鼻孔是因为感冒或过敏造成的鼻子发痒。他们挖鼻孔是因为这样感觉很好，以及（或者）他们感到无聊或焦虑，或者因为能让大人反感地关注，尤其是当他们把挖出来的东西放进嘴里时。3岁的孩子在睡觉时也会挖鼻孔。

大多数流鼻血是无害而正常的，并不意味着白血病、出血性疾病、高血压或肿瘤。

当3岁孩子流鼻血时，要让他坐起来，身体向前倾，如果可能，要让他将所有的血块擤出来。然后，将鼻孔捏紧5分钟，中间不要偷看。这说起来很容易。在95%的情形中，这样做就能止住鼻血。要将凡士林涂抹在鼻腔内侧，并且把孩子的指甲剪短。如果用这种方法止不住流血，或者流鼻血的现象经常出现，或者伴随有其他症状（见第2篇"身体部位"的"鼻子"），当然应该去看儿科医生。

严重和具有潜在严重性的疾病和症状

3岁的孩子比更小的时候已经有了更多的保护，不容易出现严重的感染。而且，3岁的孩子通常能很好地说出自己的感受，能说出哪里疼以及有多疼，甚至能要求去看医生。

发 烧

3岁的孩子可能会因为感染而出现40℃～41.1℃的高烧，这种发烧本身并不构成紧急状况。然而，我说的"发烧本身"仅指发烧。一个感染了病毒、体温达到40.6℃的3岁的孩子很可能心情很好、吃饭很好，并要求去动物园。然而，如果孩子出现其他症状，例如呕吐、皮疹、呼吸困难、疼痛，或者只要有一点"行为不对劲"或"看起来像生病了"的迹象（见第2篇的"吓人的行为"），那么，这样的高烧就必须紧急就医。

任何程度的发烧，只要持续超过3天，即便没有任何其他症状，都值得给儿科医生打个电话，超过5天的发烧则需要去看医生。

哮 喘

一个先前因反复感染病毒出现过喘息的3岁孩子，现在可能会表现出明显的哮喘迹象：作为对过敏、运动、温度改变、焦虑或其他压力的一种反应而出现气喘。

很多孩子只有轻微的哮喘，往往会时不时地出现喘息，其症状很容易通过口服药物得到缓解。然而，有些孩子会出现频繁、严重的哮喘，以至于影响他们的行为能力，还有一些孩子会出现经常性的喘息，以至于这显得是"正常"的，但其实并不正常。

除了非常轻微的、偶尔的喘息之外，3岁孩子如果出现任何类型的哮喘，都需要进行仔细的检查、严格的环境控制和药物治疗。见第3篇的"过敏"。

会厌炎

这个年龄的孩子如果出现严重的呼吸困难，并且在吸气时发出响声，就可能患有非常罕见并且非常危险的疾病——会厌炎。这种情况出现在覆盖在气管上的小盖子出现感染并且肿胀的时候。详细的讨论见第2篇第15章中的"呼吸道和肺"。

轻微伤

3岁孩子的社交生活使得他们受伤的类型增加了一点新的复杂性，尽管上一章提到的那些（卷发棒烫伤、造成跛足或女佣的手肘的未察觉的伤害）仍然会发生。头部磕碰伤和口腔内的撕裂伤也仍会发生。下面是3岁孩子可能遭遇的一些尤为常见的伤害。

牙齿被磕掉

摔倒或嘴巴遭到直接打击都可能造成牙齿被磕掉。磕掉的乳牙是不能再植的，但是，牙科医生需要检查有没有其他损伤。

体孔中的异物

正如上文提到的，3岁孩子喜欢把一些小东西，甚至很大的东西，放进耳朵、鼻孔和阴道。鼻子和阴道内有异物的第一个迹象是偶尔的出血和流脓，有时会有非常难闻的气味。如果你看到3岁孩子将某个东西放入，或者孩子承认这么做了，你或许能在情况变严重之前将它取出。（延误会使得异物更难取出，因为其周围的组织会肿胀。）鼻腔中的异物是令人担忧的，因为它们可能被吸入鼻咽，然后进入气管，继而阻碍呼吸。

从某处跳下而不考虑后果

通常，这种跳跃会导致轻微的骨折或扭伤，但是，要记住，这是孩子们（尤其是那些看电视卡通片的孩子）认为自己能从窗户或屋顶跳下，要么会飞起来要么会平安落地的年龄。

蜜蜂叮咬

这在第2篇的"急救"中有讨论。

严重受伤

这当然与上一章的相关内容有重叠（窒息、中毒、溺水、动物袭击、交通事故），但是，也有一种新出现的重要情形：

真枪和危险的玩具

研究一再表明，你无法仅仅通过教育让小孩子"当心"真枪、弓箭、飞镖或其他可以用作武器的玩具。唯一的解决办法，是不要让这类玩具或任何真枪出现在你的家里或朋友的家里。

如果你的确有一把枪，并且还有一个小孩子，而你哪个都不想放弃，根本别想简单地告诉孩子关于枪支的安全注意事项，或者给他演示枪对人造成的伤害，或告诉他别去碰枪。在3岁的孩子面前，这都不会管用。

枪里不要装子弹，要把枪锁好。要把子弹锁好，并且与枪分别锁在不同的地方。

机会之窗

3岁是一个很特别的年龄,孩子一部分仍然是婴儿,但已经有一部分是"儿童"了。父母们可以利用这个过渡阶段来灌输一些重要的价值观,将一些坏习惯消灭于萌芽状态,同时享受很多乐趣。最重要的方面似乎与对待性和性别的态度、归类与刻板印象,以及会特别强调电视和倍受喜爱的视频的主动与被动性的学习有关。

对于大多数父母来说,其中最令人担忧的是培养孩子对待性的健康态度,以及对这个世界总体上的信任,同时,还要保护3岁孩子免遭性骚扰、虐待和绑架。

3岁孩子的性教育

在3岁孩子努力通过将事物归类来使世界变得可掌控的过程中,他们不是笨蛋。他们知道最有效力的类别是关于性的。3岁孩子生活中的每一个重要事物都被指派了一个性别,包括那些没有性别特征的填充动物玩具、安慰毯以及诸如乌龟和虫子之类的神秘宠物。3岁孩子对于所有人都有性别身份这个发现极感兴趣,并且可能会对性别角色产生刻板印象。("你不能当一名律师,"我认识的一个3岁孩子告诉她妈妈,"女孩是医生。男孩是律师。")

很多父母对于何时以及如何告诉孩子"生命的事实"充满了疑惑和犹豫。如果你认为在3岁时很困难,就等到孩子6岁。事实上,3岁是给孩子传授一点正式知识的完美年龄。

3岁孩子与他们的婴儿时期足够接近,因此仍然可以很自然地看并谈论他们身体的隐私部位。3岁的孩子仍然喜欢与父母依偎在床上。3岁的孩子仍然认为父母是完美无瑕的,而且,更重要的是,他们认为父母在各种事情上都有权威性。

3岁的孩子需要知道性是一个成年人的话题。因而,3岁的孩子需要知道父母了解性,并且知道他们不会对这个话题感到恐惧、生气、担忧、震惊或羞耻。一个认为父母对任何一个话题会感到恐惧、生气、担忧、震惊或羞耻的3岁孩子,会非常不安。实际上,这就是为什么父母要尽量对自己关于孩子触摸性器官、性游戏以及在错误的时间进入父母卧室的态度进行预先演练的主要原因。愤怒、恐惧或悲伤的反应给3岁孩子造成的对性的恐慌,并不比这些反应让孩子对自己的父母以及他们在这个世界里处理问题的能力所感到的恐慌更多。

3岁孩子已经对性的神秘着迷了：不仅仅是作为身体的一部分而言，而且还作为决定个人身份和命运的一种力量。3岁的孩子通常都急切地想要了解。

很多书籍建议父母等着孩子提问。我认为这不会管用。很多孩子从来不问关于性的问题，不论是因为他们从自己父母身上感到了不情愿和不安，还是因为他们已经从社会上对这个话题了解到了很多。孩子到8岁时已经看过关于强奸的新闻报道，看过《飞跃童真》或《致命诱惑》这样的电影，并且在学校里还不知听到过什么，但是，他们从来不会问父母关于性的事情。

即使是6岁的孩子也已经对这个话题感到羞怯和尴尬了，并且明白父母会对这个话题感到很不舒服。一个父母从来没有与之讨论过性问题的6岁孩子，可能是对这个问题极其抗拒。

但是，对于保持孩子的纯真该怎么办？

纯真实际上意味着一种态度，而不是对事实的无知。如果3岁孩子在家里被教给事实，而且其父母彼此相爱、彼此尊重，就无须担心孩子会"失去纯真"。这种担心其实是在担忧孩子会过早接触到色情、暴力或性的淫秽的一面。这是对孩子在电视上、游戏场和小朋友家里可能看到和听到的东西感到担忧。如果父母不告诉3岁的孩子事实，不给孩子安全感并做出榜样，那么，所有这些其他的接触确实都会使孩子丧失纯真。

3岁的孩子需要知道身体各个部位的名称和基本功能。他们需要被明确地告知男孩生来就有阴茎，女孩生来就有阴道。否则，他们就会产生各种困惑。

我的朋友希瑟认为所有的宝宝生来"都是一样的"，是在后来获得了阴茎或阴道，这取决于他们的性格特点和穿衣喜好。当她做肾脏手术时，她确信这个手术摘除了她体内等待长出来的阴茎，因此她失去了成为一个男孩的选择。当她看到刚刚出生的婴儿就有阴茎和睾丸或阴户和阴道时，她既感到如释重负，又感到很震惊。

我的朋友格雷格现在还很困惑。他怀孕的妈妈做了一次超声波检查，显示她肚子里的宝宝是个男孩。可是，这是一个错误，当时宝宝的脐带所在的位置使它看起来像是男性生殖器。但是，格雷格被告知他将有个小弟弟。当这个小妹妹出生时（惊讶，真令人惊讶！），格雷格却泰然自若。他声称，所有的宝宝在出生时都是女孩，

> **教给3岁孩子生命的事实**
>
> "莉莉的妈妈就要生宝宝了。你看到她的肚子有多大了吗?你认为宝宝是怎样到那里去的?宝宝怎样才能出来?"
>
> "这是一张你刚出生时的照片。哦,你的头发可真多啊!你刚刚从妈妈的肚子里出来。我相信你肯定想知道你是怎么进到妈妈的肚子里去的,又是怎么出来的。"
>
> "在妈妈的身体中有一个特殊的地方,可以让宝宝在里面长大。它叫作子宫。那是一个专门为宝宝准备的地方,不是为食物、尿尿或便便准备的。"
>
> "当你在妈妈肚子里的时候,你是通过你的肚脐获得营养的。那里曾经有一根特殊的管子,叫作脐带。那时你还太小,无法自己吃东西,于是妈妈就通过这根特殊的管子喂你东西。"
>
> "在你出生并且能自己吃奶之后,脐带就脱落了。它一点也不疼。"

以后才会长出阴茎。他现在仍在等待。

3岁的孩子需要知道宝宝是从精子和卵子发育而来的,并且在母亲的子宫中长成。他们需要明确地知道,宝宝生长和出生的地方与食物和便便存在的地方是不同的!(如果你想看到真正拒绝使用便盆的例子,就去找一个认为自己用力大便时可能会生下一个宝宝的3岁孩子。)

你还可以告诉3岁孩子,精子和卵子会通过一种被称作"做爱"或"性交"的特殊的拥抱而相遇。孩子可能会问它们是如何相遇的,你可以回答:"爸爸的阴茎变大、变硬,并进入妈妈的阴道。"

当3岁的孩子问:"我可以看吗?"当然,回答是:"不行,这是私密的。"

有一些写给小孩子的有关生命的事实的很好的图书。但是,我不推荐在跟孩子一开始讨论这个话题时用这些书。从一本书中学习一些知识,即使是父母大声朗读并与孩子讨论其中的图画,也会在孩子和这个话题之间以及孩子和父母之间造成一种障碍,我认为这是无益的。在与父母讨论过几次这个话题之后再去看一本书,情况就不一样了。

在教给孩子生命的事实的过程中,父母有很好的机会教给孩子收养的概念。如果父母双方都把收养作为"拥有一个宝宝的一种方法",收养子女的家庭的未来之路就会更轻松。事实上,只有收养子女的家庭才会将此当作一件理所当然的事情教给孩子。

> **回答 3 岁孩子的问题**
>
> "妈妈和爸爸一起制造出一个宝宝。爸爸制造出一个精子,妈妈制造出一个卵子。精子和卵子都比一个小圆点还要小。它们太小了,你根本看不到它们。所以,宝宝一开始是非常非常小的。宝宝需要花很长时间才能长得足够大,可以从妈妈的肚子里出来。"
>
> "爸爸和妈妈单独在一起,在他们的卧室里非常私密地制造宝宝。别人都不能看,因为这是很私密的。"
>
> "爸爸的阴茎制造出精子,妈妈在她的身体里制造出卵子。他们在一种特别的拥抱中让精子和卵子结合在一起。"
>
> "妈妈的身体里有一个特殊的地方,可以让爸爸的阴茎进入里面,这样精子就能去找卵子了。"
>
> "当妈妈和爸爸进行这种特别的拥抱时,他们把它称为做爱。"

性游戏

当 3 岁孩子沉迷于与其他孩子的性游戏时,他们更多地是在探索性别差异,而不是对生殖器进行刺激。他们在很大程度上是在探索性与力量和角色的神秘关系。("我是医生,要给你的阴茎打一针。")性游戏还与最近让人惊慌但却让孩子感到自己的力量的控制排便的行为有很大关系。("给你一支大的灌肠栓剂。")

当 3 岁孩子相互之间玩性游戏时,他们主要是为了通过看和触摸来对自己的身份进行确认。在这种行为中,他们的角色扮演、他们的问题以及他们的争斗都与 3 岁孩子对性的特征的确定所带来的兴奋有关。他们可能会看,有时会触摸,但是他们通常不会实施角色扮演中"更为真实"的方面。没有哪个孩子会真的去给人打针或去拿一只大的灌肠栓剂。

偶然看到 3 岁孩子做这种游戏,可能会让人大吃一惊。准备好该如何反应是明智的。我的建议如下:

• 给这种行为起个名称。3 岁的孩子对于不说出名称的事物暗示着什么非常敏感。不说出名称会使这种行为充满禁忌的兴奋。你可以说:"我看见你们脱掉衣服在玩'看和摸'的游戏。"甚至可以说:"我看到你们对相互的私密部位很感兴趣。"

• 用一个很好的理由让他们换个活动。"我知道你们对私密部位和它们有什么用很感兴趣,这没关系。但

> **特殊情况可能意味着特殊的问题**
>
> "有时候卵子和精子不能结合,它们也就无法制造出一个宝宝。"
>
> "有时候,一个妈妈和一个爸爸非常努力地想要制造一个宝宝,但是却无法做到。然后,有时候其他的妈妈和爸爸会制造一个宝宝给他们收养。"
>
> "宝宝是从一个只有妈妈才有的特殊的地方出来的,也就是你的(或者小女孩的)阴道。有时候,宝宝太大了,无法从那里出来。如果出现这种情况,医生就帮助宝宝用其他方法出来。"

是,我希望你们问我这些问题,而不是彼此玩这种游戏。那些问题很重要,并且我希望你们了解正确的答案。"

- 如果你明显很不安,要告诉他们原因。"发现你们在玩这种游戏,让我很不安,因为这是非常重要、非常私密的事情,就像制造小宝宝。妈妈和爸爸需要负责告诉你们这些事情。而不是由其他男孩和女孩来告诉你。"

- 要明确地表明你确实会满足3岁孩子的好奇心。"在鲍比回家以后,我们可以讨论关于隐私部位和生宝宝的话题。现在,让我们拿上刷子、油漆和一桶水,去粉刷后门廊吧。"

除了与其他孩子进行性游戏以外,3岁孩子还常常触摸自己,甚至会当众抚摸自己的生殖器。他们这样做(通常)不是因为有暴露癖,而是因为这样感觉很好,而且因为他们暂时忘记了自己的行为会被别人看到。

因而,他们就可能无意识地在公众场合或在家里触摸自己的生殖器。他们可能会坐在那里露出裆部,或是用手去抓。在他们感到疲倦、无聊或焦虑时,更有可能做出这些行为。

通常,告诉3岁的孩子触摸自己的隐私部位是一件私密的事情,就会很管用。这避免了暗示这种行为是下流、羞耻或危险的。为了引起3岁孩子的兴趣,可以试试来一次关于"公共"与"私人"的热烈讨论,使其成为一个关于类别的游戏:

- 私人房间是指你在进入之前需要敲门的房间。你可以用行动表明这一点,在进入3岁孩子的房间或卫生间之前要敲门,即便门是开着的,即便你无论如何也要进入那个房间。这是很有价值的姿态。

- 身体的隐私部位是指被游泳衣覆盖的部位,我们只有在私人房间里才能触摸(或是露出)这些隐私部位。

- 这些部位的名称是那些医学上的名称，比如阴茎和阴蒂，我们只有在家里（或是在医生那里）才使用这些名称。

- 这些部位的大众名称是俗名。

如果你的 3 岁孩子被发现进行让你震惊的性游戏，请阅读下一章"机会之窗"中的"不再是展示和触摸"。

帮助 3 岁孩子了解性与性别、公共与私人的重要范畴的回报是巨大的：

- 你为将来在一种信任与平静的氛围中进行重要话题的交谈打下了基础。

- 你保护了 3 岁孩子，使其免于将性骚扰或其他不恰当的行为作为一个令人羞耻的秘密。

- 你保护了自己不会遇到束手无策的尴尬场面。3 岁的珍娜站在椅子上向着整个餐厅里的人宣布："我妈妈的阴户上有毛。"珍娜掌握了一个重要的事实，没错，但是她弄错了"公共与私人"的类别。

好的触摸与不好的触摸

大多数 3 岁的孩子离自己的婴儿期还如此之近，利用换尿布、帮忙擦屁股和洗澡的时候教给他们什么是好的触摸和不好的触摸会困难重重。

我已经放弃指导父母们寻找蛲虫（在孩子睡着后用手电筒查看阴道和肛门区域）和进行透明胶带测试（在孩子的肛门处放置一张透明胶带以粘住虫卵，用来做显微镜检查），因为 3 岁的孩子们将这些行为向其他成年人描述过，而他们的父母被指控过性骚扰。我还看到过有的 3 岁孩子对"不好的触摸"如此害怕，以至于不肯让医生对他们做检查，即便在进行过预演并且父母都保证没关系之后也不行。

我已经得出结论，与一个 3 岁的孩子坐下来严肃地谈论"好的触摸和不好的触摸"不是个好主意。最好的办法是简短而漫不经心地告诉 3 岁的孩子，生殖器是私密部位，成年人只有在帮助孩子清洗时，或当医生在做检查时才能触摸。有很多机会可以经常这样做，比如在帮助孩子洗澡和上厕所时，或是在电视或杂志广告上出现裸体或近乎裸体的儿童时。

把 3 岁小女孩的乳头称作"奶子"或以具有色情意味的方式来对待她或逗她，都会招致麻烦。

在带孩子去看儿科医生时，你可以解释说，医生可以脱他的衣服，看并触摸他的身体，因为妈妈或爸爸在场,并说这很重要,而且这是医生的工作。

如果你把这些都解释清楚了,你就无须明确地告诉3岁的孩子在发生骚扰时告诉你。你只需通过你的正面行为就能向孩子传达这种期望并获得他的信任。如果你明确地向3岁的孩子提出这种警告,他们很可能会担忧并表现出分离焦虑。

性骚扰和性虐待

几乎每一位父母都会在某个时候担心孩子有可能遭受性侵犯,不管是男孩还是女孩。把孩子留给他人照顾是一种需要信任的行为,即便是一个好朋友或是受人尊敬的老师,更不用说是一个相对陌生的人、分居的配偶或是其新伴侣了。

但是,在另一些时候,父母可能确实怀疑孩子遭到了性骚扰或性虐待。警示信号包括:

- 明显的行为变化,比如变得很退缩或非常亢奋并有攻击性。
- 拒绝去找一个以前可以接受的成年人或拒绝与他待在一起。
- 不加选择地接受陌生人的亲吻和爱抚(不是老师或儿科医生的拥抱)。
- 触摸生殖器的频率有所增加或沉迷于此。
- 进行性游戏的程度或频率不同寻常。如果3岁孩子的性游戏让你感觉不同寻常,见下一章"4岁至5岁"的"机会之窗"中的"不再是展示和触摸"。
- 出现一些身体上的异常,比如阴道或肛门肿胀。即便发现了一个导致该情况的正常原因(见下文),如果同时存在其他行为问题,也不能排除性虐待的可能。
- 尽管进行了检查和治疗,但仍然频繁出现尿路感染或严重的便秘。

尽管在极少数情况下,这样的肿胀或感染可能标志着性虐待,但更多的时候是由于正常的原因引起的——卫生问题或蛲虫。只需带孩子到儿科医生那里,进行一次客观的检查,如果需要,进行微生物培养,就能确定出现了什么问题。再说一次,找到了一个正常的原因并不能排除性虐待。一旦查明了原因并将问题解决后,孩子就应该恢复正常。如果没有恢复正常,就要怀疑有其他问题。

陌生人与绑架

很多3岁的孩子对陌生人很友

好，人们当然会受到他们的吸引。你怎样才能警告一个3岁的孩子远离危险，而又不造成妄想症呢？这个问题特别棘手，因为3岁的孩子喜欢给事物分类。试图告诉3岁的孩子"好的陌生人"和"坏的陌生人"的区别是徒劳的。3岁的孩子可能会将所有陌生人都当作坏人。

一个解决办法，是向3岁孩子强化一个观念，即永远不要和别的成年人到任何地方去，除非你说可以，然后，要练习并坚持这一点。在合适的场合，你要漫不经心地简短地提到这一点。比如："我确信，如果那位女士的小狗跑掉了，她会要你和她一起去找。但是，你会说：'不不不，我得先问问我爸爸。'"要经常进行这种练习，使"不不不，我得先问问我爸爸"成为孩子的第二天性。

如果你担心孩子被没有监护权的父母诱拐，这就是一个特别有用的办法。然而，为了孩子的心理健康，你最好向他强调这个原则适用于所有情形。这会使孩子更容易将其运用于另一方父母，而不会感到背负内疚和痛苦的负担。

当然，如果你让其他人到幼儿园去接孩子，必须提前告诉孩子。并且，要记住，大多数的儿童性侵害案件不是由陌生人犯下的，而是由你的家庭认识的某个人。

刻板印象、得体与好奇心

孩子们在3岁时还会意识到种族、民族和个体之间的差异。不幸的是，对大声说出分类和贴上类别标签的极大兴趣的出现，比大多数孩子能真正理解"同情"含义的时间要稍早一些。同情在一定程度上依赖于从对方的角度看待事物的智力能力。很多孩子在4岁以前还不能真正做到这一点。

（与一个3岁孩子隔着一张小桌子面对面坐好。在你们两个人中间，从你的角度从左至右放一个胡萝卜、一个钥匙环和一支铅笔。让3岁的孩子说出他看到了什么。他会说："一支铅笔、一个钥匙环、一根胡萝卜。"这时，你问他："从我的角度会看到什么？"他会说："一支铅笔、一个钥匙环、一根胡萝卜。"如果你问一个4岁孩子，他会在考虑片刻之后回答："一根胡萝卜、一个钥匙环、一支铅笔。"）

所以，当3岁的孩子给一个人贴上"娘娘腔"的标签，或者用种族歧视的字眼来称呼一个朋友，或者大声问："那个人为什么那么胖？"或者"她的皮肤怎么了？"或"为什么他闻起来这么臭？"他不是真的冷酷无情。他只是想知道应该将这个新奇的事物归入哪个类别，他想不到这样做会伤害别人的感情。

为了防止此类事情发生，有用的办法是向3岁的孩子解释人们的某些事情是隐私：他们的长相、气味和能力。当一个3岁的孩子看到一个在这些类别上有差异的人时，不管是什么样的差异，明智而谨慎的父母可以在这时看着孩子的眼睛，并小声说："我知道你想问什么，我们可以过一会儿私下谈论这个问题。"

在谈这个问题时，指出那个人对大声问出那个问题有怎样的感受，就不会伤害孩子，并且可能会有帮助。在大约第二年的某个时候，你会看到曙光。

但是，被别人贴了不好的标签和分类的孩子该怎么办呢？当然，如果这种嘲弄发生在幼儿园里，老师就应该干预。但是，如何干预是极其重要的。

有时候，老师会私下或无意识地，甚至公开地赞同嘲笑者。通常，会以这种形式出现："不要这样嘲笑人；他（或她）没有办法，如果……"这是灾难性的。这种情形甚至可能发生在家里，即当一位父母"责骂"一个嘲弄自己的兄弟姐妹的孩子时。

有时候，你需要做的只是纠正孩子的这种分类。3岁的孩子想把事情做对。

"每个人的肤色不同，玛西亚。这是几只蜡笔。看，我认为我的皮肤是杏黄色，你的皮肤是淡粉色。特鲁迪是深褐色。我是爱尔兰裔美国人，而特鲁迪是非裔美国人。"

在另一些时候，制定一个每个人都要遵守的规则是有帮助的。"在我们的班里，任何人都不可以给别人起侮辱性的外号。老师不可以，学生们也不可以。如果你们听到我给别人起这样的外号，我就得去做'暂停'。"

当班里有两个老师时，这个方法尤其有效，可以让一个老师给另一个老师起一个侮辱性的外号，例如"大便脸"，然后让他去"暂停"。

性别与维护自己的利益

作为3岁孩子的父母，一个更棘手的问题是帮助一个非常胆怯的孩子变得能维护自己的利益，以及帮助一个非常有大男子气概的孩子克制令人讨厌的行为。

父母们往往会劝告孩子在维护自己的利益时不要做哪些事情：不要打人、咬人、掐人、踢人、骂人等等。在面临这个问题时，当3岁的孩子受到攻击时，该怎么做呢？我们通常会推卸责任："别理他。"我们会说，或者："去告诉老师。"

所以，当休伯特打了梅丽莎时，她会跑去告诉老师，老师会让休伯特做"暂停"。

然而，到上学前班时，老师可能会很忙，照顾不到梅丽莎的投诉，而到了3年级时，老师会开始认为梅丽莎是一个喜欢卖乖讨好的孩子。在学前班里，休伯特可能会得到喜欢欺负人的名声，而到了3年级时，他就太大了，不能再用"暂停"的方法对待他。

无论是梅丽莎，还是休伯特，都需要一些办法、一些行为示范和练习，以便学会如何维护自己的利益。

- 用"我"式句，而不是"你"式句，来说出你不喜欢什么。"我很生气你拿走了我的卡车，我需要现在把卡车还给我！"而不是"你不应该拿走我的卡车，你是一个坏孩子。""我"式句会使受害者感觉好一些，同时也不会贬低冒犯者。
- 运用身体语言。跺脚、大声说话。面部露出厌恶的表情。
- 如果你用难听的话说别人，要用常见的说法，而不要用针对个人的说法。与外貌、气味有关的是针对个人的说法。
- 别忘了那些老办法，"棍棒和石头会打断我的骨头，但言语却伤害不了我"；"我是橡皮，你是胶水，无论你说我什么，都会反弹到你身上。"3岁的孩子还不理解这些话的意思，但是，大声喊出这些话会使他们感觉很好，对于每一代孩子来说，这些都是新鲜的。

一个非常娴静的小女孩或害羞的小男孩，在尝试一种维护自己的利益的行为之前可能需要大量的练习。让孩子与玩具动物一起玩假扮游戏会有帮助，尤其是当3岁的孩子扮演欺负人的孩子，而父母扮演3岁孩子时。

那些喜欢使用拳头、脚和武器的小男孩，当你告诉他使用语言会更有力时，他可能会改变看法。不要仅仅因为3岁孩子不打人或不踢人就赞扬他，而要试着赞扬他的话语的力量和效果。

有时候，父母可能会担心男孩子不够"有男子气概"，女孩不够"女性化"。与儿科医生或专门从事性别问题咨询的心理咨询师进行一次彻底的讨论，会对你有很大帮助。

电视、视频和电影

3岁孩子喜欢这些东西的可预测性、动作和情感。它们具有催眠术般的效果，容易使人上瘾，并且对于 3 岁孩子的情感、智力和社会生活具有非常有害的影响。

一个在 2 岁或更小的时候就开始沉溺于幻想节目的孩子，到了 3 岁时，这种沉迷可能会表现出一种变化，会出现一种更加焦虑和依赖的行为。3 岁的孩子可能会全神贯注地盯着屏幕，同时咬手指甲或拨弄自己的头发，可能还会寻找一个慰藉物。我相信，这是因为 3 岁的孩子刚刚能够理解这些流行视频节目——《美女与野兽》《小美人鱼》《阿拉丁》《小飞象》《小鹿斑比》——的情节含义。

在这些节目以及大多数其他非常流行的节目中，情节都是父亲或母亲死了，或处于极度危险之中，或被变成了某种可怕的东西，而这都是因为一个被深爱着的孩子的存在或行为造成的。一个领会了这个概念的 3 岁孩子会被其深深吸引。它会助长 3 岁孩子的所有成长焦虑：对独立的矛盾心理，对父母的正常敌意，取代一方父母并与另一方结婚的正常幻想。难怪 3 岁的孩子"不得不"一遍又一遍地看这些节目，看最后魔法般的解决办法。

3 岁孩子无法区分发生在别人身上的坏事与发生在自己身上的坏事。当他们听大人讲故事或读故事时，他们可以让大人停下来，问问题，暂停故事情节的发展。但是，电视节目的设计是为了引人入胜，而 3 岁的孩子是受其摆布的。如果女主角都是美丽无暇的，男主角都是强壮或异常敏捷的，3 岁孩子就会按照其表面意义去理解，并且会为真实生活达不到这样的标准而感到不安。一个喜欢早晨播放的卡通片的 3 岁孩子，可能会开始模仿其中的狂热和暴力，并且可能每天都会陷入一个不好的开端。

电视不是互动性的。它带给孩子的感受不是孩子在生活中得来的，并且，给孩子的行为榜样是孩子在生活中没有亲身经历过的。杰姬是我认识的一位母亲，她告诉她的孩子们："电视不会帮助孩子们成长。"

一个沉迷于电视或视频的 3 岁孩子需要得到拯救，就像一个吸毒的青少年需要拯救一样。一个将看电视作为常规活动（除了半个小时的《芝麻街》或《罗杰斯先生的邻居们》或其他适龄的节目）的幼儿园或日托机构应该为自己感到羞耻。

判断一个 3 岁孩子是否过于沉迷电视节目的一个好办法，是让电视机"坏掉"几天，看看会发生什么。如果家里的每个人开始睡得更好，有更多的欢笑和交谈，你就知道这个问题的答案了。

图书

如果一个3岁的孩子爱上了书，这种热情就很有可能持续终生，无论这个孩子何时学会阅读。生在一个大人喜欢阅读的家庭里，对于喜欢模仿成年人行为的3岁孩子来说，是一个伟大的恩赐。

大声朗读，无论是出于一时冲动还是作为一种仪式的一部分，都是父母能给予孩子的一份最好的礼物。当然，大声朗读不意味着仅仅读出书上的文字，而是意味着聊一聊书中的图画和情节，并对接下来会发生什么感到好奇。

类似于《威利在哪里？》或能发出声音或乐曲的书，都是新奇的小玩意，而不是真正的图书。

自尊与赞扬

当一个孩子征服与其年龄相应的挑战时，自尊就会增长。当然，一个健康的家庭会给予孩子无条件的爱（但同时也会设立限制）和适当的赞扬。但是，以我的经验来看，没有任何事情能取代孩子对自己成就的欣赏。

一个3岁孩子如果并非因为自己的成就，而是因为与自己的努力无关的天赋得到赞扬（多漂亮的裙子啊，多么英俊的一个男孩啊，多么高的一个女孩啊），这种赞扬对于他（或她）就没有什么意义，并且还会玷污有意义的赞扬。即便赞扬成就，也有可能减损而不是增强孩子的自尊。"哦，多漂亮的画呀"可能会使3岁的孩子关注自己画中的缺陷，或者由于这样的称赞过于频繁，以至于毫无意义。最真诚的赞扬是确保孩子有足够多削好的蜡笔和干净的画纸、一个画画的地方，以及你的无声而兴趣盎然的关注。

要当心你的赞扬会给一个早慧的3岁孩子造成怎样的困难。对于一个学会了阅读、击打高尔夫球、完成一个复杂的拼图、跳进游泳池的3岁孩子，你的赞扬很难不令他洋洋得意。但是，赞扬实际上可能会剥夺孩子自己的成就感，而将其置于"好好表现"和取悦父母的语境之中。毕竟，3岁孩子并不是为了取悦妈妈和爸爸而学会击球或打开阅读之门的。他们这样做是因为他（或她）看到了这个挑战，喜欢它，接受它，并且完成了它。

礼貌与文明的行为

到这时，"请""谢谢""对不起"和"祝你健康"都应该是3岁的孩子非常熟悉的用语了。现在，3岁孩子写的感谢便条上或许有写得歪歪扭扭的"谢谢"和在一个大人的帮助下写出的名字。

3岁的孩子能与人握手，并微笑着说"你好"。这会让他们得到很多关注，因此很容易教会他们。

3岁的孩子能学会干净利落地用餐。到4岁时，大多数孩子都应该能够用三指抓握的方式（握铅笔的方式）握住叉子和勺子，而不再用拳头攥着。筷子的使用较为困难，到4岁再开始学习可能更好一些。

有时候，一个害羞的3岁孩子学会用鞠躬或行屈膝礼的方式来打招呼会更有益。（你无须说话或看着对方的眼睛，所需要的是做出一个动作；而你得到的关注是暖人心房的。）

在家中帮忙

3岁孩子仍然能"铺床"和收拾玩具。他们能将盘子和餐具摆放在桌子上。他们可以给低矮的家具拂去灰尘。如果将这些事情作为3岁孩子的家务活，而不是给妈妈帮忙，就不太可能成为对抗行为的焦点。

3岁孩子对于角色和模仿很感兴趣，而且相当明确地想取悦父母。一旦让他们养成了做家务活的习惯，这种行为就很容易保持下去。到4岁的时候，有些孩子会变得足够独立和不服从，再培养这种习惯就变得更难了。

如果……怎么办？

与父母的长时间分离

如果让3岁的孩子提前做好准备，而且如果他们在平常的生活中不是完全依赖于父母的亲切陪伴，他们通常能够忍受这种分离。见上一章"2岁至3岁"中同一小节的建议。

带着孩子旅行

带着一个3岁的孩子旅行会很美好，尤其是当你让孩子提前做好准备的时候。要确保在做准备时不仅要让孩子了解你们到达目的地后会做些什么事情，还要让他了解你们怎样到达那里。要使作息时间、就寝惯例和安全依恋物尽可能与平时一样。安排固定时间与孩子一对一地单独相处是个好主意。这种时刻最好做一些从父母的角度来看很无聊的事情，比如重复性的游戏或大声朗读，以消除旅行中的陌生感以及所带来的刺激。

怀孕或计划收养第二个孩子

当第二个孩子到来时，你的3岁

孩子能够喜爱并帮助照顾新宝宝。4岁的孩子对新弟弟妹妹的常见反应，请见下一章。

新的弟弟妹妹的到来

3岁孩子对语言的熟练运用，可以很好地帮助他了解、预期并与新的弟弟妹妹相处。这是等到孩子3岁时再养第二个孩子的最大好处之一。

何时告诉3岁的孩子？

有些3岁的孩子在母亲怀孕不久后就令人难以置信地知道发生了什么事。当然，你至少要在告诉亲朋好友的同时，告诉你的3岁孩子。迟迟不告诉，会导致3岁孩子无意中听到一些神秘的、会造成焦虑的悄悄话，然后，当你最终告诉他时，他可能会失去对你的信任。

如果你要再收养一个孩子，事情也是如此。无论你的3岁孩子是否是收养的，你在对他进行性教育时谈到的两种可能性，应该能让3岁的孩子感到兴奋，而不把收养视为是反常的事情。

你该告诉3岁的孩子什么？

• 即使你确切地知道胎儿的性别，也应考虑暂时不告诉孩子。超声波检查有时会出错。还记得我那个仍然在等着他的小妹妹变成一个弟弟的小朋友吗？

• 用9个月——既便是5个月——等待新宝宝的降生是一段漫长的时间。要给3岁的孩子一个宝宝何时到来的参考：万圣节前夕，或所有的积雪融化之后，或者等到天气足够暖和，可以游泳的时候。

• 对于新宝宝降生后生活的描述要现实，但要快乐。"宝宝的脸会是红色的，他（或她）会做出可笑的表情。宝宝会经常哭，还会打嗝儿。"不要向3岁的孩子承诺新宝宝将成为他的玩伴，否则，他会期待你一从医院回来就可以和宝宝一起玩沙坑或荡秋千。

• 要让3岁的孩子自己搞清楚自己的感受。"你会爱宝宝的""你们会成为很好的朋友"之类的话会让孩子感到自己的自主受到了侵犯。而"如果你愿意，可以帮助我给宝宝换尿布和喂宝宝吃奶"则是一种更有吸引力的说法。

• 说让孩子安心的话，是在暗示相反的说法。"当新宝宝到来时，我们会像以前一样爱你"，会让3岁的孩子不祥地认为："是什么使他们认为自己不会像以前那样爱我呢？"要用你的行为、身体语言和孩子以往的经历让 3 岁的孩子相信你无条件的爱以及你喜欢他。

如何让 3 岁孩子为你们生活中的这个重大变化做好准备？

• 向 3 岁的孩子指出你们所看到的婴儿，告诉他这些婴儿多大了，并描述他们会有怎样的行为。不要用月龄，而要像这样说："那个宝宝是在很久以前出生的。他已经知道了怎么拿住他的拨浪鼓了。他不是所有的时间都啼哭、吃奶和睡觉。"

• 用 3 岁孩子自己小时候的照片来说明一个新生儿什么样。

• 要尽量在新宝宝到来前完成任何重大的改变：新的幼儿园，睡眠安排方面的变化，新的临时保姆。

• 要让 3 岁的孩子帮忙给新宝宝挑选用品，但是，不要太强调这些准备工作。3 岁的孩子还有他自己引人入胜的生活要过。

• 让他通过你的肚脐跟新宝宝说话。通过这种方式，你能发现 3 岁孩子的很多担忧和希望。你也可以对新宝宝说话："现在，肚子里的小天使，我们希望你非常强壮，哭声响亮，多拉多尿。"3 岁的孩子听到你这样说，很可能在宝宝回家后以一种令人欣慰的方式向宝宝复述这些话，并且会热心地实施。我会避免提出那些更多依赖于几率的要求："肚子里的小天使，请你长出很多黑色的卷发，是个女孩，并且没有腹绞痛。"

• 在生产之前，要对你去医院时将会发生的事情进行演练。如果 3 岁的孩子需要在半夜被叫醒，并送到邻居家里，一定要经常向他提醒这一点，并要在手提箱上贴一张贴纸，提醒给孩子带上他的安全依恋物。还要让 3 岁的孩子提前到邻居家过一夜，以便孩子能知道会出现什么情况。

• 礼物确实有帮助，而且这不是一种贿赂。把礼物交给照料孩子的成年人，让他们在第二天早晨把礼物给孩子，这个礼物是向孩子提示父母之爱的一个具体物品。如果 3 岁的孩子是和一个临时保姆一起待在家里，一个很好的办法是把礼物藏在一个相当明显的地方，让临时保姆和孩子一起去寻找。这份礼物是新宝宝送的吗？或者，这是一种欺骗吗？一种办法是告诉孩子："新宝宝还太小，无法给你礼物。但是，如果他能，他会给你这个礼物的。"

• 带孩子去医院参观，给他看相关的书和视频，以及参加一个让孩子了解有了弟弟或妹妹之后的生活会是什么样的课程都会有帮助，但是，要确保不将与新生儿生活在一起描绘得过于美好或过于暗淡。要找到那些强调大孩子在幼儿园以及和朋友在一起时过的是远离婴儿的生活，以及大孩子对新宝宝的矛盾感受的图书、视频资料和学习班。并且，当孩子与你讨论新宝宝并表现出这种矛盾感受时，你要进行协调。

• 当你回到家之后，要在前门贴一个便条，请来访的人先和 3 岁的孩子打招呼（一定要在便条上写上 3 岁孩子的名字，你的一些客人可能已经忘记了），并让 3 岁的孩子讲讲新宝宝的事情或带来访的人去看新宝宝。

• 当 3 岁的孩子想在幼儿园的展示和介绍①活动中介绍新宝宝时，要给他提供一张新宝宝的照片，并且小心地把它裹在一张婴儿毯里，让 3 岁的孩子小心翼翼地带去。还可以添加几张 3 岁的孩子抱着宝宝的照片。

• 要预计到 3 岁的孩子会经常想要拥抱和身体接触。当你们坐在地板上玩耍时，要让孩子靠在你的身上，只是聊聊天或玩一些棋盘游戏，对于疲劳的父母来说是很棒的。

• 要相信 3 岁的孩子会很矛盾，并且可能需要用行动和言语把负面情绪表达出来。"我们可以开车出去，把他从车窗扔出去。"我认识的一个 3 岁孩子用最礼貌的方式建议道。"我想现在是时候让宝宝回到医院去了。"一个 3 岁的孩子用阅历丰富的语气叹道，并已为此做出了精心的准备。黏着父母并打父母是相当常见的，即便是很久以前就不再这样做的孩子。

• 最重要的是，在新宝宝出生后，要继续留出与 3 岁的孩子单独相处的时间。要把这件事情当作优先事项中最优先的，要放在写感谢便条、洗碗、打电话、完成论文草稿和付账单之前。单独相处意味着只有你们两个人，没有父母中的另一方或来拜访的祖父母在场。要让 3 岁的孩子知道，你对他感兴趣不仅是因为他是你自己的一种延伸，而是把他当作一个独立的人。要和他谈论除他的行为、新宝宝或你自己的感受之外的事情。要让他无意中听到你给别人讲关于他的让人高兴的故事，与宝宝没有任何关系的故事。

如果在宝宝出生时，3 岁孩子恰好生病，必须与新宝宝隔离怎么办？

这是一种很普通的情况，以至于我觉得应该在新宝宝出生之前提出这种可能性。我相信，即将到来的分娩所带来的某种影响，会引发较大的孩子的上呼吸道感染。在有人出版一本

---

① Show and Tell，孩子们从家里带喜欢的东西展示给老师和同学，介绍这个东西的样子、来历、用途、好处等等，甚至可以带自己的宠物。——译者注

关于这个主题的图画书之前，提到这种可能性的一种好方法是："当我还是个小男孩时，我弟弟——也就是弗瑞德叔叔——出生时，我得了麻疹。所以，我不能去看新宝宝，直到他长大到会笑时！而且，我是他第一个对着笑的人！"

应对弟弟妹妹的成长

如果3岁的孩子与同龄人能经常很好地相处和玩耍，他们也许就能很好地忍受一个9~18个月大的弟弟妹妹的入侵。然而，要做到这一点，3岁的孩子需要拥有与父母中的每一方独处的时间，有一个私密的地方（即便是一个梳妆台抽屉也行），可以使他的物品不受弟弟妹妹的破坏，并感到自己是一个比弟弟妹妹更大、更聪明并有更多特权的人。前面几章关于帮助大孩子应对小宝宝的所有建议在这种年龄间隔也有帮助。

一种更难的情形发生在两个孩子的年龄过于接近的时候，以至于3岁的孩子感到又被拖回到了自己刚刚走过的阶段。见本章"设立限制"部分的"发脾气和攻击行为"。正如那里描述的那样，对这种情况最好的处理办法是给3岁孩子提供一个真正的同龄人群体，群体中的其他孩子应该与他同龄或是比他稍大一些。还可见第3篇的"同胞战争"。

离婚与抚养权

3岁孩子对于掌控这个世界的专注，以及对获得自主和取得成就的本能需求，使得我们很容易看到离婚会造成多么大的混乱。

一个经常听到父母吵架的3岁孩子，往往会坚信（有时候是正确的）自己至少是引起父母发怒的一个主要原因。3岁的孩子无法想象自己不是父母的世界的中心。

而且，3岁的孩子可能在内心深处怀有某种愤怒或嫉妒的愿望（"我希望爸爸消失，让妈妈和我单独在一起！"）。当爸爸真的消失时，3岁孩子会相信这是自己造成的。

3岁孩子无法理解父母离婚是因为他们自己的原因。因此，一方父母的离开可能会被看作是抛弃。3岁的孩子需要特别的理解、耐心、身体上的安抚和安慰。他会用行为表现出来，要么是攻击行为，要么是退缩胆怯，要么两种行为都有或者交替出现。

抚养权

尽管你的心理治疗师和儿科医生会为你的决策提供指导和帮助，但是，了解一下两项大型研究[①]可能是有用的。

其中一项研究表明，不论决定采取共同抚养还是母亲抚养，出问题最少的是那些父母没有表现出大量敌意和冲突的孩子，以及那些母亲较少表现出焦虑和抑郁的孩子。父亲探望的时间和次数似乎影响不大。独生子女以及婴儿期难以取悦和感到满意的孩子过得最艰难，男孩比女孩更艰难。

另一项研究是针对敌意离婚的。在这种特殊情形中，共同抚养，以及由一方单独抚养而另一方经常探望，对孩子们来说似乎比与父母一方住在一起，而另一方很少探望过得更加艰难。"每个月与双方父母待在一起的天数更多的孩子，明显更郁闷、退缩、不爱说话，并有更多的躯体症状，而且往往会更有攻击性。"

这些研究的开展与解释非常困难，但是，它们的结果并不出乎意料。共同抚养意味着经常接触父母双方，与单独抚养并且另一方较少探望相比，就更有可能持续接触相互敌对并且全神贯注于离婚和之前的婚姻的父母。在这种情况下，父母双方更倾向于在孩子面前夸张地表达感情，用言语或行动表现对另一方的敌意，并且把孩子当作间谍、中间人或武器。

不幸的是，对3岁孩子最有帮助的事情似乎是父母最难保证做到的：

• 要避免向3岁孩子述说配偶的罪状。不要用身体语言、行为或话语表达出3岁的孩子从对方那里回来后受到了"污染"。

• 培养牢固的母子关系，在这种关系中，母亲不会向3岁的孩子寻求成年人的陪伴、支持或浪漫关系。扮演好母亲角色的母亲——给孩子拥抱、保护、设立限制、拓宽孩子的视野——是3岁孩子的天赐之物。

• 父亲要避免以不关注孩子和不给赡养费作为对抗孩子母亲的武器，父亲不应使探望时间成为孩子免于管教、做日常活动和家务活的假日。

• 要努力让孩子与父母双方都保持持续的关系，父母应该担当父母的责任，而不是孩子的朋友或情人。

• 要给3岁的孩子安排一些定期的活动，这些活动是与让人心烦意乱的家庭情形无关的，一些能让孩子全神贯注、有益、具有一致性的、与孩子年龄相应的活动。

• 给孩子制定一个每天都可预见的日程安排。

[①] Children of Divorce: Recent Finding Regarding Long-term Effects 和 Recent studies of Joint and sole Cus tody, Wallerstein、Johnston, Pediatrics in Review, 1990年1月。——作者注

- 交接孩子时要在中立的地方，例如幼儿园或日托机构，而不是从一方父母的怀抱、家里或汽车上到另一方父母的怀抱、家里或汽车上。

如果这些都能做到，关于离婚的图画书可能会帮助一个孩子说出他的感受并接受现实。然而，即便一切进行得都很顺利，我仍然建议父母们一旦发现有出现问题的迹象，就要考虑为孩子寻求心理治疗。

手术与住院

在应对这种类型的心理创伤时，3岁的孩子既有优势也有弱点。他们主要的优势是拥有了用语言表达体验的新能力。尽可能让3岁的孩子做好准备，是对他们最大的帮助。很多儿童医院和病房都有对即将接受手术的儿童开放的参观和讲座。至少，诸如《玛德琳》（她开刀割掉了阑尾）和芝麻街节目制作的一些安慰性的图画书和其他一些图画书能够让孩子感觉到对情形有更多的控制。

3岁孩子的主要弱点与魔幻思维有关，并且与他们开始意识到自己是一个具有社会身份的人并且外表的吸引力和力量对此很重要有关。

对于魔幻思维，最好预想到3岁孩子的担忧。我建议你在以下几个方面安慰3岁的孩子，就好像你认为他们理所当然会担心一样：

- 去医院不是对他们表现不好的惩罚，而且没有人对3岁的孩子感到生气。
- 生病不是因为3岁孩子做或想了一些不好的、恶意的或报复性的事情。
- 3岁孩子的身体是很强壮的，并且能自己痊愈。他们能立刻制造出新的血液代替那些失去的血液。
- 只要3岁的孩子想让父母陪着他，就会有一个父母始终陪在他身边。当然，要确保确实有这种需要。一位父母应该一直陪着孩子，直到麻醉药开始生效，或者直到麻醉师向孩子吹了具有魔力的气体使他快乐地入睡。当麻醉药的效果开始消失时，也应有一个父母待在孩子身边。应该有一位父母日夜陪伴着孩子。

对于身体的完整无缺，可能需要一遍又一遍地向3岁孩子讲述那些从他的身体上去除或增加某个东西或是留下他能看到的记号的手术。有时候，需要进行游戏治疗①，尤其是当手术涉及面部和（或）生殖器时。一定要提前与你的儿科医生以及外科医生讨论这些问题。

如果选择性的手术可以推迟到孩子5岁以后，你的儿科医生可能会建议你这样做。

搬家

像任何重大变化一样，让3岁的孩子准备得越充分、参与得越多、越有控制感，情况就越好。新家和孩子新房间的照片会有帮助。新邻居家孩子的照片，甚至在可能的情况下拍一些视频，也会有帮助。

3岁的孩子需要一个特殊的小手提箱来放置他们的宝贵物品。一个背包也很不错，但不要指望3岁的孩子能够照看好它。而且，如果弄丢了，将会是一场灾难，因此一定要小心。

3岁的孩子会想要留下他要离开的朋友和家的照片。有很多关于搬家和结交新朋友的很不错的图画书，但是，不要忘记那些关于离开老朋友的痛苦以及与他们保持联系的故事。

一个朋友、亲戚或宠物的死亡

对父母们来说，在发生这样的事情之前就考虑向3岁的孩子介绍死亡的概念是个好主意。3岁的孩子不认为死亡是不可避免的或是永久性的，但仍然会非常恐惧和担忧。大多数这种恐惧和担忧都与害怕被遗弃或害怕这件事是由自己的愿望、想法或不良行为造成的有关。

父母们可以在宗教语境中引入死亡的话题，或将其作为一种自然现象。适合这个年龄孩子的一本经典图画书是《一片叶子落下来》。

如果一位近亲或朋友病得很重，有可能死亡，我强烈建议你与你的儿科医生讨论一下这个危机。

4岁孩子的健康检查

3岁的孩子在检查时安静而腼腆，4岁的孩子通常喜欢主导并掌控这次检查。父母可以通过教给4岁的孩子每种仪器的名称及其作用，以及它们如何帮助儿科医生对身体的每个部位进行检查，来帮助孩子

---

① 游戏治疗是近代心理学的专用术语，一般指透过游戏来协助儿童（一般是3岁至11岁）去表达他们的感受和困难，如恐惧、憎恶、孤独、觉得失败和自责等等，从而达到治疗效果。——译者注

在这次检查中感觉到自己的力量。张大嘴巴说"啊",而不是"哈",可以帮助儿科医生检查喉咙,而无须使用可怕的压舌板。可以让孩子"吹"父母的手指来学会做深呼吸,而不把口水吐出来。在医生检查孩子的肚子时,父母要想帮忙,就不要说到"痒痒"这个词。

最后,父母可以帮助4岁的孩子练习一下生殖器检查。可以给女孩子演示一下什么是蛙式坐姿,让她坐在父母的腿上,张开阴唇;可以向男孩演示一下如何进行阴茎和睾丸的检查。这是一个很好的时机,可以简要地提示孩子这是医生工作的一部分,而孩子是在帮助医生完成这项工作。这项检查得到了许可,因为父母就在旁边安慰孩子并配合医生检查。

4岁的孩子可能会问这次检查中是否会有打针或抽血。我建议你告诉孩子你也不清楚。

展 望

3岁的孩子希望获得力量和可预测性,以便有一种控制感。4岁的孩子追求完美,并且希望由自己来判断什么是完美的。父母们会发现自己正在被孩子以一种新的方式评判和挑战。3岁的孩子会说:"不是我干的。"4岁的孩子会说:"你坏,这不公平。"3岁孩子很顽固,4岁孩子很专横。这两者的区别可能很微妙,但绝对是存在的。

当父母们为这一阶段的发展做准备时,要准备好与孩子谈判和讲道理,要准备好设立限制,而又不让孩子感觉到这是对个人的威胁,要准备好在受到这样一个无助的小人儿的挑战时保持幽默感,这样,他们就能享受4岁孩子所带来的巨大乐趣。

4岁孩子将第一次能够富有同情心,而不再仅仅是情感的共鸣,这是因为4岁孩子的智力发展使其能够从他人的角度看待问题。3岁的孩子能够轮流,但是,4岁孩子可以进行真正的分享。3岁孩子认为可以用语言创造现实,4岁孩子开始了解现实与想象、说真话与撒谎之间的区别。3岁孩子能够明白公共与私人之间的区别,4岁孩子则可以保守秘密。3岁孩子刚刚开始了解"如果……那么"的概念,4岁孩子则能够做出承诺,并信守承诺,也会让你履行承诺。

与3岁孩子相处常常很像是与一个充满魅力的外星人打交道。而当你与4岁孩子相处时,你会非常确定这是一个地球人。

第12章

4岁至5岁

法官来了！

需要做的事情

• 要对4岁孩子讲的笑话大笑，即使你不知道这些笑话为什么好笑。

• 反复使用复杂的词。4岁的孩子会明白它们的意思。

• 可以将"暂停"添加到有效设立限制的技巧清单中。

• 抓住有教育意义的时刻和孩子谈谈同情、诚实和公正。

• 从现在开始培养孩子的预读能力。

• 要及早开始为上幼儿园做计划。

• 在这一年里进行更多的性教育。

• 让4岁的孩子记住家里的电话号码、手机号码和报警电话。

• 在每年孩子过生日这天更换烟雾报警器的电池。

• 在孩子满4岁，并且体重达到18千克时，购买一个带安全带的儿童汽车座椅！

不要做的事情

• 不要在小天使的卧室里放置电视或电脑。

• 不要在坐车或看电视时吃东西或喝饮料（除了水）。

• 电视应该被看作是对4岁孩子智力和人格发展的一种潜在威胁。

该年龄的画像：形成是非观

"在前院的地下住着一个女巫，"阿曼达严肃地低声说道，"这是她的屋门。"她轻拍着一块嵌入地下的石头，"如果我们说话的声音太大，她就会听到。如果你站在她的石头上，她就会出来把你煮了,吃掉你的脚指头,把剩下的扔进垃圾箱。"

彼得踩到了石头上。"呵!你好,女巫!我会狠狠地揍你一顿!"

阿曼达的脸因为绝对的恐惧而扭曲了。"救命啊!救命啊!我听到她出来了!她要来了!"她双手紧捂着耳朵,眼睛眯着闭了起来。

这是会传染的。彼得脸都吓白了,并飞快地跑开了,被一个树根绊倒,跌跌撞撞地爬起来,哭着跑进了屋里。

阿曼达的妈妈牵着彼得的手走了过来。"在前院的地下根本没有女巫。"她坚定地说。昨天,阿曼达认定如果她和彼得坐在洗衣篮里面,紧闭双眼,抓住洗衣篮轻轻摇晃,并全神贯注,就能让洗衣篮飞起来。当时,洗衣篮里装满了洗净叠好的床单。

"有!她就在那儿!"阿曼达看上去近乎惊恐了。

"看。我要把这块石头搬开,让你看看。下面根本就没有女巫的洞穴。"阿曼达的妈妈不顾后背上传来的阵阵寒意,弯下腰去搬石头。阿曼达有时让人很信服。

"不!不!不!"阿曼达又蹦又跳,双手紧紧夹在两腿中间以寻求安慰。"我听到她来了!我听到她来了!"

"阿曼达·詹宁斯,你马上停下来。你快发疯了!"阿曼达的妈妈放弃了搬石头,冲女儿皱起了眉头。

"你把她惹怒了!她要出来吃掉我们!你这个笨蛋!"

"回你的房间去,阿曼达!"

"不,我不去,你不能强迫我!"阿曼达被激怒了,"你就是女巫!你就是那个让人恶心的又坏又卑鄙的老女巫!我恨你!"

欢迎来到4岁孩子的世界。

4岁是童年的真正开端。所有的开端年都是有点儿痛苦的,而4岁则有着属于这一年龄的骚动。

在4岁孩子身上,你能看到是非观在努力诞生。3岁孩子对掌控世界有着近乎滑稽的需要,并且相信自己能通过说出一件事情来创造现实。4岁的孩子有着同样的需要并且同样喜欢编造自己版本的现实,但是,他们有了一种新的动力:4岁的孩子似乎隐隐约约地认为,在某些时刻,他必须评判自己的行为,并且可能必须发现自己是错的。在这一年里,4岁的孩子将开始了解说实话以及为错误承担责任。

3岁孩子是活在当下的,并且很容易受到惊吓,而4岁的孩子已经懂得了"如果……会怎么样?",并且知道该为什么事情担忧。4岁的孩子知道承诺是什么,不只是在别人做出

> **大发脾气的情形**
>
> - 4岁的孩子想要穿一套在父母看来不适合的衣服。
> - 4岁的孩子讲了个没有人懂的笑话。
> - 4岁的孩子被要求做一件不在他自己"职责"之内的事情。
> - 4岁的孩子认为自己是一个负责任的大哥哥或大姐姐，而发生的一些事情破坏了这种认识。
> - 4岁的孩子被要求当儿科医生或牙科医生的患者。这不是他们想要的角色。
> - 一件事情过于费心费力，使4岁的孩子很难达到他所认为的成功标准，比如手工、音乐、培乐多彩泥、舞蹈等。

承诺时，还包括自己做出承诺时。4岁的孩子能保守秘密——甚至对父母保密。

但是，这是伟大的一年。4岁的孩子已经是一个真正的小人儿了，父母们会这样说。4岁的孩子能够协商和解决问题。4岁的孩子已经有了幽默感，而不只是不协调感；他们已经会讲笑话和猜谜语了。3岁孩子能轮流，4岁的孩子能分享了。3岁孩子能扮演一个假装的身份，例如彼得·潘或一只猴子；4岁的孩子则能演出一个有情节、角色和寓意的剧情。

要让4岁的孩子发挥最大的潜能，你需要投入大量的精力。你必须帮助4岁的孩子培养良好的是非观，既不让孩子感到害怕并受到压抑，又不让孩子轻易被宽恕。你必须足够认真地对待他们所有的幻想，使他们不至于感觉受到侮辱，但又要确保4岁的孩子了解现实与假装之间的区别。你必须保护4岁的孩子免于受到伤害，并教给他们如何保护自己，但又不使他们变得胆小或无礼。

而且，4岁孩子大发脾气的情形在这时应该是很罕见的。对抗行为——父母与孩子之间反复的不良争斗——应该已经成为历史了。

比如，阿曼达不会想打人，或拒绝停下父母命令她不要做的一种行为。她已经把使用便盆、上幼儿园、收拾起地板上的玩具看作是理所当然的事情。她和她7岁的哥哥经常一起玩，而不会打架。

但是，4岁的孩子并不完美。**他们可能会目中无人地大发脾气。**很多时候，这是因为他们自己的

> 如果4岁的孩子陷入了一种真正的对抗行为模式，与父母经常有反复的恶性争斗，就需要让儿科医生对他做检查。如果一切正常，请回头去查阅前几章的"设立限制"，找出与他目前状况相符的年龄，并从那里入手。

想法受到了干扰。阿曼达正在"扮演"一个讲述遭遇女巫的可怕经历的人，而她的妈妈破坏了这一切。

要让4岁的孩子承认一件明显的过错是极其困难的。4岁的孩子不太可能把过错推到一个想象中的朋友身上，但是，他完全能决不妥协，并且说："不是我干的，这不公平！"

4岁的孩子容易出现更微妙的对抗行为：4岁的孩子不太可能打人、咬人、踢人或掐人。他们应该已经知道父母的命令必须遵守，与父母进行反复的恶性争斗是没用的。4岁的孩子只有在极少数时候才会发脾气，而且通常不是针对父母的对抗性发脾气，而是因为生活中受挫而发脾气。

另一方面，除了大发脾气和拒绝承认错误之外，4岁的孩子还可能会说粗话（骂人，说话无礼）、唠叨、哼唧、捣乱、拖延和打小报告。

4岁的孩子在礼貌方面仍然需要帮助。礼貌用语（请、谢谢、请原谅、对不起、祝你健康）这时应该已经成为第二天性了。他们需要学习的新观念是不要伤害其他人的感情，无论是家人、朋友，还是陌生人。

这些都会在下面的"设立限制"中讨论。

最重要的一点是，你必须搞清楚4岁的孩子问"为什么"是什么意思。

"为什么？"4岁的孩子会问，正如3岁孩子甚至是2岁孩子偶尔会问的那样。但是，现在与以前不同了。2岁和3岁孩子问"为什么"是作为表达感受的一种方式，"为什么"是与一句陈述连在一起的，目的是得到一个人的回应。4岁孩子是以一种更加复杂的方式问"为什么"。

有时候，他真的是想问"为什么"。你为什么要把蛋黄与蛋白分开？你为什么要在汽车开动前换挡？或者，更难回答的：为什么蓝色与黄色混合在一起会出现绿色？为什么那匹马在另一匹马的上面？为什么月亮在天空中刚升起来时显得这么大？祝你好运。

另一些时候，4岁的孩子似乎是为了核实你是否与他观点一致。他刚开始发现其他人看待事物的方式可能与他的不同。"你为什么戴那顶帽子？"的意思可能是外面没有下雨，你为什么要戴那顶帽子？或者是，你喜欢那顶帽子吗？戴着它感觉好吗？那是大人戴的吗？或者，"为什么"是在掩盖一种担忧。有时候，如果你不考虑到"为什么"的这种含义，你与4岁孩子的一些对话就可能无休止地进行下去：

"现在，我需要检查一下你的耳朵。"

"为什么？"

"看看它们是否健康。"

"为什么？"

"因为我希望你身体强壮，并且感觉很好。"

"为什么？"

"因为这是我的工作。"

"为什么？"

"因为我是一个医生。"

"为什么？"

"因为……"

正确的回答是："你的耳朵很好，也很干净，因此，我们将不必像上次那样用一个小工具把里面的耳垢清除出来。"

有时候，4岁的孩子会像抽风一样问"为什么"，几乎像副歌一样把它唱出来。有文献报道，有一个正常的4岁孩子在一天中问了超过400个"为什么"。或者也许是在1小时之内，我已经记不清了。

分离问题

大多数4岁的孩子已经有了相当多的与父母分离的经历。因此，你会认为在这个年龄已经不会有很多分离问题了。但是，分离焦虑常常会重新出现。

这源于4岁孩子的一个非常特别的新特点。在发展自己的是非观的过程中，4岁的孩子开始评判其他人的行为。这在3岁时还没有出现。尽管这是发展是非观不可避免的重要一步，但这会使4岁的孩子及其父母开始意识到独立、分离以及自主的令人痛苦的一面。

事实上，4岁的孩子可能非常乐于接受这一发现，他可能会让自己相信他在掌控着父母。这种信念会随着4岁的孩子相当频繁地表达敌意、独立以及随之而来的内疚感，以及他们对于魔幻般的现实（"如果我足够强烈地相信它，它就会变成现实"）的持续信仰而得到强化。

"我恨你！你最好永远消失！"4岁的孩子尖声喊道。然后，妈妈离开家去上班了。4岁的孩子开始陷入恐慌。他导致了这次分离。他已经宣告自己是妈妈的审判者。更重要的是：

如果话语就是现实，正是他说出了那些放逐或杀掉妈妈的话。

这种分离恐惧可能很容易转化成就寝时的问题。在 4 岁时，床底下和壁橱里往往会有各种各样的怪物。即使 4 岁的孩子没有经历任何特别的压力，比如搬家、新的弟弟或妹妹的出生、生病、家庭经济问题或婚姻问题，这些怪物也会存在，而这些压力可能使怪物变得更多、更可怕。

这些是与成长相伴的怪物，并且只有在 4 岁的孩子迈出成长的另一步之后，它们才可能被孩子赶走。4 岁的孩子必须明白，他不仅是独立于父母的，而且能评判父母。他还必须确信，父母足够强大和成熟，会愉快地接受他的新成熟，而不会将其当作是来自对手的人身攻击。面对 4 岁孩子的新行为，父母们一定不能反应过度，也不能崩溃。

4 岁的孩子需要知道，尽管他必须将自己的行为评判为不那么完美，但他仍然是可爱的。他需要明白，错误、意外、过失、违背承诺和泄露秘密，都是作为一个人的组成部分。最后，他需要学会怎样以既能维护他的独立，但又不自大、无礼或操纵性的方式来表达出所有这些发现。

这是我们要小心对待 4 岁孩子的敌意的一个重要原因。你不想让他伤害你的感情，并且也不想让他为他的行为感到内疚。

当 4 岁的孩子尖叫"我恨你！你最好永远消失！"的时候，他真正想要的是：

- 让他的愤怒感受得到认可，并作为正常状况得到处理。
- 希望你告诉他，他的话很伤人，是无法接受的，但是并没有危险。
- 希望你因为这些话对他进行恰当的管教，这些话是他能控制的，但是不要因为他无法控制的这些感受而惩罚他。
- 希望你向他保证他的敌意并没有破坏你对他的爱。
- 让他的恐惧——他在盛怒中产生的愿望和说出的话会施下魔法，使某人消失、受到伤害或被杀死——得到认可并被平息。
- 希望你教给他，在每个人都冷静下来之后，如何以恰当的方式表达愤怒、怨恨、嫉妒以及其他负面感受。

任何威胁到 4 岁孩子对自己的是非观的信心的事情，都会滋长这些成长中的怪物。无论是严厉的管教还是不管教，都会毫无疑问地让一个 4 岁的孩子震惊。

与 3 岁的孩子一样，视频节目可

能让4岁的孩子感到不安。所有最受欢迎的节目都以威胁父母中的一方被邪恶的魔法变形为重点，而这种威胁是由一个孩子的行为或不成熟造成的（《美女与野兽》《小飞象》《小鹿斑比》《小美人鱼》等）。

对于4岁的孩子来说，任何认为他们的行为或存在会以某种方式对父母造成毁灭或威胁的念头，都是特别具有灾难性的。它会使作为成长任务的是非观的形成变得很困难，因为这个任务需要一个孩子以最亲密的方式与父母分离。也就是说：孩子开始取代父母对自己和他人的行为做出评判。

对4岁的孩子来说，对于这一成长任务产生矛盾心理是正常的。它不得不被看作是危险的。4岁的孩子越矛盾，这些"经典"视频就越会滋长这些正常的恐惧。4岁的孩子每看一次这些视频，这种恐惧就会被唤起并引人注目，随后，整个问题就被神奇地解决了。看这些视频使得4岁的孩子能够"经受住"这些成长中最令人焦虑的事情，而无须他们做任何事或说任何话。难怪他们会成瘾！

不幸的是，这会变成一个恶性循环。4岁的孩子越是依赖这些视频来被动地完成这项"任务"，他自己真正的成长任务完成得就越少。而他的任务完成得越少，就会越依赖于视频寻求平静和安慰。如果被剥夺了观看这些视频的权利，他可能会变得歇斯底里。面对这种情况，父母们常常会让步。但是，那些成长中的怪物不会被这些视频愚弄，而是会以此为养料。所以，4岁的孩子就想要看更多这样的视频。

这些视频真正适合的对象，是那些已经完成了是非观构建的初始任务的孩子，以及那些其矛盾心理和受威胁感不那么强烈的孩子。4岁的孩子需要的是与其他孩子和成年人的真正接触，那种能教给4岁的孩子知道独立并没有那么可怕的接触。4岁的孩子可能需要父母为他们搜寻怪物、点起小夜灯、拥抱以及安慰，就像我们推荐为3岁孩子所做的那样。

而且，4岁的孩子需要限制，并且，需要以恰当的方式设立限制并坚持到底。

设立限制：权威型的父母终于出现了！

到这时为止，你一直在为孩子的行为打基础。你在教小天使知道，如果你提出一个真正的要求，给出一个真正的命令，那件事就会发生。句号。到这时为止，你很少向孩子解释你为什么给出一个命令：1岁、2岁和3岁的孩子需要知道的是你说了算。

4岁的孩子需要你在对他的行为设立限制时做出解释。当4岁的孩子违反一个限制时，他不仅需要听到你说不可以这样做，而且还需要你解释为什么。想一想你该如何解释是个好主意，因为4岁的孩子会把你的解释牢记在心，并且可能会挑你以前说过的事情的毛病，使你后悔自己说了这些话。

他还需要为自己的好行为得到赞扬。但是，有些赞扬可能会适得其反。

下面是4岁的孩子最常见的小缺点：说粗话（骂人，说话无礼），纠缠不休，打小报告，哼唧，捣乱，拖延。

后面3条——哼唧、捣乱和拖延——在上一章的"设立限制"部分有讨论。

说粗话

简·詹宁斯是幸运的：阿曼达只是称她为一个卑鄙的老巫婆，说自己恨妈妈。有时候，情况会比这更糟，要糟糕得多。

在发生这种情况时，重要的是要认识到，4岁的孩子基本上仍然是诚实的。4岁的孩子还没有足够的经历，不知道一些话从自己口中说出来会如此令人震惊，会让大人面色苍白，浑身发抖。比如，肯尼居然用"混账东西""狗娘养的"来称呼他亲爱的奶奶。

不管4岁的孩子说出什么样的粗话，他们需要知道的是这些话错在哪里，为什么不能说，以及说了该怎么办。当孩子说的话真的很难听时，将其当作一件了不得的大事来对待是错误的。你需要处理的是孩子骂人的行为，而不是它的侮辱程度。所以，你要告诉4岁的孩子：

• 他说出的话给人造成了伤害。在说出伤人的话之后，必须经过一个冷静期，然后道歉。"不能说伤人的话，"他的妈妈用一种严肃而失望的语气说，"你伤害了妈咪的感情。你需要坐到你的床上想一想，不要再说伤人的话。"

• 他为什么这样做并不重要。其他人做了什么也不重要。用伤人的话骂人是不允许的。表达愤怒还有其他方式。

• 教给孩子如何道歉。"那么，你需要告诉妈咪你很抱歉你让她很伤心。你需要说，'妈咪，对不起，我骂了你。对不起，我说我恨你。'"

- 给孩子一个该怎么做的建议。"我想你是想说，'妈咪，我们正在玩一个假扮游戏，我不想你破坏它。'"
- 要认可孩子的恐惧——他在盛怒中产生的愿望和说出的话会施下魔法，让某个人消失、受伤或被杀死。并且，要向孩子保证这样的事情不会发生。阿曼达需要知道，她的大发脾气是没有危险的，她没有毁灭妈妈的力量。事实上，她只是一个在发脾气的力不从心的孩子。句号。你可以说："我知道你说恨我并不是你的本意。仅仅因为我们有什么不好的想法或说了什么不好的话，并不会使它成为现实。但是，我们仍然需要说对不起。"

在经历过几次之后，可以将其简化。"我听到你说了难听的话，阿曼达。说难听的话需要道歉。在我听到你道歉之前，我们不能去公园。"然后，要确保你说到做到。

说话无礼

这有两种版本，具体的："你不能强迫我！"和概括性的："你不是我的头儿！"

理想的情况是，当4岁的孩子说出这种话时，大人应该保持冷静并默数到10，然后再做出回应。这是因为只有以下三种回答是4岁的孩子无法争辩的，你需要决定使用哪一种。

"你不是我的头儿！你不能强迫我！"

要从下面的回答中选择一种：

- "哦，不，我能。"

要确保你能。然后，迫使4岁的孩子按照你说的去做，马上。

- "是的，我不能，我并不在乎你做还是不做。"

只有在你说的话是一个选择，而不是一个命令时，才能使用这种回答。

- "是的，我不能，但是，你需要知道如果你继续不听话会发生什么情况。"

失去看视频的特权？不能去公园？晚上睡觉时不能听故事？要告诉4岁的孩子。然后，说到做到。

粗鲁的顶嘴

当一个2岁的孩子喊"闭嘴"时，你知道他只是在模仿他听到的。当一个3岁孩子这样做时，通常只是听上去又好笑又悲哀——这么一个小人儿居然做出这么强烈的抗议。但是，当4岁的孩子这样做时——这就是粗鲁。4岁的孩子更清楚这样的大发脾气是侮辱：他知道这一点，因为他的同龄人（我希望不是家里人）在对他这样说话。这样的顶嘴需要被消除，一部分原因是这会给其他人留下可怕的印象，一部分原因是情况会变得越来越糟糕，但最主要的原因是它会影响——不，是破坏——父母与孩子之间说话的基调。

首先，恐怕你需要做的是，自己永远不要做出这种行为，也不要允许孩子的哥哥或姐姐这么做。（这个话题说来话长了。）

你需要做的第二件事是，要将其作为一件大事来对待，立即向孩子指出这种行为是多么不恰当。理想的办法是，剥夺孩子非常重视的一项特权、玩具或活动，只要能够让孩子立刻产生被剥夺感。如果这时刚到中午，取消晚上的一个娱乐活动不大可能会管用。如果你4岁的孩子能做"暂停"，并且真的把"暂停"视为一种重要的责备，那么"暂停"就是很好的办法。你需要通过你的面部表情、失望而充满责备但坚定的语调来表现出你明确的不愉快；并且要在至少5分钟或10分钟的时间里不给孩子正面的关注。你最好现在就直面这个问题。对付一个4岁的孩子要比对付一个14岁的孩子更容易。

纠缠不休

这是一种真正需要判断力的行为。如果一个4岁的孩子真的想要某个东西（一个玩具、一种特权、你的关注），而你在说"不"之后却意识到自己没有一个很好的拒绝理由怎么办？如果你随后让步，4岁的孩子就会认为他的纠缠起作用了。如果你不让步，你就会感到内疚。因此，在说"不"之前，你要好好想一想。

对待纠缠不休的原则

• 要求得到一个东西是可以的。在大人明确地拒绝后仍然要求，就是纠缠不休。纠缠自动地意味着你的回答是"不"。

• 纠缠意味着你认为自己能通过令人不快的行为改变一个人的想法。你能改变一个人想法的唯一办法，是向他们说出一个理由，并且要有礼貌。

打小报告

打小报告是你不想完全压制的一种行为。如果彼得决定爬上玫瑰花架，你肯定希望阿曼达告诉你。

对待打小报告的原则

如果有人可能会受伤，或者某个

东西可能会被损坏，要立刻来告诉我们。但是，只是为了使另一个人陷入麻烦而来告诉，就是打小报告。而且，要给孩子举一些例子。当4岁的孩子打小报告时，要让他记住一个原则：只有在有人可能会受伤或某个东西可能会被损坏时才来告诉你。你要准备好听到这样的话："好吧，蒂米拿了我的卡车，我可能很生气，或许我会打他的鼻子！"

大多数打小报告的行为都出现在兄弟姐妹之间，以显示谁处于支配地位，并获得父母的关注。如果兄弟姐妹之间经常争斗，就最有可能出现这种行为。看一看第3篇的"同胞战争"。

向孩子示范恰当地维护自己的利益或生气的行为

"你刚才对我真的很生气，"阿曼达的妈妈事后在一个更加平静的时候说，"这没关系。当我对爸爸感到生气时我会说什么？"

"我不知道。"阿曼达面带羞愧地说。

"嗯，我会说，'丹，我对你很生气。我希望你不要留给我一辆一点儿油都没有的车。我不得不让伯妮斯开车带我到加油站去买一加仑汽油。如果你发现你的车里一点油都没有了，你也不会高兴的。请确保不要让汽车油箱里的油少于四分之一。'"

阿曼达耸了耸肩，目光看向旁边，但是，她在听着。

"看到了吗，我并没有说他是笨蛋。我也没有告诉他我恨他。我告诉了他我为什么生气，以及他应该怎么做。"

当然，阿曼达的母亲在这些情况下得确实是这样说的才行。因为无论阿曼达从妈妈那里听了什么，都会准确地反映在她生气时所说的话中。（"他从哪儿听来的！"是4岁孩子的父母们最常说的一句话。）

说　谎

这是4岁的孩子很重要的一部分。在调皮或做错事的证据面前，4岁的孩子会说谎。这并不只是为了"摆脱麻烦"。这是因为4岁的孩子无法想象自己不完美。这两者是有区别的。

但是，4岁的孩子需要为自己的行为负责，甚至要比3岁的孩子更多地负责。如果小弟弟的脸上涂满了口红，或者饼干罐空了，并且旁边有饼干碎屑，那么，你就需要面对这种状况。

但是，不要问"这是谁干的？"或者"是你干的吗？"

即便是让一个成年人（！），直接承认错误都是很难的。应该从你知道的事实开始说起。"小弟弟的脸上涂满了口红。在小弟弟的脸上乱涂不是一件好事。口红对婴儿不好，他可能会起皮疹。我希望听到你说'对不起，小弟弟'。在我看到你对小弟弟说对不起之前，我们不能出去玩（讲故事、去商店、请朋友来玩）。"

然后，你要准备好接受最微妙的道歉，比如亲一下小弟弟的脚指头，或者把一个不太珍爱的玩具送给小弟弟作礼物。你要说："我看到你向小弟弟说对不起了。这就对了。这叫作道歉。"

然后，你一定要在4岁的孩子能够听到的时候骄傲地告诉另一个大人："他今天表现得像个大孩子。他向小弟弟道歉了。"然后，你就会看到4岁的孩子不好意思并自鸣得意的样子。

与维护自己的利益和愤怒行为一样，做出道歉的榜样是很重要的。在你做错事的时候，要立即向4岁的孩子、向小弟弟以及任何其他人道歉。（因此一定要做错一些事情。）

一定会犯很多错误

4岁的孩子真的会使父母陷入进退两难的困境。他把你作为周年纪念礼物的巧克力每块都咬了一小口，是一个可以被原谅的因冲动而犯的错误，还是一种可怕的违反限制的行为？用蜡笔在图书馆借来的书上涂鸦，是4岁孩子的问题，父母的问题，还是双方的问题？他拒绝亲吻奶奶到底是一种抗拒行为，恰当的维护自我的权利，还是残忍的行为？

父母们无法总是给出一个正确的回答或是做出恰当的回应，而且，如果他们能，就太糟糕了。在4岁时，无论父母，还是孩子，能学到的重要一课就是父母们并不是一贯正确的，也没有必要如此，并且他们能够协商、讨论，并在必要的时候道歉。

大多数父母一直都在这样做，但是，当你对4岁的孩子犯下一个错误（并且意识到这个错误）时，感觉就不一样了。这感觉就好像4岁的孩子赢了。你会非常想忽视、争辩或否认你犯了一个错误。

这一年的主要成就之一，就是父母和4岁的孩子都要克服这种感觉。4岁的孩子需要在很多道德行为方面得到塑造，当父母们在向4岁孩子道歉的过程中表现出足够的自尊、尊严和对正义的尊重时，他们就已经教给了孩子重要的一课。

运用后果或"暂停"，不要打屁股

首先，打屁股会使4岁的孩子对自己在评判自己行为中的作用产生困惑。很多4岁的孩子宁愿被打屁股——一种来自外界的评判和惩罚——而不愿意不得不去评判和处理自己的不端行为。打屁股无助于孩子是非观的发展，而是会给孩子一个放弃是非观的借口。

其次，4岁的孩子可能会非常让人烦并挑战大人，以至于打屁股会很容易演变成殴打。

第三，4岁的孩子会认识到打屁股在道德上是不合逻辑的，你不能通过打一个人的屁股来实施"不准打人"的规矩。这可能会让4岁的孩子失去对父母的尊重。

最后，经常打屁股会让4岁的孩子变得压抑和胆小，愤怒和叛逆，或冷酷无情。这是有同情心的年龄，4岁的孩子现在知道其他人可以拥有与他们不同的观点并感觉到不同的情感。如果父母打孩子屁股，4岁的孩子会认为自己的父母缺乏同情、关爱或自控能力。对于一个有节制的孩子，"暂停"可以是让他在椅子上安静地坐1分钟；对于一个性情激烈的孩子，应让他在洗衣房里（不会让他害怕，但却非常无聊）待4分钟。

在你需要使用"暂停"的办法前，要先让4岁的孩子为此做好准备。你可以告诉他这是他大发脾气时的冷静时间，告诉他可以利用这段时间想一想别的行为方式，告诉他父母也要利用这段时间平复一下他们自己的情绪。要让他看看"暂停"的场所，以及会用到的计时器。要演示一次计时器，以便让孩子知道"暂停"会持续多久：4分钟，孩子是几岁就暂停几分钟。这段时间足以看一遍《在爸爸身上蹦来跳去》，听3首磁带上的歌，绕着屋子走几圈。

要让孩子知道，如果他离开了"暂停"的地方，计时器就会重新开始计时。如果他大喊大叫或说被禁止的话，也要重新开始计时。

而且，要列出意味着"暂停"的一些行为：打人、用伤人的话骂人、任凭自己大发脾气、在室内挥舞刀剑、朝猫扔球。

礼貌和文明的行为

从现在开始，限制不仅意味着对不应该做的事情加以约束，还意味着要做应该做的事情。4岁的孩子应该会说请、谢谢、不客气、请原谅；有合理的餐桌礼仪，在家里帮忙，自理，并且克制做出粗鲁行为的冲动，例如指出梅布尔姑姑身上有奇怪的气味。

这是一个很长的清单。难怪4岁的孩子需要一些帮助。让4岁的孩子做出文明行为的最有帮助的做法，是用尊严和尊重的方式对待他，要认为4岁的孩子愿意做出符合文明标准的行为。

4岁的孩子能自己吃饭而不洒出太多食物，并能开始学习各种餐桌礼仪的细节，比如用成年人的方式使用包括叉子和筷子在内的餐具。他们应当学会说"请"和"谢谢"。如果4岁的孩子在家里先吃些开胃小菜，以便在等待食物时不很快就变得很不耐烦，并且有一项安静的活动来缓和无聊，他们中有很多都能成为不太正式的外出用餐时的令人愉快的同伴。

那些垄断谈话的4岁孩子可能会让人很烦恼。4岁的孩子可能个性很强，而喋喋不休地说话可能只是这种风格的一种表现。你的目标是帮助4岁的孩子同时变成一个耐心的倾听者。要试试在家里用一个3分钟的煮蛋计时器，就是那种带沙漏的，将它围着餐桌传递。谁拿到计时器，就拥有3分钟的"发言权"，而其他人都要倾听。要尽量使谈话内容让4岁的孩子感兴趣，当下一个轮到4岁孩子时，要用一个需要他回答的具体问题来结束你的发言。

4岁的孩子也可能将喋喋不休作为应对焦虑和兴奋的一种方式，比如在儿科医生或牙科医生的诊室，或外出就餐时，或在一个派对上。提前对即将发生的事情进行演练，将其从头到尾演练一遍，能够减少孩子的滔滔不绝。

有时，4岁的孩子会"自动"喋喋不休地说话，因为没有人真正并真诚地倾听。你要尽量努力倾听4岁的孩子说话，与他进行眼神接触，并发出一些表示在倾听的适当的声音。在一开始，这可能需要极大的耐心，但是，当4岁的孩子真正了解对话的窍门时，喋喋不休就会变成交谈。

总之，在教给4岁的孩子礼仪时：

• 要确保他知道你期望他怎么做，并且，在可能的时候要给他提供一个选择。"当欧文叔叔来我们家时，你愿意给他一个拥抱和亲吻，还是愿意和他握握手并说你很高兴见到他？"

• 给一个理由，如果没有任何实际的、符合逻辑的理由，也要实事求是地告诉他。要迎合他对要做到最好的渴望。"当你像这样拿筷子时，你就能夹起最小的蘑菇。""我知道你那样拿叉子比较容易，而且也能叉起东西，但是，我们是一个讲究的家庭，在就餐时我们都像这样拿叉子，这是国王和皇后拿叉子的方式。"

• 要具体并尽量说得有趣："你每天早晨整理好床铺后，可以把你的动物们（扔得满地都是）摆放好来讲个故事。你可以在做完这件事后把这个故事讲给我听。""这里有刀、叉和勺子。在你把桌子摆好后，你可以给每个人制作一个上面有一朵花的座位卡，我会在上面写上他们的名字。"

• 预想可能出现的问题，并且让4岁的孩子帮助你想出解决这些问题的办法。4岁的孩子能帮你想出其他的做法。可能不是在当时，而是在预想问题以及回顾问题的时候。"在我们去商店时，我们总是在买不买一辆新火柴盒汽车这个问题上争执。我讨厌在商店里争执，而你从来也得不到一辆新的汽车。我们该怎么办？"

• 要利用4岁的孩子能从他人的角度看问题的新能力。"当你把阿曼达推下秋千的时候，她很不高兴。擦破了膝盖，这让她很伤心。"

• 让逻辑后果起作用，而不是进行惩罚。"当你把她推下秋千时，她妈妈会生气并把你送回家。那样，你就没法再玩秋千了。"

• 如果4岁的孩子想不到其他办法，你可以建议一些。"你们可以轮流，或者你可以找些别的事做，直到阿曼达玩腻了秋千。"

• 要坚持到底，保持前后一致，否则，4岁的孩子就会记住你不一致的言行，并以此反驳你。"可是，当我在公园里把阿曼达从秋千上推下来时，你说她已经荡了很久，该轮到我了。"

令人吃惊的问题

随着4岁的孩子花越来越多的时间待在其他孩子家里和外面，你会更有可能听到一些令人吃惊的问题或话语。这些都不是对抗行为，也不是指责或哗众取宠。要继续做一个"能回答问题的"父母，尊重地对待这种问题和话语：

• "你和妈咪要离婚吗？"
• "同性恋是什么意思？"
• "什么是法式接吻？"
• "内森的爸爸有外遇。外遇是什么？"
• "剖腹产是什么？"
• "我很高兴我还小，不用和别人做爱，所以，我不会得艾滋病。"

这些都是4岁孩子的原话。

4岁的孩子需要知道他可以告

诉你任何事情，问你任何问题。但是，4岁的孩子不需要，也没有理由为每个问题都得到一个准确而完整的答案。

有些问题需要解决一种潜在的、迫切的担忧："妈咪和我不会离婚。我想你是在担心，因为你听说内森的爸爸妈妈要离婚了。这让人很难过，但是，内森会没事的。并且你的爸爸和妈妈是不会离婚的。"

一些问题可以很简单地回答："剖腹产是医生帮助宝宝从妈妈肚子里出来的一种方法。"

在某些时候，有些问题会让你措手不及。当出现这种情形时，我强烈建议：无论你当时采取了什么其他做法，都要在随后回答孩子的问题。在你做出无论何种情绪爆发的反应之后，你都要花点时间冷静下来，并在之后向4岁的孩子做出解释。

要解释一下你为什么做出这种反应："对不起，我冲你喊叫了。我没想到你会问这种问题。这完全是一个成年人的问题。事实上，我需要想一想怎样对你这个年龄的孩子回答这个问题。我以后会告诉你答案。"但是，要给出一个具体的时间，并且说到做到。

如果你真的想不出能对4岁的孩子说得出口的诚实的回答，你可以说："嗯，我想了想这个问题，我认为这个问题的答案要等你长大一些再告诉你。但是，到你（上学前班、10岁、快要结婚、竞选公职——我是在开玩笑）的时候，我一定会全都告诉你。"

然后，要让4岁的孩子对这个问题的任何后果都放心，如果必要，也要让他对朋友的情况放心。"我们不知道内森爸爸的事情是不是真的。即便是真的，内森的爸爸仍然同样爱内森。而且，你的爸爸没有外遇。"

最后，要把你的期望告诉4岁的孩子。"我很高兴你把听到的事情告诉我，但是，我们一定不能告诉别人。那可能会让内森和他的爸爸妈妈感到伤心。让我们发誓我们不会告诉其他任何人。"如果你指的是不要告诉孩子的爸爸，就要明确地说出来。如果你打算告诉爸爸，也要说出来。

日常的发育

该部分包括对4岁的孩子常见如厕问题的讨论。学习使用便盆是一个通常在2岁左右开始的任务，对这个问题的讨论见第10章"2岁至3岁"。

里程碑

视 力

每个 4 岁的孩子在上学前班前都需要进行一次可靠的听力和视力检查。可以在孩子快到 5 岁时做这次检查。如果对于孩子的视力或听力不达标有任何担忧，就要立刻找一位专家进行检查。如果双眼的视力是 20/40[①]或更低，就需要带 4 岁的孩子去看眼科医生——一个眼科专家。到 5 岁时，孩子的视力应该达到 20/20。

如果 4 岁孩子的视力出现问题，他不会给你任何线索。他认为这是正常的。他根本不知道自己看到的世界应该是不同的。"我以前一直认为树就是一大团绿色的东西，"一个戴上矫正眼镜的 4 岁孩子告诉我，"树叶就是掉下来的小碎片。"

很多 4 岁的孩子会第一次接受色觉检查，一些认识各种颜色的男孩可能无法区分红色和绿色。这种色盲不会造成太大的麻烦，直到孩子试图考取飞行员执照或挑选领带。红绿色盲是一种性连锁隐性遗传疾病，男孩会从他们具有正常色觉的母亲那里遗传这种问题。然而，在极少数情况下，色觉的变化可能意味着真正的眼科疾病。

听 力

4 岁的孩子应该能够听到 15 分贝或更轻柔的所有音调的声音。20 分贝以上的声音需要仔细听才能听到。

就像受损的视力一样，4 岁的孩子也无法意识到自己的听力是否受损。他只会经常问"什么？"就像他经常兴致勃勃地问"为什么"一样。或者，他可能会被指责不听人说话或不听话。他可能会表现出烦躁、容易分心和过度活跃。他说话的声音可能会变得越来越大。

语 言

4 岁的孩子正处在一个极其情绪化的年龄，他们会兴趣盎然地讲述每件事情，我指的是他们头脑中的每件事情，这可能会让大人摸不着头脑。当 4 岁的孩子看到听自己说话的大人变得目光呆滞时，他们很可能会变得说话不流利，结结巴巴，并在话中夹杂很多"噢，呃，嗯"。这是正常的。但是，一个真正有语言流畅问题的 4 岁孩子则需要帮助。

---

① 20/40 意为正常视力在 40 英尺（约 6 米）能看清的视力表上的内容，你在 20 英尺能够看清，相应的，20/20 是指正常视力在 20 英尺能看清的视力表上的内容，你在 20 英尺能够看清。——译者注

与 3 岁的孩子一样，以下是正常的口吃：

- 不紧张，没有像抽搐一样的面部表情。
- 大多数时候，口吃出现在词的开头，而不是中间，重复或嗯啊声仅持续很短的时间。
- 口吃只是偶尔出现，每 10 句话中不超过 1 句，往往时有时无。当孩子兴奋、疲劳或学习新东西时尤其容易出现，或者是在听孩子说话的大人走神的时候。
- 持续时间不超过 3 个星期或 4 个星期。

大人可以通过耐心地等待 4 岁的孩子把话说完，不表现出焦急或担心，来给孩子提供帮助。让 4 岁的孩子慢慢说，或者想一想他要说的话，或者告诉 4 岁的孩子不要口吃，肯定会使他说话不流畅的问题更严重。最有帮助的办法，是给 4 岁的孩子创造一个能够轻松说话的环境，放慢大人自己的语速，减少压力，并对 4 岁的孩子要说的话给予友好的关注。他们可以问 4 岁的孩子一些容易回答的问题。

如果出现以下迹象，则表明 4 岁的孩子的语言流畅问题需要得到帮助：

- 表情紧张，眨眼，或是嘴唇紧绷，在努力说出一个词时目光看向一边。
- 出现时间很长（持续一秒）的口吃，并且经常如此——10 句话中超过 1 句。
- 大多数时候都口吃，而不只是在有情绪原因时才如此。
- 看上去很尴尬，或者说自己担心口吃，或者问大人自己为什么口吃。
- 问题持续 6 ~ 8 个星期。

与 3 岁孩子一样，出现这些迹象的 4 岁的孩子也需要向一位在这个问题上富有经验的优秀的语言治疗师寻求帮助。美国口吃基金会可以为父母们介绍这方面的专家。

运 动

在这一年中，4 岁的孩子会学会翻筋斗、单腿跳和荡秋千。有些 4 岁的孩子能学会跳绳，很多居住在天气好和有人行道的地方的 4 岁孩子，能学会骑不带辅助轮的两轮车，但是，这是一项运动方面的成就，也是一项文化方面的成就。

精细运动

3 岁的孩子画的从头部延伸出四

肢的小人儿，现在变成了一个有身体和四肢的小人儿，尽管他的手臂可能仍然是从头部延伸出来的。大多数孩子在快到5岁时都能写一些印刷体字母，能自己穿衣服（甚至能扣上衣服前面的纽扣）并熟练地使用包括刀和筷子在内的餐具，如果教他们使用的话。

认　知

4岁的孩子对于这个世界上什么是"正常的"已经有了牢固的观念，他们现在想要试验"正常"之外的其他可能。他们一天要问很多次"为什么"，并且能处理一些涉及未来的事情，比如"如果……怎么样？"、"如果……那么"以及"希望"。4岁的孩子开始拥有更加成熟的幽默感，并开始喜欢谜语和笑话。幻想和现实仍然会被混淆，但是，当4岁的孩子发现真相时，很可能会怨恨它。比如，魔术表演不会让4岁孩子像3岁孩子那样目瞪口呆，但是，在看上去好像你把自己的大拇指切下来的时候，向孩子澄清这只是一个魔术而不是真的，仍然是很重要的。恐怖电影在4岁的孩子看来是真实而富有魅力的，因此不推荐让他们看这种电影。4岁的孩子很可能会对允许或邀请他们看这类电影的人变得很生气。

睡　眠

大多数4岁的孩子会在夜里睡11～12个小时，白天不睡午觉。这并不意味着从来不睡午觉；任何4岁的孩子，或是40岁的大人，偶尔会需要睡个午觉。很多4岁的孩子仍然喜欢并且需要在快到中午时度过一段安静时光。

4岁孩子的晚间睡眠普遍会被怪物和噩梦拖延和干扰。这通常与白天的经历有关，在本章前面的部分有讨论。

4岁孩子良好睡眠的一个关键是运动量。很多父母在坐下来思考时，都会对4岁的孩子所做的能让他们出汗的有氧运动多么少感到震惊。一个上幼儿园的4岁孩子，在幼儿园游戏场上进行的游戏是受到老师监督和组织的，如果他不是走路去幼儿园，如果他喜欢幻想游戏和看书、看电视和玩电脑游戏，他的有氧运动量是很少的，必须将有氧运动作为一个优先考虑事项列入4岁孩子的日程。

最低的运动量应该是每个星期进行三次持续20分钟的让人出汗的运动，但是，这是为了保障心血管健康的运动量。要想得到良好的睡眠并感觉良好，4 岁的孩子应该每天至少进行 1 小时的锻炼。

生 长

在接下来的一年里，4 岁孩子的体重将再一次增长 1.8～2.3 千克，也就是每个月不到 0.2 千克，身高会增长 6～9 厘米。

当心肥胖

4 岁的孩子看起来已经完全是个小孩子了，没有了"婴儿肥"。他们没有了双下巴，没有了胳膊和大腿上的皱褶，腹部不再是圆滚滚的，足部有了弧线，而不再是扁平的。当他们坐着时，他们的肚子——如果有的话——极少会叠到大腿上。

要向你的儿科医生询问 4 岁孩子的百分位曲线，或者你自己计算——见第 3 篇第 18 章"胖还是不胖，我们来告诉你"。如果 4 岁孩子的身高体重百分位数值高于 75，或身体质量指数（BMI）百分位数值达到或高于 85，你就要做些侦查工作，看看你可以从哪里入手进行干预。

牙 齿

恒前牙已经完成了形成釉质的工作，因此确保这些对于美观十分重要的牙齿通过获取适量的钙（见下文的"营养"）和氟化物来得到保护，以避免出现蛀牙，仍然是十分重要的。氟化物不足无法保护牙齿不出现蛀牙，氟化物过多可能在牙齿上留下白色斑点。要向儿科医生或牙科医生征求关于氟化物补充剂的意见。不管 4 岁的孩子是通过氟化物补充剂还是通过含有氟化物的自来水来补充氟化物，都要确保他（或她）不会通过吞咽含有氟化物的牙膏而摄入数量不明的氟化物。要让孩子每次只使用一点牙膏。

很多 4 岁的孩子这时已经能学习使用牙线，而所有的 4 岁孩子都应该定期去看牙医，每年进行两次常规护理。

营养与进食

食 物

在这部分，我没有讨论"食物金字塔"。我从未见过一位父母爽快地接受它。食物金字塔的主要目的是提醒我们，孩子们在成长过程中只需要很少的甜食、糖和油腻的食物；他们需要一定量的粮食（谷物、淀粉和面包）；他们需要比美国人所习惯吃的更多的新鲜蔬菜和新鲜水果。

确实，在每顿饭、每次点心和每次喝饮料时都记住一点是极其重要

> **最有可能造成 4 岁的孩子超重的原因**
> - 每天看电视或视频加起来超过 1 小时的习惯。
> - 更喜欢安静的、非对抗性的、没有攻击性的活动，而不是喧闹的游戏场。
> - 没有一个玩耍的合适场所。
> - 每天喝奶超过 450 毫升。
> - 用果汁或碳酸饮料代替水。
> - 吃高热量的午餐，比如有奶酪、香肠、炸薯条等。
> - 大份量的食物，吃不必要的第二份和第三份食物。
> - 喜欢吃大量的油腻食物，比如通心粉和奶酪。

的。要记住，你正在与快餐、碳酸饮料、果汁、零食生产商以及他们的媒体同伙的强大力量做斗争！

需要记住的第二件重要的事情是每一份食物的量。当你给孩子吃片状的食物时，比如一片红肉或禽肉，每一份的量应该与孩子的手掌大小相同。当你给孩子吃块状食物时，份量应该与孩子的拳头大小一样。按照这样的标准，每顿饭要给孩子提供 3~4 种不同的食物。如果你记住这些营养指导原则、份量标准和对牛奶的需要，你的孩子就最有可能得到很好的营养。

对 4 岁孩子的指导原则与上一章 3 岁孩子的完全相同。但是，要当心，4 岁的孩子有更聪明的办法来获取他们喜爱的零食，例如，在幼儿园里与小朋友交换，或是悄悄地在橱柜和冰箱里找到它们。

洗　澡

4 岁的孩子仍然需要照管。3 岁孩子在洗澡时会无意中陷入麻烦，意外滑入水中，尝洗发液的味道，打开热水龙头而不知道会有烫伤的危险。4 岁的孩子更有可能因为违背自己的良好的判断以及无法忍受无聊而陷入麻烦。如果把水一直放满浴缸会怎么样？如果一点点洗发液能制造少量的泡泡，整瓶洗发液能制造多少泡泡？这个东西能放进我的鼻子吗？能放进我的阴道吗？能放进我的阴茎吗？

一份关于 5~14 岁患有尿路感染的 31 个男孩的报告表明，有 1/3 的男孩承认在发生感染前的几天里，他们曾经在洗澡时将水注入他们的尿道。他们用的是注射器、橡胶球、塑料瓶和手持式花洒。报告没有提到之前有发生性侵犯的任何可能性,但是,任何这种行为或企图都应该报告给儿科医生。

说到阴茎,大多数未做包皮环切术的4岁男孩的包皮这时都可以收缩了。要确保教给他们把包皮向后拉,清洁,冲洗,然后再把它拉回去。如果包皮没有被拉回去,就可能在他勃起时形成止血带一样的效果。这可能会成为一次真正的外科急诊,即便最好的情况也是一次可怕的经历。

不管是4岁的孩子自己还是其他任何人,都不应使用棉签清洁耳朵。即使你设法不弄伤耳膜,也会将耳垢(蜡状物)推到很深的地方,不清除耳垢就无法看到鼓膜。(在棉签盒上有一段警告文字,但没有人承认读过它。)

有一个大问题,与和异性的父母或兄弟姐妹一起淋浴或洗澡有关。很多令人尊敬的儿科权威专家建议在孩子5岁以后就不要再这样做。我个人觉得,如果你提出了这个问题,你就已经回答了它:有人对这种情形感到不舒服,因此最好不要再这样做。当然,如果在洗澡过程中出现任何与性欲有关的暗示,就应该终止一起洗澡的行为。在现代世界中学习关于性的知识已经足够令人困惑了,为什么还要添乱呢?

穿衣服

大多数4岁的孩子都能完全自己穿衣服了,但还不会系鞋带。(这没有关系,因为任何21岁以下的年轻人都不把系鞋带当成很酷的事情。)他们能扣好衣服前面的纽扣。

我对4岁的孩子穿衣服的建议如下:

要想减少与4岁的孩子在该穿哪件衣服上的争斗,你可以只在他的衣橱和抽屉里放适合于当前的活动和季节的服装,然后咬紧牙关,真的不要去管孩子选择怎么搭配。

4岁男孩不应该穿带拉链的裤子,因为拉链可能会夹到他们的阴茎。

当然,现在的大多数童装都是男女皆宜的,4岁的孩子喜欢穿衣打扮,常常不会考虑服装的性别问题。然而,有时候,当一个男孩强烈而持久地想要穿裙子,或者一个女孩拒绝穿裙子时,父母们会感到担忧。我对这些情形中的性别认同有些担忧。我还会对在很长一段时间里拒绝穿裙子之外的其他任何衣服的女孩感到担忧,如果裙子不适合她的活动,并且不是由她的文化强制要求的话。我会担心她对她的个人价值感到不安,担心她认为女性属性比一般人的属性更有价值。

就这些担忧与儿科医生进行讨论是值得的。

活 动

团队与规则可能会被强加到4岁孩子身上，但是，我不知道有任何早期儿童教育专家认为这是一个好主意。过早接触这个有组织的竞争的世界，可能会造成不良的副作用。它可能剥夺孩子自己发现这个世界上的各种规则的机会。让孩子们按照他们自己的方式，到大约7岁或8岁前，他们都喜欢自己制定规则，改变规则、放弃规则并寻找新的规则。连环漫画《卡尔文和霍布斯》中的"卡尔文球"就是一个极好的例子。

竞争还可能导致过早给孩子贴标签和孩子给自己贴标签。一个已经"知道"自己不善于踢足球的4岁的孩子会很痛苦，但是，一个"知道"自己在射门方面无人能及的孩子也同样如此。在以后的生活中，孩子们有足够的时间做这种自我定义。

而且，这还会导致父母无节制地强调团队精神和精英主义。当然，你不会这么做，我也不会这么做。但是，其他孩子的父母会这么做。你一定不希望你的4岁的孩子身处这样的环境，对吗？

玩 具

一个新的特殊的玩具问题会出现在4岁的时候。4岁的孩子看到电视广告中的一个玩具，就会要求得到它。他们会一遍又一遍地央求。有了坚持不懈、争吵和协商的新技能，4岁的孩子可能真的很让人烦。

该怎么办？

4岁的孩子还没有钱的概念，也不能理解关于电视广告如何利用儿童的抽象话语。下面是一位父母的解决方法。一天，马库斯看到了一个看起来很好玩的玩具，如果你在某个快餐厅吃一顿饭，就能得到它。马库斯的爸爸在被唠叨得无计可施后，忽然意识到他正面临着一个绝佳的机会。他与马库斯详细讨论了广告中的玩具。它有多大？它能做什么？哦，听起来很棒！然后，他带马库斯去了那家餐厅，给他买了快餐，让他得到了那个玩具。马库斯盯着玩具看了一会儿，摆弄了几下，然后又盯着看了一会儿。

最后，"它和电视上看起来不一样，"他难过地说，"他们骗人。"

这是一个伤心但必要的教训，有些人可能会觉得不应该这么早就给孩子这个教训。但是，这个教训是迟早会来到的。

另一个关于玩具的问题是安全问题。尤其是：

玩具枪：玩具枪有3个主要问题。

1. 枪（包括水枪）的玩法是你用它对准别人，扣动扳机，"打中"他们，杀死他们。无论如何，这对4岁的孩子来说都不是一种健康的活动。

2. 如果你允许4岁的孩子玩玩具枪，玩具枪可能会成为他们唯一愿意选择的玩具。玩耍是孩子的工作，而4岁的孩子需要更多样的经历，而不只是玩玩具枪。

3. 玩具枪可能是彩色的，以便警察不误击用玩具枪的人。但是，它们仍然是枪，有手柄、枪管和扳机。如果4岁的孩子见到了一把真枪，他就会毫不犹豫地把它当作是一个玩具。当然，不让4岁的孩子玩玩具枪也无法预防这种情况的发生，但是可能，仅仅是可能给4岁的孩子一个挽救生命的时机——停下来，去找一个大人。

但是，如果附近所有其他孩子都玩玩具枪呢？你可以和其他父母谈谈这个问题（他们可能与你有同感，但是由于太害怕或劳累而没有对此采取任何措施）。或者，你可以说："在我们家里和院子里不许玩枪。不要把枪带回家。"

当然，4岁的孩子（尤其是男孩）会用手边的任何东西创造出自己的枪：他们自己的食指、一根棍子、一根蜡笔，甚至（我见过）高端时尚的芭比娃娃，用她的头做手柄，隆起的胸部作扳机。但是，这是一时的冲动，当他们找到一个其他游戏时，会很容易将其放弃。

蹦床：美国儿科学会已经发布了一个建议不要使用蹦床的声明。这意味着所有的蹦床：放在后院的大型蹦床，有一个把手可以抓的迷你蹦床，家庭娱乐中心、体操项目和健身房里的蹦床。原因是容易造成脊椎受伤，即便是在有人看护的情况下，即便是在有教练指导的情况下。

全地形车：不适合于12岁以下的孩子，并且永远不要使用三轮全地形车。

自行车、滑板、滑板车以及所有会在21世纪出现的新型带轮子的时尚的东西：每次购买或作为礼物获得此类东西时都应该有——作为交通工具的配套装置——头盔和恰当的护垫。（除了我以外还有人拥有这样的童年照片吗：穿着滑冰鞋，屁股上裹着一个枕头？）

任天堂和其他视频游戏：它们能提高手眼协调能力，但是很多研究儿童的人都认为它们太容易让小孩子上瘾了。当屏幕上的互动能带来如此即时的回报时，孩子可能会更喜欢这些回报,而不是那些真实、复杂并且常常是困难的人与人之间的互动。

如厕问题

4岁的孩子可能会像3岁孩子一样喜欢拖延上厕所的时间。在一些家庭中,早晨的时间非常匆忙,以至于4岁的孩子不愿意去上厕所,因为a)他可能会错过一些事情,b)父母很疲惫,以至于孩子害怕如果没有他的陪伴和分散他们的注意力,他们就会吵架,或者c)每个人都要开始各自一天的生活,而4岁的孩子还没有充分享受父母的亲情。

• 要确保孩子的衣服容易穿脱。如果4岁的孩子不得不脱掉裙裤、紧身裤和短裤,或是吊袜带、带拉链的裤子和内裤,然后在上完厕所后再把它们穿回去,那么上厕所对于他们就会成为一种严酷的考验。

• 要避免带拉链的裤子。我看到过4岁的男孩和女孩在已经开始小便后习惯性地拉开拉链,并在他们还没有尿完时就把拉链拉上。更常出现的情况是,他们上完厕所后根本不拉上拉链。更糟的情况是:男孩子的阴茎被拉链夹住。

• 要让孩子排便的时间有规律、不受干扰并且愉快。通常,最好把排便时间安排在早餐后或上床睡觉前,因为此时大自然的召唤没有那么诱人。这10分钟左右的时间应该是放松的;没有匆忙上班的手忙脚乱的父母带来的嘈杂声或任何打扰。马桶应该是适合4岁的孩子使用的,有一个座椅,不会让他掉进去,有个地方可以放脚,不会使他的双脚悬空。你可以在旁边放一堆书,一盘磁带,甚至(苍天保佑)一部播放卡通片的电视(要确保没有人会用湿手触摸它或是把它弄得翻到浴缸里)。

• 你可以在旁边给孩子喊加油,帮助他擦屁股(4岁孩子的胳膊仍然不够长)并重新穿好衣服。

安全问题

4岁的孩子已经不太可能因食物或异物而造成窒息,或吃下有毒的东西,并且已经不像以前那样容易出现女佣的手肘问题。然而,有些风险增加了。

溺水仍然是一个主要问题,尤其在很多4岁的孩子熟悉了水性,而他们和他们的父母没有意识到他们还存在溺水危险的情况下。4岁的孩子能够翻过围栏进入游泳池或水塘。他们可能会"好心"地不吵醒打盹的父母,然后一头扎进游泳池或按摩浴缸。在水里玩很长时间后，他们可能会无意中吞咽下大量的水，由此造成的血液稀释会令他们反应迟钝，使他们更容易溺水。

烧烫伤现在更有可能是因为 4 岁的孩子在给父母帮忙时因为意外而造成的，而不是因为冲动地抓起某个东西造成的。

走失是 4 岁的孩子独有的一个小缺点，因为他们的独立性和自信正在变得越来越强。4 岁的孩子已经足够大，能接受一些明确的指示：

- 如果在一个商店里走失，要请一个在收银台工作的人帮忙。不要离开商店。
- 如果在户外走失，要抱住一棵树。不要离开这棵树，并要和它说话。会有人来找到你。
- 如果在机场或公共汽车终点站走失，要去找一个穿制服、戴胸牌的人。如果你找不到这样的人，就去找自动扶梯。（4 岁的孩子非常擅长寻找自动扶梯。）要待在自动扶梯旁边，不要走开，即便有人告诉你你的父母正在找你并且他们会把你带到父母那里去。（要确保寻找孩子的人知道你已经教给 4 岁的孩子这个原则。当他们在自动扶梯旁找到哭泣的孩子时，

可以通过广播呼叫你，而不是试图将孩子从自动扶梯旁带走。）

当心补铁药片。像 3 岁的孩子一样，4 岁孩子也可能把补铁药片误认为是糖果。摄入过量的铁可能有潜在的致命危险。

健康与疾病

本书的第 2 篇包括了这个年龄及更大年龄孩子的各种疾病：如何评估症状，如何判断孩子的病是否需要紧急就医，以及哪种家庭治疗方法可能是恰当的，还详细讨论了身体各个部位可能出现的问题。术语表按字母顺序列出了各种医学术语以及详细的描述。

可能出现的问题

与 3 岁孩子一样，4 岁的孩子在从深秋到早春的每个月至少患一次上呼吸道疾病，并非是不常见的。在这一年里，他们还可能至少感染一种常见的儿童疾病，例如疱疹性咽峡炎或手足口病，以及偶尔的肠胃不适。到 5 岁时，半数经济条件优越的孩子和 90% 经济条件较差的孩子都会感染一种会引起传染性单核细胞增多症的病

毒。大多数时候，这种病是非常轻微的、非特异性的，因此不会被诊断为"单核细胞增多症"。

然而，对4岁的孩子来说，最严重的症状是头疼和胃疼。大多数时候，它们都与身心的疲惫有关。4岁是一个非常令人疲惫的年龄：你总是在思考，并对其中的很多方面感到担忧。

但是，偶尔，这些问题可能成为真正的医学症状。第2篇的概述将帮助你决定何时应该给儿科医生打电话，或者带孩子去看医生。（你应该知道，患有链球菌性喉炎的4岁孩子通常会抱怨头疼与胃疼，而不是喉咙疼。）

在任何情况下，如果疾病的发作不是急性的，也不是最近出现的，你应该在去看医生或给医生打电话之前，写下关于头疼或胃疼症状的日志。它们是从何时开始的？出现的频率如何？持续多长时间？现在的频率和强度有所增强还是减弱？还是没变？它们是否在一天或一周中的特定时间出现？是否伴随有任何症状？头疼或胃疼是否影响孩子玩耍、上幼儿园或睡觉？做什么有助于缓解这些症状？如果孩子不告诉你，你能通过4岁孩子的外表或行为判断出他的症状吗？

腿疼是4岁孩子的另一个特点。这通常可能是与成长没有任何关系的所谓"生长痛"，是由于跳跃造成的肌腱疼痛。孩子常常会在夜里出现两条腿或一条腿的大腿、胫骨或小腿疼痛。疼痛不是出现在关节处。其位置是模糊的，不会有具体的疼痛点。孩子不会出现发烧、红肿、疼痛、肿胀、跛足或身体其他部位的任何症状。按摩能够缓解疼痛。在床上蹦跳会使疼痛加剧。

没错，这听起来像是由生长所造成的疼痛。即便如此，如果疼痛非常剧烈或持久，也要带孩子去看儿科医生。（如果不符合上述任何特点，可能根本就不是"成长痛"，必须立即让儿科医生给予关注。）

与3岁孩子相比，4岁的孩子更喜欢为疾病和治疗寻找一个详细的、认真的、以自我为中心的魔幻解释。4岁的孩子相信生病是对不良行为的一种惩罚，而必要的医疗或手术程序是有恶意企图的行为。他相信他的身体是完整的，失去任何东西（比如血液）都是永久性的，并且是无法替代的。他们认为如果现在某个地方感到疼，它就会一直疼下去。他们常常相信擦伤或刺伤能够愈合的唯一原因是上面贴了创可贴。

要想打破这些信念几乎是不可能的，但它需要你的友善、精力以及机智。

永远不要在 4 岁的孩子就医时逗他。我认识一个 4 岁的孩子,他的屁股上长了一个受感染的小疖子,需要进行处理。一个没经验的医生认为孩子非常恐惧,为了消除其恐惧而跟他开玩笑说:"我们不得不把这里和这里割掉。"并比划出一个凶残的截肢动作。结果,他花费了好大力气才把那个孩子从天花板上弄下来。

要预计到 4 岁孩子会担忧的事情。如果你确信今天不会打针,就告诉他"今天不打针"。如果你确信今天不必进行链球菌检测或细菌培养,就告诉他"如果你把嘴巴张大,医生就不用使用压舌板了"。"他用小毛巾(酒精棉)是擦他的听诊器,不是因为要给你打针"。要避免使用"血压"这个词,任何与"血"有关的词都会让 4 岁的孩子认为与打针有关。要告诉他包在他胳膊上的是很紧的袋子,是用来检查他的心脏肌肉有多强壮的。

在去医生诊室时,要给 4 岁的孩子穿可以被卷起而不用脱下的宽松的单层衣服。

如果 4 岁的孩子不得不做血液检测或打针,你最好在抽血或打针前向他简单解释一下。父母对 4 岁的孩子最有帮助的做法,是向他表达支持,而不是表达太多的同情:"小伙子,我知道那很疼。没关系,你可以大喊一声。喔,管子里的血液看起来棒极了。非常健康。但是,只有一点点,就在这 1 分钟里,你的身体已经制造了更多的血液。"

这比充满同情的呻吟声和怜悯的感叹更能赋予孩子力量:"哦,可怜的贾斯汀,哦,真疼,哦,亲爱的,哦,我很难过。"(这往往还会使医务人员感到沮丧。)

你可以提到 4 岁孩子的魔幻思维。"我小时候曾经认为,我生病是因为表现不好。但事实并不是这样。是细菌使人生病。小孩生病是有好处的,这样他们的身体就能学会抵御细菌。这样,当你长大了去上学的时候,你就不会经常生病了。我很高兴你有一个这么强壮的身体来打败这些细菌。"

要预见到孩子可能有的错误想法。"我知道你的耳朵还是很疼,尽管医生已经给你检查过了。只有药物才能帮助你的耳朵感觉好一些。药物能帮助你的身体除掉这些细菌。"

越多让 4 岁的孩子参与吃药的事情,吃药就可能变得越容易。

眼药水、滴鼻剂或喷鼻剂:让 4 岁的孩子洗干净手,在他的一个干净的手指上滴一滴药水，让他用眼睛或鼻子接触药水，这样他就能知道它不会带来刺痛，以及它的味道是什么样的。让他感受一下喷剂或滴一滴药水在脸颊上，这样他就知道它是凉的。如果他仍然不愿意使用滴鼻剂，可以先在棉签上滴一滴药水或喷一些喷剂，让他擦一擦鼻腔内部，然后再使用喷剂或滴剂。

口服药物：如果你确信药的味道不错，包括留下的余味，可以在4岁孩子的手指上滴一滴药水，让他闻一闻，尝一尝。如果味道不好，问4岁的孩子是否愿意把它放进食物里（如果你的医生说可以这样做），或者问他是否愿意尝试一下大人的吃药方法——先喝一小口非常冰的水，然后吃药，然后再喝一口冰水。你可以用一种好吃的东西做演示，例如巧克力，让孩子知道冰水如何"让你尝不出味道"。

咀嚼片：看着孩子咀嚼，给他一口水喝，然后检查孩子的口腔。可能会有大量的药片仍然留在他的牙槽里。4岁的孩子有时候极其聪明：当我们在一个孩子的床褥和弹簧床垫之间找到一把粉色和黄色的咀嚼片的时候，才解开了他的耳部感染难以治愈之谜。

可吞咽的药片：对大多数4岁孩子来说，吃这种药片不是一个好主意。他们的吞咽协调能力还不是很成熟，如果他们在嘴里含着药片的时候受到惊吓，就可能把药片吸入气管。

常见的轻微疾病

因为长大而不再出现的感染

4岁的孩子已经患过几种常见的疾病，并对其产生了免疫力。即使4岁的孩子没有得过这几种病，并且你对此也没有任何记忆，事实可能依然如此：大多数此类疾病都会使很多孩子在不出现症状的情况下产生免疫力。这些疾病包括轮状病毒腹泻、细支气管炎，以及最重要的蔷薇疹。对于4岁的孩子来说，没有其他症状的高烧几乎从来不会是蔷薇疹（在小一些的孩子出现这种状况时，你会马上想到这种诊断）。

其他病毒

4岁的孩子仍然容易感染一些名称不为人熟悉的常见病毒，比如手足口病、疱疹性咽峡炎和口腔疱疹（见第2篇）。

格鲁布性喉头炎，会厌炎，吸入异物

在3岁以后，格鲁布性喉头炎就

不那么常见了，但是，一种非常严重而罕见的被称作"会厌炎"的疾病（见第 2 篇第 15 章的"呼吸道和肺"）开始变得更加常见，有时容易与格鲁布性喉头炎混淆。吸入异物是另一种可能出现的情况。如果一个 4 岁的孩子在吸气时发出声响，并且出现呼吸困难，就有可能患了格鲁布性喉头炎，但是，不能认为这就是问题的原因。

湿 疹

婴儿类型的湿疹到这时通常要么已经消失，要么转变成儿童类型的湿疹。这种湿疹也有可能是在 4 岁的孩子身上首次出现。它表现为腿湾处和手肘的褶皱处出现发痒的斑块，并且常常伴随着皮肤极度干燥。

哮 喘

对于 3 岁或 4 岁以下的孩子，喘息大多数时候是由于呼吸道病毒引起的，无论是真正有哮喘的孩子，还是只是因为感染而出现喘息的孩子。到这时，有哮喘的孩子可能开始在没有感染的情况下出现喘息。见第 2 篇的"呼吸困难"和第 3 篇的"过敏"。

晕 车

4 岁的孩子可能很容易出现晕车，尤其是当他试图在车上近距离地看东西以打发时间的情况下，比如看一本书或是玩连线游戏。

声带小结

当你的 4 岁孩子的声音变得像雾笛一样时，他可能只是患了喉炎。但是，如果嘶哑的声音持续超过一个星期，最多两个星期，就有可能是由于声带小结造成的。这是由于过度发声、喊叫、尖叫，假装自己是一个割草机、战斗机、大象，或是其他什么——很令你惊讶吧——而在声带上长出的东西。由于这些结节很少会化脓，也不会变得很大而导致孩子变成一个说话嗓音低哑的人，因此，大多数儿科医生会给 4 岁的孩子介绍一个小儿耳鼻喉科专家，并且常常在之后还会介绍一个语言治疗师。

常见的吓人但通常无害的问题

这些问题与 3 岁孩子的相同，在上一章中已有讨论：夜惊、高烧导致的谵语、女佣的手肘、阴道和肛门发红，以及流鼻血。当然，4 岁的孩子也有一个专属于他们的问题：虚惊（Whipperdills）。

虚惊（Whipperdills）

据我所知，Whipperdills 这个词是由梅琳达·威利特（Melinda Willett）新造的。我是她5个孩子的儿科医生。虚惊是一种离奇的、令人毛骨悚然的、最终无害的童年意外事件，在这种事件中，孩子没有受伤或仅受轻伤，但是，父母们却被吓得心脏都会停止跳动。4岁的孩子尤其容易出现虚惊，尤其是在涉及到双层床、自动车库门、游泳池和其他水域、大孩子的诸如滑板鞋之类带轮子的玩具，以及在奔跑时拿在手里或含在嘴里的尖锐物品的情况下。

小结：虚惊是一场潜在的悲剧，只是在回想时让人后怕。有些真的是可以避免的：例如，永远不要让4岁的孩子单独拿着车库门遥控器。

在孩子经历了一场虚惊之后，最好与他进行非常严肃而严厉的谈话，这种谈话至少要进行两次，之后还要进行简单的提醒。但是，不要当着孩子的面把这件事告诉其他人，无论你多么想这么做：4岁的孩子是一个热心的演员，他可能会违背自己的良好判断去重复这个精彩而独一无二的壮举，尽管没什么价值。

一个重复这种行为的4岁孩子，可能是在寻求比其他行为更多的关注和喝彩。

严重和具有潜在严重性的疾病与症状

关于发烧（病情紧急和严重与否不取决于发烧的温度，而更多地取决于发烧持续的时间和伴随的症状）、尿路感染和哮喘，对4岁的孩子的指导原则与3岁孩子的完全相同。请见上一章。

对于担心频繁地生病可能意味着孩子患白血病的父母们，请见第10章"2岁至3岁"中的同一小节。

4岁孩子的父母们的一个主要担心，是儿童性侵犯问题。4岁的孩子的性问题将在本章讨论，并有何时应对4岁孩子的行为感到担忧的指导原则。阴道、直肠和尿道问题在4岁的孩子身上很常见，并且通常并不意味着性侵犯。

轻微伤

异物进入眼睛

在我的印象中，这种情况在孩子4岁时开始变得更加常见，尽管我没有文献证明这一点。或许，这是因为4岁的孩子有了连续的病历。或许，这是因为4岁的孩子喜欢目不转睛地凝视，以至于在沙尘暴中忘记了眨眼。

或许，这可能是因为他们喜欢相互扔沙子。

当异物与化学制剂进入眼睛时，第一条原则是将孩子的眼睛撑开，用干净的凉水至少冲洗 5 分钟；如果是化学制剂进入眼睛，时间要延长到 15 分钟。要在你寻求帮助之前先进行这项工作。永远不要试图"中和"一种化学制剂，例如用小苏打水去冲洗溅入眼睛里的酸液。在化学制剂溅入眼睛之后，务必要给儿科医生打电话。

试图翻开 4 岁孩子的上眼睑寻找一个黏在眼睑内的异物是非常困难的，但却是能做到的。见第 2 篇。

即使你认为异物已经被冲洗出来，或者你已经用一块干净的叠起的手帕或棉签将它擦拭了出来，你仍然需要观察孩子是否有角膜擦伤的迹象。角膜是一层透明膜，就像一副天然的隐形眼镜，覆盖在虹膜和瞳孔之上。如果角膜被擦伤，会有剧烈的疼痛。孩子会不愿意睁眼，或者如果愿意睁眼，也会有流泪、眯眼和抱怨，尤其是在迎着光线的时候。任何这样的迹象都意味着要迅速让医生做检查。

如果眼部受伤与暴力有关（拳头、石头或球直接击中眼睛），就必须让孩子接受眼睛深处的受伤检查，比如眼前房出血（见术语表）或视网膜脱落。如果眼睛被任何尖锐物品刺伤，比如铅笔尖或荆棘等，即使只是刺伤了眼睛附近，也必须对孩子进行精心仔细的检查。这种刺伤即使看起来很轻微，也有可能导致那只受伤的眼睛以及那只好的眼睛视力受损。

严重受伤

真枪和危险的玩具

与 3 岁孩子相比，4 岁的孩子更容易在这方面遭遇致命的危险。向 4 岁孩子的朋友们的父母了解一下他们家里是否有武器，并问问这些武器是如何存放的，是完全恰当的。武器应该卸掉子弹，锁起来，弹药应该储存在一个单独上锁的地方。烟花爆竹也是如此。

如果 4 岁的孩子必须要有玩具枪，这些枪除了整体的形状之外在任何方面都不能与真枪相似。它们应该是明亮的颜色，看起来明显是玩具，这样才不会让任何人——警察、受惊吓的大人或是孩子自己——可能犯下一个错误。

飞镖、弓箭、弹弓、空气枪、气枪——我看到过 4 岁的孩子收到所有这些礼物。那些认为这些东西适合送给 4 岁孩子的大人，在心理与精神发育上是不健全的，应该给他们一封感谢信（由孩子的父母书写，并由还不能阅读的 4 岁的孩子签名），上面要写：

亲爱的布熙姑姑，

　　谢谢你的飞镖。它们非常好玩。但是，现在我所有的朋友都进了医院。我试着和妈咪一起玩，但是，她现在躺在地板上，不能玩了。因此请你再多送我一些飞镖，并且来和我一起玩。

　　　　　　　　爱你的侄女　莉兹

机会之窗

　　4 岁是为进入广阔的世界做准备的一年。为了做好相应的准备，4 岁的孩子需要了解一些关于性、安全和同龄人行为的复杂的基本知识。父母们还需要对学前班做一些具体的前瞻性评估，以确保孩子能适应那里的环境。所有这些都需要花费时间和精力。

4 岁孩子的性教育

　　4 岁的孩子对待性问题的态度会呈现很大的差异，有的很羞怯（"不！你不能看！"在儿科医生走过来时，4 岁的孩子紧紧地抓着自己的裤子，有时他甚至不肯脱下衬衫），有的喜欢出风头（阿曼达和温迪歇斯底里地笑着，互相掀起对方的裙子，露出了内裤）。

　　4 岁孩子对性游戏的心态发生了变化。现在它成了对禁忌的挑逗。3 岁孩子只是与一个朋友一起到自己的房间，甚至连门都不关，在有人进来时会吃惊但不会惊恐。而 4 岁的孩子会偷偷溜进卫生间，把门关上，在被发现时会很慌张。

　　与 3 岁孩子一样，4 岁的孩子也会触摸自己的生殖器，但是，通常都能被说服在私下进行这样的行为。4 岁的小女孩可能会对爸爸的生殖器官非常好奇，小男孩可能会对妈妈的感到好奇。小女孩可能想要对着镜子研究一下自己的生殖器。男孩和女孩都有可能对女性的月经用品感到非常好奇，但是他们可能不会公开询问。

　　如果你没有对 3 岁孩子进行很多的性教育，可以查阅上一章的相应内容。如果 3 岁孩子已经很好地掌握了性方面的基本知识，你可能希望继续进行更深入的解释。

好的触摸与坏的触摸

　　与 4 岁的孩子严肃地讨论陌生人、好的触摸与坏的触摸，或死亡的话题，会让他们感到害怕，甚至产生病态的恐惧。拿着一本关于这个话题的书与他们一起坐下来，也会让他们

> **当 4 岁的孩子问起月经的事情，或者盯着你看，或无意中看到时**
>
> 没错，这个叫作卫生棉条（或月经带）。它的上面的确有血，但是没有人受伤。这是一种特殊的血。
>
> 这些血是妈咪的子宫里产生的，那是一个可以让宝宝在里面成长的柔软的地方。
>
> 如果里面没有宝宝，每个月这些血就会流出来。这叫"月经"。然后，下个月，妈咪会制造更多的血液。
>
> 女孩：哦，当你到了 12 岁或 13 岁时，那是很长时间以后的事了，到时候我们会在你来月经之前再谈论这件事，以便你能完全了解是怎么回事。
>
> 来月经是一件私密的事情。我们不在外人面前谈论这件事，除了在医生那里。

感到不安，因为这可能是在微妙地告诉他们父母对这个话题的不适、恐惧或没有把握。此外，很多书中会使用 4 岁的孩子无法理解的比喻。比如，一本关于陌生人的童书中说，大多数陌生人都是好的，但是偶尔也会有一个"坏苹果"。这会让大多数 4 岁的孩子完全不知所措。

一种解决办法是制定几个合乎情理的规则，并用一种轻快而务实的语调说出来，然后在一些场合中通过实施进行简单的强化。关于触摸，有三个很好的规则：

• 你的身体属于你自己，包括你的私密部位。身体的私密部位是指那些被游泳衣覆盖的部位。触摸和玩弄这些私密部位可能很好玩，但是只能由这些私密部位的主人来触摸。当人们长大后，他们可以决定哪些其他人可以像这样触摸它们，但是必须等到他们长大以后。在涉及到正常的性游戏时，你要用温和的态度和孩子讨论这一规则。

• 对于私密部位或其他部位的任何触摸或观看，如果令 4 岁的孩子感到不舒服，都是不被允许的，不管触摸他的人是一个孩子还是一个成年人，一个朋友还是一个家庭成员。4 岁的孩子可以并且应该拒绝这种触摸，并立刻将这个问题告诉一个自己信任的人。

• 如果一个医生或医护人员不得不触摸或观看孩子的私密部位，这是可以的，但是，只是在父母告诉 4 岁的孩子可以这样做的时候。

将这些原则告诉4岁的孩子并在之后对其进行提醒的好时机，是在洗澡或上厕所的时候、在去看医生之前或在看医生的过程中，或者当你发现孩子正在触摸自己的生殖器或与朋友进行性游戏的时候。另一个与4岁的孩子讨论这个话题的好时机，是在去拜访"喜欢亲吻和拥抱"的朋友和亲戚之前。要提醒4岁的孩子，这些溺爱他的亲戚喜欢拥抱和亲吻。这通常不属于"坏的触摸"。但是，如果孩子真的排斥这样的接触，或许他（或她）能用握手、鞠躬、行屈膝礼和微笑来代替。如果4岁的孩子说这些行为确实感觉像"坏的触摸"，而不仅仅是可笑或令人不快的，你要相信孩子。要教给孩子其他亲切的问候方式，并且不要让4岁的孩子单独和那个亲戚或朋友在一起。

陌生人

关于这个话题，也最好用轻松而随意的态度与孩子进行零星的非正式交谈，而不是一次严肃的、事先计划好的讨论。4岁的孩子需要知道两件事情：

- 大多数人都是友好的、乐于助人的、有趣的和礼貌的。当你身边有自己信任的成年人时，你可以向陌生人微笑、表示礼貌、说你好、握手或"击掌"。

- 4岁的孩子永远不应该和任何人——陌生人、朋友或亲戚——去任何地方，除非一位父母当面明确地告诉他可以。

然后，要举一些例子。你和4岁的孩子在公园里与一位老人愉快地聊天。当你们离开后，你可以谈论刚才的愉快时光。但是，如果那个人邀请孩子跟他一起回家吃午饭该怎么办？不行。除非父母在场并且明确地表示同意。那么，如果那个刚刚称赞孩子很可爱的和蔼的年轻女士请孩子帮她寻找跑丢的小兔子怎么办？不行。孩子必须说妈妈或爸爸不允许他在不告诉他们的情况下离开。即使是去找小兔子也不行。即使是那位年轻女士说妈妈或爸爸已经同意了也不行。即使那位女士知道孩子的名字也不行。

如果你对于陌生人问题特别担心，可以请一两个值得信任的朋友"测试"一下4岁的孩子，让他们与孩子在玩耍时或在幼儿园相遇，并提出开车带他回家或是请他帮忙做一件事情。如果4岁的孩子遵守了你的原则，要对他大加赞扬和奖励。如果他接受了邀请,要让你的朋友提醒他这条原则,然后,再次就这条原则与他进行一次简短的谈话。

如果你担心一个已经分开的配偶或家庭成员绑架4岁的孩子,你需要明确告诉孩子,但不要让他感到害怕。"我希望你清楚这条规则也适用于爸爸(或妈妈或奶奶)。我们再来进行一次扮演游戏。你来扮演爸爸(或妈妈或奶奶),我来扮演你。你试图让我跟你走,我会向你演示该怎么说或怎么做。"

不要讨论有可能发生什么,或向孩子灌输关于绑架、折磨和虐待的可怕想象。只需把它作为一个规则。

如果媒体上报道了此类案例,尽量不要让4岁的孩子看到。如果孩子听到了这类消息,一定要让他知道这样的案件是很少发生的。要提醒4岁的孩子,这些规则要让他始终相信爸爸或妈妈要对他去哪里负责,直到他长大。它们并不代表一定会出现受伤害的危险。

不再是展示和触摸:性游戏何时是正常的,何时是令人担忧的?

与3岁孩子一样,性游戏对于4岁的孩子也是不可避免的。

但是,4岁的孩子将记号笔插入彼此的体孔是正常的吗?法式接吻呢?让芭比和自己的男友肯做爱呢?

一项大型研究对2~6岁和6~12岁儿童的不同性行为进行了研究[①]。接受研究的880个儿童居住在一个社区里,绝大部分(98%)都是白人,他们的父母都受过大学教育,年收入都在平均水平以上。

这些儿童都没有已知的受性侵害史,但是,由于只有一部分受到侵害的儿童会公开这样的历史,因此可能有少数儿童遭受过性侵害。

尽管人口统计资料使得这项研究的意义受到了相当的局限,但它揭示了关于小孩子不同性行为的有趣信息,并且标示出了一些值得担忧的方面。

有些行为是很普通的。大约一半的男孩和女孩都曾经在其他人面前脱掉衣服,在家里触摸过自己的性器官,挠过自己的胯部。大约1/3的男孩和接近一半的女孩触摸过或试图触摸自己母亲或其他女性的乳房。(没有小男孩,但是有大约8%的小女孩曾经将嘴放在妈妈的乳房上。)大约1/3的男孩和女孩曾经试图看他人脱衣服。

---

① Normative sexual Behavior, Freidrich, Pediatrics, 1991年9月。——作者注

此外，大约有 20% 的男孩和 15% 的女孩曾被看到用自己的手触摸生殖器，35% 的男孩和大约 20% 的女孩曾经当众触摸隐私部位。

但是，有一些行为只有少数孩子才会出现。在研究中，只有不超过 1% 的小孩子曾被自己的父母看到：

- 将嘴放到其他孩子或成年人的生殖器上。
- 请求进行性行为。
- 用一个物品自慰。
- 将某个物品插入或试图插入阴道或肛门。

不到 10% 的孩子曾被看到：

- 模仿性交。
- 发出性爱时的声音（喘息、沉重的呼吸）。
- 法式接吻。
- 试图强迫他人（孩子或大人）脱衣服。
- 请求看色情电视。
- 用洋娃娃模仿性行为。
- 谈论性行为。
- 触摸他人的性部位（有 8.9% 的小男孩这样做过）。
- 使用性词汇。
- 在图画中画出性部位。

这项研究表明，小孩子出现较为明显的性行为与家庭性行为的增多有关，比如在家中裸体，与成年人一起洗澡，观看有裸体成年人的图片或电视。

这项研究没有说一个有一种或多种不常见行为的孩子是行为不正常的，也不能这样说。然而，它的确指出："一个出现一些最为罕见行为的孩子似乎是不同寻常的。由儿科医生对其家庭环境进行的仔细评估得出的结论是，这个孩子非常有可能看到了成年人的性行为，而且，他的家庭可能有比一般家庭更大的不幸。"

这并不一定意味着这个孩子受到过性侵害。要确定这一点，可能还需要进行更加深入的研究。但是，研究报告的作者指出："对其他样本进行的初步研究似乎表明了这种可能性。"

一个 4 岁的孩子如果出现了一些罕见的行为，或者在几种情形中都出现了一种罕见行为，就应当向其儿科医生进行咨询。

另一个关于性游戏的问题与同性恋有关。

"罗布拒绝去幼儿园，"一位母亲告诉我，"他最好的朋友是一个名叫杰西卡的小女孩，他很喜欢和她一起玩，而另一个叫哈维的小男孩开始管他叫'娘娘腔'!"

在上述研究中,大约8%的小男孩和小女孩都曾说过自己希望拥有相反的性别。(在7~12岁的孩子中,只有1.9%的男孩和1.1%的女孩表达过这种愿望。)此外,16.9%的男孩和20.6%的女孩曾经假装成异性。53.9%的男孩玩过"女孩的"玩具,63.3%的女孩玩过"男孩的"玩具。

从罗布妈妈讲述的事情中,我们可以明显看出,即使是非常小的孩子也会感受到一些关于同性恋的社会焦虑。父母也会对此感到担忧。比起罗布与杰西卡一起玩这件事情,罗布的妈妈更担心的是哈维对他的嘲弄,这种担忧是恰当的。

在少数情况下,一个孩子会在穿衣、玩耍和将自己扮作异性方面表现出强烈、明确和不加隐瞒的偏好。由于这可能反映了与家庭关系相关的问题,因此,与儿科医生或其推荐的一位值得信任的心理咨询师进行讨论是恰当的。

为学前班做好准备

父母们为4岁的孩子做的最重要的一件事情,是充分考虑并决定如何做好上学前班的准备。

不要全神贯注于4岁,以至于你忘了他(或她)很快就要5岁了。在这一年,你越早开始提前考虑学前班的问题越好。如果你一直等到孩子5岁,就可能因为感到了压力,而做出仓促且未经充分考虑的决定。此外,根据学前班的不同,你可能需要在这一年中做一些准备工作。

最重要的是,即便是这时,你也许会明显感到你的4岁的孩子还没有准备好在5岁时和他的朋友一起上学前班。这反映的并不是4岁孩子的智力、性格或潜能。很多聪明、富有创造力、活泼的4岁孩子无法集中注意力,除非将一切分散注意力的东西全部移走;他们无法学东西,除非在告诉他们的同时展示给他们;而且,他们很难分享。如果这些品质到上学前班时还没有培养出来,4岁的孩子在学前班就会有一段时间过得很艰难。很多快5岁的孩子都处于这种状况,如果让他们延迟一年再上学前班,情况会好得多。

为上学前班做好准备的关键,在于确保孩子将那里视为一个愉快的地方,并且自己能在那里取得成功。除此以外,其他的都不重要。最后需要考虑的一点是:只为学前班做好提前打算是不够的。在很多学校,一年级才是真正的"入学"。一年级会有家庭作业、小圈子、群体游戏、竞争,以及在全班面前大声朗读。一些在学前班做得很好的孩子却没有为上一年级做好准备。因此，与4岁的孩子讨论一下，甚至当着他的面与其他成年人提到学前班通常会上两年并不是一个坏主意。如果孩子没有为上学做好准备，让他多上一年学前班会更好。

对学校进行考察

即使你没有办法在几所学校中进行选择，对于被指定的学校，也要搞清楚几件事情。

• 是否可以选择有不同能力和个性的老师所在的班级？如果一个老师明显比另一个老师更好，她明年肯定还在这个班级吗？或者，这位老师是否怀孕了并会休产假？

• 是否有按能力给学生分班的制度？哪种班是你最想要的，为什么？如果一个班在某一方面（最好的假期安排）令人满意，但在另一方面（父母参与较少）差强人意，你怎样做才能使它变得在各方面都令人满意？

• 与你的孩子同性别的孩子进入学前班的平均年龄是多大？是否所有的小男孩都更接近6岁而不是5岁？

• 游戏场上的情况如何？不要只看教室里的情况。是否全校的孩子都会在游戏场上玩"折磨小孩子"的游戏？学校是否会让孩子们组队玩游戏，并分出输赢？

• 卫生间是什么样的？如果它们很可怕，家长教师协会（PTA）为此做了什么？如果学校只在父母们到来时给他们展示一个干净的卫生间怎么办？（哦。学校很喜欢做这样的事情。）

• 他们说的对即将入学的孩子的期望是否与他们的真正期望不同？这可能出现两种情况。宣传手册上可能说孩子将在学前班学习所有的早期阅读技能，而等你到了学校却发现，除了你的孩子之外的每个孩子都会唱字母歌，并且会写自己的名字。或者，学校可能夸口说只招收"有天赋的"孩子，但实际上在孩子们入学时并不进行筛选测试，或者对此并不在乎，以至于贝基在上学的头3个月里无聊得要命，在"学习"三原色。

• 你怎么让孩子去学校？是否有校车，如果有，校车的环境是否文明？校车的路线相当安全，还是容易出现急转弯和洪水？家长教师协会（PTA）是否对校车上的安全带做了任何保障工作？如果没有校车，你可以和他人拼车接送吗？或者，虽然在目前这个时代和这个年龄还没听说过，但你是否会选择让孩子走路上学？如果是这样，是否有一个值得信任的大孩子能够充当保护使者？

• 如果有孩子尿裤子了怎么办？是否每个孩子都有一套替换的衣服？老师能否克制住不发怒？孩子是否会受到任何羞辱？

• 如果有孩子呕吐怎么办？学校里是否有护士？老师是否往往也会呕吐，然后迁怒于呕吐的孩子？

• 说到生病的问题，如果你的孩子生病了，不能去上学，你打算怎么办？或者，如果他在学校里生病，必须被送回家怎么办？发生这种情况时，如果没有提前想出一个好的解决办法，在外面工作的父母就会完全陷入困境。

要考虑4岁孩子自己

在这一年中，哪些事情会让4岁的孩子在学前班的生活更轻松一些？当然，4岁的孩子应该已经能够轻松地与妈妈和爸爸分离了。大多数4岁的孩子对此已经有了几年的经验。如果没有，这一年就需要练习。4岁的孩子需要练习轮流、分享以及迅速而愉快地执行指令。幼儿园和日托班的老师会让你知道4岁的孩子在这些方面做得如何。

4岁的孩子还需要掌握一些被允许的维护自己利益的方式。很多4岁的孩子需要得到鼓励，为自己挺身而出，而不是总是找老师、屈服或哼唧。那些能够做出榜样并直截了当地对维护自己的利益的表现做出回应的父母，对4岁的孩子是一种很大的帮助。学前班可能不会特别强调这个问题，除了鼓励孩子们在争吵时不要打人并要找老师之外。

不管父母们为了避免性别刻板印象付出多少努力，4岁的孩子的一个目标似乎就是寻求这种刻板印象，并将其付诸行动。

4岁的孩子需要学会在维护自己的利益时不攻击别人。打闹是一回事，欺负人是另一回事。如果父亲能做出文明行为的榜样，而母亲不允许任何人欺负自己，就会给孩子留下深刻的印象。

4岁的孩子是否需要在这一年中学习一些具体的东西，以便使接下来的一年变得更轻松呢？要想搞清楚这一点，最好的办法是与4岁孩子的幼儿园老师、日托保姆、即将进入的学前班的老师以及这所学校一些孩子的父母进行一次交谈。字母表？写自己的名字？数数？扔球？接球？踢球？是否要练习一下玩秋千、滑梯和攀登架？

4岁的孩子是否能自己上厕所，并且擦屁股、冲水和洗手？

4岁的孩子是否能不带着他的慰

> **一个非常重要的问题**
>
> 假设4岁的孩子在学前班做得不是很好，你认为他需要再上一年。这是被允许的吗？这是强制性的吗？在哪些情况下如此？由谁来决定？如果父母对这个建议持有不同意见怎么办？

藉物去上幼儿园？他即将上的学前班是否允许带慰藉物？

4岁的孩子是否与一个父母的特别美好或特别可怕的学前班或一年级的经历十分相似？如果是这样，他即将去的学校是否与其父母的学校很相似？如果是这样，孩子在这所学校的经历可能会与其父母的完全相同。

如果……怎么办？

开始日托或上幼儿园

开始日托的问题在第10章的"机会之窗"中进行了讨论。

与父母长时间的分离

带着孩子旅行

现在怀第二个孩子

关于这一年中以上三小节的内容在上一章"如果……怎么办？"部分进行了讨论。

新弟弟或妹妹的到来

对于很多家庭来说，等到第一个孩子4岁或更大时再生第二个孩子比更早要第二个孩子会更容易。4岁的孩子已经较为独立，并且能轻松地接受分离了。他的生活中有自己的各种重要和不重要的事情来吸引其目光，并使其有事可想。他能说出自己的感受，而不是用行动将其表达出来，他能做出富有逻辑的联系，并且具备了一定的自我控制能力。

父母们已经度过了紧张的头3年，得到了休息，他们的一个孩子念完大学之后另一个孩子才会开始念大学。（这里的好处不仅仅是经济上的。较小的孩子在念高中的过程中压力会小一些；较大的孩子可能成为一个好的或坏的榜样。）

但是，当4岁的孩子成为哥哥或姐姐时，需要考虑几个特殊的方面。

• 4岁的孩子对于生孩子这件事有着更加强烈而具体的恐惧。他们无意中听到过关于生产、大出血和一般性危险的对话。一个有患唐氏综合征的妹妹的4岁男孩，在他妈妈第三次怀孕期间一直很担心，并且能以一种专业的方式讨论羊膜穿刺术。

• 4岁的孩子通常对医院也感到害怕。他们可能相信（大部分是通过看电视）医院是急诊和快要死的人去的地方。

• 不管4岁的孩子接受了多么明确或经常的性教育，他可能仍然会有误解。不管是正常的阴道分娩还是剖腹产，对这两者的描述都可能招来他们怀疑的目光。

• 4岁的孩子仍然是非常以自我为中心的，但比3岁的孩子对"未来"有更多的理解。（很多3岁的孩子甚至不会使用将来时态。）4岁的孩子可能会提前很长时间就开始担心妈妈生孩子时他会待在哪里，宝宝会在哪里睡觉，以及他在新的家庭中会排在什么位置。

• 4岁的孩子总是喜欢问"为什么"，这可能会让父母很难应对。"你为什么要再生一个宝宝？为什么现在生宝宝？你为什么这么累？妈咪为什么呕吐？妈咪为什么不能和我玩？我们为什么不得不给宝宝买东西？我为什么不能和你一起去医院？"这会让父母不得不做一些辩解，你很容易发现自己被逼到一个充满内疚感的角落。

• 在扮演不好一个角色时，4岁的孩子会比3岁孩子更难过。3岁的孩子对于哥哥或姐姐的职责只有模糊的概念。4岁的孩子也是如此，但是，他们意识不到这一点。任何说话或批评都可能是灾难性的："特里，请你不要大声唱歌，你会吵醒宝宝的。"（这是对一个自己的歌声一直是全家人的骄傲的孩子说的。）在感到伤心时，4岁的孩子往往会愤怒。这会使情况变得更糟。

但是，所有这些问题都能被4岁孩子的两个优点弥补。

4岁的孩子刚开始意识到要和同龄人好好相处。新宝宝的到来真的是一个法宝。"我现在不得不挂掉电话了，"杰森对一个朋友说，"我得去给宝宝拍嗝。"

4岁的孩子能够记住一个经常讲给他听的故事，并在之后讲给自己听。父母们可以提前很长时间做的一件最有帮助的事情，是给4岁的孩子制作一系列"图画书"，并且经常和他一起"读"这些图画书。

一本图画书是关于妈咪去了医院之后会发生的事情。其中包括医院、一个房间和一张床、分娩以及抱着婴儿的照片。把 4 岁的孩子自己出生时的照片放在里面也很好。

另一本图画书是关于在这段时间发生在 4 岁的孩子身边的事情：从芝加哥来这里住一段时间的爷爷奶奶的照片，或邻居家 4 岁孩子的照片。然后，再放一些当父母忙着做其他事情时 4 岁的孩子可以参与的一些活动的照片：去上学前班，去公园。

再做一本令人兴奋的图画书，关于到医院去看新宝宝的，巧妙地提醒孩子要洗手、轻柔地触摸宝宝，以及不要在妈咪的肚子上蹦跳。

最后，有一本书是关于回家的，其中的图画包括新宝宝将在哪里睡觉，以及家里有了新宝宝之后的日常家庭活动。这些图画能够将新生儿平静的生活进行戏剧化的表现，以便 4 岁的孩子能提前明白一些事实，比如宝宝还不会笑、不会玩，更不用说和他一起到沙坑里玩了。

另外，还有一本备用的图画书是关于"如果我感冒了，不能立刻去看妈咪和新宝宝怎么办？"这本书要包括跟妈咪通电话，看新宝宝的照片，在沙发上看以前不让看的电视节目，以及一边喝柠檬水一边玩很多棋盘游戏。它的内容还包括妈妈和宝宝回到家，从走廊上向 4 岁的孩子挥手，经常听到宝宝的哭声，以及一个大团圆的结局。

在家制作这类图画书要比买图画书效果更好，不仅因为它们是个性化的，而且还因为 4 岁的孩子能帮忙制作。每一个步骤都可以当作一个有趣的问题来让 4 岁的孩子解决："妈咪在医院里会睡什么样的床？有一些床是可以升降的。一张好床能做什么？"书比视频更好，因为你可以思考书中的内容，将书页向回翻，并且指出图画的内容。书中的图片来源可以是快照、杂志上的照片和医院的宣传册。

4 岁的孩子还能够为自己所担忧的问题想出解决办法。一个想得到安慰的 4 岁的孩子被告知："我爱你，我也爱新宝宝。我对你的爱和新宝宝出生前是一样多的。"这似乎说中了她的心思，她插话道："你用粉色的爱来爱我，用蓝色的爱来爱宝宝詹娜。""没错，"机智的母亲立刻附和道，"我用粉色的爱来爱你，用蓝色的爱来爱宝宝詹娜。"

与弟弟妹妹相处

• 4 岁的孩子是否得到了足够多的与每一方父母单独相处的时间？

• 4 岁的孩子是否每天都拥有固定的与其同龄的孩子待在一起的令人满意、充满挑战并且有益的生活？

- 父母之间是否有争吵？

与 3 岁的孩子相比，4 岁的孩子通常能更好地与一个有攻击性的、不会说话的、总是获得大人关注的弟弟妹妹相处。然而，4 岁的孩子仍然不能安全地"临时照看"——提供娱乐和保护——任何人，甚至包括他自己。将一个婴儿单独留给一个 4 岁的孩子是一个错误，有可能会导致悲剧发生，哪怕 1 分钟也不行。"但是她告诉我她想要一粒花生。"当医护人员到来时，4 岁的孩子惊恐万分地大喊着说。

如果弟弟妹妹已经足够大（2 岁左右），能够和 4 岁的孩子一起玩，那么现在就到了将同胞战争和恶性竞争消灭于萌芽状态的时候了。见第 3 篇的"同胞战争"。

离婚与抚养权

关于共同监护和单独监护以及探望频率的讨论，见上一章相应小节的内容。

4 岁的孩子非常容易受家庭不和与离婚的影响。他们很难理解他们听到父母说出的（或喊出的）很多话，而且，还会感觉似乎不管发生什么事都是由于他们的过错。

4 岁的孩子承受的这些压力会使得他们变得难以相处：坏脾气，焦虑，黏人，怨恨，害怕，固执。这会使婚姻的任何压力变得更加严重，而 4 岁的孩子会以更加绝望的行为做出回应，这种恶性循环可能会朝着失控的方向发展。

你应该不惜一切代价让 4 岁的孩子远离暴力，包括令人痛苦的沉默的冷暴力。不幸的是，让 4 岁的孩子离开家去奶奶家住一段时间，可能会适得其反，因为 4 岁的孩子可能会担心当他不在家时，事情会变得不可收拾。他可能会把自己视作父母的黏合剂，以及修复他们的不幸的工程师。

几乎所有的 4 岁的孩子都会编造一个故事来向自己说明他的父母为何会离婚，而他自己是这个故事的主角。这是现在应该避免让孩子看一些最流行的视频的又一个原因，在这些视频里，父母的离开与孩子有关（见上一章的"电视、视频和电影"）。

同样普遍的行为是，4 岁的孩子会声称父母将会和好或是复婚。他们可能会对家人和朋友这样说。他们可能会问爸爸或妈妈"什么时候"回来，而不是"为什么不回来"。对于处于这种状况的 4 岁的孩子，接受正式的心理治疗并不是不正常的。因为 4 岁的孩子已经足够大，能构想一个情节，讲述一个故事，将自己的痛苦戏剧化，因此这样的治疗可能会非常有效。

对于面临父母离婚的 4 岁孩子，需要了解的一些事情包括：

• 4 岁的孩子很难理解时间的概念，频繁往返于父母之间产生的焦虑可能会让他们难以承受。"我不明白，"克里斯一遍又一遍地说，"我今天晚上和明天晚上在这里睡觉吗？还是我要和你在家里睡？"

• 一些幼儿园考虑不周。没有妈妈的孩子被要求制作一张母亲节贺卡，没有爸爸的孩子被要求制作父亲节的黏土碟子。

• 与 3 岁孩子一样，4 岁的孩子可能会发现直接从一方父母那里转移到另一方父母那里非常痛苦。如果交接孩子在中立的地方进行，通常能让孩子感觉好一些。

• 4 岁的孩子已足够成熟，会使父母想把他（或她）当作一个中间人或告密人。但对于 4 岁的孩子来说，不幸的是，他的成熟程度、讲故事的能力、记忆和复述对话的能力，以及判断成年人行为的能力，使得他非常害怕不得不担当这样的角色。这只会让 4 岁的孩子很有权力并且责任重大。这种感觉可能会如此令人难以承受，以至于会影响 4 岁孩子发展以是非观为依据的行为的努力。

• 4 岁的孩子很有可能会试图操纵父母，对妈妈说爸爸给他买了这个，或对爸爸说妈妈总是允许他这样做。你需要记住的是，4 岁的孩子真正想要的不是更多的礼物或更多的特权，而是让他自然而然地知道他不能掌控局面并且不能操纵拥有力量的父母。要对你自己说："这是一个试探。这只是一个试探。当 4 岁的孩子真正渴望某个东西时，他会想出一个比'妈妈让我这样做'或'爸爸给了我这个'更好的理由。"

• 由充满爱心的、不操纵人的亲戚和朋友组成一个大家庭，对 4 岁的孩子会有最大的帮助。他们应该了解 4 岁孩子的所有特点，以及如何处理"编造出来的"大团圆结局、操纵父母的企图、偶尔被要求当密探，以及到处宣扬父母的秘密的情况。

• 父母双方都需要以文明的方式向孩子强调"好的触摸"与"坏的触摸"以及陌生人的问题。对一方父母的骚扰和企图绑架儿童的指控是很常见的。如果离婚不是在友好的气氛中进行的，并且如果父母双方都同意为 4 岁的孩子找一个心理治疗师，这样一个人就应该尽早参与到离婚的过程中。这个心理治疗师应该在出现指控与反控时成为仲裁人。当敌对状态达到一定程度后，再让一位心理治疗师介入几乎是无效的，但是较早的介入能够为各方预防很多痛苦和毁灭性的影响。

• 要当心关于离婚的故事书。4岁的孩子会将书里的故事照搬进现实，他们会认为某一本书上发生的事情就是发生在他们身上的事情。要像躲避瘟疫一样避免那些有着父母又重新在一起的"幸福结局"的故事书。

• 当一方父母有了一个新的异性朋友时，在确定与其建立长期关系之前，最好不要让4岁的孩子知道他（或她）的存在。孩子如果看到妈妈或爸爸有很多不同的朋友，并用身体和语言表达爱意，可能会变得困惑、愤怒、憎恨和抑郁。

手术和住院

由于4岁的孩子仍然在巩固身体的意象，因此，如果可能的话，选择性的手术应该推迟一两年进行。但是，很多时候这是不可能的。尤其是对于4岁的孩子来说，经常需要进行生殖器区域的检查或手术并非是不寻常的：需要插入导管的膀胱和肾的X光检查、治疗疝气等。

通常，有帮助的做法是让4岁的孩子为此做好准备，用简单的话语向他们解释一下医生需要做什么，为什么要这么做，并在一个玩具娃娃身上演示一下手术的过程。你越能让4岁的孩子相信一项手术是正常的，他就会感到越从容。

明确地告诉4岁的孩子以下信息，会对他们有很大帮助：

• 伤疤会比普通的皮肤更坚固，而不是更脆弱，它不会裂开。

• 他的身体会不断地制造新的血液，当医生从他身体里取出一些血液时，他的身体甚至不会想念它们。你甚至可以说这些血液是特殊的血液，是他的身体制造出的额外的血液，目的就是让医生用来做检测的。

• 手术不会使他（或她）发生任何根本的变化，尤其是不会改变他（或她）的性别。

• 很多4岁的孩子必须到医院去做手术；并不只是他（或她）。你可以从图书馆找一本图画书来强调这一点。图书在这方面是很有用的，因为去医院和做手术带来的创伤是一种非常相似的体验，不管你住在哪里或家庭情况如何。这与诸如父母离婚的其他情况完全不同。

搬　家

由于4岁的孩子更有能力思考未

来并为其感到担忧，尽可能让他为搬家做好准备会对他有好处。新家和新社区的照片是很有帮助的；给孩子看新学校的照片，如何可能的话，还有老师和同学的照片，都是非常好的。学前班的老师和全班同学可能会有一个欢迎新同学的举动，要给他送去班级照片和孩子们的画，并写下他们的问题和话语。

离开老朋友与结交新朋友是同样困难的。4岁的孩子可能想要给一些特定的朋友一些预先写好地址和贴好邮票的信封。这样一来，他的老朋友的父母就可以把照片和写的信寄到他的新家。

在让4岁的孩子看关于搬家的书这个问题上要谨慎，因为他们可能认为（就像关于离婚的书一样）新家、新社区和新学校会和书上的完全相同。

在搬家的当天，要把4岁的孩子转移到其他地方，让其他人照管，这一点至关重要。4岁的孩子不仅感到自己已经非常成熟，能够掌控一切，而且他们会处于高度兴奋状态。4岁的孩子会在搬家日走失，爬上厢式货车被带走，从窗户和屋顶跌下去，割伤和烫伤自己，以及呕吐。

像往常一样，当你在搬家后安定下来时，要把热水器的温度下调到约49℃，并弄清当地自来水中的氟化物含量。

朋友、亲戚或宠物的死亡

请见上一章的讨论。3岁孩子与4岁孩子的唯一区别在于，4岁的孩子更能说出真实与假装的区别，对于死亡的恒久性有更多的理解，他们知道死去的人是不会复活的。

5岁孩子的健康检查

这是一次重要的检查，是进入学前班之前的检查，每个人对这次检查都是既期待又担心。5岁孩子（或快5岁的孩子）一定常常听到关于"5岁打针"的事情。父母们知道这次检查的部分内容是要讨论孩子是否准备好了上学前班。儿科医生知道，在这个时候将父母们引入正确方向有多么重要，不论是建议他们让孩子再等一年，还是鼓励去上学前班。

因此，这次检查会涉及到一些大问题。尽管每个儿科医生的风格各有不同，但我会给父母们提一些策略上的建议，以便使这次检查成为一次快乐的检查。

• 不要告诉5岁孩子这是一次进

入学前班前的检查。父母们可能很想这样告诉孩子，将其作为一个值得纪念的里程碑。但是，这样可能会适得其反。5 岁的孩子非常容易表现出焦虑，将这次检查套上这样的名头会让 5 岁孩子像 3 岁孩子一样躲到检查桌下面。即使他的反应没有这么强烈，也会剥夺这次检查中的一些乐趣。

- 如果你不确定 5 岁孩子是否做好了上学前班的准备，或者实际上你已经确定他还没有做好准备，不要当着他的面讨论这件事。要塞一张纸条给儿科医生，要一个电话号码，或是进行单独的拜访来讨论这个问题。如果你对可能影响到 5 岁孩子的自尊有任何顾虑——说话的清晰度，超重或体重过轻，身高过矮或过高，如厕问题——也应该用同样的办法处理。

- 如果 5 岁的孩子非常担心"学前班打针"，可以考虑进行一次单独的拜访，在健康检查之前或之后单独带他去打针，这样你就可以向孩子保证这次检查"不打针"。（要确保血液检测和肺结核检测也是单独进行的。）如果 5 岁孩子没有听说过这次打针，但是在去诊所的路上问你是否会打针，要回答他："我不知道。我们要看医生怎么说。"提前提出警告常常会适得其反，只会让孩子哭泣和念念不忘，而不是有所准备。

- 向你的儿科医生询问一下如何让你的 5 岁孩子为视力和听力检查做好准备。很多诊所会使用一张表，让孩子说出字母 E 的朝向。大多数 5 岁孩子都能做到这一点，但是，在家稍作练习也没有坏处。让 5 岁孩子为这些检查做好准备是个好主意，但是，不要把它们称作"测试"；5 岁孩子知道什么是测试——给出正确或错误的答案。你应该把它们称作"听力和视力游戏"。如果你的 5 岁孩子到中午时会明显疲倦和脾气暴躁，就应该尽可能把检查预约在上午。

大多数儿科医生在判断 5 岁孩子是否准备好上学前班时，会看他们是否满足以下几项，而不是看是否有某些特定的能力：

- 注意力持续的时间至少能达到 20 分钟。
- 能够并且愿意执行一个他喜爱的成年人的指令。
- 能够用可接受的方式获得并保持成年人的关注，而不是通过攻击、哼唧或固执的拒绝。
- 能够以令人愉快的方式与其他 5 岁孩子互动，有时作为领导者，有时作为跟随者；能够轮流，能够站出来维护自己的利益，不欺负人。5 岁孩子可以分享，但通常只会与他们喜欢的人分享。他们还不会把分享视为公平或公正（除非接受方是5岁的孩子自己，并且他们会感觉自己被遗漏了）。

如果5岁的孩子很好地掌握了这些能力，特定能力的有无通常并不会使学前班的生活变得更轻松或更艰难。然而，进入学前班的孩子能展现出以下成就：

• 智力：大多数孩子至少能认识数字1~10，各种颜色以及字母表。大多数孩子能复述一个刚听到的故事，包含故事的开头、中间和结尾。大多数孩子能条理清楚地叙述一段经历。

• 精细运动：大多数孩子能够用成年人的"三指"抓握方式捏住一支铅笔或蜡笔。大多数孩子能画一个圆圈、十字和正方形，而无须模仿其他人。大多数孩子能画出一个有身体和四肢的人，而不仅仅是一个脑袋和伸出的四肢。

• 大肌肉运动：大多数孩子能单脚跳，很多能双脚跳。在看过演示后，大多数孩子能够用从脚跟到脚尖的方式走路，就像在平衡木上那样。大多数孩子能骑三轮脚踏车、荡秋千、翻跟头。

• 自理：所有身体健康的孩子都能在白天保持裤子干爽，除了偶尔出现尿裤子或拉在裤子里的情况。大多数孩子能够挑选并自己穿衣服、洗手、刷牙。

• 礼仪：大多数孩子都能克制在公共场合的手淫行为，尽管偶尔也会触摸他们的生殖器。大多数孩子能够恰当地使用"对不起""请"和"谢谢"。少数孩子知道不对其他人的差异性进行评论，例如残疾，或是不盯着他们看。

每个5岁的孩子都会在打预防针和做血液检查时哭泣，常常在开始前就会哭泣。即使是那些从高处跌下来、擦伤膝盖、被蜜蜂叮咬后都不会看一眼伤口的5岁孩子，在被一个他认识、信任甚至喜爱的人带来打针而疼痛时，会表现得很反常，不管打针的理由多么有说服力。这也是一件好事。

展　望

4岁的孩子开始形成是非观，而5岁的孩子会带着一个已经构建好的是非观进入学前班。这是一种非常特殊的是非观。比如，5岁孩子能够分享，但他们这样做通常是因为分享能够带来回报，而不是因为这是"正确的"。5岁孩子想要与人分享时就会认为分享是件好事，他们通常只与朋友分享，尤其是那些同性别的朋友。分享是一种社会行为，不是一个道德规则。

4岁的孩子已经开始评判自己的行为，并且刚刚开始能从其他人的角度看待自己的行为。但是，5岁的孩子会更进一步。5岁的孩子已经把自己视为一个"公众人物"，知道维护自己的形象。5岁孩子明白什么是娘娘腔、欺负人的孩子、疯子和胆小鬼。

4岁往往是一个顽固不化的年龄。面对所有新的挑战的5岁孩子往往更容易相处，更会倾听，而不是喋喋不休地说话，在犯错之后不太容易出现恐慌和发泄。5岁孩子开始更加明白假装与真实的区别。5岁的孩子能够小声说出一件他看到的令人尴尬的事情，而不是大喊着公开指出来。

最美好的是，你讲的笑话已经能逗笑5岁的孩子，而你也能明白他们讲的笑话有什么好笑之处，并和他一起放声大笑。

第 2 篇
疾病与受伤

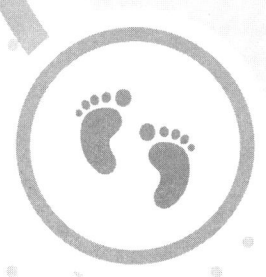

第2篇引言：当你的孩子生病时

对于我们大多数人来说，当一个婴儿或孩子出现生病的迹象时，会让我们感到极为惊讶。"他以前从来没发过烧！""她从来没有呕吐过！"

这种事情的突发性以及似乎总是发生在最不凑巧的时候，往往会把人吓得要死。

幸运的是，大多数儿童疾病都不严重。但是，它们会给人带来很多情感上的波动。父母们担心孩子的疾病预示着真正的危险。他们厌恶孩子生病带来的混乱，会因为生活受到干扰而感到恼怒，会因为自己做过或没做什么导致孩子生病而感到内疚，并且担心孩子的护理工作会令人痛苦、费时、带来不便，并花费很多金钱。

对于孩子们来说，生病可能是痛苦或不舒服的，并且常常会让他们感到害怕。如果孩子正处在努力掌控自己身体的年龄，呕吐和腹泻可能会让其感到丢脸。如果孩子已经足够大，正在形成道德意识，他可能会觉得生病是对其淘气或发脾气的一种惩罚。

作为医生，同时作为孩子的母亲，我曾经身处电话、检查台以及医院病床的两端，因此，我有一些我认为在孩子生病时对父母们有帮助的建议。

1. 要假装平静，即使你并不平静。

要记住，大多数吓人的行为都是一些不会有什么危害的疾病的症状。你的平静的行为对生病的孩子会是极大的安慰，并且在孩子病好后也会让你感到十分骄傲。而且，如果孩子的症状真的很严重，保持平静会增加你迅速得到帮助和执行重要指令的机会。

2. 要预料到你的孩子所处的年龄可能会出现的最吓人或令人厌恶的症状。要演练你将如何做出反应。

在遇到真正的紧急状况时，这尤

为重要，在这些时刻，你可能需要记住如何清理被堵塞的呼吸道，如何止血，或者甚至是如何做心肺复苏。但是，在遇到当时看上去相当可怕的儿童期的小危机时，这也很重要。

下面是我发现最有可能让父母和照料者感到恐慌的一些症状。我从电话中听到的这些描述会让你知道其中的原因。

"听上去像黑武士一样"的格鲁布式呼吸。

"像《驱魔人》里的琳达·布莱尔一样从鼻子向外喷"的呕吐。

腹泻："顺着他的腿往下流到沙发上，并且弄得我全身都是。"

夜惊："一直尖叫，目光穿透我的身体，就像《驱魔人》里的琳达·布莱尔一样。"

热惊厥："我以为他要死了。他看上去很可怕，就像《驱魔人》里的琳达·布莱尔一样。"

屏气发作："她尖叫着，然后身体变得瘫软，肤色发青，并且开始抽搐，就像《驱魔人》里的琳达·布莱尔一样。"

蛲虫："它们不断地进去又出来，进去又出来！"

肘关节半脱位或女佣的手肘："在我把她从猫旁边拽开时，我一定弄折了她的胳膊！"

我确信在以后的续集中——或许是《驱魔人Ⅶ》，琳达一定会出现腹泻、肘关节半脱位和蛲虫的症状。

无论如何，这都是一个很短的清单，只有8项。它没有涵盖儿童期所有真正令人担忧的症状，但列出的都是最常见的会让父母感到吃惊的症状。所有这些症状在本篇中都会讲到，并且在第1篇与年龄相应的各章中也有讨论。比如，热惊厥和格鲁布性喉头炎可能在孩子6个月或更大时开始出现，因此，它第一次被提到是在第6章"6个月至9个月"的"健康检查"小节。呕吐和腹泻可能出现在任何年龄。

在阅读中，要想象你的孩子出现了这样一种症状，以及你自己会做出的反应。要在你的头脑中练习。如果你尖叫着躲避呕吐物，你的学龄前孩子绝对会恐慌；如果你对腹泻表现出明显的惊骇，你的学步期孩子就可能把你的反应误认为是对其拉在了裤子里感到愤怒。而且，如果你的反应看上去就像是你孩子中了魔一样，他就会以这样的行为来回报你。

3. 要像儿科医生那样评估症状或问题。

• 这种发现、状况或行为是否正常？孩子与成年人是不同的。例如，呕吐物从鼻子和嘴里同时出来是否正常？孩子的呼吸应该完全规律吗？正常体温的最高值是多少？

• 这种症状本身此刻正使孩子面临危险吗？如果是这样，我应该对此采取什么措施？例如呼吸困难、腹泻造成脱水的威胁，或是无法止住的流鼻血。

• 这种症状是说明一个潜在严重问题的一种可能的迹象吗？如果是，我需要获得多么紧急的帮助？高烧、严重的头疼和肚子疼可能是不会造成危害的症状，但也有可能意味着严重的问题。

• 如果这种症状一直持续，即使不存在任何潜在的严重问题，它会使孩子面临危险吗？如果是这样，我如何才能阻止这种症状？持续的腹泻可能造成脱水；格鲁布式呼吸可能会让一个孩子筋疲力尽。

• 我能确定这种疾病，以便我能对其通常的病程和特点有所了解吗？我要担心将来还会发生这样的问题吗？我怎样才能以最有效的方式得到帮助？

本篇中的所有章节都是为了解答这些问题。

4. 对这个年龄的孩子会出现的正常的和预料中的疾病与受伤有一个大致的了解。

学龄前的孩子会感染很多疾病，并且会出现大量的磕碰伤和擦伤。提前了解一些诸如手足口病和传染性红斑这些会出疹的疾病是有好处的。当孩子咬到舌头或头皮被划伤时会流很多血，碰到头会出现鹅蛋大小的肿块，导致学步期的孩子一只胳膊不能活动的最常见原因是"女佣的手肘"，知道这些会让父母们感到安心。

5. 要尽量在手边准备正确的医疗用品。 当然，孩子的年龄不同，需要的医疗用品也不同。第1篇中描述过医药箱中的基本药品，以及如何对这些药品进行更新。那里还提供了预防不同年龄段孩子受伤的最新措施。

给儿科医生打电话

如果你在等医生给你回电话，就要关掉电话答录机。不要让2岁孩子接电话。如果你要外出并让你的儿科医生在答录机上留言，要检查一下你留下的录音。儿科医生每天会打30个以上的电话。如果答录机中的录音告诉我们拨打的号码是正确的，我们会非常感激，此外，如果录音能尽可能简短一些，我们会更加感激。

要准备好一支铅笔和一张纸。我的一个同事说，上帝用闪电在石碑上刻下"十诫"，是因为摩西到山上来时没有带铅笔和纸让他太生气了。

尽量让你的话有条理，并且要简

洁。在夜里打电话时这一点尤其重要。当我听到父母们以下面这样的话开始时，我的心就会为之一沉："他今天早晨7点钟醒来，我给他吃了一点燕麦粥，喝了一些苹果汁，然后他坐在家庭活动室的沙发上看卡通片。然后，电话响了，就在我接电话的时候，他走过来说他的耳朵感觉不对劲，但我不相信他说的话，因为我认为他只是在试图获得我的关注，于是……"

你真正要说的是：

- 此刻的主要症状是什么？
- 你能给出什么客观的描述？体温、肤色、活跃程度和反应能力，呕吐物或粪便的颜色，皮疹的分布情况，等等。
- 孩子在什么时候第一次出现生病的迹象，之后他的情况发生了怎样的变化？
- 你已经采取了哪些措施：改变饮食，服用药物，去过急诊室或看过另一个医生？
- 你内心有什么担忧？（例如，如果你暗自担心你3岁孩子的头疼是由于他在6个月大时从婴儿车上跌下来造成的，就要告诉医生。你始终可以用这样的话来开场："我知道这听上去有点儿神经质，但是……"但是，一定要坦诚地说出你的担忧。
- 如果你从其他人那里得到的建议与医生说的不一致，就要问医生。疏远孩子的祖父母或将孩子置于危险中是没有意义的。
- 孩子现在在做什么？他在尖叫并痛得打滚吗？面色苍白并抽泣呜咽吗？坚持要吃金枪鱼三明治和根汁汽水吗？和朋友们一起去动物园了吗？

尽量不要因为在下班后因非紧急情况给儿科医生打电话而破坏你们的关系。除了极少数例外，你在夜里打电话会把你的儿科医生从睡梦中惊醒。只有极少数的儿科医生是拿了薪水值夜班和等待电话的。大多数下班后的电话都不是真正的紧急情况。然而，不管电话在何时响起，儿科医生的职责还是会使他强打起精神接听你的电话，因为这有可能是一种真正会危及生命的状况。

因此，当你在非工作时间因为一个不是刚刚出现的、可能并非紧急的情况给儿科医生打电话时，你应该解释一下为什么没有早点儿打来电话。或者，如果你因为某个明显不紧急，但却让你感到担心和恼怒的情况打来电话，你应该向医生道歉，并解释你感到多么的不安，以及你为什么会在半夜、圣诞节的早晨或者其他什么时间打来电话。（即便医生不过圣诞节。

但这毕竟是一个法定假日。）

这并非只是出于礼貌的原因；而是这会让一个刚刚醒来的慌里慌张的儿科医生集中注意力。

想象一下：现在是半夜2点，你筋疲力尽但满心忧虑地睡着了，因为你知道有一个怀了双胞胎的女士早产了。这时，电话响了，你接起电话，电话那头的人说："你好。我是史密斯先生。杰森在这3天里一直呕吐，他刚才又吐了。"长时间的沉默。

好一些的场景是："我是史密斯先生。对在这个极不合适的时间给你打电话，我感到非常抱歉，但我妻子已经快疯了，她太担心杰森了。他2岁了，最近几天，他反复呕吐，情况并不是很严重，但是现在他的脸色白的可怕，并且他即使在呕吐之后也说自己肚子疼。我们担心他可能得了阑尾炎或是其他疾病。我们本应该等到早晨再打电话，但这种疼痛和脸色苍白的情况是刚刚出现的。"

或者，更好的场景是："我是史密斯先生。对于在这个极不合适的时间给你打电话我感到非常抱歉，尤其是因为杰森可能并没有出现任何真正严重的问题，尤其是因为我们原本应该早点儿打来电话。但是，最近几天他一直反复呕吐，而且到了晚上就会变得更严重，而且我妻子刚刚想起有种叫'瑞氏综合征'的病，我想如果我们不从你这里得到一些建议，她就会急匆匆地带着杰森去看急诊。"

另一个建议：让主要负责照料孩子的一方父母和医生通话，并且尽量在一个没有哭闹的婴儿、兄弟姐妹、祖父母、鹦鹉或其他什么东西的房间里打电话，以便医生能听清楚你说的话。

如果你的孩子有一个特别的问题或状况，要立刻告诉医生。如果医生似乎没有明白你在说什么，要继续再说一遍。如果乔丹吃过一种用于预防惊厥的药物，或者莫妮卡摘除了脾脏，或者彼得正在进行低流量吸氧并配备监控器，要把这些情况告诉医生，即便这个医生从乔丹或莫妮卡或彼得一出生就认识他们，尤其是在与你通话的人是这个医生的同事的情况下。

当然，我认为父母们永远不会无聊地在半夜打电话，只是因为他们知道能立刻与儿科医生通话。而且，我同样认为，父母们永远不会仅仅因为他们此刻无法再忍受一种已经出现了好几天的行为（鼻塞、总是在凌晨2点醒来、发痒的皮疹）而在凌晨给医生打电话。

最后，当你收到就诊或其他服务的收费单时，要记住你支付的费用涵盖了儿科医生和他的同事在夜里和在节假日接听电话的费用,他们愿意并且能够回应这些电话咨询。不要误会我的意思。我的一些最温暖的记忆,就是在凌晨时分与孩子的父母就一些非紧急状况进行的对话。这些对话让我感到温暖的部分原因,是这个父母意识到,并且让我知道,在这样的时刻打电话会给我增加负担,但对他来说是必要的,并且会给孩子带来真正的好处。

第 2 篇序言：疾病与受伤

接下来的内容将讨论儿科医生在 2 个月～5 岁的孩子身上看到的各种最常见的症状。

这些内容旨在帮助父母们判断三件事情：

1. 要在什么时间以及多么紧急的情况下给儿科医生打电话
2. 要对儿科医生说些什么
3. 在去看医生之前，或者不去看医生，要怎样照料孩子

要记住：这些是我们遇到的最常见的症状。你的孩子可能会出现一些在此没有讨论的症状：例如持续打嗝；或是走路时小腿疼，而跑步时却不疼；或是大拇指发出咔嗒声。

当然，在这种情况下，或者，如果你在查阅了本书之后仍然搞不清状况，就要去问你的儿科医生。

一个特别的警告：关于心肺复苏术的指导包括在"吓人的行为"中，但是，除非你已经参加过心肺复苏术的培训课程，并且查看书中的这些内容只是为了唤起你的记忆，否则就不会有用。不要把它们当作是建议，它们仅仅是一些提醒。

第 13 章讨论了需要立即做决定和采取行动的吓人的行为，包括：行为、外表或气味异常，窒息，呼吸困难，抽搐，惊厥，痉挛，过敏性反应，屏气发作，脱水，发烧，夜啼和夜惊（包括蛲虫）。

第 14 章讨论了对常见小危机的急救方法，包括：头部磕碰，颈部受伤，眼睛受伤（异物进入眼睛），鼻子受伤，流鼻血，异物进入鼻腔，口腔和牙齿受伤，胳膊和手受伤，腿和脚受伤，割伤和出血，烫伤和擦伤，人和动物咬伤，中毒和误食，昆虫叮咬。

第 15 章按照从上向下的顺序讨

论了身体各部位可能出现的医学症状，包括：头部，颈部，眼睛和眼睑，耳朵，鼻子，口腔，舌头，咽喉和声带，呼吸道和肺，腹部与肠道（包括呕吐、腹泻和便秘），生殖器，排尿问题，皮肤，臀部，腿和脚，以及"气味异常"。

第16章讨论了各种不同的疾病，一些是有着不熟悉名称的常见疾病，一些是有着熟悉名称的不常见疾病。

第一类疾病包括：鹅口疮，口腔疱疹，手足口病，链球菌性喉炎和猩红热，病毒性喉炎，传染性单核细胞增多症，疱疹性咽峡炎，传染性红斑，多形性红斑，幼儿急疹（蔷薇疹），细支气管炎，轮状病毒腹泻，病毒性腹泻，蓝氏贾第鞭毛虫。第二类疾病包括：麻疹、流行性腮腺炎、德国麻疹（风疹），以及水痘。

第13章

吓人的行为

行为不对劲

如果你的孩子还不到4个月,请参考具体年龄相关的章节。

在与你的婴儿、学步期的孩子或学龄前的孩子在一起的每一刻,你对他是否"正常"都会有一个总体印象。当他不"正常"时,你也会有一种直觉告诉自己是真的感到担忧,还是不担忧。我说的不是某种具体症状的出现或没出现,而是你的孩子的行为是否"像他自己",尽管,比如他在咳嗽、发烧或腹泻。

这是一种重要的印象。你应该信任它。如果你对你的孩子有一种不安的感觉,但不能确切地指出哪里不对劲,就要花点时间搞清楚你的担忧是什么。他无精打采吗?烦躁不安吗?看上去呆滞吗?

这包括两种情况:行为"正常"的疾病,例如由感冒或病毒引起的发烧和疼痛;以及行为可怕的疾病,这可能意味着一种潜在的严重疾病。婴儿的年龄越小,就越难分清行为正常的疾病和行为可怕的疾病之间的区别。这意味着,宝宝的年龄越小——尤其是不到1岁的婴儿——你就需要越快地为那些让你担忧的迹象得到建议。

行为"正常"的疾病

当然,行为"正常"的疾病也会让孩子有生病的表现。

- 他的食欲减弱。他可能会有一两天完全拒绝食物,尽管会正常摄入液体。

- 当他的体温升高时,他会面色发红,呼吸和心率加快。在发烧期间,他可能会在呼吸时发出一点呼噜声,但在退烧后,这种呼噜声会消失,他的呼吸会变得平稳。

- 他需要额外的小睡。

- 没有什么事情能真正让他高兴。他脾气很暴躁,并且真的让人很烦恼。他很挑剔，语气中充满抱怨和恼怒。他的玩具只能取悦他一小会儿，然后，他就会对它们感到恼怒或厌烦。

这都不是什么乐事，但听上去都不像是有严重的疾病。

行为可怕的疾病

一个有这种疾病的孩子，会看上去好像他把全部精力都用在了疾病上，或者完全受到疾病的摆布。他的精力之源全部被耗尽了。

这样的孩子可能会勉强挤出一丝微笑，似乎是在尽力迎合大人，但是，他没有其他与人交往的行为。他不会咯咯笑或大笑，不会伸手去够玩具，或试图得到它；他只是躺在那里，眼神警觉而焦虑，或者对任何事物都完全不感兴趣。在疼痛时，他可能会呜咽，或发出尖声的哭叫；他不会用肺部和声带的全部力量大喊出来。

所以，如果你认为你的孩子出现了行为可怕的疾病，你就要立即得到帮助。如果你的孩子出现行为正常的疾病，但情况似乎正在恶化，你也要进行干预。但是，有时候很难说何时打紧急求助电话是恰当的。

如果你的超过1岁的孩子只是表现出一般的生病行为并且发烧，给他服用一剂对乙酰氨基酚或布洛芬是有帮助的，要等待1小时，看看他的活力和情绪是否有所好转。（当然，除非他看上去病得太重，无法进行这种测验。）你仍然应该给儿科医生打电话，但是，要将他退烧后感觉好了一些这个信息告诉医生。

但是，不要仅仅因为你的孩子不发烧就想当然地认为他没问题。

当你寻求帮助时

对孩子情况的描述不能只停留在"烦躁"或"无精打采"或"难以取悦"。说得要具体。"烦躁"或"无精打采"这样的词汇在医学上没有太大的意义，因为它们在很大程度上是因人而异的。（有一次，我不得不费力地把车从繁忙的车流中开出来，停在路边，回复关于一个"无精打采"的孩子的短信。当我问"他现在正在做什么"时，得到的回答是："他和他爸爸一起去动物园了。"）相反，要说你认为你的孩子出现了一种让你担忧的疾病的迹象，然后，要具体描述你看到的情况。

要说出你的担忧。例如：

- 行为：他玩耍情况如何？是断

> **在评估一个看上去很严重的情形时，要按照以下顺序去做**
>
> 1. 如果让孩子待在原地，会有进一步的危险吗？有发生交通事故的危险吗？触电危险？火警危险？如果是这样，你需要将他转移到其他地方。
>
> 2. 如果可能，在你对情况做进一步评估的同时要寻求帮助。如果任何人有手机，要拨打急救电话，同时执行下面的步骤。
>
> 3. 是否有脊椎损伤的可能——脖子或者背部？如果有这种可能，你需要在移动他时使其身体从头到脚保持一条直线；如果你需要实施心肺复苏术，一定要小心，不要移动他的脖子。
>
> 4. 他有自主呼吸吗？
>
> 5. 如果有自主呼吸，他的呼吸道畅通吗？他是否需要从口腔中清除呕吐物、牙齿或血液？
>
> 6. 如果他没有呼吸，要清除任何明显的阻塞物，并按照下面的说明实施心肺复苏术。
>
> 下面的说明无论怎样也不能代替心肺复苏术培训。要想有效地实施心肺复苏术，真正获得挽救生命的希望，你必须参加培训。心肺复苏术的方案会定期更新，并且有些建议可能会逐年变化。

断断续续的吗？要哄很久才玩一两分钟吗？根本不玩耍吗？

- 哭泣和表达烦恼：在疼痛时会使劲地大声哭，然后又玩耍吗？哭过之后静静地躺着不玩耍，直到再次开始哭吗？一直不停抽抽搭搭地哭吗？

- 外观：他是否面色苍白——如果是这样，他的嘴唇也发白吗？他的嘴巴周围发青吗？他的眼窝是否凹陷，或者，他的嘴唇发干吗？"他看上去都不像是我的宝宝了"，脱水很严重的婴儿的母亲们会这样说。

对于一些具体的担忧，比如呼吸困难或皮疹，见后面几章。

心肺复苏术（CPR）

任何一个照料孩子的成年人，都应该参加一个包括让婴儿和儿童复苏的心肺复苏术课程，并且每年要学习最新的内容。要想在你所在的地区找到一个这样的课程，可以联系美国心脏协会：877-AHA-4CPR，网址为：www.cpr-ecc.americanheart.org。

如果你以前没有实施过心肺复苏术，你应该在实施心肺复苏术一分钟后，暂时离开孩子去寻求帮助。如果你能抱着孩子，并且没有颈部或脊椎损伤的可能，要抱着他去打电话。在打完电话后，要继续实施心肺复苏术。不要停下来，要直到孩子开始自主呼吸或救援人员到来。

窒息，气管阻塞

- 如果孩子面色发红并且能自己发出声音，可以让他尽力自己将窒息物吐出来。不要拍他的背或让他头朝下。

- **如果孩子面色苍白或发青，并且（或者）呼吸道明显被完全阻塞：**

1岁以下的孩子

- 让宝宝趴在你的胳膊或腿上，头朝下。用手掌的跟部拍他肩胛骨之间的部位5次。

- 如果这种方法不管用，要将他仰面放在一个坚固的表面上。把你的两根手指并拢放在其胸骨下方。用力向脊椎方向快速按压胸骨5次。

- 如果他还是不能呼吸，要用手托住他的下巴，拇指放在他的舌头上。将他的嘴打开，寻找异物。如果你能够看到异物，要用你的小手指将它扫出来，从一侧扫向另一侧。不要把手

指伸进去试图把异物拽出来。

- 重复步骤一和步骤二，直到孩子开始呼吸，或者直到他的反应消失。如果是后者，在此时要开始实施心肺复苏。

- 如果异物被取出，但他仍然没有自主呼吸，要在等待救援人员的同时开始实施心肺复苏术。

1岁以上的孩子

- 不要拍后背，而要用海姆立克急救法。从后面抱住他。一只手攥成拳，大拇指朝上，放在他的胸骨下方。一定不要接触到胸骨或肋骨。用你的另一只手包住拳头。反复地用力挤压。要确保你的拳头位于中间位置，不会偏向一侧或另一侧。

- 如果这种方法不管用，要打开他的下巴，检查口腔内部，其方法与上面1岁以下婴儿的相同。如果你看到了异物，要用食指将其扫出。不要因为试图把东西拽出来而将其捅到更深的地方。

- 如果异物没有取出，并且孩子开始失去意识，要将他仰面放在地板上。开始实施心肺复苏（见下文）。

心肺复苏术：没有呼吸和（或者）没有脉搏

如果孩子没有呼吸，并且没有

反应：

- 将他仰面放在一个坚固的表面上。如果你认为他颈部可能受了伤，一定要小心，在移动时要保持头部和身体呈一条直线。

- 打开气道：一只手按住他的前额，另一只手托起他的下巴。如果你有任何理由怀疑孩子的颈部受了伤，就不要让他的头向后仰。

- 做两次人工呼吸。如果你能用嘴覆盖住他的鼻子和嘴，就这样做。如果不能，就将你的嘴盖在他的嘴上，同时捏住他的鼻孔。在这两种情况下，都要确保不漏气。用力吹气，使他的胸部鼓起来；对于一个年龄很小的婴儿来说，鼓起面颊吹气就能让其胸部鼓起来。对于学龄前的孩子，则需要更用力地吹气。

- 如果胸部仍然没有鼓起，就再进行一次上面介绍的解决"窒息"的步骤。打开气道。更加用力地吹气。

- 按照下面的说明开始胸外按压（"心脏按摩"）：

1 岁以下：

将 2 根或 3 根手指并拢放在胸骨下方。位于上方的手指应该处于乳头线下一指宽的地方。按压进 1～2.5 厘米。迅速按压，大约每分钟 100 次（大约每秒 2 次）。

1 岁以上：

将一只手的掌跟放在胸骨下面三分之一处。按压进 2.5～4 厘米。每分钟大约按压 80 次。

- 按照下面的方法做人工呼吸和胸外按压：

每按压 5 次，用前面介绍的"人工呼吸"方法做一次人工呼吸。如果有可能是异物窒息，每次做人工呼吸时都要检查其口腔，看是否能看到造成窒息的异物。如果能看到，要将其扫出。

要持续观察，以确保在做人工呼吸时能使其胸部鼓起。如果没鼓起，要进行"打开气道"步骤。保持持续观察。

如果孩子开始呼吸并恢复意识，他仍然需要立即做一次医学评估。

呼吸困难

基本要点

当你的孩子出现呼吸困难时，你首先要担心的不是这是由什么原因造成的——即便你知道孩子是被什么东西噎住了——而是孩子的情况有多严重。

这意味着你需要先看再听。看比听更能告诉你问题有多严重。

如果你需要急救护理,请随身携带这本书。如果你被告知怀疑是会厌炎,请立即阅读第15章"呼吸道和肺"中对此的讨论。

评　估

严重危机

行为:一个处于严重危机中的孩子会将全部力气都用在呼吸上。他可能会竭尽所能变换姿势:他可能需要坐起来,向前俯身,或是坐在那里向上扬起鼻子,就像是在"闻"空气一样。

或者,他可能会狂躁不安,"渴望"呼吸到空气。

他几乎不能看着你的眼睛或回答问题,除了怎样获得下一口呼吸之外,不会对任何事情感兴趣。

努力呼吸的迹象:严重的呼吸困难,意味着必须使用额外的肌肉来吸气和呼气。腹部肌肉、肋骨间的肌肉以及锁骨上方的肌肉会收缩和扩张。

颜色:他的舌头和嘴唇,及其周围的区域可能会发青,他的指甲也可能发青。他身体其余部位的皮肤可能是苍白或斑驳的,像大理石一样。

一个孩子如果出现了这些迹象中的任何一种,就需要立即就医,不管他的呼吸听上去是什么样。此时应该拨打急救电话,或者立即带孩子去急诊室,哪种方法更快就用哪种。如果你拨打急救电话,要告诉他们孩子出现了呼吸停止。要让孩子保持令他舒服的姿势,不要强迫他躺下。尽量不要因为自己失去控制而让孩子更加感到不安。

中度危机

行为:一个处于中度危机的孩子可能表现得焦躁不安或筋疲力尽,但会进行目光接触,并且能对一些事物产生短暂的兴趣。他甚至可能会微笑并伸手去够一个玩具,但是不要被这些表象欺骗;如果他拿到玩具后不玩,而是把它丢掉或者只是拿着它,他就有严重的问题。他也许能每次说出两三个词,但不能轻松地说出一个完整的句子。

努力呼吸的迹象:你可能会看到他的腹部肌肉和下部肋骨间的肌肉随着呼吸收缩和扩张,但是,你不应该看到锁骨上方的肌肉收缩和扩张。

颜色:他可能会看上去苍白。如果一个孩子的肤色正常,但是出现了中度危机的其他迹象，他仍然是有问题的。一个嘴唇和舌头发青或皮肤斑驳的孩子，是处于严重危机，而不是中度危机。

一个处于中度危机的孩子，可能会迅速恶化成严重危机。要立即给你的儿科医生打电话寻求指导，或者立即将孩子送到就近的急诊室。不要带孩子去儿科医生的诊室，除非儿科医生告诉你这样做。（或许，你的医生已经被叫到医院去了，或他的诊室因为节假日或开会而关门了。）不要浪费时间。要尽可能让孩子保持平静，并让他保持他觉得最舒服的姿势。

轻度危机

行为：一个处于轻度危机中的孩子能玩耍，在房子里四处活动，并跟你说话，但不如平时有精力。他不大可能惹麻烦或试探限制，他可能会黏人并且焦虑。

努力呼吸的迹象：一个处于轻度危机的孩子，可能会表现出比平时呼吸费力的迹象，他的腹部肌肉可能会收缩和扩张。但是，肋骨之间和锁骨上方的肌肉不会收缩和扩张。

颜色：他的舌头、嘴唇和甲床应该是粉色的，他不应该呈现斑驳、苍白或发青的肤色。

如果你的孩子只是处于轻度危机，你可以花些时间对情形做进一步的评估，除非你怀疑他被异物噎住了，或者吃了药品或有毒的东西。如果你有这种怀疑，孩子就需要立即得到帮助，即便他只是处于轻度危机。

关于对处于轻度危机的孩子的评估，见第15章"身体部位、身体功能及相关疾病"中的"呼吸道和肺"的讨论。

抽搐、惊厥和昏厥

基本要点

第一次看到自己孩子惊厥的父母，几乎总是会认为孩子就要死了。但是，惊厥在童年早期并不是不常见的，并且几乎所有的惊厥——不管看上去有多么吓人——都不会对孩子造成损伤，也不意味着孩子患了可怕或会致残的疾病。

如果你的孩子此刻出现了惊厥，他的嘴唇周围是发青的，会口吐白沫，他的身体会抽搐。他可能看上去不呼吸，或发出奇怪的喘息声。他的眼睛是睁开的，这可能会让你觉得他是清醒的，但其实不是；他的眼睛可能会向上或向一侧翻。他很可能会拉在裤子里或尿在裤子里，尽管他已经几个月或几年没有出现过这种情况了。

你无疑会吓得要死。要尽量保持平静，并阅读下面该怎么做的内容。

先处理，后评估

你应该这样做：

- 让他侧躺，这样，如果出现呕吐，也不会造成窒息。
- 看看你的手表，尽量估算一下惊厥已经持续了多长时间。当惊厥停止后，看一下持续了多长时间。
- 如果这是你的孩子第一次出现惊厥，或者，如果你认为这次惊厥与一次头部受伤有关，或者，如果你认为孩子可能吃了药物或有毒的东西，要立即拨打或请别人拨打急救电话。
- 如果你必须离开孩子去打电话，在惊厥持续超过3分钟时，你可以这样做。如果你不怀疑孩子的头部或颈部受了伤，要抱着孩子去寻求帮助。

大多数时候，当医务人员赶到时，惊厥应该已经停止或正在停止。你的孩子仍然需要由你的儿科医生或在急诊室对其做出评估。

如果在医务人员看到孩子时，惊厥仍在持续，他们可能会给他吸氧，并且可能会开始静脉注射药物以便使惊厥停止。

- 如果你不必给护理人员打电话，那么，在惊厥结束后，要立刻给你的儿科医生打电话。即便你的孩子以前出现过惊厥，即便他正在服用抗惊厥药物，也要给儿科医生打电话。

不要这样做：

- **不要为防止他咬到舌头而试图在他的嘴里放什么东西**，或让其他人这么做。你可能会弄断他的牙齿或造成他呕吐，而且他不会咬到自己的舌头。
- **不要给他洗冷水浴**，即便感觉他有些发热，甚至在他惊厥停止后也不要洗冷水浴。冷水浴可能会使他再次惊厥，而且不会让他退烧。
- **不要试图给他口服药物**，喝液体或吃食物，即便是在惊厥结束后。他可能会再次出现惊厥——尽管这种可能性并不大——并造成呕吐和窒息。

在惊厥结束后，孩子会四肢无力，并开始沉重地呼吸。他的肤色会恢复正常。他会沉沉地睡去，并且很难醒来。

如果是你带他去儿科医生那里或

去急诊室，要确保给他系上安全带。要尽量让其他人开车，你会浑身发抖，并且需要照料孩子。

评 估

惊厥是由于大脑中出现了混乱的电脉冲。这可能由各种原因引起：瘢痕组织、中毒（例如严重的铅中毒）、药物以及化学物质不平衡（例如过多的钠或过少的糖）。有时候，它们会突然出现，没有任何理由。在极少情况下，闪烁的灯光（比如任天堂游戏机，或是开车经过一排落日下的电线杆）都可能引发惊厥。

儿童期的大多数惊厥都与上面描述的相似。但是，也存在其他类型的惊厥：短暂丧失意识而不出现抽搐、出现奇怪的反复动作但不失去意识、神志恍惚、因短暂丧失意识而导致跌倒或脚步不稳。一种非常特殊而罕见的惊厥称作"婴儿痉挛症"，只出现在年龄很小的婴儿身上。它表现为头部、胳膊和身体的反复抽动，不会丧失意识，看上去就像孩子在鞠躬或行额手礼。这种发作，需要立刻让儿科医生进行评估。

6个月~5岁的孩子出现的大多数惊厥，是热惊厥或由屏气发作引发的惊厥。

热惊厥

在100个孩子中，大约有4个孩子至少会出现一次热惊厥。大多数时候，热惊厥出现在体温迅速上升的时候，通常，这是孩子生病的最初迹象，这对父母和照料者来说当然是一种糟糕的状况。幸运的是，大多数热惊厥持续的时间都不到10分钟，尽管这对焦急的大人来说显然是非常漫长的10分钟。

如果你的孩子出现了热惊厥，或是热性惊厥，你的儿科医生需要确定发烧是否是由某种危险的原因引起的，例如脑膜炎。有时候需要做实验室检测，有时候不需要。

如果诊断是由某种病毒感染或耳部感染引起的"单纯热性惊厥"，大多数儿科医生不会让孩子服用预防惊厥的药物。在出现过一次热性惊厥的孩子中，有一半会再次发作，但另一半不会。而且，由于这种惊厥是无害的，并且不会造成损伤，因此，给孩子服用有可能产生副作用的药物就显得没有必要了。

如果惊厥频繁出现，则称为癫痫。出现热性惊厥的孩子极少会发展成癫痫。而且，也没有任何理由认为热惊厥会造成癫痫。

如果你的孩子在出现惊厥时不发烧，他需要得到与那些在惊厥时发烧的孩子至少同样紧急的医疗和诊断。在大多数情况下，这种不发烧的惊厥意味着孩子的大脑中有一个能引发惊厥的"病灶"，并且可能需要药物来抑制这个放电的"病灶"。但是，这极少意味着孩子有一种需要迅速诊断和治疗的严重的潜在问题。

如果你阅读这部分内容是因为准备照料一个出现惊厥的孩子（你自己的孩子或任何一个孩子），要尝试在头脑中预演一下惊厥发作时的情景，想象一下你在这种情形下会做什么。如果你们是在户外公共场合怎么办？或者是在车里该怎么办？

对于任何一个出现惊厥的人来说，你能做的最好的事情是防止他伤害自己，在必要时寻求帮助，并且平静地陪在他身边，在他清醒后要镇定。出现惊厥的孩子和大人根本不会记得发生的事情，当他们发现自己曾如此失控时，可能会感到非常害怕和尴尬。陪伴他们的人的行为能极大地改善这种状况。

过敏性反应

基本要点

过敏性反应是一种爆发性的、非常可怕的变态反应。它极少出现——谢天谢地——但会危及生命。通常，它会在孩子接触了一种让其严重过敏的食物或药物，或被昆虫叮咬后突然出现。在童年时期，最常见的诱因是食物，尤其是花生和树坚果。

下面是过敏性反应的一些迹象：

• 嘴唇、眼睛和面部肿胀（可能会出现荨麻疹，但是，荨麻疹本身并不意味着过敏性反应）。

• 流口水，因为肿胀的喉咙致使孩子无法吞咽唾液。

• 呼吸困难，这是由上呼吸道肿胀（会发出格鲁布式的声音）或下呼吸道肿胀（会发出喘息声）造成的。

• 肤色异常——斑驳、苍白、灰白：休克的迹象（低血压）。

• 心跳加快：休克的另一种迹象。

• 孩子会恐惧、焦虑或反应迟钝。

评 估

如果一个孩子出现了上述任何一种突然而吓人的不可思议的症状，你就应当怀疑是过敏性反应。但是，你需要看一下整体的状况。如果一个孩子只是在流口水，就好像他太专注一件事情而忘记了咽口水，或者只是出现荨麻疹（可能是由多种儿童期病毒引起的一种常见但无害的症状），并不说明他出现了过敏性反应，而且不需要紧急关注。由于蚊子叮咬而造成眼部肿胀的孩子，也并非出现了过敏性反应。你需要寻找的是那些吓人的迹象：突然出现的面部肿胀或嘴唇肿胀、由于不能吞咽唾液而流口水、呼吸困难、休克的迹象。

如果一个孩子接触了一种你知道他对其严重过敏的物质，或者被昆虫叮咬，你必须警惕出现过敏性反应的可能性。在这种情况下，只是流口水或者只是出现荨麻疹，可能确实是过敏性反应的最初迹象。

治 疗

对于过敏性反应的挽救生命的治疗方法，是注射肾上腺素。任何出现过过敏性反应的人，都应当随身携带由医生开好的包括这种注射剂的急救包。对于不满5岁的孩子，儿科医生通常会开具一个称为"小儿肾上腺素注射剂"的急救包。它很容易注射，即使是透过衣服；你不需要先清洁皮肤。你不需要看到或操作注射器和针头。

有过敏史的孩子

• 如果你怀疑孩子出现了过敏性反应，不管你是否亲眼看到他接触了会引起过敏的食物、药物或昆虫，都要立即给他注射。然后，要拨打急救电话，或者立刻带他去急诊室，因为注射剂可能会在大约15分钟后失效，而过敏症状可能会重新出现。

• 如果你没有带肾上腺素注射急救包，要拨打急救电话，或者开车一路鸣笛并打着双闪去距离最近的急诊室。

• 如果你的急救包过期了，你仍然应该给孩子注射，因为它的药效可能足以持续到你到达急诊室或是医务人员到达。

没有过敏史的孩子

这是更为常见的情形。要立即拨打急救电话，或者直接去最近的急诊室。不要担心任何管理式医疗的影响；要立刻寻求帮助——不要先打电话寻求授权。当你到达急诊室时，如果小天使看上去很好，你就可以坐在候诊室里或停车场中给你的儿科医生打电话寻求指导或授权。

预 防

对昆虫叮咬的预防，见"急救"。

对食物或药物过敏，你需要采用最谨慎的措施来保障孩子的安全。这意味着对每个照料者都进行仔细的指导，从祖父母到日托班或幼儿园的老师，再到孩子朋友的父母：他们必须严格禁止你的孩子对会引起过敏的物质有任何接触。照料孩子的人必须准备好"小儿肾上腺素注射剂"急救包，并且知道在何时以及如何使用。这意味着父母需要用一个"训练"急救包进行手把手的演示，并且需要对照料者反复指导。

如果你们去旅行，应该随身携带3只小儿肾上腺素注射剂急救包。如果你需要使用注射剂，它可能会在你能到达一个安全地点前逐渐失效，因此你可能需要反复一次又一次地注射。不要将它放进飞机的托运行李中：它可能会被搁置在行李舱中，并且操作用的弹簧可能会被损坏。

在我看来，一个出现了真正的过敏性反应的孩子，应该至少看一次小儿过敏症专科医生，以强化相关的指导，并且在医生的帮助下确定应当避免的食物。更多的信息可以查阅一个很好的网站：www.foodallergies.com。

屏气发作

屏气发作可能在孩子6个月~6岁之间的任何时候出现，但是，大多数发生在12~18个月期间。在所有的孩子中，大约有5%会出现一次屏气发作。在屏气发作时，一件小事（例如一次斥责或跌倒）会触发无意识的呼吸暂停。孩子可能会大声呼喊，也可能不会；可能会面色发青或发白；可能会出现惊厥，也可能不会。像单纯的热惊厥一样，这些都是无害的。屏气发作有两种：

1. "我要憋住呼吸，直到脸色发青。"

面色发青或青紫的屏气发作，实际上在很大程度与愤怒和沮丧有关，但是，孩子并不是故意屏住呼吸的。这是无意识的。通常，他会大喊一声，然后深吸一口气并——憋住这口气。毫无疑问，在憋住呼吸半分钟后，他就会脸色发青。在这场小小的表演之后，他要么会继续尖叫，要么会四肢变得瘫软或变得僵硬，并且昏过去。然后，他可能会出现真正的惊厥。

2. "发生了很不好的事情，因此我决定昏倒。"

面色苍白的屏气发作，通常发生在孩子感到恐惧或受了轻微伤之后。我认识的一个孩子，在排队时被人推挤，在台阶上绊一下，或者听到一个人斥责她之后，都会习惯性地出现屏气发作。在这种发作中，孩子通常不会哭，或者只会尖叫几声。然后，她会四肢瘫软或变得僵硬，并昏过去，有时候，在最后会出现惊厥。再说一次，整个过程是无意识的。

如果你的孩子出现了这种发作，你有三件至关重要的事情要做：

1. 用脑电图、心电图或任何你和你的儿科医生认为你需要的东西，来让你自己确信孩子的大脑和心脏真的没有任何问题。很多时候，这样的检查并不是必需的，但是，如果你为了使自己安心而必须做这些检查，就要与你的儿科医生谈一谈。

2. 变成一名在遇到和处理昏迷与惊厥时能保持平静的专家。你会给你的孩子提供很大的帮助，并且还能博得英勇的名声。

3. 不要试图通过尽力确保孩子永远不感到生气、沮丧、恐惧或受轻伤来预防屏气发作。首先，这无疑是一种注定会培养野蛮人和殉道者的方法。其次，如果尝试过，你就会知道无法做到这一点，只有时间和反复的经历似乎才能帮助一个孩子摆脱这些屏气发作。如果你去迎合孩子，只会使这些发作存在的时间更长。

脱　水

基本要点

"我的孩子看上去都不像他自己了。"这是一个心中响起警钟的父母的描述。这意味着孩子真的生病了。有那么极少数的几次，我曾听到父母们这样说，在这些情况下，孩子都出现了严重的脱水，并且需要紧急的静脉补液。

幸运的是，大多数有脱水危险的孩子永远达不到生病的程度。脱水意味着体液的流失，通常是由于腹泻或是上吐下泻造成的。

轻度脱水会让一个孩子烦躁和口渴，严重脱水可能造成致命的休克。当出现脱水时，很多孩子体内会聚积酸性物质，这种酸中毒可能会让他们感到恶心，无法摄入更多液体，由此造成一个恶性循环。

除了流失体液，呕吐和腹泻的孩子还可能流失盐或电解质。这种流失本身就可能造成问题，尤其是严重的行为改变。

治疗酸中毒的办法是用糖，治疗电解质流失的办法是用盐，治疗体液流失的办法是用水。

因此，用来预防脱水或治疗轻度

脱水的任何补液中都必须包含糖、盐和水。但是，补液的类型也很重要。如果其成分没有保持正确的平衡，就可能破坏身体的化学平衡，并让孩子病得更重。

然而，在给孩子补充任何液体之前，要对其脱水的状况进行评估。

评 估

孩子的年龄越小，脱水的速度越快，情况就越严重。6个月以下的婴儿是有极高风险的，2岁以下的孩子是有高度风险的。

严重脱水

如果你的孩子出现以下任何一种迹象，就需要获得非常紧急的治疗。如果到达急诊室——或儿科医生的办公室，如果你的儿科医生明确告诉你去他那里的话——的时间需要超过10分钟，就要拨打急救电话。

- 口腔极度干燥（当你用手指触摸孩子的上腭时，感到发黏）
- 眼睛凹陷
- 皮肤斑驳，手脚冰凉
- 皮肤温暖而干燥，嘴唇呈樱桃红色，心率过快
- 强烈的烦躁不安，或者无精打采，或者失去方向感
- 尿量减少。你可能很难区分尿液和水样便，尤其是对包着尿布的孩子。因此，在评估严重脱水的情况时，上面的迹象更为重要。

轻度脱水

很多患有普通的单纯性腹泻的孩子都会出现轻度脱水，并且大多数孩子在补充了正确的液体后都能恢复得很好。见"身体部位、身体功能及相关疾病"中关于呕吐与腹泻的内容。轻度脱水的迹象是：

- 嘴唇发干但口腔湿润。一个经常流口水的婴儿会变得较少流口水，不是完全不流口水。如果你把（干净的）手指放进任何年龄孩子的口中，它都会变湿——口腔的上腭不应该发黏（像正在变干的颜料）。
- 黏人、哼唧或烦躁不安的行为。然而，孩子应该仍然能够进行持续的目光接触、微笑，并对玩具感兴趣。咿呀学语的孩子仍然会发出咿呀声，会说话的孩子仍然会说话；会爬的婴儿仍然会爬，会走的孩子仍然会走——但对此都不热心。
- 排尿次数减少，但是尿量正常。尿液呈深黄色，并且有强烈的气味。
- 皮肤颜色正常，尽管皮肤看上

去发干。

• 我不会关注是否有眼泪，即便脱水非常严重的婴儿也可能有眼泪。我也不会关注囟门是否凹陷；与头部的其他地方相比，囟门看起来永远是凹陷的，因为这里没有骨头。

脱水情况正在恶化的迹象

如果你的孩子看上去有轻度脱水，或者完全没有脱水，你可以继续治疗他的腹泻和呕吐，**但要持续监护他。**如果这是就寝时间，要在夜里频繁地查看他。孩子的年龄越小，情况的变化就越快。情况恶化的迹象包括：

• 无法喝下液体

• 尽管食量改变了，但仍大量而频繁地排大便

• 越来越无精打采和烦躁，不太能玩耍，对玩耍越来越没兴趣

• 当你用手指触摸孩子的上腭时，感到发黏

• 排尿减少

如果出现上述这些迹象，接下来出现的情况可能就是严重脱水，因此，你需要迅速得到帮助。

对于呕吐与腹泻的治疗，见第2篇的"身体部位、身体功能及相关疾病"。

发　烧

不到4个月的婴儿发烧，在具体年龄的各章中有介绍。

基本要点

只有当发烧由某种罕见、异常的原因引起时，才需要迅速紧急降温。如果你不进行降温，体温也不会继续上升超过41.1℃。（除非发烧是由于中暑而不是感染引起的；如果是由于中暑引起的，见下文。）

即便是40℃~41.1℃的高烧，发烧本身也并不构成危险。对于高烧的主要担忧是，发烧是否是由某种潜在的严重疾病引起的，例如脑膜炎或肺炎。体温的迅速上升可能造成热惊厥，但是，没有任何证据表明积极迅速地治疗体温的快速上升能够预防热惊厥的发生。

因此，对于一个没有表现出其他行为可怕的疾病的孩子，即便出现高烧也不应当引起恐慌——尽管需要对此进行检查。

立即降低体温的做法是不必要的，也是不可取的；事实上，让孩子洗冷水浴可能会使情况更糟。让体温

> 降低体温并不能加快潜在疾病的治疗，也不能预防并发症。治疗发烧的目的主要是让孩子更舒服一些，以便使他能摄入液体并得到休息。此外，这样我们也能对他的行为做出判断。

完全恢复正常也是不必要的。

医学之所以关心发烧，在于它是一个线索。是什么引起的发烧？一种普通的病毒？一种相当常见的细菌感染，比如链球菌性喉炎或尿路感染？一种危险的感染，比如脑膜炎、败血症（血液的感染），或是肺结核？

一个2岁或更小的孩子，可能不会表现出在大一些孩子身上很明显的一种严重疾病的其他症状（例如患脑膜炎时的颈部僵硬）。因此，2岁或更小的孩子如果发烧超过40℃，就需要立即得到关注。

评 估

中 暑

因为只有由中暑引起的发烧才需要非常迅速地采取降温措施，因此我们先来讨论中暑。中暑的预防比治疗要容易得多。例如，不要给一个宝宝穿很多衣服，然后把他放在阳光直晒的汽车座椅上，在开着暖风的车里行驶很长时间。

中暑是一种紧急状况。如果发烧是由于暴露在高温环境中引起的，发烧本身是非常危险的，因为体温调节出现了失衡。在这种情况下，体温实际上可能会超过41.1℃。

中暑的迹象

假设你处在一个很暖和的环境中，或者，在你看来，你的孩子相对于当前的气温穿得太多了，或者，他正在服用一种在之前你已经被警告会造成他热耐受不良的药物。现在，假设孩子开始发烧，并表现出生病的行为。你怎样才能判断这是因为过热，还是某种传染性疾病造成的？你无法确切地知道。然而，你需要假设这是由于过热造成的，因为如果是这种情况，你需要立即采取行动。给孩子服退烧药不会造成伤害，但是，它无法治疗因中暑引起的发烧。这时，湿海绵就派上用场了，因为中暑是由于外部过热导致的，而不是内部"体温调节器的温度调高了"。

中暑衰竭和中暑的症状与迹象，与突发性感染的一些症状很像。这些症状包括：头疼、恶心、呕吐、皮肤干热、面色苍白、直肠温度超过

38.3℃。

如果你的体温过高的孩子出现这些症状，不要想当然地认为这只是由一种病毒引起的，而要按照下面描述的措施执行，然后要给你的儿科医生打电话。或者，如果你的孩子看上去情况开始恶化，要拨打急救电话或带他去急诊室。

治 疗

在你采取了下面这些措施之后，要给你的儿科医生打电话，立即去急诊室，或是拨打急救电话：

- 脱下孩子的衣服。
- 把孩子转移到一个更凉爽的地方。
- 用海绵蘸冷水擦拭孩子的四肢。不要用酒精。不要给他洗冷水澡。迅速的冷却可能会使情况更糟。
- 给他扇扇子，以便水分蒸发，使皮肤凉爽一些。
- 测试他的直肠温度。如果超过38.9℃，或者，如果孩子像生病了，你需要立即获得帮助。

不是因为中暑引起的普通发烧

对普通发烧——由感染性疾病引起的发烧——进行降温的原因是为了让孩子舒服一些，以便在他舒服一些时对其行为做出评估，并防止发烧使其他症状进一步恶化。

有复杂性医学问题的孩子的发烧

对于有潜在医学问题的孩子来说，治疗发烧还有其他的原因。你可能要与你的儿科医生或是其他专家讨论一下这个问题：

1. 如果你的孩子容易出现热惊厥，在这种情况下，尽量将他的体温保持在40℃以下可能是有益的。然而，很多热惊厥的发生不是因为体温有多高，而是因为体温升高得过快。因此，惊厥常常是疾病的最初迹象。见上文的"抽搐、惊厥和昏厥"。

2. 如果你的孩子有一种使其容易出现严重感染的潜在疾病。这些情况包括但不局限于：大脑中有一个为治疗脑积水而植入的分流器，先天性心脏病，肾脏异常，肺囊肿，诸如艾滋病这样的免疫缺陷。

3. 如果你的孩子有一种潜在的疾病，由这种疾病造成的发烧可能引发其他并发症，例如2型糖尿病或阻止出汗的皮肤异常。

没有复杂性医学问题的孩子的发烧

直肠温度是最准确的。不要指望

腋窝、口腔、耳朵、贴片式或奶嘴式温度计能够测量出准确的体温。

- 38℃~38.9℃：低烧
- 38.9℃~40℃：中度发烧
- 40℃~41.1℃：高烧

对于一个发烧的孩子来说，尽量让他更舒服一些，让他更容易休息、玩耍和摄入液体并改善他的情绪和行为，始终都是恰当的。

在生病期间，发烧的情况会有反复。很多由病毒引起的发烧会在早晨消失，晚上重新出现。这意味着一个孩子应该在完整的24小时内保持正常体温，你才能认为他已经痊愈，不再有传染性。

对发烧最有效的治疗，是那些能够下调大脑中温度自动调节器的温度的药物。这些药就是对乙酰氨基酚和布洛芬，它们有很多不同的品牌。要阅读标签！

这些药物可能是单一成分的滴剂、混悬液或咀嚼片，或者，它们也可能与其他治疗鼻塞或咳嗽的药物混合在一起。不管是哪种情况，不同体重和年龄的孩子的用药剂量都能在标签上找到。出于法医学的原因，2岁以下孩子的用药剂量不会出现在标签上；出于同样的原因，我也不会在此对其进行讨论。

关于退烧药的两个警告：

• 不要使用真正的阿司匹林（水杨酸），即使它的标签上写着"婴儿阿司匹林"或"儿童阿司匹林"。只有当你的儿科医生明确告诉你出于一个特殊的原因而使用阿司匹林时，你才可以给孩子服用。阿司匹林被认为有可能引起一种罕见的脑部和肝脏疾病——瑞氏综合征（见术语表）。

• 要确保给孩子服用正确的剂量。婴儿滴剂比儿童药水的药效要强得多。如果你本该给孩子吃一茶匙药水，却错误地给他吃了一茶匙滴剂，这可能是一个危险的剂量。

降 温

对因感染而引起发烧的孩子来说，洗澡或用湿海绵擦拭身体起不到太大作用，并且可能会让孩子很不舒服，或者甚至让容易惊厥的孩子出现惊厥。

当你发烧时，你大脑中的温度自动调节器被调高了——比如，从正常的37.6℃调高到了39.4℃。现在，假如这种情况发生在你家里：你将温度自动调节器调高了。现在，你想让屋子降温。你会在屋外四处洒水，以便

> **测量孩子直肠温度时的姿势**
>
> 尽可能使用电子的读数式温度计,丢掉所有的水银玻璃体温计,并将其作为有毒的废弃物处理。如果处置不当,它们可能对海洋和淡水鱼造成水银污染。
>
> - 让宝宝仰面躺下。趴着的宝宝可能真的会夹紧自己的屁股。但是,如果你愿意,也不妨试一下。
> - 给宝宝一个玩具来占住他的双手。对于大一些的婴儿,可以在他两只手中各贴一张(大的)贴纸;他会试图把它们弄下来。对于一个学步期或学龄前的孩子,可以尝试一下拼图玩具、电脑游戏或讲故事。
> - 如果他仰面躺着,将他的脚或腿提起;如果他是趴着,将一只手压在他的腰上。
> - 将体温计用来测量的一端插入。一些体温计上既可以显示摄氏度,也可以显示华氏度,因此要确保按下的是你想要的按钮。

通过蒸发让屋子降温吗?不会,因为你的温度自动调节器仍然会让炉子产生更多的热量。

因此,更理性的做法是将温度自动调节器调低。这就是对乙酰氨基酚和布洛芬(以及禁用的阿司匹林)能起到的作用。

大多数发烧的孩子都讨厌洗凉水澡和用湿海绵擦身体,这甚至可能会使他们更难受,或者似乎能引发热惊厥。将酒精加入洗澡水中或者用酒精擦拭身体是危险的:酒精可以通过皮肤和肺被吸收到体内,从而导致孩子昏迷。

在紧急情况下给儿科医生打电话或去看医生

对于6个月及更小的婴儿,见相应年龄的各章。

如果出现以下紧急情况,要给儿科医生打电话:

- 体温超过40℃。
- 除了发烧之外,还有其他令人担忧的症状。

如果出现以下情况,要在上班时间给儿科医生打电话:

- 发烧持续超过 3 天，即便孩子其他方面看上去都很好。
- 出现了除普通感冒之外的任何迹象。

卫　生

假如你的发烧的孩子有一种传染性疾病。在摸你自己的脸之前要先洗手，尤其是在触摸眼睛和鼻子之前。要让孩子与其他人隔离，直到他的体温在至少 24 小时内保持正常。

夜啼和夜惊

基本要点

当你的孩子在半夜醒来尖声大哭时，这就是一场危机。存在三种夜啼危机：

- 因为一种身体上的原因哭叫
- 因为一个噩梦或分离焦虑而哭叫
- 夜惊

评　估

如果父母们自己保持平静，那么，因为一个噩梦或分离焦虑而哭叫的孩子就能平静下来。如果父母保持平静，因为一种身体上的原因而哭叫的孩子也会感到更好一些。出现夜惊的孩子对周围环境是没有意识的，包括对自己的父母。

即便孩子的哭叫声令人心碎，你也要尽量显得很平静。

首先，要看看孩子是否能认出你并伸出双臂寻求安慰。如果能，这就不是夜惊。如果不能，则是夜惊；你应该直接阅读下面关于"夜惊"的讨论。

其次，如果孩子能认出你，或者，如果你对此不能确定，要先试着安抚他，抱着他，轻声跟他说话并给他唱歌。要有意识地尽量放松你的身体，并让孩子感受到这种放松。注意一下时间，以便了解哭声持续了多长时间。

第三，当你抱着孩子时，要试着用你的嘴唇触碰他的前额来测试其体温。看看孩子是否出现呼吸困难的迹象：一个很好的线索是他每次哭声持续的时间。如果孩子能够深吸一口气，并发出很长的哭声，或者说出一个完整的句子，就不可能是呼吸困难。孩子如果脸色发红或发白，并且做出一半生气一半害怕的表情，他可能会呕吐。要做好准备。

第四，要对孩子做全面检查。如果抱着哄着都不能使他平静下来，那么，你就需要检查其全身。看看孩子的身体姿势如何，是否以保护的姿势藏起一个身体部位。要确认一下他的头部和颈部是否能自由活动。看看他的肚子是否鼓胀、摸起来很硬，或者在触摸时会疼痛。

第五，脱去孩子身上所有的衣服。看看有没有皮疹、昆虫叮咬或蝙蝠、老鼠或蜘蛛的咬伤，或者是否有一缕头发或线头绕住了手指、脚趾或阴茎。要检查生殖器和肛门区域。包皮是否正常，它是否被向后拉并卡住了阴茎？阴囊是否肿大，就像有疝气一样？阴道是否发红？你是否在阴道或肛门周围看到白色蠕虫——蛲虫？

治 疗

非夜惊

如果你发现了一个导致孩子醒来的医学上的原因，请查阅第2篇的相关部分来寻求指导。

如果你搞不清楚原因——如果有原因的话——要一边尽力让孩子平静下来，一边记下哭叫的时间。（最好的做法是轻轻摇晃孩子，或是让他坐在父母的腿上洗个热水澡。）如果哭叫持续超过1小时，就应该给儿科医生打电话，即便是在半夜3点。要先量一下孩子的体温。

夜 惊

通常，夜惊给父母带来的恐惧，要超过给孩子带来的恐惧。真正的夜惊往往会不可避免地让父母们想到电影《驱魔人》。他们的孩子会尖叫，这是他们之前从未听到过的一种尖叫。他们跑进孩子的房间，孩子死死地盯着他们，或者更糟的是，在他们靠近时，孩子会更加惊恐地尖叫。孩子可能会表现得很愤怒，并喊出一些语无伦次的威胁和哀求的话。

如果他们试图安抚他，情况会变得更糟。但是，如果他们退后，屏住呼吸，握紧双手，孩子反而会平静下来，再次入睡，第二天早晨会像什么也没发生过一样。如果他年龄足够大——能够说话——你就会知道他对夜里的"恶作剧"明显没有记忆。（夜惊最早可能在孩子9个月大时开始出现。）

夜惊发生在一个孩子从深度睡眠阶段突然直接进入完全觉醒的时候。他没有经过越来越浅的睡眠阶段：这就像一个戴水肺的潜水员突然快速上升到水面。难怪孩子会有类似"减压病"一样的情绪表现。

关于夜惊的两个问题是：

1. 你能做些什么来安抚孩子？

当你的孩子出现夜惊时，他与你处在不同的世界。他处在深度睡眠的世界。如果你试图叫醒他，将是一件漫长而痛苦的工作。当他真的醒来时，他也不会对此心存感激。他会发牢骚和哼唧，并且可能很难再次入睡。他可能会感到迷惑和恐惧，尤其是当你明显表现出心烦意乱的样子时。他会在早晨记得这个场景。

所以，你要做的是养育中很难做到的一件事：退后并观察。在15分钟或20分钟内，他会平静下来，蜷起身体并重新入睡。到第二天早晨，他会什么也记不起来。

2. 是什么引起的夜惊，以及如何预防？

当孩子处在深度睡眠阶段时，一些事情突然弄醒了他，而在大多数时候我们永远无法弄清其中的原因。可能是他自己的生物钟设置错误，提前叫醒了他，当他总是睡眠不足时，可能会出现这种情况。你要注意他是否错过了午睡或是晚上看视频节目到很晚。或者，可能是汽车喇叭声，或者是响起的爆炸声，或者是有人撞到了他或者他的床。

但是，突然的疼痛也可能使一个孩子从深度睡眠中不完全觉醒，并造成夜惊。最常见的原因是耳朵痛，便秘造成的胃肠胀气痛，以及寄生在肠道内的白色蠕虫——蛲虫。

蛲 虫

蛲虫可能导致直肠发痒，这是真的，但是，它们是极其锋利的小生物，并且还可能造成疼痛。女性体内的蛲虫，会在夜晚爬出直肠，到肛门和阴道组织上产卵。由于蛲虫而造成的夜惊可能会更多出现在小女孩身上，因为当蛲虫爬到阴道口周围的黏膜上时，真的会很疼。

夜里在一个正在经历夜惊的孩子身上寻找蛲虫是一件棘手的事情。方法是用手电筒照射肛门和阴道区域，并寻找这些虫子。即使你能设法按住孩子并查看，看到这些虫子时的情景可能会让你更加感到不安。因此，要提前做好准备，如果你的儿科医生建议你采取这种方法的话。

另一种方法称作"透明胶带实验"，即你或你的儿科医生试着将透明胶带放置在肛门上，以捕捉虫卵。随后，胶带会被放在显微镜下观察。可以在白天进行这项工作。

要咨询你的儿科医生。如果有人建议你实施任何一种方法，一定要事先向你的孩子解释你在做什么，并在事后再解释一次，否则，他所复述的故事可能引来一位防止虐待儿童协会人员的拜访。然而，不要告诉一个小孩子你在寻找虫子。这会使大多数学龄前的孩子感到恐惧，或者使他们着迷，而这件事情就会没完没了。

蛲虫是相当讨厌的，但是，作为寄生虫，它们也有一些可取之处。它们不会漫游全身，对各种器官造成大的破坏；它们会停留在肠道内。蛲虫用药物很容易治疗。大多数专家不会建议你像对待虱子或疥螨那样对家里做一次毁灭灵魂的大扫除。

当孩子触摸了一个有蛲虫的孩子或某个附有虫卵的物品时，会通过吃下微小的虫卵染上蛲虫。他们可能通过抓挠发痒的臀部，然后把手指放进嘴巴或鼻子而出现再次感染。（蛲虫不会造成抠鼻子的行为，它们是由抠鼻子的行为导致的。）

如果夜惊出现得很频繁，以至于你因为孩子总是在夜里醒来并尖叫而筋疲力尽，你要与你的儿科医生谈一谈。你们可能会一起找出导致压力、疲惫或蛲虫反复感染的原因。在极少数情况下，儿科医生会给孩子开安眠药，直到频繁出现的夜惊逐渐消失。

第 *14* 章

急救：对常见轻微伤的评估与处理

头部磕碰

基本要点

头部磕碰的开始出现，不会晚于宝宝9个月大，通常会更早一些。从床上滚落，以及在大人的腿上突然蹦起来，撞到大人的下巴，是导致这么大的婴儿出现头部磕碰的最常见原因。大一些的正在学习拽着东西站起来的婴儿，会向后跌倒，并磕到头部。此外，还有磕到茶几、柜子，在洗澡时滑倒，一直到4岁孩子的专长：磕到车门上（在车门猛地关上时正好钻出车外）。

我最近遇到的一个有趣的头部轻微伤，是一个2岁的孩子从台球桌上跌了下来。我问那位有5个孩子的母亲，这是怎么发生的。"哦，"她轻描淡写地回答，"他的脚后跟卡在球袋里了。"

什么是普通的头部磕碰，什么是令人担忧的头部受伤呢？

确定属于哪种情况，取决于孩子的年龄、怎样受伤的，以及孩子在刚受伤时和受伤后的表现是否正常。

如果有任何迹象表明因为脑出血、脑积液或脑肿胀造成颅内压增高，那么这种磕碰就是令人担忧的。令人吃惊的是，这种情况极少出现，尤其是考虑到孩子们那么频繁而充满活力地磕到他们的头。

跌倒和对头部的直接击打的影响是不同的。跌倒通常会造成——如果有什么的话——脑震荡。这是大脑从内部撞击到头盖骨；稍稍反弹后恢复原位，造成脑挫伤。跌倒造成了骨折，与脑内损伤的程度之间并不存在很大关系。

对头部的直接击打是不同的。其伤害不是由于大脑反弹造成的挫伤，而是一种直接的碰撞。直接击打造成的骨折，更可能反映脑内损伤的严重程度。因为直接击打而造成的凹陷性骨折，可能必须进行紧急处理。

评 估

在评估一个孩子跌倒后是否要去看医生时，必须考虑5个因素。

孩子的年龄。孩子年龄越小，对症状的评估就越困难。任何不到6个月的婴儿跌倒或头部遭到击打都是令人担忧的，并且需要告知儿科医生。

跌倒的性质。当一个大一些的婴儿、学步期的孩子或学龄前的孩子在地上跌倒时，极少会造成严重的后果。大多数儿科医生会希望立即对从1.2米或更高处跌下来的孩子做检查。即便孩子看上去很好，即便他跌到一个柔软的物体表面。

击打的性质。任何不是由于跌倒，而是由于头部受到直接大力击打而出现肿胀或出血的孩子，都需要迅速去看医生。

头部肿胀的性质。在头部磕碰后出现"鹅蛋"大小的肿胀，这并不是不寻常的。然而，如果一个不满1岁的婴儿头部出现鹅蛋大小的肿块，或者如果肿块刚好位于耳朵上方——在颅骨内的这个位置有一条非常脆弱的通向大脑的动脉——你的儿科医生可能会希望让孩子做检查，可能会照X光或做CT扫描。

孩子的行为。令人担忧的行为包括：

• 最重要的是，如果孩子在受伤后出现任何意识丧失。一些孩子在受了轻微伤之后会受到极大的惊吓，并会受到责骂，他们会哭，然后出现"屏气发作"。如果这是孩子首次屏气发作，或者，如果你怀疑这次跌倒本身造成了意识丧失，就应该立即带孩子去看医生。

• 如果孩子在受伤后睡着了。现在，很多头部受到轻微伤的孩子确实想小睡一会儿，可能只是因为承受的压力。但是，出现这种症状始终需要给儿科医生打电话，并且通常还需要做一次检查。

• 如果孩子在停止哭泣后，其行为没有完全恢复正常。如果他似乎认不出你，或是无法被安抚，不会微笑，无法被逗乐；或者，如果他在其他方面"行为不对劲"。如果医生对孩子做了检查，并且发现一切"正常"，但是孩子在回家后出现烦躁、困倦或奇怪的行为，要立即让儿科医生再做一次检查。

• 如果孩子出现呕吐。再说一次，很多受到无害的轻微伤的孩子也会呕吐，但是，始终必须把这种迹象告诉医生。如果一个孩子接受了检查并且发现一切"正常"，但是，回家后又出现呕吐，要立即让儿科医生再做一次检查。

• 如果一个年龄大到能够详细叙述自己经历的孩子在受伤后记不起发生的事情，或者出现受伤前和受伤时的记忆空白。

• 如果在一次严重头部受伤之后的2个月内出现严重而持续并且不断恶化的头疼迹象（见第15章的"头部"）。

处 理

如果你的学步期或学龄前的孩子刚刚跌倒，撞到了头部，但是从未失去意识，并且在大声哭叫，他可能只是一次"普通"的头部受伤。如果是这样，他的头上可能会在你眼前就鼓起一个鹅蛋大的肿块，或者他会大量出血，导致你无法看清伤口。

要这样做：

• 假装保持平静。称赞他跌倒的姿势多么优美，并告诉他你知道他一定吓坏了，但是一切都好。要说现在可能很疼，但很快就会感觉好起来的。

• 阻止"鹅蛋"继续肿胀，你可以用一个冰袋或是一小块塑料布或塑料袋装上碎冰或冷冻蔬菜，封好袋口，在外面包上一层薄毛巾，轻轻地把它敷在肿块上。你的孩子可能不喜欢这样。要告诉他，他的肿块想戴一顶冰帽子，而他的工作就是让冰帽子戴在肿块上。

• 如果他在流血，要告诉他，他看到的血是"多余的"，是特意为伤口准备的，它们本来就是要流出来的。拿一块干净的布（最好是红色的，这样他就看不到血了），将其按在流血的区域。要紧紧按住7分钟，期间不要偷看。要告诉他，他头上的伤口想要被按住，而他的工作就是保持不动。要告诉他，他的目标有多么伟大，只有大男孩（当然也包括大女孩）才会这么漂亮地撞到头。

在这些普通的头部受伤中：

• 孩子不会失去意识，不会昏过去。

• 一旦孩子平静下来，他会再次开始玩耍。

• 不会从耳朵或鼻子中流出血液或液体。

• 一个年龄大到能描述个人经历的孩子，会记起并告诉你整件事情的经过。

骨 折

大多数头部受伤不需要做一般的 X 光检查,因此,如果你的儿科医生没有要求孩子做这样的检查,你不要感到惊讶。你需要担心骨折的时候是:

• 如果是从高处跌落,或者婴儿年龄很小或非常脆弱,可能会引起大面积骨折。(即便如此,也不意味着一定会出现脑损伤。)

• 如果骨折是凹陷性的或粉碎性的,会对大脑造成压迫。如果孩子磕到某个凸起的物体上,或者如果孩子不是摔倒而是头部遭到打击,可能出现这种情况。

• 如果骨折造成密封住浸润大脑的脑脊液的骨质缺损或破裂,就会有脑脊液感染的风险。这称为颅底骨折。其标志是血液或液体从鼻子或耳朵中流出。(要记住,泪水也会从鼻子里流出来。你需要查看的是泪水停止后仍然继续流出的液体。)

• 如果骨折处有撕裂的伤口,就可能导致细菌进入大脑——尤其是在被动物咬伤的情况下。

• 如果这次受伤可能涉及一起诉讼。

要想确定是否有脑出血或脑部肿胀,需要做更复杂的 X 光、CT 和核磁共振扫描。

颈部受伤

儿童期的大多数斜颈并不是由受伤造成的,而是上呼吸道感染和肌肉痉挛产生的一种副作用。相关讨论见下一章"身体部位、身体功能及相关疾病"中的"颈部"。

真正的颈部受伤有 3 种:跌倒造成的直接撞击;面朝前坐在车里因为突然刹车而造成的扭伤,或者因为摇晃宝宝而造成的扭伤;以及勒伤,或者出于意外,或者是不幸地有人故意这么做。

如果你的孩子患有唐氏综合征,他的颈部可能就有脱位的特别风险。请与你的儿科医生讨论这个问题。

跌倒并伤到颈部

对这种情况,最重要的担忧是损伤脊椎。这就是为什么美国儿科学会发布声明,强烈主张不应把蹦床看作是玩具,而应被看作是危险的武器的原因。

如果你认为你的孩子在跌倒后伤到了颈部,在确保他的头部和颈部被固定好之前——即以任何方式都无法转动、弯曲或移动颈部——不要移动他。如果他需要做心肺复苏，不要犹豫，立即去做，但不要动他的脖子。

如果孩子在你能制止前就站起身并走动，你仍然应该告知儿科医生。根据跌倒的性质，可能需要做 X 光检查。有时候，孩子的脊椎可能错位，但是不会立即表现出明显的症状。

扭伤和摇晃

扭伤和摇晃可能是意外造成的——例如突然刹车（即便孩子是面朝前坐在一个开得很慢的车里），或者孩子被一个大一些的玩伴在嬉闹时摇晃——也有可能是人为的。一个哭闹不止的婴儿，再加上一个充满压力的大人，可能因为饮酒和吸毒而导致缺乏自控能力，就可能造成"婴儿摇晃综合征"。对这些伤害的担忧不仅仅是对脊柱的骨骼或肌肉造成的损伤，还包括连接大脑的血管的破裂。被猛烈摇晃的婴儿、幼儿和年龄很小的孩子可能不会表现出任何斜颈的迹象，而是会表现出与严重的头部受伤相关的迹象（见上文的"头部磕碰"）。如果你的宝宝在被摇晃之后表现出任何行为方面的改变，要立即获得帮助。

然而，在遭受扭伤式伤害之后，大一些的学龄前的孩子可能抱怨脖子僵硬，这种情况大多数都发生在他们面朝前坐在汽车中，而汽车突然刹车之后。对于小孩子的担忧是意外性颈椎脱位（"颈椎半脱位"），这可能造成脊椎损伤。幸运的是，这种情况很少出现。

然而，如果你认为你的孩子扭伤了脖子，可以将厚毛巾扭起来做成一个"颈托"（或者，如果你是一个做事很有条理的人，你可能已经提前购买了一个）。要确保以正确的方式给孩子佩戴颈托，不要动他的脖子。然后，要打电话给你的儿科医生寻求指导。

勒 伤

这种情况可能发生在一个孩子被一个东西缠住时（纽扣被挂在游戏围栏的护网上，项链被挂在钩子上，被窗帘绳勒住）。这还可能发生在一个孩子骑三轮脚踏车时猛地把脖子撞到车把上时，或者一个孩子全速奔跑时撞到了路上拉出的一条绳子上时。它们还可能是由双手、绳子或绳索造成的。

如果勒伤很严重，唯一的急救办法是做心肺复苏术并拨打急救电话。

任何孩子如果在被勒伤后颈部出

现明显的瘀伤，或者声音嘶哑，都需要立即去看医生。如果怀疑孩子被一个人勒伤，但你没有亲眼看到，不要用引导性的问题误导孩子的证词，比如"他有没有把一条绳子绕在你的脖子上？"或者甚至是"他是怎么伤害你的？"此外，也不要表现出极端的情绪，尽管你可能想这么做，否则，孩子可能会变得更害怕说实话。

眼部受伤与异物进入眼睛

基本要点

眼部受伤、异物及化学制剂进入眼睛，需要迅速做全面的检查。年龄很小的孩子无法告诉你到底发生了什么，年龄大一些的孩子可能不愿意说。你要确保没有异物黏连在眼睑下或是划伤角膜；眼睛的前室没有出血（"眼前房积血"——见术语表），视网膜没有出现褶皱（脱落），或者晶状体没有因受到击打而脱落。任何实际上可能造成眼睛被异物刺入的伤害，都需要立即做全面的检查。①

评 估

有时候，你没有时间也没有必要对情况做全面的评估，而是要立即采取行动。如果孩子的眼睛遭受了直接的击打、伤害、有可能刺伤眼睛的动物咬伤（即便只是接近眼睛的位置，而不是直接刺入眼睛），或者化学制剂进入眼睛，你应该先按照下面描述的方法做急救处理，然后立即寻求帮助。如果眼部受伤是可能变得严重的头部受伤的一部分，你需要立即寻求帮助。如果孩子觉得很疼，并且无法睁开眼睛，你也需要立即获得帮助。

处 理

化学制剂溅入眼睛

化学制剂，包括一些化妆品，可能造成严重的灼伤。立即用普通的自来水冲洗眼睛的做法永远都不会错。如果你强烈怀疑进入眼睛的化学制剂是腐蚀性的，至少应该用水冲洗眼睛15分钟。然后，要给儿科医生或中毒控制中心打电话。你必须让孩子保持眼睛睁开的状态。如果这种化学制剂被证明是无害的，并且如果孩子没有抱怨疼，眼睛没有发红，也没有出现视力问题的迹象，你需要做的可能只是给儿科医生打电话。如果有

---

① 我一直忘不了幽默作家詹姆斯·瑟伯（James Thurber），他先是失去了一只眼睛的视力，最终双目失明，原因是他的兄弟用面包皮刺伤了他的眼睛。——作者注

任何其他情况，一定要立即对问题做评估。不要被非常红但不疼的眼睛欺骗：一只被严重灼伤的眼睛可能会变得麻木。

眼睛遭到击打

永远不要试图强力拨开孩子的眼睑。这种压力可能会让情况更糟。你应该将一块干净的布放在眼睛上，并用胶带固定好，但不要让眼睛本身承受任何压力。这有助于防止孩子试图将目光聚焦在近处的物体上——这种行为可能给受伤的眼睛造成进一步的压力。要立即获得帮助。

异物进入眼睛

任何尖锐的物体，或是任何大力刺入眼睛的物体都有可能刺穿眼睛，都应该得到和眼睛遭到击打时同样的处理。普通的异物，如沙子，通常可以用水冲洗出来。如果你能在眼中看到异物，你可以试着用一个干净的棉签或折叠的纸巾的一端将其取出，但是，要对之后可能持续出现的症状保持警惕。角膜有可能会被划伤。或者可能有不止一个异物。如果你和孩子孤立无援，并无望得到帮助，你可以试着检查（向外）翻起的上眼睑，看是否有异物黏在那里。

向外翻转眼睑：

1. 要有良好的光线，并且身边有一个助手。
2. 让孩子躺下。
3. 在他脚边放个东西让他盯着看。当他持续向下看时，将一个棉签放在受影响的眼睑上。这样你就能抓住他的眼睫毛，并将眼睑向后翻起到棉签上面。
4. 这样就能露出眼睑的下侧。现在，当你保持眼睑的外翻状态时，就可以丢掉棉签了。
5. 如果你看到异物，你的助手可以用另一根棉签将它从眼睑下方擦出。当你放开手时，应该平稳地将眼睑恢复原位。
6. 如果眼睛仍然发红、疼痛或流泪，或者在强光下感到不舒服，孩子就必须去看医生。

鼻子受伤、流鼻血和异物进入鼻腔

异物进入鼻腔

基本要点

"不要，"寓言故事中的母亲说，"千万不要，亲爱的孩子们，在我去市场的时候把豆子放进你们的鼻子里。"

他们当然会这么做。他们必须

这么做，不是吗？但是，那些没有受到这种引诱的孩子为什么会把东西放进鼻子里呢？我总是会看看孩子的鼻孔，即便是在常规检查中，即便孩子来这里诉说的症状与此无关。如果他陷入某种麻烦，失去理性，他也可能把一些东西放进鼻子里。

你可能会因为孩子自己承认，或者因为你看到他放进了一个东西，或者你看到有东西从他的鼻孔中伸出来而发现一个异物。或者，你可能闻到了一种可怕的气味，洗澡也无法将其去除。你可能看到了血腥难闻的分泌物，通常只是从一个鼻孔里流出，尽管有时候小孩子会把两个鼻孔都塞上东西。

评　估

如果你能看到异物，并且它看起来柔软而蓬松，你或许能把它取出来。

如果你闻到了一种难闻的气味，则说明孩子的鼻子或她的阴道里有异物。不管是哪种情况，难闻的气味都意味着异物已经存在一段时间了，可能因为周围的组织发炎肿胀而被卡住了。通常，难闻的气味意味着儿科医生需要找到这个异物并把它取出来。

处　理

如果你身处偏僻的地方，无法得到医疗处理，而你的懂得合作的大一些的学步期孩子或学龄前孩子告诉你，他刚刚把一个东西放进了自己的鼻子里，这里有个办法，你可以试试。

查看孩子的鼻孔，寻找异物。如果你能看到它，并且它是柔软、蓬松或纤维状的物体，或者有一端伸了出来，你可以试着用小镊子将其夹出。

如果你能看到它，但是它被塞得太深，或者太光滑无法夹住，你要试着自己将它吹出来。不要让小孩子将它吹出来，因为他很可能在做准备时先用鼻子深吸一口气，这会导致异物被吸入到更深的位置，或者甚至造成窒息。

你应该这样将它吹出来：

- 先从头到尾读一遍这些指导说明。然后，告诉孩子你要做什么。要说得好玩一点，但是不要逗他笑，你一定不希望他大笑并造成窒息。
- 让孩子仰面躺下。
- 按住没有异物的鼻孔。
- 让孩子张大嘴巴。
- 你自己深吸一口气，将你的嘴紧紧压在他的嘴上，然后吹气。
- 如果你足够幸运，异物就会弹出来，或者，至少会移动到你可以够到的地方。

• 当它弹出来时，可能会弹到他张开的嘴巴里，有可能造成窒息！要预防这种情况，你应该在将你的嘴从他的嘴上移开时，立即用手挡住他张开的嘴巴。

• 然后，用一个手电筒仔细地检查两个鼻孔，以确保没有其他东西留在里面。

预 防

不要告诉你的孩子别把东西放进鼻子里。为什么要先给他灌输这个想法呢？

有时候，孩子往鼻子里塞东西是为了缓解持续的搔痒。如果一个孩子经常流鼻涕，或者频繁地表演"过敏性敬礼"——用手掌揉搓鼻孔，或者总是挖鼻子，他就需要儿科医生的帮助了。

流鼻血

基本要点

有些流鼻血是由于跌倒或击打造成的。更多的是由于空气干燥，或鼻黏膜受到刺激，以及挖鼻孔造成的。预防方法是对空气进行加湿（冷雾加湿器），要确保孩子喝下大量的水，把他的指甲剪短，每天早晚在他的鼻孔内侧涂抹一点凡士林。

在少数情况下，流鼻血是由于孩子在鼻子里塞了东西造成的。然而，这种情况的最初迹象通常是难闻的气味。

在极少数情况下，流鼻血是血液无法正常凝固的几种迹象之一。这通常是一种暂时的状况，或者是轻度的先天性血液凝固问题的一个迹象。在极其罕见的情况下，反复流鼻血意味着一些更加严重的问题，例如高血压、严重的血液病，或是鼻腔肿瘤。

评 估

当出现以下情况时，要考虑流鼻血不只是普通的问题：

• 尽管严格执行了下面的处理办法，鼻血还是不能止住。

• 孩子有一种潜在的慢性病，或有高血压，或者正在服用会导致血压升高或凝血障碍的药物。

• 有血液病或凝血障碍的家族史。

• 尽管采取了预防措施，仍然流鼻血。

• 孩子表现出其他迹象，表明血液凝固或其他血液功能出了问题：

瘀伤不正常：颜色很深，出现在通常不会出现瘀伤的身体部位，或是在没有受伤的情况下出现瘀伤。

出现红色小点状的、不会变白的皮疹，或是紫色的小斑点或瘀伤。

孩子正在服用可能对血细胞的形成造成影响的药物。如果你不清楚，要给儿科医生打电话。

孩子面色苍白，无精打采，或者像生病了一样。

处　理

1. 准备一些纸巾（最好是红色的）和一个带有分针的表。打开电视，或者给孩子一本图画书让他看，以分散其注意力。

2. 让孩子坐起来，身体前倾，以便血不会流淌到喉咙里。如果他吞咽下太多的血，就会呕吐。

3. 如果孩子能配合，让他擤一次鼻子，将血块排出。

4. 将血和血块擦去。

5. 紧紧捏住两个鼻孔五分钟。不要偷偷查看血是否止住了。

6. 五分钟后，小心地松开手。如果血已经止住，涂抹一点凡士林或消炎药膏，并要分散孩子的注意力，以便他不再挖鼻孔。如果血没有止住，要给你的儿科医生打电话，一定要让工作人员知道你已经采取了上述措施，而鼻血仍然没有止住。

7. 不要让孩子躺下，或是在他的鼻子下面或脖子上放冰块。这种做法不管用，并且可能让情况更糟。

鼻子受伤

因为鼻子是凸出的，所以，当然会有事情发生在鼻子上。关于鼻子受伤的三个主要担忧是：

• 鼻中隔——分隔两个鼻孔的软骨——是否被挫伤？如果它受伤后未进行治疗，这块软骨可能会退化，鼻子就可能"塌陷"，变得像哈巴狗的鼻子一样。（可能这就是发生在苏格拉底身上的情形。）

• 鼻子是否骨折？

• 鼻腔后部是否受伤？那里有一个将鼻腔与脑脊液分隔开的脆弱的屏障。

评　估

如果是由于令人担忧的头部撞击而导致鼻子受伤，或者如果出现以下情况，就应该给儿科医生打电话：

• 大量出血。

• 鼻孔看上去不对称。

• 从鼻子中渗出血样或清澈的液体。

对鼻子流血的主要担忧，是鼻子

中部的隔膜或分隔两个鼻孔的软骨发生血肿或瘀青肿胀。如果出现这种情况，并且没有立刻得到缓解，就可能对鼻中隔造成很大的压力，甚至可能导致鼻中隔碎裂，造成严重影响美观的问题，以及随之而来的与整形外科医生或耳鼻喉科专家的频繁见面。

很多儿科医生认为，如果没有大量出血，并且如果孩子允许你按压其鼻头，使其变成像哈巴狗的鼻子一样，鼻中隔血肿在很大程度上就能被排除。这意味着没有出现剧烈的疼痛，并且能够允许你略微查看一下鼻子内部的情况。如果两个鼻孔看上去都很干净，那么鼻中隔无疑就没有任何问题。

但是，鼻子骨折该怎么办？是否应该立即给鼻子照 X 光？

不需要。这有两个原因。第一，这个年龄孩子的鼻子是由软骨组成的，这些软骨不会显示在 X 光下。第二，因为即使鼻子骨折了也无须立即做诊断；有时间对其进行重塑。只有上面讨论的那些问题才是急迫的问题。如果在立即出现的肿胀消失后，鼻子仍然不对称，你的儿科医生可能会希望查看孩子的鼻子，或是在查看后转诊。

在极少数情况下，在头部受伤后，鼻腔后部的一个脆弱的屏障可能会破裂，导致脑脊液渗出。这种情况可能发生在头部遭到击打后，即便孩子在其他方面看上去都很好，没有任何脑震荡的迹象。如果你的孩子在头部受伤之前一直很好，但是在之后却突然出现鼻子里流出清澈或像血液一样的液体的现象，就要给你的儿科医生打电话。（但是，要确保孩子已经不哭了，否则他鼻子流出的可能仅仅是泪水。）

口腔和牙齿受伤

口腔受伤

基本要点

口腔受伤总是会伴随大量出血。你要尽量保持平静；学步期和学龄前的孩子看到自己大量出血和父母的歇斯底里，通常会失控。不管流多少血，只要你的孩子在其他方面看上去都正常，就告诉他你对他有那么多血感到很钦佩，并且你认为他有很多很多血，你对他这么能流血感到很骄傲。你的孩子可能不会完全相信你，但是，他会对你的冷静和正面的反应着迷，这会缓解一些他的恐慌。

此外，很多口腔受伤——不管流了多少血——都不需要缝针。不要向孩子保证这一点，但是，也不要预报最坏的情况。

评 估

- 首先要对孩子的其他方面做评估。他昏过去了吗？他的呼吸正常吗？（如果他正在嚎哭，他的呼吸就完全没有问题。）他是面色苍白或面色发青吗？要先注意这些情况。

- 如果他在其他方面看上去一切正常，那就保持平静。他此刻正感到害怕、愤怒和震惊。此外，当他意识到自己的伤并不严重时，他可能会通过让你不安来暗中获得一丝快乐。

- 让他坐起来，身体前倾，让血自然流到一个东西上或一个容器里。向他保证血很快就会止住，即便血止不住，他的身体里也有很多血。一个健康的孩子极少会因为口腔受伤而失去危险数量的血液；出血量看上去总是比实际上要多。

- 看看他所有的牙齿是否都在原位。但是，不要触摸他的牙齿。如果缺了一颗，要找到它，但不要把这当成一件大事：他可能把它吞下去了，而丢了一颗牙齿这件事会引起他新一轮的不安。如果你找到了那颗牙齿，要说你将把它留给牙仙子。

- 给孩子喝一杯非常凉的水，但不要给他一块冰，冰可能会造成窒息。

- 要为孩子呕吐做好准备。吞咽下血液可能会引起呕吐。

- 当出血止住，孩子冷静下来时，要轻轻地清洗他的口腔，并尽量评估其受伤的情况。

年龄非常小的孩子往往会用以下四种方式伤到自己的口腔：

- 他们咬到自己的舌头。

- 他们咬到自己的下嘴唇。

- 他们撕裂了连接上唇和牙龈的被称作"系带"的小片组织。我相信大自然把小系带安排在那里就是为了让孩子们撕裂它。很少有人在成年后还能保留完整的小系带。

- 他们的一颗牙齿移位、松动或折断了（见下面的"牙齿"）。

处 理

通常，最好给你的儿科医生打电话并告知相关的情况，除非伤口很小，并且出血很快就止住了。如果你无法联系医生，可以照下面的指导做：

- 咬到舌头的情况通常不必缝针，除非伤口很深或呈锯齿状，或者舌头上有一块被咬得快掉下来了。

- 系带撕裂也不必缝合。但是，如果牙床出现深度撕裂，露出骨头，孩子就必须迅速去看牙医或口腔外科医生。

• 嘴唇咬伤或割伤通常不必缝合，但是，如果伤口形成一个较大的裂缝或有一块被咬得快掉下来了，或者伤口贯穿嘴唇和皮肤之间的"唇红缘"，则需要缝合。尤其是后一种情况，伤口必须进行仔细的缝合，否则，孩子的微笑就会以一种令人吃惊的明显方式变样。很多儿科医生都会将这类伤口转诊给整形外科医生处理。

牙 齿

基本要点

乳牙受伤是非常常见的。即便孩子的乳牙可能看上去是会换的，但它们实际上很重要。首先，每颗乳牙都为恒牙留出了牙床上的空间。其次，乳牙的感染可能影响和破坏发育中的恒牙的神经。如果乳牙的神经遭到破坏，就更有可能遭受感染。

评 估

如果你无法找到一颗缺失的牙齿，要检查一下孩子是否有呼吸困难的迹象。乳牙很小，可能不会造成窒息，但可能会被吸到一条细小的支气管中。在几个小时后，它会造成气喘和咳嗽。这是一个紧急问题，因为牙齿留在气管里的时间越长，气管的内膜就会越肿胀，要把牙齿取出来就会变得越困难。如果你怀疑出现了这种情况，要记住不要让孩子喝水或吃任何东西，因为可能需要对他做全身麻醉，以便把牙齿从肺里取出来。要立刻与你的儿科医生取得联系，或者去急诊室。

在发生了任何类型的击打或跌倒并造成口腔受伤之后，你都应该检查孩子的乳牙是否有豁口、松动或移位。

如果一颗牙齿完全脱落，要确保孩子没有将其吸到肺里；如果他出现了咳嗽和气喘，而你无法找到那颗牙齿，就需要带他去看医生并照胸部 X 光片。如果他吞下了牙齿，或者你只是无法找到那颗牙齿，但是孩子一切正常，没有出现任何呼吸问题，就忘掉这件事情吧。小儿牙科医生不会做"乳牙"再植。如果孩子问起关于"牙仙子"的事情（5 岁以下的孩子不太可能会问），你可以随意编造任何关于缺失牙齿的貌似真实的"规则"。

如果一颗牙齿有豁口，要对其损伤做评估。如果豁口很大，或者边缘很锋利，这可能影响进食。豁口越大，神经受损的可能性就越大。不管是哪种情况，都应该带孩子去看牙医。

要记住，在出现任何口腔受伤后的几个星期里，你需要检查孩子的牙齿是否变色，这可能意味着牙齿的神经受损。需要让牙医对此进行评估。

处 理

当一颗牙齿松动或被挤到牙床里时,需要带孩子去看牙医。要给你的牙科医生或儿科医生打电话寻求指导。

胳膊和手部受伤

基本要点

你可能会亲眼看到孩子是怎么受伤的。或者,你可能会发现肿胀和瘀伤,或注意到孩子只是不能正常地使用手或胳膊。

锁骨骨折可能会让一个孩子不能使用胳膊,因此你的检查应该包含锁骨,而不只是胳膊和手。

最常见的胳膊受伤是"女佣的手肘",也就是当孩子的胳膊被猛拉后出现的肘关节脱位,以及由于跌倒造成的腕关节或肘部的骨折。最常见的手部受伤是手指被大力关上的门夹住。

评 估

目击的意外

当一个学步期或学龄前的孩子跌倒后抱怨说疼,或者不能完全正常地使用胳膊和手,骨折就不只是有可能,而是很有可能。

锁骨骨折可能只会留下非常轻的瘀伤或肿胀。骨折的胳膊或手可能表现出相关骨骼的明显畸形(弯曲),或是瘀伤和肿胀,但是,没有这些迹象并不能排除骨折的可能。

如果你怀疑孩子锁骨骨折,不要惊慌。锁骨是人体中最容易骨折的部位,它几乎总是能够自己痊愈,不留后遗症。通常需要你带孩子去看儿科医生,并且很可能要做 X 光检查。

如果肘部受伤,一定要检查这一侧手掌的血液循环情况——肤色和温度——以及手指的活动能力。如果那只手很凉、发青或者孩子不能活动手指,这就是一种更加紧急的情况,需要迅速进行医疗处理。在极其偶然的情况下,血管或神经可能被肘部骨折部位卡住,这种情况可能需要在麻醉状态下做修复手术。

如果你怀疑孩子的手、肘部或胳膊骨折,要寻找一种方式,让他的胳膊和手以最舒服的姿势得到休息。有时候,孩子会允许你做一个夹板,用布织绷带将他的胳膊轻轻地固定在一个较大的物体上,例如一卷纸巾。对受伤的部位做冷敷有助于将肿胀减至最低。

只发生在孩子身上的骨折是"生

长板"骨折，即骨骼末端促使骨骼生长的部位受伤。生长板骨折可能不会显示在 X 光片上。如果 X 光检查结果是正常的，但是，症状却持续超过了几天，则很有可能是生长板骨折。如果儿科医生或骨科医生怀疑是生长板骨折，则需要给孩子打石膏，就像 X 光片上能看到明显的骨折那样。

骨折后需要用石膏做固定，以便让骨骼在愈合过程中保持稳定。这对于胳膊的外观保持正常是很重要的，并且常常会起到保护生长板的作用，以免骨骼停止生长，或不均衡生长。

被门夹了的手指常常不会出现骨折，这种情况极少出现骨折会让人感到有些惊讶。然而，如果皮肤出现伤口，指甲下面出现淤血，或者指甲的根部受伤，孩子就需要去看医生。这是因为如果有骨折，手指上的伤口会使其暴露于空气中，容易受到感染。

如果任何一根手指出现弯曲，或者，如果孩子在半小时后仍然不能正常地使用所有手指，就必须带他去看医生。永远不要把冰块放在手指上，这可能造成冻伤。然而，冷毛巾是很好的。

在手被猛拉之后不肯使用那只胳膊，通常意味着孩子出现了"女佣的手肘"，见下文。即便孩子抱怨手腕疼，也有可能是出现了"女佣的手肘"。对女佣的手肘的治疗方法是将其复位。

不明原因的肿胀

手腕、手或胳膊肿胀可能意味着受伤，或者可能意味着对昆虫叮咬的过敏性反应，或者甚至是感染。不管是哪种情况，这样的持续肿胀都需要让儿科医生做评估。

瘀 伤

明显由轻微伤造成的瘀伤，通常可以通过一个亲吻被安抚。小孩子出现肿胀的瘀伤，更有可能意味着骨折。应该让医生对其做评估。

不使用一只胳膊

要寻找肿胀或瘀伤。让孩子指出哪里疼，轻轻敲打受伤部位的骨骼，看看孩子是否感到疼。如果感到疼，就需要带孩子去看儿科医生；如果一次直接的击打造成孩子不使用一只胳膊，就很有可能是骨折。

如果你看不到肿胀或瘀伤，也没有看到孩子跌倒，那么，导致孩子不能使用一只胳膊的最可能的原因就是"女佣的手肘"，也就是胳膊在被猛拉之后，一小块组织被卡在了关节处。在这种情况下，当孩子转动手臂将手掌上翻时，会感到很疼。这种情况并不严重，但是必须进行治疗。

女佣的手肘

出现"女佣的手肘"的孩子常常表现得很快乐，除非你试图动他的胳膊，他会小心地保持着手掌向下、手肘略微弯曲的姿势。他会将手腕指为疼的地方。

你或许能够探问出他的胳膊之前被一个大人或大一些的孩子猛力拉扯过，或者，他可能在快跌倒时或攀爬时为保持平衡而自己扯到了胳膊。或者，他可能在"安静"地玩耍了一段时间后，哭着从他的房间里跑出来。

将手肘复位的操作很简单并且很有效，只会短暂地疼一下。父母们会因为猛拉了孩子的手而感到极度内疚，或者因为孩子的哥哥姐姐做了这样的事情而愤怒，但是，除非有人真的虐待孩子，否则你就应该将其归为一次意外，并且不要责备你自己或其他任何人。

处 理

任何导致手部或胳膊的明显肿胀、明显的骨头弯曲，或者在 1 小时后还不能恢复正常功能的受伤，就需要去看儿科医生或去急诊室。仅做 X 光检查可能不足以做出诊断：女佣的手肘不会显示在 X 光片上。骨骼上还未钙化的部分出现骨折也不会显示在 X 光片上。这包括一些重要的生长板。对于 5 岁以下的孩子，即便 X 光片没有显示骨折，可能也需要打石膏。

冷敷永远是很好的急救办法，但是永远不要将冰块直接放在皮肤上。冰袋有助于控制肿胀，但要记住，不要将其放在容易冻伤的肢体末端，不要放在：

手指和脚趾上
阴茎和鼻子上
或耳朵上。

腿和脚受伤

基本要点

一个孩子如果出现跛足，或者不肯用一条腿承受重量，或者不肯移动一条腿，或者关节或四肢肿胀疼痛，可能不一定是由受伤造成的。除非你亲眼看到孩子跌倒或是受到其他伤害，否则不要做出这样的假设。跛足和肿胀也可能是由感染和其他疾病造成的（见第 15 章中的"臀部、腿和脚"）。

如果你强烈怀疑或亲眼看到你的孩子伤到了一条腿或一只脚，你就占得了先机。最常见的受伤是擦伤、可能的骨折、可能的扭伤，以及脚部穿刺伤。蜜蜂叮咬可能造成不可思议的疼痛，并且也会引起跛足（见本篇的"昆虫叮咬"）。脚部穿刺伤并非是全然无害的。对于还没有"到时候"接受常规免疫接种的孩子来说，最大的担忧不只是破伤风，细菌感染（见下文）也有可能出现。

评 估

像所有的受伤一样，要对孩子做全面检查，不要被腿上的一个明显的伤口分散注意力，比如说，孩子可能出现了呼吸困难，或者依然处于危险的情形中。

脚部穿刺伤

如果穿刺伤很深，可能导致脚部感染。这是一个大问题，因为脚底板是一个结构复杂的小地方，感染可能侵入骨头。要检查一下穿刺伤是否：

- 明显很深、很脏。
- 穿透了鞋子或袜子（这会使感染更有可能发生）。
- 位于脚趾或前脚掌，而不是脚后跟。

如果有这些情况，你的儿科医生可能希望冲洗伤口，并且可能希望给孩子服用抗生素。脚部穿刺伤极少需要住院治疗。

骨折和扭伤

腿、膝盖、脚踝或脚出现明显的肿胀或变形，可能意味着骨折或扭伤。你可能无法区分它们，即便是通过X光检查，因为这个年龄孩子的部分骨骼还未钙化。

处 理

穿刺伤

用温热的肥皂水清洗孩子的脚，并将脚浸泡在里面。不要使用诸如双氧水之类的消毒剂。要评估受伤的情况，如果你感到担忧，要给你的儿科医生打电话。如果伤口看上去没有大碍，但孩子依然一瘸一拐走路，或者你看到伤口发红，或逐渐形成一条红线，要迅速通知你的儿科医生。

怀疑是扭伤或骨折

处理这类伤情的原则是尽量减少肿胀，这样做的目的，与其说是为了预防进一步的伤害，不如说是为了让孩子感到更舒服一些，以便能对遭遇的伤害做更好的评估。

减少肿胀的方法是抬高孩子的

腿，以便让脚高过膝盖，膝盖高过臀部，臀部高过心脏。

进行冷敷会有帮助。冰袋或一袋冷冻蔬菜也会有帮助，但是，不要放在孩子的小脚丫上——要放在脚踝及以上的部位。永远不要将冰直接放在皮肤上。

使用一剂对乙酰氨基酚或布洛芬，不太可能掩盖严重的受伤，并且可能有助于孩子更加迅速地从轻伤中恢复。

割伤和出血

基本要点

我们都倾向于去查看出血，而不是查看孩子。这么做有两个问题：第一，你可能会错过一个更严重的、不出血的伤情。第二，当成年人关注出血时，孩子会变得更恐慌。

任何出现穿刺伤的孩子都需要对破伤风的免疫状况做评估，如果需要，应立即打破伤风疫苗。

对于脚部穿刺伤，见上一小节"腿和脚受伤"。

评 估

所以，你首先需要处理的是孩子。

他是否处在一个危险的位置，有可能受到进一步的伤害？他是否清醒？是否呼吸顺畅？他的一只胳膊或一条腿是否因为遭受重击而弯曲？他有没有可能伤到自己的颈部或背部？

接下来，在确定其他方面都安全后，再处理出血的情况。如果你紧紧按压住出血的位置5分钟（尽可能用一块很干净的布），不松手，几乎所有童年期伤口的出血都会止住。当孩子很恐慌时，做到这一点并不容易，因此，保持冷静是很重要的。当大人将出血视为很平常的事情——表达适度的同情，面色平静从容，好像你知道会发生这样的事情，并且在过去的20年里每天都会看到这种伤情——孩子似乎就会做得最好。然而，在孩子盯着伤口看并发出尖叫时，不要试图转移他的注意力。这不管用，孩子会变得更加狂躁，因为他认为你在忽视一个明显的问题。

一旦出血停止，并且你放心地相信孩子是安全而完好的，你可以决定是否需要由专业医疗人员对孩子的伤口做处理。如果出现下面情况，就需要由他们进行处理：

- 有异物——无论干净还是脏的——嵌在伤口中。即便是一点泥土，如果在去除的时候不小心，都可能会造成感染。或者，它们可能永远被封闭在伤口里，造成难看的外观。这就是所谓的"公路刺青"。

- 伤口很深，以至于皮肤裂开。
- 伤口很深，深入到脂肪或肌肉中，即便皮肤没有裂开。
- 伤口位于一个对美观十分重要的部位，或是位于一个有可能切到下面的神经或肌腱的身体部位，如手指或脚底，或是位于一个留下的伤疤会影响到身体功能的部位。
- 出血无法止住，或是止住后又开始流血。
- 割伤或穿刺伤有可能穿透眼睛或颅骨——很深的动物咬伤、飞镖、铅笔等。
- 由于伤害的性质，要考虑提起法律诉讼。

如果孩子的伤口不符合上面任何一种描述，就可以用干净的肥皂和水清洗伤口。使用碘酒或双氧水等消毒剂不是一个好主意。如果伤口来自动物咬伤，见后面"急救"部分的讨论。

一旦清洗完，要再次评估伤口，如果你仍然认为不需要去看医生，就可以给孩子包扎。防粘连的创可贴或纱布就很好，但是，在对2岁半以下的幼儿使用时要小心。这么小的孩子往往会无视绷带象征着什么，并且会吃它们，或造成窒息。抗菌药膏有助于预防感染。要购买不含新霉素的创可贴或纱布，因为这种成分可能引起一些孩子的过敏性反应。

晒伤、烧烫伤和擦伤

基本要点

这些伤不仅可能影响表层皮肤，而且还可能对深层皮肤造成影响。表层或深层皮肤受伤都会很疼，除非伤得很深，损伤了神经，而且都容易引起感染，并且在愈合后会留下疤痕。

受到任何程度的损伤，都应该进行检查，以确保孩子接受最新的破伤风免疫注射。

评 估

首先查看孩子的整体状况。让孩子避开阳光，远离任何会造成进一步烧烫伤的其他危险热源。要确定不存在任何其他更加严重的伤情。

一度烧烫伤的表现是皮肤发红。晒伤是造成一度烧烫伤的最常见原因。一级擦伤是指没有出血的轻微擦伤。

二度烧烫伤会出现水疱。二级擦伤有出血。

三度烧烫伤的程度很严重，皮肤组织会变白或变灰，烧烫伤区域不会感到疼。三级擦伤伤口很深，能够看到皮肤下面的组织。

处理

第一步是用凉水或冷水冲洗伤口，不要用冰。如果孩子穿着衣服，要尽快将衣服用水浸湿或脱掉。

永远不要将二度烧烫伤的水疱弄破，这些水疱是大自然用来保护被烧烫伤的皮肤不受细菌感染的一种方式。

永远不要在伤口上涂抹黄油、猪油或其他自制药膏，它们会将热量封闭在里面。

大面积的晒伤，即便只是一度烧烫伤，也可能会使婴儿或小孩子陷入危险之中；要测量孩子的直肠温度，评估其整体状况，并且给儿科医生打电话。

二度烧烫伤和二级擦伤需要让医生做评估和治疗，以避免感染和转变成三度伤或三级伤，那会留下疤痕。一些二度和三度烧烫伤（如果面积很大，或者位于面部、脚底、手掌或生殖器部位）需要住院治疗。

人和动物咬伤

基本要点

你首先要关心的是身体组织的严重受伤。动物咬伤更有可能造成非常严重的受伤。最可能出现的场景是：

• 孩子被一只每个人都认为很安全的宠物狗咬伤，因为它在进食时受到了打扰，或以其他的方式受到了挑衅。

• 被猫咬伤。猫长而尖的牙齿可能造成严重受伤，即便穿刺伤看起来很小。如果咬伤刺破了皮肤，或者位于头部或面部，需要对孩子做评估，以确保没有对皮肤的基底层造成损伤——尤其是大脑或眼睛。

• 被一只被训练用来撕咬的狗或培养的很凶猛的狗咬伤。

• 被野生动物咬伤，例如一只熊或美洲狮。

预防是避免这些伤害的唯一方法。

无论是动物咬伤，还是人咬伤，第二要关心的问题是感染。当细菌进入皮肤深层并引起红肿时，就会出现局部感染，动物咬伤和人咬伤都是如此。

幸运的是，扩散性的全身性疾病

是极少见的。动物和人咬伤都可能引起破伤风，但是，可以通过免疫注射进行预防。如果一个孩子至少注射过4针破伤风疫苗，他就产生了完全的免疫力：这通常会在2岁前完成。他在5岁时需要再打一针加强疫苗。但是，在2~5岁之间，如果他被一只家养的宠物轻微咬伤，就不需要打加强疫苗。

动物咬伤还可能传播狂犬病，这是一种死亡率100%的病毒性疾病，除非通过狂犬疫苗进行预防。被猫咬伤可能感染"猫抓病"——一种细菌性疾病（见术语表）。人咬伤从理论上是有可能传播艾滋病病毒、乙型肝炎及丙型肝炎的，但是，关于这类传播的报告是极其罕见的。此外，大多数孩子已经在婴儿期注射过乙肝疫苗。

评　估

动物咬伤和感染

1. 狂犬病

狂犬病是一种病毒感染，一旦出现症状，死亡率是100%。狂犬病必须预防，要么通过避免暴露于传染源，要么一旦有可能暴露就要进行一系列的免疫注射。

狂犬病可以通过任何受感染的哺乳动物的唾液进行传播。野生动物是最有可能向人类传播狂犬病的；浣熊、臭鼬、狐狸、土狼，尤其是蝙蝠，都是尤其危险的。家养的宠物中，最有可能的是猫、狗和雪貂。

要想评估一次咬伤的狂犬病风险，必须考虑几个方面。如果出现以下情况，狂犬病的可能性就比较大：

• 如果攻击人的动物不是受到挑衅而咬人，或者，如果它的行为比较奇怪或有生病的迹象；或者

• 如果咬人的这类动物在你所在的地区有狂犬病检测呈阳性的记录。目前，最经常让人类感染狂犬病的动物是蝙蝠。

你无须被蝙蝠咬伤就能感染狂犬病。研究表明，狂犬病毒可以在蝙蝠居住的山洞中通过空气传播。此外，蝙蝠的唾液如果落在人体的黏膜上，无须咬伤也会传染病毒。我们是通过很多只是接触蝙蝠而没有被咬伤就感染狂犬病的病例知道这一点的。由于这个原因，只要接触过蝙蝠——例如，一只蝙蝠在孩子的卧室里盘旋过——就要认真对待。

任何动物咬伤，即便很轻微，都需要对引起狂犬病的可能性做评估。大多数这种咬伤是完全无害的。但是，

你仍然需要让你的儿科医生进行确认。对于家养动物，可以在10天内观察该动物是否有生病迹象。延后到这个阶段结束再开始进行狂犬疫苗注射通常是安全的。

如果怀疑感染了狂犬病毒，就必须尽快进行狂犬病疫苗注射（一种丙种球蛋白注射，以及一系列的疫苗接种）。这是唯一可行的治疗方法，必须在症状出现前注射。

狂犬疫苗注射以危险和疼痛而著称。在过去，情况可能确实如此。然而，在今天，它们已经远远没有那么疼了，并且也安全得多了，尽管还是和过去一样昂贵。

如果你要去一个狂犬病在犬群中广为传播的地区，并且无法立刻获得良好的医疗护理，你应该考虑在动身前先进行疫苗注射。

2. 破伤风

破伤风是一种潜在的致命疾病。破伤风菌不会造成严重的感染。然而，它们会制造一种毒素，这种毒素会导致牙关紧闭症（一种严重的痉挛，使患者无法张开嘴巴），以及折磨人的无法控制的肌肉痉挛。它很难治疗，即使接受了最好的治疗，也仍然有死亡的危险。

破伤风菌寄居在人和动物的肠道中。它的孢子生长在土壤中，并且可能对任何伤口造成感染。动物咬伤可能更容易造成破伤风，因为动物会更多地接触可能遭受污染的土壤。

然而，一旦孩子接受了完整的免疫，就无须因为轻微的咬伤而进行加强注射。

3. 局部感染

动物咬伤可能导致局部感染并出现红肿。有几种细菌可能引发这种问题。

如果被家养的动物咬伤，要找出动物的主人。如果被野生动物咬伤，要记下被咬伤的地点和动物的行为。在这两种情况下，都要给动物疾病预防控制中心打电话，即便你认识（或者你就是）动物的主人。大多数家养动物都可以接受检查，并在之后进行隔离观察，以便打消狂犬病的顾虑。

如果对于狂犬病有任何担忧，并且医生建议进行免疫注射，你一定要尽一切办法让孩子接受注射：现代的狂犬疫苗是安全的，并且不会那么疼，不像以前的疫苗那样会造成疼痛。

人咬伤

1. 人咬伤引起的局部感染是很常见的。其表现是发红和肿胀。

2. 一些严重的病毒性疾病可能通

过咬伤传播。

3. 在所有的文献记录中，仅有一例通过咬伤传播艾滋病的记录。

人和动物的口腔中含有大量的细菌，咬伤可能导致这些细菌深入人体组织。然而，当然，如果你有真正值得担忧的理由，你会希望迅速采取急救措施（见下文），并立即咨询你的儿科医生。

首先，当然要对孩子的整体状况做评估。咬伤是否是唯一的伤害？不要让愤怒分散你的注意力；要确保孩子没有在其他方面受到伤害或仍然处在危险中。

其次，要评估咬伤的情况：是谁或什么东西在什么情况下咬伤了孩子？"温和"的咬伤是指被一个友好、熟悉的人咬伤，这个人的本意并不是要造成伤害，或者仅仅是出于一种难以抑制的冲动。"野蛮"的咬伤是指被一个不认识的人咬伤，或者是一个你认识但却做出可怕行为的人咬伤。就动物来说，这会是无端发动的攻击，或者任何来自野生动物的攻击。就人来说，这会是被一个大一点儿的孩子、十几岁的孩子或成年人（再无其他）咬伤。任何"野蛮"的咬伤都需要去看儿科医生，至少需要报告给相关机构。

第三，对咬伤做评估。咬伤是否刺破了皮肤？是否位于眼睛、鼻子或嘴附近？是否在关节或手、脚、生殖器上？这次咬伤是否有可能涉及法律方面的问题？如果你对上述任何一个问题回答"是"，你就需要去看儿科医生。

处 理

• 迅速用温热的肥皂水清洗伤口。要用温水彻底冲洗。不要使用消毒剂，比如碘酒（碘伏）、酒精或双氧水。

• 如果咬伤只是位于皮肤表面，并且没有任何复杂因素，你可以使用抗菌软膏（最好是不含新霉素的）以及邦迪创可贴。

• 任何导致皮肤破裂的咬伤都需要去看儿科医生，让医生决定是否需要缝合，是否需要系统性地口服或注射抗生素。

• 如果可能进行诉讼，你应该给伤口拍一张照片，并让你的儿科医生或急诊室医生在上面签名并写下日期。

• 要继续观察被咬伤的区域，看是否出现发红、肿胀和条痕。

• 在确保孩子安全之后，要了解一下咬人的人或动物的信息。

如果咬人的是一个大一点的孩子、十几岁的孩子或成年人，要将这个情况报告给儿童保护机构和你的儿科医生。

从理论上看，狂犬病是可以通过人类的唾液传播的，但是，这只会出现在咬人者患有狂犬病的情况下。接触过狂犬病患者的唾液、脑髓液或脑组织的人——几乎都是医护人员——有被感染的风险，并且需要进行免疫注射。

中毒和误食

在美国的任何地方，任何人都可以拨打免费电话800-222-1222，联系最近的中毒控制中心。

基本要点

"误食"是一个医学术语，通常指一个孩子吃下或喝下了一种不应该吃的东西，但这种东西本身并不被认为是有毒的，比如奶奶的心脏病药物。心脏病药物对奶奶是有益的，但对孩子却不是。

另一方面，"中毒"一词通常意味着孩子吃下、触摸或者吸入了有毒的物质，这种物质在人身上没有任何"正常"的用途。

要记住，一些看上去无害的膳食补充剂和药物可能有很强的毒性。铁补充剂是尤为危险的，因为液态铁补充剂是甜的，补铁药片则通常包裹着糖衣。阿司匹林和对乙酰氨基酚也是具有潜在危险的药物。

一定要将孩子吃下什么东西以及可能吃了多少的任何线索都保留下来，并将其带到医院：容器、洒有该物质的衣服或物品、孩子呕吐出的东西，以及沾染到他的呕吐物的物品。

评 估

不管是哪种有毒物质，你的初步评估都应该包含以下这些问题的答案：

• 是否有进一步的危险？要拿走孩子手里的有毒物质，让他将嘴里的有毒物质吐出来，或是用你的手指将其掏出来。将容器转移到孩子够不到的地方。

• 孩子是否面临紧迫的危险？呼吸困难吗？陷入了昏睡吗？严重的喉咙痛或流口水吗？如果是这样，要用最快的速度寻求帮助——拨打急救电话，或是冲到急诊室去。要将装有毒物质的容器以及你能找到的任何证据都带到医院去。

• 如果孩子没有出现症状或仅仅出现轻微的不适，要给中毒控制中心打电话。如果你没有将电话号码贴在电话上，要给查号台打电话查询。如果孩子吃下的是一种家庭用品，标签上可能有在摄入该物质情况下的处理办法：**不要按照这些处理办法去做！要先给中毒控制中心打电话。**

处 理

处理措施包括：

- 防止有毒物质被进一步吸收。
- 在适当的时候使用解毒剂。

有3种方法可以防止有毒物质被进一步吸收：呕吐、洗胃，以及让孩子吃下一种物质，能在胃里吸收这种有毒物质，使它无法进入血液。

吐根糖浆

一些儿科医生和其他专家建议父母们在家里放一瓶吐根糖浆。这种药物通常会让人在服用20分钟后产生呕吐。如果以正确的方式服用，它确实可以防止一个孩子吸收刚刚吃下或喝下的东西：他会在有毒物质被吸收前将其吐出来。

但是，吐根糖浆可能是有危险的。它可能导致一个迅速陷入昏迷的孩子呕吐，从而造成严重的呼吸问题。如果错误地给一个喝下腐蚀性液体的孩子服用吐根糖浆，这种物质将灼伤他的口腔和食道两次：第一次是在喝下的时候，第二次是在吐出来的时候。如果错误地在给孩子服用真正的解毒剂之前服用吐根糖浆，会导致孩子将真正的解毒剂吐出来。

因此，大多数儿科医生和中毒控制中心都建议，只有当你住得太远而无法获得医疗服务时，并且只有在你完全了解何时应该使用以及何时不该使用时，才能在家中储备吐根糖浆。

如果出现以下情况，不要使用吐根糖浆：

- 孩子失去意识，或者昏昏欲睡。
- 孩子误食的是腐蚀性物质，将其吐出会造成与将其吞下时同样的灼伤。如果你认为孩子属于这种情况，而中毒控制中心的人告诉你要给孩子催吐，你应该要求与一位主管通话。
- 孩子误食东西的主要危险是它会被吸入肺中，例如油、涂料稀释剂、松节油等。如果你认为孩子属于这种情况，但中毒控制中心的人告诉你要给孩子催吐，你应该要求与一位主管通话。

如果你按照中毒控制中心或你

的儿科医生的建议给孩子服用吐根糖浆，要想让吐根糖浆以最快的速度发挥最好的效果，就应该在孩子喝下糖浆后再给他喝一杯水、碳酸饮料或果汁，然后让他四处走动。你可以跟着他，拿一个桶准备接他吐出来的东西。要将呕吐物保留下来。

最后一个警告：

永远不要试图"中和"一种腐蚀性物质，即便你在化学课上学过酸和碱可以相互中和。中和反应产生的副产品是热量——这会造成灼伤。

昆虫叮咬：
蜜蜂、黄蜂、大黄蜂、胡蜂和咬人的蚂蚁

基本要点

通常，蜜蜂或类似蜜蜂的昆虫叮咬和蚂蚁咬伤只会造成局部反应，在叮咬的伤口附近出现发红、疼痛、肿胀和搔痒。通常，肿块的直径不会超过8厘米，持续时间不会超过24小时。

有时候，反应的部位可能会更大、持续时间更长，并且在被叮咬部位周围伴随出现荨麻疹。

在极少数情况下（尽管在成年人中要常见得多），被蜜蜂家族或蚂蚁叮咬的孩子会出现一种被称作"过敏性反应"的全身反应。这种反应包括呼吸道肿胀、喘息、嘴唇和脸肿胀，以及低血压（休克）。这种反应可能是致命的。在美国，每年大约有40人死于昆虫叮咬（尽管这一统计数据没有包括死于非洲蜜蜂或杀人蜂的人数）。

一个在被昆虫叮咬后曾经出现过严重反应的孩子，或者一个出现过真正的过敏性反应的孩子，很有可能再次出现严重的反应。那些对蜜蜂叮咬过敏的父母的亲生孩子也会如此。如果一个孩子有这样的经历，就必须对蜜蜂叮咬采取谨慎的预防措施，永远都要随身携带一个过敏急救包，其中要有一支肾上腺素注射剂，比如"少年肾上腺素注射剂（Epipen Junior）"或"安纳套装（Anakit）"。如果你有可能离医疗服务地点很远，那么，你就需要为得到医疗服务所需的每一个15分钟携带一个急救包。一个有昆虫叮咬过敏史的孩子还应该佩戴医护信息手环。

为了预防昆虫叮咬，尤其是对于一个容易过敏的孩子，你要：

- 避免使用香水或有香味的乳液；
- 避免穿鲜艳的和彩色的衣服；
- 在高草丛和树林中要穿长裤和鞋子。驱虫剂对于防止蜜蜂类的昆虫

叮咬是无用的。

非洲杀人蜂喜欢在黑暗隐蔽的地方筑巢，比如废弃的轮胎、树洞、建筑物的屋檐下。你所在地区的公共卫生部门会向你提供如何预防、查找和安全地除掉非洲杀人蜂的建议。不要在没有严格防范措施的情况下自己去捅蜂窝，即便你只是想清理一下。

评 估

有时候，在孩子被叮咬时，你在现场，但在大多数时候，你都是看不到的。小孩子可能不知道自己被叮咬了。他们可能踩到了一只蜜蜂，但没看到它。年龄大一些的会说话的孩子可能会编出一个故事来向自己解释这次叮咬：他们可能会说自己踩在了一个尖锐的东西上。但是，当你检查受伤的区域时，你会看到一个白色的凸起区域，周围环绕着边界模糊的红圈。如果是被大黄蜂或蜜蜂叮咬，你可能会看到白色区域中嵌着一根刺。

在极少出现的过敏性反应中，孩子会病得非常快、非常严重。

处 理

1. 远离被进一步叮咬的危险。蜜蜂和大黄蜂在叮人后会失去它们的刺，然后死掉。你无须担心被再次叮咬，除非你激怒了整个蜂巢的蜜蜂。

其他会叮咬人的昆虫，比如黄蜂、马蜂和胡蜂在叮人之后不会失去它们的刺，也不会死掉，它们可以一次又一次地反复叮咬。最好的办法就是带着孩子迅速离开该区域，并远离可能会吸引它们的食物。

非洲杀人蜂不会单独叮人：它们成群出动。它们能够飞行很长距离。你要跑开并试着寻找一辆车或建筑物作为安全掩护。不要进到水里，它们会等待你从水里出来。

2. 如果你在伤口中能看到刺，要立即将刺取出。关键是要在刚开始的10～20秒内将刺取出，不管你使用什么方法。过去，人们认为对刺进行揉捏和挤压会使之释放更多毒液，最好的工具是一把较钝的小刀或一张信用卡。但是，事实并非如此。唯一有帮助的做法是快速将刺取出。

3. 如果你的孩子被叮咬，并且你随身携带了肾上腺素套装，一旦你看到除单纯性局部反应之外的任何迹象，就要立即进行注射。这些迹象包括：孩子看上去不对劲，开始哼唧并表现出害怕的样子；面色苍白，出现一两处荨麻疹，开始流口水，嘴唇肿胀；开始出现叹息样呼吸或喘息，或者出现吸气困难——任何异于平常的情况。如果你进行了不必要的注射，也不会给他带来伤害，但是，如果你没有及时注射，则有可能让孩子面临生命危险。即便他在注射后看起来很好，也要立即前往医院或打电话寻求医疗帮助，要直接前往急诊室。肾上腺素注射剂的效果会在 15 分钟后消失，到那时，过敏性反应可能会重新出现。

4. 如果你没有随身携带肾上腺素套装，但是，被叮咬的孩子出现了局部反应之外的任何症状，要立即抱起孩子紧急赶往急诊室，或拨打急救电话。

5. 对于单纯性局部反应：要对被叮咬的部位进行冷敷，将被叮咬的脚或手抬高，给孩子服用抗组胺剂（苯海拉明），以及对乙酰氨基酚（泰诺）或布洛芬（Motrin 或 Advil）。

预　防

如果一个孩子或任何人对于昆虫叮咬曾经出现过严重的局部反应或全身反应，要敦促他（或她）做一次过敏测试和脱敏治疗，让他随身携带一个"蜜蜂叮咬套装"，并且要知道如何使用。要教你的孩子不要招惹蜜蜂；特别地，要向你的儿科医生咨询关于"杀人蜂"是否在接近你所在地区的指导。在蜜蜂活跃的季节，不要穿色彩鲜艳的衣服，并且要穿上鞋子。

第15章

身体部位、身体功能及相关疾病

头 疼

头疼有几种模式：

1. 单一的急性头疼，持续数分钟或数小时；

2. 反复出现的剧烈的急性头疼，孩子在两次头疼之间感觉很好；

3. 令人烦恼的、轻微的、反复出现的头疼，孩子在两次头疼之间感觉很好；或是一种几乎一直存在的轻微却令人烦恼的头疼，但情况不会变得更糟。孩子的行为和活动不会受到影响。他只是有很多抱怨。

4. 一直存在（或几乎一直存在）的头疼，并且不断加重，你可以从孩子持续的抱怨和不断减少的玩耍中判断出来。这种头疼反映的可能是由于内出血、脑肿胀或水肿、像肿瘤这样的肿块或者其他原因所造成的大脑压力的增高。在这种情况下，你要立即带孩子去看医生。

突然出现的急性头疼

大多数急性头疼都是无害的，其原因也是普通的常见疾病。发烧本身会造成头疼。很多上呼吸道病毒性疾病，例如流行性感冒，其特征就是急性头疼，而链球菌性喉炎更是因此而著称。事实上，很多孩子会抱怨头疼，而不是喉咙疼。

在面对一个出现急性头疼的小孩子时，你要做的第一件事就是评估一下他是否有"可怕疾病"行为的迹象。（见第13章"吓人的行为"）。如果出现这种不太可能发生的情况，他需要立即去看医生。

如果没有这样的迹象，你可以依照孩子的年龄给他服用相应剂量的布洛芬。不要忘记先给他吃一些保护胃黏膜的食物，比如一根香蕉或是冰淇淋。此外，在给他吃药前要先测量其体温，因为药物可能掩

> **具有潜在严重性头疼的迹象：要立即获得帮助！**
> - 出现"可怕疾病"的行为（见第13章"吓人的行为"）。
> - 在头部受伤后，头疼得非常厉害，足以造成哭闹或行为改变（不只是磕碰到的地方感到疼）。
> - 在服用布洛芬或对乙酰氨基酚2小时后，疼痛仍在加剧。
> - 表现得不像他自己：失去方向感，语无伦次。
> - 反复呕吐，并伴随持续的头疼。
> - 任何神经病学方面的症状：惊厥、一只瞳孔比另一只瞳孔大。
> - 颈部僵硬，导致孩子无法用下巴抵到胸前。这可能是脑膜炎的迹象，因为这样的动作会牵动脑膜——脊髓膜。如果脑膜发炎，牵动时就会感觉疼痛。
>
> 转头时出现的颈部僵硬不是脑膜炎的迹象。见术语表中的"斜颈"。

盖其发烧的症状。如果在服用布洛芬2个小时后头疼的状况有所改善，你就可以安心地观察并注意他的其他症状，以便找出引起头疼原因的线索。如果一次普通的头疼持续超过24小时，在服用了几次布洛芬之后仍然反复出现，你就应该给儿科医生打电话，即便没有出现任何其他的迹象或症状。

如果有迹象说明这不是普通的头疼，并且可能有严重的原因，则需要迅速进行治疗，见本页方框中的描述。

急性、剧烈、反复出现的头疼，孩子在两次头疼之间完全正常

在儿童期，反复出现的急性头疼的最常见原因是偏头痛，一种似乎是由大脑周围血管痉挛造成的头疼，尽管确切的发病机制还不明确。

偏头痛几乎可以由任何因素触发：疲劳、巧克力、阳光、压力。除了头疼，常常还会有肚子疼、恶心或呕吐的症状。头疼会因为噪音、光线和运动而加剧；休息或睡眠可以使之得到缓解。偏头痛通常会有家族史。在两次偏头痛发作之间，孩子是完全正常的。

目前还没有任何特定的检查、X光或实验室检测能够诊断偏头痛；它的诊断是通过排除其他引起反复头疼的原因获得的。反复出现的急性头疼需要让儿科医生做评估，有时候需要让儿科神经学家做检查。

孩子可能需要做一次核磁共振成像或其他成像检查，以排除大脑内反复的少量出血、高血压或是其他极其罕见的原因。

持续或反复出现的轻微头疼

4岁是出现此类头疼的一个模糊但真实存在的分界线。4岁和4岁以上的孩子经常抱怨的就是这种头疼。大多数时候，这是偏头痛，其次才是由生活本身所造成的头疼（"专注性"或"功能性"或"紧张性"头疼）。你可以观察一段时间，收集一些信息，以帮助你确定造成这种头疼的原因。

然而，在不到4岁的孩子中，尤其是那些2岁和不到2岁的孩子，慢性或反复出现的头疼是不常见的，并且也更令人担忧。如果这么小的孩子在超过1周的时间里出现持续或反复的头疼，就需要让医生对其做检查，即便没有其他任何严重的迹象（见上一页方框"具有潜在严重性头疼的迹象"）。

4岁及4岁以上的孩子

4岁及4岁以上的孩子会常常抱怨头疼。头疼是他们非常喜欢用的一个词。这意味着你可能听到的4岁和4岁以上孩子抱怨的头疼，是明显不会造成危害并且是很轻微的。

这是因为，孩子们在4岁左右开始理解这个词的含义。"头疼"是一个相对复杂的概念。不满4岁的孩子很难将他们的头视为像耳朵或牙齿那样的身体的一部分。正如成年人知道的那样，当你头疼时，感觉更像是你——你自己——在疼痛。"我的灵魂疼。"被诊断出患有偏头痛的4岁半的乔治告诉我。

到4岁时，大多数孩子已经很多次听到大人抱怨头疼，以至于开始领会其含义。这意味着，4岁孩子在感到自己不舒服和头部不舒服时，就能使用"头疼"这个词。当他感到心情不佳时，或者无法为哼唧和抱怨想出其他借口时，也会使用这个词（成年人有时也会这样做）。他还可能会用抱怨头疼来获得关注，就像大人做的那样：4岁和4岁以上的孩子不用花太多时间就能明白"头疼"是一种完全主观的感受。没有人能证明你是否真的头疼。

如果孩子没有表现出严重的症状（见上一页"具有潜在严重性头疼的迹象"），并且行为和外表都很正常，你可以悄悄地将这些头疼记录下来。不要一直询问他是否头疼，或者让他听到你对此感到担忧，或者看到你将它们记录了下来。你很可能会发现一

> **头疼日记**
> - 头疼出现得多么频繁？周末和平日都出现吗？
> - 在一天中的什么时候出现？
> - 头疼有多么严重？孩子会停止玩耍并且躺下来，还是会继续玩耍？
> - 头疼持续了多长时间？
> - 你能否找到一个诱发因素，比如疲劳、压力或者特定的食物？
> - 什么能缓解头疼？什么会加剧头疼？
>
> 即便是轻微的头疼，如果出现的频率或严重程度有所增加，或者在超过3个星期的时间里反复出现，或者出现了其他症状，就需要让你的儿科医生给孩子做检查。如果有可能，你应该先弄清楚在你和你的伴侣的家族中是否有任何人曾被诊断出偏头痛。在去看医生时要带上你的记录。

个模式。这些头疼可能出现在他过度劳累、看了太多电视或便秘的时候。

3岁及3岁以下的孩子

2岁至3岁是一个中间年龄，我宁求稳妥，不愿涉险。

这么小的孩子如果哪里真的疼的话，通常只会说头疼。他们通常不会用语言描述哪里疼。如果你问他们，他们最多会说"疼"或"不疼"。因此，你不得不通过自己的观察来做判断。

一个会说话的年龄很小的孩子可能会指着他的头说疼，或者他可能只是用手抱着头，看上去好像疼痛的样子。某些活动明显会造成疼痛：被扶着蹦跳、跳跃或那些可能造成他啼哭以及——如果是1岁或大一些的孩子——抱住自己的头的姿势的突然改变。头疼的另一个迹象是白天睡眠时间的大量增加，伴随着在清醒时行为的改变（烦躁、无精打采、看上去在忍受疼痛）。

如果孩子有下面任何一种严重迹象，就需要看急诊（见第530页方框和第531页方框）。

颈 部

脑膜炎的问题

对于颈部僵硬，父母们最大的担忧是脑膜炎。然而，小孩子在患脑膜炎时通常不会出现颈部僵硬，而小宝宝几乎从来不会出现颈部僵硬。

当颈部僵硬是由脑膜炎造成时，孩子通常会以其他方式表现出生病。

> **小孩子的头疼可能存在严重问题的迹象**
>
> - 被摇晃过,或怀疑被摇晃过。
> - 孩子在一段时间里抱住头。不愿转头看一个东西。走动时小心翼翼,看上去焦虑不安或很痛苦。不愿意跳跃或上下晃动。
> - 出现颅骨生长过快的迹象:囟门扩大,前额突出并显现出扩张的血管。
> - 如果囟门还没有闭合:在孩子安静地坐着的时候,囟门是向外突出的,形成明显的凸起。(当宝宝坐着的时候,囟门应当是稍稍凹陷的,或者与颅骨形成平滑的线,而不是凸起。当宝宝啼哭时,囟门会暂时凸起,然后又恢复原状。)

他通常会发烧、呕吐、表现出严重的"行为不对劲",并且常常会出现皮疹。脑膜炎造成的颈部僵硬是因为脑脊液发炎,任何会牵动脑膜的动作都会造成疼痛。如果你让孩子蜷着身体用鼻子触碰膝盖,或者用下巴触碰胸口时,孩子表现出抗拒或疼痛——要给你的儿科医生打电话。

小婴儿出现颈部僵硬或斜颈

不满6个月的婴儿如果歪着脑袋看你,他要么是有头部倾斜,要么是有斜颈,而且,有时候很难区分这两者。引起这一现象的原因有很多,从出生时的姿势到肌肉痉挛,从脊柱畸形到视力问题:弱视会使宝宝用倾斜头部来代偿。

不管是哪种情况,都需要让儿科医生给宝宝做检查。如果有斜颈,你的儿科医生还会仔细地检查宝宝的臀部,因为斜颈常常与髋关节脱位有关。

学步期和学龄前的孩子出现斜颈

颈部疼痛,头部偏向右侧或左侧,在小孩子中是十分常见的。有时候,这会伴随着喉咙痛或耳朵痛(这需要让儿科医生做评估)。有时候,这是由于活动过度或睡眠姿势不正确造成的。

如果没有其他问题的迹象,并且孩子以前没有受过伤,对乙酰氨基酚(或是布洛芬,如果你的儿科医生建议使用的话)加上冰敷按摩,通常就能缓解问题。在进行冰敷按摩时,可以使用一个里面装着冷冻蔬菜的塑料三明治袋,或者高科技冰袋。如果这种方法在几个小时内不管用,你就需要更多的帮助。

> **慢性或反复出现的头疼可能预示着严重问题的迹象**
>
> • 一个孩子没有觉得恶心却突然出乎意料地呕吐。"突然之间，完全出乎意料。"在一大早反复呕吐，而没有其他肠道疾病的迹象。
>
> • 大脑不能很好地控制身体的迹象。一只眼睛开始向内翻或向外翻。不对称的微笑。一只瞳孔看上去明显比另一只更大。一只胳膊或腿比另一只力量弱。走路时岔开双腿，似乎很难保持平衡。
>
> • 反复出现的头疼，总是位于头部的同一点。
>
> • 反复出现的头疼，位于头部后方，咳嗽或呕吐会加剧头疼。
>
> • 头疼会使孩子在夜里醒来，或者，一醒来就开始头疼，躺下时会加剧；在做出屏住呼吸和用力收缩腹肌的行为（这会增加颅内压力）——咳嗽、打喷嚏、用力排便——时，头疼加剧。
>
> • 头疼出现在过去两个月里曾经有过严重的头部受伤的孩子身上，尤其是在他受伤后曾经失去知觉的情况下。
>
> • 可能意味着脑下垂体功能异常的头疼：非常渴并且大量排尿（尿布常常被尿湿，新出现的尿裤子现象，必须在夜里喝水或起来小便——或是最近出现的尿床现象）。生长发育不良。

眼睛与眼睑

4个月及不到4个月的婴儿有特殊的眼部问题。见第2章"从出生到2周"中的"眼睛"。

基本要点

眼睛的白色部分叫作"结膜"。眼睛的彩色部分（也就是当你说"他有棕色的眼睛"时所指的部分）叫作"虹膜"。中间的黑色圆圈是"瞳孔"。"角膜"是指覆盖在虹膜和瞳孔上的透明薄膜。如果角膜被擦伤，会非常疼。

眼白部分不是白色

如果眼白部分有点发蓝，这通常是纯正的蓝色眼睛所伴随的正常现象。然而，这也有可能是一种缺铁的标志。此外，这还有可能是脆骨病——一种先天性遗传疾病——的一种标志。

眼睛颜色很深的孩子，尤其是东方人、地中海人、拉丁美洲人或非洲人的后裔，在眼白中常常会有棕色或黑色的斑点，这几乎总是正常的。

如果婴儿出生5天后第一次出现眼白发黄（黄疸），这是不正常的，尽管情况不一定会很严重；这种情况始终需要立即做检查。

如果一个孩子的皮肤发黄，而眼白没有发黄，他就不是黄疸，而更有可能是胡萝卜素血症（见术语表）。

如果孩子的眼白是粉红色的——请你千万不要打电话告诉医生说孩子出现了红眼病。我真的希望从没有人发明过"红眼病"这个词。使用这个词的人似乎明确知道这个词的含义；但是，我从来不知道。"结膜炎"这个词也好不到哪儿去；它也仅仅意味着眼白呈现粉色或红色。这样的眼白发红现象可能意味着感染（病毒或细菌）、受伤、异物、过敏、日晒，以及其他一些极少出现的情况。

眼睛中的黏液

眼泪、眼屎或任何其他类型的分泌物都有可能意味着泪腺阻塞或感染——病毒性的或是细菌性的。

眼睑肿胀也同样。它们是因为感染而肿胀，或者因为过敏而感到不适和肿胀，还是因为水肿——液体聚积在组织中而出现浮肿？如果出现"黏液"和眼睑肿胀，则需要让儿科医生做评估。

一只眼睛的虹膜颜色与另一只眼睛的不同

这被称作"虹膜异色症"，这种情况始终需要让医生做评估，看有没有罕见的潜在问题。但通常这都是正常的。

瞳孔的大小

当周围环境较暗时，或者当孩子兴奋或不安时，瞳孔会放大。它们在明亮的光线中会收缩到极小。（对光线明暗的感受会因人而异。）

此外，没有人的瞳孔是完全对称的，一只瞳孔通常看上去比另一只稍大一些（或稍小一些）。这几乎总是正常的。

但是，如果一只瞳孔的确比另一只瞳孔大得多并且保持这种状况，那就需要立即让孩子做检查，即便孩子看上去完全正常。

瞳孔的颜色

如果一只瞳孔看上去是白色的，比如在一张使用闪光灯的照片里或是在任何光线下，而另一只瞳孔是红色的，则需要迅速给予关注。这意味着有什么东西干扰了光线到达视网膜：白内障、肿瘤或是其他什么。

身体部位、身体功能及相关疾病

> **在因为眼睛问题给医生打电话之前**
>
> - 你什么时候第一次注意到了这个问题？
> - 这些症状是局限于一只眼睛，还是两只眼睛，是否还有其他症状，例如发烧、皮疹、行为改变、流鼻涕、咳嗽？
> - 受伤：你是怎样注意到这个问题的，或者孩子是怎样受伤的？孩子是否有可能自己伤到了头部以及眼睛？
> - 你是否已经对一只眼睛或两只眼睛采取了什么措施？
> - 如果孩子的眼睑是肿胀的，就好像里面有液体一样，他的排尿是跟平常一样，还是比平常少得多？孩子是否表现出烦躁、无精打采或不舒服？他是否有过敏的迹象，总是揉鼻子和打喷嚏？
> - 是两只眼睛都出现异常，还是只有一只眼睛？孩子是否感到疼痛？如果不感到疼痛，要用明亮的光线照射孩子的眼睛。孩子这时是否会出现退避、眯眼、流眼泪或抱怨疼痛？
> - 一只眼睛（或两只眼睛）的眼白部分是否发红？是否有分泌物？还是既发红又有分泌物？
> - 你能否在眼睑周围看到昆虫咬伤或叮咬的痕迹？眼睑是浮肿，而不是肿胀吗？

眼睛向内偏斜或向外偏斜

当一只眼睛向内偏斜或向外偏斜，与另一只眼睛不完全同步时，这种情况通常被称作"斜视"，发生斜视的那只眼睛会比另一只正常聚焦的眼睛的视力弱。在出现斜视的情况下，那只"视力模糊"或"游离"的眼睛是能转向各个方向的。

然而，如果一只眼睛不能转向各个方向，而是固定在一个位置，则可能意味着真正的紧急状况，例如脑肿瘤。这样"不能动"的眼睛需要立即做检查。

其他各种问题

如果眼睫毛上出现白色微粒，则可能意味着有虱子寄生。这种情况在最讲卫生的家庭也可能发生。这需要用处方药膏治疗。

奇怪的眼球运动，例如眼球抽动或"跳动"，都需要做检查，不论这是突然出现的，还是逐渐出现的。有一个例外：正常的眼球抽动（眼球震颤）会出现在孩子不停旋转后的短时间内，比如在游戏场的旋转木马

> **一些需要立即关注的眼部问题**
>
> · 眼睑疼痛。（需要担心是疱疹感染，这可能损伤眼角膜。）
> · 一只瞳孔明显比另一只瞳孔大得多。这可能是一个神经性的问题，也可能只是眼睛的问题。
> · 一只眼睑肿胀，而不仅仅是浮肿——发红，触摸时感到疼痛，肿胀得十分严重，以至于孩子无法完全睁开这只眼睛。这可能意味着一种被称作"眼眶蜂窝织炎"的感染，如果不进行治疗，可能会变得很严重。
> · 一只发红的眼睛并对光线敏感——孩子会畏缩、流泪，并且不愿睁开这只眼睛。这意味着有东西刺激了角膜：擦伤、异物、感染、化学制剂等。
> · 眼球外凸。这可能意味着眼底有肿块。
> · 在照片中一只瞳孔是白色的，另一只是红色的。

上，通常是在孩子呕吐到你的鞋子上之前。

评 估

通常，评估的关键是要弄清楚你是否需要带孩子去医生的诊室，如果需要，情况有多紧急。有时候，一只眼睛出现感染可以通过你的儿科医生给药房打电话开眼药水得到治疗，你应该在手边准备药房的电话号码，以防万一。要确保药房是营业的。

处 理

你如何把药物滴进或挤进孩子的眼睛呢？我猜这才是真正无法解答的斯芬克斯之谜。毕竟，你的眼睛里肯定进过沙子……

大多数父母发现眼药水比眼药膏更容易使用，如果医生让你选择的话。

婴 儿

第一种方式：给宝宝一个安抚奶嘴；当他的嘴巴忙着吮吸时，眼睑就会放松。一个非常平和的小婴儿可能睁着眼睛，并让你将眼药水或药膏滴进或挤进眼睛里。你甚至可以轻轻地将下眼睑向下翻，露出眼睑的内部，将药直接涂抹在露出的部位。

第二种方式：一直等到宝宝睡着，然后将下眼睑向下翻。你可能不得不先给一只眼睛上药，然后等待婴儿再次入睡，再给另一只眼睛上药。

第三种方式：如果宝宝紧闭双眼，你可以更紧地挤压眼睑，但是不要对眼球施加压力；你在这样做的时候会发现婴儿的眼睑会弹开一些，露出一个小缝隙，让你可以将药滴进去，然后再将眼睑合上，这样，药就能涂抹到眼球表面。你可能不得不将婴儿包裹起来，或者让一个人帮你按住他。

学步期的孩子

技巧是一样的，但是你可能不得不按住他。

两个人进行：让孩子仰面躺在地上。一个成年人抱住他脖子以下的身体部位，控制住他的胳膊。另一个成年人双膝跪地，将孩子的头部夹在两个膝盖中间，进行上药。

一个人进行：让孩子仰面躺下，两个胳膊像"T"字一样伸开。成年人坐在他头的后面，用大腿压住他的两只胳膊。

学龄前的孩子

如果学龄前的孩子能先试验一下，他们就可能更愿意接受药物。这可能会浪费一点药，但是，你还是应该尝试在孩子的手指（刚洗干净）上滴一滴药，让他闻闻、尝尝它（要先警告他药的味道可能很恶心！），并接触一下眼睛。要提前告诉他你要做什么，并先用一滴温水做练习。要让他给他的洋娃娃的眼睛里滴一滴药水。在这上面花些时间是值得的，因为按住一个学龄前孩子是很难的。

耳　朵

非常小的孩子的耳朵容易出现：

- 中耳感染（中耳炎）。
- 耳道感染（外耳道炎，游泳性耳炎）。
- 受伤和异物。（我最喜欢的耳道异物是从一个2岁孩子的耳朵里取出的一张小纸条，我就像是从幸运饼中抽出了纸条，并大声读出了上面的字："检查员10873号。"）
- 耳垢（耳屎）过多，压迫了鼓膜。

中耳感染和中耳积液

基本要点

中耳感染是很常见的，你的孩子几乎注定会至少感染一次。这意味着，中耳的耳膜会肿胀，鼓膜后面的空间会积聚脓液，从而对鼓膜造成压迫。中耳感染的症状是因人而异的，这在很大程度上取决于脓液积聚的速度，以及鼓膜是否有机会缓慢或快速地延展。

除了脓液以外，中耳还可能出现液体，不管是否存在感染。如果液体留在耳朵里很长时间，就可能对中耳造成损伤。即便它没有造成损伤，由于耳部积液造成的轻度或中度的听力损失，也可能影响一个孩子的语言发展、行为和学习的能力。

耳部感染出现得越快，疼痛就越剧烈，这是因为鼓膜不得不快速延展以容纳脓液、液体和血液。一旦它延展到最大极限，很多小孩子会说耳朵不再疼了。大一些的孩子或成年人会讨厌鼓膜承受压力和耳朵听不清声音，但是，小孩子似乎对此并不在意。因此，当孩子抱怨耳朵很疼，并在之后似乎情况有所好转时，他仍然可能患有中耳感染。

在极少数情况下，中耳感染可能发展成脑膜炎（脊髓液和脊髓内膜的感染）或乳突炎（耳朵后部骨骼空间的感染）。一个孩子如果不仅感到疼痛，而且表现出比一般的耳部感染更严重的不适（见第13章"吓人的行为"中的"行为可怕的疾病"），就必须迅速去看医生或看急诊。其他迹象包括：

- 在孩子试图用下巴触碰胸口或用鼻子触碰膝盖时感到颈部僵硬或疼痛。
- 严重的头疼。
- 耳朵后面的骨头部位出现发红、肿胀和疼痛。（这与存在于这一区域的正常的淋巴结不同。淋巴结摸起来像一粒小豌豆或小滚珠，用手指可以推动。它摸起来可能更软一些。）这可能是乳突炎———一种骨感染。

有时候，脓液聚积得太快，压力会导致鼓膜破裂，脓液流出。这会立即缓解中耳的疼痛，它的好处通常会超过有东西从耳朵中流出所带来的不适。幸运的是，大多数时候，这样的鼓膜破裂不会损伤传导声音的耳部精密结构，并且在愈合后不会留下伤疤。但是，你一定不想冒险让它一次又一次地破裂。你还需要确保潜在的感染已经被治好，脓液本身不对耳道造成感染，并且穿孔已经愈合。因此，即便你的孩子对自己流脓的耳朵感觉良好，你仍然需要让医生对孩子的耳朵和孩子全身做检查、开药，并认真地进行后期的治疗。

评 估

婴 儿

一个感冒发烧的婴儿如果出现疼痛的迹象，很有可能是中耳感染。

然而，如果一个婴儿在吮吸或平躺时（因为耳朵里的压力有变化）啼哭，或者曾经在坐飞机时短暂地哭闹，但现在不像之前那样喜欢咿呀学语，并且对声音的反应也不灵敏了，他也可能是出现了中耳感染。一个完全健康的玩弄自己耳朵的婴儿，不太可能有耳部感染；但是，要警惕婴儿出现烦躁不安、半夜醒来和食欲减退的迹象。

学步期的孩子

一个感冒和发烧的学步期孩子如果用手抓自己的耳朵，他很有可能是出现了耳部感染。一个暴躁易怒的学步期孩子可能是患了耳部感染，或者只是有耳部积液。一个语言发展迟缓的学步期孩子，可能是因为耳部积液而造成了听力损失。

学龄前的孩子

一个感冒和发烧的学龄前孩子如果说自己耳朵疼，他说的可能是正确的，但是，很多小孩子还不能很好地指出疼痛的具体位置或者对疼痛做出描述。（我曾花半个小时检查一个声称自己"牙疼"的3岁孩子，结果发现她的疼痛来自于左脚上扎的一根刺。）对头疼或嗓子疼的抱怨可能意味着耳朵痛。中耳积液会让一个学龄前孩子表现出不听话、闷闷不乐、爱哼唧和婴儿似的行为。

处理

很多耳部感染会首先在夜晚造成疼痛，因为在孩子平躺时耳压会有变化。那么，对一个在半夜2点遭受着痛苦的小家伙，你能做些什么呢？

急性的中耳感染常常是病毒性疾病的并发症。抗生素能够治疗有些耳部感染，但是，它们无法立即消除流鼻涕、嗓子疼或是发烧的症状，因为这些症状是由病毒引起的。此外，抗生素需要一些时间才能起效，在半夜给孩子服用抗生素可能不会使他的疼痛立即得到缓解。

在大多数情况下，一些家庭疗法（用非常热的湿毛巾敷在耳朵上、呼吸蒸汽、非处方的减充血剂）可能看上去会有帮助。

然而，一些快速起效的措施也能帮助缓解疼痛。在耳朵中滴入有麻醉作用的药水（通过处方获得），甚至是加热过的食用油，肯定会有帮助[①]，口服的解热止痛药，例如对乙酰氨基酚和布洛芬，也会有效。（不

---

① 如果鼓膜在承受压力的情况下出现穿孔并且滴耳液渗透进入中耳，这些滴耳液有可能造成疼痛。——作者注

应让小孩子服用阿司匹林，除非先获得你的儿科医生的允许。）

然而，很多时候，一些看似有帮助的治疗方法，实际上并非如此。当脓液快速聚积，鼓膜被急剧拉伸时，耳部感染带来的疼痛是最为强烈的。一旦鼓膜被完全拉伸，很多小孩子（以及一些大孩子）似乎就会忍受模糊的听觉和耳内的压力，而没有任何抱怨。这可能出现在疼痛开始后的几小时内，让人误以为是药物发挥了作用。

当然，如果孩子出现了令人担忧的其他迹象，比如行为或外表看上去像是生病了，或者出现了就其年龄来说让人担忧的高烧，就必须立即给儿科医生打电话。

然而，任何孩子如果出现夜晚的耳朵痛，则需要在第二天去看医生，即使到第二天不再疼痛或有任何抱怨。令人吃惊的是，你会在一些从未抱怨的孩子身上看到情况非常糟糕的鼓膜。

一旦给孩子使用抗生素，一定要服用完整的疗程，不要错过每一顿药。医生通常会给耳朵流脓的孩子开抗生素滴耳液。

要带孩子做一次复查，以确保感染已经消失，并且鼓膜的破裂处已经愈合。如果无菌的、未受感染的液体仍然存在于中耳中，你的儿科医生会希望与你讨论进一步的随访和可能的治疗。

这样的复查还可能揭示出导致严重的、反复出现或持续出现的中耳炎的潜在原因（见第3篇第22章"麻烦的中耳"）。

预 防

第3篇中的第22章对这一令人痛苦的问题有更详细的描述。我只能说，传说中的从未患过中耳炎的孩子具有以下特点：他们的父母从未患过中耳炎，并将这一基因传给了他们的孩子；没有家族过敏史；没有任何的二手烟；不会接触病毒性疾病，比如在日托环境中可能感染的疾病；从不仰面躺着用奶瓶喝奶，也从不将鼻子浸入洗澡水；很少出现扁桃腺肥大；在出生后的头4个月内一直吃母乳，不吃配方奶或固体食物；从不坐飞机，也从不到山上去。我自己曾经见到过这样的传奇式婴儿，但是，我答应了她的父母不泄露她的身份。

耳部感染不会像病毒一样传染。耳部感染不会从一个孩子的耳朵里跳出来，跳进另一个孩子的耳朵里。但是，大多数耳部感染是以病毒性感冒作为开端的，而病毒性感冒无疑是会传染的。因此，参加日托的孩子更有可能感染中耳炎，尤其是大型的或临时日托机构。

外耳道炎或游泳性耳炎

基本要点

耳道——耳垢生长的地方——是一个以鼓膜为尽头的死胡同。当耳道出现肿胀和感染时，会感觉非常疼痛。这通常发生在因为游泳或洗澡导致耳道进水，从而使细菌侵入耳道内膜的时候。发生感染时，耳道会肿胀，形成脓液。由于这一切都发生在以鼓膜为界限的死胡同中，因此中耳不会受到影响。然而，由于游泳可能导致中耳感染和外耳感染，因此，这两种感染同时发生也不罕见。

评 估

当连接外部世界与鼓膜之间的耳道出现肿胀或感染时，最主要的症状是在触摸耳朵，或者按压被称为"耳屏"的部位时会感到疼痛。

在极少数情况下，患外耳道炎的孩子可能出现了很严重的感染，通常是葡萄球菌感染。如果孩子发烧、行为像生病了并且非常疼痛，就应该立即去看医生或去看急诊，他可能需要打针或住院治疗。

治 疗

如果感染是轻度或中度的，并且是局部的，含有抗生素的滴耳液通常会管用，不管其中是否含有可的松。

有时候，儿科医生或耳科医生会希望对孩子的耳道进行冲洗，或是插入一个小管，以便让药水直接进入耳道。

如果孩子同时患有中耳炎，可能需要口服抗生素。

预 防

我们会在广告中看到一些滴耳液产品，它们是在游泳后用来预防游泳性耳炎的。这些滴耳液中的成分能够使耳道保持干燥，并形成一层酸性保护膜，既能防止细菌的生长，也能防止真菌的生长。

你也可以自己制作类似的滴耳液。配方是：1 份白醋，加 1 份外用酒精。你需要将其小心收好，以防止任何人将它喝掉，尽管我无法想象有人会把它大口喝下。

在游泳或洗澡之后可以使用这种药水。它们仅仅能起到预防作用。如果已经出现耳痛、有脓液或液体从耳朵中流出，鼓膜已经穿孔或者置入了导管，就不要使用这种药水。

异物进入耳朵，耳道外伤

基本要点

孩子耳朵中最危险的异物是成年人在试图清除耳垢时插入的异物。这包括棉签棒、发夹和长指甲；这些东西可能擦伤耳道，将耳垢向后推到靠近鼓膜的位置，这样它就无法自然排出，从而影响听力，甚至可能造成鼓膜穿孔。

教训：当你使用这些工具时，你不是在清理孩子的耳朵，你只是在以危险的方式将耳垢推入到更深的看不见的地方。这很有诱惑，但却是不明智的。你的奶奶告诉你的没错，永远不要把任何比你的胳膊肘小的东西放进你的（或你孩子的）耳朵里①。

另外一些异物是孩子自己插进去的，可能是因为耳朵疼或痒，也可能是因为他们在"扮演医生"，或者仅仅是因为一时心血来潮。我就曾经亲自从孩子的耳朵里取出或试图取出：珍珠（一颗真正的珍珠）和小珠子、爆米花仁、纸、棉花、一个小轮子、一只芭比娃娃的粉色拖鞋，以及一粒巧克力糖豆。

另一类异物来源，哎，是虫子。蠼螋、蚂蚁、甲虫，都喜欢爬到孩子的小耳朵里。

评 估

孩子通常不会出现任何症状，除了内疚感，如果他年龄够大的话。最诚实的孩子会承认或宣布，或者只是用随随便便的语气提到："哦，我昨天在我的耳朵里放了一粒葡萄干。"有时候，你会发现孩子听力不好的迹象，但没有任何感冒或耳朵痛的迹象。有时候，如果光线能够照到，你会看到有东西在孩子的耳朵里闪光。

但是，如果耳朵里进了虫子，孩子会让你知道，或者是通过尖叫或打滚并用手捂住耳朵；如果他年龄足够大，就会告诉你有东西在耳朵里爬。

处 理

如果异物不是活的会爬的东西，不要试图自己将其取出来，除非是一个你能用小镊子轻松地将其夹出来的柔软蓬松的东西。在你将它取出之后，你需要医生用一个耳镜来检查孩子的两只耳朵，以确保没有其他异物。（我

---

① 这是一句谚语，英文是 Never put anything in your ears that is smaller than your elbow. ——译者注

就是在那颗珍珠后面发现的那个小轮子。)

如果耳朵里是一只正在爬的虫子，并且你的孩子的鼓膜上没有穿孔（感染造成的穿孔，或在耳朵中置入了导管），在他耳朵里滴一些油——菜油、橄榄油——就足以杀死虫子了。如果你没有油，酒精也可以，但是，孩子会感觉酒精很凉，可能会不喜欢。如果你没有外用酒精，一点点威士忌或伏特加也可以。然后，要给医生打电话或者带孩子去看医生。

耳垢（耳屎）

耳垢的存在是为了保护耳道不受爬行的虫子和父母的棉签的伤害。很多父母对于孩子耳朵里的耳垢感到尴尬。无须如此，它本来就应该在那里。

评 估

你可能怀疑耳垢会造成疼痛或影响听力，但是，对此你无法确定，除非让儿科医生用耳镜对孩子的情况做评估。在以下这些时候，耳垢是个问题：

• 它阻碍了儿科医生的视线，掩盖了中耳炎。

• 它向后压迫鼓膜，造成疼痛、压力并影响听力。

• 耳垢过多，导致听力受到影响。因为孩子们不知道他们的听力"变弱"了，这种情况可能会在很长一段时间里不被发觉。

耳垢有两种类型：易碎的和黏稠的。当父母试图让孩子的耳朵保持清洁而将耳垢向后推入耳道时，这两种耳垢都可能变成坚硬、被压紧的耳垢。

处 理

耳垢可以由你的儿科医生用一个小工具清除。(是的，我知道自己说过不要把任何比你的胳膊肘小的东西放进耳道里，但是，这是一种特殊情况。就像牙医告诉你不要在牙齿上使用金属工具一样。)或者，它可以用水冲洗出来。

你可以自己将耳垢清理出来，并防止耳垢的大量聚积，方法是在睡前使用一种非处方的软化耳垢的滴剂。每晚使用，直到耳垢自然流出，然后大约每周使用一次，防止耳垢聚积。通常，你无须用水将它冲洗出来。一旦耳垢变软，咀嚼时正常的下颌运动就能帮助它移动到靠近外侧的地方，这时你就可以用一块毛巾，当然，还有你的胳膊肘，把它擦掉。

鼻 子

鼻子受伤、异物进入鼻腔，以及流鼻血的相关内容在"急救"中有讨论。

鼻子是很容易招惹麻烦的部位。它们高高地耸立在脸上，静静地等待着受伤、挖鼻孔和异物的进入。它们会遭遇鼻塞或流鼻涕。它们会变绿。（一位父亲给我的电话留言让我大吃一惊，他说他的孩子的鼻子变绿了。这是在最容易受影响的年龄看了太多科幻电影的结果。）

鼻塞：鼻子堵塞但没有分泌物

基本要点

大多数鼻塞都与病毒感染、过敏和空气干燥有关，但有时候，看似堵塞的鼻子实际上是由于扁桃体肿大而堵塞了鼻腔的后部。

评 估

如果孩子总是出现鼻塞，或者孩子经常对此抱怨，或者鼻塞影响了进食，你可能要咨询孩子的儿科医生。大多数儿科医生不建议使用非处方的滴鼻剂，因为它们会造成"反弹性"肿胀。研究还表明，口服的减充血剂对于不满6岁的孩子没有太大效果。

如果有迹象表明孩子的鼻塞真的是上呼吸道阻塞，就必须带他去看儿科医生。过敏、扁桃体肿大和极少发生的肿瘤都可能阻塞呼吸道。这些迹象包括：

- 持续用嘴呼吸。
- 很大的鼾声，尤其是在睡眠不安稳的时候，尤其是当孩子在一次呼吸中发出不止一声鼾声的时候。

如果呼吸道长期阻塞，孩子就可能出现下颌和下巴发育问题，甚至出现蛀牙，因为他的牙齿总是暴露在空气中，而不是在唾液中。

鼻塞还有可能是由于鼻中隔偏曲造成的。如果孩子的两个鼻孔的形状和大小不同，要让你的儿科医生检查一下。

处 理

通常，对鼻塞最有帮助的做法是对空气进行合理的加湿[①]，并确保孩子喝足够的水。盐水滴鼻剂或喷剂可能会有帮助。将孩子的指甲剪短并在鼻子内侧涂抹凡士林，有助于防止孩子挖鼻孔并造成流鼻血。

[①] 过于湿润的空气会滋生尘螨，很多孩子会对此过敏。——作者注

流鼻涕，绿鼻涕，鼻子里流出某种液体

基本要点

我相信，正是发明了"Whipperdill"（虚惊，见术语表）这个词的梅琳达·威利特提议为孩子们的小鼻子设计小小的卫生棉球。大多数大一些的学步期孩子和学龄前孩子每年会出现10次流鼻涕的情况。如果你家里有不止一个这样的孩子，你的确需要面对很多，嗯，流鼻涕的情况。一些流鼻涕的症状是由感冒引起的，一些是由过敏引起的，还有一些是由鼻窦炎引起的。偶尔，鼻子中的异物也会造成流鼻涕。

评 估

感 冒

大多数经常接触其他人的孩子每年大约会感冒10次，伴随着流鼻涕、低烧、咳嗽、喉咙沙哑。感冒在一个星期内会得到缓解，在10天内应该差不多痊愈。随着感冒的消失，孩子流出的鼻涕会变成绿色。如果孩子看上去情况越来越好，那么鼻涕是什么颜色就无关紧要了。

过 敏

过敏的迹象包括"过敏性黑眼圈"，即眼睛下面出现黑圈，打喷嚏和流眼泪，流清鼻涕，以及鼻子发痒。一个鼻子发痒的孩子往往会表演"过敏式敬礼"——他会用手掌向上揉搓鼻子。在这么做了好几个月之后，他的鼻子可能会因为经常被揉搓而出现一些细皱纹。

鼻窦炎

如果孩子流浓鼻涕在10天后没有改善，或者流出黄色或绿色的浓鼻涕并伴随发烧，就可能是鼻窦感染的迹象。鼻窦是指环绕在眼睛周围骨骼中的多个骨质腔（这里还有什么其他空腔吗？）。当你的儿科医生怀疑孩子患了鼻窦炎时，他（或她）可能会让孩子做鼻窦的X光检查。鼻窦X光的放射量很小，但是，为保护孩子的眼睛不受辐射，确保采取正确的姿势和防护是很重要的。有时候，医生会建议做CT扫描。这可能是因为医生强烈怀疑孩子患了鼻窦炎，但X光检查的结果却是正常的；或者因为鼻窦炎过于顽固，以至于怀疑是某种解剖学上的原因导致的，例如鼻中隔偏曲。

处理

感冒

感冒通常不得不等待它自己痊愈。抗组胺药和减充血药可能有助于缓解症状,也可能不会,它们还有可能带来比最初的感冒更多的副作用。你可以与你的儿科医生谈一谈。无论如何,还没有一项研究表明用这些药物治疗感冒能预防中耳炎的发展。

过敏

有很多方法对缓解过敏性流鼻涕(过敏性鼻炎)有帮助,从处方喷鼻剂到抗组胺药,再到过敏测试。为什么要让孩子承受痛苦?为什么要冒鼻子变皱的危险?带孩子去看医生吧。

鼻窦炎

大多数患鼻窦炎的小孩子不使用抗生素也会有好转。然而,如果在14天后症状一点也没好转,就需要让你的儿科医生对问题做评估。

你要彻底治愈鼻窦感染,否则它就有可能卷土重来。一些感染需要使用超过4个星期的抗生素才能根除。鼻窦是一些血液的供给和回流都不太好的结构复杂的小空腔,需要一些耐心才能将其治好。

口腔、舌头、咽喉与声音

口腔与牙齿受伤在"急救"部分有讨论。

基本要点

如果你教给你的孩子如何张大嘴巴说"啊",就会使你自己、你的学龄前孩子和儿科医生诊室的工作人员的日子都好过一些。关键在于:

- 让他抬起头,将嘴张大。
- 让他说"啊",而不是"哈"。由于地区口音的差异,这一点很难解释,但是,你应该尽力让孩子"啊"的发音像"安"。你自己来体会两者的区别:发"啊"音时会打开咽喉的后部,而发"哈"音时会抬高舌头的后部,阻碍医生的视线。
- 与舌头伸出相比,一些孩子将舌头贴在口腔底部时会给医生提供更好的视线。

与成年人的相比,孩子咽喉的更多部分是可以看见的。当你查看孩子的咽喉时,你可能会看到7个有趣的东西:

- 舌头
- 舌系带,将舌头与口腔底部连

接的小带子。

• 上唇系带，将上唇与牙龈连接起来的小带子。

• 悬雍垂（小舌），悬挂在咽喉后部中央的东西。（有时候它是分叉的或是裂成两半的。）

• 两个扁桃体，位于小舌两侧的小球。

• 会厌，或称为呼吸道的盖子，隐藏在舌头后面。在成年人身上，它位于更深的地方，你无法看到。

当身体内的一个组织受到了感染、发炎或肿胀时，可以用这个组织名称后面加上一个"炎"字来描述这个问题。因此，你可能患"扁桃体炎""悬雍垂炎"或"会厌炎"。"舌炎"是舌头的感染、发炎或肿胀。"齿龈炎"是牙龈发炎。"口腔炎"是整个口腔出现炎症。"龈口炎"是牙龈与口腔同时出现炎症。

但是，要注意的是，这些仅仅是对你、我或某人所见到的症状的描述。这些名称无法告诉你是什么引起了"炎症"——肿胀、感染、发炎。

评　估

在孩子完全健康的情况下，以下面这种方式检查他的口腔几次不是一个坏主意，一方面可以让他习惯于张大嘴接受检查，另一方面可以了解他的正常状况是什么样的。比如：

• 很多孩子曾经摔倒并撕裂过上唇系带，因此它看上去像"破裂之后又愈合"的。这不会造成任何问题。

• 很多小孩子的上唇系带会向下延伸，造成两颗门牙之间有很大空隙。这种情况应该在孩子2岁或3岁左右由儿童牙科医生做评估，以确保不会造成乳牙拥挤。

• 一些小孩子的舌系带很短，这甚至可能造成舌尖凹陷。这通常被称作"舌系带过短"。大多数时候，这种情况都是正常的，舌系带会随着孩子的成长而变长。如果没有变长，可以在全身麻醉的情况下通过手术修剪系带来解决问题。通常只有在孩子舌系带过短，以至于影响到或被认为会影响孩子清晰地说话时，才会进行这样的手术。

• 很多小孩子的舌头上有大块的斑点，这被称为"地图样舌"。这种情况也是正常的，只是舌头表面的一种图案而已。

• 你在舌头后部看到的那些小凸起是正常的味蕾。

• 一些孩子的小舌看上去像一个倒着的心型，或者是倒着的"Y"型。这是正常的，但有可能会增加中耳感染的几率。如果一个小舌开裂的孩子切除了扁桃体，他的声音可能会改变，变得扁平而难听。

- 一些孩子的扁桃体很小，而另一些孩子的扁桃体会像弹珠那么大。大扁桃体是正常的，除非它们影响了呼吸或吞咽。

当你的孩子生病时抱怨嗓子疼，或表现得好像嗓子疼时，要对以下情况做评估：

- 孩子看上去或其行为像是得了"吓人"的疾病吗？
- 孩子出现了呼吸困难吗？

如果出现上述任何一种情况，要先对这种状况做评估，然后再仔细检查口腔和咽喉（见第13章"吓人的行为"）。一旦你确定孩子没有严重的问题，就可以进行进一步的探查了。

- 你在孩子的口腔和咽喉里看到了什么？
- 孩子的声音是什么样的？

（在极其罕见的情况下，一个通常都很配合的孩子，以及一个看上去嗓子疼或说自己嗓子疼的孩子，会无法张大嘴巴。在大多数时候是因为他害怕你用什么东西捅他的喉咙，但有时候这是因为有脓肿或其他问题让他无法张开嘴巴。在这种情况下，应当去看医生，而不要试图撬开他的嘴巴。）

口 腔

不满1岁的婴儿口腔里出现一层白色的东西，最有可能的是鹅口疮。［见第16章"有着（或多或少）不熟悉名称的常见疾病"。］

口腔或舌头上的溃疡可能是疱疹，也可能是手足口病。［见"有着（或多或少）不熟悉名称的常见疾病"。］

牙 齿

基本要点

超过半数的孩子会在3岁前至少得一次蛀牙。

评 估

乳牙上的棕色或白色的斑点可能是由蛀牙或受伤造成的，或者在极少数情况下也可能是由其他原因造成的，比如先天牙釉质发育不全或母亲在孕期服用药物。不管孩子年龄多大，发现有这种情况都应该去看儿童牙科医生。

治 疗

牙科医生可能会给孩子补牙，或者进行根管治疗和戴牙套，甚至可能会把一颗情况严重的龋齿拔掉。

预 防

如果宝宝的牙齿持续暴露在糖分、很多黏性的零食、牛奶（甚至母乳）或果汁（甚至是声称"不添加糖"的果汁）中，就容易发生蛀牙，这叫作"奶瓶牙"。有时候，所有的乳牙都不得不拔掉，用人造牙冠来代替。

一个宝宝如果喜欢含着奶瓶入睡，或者整天含着奶瓶，或者在1岁以后还频繁吃奶，就容易产生奶瓶牙。一个总是吃零食或喝饮料的学步期孩子也会有同样的风险。葡萄干尤其容易导致蛀牙，像小熊软糖这样的黏性糖果也容易导致蛀牙。重要的不是含糖量的多少，而是糖分接触牙齿的时间长短。

你应该向你的儿科医生或牙科医生咨询关于氟化物的事情。经常会有一些关于氟化物的不好的新闻报道：关于它有毒或致癌的报道。氟化物浓度过高是有毒的；但是，如果摄入的剂量适当，它可以为防止蛀牙提供良好的保护，同时不会带来任何副作用。你的儿科医生会知道当地的自来水中含有多少氟化物，但要记住，如果你的孩子不喝当地的自来水，他就不会从这种水源中获取氟化物。

要尽量把刷牙视为一段"高质量的陪伴时间"。甚至在孩子的牙尚未钻出牙床前就要开始帮助他清洁牙齿，并让孩子养成规律的刷牙习惯，以至于将其视为自然秩序的一部分。学步期和学龄前的孩子可能喜欢给他们的臼齿起名字，这样，父母们就能兴致盎然地提到"乳牙乔治"（或者假扮它来说话）的卫生问题，而无须听上去像是在唠叨。

如果你的孩子喜欢用嘴呼吸，要问问你的儿科医生和牙科医生这是否会影响他的下颌发育或造成蛀牙。暴露于空气而不是唾液中的牙齿更容易产生蛀牙。

咽 喉

如果你的孩子的扁桃体看上去比平时大，它可能是受到了感染（病毒性或细菌性的）。如果扁桃体呈现牛肉一样的红色，上面附有黏稠的脓液，孩子可能是患了链球菌性喉炎（见术语表的"链球菌"）。如果小舌发红并肿胀，就更有可能是这种情况。

位于扁桃体上和口腔后部的看上去像红色小凹点一样的溃疡，可能是疱疹性咽峡炎。[见第16章"有着（或多或少）不熟悉名称的常见疾病"。]

扁桃体上看上去像白色小点的脓液可能是由链球菌造成的，或者，更有可能是由病毒引起的，甚至是传染性单核细胞增多症[见"有着（或多或少）不熟悉名称的常见疾病"]。

关于喉咙疼有很多种说法。以下是确切的信息：

• 即使你没有扁桃体，也可能患上链球菌性喉炎。

• 儿童期的大多数链球菌性喉炎会表现为头疼或肚子疼，而不是嗓子疼。

• 即使你的扁桃体上没有脓液，也有可能患上链球菌性喉炎。

• 大多数时候，嗓子疼和（或）扁桃体上的脓液是由病毒感染造成的。

音 质

像含着热马铃薯一样的声音：如果孩子听上去好像是喉咙里含着一块热食物在试图说话，这是扁桃体炎的迹象，通常是链球菌性喉炎。

嘶哑的声音：如果孩子没有出现呼吸或吞咽困难，那么造成声音嘶哑的大多数原因都不会造成危害。玩耍时过多的叫喊和尖叫可能导致声带肿胀。轻微的病毒感染也可能造成声音嘶哑（喉炎）。

出现以下情况时，声音嘶哑是让人担忧的：

• 如果嘶哑伴随呼吸作响，这可能是严重的格鲁布性喉头炎的开始，这种情况常常会在夜里变得更严重。这需要给儿科医生打电话。

• 如果嘶哑在两个星期后没有改善，就有可能是声带良性增生，称为"声带小结"。很多有这种问题的孩子需要通过言语治疗，学会以一种有助于结节收缩的方式说话。

• 如果不满3个月的婴儿出现声音嘶哑，他可能是有先天性的声带问题，需要给予特别关注，并且需要去看儿科医生。

治 疗

一些口腔和咽喉问题，比如鹅口疮和链球菌性喉炎，需要特殊的处方药。偶尔，需要通过手术切除扁桃体，但是，从来不会轻易地或仅仅因为扁桃体看上去很大或是孩子比一般人更容易出现嗓子疼就切除扁桃体。如果你的孩子的扁桃体似乎造成了很大的阻碍，或者，在极罕见的情况下，引起了被称作"PFAPA"的病毒综合征

（周期性发热、口疮性口炎、咽炎、颈淋巴结炎综合征，见术语表），你的儿科医生会建议切除扁桃体。关于链球菌性喉炎的最主要担忧是一种叫作"风湿热"（见术语表）的并发症，这种疾病在5岁以下的孩子身上是极其罕见的，无论小孩子患过多少次的链球菌性喉炎。

对于无并发症的声音嘶哑，需要让孩子的声带得到休息。要告诉宝宝不要大声喊叫和尖叫。（呵，呵，呵！儿科医生在给出这样的指令时会心中窃喜。）你可能还不得不暂时更换他们的玩伴或游戏方式，如果你的孩子最好的朋友是一群喜欢叫喊的孩子的话。让孩子呼吸湿润凉爽的空气会有帮助。热水淋浴时产生的温暖湿润的空气也可能会有一些帮助。

要小心那些用来使嗓子麻木或缓解嗓子疼的药物。

• 含有利多卡因——一种局部麻醉剂——的处方药膏，如果使用过量可能会有危险。利多卡因会通过口腔中的溃疡被吸收，并进入血液。血药浓度过高，可能导致严重甚至是致命的心律紊乱。

• 5岁以下，尤其是3岁以下的孩子，极容易吸入喉片，并造成窒息。

• 一些喉片、漱口剂和喷剂含有的一些成分，例如苯酚，会对一些孩子造成很大的影响。这些成分会使咽喉麻木，但是也会刺激咽喉，因此，当麻醉效果消失之后，喉咙会比以前更疼——你就不得不再给孩子服用更多的药。

• 对于1岁以上的孩子，用1份蜂蜜加1份柠檬汁就能缓解嗓子疼的症状，并且是安全的。（不要给1岁以下的婴儿食用蜂蜜，因为有可能造成婴儿型肉毒中毒。）你可以每隔10~15分钟给孩子服用一勺，以便在疼痛的部位形成一层保护膜。

呼吸道和肺

与稍大一些的婴儿和孩子相比，新生儿有着独特的呼吸方式，也有着不一样的呼吸道问题。如果你的宝宝是4个月大或更小一些，请见相应年龄的章节。

正常的小孩子在呼吸时应该是毫不费力的，并且不会发出太大的声音。当他们睡着时，他们的呼吸是不规律的，可能会有停顿，并在之后有一声叹息。一般情况下，他们不会打鼾。

当孩子出现呼吸困难时，他们会表现出吃力的样子，并发出声音。你可以通过观察孩子的呼吸判断出问题的严重程度。见第13章"吓人的行为"中的"呼吸困难"。通过听孩子的呼吸，你可以大致判断出问题出在哪里，以及是什么问题。

当然，如果一个孩子出现了严重或者甚至是中度的呼吸困难，你不应该浪费时间去试图搞清楚出了什么问题。你要迅速得到帮助。但是；如果孩子看上去让你放心，你可以花费少量时间来评估问题出在哪里。

我们从呼吸道和肺部开始讲起。

鼻子会使空气变得温暖湿润，甚至会过滤掉一些细菌粒子。

然后，空气会通过一个被称作"会厌"的小盖子，呼啸着穿过声带，急速通过一个气管，进入被称作"支气管"的较大的管道。每个肺叶都有一个主支气管，它会分成一些更小的气管。最细小的气管像葡萄梗，被称作"细支气管"。"葡萄"就是肺泡：其本身就是真正的肺组织。肺泡会让氧气进入血液，并排出二氧化碳。然后，空气沿原路返回。

源于胸部的呼吸问题[①]通常有两类。第一类是空气通过的这些管道被阻塞。第二类是肺泡中充满了脓液、液体或血液。

上呼吸道阻塞

上呼吸道——从鼻子到气管分成两个支气管的位置——的阻塞，通常会使孩子吸气比呼气更加困难。这通常是由于扁桃体肿大或格鲁布性喉头炎造成的，在极其罕见的情况下，也可能是由于会厌肿胀或异物造成的。

扁桃体肿大

基本要点

鼻子后部有大肿块的孩子往往会出现打鼾和用嘴呼吸的现象，他们说话时的声音听上去就像上腭上黏着一大团花生酱。

评　估

有时候X光检查能够客观地显示出肿胀的扁桃体的大小，偶尔，耳鼻喉科医生会做纤维支气管镜检查。有时候，你的儿科医生会要求你带来孩子睡觉时的录像带，以便查看打鼾的情况有多严重，并看看孩子是否可能患有"睡眠呼吸暂停综合征"——呼吸道暂时被完全堵塞。在极其罕见的情况下，医生会建议对孩子进行特殊

[①] 一些呼吸问题，比如过度换气，是由于心理原因造成的，就像糖尿病的叹息样呼吸是由于血液中的酸平衡造成的一样。——作者注

的"睡眠监测"或"肺部心电图"（见术语表）。

治疗

有时候，问题会随着时间和孩子的成长而自然消失。有时候，抗生素和可的松能够使孩子的扁桃体缩小。有时候，对潜在的过敏问题进行治疗会有帮助。有时候，需要通过手术切除扁桃体。

格鲁布性喉头炎

基本要点

格鲁布性喉头炎是一种综合征，即一系列的症状和迹象：嘶哑的声音，听起来像雾角、鹅的鸣叫或海豹叫声的咳嗽声，以及喘鸣——孩子吸气时发出的尖锐刺耳的声音。大多数时候，格鲁布性喉头炎会在半夜开始出现。

评估

格鲁布性喉头炎有3种类型：

• 由某种病毒引起的伴随着感冒的病毒性格鲁布性喉头炎。孩子会出现低烧，以及格鲁布性喉头炎的其他迹象。

• 痉挛性的格鲁布性喉头炎会随着季节或天气的变化而反复出现。孩子不会发烧。

• 喉气管支气管炎是一种细菌性的格鲁布性喉头炎，相当罕见，但很可能比其他类型的格鲁布性喉头炎更加严重。其特征是发烧，有可能低烧也有可能高烧，以及严重的呼吸困难，孩子会烦躁不安地挣扎着呼吸。

极少看到不满6个月的婴儿患格鲁布性喉头炎，4岁以上的孩子也不常看到。

治疗

病毒性和痉挛性的格鲁布性喉头炎的治疗方法是用凉爽湿润的空气来舒缓呼吸道。有时候，一个冷雾加湿器就能管用。当格鲁布性喉头炎在夜晚变得严重时，可以让孩子到室外呼吸凉爽的夜间空气，或者到充满蒸汽的浴室里呼吸潮湿的空气，这两种方法都会有帮助。（要记住，水蒸汽是向上升的，站在地板上的学步期的孩子呼吸不到太多的水蒸汽。）有时候，可以通过口服或注射可的松来缓解格鲁布性喉头炎的肿胀，但是，这需要几个小时才能起效。呼吸疗法可以在医生的诊室或医院进行，利用一台机器喷出含有药物的蒸汽。

细菌性的格鲁布性喉头炎和喉气

管支气管炎需要住院治疗，用抗生素和氧气来缓解呼吸道症状。

预防

预防病毒性的格鲁布性喉头炎意味着要避开人群、日托等场所的病毒，并且要经常仔细地洗手。

如果你用冷雾给卧室加湿，尤其是在天气干燥和开启中央暖气系统的时候，可以使一个反复出现痉挛性格鲁布性喉头炎的孩子少发作几次。

会厌炎

基本要点

这是一种由疾病引起的最吓人的呼吸道阻塞，因为其症状与异物进入气管十分相似，可能在任何时候完全阻塞呼吸道。会厌是保护气管的小盖子，当它受到感染时，可能肿胀成一粒樱桃大小。这就够糟了，而它还会变黏。因此，如果它被卡住，就无法再打开；即使是海姆立克急救法也无法使其打开。

评估

一个患了会厌炎的孩子看上去会非常吓人。他在吸气时会发出稍高一些的声音。他会挣扎着坐起来，扬起鼻子，像在"闻东西"一样，因为这样能够使呼吸道通畅一些。他不会咳嗽。他很可能会发烧。他会流口水，无法发出声音。

治疗

处于这种情况的孩子需要紧急救护。拨打急救电话是明智的选择，或者，如果你离急诊室很近，可以和另一个大人一起把孩子送到最近的急诊室。不要去独立的紧急救护机构或私人诊所，即便是你自己的儿科医生的诊所，除非你明确知道这个诊所能够处理这种严重的紧急情况。如果孩子患了会厌炎，需要将一根管子插入他的气管，以保护气管不被肿胀的会厌阻塞。这是一种复杂的操作，需要特殊的技能、氧气和其他设备以及辅助人员。

不要尝试让孩子躺下，也不要让任何其他人尝试，除非孩子已经通过插管使呼吸问题得到了缓解。不要因你的恐惧使孩子变得更加焦虑。要坚持让对儿科最有经验的医生立即对孩子做评估，并且要确保这名医生知道如何建立一个紧急气道，或者立即打电话叫来一个知道怎样做的医生。

如果在插管前需要做X光检查，不要让孩子被送去X光室，除非有一个对气管操作非常娴熟的医生跟随，并且有一辆装备完善的急救推车。要确保他们不会让孩子躺下或使他情绪激动。不要让任何医疗程序如测体温、称体重、量血压、抽血或静脉注射延误对呼吸道状况的评估。你应要求看看是否有儿童专用设备。这一切可能会使你看上去像是一个喋喋不休的人或是一个傻瓜,但是,无论如何还是要这样做。

如果有人指责你过于唠叨或太过分,你可以要求工作人员解释一下他们为什么认为你的孩子患的不是会厌炎,或者,如果他们认为他患的是会厌炎,为什么延误对气管的处理。

一旦在孩子的气管中插入了管子,使他能够呼吸,通常就会一切顺利。孩子必须住院治疗,通常会住在 ICU 病房或儿童 ICU 病房,或者特护病房。在治疗过程中需要使用抗生素。

预 防

幸运的是,大多数这样的感染都是由流感细菌(流感嗜血杆菌)引起的,这可以通过流感嗜血杆菌疫苗进行预防。令人欣慰的是,与过去相比,现在会厌炎已经变得更为罕见了。一定要确保你的孩子在 2 个月大时就开始接受完整的疫苗注射!

下呼吸道阻塞

哮喘、反应性气道障碍(RAD)、喘息

基本要点

哮喘(或反应性气道障碍)是由各种刺激造成一个孩子喘息的疾病。喘息是一种表明呼气很费力的尖啸声。事实上,哮喘或反应性气道障碍的最初迹象可能就是呼气比平时费力,或者花费更长的时间。

这种情况是由几种原因共同造成的。首先是环绕支气管的一些小肌肉出现收缩。或许这是大自然在努力告诉这个过敏的人要快速远离当前的环境。其次,支气管内膜开始肿胀,分泌物开始变得黏稠。

引起哮喘的可能是一种病毒,或是对任何东西——从各种食物到蜜蜂,再到灰尘——过敏。情感上的压力和烟草的烟雾可能引起哮喘,或使之恶化。运动,尤其是剧烈运动或是接触到冷的、热的或干燥的空气也可能引发哮喘。反流食物[①]引起的刺激也可能导致哮喘。如果有哮喘的家族史,一个孩子患哮喘的可能性就更大一些。

---

① 见术语表"反流"词条下的"胃食管反流"。——作者注

评 估

如果你的孩子开始出现喘息，首要的问题是要评估他的呼吸有多困难：请阅读第 13 章"吓人的行为"中的"呼吸困难"部分。第二个问题是，要判断造成喘息的原因是哮喘还是其他原因。你的儿科医生需要详细地了解个人病史和家族病史，并对孩子做检查，可能还会做几项检测，包括拍胸部 X 光片，以确定孩子的病情。大多数儿科医生会对经常或反复出现喘息的孩子进行常规的囊性纤维化（见术语表）检测。

治 疗

对哮喘急性发作通常的处理方法，是用诸如"舒喘宁"这样的药物来缓解支气管周围肌肉的收缩。这类药物被称作"支气管扩张剂"。在急性发作时，可以使用一种叫作"喷雾器"的机器进行雾化治疗。孩子通过一个面罩或吸嘴呼吸这些喷雾。

虽然口服这些药物也会起效，但需要的时间较长。偶尔，必须给孩子注射肾上腺素。所有的支气管扩张剂都与肾上腺素有关，并且可能会使孩子出现身体虚弱或恶心，心跳会很快。

但是，支气管扩张剂只对哮喘的一个阶段有效——最先出现的支气管收缩阶段。重要的是，还要考虑哮喘的第二个阶段——发炎阶段。能够治疗或预防支气管内膜肿胀的药物往往是必需的。这类药物包括色甘酸钠（咽泰），以及类固醇（可的松是另一个常用名）。

实际上，在治疗哮喘时需要特别注意的是，要确保发炎阶段与一开始的收缩阶段同样得到处理。在极少数情况下，能够使支气管肌肉放松的药物是如此有效，以至于可能会使一个孩子感觉舒服一些，即使他的支气管实际上正变得非常肿胀。然后，突然间，支气管扩张剂不再起作用，孩子就会陷入真正可怕的麻烦中。

预 防

哮喘本身没有传染性，但是，如果它是由某种潜在的病毒感染引发的，这种病毒可能有传染性。过敏原检测能帮助孩子避开那些容易引发哮喘的东西。如果一个孩子的哮喘发作较为频繁或严重，医生常常会开一些日常的预防性药物，以及一个特殊的机器，用以探测哮喘发作的早期恶化迹象。绝对不要让孩子接触二手烟。有哮喘的孩子应当每年接种流感（流行性感冒）疫苗。

支气管炎

基本要点

支气管炎意味着较大的支气管中产生了脓液或液体。一些研究者认为，对于孩子来说，这不是一种真正的疾病，而更像是在鼻窦或咽喉深处的感染所造成的"溢出"。一些人则认为支气管炎是由一些病毒引起的一种有明确定义的单独的疾病。还有一些人认为这实际上是哮喘的一种微妙的形式。

评 估

一个患有支气管炎的孩子常常会发出很深的咳嗽声，就像从脚趾发出的一样，但是通常不会出现呼吸困难。

治 疗

如果儿科医生认为支气管炎是一种疾病——比如鼻窦感染——的一种伴随表现，他通常会开抗生素。如果他不这样认为，则通常会建议凉爽、潮湿、干净的空气，时间和止咳药，或者像右美沙芬这样的抑制剂。如果怀疑是哮喘，则会使用支气管扩张剂。

细支气管炎（RSV：呼吸道合胞病毒）

基本要点

细支气管炎与支气管炎是不同的。

细支气管炎是连接肺泡的细小管道（"葡萄梗"）受到了感染。作为特有的形式，这是3岁以下的婴儿和学步期的孩子会患的一种疾病。这是一种不能掉以轻心的疾病。患有细支气管炎的婴儿通常不会发烧，而且可能也不会咳嗽。他们的呼吸很费力，肚子会随着呼吸上下起伏。他们会喘息。

他们喘息是因为呼气困难。当这些小管道被感染时，会形成一种阀门：让空气进入肺泡并不太困难，但要将空气排出却相当困难。如果小肺泡被完全堵塞了，里面的空气就会因吸收而溢出气泡，肺泡就会干瘪。一旦肺泡贴在了一起，就很难被再次打开。

细支气管炎可能是一种轻微的疾病，但也可能带来真正的危险。其严重程度部分取决于引起这种疾病的病毒——最常见的病毒是呼吸道合胞病毒（RSV）和流感病毒（见术语表）——部分取决于婴儿的年龄（以及身体状况、免疫系统的情况等）。总而言之，不满 6 个月的婴儿或者具有任何潜在身体问题的婴儿，是具有最高风险的。

评估

随着病情的延续，需要对婴儿进行观察，看是否出现了呼吸困难的迹象：帮助肺吸入和呼出空气的肌肉是否格外费力。鼻孔张大、肚子随呼吸上下起伏、肋骨间和锁骨上方的肌肉的收紧，这些迹象都意味着宝宝需要立即得到帮助。如果婴儿面色变得苍白、发青或斑驳，则说明他出现了紧急情况。

疲惫是另一个问题。一个婴儿如果过于疲倦，无法好好吃饭、好好睡觉，就会有很多麻烦。如果一个能够微笑和玩耍的大一些的婴儿不再微笑和玩耍，则说明处于严重的疲惫状态。

治疗

在你的儿科医生密切关注婴儿病情发展的前提下，可以在家里进行治疗，治疗方法通常包括使用冷雾加湿器、抬高婴儿床的头部，以及频繁的喂食。密切的监护是至关重要的。

一些婴儿，尤其是不满 6 个月的婴儿，特别是不满 2 个月的婴儿，可能需要住院治疗。大多数时候，给宝宝吸氧和进行静脉注射（静脉输液）能提供所需要的帮助，但是，医生偶尔也会建议使用一种被称为"病毒唑"的特殊吸入式药物，尽管这种药物的使用存在争议。

预防

大多数时候，引起细支气管炎的病毒是从一些根本没有任何生病迹象的孩子那里感染的。此外，在生病的孩子痊愈之后很久，这些病毒仍然具有传染性。这些病毒在没有生命的物体上能够存活很久，比如玩具和门把手。最后，很多人会一次又一次地反复感染同样的病毒，不管他年龄多大；一个"感冒"的成年人可能会携带并传播呼吸道合胞病毒。

到 3 岁时，几乎所有的孩子都会感染过呼吸道合胞病毒，即使他们从未去过日托机构。因此，你最好面对这个不可避免的现实。

肺泡阻塞

肺炎

基本要点

肺炎发生在肺部的肺泡中充满液体或脓液时。它可能是由病毒、细菌或是介于二者之间的被称作支原体（见术语表）的有趣的小东西造成的，

> **呼吸道合胞病毒的预防**
>
> • 如果有可能，要尽量避免待在容易感染的环境中，比如日托机构、购物中心、医院和医生的诊室，尤其是对于6个月及以下的婴儿。要限制那些有呼吸道疾病的客人来访。
>
> • 大人和孩子都应该经常洗手。
>
> • 医生常常会建议不满24个月的具有高风险的婴儿使用特殊的药物来预防呼吸道合胞病毒。这些高风险的婴儿包括不满35周的早产儿，或是有慢性肺病，最近曾经需要药物治疗的婴儿。这些药物非常昂贵，必须在呼吸道合胞病毒盛行的季节——通常是11月至4月——反复使用（通过静脉注射或肌肉注射）。如果你感觉你的宝宝属于此类，请向你的儿科医生咨询关于"帕利珠单抗"或"呼吸道合胞病毒–静脉注射免疫球蛋白"的事情。

也可能是由于吸入液体、粉末或异物造成的。

评 估

患有肺炎的婴儿和孩子的呼吸会短而急促，有时候，每次呼吸都会发出呼噜声。这些呼噜声能够帮助小肺泡保持打开状态，而不是瘪下去的状态。通常，宝宝常常会出现呼吸费力的迹象，腹部和肋间的肌肉会"收紧"，鼻孔会张大。通常，会有发烧和持续的咳嗽。

有时候，患肺炎的孩子会因为支气管也受到感染而出现喘息。

有时候，患肺炎的年龄很小的婴儿会发烧，但是不会出现明显的呼吸困难。有时候，一个学步期或学龄前的孩子只会抱怨肚子疼，而不是呼吸困难或胸痛，即使你能够观察到他的呼吸变得很短促。

肺炎可能会很轻微，以至于你几乎都注意不到（"轻度肺炎"），也有可能非常剧烈和严重。肺炎的发病可能很慢，也可能很快。

治 疗

对于肺炎的部分治疗是支持性的，即确保孩子吸入足够的氧气并呼出足够的二氧化碳，摄入足够的液体，并且不会变得筋疲力尽。另一部分治疗是针对能够治疗的引起肺炎的潜在原因，比如用抗生素治疗细菌性肺炎和支原体性肺炎。尽管对于大多数病毒性肺炎或吸入性肺炎还没有特别的治疗方法，但是，如果孩子在患病期间得到了良好的支持性治疗，通常就会表现得很好并"靠自己"战胜疾病。

预防

由于肺炎有可能随着诸如水痘或麻疹之类常见的儿童疾病而出现，因此，免疫接种是很重要的。一种叫作"肺炎球菌疫苗（Prevnar）"的疫苗对肺炎球菌是很有效的，肺炎球菌是引起细菌性肺炎的最常见原因。由于吸入某些化学制剂会引起非常严重的肺炎，因此，在家中做好安全防护措施是至关重要的。一种最严重的肺炎是由于吸入油导致的，因此，对于服用矿物油来治疗便秘的孩子来说，如果他们真的拒绝，就不要强迫他们服用，也不要在他们咳嗽、呕吐或躺着时服用。

没有任何证据表明用抗生素治疗上呼吸道感染或感冒能够预防肺炎。也没有任何证据表明出门不带帽子、不穿靴子、着凉、浑身湿透或得不到爱会引发肺炎，但是，我不建议你做这样的事情。

咳 嗽

正常的新生儿是不会咳嗽的。如果不满2个月的婴儿出现持续的咳嗽，一定要去看儿科医生。因此，如果一个孩子出现咳嗽，而你知道他因为一个东西而造成了窒息，或是怀疑因一个东西而造成了窒息，也应该去看医生。

基本要点

英国有句谚语：除了爱和咳嗽以外，任何东西都能被隐藏起来。以我的经验来看，孩子们甚至都不会尝试去掩饰这两样东西。

孩子的咳嗽与大人的不同。孩子从来不会，或几乎从来不会"咳出痰"。这是对把咳出来的痰擦到手帕上（或者吐到地上）的一种文雅的说法。孩子们会把咳出的东西咽下去。这不是一场灾难，毕竟，这些都出自他们的肺，而他们的胃是一个相当结实的器官。然而，有时候，这种吞咽可能引起肚子疼或呕吐。

大多数时候，当父母们对孩子的咳嗽感到担忧时，他们会想到肺炎或哮喘。然而，在大多数情况下，肺炎或哮喘会出现严重的呼吸困难。呼吸困难才是这种疾病的真正问题所在，咳嗽只是大自然试图帮忙的一种方式。

支气管炎——父母们担心的另一个问题——虽然麻烦，但并不危险：见上文。

评 估

你的首要目标是判断孩子的咳嗽是否需要就医，如果需要，情况有多么紧急？如果有任何迹象表明咳嗽是由于吸入异物而导致的，就必须立刻带孩子去看医生。

不满 2 个月的婴儿出现咳嗽，需要让儿科医生做评估。宝宝的年龄越小，咳嗽就可能越快地耗尽他的体力，由于感染（或其他问题）引起咳嗽的可能性也就越大，必须对其进行治疗。不满 6 个月的婴儿如果出现咳嗽，也需要就医，即使没有任何呼吸困难或发烧的症状。（如果宝宝快满 6 个月，而咳嗽并不频繁，可以只给儿科医生打个电话。）

任何咳嗽如果伴随呼吸困难的明显迹象，都需要就医。紧急程度取决于呼吸问题的严重程度：见第 13 章 "吓人的行为" 中的 "呼吸困难"。胸痛和疲惫也是需要就医的信号。

持续超过 3 个星期的咳嗽需要就医。造成咳嗽的原因可能是常见的疾病，比如鼻窦炎和过敏症，也可能是罕见的疾病，比如囊性纤维化或肺结核。有时候，这样的咳嗽是精神性的，是由于一次抽搐、压力或仅仅是习惯造成的；但是，这样的咳嗽也需要诊断和关注，并且会从中受益。

你的第二目标是看看这种目前不需要看急诊的咳嗽是否符合某种特定的疾病模式，可能需要在稍后给予关注。最容易让人怀疑的两种疾病是格鲁布性喉头炎和百日咳。

格鲁布性喉头炎

"格鲁布！格鲁布！" 格鲁布性喉头炎的咳嗽听起来像是海豹的叫声或鹅的鸣叫，有着金属般或音乐般的音色。患病的孩子——年龄通常在 6 个月到 6 岁之间——声音是嘶哑的，常常会在呼吸时发出 "喘鸣"，听起来像刮擦声或喇叭声，只有在吸气时会发出这样的声音，在呼气时不会。格鲁布性喉头炎总是在夜晚变得严重，并且可能会在夜晚发病。对于格鲁布性喉头炎的完整描述，见上面 "呼吸道和肺" 中的 "格鲁布性喉头炎"。

带哮喘声的咳嗽（通常是由百日咳造成的）

是的，今天我们仍然能看到这种疾病——有时候是在一个没有接受完整的百日咳疫苗接种的婴儿身上，或是其父母拒绝接种这种疫苗的孩子身上；在极少数情况下，一个接受了完整的疫苗接种的孩子也会患上百日咳。还有一些会引起百日咳的其他原因：一种叫作"腺病毒"的病毒，吸入异物，甚至肺结核。

不满6个月的婴儿通常不会出现哮喘声，但是会出现痉挛性的、令其筋疲力尽的咳嗽，这种咳嗽会使他们的脸色变红或变紫。大多数患百日咳的年龄较大的孩子会出现非特异性的、恼人的、持续的咳嗽，他们去看医生是因为这种咳嗽持续超过了3个星期。

但是，有时候，一个孩子会突然出现典型的百日咳。

在这种情况下，孩子一开始可能会出现"感冒"，这种感冒会持续大约2个星期，然后开始出现越来越严重的咳嗽。起初，咳嗽只是很持久，尤其是在夜里。但是，随后情况会有所变化。他开始像恶魔附体般吓人地咳嗽，脸色变红或变紫，看上去很害怕；然后，为了能喘过气，在吸气时会发出很大的哮喘声。随后，他可能会剧烈呕吐，并且（或者）因疲惫而陷入沉睡。

很多出现这种症状的孩子不会有太大的问题，但是，任何出现这些症状的孩子都需要进行评估。孩子的年龄越小，就需要越快进行评估。带哮喘声的咳嗽产生的压力可能会造成脑损伤；它可能造成肺炎，并且实际上可能会致命。此外，对患百日咳的孩子以及携带百日咳细菌的任何其他家庭成员进行治疗，能阻止这种疾病的传播。

不要试图让出现百日咳症状的孩子"吐出痰"，或者摇晃他，或者因为出现咳嗽的迹象而使他感到不安。要尽可能让他保持平静，并获得帮助。

治 疗

在对任何一种需要就医的咳嗽进行治疗时，都需要缓解咳嗽本身，并消除潜在的问题。

大多数普通的咳嗽——你能在家治疗的咳嗽——是由病毒感染引起的，因此，抗生素通常不会起作用。适用于儿童的非处方止咳药通常含有下列成分：

• 乙酰半胱氨酸，用来使黏液液化，帮助孩子将痰咳出。

• 抗组胺药，减少分泌物，抑制过敏性咳嗽，具有镇静效果，并且能帮助孩子入睡。尽管抗组胺药能对抗过敏，但给患哮喘的孩子服用不是一个好主意，因为它们有干燥作用。

• 右美沙芬（Dextramethorphan），通常缩写为DM，并加上生产厂商的商标名，例如"Robitussin DM"或"Dimetapp DM"或"Triaminic DM"。右美沙芬能抑制咳嗽反射。

在这些药物的标签上，通常会建议父母在给很小的孩子使用前先要给儿科医生打电话寻求指导。这是个好主意，但是，如果可能的话，要尽量在医生上班时间打电话！

咳嗽的小孩子很容易因吸入东西而造成窒息，包括止咳药片。因此，不要使用止咳药片。

在浴室里呼吸一段时间蒸汽（要记住蒸汽是上升的，不要认为孩子坐在或站在地上能吸到任何蒸汽）或使用冷雾加湿器，对普通咳嗽可能有帮助。用于治疗嗓子疼的疗法——1份蜂蜜加1份柠檬汁，根据需要每10分钟服用一勺——对1岁以上能安全食用蜂蜜的孩子可能会有帮助。

预 防

由于很多咳嗽都是由病毒引起的，这些病毒在孩子表现出任何症状前具有最强的传染性，因此要预防这些常见疾病的传播是很难的。

此外，孩子在咳嗽时很少会用手遮住嘴，因此，他们旁边的人就会被喷溅到。如果你被直接喷溅到，实际上就有可能感染上引起咳嗽的病毒或细菌。（要记住，仅仅因为你"感染"了病毒或细菌，并不意味着你会因此生病。）但是，大多数时候你不会被感染，除非你的手指沾上了孩子的痰液，然后触摸了你自己的眼睛或鼻子。比起养成摸过孩子之后洗手的习惯，最好是养成在摸自己的脸之前洗手的习惯。如果你认为自己从来不会摸自己的脸，可以在你的手指上涂上彩色粉笔，并在半个小时后照照镜子。

应该让孩子去日托吗？如果他在过去24小时内发烧了，绝对不能让他去。如果咳嗽刚刚开始，你不知道会发展成什么情况，也应该让他待在家里。如果有任何迹象表明孩子应该去看儿科医生，就要让他留在家里，直到看过医生。

此外，要确保你的孩子接受全部的免疫注射。

腹部与肠道

肚子痛

基本要点

或许有一天，奥普拉会有一期主题为《从来不肚子痛的孩子》的脱口秀。在经过全国范围的集中寻找之后，可能会找到3个符合要求的孩子。我自己是一定会看这个节目的：我想知道这3个孩子都是谁。我自己从来没有遇到过一个这样的孩子。

大多数儿童期的肚子痛是由以下

四种原因之一引起的：

- 便秘
- 轻度的病毒感染
- 对食物不耐受
- 内心的痛苦

但是，当然，还有造成肚子痛的其他原因：阑尾炎、肠梗阻、肠道或其他部位的感染（链球菌性喉炎、鼻窦炎）、肺炎，甚至是一些非常罕见的疾病，例如幼年型糖尿病。

你会认为一定很容易分辨孩子的肚子痛何时是严重的，何时不严重，但有时做到这点很难。对于一个小婴儿，你可能难以分辨他身体的哪个部位疼痛。对于一个学步期的孩子，你可能无法分辨腹部的哪个部位疼痛。对于一个学龄前的孩子，你可能无法分辨疼痛的程度；有时候，最大声的哀号，却只伴随着最轻微的症状。

此外，一些引起腹痛的无害的原因本身可能需要治疗。一个由于忍住大便而造成便秘的学步期孩子，不会因为一个简单的栓剂和饮食变化就"痊愈"；他需要的是让医生做一次评估以及持续的护理。一个学龄前孩子如果因为父母离婚或是受到——但愿不会发生这样的事情——性侵犯而肚子痛，则需要专业的护理。

评 估

你的首要目标是确定孩子是否需要立即得到紧急关注。

如果出现以下迹象，则表明情况紧急，例如肠梗阻、严重感染或代谢性疾病，需要立即得到治疗：

- **行为**：无法玩耍，失去方向感，或者反应变差。一个婴儿或小孩子如果在一阵腹痛之后断断续续地陷入昏睡，这是非常让人担忧的。
- **活动**：一个学会了走路的孩子拒绝走路，因为疼痛而蜷起身体、跛足，或是在跳起时感到疼痛。
- **外观**：在腹痛期间或两次腹痛之间，皮肤苍白或斑驳。
- **其他症状**：在经过分析后，表明需要立即获得帮助（见第13章"吓人的行为"）：

呼吸困难

行为不对劲

气味异常

复杂性呕吐（见下文）

复杂性腹泻（见下文）

- **令人担忧的经历**：曾经跌倒，即使不是直接肚子着地；怀疑曾经吃下一种药物、有毒的东西或其他东西。

肚子哪里疼可能很重要，也可能不重要。正好集中在肚脐位置的疼痛不太可能是由于严重问题引起的，而腹部一侧疼痛，或是上部或下部疼痛，或者向后部或从后部的放射性疼痛则可能比较严重。

表明需要立即（在当天）就医的问题的迹象：

- 在经过治疗后，单纯性呕吐或腹泻没有改善。
- 随着时间推移，腹痛变得更剧烈或持久。
- 一直没有胃口。
- 出现一些诸如持续咳嗽、排尿困难或疼痛、发烧或嗓子疼的症状。

仍然需要治疗的引起腹痛的"不会造成危害"的原因：

怀疑是单纯性便秘：

- 如果孩子没有出现上述任何让人担忧的症状或迹象。
- 如果在孩子肚子不痛时，其大便也几乎总是比硬花生酱还硬。
- 如果孩子几天没有大便，然后排出大块的大便，或是小球状的大便，或者仅仅只有一些污渍。
- 如果孩子一看到便盆就变得歇斯底里。

- 如果你看到孩子"忍住"大便：就像试图排便那样发出哼哼声或用力，但是没有排出任何东西。

怀疑是病毒性疾病或对食物不耐受：

- 如果症状在过去24小时内刚开始出现。
- 如果你的孩子没有出现上述任何严重或让人担忧的症状。
- 如果没有任何便秘的迹象。
- 如果孩子在其他方面都很好，没有出现不寻常的分离焦虑、学校恐惧症，或是其他痛苦的迹象。
- 如果孩子没有经历任何危机或情感创伤：家庭不和、搬家、日托或幼儿园的变化（包括朋友、老师或班级的变化）。

对于这种情况的处理，是让孩子按照针对腹泻的饮食进食，要避免给他吃乳制品和喝果汁。要确保给他补充糖分（不要给他喝低糖饮料），并且不要只给他喝不含碳水化合物的水。对于病情很轻的2岁和2岁以上的孩子，可以给他们喝佳得乐（一种运动饮料）和碳酸饮料。

如果治疗后孩子的病情变得更严重，就说明有其他潜在原因，需要带他去看儿科医生。

如果孩子没有出现上述任何症状，但出现了以下情况，则怀疑是由"内心的痛苦"导致的：

- 行为表现出悲伤、令人讨厌、畏缩、情绪消沉、黏人或具有攻击性。
- 已经形成紧张不安的习惯，例如咬指甲。
- 睡眠不好。
- 家庭有麻烦或不和。即使你以为自己把一些问题——夫妻吵架、一个亲戚的生病或死亡、经济问题——隐藏得很好，孩子也会注意到很多线索。
- 曾经有一件悲伤的事情令你的孩子感到恐惧，即便是在电视上看到的事情。当全美国的新闻报道了小杰西卡掉进井里并被救上来的新闻后，我的诊室涌来了很多抱怨肚子疼的学龄前孩子。
- 如果孩子的日托机构或幼儿园发生了或即将发生任何变化——即使是很小的变化。更换老师、教室，或者一个朋友搬家了，或是不再与他做朋友了，这些对于小孩子来说都是大事。
- 如果对孩子曾经遭受性骚扰有任何怀疑。

治疗

让孩子与爸爸和妈妈分别度过单独的特别时光、与日托看护者或幼儿园老师谈一谈、确保孩子的日程安排有规律、确保孩子获得充足的睡眠，这些对于简单的失调是有帮助的。

如果你有一个家庭秘密没有告诉孩子，孩子可能会意识到一些事情出了问题。你可能要与你的儿科医生讨论一下如何处理这种情形。

如果你对孩子曾遭受过性骚扰有任何怀疑（在孩子与一个临时保姆、亲戚等人单独相处后表现出怪异的行为；触摸生殖器的次数变多，或者似乎是强迫性地、并非愉悦地触摸生殖器；黏人的行为；生殖器发炎），当然要立即去看儿科医生。

呕　吐

如果你认为你的孩子可能吃下了一些有毒的东西，要立即给中毒控制中心或你的儿科医生打电话。如果你孩子的情况正在迅速恶化，要立即拨打急救电话。

如果你的孩子不足6个月大，请阅读第1篇中关于呕吐的内容。

不要给孩子服用处方药来止吐，除非你的儿科医生明确指示你这样做。永远不要给小孩子服用康帕嗪，除非你确定你的医生出于一个特别的原因希望你这样做；这种药可能是非常危险的。

基本要点

当一个婴儿或小孩子呕吐时，父母为什么会那么不安呢？我对此有很多解释。呕吐是对我们提供的富有营养的食物的一种拒绝。这是一种令人厌烦的行为，至少可以说这是一种应该为成年人保留的行为。它是突如其来的。孩子在呕吐时不会去寻找一个合适的容器。

所有这些都没错。但是，让我澄清一件事：是的，我也看过《驱魔人》里的琳达·布莱尔，但是，小孩子在呕吐时常常会从鼻子和嘴里同时喷出呕吐物。这并不意味着他们被恶魔附体了。

大多数呕吐都是由于不会造成危害的原因引起的：吃得过饱，食物过敏，轻微病毒感染。但偶尔，呕吐也可能意味着危险而严重的问题。

评 估

有4种引起严重呕吐的主要原因，需要立即就医。它们都是很不常见的。

• 肠梗阻或肠穿孔。相关的迹象包括：呕吐物是绿色、棕色或带血的；呕吐不能缓解疼痛；大便看上去像红色的果冻；反复出现的喷射性呕吐；宝宝在两次呕吐之间面色苍白，陷入昏睡，或者行为与平时很不同。大一些的孩子会弯着身子走路，或者跛着脚走路。见上面的"肚子痛"。

• 血液中有潜在的感染（败血症）或脑脊液出现感染（脑膜炎）。相关的迹象包括行为异常（见第13章中的"行为不对劲"和"发烧"），大一些的孩子会出现颈部僵硬（见第15章中的"颈部"）。

• 颅内压增高，不管是由于脑出血、感染造成肿胀，还是增生或肿瘤引起的。相关的迹象包括：头部曾经受过伤，包括在过去的2个月内曾经被摇晃，尤其是曾失去意识；头疼，如果头疼是严重的、持久的，或是早晨一醒来就头疼或半夜痛得醒来；反复出现没有事先感到恶心的突然的呕吐；神经系统问题的迹象，例如无力、步态不稳、面部不对称，或是协调障碍；怪异的行为——易怒、沉默、无精打采、分不清方向；惊厥或抽搐。

• 中毒或代谢问题。相关迹象包括：兴奋或嗜睡；怪异的行为——认不出人来，叫错东西的名称，或是看到不存在的东西；严重的头疼。〔如果最近患过类似流感的疾病或水痘，则更多怀疑是瑞氏综合征（见术语表）］。

治 疗

对单纯性呕吐的治疗：

当孩子呕吐时，他们的血液中会聚积酸性物质，这会使他们感到更加不舒服和恶心。这个恶性循环几乎总能用下面的方法打破，因为解毒剂是糖：

1. 让胃休息。在最后一次呕吐清空胃部之后等待 1 小时。在这段时间内不要给孩子吃喝任何东西——水、饼干、冰块、棒棒糖，任何东西！

2. 然后，给孩子喝下非常少量的含糖液体，如电解质液、佳得乐运动饮料或可乐（非健怡可乐）。果汁可能会让孩子的胃更不舒服，因为它们含有纤维和酸性物质，因此不建议作为第一选择。在 2 小时内，每隔 10 分钟给孩子喝一勺汽水（用勺子量取！）。到这时，有单纯性恶心和呕吐的孩子通常就会感觉好很多，他们的饮食可以逐渐增加一些，包括饼干、汤、苹果酱和其他清淡的食物。

3. 如果孩子在这个疗程的任何阶段睡着了（舒服的、正常的睡眠），不要叫醒他。但是，当他自己醒来时，要继续你刚才的做法。也就是说，如果你已经进行了 1 个小时的"每 10 分钟 1 汤匙汽水"的疗法，继续进行 1 个小时，然后再增加他的饮食。

提示：如果你需要带孩子去儿科医生的诊室或急诊室，记得要带上一个可以封口的小垃圾袋，作为在车上使用的呕吐袋。通常情况下，让孩子把塑料袋套在脸上是危险的，但是，你无疑会照管孩子，而且孩子也不太可能有心情玩塑料袋。

腹 泻

（松散、水样或频繁的大便"都流到他腿上了"。）

如果你的宝宝是 6 个月大或不满 6 个月，并且出现了腹泻，请阅读与其年龄相应的那一章的疾病部分。宝宝的年龄越小，就越容易出现脱水。对于任何出现腹泻的孩子，都要密切关注其脱水的情况。

永远不要使用止泻宁或复方樟脑酊来治疗腹泻，除非你确定你的医生特别指示你给孩子用这种药来治疗腹泻，即使没有服用过量，其副作用也可能很严重。碱式水杨酸铋也是如此。碱式水杨酸铋中含有一种阿司匹林衍生物，并且与瑞氏综合征（见术语表）有相关性。

如果你的腹泻的孩子出现行为异

常，在阅读本节之前，要先阅读第 13 章"吓人的行为"中的"行为不对劲"和"脱水"。

基本要点

儿科医生会听到很多关于腹泻的事情，大部分是关于大便流到了何处（它顺着孩子的腿流下来，然后，一般会流到某个白色、无法清洗、昂贵、属于别人的东西上面）。

在美国，大多数小儿急性腹泻都是由相对不会造成危害的原因引起的：病毒、对食物不耐受，以及几种常常会带来轻微症状、无须使用抗生素或其他药物就能痊愈的细菌感染。治疗通常包括给孩子提供正确的口服液体和饮食。如果你按照这种方法做了，孩子通常就不会出现脱水，并且在病程中也会感到舒服一些。但是，腹泻极少会给孩子造成危险。

评 估

复杂性的严重腹泻

偶尔，在出现下列情况时，腹泻的孩子需要立即去看儿科医生或去急诊室：

• 孩子开始出现脱水，或是失去盐分，导致体内的化学物质失衡（见第 13 章"吓人的行为"中的"脱水"）。

• 导致腹泻的潜在原因可能很严重。这些严重的状况包括严重感染、中毒或肠梗阻。由这些潜在原因导致腹泻的孩子通常会出现行为或外观上的异常，他们会出现肚子痛、发烧或呕吐（见相应的小节）。

• 孩子的大便显示出一些令人担忧的迹象，表明需要迅速就医。大便出现下列情况，则可能意味着肠梗阻或肠道出血，或是一种会迅速导致脱水的非常剧烈的腹泻：

大便看上去像红色的（红醋栗）果冻。

大便中有红色的血液。

大便完全不成形或者没有任何颜色，而只是浑浊的水样物。

在去过霍乱流行的地区之后出现剧烈、频繁的腹泻。

单纯性腹泻

如果一个孩子没有出现上述不好的迹象或症状，而仅仅是出现松散或水样便，那就是单纯性腹泻。通常，单纯性腹泻只需要用下面介绍的饮食疗法来治疗。但是，有时候你仍然需要儿科医生的建议。

如果单纯性腹泻在 48～72 小时内没有减轻，要给儿科医生打电话，并尽量准备好以下信息：孩子目前的行为状态，有没有出现发烧或除腹泻之外的其他症状，是否有脱水迹象，大便的次数和特征。

在给医生打电话时，通常会出现3个主要的沟通问题：

• 有时候，你很难分清湿尿布上哪些是尿，哪些是大便。如果你的儿科医生问你关于"湿尿布"的事情，他所指的是孩子的小便。如果你不确定尿布上的是尿还是大便，就对医生如实说明。

• 当你的儿科医生问你的孩子多长时间出现一次松散的大便时，不要回答："每次我给他换尿布的时候。"如果你这样说，接下来对方会问："那你多长时间换一次尿布呢？"而你会回答："每次他拉出松散大便的时候。"你应该计算孩子 24 小时或 12 小时内的腹泻次数。或者，计算每小时大便几次！

• 要使用能够区分尿和大便的词语。有时候，父母们会使用诸如"上厕所"或"去卫生间"这样的委婉说法。这种说法会使一个忙碌的儿科医生误解你的意思。

治疗

对于儿童单纯性腹泻的治疗主要是改变饮食和保障孩子体内有充足的水分。治疗腹泻的药物通常对小孩子没有什么效果，并且可能是很危险的。下面是大多数儿科医生所采用的"腹泻饮食"。

很多人认为腹泻饮食就是"清澈的液体"，因此会给孩子喝苹果汁或吉露果子冻水。这不是一个好主意。果糖和蔗糖通常会使腹泻变得更严重，不管引起腹泻的原因是什么，因为它们不能被肠道吸收——它们实际上会使水分从身体中排出，进入大便。更糟的是，这些液体中不包含保持平衡所需的盐，例如钠、氯化物和钾，这些正是孩子在腹泻时所流失的。

对于单纯性的、轻微的、没有脱水迹象的腹泻的推荐饮食是：

• 如果婴儿是吃母乳的，通常最好是继续让他吃母乳，但喂奶的次数要比平时多一些。

• 对于不吃母乳的婴儿，最好给他喝一些诸如电解质水补液盐这样的特殊液体。它们在商店和药房就能买到。这些液体中含有平衡且容易吸收的糖和盐，同时可以让肠道得到休息，并让孩子保持充足的水分。不要将它们与水或果汁混合！

• 佳得乐和其他"运动"饮料不具备很好的营养平衡，它们不是恰当的补液。

- 不含乳糖的配方奶通常是有帮助的。有时候，腹泻会暂时"剥夺"肠道吸收乳糖的能力。当出现这种情况时，大便中的乳糖会从肠道中吸取更多水分，使大便更加松散。一旦孩子的腹泻停止，大多数儿科医生会建议让孩子继续喝牛奶或以牛奶为基础的配方奶。

- 在给孩子喝了几次你选择的任何液体之后，如果没有出现呕吐，你就可以开始用"BRAT"来扩充饮食。所谓的"BRAT"指的不是孩子的行为，而是治疗腹泻的传统食物：香蕉（B）、米饭（R）、苹果酱（A）和烤面包片（T）。现在，我们还推荐意大利面、马铃薯、瘦肉和淀粉类蔬菜，如黄色南瓜和甘薯。要坚持让孩子食用上述饮料和食物，直到他的大便恢复正常24小时之后，再逐渐恢复正常的饮食。

- 水本身不含有盐或糖，过多的水会导致危险的化学物质失衡。永远不要单独用水来恢复孩子体内的水分。如果孩子吃了大量的固体食物，给他喝水是可以的。

- 要时不时查看一下孩子有没有脱水或复杂性腹泻的迹象。

最后一点：要洗手，洗手，再洗手，不仅要在换尿布之后，还要在你摸自己的脸或准备食物之前。病毒能够在无生命的物体上存活，沾染到你的手指上，然后进入你的口腔或食物中。

排便困难

基本要点

当一个孩子不能，或者不愿意，或者厌恶排便时，整个世界都会变得黯淡无光。"她的肚子鼓鼓的，"一位产科医生母亲在电话里对我尖声说道，"但是她就是拉不出来！"或者，孩子会歇斯底里并躲到壁橱里。或者，他只有坐在热水浴缸里，听着Raffi系列儿童歌曲磁带并玩着士兵玩偶时才会大便。

在极少数情况下，这些问题是由身体上的原因引起的，但大多数时候，其原因往往可追溯到饮食失调、如厕习惯以及在成长中形成的对自我与他人、权力、控制和权威的态度。你会认为对这一问题的诊断会成为对你的一大安慰，而事实也确实如此。但是，即便是"非医学的"便秘也可能成为一个大问题。

评 估

如果孩子在其他方面都很健康，成长、发育、玩耍和学东西都很正常，那么，他的问题很可能就是所谓的"单纯性的大便梗阻"。如果你对于孩子在其他方面出现问题有任何怀疑，请跳过这一段，去浏览后面的"罕见的医学问题"（第572页）。

单纯性便秘的问题在于它可能变成一个恶性循环。

基本上，情况是这样的：

1. 出于某种原因，一个婴儿、学步期的孩子或更大的孩子认定排便是一种令人不快的、不愿意进行的行为。原因可能有很多种：

• 大便很大或很硬，在排便时会感到困难或真的很疼。为什么会这样？因为我们的饮食方式。一些配方奶比另一些配方奶更容易造成便秘。大多数孩子不喜欢喝水，大便就会变得干燥。孩子们喜爱的几乎每种食物，从香蕉到巧克力，从低纤维麦片（就像《凯文和跳跳虎》里的凯文所钟爱的"巧克力糖霜蛋糕"）到比萨，都是容易引起便秘的食物。

• 孩子的肛门或直肠受到了尿布疹或蛲虫的刺激，或者是一小块坚硬的大便擦伤了肛门的内侧（造成了"肛裂"），这样，他们在大便时就会感到疼痛。

• 马桶的设置给孩子大便带来了困难。如果一个孩子在试图排便时害怕会掉进马桶，或者他的脚没有地方放，只能悬空，他就无法用力排便。

如果他很匆忙，或者急于离开马桶，他就会等不到将大便排出。

• 从成长的角度来看，排便是件大事。它关系到探究你的身体在何处终止，以及外部世界在何处开始，关系到你对从哪里除去（或放弃）一些东西进行的控制，关系到干净与肮脏、美好与丑陋、好与坏之间的区别。这关系到权威、权力和独立。如果事情在有关这些重要问题的其他方面进展不顺利，聪明而有洞察力的孩子就会将战场转移到一个他总是能赢的领域。你可以把一个孩子领到马桶前，但是，你无法强迫他大便。

2. 一旦孩子忍住了一次大便，就为以后的问题埋下了伏笔。 被忍住的大便阻塞了后面的大便。随着大便的大量积聚，直肠的肌肉就会被拉伸。它会失去原有的韧性和力量，甚至神经也会变得不那么敏感，只能向大脑发出较弱的排便信号。

3. 由于肌肉变弱了，就更难将大便排出，孩子就更想忍住大便。 这本身就是一个很完美的恶性循环，但是，当父母和照料者意识到这个问题时，通常会使它更加恶化，因为他们会在试图让孩子排便时引入更多的因素。他们会拿着坐便椅追在孩子后面，从一个房间到另一个房间。为了让孩子大便而给他奖励强迫他坐在马桶上，直到将大便排出，或者直到该匆忙赶去日托机构或幼儿园。他们会当着孩子的面向所有人寻求建议。这样一来，即使一开始孩子的发育和成长不存在任何问题，现在也有问题了。

治 疗

- 第一次看到孩子有忍住大便的迹象时，就要立即采取行动。非常小的婴儿可能需要使用栓剂，要改变配方奶，或者喝一些果汁来软化大便：要咨询你的儿科医生。较大的6个月及更大的婴儿，通常不介意插入一支小儿栓剂，或是一个特殊的装有甘油的球形药剂，比如开塞露（Babylax）。这么大的婴儿，如果在其他方面完全健康，也可以给他喝30毫升左右的李子汁或白葡萄汁，以软化大便。

- 要检查一下排便环境方面的问题。排便不应该是匆忙的，也不应该是充满压力的、一直受到父母或兄弟姐妹的打扰。它不应该是令人恐惧的；应该给孩子准备一个放在地上的便盆，或者在大马桶上放一个小座椅，这样，孩子就无须担心掉进马桶里被水冲走。如厕区域应该是干净而温馨的。要确保孩子的脚有地方可放，可以把一个凳子或长凳或箱子垫在他的脚下，使他的膝盖能够靠近胸部，这样他才能用力排便。

- 要检查一下排便的心理方面的问题。如果孩子的年龄已经大到了会因为控制、权力、羞耻等问题而苦恼，要审视一下他的整个生活方式。他在日托环境中是否承受了过多的压力？他是否得到了足够多的与爸爸和妈妈的独处时间？他是否感到对自己的生活具有很好的掌控，还是感到自己无能为力？见与年龄相应的各章。

- 要及早并经常让孩子吃一些不会引起便秘的食物，但是，要小心，不要让他对果汁上瘾。在1岁左右的时候，要开始给他吃高纤维的食物，比如含麦麸的食物。要尽早让孩子把水作为饮料，并给他做出榜样。对于容易引起便秘的食物要少吃，例如淀粉质食品、奶酪、香蕉。

预 防

- 要鼓励孩子多吃能够软化大便的水果、蔬菜和谷物。要少吃容易引起便秘的食物。

- 如厕训练要适合孩子的发展状况，减少压力，并且好玩。要让它成为孩子的成就，而不是你的成就。（见相应各章的"健康检查"。）

- 要确保如厕区域适合孩子使用：见上面的"治疗"。

- 要警惕孩子是否出现忍住大便

的迹象：任何年龄的婴儿或孩子表现出试图排便的所有迹象，但却没有排出任何大便。他并不是在用力排便，而是在用力忍住大便！

如果在进行了治疗之后，便秘、忍住大便或偶尔的大便硬结问题仍然存在，你的儿科医生真的可以拯救你，我强烈建议你在整个家庭都陷入到孩子的排便问题之前，尽早与医生预约。如果不治疗，问题很可能会变得更加严重。

如果一个孩子的排便问题持续数月或数年，他就有可能出现大便失禁，或是在厕所之外的地方大便，这种情况并不罕见。这可能意味着出现在内裤上的大便痕迹或完整的大便——或大便出现在任何其他地方。通常，有这个问题的孩子似乎很适应环境，很成功，但是，一旦问题被揭示出来并且他们能谈论此事，他们就会透露自己一直感到很压抑、羞耻和心事重重。这种情况很严重，并持续了很长时间。

你的儿科医生会给你一些指导，帮助恢复被拉伸的、变弱的大肠肌肉，并使其恢复张力。如果需要进行心理治疗或咨询，你的儿科医生会告诉你，并帮助你找到一个心理治疗师。

罕见的医学问题

在非常罕见的情况下，问题不是由于孩子忍住大便造成的，而是由某种潜在的疾病造成的。这里的关键在于，孩子几乎总会表现出一些身体不适的其他迹象。

婴儿型肉毒中毒

不满1岁的婴儿如果突然出现便秘，可能意味着一种名为"婴儿型肉毒中毒"的疾病，这被认为是一种紧急情况。在这种情况下，婴儿以某种方式（可能是通过蜂蜜或玉米糖浆）吃下了肉毒杆菌的孢子。这些孢子不会对较大的孩子造成伤害，但是，会影响婴儿的神经系统。除了便秘以外，肉毒中毒的婴儿还会出现无法吮吸和吃奶以及全身松软的症状。他们通常不会发烧。

肛门过紧

有时候，一个婴儿会因为肛门过紧而造成排便困难。通常，他在其他方面的生长发育都是正常的。然而，在排便时，他会表现得很费力和不舒服。有时候，他的肛门看上去比较奇怪，有点像发育不全并有点像酒窝；有时候，需要进行直肠检查才能做出诊断。治疗方法是在儿科医生的诊室对孩子的肛门进行"松弛"，或是通过儿童外科手术来矫正过紧的肛门（肛门狭窄）。

赫希施普龙氏病（先天性巨结肠症）

在这种罕见的情况下，婴儿在出生时肠道的一些部分就缺少神经细胞，导致无法排便。大多数患有这种疾病的婴儿从出生后就会排便困难：他们在出生后的头24小时内不会排便，而是必须得到帮助，并且在之后也仍然有排便困难的问题。通常，他们的生长发育也会受到影响，身体会很消瘦，腹部凸出。在直肠检查中，会发现直肠中没有大便——不是硬便。

甲状腺功能低下（甲状腺机能减退症）

这种问题可能是先天的，也可能是后天发生的。几乎所有患这种疾病的孩子都发育得不好。甲状腺功能低下的孩子通常会出现发育迟缓，皮肤干燥、增厚，舌头大而厚，以及在天气寒冷时自己无法保暖（体温低）。

甲状旁腺功能亢进

患有这种疾病的孩子可能摄入了过多的维生素D，或许是通过维生素补充剂，或许是喝了很多的牛奶。有时候，牛奶中含有的维生素D比标签上标明的要多，有时候，孩子们喜欢牛奶，会喝下过多的牛奶。（在极少数情况下，甲状旁腺本身分泌了过多的激素。）无论如何，有这种问题的孩子会表现出脾气暴躁、精力不足、发育不良，以及尿频——当然还有便秘。

铅中毒

铅中毒不仅会导致便秘，而且还会造成发育迟缓，有时候会引起惊厥。在这种情况下，你一定不希望等到你的孩子出现了任何症状再采取措施。如果你怀疑孩子以任何方式接触了铅，要让你的儿科医生安排孩子做血液检测，或者，如果接触的时间较长，要拍骨骼X光片。（铅可能存在于脱落的油漆碎片、排出的废气、水管、陶瓷炊具或是受污染的衣服中。）

贾第虫

一种粪便中的寄生虫，见第2篇第16章"有着（或多或少）不熟悉名称的常见疾病"。

麸质敏感性肠病（GSE）或乳糜泻

患有这种遗传性疾病的孩子无法消化小麦或其他谷物中的麸质，这会导致严重便秘、发育停滞和抑郁症状。这种疾病在爱尔兰人和犹太人中最为常见，并且只有在孩子开始食用含有麸质的食物后才会显现出来。

生殖器概述

如果你的宝宝不满 2 个月，请见与其年龄相应的各章。

基本要点

这是对私密部位（或"下面"，这是在儿科诊室的说法）的一个简要介绍。实际上，其医学名称是"会阴"。如果你用这个词，你的儿科医生可能会感到震惊，甚至有可能想不起这个词的含义。在儿科，"会阴"被认为是只属于分娩中的母亲的；新生儿会从这里露出头来，让医生吸出其鼻子和口腔中的黏液。

女婴

当你观察女婴时，你看到的最大的开口不是阴道，而是以两片阴唇为边界的开口。

从这个明显的开口向里看，你会看到里面还有两个开口。位于下面的那个更明显的开口周围环绕着细小的皱褶：这是处女膜，这个开口就是阴道。在阴道上方，阴蒂的下方，是一个针头大小的开口，尿液从这里排出，它叫作尿道。

在刚刚出生的女婴身上，来自母体的荷尔蒙会使宝宝的整个会阴部位肿胀，每个部位都是突出的，这无疑会帮助新父母们了解其解剖学结构，即使他们找不到自己阅读用的放大镜。之后，这些组织会收缩，内部结构会变得更加隐蔽。

男婴

阴茎由阴茎体和顶端的阴茎头组成，它具有天鹅绒般的质地，并且常常还有薰衣草般的颜色。阴茎头上面覆盖着包皮，在宝宝出生时，包皮是非常紧地包裹在阴茎头上面的。如果宝宝不做包皮环切，他的包皮最终也会与阴茎头分开，并且能像毛衣袖口一样伸缩自如，但是这需要时间：有时需要几年。如果宝宝做了包皮环切，包皮会在手术中被切除，使阴茎头露出来，尿液是从阴茎顶端的尿道口中排出的。

垂下来的囊叫作阴囊，里面有——最多——两个睾丸。睾丸上面仿佛连着像弹簧一样的东西，能够向上缩回到体内，消失不见。你的儿科医生会确保让两个睾丸都下沉到阴囊中。

行为

所有的孩子都会"自慰"（玩弄自己的生殖器），这种行为可能早在 8 个月或 9 个月大时就出现，通常在 2~4 岁期间达到高峰；或者，这时只是在公共场合玩弄生殖器的行为达到高峰。见第1篇各章中的"健康检查"。

从一出生开始，所有的男孩都会勃起。但是，他们一开始可能注意不到，学步期的孩子或学龄前的孩子说他们在勃起时"疼"，这种情况并不是不常见的。当然，无论如何你都应该带孩子去检查一下。

卫　生

对于未做过包皮环切的阴茎，通常不应该去管它，直到包皮能够缩回。不要去拉包皮，也不要让任何善意的医护人员使劲用让孩子很疼的方式将它下拉。一旦包皮能够收缩，要教小男孩轻轻地将它拉回，清洗并冲洗阴茎头，然后再把包皮拉上去盖住阴茎头。如果他没有这样做，并且在包皮没有复位的情况下勃起，包皮就可能阻断血液循环。哎哟！这是一个可以预防的紧急事件。

洗澡水中的肥皂泡和留在臀部的粉末或沙子既会对男孩（不论是否做过包皮环切术）造成刺激，也会对女孩造成刺激。不要把泡泡浴作为日常惯例，而只应作为特别的乐趣；不要养成习惯，总是让孩子坐在有洗发液的水中；也不要让香皂漂浮在水中。在洗泡泡浴和去过沙滩之后，要用清水冲洗干净。

女孩需要从前向后进行清洁，这样能够避免将粪便中的细菌带入阴道和尿道区域。小女孩的胳膊还不够长，不能一次性地完成清洁：要教她们先擦前面，扔掉手纸，然后再擦后面。

评　估

有些事情看上去不对劲，但孩子行为很正常

女　孩

这方面不存在很大的区别。一些孩子的阴蒂比其他孩子更加凸出；一些孩子的处女膜褶皱更多一些；有时候上面附有一层黏膜。任何让你感到明显不同寻常的情况，都需要让儿科医生看一看。

新生女婴的阴道分泌物通常是黏稠状的，但是，也可能是乳白色的。不满2个星期的新生女婴阴道出血是正常的，这是由于母体荷尔蒙突然消失造成的。

几个星期之后，除了极少量清澈的分泌物，你不应再看到任何其他东西。此时出现出血和分泌物是不正常的，可能意味着感染、异物或其他问题，需要让医生做检查。即使孩子似乎对此毫不在意。

小女孩可能会出现疝气。在腹股

沟部位时而出现时而消失的肿块可能是疝气，也可能是淋巴结。一种能给你的儿科医生提供帮助的好方法，就是在它出现时给它拍照。

阴唇粘连可能会使阴道看上去像消失了一样，整个区域仿佛长在了一起。事实上，这是阴道的阴唇内侧相互粘连在了一起。这种情况并不少见。大多数时候，它们会在几个星期后自己分开，不需要任何干预。然而，你的儿科医生需要检查一下，看看阴唇粘连在一开始是由哪种刺激引起的。如果粘连的阴唇封住了尿道，或者孩子感到不舒服，或者有过尿路感染的历史，你的儿科医生可能要对阴唇粘连进行治疗。如果粘连刚刚开始形成，还不牢固，你的儿科医生可能会轻轻地将其分开；否则，你可能不得不在几周内给孩子使用激素类药膏。

男 孩

- 偶尔，尿道的开口不是位于阴茎顶端，而是位于阴茎体较靠下的位置。这种异常称作"尿道下裂"。如果开口位于阴茎头的中下部，或是位于阴茎体上，孩子站着排尿可能会有困难，这种情况可能需要进行修复。如果出现这种情况，需要使用包皮上的皮肤——因此，不要让具有这种特殊状况的婴儿做包皮环切术。当然，要问问你的儿科医生。

- 有时候，在进行过包皮环切术之后，会有一点包皮被留下来。有时候，阴茎轴上的皮肤会有一点松弛，它会向上覆盖住阴茎头。通常，这种情况会随着时间而消失，但是，如果它看上去非常松弛，要让你的儿科医生检查一下。

- 有时候，孩子的阴茎很不显眼，但是，阴茎"太小"的情况是很罕见的。一个新生儿的阴茎伸展开，从耻骨到阴茎头的长度应该不少于2.5厘米。但是，阴茎体的大部分可能被隐藏起来，不容易看到。这种情况非常普遍，因此，一个看上去很小的阴茎可能实际上一点也不小。你的儿科医生会对此进行仔细的检查；如果你感到担忧，要问问你的儿科医生。

- 有时候，你无法在阴囊中找到两颗睾丸。由于睾丸一开始是位于腹腔之内，在胎儿发育阶段会下沉到阴囊中，因此，在婴儿出生时，有一颗或两颗睾丸可能还没有完成这段旅程。如果在婴儿出生时阴囊中有两颗睾丸，但现在你却找不到它们，很有可能是因为连接它们的"弹簧"使它们缩回到了体内。但是，在极少数时候，情况并非如此：睾丸通过错误的通道下降，随着孩子的成长，睾丸就被困在身体内部了。不论是出生时还是在出生之后，看不见睾丸都需要让儿科医生做检查。对于一个大一些的孩子，如果他的睾丸最近刚刚下沉到阴囊中，但现在却找不到了，儿科医生可能会让父母在孩子全身放松地泡在热水中时查看一下他的睾丸。我曾经在一个孩子的病历记录上看到过这样一句话："父母在按摩浴缸里找到了孩子的睾丸。"

• 不到9岁的孩子长阴毛肯定是不正常的，你的儿科医生需要弄清楚为什么会如此。

• 如果阴囊的一侧看上去比另一侧大，或者比平时要大，可能是由于里面有多余的液体（阴囊积水症），或者腹壁有的地方较薄，使一小部分肠子进入阴囊（疝气）。在这两种情况下，孩子可能都不会表现出任何不适。你应该将其拍下来，这样，如果这个凸出部分在你去看医生之前消失了，你就可以拿照片给医生看。

有些事情看上去不对劲，孩子出现难闻的气味、行为异常或感觉疼痛

女 孩

阴道发炎、发红和有分泌物是主要问题所在。如果症状很轻微，并且明显是由于洗澡水中的肥皂泡造成的，你可以尝试几次在给孩子洗澡时不使用肥皂，而只在水中添加一些小苏打，使水变得浑浊即可。要好好冲洗孩子的生殖器区域，然后用毛巾拍干。

如果孩子的确感到不适，并且看上去有红肿，要带孩子去看儿科医生。一种很常见的原因是链球菌感染。我们通常认为链球菌是一种生活在咽喉中的细菌，但是，它能感染身体的任何一个部位，包括阴道和直肠。（"优雅小姐"可能不认可，但是我自己就看到过有些小女孩往往在挖过鼻子之后玩弄自己的生殖器。我猜，正如约翰·厄普代克在一种不同的语境中说过的那样，这是一种必须被原谅的愉悦体验。）

阴道内的（与皮肤上的不同）酵母菌感染很少会出现在小孩子身上。只有在青春期的荷尔蒙使阴道容易接纳酵母菌时，才会出现这种感染。出现酵母菌分泌物，而不是酵母菌皮疹的孩子需要去看儿科医生。

阴道内的异物通常会造成带血的分泌物，并且通常会使孩子产生很可怕的气味。要立即带她去看儿科医生。我向你保证，你一定不用排队等候，除非有真正的急诊或者诊室的工作人员嗅觉失灵。

男 孩

阴茎发红、肿胀，或尿道流出脓

液，通常意味着细菌感染（龟头炎——见术语表），这需要立即就医。

阴茎顶端轻微疼痛，通常是由于尿道开口与尿布摩擦导致的。如果没有任何其他症状，可以使用非处方的抗菌软膏——经常涂抹在患处。在他痊愈后，可以在阴茎顶端涂抹一些凡士林。

如果阴囊肿胀、疼痛，就需要立即去看儿科医生。大多数时候，这是疝气，也就是一小截肠内容物被卡在了阴囊里；被卡住意味着它无法缩回到腹腔里去。

在极少数情况下，疼痛和肿胀意味着睾丸扭转，必须在其截断自身的血液循环之前紧急消除扭转。在这种情况下，阴囊一般会呈现蓝红色。这种情况在5岁和5岁以下的孩子身上是非常非常罕见的。

排尿问题

基本要点

正常的尿液是无菌的。因此，当你的新生儿尿到你的脸或他自己的脸上时，不要惊慌。这有点令人吃惊，但仅此而已。

对于男婴和女婴来说，从一出生开始，在任何时候排尿都应该是不费力的，不会引起疼痛。（对于大一些的学步期或学龄前的孩子来说，被命令尿尿可能会让孩子焦虑。但是，这与费力或疼痛不是一回事。）

正常的尿液中不应含有红血球、细菌、蛋白质或者糖。

当一个孩子排尿时，其膀胱会收缩，以便将所有的尿液排出尿道。不应有任何尿液沿着输尿管被挤回到肾脏。在孩子排完尿后，膀胱中应该会留下很少量的尿液。

在宝宝出生后的头几个星期里，他的尿液通常看上去像水一样，或者只是略微发黄，这是因为他们摄入了很多液体。在他们开始吃固体食物并且能一觉睡到天亮之后，早晨第一次小便应该看上去是有些发黄的，因为它没有被稀释。

很多健康的孩子在5岁以前（有时更晚）都不能在夜晚不尿床。一旦他们能够不尿床，通常就会一直保持下去，除了出现偶尔的失误。如果一个孩子曾经不尿床，但却开始有些频繁地尿床，或者，一个超过5岁的孩子还总是尿床，就要咨询你的儿科医生。

与排尿问题相关的医疗问题大多数与保护肾脏有关。你一定不希望肾脏受到任何感染。感染可能破坏肾脏组织，尤其是反复的感染。膀胱感染可能发展成肾脏感染。

同样，你也不希望膀胱在排尿过程中将尿液挤回到肾脏。这叫作反流。如果尿液持续反流，它造成的压力可能对肾脏造成危害。如果尿液受到感染，带来的破坏会更大。

同样，你也不希望尿液在排出体外的过程中在任何地方被阻塞。在健康检查时发现的肾脏增大，或出现排尿费力的迹象——尤其是男孩——可能是尿道被阻塞的迹象。

最后，你希望肾脏做它们应该做的工作：保留血液中的蛋白质、糖分和血细胞，同时过滤掉所有应该被过滤掉的其他东西——水、身体废物、代谢过程的产物。

评 估

尿 痛

如果在排尿时感到疼痛，婴儿和刚进入学步期的孩子会啼哭；你不得不在他们排尿时抓着他们。大一些的学步期孩子和学龄前孩子会抱怨并握住他们的生殖器。这不一定意味着尿路感染。小女孩可能感到阴道区域疼痛，尿液会使她们感到刺痛。小男孩则可能感到尿道或尿道开口轻微疼痛。所有的尿痛情况都暗示着膀胱感染，直到通过检查将其排除，必须让儿科医生对此进行评估。

尿 频

导致尿频的最常见且无害的原因是饮食：喝了含有咖啡因的碳酸饮料和很多含糖果汁。有时候，一个孩子会因为自己的鼻子不通气而造成口干，从而喝下大量的水。

便秘也会造成尿频，因为饱满的直肠会压迫到膀胱，促使它不断地清空。

尿路感染和焦虑也会造成尿频。

患有小儿糖尿病的孩子会出现尿频，因为尿液中的糖分会使大量水分进入尿液。这种情况需要立即通知你的儿科医生！

最后，那些无法使尿液浓缩，致使其尿液总是像水一样稀的孩子会出现尿频。这个问题可能是由于肾脏或脑下垂体导致的。可以让你的儿科医生对第一次晨尿做检验，看看尿液的浓缩程度如何。

排尿次数少

如果排尿时疼痛，一些孩子就会忍住几个小时不去排尿。如果他们因为忍住大便而造成便秘，排尿也可能令他们感到恐慌，因为这是另一种类型的释放。如果孩子不摄入液体，或者失去的液体比摄入的多，过少的排尿次数可能意味着脱水。

在极少数情况下，排尿次数少可能意味着肾脏功能不正常。最常见的原因——但仍然是极少发生的——是肾病综合征（见术语表）。患有这种疾病的孩子会在身体组织中积聚液体，其眼睛和脚会出现浮肿，肚子鼓胀，像生病了一样。

尿异常

刚刚出生的婴儿出现粉色尿液通常是尿酸结晶，这是新生儿尿液中的一种正常成分，会随着婴儿吃奶量的增加而自然消失。

红色的尿液可能意味着里面有血液，必须考虑这种假设，即使可能存在其他更加无害的原因（比如吃了甜菜或喝了复活节彩蛋的染料）。

看上去像可乐或茶水一样的深色尿液可能意味着肝脏问题。

浑浊的尿液可能意味着感染，但是，通常只反映尿液在膀胱里或尿样杯里放了一段时间之后产生了结晶。

气味难闻的尿液通常意味着尿路感染。

要对这些问题做评估，第一步是查看孩子的整体情况。他的行为或外观或气味有没有出现生病的迹象？他是否有发烧、腹痛或背痛？有没有叹息样呼吸、无精打采和精神萎靡？如果出现任何这些迹象，则需要迅速给儿科医生打电话或带孩子去看医生。

如果没有这些迹象，要看看他最近吃了什么、喝了什么。他是否可能在你不知道的情况下出现了便秘？他是否遭受了情感上的创伤，包括在电视上看到了什么可怕的东西？

下一步，看看排尿口有没有任何发炎。发红、发炎的阴道或受伤的尿道口通常就是明显的问题所在。即使你认为其中的一个问题是造成排尿异常的原因，孩子仍然需要到儿科医生那里接受检查。

最后，几乎总是需要获取尿样。如果怀疑受到了感染，必须确保尿样是尽可能干净的。如果情况十分紧急，你的儿科医生可能需要通过将一根很细的、柔软的导尿管插入孩子的膀胱来获取尿样。

要从一个接受了如厕训练的孩子身上获取尽可能最干净的尿样，需要：

女 孩

1. 要从前向后清洁。
2. 让她面朝后坐在成年人的马桶上。这会使尿液直接射入尿样杯中。

男孩和女孩

要接取尿液的中段。

如果在尿样培养结束前，孩子就

开始抗生素治疗，这表明你已经承认了尿路感染，因为你没有办法证明它没有受到感染。这可能导致孩子必须接受一些不必要的后续治疗。

在典型的尿液分析中，你可以弄清楚是否存在尿路感染——如果有尿路感染，是肾脏也受到了感染，还是只有膀胱受到感染。小儿糖尿病、肾脏损伤、肝脏问题，以及一种名为肾病综合征（见术语表）的疾病也可以通过尿液分析被排除或是被强烈怀疑。通过排除这些疾病，就可以提出其他诊断的假设：尿液中的红色不是血液，而是甜菜；蓝色的尿液是复活节彩蛋的染料。

尿液培养是通过将几滴尿液放在各种细菌容易繁殖的培养基中，然后过一段时间观察里面生长了哪些细菌。这种细菌感染培养至少需要24小时，有时候还要更长。当细菌被培养出来之后，还要进行测试，看看哪种抗生素可能最有效地消灭它们。

治 疗

当然，治疗方法取决于潜在的问题，这些问题可能实际上与尿道完全无关，比如便秘、焦虑或小儿糖尿病。（见术语表中的"糖尿病"。）

如果孩子确实有尿路感染，就需要接受严格的治疗。对于尿路感染的担忧主要集中在保护肾脏上面。在整个疗程内使用正确的抗生素，是至关重要的。大多数儿科医生都要求在开始使用抗生素前和结束后都进行尿液检测，以确保感染被彻底根除。

然后，会出现上面提到过的被称作反流的问题。反流，是指一些尿液在膀胱的挤压下沿着输尿管向回输送到肾脏中。这可能是危险的，原因有两个：如果尿液被挤回到肾脏，它产生的压力会损伤肾脏。如果尿液是受到感染的，即使是轻微感染并且孩子没有出现任何真正的症状，尿液中的细菌也会损伤肾脏。

如果你的孩子患过尿路感染，你的儿科医生可能希望让孩子进行一次特殊的X光检查，看看是否有反流现象。这是因为，一些研究表明，有25%的患过尿路感染的5岁以下的孩子都被发现有反流现象，尽管大多数反流现象是轻微的——尿液只是向肾脏方向行进了一部分行程。

这种检查叫作排尿性膀胱尿道造影（VCUG）或逆行尿道造影（RUG）。如果你的儿科医生建议你的孩子做这样的检查，你绝对应该接受这个建议，即便这是一段令人不愉快的经历。

在这种检查中，会将一个细小的导管插入膀胱，随后，导管中会被注入染料。随着孩子排出染料，X光会显示出尿液是否沿着输尿管返回了肾脏。

尿液反流没有任何症状，并且你无法通过观察小便来判断是否存在这种状况。搞清楚的唯一办法，是进行排尿性膀胱尿道造影。

如今，很多儿科医生和小儿泌尿科医生都认为应该对反流问题进行关注并进行积极的治疗，但是，这一观点正在变得越来越有争议性。请与你自己的儿科医生讨论这个问题。

预防

在谈论预防尿路感染的问题时，我总是感到自己像个恶魔，因为这涉及到太多会使生活失去乐趣的指令。当然，你一定不希望你的整个养育生涯都绕不开让人沮丧的尿路感染。以下是预防建议：

- 防止阴道和阴茎顶端受到刺激。这意味着要避免泡泡浴和蜡笔香皂（以及其他会产生泡泡的东西，比如混有洗发液的水，以及让肥皂漂浮在水中）。
- 对于小女孩，要避免穿过紧的衣服和不透气的内裤。
- 要鼓励会使用便盆的孩子一旦有了尿意就立刻去小便，以避免尿液留存在膀胱里。
- 要预防并治疗便秘。
- 要教小女孩从前向后擦，以避免将直肠的细菌带入尿道。
- 要鼓励孩子多喝水。

哈，说起来容易，不是吗？

补充几句：关于尿裤子

尿裤子的小男孩通常只是由于太匆忙。他们憋了很久才去小便，或者还没尿完就提上了裤子。

尿裤子的小女孩通常也有同样的问题。但是，还存在另一个原因。有时候，几滴或者是几茶匙的尿液会从尿道中排出，向上进入阴道。之所以出现这样的情况，是因为小女孩坐在成年人的马桶上，致使她们的阴道低于尿道。当她站起来时，阴道中的尿液就会滴到裤子上。对于这种问题的诊断和治疗方法是让她朝后坐在马桶上，也就是面向马桶水箱。这种姿势能够使阴道高于尿道。

当然，如果孩子总是尿裤子，而一般的了解与习惯的改正没有帮助，这种现象就需要让儿科医生做评估。

皮 肤

与大一些的孩子相比，新生儿有着完全不同的皮肤问题。请阅读"从出生到2周"和"2周至2个月"两章。

基本要点

前面我曾提到，某一天，奥普拉可能会办一期关于"从来不肚子痛的孩子"的脱口秀，并且在经过全国范围内的集中寻找之后，可能会找出3个符合条件的孩子。这3个孩子是否也同样是从未出现过皮疹的孩子呢？

让我告诉你一个残忍的现实：孩子出现的皮疹，大约有一半是完全神秘的。我们从来搞不明白是什么原因引发了这些皮疹，正如它们神秘地出现一样，它们也会神秘地消失。然而，这并不意味着你可以坐视不管所有的红肿、丘疹、水疱、肿块、条痕、斑点或是其他什么。引起这些皮疹的潜在原因，可能是对一些接触过或吃下的东西过敏，一些具有腐蚀性的东西引起的刺激，感染——病毒、细菌或真菌感染，被各种苏格兰人所谓的"有腿的畜生"所侵扰，比如疥螨或虱子。在极少数情况下，皮疹可能是身体其他部位有潜在疾病的一种症状。

当你的孩子出现皮肤问题时，你首先需要确定这是否属于紧急情况。如果不是，你可以只与儿科医生进行一次预约。如果你希望在电话里与医生讨论孩子的皮肤问题，你需要决定如何对其进行描述。这在某种程度上是一个不可能完成的任务。一个人所说的"水疱"可能是另一个人口中的"丘疹"。一个人描述为"小粟粒疹"的东西可能在另一个人眼中是"红色大斑点"。很多儿科医生把尿布区域出现的任何皮疹都称作"尿布疹"；很多父母则认为尿布疹是由尿布引起的疹子。

评 估

紧急的皮肤问题

通常，一个出现皮疹、斑点或其他皮肤问题的孩子并非是有紧急问题。但是，在极少数情况下，皮疹也意味着一种非常严重的疾病，需要立即就医。

1. 如果孩子的行为像生病了，请先去看第13章"吓人的行为"中的"行为不对劲"中的指导，然后再去关注皮疹。如果相关的指导说明孩子并没有紧急问题，那么你就可以花时间去查看皮疹了。

2. 如果皮疹看上去像红色小点或肿块，或是紫红色的瘀痕或棕色斑点，在按压时不会变白，你就需要立即与儿科医生取得联系（即使是在半夜），即使孩子表现得一切正常。要想弄清楚它们是否会变白，你要按住它们并用手指摩擦，你的手指要覆盖住肿块和周围的一点皮肤。一些皮肤的颜色会明显褪去。斑点是否也暂时消失，随后又立即重新出现？还是它根本就没有消失？

如果斑点不曾消失，可能意味着严重感染或是血细胞生成的问题。这些斑点通常很小，是红色的，它们被称作"瘀点"。或者，它们可能看上去像紫色或棕色的瘀伤。这些斑点叫作"紫癜"。如果看到这样的斑点，你需要立即给医生打电话，即使你的孩子看上去一切正常。

3. 很多病毒和少数细菌会引起脱皮的皮疹。然而，脱皮的皮疹可能意味着严重的潜在感染，比如中毒性休克，或一种微妙但同样严重的疾病，例如川崎病。脱皮的皮疹需要在当天给医生打电话或去看医生，即使孩子感觉很好；如果孩子的行为像生病了，就需要进行紧急护理。

对皮疹的描述

这意味着要让孩子脱光衣服、鞋子、袜子，并且尿布也要脱掉。

他身上哪里起了红点、斑点、肿块或是其他什么？是主要位于他的躯干上，还是大部分集中在四肢上？如果在躯干，这些斑点、疙瘩或其他什么是否主要集中在臀部周围？还是在前面的比基尼部位？他的脸得以幸免吗？还是仅仅在嘴巴周围？或者，皮疹只长在脸颊上？头皮上有皮疹吗？手掌和脚底呢？皮疹是否主要出现在皱褶中？哪里的皱褶：膝盖和手肘，还是生殖器和臀部？

你能看到单个的斑点，还是连成一片的红斑或凸起？还是两者都有？这些斑点与正常皮肤是边界分明的吗？有多少个斑点？只有一个，比如位于脸颊或眼睑上？还是多到你数不清的小斑点，使得孩子看上去像修拉或沃霍尔画的肖像？

这些斑点有多大？针尖大小还是针头大小？还是像一块橡皮、一角硬币或是其他什么？它们是否都是同样大小，还是大小不一？这些斑点看上去是否像是在随着时间而变化？比如说，它们是否一开始像丘疹，然后变成水疱，之后变成硬痂？还是你看到的所有斑点都属于同一阶段？它们是否会在一个区域消失，在另一个区域重新出现？

这些斑点是凸起的、扁平的，还是两者皆有？如果你分辨不清，请闭上眼睛，轻轻用手蹭它们。如果一些斑点是凸起的：

结实的肿块是丘疹，如果它们是发亮红肿的，它们就是疔肿或脓肿。

充满清澈液体的肿块是水疱。

充满脓液的肿块是脓疱，或者你可以说是充满脓液的水疱。

形状奇怪的粉色凸起区域，通常在外围有明显的白线，是斑痕或荨麻疹。

这些肿块是否有特定的模式？例如3个或更多个组成一串（通常是跳蚤咬伤），还只是出现在指缝间，或手掌和脚底？是否有结痂或液体渗出？皮肤是否发红并脱皮？有时候，你看不到其他的东西，只看到硬痂、渗出液体或脱皮。有时候，你还会看到斑点或肿块。

是否出现了条痕？一个明显受到感染的区域出现条痕，意味着感染正在通过一个淋巴管道进行蔓延，需要立即就医。如果只是一道不知从哪里冒出来的单独的条痕，而孩子看上去一切正常，它可能只是孩子用白板笔画的。你可以试着用外用酒精将它擦掉。如果擦不掉，而孩子仍然完全正常，它仍然有可能是某种耐擦洗的染料。如果它一直存在，或者孩子像生病了，要带他去看儿科医生。

如果条痕与溅上染料的区域发生了颜色变化，要试着看看你的孩子是否玩过酸橙汁。如果他的身上沾染了酸橙汁，然后暴露在阳光下，沾上果汁的区域就会出现化学烧伤。这是暂时性的，但是，需要很长时间才能恢复。

治 疗

当然，治疗方法取决于不同的疾病。由于没有其他症状的皮疹很少属于紧急问题，你不妨在给医生打电话或是去看医生之前，先猜一猜是什么疾病引起了这些皮疹。

肿 块

跳蚤叮咬会出现丘疹，但是，有时候可能看上去非常红肿，这是因为发生了一种过敏性反应。跳蚤通常在一个家庭或人群中只叮咬一个人。跳蚤叮咬的痕迹通常都呈直线状，至少由3个疙瘩组成：这是跳蚤的早餐、午餐和晚餐。

水痘刚开始出现时是丘疹，随后变成水疱，每个水疱下面都有一个红斑，常常被形容为玫瑰花瓣上的露珠。（见"有着熟悉名称的常见疾病"。）

手足口病（柯萨奇病毒）会在手掌和脚心出现硬的略带紫色的丘疹。在腹股沟、臀部和脚踝部位也可能会出现同样大小的上面结痂的红肿的丘疹。(见"有着熟悉名称的常见疾病"。)

荨麻疹(风疹块)是凸起的红肿。每个肿块都是一个红色斑点,沿着它的外围有一圈非常细小的白线。有些斑点很小,有些很大,都出现在同一个孩子身上。它们有时出现,有时消失,会出现在身体的不同部位。(见"有着熟悉名称的常见疾病"。)

多形性红斑:这种皮疹看上去很像荨麻疹,但是,它们是有区别的。一些斑点看上去像牛眼睛,中央区域是棕色的,或者是完全正常的,或者有一个水疱。此外,关节会出现肿胀。[见"有着不熟悉名称的常见疾病"和"支原体"(见术语表)。]

蜂窝组织炎会形成一个红色、发亮、肿胀的区域,可能和10美分硬币一样小,也可能比一个1美元硬币更大:这是一种深层皮肤组织的细菌感染,有时是皮下组织的感染。蜂窝组织炎常常出现在面颊、眼睑、臀部,但是,它可以出现在任何地方。这种疾病总是需要迅速就医。

莱姆病:莱姆病在一开始会出现一个红色斑点或肿块(蜱叮咬的地方),随后会越变越大,有时会变得非常大。大斑点的外围是一个亮红色的圆环,斑点的中心看上去很干净。它会持续几个星期。通常孩子会发烧,感到疼痛,出现"腺体肿胀"或淋巴结。如果你认为你的孩子患了这种疾病,要立即带他去看儿科医生。(见术语表。)

疥疮:这种疾病会形成异常搔痒的肿块,通常位于手指缝里、手上或手腕上,或者腰部周围。但是,它们可能出现在任何地方,甚至在婴儿的手心和脚心形成水疱。这些肿块通常在夜晚会更痒。这种极小的虫子会进入皮肤下面并挖掘通道。你的儿科医生需要对其进行诊断和治疗。大多数儿科医生会建议家里的每个人和日托场所的每个人也同样接受治疗。真有趣!

平坦的斑点、发红的区域或小得数不清的斑点

麻疹一开始会在发际线周围出现一些斑点和肿块,然后向下蔓延。随着它的蔓延,它会逐渐连成一片——斑点融合在一起,分不出边界。通常,孩子先出现流鼻涕的症状,然后在3天或4天后开始出现皮疹。孩子通常会病得很重,眼睛发红,并咳嗽。(见"有着熟悉名称的不常见疾病"。)

三日麻疹、德国麻疹或风疹几乎对每个人都是一种不会造成危害的疾病,除了胎儿。它会出现粉色的平坦

的斑点和少数肿块，开始是在面部，然后向下蔓延到四肢。在颈背部通常会有肿大的淋巴结。（见"有着熟悉名称的不常见疾病"。）

蔷薇疹（幼儿急疹，人疱疹病毒6型）在6个月～2岁的孩子身上非常常见，患者会在3～5天的高烧后出现皮疹（有时会有流鼻涕或其他症状）。（见"有着不熟悉名称的常见疾病"。）

传染性红斑（第五病，细小病毒B19）也被称作"耳光病"，因为它一开始会使双侧的脸颊呈现鲜红色，就好像被人打了耳光一样。然后，孩子会长出一种与众不同的扁平皮疹，尤其是在胳膊和大腿上：它看上去像是带着花边，就像一块红色的桌巾。（见"有着不熟悉名称的常见疾病"。）

猩红热是一种伴随皮疹的链球菌性喉炎。通常，它的皮疹不太显眼，看上去像晒伤，只是出现在了比基尼部位。（见"有着熟悉名称的常见疾病"。）

湿疹（特异反应性皮炎）出现在过了婴儿期的孩子身上时，通常是干燥的小斑块，出现在手肘和膝盖的皱褶中，以及手腕和脚踝上。它常常会伴随着皮肤的粗糙和干燥。

当孩子去抓痒时，会产生更多的湿疹，引起更多的搔痒，这样就会陷入一个恶性循环。患湿疹的孩子要少洗澡，少接触水，此外还要按照儿科医生的建议去做。

癣：（体癣）不是一种虫子。它是一种遭人诽谤的小真菌，不应承担它被指控的所有罪名。它是鳞片状的红色小斑块，会扩散，并在中心区域留下一个干净的空白区域，我猜正是这些小圆圈使它们看上去像虫子。

头皮与头发

脂溢性皮炎是过多的油附着在皮肤细胞上，在头皮上形成没有液体渗出的硬斑。可以使用婴儿润肤油和含有可的松的非处方药膏将其软化，然后用洗发水将它冲洗掉。

头癣是一种生长在头皮上的真菌，会造成斑秃。通常，你会在脱发的位置看到黑色小斑点，即使是在金发和红发的人身上。有时候情况会变得难以控制，导致令人不快的、里面有液体的、被称作"脓癣"的增生。它在不满5岁的孩子身上相当常见，在较大的孩子身上较少出现。治疗方法是口服大剂量的处方药。

虱子（看到这儿，你应该身有同感地抓痒了吧），当然，是一种会产卵的小虫子，寄居在毛干上。首先，你会看到你的孩子疯狂地抓挠头皮。

就近一些去观察，你会看到毛干上黏附着一些白色的小卵，它们黏得很紧，无法将其弄掉。如果比较不幸，你还会看到一两只灰褐色的、6条腿的虱子在四处游走。治疗方法是使用非处方的1%浓度的氯菊酯（扑灭司林）。你应该仔细阅读说明书。在使用氯菊酯之后，可以用白醋加一点水进行冲洗，去除虫卵和刺痛。但是，你仍然不得不除掉每一个虱卵。此外，你还要成为一名侦探：虱子可以通过头与头的接触传染。要去别人家过夜吗？共用帽子或自行车头盔吗？使用一个梳子和发带吗？

臀部、腿和脚

关于腿和脚的受伤在"急救"部分有讨论。

基本要点

在刚出生时，宝宝的腿部会因为在子宫里一直蜷缩着而受到影响。臀位出生宝宝总是把双脚举到耳朵边是正常的，所有的宝宝都会出现小腿弯曲和足部的轻微弯曲，因此，从下面看，它们看上去就像一对圆括号：( )。

问题是，随着孩子的成长，他们的腿能正常地发育并变直吗？

评 估

臀 部

在刚出生时和直到孩子能够开始走稳而不再是摇摇晃晃或踉踉跄跄地走路之前的每次健康检查中，最重要的是要确保髋臼的发育是正常的。当宝宝还在子宫里时，髋臼就发育形成了，腿骨的股骨头会嵌入到骨盆中，是要在正确的位置发育出一个深度合适的髋臼。即使在出生之后，宝宝也可能出现髋臼发育不是很好的情况。因此，儿科医生会在每次健康检查中都仔细检查宝宝的臀部，直到宝宝会走路。问题发现的越早，越容易治疗，而且，在大多数情况下需要进行手术的可能性也就越小。

如果髋臼发育不正常，就称为发育性髋关节脱位。这种状况与一些需要引起警惕的状况有很大关系。这些状况包括：臀位胎儿、有头部倾斜或斜颈的宝宝，或双脚向内弯曲非常严重的宝宝。

如果你认为宝宝的臀部两边不对称，或者两条腿上的褶皱不能对齐，或者一条腿比另一条腿长，或者你无法让孩子的双腿以青蛙的姿势展开，要让你的儿科医生检查宝宝的臀部。或者，如果你的孩子开始走路时出现跛足或是摇摆得很严重，也要让他接受检查。

小　腿

孩子的小腿几乎总是"弯的"，并且会保持这样的形态，直到孩子学会走路相当长一段时间之后。这称作胫骨扭转，因为胫骨（承受重量的骨头）发生了扭转。如果小腿的弯曲看上去很严重，或者一条腿比另一条腿弯曲得严重，或者如果在宝宝 2 岁之后小腿弯曲的情况更加严重，而不是有所好转，你要咨询你的儿科医生。

没有证据表明喜欢扶着东西站起来的宝宝比其他宝宝更容易出现臀部或腿部的畸形。

脚

有时候，向内弯曲严重的脚需要通过锻炼、鞋子甚至打石膏来帮助矫正，并且始终需要做一次仔细的臀部检查。

脚指甲在宝宝出生时是非常微小的，一直到宝宝 2 岁之前，它似乎一点都不生长。你又少了一件需要担心的事情。

治　疗

发育性髋关节脱位的孩子通常需要使用一种用尼龙搭扣组成的矫正工具，来使他们的臀部固定在正确的位置，从而让髋臼能够正常发育[①]。这叫作"帕氏吊带"，但是，我的患者们将其称作"踢球的犀牛（Rhino kicker）"。它既不笨重，也不会造成疼痛，更不会影响美观，并且宝宝很快就能习惯它。如果你的宝宝需要一个这种吊带，你应该感激这种状况被及早发现。不要将其看成是一件大事。

对于骨骼发育正常的婴幼儿来说，鞋子不是必要的，也不建议给他们穿鞋子，直到他们开始到室外走路，需要鞋子来保护双脚和保暖。当你给脚部发育正常的孩子买鞋子时，不需要买昂贵的鞋子。他们只需要不磨脚后跟、柔软、能给脚趾留出足够空间的鞋子。

以前的孩子们容易得"佝偻病"，这是由于缺乏维生素 D 而导致的双腿异常弯曲。今天，大多数婴儿都能得到足够的维生素 D：通过晒太阳、添加维生素 D 的配方奶和牛奶，以及通过维生素滴剂。如果你的宝宝是早产儿，或者，如果你是母乳喂养，而你所处的环境无法让你的浅色皮肤的宝宝每周至少晒 15 分钟太阳，或深色皮肤的宝宝无法每天晒太阳，你就需

[①] 有时候这个矫正工具只需要佩戴几个星期，有时候需要佩戴好几个月。它不会妨碍宝宝的任何活动——我说的是任何活动。——作者注

要给他吃维生素 D 滴剂。患有佝偻病的婴儿的颅骨是软的，肋骨与肋软骨交界处有隆起，腿部会弯曲。

跛足

跛足是儿科医生会谨慎对待的一种症状。通常，引起跛足的原因是不会造成危害的：扎刺、鞋子过紧、水疱以及非常轻微的扭伤。

还有另一些原因可能会让人担忧，如果怀疑跛足是由这些原因引起的，需要立即去看儿科医生。当然，如果怀疑骨折，就必须进行评估和治疗，但是，这通常是很容易诊断的。如果你根据孩子的经历或外观怀疑是骨折，要给孩子拍 X 光片，然后就能得出结论。

但是，有一些跛足是不易发现的，并且有时难以做出诊断。**对小孩子来说，引起跛足的最常见的紧急原因是髋关节的细菌感染（"化脓性髋关节炎"）。** 有时候这非常明显：孩子会发烧，表现得像生病了，当你触摸他的臀部或移动他的腿时，他会因为疼痛而尖叫。但是，有时候，孩子仅仅会出现跛足，或许有一点发烧，喜欢仰面躺着，将发炎一侧的膝盖展开。如果你对此有怀疑，你需要立即获得医疗帮助。臀部是一个紧密结合的关节，如果它受到感染，骨骼就可能被毁坏！

通常，出现这些症状的孩子最后会被证明得的不是化脓性髋关节炎，而是一种被称作病毒性滑膜炎的疾病，这种疾病完全不会造成危害。它发生在病毒感染导致髋关节发炎的时候。对于病毒性滑膜炎的主要关切，是要查明它不是化脓性髋关节炎。因此，你的孩子可能不得不做实验室检测、X 光检测，甚至是特殊的医疗程序——但是，至关重要的是要确诊孩子属于哪种情况。

在极少数情况下，跛足可能最后会被证明是由一种既非受伤也非感染的疾病的症状引起的，比如关节炎或血液病。但是，这种情况实际上是很罕见的。

生长痛

我们不知道它们是什么，但我们的确经常听到这个词。生长痛的定义是：不是由任何已知的潜在原因引起的腿部疼痛。（儿科医生很聪明，是吧？）

生长痛通常会出现在小腿肚、小腿或大腿上，而不是膝盖、脚踝或臀部。有时候它们出现在一条腿上，有时候出现在另一条腿上，有时候出现在两条腿上。当孩子正在休息时，它们就会出现，通常是在夜里。不会有跛足、发红、肿胀、发热或发烧。揉一揉，就会感觉好一些。它们往往与跳跃的活动有关。当然，你应该给儿科医生打电话或带孩子去看医生，以确定是什么问题。要记住，美国儿科学会强烈反对儿童使用蹦床（任何尺寸的蹦床）——不是因为成长痛，而是因为脊椎损伤。

气味异常

所有的父母都熟悉自己孩子的气味，即使他们无法描述这种气味。有时候，气味的变化是很好解释的：杰森吃掉了你的凯撒沙拉里的所有蒜茸面包粒；杰西卡刚刚呕吐了。当我们的女儿莎拉在15个月大时喝掉了草本精华洗发水之后，她在好几天里闻起来都像花儿一样。

但是，有一些气味意味着出现了问题。最常见的是：

• 闻起来有病态的甜味，就像正在腐烂的苹果或是指甲油的味道；这种气味通常来自于一个生病的孩子的呼吸中的丙酮。大多数情况下，这产生于呕吐和腹泻过程中形成的酮症。

在极少数情况下，这可能意味着小儿糖尿病：在这种情况下，孩子会表现得非常无精打采，出现叹息样呼吸，经常抱怨肚子痛，总是口渴，排尿也比平常多。他可能会反复呕吐。如果你的孩子出现这种情况，你需要立即获得帮助。

• 口臭。口臭的最常见原因与成年人口臭的原因相同：舌头上以及舌头下面的细菌产生难闻的气味。但是，还有一些更加严重的原因需要考虑：口腔病毒感染，例如疱疹、链球菌性喉炎、鼻窦炎、牙齿问题。如果孩子长期咳嗽，肺部问题也有可能引起口臭。然而，有时候看似口臭的问题实际上是散发自身体其他部位的气味：见下面的"难闻的气味"。

• 难闻的气味，并且洗澡无法将其去除。有时候，这种难闻的气味似乎是源自孩子的呼吸，但这真的很难分辨。这通常是由于一个卡在体内的、开始腐烂的异物造成的。

如果孩子是个男孩，很有可能是他把某个异物塞进了自己的鼻子里。如果孩子是个女孩，异物要么在她的鼻子里，要么在她的阴道里。有时候，孩子的鼻子或阴道中会流出带血的分泌物，但有时候什么也没有——被异物堵住了。在异物开始散发出难闻的气味之前，它已经造成周围的组织发炎肿胀，将它取出可能成了一项有危险性的任务，所以，你应该带孩子去看医生。

好的一面是：你在看医生时无须

排队等候。候诊室里的人都会催促你在他们前面看病。工作人员也会立即去请医生。

- 脚臭。即使最小的孩子也会因为鞋子将湿气与细菌捂在里面而产生脚臭。处理方法：让孩子赤脚，穿凉鞋或透气的鞋子，棉袜；或者学会忍受这种气味。在极少数情况下，这可能意味着其他问题：见下文。

- 生殖器气味。即使是正常、干净的男婴和女婴也会有生殖器气味，但大多数不会令人极其不快。令人不快的气味可能意味着酵母菌、链球菌或其他感染，或体内有异物。要避免泡泡浴和肥皂水，可以在洗澡水中添加小苏打——只要使水显得浑浊就可以了——这些都会有帮助。如果气味仍然没有改善，则说明有一些卫生之外的问题，这种情况就需要去看儿科医生了。

- 闻起来像一些特别的东西，但不是大蒜。

偶尔，一个忧心忡忡的母亲会告诉我，她听说一种可怕的疾病，患有这种疾病的婴儿闻起来会有"汗脚"或是"枫糖浆"的气味，或者甚至是"猫尿"味。是的，是有这样的疾病，但它们极为罕见，并且孩子会表现得很不舒服，通常会反复出现严重的呕吐和神经系统的问题。如果你感到担忧，务必要询问你的儿科医生。

吃下一种有毒的化学制品会导致一种奇怪的气味，这种情况也是真实的，并且这种气味能帮助你回想起这个孩子到底吃了什么。

原则：如果你的孩子出现了特殊的气味，并且表现出不舒服的迹象，要迅速告知你的儿科医生。

第 16 章

常见疾病与不常见疾病

有着（或多或少）不熟悉名称的常见疾病

很多时候，父母们会惊讶地发现他们的孩子患了一种他们从未听说过的疾病。当他们得知"这里的每个孩子都得了这种病"，以及"大多数人在童年都得过这种病，长大后就对它有了免疫力"时，会感到更为惊讶。怎么会这样？谁记得自己曾经得过，比如疱疹性咽峡炎或是轮状病毒腹泻？当我看到父母们脸上难以置信的表情时，我会感到有些难堪。

下面是最常见的有着不熟悉名称的常见疾病。

口腔疼痛

有 3 种常见的口腔感染要比其他的口腔疾病更常见。鹅口疮，一种酵母菌感染，尤其容易出现在不满 6 个月的婴儿和使用抗生素的婴儿身上；口腔疱疹（龈口炎）；以及手足口病（柯萨奇病毒）。

鹅口疮

基本要点

鹅口疮是一种酵母菌感染，会在舌头、牙龈和脸颊内侧形成一层白色的、软干酪样的斑膜。（这种酵母菌被称作假丝酵母菌或念珠菌）。鹅口疮在小婴儿身上最为常见，尤其是当他们共用橡胶奶嘴或玩具，或者使用抗生素时（抗生素会除掉能杀死酵母菌的细菌）。患鹅口疮的婴儿可能会啼哭，不好好吃奶，或者可能看上去毫不在意。

酵母菌在我们身边无处不在，它很喜欢婴儿的口腔和尿布区域。通常，鹅口疮是不会造成危害的，最多是令人烦恼。

它与成年人的富有争议性的疾病"全身性念珠菌病"没有任何关系。婴儿只有在非常脆弱的情况下才会出现全身性念珠菌病；具有较高风险的是那些在主要血管中长期插有"留置导管"的早产儿。照顾这些婴儿的人必须避免真菌感染，指甲可能滋生这些真菌，尤其是人工指甲。

评 估

有时候，鹅口疮看上去像是在喂奶很长时间后仍然留在舌头上的一层奶。有时候，它看上去像是附着在嘴唇和脸颊内侧甚至是上腭上的一些白色条纹和斑块。有时候，哺乳的母亲只有在自己的乳头开始疼痛和红肿时，才意识到自己的宝宝患了鹅口疮。

如果鹅口疮变得严重，它会令宝宝感到疼痛，从而使他不愿意吃奶。如果一个宝宝有严重的、反复出现的顽固的鹅口疮，这可能是宝宝的免疫系统出现严重问题的一个症状。如果一个没有使用抗生素的超过6个月的婴儿患了严重、反复出现的顽固的鹅口疮，这可能是免疫问题或糖尿病的一个迹象。如果你执行了预防和治疗鹅口疮的全部建议，而鹅口疮仍然没有消失，要就这个问题咨询你的儿科医生。

治 疗

当你用儿科医生开的药治疗鹅口疮时，要将它涂遍宝宝的口腔内侧。要用一个棉签或手指上包着一块纱布进行擦拭。不要把滴管放进宝宝的嘴里，然后再放回药瓶；这样，滴管就会污染剩下的药水。

预 防

• 每天将橡胶奶嘴煮沸消毒一次。（不要忘记设定定时器。没有什么东西比煮焦的奶嘴更难闻的了，而且它们还会毁掉你的锅。）

• 如果你的宝宝正在使用抗生素，要注意口腔卫生，在喂奶后要用水冲洗他的口腔。

• 不要把宝宝吃过的奶瓶在1小时后再拿来给他吃。

口腔疱疹（龈口炎）

基本要点

这是（差不多）每个人迟早都会感染的一种病毒。很多孩子会感染这种病毒，生成对它的免疫力，并且从来不出现任何症状。另外一些孩子会出现轻微的口腔疼痛。少数孩子会出现严重感染，嘴里长满小溃疡。

这不是通过性传播的疱疹。口腔疱疹是生殖器疱疹的表亲。它叫作疱疹病毒1型。生殖器疱疹是疱疹病毒2型。

龈口炎（Gingivostomatitis）中的"Gingivo"是牙龈的意思，"stoma"是口腔的意思，"itis"是感染的意思。

因此，这种讨厌的疾病包含了舌头上面和下面、嘴唇上以及口腔内部的很多令人疼痛的溃疡。它们最初是看上去脏兮兮的水疱，然后破裂，变成底部白色、上面是红色的溃疡。有时候溃疡会蔓延至咽喉。

这种疾病具有很强的传染性，能通过一个受到感染但不出现任何症状的孩子传播给其他人。短期内不会有针对这种病毒的疫苗。

在你能够看到溃疡形成之前，孩子会出现疼痛、发烧、流口水并拒绝吃东西，孩子可能会在4~9天内感到很不舒服。

评 估

- **水分保持**。患口腔疱疹的孩子因为没有腹泻和呕吐的症状，因此极少会出现脱水，但是，高烧和流口水也会使孩子丧失水分，并且他可能拒绝喝足够的水来补充水分。
- **酮症**。当一个高烧的孩子不摄入糖分时，他的体内会聚积酮（通过脂肪代谢），这会使他感到更加不舒服，从而摄入更少的糖分。
- **极为罕见的严重的疱疹病毒扩散**。在极其罕见的情况下，疱疹可能造成大脑感染，或是出现扩散，致使病毒侵袭全身。如果任何患有口腔疱疹或接触过的人变得很不舒服，要立即去看医生，因为在早期使用阿昔洛韦可能是非常有益的。

治 疗

大多数儿科医生都不用阿昔洛韦来治疗这种常见的儿童期疾病，这种药是用来治疗严重的疱疹感染的，除非这个孩子有病毒扩散至大脑或全身的特殊风险。阿昔洛韦在非常小的孩子身上的使用还没有得到很好的研究证明，因此必须对其风险进行权衡。

因此，对口腔疱疹的治疗通常包括关爱、对乙酰氨基酚（或者可能是布洛芬甚至是可待因，前提是你的儿科医生认为可以使用这些药物）以及孩子愿意喝的任何液体。（但不要给孩子喝无糖饮料。要给他们喝含糖的汽水。）常温的甜味液体似乎是最受欢迎的，但有些孩子喜欢喝凉的。

预 防

关于口腔疱疹的唯一一件好事是，很多人——如果不是大多数人——"感染"这种病毒却不会有任何生病的迹象，但他们确实获得了对这种病毒的免疫力。此外，除非进行亲密接触，否则这种病毒不容易传播。你不会通过诸如玩具和门把手等物品感染这种病毒。

一些权威人士认为，健康的小孩

子实际上会通过在童年早期接触这种病毒而受益，但不要在出生后的头6个月内接触，因为在很长一段时间内，可能还不会有针对这种疾病的疫苗，而且年龄越大的人感染这种病毒情况会越严重。

然而，任何免疫系统不成熟或免疫系统受损的人如果感染疱疹，可能有非常严重的后果，因此他们需要受到保护。当然，非常小的婴儿、孕妇以及患有艾滋病或正在接受化疗的人都应该受到保护，以避免感染疱疹。

这是否意味着一个患有疱疹的孩子就应该待在家里，不去日托机构呢？专家们对此意见不一。在我看来，由于很多有传染性的孩子不会表现出任何症状，因此，最安全的办法是让有免疫问题的孩子或大人待在家里，而不要去日托机构和患有轻度疱疹的孩子待在一起。

无论如何，高风险的人可以通过避免接触其他人的唾液和鼻腔分泌物来得到保护。这意味着在触摸过任何可能有传染性的孩子之后，以及在触摸自己的黏膜（眼睛、鼻子、嘴和生殖器）之前，都要仔细洗手。

从接触病毒到患病的潜伏期是3~5天。如果有高风险的人知道自己接触过病毒，就应该立即通知自己的医生。

手足口病

基本要点

不，这不是口蹄疫（hoof and mouth），那是牛得的病。这是手足口病，是由一种名为柯萨奇的病毒引起的。只有人才会携带这种病毒；你不会从宠物那里感染这种病毒，更不用说从牲畜那里了。

评 估

患手足口病的孩子不仅会在口腔中长水疱，而且还会在手掌和脚底长令人疼痛的紫色水疱，在尿布区域常常还会出现隆起的肿块。大多数孩子会发烧。通常，他们的口腔会非常疼痛，以至于连吞咽唾液都很疼，因此流口水是很常见的。

与口腔疱疹一样，最主要的问题是要确保孩子保持充足的水分和舒适。与口腔疱疹一样，严重的并发症是极少出现的，但是，如果任何孩子看上去或其行为像生病了，要立即就医。

治 疗

对于手足口病没有特别的治疗方法。阿昔洛韦对这种病不起作用。这是一种完全不同的病毒。因此，对手足口病的治疗与单纯性口腔疱疹相同：补充水分、止痛药、关爱以及时间。

预防

大多数专家认为，患有手足口病的孩子可以去日托，除非他们病得很严重，需要在家休息。这是因为，病毒从孩子生病的几天前到他痊愈后的几个星期里都在四处传播，因此，让他少去几天日托也没有什么意义。此外，大多数感染是不出现症状的，因此，日托里其他看上去很健康的孩子，实际上可能也在传播病毒。

照料孩子的成年人应该认真洗手，并避免亲吻甚至是健康孩子的脸和手——不只是生病的孩子，而是所有的孩子。

嗓子疼

链球菌性喉炎和猩红热

基本要点

链球菌性喉炎是由溶血性链球菌引起的感染。没有其他细菌会使你感染链球菌性喉炎。即使你没有扁桃体，也可能感染链球菌性喉炎。

出现特殊皮疹的链球菌性喉炎被称作猩红热。它通常不会比单纯性链球菌性喉炎更严重。

对链球菌性喉炎的担忧，是5岁以上的孩子极少伴随出现的一种被称作风湿热的疾病。风湿热发生在链球菌开始让身体制造对抗自身组织的抗体的时候。它可能造成关节病以及影响更为久远的心脏病。

评估

悲哀的事实是，任何嗓子疼都可能是链球菌感染。你无法通过观察进行判断。如果扁桃体（如果有的话）呈现牛肉般的红色，小舌红肿，颈部淋巴结肿大，出现了猩红热状的皮疹，孩子说话的声音听上去像是在喉咙后面含着一块热马铃薯，那么，你就可以强烈怀疑是链球菌性喉炎了。

但即便如此，你也可能判断失误。所有这些迹象和症状可能是由一种病毒（比如单核细胞）或是另一种细菌引起的。

因此，大多数儿科医生或者会进行链球菌的快速检测（基于对其生物"指纹"的分析），或者进行咽喉细菌培养，或者二者同时进行。一些儿科医生会在等待结果的时候先进行治疗。有时候，链球菌性喉炎的症状非常明显，即使检查结果是阴性的，也会进行相应的治疗——每项由人类设计的检测都会出现少许差错。

治疗

如果不用抗生素治疗链球菌性喉

炎，孩子最终也可能会痊愈，并且不出现并发症。但是，很少有儿科医生和父母会选择这种方式。一个原因是，在极少数情况下，链球菌可能会击败孩子，引起肺炎或败血症。其次，抗生素能够缩短链球菌性喉炎的病程，帮助孩子恢复正常的活动。第三，5岁以下的孩子可能不太容易出现风湿热，但是，他们可能会将链球菌传染给一个大一些的孩子，而这个孩子可能出现风湿热。

要使用链球菌对其敏感的抗生素，这一点尤为重要：青霉素是最常见的选择，但很多其他抗生素也有效。确保服用完整疗程的抗生素也同样重要。在服药的最后一天，要扔掉旧牙刷，换一把新牙刷。

要预防风湿热，并不需要在出现症状后立即给孩子服用抗生素；实际上，即使在孩子生病一周或更长时间之后再使用抗生素，也仍然会有效。

预 防

在出现症状的头几天，链球菌性喉炎的传染性最强，它会一直保持传染性，直到孩子开始使用抗生素至少24小时之后。最常见的传播途径是通过手的接触，或者被患病者的喷嚏或咳嗽直接喷溅到。

病毒性的嗓子疼

大多数由病毒引起的嗓子疼是"非特异性的"，也就是说，你无法具体得知是哪种病毒造成了这种不适。有两种经常引起小孩子嗓子疼的病毒，常常是能被诊断出来的，它们应该是比较有名的。

传染性单核细胞增多症
（爱泼斯坦－巴尔病毒）

基本要点

这种病也被称作"接吻病"，因为它经常在十几岁孩子和青年之间通过亲密接触传播，这是很多孩子在童年早期会感染的一种疾病。

当很小的孩子接触爱泼斯坦－巴尔病毒（EBV）时，他们通常不会表现出非常严重的症状，或者根本没有症状。他们只是在体内形成免疫力。患单核细胞增多症的十几岁孩子通常会在几个星期里出现疲劳、嗓子疼和黄疸，但是，有正常免疫力的小孩子往往只会出现轻微的嗓子疼和"腺体肿大"（淋巴结）。

因此，从某种意义上来说，在儿童期感染这种疾病是有好处的。然而，大多数感染这种病毒的小孩子只会出现一些非特异性的迹象和症状，以至于他们从未通过检测来诊断这种疾病。这不是什么问题，因为即使你知道孩子感染了这种病毒，也没有太多的办法。

评 估

大多数患有传染性单核细胞增多症的小孩子会出现嗓子疼、发烧和疲倦。他们的眼睑常常会肿胀，但不会发红。如果他们接受了针对链球菌性喉炎的检测，或者进行了咽喉细菌培养，结果会是正常的。这是因为病毒不会在这些检测中显示出来。

如果疾病持续的时间超过几天，或者，如果孩子出现皮疹、脾脏肿大，或者其他暗示单核细胞增多症的特殊迹象，大多数儿科医生都会要求进行血液检测。有时候，血液检测——被称作传染性单核细胞增多症检测试剂盒——对于成年人十分准确，在小孩子身上却会出错，还需要进一步的血液检测才能做出诊断。

有时候，一个小孩子，通常是一个大一些的孩子，在感染单核细胞增多症时会出现奇怪的视觉现象。在他们眼中，一些东西会变得比平时更大、更小、更近或是更远。这叫作"爱丽丝漫游综合征"，这种现象会自动消失。

小孩子在感染单核细胞增多症时很少会有严重的不适，但是，当然，如果孩子因为拒绝喝水而出现脱水，或者因为扁桃体肿大而引起呼吸困难或吞咽困难，或者孩子看上去像生病了或者行为像生病了，一定要立即去看医生。

治 疗

大多数时候，治疗方法就是休息和安慰。在极少数情况下，可能需要用药物来治疗肿得很严重的扁桃体或其他并发症。大多数儿科医生会要求孩子的父母小心地保护总是与传染性单核细胞增多症相伴随的肿大的脾脏。脾脏是一个充满血液的器官，你不希望它受到伤害。这意味着要避免一些会踢到腹部的活动，也不要用力举起重物，例如一个弟弟或妹妹。

预 防

非常奇怪的是，将患有传染性单核细胞增多症的孩子（或任何有正常免疫系统的人）隔离是没有意义的，因为在他出现症状之前，这种病毒已经传播了很久，在他痊愈后，也仍然会传播很久。此外，大多数有传染性的孩子不会表现出任何生病的迹象。当然，一个需要"护理"的孩子最好还是在家休息。认为自己没有患过这种疾病的孕妇应该在触摸自己的脸之前认真洗手——不管她们有没有接触过患有这种病的孩子。

疱疹性咽峡炎：又是柯萨奇病毒

基本要点

咽喉和扁桃体而不是口腔中出现疼痛的溃疡，通常称作疱疹性咽峡炎（herpangian），这个词的意思是"因疱疹（herpes）引起的疼痛（pain）"。但是，引起这种疾病的病毒通常不是疱疹病毒，而是肠道病毒家族中的一员。它通常是某种柯萨奇病毒，它是我们的老朋友了，手足口病也是由它引起的。

评 估

当你察看咽喉的后部时，你会看到一些溃疡，一些深入组织中的小溃疡。这些溃疡仅局限于咽喉部位；你不会在舌头上或口腔中看到它们。通常情况下，如果孩子年龄大到会说话了，他会抱怨说嗓子很疼。

治 疗

再说一次：甜味液体、关爱和止痛就是所能做的一切。

预 防

虽然会有反复感染的风险，但是，将生病的孩子隔离起来是没什么作用的，因为大多数时候，病毒都是通过没有任何症状的孩子传播的。要认真洗手，认真洗手，认真洗手。

身体皮疹

最常见的是手足口病（见上面的"口腔疼痛"）、传染性红斑（也叫耳光病、第五种病和微小病毒B19）、多形性红斑和蔷薇疹（也叫人疱疹病毒6型）。此外，还要了解术语表中的"川崎病"。

传染性红斑（耳光病、第五种病、微小病毒B19）

基本要点

这通常是一种比较轻微的疾病。它之所以被称为"第五种病"，是因为它是第5种被命名的儿童期皮疹的疾病。它最常出现在学龄孩子的身上，但是，小孩子和成年人也可能感染这种疾病。

评 估

传染性红斑的症状主要是出现非常独特而漂亮的皮疹。初期症状是脸颊发红（因此得到"耳光病"的绰号）。随后，会出现带花边的皮疹，通常主要集中在胳膊和大腿上。这些皮疹在几个星期内会反复出现并消失。有时候，孩子会出现流鼻涕或其他轻微不适，可能会有低烧。但是，大多数时候，唯一的症状就是皮疹。

患传染性红斑的少数孩子和很多大人，会出现关节疼痛甚至关节肿胀。如果你发现自己在孩子被诊断为传染性红斑后的4~20天内出现了关节肿胀问题，如果你能记得这件事情，你就可以给你自己和你的医生省下很多复杂的病情检查。

在较为罕见的情况下，这种疾病可能造成严重的问题，主要是那些有会对红细胞造成破坏的潜在血液病——例如镰状细胞贫血——的人。它还可能给有免疫缺陷的人造成严重的问题。

在极其罕见的情况下，如果女性在怀孕的头3个月内感染传染性红斑，会导致流产。这种情况发生的概率不到10%。在妊娠期的最后3个月，胎儿可能会受到严重影响。

治 疗

只有当一个具有潜在问题（例如镰状细胞贫血或艾滋病）的人病得非常严重，需要进行静脉注射丙种球蛋白时，治疗才是必需的。

预 防

传染性红斑在皮疹出现前传染性最强。一旦出现皮疹，孩子就不再传播病毒。那些知道自己接触过传染性红斑的孕妇，应该与她们的产科医生讨论这个问题。

多形性红斑

多形性红斑是一种皮肤损伤，看上去有些像荨麻疹。然而，除了红斑之外，还会出现一些像牛眼睛、枪靶、甜甜圈或百吉饼一样的斑点。手、脚和关节常常会肿胀。多形性红斑可能由感染（病毒和细菌）和药物过敏引起，尤其是磺胺类药物。这种病始终需要让儿科医生进行评估。

蔷薇疹（幼儿急疹、人疱疹病毒6型或HHV6）

基本要点

孩子患典型的蔷薇疹的时间是在6个月~2岁之间，并伴有高烧和流鼻涕的症状。尽管孩子高烧可能超过40.6℃，但是，其精神非常好。在3~5天后，孩子会退烧并出现皮疹，在皮疹出现的24~48小时里，孩子会变得非常暴躁。几乎每个人在2岁前都得过蔷薇疹，在3岁前肯定得过。然而，大多数感染这种疾病并形成免疫力的孩子，根本不会出现任何症状。

评 估

对蔷薇疹评估的主要问题在于，没有什么特殊的方法可以将它与引起婴儿高烧的其他原因区分开。自然,你不得不怀疑并排除各种严重的原因:败血症、脑膜炎、尿路感染。当然,等到所有这些检查结果从实验室出来时,孩子已经退烧并长出皮疹了,此时,诊断结果已是显而易见的了。

容易出现热惊厥的孩子在患蔷薇疹期间有一次热惊厥发作,这种情况并不罕见。由于没有其他的体检结果能够做出诊断,也没有任何具有针对性的血液检测,这些孩子几乎最终都需要进行腰椎穿刺,以排除脑膜炎。

治 疗

对于蔷薇疹没有特殊的治疗方法,如果孩子精神很好并且能玩耍,甚至控制体温也是不必要的。

预 防

由于诊断只能在退烧后做出,因此,患蔷薇疹的孩子需要待在家中,在确诊前都不能去上日托,因为高烧的孩子非常有可能是患上了一种危险的疾病,例如败血症,或者会在日托机构里变得更严重,或者将危险的疾病传播给其他人。显然,由于他那些看上去非常健康的日托机构的小伙伴们可能自己都在传播病毒,因此,不去日托对于阻止病毒传播起不到什么作用。

呼吸困难,喘息

细支气管炎,呼吸道合胞病毒(RSV)

细支气管炎会使婴儿出现喘息和呼吸困难,使学步期和学龄前的孩子出现喘息和咳嗽。(实际上,任何年龄的人都有可能患细支气管炎。)呼吸道合胞病毒是引起这种疾病的病毒的名称。这种疾病在冬季十分常见。在上一章"呼吸道和肺"中对其有更详细的描述。

支原体

支原体是一种细菌的名称,不是一种疾病。这种小生物兼具病毒和细菌的特点,它可以引起多种疾病,包括扁桃体炎、耳部感染、多形性红斑(见上文)、轻度肺炎和格鲁布性喉头炎。我把它放在这里,这样你就不会因为它没有出现在本章而感到惊讶。支原体只对红霉素(及其表亲)和四环素有反应。你不能给小孩子使用四环素,因为它会在牙齿上留下色斑。

腹 泻

小孩子可能会患几种常见的腹泻,其中最常见的是轮状病毒腹泻。其他常见的腹泻包括:志贺氏菌、沙门氏菌、弯曲杆菌、耶尔森氏鼠疫杆菌、大肠杆菌和寄生虫蓝氏贾第鞭毛虫引起的腹泻。

轮状病毒

基本要点

这是引起美国小孩子冬季腹泻的最常见原因。它通常会持续3～8天。有些孩子会出现相当严重的症状，会出现发烧、呕吐和大量的水样便。其他的孩子和再次感染这种病毒的大多数成年人不会出现任何症状，只会将病毒传播给其他人，导致感染扩散。

评　估

一个在冬季出现腹泻的小孩子经常会被直接认为患了轮状病毒腹泻。他们的大便通常有着典型的外观——荧光绿色的水样便——也有着典型的气味，这里我就不描述了。通常，在大便中没有血。

关于轮状病毒腹泻的主要担忧是脱水。孩子的年龄越小，这种担忧就越强烈。见第13章"吓人的行为"中关于"脱水"的讨论。

如果大便中有血，或者出现了复杂的症状，可以通过化验大便来进行诊断。

治　疗

对于轮状病毒腹泻，最大的挑战是如何保持婴儿或孩子体内的水分。另一个挑战是要在其较长的病程中保持耐心。

预　防

由于大多数病毒都是通过没有症状的孩子传播的，并且由于病毒会污染各种物品——比如玩具——当孩子触摸这些玩具或把它们放进嘴里时就会感染病毒，因此，让一个患病的孩子待在家里而不去日托，主要是出于对患病孩子的考虑，因为他需要照料和监护。此外，如果一个孩子的大便无法容纳在尿布里或排在马桶中，他就会成为比那些能够保持干净的孩子更严重的病毒传播源。大多数权威人士都建议让孩子待在家里，直到腹泻减轻。所有的权威人士都建议认真洗手、仔细换尿布，并将处理食物的区域和如厕区域分开。

细菌性腹泻：
沙门氏菌、志贺氏菌、弯曲杆菌、耶尔森氏鼠疫杆菌、大肠杆菌

基本要点

所有这些引起腹泻的细菌也会引起其他症状，例如发烧和呕吐。在任何一种情况下，大便中都可能出现血液和黏液。当受感染的人或动物的粪便污染食物或水时，就会造成这些细菌的传播；人与人之间会通过手的接

触传染细菌。它们都可能引起严重的病情。

评　估

对于一个出现腹泻的孩子，只有三件事情需要评估。首先，孩子脱水吗？见第13章"吓人的行为"中的"脱水"。其次，腹泻是否由某种往往会引起严重问题的原因导致？在极少数情况下，一些细菌感染可能会蔓延到血液，并造成严重的感染、败血症，或产生一种损害肠道内膜的毒素。在更为罕见的情况下，一些细菌感染，比如大肠杆菌，会造成一种损伤肾脏的反应；这叫作溶血性尿毒症综合征（H.U.S）。

大便中出现明显的血液的孩子，需要让儿科医生做评估，看是否出现了这些问题。

第三，腹泻是由一种持续的潜在原因引起的吗？如果在进行饮食治疗5天后，腹泻仍然没有好转，即使是单纯性腹泻也需要让医生做评估。

治　疗

你会认为对这些疾病的治疗都需要使用抗生素。然而，对于轻微的沙门氏菌感染，抗生素治疗可能会延长细菌的携带和传播期。另一方面，抗生素治疗会缩短弯曲杆菌、志贺氏菌和耶尔森氏鼠疫杆菌的发病期和传播期。对大肠杆菌感染使用抗生素是危险的，会增加溶血性尿毒症综合征的风险。

预　防

所有照顾孩子的成年人和准备食物的成年人都认真洗手，能大大减少这些细菌性腹泻。除了洗手之外，所有可能在任何阶段（例如从鸡蛋的生产、牛或猪的屠宰，到微波炉中的烹饪）受到污染的食物都应该彻底煮熟再食用。肉类不要吃半生的，应该加热到较高的内部温度后再吃。鸡蛋应该全熟，不要吃半熟的。永远不要吃生牛肉。即使你了解那头牛也不行。不可靠的水应该煮沸后再入口，不论是饮用水、冰块或是牙刷上的水。

蓝氏贾第鞭毛虫

蓝氏贾第鞭毛虫是在一年中任何时候出现腹泻的一个常见原因，不分季节。

基本要点

蓝氏贾第鞭毛虫是一种寄生虫，但是一种非常微小的寄生虫，是一种你不能用肉眼看到的寄生虫。大多数感染这种寄生虫的人从不知道自己曾经感染，因此，也就不会采取特殊的预防措施来防止其传播。

出现症状的人会有腹泻、腹绞痛和排气，有时是便秘与腹泻交替出现。这些症状会一直持续很长时间，在治疗后很容易重新感染。你可能通过吃下任何受到污染的食物而感染这种寄生虫。人和动物都会感染和相互传播蓝氏贾第鞭毛虫。受到污染的水、其他人的手和食物是这种寄生虫的最常见来源。

评估

通常，大便实际上不是水样的，而是体积很大并散发难闻气味，并会漂浮在马桶的水面上。感染这种疾病的孩子不像其他腹泻那样容易脱水，但是，可能会抱怨肚子疼，排放大量气体，体重增长缓慢。

诊断方法通常是在显微镜下检查粪便样本，并寻找其中的小生物。但是，这种方法缺乏可靠性，因为很多粪便样本中并没有发现这些寄生虫，即使孩子已经受到感染。有时候，当显微镜检查结果为阴性时，一种高科技检测方法却能够找到这些寄生虫。

治疗

抗寄生虫药是治疗蓝氏贾第鞭毛虫的方法，有几种不同的药物。你要与你的儿科医生讨论这些药物、它们的副作用、效果、味道和费用。

预防

洗手、在换尿布和准备食物时格外小心、将不可靠水源的水煮沸，是预防感染或传播蓝氏贾第鞭毛虫的最佳方法。一旦日托里的一个孩子被诊断为蓝氏贾第鞭毛虫感染，他（或她）就应该待在家里，直到完成治疗，腹泻消失。大多数专家不鼓励对孩子没有出现症状的同伴进行常规检测，因为这样的检测是昂贵并且不可靠的。但是，所有的专家都认为洗手、认真换尿布、如厕和食品卫生非常重要。

有着熟悉名称的不常见疾病，包括水痘

这些疾病应当是不常见的，因为孩子应当已经接种了相关的疫苗。然而，在没有进行免疫接种的地区，会爆发这些疾病。此外，由于它们的名称是人们很熟悉的，因此你很容易怀疑一个出现类似症状的孩子患了这些疾病。

麻 疹

孩子在接种麻腮风三联疫苗后就已经对麻疹免疫，接种通常是在12～15个月大的时候（如果麻疹在

当地流行，接种可能会早一些），然后，在 5 岁或刚进入青春期前（上初中或高中的时候）打一次加强针，或者两次加强针。

麻疹可能是一种轻微的疾病，也可能非常严重，甚至致命。出现典型麻疹症状的孩子会出现严重的流鼻涕，严重到足以被称作鼻炎；会出现红眼（或眼充血，眼白发红）、皮疹、咳嗽以及发烧。

皮疹出现在发烧、咳嗽和红眼的第 4 天左右。这种皮疹是扁平的，不是凸起的，看上去像非常红的斑点，从面部一直延伸到躯干和四肢。在 2～3 天后，皮疹开始消退，皮肤会出现小块的脱皮。

有时候，你很难区分麻疹和其他疾病，例如川崎综合征或史－约综合征（见术语表），甚至猩红热［见"有着（或多或少）不熟悉名称的常见疾病"］。

如果你的孩子接触过麻疹病毒，要立即给你的儿科医生打电话，询问关于预防性的丙种球蛋白与疫苗以及维生素 A 补充剂的事项。

流行性腮腺炎

流行性腮腺炎是一种病毒性疾病，也可以通过麻腮风三联疫苗得到预防。其症状通常包括制造唾液的腺体的疼痛和肿大。这通常意味着下颌角肿胀，有时候下巴下面的腺体也会肿大，让孩子的脸很肿，脾气暴躁并且胃口不好。这会使制造唾液变得非常疼痛。（从幽默的角度看待这种病，你和你满 6 岁的孩子会喜欢上罗布特·麦克洛斯基的故事书《吹口琴的蓝特尔》。）

但是，流行性腮腺炎并不总是轻微和有趣的。患有这种病的孩子中有 10% 会出现某种病毒性脑膜炎，并伴有头疼、颈部僵硬和呕吐。当男孩或男人得流行性腮腺炎时，他们会出现睾丸疼痛，有时候甚至会导致不育。

原则：免疫。如果你或你的孩子在没有接受免疫接种的情况下接触了这种病毒，要给你的儿科医生打电话。迅速进行免疫接种可能会给你提供保护，或者至少会减轻症状，因为这种病的潜伏期（见术语表）很长，足以让你在出现症状前建立起免疫力。

淋巴结肿大的孩子，或者制造唾液的腺体受到细菌或其他病毒感染的孩子，可能会被错误地怀疑患了流行性腮腺炎。

风疹（德国麻疹、三日麻疹）

这就是麻风腮三联疫苗（MMR）

中的 R，是这种很棒的疫苗预防的第三种病毒性疾病。

这是一种（通常）轻微的疾病，伴随有皮疹、轻微的发烧和淋巴结肿大。皮疹从面部开始，并向下扩散；它是由淡粉色的小点组成的，可能很明显，也可能很轻微。十几岁的孩子和成年人可能会暂时出现关节肿胀、疼痛。

容易患风疹的大多是未出生的胎儿。如果一个孕妇感染了风疹，她可能会流产，或者可能会使胎儿受到感染。在怀孕期间越早感染风疹，胎儿感染的可能性就越大，感染的严重程度也越高，但是，这些问题可能在孕期的任何时候出现。这样的感染可能导致婴儿产生智力缺陷、耳聋、失明、发育不良、心脏畸形——实际上，全身的任何器官都会受到影响。

原则：每个女孩都接受免疫接种是特别重要的，一次是在婴儿时期，另一次是在开始上幼儿园的时候。然而，由于没有任何免疫是完美的，因此，有必要让每个孩子，不论是男孩还是女孩都接受免疫接种，以预防风疹的传播。

患有猩红热或非特异性病毒感染的孩子，可能会被错误地怀疑患了风疹。

水痘（带状疱疹）

水痘通常是一种不严重的病毒性疾病。我们中的很多人都有这种可以与兄弟姐妹或朋友们分享的关于发痒的疾病的美好回忆。

它是如何传播的

与大多数病毒一样，水痘大多数时候是在感染病毒的孩子出现症状前进行传播的。这是一种传染性非常强的病毒，因为病毒粒子实际上能进入我们呼吸的空气。接触得水痘的人也会造成感染。然而，它不会通过触摸物品传播，因为这种病毒不能长时间生存于物品上。

得水痘的人在所有水痘结痂之前一直是有传染性的，这通常大约发生在开始出现皮疹的 5 天后；然而，在过了最初的几天后，传染性会迅速降低。因为未出现症状的孩子有最强的传染性，因此，很难通过隔离生病的孩子来控制水痘传染。

病　程

水痘通常是以发烧和皮疹为开端，尽管有些孩子没有明显的发烧。它的皮疹看上去像是虫咬伤（尤其像跳蚤咬伤），位于头皮、脖子和躯干上。在过了大约一天之后，每个"虫咬伤"

会变成位于一个红色斑点之上的透明小水疱："玫瑰花瓣上的露珠"。这是很美的一个画面，但它们却又疼又痒。在过了水疱阶段之后，它们会结痂。这些痂会逐渐愈合，通常不会留下疤痕，除非被孩子的小指甲挠过或是受到了感染。

大多数孩子抱怨最多的是位于阴道和肛门处的水痘。

治疗

有一种治疗水痘的特效药——阿昔洛韦（舒维疗）。如果在皮疹出现的最初24小时内开始使用这种药物，它能减少水痘的数量，并缩短病程。大多数儿科医生只会给具有潜在医学问题的孩子、家庭成员感染水痘会有特殊风险的孩子，或处于某些特殊情况下的孩子（比如，一个害怕留下疤痕的儿童模特，或是其家庭制定了不能轻易更改的重大旅行计划的孩子，或是正在打石膏的孩子）使用这种药物。这是因为阿昔洛韦的效果并不是非常显著，并且我们害怕如果过于频繁地使用阿昔洛韦，会使水痘病毒产生抗药性——我们真正需要的是用阿昔洛韦来治疗非常严重的水痘——那些极少出现在正常孩子身上，但会频繁出现在有免疫问题的孩子身上的水痘。还有一些担忧是有关使用阿昔洛韦的孩子是否能与不使用阿昔洛韦的孩子建立起对水痘的同样良好的免疫，以及用阿昔洛韦进行治疗的孩子是否会在以后更频繁地出现"带状疱疹"（见下文）。

有很多种方法可以让得水痘的孩子感觉好一些。

• 用对乙酰氨基酚或布洛芬退烧。

• 让孩子穿非常宽松的衣服。

• 口服抗组胺药来止痒，比如苯那君（苯海拉明）。不要用苯海拉明乳膏或喷雾剂，因为它可能通过小伤口被吸收进入血液。这可能导致孩子用药过量，而这可能是非常危险的。

• 炉甘石液、不含薄荷醇的剃须膏以及触摸冰块可以缓解搔痒，或者至少分散一点孩子的注意力。

• 用诸如艾维诺（Aveeno）浴液洗燕麦浴可以缓解搔痒。

并发症

水痘极少会出现严重的并发症。然而，在极少数情况下，水痘可能伴随出现肺炎和脑炎（见术语表）。感染细菌性疾病——比如链球菌或葡萄球菌——是有可能的，尤其是如果不进行治疗，就可能变得严重。如果你的孩子出现以下症状，要立即通知你的儿科医生：

• 行为或看上去明显像生病了（见"行为不对劲"）。

• 出现呼吸困难（见"呼吸困难"）。

• 抱怨说头非常疼。

• 抱怨说嗓子很疼。

• 辨不清方向或语无伦次，胡言乱语，认不出熟悉的人或物。

• 发烧达到或超过40℃。

• 出现看上去比"玫瑰花瓣上的露珠"更糟的皮疹。大水疱、流脓、大面积的发红都是值得严重关注的。如果出现淤痕状的斑点，或者看上去很奇怪的斑点，在按压时不会变白或失去颜色，就可能预示着严重的问题。手脚冰凉也是一个严重的迹象，需要迅速就医。这些都是除水痘病毒之外还存在其他细菌感染的迹象。

预 防

水痘疫苗，最好是在1岁时进行注射。

瑞氏综合征

瑞氏综合征是一种神秘的疾病，会使大脑和肝脏受到影响。如果在早期阶段进行积极的诊断和治疗，预后就会好得多。如果不及时治疗，可能有致命危险。

有证据显示（对此有一些争议），阿司匹林会在感染了某种潜在病毒的孩子身上引发瑞氏综合征，比如水痘和甲型流感病毒以及与该综合征相关的其他病毒。

瑞氏综合征的症状是呕吐、嗜睡、头疼和辨不清方向的怪异行为。孩子可能很好斗，然后变得无精打采。你可能会注意到孩子呼吸很快并且很深——过度呼吸。

患有瑞氏综合征的婴儿可能不会出现这些症状，但是，可能会出现腹泻和惊厥。

如果你怀疑孩子患了瑞氏综合征，要立即获得帮助，并将你的怀疑告诉医生。

具有特殊风险的人群

对于没有良好免疫力的人来说，水痘可能是非常严重的，甚至是致命的。这也是我们为什么要尽量将有传染性的孩子隔离的原因。

任何接触水痘病毒的高风险的人，都应该尽快通知医生。注射一种丙种球蛋白能给他提供保护，如果他开始出现症状，应该使用阿昔洛韦。高风险人群包括：

• 任何免疫系统受损的人。这包

括正在接受癌症化疗的人、长期使用类固醇治疗哮喘或其他疾病的人，或是患有艾滋病的人。

- 其母亲感染了水痘的胎儿和新生儿。

带状疱疹

一旦你得过水痘，水痘病毒——也被称为带状疱疹病毒——就会永远留在你的神经细胞中。当它突然爆发时，会引发一种被称作带状疱疹的综合征，我猜其得名是因为这种皮疹看上去有几分像被风吹过的屋顶。身体的某个区域会长出令人疼痛的爆发性水疱——该区域的神经细胞被触发，释放出其所携带的带状疱疹病毒。

我们不知道是什么触发了这种病毒，但是，接触一个患水痘的孩子似乎是一个触发因素。我们不知道这是因为病毒本身，还是因为与这样一个孩子在一起时的压力导致的。

患有带状疱疹的人，可能通过水疱中的液体向没有免疫力的人传播水痘病毒。因此，他们应该被隔离，或者将水疱盖住，并且不要触摸它们。

第 3 篇
儿科关注的问题和争议

第 17 章

全面的成长

> "……那里所有的女人都很健康，所有的男人都很英俊，所有的孩子都很优秀。"
>
> ——加里森·凯勒（Garrison Keillor）

如果你问我，我会说，有生长之痛的主要是父母们。

"我听说你将孩子 2 岁时的身高乘以 2，就能预测他成年后的身高。这是否真的意味着杰西卡以后会长到 190 厘米，而杰森会长到 150 厘米？"

"我的身高是 158 厘米，亨利的身高是 170 厘米；现在，我们的宝宝身高位于第 90 百分位，人们总是跟我开玩笑说那个人应该是邮差吧。"

"她瘦得像电线杆一样，在过去的一年里，她的体重只增加了 2.3 千克！"

"每个人都以为她已经 3 岁了，最后我不得不在她的衬衫上贴了一个标签，上面写着："我还不会说话的原因是我只有 14 个月大。"

"从他满 1 岁开始，他几乎什么都不吃。他是不是太瘦了？"

"我不知道她为什么这么胖。她锻炼得很多。我每天都让她坐在我的自行车上出去转 2 个小时！"

你带着孩子来做健康检查。你有那么多的问题，以至于整个检查时间可能都用在了身高和体重问题上。通常发生的情况反而是你"用生长曲线表来衡量孩子"，这有点像给驴子加上尾巴的游戏①。

很多儿科医生不喜欢强调生长曲线表。当然，这些图表不是非常便于使用的。而且，对于父母们来说，过分关注孩子位于哪个百分位并感觉生长是一种竞争，并没有好处。很多儿科医生害怕如果他们告诉父母们孩子过于肥胖，父母们就会给孩子安排不明智的饮食，或者对孩子吹毛求疵，

---

① "给驴子加上尾巴"是幼儿园玩的一种游戏。其玩法是，墙上挂一幅小毛驴的图画，唯独缺少尾巴。孩子们被蒙起眼睛后，手里拿着带图钉的驴尾巴试着钉在图画上，此处指找不到重点。——译者注

并破坏孩子的自尊。

我认为父母们能够摆脱这些诱惑的影响。

因此，我认为生长曲线表是有价值的，前提是你使用了正确的图表，并且知道自己要了解什么。我喜欢使用生长曲线表的原因是，如果我们仅仅用眼睛观察身边的孩子，可能会得出一种错误的印象。比如，我们的女儿莎拉遗传了父母的基因，属于较矮的。当我们住在新英格兰时，她看上去就是这样：属于比较矮的。当我们搬到了巨人之州加利福尼亚时，她看上去就不只是比较矮了；她看上去非常非常矮。（她的父母也是如此。）

更令人担忧的是，当我们看今天的孩子时，事实上很多孩子（实际上是 30% 的孩子）是超重的。在这些孩子中，大约有三分之一实际上是肥胖。这意味着我们已经习惯看到超重的孩子。在这种情况下，正常体重的孩子看上去会比较瘦，而较瘦的孩子看上去像是瘦骨嶙峋。

很多父母对于自己的孩子在相应的年龄看上去应该是什么样没有概念。但是，生长曲线表能够让你很好地了解你是否应该认为你的孩子体重正常——尽管可能稍微胖一点或瘦一点——还是令人担心的过重或过轻。

由于这是当今人们普遍关心的一个问题，因此，我为这个问题单独写了一章：胖还是不胖，我们来告诉你。

所以，在这里，我只讨论关于身高的问题。在关于"肥胖"的那一章，我附上了生长曲线表以及相关的使用说明，因为父母们（以及医学院的学生、医疗助理和很多儿科医生）在这方面是最需要帮助的。

下面是父母们提出的一些关于身高的问题：

我的孩子比大多数同年龄和性别的孩子是更高还是更矮？ 生长曲线表可以很好地回答这个问题，要记住，生长曲线表代表的是所有种族和基因背景的孩子，从高身材的斯堪的纳维亚人和马萨伊人，到矮身材的亚洲人和威尔士人。

我的孩子是一直按照一条曲线生长，还是会跳到一个更高或更低的曲线？ 对于这个问题，这些曲线表也同样很有帮助。当一个孩子确实跳到一个更高或更低的曲线时，这些图表不会告诉你原因。但是，你的儿科医生应该能告诉你原因。

这些曲线图能否用来预测我的孩子成年后的身高？是否有其他因素会使这种预测的准确性降低？ 实际上，的确存在其他因素。

所以，当你的儿科医生告诉你，比如说，你的孩子处于身高曲线的第50百分位时，是什么意思呢？这意味着，如果你选100个与你的孩子同样年龄和性别的孩子，将他们按照身高排列，最高的放在一端，最矮的放在另一端，那么你的孩子则正好位于正中间，他的两侧各有50个孩子。

如果你的孩子位于第90百分位，他就比其中的90个孩子高，比10个孩子矮。如果他位于第10百分位，则比10个孩子高，比90个孩子矮。

所以，你会认为这是非常简单的，但实际上并不是。

即使你的孩子处于同龄人身高的第50百分位，他的朋友们也可能都比他高，或都比他矮。这可能是因为这些百分位曲线是从所有种族、人种和营养背景的正常健康的孩子中统计出来的，而你的孩子的朋友们可能与他（或她）在这些方面的组合是不同的。或许，如果你用生长曲线对照你的孩子的这些朋友，他们都处于第90百分位或第5百分位。或者，这可能是因为你想当然地认为你的孩子幼儿园里的所有孩子都是5岁，但实际上，当你问他们时，你会发现大多数孩子都快6岁了，或者只有4岁。

此外，孩子的年龄不一定能够反映其成长阶段的成熟程度。最终身高的关键在很大程度上取决于孩子进入青春期的年龄。我们大多数人可能都记得有的女孩在4年级时比所有的孩子都高，在5年级开始来月经，而到高中时，却成了班里最矮的。或者，班里的一个小矮个在10年级的暑假后突然长高了23厘米，坐到了教室的后排，在所有的毕业照中都比其他人高出一头。

预测成年后的身高

将孩子2岁时的身高乘以2，或者沿着他（或她）的身高曲线追踪至成年期的数据，可以相当准确地预测成年后的身高，但是，这其中有很多陷阱。如果孩子一直沿着一个百分位曲线生长，并且如果预测的身高在考虑到父母的身高后似乎是合理的，并且如果同性别父母有着相似的生长曲线，进入青春期的年龄与全国的平均年龄相同，并且如果没有受到疾病、营养或荷尔蒙问题的干扰，那么，这是一个很好的经验法则。但是，正如上面讨论过的那样，不要依赖它。

如果你或你的儿科医生对于孩子的身高过矮或过高感到非常担忧，可以通过手和手腕的X光片来显示骨龄。这是对于骨骼成熟程度的评估。毕竟，当你的骨骼停止生长时，你就会停止生长,不成熟的骨骼会比成熟的骨骼有更长的生长期。如果你的孩子2岁,而他的骨龄是16个月,那么把他的身高标记为2岁孩子的身高就是不准确的。他的骨骼认为他比实际年龄小了8个月,因此,将他视为16个月大的孩子更能表明他真正的百分位。

很高或很矮

很 矮

这是一个非常复杂的问题,不应在此进行讨论,而应与你的儿科医生进行讨论。有很多无害的、正常的原因会导致一个孩子身材非常矮小。一方面,得有人处于最矮的第5百分位,否则就没有矮的概念了。很矮的父母很可能生下很矮的孩子。(我,作为一个矮个子,要为我们矮个子说几句好话:我们在电梯里占用的空间更少,用的洗澡水更少,而且不会挡住别人的视线。)但是,在一些情况下,生长非常缓慢可能意味着一个问题。所以,要跟你的儿科医生谈谈这件事。

很 高

如果很高的孩子是一个男孩,父母们极少会表达担忧,但会表达对女孩的担忧。从医学角度来看,极高的孩子在几种罕见的情况下会让人担忧:

- 如果孩子开始表现出青春期提前的迹象,例如身高跨越了百分位曲线,出现乳蕾、体味、阴毛。

- 如果有证据表明过高的身高可能与某种先天问题有关,例如染色体异常,或者与骨骼和结缔组织有关的问题。

- 如果有迹象表明脑下垂体制造了过多的生长激素。

但是,这些情况都是非常罕见的。女孩子的父母在发现一个一直处于第95百分位的女孩的预测成年身高不是198厘米,而是175厘米时,常常会松一口气。

百分位曲线的改变

一个孩子"跨越百分位曲线"通常是正常的。当矮个子的父母生下一个很高的新生儿时,宝宝的身高增长很可能会慢下来,有时候会在出生后的头一两年中逐渐由第90百分位下降到第25或更低的百分位。相反,当很高的父母生下了很小的宝宝时,宝宝可能会在出生后的头一两年中反向跨越生长曲线。

当出现以下情况时，跨越生长曲线的情况就是值得担忧的：

• 身高百分位在超过1年的时间里保持不变，然后进入停滞期——比如从第75百分位下降到第50百分位。这种身高增长的放缓可能是荷尔蒙问题或其他问题的一种迹象。

• 身高曲线保持不变，但是身高体重的百分位上升或下降。这可能只意味着孩子正在发挥其"遗传潜力"，但是，儿科医生需要对孩子的情况进行仔细的检查。

说明不了任何问题的测量结果的变化

一个孩子会在一次测量与下次测量之间变矮吗？

只有在电影里才会这样。出现在各个年龄的测量误差是情有可原的。新生儿已经在妈妈的子宫里蜷缩了好几个月，不愿意伸直身体，而很多善良的测量人员也不想强迫他们这么做。在2~6个月大的时候，任何宝宝赤裸着仰面躺在检查桌上时都会撒尿，将标记抹掉并造成混乱。在6~9个月大的时候，任何宝宝在仰面躺着时都会挣扎着要翻身，制造更多的混乱。从9个月开始，你不得不擒住他

们并将他们按倒。当他们足够大到能站起来时，他们会对测量身高感到紧张。他们会佩戴发饰和帽子，并拒绝把它们取下。他们会踮着脚尖，缩着身子，前后摇晃身体，屏住呼吸，盯着天花板。我们能够测量到近乎准确的数据已经是个奇迹了。

最后的话

有时候，很难协调一个孩子的生长模式与父母对孩子的期望和梦想。但是，期望与现实间的极端差距是极少见的：一位母亲因为自己的女儿注定会长得太高无法去跳芭蕾，或是长得太矮无法去打篮球或当模特儿而心碎；一位父亲深受打击，因为他的儿子太矮无法去踢足球，或是太高无法去作赛马骑手，太粗壮无法去练田径。（又一次提醒我们生长问题往往与性别有很大关系。）

生长、营养和自尊的问题，与父母对自己的孩子以及他们为人父母是否胜任的感受纠缠在一起，并不是不常见的。有时候，一种生长模式受到干扰，实际上是大自然向我们揭示亲子关系出了问题的一种方式。或许，与你的配偶、儿科医生、朋友甚至心理治疗师进行一次真挚的自我反省，能够预防以后出现更加极端的问题。

第 18 章

胖还是不胖，我们来告诉你

大问题

1. 你如何判断小天使超重？
2. 你如何能确定这不是一个荷尔蒙问题？
3. 我们的目标是什么？
4. 为什么重要的是早干预，而不是等待？
5. 但是，难道你不担心会使小天使过于在意自己的体重吗？这会不会引发诸如厌食症或暴食症的饮食失调？
6. 我们需要做些什么来帮助小天使？
7. 如果有家族肥胖史怎么办？
8. 我如何才能改变小天使的饮食和看电视的习惯，而又不让整个家庭都做出改变？
9. 但是，对于长得像豆芽菜一样的孩子该怎么办？

1. 你如何判断小天使是否超重？

当我告诉父母们小天使体重增长过多时，他们常常用难以置信的表情看着我。我并没有责备他们。"你一定是在开玩笑！"他们说，"我的小天使看上去并不胖，她看上去很可爱！"

我同意。你通常无法通过观察来判断一个孩子是否体重增加过多。

在美国，我们已太习惯于看到胖孩子了——在媒体上，在现实生活中——以至于胖在人们眼中变成了正常。一个胖孩子看上去很正常，一个正常体重的孩子看上去成了瘦。一个过于肥胖的孩子看上去——嗯，只是有点儿胖。

我们已经忘记了，孩子们从 2 岁时开始直到 6 岁左右，应该每年看上去更瘦一些。在 6 岁时，正常体重的孩子看上去会很瘦，胳膊肘和膝盖都会凸显出来。不仅仅是父母和祖父母们被蒙蔽了双眼，儿科医生和医学院学生可能也会感到困惑。当一个孩子非常非常胖时，可能看上去会很明显。但是，对于大多数孩子来说，你需要使用生长曲线表。

2. 你如何能确定这不是一个荷尔蒙问题？或许是甲状腺问题？

在所有的儿童期超重的情况中，只有不到5%是由于荷尔蒙问题引起的。体重增加从来不是荷尔蒙问题的唯一症状。一方面，几乎所有造成体重超重的荷尔蒙问题或其他医学原因都会使身高增长变慢。甲状腺功能低下会导致皮肤粗糙、便秘、舌头肿大，精力和智力也会受到影响。导致体重过重的染色体问题都可以从体检结果中得到线索。几乎在所有的情况下，由医学问题造成的肥胖都会伴随身高增长的放缓。

但是，你要向你的儿科医生进行核实。如果对一个问题有任何怀疑，你的儿科医生会希望进行血液检测，或许还会给孩子拍手部的X光片，以判断骨骼的成熟程度。

3. 那么，我们的目标是什么？你希望每个孩子都像豆芽菜吗？ 我们的社会崇尚瘦。我们需要接受一些孩子和成年人就是比其他人胖的事实。问题在于他人的嘲笑，而不在于肥胖。

我极其赞同相貌、风格、能力和信仰的多样化。我强烈反对取笑别人，不论是来自家庭内部的还是外部的。

但是，造成我们的孩子们普遍超重的生活方式与体形的先天性、遗传性的多样化没有任何关系。它与贪婪有关：快餐企业、果汁和碳酸饮料制造商，以及高热量低营养的零食供应商的贪婪。媒体的贪婪，让孩子和大人吃令人上瘾的、愚蠢的食物，并用快餐广告对他们进行轰炸。房地产开发商的贪婪，他们建造的社区和购物区都是为开车的人设计的，没有考虑留出健康和安全的步行空间（尤其是往返学校）和锻炼场所。

父母们需要坚定自己的立场，与这种贪婪的联盟做斗争。这并不容易。难怪人们总是想要回避问题。但是，事实是，肥胖的学步期和学龄前孩子有很好的机会瘦下来，如果他们的生活方式进行一些调整改变的话。他们的年龄越大，瘦下来的可能性就越小。

4. 为什么重要的是早干预，而不是等待？她长大后会自己瘦下来的。

你当然不能指望这一点。在当今的社会这是行不通的。我们生活在一种让孩子获得额外体重的文化中。

我尤其担忧小女孩。如果一个小女孩在进入一二年级时就超重，她就很有可能比同龄人更早地进入青春期。从3年级或4年级就开始来月经已经是件很糟的事了。更糟的是：女孩青春期的荷尔蒙会让她增长更多的额外体重！女孩子会"在生长突增期瘦下来"是一个谎言。

最好的办法是从一开始就防止长胖。这意味着要知道你的孩子正常的、可能的身高和体重增加模式，并为其提供能够保持良好体形的生活方式（锻炼、活动、进餐、饮料和吃零食的习惯）。

其次，是要警惕向着肥胖方向发展的任何趋势。一旦你发现了这种趋势，要找出原因，并解决它。

5. 但是，难道你不担心会使宝宝过于在意自己的体重吗？这会不会引发诸如厌食症或暴食症的饮食失调？

预防以后出现饮食失调的最好方法，是建立健康的饮食习惯，形成健康的身体形象，并从小热爱运动和锻炼。事实上，可以说肥胖的学龄前孩子已经出现了一种饮食失调：

• 他们吃东西不是因为饿，而是因为无聊或习惯。

• 他们在吃饱之后仍然继续吃。

• 他们已经学会了喜欢高脂肪或高糖分并且低营养的食物。

当然，我们永远不应该告诉一个孩子他很胖，或者允许任何人取笑他，包括兄弟姐妹。

但是，孩子们从 4 岁时就会知道自己胖，如果他们胖的话。幸运的是，他们的自尊在青春期之前通常不会降低。你还有很多时间来做出改变，一点一点地让你的小天使养成能够使其瘦下来并保持健康的好习惯。

6. 我们需要做些什么来帮助小天使？

我们不得不成为侦探，从孩子的生活方式中找出引起问题的原因。

变得过度肥胖是很容易的。所需要的只是每天稍微积累一点超出身体所需的热量。超出正常的体重增加、活动或代谢需要的热量会转变成脂肪。经过 1 年的时间，每天额外的 50 卡路里热量会转变成 2.3 千克的额外脂肪。

这看上去不是很多，但是，对于一个学步期和学龄前的孩子来说，一年额外增加 2.3 千克体重已经是他正常应当增加体重的 2 倍了。在这一年结束时，他已经把明年应该增长的体重也长出来了（或许还会更多）。

这种情况可能是由以下三个原因导致的：

• 或许小天使已经开始看太多的

电视。研究表明，看电视是导致童年体重超重最重要的影响因素之一。

• 或许小天使每天都零食不离口，或者用喝果汁代替喝水，或者喜欢喝牛奶，每天喝超过450毫升。或许他高热量食物吃太多了。

• 或许小天使不再像以前那样得到很多身体锻炼——到处跑，在室外玩耍。

年龄与体重增长

小孩子在什么年龄体重最有可能额外增加？为什么？

每个年龄都有属于自己的超重倾向。

2个月至1岁

• 照料者用奶瓶或零食来回应宝宝所有或大部分的啼哭。

• 一个超过4个月大的宝宝"坚持"在夜里吃奶。

• 照料者对宝宝已经吃饱的信号没有意识，继续喂他更多的食物。

• 宝宝在9个月大时没有被鼓励开始自己吃饭。

1岁至2岁

• 看电视成了一种日常的消遣。

• 小天使每天喝的奶超过450毫升。

• 小天使在15个月大以前没有被鼓励或允许完全自己吃饭。

• 照料者没有意识到正常的进食模式是丰盛的早餐、适量的午餐，以及实际上几乎什么都不吃的晚餐。他们督促或哄着小天使吃更多的东西。

• 小天使整天都会得到各种小零食：一包包的炸薯条、葡萄干、饼干。

• 小天使用果汁或碳酸饮料代替水来解渴。

• 小天使"坚持"要吃第二份让他们上瘾的食物，例如意大利面和奶酪。

• 小天使经常吃快餐食品——汉堡、薯条、奶昔。

• 照料者试图用食物作为良好行为的奖励或贿赂。

2岁至3岁

1岁至2岁的所有特点，再加上：

• 小天使开始喜欢看电视胜过其他活动，因为他的语言能力有所发展，并且对故事更感兴趣了。他可能每天看电视超过2小时。

• 小天使继续喝全脂牛奶或脂肪含量为2%的牛奶。在2岁时，脱脂牛奶或脂肪含量为1%的牛奶是更好的选择。

- 在小天使已经准备好放弃上午的小睡后,照料者仍然鼓励他每天小睡两次。
- 小天使形成了很好的哼唧技巧,会要果汁和零食。

3岁至5岁

1岁至3岁的所有特点,再加上:

- 电视变得更有吸引力,因为小天使已经能够理解故事了。
- 在食物的选择上,电视发挥了更大的作用,因为小天使已经能理解零食和碳酸饮料的广告了。
- 照料者可能找不到一个安全的室外场所让学龄前的孩子玩耍。
- 在小天使已经不需要午睡时,照料者仍然鼓励他午睡。
- 如果小天使已经增长了额外的体重,他可能不喜欢活动。他可能还"教会了"他的胃期待大餐和总是很饱的感觉。
- 随着小天使拥有更多的阅历,他需要更多的刺激,在感到无聊时,他可能会用食物来打发时间。
- 女孩和男孩各玩各的。男孩喜欢活动,女孩不喜欢。

7. 如果有家族肥胖史怎么办?这意味着小天使天生就注定会向着肥胖的方向发展吗?

"但是,我们家里的每个人都胖。我们是胖人。这意味着我的小天使注定会超重吗?他天生就会这样吗?听着,胖并没有什么不对。"

基因会发挥作用,这是事实。

如果父母一方肥胖,孩子肥胖的可能性大约是40%。如果父母双方都肥胖,孩子肥胖的可能性是80%。

但是,你会注意到,这种可能性并不是100%!基因会发挥作用,但是,是基因和环境共同决定会出现什么情况。

如果有家族超重史,重要的是要清楚宝宝超重既不是不可避免的,也不是可取的。有时候,超重的成年人已经习惯了超重,以至于他们不把它视为一个问题。他们可能把超重所带来的社会交往困难视为他人和社会习俗的一种歧视。他们可能感觉超重问题并没有给自己的生活经历带来痛苦。

然而,成年人替孩子做出这种判断是不公平的。每个孩子都应该拥有一种生活方式,使得他(或她)能够健康地成长,无须遭受由超重带来的健康问题和其他问题的困扰。(见"超重的问题"。)

但是,孩子是否遗传了代谢缓慢

的问题？如果是这种情况，我们能为此做些什么？

实际上，超重的人（包括孩子和成年人）的新陈代谢比体重不超重的人要稍快一些。因此，这不是一个新陈代谢缓慢的简单问题。

使一个人具有超重倾向的遗传因素是复杂的，人们仍然在对这些因素进行研究。这可能与缺乏饱足感有关，即永远都觉得自己没有吃饱。

然而，有很充分的证据表明，孩子们可以通过训练建立或重新建立对什么时候饿了和什么时候吃饱了的准确感觉。

也就是说，如果你对孩子尽早进行干预，并且密切关注其体重曲线的后续变化，你就能帮助孩子不仅现在保持适当体重，而且能将这种情况一直保持到成年阶段。

8. 你说得太容易了。我怎么才能改变小天使的饮食和看电视的习惯，而又不让整个家庭都做出改变？

你可能无法做到这一点。而且，我也没有说这很容易；我只是说这很重要，而且，这是身为一个负责任的父母应该做的。我知道我们的"贪婪文化"会使你面临重重困难，我也知道很多家庭成员是这种文化的囚徒。让他们也获得自由吧！

"我知道我不应该在家里准备垃圾食品，但是，她的爸爸瘦得像电线杆一样，并且他喜欢那些垃圾食品。"

问爸爸他认为该怎么办。他是一个成年人，爱他的孩子，他可以找到自己的解决问题的方法。一个办法是：他可以更多地吃家里的健康食物！瘦得像电线杆并不意味着你的心脏是健康的。

"我知道我不应该在家里准备垃圾食品，但是，她的哥哥瘦得像电线杆一样，并且他喜欢那些垃圾食品。我害怕如果我们丢掉这些垃圾食品，他会怨恨她。他已经在嘲笑她的体重了。这只会使情况更糟。"

当听到这样的话时，我会感到心为之一沉。我问自己，这个父母怎么能这样想？这个家庭中到底充斥着一种什么样的精神？

让我们想象一下。如果小天使得了癌症，需要化疗。她的肿瘤医生告诉你不能在家里养任何宠物。你会把小天使处理掉而留下小狗菲多吗？你会允许哥哥抱怨把菲多送走吗？或是取笑小天使的脱发？虽然肥胖通常没有癌症那么严重，但是，它也会给人带来精神和身体上的伤害。

兄弟姐妹的恶意取笑是对家庭契约的严重违背。（见第25章"2

> **超重孩子的并发症**
>
> 女孩提早进入青春期：在8岁前乳房发育，并伴随体脂肪的更多增加。长期有患乳腺癌和卵巢癌的风险。
>
> 骨科问题：关节疼痛、髋关节问题、小腿弯曲、扁平足。
>
> 呼吸问题：在运动和用力时出现呼吸困难、睡眠呼吸暂停、哮喘的恶化、从一开始就容易引发哮喘。
>
> 为以后的肥胖问题打下基础：心脏问题、高血压、2型糖尿病。

岁及2岁以上孩子的对抗行为"。）应该对所有形式的取笑采取"零容忍"策略，包括翻白眼、让人恼怒的叹息、扮鬼脸和向一个来访的朋友悄悄说坏话。你应该直截了当地与孩子的哥哥谈谈，并且立即对他实施后果。

"但是，我觉得自己好像在剥夺他的权利。我不希望使他不得不偷偷溜出去吃薯条、喝可乐！"

哥哥现在就被剥夺了学习成为一个和谐家庭中负责任的一员的权利。他被剥夺了决定生活中哪些东西是重要的，哪些是不重要的权利。他被剥夺了以鄙视的态度对待那些试图控制他的生活的媒体和食品巨头的权利。

如果对于父母来说，这是一种无法克服的感受，我强烈建议他们去寻求心理咨询。我是非常认真的。这种态度揭示了父母与孩子之间的边界问题，在孩子进入青春期后，很可能会带来更加严重的问题。

9. 但是，那些像豆芽菜一样的孩子怎么办？

大多数时候，在发达国家，如果一个孩子的身高体重百分位一直处在"瘦"的范围，是指他是一个健康的年轻人，他的父母都很瘦，他有着旺盛的代谢，也有着积极的生活方式。对于"瘦"的范围，我指的是身高体重百分位处在或低于第25位。

然而，如果孩子的身高体重曲线一直处于比这更高的水平，然后开始下降，这需要寻找原因。比如，如果一个孩子直到3岁前都处在第25百分位，然后在3岁半时只处在第10百分位，然后是第5百分位，就需要让他做一次检查。这可能是吸收问题、轻微的肾脏问题、情绪或社交上的困难，或者是其他问题，需要了解孩子的历史并进行检查。

但是，对于那些真的瘦得像豆

芽菜一样的孩子——身高体重百分位一直稳定地处在第10、第5，或更低位——又该怎么办？非常奇怪，人们对于正常、健康、非常非常瘦的孩子没有进行很多研究。然而，如果孩子活泼、健康、快乐、发育正常，大多数儿科医生都会认为他是正常的，并且不会做太多的检查。

生长曲线表

有三种有用的生长曲线表，但是，它们仍然是一件麻烦事。

• **年龄身高曲线表**告诉你小天使的身高与其他同年龄和性别的孩子相比如何。如果他处在第90百分位，就说明他比90%的孩子高。如果他处在第50百分位，就说明他的身高是平均水平。如果他处在第10百分位，就说明他就比10%的孩子高。

• **身高体重曲线表**告诉你小天使的体重与其他同性别和身高的孩子相比如何。假设小天使的身高体重百分位处于第90百分位，如果你将100个与他同样身高的孩子排列起来，最胖的在顶端，最瘦的在底端，你的小天使就处在从下面数第90个、从上面数第10个的位置。

• **年龄身体质量指数（BMI）曲线表**告诉你小天使的身体质量指数与同性别和年龄的其他孩子相比如何。它很像身高体重曲线表，对于这么小的孩子来说，这两者被认为是可以互换的。年龄BMI曲线表中不包含2岁以下的孩子。

BMI是对体脂肪的计算，它计算了除去骨骼、肌肉、器官之外的脂肪在总体重中占的比例。它大体上接近于脂肪在人体中所占的百分比。如果我的BMI是23，则说明我身体中有23%是脂肪，可能多一些，也可能少一些。

有一个无用的生长曲线表：年龄体重曲线表。你可能会在其他地方看到这个图表。一定不要使用它。除了让人们困惑，我不知道它有什么存在的必要。

曲线表的使用

你可以让你的儿科医生替你找出孩子在曲线表上的位置。如果是这样，请看下面的"百分位解读"。

但是，如果你希望自己做，下面是具体的做法：

• **年龄身高百分位**：在曲线表底部的横轴上找到小天使的年龄，并标

预防超重的一般性原则

看电视：
- 不要在小天使的卧室或游戏室放置电视机。
- 将看电视的时间限制在每天1小时。
- 选择一个不允许看电视的日托或幼儿园。
- 不允许孩子在看电视时吃任何零食或吃饭。

锻炼：
- 每天至少1小时（总共加起来）的跑、攀爬、投掷运动、骑脚踏车等活动——要运动到气喘吁吁和身体出汗的程度。
- 要尽量用步行代替乘车。
- 让小天使积极做家务。
- 要确保日托或幼儿园鼓励孩子活跃的玩耍，让那些喜欢安静活动的孩子也加入进来。

零食：
- 不要给孩子"小零嘴"：在乘车、跑腿和做其他事情时吃小包的薯片、葡萄干、椒盐脆饼干。
- 只在真正需要的时候，才让孩子坐下来吃一些事先安排的零食，而不要作为上午或下午的惯例。有益的零食包括新鲜水果和蛋白质（例如低脂乳制品或瘦肉）。要避免薯条、薄脆饼干、多脂肪的奶酪和午餐肉。

饮品：
2岁及2岁以上孩子：每天450毫升1%脂肪或脱脂的牛奶。
果汁：不要喝果汁饮料（苹果汁、葡萄汁、蔓越莓汁、梨汁）。
不要喝碳酸饮料，用水来解渴。

在家就餐：
给孩子提供合适的份量：块状的柔软食物应该和孩子的拳头一样大，肉类、禽肉或面包应该和孩子的手掌一样大。
一起坐下来；谈谈食物之外的事情。
在厨房将食物分好份盛在碟子里——不要把整盘食物端上桌。
只有在大人吃完自己的第一份食物后，孩子们才能吃第二份食物。
尽量提供健康而多样化的饮食。

规矩：
谁都不能抱怨食物。他们可以拒绝食物，但是不能抱怨食物。

尽量每餐给小天使至少提供一盘你知道他喜欢的食物。但是,如果这是份量充足的一盘,要让他相信每人只有一份(与他的拳头或手掌一样大)。如果他仍然感到饿,他可以用更健康的食物来填饱肚子。

外出就餐:

如果可能,要避免让孩子习惯于吃汉堡、奶昔、炸薯条,或是炸鸡、炸鱼。更好的选择:玉米饼、卷饼和亚洲食物。

上一个点。在表的纵轴上找到小天使的身高。要确保没有把厘米(CM)和英寸(IN)搞混。从两个点各画出一条垂直于轴的直线。在两条直线相交的位置画一个点。这个点的位置可能位于第5百分位或第95百分位曲线上,或介于这两条曲线之间。或者,它可能高于第95百分位曲线,或低于第5百分位曲线。

• **身高体重百分位**:在曲线表的横轴上找到小天使的身高,标一个点。要确保没有把厘米(CM)和英寸(IN)搞混。在表的纵轴上找到小天使的体重。要确保没有把磅(LB)和千克(KG)搞混。从两个点各画一条垂直于轴的直线。在它们相交的位置画一个点。这个点的位置可能位于第5百分位或第95百分位曲线上,或介于这两条曲线之间。或者,它可能高于第95百分位曲线,或低于第5百分位曲线。

• **年龄身体质量指数(BMI)百分位**:首先你需要计算小天使的身体质量指数(BMI)。假如一个4岁的孩子身高102厘米,体重18千克,是个女孩。这样来计算BMI:

1. 首先,将孩子以厘米为单位的身高换算成以米为单位,并进行平方:

$1.02 \times 1.02 = 1.0404$

2. 现在,用她的体重除以身高的平方:

18千克 ÷ 1.0404=17.301

这就是她的BMI:17.301,四舍五入为17.3

在标绘她的BMI时,要使用女孩的BMI图表:

1. 在表的横轴上找到她的年龄:4岁。

2. 在侧面的坐标上找到她的BMI:17.3——大约在17和18之间。

3. 从两个点各画一条垂直于轴的直线。在它们相交的地方画一个点。这个点非常接近第90百分位曲线。这意味着小天使的年龄BMI百分位接近于第90位。

> **尽早开始帮助肥胖儿童**
>
> - 如果小天使的体重超过理想体重的20%,他需要1年半的时间不再有任何体重增加才能恢复理想体重。如果超重40%,则需要3年时间。这是所需要的最短时间。由于"没有体重增加"是很难实现的,因此他可能需要更长的时间才能"瘦下来"。
> - 在孩子5岁前,你对他的环境有最好的掌控,对他的行为有最好的话语权。你决定家里准备哪些食物,给他吃什么东西,何时给他吃,以及是否给他第二份食物。你决定他每天看多长时间电视。在孩子5岁后,你会遭到更多的反抗。
> - 一旦孩子开始增加体重,就很有可能每年增加的体重都会有所上升,这样,小天使就会离他的理想体重越来越远。一个普通的问题就可能变成一个严重的问题。
> - 如果一个小女孩在1年级或2年级出现肥胖,她提早进入青春期的可能性就更大一些。在3年级乳房发育,在4年级月经来潮并不是什么有趣的事。女孩的青春期荷尔蒙会使她增加更多的体重。一个肥胖的女孩会在"生长突增期瘦下来"是一个谎言。
> - 从3岁时开始,孩子们会取笑一个超重的孩子,到了上学的年龄,很多肥胖孩子会因此感到痛苦。

百分位解读

如果身高体重百分位或者年龄BMI百分位处于或低于第50百分位,小天使就不是肥胖。

如果她的年龄体重百分位以前常常处于第50百分位或更低的位置,但是现在上升到或接近第75百分位,或者年龄BMI百分位达到第85位,并保持了一段时间。她就不算超重,但是,要尽量看看她的日常生活中是否有一些变化导致了体重的一点额外增加。要尽量在你遇到问题之前找出原因并解决它。

如果她的年龄体重百分位一直位于第75位,或者年龄BMI百分位于第85位,她做得很好,但是要警惕。如果高于这些百分位,要找出原因并解决它。

如果她在两个曲线表中都位于第95百分位以下,并在"警告"百分位曲线之上,你就需要帮助她减慢体重增长的速度。

如果她在这两个曲线表上都位于或高于第 95 百分位，你就需要儿科医生的帮助。很多儿科医生会对这样的肥胖孩子做实验室检测，看看他们是否有 2 型糖尿病、高胆固醇和高血脂的倾向。小天使需要你为她设计一种生活方式，以便她尽可能不增长体重，直到她的体重稍稍恢复正常。

如果小天使的位置远远高于第 95 位百分位曲线，她就面临着超重所带来的严重并发症的极高风险。她需要非常特殊的帮助——对超重并发症的全面评估，再加上限制饮食和监督锻炼，以帮助她减到一个安全的体重。

生长曲线表：美国

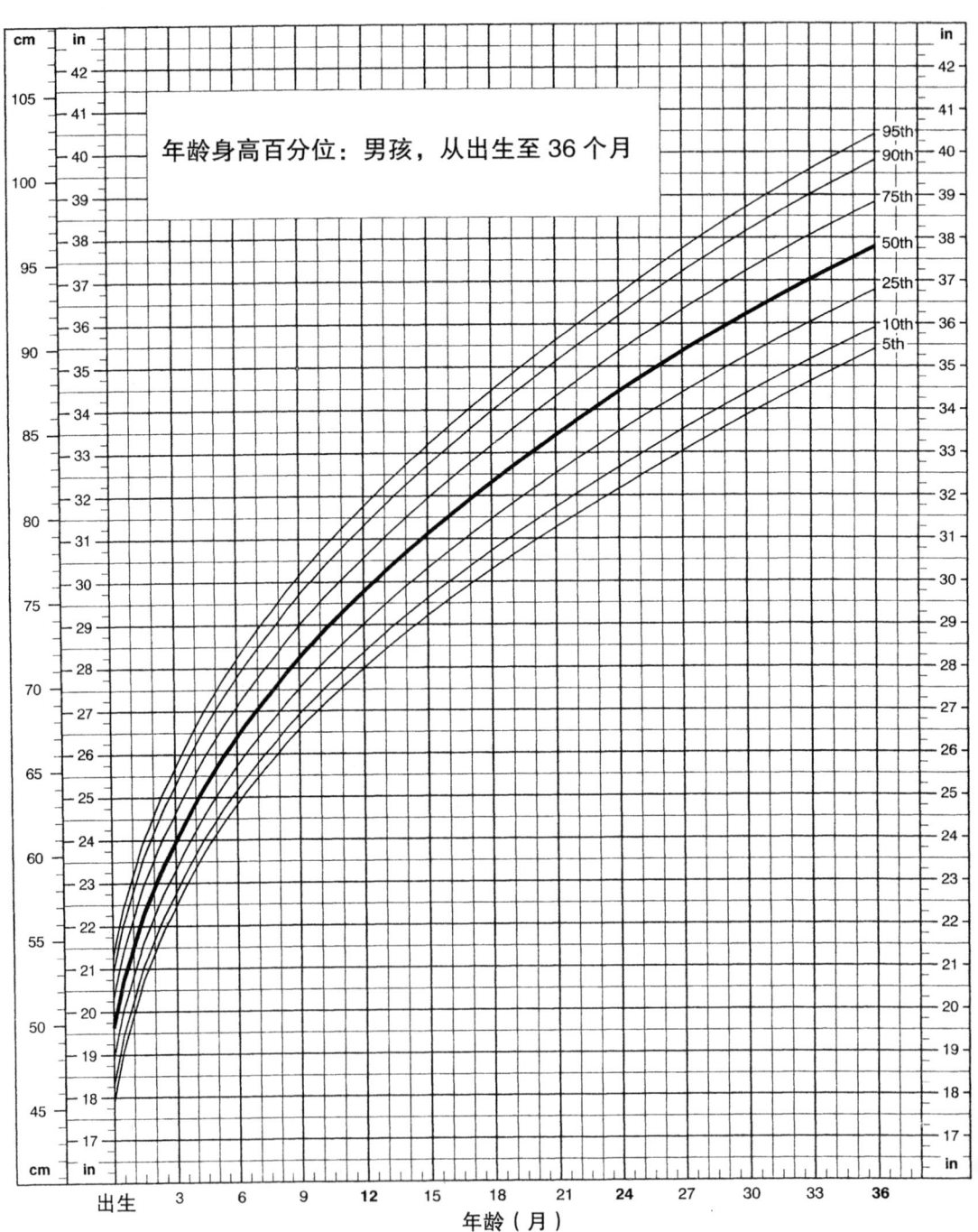

来源：由美国国家卫生统计中心与国家慢性疾病预防与健康促进中心联合制作（2000）。

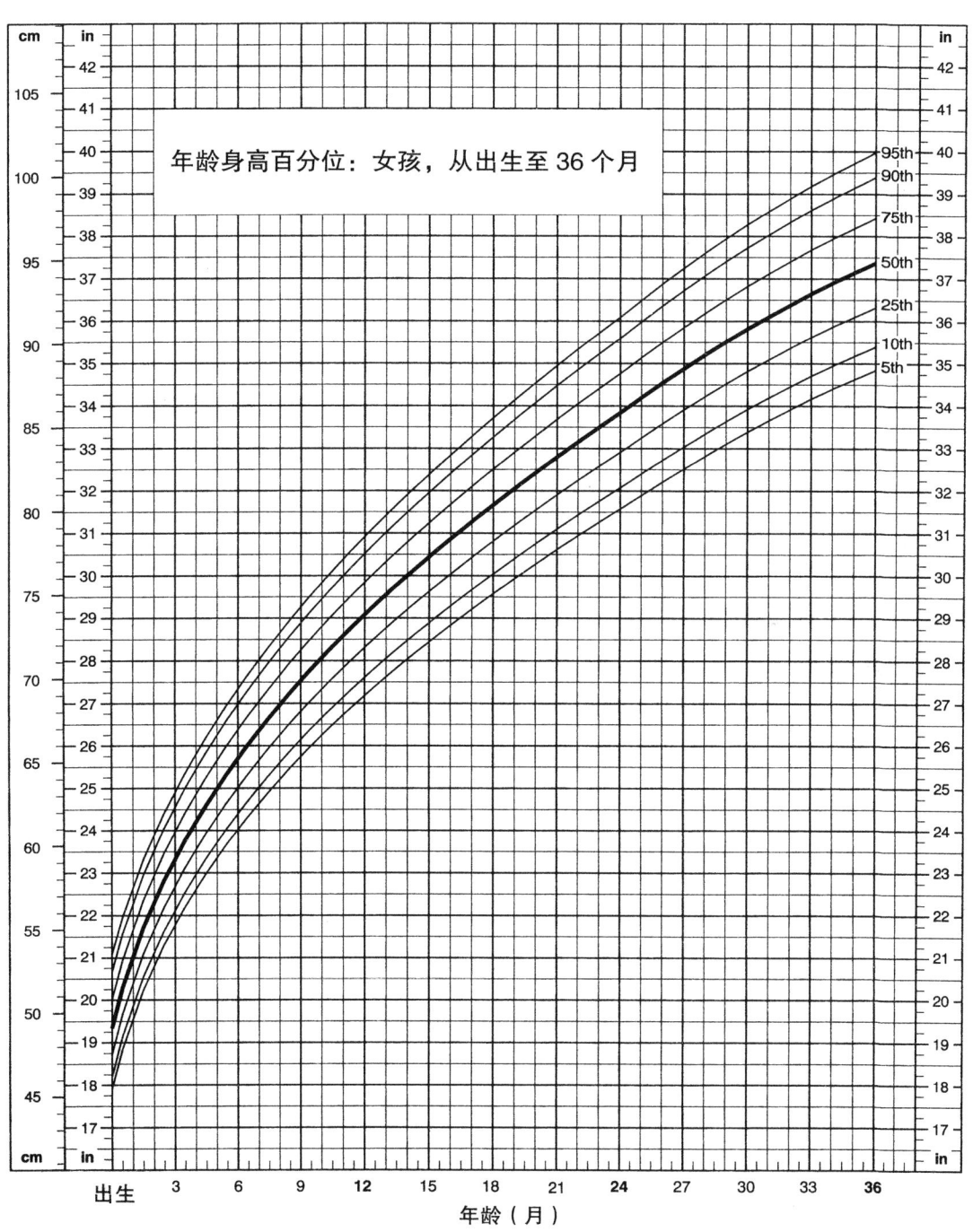

生长曲线表：美国

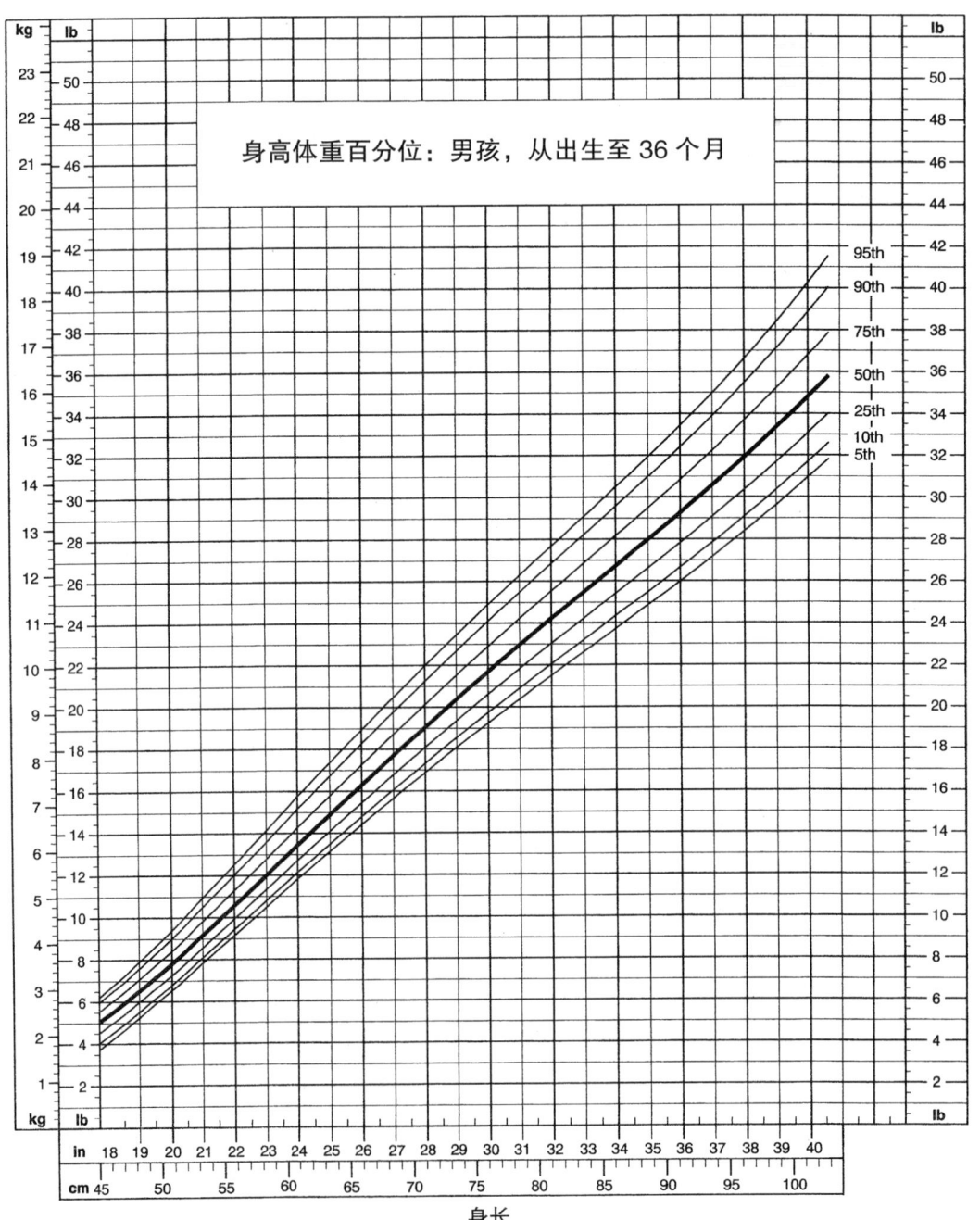

2000年6月8日修订
来源：由美国国家卫生统计中心与国家慢性疾病预防与健康促进中心联合制作（2000）。

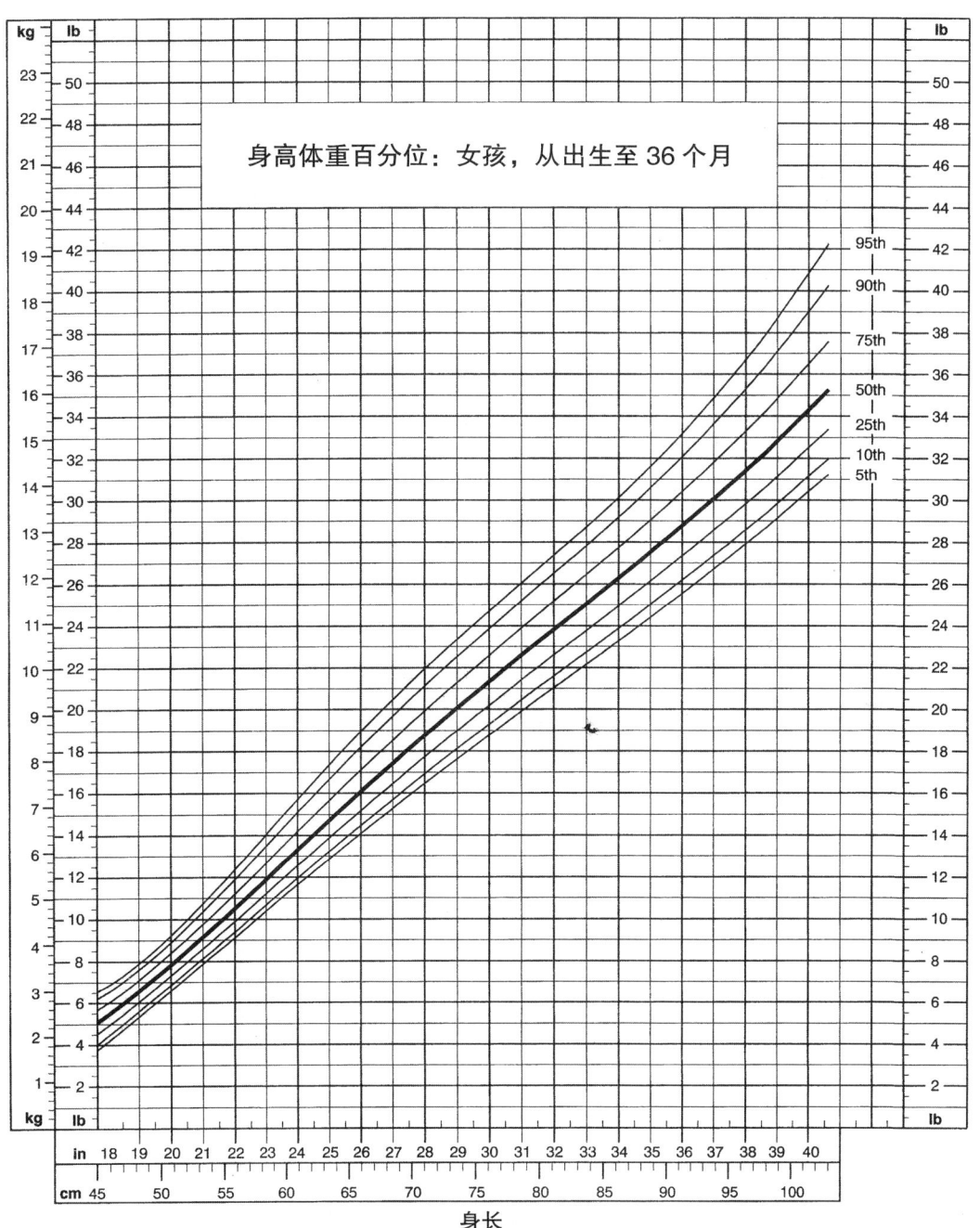

生长曲线表：美国

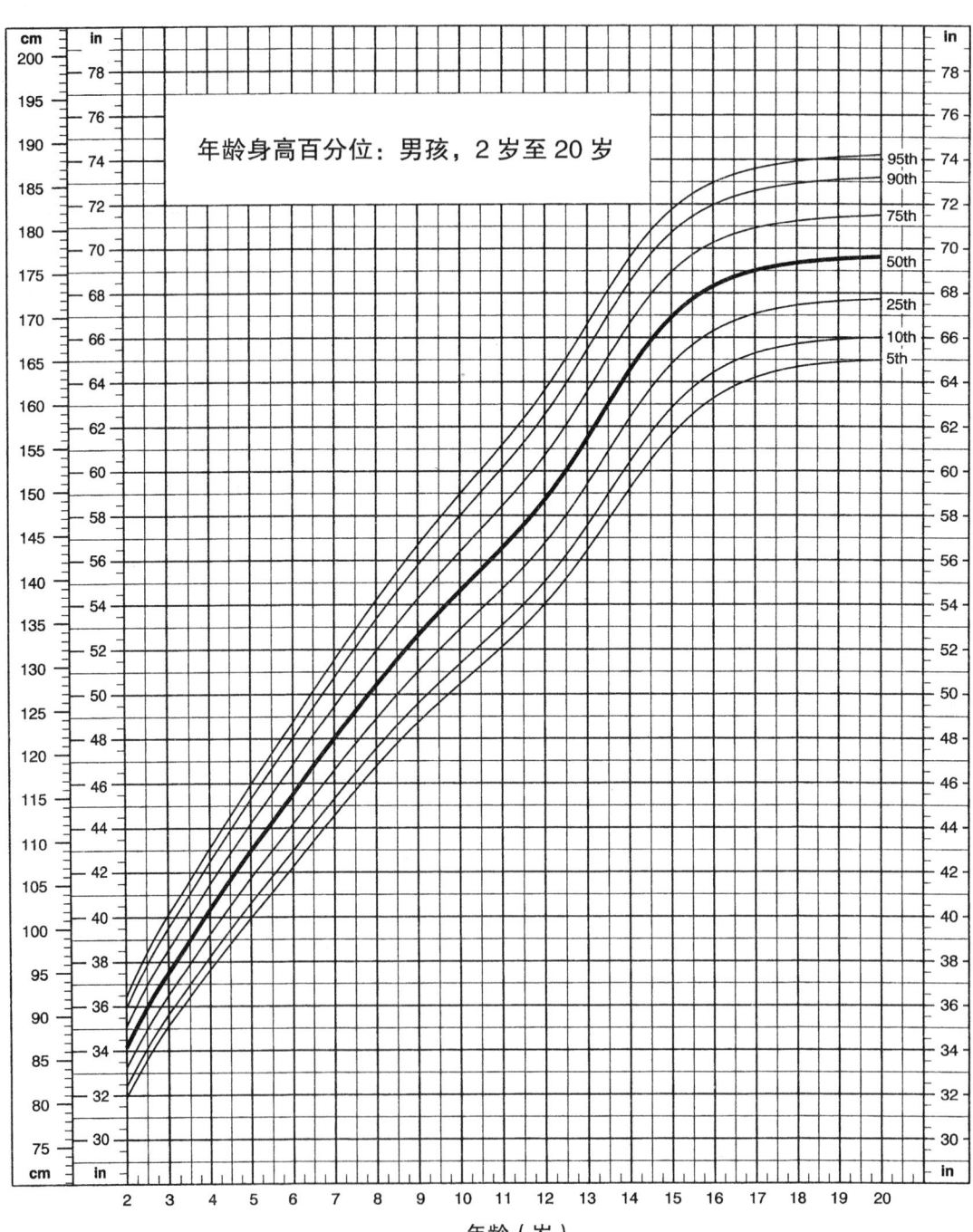

来源：由美国国家卫生统计中心与国家慢性疾病预防与健康促进中心联合制作（2000）。

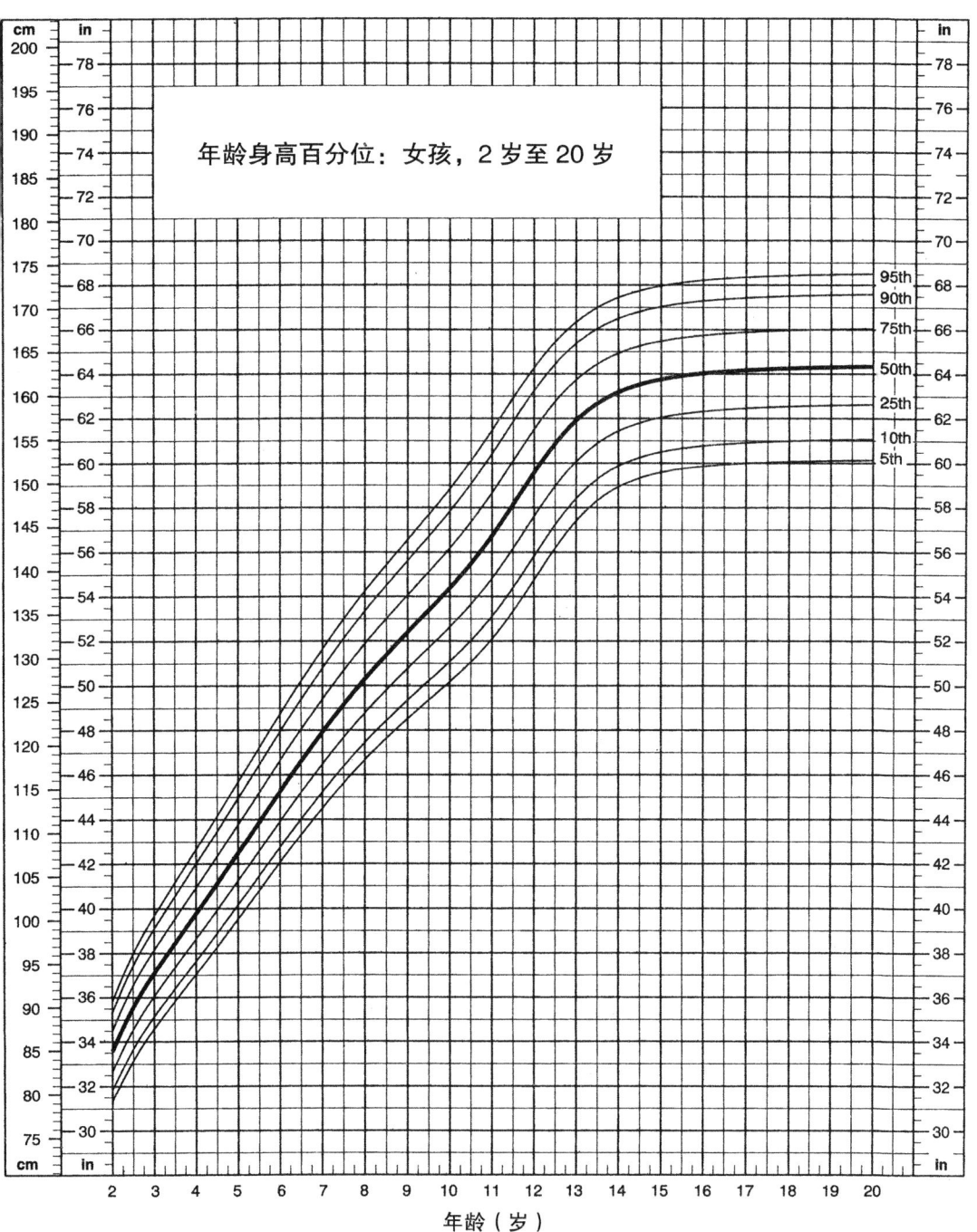

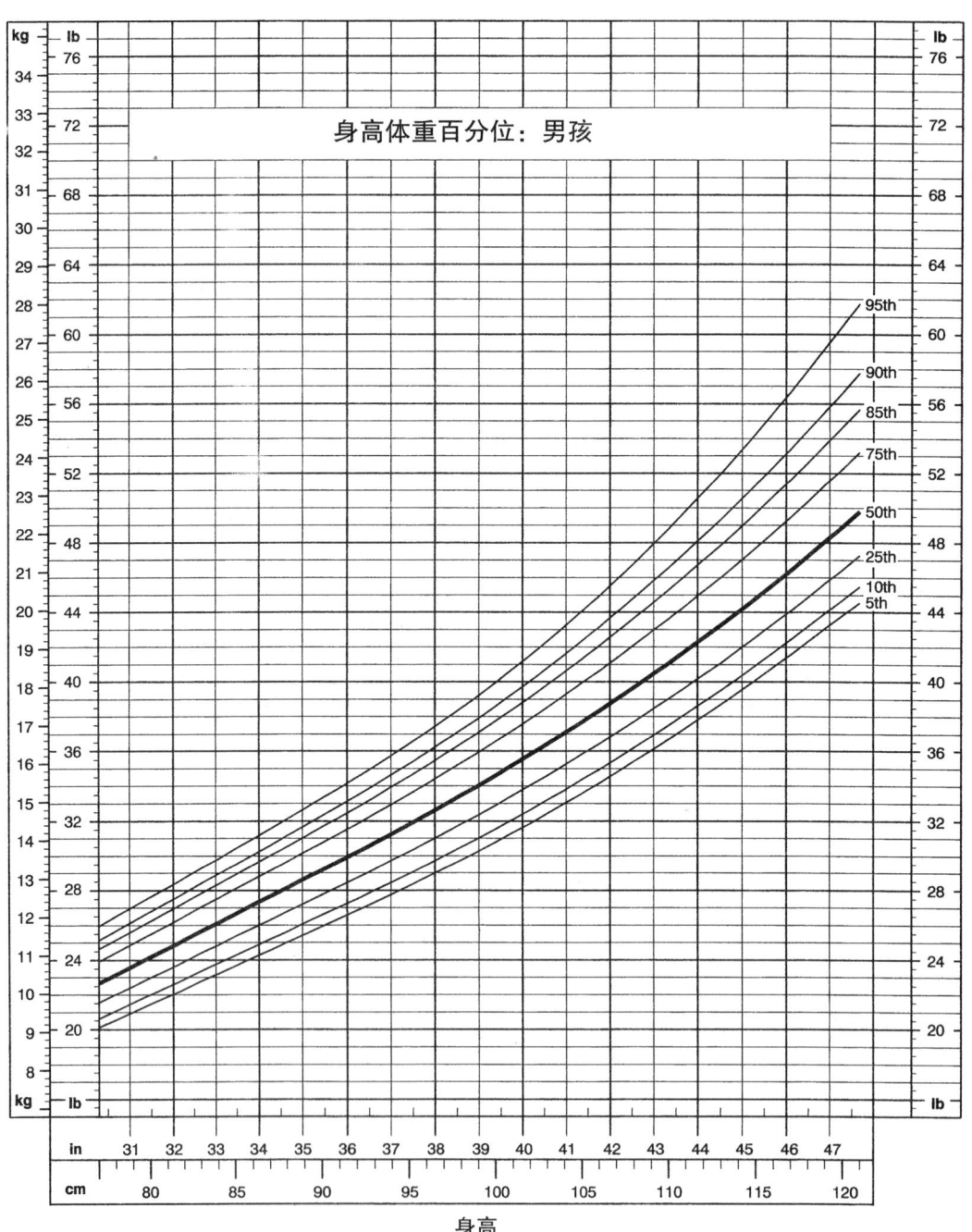

生长曲线表：美国

2000年11月21日修订
来源：由美国国家卫生统计中心与国家慢性疾病预防与健康促进中心联合制作（2000）。

胖还是不胖，我们来告诉你

生长曲线表：美国

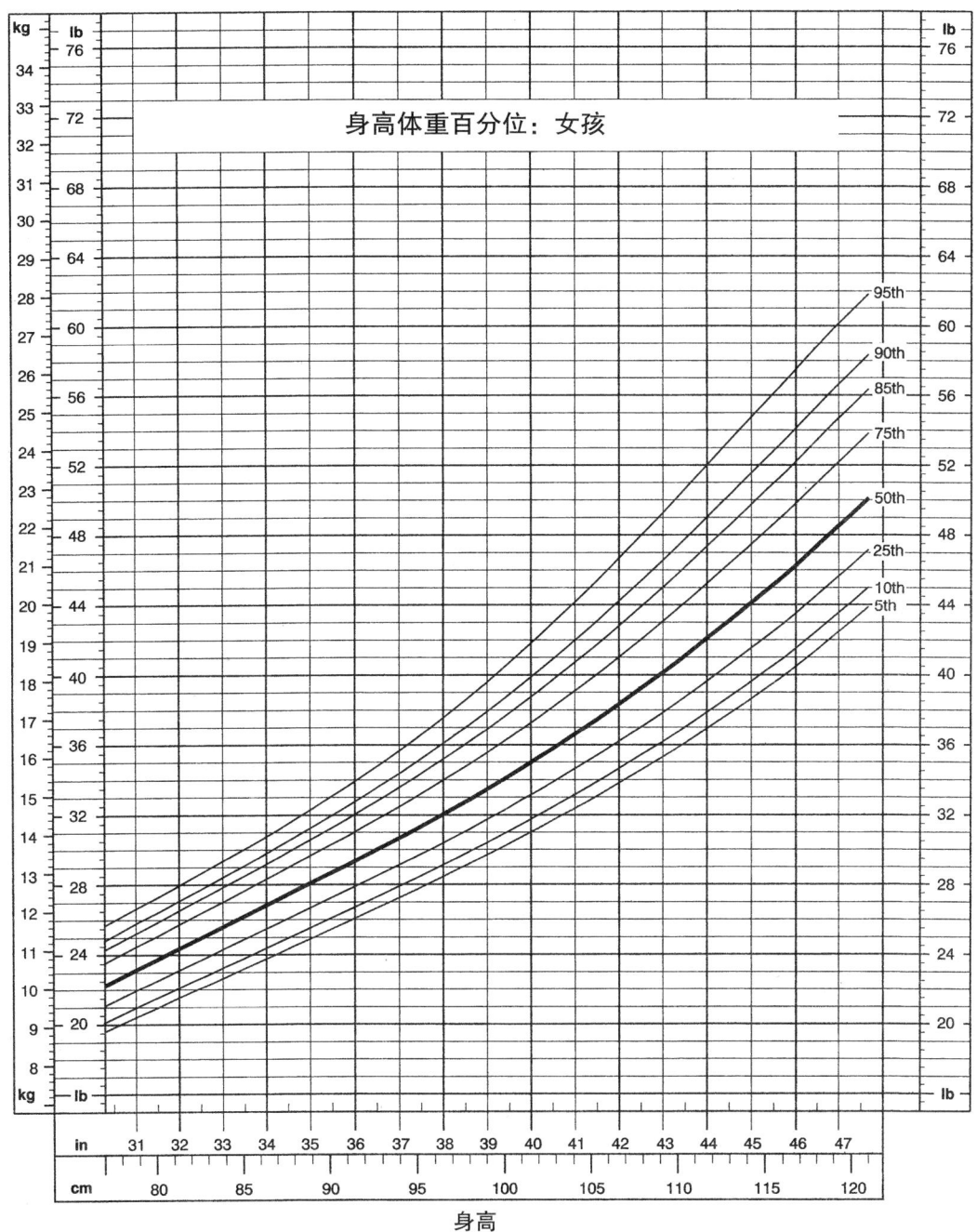

2000 年 11 月 21 日修订
来源：由美国国家卫生统计中心与国家慢性疾病预防与健康促进中心联合制作（2000）。

生长曲线表：美国

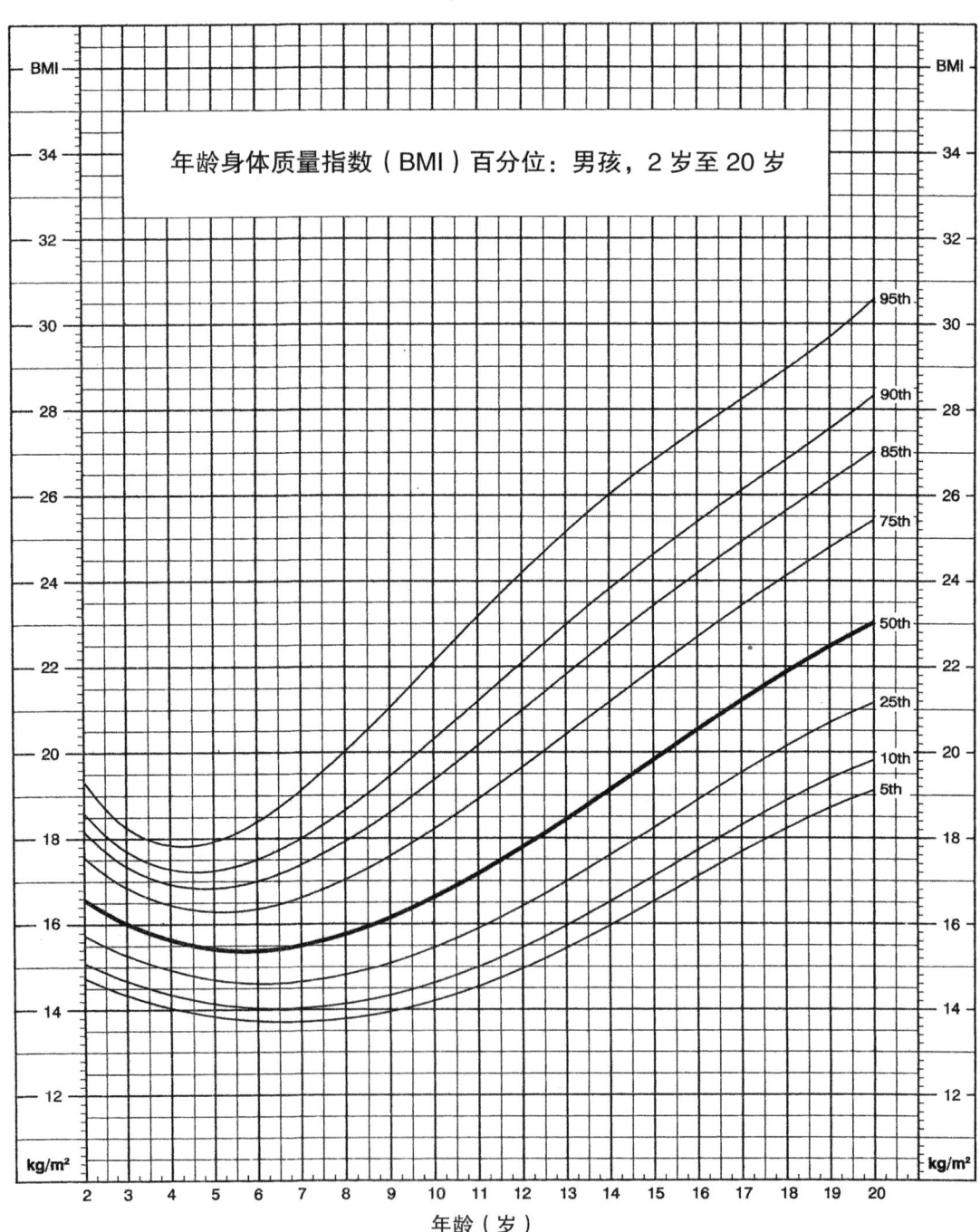

来源：由美国国家卫生统计中心与国家慢性疾病预防与健康促进中心联合制作（2000）。

胖还是不胖，我们来告诉你

生长曲线表：美国

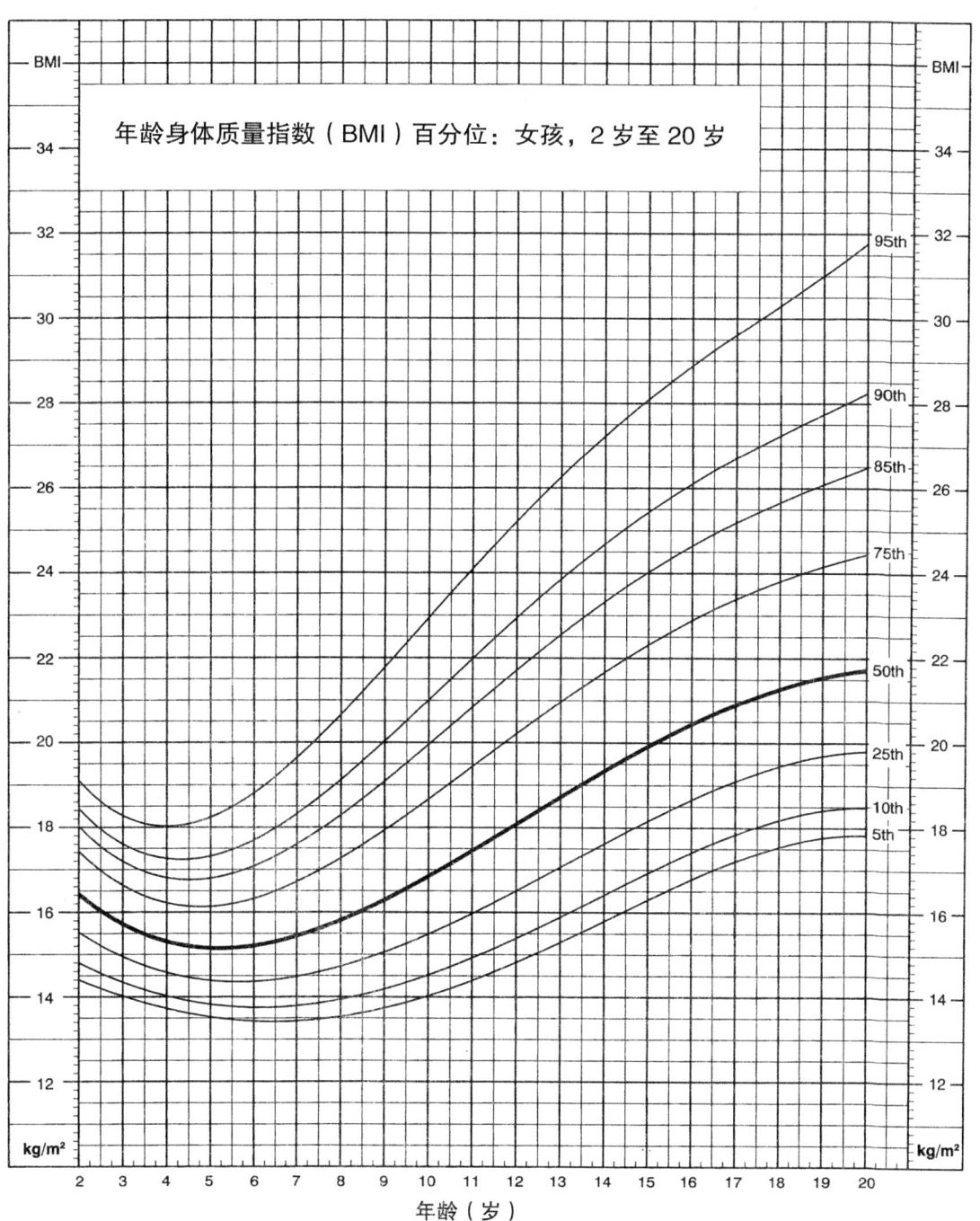

来源：由美国国家卫生统计中心与国家慢性疾病预防与健康促进中心联合制作（2000）。

第 19 章

细菌、病毒和抗生素

"你就不能在电话里给我开一些抗生素吗？""她已经把药都吃完了，为什么她的耳部感染还没好？""杰西是不是吃了太多的抗生素？我担心这些药会破坏她的免疫系统。""如果我们再给她吃阿莫西林，她会不会产生抗药性？"

我一次又一次地听到这些问题。但是，当我要回答这些问题时，总是不知该怎么说。这些父母和我是在从非常不同的角度对待传染性疾病。最理想的解决办法是花些时间建立一种共识。但是，不知怎么，父母们带孩子来就诊时，并没有理智地讨论问题的合适氛围，因为杰西正在嘟囔着说她无法忍受这些白色药片，而杰西的弟弟正在墙角呕吐。

所以，如果在就诊时有合适的环境和足够的时间，我会对这些父母们说以下这些事情：

1. 抗生素并不会"取代"孩子的免疫系统并使之变弱。 它们只是给孩子自己的防御弹药库增加了一些弹药。抗生素得到这种坏名声的原因并不清楚，但是，我有一些自己的猜测。首先，孩子们经常生病；他们本来就该如此。这些疾病中的大多数都是由病毒引起的，而抗生素对病毒并不起作用。如果一个孩子得过一些需要使用抗生素的疾病，然后又得了一些病毒性疾病，父母们就可能推断认为是抗生素削弱了孩子的免疫系统。实际情况并非如此。其次，如果在得细菌性疾病——例如链球菌性喉炎——的病程中很早就使用抗生素，由于抗生素非常有效以至于孩子的免疫系统没有时间"记住"这种细菌的可能性是极小的（尽管一些研究结论是相互冲突的）。在这种情况下，对同样的细菌可能会出现反复感染。第三，人们对于"抗药"细菌有一些误解。见下文。

2. 抗生素只对细菌性疾病有效，对病毒性疾病无效。

细菌是非常微小的单细胞生物。

由于细菌是自成一体的小生物，它们过着复杂的生活。它们不得不构建一个细胞壁和相应的结构来制造毒素；它们不得不生长和繁殖。因此，细菌会执行很多可能会受到干扰的功能，导致它们的死亡，或者至少无法正常起作用。抗生素就是用来干扰这些细胞功能的，进而帮助孩子的免疫系统更有效地工作。

细菌是非常聪明的。它们能学会以智慧战胜抗生素。有些细菌会制造出一种酶，使很多抗生素失去活性。另一些细菌会进化出一些隐藏甚至消除细胞膜上使抗生素进入的位置。还有一些细菌——嗯，它们每天都会想出一些聪明的新办法。

不仅如此，那些产生了抗药性的细菌还会将这种能力传给其他细菌——作为一种遗传能力传给它们，使得它们的后代也具有抗药性。

这意味着每个人都需要彻底想清楚，在使用抗生素带来的危险大于益处时，就不要再使用它们。任何人都不应因为一种病毒性疾病而给他人开抗生素或要求给自己开抗生素。如果大自然能够治愈一种不危险的细菌性感染，任何人都不应该匆忙给他人服用或自己服用抗生素；这意味着一个免疫系统正常的孩子如果患了"普通"的中耳感染，可能不用抗生素就能痊愈。

然而，我们不希望对尿路感染、链球菌性喉炎或肺炎放任不管：因为出现并发症和病情恶化的可能性是非常大的。

对于抗药细菌的一线曙光，是目前科学界正在努力寻找支持免疫系统的方法，并且在寻找抗生素的精巧的替代品——这些替代品将比过去使用的抗生素更有效、更安全。

病毒是一种包裹着蛋白质衣壳的遗传物质片段，甚至比精子还要小——精子也同样是包裹着蛋白质衣壳的遗传物质片段。病毒实际上会侵入我们的体细胞。它们不制造毒素或建造细胞壁。它们为进行繁殖，会控制我们自身的遗传机制。按照某些定义，它们甚至都不是有生命的东西。它们是如此简单，以至于无法被攻破：你无法在干扰病毒的同时不影响它们所侵袭的人体细胞。

用比喻的说法，对细菌进行攻击就像攻击一支入侵的军队。你可以轰炸它们，在它们的水里下毒，切断它们的补给。这是非常简单的。

而攻击病毒更像是面对一场向平民发起的恐怖活动。所有的陆军、海军和空军都无法发挥作用。

幸运的是，大多数病毒感染都是轻微的。身体自身的防御就能很好地

除掉这些入侵者。而且，还有很少一些很聪明的药物，能够有效地对抗个别病毒感染。

儿童期的大多数感染都是病毒感染。有时候，你可以通过临床现象或特定的实验室检测来判断是什么病毒造成了疾病：轮状病毒引起的腹泻，呼吸道合胞病毒（RSV）引起的细支气管炎，副流感病毒引起的格鲁布性喉头炎，水痘病毒引起的水痘，柯萨奇病毒引起的手足口病，人疱疹病毒6型（HHV-6）引起的蔷薇疹。在另一些时候，你无法判断得这么具体：发低烧并出现轻微皮疹的脾气暴躁的孩子可能感染了肠道病毒，但是，你不会为了证明你是正确的而去做血液检测。在你拿到结果之前，孩子就已经好了，并且你无须再为此担心了。

3. 每种抗生素只对某些细菌有效。

不管是儿科医生还是父母们都不想看到一种抗生素"不管用"。这非常令人沮丧，尤其是当这种抗生素价格昂贵，尝起来像蛤蟆油，并且在你的白色沙发上留下了一片粉色的污渍时。

当你使用一种抗生素时，你需要相当肯定疾病是由细菌造成的；你需要知道是哪种细菌造成了这种疾病；你还需要知道哪种抗生素对这种细菌有效。

找到这种细菌并不总是很容易。有些感染能够帮助你识别是哪种细菌。如果你能得到造成这种疾病的细菌的一个样本，就可以进行一系列检测，来确定是哪种细菌，以及能够将其消灭掉的理想的抗生素。一些检测是非常快速的，而且依赖于细菌留下的"脚印"。传统的细菌培养则需要更长的时间。在进行细菌培养时，会将体液、脓液或其他样本在装有你怀疑的细菌最喜欢的食物的培养皿中培养。在这些细菌进行了大量繁殖后，就对它们使用抗生素样本。然后，你就能看到哪种抗生素能够杀死最多的细菌，或能最有效地阻止它们的生长。

在很多情况下，问题是如何获取这些样本。例如，你无法获得造成中耳炎的脓液，除非你将一根针深入耳道内，刺穿鼓膜。现在，这是可以做到的，每个儿科医生都能进行这项操作。但是，这不是你想在每一个扭动着身体、友好的耳朵疼的3岁孩子身上都做的事情。你也无法轻易得到造成肺炎或鼻窦感染的细菌。

因此，对于很多感染，儿科医生在开抗生素时凭借的是间接的评估。这种感染看起来像什么？什么细菌通常会造成这样的感染？

4. 使用抗生素也会带来自己的问题。

当你不知道对一种具体的感染应该使用哪种特定的抗生素时,你可能要从几种可能的药物中进行选择。这时,你不得不就很多因素做出决定。药效最强的抗生素——即使聪明、狡猾的细菌也无法战胜它——可能很难吃、价格昂贵,并且可能产生副作用。而好吃的抗生素可能没有效果。

因此,儿科医生会对你进行一番冗长而枯燥的解释。

孩子病得有多严重?每种药物的价格是多少,以及是否包括在家庭医疗保险之中?每种药物的味道如何?每种药物在食物中的吸收效果如何;要求家人每天给孩子空腹服用4次药,是否可行?隔多长时间吃一次药,以及如何让孩子每天吃这么多次药?常见的副作用是什么,以及孩子和家人对副作用的容忍度如何?

有些抗生素是非常娇贵的,需要避光或冷藏保存。有些抗生素必须在每次量取前彻底摇匀。

而且,有些孩子是非常聪明的,甚至比细菌更聪明。他们会把药吐出来。他们把药含在嘴里,5分钟后到洗手间悄悄将药吐进马桶。他们会把蓝色小药片藏在芭比娃娃的鳄鱼皮钱包里。

你还需要知道某种抗生素是否有任何禁忌症。它是否属于孩子有可能过敏的一类药物?它是否有副作用,比如在恒牙上留下永久的印记,或对骨髓有抑制作用,从而使得它具有危险性?它的味道是否非常难吃,以至于你从没碰到过一个愿意咽下这种药的孩子?它是否比其他同样有效的药物昂贵很多?使用时有什么注意事项,比如避免日光或避免与其他药物同时服用,或者要比平时喝更多的水?

然后,你需要知道在治疗某种感染时一种抗生素的使用量。对于任何特定的细菌,一种轻微的皮肤感染通常对应较低的剂量,而诸如肺炎的深部感染通常对应较高的剂量。

即使你找到了引起疾病的细菌,并且使用了正确的药物,孩子自己的身体和免疫系统也必须加入这场战争。一个出现过敏性反应的孩子可能鼻窦、鼻腔和耳咽管肿胀得很厉害,以至于感染无法排出。一个孩子扁桃体肿大可能是慢性感染。

5. 一旦细菌找出了战胜一种抗生素的方法,这种药物就会失去一部分效果。

一种抗生素可能会在一个特定的孩子身上对一种特定的疾病失效,因为聪明的细菌会将那些对抗生素敏感的细菌驱逐出去。但是，更加严重的结果是，在一个特定的地区，甚至在一个国家或全世界范围内，整个一种类别的细菌都对一种曾经非常有效的抗生素产生了抗药性。悲观主义者预言，在某个时刻，"抗生素时代"将会终结；到那时，所有的抗生素都会被细菌打败。

6. 每次你给一个孩子使用一种抗生素，你就增加了他对这种抗生素及其所属的抗生素家族过敏的可能性。

对一种抗生素的过敏性反应的最常见的迹象是皮疹。然而，有些皮疹尽管是由一种抗生素引起的，但实际上并不是真正的过敏，并且也不表明要停止使用这种药物。然而，从这一点来看，任何一种由药物引起的皮疹都需要进行检查。

此外，任何抗生素都有可能产生非过敏性的副作用。

最常见的非过敏性副作用是腹泻。在大多数情况下，这是由于抗生素在杀死致病细菌的同时，也杀死了肠道内负责消化的正常细菌。通常，改变饮食（停止食用果汁和乳制品）并随餐服药（如果医生允许的话）就可以消除腹泻；但是，在任何情况下都应该通知儿科医生。

在极少数情况下，一种抗生素可能会造成除这两类问题之外的副作用，通常会对肝脏、肾脏或造血器官造成影响。

幸运的是，一旦出现副作用的迹象——不论是过敏性的还是非过敏性的——就停止使用这种抗生素，通常就能使症状停止，并且不会对孩子造成危险。孩子因此遭受严重损伤的情况是非常非常罕见的。

在非常罕见的情况下，必须使用一种已经知道具有严重副作用风险的抗生素。在这种情况下，儿科医生始终会在开这种抗生素前将其风险和益处告知父母们。

因此，关于使用抗生素的决策并不总是容易做出的。

一些细菌感染必须用抗生素来治疗。大多数时候，人们对此并无争议。脑膜炎、败血症、肺炎、尿路感染、骨关节感染——所有这些对生命、四肢和身体机能构成威胁的严重感染都必须用抗生素来治疗。在抗生素发明前，这些疾病的病死率都接近100%。

但是，对于那些更为常见的呼吸道和耳部的感染呢？当然，在抗生素出现之前，人们是通过自身恢复过来的。否则，人类早就灭绝了。我们用抗生素来治疗这些疾病，不是因为它们会立即威胁生命，而是因为另外三个原因：

- 让孩子更舒服一些，让疾病尽快不传染，让孩子能早点回到日托或学校，父母能早点返回到工作中。

- 减少使这种无害的感染直接变成很危险的并发症的可能性。例如，人们知道耳部感染会影响脑膜并造成脑膜炎；扁桃体炎可能发展变成扁桃体周围脓肿。

- 减少迟发性并发症的可能性。例如，我们积极地治疗链球菌性喉炎，是为了减少风湿热①作为后遗症出现的可能性，这种可能性固然很小，但却具有潜在的毁灭性危险。未经治疗的细菌性耳部感染会增加乳突骨被感染的几率：这是在抗生素被发明前的一种常见并且可怕的并发症。

总　结

当需要治疗或预防一种细菌性疾病时，应该使用抗生素。很多细菌性疾病（例如，在患鼻窦炎的很多情形中）不使用抗生素也能恢复得很好。在一些细菌性疾病中（比如大肠杆菌感染），抗生素实际上是危险的。对于病毒性疾病，根本不应使用抗生素。当医生为这些疾病开抗生素时，必须严格遵照医嘱服用。

---

① 风湿热，是链球菌性喉炎的一种晚起并发症，可能造成心脏损伤，在不满5岁的孩子身上几乎从未出现过。但是，感染了链球菌的很小的孩子可能把这种细菌传染给大一些的孩子，而后者是有风险的，因此需要对链球菌感染进行治疗。——作者注

第20章

婴儿疫苗接种与父母的担忧

向一个4岁的孩子解释他为什么必须在上幼儿园之前打预防针是相对容易的:"这些药可以防止你得一些不好的病。如果你得了一种不好的病,你就不得不待在家里,不能去幼儿园了。"

如果你的4岁的孩子认为不去幼儿园是件好事,你可以接着说:"可是,这些是很不好的病。我们的总统制定了一条严格的规定,每个5岁的孩子都必须打这些针。甚至蝙蝠侠(或美人鱼艾丽儿)在他(或她)4岁时也打过这些针。"

与父母们讨论免疫注射的事情则是另一回事。现在有那么多免疫注射。政府最近要求父母们在每次给孩子预防接种时都阅读一本冗长而乏味的关于每种免疫接种的小册子。这很容易让他们感到厌烦、害怕、困惑和恼怒。

然而,用免疫接种来预防疾病的原因并没有变。

每一种需要用免疫接种来预防的疾病都有以下一种或几种特征:

• **有出现严重的并发症或死亡的极高风险**。你不可能感染上轻微的狂犬病:每一例狂犬病都是致命的。很多破伤风也是如此。免疫接种产生副作用的风险比染上这种疾病后出现严重并发症或死亡的风险要小得多。

• **来自母体的对这种疾病的抗体要么根本没有传给宝宝,要么会迅速消失**,而宝宝仍然处在一个高风险的年龄段。所有的"婴儿预防针"都属于此类。

• **尽管这种疾病引起并发症的风险较低,但是,当出现并发症时,它们会非常严重,并且是一种巨大的公共健康负担:**

脊髓灰质炎,会造成瘫痪和残疾、呼吸问题和一生的不幸;麻疹,会导致视力和听力丧失、惊厥和智力缺陷;流行性腮腺炎,会引起脑炎(大脑受到感染)和睾丸炎(睾丸受到感染,导致不育);乙型肝炎,会使青少年在感染的头几年中引起致命的肝病,感染是没有症状的;风疹,对未出生的胎儿具有毁灭性的影响，会造成视力和听力丧失和智力缺陷；水痘，对任何免疫系统不成熟的人都具有危险，在极少数情况下可能使一个完全正常的孩子残疾或死亡；链球菌性肺炎，可能引起脑膜炎或败血症（血液受到感染），从而引起毁灭性的并发症或死亡；H型流感，会引起脑膜炎和会厌炎。

没有哪种疫苗接种对每个人都100%有效。我们依靠社区大规模免疫接种来保证我们所有人的安全。 我们可能真诚地相信给一个孩子免疫接种的效果，但却没有让这个孩子形成很好的免疫力。如果这个孩子接触了一个未接受过免疫接种并感染一种疾病的孩子，这个进行了免疫接种的孩子也同样面临风险。如果这是你的孩子，你对于那些没有接受免疫的孩子的父母会有什么感觉？

悲哀的是，电视节目、书籍和文章以及人们的口口相传，使免疫接种在某些方面获得了一个坏名声。我怀疑一些父母认为免疫接种往好了说是个骗局，往坏了说就是个阴谋。具有讽刺意味的是，在免疫接种几乎在全世界范围内普及的时候，人们的这种倾向反而变得更强烈了。你很难去关心那些"没人会得的疾病"。你不会看一部关于"一些死于百日咳的孩子的父母"的节目。你更有可能去看的，是关于一些父母的孩子在注射了百白破疫苗（DPT）后遭遇的毁灭性事件。你更有可能相信是百白破疫苗引起了这种悲剧，即使唯一的证据是它刚好发生在疫苗注射之后，而不是有任何已知的因果关系。

此外，那些分发给父母们的小册子，即使是由政府发行的，对特定的疾病的描述并不是很清晰。

另外，还有一些反正统的医生。"儿童期疾病的最大威胁在于，试图通过大量的免疫接种来预防这些疾病的危险而无效的努力。"[①]

门德尔松博士认为，一些免疫接种只应该以特定的人群为对象：例如，风疹疫苗只为女性注射，流行性腮腺炎疫苗只为男性注射，并在即将进入青春期的时候注射。他认为其他疫苗，例如水痘疫苗，根本不应该进行注射。

但是，儿童期在何时结束？对于一些女孩来说是8岁，对于一些男孩来说是16岁。我们是否应该到学校里，从5年级的孩子开始，寻找乳蕾

---

① How to Raise a Healthy Child in Spite of your Doctor, Roberts. Mendelsohn, Ballantine, 1984。——作者注

和阴毛？你能想象这样残忍的话吗："亨利15岁了，他还没有打过流行性腮腺炎疫苗呢！"如果朱莉在11岁就完全发育了：我们是否在给她打风疹疫苗前坚持让她做一下验孕测试？一想到这件事，我就能感到自己又长出了一根白头发。

对于水痘：没错，它通常是一种轻微的儿童期疾病，但是，它对于那些有着特定的严重疾病的孩子来说是极其危险的。（现在有更多这样的孩子过着正常的社会生活，可能很容易接触到水痘病毒。）这包括很多孩子，从使用可的松治疗哮喘或肾病的孩子，到使用化疗治疗白血病或其他恶性肿瘤的孩子，任何得了艾滋病的人，以及母亲感染了艾滋病的新生儿。由于水痘在出现症状前传染性最强，由于大多数人不会四处宣扬自己正在使用可的松或者在进行化疗，因此，他们接触到病毒的可能性是很大的。

即使是健康的孩子，感染水痘也会是一段可怕的经历。我记得曾经接到过一个电话："香农整晚坐在壁橱的地板上哭，用纸巾挠她的阴道。她不让我们把她抱起来，因此，我脱掉了鞋子，和她一起坐在地上。"还有16岁的迈克尔，他因为水痘而错过了SAT考试，并留下了永久的水痘疤痕。

还有简，她因为水痘脑炎在儿童医院里待了3个星期，但幸运的是，没有造成永久性的神经损伤。

阿昔洛韦在一些水痘病例中是可能拯救生命的，并因此可能会被更加频繁地使用。但是，耐药病毒的出现和感染只是时间的早晚问题而已。

由于对百日咳疫苗成分的一些负面报道，百白破疫苗似乎成了父母们最害怕的疫苗。父母们的忧虑有时候过于严重，以至于我不得不对他们说："我们并不是为了增加我们的生意和赚钱而强制给孩子打这些疫苗。我们不喜欢给健康的宝宝打很疼的疫苗。如果是为了赚钱，我们完全可以不给他们打这些疫苗，而靠治疗随之而来的疾病来赚更多的钱，因为得了这种病通常都需要住院并进行一些复杂而昂贵的医疗程序。"

各种研究一再表明，百白破疫苗与婴儿猝死综合征或脑损伤没有直接的关联，即使它们可能有一些暂时的联系：婴儿猝死综合征确实大多数都发生在婴儿出生后的头6个月，这也正是接受头3次百白破疫苗注射的时间。一些病例可能恰好出现在刚注射过百白破疫苗的时候。

然而，除了媒体之外，我认为父母们最大的犹豫来自一个从未真正说出口的原因。

如果所有其他孩子都打了疫苗，那么，我的孩子就不太可能会感染这些疾病了。看，天花已经被干掉了；没有人再因为天花接种疫苗了[1]。现在，其他的这些疾病也是如此，例如脊髓灰质炎和百日咳，它们实际上已经被灭绝了。因此，我的孩子为什么还需要承担即便是最微小的副作用风险呢？更不用说打针所带来的不适和开支了？

这不仅是一种不恰当的自私想法，而且是一种错误的想法。即使你作为一位父母几乎从来没有见到过白喉或脊髓灰质炎的病例，但是，引起这些疾病和其他疾病的细菌和病毒仍然存在于我们周围。为什么？

• 因为一个人可能对一些疾病免疫，但是仍然携带这种细菌或病毒。很多百日咳的病例出现在没有接受免疫注射的婴儿身上，而他们是从进行过免疫注射的父母身上感染的。

• 因为像破伤风和白喉这样的细菌可能存在于动物的粪便中。你可能通过皮肤上的伤口感染它们，即使是一个非常小的伤口。（不管是不是生锈的金属割伤的。生锈与否同破伤风没有任何关系。）

• 世界就像一个村庄。脊髓灰质炎在世界的某些地方是流行的。你和你的孩子会面临感染很多疾病的风险，即使你总是洗手并且从不旅游——那将是多么无聊的生活啊。

• 抗生素和抗病毒药物并不是所有传染性疾病的真正解决方案。细菌太聪明了：它们不断地战胜药物。如果可能的话，最好建立你自身的免疫力，而不是依赖药物。

但是，还有另一个令父母们犹豫的原因。我们经常会听他们这样说：

一些疫苗只是用来防止其他人感染一种疾病的。我的小男孩不需要打风疹疫苗：这种疫苗只是用来保护未出生的婴儿的。他自己从来不会怀孕，为什么还要冒注射疫苗所带来的风险？我为什么还要为此付钱呢？

原因很简单：因为小男孩注射了风疹疫苗，就可以使每个怀孕女性的胎儿得到保护，这与小女孩接受腮腺炎疫苗注射就可以保护男性的睾丸不受到腮腺炎病毒感染的道理相同。此外，男孩长大后会成为父亲，女孩会成为母亲。最后，风疹和腮腺炎病毒可能在任何年龄的人身上引发严重的、非常麻烦的疾病。

---

[1] 本文写于2001年9月11日出现生物恐怖主义的担忧之前。——作者注

总　结

如果你的儿科医生不敦促你让孩子进行免疫注射，我会感到惊讶。你应该按照计划给孩子进行免疫接种。你应该坚信自己是在做正确的事情，你可以通过你的语调、你安慰孩子啼哭的方式，以及你对进行免疫注射的医疗人员的态度，向你的孩子传达这种信念。

而且，我保证，这会让打针不那么疼。

第21章

过敏、哮喘和湿疹

过 敏

关于蜜蜂和其他昆虫叮咬造成的过敏性反应，见第2篇第14章"急救：对常见轻微伤的评估与处理"。

关于哮喘的详细讨论，见第2篇第15章中的"呼吸道和肺"。

大多数时候，过敏症会使整个家庭都很痛苦。

当孩子出现呼吸道过敏时，你不得不面对流泪发痒的眼睛、鼻塞或流鼻涕、皮疹、喘息、持续的咳嗽、肠胃不适，以及过敏所带来的各种行为问题。孩子越不舒服，与他在一起的乐趣就越少。玩伴、照料者和父母自然就更少给他愉快的回应；而且，由于情绪会影响身体机能（对过敏尤其如此），因此，这可能会使情况变得更糟。

这也会使儿科医生相当痛苦，原因如下：

1. 很难判断一个孩子的症状在多大程度上是由过敏引起的。因而，很难判断要做多少检测。即使一个检测出比如对尘螨过敏的孩子，其大部分症状也许是由于周期性感冒引起的。在除掉所有尘螨并开了一些药之后症状却没有消除，是令人很沮丧的。此外，对于"一般的"食物过敏，血液检测和皮肤检测通常都缺乏可靠性。这是因为很多食物过敏通过免疫系统时采取的是不同的路径，不会留下过敏抗体（称为免疫球蛋白E，即IgE）升高的痕迹。唯一真正好的检测，是从饮食中去掉一种怀疑的食物，等待症状消失，然后，再用这种食物试试看症状是否会重新出现。这对一个家庭是多么难的一件事啊！而且，如果这么做不管用的话……

2. 我们对一些类型的过敏问题有非常好的治疗方法，例如眼部搔痒、鼻子搔痒并流鼻涕、喘息，而且，我们有可以拯救生命的对付过敏性反应的办法。但是，对于其他类型的过敏，治疗通常是令人沮丧的，例如湿疹（也称为特异反应性皮炎），或者是根本没有治疗办法（食物过敏）。

3. 对于如何预防一个有明显的家族史的孩子过敏，我们可能一直在给出错误的建议。我们以前相信，如果我们能够让一个孩子远离常见的过敏原——长毛的宠物、灰尘、花生和坚果、牛奶——直到他的免疫系统在3岁左右变得成熟，我们就能帮助他预防过敏症。但是，最近的研究似乎显示结果完全相反：让孩子在出生后的头1年里，比如说，接触猫或者花生，能够有助于减少过敏症的发生。显然，我们对过敏症的生物化学过程的知识仍然处在不断发展之中。

然而，在一些过敏问题上的令人震惊的突破，以及对于另一些问题取得突破的希望使我们能再次露出笑容。下面是其中一部分的概要介绍。

诊 断

一个孩子的过敏可能会很明显。每当春天来临时，他会流眼泪、流鼻涕。每当靠近猫、爷爷，以及在跑步时，他会出现喘息。

但是，当过敏的症状没有这么明显时，我们需要一些其他的线索。

- "犀牛探针"并不是你所想的意思，而是鼻腔内部的一种涂片。（一些人把它称作"鼻细胞照片"。）它有点像巴氏涂片，但不是寻找癌细胞，而是寻找过敏细胞。

- 血液检测可以评估出有多少IgE抗体存在于血液中，这通常能很好地表明一个孩子有多少"过敏潜力"。

这些方法可以帮助确定一个孩子是否对一些东西过敏，但是，它们不会告诉你对什么过敏。有两种基本的方法可以对特定的过敏症进行检测：皮肤检测和血液检测。

这两种方法都有两个局限。首先，你不能判断一个孩子是否对一种特定的过敏原过敏，除非你针对其进行检测，而且存在如此多的霉菌、花粉、皮屑等，以至于你可能进行了一系列的检测也没能找出引起过敏的物质。其次，一个人可能会出现所有的过敏症状，但并不是通过上面描述的IgE系统体现出来的，而是通过引起相同症状的其他途径。

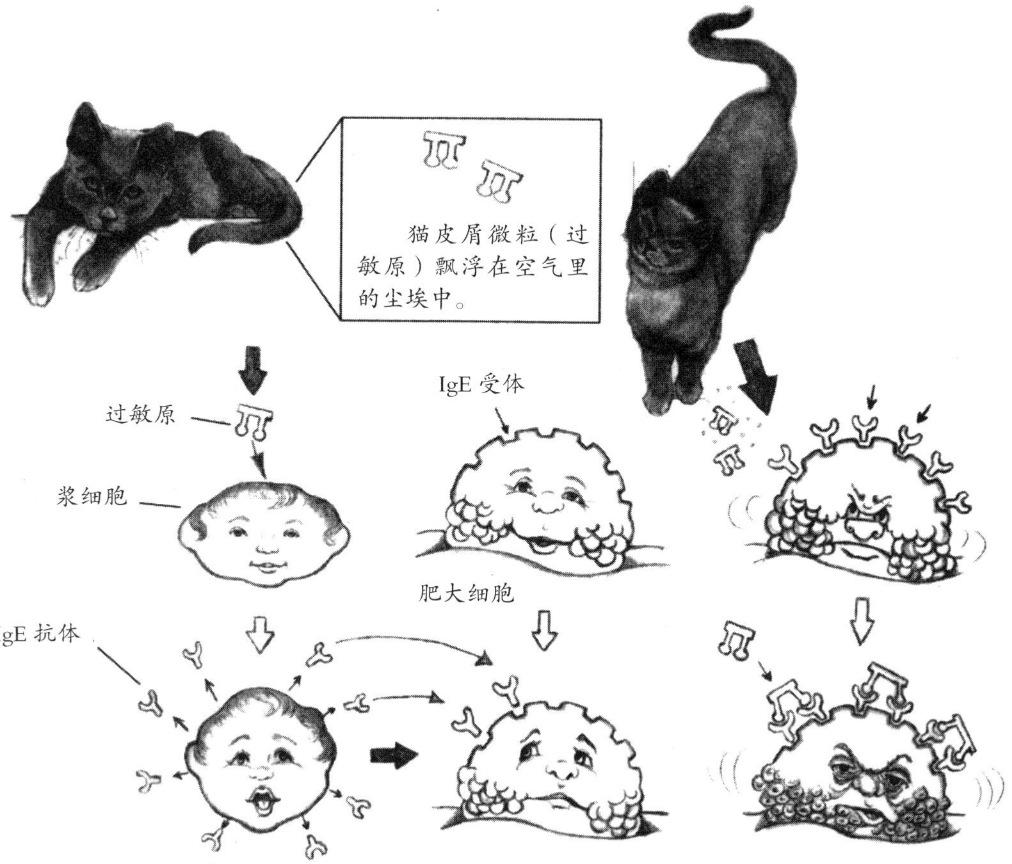

猫皮屑微粒（过敏原）飘浮在空气里的尘埃中。

过敏原

浆细胞

IgE 受体

肥大细胞

IgE 抗体

1. 过敏原的存在促使浆细胞制造特定的 IgE 抗体来对抗特定的过敏原。

2. 位于眼睛、耳朵、鼻子、肺部等器官黏膜上的肥大细胞出现最初的 IgE 抗体反应。

3. 猫的频繁出现释放出了大量额外的 IgE 抗体，使肥大细胞与 IgE 抗体充分结合。IgE 抗体会自动"抓住"过敏原。

4. IgE 抗体与过敏原的结合体促使肥大细胞的细胞膜破裂，将化学物质释放到黏膜上——这些化学物质引起过敏症状：流鼻涕、喘息、搔痒。

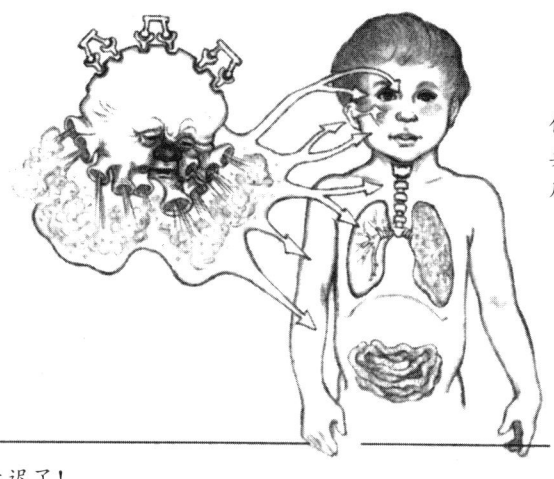

肥大细胞位于眼睛、耳朵、鼻子、肺、肠道、皮肤的内膜上。

猫离开得太迟了！

然而，如果皮肤检测和血液检测是由一个熟练的过敏症专科医生或者对过敏症有专长的儿科医生来操作并进行解释，就会有很高的可靠性。

皮肤检测

皮肤检测需要（在皮肤上或皮下）注射微量的经过大量稀释的普通过敏原溶液，例如尘埃和皮屑。如果孩子对其中的一种过敏原过敏，他就会在注射的部位产生蜂窝状反应。这些检测是敏感而准确的，但也会引起一定程度的疼痛。必须使用纯净而有效的过敏原进行非常小心的检测。操作人员必须富有经验。因为，在极其罕见的情况下，在检测过程中或检测之后，可能出现严重的过敏性反应，诊室中必须有处理这种紧急状况的相关设备。所有这些因素使得皮肤检测的费用非常昂贵。

血液检测

血液检测可以分析出血液中含有多少过敏性抗体（IgE）。然后，在一个名为"放射性变应原吸附试验（RAST）"的过程中，让血液样本中的 IgE 对一系列可能引起过敏的诱因或过敏原进行测试。可以预先选择一些最有可能的过敏原，例如尘埃、猫毛、狗毛、草地早熟禾等，或是对特定的诱因进行检测，例如南美栗鼠。

这两种检测必须由经过特殊训练的工作人员进行，需要耗费很多时间和劳动，因此，它们的价格都很昂贵。

在这两种检测中，你只能得到你所询问的问题的答案。如果孩子对羽毛过敏，而你没有做针对羽毛的检测，你不会得到任何特定的信息提示你要对羽毛进行检测。然而，如果孩子明显过敏，而所有的检测结果都是阴性的，你就可以推断在你的环境中存在一种你没有进行检测的过敏原。

在你的孩子进行任何一种过敏检测之前，要向你的保险公司进行核实。一些公司只会为某种检测支付费用，或是仅仅在特定的情况下才会对某种检测支付费用。有时候，只有当这些检测是由一名过敏症专科医生进行，而不是由儿科医生进行时，他们才会支付费用，或者相反。

因此，你看，过敏症很简单，复杂的是保险。

治 疗

对于花粉热和哮喘的治疗取得了

两项重大突破。第一个突破是认识到了炎症（内膜肿胀和黏液变浓）在其中所扮演的重要角色。炎症可以通过大剂量的类固醇（可的松）得到缓解，并且可以通过一些药物得到预防：低剂量的类固醇、色甘酸钠，它们能够稳定过敏细胞，使其不会释放毒素，以及那些能够抑制白血球制造肿胀和脓液的药物。第二个突破是一些药品的开发，使得即便小孩子也能从这些突破中受益。

花粉热的症状

小到2岁的孩子也可以口服抗组胺药（通常由医生开处方），但这些药物应该是没有什么副作用的，例如不会引起嗜睡或亢奋。这些药物的药效很长，通常只需每天服用一次。

还可以给他们使用含有类固醇（可的松）或色甘酸钠的喷鼻剂，来缓解和预防肿胀。

鼻腔类固醇药物需要明智而审慎地使用。一些药物的设计使其几乎不会——如果不是完全不会的话——被吸收进入血液。（孩子生来就使你很难一次成功地把药喷入他们的小鼻子。）即使如此，也最好不要给成长中的孩子使用超剂量的类固醇，以防产生长期的副作用，比如影响成长或造成诸如白内障这样的眼睛问题。然而，关于这个问题的研究还是非常令人放心的。通过喷鼻剂给药的色甘酸钠在长期和短期来看都是很安全的。

要想使喷鼻剂的使用变得轻松一些，可以让孩子先在他的手指上滴一滴药水，闻一闻，尝一尝。要准备一些味道好的东西（柠檬水或巧克力）在喷药之后给孩子吃，因为他可能会说药水的味道很不好。

对于眼睛发痒和流泪，可以用处方眼药水来缓解炎症并预防其再度出现。在使用眼药水时，先滴一滴在孩子的手指上，让他用药水接触自己的眼睛，以证明它不会造成刺激。另一个建议：使用一本书页上有洞的图画书——例如艾瑞克·卡尔的《好饿的毛毛虫》——让孩子仰面躺着看书。然后通过书页上的洞将眼药水滴进孩子的眼睛。

哮喘或反应性气道障碍

反应性气道障碍是指小孩子只在感冒时出现喘息的喘息发作。而哮喘则是指孩子在其他情况下也会出现喘息：过敏，接触脏空气或干燥的空气，体育锻炼，冷空气等。这两个术语是可以交换使用的。反应性气道障碍听上去并不严重，因此，很多儿科医生在问题较为轻微时喜欢使用这个词语。（我还应该说明，喘息也可以由囊性纤维化、异物卡在支气管中，以及其他一些不常见的原因引起。）

在喘息发作时，会出现两种情况：支气管痉挛和发炎。

- 支气管痉挛：环绕支气管（将空气运送至肺部的管道）的小肌肉收缩，使支气管变窄。这种情况可能出现得很突然，并且很严重。

- 发炎：在同一个时间出现，只是更加缓慢，气管的内膜开始肿胀并充满黏稠的黏液。这个过程是缓慢而逐渐地发生的，如果不进行治疗，它也会非常缓慢而逐渐地消失。

对这两种喘息症状的药物治疗

消炎药

当一个孩子频繁出现喘息时，你可以怀疑他肺部的气管发炎了。

如果一个孩子出现了严重的喘息发作，你必须尽快缓解炎症，以防止气管肿胀导致他无法呼吸，或者孩子变得筋疲力尽。对于这种情况的治疗方法是使用大剂量的类固醇，通过口服、静脉注射或肌肉注射。但是，很快就可以通过让孩子吸入雾化药物来治疗严重的喘息了。

如果一个孩子频繁地出现喘息，即使情况并不是很严重，减少这种发作也是很重要的。部分原因是为了让孩子保持活力与快乐。部分原因是为了预防真正的麻烦。当孩子的肺部反复发炎时，一旦出现支气管痉挛，就有发生严重喘息的危险。此外，如果肺部常年发炎，就会出现疤痕，在孩子长大后可能造成一些问题。

慢性哮喘的治疗方法是每天使用消炎药。这些消炎药通常要么是色甘酸钠（Intal），要么是一种吸入式的类固醇药物（有很多品牌，例如 Asthmacort、Flovent、Pulmicort、Vanceril）。

还有第三类药物能够抑制白血球，以减少肿胀和脓液。就目前而言，这类药物还不能给 6 岁以下的孩子使用，但是这种情况可能会有所改变。这些药物都是口服的。

如果你的孩子正在服用消炎药，你需要按照医嘱每天给孩子服用，以帮助预防喘息并减少肺部的疤痕。

支气管扩张剂

这通常指的是"舒喘宁"，这是在孩子身上最广泛使用的支气管扩张剂。

正如我在前面所说，当支气管周

围的小肌肉痉挛时，气管突然变窄，就会出现喘息。这一切发生得很快。幸运的是，很多放松肌肉的药物——支气管扩张剂——起效也很快。这就是它们被称作"急救药"的原因。

"急救药"这个词还强调了支气管扩张剂不能每天使用。否则，支气管扩张剂就可能掩盖炎症才是真正的潜在问题的事实。

舒喘宁，这种最常用的支气管扩张剂是一种口服液。它也可以通过一种叫作"雾化器"的处方机器给药，这种机器可以将药液变成喷雾。这些喷雾通过管道进入罩在孩子嘴上的一个面罩中。舒喘宁的第三种给药方式是通过手持式吸入器。吸入器是为成年人设计的：你必须摇晃它，在按动按钮时调整你的呼吸，然后憋住气。一些4岁的孩子能学会使用这种工具，但是这样的孩子不多，4岁以下的孩子无法使用。

因此，当一个孩子使用吸入器时，它会连接一个间隔器、管子或其他用以盛放雾化的舒喘宁溶液的精巧装置。你将吸入器安在间隔器的一端，面罩安在另一端；按压吸入器，使药进入间隔器，将面罩戴在孩子的脸上，让他呼吸雾化的药液。这听起来很容易，但你实际上需要两个大人、束缚孩子的特殊技巧，或一只真正聪明的章鱼，至少在头几次是这样的。

如果你的孩子需要单独使用舒喘宁的次数超过每周3次，要将这种情况告诉你的儿科医生。他很可能需要每天服用消炎药。

总　结

患有轻微哮喘或反应性气道障碍的孩子不需要每周使用3次以上的舒喘宁来过正常的生活。如果舒喘宁的使用非常频繁，就需要对孩子做评估，看是否需要每天服用消炎药。

当今，几乎每个患有反应性气道障碍或哮喘的孩子都应该能过上基本正常的生活。这意味着孩子应该能够正常地参加体育活动，睡眠和成长都很好，应该不需要去急诊室。这可能意味着要对孩子的环境保持谨慎的关注，每天服用药物，偶尔使用"急救药"。

湿疹和特异反应性皮炎

不管你把它称作"湿疹"还是"特异反应性皮炎"，这种慢性皮疹一点都不好玩：孩子原本光滑的皮肤上长出了鳞状的丘疹和开放性疮口，他日日夜夜用指甲抓挠搔痒

> 如果你的孩子患的是轻度的湿疹，这不太可能是因为食物造成的。如果湿疹很严重，那就要与你的儿科医生或皮肤科医生讨论一下食物过敏检测的事情了。

的伤口。

它不好玩，但它当然是常见的：有5%～7%的孩子患过这种疾病，并且其中95%的孩子的第一次发作是在5岁之前。引起湿疹的原因仍然有待研究，但可以肯定的是它与免疫系统有关。

湿疹可能非常轻微，仅表现为皮肤干燥，膝盖和手肘的褶皱部位有些发红；或者，它可能非常严重，表现为全身发炎，从头到脚的皮肤变厚、发红。

治疗湿疹的主要方法是使皮肤保持湿润，在最严重的部位局部使用类固醇药膏以及处方抗组胺药来控制瘙痒。孩子越痒，就会越挠；他越挠，皮肤发炎的状况就越严重；皮肤发炎的状况越严重，他就会越痒；这个恶性循环会一直重复下去。

洗澡后立即用护肤液或乳霜来对皮肤进行保湿是最有效的——从浴缸中出来的3分钟内——此时皮肤仍然是湿润的。很多父母发现一种叫作"Triceram"的非处方、非药用的保湿"护肤脂"很有效，尽管价格并不便宜。可以在 www.osmotics.com 网站查询它的相关信息。你或许可以在当地的药房买到。

一个患有非常严重的湿疹的孩子可能需要口服大剂量的类固醇药物，使用强效的外用消炎药，甚至是用于化疗的一些药物。处方外用药"他克莫司"（Tacrolimas）是通过影响免疫系统来产生作用的，它通常非常有效。

当湿疹非常轻微时，它通常不是由食物过敏引起的。但是，当湿疹非常严重，需要每天使用外用类固醇药膏时，食物过敏就很有可能是引发湿疹的原因之一。这样的孩子具有"特异反应性"，并且有出现其他过敏迹象的风险，例如哮喘和花粉热的症状。

幸运的是，前面介绍的放射性变应原吸附试验（RAST）血液检测能够非常有效地检测出哪些食物可能是罪魁祸首，对于任何患有严重湿疹的婴儿和小孩子来说，这个检测都是值得的。当你知道了哪些食物可能是导致湿疹的原因后，你就可以让孩子禁食这些食物，看看症状是否有所改善。

第22章

麻烦的中耳

"在所有口头和笔端让人悲伤的话中,最悲伤的莫过于:'她的耳朵又出问题了!'"

(向约翰·格林里夫·惠蒂埃[①]致以歉意)

基本要点

这是让人悲伤的话,是经常说的话。有时候,在下班之后,如果我闭上双眼,看到的全是一双双的小耳朵。

确实,一项大型研究表明,71%的孩子在3岁前至少患过一次耳部感染。在任何给定的年龄,5岁以下的孩子至少有一半人患一次耳部感染,很多会患2~3次。

为什么这个问题出现得如此频繁?"在我小时候,我不记得孩子们像现在这样总是患耳部感染。"我听到父母们说。

或许,这是因为我们现在能够更好地诊断耳部感染,这要归功于各种更好的、更聪明的仪器(如果不归功于医生的话)。或许,这是因为如今很多孩子都上日托,或暴露于二手烟,这两种情况都会增加耳部感染的发病率。

或许,这是遗传使然。那些小时候出现过耳部感染的父母的孩子,出现类似问题的风险更大。在抗生素发明之前,患有严重或顽固的中耳炎的孩子非常容易出现严重的并发症。或许,那些在过去有可能死于严重并发症的容易出现耳部感染的孩子,现在活了下来,并成为了父母,将这种出现耳朵问题的可能性遗传给了自己的孩子。

在抗生素发明之前,急性耳部感染会让父母们极度恐惧。感染会从

---

① 约翰·格林里夫·惠蒂埃(John Greenleaf Whittier,1807-1893),美国诗人。作者引用的这句话的原文为:of all sad words of tongue or pen, the saddest are these: "It might have been." 即:在所有口头和笔端让人悲伤的话中,最悲伤的莫过于"可能已经……"本书作者对这句话进行了篡改。——译者注

耳部蔓延，引起脑膜炎（大脑内膜和脊髓的感染）或乳突炎（耳朵周围乳突骨的感染）。这两种疾病通常都是致命的并发症。如果耳部感染经过治疗，你极少会看到这两种并发症，但是，在极罕见的情况下，它们仍然可能出现。

今天，耳部感染造成的灾难更多与生活方式有关：睡不好觉，不能去日托和学校，父母不能去上班，看医生和用药所花费的时间、精力和金钱。人生苦短：让孩子在夜里疼得睡不着，或脾气暴躁，或者不得不放弃游泳课，或是买了机票无法使用而遭受经济损失，这些一点都不好玩。连续10天每天给孩子吃三次药的日子似乎永无尽头，尤其是在每次你都不得不将休吉按倒在地，捏住他的鼻子给他灌药的情况下，或者只有在你把药藏在樱桃冰淇淋中，贝妮才会把它吃下的情况下。

但是，现今最大的忧虑是听力损失。由耳部感染造成的永久性听力损失是不常见的，却是可能发生的。我们担心的轻微的听力损失，更多时候是暂时性的，但有时也会持续很长时间。

超过60项研究审视了小孩子反复出现或慢性的耳部感染和中耳积液带来的影响。有很多研究表明——一些研究充分证明——当一个不满2岁的孩子在一段时间内遭受听力损失后，即使这种损失是非常轻微的，其语言、说话甚至行为能力都可能会受到极大程度的永久性的影响。

不仅仅是学步期的孩子会因为轻微的听力问题受到影响。学龄前的孩子和小学生通常不知道自己听不见了。他们认为自己受损的听力是相当正常的，认为他们在学校或家里或与朋友相处时遇到的问题都源于他们自己的性格缺陷，或者因为运气不好，或者只是人应有的状态。

我的一个同事治好了一个有慢性中耳积液的孩子。新学期开始后，这个小女孩从幼儿园回到家里时高兴地说："妈咪，孩子们开始跟我说话了！"

不管出于何种原因，听力不好的孩子都会表现出注意力涣散、烦躁不安、脾气暴躁、不听话和不善社交。但是，他们通常得不到同情，也不会被带去看儿科医生；相反，他们会受到斥责并被要求去做"暂停"。孩子身上出现的几乎任何一种不良行为，甚至尿床，都可能是听力下降带来的一种并发症。

（当然，中耳积液并不是造成暂时性听力下降的唯一原因。有时候是由于大量耳垢聚积，这通常是因为过分挑剔的父母试图用棉签清洁孩子的耳朵。这种行为并不能清除耳垢，而是将它紧紧地压在鼓膜上。听觉神经受损会造成永久性的听力损伤，这通常是由于胎儿期的感染，或是脑膜炎的一种并发症，或是早产问题造成的，或者是因为先天或后天的中耳结构畸形。）

了解你的"敌人"

鼓膜是一层薄膜，在其后有一个叫作中耳的小室。在这个小室中有相连的小骨骼，你一定在有奖问答节目中听到过它们的名称：锤骨、砧骨和镫骨。这些骨骼与鼓膜相连。当鼓膜捕捉到声音振动时，这种振动会通过这一连串的骨骼传输给听觉神经。（听觉神经以一种完全神秘的方式将这些振动传输给大脑，大脑会将它们翻译为各种具体的声音。）

那么，我们要想听见声音，这些骨骼就必须振动。这意味着它们的周围必须是空气，而不是液体或脓液。因此，中耳通过耳咽管与外界连通，而耳咽管连接着咽喉的后部。

如果耳咽管总是打开的，黏液和液体就可能回流，感染中耳。因此，大自然安排它只在吞咽过程中打开，使空气通过。如果你的耳部结构是正常的，你的耳咽管打开的方式就会使你吞咽的食物或液体不会随空气一同进入：一种类似阀门的作用会将其关闭。非常精巧。

当一个孩子患上耳部感染时，这种机制的某些方面就已经出了问题。下面是两种较为流行的理论。

• 可能是耳咽管被堵住了，或瘪了下去，使得空气无法进入中耳。这时，中耳里的空气被周围的组织吸收，这样就形成了一个真空。这个真空会从周围的组织吸收液体。如果液体中含有病毒与细菌，就会出现感染。

• 可能是空气流通机制出现了问题，或者，由于不堪重负而导致黏液、水、食物或液体，而不是空气，通过耳咽管被吸回到中耳。

评　估

怀疑是耳部感染

你会认为这很容易判断：疼痛、发烧、流鼻涕。但事实并非如此。

• 出现耳部感染的非常小的婴儿仅仅会表现得像生病了。他们可能不会有任何感冒的迹象。

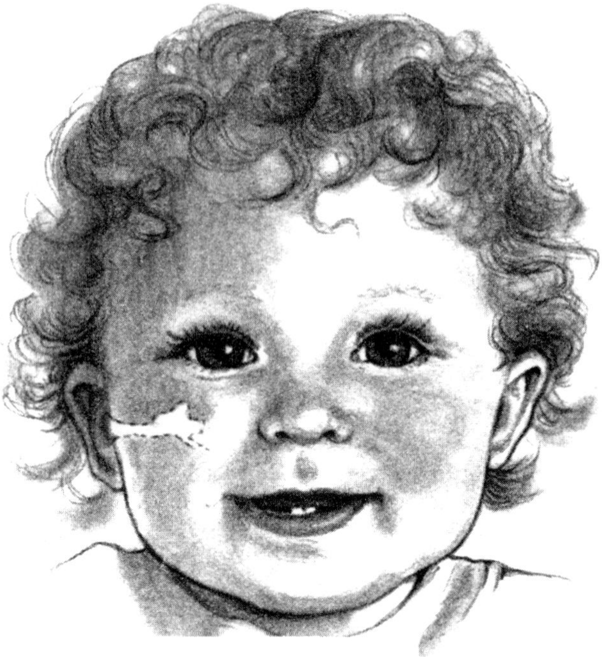

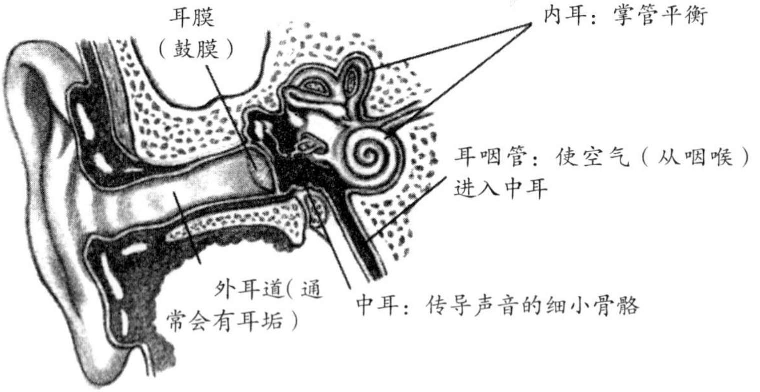

耳膜
（鼓膜）

内耳：掌管平衡

耳咽管：使空气（从咽喉）进入中耳

外耳道（通常会有耳垢）

中耳：传导声音的细小骨骼

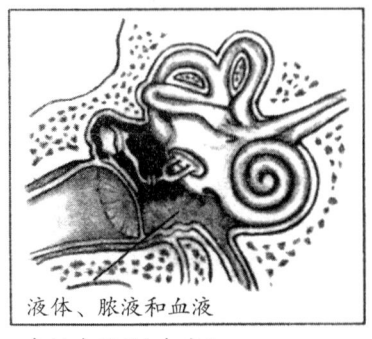

液体、脓液和血液

急性中耳炎（中度）

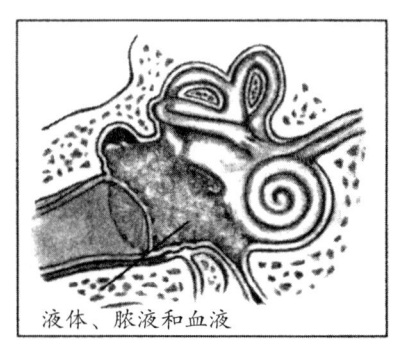

液体、脓液和血液

急性中耳炎（严重）

• 大一些的婴儿可能会出现耳朵不舒服的非常间接的迹象。他们可能睡不好觉，可能会在试图吮吸或打嗝时啼哭，可能会在床单或父母的肩膀上蹭他们的耳朵。

• 学步期和学龄前的孩子可能会忽略耳朵的不舒服，除非它真的很疼。如果液体在耳朵中缓慢聚积，鼓膜就有时间伸展，不会造成剧痛，而只是产生压力感和听力减弱。很多小孩子对此根本不在意。

• 即使疼痛来得很突然，随着鼓膜习惯了被拉伸的状态，疼痛也会逐渐缓解，变成压力感和听力减弱。一个小孩子可能只在鼓膜被迅速拉伸时才说有一些轻微的不适。

• 发烧、用力拽耳朵、感冒的症状，这些是判断耳部感染的有用的迹象，但它们有可能都不出现。

• 因此，有时候学步期和学龄前的孩子出现的唯一迹象就是行为的改变：难以取悦、脾气暴躁，不像以前那样喜欢发出咿咿呀呀声或说话。有时候，这种改变是非常微妙的，以至于你只在耳部感染被诊断和得到治疗后才会注意到这些变化，到那时，孩子会突然变成一个快乐的人和话匣子。

诊 断

中耳会出现两类常见的问题。

急性（化脓性）中耳炎

整个中耳区域的黏膜和乳突骨受到感染，产生脓液，可能还混合着血液。随着脓液的积聚，鼓膜会被拉伸。如果积聚的速度很快，往往会引起剧烈的疼痛；如果聚积速度较慢，就会产生压力感和听力减弱。

浆液性中耳炎

清澈的浆液而不是脓液充满中耳，常常导致鼓膜无法正常振动。有时候，孩子会抱怨说有压力感或爆音，听力常会暂时受到影响。有时候损伤是非常轻微的。浆液性中耳炎通常会在几个星期后消失，除非出现感染。

用耳镜观察耳朵

当你用耳镜查看耳朵内部时，你会直接看到鼓膜。如果它是正常的，应该呈现珍珠灰色，是半透明的，你可以透过它看到连接耳膜的第一个小骨头——锤骨。你还会看到一抹闪光，这是耳镜在鼓膜上的反光。

如果孩子正在啼哭，鼓膜可能是红色的，像孩子的脸色一样，因此，鼓膜发红本身并不意味着耳部感染。如果鼓膜受到感染，它可能呈现各种颜色。它会变厚，不会随压力的改变而移动，它上面的反光也不再是清晰而鲜明的。

这听上去很容易。但是，要想诊断出耳部感染，你需要良好的视力和大量的经验，你必须看过很多正常的和不正常的耳朵。当父母们问我他们是否应该买一个耳镜来检查孩子的耳朵时，我会警告他们这样做容易判断失误。很多时候，看上去像鼓膜的东西其实并不是鼓膜，而是耳道的一部分，或者是一团耳垢。此外，如果仪器上的光线很暗，鼓膜就会看起来发红和变厚，即使它实际上是正常的。

然而，最令人担忧的是鼓膜可能看起来正常，但后面仍然有积液，或者有不正常的压力，这可能导致听力下降。很多儿科医生会在出现感染后测试中耳的压力，其方法是通过耳镜向里面吹气（用一个特殊的附带装置），或者进行鼓室导抗测试。

鼓室压图通常被称作"开车的机器"，因为一种很流行的做法是显示一幅汽车驶入车库的图像，以便在测试过程中吸引孩子的注意力。这个机器能够测量鼓膜的振动情况。它能够显示出耳部是否有积液，以及压力是否正常。然而，在耳部感染早期，你得到的鼓室压图可能是正常的。

治 疗

急性感染的治疗

大多数急性耳部感染都是由病毒造成的，一小部分是由细菌造成的。我们非常希望能有一种简便的方法将它们区分开，这样，感染病毒的孩子就无须使用抗生素了。

但是，没有那么容易的方法。要判断一个孩子属于哪种情况，你将不得不从中耳抽取液体并进行检测。要做到这一点，唯一的方法是用一根针刺穿鼓膜来获取样本。（事实上，在一些研究中不得不对很多孩子进行这种操作，以便得出大多数感染是由病毒导致的结论。）

很多儿科医生会用抗生素来治疗所有——或近乎所有的——急性耳部感染，他们会根据鼓膜的外观、孩子的病史，以及当地流行的细菌种类来选择正确的抗生素。

用抗生素治疗有两个好理由：

• 研究表明，治疗通常能够缓解急性耳部感染带来的疼痛和其他症状。

- 研究还充分表明，抗生素能够极大地减少中耳炎导致的严重的和致命的并发症，例如乳突炎和脑脓肿。

然而，研究没有表明抗生素能够预防严重的中耳炎——也就是中耳积液。

持续的问题的治疗

三种持续的中耳问题会让孩子的父母和儿科医生发疯。它们是：

- 频繁的急性感染（6个月内出现3次或1年中出现4次）。
- 中耳积液持续很长时间。
- 中耳积液加上频繁的急性感染。

大多数儿科医生都认为，对于这些问题的处理要因人而异。

大多数儿科医生会考虑孩子的年龄、整体健康状况、家庭情况以及其他因素，来决定多少次耳部感染算是过于频繁。但是，最重要的因素是孩子的说话和语言能力是否能获得正常发展，还是会因为暂时的、频繁的听力损失出现一些延迟。这可能很难判断。

大多数儿科医生尤为担心急性中耳炎的频繁发作会造成鼓膜反复穿孔，或是在两次感染之间没有痊愈。当他们知道听力损失正在阻碍孩子的说话和语言能力的发展，或影响了社会能力和学业成绩时，他们会最担心持续的中耳积液。

上述两个问题的判断都是非常棘手的。

例如，特迪和露丝都在过去的11个月中得了6次急性中耳炎。

对2岁的特迪来说，只能说单个的词，而不能说句子是正常的吗？可能是，因为男孩说话通常要晚于女孩，他有一个3岁的姐姐，一直在替他"翻译"，而特迪是一个非常好动的小男孩。

对18个月大的露丝来说，有50个单词的词汇量是正常的吗？听上去她似乎一切正常，但是，实际情况可能并非如此。露丝的5岁大的姐姐在她现在的年龄已经能说句子了，而且由于她们两个的年龄差距这么大，以至于露丝的成长环境更像是独生子，而不是第二个孩子。

孩子的年龄越小，在面临频繁的感染或持续的中耳积液时，了解其听力和语言发展是否正常就越重要。

那么，推想一下你和你的儿科医生会决定必须采取什么措施呢？

针对顽固病情的选择

预防性的抗生素

有时候,在睡前给孩子服用小剂量的抗生素会预防感染的频繁发生。有种理论认为,当孩子在晚上躺下睡觉时,液体会更容易进入中耳。抗生素能够防止在夜间出现感染,到了白天,正常的吞咽动作会清除中耳的液体。

在耳朵中植入管子(通风管、鼓膜切孔置管,PETs)

这些是很小的塑料或特氟龙或金属管,粗细相当于你的小拇指指甲的一半。当孩子处于麻醉状态时,小儿外科医生通过手术显微镜察看孩子的耳道,并将一根管子穿过鼓膜。一端的开口位于中耳,另一端位于耳道。这根管子能确保空气进入中耳,即使耳咽管不能正常工作。

通风管非常小,以至于你无法看到,除非你用耳镜对准它们。它们通常会在鼓膜上保持6个月至1年时间。然后它们会向外沿着耳道移动,并掉出来。(在加利福尼亚,有个神仙叫"管子仙女",她会在管子掉出来时给孩子送去礼物。)通常,鼓膜上的穿孔会自然痊愈,并且不会留下疤痕。

当这些管子在恰当的位置时,它们通常能很好地发挥作用,使孩子的耳朵保持干净,并保持正常的听力。但是,它们并不完美。

- 它们无法预防能导致耳部感染的感冒、喉咙痛和鼻窦感染,它们只是对鼓膜起到保护作用。事实上,有时候鼻窦感染会导致脓液进入中耳,然后顺着管子排出到耳道。这种状况可能是令人不安的,但是,这也是说明这个管子正在发挥应有作用的一个迹象。

- 你通常必须非常小心,避免水进入耳道,尽管一些管子非常细小,水无法通过它们进入中耳。

- 这些管子可能被耳垢或脓液堵塞。当它们被堵上时,就不会起作用了。

- 在极少数情况下,会出现并发症。最罕见而危险的情况是麻醉或手术中出血所带来的严重伤害。

- 相对而言,较为常见一些的情况是,管子可能在鼓膜上留下无法痊愈的孔洞,必须进行手术修补。

扁桃体肿大

扁桃体是类似扁桃的块状组织,如果过于肿大,可能挤压到耳咽管。如果出现慢性感染,它们似乎还会将细菌带入中耳。在这两种情况下，有时候将其切除有助于预防频繁的耳部感染。你无法直接看到扁桃体。如果你的孩子大声打鼾，或者总是用嘴呼吸，你就可以怀疑他扁桃体肿大。

割除扁桃体似乎对耳部感染没有帮助。

其他方法

有时候，儿科医生会尝试用几个疗程的类固醇（可的松）来消除顽固的耳部积液，或者使用预防性的抗生素来防止中耳感染，或通过免疫注射来预防诸如肺炎球菌这样常见的耳部细菌。有时候，可以看看食物过敏，尤其是乳制品，是否是造成频繁的耳部感染的原因。

预　防

当你寻找预防耳部感染的办法时，你要留意那些造成耳咽管瘪下去或被阻塞的疾病，或者那些使得黏液、食物或液体而不是空气进入了耳咽管的活动。

这听上去很容易，不是吗？哎，可能的罪魁祸首包括：

任何会导致耳咽管肿胀的东西都可能使其阻塞。感冒、脏空气、过敏都是可能的诱因。因此，你最好避免：

- 使婴儿和学步期的孩子容易频繁得感冒的日托环境。选择由同龄的孩子组成的人数较少的日托机构可能会有帮助，尤其是当所有的孩子都是固定的，而不是临时组合的。
- 二手烟。
- 接触可能引起过敏的食物、动物、灰尘、霉菌和花粉。

会使耳咽管压力改变的活动可能会让它瘪下去，并进而使其阻塞。

- 飞行，尤其是在非增压的机舱中，尤其是你没有采取预防措施，比如确保孩子没有感冒，并且在飞机起飞和降落的过程中让他保持吮吸和吞咽的动作。顺便说一句，只有当中耳中有空气时，飞行才会造成危险，因为压力的改变只会影响空气，而不会影响液体。中耳充满液体的孩子在飞行时情况不会恶化。
- 在水下游泳和潜水，包括一般的潜水和水肺潜水。（我知道大多数不到5岁的孩子不会水肺潜水，但是，嘿——我住在南加利福尼亚，在这里任何事情都有可能发生。）

肿大的扁桃体可能占据耳咽管的位置并致其阻塞。扁桃体肿大的症状

> **纠正一些关于耳朵的传言**
>
> 1. 耳垢既不会造成耳部感染，也不是由耳部感染造成的。受感染的发热的鼓膜可能会使耳垢融化，并使它更便于排出，但是，这种方法是靠不住的。
> 2. 当水从鼻腔吸入，而不是通过耳道进入时，才可能造成中耳感染（除非鼓膜上有个洞）。
> 3. 滴耳液无法治疗中耳感染，因为感染发生在鼓膜的另一侧。
> 4. 耳部感染可能不会像水痘那样具有传染性，但是，导致孩子感冒并发展成耳部感染的病毒实际上是有传染性的。

是：用嘴呼吸，打鼾，说话带鼻音，听上去就像一个人的上腭上沾着很多花生酱。

任何致使液体通过耳咽管流回中耳的活动都可能造成中耳感染。下面列出了部分活动：

• 当孩子在洗澡或游泳时，水可能沿着鼻腔向上进入中耳。引起感染的并不是进入耳朵的水，除非鼓膜上有一个洞。

• 当婴儿在喝东西时，如果吞咽动作与耳咽管的打开没有协调好，也会使液体进入中耳。躺着用奶瓶喝奶的宝宝可能尤其容易出现这种情况。

• 流鼻涕的学步期的孩子如果在抽鼻子或擤鼻子时过于用力，可能使鼻涕向后涌入中耳。从一开始就要避免让孩子流鼻涕（过敏、烟和烟雾、感冒、风吹雨淋、吃冰淇淋）可能会有帮助。教给孩子轻轻地擤鼻涕（一项诺贝尔奖正等着有人能想出如何做到这一点的方法）可能也会有帮助。

很多专家认为，预防耳部感染的主要希望，在于开发各种疫苗来预防最常见的致病细菌。未来，人们或许有可能研制出预防导致耳部感染的病毒的疫苗。

小　结

那些相信早期频繁的耳部感染或中耳积液可能使孩子的说话、语言和行为受到影响的儿科医生，往往喜欢对这些情况进行积极的治疗，并敦促父母对其进行预防。他们还会密切关注孩子的听力和语言能力。如果你的孩子的耳部感染严重到令你担忧的程度，你可以与你的儿科医生坦率地谈谈，以决定是否要为孩子感到担忧，以及为什么感到担忧，或为什么不感到担忧。

第23章

"那些总是生病"的学步期或学龄前孩子

基本要点

哦，不！你的孩子走过来了，鼻子下面又流着绿鼻涕。或者，在度过了十分愉快的一天后，突然高烧39.4℃。或者，那些你希望是跳蚤咬的小疙瘩，现在看上去无疑是水痘了。

"我的孩子总是生病。"你向你的儿科医生悲叹，并且准备好了听到这样的回答："别担心。这很正常。"医生一边向门口走去，一边用有些不耐烦的语气随口说道，这句话似乎隐含了什么，在很多父母心中敲响了警钟。

如果这个场景听上去很熟悉，你所能做的最好的事情就是与医生进行一次特别而轻松的会面，讨论一下你的看法和担忧。这种拜访应该在孩子没有患上急性疾病的时候进行。在你预约时，要确保让前台工作人员知道你想就孩子经常生病的问题进行一次咨询，而不是给突然生病的孩子看病。如果他们说不知道如何安排这样的预约，要让他们去问问儿科医生。

要准备好诚实地向儿科医生说出你的担忧。如果你害怕自己的孩子得白血病或囊性纤维化或艾滋病，或者你在《读者文摘》上看到过的某种令你无法忘怀的罕见疾病，就要告诉你的儿科医生。如果医生的安慰不管用，并且除非让你的孩子做特定的检测，否则你在夜里就无法入眠，也要把这种情况告诉你的儿科医生。不要害羞，也不要顾左右而言他，你只要说："我晚上一直睡不着觉，除非你给他做……检测。"

评 估

对一个经常生病的孩子每次评估的关键，在于详细地询问其病史，并要做全面的身体检查，要特别关注其成长、发育以及扁桃体和淋巴结的大小。

根据疾病出现的模式和身体检查的结果，你的儿科医生可能明确表示不需要做任何检测。或者，可能要求让你的孩子做几组检测。这并不意味着高度怀疑存在严重问题。大多数情况下，这些检测的结果会是完全正常的，最多会出现过敏、扁桃体肿大、缺铁，或轻微而短暂的免疫力低下。

常见的检测包括全血细胞计数，胸部、鼻窦和扁桃体的 X 光片，有时候会通过特定的血液检测来查看免疫功能。通常，医生会要求你的孩子进行汗液检测。你一定认为汗液无法提供什么医学信息，但是，它却是囊性纤维化决定性的检测手段。囊性纤维化是一种不常见但也并非十分罕见的先天性疾病，会导致肺部问题、大便异常和发育不良。

如果医生要求你的孩子做汗液检测，要记住，在很多做这种检测的孩子中，查出囊性纤维化的实属少数。囊性纤维化有很多症状，尽早诊断会为治疗带来极大的好处，因此我们往往会毫不迟疑地要求孩子做汗液检测。

做些记录，在看病时带上

孩子在健康和生病时生活的模式是什么样的？

- 孩子是否有身体非常健康的阶段，玩耍、学东西和吃饭都很好？（你孩子的病例记录可能无法反映他每次生病的情况，因为有时候他不需要去看医生。并且，它完全无法反映他在两次生病期间的情况，或者甚至是否有这样的"期间"。）
- 孩子的生长与发育正常吗？
- 这些疾病是否是普通的疾病，例如感冒、耳部感染、喉咙痛、肠胃不适、皮肤感染？

如果所有这些问题的答案都是肯定的，而你的儿科医生曾向你保证孩子的身体检查显示一切正常，那么，存在潜在问题的可能性就非常小。在这种情况下，只有当父母吐露他们的一些具体担忧时，大多数儿科医生才会让孩子做一些特定的检测。（但是，如果孩子确实出现了你所担忧的情况，也不要感到你被世界抛弃了。你仍然有很多方法来帮助你的孩子更好地对抗这些不可避免的疾病。见下面的"治疗"。）

是否存在任何令人不安的因素？

• 孩子是否几乎没有不生病的时候？因此也就不存在两次生病之间的间隔期？

• 孩子的成长或发育是否出现了问题？

• 孩子是否出现过不止一次严重感染，需要进行实验室检测、药物注射和密切观察或住院治疗？这样的感染包括脑膜炎、败血症（血液的严重感染）、"轻度肺炎"之外的肺炎，或骨骼和关节感染。

• 孩子是否在诸如水痘、蔷薇疹、鹅口疮或手足口病等常见的感染中出现过很严重的症状？

• 孩子是否存在咳嗽或呼吸困难等慢性症状，或是有慢性、长期的松散或水样的大便？

如果对于以上任何问题的答案是肯定的，你的孩子需要一次彻底的检查，可能还需要做一些额外的检测。

孩子是否反复出现耳部感染或过敏迹象？

• 你是否认为孩子的听力和（或）语言能力可能受到了损害？

• 孩子是否有潜在过敏的迹象，例如眼睛下面出现黑眼圈、湿疹、喘息或慢性咳嗽、流鼻涕？是否有家族过敏史？

• 是否有上呼吸道阻塞的迹象：总是用嘴呼吸，大声打鼾并且睡眠不好，或者屏住呼吸？

如果对以上任何问题的答案是肯定的，你的儿科医生可能会要求拍胸部、鼻窦、扁桃体的 X 光片；做汗液检测；进行听力或语言发展评估；或通过血液或皮肤检测来进行一次特定的过敏检查。

治 疗

这种咨询最有可能的结果是诊断出一些正常的并且是经常发生的儿童疾病。（在发现了某种潜在问题的非同寻常的情况下，你的儿科医生会安排进一步的检查、治疗，或将孩子转诊给一位专科医生。）

所以，你又回到了我们一开始所描述的情形：你的流鼻涕、发烧、身上长小疙瘩的孩子。至少，你的内心不再恐惧了。现在，你不得不处理的只是一些烦恼：孩子不能去日托，你自己必须应对一切，并且让孩子在生病时保持快乐的心情。

首先，要放心；你的感觉是正确的。你的孩子或许就是经常生病。从大约18个月或2岁直到上学前班，孩子们每年大约会患10次上呼吸道感染。他们可能还会患上一次其他疾病，例如肠胃炎或者诸如手足口病之类的病毒性疾病。

然而，很多"感染"了这类病毒的孩子实际上并不生病也是事实。他们可能会保持非常健康的状态，他们的身体甚至对这些病毒产生了良好免疫力，他们甚至在所到之处毫无保留地散播着这些病毒。

你怎样才能让你的孩子从一个一接触病毒就总是生病的孩子，变成一个拥有免疫力的不会生病的孩子？你自己如何才能避免从你的孩子和他那些表面很健康但携带着病毒的伙伴们身上感染病毒呢？不幸的是，我并没有神奇的答案。我能提供的只是一些平凡的建议：

• 在你的孩子的环境中消除二手烟。一些研究表明，持续接触香烟的烟雾可能使小孩子患耳部感染的次数增加一倍。二手烟可能引起喘息，并使发作加剧。

• 如果你正准备再要一个孩子，要尽量在宝宝出生后的头4个月至6个月内母乳喂养，或者只给孩子喝挤出的母乳，不要给他吃配方奶或辅食。根据统计，通过这种方法，可以大大减少耳部感染和过敏的发病率。

• 用大量的锻炼、充足的睡眠、吃正确的食物，身体爱抚和幽默，使你和孩子的免疫系统都保持良好状态。要大量喝水。如果你相信祈祷有帮助，就去祈祷。如果你相信草药茶，就喝草药茶。

我认为不是所有人都明确地知道维生素C是否有帮助。但是，我们确实知道，过量摄入维生素C会造成肾脏问题，而且咀嚼维生素C片对牙釉质没有好处。更糟的是，我们知道，如果一个孩子或成年人习惯于吃大量的维生素C，然后突然停下来，他的免疫系统就会出现问题，使他在一段时间内更容易感染各种疾病。基本上，我不建议服用人工合成的维生素C，但是，你应该从天然食物中获取充足的维生素C：柑橘类水果、卷心菜、马铃薯，而婴儿则应该服用神奇的万能药——母乳。（苹果汁不含有任何维生素C，除非是人工添加的。要阅读商品标签。）

• 看看日托环境是否会导致孩子患更多的疾病。这是一个很大型的日托机构，还是一个有着小"班级"，但每天全"校"40个孩子会有一两次聚集在一起分享果汁、饼干和轮状病毒的机构？或者，它是不是一个临时日托，每期的孩子都不同？孩子的朋友越多，接触到的病毒就越多。典型的情况还包括教堂、寺庙或健身房里的临时日托。如果孩子每周参加一次小型日托——但每次都与不同组群的孩子一起玩耍，也会发生同样的情况。

• 如果怀疑是过敏，你要克制住养一只有毛皮或有羽毛的宠物的冲动。这包括仓鼠、天竺鼠和小白鼠。养条金鱼怎么样？

父母应如何保持自己的健康？

• 要想让你自己避免感染病毒，你需要在触摸自己的脸之前好好洗手，尤其是在触摸眼睛和鼻子之前。如果你认为自己从来不会揉眼睛或挖鼻孔，可以在你的手指上涂点彩色粉笔，然后过半个小时照照镜子。要记住，那些看上去很健康的小孩子可能是传染性最强的。

最后，父母面临的最大挑战是：不要把孩子生病看作是对你个人的冒犯。如果你认为生病是一种失败、失德、令大家失望的事情，孩子很快就会感受到你的这种心态。

或者，与之相反，认为经常生病意味着特别，或是脆弱，或是格外敏感和善良。

以下是我见过的一些聪明的父母的做法。首先，他们会尽量与那些无害但令人烦恼的症状"交朋友"。"哦，她的鼻涕多么漂亮。"一位博士母亲用赞美的口吻谈论着她的3岁的女儿。在面对病毒的挑战时，你应该为孩子提供支持，包括从个人角度，也包括从免疫学的角度。

其次，他们会时不时地为一个病得不太重的孩子提供极好的待遇。并不需要太频繁，但是要让孩子印象深刻。我仍然记得自己小时候因为得链球菌性喉炎而待在家里时得到的柠檬汽水和平时被禁止看的连环漫画书。

你没有这种被宠爱的记忆吗？

第 24 章

非常小的孩子的严重行为问题

自闭症谱系障碍（自闭症、广泛性发育障碍，以及阿斯伯格综合征）和注意力缺乏症

在我看来，严重的行为问题是父母们不得不面对的最难处理的儿童疾病。他们不仅为自己的孩子感到痛苦，还不可避免地与内疚、愤怒和无助感做抗争，而且他们常常孤立于身边的朋友、家人和同事，并且受到这些人的责备。幸运的是，专家们对这些疾病了解得越清楚，媒体在改变未接触过这些疾病的人们的认识方面就越有帮助。

自闭症

自闭症谱系障碍的确诊病例有极大增长，在 1980~1994 年间，报告的病例数量"爆发式"增长了 373%。因此，如果你不认识一个受这种疾病折磨的孩子，也一定认识（或自己就是）一个忧心忡忡的父母或准父母。这些障碍到底是什么？是什么造成的？它们是被如何诊断的？它们能治疗或治愈——或者，更好的是，能预防吗？

自闭症（Autism）一词源自"auto"——希腊语的"自我"，它指的是一个孩子对自我与他人的意识发生了紊乱。一个患有严重自闭症的孩子会生活在他自己的世界里，不会对其他人做回应，除非这么做的需求非常强烈。一个患有轻度自闭症的孩子不具备与人建立关系的正常能力——读懂他人的面部表情和语调，在社会交往中做出恰当的行为，理解笑话、隐喻和比喻。

很多有自闭症的孩子都智商较低，但是，一些孩子——那些轻度自闭症患者，通常是被诊断患有阿斯伯格综合征的孩子——是极其聪明的，能掌握让人难以置信的复杂词汇和各种技能。

自闭症谱系障碍的"爆发"带来的唯一积极的方面，是使得对自

闭症的研究也取得了突飞猛进的发展。很多患有这种障碍的孩子在经过早期干预之后已经取得了令人惊讶的改善。毫无疑问，随着我们对这些疾病了解的增多，这种干预将会变得更成功。

在婴儿很小的时候，如果出现以下情况，就可以怀疑是自闭症：宝宝似乎与爱他的大人没有亲情心理联结，没有对陌生人的正常反应，不会正常地玩玩具，或没有发展出正常的接受性语言和表达性语言。

由于以上原因，儿科医生会希望了解一个宝宝是否持续地表现出以下行为：

6个月大的婴儿：不会转向一个熟悉的声音，不会转向或对叫其名字的声音做出反应，不会玩反复发出咕咕声和微笑的"婴儿游戏"。

9个月大的婴儿：在一个陌生的环境中，不会为寻求安慰而转向他所爱的成年人。不会发出各种各样的声音，包括一些辅音。

1岁的孩子：不会咿呀学语。不会做出任何手势——飞吻，挥手再见，指向他要的东西。不会看向别人指的方向。

然而，通常情况下，受这种折磨的孩子在第二年或之后才会首次被怀疑有问题。他（或她）可能会表现出以下的一种或几种行为：

• 很难与他人建立联系——他会看向一边，退缩。挫败他人与其沟通的尝试。行为奇怪：用鼻子嗅别人，无缘无故地笑。不进行眼神接触，但是，会用眼角的余光打量别人，对看到的东西留不下印象，除非是兴趣强烈的东西。对游戏、拥抱和探索的提议没有回应。

• 语言发育迟缓，到12个月大时还不会咿呀学语，到16个月大时还不会说单个的词。说话不正常——一遍又一遍地重复一个词或短语而不理解其意思。

• 没有手势交流。到1岁时，还不会飞吻，玩拍手游戏，或用手指东西。

• 到18个月大时，还不会用娃娃、卡车等东西玩假扮游戏。坚持做一种明显无意义的行为——转圈、翻书页，就像被施了催眠术一样。兴趣非常狭窄，只局限于几种事物。持续以奇怪的方式摆弄几样东西，不把它们作为玩具或进行充满想象力的游戏。相反，喜欢盯着旋转的轮子，或一遍又一遍地排列玩具，而不是玩玩具。依恋某类奇怪的东西，例如盖子或号码牌。

• 似乎不再学习认识更多的东

西，只是时不时地在自己关注的几件事物之间做出改变。

由于这些障碍以很多个体的方式涉及了人类行为的很多方面，并且严重程度也各不相同，因此可能会有各种各样的原因。其中一类与染色体异常（例如唐氏综合征）或癫痫有关。

然而，已经证实造成自闭症的潜在异常或几种异常的组合是不明确的。可能是大脑结构异常，或是化学物质异常；可能是一种能被环境中的什么东西诱发的易染病体质，如果在敏感年龄段环境中存在一种诱发因素，就会诱发自闭症。

至于这种诱发事件，已经有很多被提了出来，但大多数都不足信。可以肯定的是，养育方式不会造成自闭症。对麻风腮三联疫苗的指控在很大程度上也被驳倒了。胎儿期的感染或许是一种可能性，但到目前为止，没有任何定论。

在任何情况下，父母和儿科医生对自闭症最有用的做法是：一旦怀疑孩子患有自闭症，就要尽快确诊；排除对这些症状的其他解释；找出任何可能的原因；尽快获得最佳的干预；尽量了解最及时的信息；向一些机构、组织和个人寻求支持，并接受这些支持。

很多患有自闭症谱系障碍的孩子在经过强化治疗和恰当的药物治疗后都取得了显著的改善。对父母们尤为重要的是，很多这样的孩子在经过治疗后，都能够发现与他人相处所带来的愉悦，甚至是快乐。

我在本章要做的是：

• 描述广泛性发育障碍（PDD）、自闭症障碍、待分类的广泛性发育障碍（PDDNOS）和阿斯伯格综合征之间的区别。

• 讨论正常的非典型行为与自闭症谱系障碍（ASD）行为的共同之处。

• 讨论哪种类型的诊断方法可能是恰当的。

• 总结常规的疗法。

• 关于可能向父母建议的补充与替代医疗的警告和建议。

• 列出一些有帮助的书籍和组织。

自闭症谱系障碍（ASD）

每个患有自闭症谱系障碍的孩子都有其独特的长处和问题。诊断分类无法告诉你一个孩子能取得多大的改善。这个术语并不是一个科学术语（它不是像比如"胆结石"这样的术语）。不如说，做出这些定义是为了将自闭症的各种概念条理化，以便于研究、开发治疗方法、撰写文章，以及进行保险索赔。

PDD：广泛性发育障碍

这是一把"大伞"，涵盖了各种程度与类型的社交、沟通、行为与认知问题。当一个孩子出现广泛性发育障碍的迹象时，需要对其做进一步的病情检查，以确定是否存在问题，以及如果存在问题，情况有多严重。广泛性发育障碍被分成两类：自闭性障碍与待分类的广泛性发育障碍。这两者的区别在于其严重程度不同，前者更加严重。

智力缺陷与癫痫症可能会与广泛性发育障碍同时存在，但不作为诊断特征。

自闭性障碍（典型的自闭症）

一个患有自闭症的孩子会表现出最严重的广泛性发育障碍的症状。这意味着这个孩子无法与人交谈，看上去不希望与人交流，似乎陷入了一个独特、怪异、极其局限的内心世界。他极少与人进行眼神接触，有严重的睡眠问题，大发脾气，有刻板行为（拍手、转圈），对玩具的一些部件痴迷，迷恋不寻常的物品，会因为惯例的改变而苦恼，几乎不玩假扮游戏或幻想游戏。

PDDNOS：待分类的广泛性发育障碍

这是当一个孩子出现类似广泛性发育障碍问题时所给出的诊断——说话、沟通、社交互动，以及理解和使用环境中的物品的能力出现问题——但是，不具备自闭症诊断所需的全部特征。

阿斯伯格综合征

一个被诊断为阿斯伯格综合征的孩子具有自闭症谱系障碍的特征，但同时有很高的智商，能够使其取得学业上的成功。这样的孩子可能在数学、物理、建筑或相关领域做得很好，但是，很难理解文学作品。一个患有阿斯伯格综合征的孩子能够理解作品的情节，但是不能理解动机、对人物的刻画或隐喻等修辞方式。这些孩子在社交和人际互动的各个方面都会遇到困难。

具有异常特征的正常孩子

父母们可能会对表现出自闭症谱系障碍特征的孩子感到担忧。

第9章中的仙黛尔就是一个这样的例子。她情绪激烈，不容忍变化，喜欢重复的动作；摇动椅子、翻书页并撕书页，而不是看书上的图画。她脾气很大并且很恐惧。她在大多数时候似乎生活在她自己的世界里。

但是，仙黛尔想沟通，并努力与人沟通。她的表现说明她理解父母说的每一件事情，并且自己能运用的词超过10个。她甚至能将两个词搭配使用：再玩椅子、不要果汁。

她有着与其年龄相符的正常兴趣（电视遥控器、果汁）。她会向妈妈寻求帮助，当她没有得到帮助时会瞪着她妈妈。当她遭遇挫折时，会向她妈妈寻求安慰。

仙黛尔需要大量额外的专门为她设计的帮助与关注，但是，很多孩子同样也有这种需要。

几乎所有的婴儿在大约9~15个月期间都会表现出一些自闭症的特征：他们喜欢看旋转的轮子和翻动的书页；他们有着很强的恐惧感和暴躁的脾气；他们会以不正确的方式使用玩具，拎着芭比娃娃的腿，像拎着一个鼓槌一样敲打水壶。

大一些的孩子常常会对某种噪音很敏感，容易发脾气，对食物和衣服接触皮肤的感觉非常挑剔。有很多孩子喜欢将他们的玩具（或他们的什锦水果）分类排成一排。

但是，所有这些孩子都会表现出依恋行为和沟通的愿望。他们能通过他人说的话、面部表情和手势"读懂"其意图。他们并不是无法自拔地痴迷于旋转和翻书页，不是无法停下来找到其他更有意义的事情去做。他们每天都能学会一些新东西，他们不是在原地止步不前。

如果你的孩子出现言语迟缓或者话很少、非典型行为，或强烈的恐惧感和大发脾气，一定要与你的儿科医生谈谈。如果你的担忧仍然无法消除，要请求转诊给一位小儿神经科医生，或一个发育评估诊所——一个由医学院经营的诊所。

诊断测试

对这些障碍来说，还没有特殊的测试方法。观察孩子的行为，看他如何玩玩具或与一位父母或照料者互动，是最重要的诊断测试之一。仔细查看孩子的发育史和病史可能会揭示出潜在的问题。必须彻底地了解家族史，看看是否有其他患有自闭症的家族成员，此外，还需要由儿科医生进行彻底的身体检查和神经系统检查。

然而，一些其他的测试可能会有帮助。

很多儿科医生感觉，所有被怀疑有自闭症谱系障碍的孩子都应该接受以下检查：

• **听力评估**：所有出现言语迟缓、言语异常或任何听力异常问题的孩子必须做一次听力评估。这可能是一次需要孩子配合的检查（听力敏度图、声音测试），或者是一次在孩子睡眠中进行的检查（脑干听觉诱发反应——简称 BAER）。

• **语言评估**：一位有经验的言语病理学家在找出造成言语迟缓或言语异常的原因方面能提供极大的帮助。

• **脑电图（对"脑波"的记录，EEG）**：这种无痛的、非侵入式的检查能帮助排除亚临床癫痫症——能够影响思维但不会引起任何外部身体迹象的癫痫。有一种非常罕见的癫痫症叫作癫痫性失语，会对语言发展造成影响；对癫痫的治疗通常有助于语言的发展。

如果一次短时间的脑电图（2个小时或更短）没有显示出任何异常，但神经科医生仍然有怀疑，最好做一整夜或24小时的脑电图检查。

• **针对特定的染色体异常所做的血液检查**："脆性 X 染色体综合征"是一种 X 染色体容易发生改变的综合征。它可能导致只有一个 X 染色体的男性和有两个 X 染色体的女性出现自闭症的特征和智力缺陷。这种综合征的严重程度各不相同，患有这种综合征的人可能完全没有智力缺陷或自闭症的家族史。

尽管患有唐氏综合征的孩子可能有自闭症的特征，但是，他们通常会在刚出生时就被怀疑并得到诊断。

如果身体检查显示存在其他更为罕见的染色体问题，医生还会做进一步的检查。

• **血铅水平**：铅中毒可能造成智力缺陷和癫痫。此外，一个患自闭症的孩子可能更容易将不能吃的东西放进嘴里，这样，铅中毒就成为所有潜在问题中最有可能发生的一个。

对于一个在家族史或测试中显示可能在这些方面存在问题的孩子，儿科医生可能还会要求：

• **向一位儿科神经学家进行咨询**：部分原因是为了对其他诊断的可能性进行评估，部分原因是为了获得开处方药的协助（见下文），还有一部分原因是很多管理式医疗保险计划会要求在进行其他检查，例如脑电图或染色体检查之前先进行这一步。

• **向一位遗传学家或畸形学家（人类畸形专家）进行咨询**：如果一

个孩子的面部或身体特征是非典型的，则可能存在一种潜在的会引起自闭症的综合征。如果出现这种情况，可能需要做进一步的检测。如果存在自闭症的家族史，或者非常古怪的行为、智力缺陷，或是遗传或基因方面的问题，让一位专家来解释其潜在原因和重复出现的几率是非常重要的。

• **甲状腺检查**：甲状腺激素水平下降可能造成智力缺陷。然而，如果没有任何身体检查的结果支持这一诊断，就不太可能是这种情况。

• **头部核磁共振或CT**：如果孩子的头比一般人的小很多或大很多，或者形状异常，一次脑部扫描或许能够找出原因。如果这个孩子患有可能源于大脑某个特定区域的癫痫症，这次检查或许能确定这个区域不存在肿瘤、囊肿或血管畸形。

• **针对先天代谢问题的血液检测**：如果一个孩子先天生化异常，他的血液系统中可能会聚积一些物质，从而造成智力缺陷与自闭症行为。在这种情况下，通常会有其他迹象：例如，无法解释的意识丧失，或生长缓慢，或身体检查中的一些异常。

• **针对胎儿期感染性疾病的血液检测**：一些胎儿感染的疾病，例如巨细胞病毒或风疹，可能造成智力缺陷。在这种情况下，几乎总会在身体检查中发现相关的迹象。

传统的治疗和疗法

1. 对任何潜在或伴随疾病的治疗

• 对听觉障碍采用助听器。

• 对痉挛发作采用抗惊厥药物。

• 对铅中毒采用药物治疗（并要预防再次发生）。

• 如果甲状腺激素不足，会使用甲状腺素补充剂。

• 对于先天性代谢问题，采取饮食与药物治疗。

• 如果发现染色体异常，要向专家进行咨询。

2. 针对一些特定方面的疗法：

专家认为，这些治疗应该在确诊后立即进行，不要"等待和观望"孩子是否会自然好转。找到最佳的可行治疗程序是很重要的。要想做到这一点，要与你的儿科医生、儿科神经学家、发育专家以及其他父母谈一谈。要大量阅读资料，并且到网上查找信息：见下面的"有帮助的资源"。

• **行为疗法**：旨在促进双向的交流，让孩子开始领会与人互动的乐趣，甚至是快乐。

• **言语疗法**：同样关注的是交流过程中的愉悦感。

• **感觉统合疗法**：帮助孩子接

受各种正常的感觉，消除"执拗的行为"（一遍又一遍地重复同一个刻板动作），并且让孩子与物质世界开始发展更正常的玩耍与互动。

• 职能治疗：与感觉统合疗法一起，帮助孩子能够过上正常的生活。

3. 用药物治疗特定的问题：

这些治疗可能包括使用药物来帮助缓解强迫性的特征、焦虑、多动、固执的行为。它们并非是对上述疗法的替代，而是对它们的辅助。

替代药物、草药和特殊饮食等

这一类别的医学缩略语是CAM，意为"补充与替代医疗"（Complementary and Alternative Medicine）。

对于诸如自闭症这样的问题，我们极其渴望了解对其解释和治疗的方法，因此，自然会产生很多种理论、很多种治疗方法的尝试，以及由这些尝试所带来的很多奇闻逸事。其中可能隐藏着一些有用的建议，但是，你必须采取非常谨慎的态度。

我强烈建议你给最近的医学院图书馆打电话，借阅一篇非常好的文章，题为《自闭症谱系障碍：当传统医学遇到问题时》[①]。

这篇文章非常清楚地解释了如何对任何补充与替代医疗的研究或报告做出判断。它还提供了一些获得进一步信息的资源。

有帮助的资源

从出生到3岁：国家临床婴儿项目中心

2000 14th St. North，Suite 380

Arlington，Va 22201-2500

美国阿斯伯格综合征联合会（www.asperger.org）

电话：904-745-6741

阿斯伯格综合征在线信息与支持（OASIS）（www.udel.edu/bkirby/asperger）

电话：703-528-4300

传真：703-528-6848

TDD（聋人电讯设备）：703-528-0419

美国自闭症协会（www.autism-society.org）

自闭症资源网（www.autismresources.com）

自闭症饮食干预网（www.autism-

---

① Autistic spectrum disorders: When tradituual medicine is not enough，Susan L.Hyman、Susan E.Levy，Contomporary Pediatrics，2000年10月。——作者注

NDI.com）

要想对一种流行但受到怀疑的疗法有良好的判断力，请阅读美国儿科学会的一篇关于《自闭症的听觉统合训练与辅助沟通训练》的论文（RE9752，儿科学，1998，Vol.102：431）。你应该能在任何医学院复印到这篇文章。

乐观但要谨慎

在阅读时要睁大你的眼睛。要用怀疑的态度看待各种逸事的报道。当涉及到一项研究时，在你决定尝试任何一种新的治疗方法之前，要先运用你的常识和《当代儿科》杂志中谈到的"一项好研究的标准"进行判断。要尽可能大量、广泛地阅读资料，这会有助于你发现不一致的观点、错误的观点、没有事实根据的指责和断言。如果某个理论听上去可疑、危险或好得不真实，它可能就是如此。

要让你的朋友——包括你的儿科医生！——以你能想到的任何方式帮助你。

ADD：注意力缺乏症

当你遇到一个专注、有自控力的不到5岁的孩子，一个能很好地集中注意力并安静地坐着的不到5岁的孩子时，这个孩子可能表现出了对其年龄而言完全正常的行为。你可能看到的正好也是他状态良好的时刻：得到了充分休息、良好的锻炼、生活愉快、身处在一个友好而有趣的环境中。

当你遇到一个不满5岁的孩子，他无法集中注意力、行为冲动，似乎无法专注在一件事情上超过1分钟，总是不停地动，这个孩子也可能表现出了对其年龄而言完全正常的行为。或许，你看到的正好是他状态不佳的时刻：没睡好、饥饿、焦虑、压力、对上学前班之前的打针忧心忡忡。

但是，如果他在任何情况下总是"受环境支配"呢？如果他在圆圈时间无法安静地坐着呢？如果他无法专心听爸爸大声朗读故事呢？如果他的兄弟姐妹不愿意跟他一起玩，因为他"一点都不好玩"，并且"他就像一颗跳豆"呢？如果他总是和老师麻烦不断，因为他不按次序说话，发出像飞机一样的噪音，摸身边的每一个人，两手握拳挤出空气发出"扑哧、扑哧"的声音，打破东西，玩弄仓鼠呢？

如果一个孩子在任何情况下都专注力差，无法集中精力，惶恐不安，容易分神，易冲动，他可能是患有注意力缺乏症。

大多数专家都相信注意力缺乏症是一种"神经发育"疾病，出现这种疾病的人，其大脑集中注意力的能力没有正常发育成熟。一些研究以非常有说服力的方式表明，当一个孩子或成年人出现这个问题时，只有通过服用药物才能使症状得到缓解。其他疗法，例如行为疗法或心理疗法都无法使其有任何改变。

然而，对于很多父母和儿科医生来说，使用药物，尤其是对小孩子使用药物，是一件令人厌恶的事情。要想证明这么做合理，你需要确定3件事情：第一，问题非常严重，导致孩子的日常生活受到影响；第二，在任何情况下，孩子的行为是一致的，而不只是在学校或家里才出现这些行为；第三，这不是由其他潜在问题造成的。

诊 断

没有任何明确的身体、神经系统检查或实验室检测能诊断注意力缺乏症。一个患有注意力缺乏症的孩子，其身体检查、脑电图（EEG）、脑部扫描、血液和脊髓液检查结果都是正常的。

反之，对注意力缺乏症的诊断是在排除造成这种行为的各种其他可能原因的基础上得出的。诊断会从一些成年人提供的信息中获得支持，例如父母、幼儿园老师、日托照料者等；还可以参考家族史（注意力缺乏症常常会在家族中遗传）。

需要排除的其他诊断可能还包括医学上的原因、神经发育与学习方面的原因，以及社会心理或精神病学的原因。下面是一些可能的因素，可能引起类似但并非注意力缺乏症的行为。

医学原因：日常药物的副作用，比如抗组胺药；长期的睡眠困扰，比如睡眠呼吸暂停、营养不良、贫血症、甲状腺激素失调，以及导致经常无法上学的潜在医学问题。

神经发育的原因：听力或视力障碍，智力缺陷，妥瑞症；无法控制的惊厥（可能不会被怀疑，因为它们属于"沉默"型）；广泛性发育障碍和自闭症。

社会心理或精神病学的原因：严重的行为障碍，焦虑性障碍，抑郁，精神病；混乱的社会环境，在家里或学校中设立限制的问题；遭受虐待或被忽视；校园环境不适合孩子（缺乏挑战或挑战性过大）。

因此，被怀疑有注意力缺乏症的小孩子需要全面的身体检查、神经系统检查或实验室检测（如果医生要求的话）；通过向熟悉孩子的成年人了解情况做全面的评估；并且常常需要进行精神病检查。

治 疗

如果发现导致这种行为的其他原因，就必须对此进行治疗。如果强烈怀疑是注意力缺乏症，治疗方法是使用刺激性药物，比如利他林（Ritalin），或者在一定年龄段更常用到的神经刺激剂（Dexedrine）。还可能会用到一种与利他林有关的安非他命缓释剂（Adderall）。

需要对服用药物的孩子进行密切的照管，以确保药物对其病情有帮助，确保孩子能够正常地进食和睡觉，还要确保不会出现副作用（神经性痉挛、性情的变化）。

与此同时，成年人还需要确保让孩子得到大量的帮助，以帮助孩子建立友谊、通过完成一些学习任务感到自己有能力，并获得大量的锻炼。你的儿科医生能帮助你搞清楚你的孩子是否可以从对注意力缺乏症的评估中受益。

第 25 章

2 岁及 2 岁以上孩子的对抗行为

著名作家托尔斯泰说,幸福的家庭都是相似的。

托尔斯泰感兴趣的是那些不幸的家庭,而儿科医生感兴趣的是幸福的家庭。他们希望弄清如何使家庭获得幸福并保持幸福。

当然,幸福的家庭并不都是相似的。一些家庭作为征服者、旅行者或传教士周游世界。另一些家庭待在家里饲养鸭子。一些家庭由父亲、母亲和两个孩子组成。另一些家庭由一个祖父或祖母和6个被收养的继孙组成。一些家庭有很多宗教和家庭的仪式,开派对,进行装饰,以丰盛的食物和芳香的气味来增添气氛。另一些家庭则不那么在意。"在我们家,"戴维骄傲地向三年级的同学们宣布,"我们最重要的仪式是,我们不吃爆米花,直到开始演正片才吃。"

但是,那些幸福的家庭确实有一个共同点。他们都遵守一种家庭契约。这不是一种书面契约,事实上,这个契约中的各项规则甚至一般都不会明确表述出来——它们是被默认并通过行为表现出来的。这些规则是:

• 当一位父母用肯定的表情和语调说一些事情时,孩子会注意听并立刻按照父母说的去做,顶多叹息一声,撇撇嘴,翻翻白眼,或是轻声嘟囔。

• 家里的任何人都不会对其他家人说出真正让人伤心的话,或是做出真正让人伤心的行为。如果出现这种情况,家里的其他人会很生气、很震惊;犯错的一方会感觉很糟糕,并且一定会做出弥补。

儿科医生往往会关注这两个原则,因为我们经常被问到如何做到这两点。父母们面临着双重的障碍:"对抗行为"和"不良的同胞争斗或同胞竞争"。

当一个孩子养成违抗、争执或迫使父母谈判的习惯时,表现出的就是对抗行为。当一个孩子"顶嘴",或对一位父母进行身体攻击,或在3岁以后仍然拒绝使用便盆时,这就是对抗行为。一旦一个孩子开始对抗模式,就很容易使整个亲子关系变成对抗性的。

当兄弟姐妹"总是争斗"时,这就是不良的同胞争斗或同胞竞争。他们会争吵和哭诉,并且总是相互攻击。

这两种破坏家庭契约的行为都可以得到预防和解决(关于同胞战争,见第27章)。问题在于,父母们对于这种情形正常的、合乎人情的、本能的回应不只是没有帮助的:它们实际上会助长这些问题。以下是应该怎么做。

对抗行为

预 防

像通常一样,最好的方法是防止形成对抗行为。

几乎每个人都知道有3种养育风格:骄纵式的(任何事情都可以!),独裁式的(现在,你按我说的去做,因为我说了算),以及权威式的(这是家里的规则,这是我们必须遵守这些规则的原因)。

避免对抗行为的第一个关键,是要认识到作为父母必须运用全部这三种养育风格,但要按照一定的顺序:对于一个小婴儿,你的风格是骄纵式的,当小天使到5～9个月大时,你要逐渐过渡到独裁式的风格,在宝宝大约15～24个月时,独裁式的风格达到顶峰,然后,到孩子3～4岁时,逐渐过渡到权威式的风格。

如果骄纵式的阶段持续时间太长,父母就可能会对15个月大的孩子的正常行为感到震惊和愤怒。

如果独裁式的阶段开始得太晚(比如,在2岁才开始),对抗的习惯就可能已经根深蒂固,以至于父母们束手无策。他们会开始打孩子屁股。这根本无济于事,因此他们会更经常地打孩子屁股。

如果一切顺利,到3岁时,小天使就已经了解了他所需要知道的东西,使得向权威式养育的顺利过渡成为可能。如果小天使在3岁时出现对抗行为——顶嘴、不服从父母的命令,拒绝使用便盆——那么,父母就需要调整养育方式,并迅速采取行动。

到3岁时,小天使应该完全确信生活中的几个重要事实:

• 他的父母非常喜欢他,而且他

喜欢得到他们的关注并取悦他们。他们的关注会增强他非对抗的、合作的行为。

• 有一些事情就是不能做。这包括发脾气、对父母或兄弟姐妹的身体攻击、恶意的嘲笑、在生气时顶嘴、拒绝（或停下）做父母命令去做的事情。（真正的意外事件与不服从属于不同的范畴。）

• 很多行为是可以商量的，比如把东西弄得一团糟、制造噪音、做傻事，以及做一些尚未被禁止的事情。

关于这些生活中的重要事实，孩子可能还需要不时地被提醒一下，但是，基础已经被牢固地建立起来了。

消除对抗行为

"她不听我的话！""他不按我说的去做！""他不尊重我！"

3~6岁这几年对于孩子和父母来说应该是有趣的。没有人想与自己孩子的对抗行为作斗争。因此，你的目标应该是尽可能地消除这些"反复出现的"争斗。

这些争斗出现在父母告诉孩子去做某件事或是停止某些行为的时候，孩子拒绝遵从；父母通过叫喊或威胁重复自己的命令，而孩子决不妥协。

这种恶性循环一直持续，直到一方或双方爆发，或者直到一方向另一方让步——通常，父母是让步的一方。这样的冲突一旦开始，往往会朝着失控的方向发展，变得越来越频繁并让人越来越心烦意乱。在某个时刻，孩子的行为可能会真的失去控制：小天使会朝你的脸上吐口水，或者当众喊妈妈"泼妇"，或者做出一些真正出格的事情。

很多时候，在家里出现最极端的对抗行为的孩子在别的场合却表现得很好，甚至在另一位父母面前也表现得很好。

对于这种行为，有很多技巧是不管用的：

• 打屁股能阻止当前的行为，但不能消除对抗模式。

• 对于一般的好行为进行贿赂和给予奖励，会使标准逐步升级，直到你在玩具和零食上花掉数百美元。

• "暂停"的做法会起反作用：孩子会逃避并更激烈地反抗你。

• 对你所认为的孩子的感受表达同情是不管用的。（"我能看出你很生气。所以你躲到了桌子下面。生气没关系，但是现在你该出来了。现在出来，史蒂文。现在你真的应该出来了。我知道你不想这样做，但是，我们有时候不得不做一些自己不想做的事情……"等等。）

• 与孩子进行长谈并要求他合作是浪费时间。

• 坚定地告诉小天使听你的话，或服从，或尊重你，只会给你带来更多的违抗行为。

处理对抗行为的三种策略

如果一起运用以下三种策略，将能够防止或在很大程度上减少这一年龄段孩子的对抗行为。它们是：

1. 确保你的孩子感到自己是被喜爱和欣赏的。当你在大多数时候都很生气时，要做到这一点并不容易。

2. 要聪明地选择你在哪些事情上与孩子发生冲突，并要用权威和坚定的态度来行动。这需要思考和计划，并不是自然得来的。

3. 要认识到何时下命令会招来麻烦，并要有其他选择。这需要更充分的思考和计划。

你的目标是让小天使明白，事情是由你来掌管的，你对此感到心安理得——也就是说，你对让他守规矩不存在矛盾心理，反抗不是一个选择。

通过特别的努力来恢复良好的亲子关系

一个对抗的孩子知道父母对他很生气，知道父母大多数时候都不喜欢他。当孩子总是遭遇冷落时，他很难表现得更好。

策　略

• 每天花 10～15 分钟与你的学龄前孩子一对一地独处，房间里或身边不应有任何其他孩子或成年人。最好的游戏是用洋娃娃、填充动物玩具或活动人偶玩想象游戏；画画或做手工，例如涂色或玩培乐多彩泥；一起散步并谈论你们看到和听到的。互动式的阅读也很好，你可以一边读故事，一边和孩子讨论故事的内容。

一些警告：

必须是一对一的单独相处，不被其他人或事打扰。

房间里没有其他人，没有电话打扰。

每天独处的时间超过 10~15 分钟，有可能会适得其反，因为孩子会开始把你一心一意的关注视作其不可剥夺的权利。

睡觉前一对一的相处时间不算。那是一个分离仪式。

跑腿、做家务、上学习班——即便是"妈妈与我"学习班，以及去公园或去图书馆，这些都不算。一对一独处时间的焦点和目的必须是：父母专心与孩子互动。

• 要经常简单而充满爱意地触摸一下你的孩子，不要说任何话。在孩子的肩膀上轻拍一下，抚弄一下他的头发，等等。

• 尽可能抓住机会给予孩子正面的关注。然而，笼统的赞扬可能会适得其反：一个感到自己不被喜爱的、对抗父母的孩子可能会用更加负面的态度来回应这些赞扬——"这张画不好！""我不漂亮，我讨厌这条裙子！"

相反，你应该试着用一种快乐的、积极的语调只描述他（或她）做到的事情："你画了一个黄色的大圈圈！""你把这首歌的歌词全部唱出来了！""你穿上了你的红色衬衫！"

• 让你的孩子无意中听到你向其他人夸奖他，说一些关于他（或她）有多么可爱、有趣、聪明或有责任感的具体逸事。

• 尽量让你与孩子之间的大部分谈话既不是责备也不是赞扬，而是关于他（或她）的生活中所发生的事情。"你的三轮脚踏车在阳光下看上去那么亮。""我想知道那块大石头下面有多少虫子？""我喜欢那本关于青蛙和蟾蜍的书。"

只给出你能够立即执行的命令

所有的孩子都需要知道，当父母认定某件事情足够重要到要给出一个直接命令时，这个命令必须服从。

如果你给出了一个无法执行的命令，就很难教给孩子服从你的命令。

策　略

1. 不要给出警告，比如，"要记住，我们不玩剪刀。"

对于一个处于对抗模式的孩子来说，这等于是在说"现在去把那把剪刀拿过来，把你的刘海剪掉。"

2. 只有在同时满足以下两个条件时，才能给出一个直接的指令或命令：

• 这是一个明确被禁止的行为。

这意味着如果你的孩子拒绝执行，你要立即采取行动。把锋利的剪刀放下是很重要的；在狗吃东西时不去招惹它是很重要的；不对着电话尖叫并弄疼某人的耳朵是很重要的。但是，挖鼻孔不是一个重要的罪过，连续唱47遍《铃儿响叮当》也不是严重的罪过。

• 你可以当场立即执行这个命令。

你可以把剪刀拿走，把他从狗身

边抱走，从他手里抢过电话。但是，你无法阻止他挖鼻孔，唱《铃儿响叮当》，或咯咯地笑。你无法强行让她穿上鞋子，或把玩具收好，或停止哼唧。

3. 当你实际上在给出一个命令时，不要让你听上去像在提供一个选择。

不要在给出一个指令后说"好吗？"比如"现在我们需要给你验血，好吗？"或者"现在该进去了，好吗？"

不要恳求孩子的合作："别玩剪刀了，到这儿来看这本书怎么样？"

4. 当你确实在给出一个命令时，要表现出你说的话是当真的。

• 要看着你的孩子的眼睛。不要微笑。要用一种比平时稍大一些的声音坚定地说出命令。

• 用词要尽可能少。"不要玩剪刀。""不要招惹小狗菲多。"

• 不要解释、描述或说细节。

• 命令要非常具体。不要说"现在要乖乖的"。要说"不要跑，不要喊，坐下来。"

5. 迅速行动

• 命令一说出口，就立即把剪刀拿走。把孩子从狗身边带走。行动时什么都不要说，要坚决，不要有任何犹豫。

6. 坚持到底

• 在行动之后，要将你的注意力——你的声音、眼神接触、你的兴趣——转移开1分钟左右。

• 露出一种失望或不高兴的表情，但是，不要露出生气的表情。要对着镜子练习一下。

• 不要进行道德说教或是指出孩子应该接受的教训。这只会让孩子知道你担心不是由你在掌控。

• 不要告诉任何人或威胁要告诉任何人这件事情。这样会破坏孩子的信念——你在掌控，你的态度明确，你能让他守规矩。

当你无法执行一个命令时，就不要给出命令——要准备好一些其他的选择

如果你无法执行你的命令，就会陷入拉锯战。此外，当你不给出命令时，你的孩子需要从你这里学到其他一些东西：如何对待这个真实的世界，如何对不重要的事情一笑而过，如何忍受挫折，如何为自己的行为承担起责任。

策　略

要确保你的期望是恰当的。例如，大多数这个年龄的孩子都几乎不

吃晚饭（准确地说，可能只吃一小口！）——这并不是因为他们"不好好吃"，而是因为他们几乎已经摄入了一天所需的全部热量。

要确保孩子真的能够改变行为。例如，在6岁前，尿床都是正常的，并且会经常尿床。在任何年龄，孩子对于这种行为都没有什么控制能力。神经紧张的习惯，比如眨眼睛或咳嗓子，都是无意识的，不会因为你的命令而改变。

下面是在你无法执行你的命令时的一些可替代的选择。要提前考虑可能出现的场景，并准备好应对策略。

• **让孩子从其行为的结果中吸取教训**。这意味着你让孩子为他的行为负责，而不是由你来负责。对于拖延、捣乱、故意损坏玩具或物品的行为，这是一种很恰当的回应方式。要将这种行为令人不快的结果作为一个事实——而不是一种惩罚——说出来。"今天晚上没有讲故事的时间了。我们花了太多时间刷牙。""没有时间穿衣服了。我们到学校再穿。"

• **要尽量让孩子认为这是他自己的主意**。只有当孩子和你都处于良好的心态时，才能使用这个策略。如果你感到孩子正处于一种对抗心态，这么做会适得其反。"我敢打赌，如果你把所有的娃娃都放到玩具柜的一个小角落，他们会很喜欢那样。他们可以互相依偎着说悄悄话。"如果孩子不玩这个游戏，或做出粗暴的回应，你可以采用一个后果。

如果是一个让人烦恼或让人分心的行为，但实际上并不是无礼行为：

• **要放轻松**。"我敢打赌你无法向另一个方向转圈转这么久。"

• **考虑放下这个问题**。或许，这个问题并不真的很重要，或许你只是习惯了批评他。他不把纸筒当喇叭真的很重要吗？他反着穿裤子真的那么糟糕吗？或者，他站在屋子中央不停地转圈真的就不行吗？

如果这些建议在超过两个星期的时间里不管用，问题没有任何得到解决的迹象，就要与你的儿科医生谈谈。要确保你的孩子身体健康，并且发育正常。如果对于孩子的对抗行为找不到其他原因，那么，向一位儿童指导专家进行咨询是一个很好的主意。

第 26 章

那是我的便盆，如果我愿意，我就会试试

3岁及3岁以上的孩子拒绝使用便盆

当正常发育的3岁和3岁以上的孩子拒绝使用便盆时，不是因为他们不知道如何使用，或者因为他们"没有准备好"。这是对抗行为——一个重要的发展阶段，小孩子们在这个阶段试验自己的力量——的一部分。

对于这个年龄的孩子来说，便盆是一个很好的战场，因为这是他们总是能赢的一场战斗。赢得一场战斗，比坐在小椅子上做大人想让他们做的事情，让他们满足得多！

讲道理、哄劝、命令、奖励、贿赂都不会有任何作用。更糟的是：战斗的次数越多，你的小天使就会变得越顽固。通常，这会变成一种战争状态。

会使战争加剧的三个因素是：

• 一个总是得到父母关注的兄弟姐妹。

• 缺乏一种每天固定的活动，例如上幼儿园。

• 缺乏每天与父母一对一的专注的独处时间——尤其是与妈妈。

所有这些都会增强小天使感觉自己的力量和重要性的需要。

因此，在你开足马力实施下面的便盆计划之前，要考虑一下孩子的生活方式：

• 如果兄弟姐妹之间经常争吵和争斗，请见下一章。

• 要确保小天使每天有大约10分钟时间与妈妈一对一地单独相处（最好与爸爸也能单独相处）。见上一章。延长一对一的独处时间——比如一整天或一整个下午——是没有必要的，并且可能会使情况变得更糟。重要的是每天给孩子关注。

- 要确保小天使每天都有与其年龄相应的挑战：户外运动，在成年人的照管下与同龄人玩耍，做手工，玩拼图和做游戏。一所好的幼儿园通常是很理想的——但这通常要求小天使完成"便盆训练"。（我的建议是：如果小天使曾经接受过"便盆训练"，或者在他愿意的时候明显能自己使用便盆，你就可以告诉幼儿园他实际上有使用便盆的能力，只是需要激励。）

策 略

1. 让小天使重新使用一两个星期的尿布（不是拉拉裤）。不要把这作为一种"惩罚"或"退步"。根本不要进行任何解释——解释只会让你们争吵。不要请求孩子的允许——不要在你的话里加上"好吗？"。要将它作为一个命令。"该暂时停止使用便盆了。"不要再多说任何话，不管小天使问多少次或怎样哼唧。要坚定。

如果小天使把尿布拿掉，要将其重新戴好，不要做出任何评价，要穿有带子、纽扣或拉链的衣服，防止孩子将尿布脱掉。不要使之成为孩子能与你争斗的另一种行为，他（或她）能赢的另一场战争！在小天使停止试图脱掉尿布之前，不要开始"便盆计划"。这可能需要你在几天的时间里使用带子、纽扣和拉链。

2. 当不再出现关于尿布或马桶的战争（也不再有关于这件事的对话）一两个星期之后，开始执行下面的计划。这个计划需要决心和意志力，所以，你要提前考虑好怎样才能使这些策略管用。一副耳塞、一个电话好友（作为你"太忙"，无法给孩子换尿布的借口），以及内在的决心会有帮助。

要记住，你不是不爱你的孩子，你不是在表达愤怒甚至是烦恼。你在做的是使情形发生彻底转变，以便孩子能够从使用便盆这件事上获得力量感，而不是从控制爸爸妈妈这件事上获得力量感。

计 划

- 不要问小天使是否需要换尿布或上厕所，而要每隔1小时看一看或摸一摸小天使的尿布。

- 当你检查尿布时，要故意打断小天使的玩耍。不要说一个字。不要表现出生气或恼怒。不要征得孩子的允许，比如"现在该检查尿布了，好吗？"如果尿布需要更换，就立即更换，但不要说任何多余的话。

- 要让换尿布的行为故意给小天使带来不方便。

- 如果小天使吸引你的注意让你给他换尿布，不要当时给他换。相反，要假装（如果有必要的话）你正忙着其他事情。

• 让脏尿布留在小天使身上至少5分钟。如果小天使通过纠缠和哼唧让你给他换尿布，你要无动于衷。在某个时候——可能需要20分钟或更长时间——他（或她）会对此感到厌倦，并走开去做其他事情。

• 然后，当你看到小天使全神贯注地做他自己的事情时，要打断他，给他换尿布。

• 不要道歉或征得允许（不要说"好吗？"），只需简单地说："该换尿布了。"不要说其他的话。

• 抱起小天使，到另一个没有什么东西会引起其兴趣的房间，你在那里的地板上准备好了换尿布需要的东西。

• 通过你的行为向小天使表明完全由你说了算，你不会受到他的任何反应的影响。

• 不要追着小天使满屋子跑。根本不要理睬小天使的喊叫、踢打、讨好或任何其他行为。只是把他按倒，给他换尿布。不要说一个字，也不要表现出生气的样子。

• 在你换尿布时，要表现出冷冰冰的样子。不要说话，不要有眼神接触，也不要微笑；你总是很忙。不要表现出生气、失望的情绪，只是专心地换尿布——要专注于成年人的问题：比如，税收改革或遗传工程。

• 在此后的几分钟里，继续以这种冷淡的方式行事，对小天使正在做的事情不要表现出任何兴趣。

• 如果小天使跑开了，不要去追他。回去继续做你在做的事情。要一直等到小天使安静下来，开始专注地做一些事情。然后，重复上述步骤，但是，不要让小天使再次跑掉。

• 一旦成功触手可及，不要让小天使将其变回成一场权力之争。

• 在这个规则实施大约一个星期之后，你会注意到小天使开始表现出对使用便盆的兴趣。当出现这种情形时，你应该仅仅表现出轻微的兴趣并给予一些帮助。不要表现得过于兴奋或得意扬扬，只需静观其变。不要让小天使无意中听到你向其他家庭成员或朋友宣布在如厕这件事情上有了重大突破。要用漫不经心的方式给小天使一个选择，让他在两套内裤中挑选，不要将其作为一个奖励，而是要表现得好像一切都在意料之中。

如果这些办法不管用，你就需要咨询你的儿科医生，或许还需要咨询专业顾问。

第27章

同胞战争

兄弟姐妹本来就是应该打架的，不是吗？这不就是汽车有后座的原因吗？

这是媒体上的说法，是一个玩笑。在现实生活中，很多父母真的希望他们的孩子和睦相处，但是，他们会立刻补充说："当然，我知道他们会打架。"当被问到这种预期时，他们常常会说，兄弟姐妹打架能教给孩子们如何协商，能教会他们在现实世界中的一些有价值的技能。我对此很怀疑。一旦一场真正的战争打响，协商通常就没有机会了。看看中东战争就知道了。

当兄弟姐妹之间被允许"自己解决问题"时，下面就是他们学到的：

• 个子更大、力气更大的孩子会赢。

• 声音更大、更有攻击性的孩子会赢。

• 当你经常打架时，你会忘掉——或者从来学不会——如何一起和平地玩耍。

• 当你总是打架时，就没有理由尝试站在你的兄弟姐妹的立场看待问题——所以，恶意的嘲弄和令人讨厌的恶作剧就都是可以的了。

当然，很多时候，父母们就是无法忍受这种吵闹和不愉快，并且会出手阻止打架。兄弟姐妹们从这种经历中学会的是：

• 我可以偷偷地抢走兄弟姐妹的玩具。当我的兄弟姐妹打了我时，我可以大喊说我被打了，妈妈和爸爸会跑过来，我会说我被打了，他们会惩罚我的兄弟姐妹。

• 如果我的兄弟姐妹和我开始尖叫并打架，过一会儿妈妈或爸爸就会走进来，听双方说事情的经过，如果我说的比较好，我就能让我的兄弟姐妹陷入大麻烦。

• 我可以通过向兄弟姐妹挑起争端来获得妈妈或爸爸的持续关注。

- 如果我们经常打架，其中的一个人就会获得"好孩子"的名声，而另一个会获得"怪物"的名声。
- 得到"怪物"名声的孩子可能一直表现得像个"怪物"，因为这就是人们对他的期望。

那些希望建立"家庭契约"（见第 25 章）的父母，需要将同胞战争消灭于萌芽状态。这样不仅会创造更加令人满意的家庭生活，实际上还能教给孩子们一些重要的东西：真正的协商技能——怎样避免使一次争论恶化为尖叫或打架。

要想将兄弟姐妹的战争消灭于萌芽，父母要根据孩子的年龄来调整自己做出的回应。

两个孩子都不超过 2 岁

这么小的孩子们通常根本无法在一起玩耍。一个 2 岁的孩子刚刚在学习如何玩一些想象类的游戏和与人打交道。2 岁的孩子刚刚能勉强和其他的 2 岁孩子一起玩，他们毕竟具备基本的社交能力：他们能说一些话，并相互模仿对方的游戏。他们能向大人寻求帮助并向大人告状。

但是，让一个 2 岁孩子和一个更小的孩子在没有大人密切照管的情况下一起玩，这就像是让一只黑猩猩临时照看孩子一样。

不建议你这么做。

两个孩子都不超过 3 岁

两个孩子在都足够大到能真正地玩耍之前，无法真正一起玩耍。他们无法分享玩具，直到两个人都足够大到能够分享。他们还不能通过协商来自己解决争端，直到他们俩都能说话。

如果让一个 3 岁孩子与一个更小的孩子一起玩，甚至是哄着后者玩，他无法理解为什么 15 个月大的孩子无法和他一起玩假扮游戏，或者一起唱《小蜘蛛》。3 岁的孩子只会认为小弟弟或小妹妹是"故意的"。

如果让 3 岁的孩子和小弟弟或妹妹"分享"一个玩具，并且因为他不肯"分享"而指责他，3 岁的孩子会因为困惑和愤怒而一脸懊恼。他不是被要求"分享"，他是被要求认为其他人夺走他的玩具没关系。这违反了 3 岁孩子正在如此费力地努力学习的关于分享的所有原则。当我看到这种情况时，心中总是充满对 3 岁孩子的同情。

总结：如果你在一旁，提出如何玩游戏的建议，描述 3 岁孩子正在做的事情，赞扬 3 岁孩子长大了，当小弟弟或妹妹抢夺 3 岁孩子心爱的消防车时进行干预——这很好。

但是，要保持敏锐的目光，并降低你的期望。

当有这种年龄间隔的两个孩子出现生气和打架时，这不是孩子们的错。你明白我的意思。

两个孩子都超过 2 岁，其中一个 4 岁或更大

终于，他们到了能一起玩的年龄了。这个年龄的兄弟姐妹需要了解以下这些事情：

- 是否能一起玩耍而不打架，取决于我们自己。随着我们有更多的经验，我们在这方面会做得更好。
- 如果我们真的开始打架，没有人过来听我的一面之词、责备对方并伸张正义。
- 如果我们真的开始打架，有人会进来把我们分开。这是这个世界上最令人沮丧和恼怒的回应。
- 因而，开始打架或试图让对方陷入麻烦是一件毫无意义的、会弄巧成拙的事情。这太糟了。感觉我好像是得宠的那一个让我太满意了。或者，因为我是牺牲品并且这不公平，太让我生气了。
- 但是，这没关系，因为我每天都能与妈妈或爸爸一起度过一段令人满意的独处时光。我不需要为此与兄弟姐妹竞争，或通过哼唧来获得这种关注。我会自然而然地获得这种关注。

所以，下面这些技巧适用于两个更加成熟的孩子：

- 让孩子承担起学习和睦相处的责任。这并不意味着让他们通过打架解决问题！相反，这意味着一旦他们之间的互动恶化为大声喊叫或骂人，要立刻将他们分开。不要等到发生身体攻击。一旦你听到有什么动静，要立刻走过去说："不许打架！"只要说这几个字就可以了。不要试图弄清谁是犯错的一方，或者谁对谁做了什么。即使你看到了发生的事情，也不要评判或进行责备，而要将他们分开。让他们分别在各自房间里待 3 分钟。
- 如果他们因为一个玩具或物品而争吵，当你听到他们自己不是在解决问题时——当其中一个开始尖叫，或喊叫着威胁——要走进去。让玩具去"暂停"1 小时或 1 天。不要试图弄清谁拿着玩具，或谁抢了这个玩具。
- 要确保每个孩子每天都能与每个父母有 10 分钟左右的独处时间，

尤其是与妈妈。过长的独处时间——一整天或一整个下午——是没有必要的，并且可能会使情况变得更糟。重要的是每天给予的关注。关于如何使独处时间真正管用，请见第25章。

补　充

汽车后座上的战争是一种诱惑，因为两个孩子都知道你不得不专心开车。由于这是一种危险的消遣，因此，一旦开始出现，就应该消灭在萌芽状态。我建议你在两个孩子年龄还小、容易相信大人的话的时候，进行几次练习性质的驾车外出。

具体的做法是，你告诉他们，你们要去一个很有吸引力的目的地。你在辅路上慢慢地开车。一旦后座上的战争开始，你就把车停在路边，转过头来，说："不许在车里打架！"然后，调转车头，默不作声地开车回家，让每个孩子在各自的房间里待5分钟。

要让他们在无意中听到你给那个有吸引力的目的地的一个人打电话，解释你们为什么不去了。

你很少需要将这个方法重复超过两次，就能得到你希望的效果。

第4篇
医学术语表

医学术语表

(按拼音顺序排列)

阿莫西林（Amoxicillin）：一种被经常用来治疗儿童感染的抗生素。它与青霉素有关，但它能够有效地对抗范围更加广泛的细菌。一种增强型的阿莫西林是阿莫西林克拉维酸钾（Augmentin）。

阿莫西林克拉维酸钾（Augmentin）：一种增强型的阿莫西林抗生素。在怀疑细菌对阿莫西林有抗药性时，会使用这种药物。它必须与食物一同服用，这是件好事，因为孩子常常不喜欢这种"增强型"药剂的味道。

阿普伽评分（Apgar score）：由阿普伽博士发明的一个评分系统，用来判断一个新生儿对子宫外的世界的适应情况。它是对呼吸、血液循环和中枢神经系统的反应进行的评价。最高分是10分，很少有新生儿能得到10分。7分以上的大多数婴儿都不需要任何协助；7分以下的婴儿可能需要抽吸口、鼻和后咽，吸氧或其他帮助。

阿昔洛韦（Acyclovir）：一种抗病毒药物，最常用于治疗严重或危险的疱疹（见下文）感染。Zovirax为其品牌名。

白癜风（Vitiligo）：由于缺乏色素而引起的皮肤上的白斑。白癜风可能出现在皮肤感染之后，或是由激素问题或其他问题造成，但是，通常是神秘而不会造成危害的，尽管会影响美观。

白喉（Diphtheria）：细菌性白喉感染——百白破疫苗（DTP）中的"D"，这种疫苗能够预防白喉感染。这种感染会在喉咙上形成一层薄膜，或者，如果是通过泥土感染，会在开放性伤口上形成一层薄膜。主要的危险在于细菌制造的毒素或有毒物质，它能对器官造成损害，尤其是心脏。在发明疫苗前，白喉能摧毁整个家庭。

白内障（Cataract）：眼睛的晶

状体变得浑浊。不是眼角膜：那是虹膜外包裹的透明的覆盖物。在极其罕见的情况下，一个孩子可能生来就患有白内障，或者在眼部外伤或长期服用类固醇药物后患上白内障。

百日咳（Pertussis）：细菌感染造成的咳嗽，所有孩子都应该接受百日咳的免疫注射。百白破（DPT）疫苗中的"P"。

白血病（Leukemia）：一种罕见的骨髓癌，在全世界每10万个非白人儿童中仅会出现2.4例，在每10万个白人儿童中仅会出现4.2例，是小孩子的父母的噩梦。的确，最常见的可以治疗的——或者我应该说是可以治愈的——白血病的发病高峰年龄是3~5岁。然而，大多数出现与白血病相关的迹象与症状的孩子实际上并没有得白血病。此外，父母们最担忧的两个症状——眼睛下面的黑圈和频繁的上呼吸道疾病——并不意味着白血病。它们更有可能是过敏、在日托场所接触病毒、二手烟和疲劳导致的。

败血症（Sepsis）：一种非常严重的血液感染，通常是由细菌引起的。

苯丙酮尿症（Phenylketonuria，或PKU）：无法对一种特定的氨基酸——蛋白质的一种成分——进行正确的新陈代谢的一种先天性疾病。由于无法被代谢，这种氨基酸会在体内聚积，变成一种毒素，使大脑中毒。患有苯丙酮尿症的婴儿不应吃母乳或普通的配方奶。他们需要一种不含有这种氨基酸的特殊的配方奶。这是一种会持续终身的疾病，如果在早期就开始遵守特殊的饮食，就可以防止智力缺陷。人们常用苯丙酮尿症筛查来称呼新生儿筛查，在婴儿出生后不久进行的一次血液检验，对这种疾病和几种其他的先天疾病进行筛查。

鼻泪管（Nasolacrimal duct）：将眼泪（由上眼睑下方的一个腺体制造）从眼部输送到鼻腔被黏膜吸收的管道或导管。

便秘（Constipation）：大便硬结，或是大便不同寻常地稀少。一些孩子的大便稀少是正常情况。比如，大多数超过几周大的吃母乳的婴儿的大便频率不会超过2~5天一次，但是，他们发育良好，并且他们的大便是柔软的，能够轻松地排出。要注意，不要混淆由于便秘造成的大便不频繁和由于挨饿造成的大便稀少。通常情况下，便秘是大便疼痛和忍住大便的"恶性循环"形成的结果。这样的便秘可能会被认为是一个小问题，但是，如果不进行治疗，可能会变成一种慢性的和非常令人不快的问题。这种问题称作"大便失禁"（见下文）。在极其罕见的情况下，便秘可能是由于甲状腺功能低下或肠道阻塞或其他问题造成的。

扁桃体（Tonsils）：小孩子喉咙两侧出现的淋巴组织块。它们通常是光滑的圆形，不会阻碍吞咽或呼吸，但是会增大。

扁桃体肿大（Adenoids）：位于鼻腔后部类似扁桃的淋巴组织变得肿大。当扁桃体肿大时，会阻碍通过鼻腔的呼吸，并造成中耳感染。出现扁桃体肿大的孩子说话时听上去就像上腭上黏着一大块花生酱。

扁桃腺炎（Tonsillitis）：扁桃体的任何感染或肿胀，不论是细菌还是病毒引起的。

瘭疽（Whitlow）：见"疱疹"条目下的"疱疹性瘭疽"。

病毒（Virus）：一种极其微小的物质，会引起感染性疾病，从感冒到麻疹，从流行性腮腺炎到艾滋病。它是一小块DNA（基因物质），包裹着一层蛋白质。病毒能够掌控身体细胞，以便进行繁殖，因此，很难在不损伤身体本身的情况下将它除掉。抗生素对病毒不起作用。参见第3篇的文章。

病理学的（Pathologic）：医疗人员使用的一个术语，意思是某个地方出现了异常，或是由一个病程引起。比"器质性"一词更具体一些，与"功能性"相对。

不经肠胃的（Parenteral）：用针注射进肌肉或静脉。

布洛芬（Ibuprofen）：一些诸如Advil和Motrin药物中的有效成分，能够缓解发烧、疼痛和肿胀。

插管（Intubate）：将一根管子置入气道中，用来抽吸、输送氧气，或是让医生能掌控整个呼吸行为。

肠套叠（Intussusception）：一种不常见但也并非罕见的严重的婴儿肠道问题，发生在3个月至3岁之间，极少发生在更大的孩子身上。肠子自身互相套叠，就像一只卷起的袖子。大多数婴儿都会因为疼痛而尖叫、呕吐，并排出像醋栗冻一样的大便。但是，还有一些婴儿只是变得无力、嗜睡和面色苍白。必须对此进行紧急治疗。通常可以通过一种特殊的灌肠剂使"扭绞"的肠子恢复正常，但有时候也需要进行手术。

肠胃炎（Gastroenteritis）：腹泻和呕吐，通常是由病毒感染造成的。

超声波（Ultrasound, UTZ）：一种影像技术，可以查看身体的软组织，不使用射线。大多数时候，一个孩子甚至不需要服用镇静剂：它不会造成疼痛，如果孩子稍微扭动也没关系。身体的很多部位都可以通过超声波进行检查：非常小的婴儿的大脑和脊髓，每个人的肾脏和腹部。

成神经细胞瘤（Neuroblastoma）：这种肿瘤非常罕见，每100万个孩子中仅有16个孩子会患这种疾病，但它是婴儿最常见的腹部恶性肿瘤。它通常发现于不满2岁的孩子身上。它产生于胎儿的神经细胞。这不是"负责思考的"神经细胞，而是控制身体的自动功能的神经细胞——消化、呼吸、眼睛虹膜的扩张和收缩等。因此，这种肿瘤可能出现无数种症状。然而，最常见的是在腹部出现一个肿块。

抽搐（Tic）：一种紧张的习惯，就像眨眼睛或清嗓子。

抽吸（Aspiration）：从某个体孔或者甚至是体内的某个部位将液体吸出或清除。

川崎病（Kawasaki disease）或**川崎综合征**（Kawasaki syndrome）：一种严重的疾病，会出现斑点状的皮疹，皮肤发红，嘴唇破裂，眼白发红，发烧。这种疾病的危险性在于，它会使冠状动脉（为心脏供血的动脉）受损。及时的诊断、治疗和跟踪是至关重要的。引起这种疾病的原因还未被发现。这种病曾被称作皮肤黏膜淋巴结综合征（mucocutaneous lymph node syndrome）。

传染性的（Contagious）：形容一种疾病能够从一个人或动物传播给其他人和动物。很多感染都是传染性的；也有一些不是传染性的。那些传染性的感染可以通过几种不同的途径传播。情绪和行为在某种程度上也是有传染性的。

传染性软疣（Molluscum contagiosum）：听到这个名称，你一定认为它不仅仅是简单的疣，但它其实就是疣，一种微小的病毒疣，有些发亮。如果靠近观察，你会看到每个疣上面都有一个小的浅凹。在它们刚刚长出、数量还很少时，很容易治疗，但是如果时间长了，范围变大了，治疗难度就会增加。

喘息（Wheeze）：肺部的气管收缩时发出的声音。它是呼气时发出的一种尖哨音。

大便失禁（Encopresis）：在应该已经建立起直肠控制能力的年龄，在裤子里或厕所之外的其他地方大便。这通常是慢性便秘造成的结果，一小块大便最终脱离了直肠，造成大便失禁。大便失禁的孩子都会有情绪上的问题。通常，这些情绪问题是由大便失禁造成的，而不是引起大便失禁的原因。那些固执地坚持包着尿布在隐秘的地方大便的3岁孩子并没有大便失禁问题，而只是在经历一个以控制和力量为主题的正常的发育期。

胆红素（Bilirubin）：引起黄疸或是眼白和皮肤发黄的黄色化学

物质。很多人把这个词错误地念成"belly-rubin（腹部摩擦）"。这是可以理解的，因为儿科医生会通过按压非常小的婴儿的不同身体部位的皮肤来判断黄疸的程度，这看上去很像"腹部摩擦"。这是因为黄疸会从身体的顶端开始出现，然后向下蔓延。胆红素是红细胞老化死去后的"分解"产物，它们总是在不断地变老和死去。在正常情况下，肝脏会将胆红素输送进肠内，再通过粪便排出。即将死去的红细胞过多，或肝脏问题，或由于某种阻塞使胆红素无法进入肠内，都可能引起黄疸（见下文）。

导管（Catheter）：一根插入任何体孔或血管中的管子，用来清除液体和输送液体和药物。

德国麻疹（German measles）：见风疹。

地中海贫血（Thalassemia）：一种遗传性的病症，会导致贫血。贫血是血红蛋白异常造成的，血红蛋白是构成红血球的一种特殊的分子。很多美国人携带着一种地中海贫血的基因，如果两个携带这种基因的人生下一个孩子，这个孩子都有1/4的几率患上地中海贫血。这样的孩子会贫血并发育不良。他们需要频繁地输血，并需要接受儿童血液学家的护理。然而，大多数携带这种性状的人都不会出现症状，或者只会出现轻微的贫血，因此，常常会通过补铁来进行不恰当的治疗。一个孩子如果祖先来自非洲、地中海、中东或东南亚并患有贫血症（"低血红蛋白"或"低血细胞比容"），那么他很可能也携带着地中海贫血的性状。美国的一些州会在新生儿筛查中对地中海贫血进行筛查。

癫痫（Epilepsy）：一个患有癫痫的人往往会反复出现惊厥或抽搐。很多孩子都会出现一两次热惊厥，这不能被称作癫痫症。那些反复出现惊厥的人可以通过药物进行控制。癫痫与智力缺陷不同。一些患有癫痫的孩子会出现智力缺陷，一些有智力缺陷的孩子会患有癫痫。但是，大多数患有癫痫症的人智力和行为都很正常。

动脉导管未闭（Patent ductus arteriosus，或PDA）：引起婴儿心脏杂音的一个最常见的原因。它发生在一根在胎儿期非常重要的血管（因为它将血液从不呼吸的肺部运送出去）在出生后没有立即闭合的时候。对于早产的婴儿来说，药物常常能使其闭合；对于足月的婴儿来说，通常需要进行手术。

对乙酰氨基酚（Acetaminophen）：很多药物（泰诺、扑热息痛）中起退烧和镇痛作用的有效成分。（它对鼻塞或咳嗽没有效果。）

耳垢（Cerumen）：对耳屎的委婉称呼。

耳咽管（Eustachian tube）：连接鼻腔和喉咙的后部与中耳的管道，以便让空气能进入中耳，使鼓膜振动。不要与耳垢所在的耳道相混淆。

反流（Reflux）：一种液体在体内沿错误的方向行进。胃食管反流是指胃内容物沿着食道向上逆流。尿管反流是指尿液沿着输尿管返回到肾脏，而不是沿着尿道排出体外。

肺炎（Pneumonia）：肺部组织本身——极小的肺泡，而不是肺部的管道——的感染或炎症。它可能是由病毒、细菌、化学物质或刺激（比如吸入的食物或异物）引起的。

分枝杆菌（Mycobacteria）：一个细菌种群，会引起肺结核和麻风病。通常诊断与治疗都很难。

风湿热（Rheumatic fever）：一种不常见的疾病，会引起关节肿胀疼痛，常常会引起心脏瓣膜疾病。它会发生在患链球菌性喉炎的几个星期之后，可能是免疫系统对抗链球菌时产生的一种并发症。预防风湿热的最好方法，是在感染之后尽快清除掉体内的链球菌。它与猩红热完全不是一回事。

风疹（Rubella）：不是麻疹（rubeola）。风疹也叫"三日麻疹"或"德国麻疹"，它是一种对于大多数人没有太大影响的病毒，但是，对于感染了这种病毒的母亲的胎儿来说，具有潜在的巨大影响。在过去的25年中，通过麻风腮三联疫苗的免疫注射，已经对这种疾病进行了很好的控制。

复苏（Resuscitation）：利用技术使空气进入肺部，恢复已停止的血液循环、呼吸和心跳（或者，对于新生儿来说，是开始全新的呼吸）。CPR指的是心肺复苏术。

赋形剂（Excipient）：药物中的非活性成分的唬人的术语，比如着色剂、增味剂、甜味剂和防腐剂。对这些成分的过敏可能会被误认为是对药物本身过敏。

感染性的（Infectious）：引起一种疾病的原因是感染，而不是代谢紊乱或吃下的东西或其他原因。感染可能由病毒、细菌、真菌、藻类、寄生虫以及酵母菌引起。一些感染是有传染性的，有一些没有传染性。

肝炎（Hepatitis）：肝脏的感染或发炎。很多病毒都能造成这类副作用，"单核细胞"就是其中一种著名的病毒。主要造成肝脏问题的疾病被称作肝炎，以大写字母来命名：

- **甲型肝炎**（Hepatitis A）是最常见的。它通过受污染的食物传播，通常是无害的，在儿童时期常常不会被诊断。有针对这种病毒的疫苗，但是不会进行常规接种。接触这种病毒的人可以通过注射丙种球蛋白来预防这种疾病。

• **乙型肝炎**（Hepatitis B）在儿童期通常也不会被诊断，但是它要比甲型肝炎严重得多。这种病毒能够持续终生，在成年后再次造成影响，引起严重、甚至致命的肝脏疾病。在儿童时期越早感染这种疾病，出现这种情况的可能性就越大。建议对所有孩子进行免疫注射，尤其是不满5岁的孩子。如果母亲携带乙型肝炎病毒，她的孩子应该在一出生就注射疫苗，进行丙种球蛋白注射，以保护他们不得这种疾病。

• **丙型肝炎**（Hepatitis C）也是一种危险的肝炎，通常是通过输血感染。很快应该会有针对这种疾病的疫苗。

肝脏（Liver）：位于右侧肋骨下方的器官。它会除掉我们身体所产生的或我们所吸入或摄入的有毒物质，并制造出有益的化学物质，如胆固醇。（胆固醇不是我们的敌人，除非是过多的胆固醇。它是很多令人愉快的物质生成的基础，比如性激素。）

肛门（Anus）：粪便从直肠中排出的外孔。

格鲁布性喉头炎（Croup）：这种常见疾病的特征是听起来像它的名称一样的咳嗽声——就像海豹的叫声或鹅的鸣叫。它还会造成声音嘶哑和喘鸣——即吸气时困难并发出声音。这是因为整个上呼吸道的内膜都发生了肿胀，气管周围的肌肉发生了痉挛。格鲁布性喉头炎可能由几种病毒引起，或者也可能由干燥或有灰尘的空气引起。

功能性（Functional）：医疗人员使用的一个术语，意思是所讨论的迹象或症状是真实但正常的，不构成一个问题，例如"功能性"心脏杂音。或者，这是一个由行为或情绪引起的问题，而不是由身体本身的异常引起的问题；例如"功能性"便秘。

鼓膜（Tympanic membrane）：耳膜。

鼓室导抗图（Tympanogram）：用一个被称作鼓室压力计的仪器测量鼓膜振动的能力。这种检查不会造成疼痛，速度很快。它是通过声音反射进行的，不会对头部或耳部输送任何电流或射线。

龟头炎（Balanitis）：阴茎发红、肿胀，通常出现在没有做过包皮环切术的男孩身上。通常是因为包皮下面没有清洗干净而导致感染。但是，酵母菌感染、湿尿布或其他东西的长期刺激，甚至外伤（被拉链夹住！）都有可能是造成龟头炎的原因。治疗方法通常是局部使用抗生素或口服抗生素，以及改善卫生条件。如果感染总是反复出现，这个男孩可能需要接受包皮环切术。

过敏性反应（Anaphylaxis）：一种会威胁生命、最终导致休克（血压骤降或测不到）的过敏性反应。幸运的是，这是非常罕见的。过敏性反应通常发生在接触了某种药物、被昆虫叮咬，或是吃下一种已经知道会引起过敏的食物的时候。任何会出现过敏性反应的人都应该随身携带一个"蜜蜂叮咬"急救包，里面装有肾上腺素注射剂。

过敏性紫癜（Henoch-Schönlein purpura, HSP）：一种不常见但也不罕见的疾病，会造成毛细血管发炎，在腿上出现瘀伤样的皮疹。肾脏、肠和其他器官也会出现并发症。引起这种疾病的原因未知。

过敏原（Allergen）：某种能够引发过敏症状的物质。尘埃、霉菌、皮屑、花粉、蜜蜂叮咬、某种食品，都是潜在的过敏原。

过敏症（Allergy）：当身体的免疫系统将环境中的某种正常的物质认定为敌人，并对其发动攻击时出现的情况。其症状包括从花草热到哮喘，从荨麻疹到过敏性反应（见上文）。

汗液检测（Sweat test）：对囊性纤维化进行的实验室检测。它涉及刺激然后收集和分析少量的汗液，看看其中是否含有过多的氯化物。对于有气喘、发育和体重增长问题、腹泻和大便恶臭以及一些其他症状的婴儿来说，这是一项常规检查。大多数进行了汗液检测的孩子都被证明没有患囊性纤维化。进行这项检查是非常重要的，因为它是对这种疾病做出诊断的唯一方法，这种疾病具有很多种症状、迹象和不同的严重程度。

核磁共振成像（MRI）：一种不使用X光的影像技术。它真正的名称是"磁共振成像"（magnetic resonance imaging），而且它确实与磁有关。有时候它会被用来代替CT扫描或与CT扫描共同进行，以便对软组织进行检查，比如大脑和腹部，以及关节；身体的任何部位都可以用核磁共振成像进行检查。小孩子通常需要进行麻醉，因为在检查的过程中必须保持不动，并被放入一个隧道一样的仪器中。

红斑（Erythema）：皮肤发红。通常还会附加其他词：

- **病毒性红斑**（Erythema toxicum）：新生儿出现的一种无害的皮疹，其特点是红色斑点上出现白色疙瘩。

- **传染性红斑**（Erythema infectiosum）：更广为人知的名称是"第五种病"或"耳光病"；是儿童期的一种常见的病毒性（细小病毒 B19）疾病，其特点是面颊发红发亮，身体其他部位出现花边状皮疹。

- **多形性红斑**（Erythema multiforme）：一种特殊的皮疹，特点是像牛眼睛或甜甜圈或百吉饼一样的皮疹。（这些被称作靶样病变。）引起多形性红斑的原因可能是感染或对药物过敏，或者在极其罕见的情况下是对食物过敏。大多数时候，引起这种疾病的原因是未知的。一种罕见且严重的类型被称作"史蒂文斯-约翰逊综合征"，会对眼睛和嘴巴造成影响，通常是由于药物过敏造成的。

红斑急疹（Erythema subitum）：更广为人知的名称是"蔷薇疹"，是一种常见的病毒性疾病，在退烧后会出现皮疹。

喉炎（Laryngitis）：声音嘶哑。可能是由感染引起，通常是病毒感染，但有时是细菌感染。也可能是由于声带上的良性增生引起的，或者，在极其罕见的情况下是由于其他部位挤压到了声带。

胡萝卜素血症（Carotenemia）：皮肤呈现橙黄色，不管你相信与否，这是由于吃了过多的黄色食物和含有胡萝卜素的其他食物引起的，比如胡萝卜，以及南瓜、番薯、杏。另外，还有菠菜。你能分辨出这不是黄疸，因为出现黄疸时，眼白会变黄，而出现胡萝卜素血症时，眼白不会变黄。这通常是一种不会造成危害的疾病，但是，在极少数情况下可能意味着肝脏或甲状腺疾病。或者，这可能意味着孩子被照料者溺爱，允许他只吃那些美味的黄色食物。

呼气（Expiratory）：与吐气相关（与吸气相反）。使呼气变得费力的尖锐的哨音叫作喘息。

呼吸道合胞病毒（Respiratory syncytial virus，RSV）：引起大多数细支气管炎的一种病毒。

呼吸和心率图（Pneumocardiogram）：对一个孩子的呼吸和心率进行长时间的监测，包括睡眠时期，用来发现呼吸暂停或心率异常。

呼吸暂停（Apnea）：这个术语表示一个婴儿，通常是新生儿或非常小的婴儿的呼吸停顿了太长时间。所有正常的小婴儿都会有不规律的呼吸，尤其是在他们睡觉时。一个出现呼吸暂停的婴儿，是在两次呼吸间停顿了太长的时间，以至于让人感到担忧。在足月出生的婴儿身上，呼吸停顿的时间通常是 20 秒左右。这会让新生儿的父母感到忧虑：要计算一下时间并进行观察。

睡眠呼吸暂停出现在睡眠过程中上呼吸道出现阻塞的孩子身上，通常是被扁桃体或是肿大的扁桃体阻塞。这些孩子在睡眠时会发出声音、打鼾、睡得不安稳。在白天，他们的嘴巴会一直张开，部分原因是他们无法通过鼻子呼吸，部分原因是他们总是打哈欠。但是，这种情况一点也不有趣；它会对生活造成妨碍。疲倦的孩子在学习、行为或玩耍方面都会受到影响。睡眠呼吸暂停可能甚至是有医学上的危险性的，因为它对心脏造成了压力。上呼吸道阻塞还是一个影响美观的问题，会引起牙齿、下巴和面部结构的异常。

磺胺类药物（Sulfa drugs）：通常是用来治疗尿路感染和中耳感染的药物，但对于"艾滋病肺炎"——卡氏肺孢子虫肺炎——也有至关重要的作用。这类药物包括了人们熟悉的一些名称，如甘特里辛（gantrisin）和复方新诺明（septra）。这类药物引起过敏性反应和对日光敏感的情况并不是不常见的，父母们需要观察是否有皮疹出现。

黄疸（Jaundice）：由于胆红素（见上文）过多而造成的皮肤和眼白变黄。如果出现以下情况，则不是正常的黄疸：婴儿像生病了，黄疸在婴儿出生5天后才出现，在婴儿2周大时，黄疸仍然没有消失，或者皮肤看上去真的很黄。如果你有疑问，要问你的儿科医生。见第2章"出生至2周"中的讨论。

会厌炎（Epiglottitis）：一种会威胁生命的会厌肿胀，会厌是气道上的一个小盖子。通常，肿胀是由于一种叫作流感嗜血杆菌（H.flu）的细菌感染造成的。婴儿期注射的B型流感嗜血杆菌疫苗（HIB疫苗）似乎能很好地预防这种可怕的疾病。

会阴（Perineum）：很多害羞的成年人用"下面"指代的区域。它包括男孩的阴茎、阴囊和肛门，以及女孩的阴蒂、小阴唇、大阴唇、尿道、阴道、处女膜和肛门。

获得性免疫缺陷综合征（Acquired Immune Deficiency Syndrome，AIDS）：由HIV病毒感染引起的一种疾病。孩子们感染此病的途径通常是由感染病毒的母亲传染给胎儿，或是通过输入受到感染的血液，或者，在极其罕见的情况下是通过性虐待。感染AIDS的孩子不会通过一般的接触，或者拥抱和亲吻将病毒传播给他人。他们也不会通过尿液或粪便传播病毒。从未有过照料者或家庭成员从受到感染的儿童那里感染AIDS的报告。然而，必须对患者的血液进行非常谨慎的处理——要使用手套和漂白剂。

寄生虫（Parasite）：寄生在另一种生物体内或体表的生物。一些寄生虫只有用显微镜才能看见，它们是单细胞的，例如蓝氏贾第鞭毛虫（见下文）。还有一些很小但是能够看到，例如蛲虫。另外一些非常明显，例如蛔虫。

甲状腺（Thyroid）：颈部的腺体，制造甲状腺激素，对于生长、智力和性成熟至关重要。

间隔缺损（Septal defect）：将心房的右室与左室分隔开的隔膜上有一个孔洞。两个下部心室之间的隔膜出现孔洞是最常见的先天心脏问题。（见下面的"室间隔缺损"）

艰难梭菌（C.difficile）：这种细菌可以在非常健康的婴儿的肠道内发现，但是，如果它制造出一种毒素，就会引起腹泻。这可能发生在服用抗生素的孩子身上，或是没有服用抗生素的非常小的婴儿身上。

酵母菌（Yeast）：一种无所不在的用显微镜才能看见的微生物。它会在不满5岁的孩子身上引起鹅口疮〔见第2篇第16章"有着（或多或少）不熟悉名称的常见疾病"〕和尿布疹。在孩子开始分泌青春期激素之前，它不会造成阴道感染。使用抗生素的孩子，或是臀部总是潮湿（穿着湿泳衣，换尿布不及时）的孩子，或是皮肤受到刺激而保持湿润的孩子，更容易感染酵母菌。免疫系统受损的孩子可能出现非常严重而顽固的酵母菌感染。无任何证据表明没有免疫缺陷的、没有在血管中插入导管的孩子会出现"全身性"的酵母菌感染。

疥疮（Scabies）：一种常见的皮疹，非常痒——尤其是在晚上——是由在皮肤下挖洞的极小的螨虫引起的，常常很难诊断，因为它可能与很多种其他疾病混淆。

结膜炎（Conjunctivitis）：白眼球的感染或发炎。由于它可以由病毒、细菌、外伤、异物或过敏引起，因此作为一个术语，"结膜炎"这个词不包含太多信息。

颈（Cervical）：就像"颈椎"和"颈托"一样，与"颈"有关。（此外，这个词还被用来形容子宫的"颈"——但极少在小孩子身上用这样的称呼。）

惊厥（Seizure）：医疗人员喜欢使用的词，指惊厥或痉挛。惊厥是指一种行为，通常很吓人，发生在大脑中有异常放电时。小孩子的惊厥最常发生在体温迅速升高的时候，这是由于大脑暂时的、不会造成危害的发育不成熟引起的。惊厥本身非常吓人，但并不危险，除非它使孩子处于一种危险的情况（比如在游泳时）或是持续非常长的时间。然而，引起惊厥的潜在原因可能是危险的：比如中毒、脑肿胀，或中枢神经系统感染引起的惊厥。

巨细胞病毒（Cytomegalovirus，CMV）：一种病毒，如果母亲感染了这种病毒，会对胎儿造成智力缺陷、耳聋和其他问题。大一些的婴儿、孩子和成年人通常只会出现轻微的症状，因此，孕妇可能不知道自己感染了这种病毒。幸运的是，很多女性小时候已经感染过巨细胞病毒，这能够在极大程度上保护胎儿。谁有最大的风险呢？是那些没有形成对巨细胞病毒的免疫力并感染上这种病毒的孕妇所怀的胎儿。这意味着要注意小孩子身边的任何人，这是因为巨细胞病毒可以由看上去非常健康的孩子进行传播，而且是通过他们快乐地到处大量散播的所有体液进行传播的。因此，在怀孕前，让女性做一个巨细胞病毒的免疫测试是个好主意。

抗病毒药（Antiviral drug）：一种能够治疗病毒感染的药物。它们不能被称作抗生素，因为抗生素是指对活着的敌人发动攻击，而病毒并不算真正意义的"活着"。它们是必须控制我们的细胞组织才能进行复制的一小片遗传物质。目前只有少数的抗病毒药——因为要想除掉病毒而不损伤被病毒感染的细胞是非常困难的。父母们可能接触到的唯一的抗病毒药是阿昔洛韦（见上文）。

抗生素（Antibiotic）：能够杀死细菌或阻止细菌繁殖的药物。

柯萨奇病毒（Coxsackie）：一个病毒家族，能够引起很多疾病症状，比如手足口病和疱疹性咽峡炎。

口腔炎（Stomatitis）：口腔感染。（见下面的"疱疹"。）

括约肌（Sphincter）：任何能够通过收缩肌肉关闭管腔的环形肌肉，如肛门括约肌。

莱姆病（Lyme disease）：一种难以诊断（在目前）的疾病，由细菌引起，在某些地区通过蜱进行传播。其症状通常最开始出现在皮肤，由一个小点扩展成一个有干净的中心区域的不规则的大圈；然后会出现发烧和疼痛。此后，可能出现关节肿胀甚至脑膜炎和其他神经疾病的症状。这是一种棘手的疾病。首先，你很难发现蜱，蜱的叮咬可能被忽视。它们很小，就像铅笔尖那么小。你需要寻找的是"会动的雀斑"。幸运的是，蜱必须在人身上生存24小时后才能传播疾病，因此每天晚上用放大镜和手电筒进行一次仔细而可笑的蜱大搜索能够预防问题。每天进行彻底的淋浴并使用洗发香波也会有帮助。如果你在莱姆病盛行的国家徒步旅行，就需要这样做。（这种疾病的流行地区总是在不断变化，要进行相关咨询。）其次，它很难诊断：皮疹可能不会出现，症状可能没有特点，血液检查的结果令人困惑。幸运的是，如果及早怀疑并治疗疾病，就会使其病程缩短，程度减轻。但是，太快进行治疗可能影响血液检查结果！因此，它是一种非常棘手的疾病。

蓝氏贾第鞭毛虫（Giardia lamblia）：一种单细胞肠道寄生虫，通过食物、水或脏手进行传播，会引起肠道问题。通常，这意味着腹泻和腹痛，也可能出现便秘，以及颜色发白、漂浮在水面上的粪便。

懒眼症（Lazy eye）：似乎有三种意思，因此要小心分辨。1.一只眼睛目光游移，让另一只眼睛承担所有的关注和看的工作。2.眼睑下垂（见下面的"上睑下垂"）。3.一只眼睛在出生后就视力不好，导致弱视（见下文）。

类固醇（Steroids）：肾上腺分泌出的激素，或模拟这种激素的药物，例如强的松（prednisone）和地塞米松（Decadron）。它们可以消除发炎和肿胀。这些是效力很强的药物，可能会出现严重的副作用。

链球菌（Streptococcus）：一个细菌家族，会造成很多儿童感染，最广为人知的是链球菌性喉炎和链球菌性阴道炎。

镰状细胞贫血，镰状细胞贫血症及其性状（Sickle cell anemia, disease, and trait）：红细胞的一种遗传性疾病。这是一种复杂的状况，影响着很多非裔美国人，尽管大多数人终生不会出现症状，因为他们携带着这种性状，但没有患上这种疾病。然而，如果两个携带这种性状的人生下一个孩子，这个孩子有1/4的几率患上这种严重、慢性、会威胁生命的疾病。每650个非裔美国人中就有1人患这种疾病。患有镰状细胞贫血症的人，红血球中的血红蛋白异常，因此，当它们获得氧气时，细胞就会蜷缩成"镰刀"状。当发生这种情况时，它们会阻塞血管，引起腹部、四肢、背部和其他部位的严重疼痛。此外，脾脏（清除衰老红血球的器官）会因为这些异常的细胞而受损，无法产生正常的免疫力，因此，患有镰状细胞贫血症的孩子可能出现非常严重的感染。治疗是非常有帮助的，但目前还没有治愈的方法；或许基因治疗最终能够提供治愈的方法。约有8%的非裔美国人携带镰状细胞的性状，但是他们有足够的正常的血红蛋白，因此大多数时候镰状细胞不会造成问题，除非在氧气压力很低的情况下，例如在海拔很高的地区。在美国的一些州，会对新生儿进行例行的镰状细胞贫血症的筛查。这使得这种疾病的治疗能够尽早开始；实际上，患有这种疾病的婴儿从3个月大就开始进行每日的青霉素治疗。这样的筛查也使得携带这种性状的人在计划生第二个孩子（或到高海拔地区旅行）之前了解自己的状况。尽管镰状细胞在深色皮肤的人身上最为常见，但它也存在于地中海、中东和印度血统的人身上，实际上，它存在于所有的种族群体。

淋巴结（Lymph nodes）：这是一个孩子出现"腺体肿胀"时的"腺体"。它们并不是真正的腺体。腺体是像你的甲状腺或胰腺一样的器官，一直在不停地工作，制造着身体成长所需的特殊物质。淋巴结会保持稳定，直到感染出现，然后就会奋起与其抗争。很多时候，父母们担心肿大的淋巴结可能意味着不祥的问题，比如恶性肿瘤。但是，大多数情况下都不会如此，因为很多不会造成危害的感染也会导致淋巴结肿大。然而，由于对严重疾病的及早诊断和治疗至关重要，因此有时候有一点担忧是应当的。如果在孩子痊愈一周后，淋巴结仍然没有缩小，或者，摸起来有弹性或缠结在一起，或者没有伴随一种明确的疾病，或者出现在锁骨上方或肘部周围，就应该让儿科医生进行检查。

流感（Flu）：这是一个没什么意义的术语，除了用来描述一种由病毒引起的流行性疾病。描述"流感"的一系列症状是没有用的，因为一些"流感"意味着高烧和疼痛，而另一些"流感"意味着呕吐和腹泻，还有一些"流感"意味着感冒的症状。

流感病毒（Influenza）：一个病毒家族，几乎每年都会引起"流感"流行。症状通常包括头疼、发烧、咳嗽和嗓子疼。每年都需要一种新的疫苗，并且这种疫苗可能缺乏效果，因为这些病毒过于聪明，会不断地改变自身防御来对抗人体的免疫系统。但是，所有患有慢性疾病或严重疾病的孩子都需要每年注射流感疫苗。

流感嗜血杆菌（Hemophilus influenza, H.flu）：一个细菌家族，实际上与病毒性流感毫无关系。它的得名是因为在20世纪早期的流感大流行中，这种病毒引起了致命的肺炎。流感嗜血杆菌会引起轻微的感染，例如中耳炎，也会引起严重的感染，例如脑膜炎和会厌炎。B型流感嗜血杆菌疫苗（HIB疫苗）对严重的流感嗜血杆菌感染有很好的预防作用，但对轻微的感染没有作用。

漏斗状胸（Pectus excavatum）：出生时出现凹陷的胸骨，可能是由于婴儿在子宫里的姿势造成的。少数时候，可能较为严重，需要考虑通过手术来矫正胸骨——这是一个大手术。

轮状病毒（Rotavirus）：一种会引起婴儿腹泻的病毒，尤其是在冬季，尤其是在日托。

罗加姆蛋白（RhoGAM）：一种特殊的免疫球蛋白，用于 Rh 阴性血型的孕妇或刚刚生产完的女性。它能防止母亲的血液制造出对 Rh 阳性胎儿的红血球的抗体。这些红血球会在怀孕后期和分娩过程中进入母亲的血液循环。如果她的身体产生了抗体，就会穿过胎盘，破坏胎儿的红血球，引起黄疸和贫血症。注射是很重要的，与所有的丙种球蛋白注射一样，这会很疼。

麻疹（Rubeola，Measles）：真正的麻疹。一种严重的疾病，会出现斑疹，流泪的红眼睛，流鼻涕和咳嗽的症状；这已经够糟了，但还可能出现肺炎和脑炎并发症。没有治疗方法，但是有预防方法：麻风腮三联疫苗。

猫抓病（Cat Scratch Disease，CSD）：一种以淋巴结肿胀为特征的疾病，是一种由猫身上携带的细菌（B.henselae）引起的。它可以通过猫咬伤或猫抓伤传播。携带这种细菌的通常是 1 岁以下的小猫。通常的症状是低烧和样子很吓人的伤口，淋巴结（颈部或腋窝处）严重肿胀，它还可能表现出很多其他症状。这是教给孩子不要与动物粗鲁地玩耍的一个很好的理由。

免疫球蛋白（Immunoglobulins）：免疫系统制造的蛋白质分子，作为对像病毒、细菌和过敏原之类"入侵者"的一种回应。

明显危及生命的事件（Apparent Life-Threatening Event，Alte）：很多人错误地把这个术语称作"类似婴儿猝死综合征"。这是指看护者发现一个婴儿明显停止了呼吸，但是，之后又苏醒并表现一切正常。对明显危及生命的事件需要做全面的评估：通常，评估的结果是婴儿一切正常，只是经历了正常的呼吸暂停。但是，如果情况并非如此，则需要对这个婴儿做全面的呼吸暂停（见上文）的检查。

奶瓶龋（Nursing bottle caries）：龋齿，通常非常严重，发生在喜欢含着奶瓶入睡的婴儿身上。牛奶和果汁中的糖分（尽管是天然的）整晚覆盖在牙齿上。一些孩子不得不拔掉所有的牙（在全身麻醉的情况下），并植入金属帽。喜欢不停地吃零食，或不停地喝果汁或软饮料的孩子也有同样的风险。

囊性纤维化（Cystic fibrosis）：一种遗传性疾病，会引起一系列肺部、肠道以及成长问题。最常见的是，一个有慢性肺部（以及耳部和鼻窦）感染和发育不良的孩子的婴儿期或学步期被怀疑并诊断出这种疾病。如果病情较轻，对其诊断可能会在较晚才能做出——在极其罕见的情况下，会一直到青春期才得到诊断。对于这种疾病，有一些治疗方法，但还无法治愈。对囊性纤维化的诊断是通过"汗液检测"（见上文）来确诊的。

蛲虫病（Enterobiasis）：蛲虫感染。如果你用这个医学术语，一个偷听你说话的孩子就不会知道你在讨论一种可怕、令人着迷、恶心、讨厌的虫子。这样你就能少说很多话。

脑电图（electroencephalogram，EEG）：有时也被称作"脑电波检测"。脑电图记录的是大脑的电脉冲，为的是帮助确定一个孩子是否患有癫痫症，以及如果患有癫痫症，是哪种类型——这对于用药和预后有指导作用。它不会造成疼痛，不会使孩子遭受电击或任何辐射，它只是通过贴在孩子头皮上的电极进行记录。这些电极通过电线连接到主机上。孩子需要在测试过程中保持睡眠状态，因此通常需要让他前一晚待到很晚，并且可能需要使用镇静药物。在电极被取下后，头皮上常会留下一些胶水，用花生酱进行擦洗然后使用洗发水，就能将其去除。

脑积水（Hydrocephalus）：颅内脑脊液量增加，通常是由于其循环系统受到阻塞造成的。这是极其罕见的，主要出现在早产很多的早产儿身上，有脊柱裂、脑肿瘤的孩子身上，以及在患了细菌性脑膜炎之后。但是，在少数情况下，一个没有任何潜在问题的孩子也会出现脑积水，其症状是头部迅速胀大，通常前额会非常凸出。通过治疗通常可以预防或减少对大脑造成的损伤。

脑膜炎（Meningitis）：脊椎和大脑周围的内膜感染。脊髓脑膜炎（Spinal meningitis）是一个多余的术语，并不比"脑膜炎"本身传递任何更多的信息。通常，重要的区别在于引起脑膜炎的原因。病毒性脑膜炎通常是轻微的，一般不会造成智力缺陷、惊厥、耳聋等问题。细菌性脑膜炎可能会非常严重，甚至是致命的，即使进行了及时的治疗。对于小孩子来说，早期的迹象通常并不包括颈部僵硬。对于婴儿来说，可能会观察到囟门凸起，但是，这可能是不明显的，或者在啼哭的婴儿身上很难判断。在孩子表现得像生病了，或者出现了令人担忧的高烧的情况下，孩子的年龄越小，进行腰椎穿刺以排除脑膜炎就越重要。

脑炎（Encephalitis）：大脑本身的感染，不是周围的内膜感染（那是脑膜炎）。脑炎通常很有可能是由几种病毒中的一种引起的。患有脑炎的孩子会出现头疼和行为改变，有时会出现发烧或呕吐，但并不总是如此。脑炎可能非常轻微，也可能致命。麻腮风三联疫苗所预防的三种病毒性疾病——麻疹、腮腺炎和风疹，是已经知道会引起脑炎的疾病。水痘也可能引起脑炎，可能在你读到此处的时候，已经有了预防水痘的疫苗。疱疹可能引起一种非常严重的脑炎，可能要用阿昔洛韦进行治疗。

内窥镜检查（Endoscopy）：在一个体孔中进行的检查，比如喉咙、气管、直肠，使用一个特殊的工具，通常是一个带有摄像机的光纤灯。

尿道（Urethra）：一个管道，通过它将尿液从膀胱排出体外。

尿路感染（Urinary tract infection, UTI）：指膀胱与肾脏的感染，当医生不能确定肾脏是否与膀胱一起出现感染时，常使用这个术语。

脓包病（Impetigo）：得这种皮肤病的通常是小孩子，其症状是出现水疱、结痂和渗出液体。它是由链球菌引起的，有时葡萄球菌也会参与其中。

女佣的手肘（Nursemaids' elbow）：肘部半脱位（见下文）的具有性别歧视的名称。

膀胱尿道造影（voiding cystourethrogram, VCUG）：一项常对患有尿路感染或排尿时尿流较弱或费力的婴幼儿进行的检查。这项检查能表明是否存在反流。当尿液通过输尿管回流入肾脏，而不是排出体外时，就产生了反流。一根导尿管会通过尿道插入膀胱，向里面注射染色剂，然后在孩子排尿时进行X光检查。有时，逆行性输尿管造影（retrograde ureterogram）会简称为"RUG"。

膀胱炎（Cystitis）："cyst"的意思是膀胱，"itis"的意思是感染或发炎。因此cystitis通常是指膀胱感染。它与尿路感染（urinary tract infection, UTI）不太一样，因为尿路感染这个词也可以包括肾脏。此外，有时候膀胱炎并不是由于感染而是由于刺激引起的。

疱疹（Herpes）：一种病毒，能够引起常见但不会造成危害的儿童疾病，在极其罕见的情况下，也会引起严重的疾病。幸运的是，大多数孩子在接触了疱疹病毒之后就会获得对这种病毒的免疫力，而无须通过得这种疾病获得免疫力。疱疹可以分成两个大类，如果必要，都可以用抗病毒药阿昔洛韦进行治疗。

1. 单纯疱疹病毒（Herpes simplex，SIM-plex）：会引起以下疾病：

• **疱疹性口炎**（Herpes stomatitis）：这是一种常见并且通常不会造成危害的感染，但是会引起强烈的疼痛与不安。

• **新生儿疱疹**（Neonatal herpes）：一种非常危险而严重的感染，通常是在分娩过程中通过母亲传染给婴儿。

• **疱疹性瘭疽**（Herpetic whitlow）：出现在手指或手上的一种很疼的疱疹溃疡，通常是在孩子吮吸的部位。

2. 带状疱疹病毒（Herpes zoster）会引起以下疾病：

• **水痘**（Chicken pox，varicella）：一种出现皮疹的通常不会造成危害的儿童疾病。

• **带状疱疹**（Shingles）：一种令人疼痛的皮疹，发生在休眠于体内的水痘病毒由于压力、日晒或接触新的水痘病毒而被激活时。

这两类病毒都会引起不常见但危险的被称作**眼疱疹**（ocular herpes）的眼部感染，或者**角膜结膜炎**（keratoconjunctivitis），需要由眼科医生立即进行诊断和治疗。

疱疹性咽峡炎（Herpangina）：一种通常由柯萨奇病毒引起的病毒综合征，会在咽喉后部出现疼痛的溃疡。

蜱（Tick）：一种会叮咬动物和人的昆虫，有时候会传播疾病（莱姆病、落基山斑疹热、蜱瘫痪）。

脾脏（Spleen）：位于左侧肋骨下方的器官，其功能是清除衰老的红血球，以及产生重要的免疫力。由于它是充满血液的，因此在受伤时可能破裂。一些病毒性疾病往往会使它肿胀，如单核细胞增多症。

皮脂溢出（Seborrhea）：头皮和面部的油脂过多。脂溢性皮炎是皮脂溢出引起的头皮上的红色鳞屑性皮疹。在很小的婴儿身上最为常见。

贫血症（Anemia）：红细胞总量低于正常值。这可能意味着红细胞过少，也可能意味着红细胞数量正常，但细胞体积过小。它常常意味着"缺铁"，但并不一定如此。一个孩子可能会出现贫血症，但是体内的铁含量正常（例如镰状细胞性贫血），也可能红细胞正常，但仍然缺铁。

葡萄酒色痣（Port-wine stain）：一种胎痣，呈深酒红色，与其他胎痣不同，因为：1. 它是在出生时立即出现的，而很多"胎痣"不是。2. 它可能意味着皮肤下面的问题，比如眼部和大脑的异常，因此必须认真对待。3. 如果不进行治疗，它是永久性的，但是通常通过激光治疗基本可以消除。

葡萄球菌（Staph）：一个特殊的细菌家族，容易引起皮肤感染并使之恶化，尽管身体的任何部位都可能被它感染。

气喘（Wheezing）：在呼吸时反复发出喘息，通常表现为呼气时费力。如果引起气喘的原因不是一种特定的感染或解剖学问题，而气喘发生超过一次，就可以说这个孩子患有哮喘。

脐肉芽肿（Umbilical granuloma）：脐带脱落的部位出现灰白色的组织肿块，反映的是脐带愈合的延迟。通常需要由儿科医生用化学硝酸银进行处理。

器质性（Organic）：医疗人员描述一种疾病使用的术语，意思是明显由一个器官或组织引起的。与其相对的是"功能性"。

潜伏期（Incubation period）：从一个人接触一种会引发疾病的病菌到出现症状的这段时期。

蔷薇疹（Roseola）：一种病毒引起的皮疹，几乎每个孩子都会或迟或早患上这种疾病，但大多数出现在6个月~3岁之间。

青光眼（Glaucoma）：眼压升高。这种疾病极少出现在孩子身上，即使出现，也几乎都是先天性的，表现为眼睛多泪和肿胀。当婴儿看向明亮的光线时，会表现出疼痛的迹象，患有青光眼的婴儿通常会烦躁不安，发育不良。出现这些特征的多泪的眼睛需要接受仔细的检查；不要认为这只是由泪腺阻塞造成的。在极其罕见的情况下，青光眼可能是由眼部受伤引起的。

热惊厥（Fever convulsion），或**热痉挛**（Febrile seizure）：由于突然的发烧引起的一种无害但吓人的惊厥或抽搐，可能由接种疫苗后的反应引起，也可能由感染引起。5%~7%的孩子会在6个月~6岁期间出现一次热惊厥。

乳糖（Lactose）：奶中的糖分，存在于人奶、牛奶、羊奶和大多数以牛奶为基础的配方奶中。这是一种非常复杂的糖，每个分子都包含两种糖分（葡萄糖和半乳糖）。乳糖无法被肠道吸收，除非先被乳糖酶分解。没有乳糖酶，就不能吸收乳糖；相反，会出现腹泻和排气。

乳突炎（Mastoiditis）：耳朵后面的骨骼感染。它曾经是慢性中耳炎的一种可怕的并发症，但是，现在随着抗生素的发展，已经变得不那么常见（但也不是罕见到未曾听说）。

乳腺炎（Mastitis）：一种在乳导

管被阻塞时出现的乳房感染，会形成一个非常柔软的硬块，通常会在皮肤上出现一个发红发亮的区域。对于哺乳的母亲来说，通常用热敷、增加哺乳次数和按摩来进行处理，并且经常会使用抗生素。对于男性和女性新生儿来说，可能需要注射药物，或住院治疗。

瑞氏综合征（Reye syndrome）：一种肝脏和大脑的罕见疾病，容易发生在患流感或水痘之后，尤其是当一个孩子服用了真正的阿司匹林而不是对乙酰氨基酚来缓解发烧和疼痛时。失眠、呕吐、头疼和怪异的行为是其主要症状。需要紧急治疗。

弱视（Amblyopia）：一只眼睛视力弱，通常是可预防的。它发生在一只眼睛的视力弱于另一只眼睛，使得另一只眼睛承担了全部工作。由于视力较弱的那只眼睛从来不向大脑发出信号，大脑就会忘记如何通过那只眼睛获得视觉信号。如果在大脑忘记之前能够让那只眼睛努力工作，就可以保留它的视力。弱视的一个迹象是一只眼睛"呆滞"或"游移"（见下面的"斜视"）。

色苷酸钠（Cromolyn sodium）：一种独特的过敏药物。它能够稳定肥大细胞膜，这样它就无法在过敏发作中释放其所制造的"过敏毒素"。因此，这种药物只是预防性的，而且必须定期服用——作为鼻喷剂或吸入剂。

疝气（Hernia）：体壁上出现不该有的开口，使得一部分内容物通过这个开口进入另一个身体腔室，或凸出体外。有几种不同的疝气：

• **腹股沟疝**（Inguinal hernia）：最常见的一种疝气，睾丸在胎儿期下降至阴囊的通道仍然保持开放，使得一小截肠子进入阴囊。

• **膈疝**（Diaphragmatic hernia）：膈膜上有一个开口，在我们呼吸时，活动肺部的肌肉在胎儿期未能合拢，一小截肠子（在极其罕见的情况下，是一大截肠子）通过这个开口进入胸腔。罕见而严重的膈疝可能威胁生命，因为它会阻碍肺部的发育或扩张。

• **脐疝**（Umbilical hernia）：一截肠子和腹部内膜从脐带通过的开口处凸出。通常，这是一种可爱的正常情况，但是在极其罕见的情况下可能意味着潜在的疾病，比如甲状腺功能低下。作为一种不会造成危害的情况，脐疝在早产婴儿和非裔美国婴儿身上最为常见。

上睑下垂（Ptosis）：眼睑下垂。有很多原因会造成这个问题，从受伤到神经疾病，因此需要接受检查。

肾病综合征（Nephrotic syndrome）：小孩子的一种肾脏疾病，患者的肾脏将血液中过多的蛋白质排放到尿液中。这会导致血液变稀，因此水状液体会渗入到身体组织。通常，父母们会在早晨看到孩子的眼睛肿胀，在白天，肿胀的情况会逐渐变得明显，然后，会出现腹部膨胀和脚部肿胀。孩子往往会感到嗜睡、无力，排尿的数量和次数都很少。有多种原因会导致肾脏漏出蛋白质，每种原因都必须根据不同的个体情况进行处理。

肾炎（Nephritis）：不是由于感染造成的肾脏的发炎、肿胀和一般性刺激（见肾盂肾炎）。

肾盂肾炎（Pyelonephritis）：由于感染造成的肾脏发炎。

肾脏（Kidneys）：位于肋骨后下方的一对器官，对血液进行过滤，将好的物质回收，剩余的物质随尿液排出体外。

生命体征（Vital signs）：体温、脉搏、呼吸频率和血压。

虱病（Pediculosis）：头虱或体虱。

室间隔缺损（Ventricular septal defect，VSD）：两个心室中间的壁上有一个孔洞。这是最为常见的先天心脏异常，是婴儿出生后头几周或几个月内引起心脏杂音的常见原因。心脏杂音在出生时从来不会被听到，因为那时心脏仍然在进行调整，将血液泵入肺部。很多孔洞会自然合拢；一些则永远不会合拢，但是它们非常小，不会引起问题；还有一些必须通过手术进行修复。

视网膜母细胞瘤（Retinoblastoma）：一种眼部肿瘤，尽管很不常见，但及早诊断是非常重要的。每18000个孩子中会出现1例。尽管这种疾病是出生时就出现的，但通常要在几个月后才能诊断；做出诊断的平均年龄是2岁。如果父母认为宝宝的眼睛"看起来不对劲"，或者瞳孔在相机闪光灯下反射白光，而不是红光，就应该让孩子接受检查。如果尽早治疗，预后会很好，能过上正常的生活（但是，那只受影响的眼睛无法恢复正常视力）。

湿疹（Eczema）：一种过敏性皮肤疾病。婴儿会长出结痂的、有液体渗出的小疙瘩；孩子身体褶皱处的皮肤变得干燥、粗糙。瘙痒和频繁的洗澡会使情况变得更糟。

收缩（Retractions）：在呼吸困难时额外的肌肉进行收缩以帮助呼吸。这些肌肉包括腹肌、肋间肌，以及锁骨上方的肌肉。这始终是呼吸困难的标志。

手足口病（Hand-foot-and-mouth disease）：一种由柯萨奇病毒引起的疾病，表现为口腔、手掌和脚底出现溃疡。它与口蹄疫无关（也与"把某人的脚放进嘴里并用手拿出"无关)。

输尿管（Ureters）：一对管道，每个都连接一个肾脏与膀胱，用来输送尿液。

栓剂（Suppository）：放入直肠内的药物（有时是放入阴道，但是对我们谈论的年龄组不适用）。它是为了帮助便秘的孩子排便，或是在不能（或无法）口服药物时进行给药。它的吸收情况是复杂的，这就是为什么所有儿科药物不能都使用栓剂形式的原因。

水痘（Chicken pox）：一种出现皮疹的儿童疾病，是由带状疱疹病毒引起的。

撕脱伤（Avulsion）：身体的一部分组织被撕脱的伤情。对于小孩子的手指和脚趾来说，这并非是一种不常见的伤情。不要忘记查看破伤风的免疫状况。

粟粒疹（Milia）：新生儿的面部，尤其是鼻子上，出现很多白色小点。它们是一些微小的皮肤囊肿，会随时间而消失。

胎斑、蒙古斑（Mongolian spots）：很多新生儿身上出现的发蓝、发黑或发灰的扁平斑点（约有80%的亚洲人、印第安人和非裔美国人的婴儿和大约10%的其他地区的婴儿会出现胎斑）。它们可能会出现在身体的任何位置。它们不是瘀青，但是可能会被误认为是瘀青。一个新生儿可能会被认为在分娩过程中受到了冲击。大多数胎斑会在儿童期后期消失。

胎儿皮脂（Vernix）：在子宫中包裹胎儿的奶油干酪状的物质。足月或超过预产期出生的婴儿没有太多的胎儿皮脂，早产的婴儿可能会包裹着胎儿皮脂。

胎粪（Meconium）：新生儿的黑绿色的粪便，它是在整个妊娠期内在胎儿的肠道内积聚形成的。它呈现黑绿色是因为里面包含有高浓度的胆红素（见上文）。

胎毛（Lanugo）：所有胎儿都长着的绒毛般的体毛。大多数婴儿在出生时仍然有一些胎毛。

胎盘（Placenta）：一端附着在子宫上，另一端附着在脐带上的一个神奇的器官，胎儿可以通过它获得养分和氧气，并排出废物。它是胎儿的一部分，也是母亲的一部分，母体为什么不把它当作异体组织排斥的原因尚未可知。

探查（Scope）：一个动词（"对他进行探查"），指通过任何体孔向内查看，通常使用光纤仪器。

糖尿病（Diabetes）：胰腺不能制造足够的胰岛素的一种疾病，导致血糖保持很高的水平——可能成为一种危及生命的障碍,需要紧急治疗。症状包括:异常的口渴和多尿,嗜睡,腹痛,呕吐,以及"行为不对劲"。终生使用胰岛素(目前是通过注射)再加上谨慎的饮食能让大多数孩子过上基本正常的生活。这种疾病是遗传性的,但是遗传方式非常复杂。

特发性(Idiopathic):用来描述一种令人困惑的症状、疾病或状况。它是由某种原因引起的,但是我们不知道是什么原因。

特异反应性(Atopy):一种遗传的过敏倾向。这个术语常常用在有湿疹、哮喘、花粉热家族倾向的孩子身上。这些孩子被称为有遗传性过敏症的人。

天使之吻(Angel kisses):婴儿在出生时眼睑和前额上的粉色斑痕,在出生后的几个月或几年中,斑痕逐渐变浅并消失。

酮症(Ketosis):一个出现呕吐、腹泻、持续发烧或其他代谢应激的孩子体内发生的化学现象。酸性物质聚积使得这个孩子感觉更难受,不愿意摄入液体。这会使酮症加剧。这种恶性循环的解决办法在第2篇的"呕吐、腹泻和脱水"中讨论过。患有糖尿病的孩子也会患酮症,但他们需要医疗帮助(以及胰岛素)来摆脱这个问题。

秃头症(Alopecia):缺少头发。在小孩子身上,这可能是因为他们玩弄头发并将其拔掉造成的,或者是因为真菌感染,或者在极其罕见的情况下是由其他原因造成的。

外耳炎(External otitis,Otitis externa):耳道的感染,也就是鼓膜的外侧,"耳垢所在的地方",也常被称作"游泳性耳炎"。

围产期的(Perinatal):与胎儿和出生不久的新生儿的健康有关。

维尔姆斯瘤(Wilms' tumor):儿童期第二常见的恶性腹部肿瘤,排在成神经细胞瘤(见上文)之后,见于2~5岁的孩子。这是一种肾脏肿瘤,通常在腹部会发现一个肿块,尽管有时也表现为严重的腹痛。尽管它是第二常见的肿瘤,但仍然是罕见的,100万个孩子中只有8例。如果能够尽早发现和治疗,预后通常是良好的。

无力的、嗜睡的(Lethargic):一个对不同的人有不同意义的形容词。对于医疗人员来说,这是对于行为非常异常的一个紧急警报:无力地躺着,不关注任何事物。对于很多父母来说,它意味着"不像平常那样活跃"。对这两类人来说,最好描述具体的行为,而不要使用这个词语。

细菌(Bacteria,bacterium):是能够造成感染性疾病的单细胞生物。由于它们是独立的、可以自我繁殖的,因此，比病毒更容易被药物杀死或阻止其繁殖。这些药物被称作抗生素（见上文）。

吸气的（Inspiratory）：发生在吸气时，而不是呼气时。反义词是呼气的（expiratory）。吸气费力发出的声响叫作喘鸣。

吸入（Inhalation）：将一些东西吸入的行为。这可能是喷雾状的药物，或者是诸如二手烟这样的有毒物质。

吸入异物（Aspiration）：将某个异物吸入肺部。这通常会导致被称为吸入性肺炎的肺部组织发炎。

细支气管炎（Bronchiolitis）：小婴儿（通常）会患上的一种病毒性疾病，会导致呼吸发出刺耳的声音、气喘和呼吸费力。引起这种疾病的最常见病毒是 RSV（呼吸道合胞病毒）。

腺体（Glands）：在"腺体肿胀"这个词中，它的意思根本不是腺体，而是淋巴结。真正的腺体是分泌身体必需的某种物质的器官。胰腺、甲状腺和肾上腺才是腺体。

先天性的（Congenital）：形容一种状况是与生俱来的。这并不一定意味着这种状况是遗传性的，也不一定意味着这种状况是在出生时就被发现的。

消除（Reduce）：一个医学术语，可以用来指"治好或矫正"。你可以通过将凸出的部分推入腹腔来消除疝气，你可以通过将骨骼对齐来矫正骨折，你可以通过解开扭绞在一起的肠子来消除肠套叠。我猜你刚才"消除"了这个问题。

哮喘（Asthma）：由环境中的某种物质或某种行为引发气喘的倾向。这可能是由于过敏，某种如二手烟的刺激物，空气温度或湿度的变化，情绪压力，或是运动（这与特定疾病引起的喘息不同，比如细支气管炎；与解剖学问题引起的喘息也不同，如肿块压迫呼吸道）。

小舌（Uvula）：从上腭的后端垂下的一个小东西。它通常是一体的，有时也会分开，呈现倒 Y 型。它可以协助吞咽，有时候会被感染，通常是被链球菌感染。

斜颈（Torticollis）：头部和颈部的异常姿势，头部倾斜并且（或者）转向一侧。对于一个小婴儿来说，这可能意味着在子宫中的一种蜷伏姿势，应当查找有没有其他问题——尤其是髋关节脱位。如果是一个大一些的孩子，引起斜颈的原因很多，必须寻求儿科医生的建议。

斜视（Strabismus）：一只游移的或弱视的眼睛（不是眼睑），不能和另一只眼睛一起聚焦。通常，这只眼睛的视力不如另一只能聚焦的眼睛，因此，它会让那只"好眼"承担所有的工作。（见上面的"弱视"。）

新陈代谢的（Metabolic）：与身体的化学变化有关，这些化学变化让我们将食物转变成能量、除掉毒素、保持正常的体温以及成长。当一个孩子在出生时不具备执行某种代谢任务的能力时，就出现了先天的代谢问题。在这种情况下，整个新陈代谢的"链条"，从缺失的环节开始，就会变得紊乱。

心电图（Electrocardiogram, EKG）：一个用来记录心脏的每一心动周期所产生的电活动的小装置。它对于诊断心律紊乱、心脏不同部位的增大以及心肌张力问题尤其有帮助。它不会引起疼痛，也不会让心脏受到任何电击，（通常）不需要服用镇静剂。

心动过速（Tachycardia）：任何原因引起的心跳过快。

囟门（Fontanel, soft spot）：婴儿的头顶没有被颅骨覆盖的一个柔软的区域。这是几块颅骨接合的区域。这几块颅骨必须是"漂浮的"并且彼此不相连的，以便使颅骨能够在分娩的过程中改变形状，并适应大脑的快速生长。囟门上面覆盖着一层厚实的膜，它很结实但又易受伤。你常常可以看到它随着心跳轻轻跳动。当然，囟门看起来总是有些凹陷的，因为那里没有头骨覆盖。如果它看上去凹得很厉害，这是严重脱水的迹象。在婴儿激烈地啼哭时，它可能会暂时鼓起来，但是，如果一个生病的婴儿囟门鼓起来，这可能意味着脑膜炎。囟门会在 18 个月～2 岁期间闭合。

新生的（Neonatal）：与不满 2 个月的新生儿有关。

新生儿筛查（Newborn Screening Test）：用取自新生儿脚后跟的几滴血做检测。这个筛查针对几种疾病和状况。最广为人知的是苯丙酮尿症（PKU）（见上文），因此，这个筛查常被称作 PKU 筛查。每个国家和每个州筛查的具体项目都不同，但都是一些不进行治疗就会引起严重的智力缺陷或严重疾病的状况。这种筛查能够在出现任何症状前发现这些疾病。如果能在孩子出现症状前进行治疗，恢复正常的生长发育的前景就会更好。一些疾病（苯丙酮尿症，半乳糖血症）要求特殊的饮食。甲状腺功能低下需要补充激素。先天性贫血症（镰状细胞贫血症，地中海贫血症）需要小心地预防感染和低血压。

心室（Ventricles）：心脏下部的两个跳动的空腔。左侧的心室将血液泵入身体。右侧的心室将血液泵入肺动脉。

心脏杂音（Heart murmur）：血

液从一个地方向另一个地方快速流动时发出的声音——通过心脏的腔室，从心脏流入血管。通常情况下，在儿童期出现心脏杂音是完全正常的，这只是由于血液飞快流动造成的。其次，是由于两个心室之间的小开口造成的，或者，是由于瓣膜不规则引起的。很多这样的情况都不需要给予特殊的医疗护理。如果需要护理，通常也只是在去看牙医之前预防性地服用抗生素。这是因为任何牙科的操作（哪怕是洗牙和调整支架）都会使细菌进入血液，它们容易附着在不规则的心脏瓣膜上并造成感染。

血管炎（Vasculitis）：血管发炎。

血肿（Hematoma）：出血导致的肿胀。有时是对普通瘀伤的唬人的称呼，但也用来描述更为严重的出血，例如大脑与颅骨之间的出血。

荨麻疹（Hives, urticaria）：皮肤上出现发痒的"红肿"或斑点，这是由于对为数众多的过敏原中的一种发生过敏反应而引起的：食物、药物、昆虫叮咬，或者甚至是一种病毒或细菌感染。大多数时候，是无法确定其潜在原因的。注射肾上腺素和口服抗组胺药物会有帮助。有时候需要使用类固醇。

眼前房积血（Hyphema）：眼睛前部的小腔隙（在虹膜——使我们的眼睛呈现出棕色、蓝色或其他颜色的有色圆环——和被称作角膜的该圆环上的透明覆盖物之间）出血。这样的出血可能出现在眼睛遭受直接击打或穿刺伤之后。如果不进行诊断和治疗，就可能导致视力受损或失明，这也是在眼部遭到击打后应该到儿科医生、急诊医生或眼科医生那里接受检查的一个原因。

羊水（Amniotic fluid）：子宫中包裹胎儿的液体。它通常是像水一样清澈的，除非胎儿在里面排便，或者子宫出现感染。

腰椎穿刺（Lumbar puncture, LP）：一种医疗程序，使少量的脊髓液被取出、检查以及培养，以便对脑膜炎等疾病进行诊断。这是一种安全的并且经常会在小孩子身上进行的检测，因为对脑膜炎的早期诊断对治疗效果有至关重要的影响。在进行这项检查时，需要用蜷缩的姿势固定住孩子（通常让其侧躺，在极少数时候采取坐姿），医生小心地将一根针插入下脊椎的椎骨之间，并深入到有液体的部分。这会给孩子带来压力（更不必说父母了），但这通常并不比抽血更疼：孩子们真正讨厌的是自己被按住。

遗尿症（Enuresis）：在白天能很好地上厕所很久之后出现尿床的情况。到5岁时，85%的孩子能在大多数的夜晚不尿床，15%的孩子仍然尿床。因此，大多数儿科医生不把未满5岁的孩子尿床称作遗尿症，而只是正常的尿床。

胰腺（Pancreas）：藏在胃部附近的器官，制造消化酶和胰岛素。

阴唇（Labia）：阴道周围的皱褶部位。内侧的皱褶部位是小阴唇（labia minora），外侧的皱褶部位是大阴唇（labia majora）。

阴唇粘连（Labial adhesions）：在受到一些刺激后，小阴唇有时会粘在一起，相互融合，因此，当你观察孩子的会阴（见上文）时，阴道的开口似乎消失了。这可能非常令人担忧：看起来好像出了什么严重的问题，但实际情况并非如此。它仍然有一个开口，使尿液可以排出，你只是看不到它。有时候需要对此进行治疗，但是，粘连通常最终会自然消失。

阴道（Vagina）：一个口袋状的结构，通向子宫，在处女膜处开口。

阴道炎（Vaginitis）：阴道发炎，不论是否出现感染。

阴蒂（Clitoris）：一个具有性敏感性的圆柱状的小器官，被阴蒂包皮包绕，位于两侧小阴唇之间的顶端，是两侧大阴唇的上端的会合点。

隐睾症（Cryptorchidism）：睾丸未降的医学术语——睾丸在胎儿发育阶段没有下降到阴囊中。

龈口炎（Gingivostomatitis）："Gingivo"的意思是牙龈，"stoma"的意思是口腔，"isit"的意思是感染。这种口腔和牙龈的感染通常是由于儿童期的疱疹病毒引起的。

阴囊（Scrotum）：包裹睾丸的囊。

婴儿猝死综合征（Sudden Infant Death Syndrome，Crib Death，SIDS）：指不满1岁的一向健康的婴儿突然无法解释地死亡。这种情况是不常见的，每1000个安全出生的婴儿中只有2～8例。有一些危险因素是可以避免的。其中的一些是孕期危险因素，例如吸烟和服用药物，以及不恰当的产前护理。其他的危险因素可以在婴儿出生后进行预防：二手烟是最大的危险因素。把宝宝包裹得太严是另一个危险因素。最近，还有证据指出睡眠姿势也是一个危险因素。让人想不到的是，具有最高风险的睡姿是让宝宝俯卧。研究表明，这种睡眠姿势可能阻塞气管。应该让婴儿侧卧或仰卧睡眠，直到他们获得足够的活动能力，能够选择自己喜欢的姿势。这不适用于一些早产的婴儿和患有胃食道反流的婴儿，他们可能需要俯卧睡眠。研究表明，婴儿猝死综合征与百白破三联疫苗没有关联。类似婴儿猝死综合征（Near-SIDS）是指一个婴儿被发现躺在婴儿床上失去生命迹象，但之后重新复苏。有这种经历的婴儿应该暂时住院，以确定是什么原因引起了这种状况，以及是否需要采取措施来防止这种情况再次发生。这样的事件有时被称作明显危及生命的事件。

婴儿痉挛症（Infantile spasms）：一种罕见的惊厥，不会出现在2个月大之前或9个月大之后。患有这种罕见疾病的婴儿通常看上去就像是伸出手臂行额手礼，同时会低下头来，用下巴抵到胸前。他们会反复这样做，连续做好几次。他们还会有行为的变化：嗜睡、不愿玩耍、不学习新东西。早期诊断能使这种疾病的预后呈现很大的不同。

右美沙芬（Dextromethorphan）：很多止咳药和感冒药中的一种成分，能够抑制咳嗽反射。在标签上常缩写为DM。

游泳性耳炎（Swimmer's ear）：见上面的"外耳炎"。

瘀点（Petechiae）：看起来像皮下出血的小红点，按压时不会像周围的皮肤一样变白。它们可能是无害的，但也有可能意味着严重的感染或造血系统（骨髓）出现问题，因此始终必须接受检查。

晕厥（Syncope）：在没有受伤的情况下或在一次惊厥后昏倒，失去意识。

阵发性房性心动过速（paroxysmal atrial tachycardia，PAT）：儿童期最常见的心率异常，但并不意味着这种状况出现得非常频繁。心率异常发生在心跳失去身体的"反馈"调节的时候，这样它就无法根据身体的需要来调整它的频率。在发生阵发性房性心动过速时，心率会突然变得很快——快得让你无法计算脉搏，尽管此时孩子非常平静。孩子的年龄越小，所消耗的体力就越大，也越危险。患有阵发性房性心动过速的婴儿看上去像生病了，面色很差。如果你摸他的脉搏，你无法对它进行计数。需要进行紧急治疗。（大多数时候，心脏本身没有任何问题。它只是跳得过快。）

症状（Symptom）：疾病的表现，比如患者抱怨疼痛。与疾病的"迹象"有微妙的区别。疾病的迹象是指其他人能评估的一些情况：体温升高，呼吸加快，皮肤发青或发白。

直肠炎（Proctitis）：直肠区域的感染，常常是由一些不会造成危害的讨厌的东西引起的，比如链球菌和酵母菌。儿科医生总是会考虑孩子遭受性虐待的可能性，但是，大多数病例都只是由于儿童期的卫生问题引起的。

支气管扩张剂（Bronchodilator）：一种扩张肺部气管使呼吸变得轻松的药物。用来治疗哮喘，常常也用来治疗细支气管炎。

支原体（Mycoplasma）：一种常常会引起"轻度肺炎"小细菌，支原体具有一些与病毒相似的特点。它们通常对红霉素或四环素（不能给孩子使用）有反应，但对其他抗生素没有反应。它与**分枝杆菌**（Mycobacteria）没有关系。

中耳炎（Otitis media）：中耳的感染，在鼓膜的"内侧"。

中毒的（Toxic）：描述一个孩子的外观像生病了，可能是患有败血症（血液感染）。这样的孩子典型的特征是抽泣，或者非常暴躁或无力，气色不好，无法集中注意力或进行眼神接触——通常会伴随发烧，但并不总是如此。

肘部半脱位（Subluxed elbow）[女佣的手肘（nursemaids' elbow）；桡骨头半脱位（subluxed radial head）]：小孩子非常常见的一种意外，手部或手臂被拉扯导致肘部脱位。手肘的骨头被拉出其臼窝，被韧带或组织纤维带卡住。见第2篇第14章"急救"中的"手臂"。

周期性发热、口疮性口炎、咽炎、颈淋巴结炎综合征（Periodic Fever Aphthous-stomatitis Pharyngitis cervical-Adenitis Syndrome, PFAPA）：一种综合征，患有这种疾病的孩子会规律性地每隔4个星期——就像钟表一样准——出现周期性发热、口疮性溃疡（口腔与咽喉出现溃疡）、咽炎（嗓子疼）和淋巴腺炎（颈部腺体肿胀）。一旦通过实验室检测得出诊断，可以通过口服可的松或扁桃腺切除术来进行治疗。

紫癜（Purpura）：瘀青状的斑点，按压时不会褪色，实际上是微量的皮下出血。这些斑点总是意味着某个问题，但有些原因是非常紧急的，而另一些则没有那么紧急。最安全的做法是把紫癜当作一个紧急的问题来对待，因为它可能意味着一种极其严重并且有可能致命的感染。

子宫（Uterus）：一个中空的肌肉器官，也叫作"womb"——在5岁以下的女童体内是一个很小的器官。

综合征（Syndrome）：一系列迹象和症状，全部可以归在一个类别之下，即使可能有一些不同的潜在原因。

[美]伯顿·L.怀特 著
宋苗 译
北京联合出版公司
定价：39.00元

《从出生到3岁》

婴幼儿能力发展与早期教育权威指南

畅销全球数百万册，被翻译成11种语言

没有任何问题比人的素质问题更加重要，而一个孩子出生后头3年的经历对于其基本人格的形成有着无可替代的影响……本书是唯一一本完全基于对家庭环境中的婴幼儿及其父母的直接研究而写成的，也是惟一一本经过大量实践检验的经典。本书将0~3岁分为7个阶段，对婴幼儿在每一个阶段的发展特点和父母应该怎样做以及不应该做什么进行了详细的介绍。

本书第一版问世于1975年，一经出版，就立即成为了一部经典之作。伯顿·L.怀特基于自己37年的观察和研究，在这本详细的指导手册中描述了0~3岁婴幼儿在每个月的心理、生理、社会能力和情感发展，为数千万名家长提供了支持和指导。现在，这本经过了全面修订和更新的著作包含了关于养育的最准确的信息与建议。

伯顿·L.怀特，哈佛大学"哈佛学前项目"总负责人，"父母教育中心"（位于美国马萨诸塞州牛顿市）主管，"密苏里'父母是孩子的老师'项目"的设计人。

[美]特蕾西·霍格
　　梅林达·布劳 著
北京联合出版公司
定价：42.00元

《实用程序育儿法》

宝宝耳语专家教你解决宝宝喂养、睡眠、
情感、教育难题

**《妈妈宝宝》、《年轻妈妈之友》、《父母必读》、
"北京汇智源教育"联合推荐**

本书倡导从宝宝的角度考虑问题，要观察、尊重宝宝，和宝宝沟通——即使宝宝还不会说话。在本书中，作者集自己近30年的经验，详细解释了0~3岁宝宝的喂养、睡眠、情感、教育等各方面问题的有效解决方法。

特蕾西·霍格(Tracy Hogg)世界闻名的实战型育儿专家，被称为"宝宝耳语专家"——她能"听懂"婴儿说话，理解婴儿的感受，看懂婴儿的真正需要。她致力于从婴幼儿的角度考虑问题，在帮助不计其数的新父母和婴幼儿解决问题的过程中，发展了一套独特而有效的育儿和护理方法。

梅林达·布劳，美国《孩子》杂志"新家庭（New Family）专栏"的专栏作家，记者。

[美] 黛博拉·卡莱
　　尔·所罗门　著
邢子凯　译
北京联合出版公司
定价：35.00 元

《RIE 育儿法》

养育一个自信、独立、能干的孩子

　　RIE 育儿法是一种照料和陪伴婴幼儿——尤其是 0～2 岁宝宝——的综合性方法，强调要尊重每个孩子及其成长的过程……教给父母们在给宝宝喂奶、换尿布、洗澡、陪宝宝玩耍、保证宝宝的睡眠、设立限制等日常照料和陪伴的过程中，如何读懂宝宝的需要并对其做出准确的回应……帮助父母们更好地了解自己的宝宝，更轻松、自信地应对日常照料事物的挑战……让孩子成长为一个自信、独立而且能干的人。

　　RIE 育儿法是美国婴幼儿育养中心（RIE）的创始人玛格达·格伯经过几十年的实践提出的，并已在全世界得到广泛传播。

[美] 简·尼尔森
　　谢丽尔·欧文
　　罗丝琳·安·达菲　著
花莹莹　译
北京联合出版公司
定价：42.00 元

《0～3 岁孩子的正面管教》

养育 0～3 岁孩子的"黄金准则"

家庭教育畅销书《正面管教》作者力作

　　从出生到 3 岁，是对孩子的一生具有极其重要影响的 3 年，是孩子的身体、大脑、情感发育和发展的一个至关重要的阶段，也是会让父母们感到疑惑、劳神费力、充满挑战，甚至艰难的一段时期。

　　正面管教是一种有效而充满关爱、支持的养育方式，自 1981 年问世以来，已经成为了养育孩子的"黄金准则"，其理论、理念和方法在全世界各地都被越来越多的父母和老师们接受，受到了越来越多父母和老师们的欢迎。

　　本书全面、详细地介绍了 0～3 岁孩子的身体、大脑、情感发育和发展的特点，以及如何将正面管教的理念和工具应用于 0～3 岁孩子的养育中。它将给你提供一种有效而充满关爱、支持的方式，指导你和孩子一起度过这忙碌而令人兴奋的三年。

　　无论你是一位父母、幼儿园老师，还是一位照料孩子的人，本书都会使你和孩子受益终生。

[美]简·尼尔森
　　谢丽尔·欧文
　　罗丝琳·安·达菲 著
娟子 译
北京联合出版公司
定价：42.00元

《3～6岁孩子的正面管教》

养育3～6岁孩子的"黄金准则"

家庭教育畅销书《正面管教》作者力作

　　3～6岁的孩子是迷人、可爱的小人儿。他们能分享想法、显示出好奇心、运用崭露头角的幽默感、建立自己的人际关系，并向他们身边的人敞开喜爱和快乐的怀抱。他们还会固执、违抗、令人困惑并让人毫无办法。

　　正面管教会教给你提供有效而关爱的方式，来指导你的孩子度过这忙碌并且充满挑战的几年。

　　无论你是一位父母、一位老师或一位照料孩子的人，你都能从本书中发现那些你能真正运用，并且能帮助你给予孩子最好的人生起点的理念和技巧。

[美]默娜·B.舒尔
　　特里萨·弗伊·
　　迪吉若尼莫 著
张雪兰 译
北京联合出版公司
定价：30.00元

《如何培养孩子的社会能力》

教孩子学会解决冲突和与人相处的技巧

简单小游戏　成就一生大能力
美国全国畅销书（The National Bestseller）
荣获四项美国国家级大奖的经典之作
美国"家长的选择（Parents'Choice Award)"图书奖

　　社会能力就是孩子解决冲突和与人相处的能力，人是社会动物，没有社会能力的孩子很难取得成功。舒尔博士提出的"我能解决问题"法，以教给孩子解决冲突和与人相处的思考技巧为核心，在长达30多年的时间里，在全美各地以及许多其他国家，让家长和孩子们获益匪浅。与其他的养育办法不同，"我能解决问题"法不是由家长或老师告诉孩子怎么想或者怎么做，而是通过对话、游戏和活动等独特的方式教给孩子自己学会怎样解决问题，如何处理与朋友、老师和家人之间的日常冲突，以及寻找各种解决办法并考虑后果，并且能够理解别人的感受。让孩子学会与人和谐相处，成长为一个社会能力强、充满自信的人。

　　默娜·B.舒尔博士，儿童发展心理学家，美国亚拉尼大学心理学教授。她为家长和老师们设计的一套"我能解决问题"训练计划，以及她和乔治·斯派维克（George Spivack）一起所做出的开创性研究，荣获了一项美国心理健康协会大奖、三项美国心理学协会大奖。

[美] 默娜·B.舒尔 著
刘荣杰 译
北京联合出版公司
定价：35.00 元

《如何培养孩子的社会能力（Ⅱ）》

教 8～12 岁孩子学会解决冲突和与人相处的技巧

全美畅销书《如何培养孩子的社会能力》作者的又一部力作！
让怯懦、内向的孩子变得勇敢、开朗！
让脾气大、攻击性强的孩子变得平和、可亲！
培养一个快乐、自信、社会适应能力强、情商高的孩子

　　8～12 岁，是孩子进入青春期反叛之前的一个重要时期，是孩子身体、行为、情感和社会能力发展的一个重要分水岭。同时，这也是父母的一个极好的契机——教会孩子自己做出正确决定，自己解决与同龄人、老师、父母的冲突，培养一个快乐、自信、社会适应能力强、情商高的孩子——以便孩子把精力更多地集中在学习上，为他们期待而又担心的中学生活做好准备。

　　本书详细、具体地介绍了将"我能解决问题"法运用于 8～12 岁孩子的方法和效果。

[美] 海姆·G·吉诺特 著
北京联合出版公司
定价：32.00 元

《孩子，把你的手给我》

与孩子实现真正有效沟通的方法

畅销美国 500 多万册的教子经典，以 31 种语言畅销全世界
彻底改变父母与孩子沟通方式的巨著

　　本书自 2004 年 9 月由京华出版社自美国引进以来，仅依靠父母和老师的口口相传，就一直高居当当网、卓越网的排行榜。

　　吉诺特先生是心理学博士、临床心理学家、儿童心理学家、儿科医生；纽约大学研究生院兼职心理学教授、艾德尔菲大学博士后。吉诺特博士的一生并不长，他将其短短的一生致力于儿童心理的研究以及对父母和教师的教育。

　　父母和孩子之间充满了无休止的小麻烦、阶段性的冲突，以及突如其来的危机……我们相信，只有心理不正常的父母才会做出伤害孩子的反应。但是，不幸的是，即使是那些爱孩子的、为了孩子好的父母也会责备、羞辱、谴责、嘲笑、威胁、收买、惩罚孩子，给孩子定性，或者对孩子唠叨说教……当父母遇到需要具体方法解决具体问题时，那些陈词滥调，像"给孩子更多的爱"、"给她更多关注"或者"给他更多时间"是毫无帮助的。

　　多年来，我们一直在与父母和孩子打交道，有时是以个人的形式，有时是以指导小组的形式，有时以养育讲习班的形式。这本书就是这些经验的结晶。这是一个实用的指南，给所有面临日常状况和精神难题的父母提供具体的建议和可取的解决方法。

　　　　　　　　——摘自《孩子，把你的手给我》一书的"引言"

《孩子，把你的手给我（Ⅱ）》

与十几岁孩子实现真正有效沟通的方法

《孩子，把你的手给我》作者的又一部巨著
彻底改变父母与十几岁孩子的沟通方式

本书是海姆·G·吉诺特博士的又一部经典著作，连续高踞《纽约时报》畅销书排行榜25周，并被翻译成31种语言畅销全球，是父母与十几岁孩子实现真正有效沟通的圣经。

十几岁是一个骚动而混乱、充满压力和风暴的时期，孩子注定会反抗权威和习俗——父母的帮助会被怨恨，指导会被拒绝，关注会被当做攻击。海姆·G·吉诺特博士就如何对十几岁的孩子提供帮助、指导、与孩子沟通提供了详细、有效、具体、可行的方法。

[美] 海姆·G·吉诺特 著
张雪兰 译
北京联合出版公司
定价：26.00元

《孩子，把你的手给我（Ⅲ）》

老师与学生实现真正有效沟通的方法

《孩子，把你的手给我》作者最后一部经典巨著
以31种语言畅销全球
彻底改变老师与学生的沟通方式
美国父母和教师协会推荐读物

本书是海姆·G·吉诺特博士的最后一部经典著作，彻底改变了老师与学生的沟通方式，是美国父母和教师协会推荐给全美教师和父母的读物。

老师如何与学生沟通，具有决定性的重要意义。老师们需要具体的技巧，以便有效而人性化地处理教学中随时都会出现的事情——令人烦恼的小事、日常的冲突和突然的危机。在出现问题时，理论是没有用的，有用的只有技巧，如何获得这些技巧来改善教学状况和课堂生活就是本书的主要内容。

书中所讲述的沟通技巧，不仅适用于老师与学生、家长与孩子之间的交流，而且也可以灵活运用于所有的人际交往中，是一种普遍适用的沟通技巧。

[美] 海姆·G·吉诺特 著
张雪兰 译
北京联合出版公司
定价：35.00元

[美] 简·尼尔森 著
玉冰 译
北京联合出版公司
定价：38.00 元

《正面管教》

如何不惩罚、不娇纵地有效管教孩子

畅销美国 400 多万册　被翻译为 16 种语言畅销全球

自 1981 年本书第一版出版以来，《正面管教》已经成为管教孩子的"黄金准则"。正面管教是一种既不惩罚也不娇纵的管教方法……孩子只有在一种和善而坚定的气氛中，才能培养出自律、责任感、合作以及自己解决问题的能力，才能学会使他们受益终生的社会技能和人生技能，才能取得良好的学业成绩……如何运用正面管教方法使孩子获得这种能力，就是这本书的主要内容。

简·尼尔森，教育学博士，杰出的心理学家、教育家，加利福尼亚婚姻和家庭执业心理治疗师，美国"正面管教协会"的创始人。曾经担任过 10 年的有关儿童发展的小学、大学心理咨询教师，是众多育儿及养育杂志的顾问。

本书根据英文原版的第三次修订版翻译，该版首印数为 70 多万册。

[美] 简·尼尔森
　　琳·洛特 著
尹莉莉 译
北京联合出版公司出版
定价：35.00 元

《十几岁孩子的正面管教》

教给十几岁的孩子人生技能

家庭教育畅销书《正面管教》作者力作
养育十几岁孩子的"黄金准则"

度过十几岁的阶段，对你和你的青春期的孩子来说，可能会像经过一个"战区"。青春期是成长中的一个重要过程。在这个阶段，十几岁的孩子会努力探究自己是谁，并要独立于父母。你的责任，是让自己十几岁的孩子为人生做好准备。

问题是，大多数父母在这个阶段对孩子采用的养育方法，使得情况不是更好，而是更糟了……

本书将帮助你在一种肯定你自己的价值、肯定孩子价值的相互尊重的环境中，教育、支持你的十几岁的孩子，并接受这个过程中的挑战，帮助你的十几岁孩子最大限度地成为具有高度适应能力的成年人。

《正面管教 A-Z》

日常养育难题的1001个解决方案

**家庭教育畅销书《正面管教》作者力作
以实例讲解不惩罚、不娇纵管教孩子的"黄金准则"**

无论你多么爱自己的孩子,在日常养育中,都会有一些让你愤怒、沮丧的时刻,也会有让你绝望的时候。

你是怎么做的?

本书译自英文原版的第3版(2007年出版),包括了最新的信息。你会从中找到不惩罚、不娇纵地解决各种日常养育挑战的实用办法。主题目录,按照A-Z的汉语拼音顺序排列,方便查找。你可以迅速找到自己面临的问题,挑出来阅读;也可以通读整本书,为将来可能遇到的问题及其预防做好准备。每个养育难题,都包括6步详细的指导:理解你的孩子、你自己和情形,建议,预防问题的出现,孩子们能够学到的生活技能,养育要点,开阔思路。

[美] 简·尼尔森 琳·洛特
斯蒂芬·格伦 著
花莹莹 译
北京联合出版公司
定价:45.00元

《正面管教养育工具》

赋予孩子力量、培养孩子能力的49种有效方法

**家庭教育畅销书《正面管教》作者力作
不惩罚、不娇纵养育孩子的有效工具**

正面管教是一种不惩罚、不娇纵的管教孩子的方式,是为了培养孩子们的自律、责任感、合作能力,以及自己解决问题的能力,让他们学会受益终生的社会技能和人生技能,并取得良好的学业成绩。

1981年,简·尼尔森博士出版《正面管教》一书,使正面管教的理念逐渐为越来越多的人接受并奉行。如今,正面管教已经成了管教孩子的"黄金准则"。其理念和方法已经传播到将近70个国家和地区,包括美国、英国、冰岛、荷兰、德国、瑞士、法国、摩洛哥、西班牙、墨西哥、厄瓜多尔、哥伦比亚、秘鲁、智利、巴西、加拿大、中国、埃及、韩国。由简·尼尔森博士作为创始人的"正面管教协会",如今已经有了法国分会和中国分会。

本书对经过多年实际检验的49个最有效的正面管教养育工具作了详细介绍。

[美] 简·尼尔森
玛丽·尼尔森·坦博斯基
布拉德·安吉 著
花莹莹 杨森 张丛林 林展 译
北京联合出版公司出版
定价:42.00元

[美] 简·尼尔森 琳·洛特
斯蒂芬·格伦 著
梁帅 译
北京联合出版公司出版
定价：30.00 元

《教室里的正面管教》

培养孩子们学习的勇气、激情和人生技能

家庭教育畅销书《正面管教》作者力作
造就理想班级氛围的"黄金准则"
本书入选中国教育新闻网、中国教师报联合推荐
2014 年度"影响教师 100 本书"TOP10

很多人认为学校的目的就是学习功课，而各种纪律规定应该以学生取得优异的学习成绩为目的。因此，老师们普遍实行的是以奖励和惩罚为基础的管教方法，其目的是为了控制学生。然而，研究表明，除非教给孩子们社会和情感技能，否则他们学习起来会很艰难，并且纪律问题会越来越多。

正面管教是一种不同的方式，它把重点放在创建一个相互尊重和支持的班集体，激发学生们的内在动力去追求学业和社会的成功，使教室成为一个培育人、愉悦和快乐的学习和成长的场所。

这是一种经过数十年实践检验，使全世界数以百万计的教师和学生受益的黄金准则。

[美] 简·尼尔森
凯莉·格夫洛埃尔
阿伦·巴考尔
比尔·肖尔 著
张宏武 译
北京联合出版公司出版
定价：35.00 元

《正面管教教师工具卡》

教室管理的 52 个工具

家庭教育畅销书《正面管教》作者力作

该套卡片是将《正面管教》在教室里的运用，以卡片的形式呈现出来。在每张卡片上有对相应工具的简要介绍，以及具体的使用办法和相关示例，在卡片后还配有一幅形象而生动的插图。

该套卡片既适合教师单独集中时间学习，也适合与其他教师共同讨论。既可以放置于办公桌上，也可以随身携带，随时使用。它是尼尔森博士为教师量身定制的"工具百宝箱"。

《正面管教教师指南 A-Z》

教室里行为问题的 1001 个解决方案

家庭教育畅销书《正面管教》作者力作
以实例讲解造就理想班级氛围的"黄金准则"

[美] 简·尼尔森
琳达·埃斯科巴
凯特·奥托兰
罗丝琳·安·达菲
黛博拉·欧文－索科奇 著
郑淑丽 译
北京联合出版公司出版
定价：55.00 元

本书包括两个部分：
第一部分，介绍的是正面管教的基本原理和基本方法，包括鼓励、错误目的、奖励和惩罚、和善而坚定、社会责任感、分派班级事务、积极的暂停、特别时光、班会，等等。
第二部分，是教室里常见的各种行为问题及其处理方法，按照 A-Z 的汉语拼音顺序排列，以方便查找。你可以迅速找到自己面临的问题，有针对性地阅读，立即解决自己的难题；也可以通读本书，为将来可能遇到的问题及其预防做好准备。
每个行为问题及其解决，基本都包括 5 个部分：
● 讨论。就一个具体行为问题出现的情形及原因进行讨论。
● 建议。依据正面管教的理论和原则，给出解决问题的建议。
● 提前计划，预防未来的问题。着眼于如何预防问题的发生。
● 用班会解决问题。老师和学生们用班会解决相应问题的真实故事。
● 激发灵感的故事。老师和学生们用正面管教工具解决相关问题的真实故事。

《单亲家庭的正面管教》

让单亲家庭的孩子健康、快乐、茁壮成长

家庭教育畅销书《正面管教》作者力作
单亲父母养育孩子的"黄金准则"

[美] 简·尼尔森　谢丽尔·欧文
卡萝尔·德尔泽尔 著
杨森　张丛林　林展 译
北京联合出版公司
定价：37.00 元

单亲家庭不是"破碎的家庭"，单亲家庭的孩子也不是注定会失败和令人失望的，有了努力、爱和正面管教养育技能，单亲父母们就能够把自己的孩子培养成有能力的、满足的、成功的人，让单亲家庭成为平静、安全、充满爱的家，而单亲父母自己也会成为一位更健康、平静的父母——以及一个更快乐的人。
《单亲家庭的正面管教》是家庭教育畅销书《正面管教》作者简·尼尔森的又一力作。自从《正面管教》于 1981 年出版以来，正面管教理念已经成为养育孩子的"黄金准则"，让全球数以百万计的父母、孩子、老师获益。
《单亲家庭的正面管教》是简·尼尔森博士与另外两位作者详细介绍如何将正面管教的理念和工具用于单亲家庭的一部杰作。

《特殊需求孩子的正面管教》

帮助孩子学会有价值的社会和人生技能

家庭教育畅销书《正面管教》作者力作

每一个孩子都应该有一个幸福而充实的人生。特殊需求的孩子们有能力积极成长和改变。

运用正面管教的理念和工具,特殊需求的孩子们就能够培养出一种越来越强的能力,为自己的人生承担起责任。在这个过程中,他们会与自己的家里、学校里和群体里的重要的人建立起深入的、令人满意的、合作的关系,从而实现自己的潜能。

[美] 简·尼尔森　史蒂文·福斯特
　　　艾琳·拉斐尔　著
甄颖　译
北京联合出版公司
定价: 32.00 元

《孩子是如何学习的》

畅销美国 200 多万册的教子经典,以 14 种语言畅销全世界

孩子们有一种符合他们自己状况的学习方式,他们对这种方式运用得很自然、很好。这种有效的学习方式会体现在孩子的游戏和试验中,体现在孩子学说话、学阅读、学运动、学绘画、学数学以及其他知识中……对孩子来说,这是他们最有效的学习方式……

约翰·霍特(1923～1985),是教育领域的作家和重要人物,著有 10 本著作,包括《孩子是如何失败的》、《孩子是如何学习的》、《永远不太晚》、《学而不倦》。他的作品被翻译成 14 种语言。《孩子是如何学习的》以及它的姊妹篇《孩子是如何失败的》销售超过两百万册,影响了整整一代老师和家长。

[美] 约翰·霍特　著
张雪兰　译
北京联合出版公司
定价: 30.00 元

《帮助你的孩子爱上阅读》
0～16岁亲子阅读指导手册

没有阅读的童年是贫乏的——孩子将错过人生中最大的乐趣之一，以及阅读带来的巨大好处。

阅读不但是学习和教育的基础，而且是孩子未来可能取得成功的一个最重要的标志——比父母的教育背景或社会地位重要得多。这也是父母与自己的孩子建立亲情心理联结的一种神奇方式。

帮助你的孩子爱上阅读，是父母能给予自己孩子的一份最伟大的礼物，一份将伴随孩子一生的爱的礼物。

这是一本简单易懂而且非常实用的亲子阅读指导手册。作者根据不同年龄的孩子的发展特征，将0～16岁划分为0～4岁、5～7岁、8～11岁、12～16岁四个阶段，告诉父母们在各个年龄阶段应该如何培养孩子的阅读习惯，如何让孩子爱上阅读。

[美]爱丽森·戴维 著
宋苗 译
北京联合出版公司
定价：26.00元

《如何读懂孩子的行为》
理解并解决孩子各种行为问题的方法

孩子为什么不好好吃、不好好睡？为什么尿床、随地大便？为什么说脏话？为什么撒谎、偷东西、欺负人？为什么不学习？……这些行为，都是孩子在以一种特殊的方式与父母沟通。

当孩子遇到问题时，他们的表达方式十分有限，往往用行为作为与大人沟通的一种方式……如何读懂孩子这些看似异常行为背后真实的感受和需求，如何解决孩子的这些问题，以及何时应该寻求专业帮助，就是本书的主要内容。

安吉拉·克利福德-波斯顿（Andrea Clifford-Poston），教育心理治疗师、儿童和家庭心理健康专家，在学校、医院和心理诊所与孩子和父母们打交道30多年；她曾在查林十字医院

[美]安吉拉·克利福德-波斯顿 著
王俊兰 译
北京联合出版公司
定价：32.00元

（Charing Cross Hospital，建立于1818年）的儿童发展中心担任过16年的主任教师，在罗汉普顿学院（Roehampton Institute）担任过多年音乐疗法的客座讲师，她还是《泰晤士报》"父母论坛"的长期客座专家，为众多儿童养育畅销杂志撰写专栏和文章，包括为"幼儿园世界（Nursery World）"撰写了4年专栏。

《莫扎特效应》

用音乐唤醒孩子的头脑、健康和创造力

从胎儿到10岁，用音乐的力量帮助孩子成长！
享誉全球的权威指导，被翻译成13种语言！

在本书中，作者全面介绍了音乐对于从胎儿至10岁左右儿童的大脑、身体、情感、社会交往等各方面能力的影响。

本书详细介绍了如何用古典音乐，特别是莫扎特的音乐，以及儿歌的节奏和韵律来促进孩子从出生前到童年中期乃至更大年龄阶段的发展，提高他们的各种学习能力、情感能力和社会交往能力。对于孩子在每个年龄段（出生前到出生，从出生到6个月，从6个月到18个月，从18个月到3岁，从4岁到6岁，从6岁到8岁，从8岁到10岁）的发展适合哪些音乐以及这些音乐的作用都进行了详细的说明。

唐·坎贝尔，古典音乐家、教育家、作家、教师，数十年来致力于研究音乐及其在教育和健康方面的作用，用音乐帮助全世界30多个国家的孩子提高了学习能力和创造性，并体验到了音乐给生活带来的快乐。他是该领域闻名全球、首屈一指的权威。

[美] 唐·坎贝尔 著
高慧雯 王玲月 娟子 译
北京联合出版公司
定价：32.00元

《孩子顶嘴，父母怎么办？》

简单4步法，终结孩子的顶嘴行为

全美畅销书

顶嘴是一种不尊重人的行为，它会毁掉孩子拥有成功、幸福的一生的机会，会使孩子失去父母、朋友、老师等的尊重。

本书是一本专门针对孩子顶嘴问题的畅销家教经典。作者里克尔博士和克劳德博士以著名心理学家阿尔弗雷德·阿德勒的行为学理论为基础，结合自己在家庭教育领域数十年的心理咨询经验，总结出了一套简单、对各个年龄段孩子都能产生最佳效果，而且不会对孩子造成伤害的"四步法"，可以让家长在消耗最少精力的情况下，轻松终结孩子粗鲁的顶嘴行为，为孩子学会正确地与人交流和交往的方式——不仅仅是和家长，也包括他的朋友、老师和未来的上级——奠定良好的基础。

本书包含大量真实案例，可以让读者在最直观而贴近生活的情境中学习如何使用四步法。

奥黛丽·里克尔博士，美国著名心理学家，既是一名经验丰富的教师，也是一名母亲，终生与孩子打交道。卡洛琳·克劳德博士，管理咨询专家，美国白宫儿童与父母会议主席，全国志愿者中心理事。

[美] 奥黛丽·里克尔
卡洛琳·克劳德 著
张悦 译
北京联合出版公司
定价：20.00元

以上图书各大书店、书城、网上书店有售。
团购请垂询：010-65868687
Email：tianluebook@263.net
更多畅销经典家教图书，请关注新浪微博"家教经典"（http://weibo.com/jiajiaojingdian）及淘宝网"天略图书"（http://shop33970567.taobao.com）